## 第1編　電気事業法令

電気事業法

電気事業法施行令

電気事業法施行規則

電気使用制限等規則

主任技術者の資格等に関する省令

電気関係報告規則（抄）

電気事業法関係手数料規則

（告　　示）



## 第2編　内規・指針・通達

内規・指針・通達

# 23-24年版

# 電気事業法関係法令集

オーム社 編

Ohmsha

# 序

本書は，電気事業法(法律)を中核として，その施行令(政令)と施行規則(省令)及び関連の施行規則・告示等の法令と，身近な内規・指針・通達を収録したものであり，特に自家用電気工作物の設計・施工・管理や，電気主任技術者や電気管理技術者など電気保安に関係する方々を意識して，一連の法令及び内規等を集大成したものです.

電気事業法など法令そのものは，慣例として縦書きで公布されているためか，多くの法令集は同じく縦組で編集されているのが一般的ですが，技術者は横組の書類や書籍で慣れ親しんでいるところから，本書は横組の法令集としました．したがって，電気関係の単位や表現でも，凡例にも示してあるように横組にかなった表現に変えていることをまず お断りします．重厚な法令集と違って，コンパクトで簡易な法令集でありますが，反面，読みやすく又親しみやすくなり，身近な法令集としてご利用いただけるのではないかと考えています.

本法令集の発行は，前『21-22 年版 電気事業法関係法令集』から 2 年ぶりであり，本書は，令和 4 年 10 月 15 日までの改正を確認して発行するものです．広く利用され，自家用電気工作物関係者の様々なニーズに身近でお役に立てることを念じています.

# 目　　次

## ＜第１編　電気事業法令＞

## 電　気　事　業　法

### 第１章　総　　則



### 第２章　電気事業

# 第3章　電気工作物

## 第４章　土地等の使用



## 第５章　電力・ガス取引監視等委員会

## 第６章　登録適合性確認機関，登録安全管理審査機関，指定試験機関及び登録調査機関

## 第７章　卸電力取引所



## 第８章　雑　　則

## 第 9 章　罰　　則



# 電気事業法施行令

# 電気事業法施行規則

## 第 1 章　総　　則

# 第2章　電気事業

## 第2章の2　電気使用者情報の利用及び提供



## 第3章　電気工作物

## 第３章の２　土地等の使用



## 第４章　登録安全管理審査機関，指定試験機関及び登録調査機関

## 第5章　卸電力取引所



## 第6章　雑　　則

# 電気使用制限等規則

電気事業法の規定に基づく
# 主任技術者の資格等に関する省令

## 第１章　主任技術者の資格等



## 第２章　電気主任技術者試験



# 電気関係報告規則（抄）

# 電気事業法関係手数料規則

## 電気事業法第45条第2項に規定する指定試験機関を定める省令



## 告　　示



# ＜第2編　内規・指針・通達＞

## < 凡 例 >

1．本文中に用いた記号単位等は，次の通りである．

〔例〕

| | |
|---|---|
| mm | ミリメートル |
| cm | センチメートル |
| m | メートル |
| km | キロメートル |
| cm$^2$ | 平方センチメートル |
| m$^2$ | 平方メートル |
| cm$^3$ | 立方センチメートル |
| m$^3$ | 立方メートル |
| l | リットル |
| mg | ミリグラム |
| g | グラム |
| kg | キログラム |
| t | トン |
| t/h | トン毎時 |
| N | ニュートン |
| kN | キロニュートン |
| V | ボルト |
| kV | キロボルト |
| $\mu$A | マイクロアンペア |
| mA | ミリアンペア |
| A | アンペア |
| kA | キロアンペア |
| Ω | オーム |
| MΩ | メグオーム |
| W | ワット |
| kW | キロワット |
| kWh | キロワット時 |
| VA | ボルトアンペア |
| kVA | キロボルトアンペア |
| Hz | ヘルツ |
| kHz | キロヘルツ |
| Pa | パスカル |
| kPa | キロパスカル |
| dB | デシベル |
| mBq | ミリベクレル |
| Bq | ベクレル |
| kBq | キロベクレル |
| mBq/cm$^3$ | ミリベクレル毎立方センチメートル |
| kBq/cm$^3$ | キロベクレル毎立方センチメートル |
| s | 秒 |
| h | 時間 |
| ℃ | 度 |
| % | パーセント |

2．「割合」の表示は，分数の表記とした．

〔例〕　三分の一　1/3

拾分の一　1/10

千分の一　1/1 000

3．横組である関係上，表の項や欄を指定する「欄」，「数値」等は次のように表記した．

〔例〕　①「上欄」，「中欄」，「下欄」　→　「左欄」，「中欄」，「右欄」

② 百万円　→　100 万円

③ 五千二百円　→　5 200 円

# 第 1 編

# 電気事業法令

## （法律・施行令・施行規則・告示の収録一覧）

法　律

＊電気事業法

政　令

＊電気事業法施行令

省　令

＊電気事業法施行規則

＊電気使用制限等規則

＊電気事業法の規定に基づく主任技術者の資格等に関する省令

＊電気関係報告規則（抄）

＊電気事業法関係手数料規則

＊電気事業法第 45 条第 2 項に規定する指定試験機関を定める省令

告　示

＊電気事業法施行規則第 52 条の 2 第一号ロの要件等並びに第 53 条第 2 項第五号の頻度に関する告示

＊主要電気工作物を構成する設備を定める告示

＊電気主任技術者免状に係る学校等の認定基準に関する告示

＊電気事業法施行規則第 48 条第 4 項第三号ロの特定の施設内に設置される水力発電設備等を定める告示

# 電気事業法

（昭和 39 年 7 月 11 日　法律 170 号）

（最終改正）令和 4 年 6 月 22 日　法律第 74 号

目次

## 第1章　総　　則

（目的）

**第1条**　この法律は，電気事業の運営を適正かつ合理的ならしめることによって，電気の使用者の利益を保護し，及び電気事業の健全な発達を図るとともに，電気工作物の工事，維持及び運用を規制することによって，公共の安全を確保し，及び環境の保全を図ることを目的とする．

（定義）

**第2条**　この法律において，次の各号に掲げる用語の意義は，当該各号に定めるところによる．

一　小売供給　一般の需要に応じ電気を供給することをいう．

二　小売電気事業　小売供給を行う事業（一般送配電事業，特定送配電事業及び発電事業に該当する部分を除く．）をいう．

三　小売電気事業者　小売電気事業を営むことについて次条の登録を受けた者をいう．

四　振替供給　他の者から受電した者が，同時に，その受電した場所以外の場所において，当該他の者に，その受電した電気の量に相当する量の電気を供給することをいう．

五　接続供給　次に掲げるものをいう．

イ　小売供給を行う事業を営む他の者から受電した者が，同時に，その受電した場所以外の場所において，当該他の者に対して，当該他の者のその小売供給を行う事業の用に供するための電気の量に相当する量の電気を供給すること．

ロ　電気事業の用に供する発電用の電気工作物以外の発電等用電気工作物（及び蓄電用の電気工作物をいう．以下同じ．）以外の発電等用電気工作物（以下このロにおいて「非電気事業用電気工作物」という．）を維持し，及び運用する他の者から当該非電気事業用電気工作物（当該他の者と経済産業省令で定める密接な関係を有する者が維持し，及び運用する非電気事業用電気工作物を含む．）の発電又は放電に係る電気を受電した者が，同時に，その受電した場所以外の場所において，当該他の者に対して，当該他の者があらかじめ申し出た量の電気を供給すること（当該他の者又は当該他の者と経済産業省令で定める密接な関係を有する者の需要に応ずるものに限る．）．

六　託送供給　振替供給及び接続供給をいう．

七　電力量調整供給　次のイ又はロに掲げる者に該当する他の者から，当該イ又はロに定める電気を受電した者が，同時に，その受電した場所において，当該他の者に対して，当該他の者があらかじめ申し出た量の電気を供給することをいう．

イ　発電用の電気工作物を維持し，及び運用する者　当該発電等用電気工作物の発電又は放電に係る電気

ロ　特定卸供給を行う事業を営む者　特定卸供給に係る電気

八　一般送配電事業　自らが維持し，及び運用する送電用及び配電用の電気工作物によりその供給区域において託送供給及び電力量調整供給を行う事業（発電事業に該当する部分を除く．）をいい，当該送電用及び配電用の電気工作物により次に掲げる小売供給を行う事業（発電事業に該当する部分を除く．）を含むものとする．

イ　その供給区域（離島（その区域内において自らが維持し，及び運用する電線路が自らが維持し，及び運用する主要な電線路（第20条の2第1項において「主要電線路」という．）と電気的に接続されていない離島として経済産業省令で定めるものに限る．）及び同項の指定区域（ロ及び第21条第3項第一号において「離島等」という．）を除く．）における一般の需要（小売電気事業者又は登録特定送配電事業者（第27条の19第1項に規定する登録特定送配電事業者をいう．）から小売供給を受けているものを除く．ロにおいて同じ．）に応ずる電気の供給を保障するための電気の供給（以下「最終保障供給」という．）

ロ　その供給区域内に離島等がある場合において，当該離島等における一般の需要に応ずる電気の供給を保障するための電気の供給（以下「離島等供給」という．）

九　一般送配電事業者　一般送配電事業を営むことについて第3条の許可を受けた者をいう．

十　送電事業　自らが維持し，及び運用する送電用の電気工作物により一般送配電事業者又は配電事業者に振替供給を行う事業（一般送配電事業に該当する部分を除く．）であって，その事業の用に供する送電用の電気工作物が経済産業省令で定める要件に該当するものをいう．

十一　送電事業者　送電事業を営むことについて第27条の4の許可を受けた者をいう．

十一の二　配電事業　自らが維持し，及び運用する配電用の電気工作物によりその供給区域において託送供給及び電力量調整供給を行う事業（一般送配電事業及び発電事業に該当する部分を除く．）であって，その事業の用に供する配電用の電気工作物が経済産業省令で定める要件に該当するものをいう．

十一の三　配電事業者　配電事業を営むことについて第27条の12の2の許可を受けた者をいう．

十二　特定送配電事業　自らが維持し，及び運用する送電用及び配電用の電気工作物により特定の供給地点において小売供給又は小売電気事業，一般送配電事業若しくは配電事業を営む他の者にその小売電気事業，一般送配電事業若しくは配電事業の用に供するための電気に係る託送供給を行う事業（発電事業に該当する部分を除く.）をいう.

十三　特定送配電事業者　特定送配電事業を営むことについて第27条の13第1項の規定による届出をした者をいう.

十四　発電事業　自らが維持し，及び運用する発電等用電気工作物を用いて小売電気事業，一般送配電事業，配電事業又は特定送配電事業の用に供するための電気を発電し，又は放電する事業であって，その事業の用に供する発電等用電気工作物が経済産業省令で定める要件に該当するものをいう.

十五　発電事業者　発電事業を営むことについて第27条の27第1項の規定による届出をした者をいう.

十五の二　特定卸供給　発電等用電気工作物を維持し，及び運用する他の者に対して発電又は放電を指示する方法その他の経済産業省令で定める方法により電気の供給能力を有する者（発電事業者を除く.）から集約した電気を，小売電気事業，一般送配電事業，配電事業又は特定送配電事業の用に供するための電気として供給することをいう.

十五の三　特定卸供給事業　特定卸供給を行う事業であって，その供給能力が経済産業省令で定める要件に該当するものをいう.

十五の四　特定卸供給事業者　特定卸供給事業を営むことについて第27条の30第1項の規定による届出をした者をいう.

十六　電気事業　小売電気事業，一般送配電事業，送電事業，配電事業，特定送配電事業，発電事業及び特定卸供給事業をいう.

十七　電気事業者　小売電気事業者，一般送配電事業者，送電事業者，配電事業者，特定送配電事業者，発電事業者及び特定卸供給事業者をいう.

十八　電気工作物　発電，蓄電，変電，送電若しくは配電又は電気の使用のために設置する機械，器具，ダム，水路，貯水池，電線路その他の工作物（船舶，車両又は航空機に設置されるものその他の政令で定めるものを除く.）をいう.

2　一般送配電事業者が次に掲げる事業を営むときは，その事業は，一般送配電事業とみなす.

一　他の一般送配電事業者又は配電事業者にその一般送配電事業又は配電事業の用に供するための電気を供給する事業

二　配電事業者から託送供給を受けて当該配電事業者が維持し，及び運用する配電用の電気工作物によりその供給区域において最終保障供給又は離島等供給を行う事業

三　特定送配電事業者から託送供給を受けて当該特定送配電事業者が維持し，及び運用する送電用及び配電用の電気工作物によりその供給区域において接続供給，電力量調整供給，最終保障供給又は離島等供給を行う事業

四　第24条第1項の許可を受けて行う電気を供給する事業及びその供給区域以外の地域に自らが維持し，及び運用する電線路を設置し，当該電線路により振替供給（小売電気事業若しくは特定送配電事業の用に供するための電気又は前項第五号ロに掲げる接続供給に係る電気に係るものに限る．第4項第三号において同じ.）を行う事業

3　送電事業者が営む一般送配電事業者又は配電事業者に振替供給を行う事業は，送電事業とみなす.

4　配電事業者が次に掲げる事業を営むときは，その事業は，配電事業とみなす.

一　一般送配電事業者又は他の配電事業者にその一般送配電事業又は配電事業の用に供するための電気を供給する事業
二　特定送配電事業者から託送供給を受けて当該特定送配電事業者が維持し，及び運用する送電用及び配電用の電気工作物によりその供給区域において接続供給又は電力量調整供給を行う事業
三　第27条の12の13において準用する第24条第1項の許可を受けて行う電気を供給する事業及びその供給区域以外の地域に自らが維持し，及び運用する電線路を設置し，当該電線路により振替供給を行う事業

# 第2章　電気事業

## 第1節　小売電気事業

### 第1款　事業の登録

（事業の登録）
第2条の2　小売電気事業を営もうとする者は，経済産業大臣の登録を受けなければならない．
（登録の申請）
第2条の3　前条の登録を受けようとする者は，経済産業省令で定めるところにより，次に掲げる事項を記載した申請書を経済産業大臣に提出しなければならない．
一　氏名又は名称及び住所並びに法人にあっては，その代表者の氏名
二　主たる営業所その他の営業所の名称及び所在地
三　小売供給の相手方の電気の需要に応ずるために必要と見込まれる供給能力の確保に関する事項
四　事業開始の予定年月日
五　その他経済産業省令で定める事項
2　前項の申請書には，第2条の5第1項各号（第四号を除く．）に該当しないことを誓約する書面，小売電気事業を適正かつ確実に遂行する体制の整備に関する事項を記載した書類その他の経済産業省令で定める書類を添付しなければならない．
（登録の実施）
第2条の4　経済産業大臣は，第2条の2の登録の申請があった場合においては，次条第1項の規定により登録を拒否する場合を除き，次に掲げる事項を小売電気事業者登録簿に登録しなければならない．
一　前条第1項各号（第五号を除く．）に掲げる事項
二　登録年月日及び登録番号
2　経済産業大臣は，前項の規定による登録をしたときは，遅滞なく，その旨を申請者に通知しなければならない．
（登録の拒否）
第2条の5　経済産業大臣は，第2条の3第1項の申請書を提出した者が次の各号のいずれかに該当するとき，又は当該申請書若しくはその添付書類のうちに重要な事項について虚偽の記載があり，若しくは重要な事実の記載が欠けているときは，その登録を拒否しなければならない．
一　この法律又はこの法律に基づく命令の規定に違反し，罰金以上の刑に処せられ，その執行を終わり，又はその執行を受けることがなくなった日から2年を経過しない者
二　第2条の9第1項の規定により登録を取り消され，その取消しの日から2年を経過しな

い者

三　法人であって，その役員のうちに前二号のいずれかに該当する者があるもの

四　小売供給の相手方の電気の需要に応ずるために必要な供給能力を確保できる見込みがないと認められる者その他の電気の使用者の利益の保護のために適切でないと認められる者

2　経済産業大臣は，前項の規定による登録の拒否をしたときは，理由を記載した文書をその申請書を提出した者に送付しなければならない.

（変更登録等）

第２条の６　小売電気事業者は，第２条の３第１項第三号に掲げる事項を変更しようとするときは，経済産業大臣の変更登録を受けなければならない．ただし，経済産業省令で定める軽微な変更については，この限りでない.

2　前項の変更登録を受けようとする小売電気事業者は，経済産業省令で定めるところにより，変更に係る事項を記載した申請書を経済産業大臣に提出しなければならない.

3　第２条の３第２項及び前２条の規定は，第１項の変更登録に準用する．この場合において，第２条の４第１項中「次に掲げる事項」とあるのは「変更に係る事項」と，前条第１項中「第２条の３第１項の申請書を提出した者が次の各号」とあるのは「変更登録に係る申請書を提出した者が次の各号（第二号を除く.）」と読み替えるものとする.

4　小売電気事業者は，第２条の３第１項各号（第三号を除く.）に掲げる事項に変更があったとき，又は第１項ただし書の経済産業省令で定める軽微な変更をしたときは，遅滞なく，その旨を経済産業大臣に届け出なければならない.

5　経済産業大臣は，前項の規定による届出を受理したときは，その届出があった事項のうち第２条の４第１項第一号に掲げる事項を小売電気事業者登録簿に登録しなければならない.

（承継）

第２条の７　小売電気事業の全部の譲渡しがあり，又は小売電気事業者について相続，合併若しくは分割（小売電気事業の全部を承継させるものに限る.）があったときは，小売電気事業の全部を譲り受けた者又は相続人，合併後存続する法人若しくは合併により設立した法人若しくは分割により当該小売電気事業の全部を承継した法人は，小売電気事業者の地位を承継する．ただし，当該小売電気事業の全部を譲り受けた者又は相続人，合併後存続する法人若しくは合併により設立した法人若しくは分割により当該小売電気事業の全部を承継した法人が第２条の５第１項各号（第四号を除く.）のいずれかに該当するときは，この限りでない.

2　前項の規定により小売電気事業者の地位を承継した者は，遅滞なく，その旨を経済産業大臣に届け出なければならない.

3　前条第５項の規定は，前項の規定による届出に準用する.

（事業の休止及び廃止並びに法人の解散）

第２条の８　小売電気事業者は，その事業を休止し，又は廃止したときは，遅滞なく，その旨を経済産業大臣に届け出なければならない.

2　小売電気事業者である法人が合併以外の事由により解散したときは，その清算人（解散が破産手続開始の決定による場合にあっては，破産管財人）は，遅滞なく，その旨を経済産業大臣に届け出なければならない.

3　小売電気事業者は，その事業を休止し，又は廃止しようとするときは，経済産業省令で定めるところにより，あらかじめ，その小売供給の相手方に対し，その旨を周知させなければならない.

（登録の取消し）

第２条の９　経済産業大臣は，小売電気事業者が次の各号のいずれかに該当するときは，第２条の２の登録を取り消すことができる．

一　この法律又はこの法律に基づく命令の規定に違反した場合において，公共の利益を阻害すると認めるとき．

二　不正の手段により第２条の２の登録又は第２条の６第１項の変更登録を受けたとき．

三　第２条の５第１項第一号又は第三号に該当するに至ったとき．

2　第２条の５第２項の規定は，前項の場合に準用する．

（登録の抹消）

第２条の10　経済産業大臣は，第２条の８第１項若しくは第２項の規定による小売電気事業の廃止若しくは解散の届出があったとき，又は前条第１項の規定による登録の取消しをしたときは，当該小売電気事業者の登録を抹消しなければならない．

（経済産業省令への委任）

第２条の11　第２条の２から前条までに定めるもののほか，小売電気事業者の登録に関し必要な事項は，経済産業省令で定める．

第２款　業務

（供給能力の確保）

第２条の12　小売電気事業者は，正当な理由がある場合を除き，その小売供給の相手方の電気の需要に応ずるために必要な供給能力を確保しなければならない．

2　経済産業大臣は，小売電気事業者がその小売供給の相手方の電気の需要に応ずるために必要な供給能力を確保していないため，電気の使用者の利益を阻害し，又は阻害するおそれがあると認めるときは，小売電気事業者に対し，当該電気の需要に応ずるために必要な供給能力の確保その他の必要な措置をとるべきことを命ずることができる．

（供給条件の説明等）

第２条の13　小売電気事業者及び小売電気事業者が行う小売供給に関する契約（以下「小売供給契約」という．）の締結の媒介，取次ぎ又は代理を業として行う者（以下「小売電気事業者等」という．）は，小売供給を受けようとする者（電気事業者である者を除く．以下この条において同じ．）と小売供給契約の締結又はその媒介，取次ぎ若しくは代理をしようとするときは，経済産業省令で定めるところにより，当該小売供給に係る料金その他の供給条件について，その者に説明しなければならない．

2　小売電気事業者等は，前項の規定による説明をするときは，経済産業省令で定める場合を除き，小売供給を受けようとする者に対し，当該小売供給に係る料金その他の供給条件であって経済産業省令で定める事項を記載した書面を交付しなければならない．

3　小売電気事業者等は，前項の規定による書面の交付に代えて，政令で定めるところにより，小売供給を受けようとする者の承諾を得て，当該書面に記載すべき事項を電子情報処理組織を使用する方法その他の情報通信の技術を利用する方法であって経済産業省令で定めるものにより提供することができる．この場合において，当該小売電気事業者等は，当該書面を交付したものとみなす．

（書面の交付）

第２条の14　小売電気事業者等は，小売供給を受けようとする者と小売供給契約を締結したとき（小売供給契約の締結の媒介を業として行う者にあっては，当該媒介により小売供給契約が成立したとき）は，経済産業省令で定める場合を除き，遅滞なく，その者に対し，次に掲げる事項を記載した書面を交付しなければならない．

一　小売電気事業者等の氏名又は名称及び住所

二　契約年月日

三　当該小売供給に係る料金その他の供給条件であって経済産業省令で定める事項

2　小売電気事業者等は，前項の規定による書面の交付に代えて，政令で定めるところにより，小売供給を受けようとする者の承諾を得て，当該書面に記載すべき事項を電子情報処理組織を使用する方法その他の情報通信の技術を利用する方法であって経済産業省令で定めるものにより提供することができる．この場合において，当該小売電気事業者等は，当該書面を交付したものとみなす．

（苦情等の処理）

**第２条の15**　小売電気事業者は，当該小売電気事業者の小売供給の業務の方法又は当該小売電気事業者が行う小売供給に係る料金その他の供給条件についての小売供給の相手方（当該小売電気事業者から小売供給を受けようとする者を含み，電気事業者である者を除く．）からの苦情及び問合せについては，適切かつ迅速にこれを処理しなければならない．

（名義の利用等の禁止）

**第２条の16**　小売電気事業者は，その名義を他人に小売電気事業のため利用させてはならない．

2　小売電気事業者は，事業の貸渡しその他いかなる方法をもってするかを問わず，小売電気事業を他人にその名において経営させてはならない．

（業務改善命令）

**第２条の17**　経済産業大臣は，小売電気事業の運営が適切でないため，電気の使用者の利益の保護又は電気事業の健全な発達に支障が生じ，又は生ずるおそれがあると認めるときは，小売電気事業者に対し，電気の使用者の利益又は公共の利益を確保するために必要な限度において，その小売電気事業の運営の改善に必要な措置をとることを命ずることができる．

2　経済産業大臣は，小売電気事業者等が第２条の13第１項又は第２項の規定に違反したときは，小売電気事業者等に対し，その業務の方法の改善に必要な措置をとることを命ずることができる．

3　経済産業大臣は，小売電気事業者が第２条の15の規定に違反したときは，小売電気事業者に対し，その業務の方法の改善に必要な措置をとることを命ずることができる．

## 第２節　一般送配電事業

### 第１款　事業の許可

（事業の許可）

**第３条**　一般送配電事業を営もうとする者は，経済産業大臣の許可を受けなければならない．

（許可の申請）

**第４条**　前条の許可を受けようとする者は，次に掲げる事項を記載した申請書を経済産業大臣に提出しなければならない．

一　商号及び住所

二　取締役（指名委員会等設置会社にあっては，取締役及び執行役．第６条第２項第三号において同じ．）の氏名

三　主たる営業所その他の営業所の名称及び所在地

四　供給区域

五　一般送配電事業の用に供する電気工作物に関する次に掲げる事項
イ　送電用のものにあっては，その設置の場所，電気方式，設置の方法，回線数，周波数及び電圧
ロ　配電用のものにあっては，その電気方式，周波数及び電圧
ハ　変電用のものにあっては，その設置の場所，周波数及び出力
ニ　発電用のものにあっては，その設置の場所，原動力の種類，周波数及び出力
ホ　蓄電用のものにあっては，その設置の場所，周波数，出力及び容量

2　前項の申請書には，事業計画書，事業収支見積書その他経済産業省令で定める書類を添附しなければならない．

（許可の基準）

**第5条**　経済産業大臣は，第3条の許可の申請が次の各号のいずれにも適合していると認めるときでなければ，同条の許可をしてはならない．

一　その一般送配電事業の開始がその供給区域における需要に適合すること．
二　その一般送配電事業を適確に遂行するに足りる経理的基礎及び技術的能力があること．
三　その一般送配電事業の計画が確実であること．
四　その一般送配電事業の用に供する電気工作物の能力がその供給区域における需要に応ずることができるものであること．
五　その一般送配電事業の開始によってその供給区域の全部又は一部について一般送配電事業の用に供する電気工作物が著しく過剰とならないこと．
六　前各号に掲げるもののほか，その一般送配電事業の開始が電気事業の総合的かつ合理的な発達その他の公共の利益の増進のため必要かつ適切であること．

（許可証）

**第6条**　経済産業大臣は，第3条の許可をしたときは，許可証を交付する．

2　許可証には，次に掲げる事項を記載しなければならない．

一　許可の年月日及び許可の番号
二　商号及び住所
三　取締役の氏名
四　主たる営業所その他の営業所の名称及び所在地
五　供給区域
六　一般送配電事業の用に供する電気工作物に関する次に掲げる事項
イ　送電用のものにあっては，その設置の場所，電気方式，設置の方法，回線数，周波数及び電圧
ロ　配電用のものにあっては，その電気方式，周波数及び電圧
ハ　変電用のものにあっては，その設置の場所，周波数及び出力
ニ　発電用のものにあっては，その設置の場所，原動力の種類，周波数及び出力
ホ　蓄電用のものにあっては，その設置の場所，周波数，出力及び容量

（機関）

**第6条の2**　一般送配電事業者は，株式会社であって次に掲げる機関を置くものでなければならない．

一　取締役会
二　監査役，監査等委員会又は指名委員会等（会社法（平成17年法律第86号）第2条第十二号に規定する指名委員会等をいう．）

（事業の開始の義務）

第７条　一般送配電事業者は，事業の許可を受けた日から10年以内において経済産業大臣が指定する期間内に，その事業を開始しなければならない．

2　経済産業大臣は，特に必要があると認めるときは，供給区域を区分して前項の規定による指定をすることができる．

3　経済産業大臣は，一般送配電事業者から申請があった場合において，正当な理由があると認めるときは，第１項の規定により指定した期間を延長することができる．

4　一般送配電事業者は，その事業（第２項の規定により供給区域を区分して第１項の規定による指定があったときは，その区分に係る事業）を開始したときは，遅滞なく，その旨を経済産業大臣に届け出なければならない．

（供給区域の変更）

第８条　一般送配電事業者は，第６条第２項第五号に掲げる事項を変更しようとするときは，経済産業大臣の許可を受けなければならない．

2　第５条及び前条の規定は，前項の許可（同条の規定にあっては，供給区域の減少に係るものを除く．）に準用する．

（電気工作物等の変更）

第９条　一般送配電事業者は，第６条第２項第六号に掲げる事項について経済産業省令で定める重要な変更をしようとするときは，経済産業省令で定めるところにより，あらかじめ，経済産業大臣に届け出なければならない．

2　一般送配電事業者は，第６条第２項第二号から第四号までに掲げる事項に変更があったとき，又は同項第六号に掲げる事項の変更（前項に規定するものを除く．）をしたときは，遅滞なく，その旨を経済産業大臣に届け出なければならない．

3　第１項の規定による届出をした一般送配電事業者は，その届出が受理された日から20日を経過した後でなければ，その届出に係る変更をしてはならない．

4　経済産業大臣は，第１項の規定による届出の内容がその届出をした一般送配電事業者の一般送配電事業の適確な遂行に支障を及ぼすおそれがないと認めるときは，前項に規定する期間を短縮することができる．

5　経済産業大臣は，第１項の規定による届出の内容がその届出をした一般送配電事業者の一般送配電事業の適確な遂行に支障を及ぼすおそれがあると認めるときは，その届出をした一般送配電事業者に対し，その届出を受理した日から20日以内に限り，その届出の内容を変更し，又は中止すべきことを命ずることができる．

（事業の譲渡し及び譲受け並びに合併及び会社分割）

第10条　一般送配電事業の全部の譲渡し及び譲受けは，経済産業大臣の認可を受けなければ，その効力を生じない．

2　一般送配電事業者の合併及び会社分割（一般送配電事業の全部を承継させるものに限る．次条において同じ．）は，経済産業大臣の認可を受けなければ，その効力を生じない．

3　第５条の規定は，前２項の許可に準用する．

（承継）

第11条　一般送配電事業の全部の譲渡しがあり，又は一般送配電事業者について合併若しくは会社分割があったときは，一般送配電事業の全部を譲り受けた株式会社又は合併後存続する株式会社若しくは合併により設立した株式会社若しくは会社分割により当該一般送配電事業の全部を承継した株式会社は，一般送配電事業者の地位を承継する．

第12条　削除

（設備の譲渡し等）

第13条　一般送配電事業者は，その一般送配電事業の用に供する設備を譲り渡し，又は所有権以外の権利の目的としようとするときは，経済産業大臣に届け出なければならない．ただし，経済産業省令で定める設備については，この限りでない．

2　第9条第3項から第5項までの規定は，前項の届出に準用する．この場合において，同条第3項中「変更を」とあるのは「設備を譲り渡し，又は所有権以外の権利の目的と」と，同条第4項中「の内容」とあるのは「に係る設備を譲り渡し，又は所有権以外の権利の目的とすること（次項において「設備の譲渡し等」という．）」と，同条第5項中「の内容」とあるのは「に係る設備の譲渡し等」と読み替えるものとする．

（事業の休止及び廃止並びに解散）

第14条　一般送配電事業者は，一般送配電事業の全部又は一部を休止し，又は廃止しようとするときは，経済産業大臣の許可を受けなければならない．

2　一般送配電事業者の解散についての株主総会の決議は，経済産業大臣の認可を受けなければ，その効力を生じない．

3　経済産業大臣は，一般送配電事業の休止若しくは廃止又は一般送配電事業者の解散により公共の利益が阻害されるおそれがないと認めるときでなければ，第1項の許可又は前項の認可をしてはない．

（事業の許可の取消し等）

第15条　経済産業大臣は，一般送配電事業者が第7条第1項の規定により指定した期間（同条第3項の規定による延長があったときは，延長後の期間．次条第1項において同じ．）内に事業を開始しないときは，第3条の許可を取り消すことができる．

2　経済産業大臣は，前項に規定する場合を除くほか，一般送配電事業者がこの法律又はこの法律に基づく命令の規定に違反した場合において，公共の利益を阻害すると認めるときは，第3条の許可を取り消すことができる．

3　経済産業大臣は，前2項の規定による許可の取消しをしたときは，理由を記載した文書をその一般送配電事業者に送付しなければならない．

第16条　経済産業大臣は，第8条第1項の許可を受けた一般送配電事業者が同条第2項において準用する第7条第1項の規定により指定した期間内にその増加する供給区域において事業を開始しないときは，その許可を取り消すことができる．

2　経済産業大臣は，一般送配電事業者がその供給区域の一部において一般送配電事業を行っていない場合において，公共の利益を阻害すると認めるときは，その一部について供給区域を減少することができる．

3　前条第3項の規定は，前2項の場合に準用する．

第2款　業務

（託送供給義務等）

第17条　一般送配電事業者は，正当な理由がなければ，その供給区域における託送供給（振替供給にあっては，小売電気事業，一般送配電事業，配電事業若しくは特定送配電事業の用に供するための電気又は第2条第1項第五号ロに掲げる接続供給に係る電気に係るものであって，経済産業省令で定めるものに限る．次条第1項において同じ．）を拒んではならない．

2　一般送配電事業者は，その電力量調整供給を行うために過剰な供給能力を確保しなければならないこととなるおそれがあるときその他正当な理由がなければ，その供給区域における電力量調整供給を拒んではならない．

3　一般送配電事業者は，正当な理由がなければ，最終保障供給及び離島等供給を拒んではならない．

4　一般送配電事業者は，発電等用電気工作物を維持し，及び運用し，又は維持し，及び運用しようとする者から，当該発電等用電気工作物と当該一般送配電事業者が維持し，及び運用する電線路とを電気的に接続することを求められたときは，当該発電等用電気工作物が当該電線路の機能に電気的又は磁気的な障害を与えるおそれがあるときその他正当な理由がなければ，当該接続を拒んではならない．

5　一般送配電事業者は，当該一般送配電事業者の最終保障供給若しくは離島等供給の業務の方法又は当該一般送配電事業者が行う最終保障供給若しくは離島等供給に係る料金その他の供給条件についての最終保障供給又は離島等供給の相手方（当該一般送配電事業者から最終保障供給又は離島等供給を受けようとする者を含み，電気事業者である者を除く．）からの苦情及び問合せについては，適切かつ迅速にこれを処理しなければならない．

（託送供給等約款）

**第18条**　一般送配電事業者は，その供給区域における託送供給及び電力量調整供給（以下この条において「託送供給等」という．）に係る料金その他の供給条件について，経済産業省令で定めるところにより，託送供給等約款を定め，経済産業大臣の認可を受けなければならない．これを変更しようとするときも，同様とする．

2　一般送配電事業者は，前項の認可を受けた託送供給等約款（第5項若しくは第8項の規定による変更の届出があったとき，又は次条第2項の規定による変更があったときは，その変更後のもの）以外の供給条件により託送供給等を行ってはならない．ただし，その託送供給等約款により難い特別の事情がある場合において，経済産業大臣の認可を受けた料金その他の供給条件（同条第2項の規定による変更があったときは，その変更後のもの）により託送供給等を行うときは，この限りでない．

3　経済産業大臣は，第1項の認可の申請が次の各号のいずれにも適合していると認めるときは，同項の認可をしなければならない．

一　料金が能率的な経営の下における適正な原価に適正な利潤を加えたものであること．

二　第1項の認可の申請に係る託送供給等約款により電気の供給を受ける者が託送供給等を受けることを著しく困難にするおそれがないこと．

三　料金の額の算出方法が適正かつ明確に定められていること．

四　一般送配電事業者及び第1項の認可の申請に係る託送供給等約款により電気の供給を受ける者の責任に関する事項並びに電気計器及び工事に関する費用の負担の方法が適正かつ明確に定められていること．

五　特定の者に対して不当な差別的取扱いをするものでないこと．

六　前各号に掲げるもののほか，公共の利益の増進に支障がないこと．

4　一般送配電事業者は，第1項後段の規定にかかわらず，料金を引き下げる場合その他の電気の使用者の利益を阻害するおそれがないと見込まれる場合として経済産業省令で定める場合には，経済産業省令で定めるところにより，同項の認可を受けた託送供給等約款（次項又は第8項の規定による変更の届出があったときは，その変更後のもの．第7項において同じ．）で設定した料金その他の供給条件を変更することができる．

5　一般送配電事業者は，前項の規定により料金その他の供給条件を変更したときは，経済産業省令で定めるところにより，変更後の託送供給等約款を経済産業大臣に届け出なければならない.

6　経済産業大臣は，前項の規定による届出に係る託送供給等約款が次の各号のいずれかに該当しないと認めるときは，当該一般送配電事業者に対し，相当の期限を定め，その託送供給等約款を変更すべきことを命ずることができる.

一　前項の規定による届出に係る託送供給等約款により電気の供給を受ける者が託送供給等を受けることを著しく困難にするおそれがないこと.

二　料金の額の算出方法が適正かつ明確に定められていること.

三　一般送配電事業者及び前項の規定による届出に係る託送供給等約款により電気の供給を受ける者の責任に関する事項並びに電気計器及び工事に関する費用の負担の方法が適正かつ明確に定められていること.

四　特定の者に対して不当な差別的取扱いをするものでないこと.

五　前各号に掲げるもののほか，公共の利益の増進に支障がないこと.

7　一般送配電事業者は，第1項後段の規定にかかわらず，他の法律の規定により支払うべき費用の額の増加に対応する場合（一般送配電事業を行うに当たり当該費用を節減することが著しく困難な場合に限る.）として経済産業省令で定める場合には，経済産業省令で定めるところにより，同項の認可を受けた託送供給等約款で設定した料金その他の供給条件を変更することができる.

8　一般送配電事業者は，前項の規定により料金その他の供給条件を変更しようとするときは，経済産業省令で定めるところにより，その旨及びその変更後の託送供給等約款を経済産業大臣に届け出なければならない.

9　前項の規定による届出に係る託送供給等約款は，その届出が受理された日から30日を経過した後でなければ，その効力を生じない.

10　経済産業大臣は，第8項の規定による届出に係る託送供給等約款が次の各号のいずれにも適合していると認めるときは，前項に規定する期間を短縮することができる.

一　料金の変更の内容がその変更の目的に照らして必要かつ十分なものであること.

二　第8項の規定による届出に係る託送供給等約款により電気の供給を受ける者が託送供給等を受けることを著しく困難にするおそれがないこと.

三　料金の額の算出方法が適正かつ明確に定められていること.

四　一般送配電事業者及び第8項の規定による届出に係る託送供給等約款により電気の供給を受ける者の責任に関する事項並びに電気計器及び工事に関する費用の負担の方法が適正かつ明確に定められていること.

五　特定の者に対して不当な差別的取扱いをするものでないこと.

六　前各号に掲げるもののほか，公共の利益の増進に支障がないこと.

11　経済産業大臣は，第8項の規定による届出に係る託送供給等約款が前項各号のいずれかに適合していないと認めるときは，当該一般送配電事業者に対し，その届出を受理した日から30日以内に限り，その託送供給等約款を変更すべきことを命ずることができる.

12　一般送配電事業者は，第1項の規定により託送供給等約款の認可を受け，第5項若しくは第8項の規定により託送供給等約款の変更の届出をし，又は次条第2項の規定による託送供給等約款の変更があったときは，経済産業省令で定めるところにより，その託送供給等約款を公表しなければならない.

（託送供給等約款に関する命令及び処分）

**第19条**　経済産業大臣は，料金その他の供給条件が社会的経済的事情の変動により著しく不適当となり，公共の利益の増進に支障があると認めるときは，一般送配電事業者に対し，相当の期限を定め，前条第 1 項の認可を受けた託送供給等約款（同条第 5 項又は第 8 項の規定による変更の届出があったときは，その変更後のもの）又は同条第 2 項ただし書の認可を受けた料金その他の供給条件（次項の規定による変更があったときは，その変更後の託送供給等約款又は料金その他の供給条件）の変更の認可を申請すべきことを命ずることができる．

2　経済産業大臣は，前項の規定による命令をした場合において，同項の期限までに認可の申請がないときは，託送供給等約款又は料金その他の供給条件を変更することができる．

（最終保障供給約款）

第 20 条　一般送配電事業者は，最終保障供給に係る料金その他の供給条件について約款を定め，経済産業省令で定めるところにより，経済産業大臣に届け出なければならない．これを変更しようとするときも，同様とする．

2　一般送配電事業者は，前項の規定による届出をした約款（以下この条において「最終保障供給約款」という．）以外の供給条件により最終保障供給を行ってはならない．ただし，その最終保障供給約款により難い特別の事情がある場合において，経済産業大臣の承認を受けた料金その他の供給条件により最終保障供給を行うときは，この限りでない．

3　経済産業大臣は，最終保障供給約款が次の各号のいずれかに該当しないと認めるときは，当該一般送配電事業者に対し，相当の期限を定め，その最終保障供給約款を変更すべきことを命ずることができる．

一　料金が供給の種類により定率又は定額をもって明確に定められていること．

二　一般送配電事業者及び電気の使用者の責任に関する事項並びに電気計器その他の用品及び配線工事その他の工事に関する費用の負担の方法が適正かつ明確に定められていること．

三　特定の者に対して不当な差別的取扱いをするものでないこと．

四　社会的経済的事情に照らして著しく不適切であり，最終保障供給約款により電気の供給を受ける者の利益を著しく阻害するおそれがあるものでないこと．

4　第 18 条第 12 項の規定は，第 1 項の規定により最終保障供給約款の届出をしたときに準用する．

（指定区域の指定等）

第 20 条の 2　経済産業大臣は，一般送配電事業者の申請に基づき，当該一般送配電事業者の供給区域内の区域であって，次に掲げる基準のいずれにも適合すると認められるものを，指定区域として指定することができる．

一　主要電線路から独立して当該区域内における電線路を維持し，及び運用することが，一般送配電事業の効率的な運営に資すること．

二　主要電線路から独立して当該区域内における電線路を維持し，及び運用することが，当該区域内の電気の安定供給を阻害するおそれがないこと．

2　経済産業大臣は，前項の規定による指定をしたときは，遅滞なく，経済産業省令で定めるところにより，その旨及び当該指定区域を公表するものとする．

3　経済産業大臣は，指定区域が第 1 項各号に掲げる基準のいずれかに適合しなくなったと認めるときは，当該指定区域の指定を解除するものとする．この場合においては，前項の規定を準用する．

（離島等供給約款）

第 21 条　一般送配電事業者は，離島等供給に係る料金その他の供給条件について約款を定め，経済産業省令で定めるところにより，経済産業大臣に届け出なければならない．これを変更しようとするときも，同様とする．

2　一般送配電事業者は，前項の規定による届出をした約款（以下この条において「離島等供給約款」という．）以外の供給条件により離島等供給を行ってはならない．ただし，その離島等供給約款により難い特別の事情がある場合において，経済産業大臣の承認を受けた料金その他の供給条件により離島等供給を行うときは，この限りでない．

3　経済産業大臣は，離島等供給約款が次の各号のいずれかに該当しないと認めるときは，当該一般送配電事業者に対し，相当の期限を定め，その離島等供給約款を変更すべきことを命ずることができる．

一　料金の水準がその供給区域（離島等を除く．）において小売電気事業者が行う小売供給に係る料金の水準と同程度のものであること．

二　料金が供給の種類により定率又は定額をもって明確に定められていること．

三　一般送配電事業者及び電気の使用者の責任に関する事項並びに電気計器その他の用品及び配線工事その他の工事に関する費用の負担の方法が適正かつ明確に定められていること．

四　特定の者に対して不当な差別的取扱いをするものでないこと．

五　料金以外の供給条件が社会的経済的事情に照らして著しく不適切であり，離島等供給約款により電気の供給を受ける者の利益を著しく阻害するおそれがあるものでないこと．

4　第18条第12項の規定は，第1項の規定により離島等供給約款の届出をしたときに準用する．

（一般送配電事業等の業務に関する会計整理等）

**第22条**　一般送配電事業者は，一般送配電事業以外の事業を営む場合には，経済産業省令で定めるところにより，一般送配電事業の業務その他変電，送電及び配電に係る業務に関する会計を整理しなければならない．

2　前項の場合において，一般送配電事業者は，経済産業省令で定めるところにより，同項の整理の結果を公表しなければならない．

（兼業の制限等）

**第22条の2**　一般送配電事業者は，小売電気事業，発電事業（小売電気事業の用に供するための電気を発電するものに限る．第117条の2第四号において同じ．）又は特定卸供給事業（小売電気事業の用に供するための電気を供給するものに限る．同号において同じ．）を営んではならない．ただし，経済産業省令で定めるところにより，経済産業大臣の認可を受けたときは，小売電気事業（その供給区域における一般の需要に応ずるものに限る．次項において同じ．），発電事業（その供給区域における一般の需要に応ずる小売電気事業の用に供するための電気を発電するものに限る．同項において同じ．）又は特定卸供給事業（その供給区域における一般の需要に応ずる小売電気事業の用に供するための電気を供給するものに限る．同項において同じ．）を営むことができる．

2　経済産業大臣は，前項ただし書の認可の申請があったときは，当該申請に係る一般送配電事業者が維持し，及び運用する送電用及び配電用の電気工作物の総体としての規模，その供給区域の自然的社会的条件等を勘案して当該一般送配電事業者が小売電気事業，発電事業又は特定卸供給事業を営むことがその供給区域内の電気の使用者の利益を確保するため特に必要であると認める場合でなければ，これを認可してはならない．

3　次の各号に掲げる者については，当該各号に定める規定は，適用しない．ただし，第1項ただし書の認可を受けた一般送配電事業者（以下この項において「認可一般送配電事業者」という.）の特定関係事業者（次条第 1 項に規定する特定関係事業者をいう. 第三号において同じ.）である小売電気事業者, 発電事業者又は特定卸供給事業者が, 小売電気事業（当該認可一般送配電事業者の供給区域以外の地域における一般の需要に応ずるものに限る.）, 発電事業（当該認可一般送配電事業者の供給区域以外の地域における一般の需要に応ずる小売電気事業の用に供するための電気を発電するものに限る.）又は特定卸供給事業（当該認可一般送配電事業者の供給区域以外の地域における一般の需要に応ずる小売電気事業の用に供するための電気を供給するものに限る.）を営むときは, この限りでない.

一　認可一般送配電事業者　次条第 2 項及び第 23 条第 2 項から第 5 項までの規定

二　認可一般送配電事業者の取締役, 執行役又は使用人その他の従業者（以下単に「従業者」という.）　次条第 1 項の規定

三　認可一般送配電事業者の特定関係事業者　第 23 条の 2 第 1 項及び第 23 条の 3 第 1 項の規定

（一般送配電事業者の取締役又は執行役の兼職の制限等）

**第 22 条の 3**　一般送配電事業者の取締役又は執行役は, その特定関係事業者（一般送配電事業者の子会社（会社法第 2 条第三号に規定する子会社をいう. 以下同じ.）, 親会社（同条第四号に規定する親会社をいう. 以下この項及び第 27 条の 11 の 3 第 1 項において同じ.）若しくは当該一般送配電事業者以外の当該親会社の子会社等（同法第 2 条第三号の二に規定する子会社等をいう. 以下同じ.）に該当する小売電気事業者, 発電事業者若しくは特定卸供給事業者又は当該小売電気事業者, 発電事業者若しくは特定卸供給事業者の経営を実質的に支配していると認められる者として経済産業省令で定める要件に該当する者をいう. 以下この款において同じ.）の取締役, 執行役その他業務を執行する役員（以下この項及び第 27 条の 11 の 3 第 1 項において「取締役等」という.）又は従業者を, 一般送配電事業者の従業者は, その特定関係事業者の取締役等を, それぞれ兼ねてはならない. ただし, 電気を供給する事業を営む者（以下「電気供給事業者」という.）の間の適正な競争関係を阻害するおそれがない場合として経済産業省令で定める場合は, この限りでない.

2　一般送配電事業者は, 次の各号に掲げるその特定関係事業者ごとに当該各号に定める当該特定関係事業者の従業者を, 当該一般送配電事業者が営む一般送配電事業の業務その他変電, 送電及び配電に係る業務のうち, 電気供給事業者間の適正な競争関係の確保のためその運営における中立性の確保が特に必要な業務として経済産業省令で定めるもの（第 23 条の 2 第 1 項において「特定送配電等業務」という.）に従事させてはならない. ただし, 電気供給事業者間の適正な競争関係を阻害するおそれがない場合として経済産業省令で定める場合は, この限りでない.

一　小売電気事業者　小売電気事業の業務の運営において重要な役割を担う従業者として経済産業省令で定める要件に該当するもの

二　発電事業者　発電事業の業務の運営において重要な役割を担う従業者として経済産業省令で定める要件に該当するもの

三　特定卸供給事業者　特定卸供給事業の業務の運営において重要な役割を担う従業者として経済産業省令で定める要件に該当するもの

四　前項本文の経済産業省令で定める要件に該当する者　その経営を実質的に支配していると認められる小売電気事業者, 発電事業者又は特定卸供給事業者の経営管理に係る業務の運営において重要な役割を担う従業者として経済産業省令で定める要件に該当するもの

3　経済産業大臣は，一般送配電事業者の取締役，執行役又は従業者が第1項の規定に違反した場合には一般送配電事業者又はその特定関係事業者に対し，一般送配電事業者が前項の規定に違反した場合には一般送配電事業者に対し，当該違反を是正するために必要な措置をとることを命ずることができる．

（一般送配電事業者の禁止行為等）

第23条　一般送配電事業者は，次に掲げる行為をしてはならない．

一　託送供給及び電力量調整供給の業務に関して知り得た他の電気供給事業者に関する情報及び電気の使用者に関する情報（電気供給事業者間の適正な競争関係を阻害するおそれがない情報として経済産業省令で定めるものを除く．）を当該業務及び再生可能エネルギー電気の利用の促進に関する特別措置法（平成23年法律第108号．以下「再生可能エネルギー電気特措法」という．）第2条第5項又は第2条の7第1項に規定する特定契約又は一時調達契約に基づき調達する再生可能エネルギー電気特措法第2条第1項に規定する再生可能エネルギー電気の供給に係る業務の用に供する目的以外の目的のために利用し，又は提供すること．

二　その託送供給及び電力量調整供給の業務その他の変電，送電及び配電に係る業務について，特定の電気供給事業者に対し，不当に優先的な取扱いをし，若しくは利益を与え，又は不当に不利な取扱いをし，若しくは不利益を与えること．

三　前二号に掲げるもののほか，電気供給事業者間の適正な競争関係を阻害するものとして経済産業省令で定める行為をすること．

2　一般送配電事業者は，通常の取引の条件と異なる条件であって電気供給事業者間の適正な競争関係を阻害するおそれのある条件で，その特定関係事業者その他一般送配電事業者と経済産業省令で定める特殊の関係のある者（第106条第5項において「一般送配電事業者の特定関係事業者等」という．）と取引を行ってはならない．ただし，当該取引を行うことにつきやむを得ない事情がある場合において，あらかじめ経済産業大臣の承認を受けたときは，この限りでない．

3　一般送配電事業者は，その託送供給及び電力量調整供給の業務その他の変電，送電及び配電に係る業務をその特定関係事業者又は当該特定関係事業者の子会社等（特定関係事業者に該当するものを除く．）に委託してはならない．ただし，電気供給事業者間の適正な競争関係を阻害するおそれがない場合として経済産業省令で定める場合は，この限りでない．

4　一般送配電事業者は，その最終保障供給又は離島等供給の業務を委託する場合においては，経済産業省令で定めるところにより，これらの業務を受託する者を公募することなく，その特定関係事業者である小売電気事業者，発電事業者又は特定卸供給事業者にこれらの業務を委託してはならない．ただし，電気供給事業者間の適正な競争関係を阻害するおそれがない場合として経済産業省令で定める場合は，この限りでない．

5　一般送配電事業者は，その特定関係事業者である小売電気事業者，発電事業者又は特定卸供給事業者からその営む小売電気事業，発電事業又は特定卸供給事業の業務を受託してはならない．ただし，電気供給事業者間の適正な競争関係を阻害するおそれがない場合として経済産業省令で定める場合は，この限りでない．

6　経済産業大臣は，前各項の規定に違反する行為があると認めるときは，一般送配電事業者に対し，当該行為の停止又は変更を命ずることができる．

（一般送配電事業者の特定関係事業者が一般送配電事業者の従業者をその従業者として従事させることの制限等）

**第 23 条の 2**　次の各号に掲げる一般送配電事業者の特定関係事業者は，当該一般送配電事業者が営む特定送配電等業務に従事する者を，当該各号に定める従業者として従事させてはならない．ただし，電気供給事業者間の適正な競争関係を阻害するおそれがない場合として経済産業省令で定める場合は，この限りでない．

一　小売電気事業者　小売電気事業の業務の運営において重要な役割を担う従業者として経済産業省令で定める要件に該当するもの

二　発電事業者　発電事業の業務の運営において重要な役割を担う従業者として経済産業省令で定める要件に該当するもの

三　特定卸供給事業者　特定卸供給事業の業務の運営において重要な役割を担う従業者として経済産業省令で定める要件に該当するもの

四　第 22 条の 3 第 1 項本文の経済産業省令で定める要件に該当する者　その経営を実質的に支配していると認められる小売電気事業者，発電事業者又は特定卸供給事業者の経営管理に係る業務の運営において重要な役割を担う従業者として経済産業省令で定める要件に該当するもの

2　経済産業大臣は，一般送配電事業者の特定関係事業者が前項の規定に違反した場合には，一般送配電事業者の特定関係事業者に対し当該違反を是正するために必要な措置をとることを命ずることができる．

（一般送配電事業者の特定関係事業者の禁止行為等）

**第 23 条の 3**　一般送配電事業者の特定関係事業者は，次に掲げる行為をしてはならない．

一　当該一般送配電事業者に対し，第 23 条第 1 項各号に掲げる行為又は同条第 2 項本文，第 3 項本文，第 4 項本文若しくは第 5 項本文の行為をするように要求し，又は依頼すること．

二　前号に掲げるもののほか，電気供給事業者間の適正な競争関係を阻害するものとして経済産業省令で定める行為をすること．

2　経済産業大臣は，前項の規定に違反する行為があると認めるときは，一般送配電事業者の特定関係事業者に対し，当該行為の停止又は変更を命ずることができる．

（電気供給事業者間の適正な競争関係を確保するための体制整備等）

**第 23 条の 4**　一般送配電事業者は，経済産業省令で定めるところにより，託送供給及び電力量調整供給の業務に関して知り得た情報その他その一般送配電事業の業務に関する情報を適正に管理し，かつ，託送供給及び電力量調整供給の業務の実施状況を適切に監視するための体制の整備その他電気供給事業者間の適正な競争関係を確保するために必要な措置を講じなければならない．

2　一般送配電事業者は，毎年，経済産業省令で定めるところにより，前項の規定により講じた措置を経済産業大臣に報告しなければならない．

（供給区域外に設置する電線路による供給）

**第 24 条**　一般送配電事業者は，その供給区域以外の地域に自らが維持し，及び運用する電線路を設置し，当該電線路により電気の供給を行おうとするときは，供給する場所ごとに，経済産業大臣の許可を受けなければならない．ただし，一般送配電事業又は配電事業の用に供するための電気を供給するとき，及び振替供給（小売電気事業，一般送配電事業，配電事業若しくは特定送配電事業の用に供するための電気又は第 2 条第 1 項第五号ロに掲げる接続供給に係る電気に係るものに限る．）を行うときは，この限りでない．

2　経済産業大臣は，前項の許可の申請が次の各号のいずれにも適合していると認めるときでなければ，同項の許可をしてはならない．

一　その供給が他の一般送配電事業者又は配電事業者の供給区域における需要に応じ行われるものであるときは，当該他の一般送配電事業者又は配電事業者がその供給を行うことが容易かつ適切でないこと．

二　その供給を行うことがその供給を行おうとする一般送配電事業者の供給区域内の電気の使用者の利益を著しく阻害するおそれがないこと．

（特定送配電事業者に対する協議の求め）

第25条　一般送配電事業者は，一般送配電事業を行うために電線路が新たに必要となる場合であって，当該電線路を設置したならばその供給区域内の電気の使用者の利益を著しく阻害するおそれがあり，かつ，これを防止するため当該一般送配電事業者が特定送配電事業者から託送供給を受けて一般送配電事業を行う必要があると認めるときは，当該特定送配電事業者に対し，当該一般送配電事業者に託送供給を行うことにつき協議を求めることができる．

2　前項の協議をすることができず，又は協議が調わないときは，当事者は，経済産業大臣の裁定を申請することができる．ただし，当事者が第36条第1項の規定による仲裁の申請をした後は，この限りでない．

3　経済産業大臣は，前項の規定による裁定の申請を受理したときは，その旨を他の当事者に通知し，期間を指定して答弁書を提出する機会を与えなければならない．

4　経済産業大臣は，第2項の裁定をしたときは，遅滞なく，その旨を当事者に通知しなければならない．

5　第2項の裁定があったときは，その裁定の定めるところに従い，当事者間に協議が調ったものとみなす．

（電圧及び周波数）

第26条　一般送配電事業者は，その供給する電気の電圧及び周波数の値を経済産業省令で定める値に維持するように努めなければならない．

2　経済産業大臣は，一般送配電事業者の供給する電気の電圧又は周波数の値が前項の経済産業省令で定める値に維持されていないため，電気の使用者の利益を阻害していると認めるときは，一般送配電事業者に対し，その値を維持するため電気工作物の修理又は改造，電気工作物の運用の方法の改善その他の必要な措置をとるべきことを命ずることができる．

3　一般送配電事業者は，経済産業省令で定めるところにより，その供給する電気の電圧及び周波数を測定し，その結果を記録し，これを保存しなければならない．

（事故の備え及び事故時の措置）

第26条の2　一般送配電事業者は，事故により電気の供給に支障が生ずる場合に備え，その支障を速やかに除去するために必要な対策を講じておかなければならない．

2　一般送配電事業者は，事故により電気の供給に支障が生じている場合には，その支障を除去するために必要な修理その他の措置を速やかに行わなければならない．

（電気工作物の台帳の作成等）

第26条の3　一般送配電事業者は，経済産業省令で定めるところにより，その事業の用に供する電気工作物の設置の時期，耐用年数その他経済産業省令で定める事項を記載した台帳を作成し，これを保管しなければならない．

2　一般送配電事業者は，前項の台帳の内容を踏まえ，長期的な観点から，その供給区域における需要に鑑み，その事業の用に供する電気工作物を計画的に更新しなければならない．

（業務改善命令）

第27条　経済産業大臣は，一般送配電事業者が第26条の2又は前条の規定に違反していると認めるとき，その他一般送配電事業の運営が適切でないため，電気の使用者の利益の保護又は電気事業の健全な発達に支障が生じ，又は生ずるおそれがあると認めるときは，一般送配電事業者に対し，電気の使用者の利益又は公共の利益を確保するために必要な限度において，その一般送配電事業の運営の改善に必要な措置をとることを命ずることができる．

2　経済産業大臣は，一般送配電事業者が第 17 条第 5 項の規定に違反したときは，一般送配電事業者に対し，その業務の方法の改善に必要な措置をとることを命ずることができる．

第 3 款　会計及び財務

（会計の整理等）

第 27 条の 2　一般送配電事業者は，経済産業省令で定めるところにより，その事業年度並びに勘定科目の分類及び貸借対照表，損益計算書その他の財務計算に関する諸表の様式を定め，その会計を整理しなければならない．

2　一般送配電事業者は，経済産業省令で定めるところにより，毎事業年度終了後，前項に規定する財務計算に関する諸表を経済産業大臣に提出しなければならない．

（償却等）

第 27 条の 3　経済産業大臣は，一般送配電事業の適確な遂行を図るため特に必要があると認めるときは，一般送配電事業者に対し，一般送配電事業の用に供する固定資産に関する相当の償却につき方法若しくは額を定めてこれを行うべきこと又は方法若しくは額を定めて積立金若しくは引当金を積み立てるべきことを命ずることができる．

## 第 3 節　送電事業

（事業の許可）

第 27 条の 4　送電事業を営もうとする者は，経済産業大臣の許可を受けなければならない．

（許可の申請）

第 27 条の 5　前条の許可を受けようとする者は，次に掲げる事項を記載した申請書を経済産業大臣に提出しなければならない．

一　商号及び住所

二　取締役（指名委員会等設置会社にあっては，取締役及び執行役．第 27 条の 7 第 2 項第三号において同じ．）の氏名

三　主たる営業所その他の営業所の名称及び所在地

四　振替供給の相手方である一般送配電事業者及び配電事業者

五　送電事業の用に供する電気工作物に関する次に掲げる事項

イ　送電用のものにあっては，その設置の場所，電気方式，設置の方法，回線数，周波数及び電圧

ロ　変電用のものにあっては，その設置の場所，周波数及び出力

2　前項の申請書には，事業計画書，事業収支見積書その他経済産業省令で定める書類を添付しなければならない．

（許可の基準）

第 27 条の 6　経済産業大臣は，第 27 条の 4 の許可の申請が次の各号のいずれにも適合していると認めるときでなければ，同条の許可をしてはならない．

一　その送電事業の開始が一般送配電事業又は配電事業の需要に適合すること．

二　その送電事業を適確に遂行するに足りる経理的基礎及び技術的能力があること．

三　その送電事業の計画が確実であること．

四　その送電事業の用に供する電気工作物が一般送配電事業者の供給区域内にあるものにあっては，その事業の開始によって当該一般送配電事業者の供給区域内の電気の使用者の利益が阻害されるおそれがないこと．

五　前各号に掲げるもののほか，その送電事業の開始が電気事業の総合的かつ合理的な発達その他の公共の利益の増進のため必要かつ適切であること．

（許可証）

**第27条の7**　経済産業大臣は，第27条の4の許可をしたときは，許可証を交付する．

2　許可証には，次に掲げる事項を記載しなければならない．

一　許可の年月日及び許可の番号

二　商号及び住所

三　取締役の氏名

四　主たる営業所その他の営業所の名称及び所在地

五　振替供給の相手方である一般送配電事業者及び配電事業者

六　送電事業の用に供する電気工作物に関する次に掲げる事項

イ　送電用のものにあっては，その設置の場所，電気方式，設置の方法，回線数，周波数及び電圧

ロ　変電用のものにあっては，その設置の場所，周波数及び出力

（事業の開始の義務）

**第27条の7の2**　送電事業者は，事業の許可を受けた日から10年以内において経済産業大臣が指定する期間内に，その事業を開始しなければならない．

2　経済産業大臣は，特に必要があると認めるときは，振替供給の相手方である一般送配電事業者及び配電事業者を区分して前項の規定による指定をすることができる．

3　経済産業大臣は，送電事業者から申請があった場合において，正当な理由があると認めるときは，第1項の規定により指定した期間を延長することができる．

4　送電事業者は，その事業（第2項の規定により振替供給の相手方である一般送配電事業者及び配電事業者を区分して第1項の規定による指定があったときは，その区分に係る事業）を開始したときは，遅滞なく，その旨を経済産業大臣に届け出なければならない．

（振替供給の相手方の変更）

**第27条の7の3**　送電事業者は，第27条の7第2項第五号に掲げる事項を変更しようとするときは，経済産業大臣の許可を受けなければならない．

2　第27条の6及び前条の規定は，前項の許可（同条の規定にあっては，振替供給の相手方である一般送配電事業者及び配電事業者の減少に係るものを除く．）に準用する．

（事業の許可の取消し等）

**第27条の8**　経済産業大臣は，送電事業者が第27条の7の2第1項の規定により経済産業大臣が指定した期間（同条第3項の規定による延長があったときは，延長後の期間）内に事業を開始しないときは，第27条の4の許可を取り消すことができる．

2　経済産業大臣は，前項に規定する場合を除くほか，送電事業者がこの法律又はこの法律に基づく命令の規定に違反した場合において，公共の利益を阻害すると認めるときは，第27条の4の許可を取り消すことができる．

3　経済産業大臣は，前2項に規定する場合を除くほか，送電事業者の送電事業の用に供する送電用の電気工作物が第2条第1項第十号の経済産業省令で定める要件に該当しなくなった場合において，当該要件に該当するものとなることが見込まれないと認めるときは，第27

条の 4 の許可を取り消すことができる.

4　経済産業大臣は，前 3 項の規定による許可の取消しをしたときは，理由を記載した文書をその送電事業者に送付しなければならない.

第 27 条の 9　経済産業大臣は，第 27 条の 7 の 3 第 1 項の許可を受けた送電事業者が同条第 2 項において準用する第 27 条の 7 の 2 第 1 項の規定により経済産業大臣が指定した期間（同条第 3 項の規定による延長があったときは，延長後の期間）内にその増加する振替供給の相手方である一般送配電事業者又は配電事業者に対して事業を開始しないときは，その許可を取り消すことができる.

2　前条第 4 項の規定は，前項の場合に準用する.

（振替供給義務等）

第 27 条の 10　送電事業者は，一般送配電事業者又は配電事業者に振替供給を行うことを約しているときは，正当な理由がなければ，振替供給を拒んではならない.

2　送電事業者は，発電等用電気工作物を維持し，及び運用し，又は維持し，及び運用しようとする者から，当該発電等用電気工作物と当該送電事業者が維持し，及び運用する電線路とを電気的に接続することを求められたときは，当該発電等用電気工作物が当該電線路の機能に電気的又は磁気的な障害を与えるおそれがあるときその他正当な理由がなければ，当該接続を拒んではならない.

（振替供給）

第 27 条の 11　送電事業者は，一般送配電事業者及び配電事業者に対する振替供給（これに係る契約が経済産業省令で定める要件に該当するものであるものに限る．次項及び第 3 項第一号において同じ.）に係る料金その他の供給条件について，経済産業省令で定めるところにより，経済産業大臣に届け出なければならない．これを変更しようとするときも，同様とする.

2　送電事業者は，前項の規定による届出をした料金その他の供給条件以外の供給条件により一般送配電事業者及び配電事業者に対する振替供給を行ってはならない.

3　経済産業大臣は，第 1 項の規定による届出に係る料金その他の供給条件が次の各号のいずれかに該当しないと認めるときは，当該送電事業者に対し，相当の期限を定め，その料金その他の供給条件を変更すべきことを命ずることができる.

一　第 1 項の規定による届出に係る料金その他の供給条件により電気の供給を受ける一般送配電事業者及び配電事業者が振替供給を受けることを著しく困難にするおそれがないこと.

二　料金が定率又は定額をもって明確に定められていること.

三　送電事業者並びに第 1 項の規定による届出に係る料金その他の供給条件により電気の供給を受ける一般送配電事業者及び配電事業者の責任に関する事項並びに電気計器及び工事に関する費用の負担の方法が適正かつ明確に定められていること.

四　特定の者に対して不当な差別的取扱いをするものでないこと.

五　前各号に掲げるもののほか，公共の利益の増進に支障がないこと.

4　経済産業大臣は，送電事業者が正当な理由なく一般送配電事業者及び配電事業者に対する振替供給を拒んだときは，その送電事業者に対し，振替供給を行うべきことを命ずることができる.

（兼業の制限等）

第 27 条の 11 の 2　送電事業者は，小売電気事業，発電事業（小売電気事業の用に供するための電気を発電するものに限る．次項において同じ．）又は特定卸供給事業（小売電気事業の用に供するための電気を発電するものに限る．次項において同じ．）を営んではならない．ただし，経済産業省令で定めるところにより，経済産業大臣の認可を受けたときは，この限りでない．

2　経済産業大臣は，前項ただし書の認可の申請があったときは，当該申請に係る送電事業者が維持し，及び運用する送電用の電気工作物の総体としての規模，その設置の場所等を勘案して当該送電事業者が小売電気事業，発電事業又は特定卸供給事業を営むことが電気の使用者の利益を確保するため特に必要であると認める場合でなければ，これを認可してはならない．

3　次の各号に掲げる者については，当該各号に定める規定は，適用しない．

一　第1項ただし書の認可を受けた送電事業者（以下この項において「認可送電事業者」という．）　次条第2項及び第27条の11の4第2項から第4項までの規定

二　認可送電事業者の取締役，執行役又は従業者　次条第1項の規定

三　認可送電事業者の特定関係事業者（次条第1項に規定する特定関係事業者をいう．）　第27条の11の5第1項及び第27条の11の6第1項の規定

（送電事業者の取締役又は執行役の兼職の制限等）

**第27条の11の3**　送電事業者の取締役又は執行役は，その特定関係事業者（送電事業者の子会社，親会社若しくは当該送電事業者以外の当該親会社の子会社等に該当する小売電気事業者，発電事業者若しくは特定卸供給事業者又は当該小売電気事業者，発電事業者若しくは特定卸供給事業者の経営を実質的に支配していると認められる者として経済産業省令で定める要件に該当する者をいう．以下この節において同じ．）の取締役等又は従業者を，送電事業者の従業者は，その特定関係事業者の取締役等を，それぞれ兼ねてはならない．ただし，電気供給事業者間の適正な競争関係を阻害するおそれがない場合として経済産業省令で定める場合は，この限りでない．

2　送電事業者は，次の各号に掲げるその特定関係事業者ごとに当該各号に定める当該特定関係事業者の従業者を，当該送電事業者が営む送電事業の業務その他の変電及び送電に係る業務のうち，電気供給事業者間の適正な競争関係の確保のためその運営における中立性の確保が特に必要な業務として経済産業省令で定めるもの（第27条の11の5第1項において「特定送電等業務」という．）に従事させてはならない．ただし，電気供給事業者間の適正な競争関係を阻害するおそれがない場合として経済産業省令で定める場合は，この限りでない．

一　小売電気事業者　小売電気事業の業務の運営において重要な役割を担う従業者として経済産業省令で定める要件に該当するもの

二　発電事業者　発電事業の業務の運営において重要な役割を担う従業者として経済産業省令で定める要件に該当するもの

三　特定卸供給事業者　特定卸供給事業の業務の運営において重要な役割を担う従業者として経済産業省令で定める要件に該当するもの

四　前項本文の経済産業省令で定める要件に該当する者　その経営を実質的に支配していると認められる小売電気事業者，発電事業者又は特定卸供給事業者の経営管理に係る業務の運営において重要な役割を担う従業者として経済産業省令で定める要件に該当するもの

3　経済産業大臣は，送電事業者の取締役，執行役又は従業者が第1項の規定に違反した場合には送電事業者又はその特定関係事業者に対し，送電事業者が前項の規定に違反した場合には送電事業者に対し，当該違反を是正するために必要な措置をとることを命ずることができ

る.

（送電事業者の禁止行為等）

第 27 条の 11 の 4　送電事業者は，次に掲げる行為をしてはならない.

一　振替供給の業務に関して知り得た他の電気供給事業者及び電気の使用者に関する情報を当該業務の用に供する目的以外の目的のために利用し，又は提供すること.

二　その振替供給の業務その他の変電及び送電に係る業務について，特定の電気供給事業者に対し，不当に優先的な取扱いをし，若しくは利益を与え，又は不当に不利な取扱いをし，若しくは不利益を与えること.

三　前二号に掲げるもののほか，電気供給事業者間の適正な競争関係を阻害するものとして経済産業省令で定める行為をすること.

2　送電事業者は，通常の取引の条件と異なる条件であって電気供給事業者間の適正な競争関係を阻害するおそれのある条件で，その特定関係事業者その他送電事業者と経済産業省令で定める特殊の関係のある者（第 106 条第 5 項において「送電事業者の特定関係事業者等」という.）と取引を行ってはならない．ただし，当該取引を行うことにつきやむを得ない事情がある場合において，あらかじめ経済産業大臣の承認を受けたときは，この限りでない.

3　送電事業者は，その振替供給の業務その他の変電及び送電に係る業務をその特定関係事業者又は当該特定関係事業者の子会社等（特定関係事業者に該当するものを除く.）に委託してはならない．ただし，電気供給事業者間の適正な競争関係を阻害するおそれがない場合として経済産業省令で定める場合は，この限りでない.

4　送電事業者は，その特定関係事業者である小売電気事業者，発電事業者又は特定卸供給事業者からその営む小売電気事業，発電事業又は特定卸供給事業の業務を受託してはならない．ただし，電気供給事業者間の適正な競争関係を阻害するおそれがない場合として経済産業省令で定める場合は，この限りでない.

5　経済産業大臣は，前各項の規定に違反する行為があると認めるときは，送電事業者に対し，当該行為の停止又は変更を命ずることができる.

（送電事業者の特定関係事業者が送電事業者の従業者をその従業者として従事させることの制限等）

第 27 条の 11 の 5　次の各号に掲げる送電事業者の特定関係事業者は，当該送電事業者が営む特定送電等業務に従事する者を，当該各号に定める従業者として従事させてはならない．ただし，電気供給事業者間の適正な競争関係を阻害するおそれがない場合として経済産業省令で定める場合は，この限りでない.

一　小売電気事業者　小売電気事業の業務の運営において重要な役割を担う従業者として経済産業省令で定める要件に該当するもの

二　発電事業者　発電事業の業務の運営において重要な役割を担う従業者として経済産業省令で定める要件に該当するもの

三　特定卸供給事業者　特定卸供給事業の業務の運営において重要な役割を担う従業者として経済産業省令で定める要件に該当するもの

四　第 27 条の 11 の 3 第 1 項本文の経済産業省令で定める要件に該当する者　その経営を実質的に支配していると認められる小売電気事業者，発電事業者又は特定卸供給事業者の経営管理に係る業務の運営において重要な役割を担う従業者として経済産業省令で定める要件に該当するもの

2　経済産業大臣は，送電事業者の特定関係事業者が前項の規定に違反した場合には，送電事

業者の特定関係事業者に対し当該違反を是正するために必要な措置をとることを命ずることができる.

（送電事業者の特定関係事業者の禁止行為等）

第27条の11の6　送電事業者の特定関係事業者は，次に掲げる行為をしてはならない.

一　当該送電事業者に対し，第27条の11の4第1項各号に掲げる行為又は同条第2項本文，第3項本文若しくは第4項本文の行為をするように要求し，又は依頼すること.

二　前号に掲げるもののほか，電気供給事業者間の適正な競争関係を阻害するものとして経済産業省令で定める行為をすること.

2　経済産業大臣は，前項の規定に違反する行為があると認めるときは，送電事業者の特定関係事業者に対し，当該行為の停止又は変更を命ずることができる.

（準用）

第27条の12　第6条の2，第9条から第11条まで，第13条，第14条，第22条，第23条の4，第26条の2，第26条の3，第27条第1項，第27条の2及び第27条の3の規定は，送電事業者に準用する．この場合において，第9条第1項中「第6条第2項第六号」とあるのは「第27条の7第2項第六号」と，同条第2項中「第6条第2項第二号から第四号まで」とあるのは「第27条の7第2項第二号から第四号まで」と，第10条第3項中「第5条」とあるのは「第27条の6」と，第22条第1項中「，送電及び配電」とあるのは「及び送電」と，第23条の4第1項中「託送供給及び電力量調整供給」とあるのは「振替供給」と，第26条の3第2項中「供給区域」とあるのは「振替供給の相手方である一般送配電事業者及び配電事業者」と読み替えるものとする.

## 第3節の2　配電事業

（事業の許可）

第27条の12の2　配電事業を営もうとする者は，経済産業大臣の許可を受けなければならない.

（許可の申請）

第27条の12の3　前条の許可を受けようとする者は，次に掲げる事項を記載した申請書を経済産業大臣に提出しなければならない.

一　商号及び住所

二　取締役（指名委員会等設置会社にあっては，取締役及び執行役．第27条の12の5第2項第三号において同じ．）の氏名

三　主たる営業所その他の営業所の名称及び所在地

四　供給区域

五　配電事業の用に供する電気工作物に関する次に掲げる事項

イ　配電用のものにあっては，その設置の場所，電気方式，周波数及び電圧

ロ　変電用のものにあっては，その周波数及び出力

ハ　発電用のものにあっては，その設置の場所，原動力の種類，周波数及び出力

ニ　蓄電用のものにあっては，その設置の場所，周波数，出力及び容量

2　前項の申請書には，事業計画書，事業収支見積書その他経済産業省令で定める書類を添付しなければならない.

（許可の基準）

第27条の12の4　経済産業大臣は，第27条の12の2の許可の申請が次の各号のいずれに

も適合していると認めるときでなければ，同条の許可をしてはならない．
一　その配電事業の開始がその供給区域における需要に適合すること．
二　その配電事業を適確に遂行するに足りる経理的基礎及び技術的能力があること．
三　その配電事業の計画が確実であること．
四　その配電事業の用に供する電気工作物の能力がその供給区域における需要に応ずることができるものであること．
五　その配電事業の開始によってその供給区域の全部又は一部について配電事業の用に供する電気工作物が著しく過剰とならないこと．
六　前各号に掲げるもののほか，その配電事業の開始が電気事業の総合的かつ合理的な発達その他の公共の利益の増進のため必要かつ適切であること．

（許可証）

**第 27 条の 12 の 5**　経済産業大臣は，第 27 条の 12 の 2 の許可をしたときは，許可証を交付する．

2　許可証には，次に掲げる事項を記載しなければならない．
一　許可の年月日及び許可の番号
二　商号及び住所
三　取締役の氏名
四　主たる営業所その他の営業所の名称及び所在地
五　供給区域
六　配電事業の用に供する電気工作物に関する次に掲げる事項
イ　配電用のものにあっては，その設置の場所，電気方式，周波数及び電圧
ロ　変電用のものにあっては，その周波数及び出力
ハ　発電用のものにあっては，その設置の場所，原動力の種類，周波数及び出力
ニ　蓄電用のものにあっては，その設置の場所，周波数，出力及び容量

（事業の開始の義務）

**第 27 条の 12 の 6**　配電事業者は，事業の許可を受けた日から 10 年以内において経済産業大臣が指定する期間内に，その事業を開始しなければならない．

2　経済産業大臣は，特に必要があると認めるときは，供給区域を区分して前項の規定による指定をすることができる．

3　経済産業大臣は，配電事業者から申請があった場合において，正当な理由があると認めるときは，第 1 項の規定により指定した期間を延長することができる．

4　配電事業者は，その事業（第 2 項の規定により供給区域を区分して第 1 項の規定による指定があったときは，その区分に係る事業）を開始したときは，遅滞なく，その旨を経済産業大臣に届け出なければならない．

（供給区域の変更）

**第 27 条の 12 の 7**　配電事業者は，第 27 条の 12 の 5 第 2 項第五号に掲げる事項を変更しようとするときは，経済産業大臣の許可を受けなければならない．

2　第 27 条の 12 の 4 及び前条の規定は，前項の許可（同条の規定にあっては，供給区域の減少に係るものを除く．）に準用する．

（事業の許可の取消し等）

**第 27 条の 12 の 8**　経済産業大臣は，配電事業者が第 27 条の 12 の 6 第 1 項の規定により経済産業大臣が指定した期間（同条第 3 項の規定による延長があったときは，延長後の期間）

内に事業を開始しないときは，第 27 条の 12 の 2 の許可を取り消すことができる．

2 経済産業大臣は，前項に規定する場合を除くほか，配電事業者がこの法律又はこの法律に基づく命令の規定に違反した場合において，公共の利益を阻害すると認めるときは，第 27 条の 12 の 2 の許可を取り消すことができる．

3 経済産業大臣は，前 2 項に規定する場合を除くほか，配電事業者の配電事業の用に供する配電用の電気工作物が第 2 条第 1 項第十一号の二の経済産業省令で定める要件に該当しなくなった場合において，当該要件に該当するものとなることが見込まれないと認めるときは，第 27 条の 12 の 2 の許可を取り消すことができる．

4 経済産業大臣は，前 3 項の規定による許可の取消しをしたときは，理由を記載した文書をその配電事業者に送付しなければならない．

**第 27 条の 12 の 9** 経済産業大臣は，第 27 条の 12 の 7 第 1 項の許可を受けた配電事業者が同条第 2 項において準用する第 27 条の 12 の 6 第 1 項の規定により経済産業大臣が指定した期間（同条第 3 項の規定による延長があったときは，延長後の期間）内にその増加する供給区域において事業を開始しないときは，その許可を取り消すことができる．

2 経済産業大臣は，配電事業者がその供給区域の一部において配電事業を行っていない場合において，公共の利益を阻害すると認めるときは，その一部について供給区域を減少することができる．

3 前条第四項の規定は，前 2 項の場合に準用する．

（託送供給義務等）

**第 27 条の 12 の 10** 配電事業者は，正当な理由がなければ，その供給区域における託送供給（振替供給にあっては，小売電気事業，一般送配電事業，配電事業若しくは特定送配電事業の用に供するための電気又は第 2 条第 1 項第五号ロに掲げる接続供給に係る電気に係るものであって，経済産業省令で定めるものに限る．次条第 1 項において同じ.）を拒んではならない．

2 配電事業者は，その電力量調整供給を行うために過剰な供給能力を確保しなければならないこととなるおそれがあるときその他正当な理由がなければ，その供給区域における電力量調整供給を拒んではならない．

3 配電事業者は，発電等用電気工作物を維持し，及び運用し，又は維持し，及び運用しようとする者から，当該発電等用電気工作物と当該配電事業者が維持し，及び運用する電線路とを電気的に接続することを求められたときは，当該発電等用電気工作物が当該電線路の機能に電気的又は磁気的な障害を与えるおそれがあるときその他正当な理由がなければ，当該接続を拒んではならない．

（託送供給等約款）

**第 27 条の 12 の 11** 配電事業者は，その供給区域における託送供給及び電力量調整供給（以下この条及び次条において「託送供給等」という.）に係る料金その他の供給条件について，経済産業省令で定めるところにより，託送供給等約款を定め，経済産業大臣に届け出なければならない．これを変更しようとするときも，同様とする．

2 配電事業者は，前項の規定による届出をした託送供給等約款以外の供給条件により託送供給等を行ってはならない．ただし，その託送供給等約款により難い特別の事情がある場合において，経済産業大臣の承認を受けた料金その他の供給条件により託送供給等を行うときは，この限りでない．

3 経済産業大臣は，第 1 項の規定による届出に係る託送供給等約款が次の各号のいずれかに該当しないと認めるときは，当該配電事業者に対し，相当の期限を定め，その託送供給等約款を変更すべきことを命ずることができる．

一　料金が第27条の12の5第2項第五号の供給区域の全部又は一部をその供給区域の一部とする一般送配電事業者の託送供給等に係る料金に比較して適正な水準であること．

二　第1項の規定による届出に係る託送供給等約款により電気の供給を受ける者が託送供給等を受けることを著しく困難にするおそれがないこと．

三　料金の額の算出方法が適正かつ明確に定められていること．

四　配電事業者及び第1項の規定による届出に係る託送供給等約款により電気の供給を受ける者の責任に関する事項並びに電気計器及び工事に関する費用の負担の方法が適正かつ明確に定められていること．

五　特定の者に対して不当な差別的取扱いをするものでないこと．

六　前各号に掲げるもののほか，公共の利益の増進に支障がないこと．

4　配電事業者は，第1項の規定により託送供給等約款の届出をしたときは，経済産業省令で定めるところにより，その託送供給等約款を公表しなければならない．

（引継計画の承認等）

**第27条の12の12**　配電事業者は，一般送配電事業者，他の配電事業者又は特定送配電事業者から譲り受け，又は借り受けた電気工作物を配電事業の用に供しようとするときは，経済産業省令で定めるところにより，当該一般送配電事業者，他の配電事業者又は特定送配電事業者と共同して，託送供給等の業務の引継ぎに関する計画（以下この条において「引継計画」という．）を作成し，経済産業大臣の承認を受けなければならない．その変更（経済産業省令で定める軽微な変更を除く．）をしようとするときも，同様とする．

2　経済産業大臣は，前項の承認の申請があった場合において，その申請に係る計画が託送供給等の業務の適正かつ円滑な引継ぎを確保するために十分なものと認めるときは，その承認をするものとする．

3　第1項の承認を受けた配電事業者及び一般送配電事業者，他の配電事業者又は特定送配電事業者（次項及び第5項において「承認事業者」という．）は，第1項後段の経済産業省令で定める軽微な変更をしたときは，遅滞なく，その変更の内容を経済産業大臣に届け出なければならない．

4　経済産業大臣は，託送供給等の業務の円滑な引継ぎを確保するために必要があると認めるときは，承認事業者に対し，相当の期限を定め，第1項の承認を受けた引継計画を変更すべきことを命ずることができる．

5　経済産業大臣は，承認事業者が，正当な理由がなく，第1項の承認を受けた引継計画を実施していないため，電気の使用者の利益を阻害し，又は阻害するおそれがあると認めるときは，当該承認事業者に対し，当該引継計画を実施すべきことを勧告することができる．

（準用）

**第27条の12の13**　第6条の2，第9条から第11条まで，第13条，第14条，第22条から第22条の3まで，第23条（第4項を除く．），第23条の2から第26条の3まで，第27条第1項，第27条の2及び第27条の3の規定は，配電事業者に準用する．この場合において，第9条第1項中「第6条第2項第六号」とあるのは「第27条の12の5第2項第六号」と，同条第2項中「第6条第2項第二号から第四号まで」とあるのは「第27条の12の5第2項第二号から第四号まで」と，第10条第3項中「第5条」とあるのは「第27条の12の4」と，第22条第1項，第22条の3第2項並びに第23条第1項第二号及び第3項中「変電，送電」

とあるのは「変電」と，第22条の2第2項中「送電用及び配電用」とあるのは「配電用」と，同条第3項第一号中「及び第23条第2項から第5項まで」とあるのは「並びに第23条第2項，第3項及び第5項」と，第23条第2項中「一般送配電事業者の特定関係事業者等」とあるのは「配電事業者の特定関係事業者等」と，第23条の3第1項第一号中「，第4項本文若しくは」とあるのは「若しくは」と読み替えるものとする．

## 第4節　特定送配電事業

（事業の届出）

第27条の13　特定送配電事業を営もうとする者は，経済産業省令で定めるところにより，次に掲げる事項を経済産業大臣に届け出なければならない．

一　氏名又は名称及び住所並びに法人にあっては，その代表者の氏名

二　主たる営業所その他の営業所の名称及び所在地

三　供給地点

四　特定送配電事業の用に供する電気工作物に関する次に掲げる事項

イ　送電用のものにあっては，その設置の場所，電気方式，設置の方法，回線数，周波数及び電圧

ロ　配電用のものにあっては，その設置の場所，電気方式，周波数及び電圧

ハ　変電用のものにあっては，その設置の場所，周波数及び出力

ニ　発電用のものにあっては，その設置の場所，原動力の種類，周波数及び出力

ホ　蓄電用のものにあっては，その設置の場所，周波数，出力及び容量

五　事業開始の予定年月日

六　その他経済産業省令で定める事項

2　前項の規定による届出をする場合には，経済産業省令で定める書類を添付しなければならない．

3　第1項の規定による届出をした者は，その届出が受理された日から20日を経過した後でなければ，その届出に係る電気工作物を特定送配電事業の用に供してはならない．

4　経済産業大臣は，第1項の規定による届出に係る電気工作物を特定送配電事業の用に供することがその届出に係る供給地点を供給区域に含む一般送配電事業者又は配電事業者の供給区域内の電気の使用者の利益を著しく阻害するおそれがないと認めるときは，前項に規定する期間を短縮することができる．

5　経済産業大臣は，第1項の規定による届出に係る電気工作物を特定送配電事業の用に供することにより前項に規定する一般送配電事業者又は配電事業者の供給区域内の電気の使用者の利益が著しく阻害されるおそれがあると認めるときは，その届出をした者に対し，その届出を受理した日から20日（次項の規定により第3項に規定する期間が延長された場合にあっては，当該延長後の期間）以内に限り，その届出の内容を変更し，又は中止すべきことを命ずることができる．

6　経済産業大臣は，第1項の規定による届出に係る電気工作物を特定送配電事業の用に供することにより第4項に規定する一般送配電事業者又は配電事業者の供給区域内の電気の使用者の利益が著しく阻害されるおそれがあるかどうかについて審査するため相当の期間を要し，当該審査が第3項に規定する期間内に終了しないと認める相当の理由があるときは，20日の範囲内において，同項の期間を延長することができる．この場合において，経済産業大臣は，その届出をした者に対し，遅滞なく，当該延長後の期間及び当該延長の理由を通知し

なければならない.

7　特定送配電事業者は，第 1 項第三号及び第四号に掲げる事項を変更しようとするときは，経済産業省令で定めるところにより，あらかじめ，その旨を経済産業大臣に届け出なければならない.

8　第 2 項から第 6 項までの規定は，前項の規定による変更の届出に準用する．この場合において，第 3 項中「特定送配電事業の用に供してはならない」とあるのは「変更してはならない．ただし，経済産業省令で定める軽微な変更については，この限りでない」と，第 4 項から第 6 項までの規定中「電気工作物を特定送配電事業の用に供すること」とあるのは「変更」と読み替えるものとする.

9　特定送配電事業者は，第 1 項第一号，第二号，第五号又は第六号に掲げる事項に変更があったときは，経済産業省令で定めるところにより，遅滞なく，その旨を経済産業大臣に届け出なければならない.

（託送供給義務）

第 27 条の 14　特定送配電事業者は，小売電気事業者，一般送配電事業者又は配電事業者にその小売電気事業，一般送配電事業又は配電事業の用に供するための電気に係る託送供給を行うことを約しているときは，正当な理由がなければ，託送供給を拒んではならない.

（小売供給の登録）

第 27 条の 15　特定送配電事業者は，自らが維持し，及び運用する送電用及び配電用の電気工作物により小売供給を行おうとするときは，経済産業大臣の登録を受けなければならない.

（登録の申請）

第 27 条の 16　前条の登録を受けようとする特定送配電事業者は，経済産業省令で定めるところにより，次に掲げる事項を記載した申請書を経済産業大臣に提出しなければならない.

一　氏名又は名称及び住所並びに法人にあっては，その代表者の氏名

二　主たる営業所その他の営業所の名称及び所在地

三　供給地点

四　小売供給の相手方の電気の需要に応ずるために必要と見込まれる供給能力の確保に関する事項

五　小売供給開始の予定年月日

六　その他経済産業省令で定める事項

2　前項の申請書には，第 27 条の 18 第 1 項各号（第四号を除く.）に該当しないことを誓約する書面，小売供給を適正かつ確実に遂行する体制の整備に関する事項を記載した書類その他の経済産業省令で定める書類を添付しなければならない.

（登録の実施）

第 27 条の 17　経済産業大臣は，第 27 条の 15 の登録の申請があった場合においては，次条第 1 項の規定により登録を拒否する場合を除き，次に掲げる事項を小売供給特定送配電事業者登録簿に登録しなければならない.

一　前条第 1 項各号（第六号を除く.）に掲げる事項

二　登録年月日及び登録番号

2　経済産業大臣は，前項の規定による登録をしたときは，遅滞なく，その旨を申請者である特定送配電事業者に通知しなければならない.

（登録の拒否）

第 27 条の 18　経済産業大臣は，第 27 条の 16 第 1 項の申請書を提出した特定送配電事業者

が次の各号のいずれかに該当するとき，又は当該申請書若しくはその添付書類のうちに重要な事項について虚偽の記載があり，若しくは重要な事実の記載が欠けているときは，その登録を拒否しなければならない．

一　この法律又はこの法律に基づく命令の規定に違反し，罰金以上の刑に処せられ，その執行を終わり，又はその執行を受けることがなくなった日から２年を経過しない者

二　第27条の21第１項の規定により登録を取り消され，その取消しの日から２年を経過しない者

三　法人であって，その役員のうちに前二号のいずれかに該当する者があるもの

四　小売供給の相手方の電気の需要に応ずるために必要な供給能力を確保できる見込みがないと認められる者その他の電気の使用者の利益の保護のために適切でないと認められる者

2　経済産業大臣は，前項の規定による登録の拒否をしたときは，理由を記載した文書をその申請書を提出した者に送付しなければならない．

（変更登録等）

**第27条の19**　第27条の15の登録を受けた特定送配電事業者（以下「登録特定送配電事業者」という．）は，第27条の16第１項第四号に掲げる事項を変更しようとするときは，経済産業大臣の変更登録を受けなければならない．ただし，経済産業省令で定める軽微な変更については，この限りでない．

2　前項の変更登録を受けようとする登録特定送配電事業者は，経済産業省令で定めるところにより，変更に係る事項を記載した申請書を経済産業大臣に提出しなければならない．

3　第27条の16第２項及び前２条の規定は，第１項の変更登録に準用する．この場合において，第27条の17第１項中「次に掲げる事項」とあるのは「変更に係る事項」と，前条第１項中「第27条の16第１項の申請書を提出した特定送配電事業者が次の各号」とあるのは「変更登録に係る申請書を提出した登録特定送配電事業者が次の各号（第二号を除く．）」と読み替えるものとする．

4　登録特定送配電事業者は，第27条の16第１項各号（第四号を除く．）に掲げる事項に変更があったとき，又は第１項ただし書の経済産業省令で定める軽微な変更をしたときは，遅滞なく，その旨を経済産業大臣に届け出なければならない．

5　経済産業大臣は，前項の規定による届出を受理したときは，その届出があった事項のうち第27条の17第１項第一号に掲げる事項を小売供給特定送配電事業者登録簿に登録しなければならない．

（小売供給の休止及び廃止）

**第27条の20**　登録特定送配電事業者は，自らが維持し，及び運用する送電用及び配電用の電気工作物による小売供給の全部又は一部を休止し，又は廃止したときは，遅滞なく，その旨を経済産業大臣に届け出なければならない．

2　登録特定送配電事業者は，自らが維持し，及び運用する送電用及び配電用の電気工作物による小売供給を休止し，又は廃止しようとするときは，経済産業省令で定めるところにより，あらかじめ，その小売供給の相手方に対し，その旨を周知させなければならない．

（登録の取消し）

**第27条の21**　経済産業大臣は，登録特定送配電事業者が次の各号のいずれかに該当するときは，第27条の15の登録を取り消すことができる．

一　この法律又はこの法律に基づく命令の規定に違反した場合において，公共の利益を阻害すると認めるとき．

二　不正の手段により第 27 条の 15 の登録又は第 27 条の 19 第 1 項の変更登録を受けたとき.
三　第 27 条の 18 第 1 項第一号又は第三号に該当するに至ったとき.

2　第 27 条の 18 第 2 項の規定は，前項の場合に準用する.

（登録の抹消）

**第 27 条の 22**　経済産業大臣は，第 27 条の 20 第 1 項の規定による小売供給の全部の廃止の届出があったとき，前条第 1 項の規定による登録の取消しをしたとき，又は第 27 条の 25 第 2 項の規定による解散の届出があったときは，当該登録特定送配電事業者の登録を抹消しなければならない.

（経済産業省令への委任）

**第 27 条の 23**　第 27 条の 15 から前条までに定めるもののほか，登録特定送配電事業者の登録に関し必要な事項は，経済産業省令で定める.

（承継）

**第 27 条の 24**　特定送配電事業の全部の譲渡しがあり，又は特定送配電事業者について相続，合併若しくは分割（特定送配電事業の全部を承継させるものに限る.）があったときは，特定送配電事業の全部を譲り受けた者又は相続人，合併後存続する法人若しくは合併により設立した法人若しくは分割により当該特定送配電事業の全部を承継した法人は，特定送配電事業者の地位を承継する. ただし，当該特定送配電事業が小売供給を行うものに係るものであって，当該特定送配電事業の全部を譲り受けた者又は相続人，合併後存続する法人若しくは合併により設立した法人若しくは分割により当該特定送配電事業の全部を承継した法人が第 27 条の 18 第 1 項各号（第四号を除く.）のいずれかに該当するときは，この限りでない.

2　前項の規定により特定送配電事業者の地位を承継した者は，遅滞なく，その旨を経済産業大臣に届け出なければならない.

3　第 27 条の 19 第 5 項の規定は，前項の規定による届出（登録特定送配電事業者に係るものに限る.）に準用する.

（事業の休止及び廃止並びに法人の解散）

**第 27 条の 25**　特定送配電事業者は，その事業の全部又は一部を休止し，又は廃止しようとするときは，経済産業省令で定めるところにより，あらかじめ，その旨を経済産業大臣に届け出なければならない.

2　特定送配電事業者である法人が合併以外の事由により解散したときは，その清算人（解散が破産手続開始の決定による場合にあっては，破産管財人）は，遅滞なく，その旨を経済産業大臣に届け出なければならない.

（準用）

**第 27 条の 26**　第 26 条から第 26 条の 3 まで及び第 27 条第 1 項の規定は，特定送配電事業者に準用する. この場合において，第 26 条の 3 第 2 項中「供給区域」とあるのは，「供給地点」と読み替えるものとする.

2　第 2 条の 12，第 2 条の 15，第 2 条の 16 及び第 2 条の 17 第 3 項の規定は，登録特定送配電事業者に準用する. この場合において，第 2 条の 16 第 1 項中「小売電気事業の」とあるのは「特定送配電事業（小売供給を行うものに限る. 次項において同じ.）の」と，同条第 2 項中「小売電気事業を」とあるのは「特定送配電事業を」と読み替えるものとする.

3　第 2 条の 13，第 2 条の 14 及び第 2 条の 17 第 2 項の規定は，登録特定送配電事業者及び登録特定送配電事業者が行う小売供給に関する契約の締結の媒介，取次ぎ又は代理を業として行う者に準用する. この場合において，第 2 条の 13 第 1 項中「小売電気事業者及び小売電気事業者」とあるのは「登録特定送配電事業者及び登録特定送配電事業者」と，同条，第２条の 14 及び第２条の 17 第２項中「小売電気事業者等」とあるのは「登録特定送配電事業者等」と読み替えるものとする.

## 第５節　発電事業

（事業の届出）

第 27 条の 27　発電事業を営もうとする者は，経済産業省令で定めるところにより，次に掲げる事項を経済産業大臣に届け出なければならない.

一　氏名又は名称及び住所並びに法人にあっては，その代表者の氏名

二　主たる営業所その他の営業所の名称及び所在地

三　発電事業の用に供する電気工作物に関する次に掲げる事項

イ　発電用のものにあっては，その設置の場所，原動力の種類，周波数及び出力

ロ　蓄電用のものにあっては，その設置の場所，周波数，出力及び容量

四　事業開始の予定年月日

五　その他経済産業省令で定める事項

２　前項の規定による届出をする場合には，経済産業省令で定める書類を添付しなければならない.

３　発電事業者は，第１項第三号に掲げる事項を変更しようとするときは，経済産業省令で定めるところにより，その変更の日以前の経済産業省令で定める日までに，その旨を経済産業大臣に届け出なければならない.

４　発電事業者は，第１項（第三号を除く.）の規定による届出に係る事項に変更があったときは，経済産業省令で定めるところにより，遅滞なく，その旨を経済産業大臣に届け出なければならない.

（発電等義務）

第 27 条の 28　発電事業者は，一般送配電事業者及び配電事業者に，その維持し，及び運用する発電等用電気工作物を用いてその一般送配電事業及び配電事業の用に供するための電気を発電し，又は放電し，当該電気を供給することを約しているときは，正当な理由がなければ，発電又は放電及び電気の供給を拒んではならない.

（準用）

第 27 条の 29　第２条の７第１項本文及び第２項，第 26 条の２，第 27 条第１項，第 27 条の２，第 27 条の３並びに第 27 条の 25 の規定は，発電事業者に準用する．この場合において，同条第１項中「事業の全部又は一部」とあるのは「事業」と，「あらかじめ」とあるのは「その休止又は廃止の日以前の経済産業省令で定める日までに」と読み替えるものとする.

## 第５節の２　特定卸供給事業

（事業の届出）

第 27 条の 30　特定卸供給事業を営もうとする者は，経済産業省令で定めるところにより，次に掲げる事項を経済産業大臣に届け出なければならない.

一　氏名又は名称及び住所並びに法人にあっては，その代表者の氏名

二　主たる営業所その他の営業所の名称及び所在地

三　特定卸供給の相手方の電気の需要に応ずるために必要と見込まれる供給能力の確保に関する事項

四　第２条第１項第十五号の二の経済産業省令で定める方法に関する事項
五　事業開始の予定年月日
六　その他経済産業省令で定める事項

2　前項の規定による届出をする場合には，経済産業省令で定める書類を添付しなければならない．

3　第１項の規定による届出をした者（次項から第６項までにおいて「届出者」という．）は，その届出が受理された日から 30 日を経過した後でなければ，特定卸供給事業を開始してはならない．

4　経済産業大臣は，届出者が特定卸供給事業を開始することが電気の使用者の利益の保護並びに一般送配電事業者及び配電事業者の電気の供給に支障を及ぼすおそれがないと認めるときは，前項に規定する期間を短縮することができる．

5　経済産業大臣は，届出者が特定卸供給事業を開始することにより電気の使用者の利益の保護又は一般送配電事業者若しくは配電事業者の電気の供給に支障を及ぼすおそれがあると認めるときは，当該届出者に対し，その届出を受理した日から 30 日（次項の規定により第３項に規定する期間が延長された場合にあっては，当該延長後の期間）以内に限り，その届出の内容を変更し，又は中止すべきことを命ずることができる．

6　経済産業大臣は，届出者が特定卸供給事業を開始することにより電気の使用者の利益の保護又は一般送配電事業者若しくは配電事業者の電気の供給に支障を及ぼすおそれがあるかどうかについて審査するため相当の期間を要し，当該審査が第３項に規定する期間内に終了しないと認める相当の理由があるときは，30 日の範囲内において，同項の期間を延長することができる．この場合において，経済産業大臣は，当該届出者に対し，遅滞なく，当該延長後の期間及び当該延長の理由を通知しなければならない．

7　特定卸供給事業者は，第１項第三号又は第四号に掲げる事項を変更するときは，経済産業省令で定めるところにより，あらかじめ，その旨を経済産業大臣に届け出なければならない．

8　第２項から第６項までの規定は，前項の規定による変更の届出に準用する．この場合において，第３項中「特定卸供給事業を開始してはならない」とあるのは「当該届出に係る事項を変更してはならない．ただし，経済産業省令で定める軽微な変更については，この限りでない」と，第４項から第６項までの規定中「特定卸供給事業を開始する」とあるのは「当該届出に係る事項を変更する」と読み替えるものとする．

9　特定卸供給事業者は，第１項各号（第三号及び第四号を除く．）に掲げる事項に変更があったときは，経済産業省令で定めるところにより，遅滞なく，その旨を経済産業大臣に届け出なければならない．

（特定卸供給義務）

**第 27 条の 31**　特定卸供給事業者は，一般送配電事業者又は配電事業者に，特定卸供給によりその一般送配電事業又は配電事業の用に供するための電気を供給することを約しているときは，正当な理由がなければ，特定卸供給を拒んではならない．

（準用）

**第 27 条の 32**　第２条の７第１項本文及び第２項，第２条の 17 第１項並びに第 27 条の 25 の規定は，特定卸供給事業者に準用する．この場合において，同条第１項中「事業の全部又は一部」とあるのは，「事業」と読み替えるものとする．

## 第6節　特定供給

第27条の33　電気事業（発電事業を除く.）を営む場合及び次に掲げる場合を除き，電気を供給する事業を営もうとする者は，供給の相手方及び供給する場所ごとに，経済産業大臣の許可を受けなければならない.

一　専ら一の建物内又は経済産業省令で定める構内の需要に応じ電気を供給するための発電等用電気工作物により電気を供給するとき.

二　小売電気事業，一般送配電事業，配電事業，特定送配電事業又は特定卸供給事業の用に供するための電気を供給するとき.

2　前項の許可を受けようとする者は，次に掲げる事項を記載した申請書に経済産業省令で定める書類を添付して，経済産業大臣に提出しなければならない.

一　氏名又は名称及び住所並びに法人にあっては，その代表者の氏名

二　供給の相手方の氏名又は名称及び住所

三　供給する場所

四　その他経済産業省令で定める事項

3　経済産業大臣は，第1項の許可の申請が次の各号のいずれにも適合していると認めるときでなければ，同項の許可をしてはならない.

一　電気を供給する事業を営む者が供給の相手方と経済産業省令で定める密接な関係を有すること.

二　供給する場所が一般送配電事業者又は配電事業者の供給区域内にあるものにあっては，当該一般送配電事業者又は配電事業者の供給区域内の電気の使用者の利益が阻害されるおそれがないこと.

4　第1項の許可を受けた者は，第2項第一号，第二号又は第四号に掲げる事項に変更があったときは，遅滞なく，その旨を経済産業大臣に届け出なければならない.

5　第1項の許可を受けた者は，その許可に係る電気を供給する事業を廃止したときは，遅滞なく，その旨を経済産業大臣に届け出なければならない.

6　経済産業大臣は，第1項の許可を受けた者が，第3項各号のいずれかに適合しなくなったと認めるときは，第1項の許可を取り消すことができる.

## 第7節　広域的運営

### 第1款　電気事業者等の相互の協調

第28条　電気事業者及び発電用の自家用電気工作物を設置する者（電気事業者に該当するものを除く.）は，電源開発の実施，電気の供給，電気工作物の運用等の遂行に当たり，広域的運営による電気の安定供給の確保その他の電気事業の総合的かつ合理的な発達に資するように，相互に協調しなければならない.

第28条の2　削除

### 第2款　特定自家用電気工作物設置者の届出

第28条の3　発電用又は蓄電用の自家用電気工作物であって経済産業省令で定める要件に該当するものを維持し，及び運用する者（小売電気事業者，一般送配電事業者，配電事業者，特定送配電事業者，発電事業者及び特定卸供給事業者を除く.）は，当該自家用電気工作物と一般送配電事業者若しくは配電事業者が維持し，及び運用する電線路とを直接に又は一般送配電事業者及び配電事業者以外の者が維持し，及び運用する電線路を通じて間接に電気的に接続したときは，経済産業省令で定めるところにより，遅滞なく，氏名又は名称及び住所

その他経済産業省令で定める事項を記載した書類を添えて，その旨を経済産業大臣に届け出なければならない．ただし，経済産業省令で定める場合は，この限りでない．

2　前項の規定による届出をした者（第 31 条第 2 項において「特定自家用電気工作物設置者」という．）は，次の各号のいずれかに該当するときは，経済産業省令で定めるところにより，遅滞なく，その旨を経済産業大臣に届け出なければならない．

一　前項の事項を変更したとき．

二　前項の規定による届出に係る発電用又は蓄電用の自家用電気工作物が同項の経済産業省令で定める要件に該当しなくなったとき．

三　前項の規定による届出に係る発電用又は蓄電用の自家用電気工作物と一般送配電事業者若しくは配電事業者が維持し，及び運用する電線路とを直接に又は一般送配電事業者及び配電事業者以外の者が維持し，及び運用する電線路を通じて間接に電気的に接続されている状態でなくなったとき．

四　その他経済産業省令で定める場合に該当するとき．

### 第 3 款　広域的運営推進機関

#### 第 1 目　総則

（目的）

**第 28 条の 4**　広域的運営推進機関（以下「推進機関」という．）は，電気事業者が営む電気事業に係る電気の需給の状況の監視，電気の安定供給のために必要な供給能力の確保の促進及び電気事業者に対する電気の需給の状況が悪化した他の小売電気事業者，一般送配電事業者，配電事業者又は特定送配電事業者への電気の供給の指示等の業務を行うことにより，電気事業の遂行に当たっての広域的運営を推進することを目的とする．

（法人格）

**第 28 条の 5**　推進機関は，法人とする．

（数）

**第 28 条の 6**　推進機関は，1 を限り，設立されるものとする．

（名称）

**第 28 条の 7**　推進機関は，その名称中に広域的運営推進機関という文字を用いなければならない．

2　推進機関でない者は，その名称中に広域的運営推進機関という文字を用いてはならない．

（登記）

**第 28 条の 8**　推進機関は，政令で定めるところにより，登記しなければならない．

2　前項の規定により登記しなければならない事項は，登記の後でなければ，これをもって第三者に対抗することができない．

（一般社団法人及び一般財団法人に関する法律の準用）

**第 28 条の 9**　一般社団法人及び一般財団法人に関する法律（平成 18 年法律第 48 号）第 4 条及び第 78 条の規定は，推進機関に準用する．

#### 第 2 目　会員

（会員の資格等）

**第 28 条の 10**　推進機関の会員の資格を有する者は，電気事業者に限る．

2　推進機関は，会員の資格を有する者の加入を拒み，又はその加入について不当な条件を付してはならない．

（加入義務等）

**第28条の11**　電気事業者は，推進機関にその会員として加入しなければならない．

2　第2条の2の登録を受けて小売電気事業を営もうとする者，第3条の許可を受けて一般送配電事業を営もうとする者，第27条の4の許可を受けて送電事業を営もうとする者，第27条の12の2の許可を受けて配電事業を営もうとする者，第27条の13第1項の規定による届出をして特定送配電事業を営もうとする者，第27条の27第1項の規定による届出をして発電事業を営もうとする者及び第27条の30第1項の規定による届出をして特定卸供給事業を営もうとする者は，その登録若しくは許可の申請又は届出に先立って，推進機関に加入する手続をとらなければならない．ただし，その者が推進機関の会員であるときは，この限りでない．

3　前項の規定により推進機関に加入する手続をとった者は，同項の登録を受けた時，同項の許可を受けた時又は同項の届出が受理された時に，推進機関の会員となる．

4　電気事業者は，推進機関に加入した場合には，遅滞なく，その旨を経済産業大臣に届け出なければならない．

（脱退等）

**第28条の12**　小売電気事業者である会員にあっては第2条の9第1項の規定による第2条の2の登録の取消しにより，一般送配電事業者である会員にあっては第15条第1項又は第2項の規定による第3条の許可の取消しにより，送電事業者である会員にあっては第27条の8第1項から第3項までの規定による第27条の4の許可の取消しにより，配電事業者である会員にあっては第27条の12の8第1項から第3項までの規定による第27条の12の2の許可の取消しにより，当然，推進機関を脱退する．

2　会員は，推進機関を脱退することができない．ただし，次に掲げる場合は，この限りでない．

一　第2条の9第1項の規定により第2条の2の登録が取り消された場合

二　第15条第1項又は第2項の規定により第3条の許可が取り消された場合

三　第27条の8第1項から第3項までの規定により第27条の4の許可が取り消された場合

四　第27条の12の8第1項から第3項までの規定により第27条の12の2の許可が取り消された場合

五　第2条の8第1項の規定による届出（小売電気事業の廃止に係るものに限る．）をする場合

六　第14条第1項の許可（一般送配電事業の全部の廃止に係るものに限る．）を受ける場合

七　第27条の12において準用する第14条第1項の許可（送電事業の全部の廃止に係るものに限る．）を受ける場合

八　第27条の12の13において準用する第14条第1項の許可（配電事業の全部の廃止に係るものに限る．）を受ける場合

九　第27条の25第1項の規定による届出（特定送配電事業の全部の廃止に係るものに限る．）をする場合

十　第27条の29において準用する第27条の25第1項の規定による届出（発電事業の廃止に係るものに限る．）をする場合

十一　第27条の32において準用する第27条の25第1項の規定による届出（特定卸供給事業の廃止に係るものに限る．）をする場合

十二　その他経済産業省令で定める場合

3　第1項及び前項ただし書の規定は，会員が小売電気事業者，一般送配電事業者，送電事業

者，配電事業者，特定送配電事業者，発電事業者又は特定卸供給事業者のいずれか２以上であるときは，そのいずれでもなくなるときに限り，適用する．

第３目　設立

（設立要件）

第 28 条の 13　推進機関を設立するには，その会員になろうとする７以上の電気事業者が発起人とならなければならない．

2　発起人は，定款及び業務規程を作成した後，会員になろうとする者を募り，これを会議の日時及び場所とともにその会議開催日の２週間前までに公告して，創立総会を開かなければならない．

3　定款及び業務規程の承認その他設立に必要な事項の決定は，創立総会の決議によらなければならない．

4　創立総会では，定款及び業務規程を修正することができる．

5　第３項の規定による創立総会の議事は，その開会までに発起人に対して会員となる旨を申し出た電気事業者及び発起人の半数以上が出席し，その出席者の議決権の２／３以上で決する．

6　推進機関の成立の日を含む事業年度の業務の運営に必要な事項（予算を含む．）の決定は，第 28 条の 33 の規定にかかわらず，創立総会の決議によることができる．

7　第 28 条の 34 本文の規定は，前項の規定による創立総会の議事に準用する．この場合において，同条本文中「総会員」とあるのは，「その開会までに発起人に対して会員となる旨を申し出た電気事業者及び発起人」と読み替えるものとする．

8　第 28 条の 38 及び第 28 条の 39 の規定は，創立総会の決議に準用する．

（認可の申請）

第 28 条の 14　発起人は，創立総会の終了後遅滞なく，次に掲げる事項を記載した認可申請書を経済産業大臣に提出して，設立の認可を受けなければならない．

一　名称

二　事務所の所在地

三　役員の氏名及び住所並びに会員の商号

2　前項の認可申請書には，定款，業務規程その他経済産業省令で定める書類を添付しなければならない．

（認可の基準）

第 28 条の 15　経済産業大臣は，前条第１項の認可の申請が次の各号のいずれにも適合していると認めるときは，設立の認可をしなければならない．

一　設立の手続並びに定款及び業務規程の内容が法令に適合していること．

二　認可申請書，定款及び業務規程に虚偽の記載がないこと．

三　役員のうちに第 28 条の 21 各号のいずれかに該当する者がいないこと．

四　業務の運営が公正かつ適正に行われることが確実であると認められること．

五　当該申請に係る推進機関の組織がこの法律の規定に適合するものであること．

（理事長への事務引継）

第 28 条の 16　設立の認可があったときは，発起人は，遅滞なく，その事務を理事長に引き継がなければならない．

（登記）

第 28 条の 17　推進機関は，その主たる事務所の所在地において設立の登記をすることによって成立する．

2　推進機関は，前項の設立の登記をしたときは，遅滞なく，その旨を経済産業大臣に届け出なければならない．

第4目　管理

（定款記載事項）

第28条の18　推進機関の定款には，次に掲げる事項を記載しなければならない．

一　目的

二　名称

三　事務所の所在地

四　会員に関する次に掲げる事項

イ　会員である資格

ロ　会員の加入及び脱退

ハ　会員に対する制裁

五　総会に関する事項

六　役員に関する事項

七　評議員会に関する事項

八　会費に関する事項

九　財務及び会計に関する事項

十　定款の変更に関する事項

十一　公告の方法

2　定款の変更は，経済産業大臣の認可を受けなければ，その効力を生じない．

（役員）

第28条の19　推進機関に，役員として，理事長1人，理事2人以上及び監事1人以上を置く．

（役員の権限）

第28条の20　理事長は，推進機関を代表し，その業務を総理する．

2　理事は，定款で定めるところにより，推進機関を代表し，理事長を補佐して推進機関の業務を掌理し，理事長に事故があるときはその職務を代理し，理事長が欠員のときはその職務を行う．

3　監事は，推進機関の業務を監査する．

4　監事は，監査の結果に基づき，必要があると認めるときは，理事長又は経済産業大臣に意見を提出することができる．

（役員の欠格条項）

第28条の21　次の各号のいずれかに該当する者は，役員となることができない．

一　政府又は地方公共団体の職員（非常勤の者を除く．）

二　禁錮以上の刑に処せられ，その刑の執行を終わり，又は執行を受けることがなくなった日から2年を経過しない者

三　この法律又はこの法律に基づく命令の規定に違反したことにより罰金の刑に処せられ，その刑の執行を終わり，又は執行を受けることがなくなった日から2年を経過しない者

第28条の22　推進機関は，役員が前条各号のいずれかに該当するに至ったときは，その役員を解任しなければならない．

（役員の選任，任期及び解任）

第28条の23　役員は，定款で定めるところにより，総会において選任し，又は解任する．

ただし，設立当時の役員は，創立総会において選任する．

2　前項の規定による推進機関の役員の選任（設立当時の役員の選任を除く．）及び解任は，経済産業大臣の認可を受けなければ，その効力を生じない．

3　役員の任期は，2 年以内において定款で定める期間とする．

4　役員は，再任されることができる．

5　経済産業大臣は，役員が，この法律，この法律に基づく命令若しくは処分，定款若しくは業務規程に違反する行為をしたとき，又は推進機関の業務に関し著しく不適当な行為をしたときは，推進機関に対し，期間を指定して，その役員を解任すべきことを命ずることができる．

6　経済産業大臣は，役員が第 28 条の 21 の規定により役員となることができない者に該当するに至った場合において推進機関がその役員を解任しないとき，又は推進機関が前項の規定による命令に従わなかったときは，当該役員を解任することができる．

（役員の兼職禁止）

第 28 条の 24　役員は，営利を目的とする団体の役員となり，又は自ら営利事業に従事してはならない．ただし，経済産業大臣の承認を受けたときは，この限りでない．

（監事の兼職禁止）

第 28 条の 25　監事は，理事長，理事，評議員又は推進機関の職員を兼ねてはならない．

（代表権の制限）

第 28 条の 26　推進機関と理事長又は理事との利益が相反する事項については，これらの者は，代表権を有しない．この場合には，監事が推進機関を代表する．

（評議員会）

第 28 条の 27　推進機関に，その運営に関する重要事項を審議する機関として，評議員会を置く．

2　評議員会は，評議員 20 人以内で組織する．

3　評議員は，電気事業について学識経験を有する者のうちから，経済産業大臣の認可を受けて，理事長が任命する．

（職員の任命）

第 28 条の 28　推進機関の職員は，理事長が任命する．

（役員及び職員等の秘密保持義務）

第 28 条の 29　推進機関の役員若しくは職員若しくは評議員又はこれらの職にあった者は，その職務に関して知り得た秘密を漏らし，又は盗用してはならない．

2　推進機関の役員若しくは職員若しくは評議員又はこれらの職にあった者は，その職務に関して知り得た情報を，推進機関の業務の用に供する目的以外に利用してはならない．

（役員及び職員等の地位）

第 28 条の 30　推進機関の役員及び職員並びに評議員は，刑法（明治 40 年法律第 45 号）その他の罰則の適用については，法令により公務に従事する職員とみなす．

第 5 目　総会

（総会の招集）

第 28 条の 31　理事長は，定款で定めるところにより，毎事業年度 1 回通常総会を招集しなければならない．

2　理事長は，必要があると認めるときは，臨時総会を招集することができる．

（指名職員の会議への出席）

第 28 条の 32　経済産業大臣が指名するその職員は，総会に出席し，意見を述べることができる．

（総会の決議事項）

第28条の33　この法律に特別の定めがあるもののほか，次に掲げる事項は，総会の決議を経なければならない．

一　定款の変更

二　予算の決定又は変更

三　業務規程の変更

四　決算

五　前各号に掲げるもののほか，定款で定める事項

（総会の議事）

第28条の34　総会の議事は，総会員の半数以上が出席し，その議決権の過半数で決し，可否同数のときは，議長の決するところによる．ただし，前条第一号及び第三号の議事は，出席した会員の議決権の2/3以上の多数で決する．

（臨時総会）

第28条の35　総会員の1/5以上から会議の目的である事項を示して請求があったときは，理事長は，臨時総会を招集しなければならない．ただし，総会員の1/5の割合については，定款でこれと異なる割合を定めることができる．

（総会の招集）

第28条の36　総会の招集の通知は，総会の日より少なくとも5日前に，その会議の目的である事項を示し，定款で定めた方法に従ってしなければならない．

（総会の決議事項）

第28条の37　総会においては，前条の規定によりあらかじめ通知をした事項についてのみ，決議をすることができる．ただし，定款に別段の定めがあるときは，この限りでない．

（会員の議決権）

第28条の38　各会員の議決権は，平等とする．

2　総会に出席しない会員は，書面又は代理人をもって，議決権を行使することができる．

3　前2項の規定は，定款に別段の定めがある場合には，適用しない．

（議決権のない場合）

第28条の39　推進機関と特定の会員との関係について議決をする場合には，その会員は，議決権を有しない．

第6目　業務

（業務）

第28条の40　推進機関は，第28条の4の目的を達成するため，次に掲げる業務を行う．

一　会員が営む電気事業に係る電気の需給の状況の監視を行うこと．

二　第28条の44第1項の規定による指示を行うこと．

三　送配電等業務（一般送配電事業者，送電事業者及び配電事業者が行う託送供給の業務その他の変電，送電及び配電に係る業務をいう．以下この項において同じ．）の実施に関する基本的な指針（以下この節において「送配電等業務指針」という．）を策定すること．

四　第29条第2項（同条第4項において準用する場合を含む．）の規定による検討及び送付を行うこと．

四の二　第33条の2第3項の規定による検討及び送付を行うこと．

五　入札の実施その他の方法により発電等用電気工作物を維持し，及び運用する者その他の

供給能力を有する者を募集する業務その他の供給能力の確保を促進するための業務を行うこと.

五の二　第97条第1項の卸電力取引所から第99条の8の規定による納付を受け，変電用，送電用及び配電用の電気工作物の整備及び更新に関する費用の一部に充てるための交付金を交付すること.

五の三　前号に掲げる業務（第28条の48第1項，第28条の52第一号及び第99条の8において「広域系統整備交付金交付業務」という.）を実施するため，同項に規定する広域系統整備計画を策定すること.

六　送配電等業務の円滑な実施その他の電気の安定供給の確保のため必要な電気供給事業者に対する指導，勧告その他の業務を行うこと.

七　送配電等業務についての電気供給事業者からの苦情の処理及び紛争の解決を行うこと.

八　送配電等業務に関する情報提供及び連絡調整を行うこと.

八の二　再生可能エネルギー電気特措法第2条の2第3項，第15条の2第1項及び第28条第2項の規定による交付金の交付並びに再生可能エネルギー電気特措法第31条第1項及び第38条第1項の規定による納付金の徴収を行うこと.

八の三　再生可能エネルギー電気特措法第15条の13の規定による解体等積立金の管理を行うこと.

九　前各号に掲げる業務に附帯する業務を行うこと.

十　前各号に掲げるもののほか,第28条の4の目的を達成するために必要な業務を行うこと.

2　推進機関は，前項各号に掲げる業務のほか，電気事業の広域的な運営の推進に資するため，次に掲げる業務を行うことができる.

一　電気工作物の災害その他の事由による被害からの復旧に関する費用の一部に充てるための交付金を交付すること.

二　再生可能エネルギー電気特措法第7条第10項の規定による入札を実施すること.

3　推進機関は，前2項に規定する業務の実施に当たっては，エネルギー政策基本法（平成14年法律第71号）第12条第1項に規定するエネルギー基本計画その他のエネルギーの需給に関する施策の内容について配慮しなければならない.

（業務規程）

**第28条の41**　推進機関の業務規程には，業務及びその執行に関する事項その他の経済産業省令で定める事項を記載しなければならない.

2　前項の業務及びその執行に関する事項には，第28条の44第1項の規定による指示があった場合において，当事者である会員が支払い，又は受領すべき金額その他指示の実施に関し必要な事項が含まれていなければならない.

3　推進機関は，業務規程を変更しようとするときは，経済産業大臣の認可を受けなければならない.

（報告又は資料の提出）

**第28条の42**　推進機関は，その業務を行うため必要があるときは，その会員に対し，報告又は資料の提出を求めることができる.

2　前項の規定により報告又は資料の提出を求められた会員は，遅滞なく，報告又は資料の提出をしなければならない.

3　経済産業大臣は，推進機関から要請があった場合において，推進機関が業務を行うため特に必要があると認めるときは，推進機関に対し，資料（この法律の実施に関し経済産業大臣が保有する情報に係るものに限る.）を交付し，又はこれを閲覧させることができる.

（情報の提供義務）

第28条の43　会員は，業務規程で定めるところにより，推進機関に対し，常時その維持し，及び運用する発電用の事業用電気工作物の発電に係る電気又は蓄電用の事業用電気工作物の放電に係る電気の量に係る情報，その供給する電気の周波数の値に係る情報その他の推進機関が行う第28条の40第1項第一号に掲げる業務の遂行に必要な情報として業務規程で定めるものを提供しなければならない.

（推進機関の指示）

第28条の44　推進機関は，小売電気事業者である会員が営む小売電気事業，一般送配電事業者である会員が営む一般送配電事業，配電事業者である会員が営む配電事業又は特定送配電事業者である会員が営む特定送配電事業に係る電気の需給の状況が悪化し，又は悪化するおそれがある場合において，当該電気の需給の状況を改善する必要があると認めるときは，業務規程で定めるところにより，会員に対し，次に掲げる事項を指示することができる．ただし，第一号に掲げる事項は送電事業者である会員に対して，第二号に掲げる事項は小売電気事業者である会員，発電事業者である会員及び特定卸供給事業者である会員に対して，第三号に掲げる事項は送電事業者である会員，発電事業者である会員及び特定卸供給事業者である会員に対しては，指示することができない.

一　当該電気の需給の状況の悪化に係る会員に電気を供給すること.

二　小売電気事業者である会員，一般送配電事業者である会員，配電事業者である会員又は特定送配電事業者である会員に振替供給を行うこと.

三　会員から電気の供給を受けること.

四　会員に電気工作物を貸し渡し，若しくは会員から電気工作物を借り受け，又は会員と電気工作物を共用すること.

五　前各号に掲げるもののほか，当該電気の需給の状況を改善するために必要な措置をとること.

2　推進機関は，前項の規定による指示をしたときは，直ちに，その指示の内容その他の経済産業省令で定める事項を経済産業大臣に報告しなければならない.

3　推進機関は，第1項の規定による指示を受けた会員が正当な理由がなくてその指示に係る措置をとっていないと認めるときは，直ちに，その旨を経済産業大臣に報告しなければならない.

（送配電等業務指針）

第28条の45　送配電等業務指針には，次に掲げる事項を定めるものとする.

一　一般送配電事業者が維持し，及び運用する電線路の能力の向上に関する事項

二　発電等用電気工作物と一般送配電事業者が維持し，及び運用する電線路との電気的な接続に関する事項

三　その他経済産業省令で定める事項

（送配電等業務指針の認可）

第28条の46　送配電等業務指針は，経済産業大臣の認可を受けなければその効力を生じない．その変更（経済産業省令で定める軽微な事項に係るものを除く.）についても，同様とする.

2　経済産業大臣は，前項の認可の申請に係る送配電等業務指針が次の各号のいずれにも適合していると認めるときでなければ，同項の認可をしてはならない.

一　内容が法令に違反しないこと.

二　策定又は変更の手続が法令及び定款に違反しないこと．

三　不当に差別的でないこと．

3　経済産業大臣は，送配電等業務指針が前項各号のいずれかに適合しなくなったと認めるときは，推進機関に対してその送配電等業務指針を変更すべきことを命じなければならない．

4　推進機関は，第 1 項の経済産業省令で定める軽微な事項に係る変更をしたときは，遅滞なく，その変更した送配電等業務指針を経済産業大臣に届け出なければならない．

（電気供給事業者の責務）

**第 28 条の 47**　電気供給事業者は，推進機関が行う第 28 条の 40 第 1 項第五号に掲げる業務に関して推進機関との間で供給能力を確保することに関する契約を締結しているときは，当該契約を遵守するよう努めなければならない．

（広域系統整備計画）

**第 28 条の 48**　推進機関は，広域系統整備交付金交付業務を実施するため，電気事業の広域的運営を推進するために特に必要な電線路その他の変電用，送電用及び配電用の電気工作物の整備及び更新に関する計画（以下この条及び第 29 条第 2 項において「広域系統整備計画」という．）を策定し，経済産業大臣に届け出なければならない．

2　広域系統整備計画においては，次に掲げる事項を定めるものとする．

一　整備又は更新をしようとする電線路その他の経済産業省令で定める電気工作物

二　前号の電気工作物に係る整備又は更新の方法

三　第一号の電気工作物に係る整備又は更新に関する費用の概算額及びその負担の方法

四　その他経済産業省令で定める事項

3　推進機関は，第 1 項の規定による届出をした広域系統整備計画を変更するときは，あらかじめ，経済産業大臣に届け出なければならない．ただし，経済産業省令で定める軽微な事項に係る変更をするときは，この限りでない．

4　経済産業大臣は，第 1 項又は前項本文の規定による届出のあった広域系統整備計画が次の各号のいずれかに適合していないと認めるときは，推進機関に対し，相当の期限を定め，当該広域系統整備計画を変更すべきことを命ずることができる．

一　届出に係る電気工作物の整備又は更新をすることが電気の需給の状況及びその見通しに照らし必要かつ適切と認められること．

二　円滑かつ確実に実施されると見込まれるものであること．

三　不当に差別的でないこと．

四　届出に係る費用の概算額の算定方法及びその負担の方法が経済産業省令で定める基準に適合すること．

5　推進機関は，第 3 項ただし書の経済産業省令で定める軽微な事項に係る変更をしたときは，遅滞なく，その変更をした広域系統整備計画を経済産業大臣に届け出なければならない．

### 第 7 目　財務及び会計

（事業年度）

**第 28 条の 49**　推進機関の事業年度は，4 月 1 日から翌年 3 月 31 日までとする．ただし，推進機関の成立の日を含む事業年度は，その成立の日からその後最初の 3 月 31 日までとする．

（予算等の認可）

**第 28 条の 50**　推進機関は，毎事業年度，予算及び事業計画を作成し，当該事業年度の開始前に（推進機関の成立の日を含む事業年度にあっては，成立後遅滞なく），経済産業大臣の認可を受けなければならない．これを変更しようとするときも，同様とする．

（財務諸表等の提出）

第28条の51　推進機関は，事業年度（推進機関の成立の日を含む事業年度を除く.）の開始の日から3月以内に，経済産業省令で定めるところにより，前事業年度の財産目録，貸借対照表，損益計算書，事業報告書及び決算報告書（以下この条において「財務諸表等」という.）を作成し，これを経済産業大臣に提出し，その承認を受けなければならない.

2　推進機関は，前項の規定により財務諸表等を経済産業大臣に提出するときは，これに財務諸表等に関する監事の意見書を添付しなければならない.

3　推進機関は，第1項の規定による経済産業大臣の承認を受けた財務諸表等を推進機関の事務所に備えて置き，公衆の縦覧に供しなければならない.

（区分経理）

第28条の52　推進機関は，次に掲げる業務に係る経理をそれぞれ区分して整理しなければならない.

一　広域系統整備交付金交付業務

二　第28条の40第1項第八号の二に掲げる業務

三　第28条の40第1項第八号の三に掲げる業務

四　第28条の40第2項第一号に掲げる業務

五　第28条の40第2項第二号に掲げる業務

六　前各号に掲げる業務以外の業務

（借入金及び広域的運営推進機関債）

第28条の53　推進機関は，経済産業大臣の認可を受けて，金融機関その他の者から資金の借入れ（借換えを含む.）をし，又は広域的運営推進機関債（以下この条及び次条において「機関債」という.）の発行（機関債の借換えのための発行を含む.）をすることができる．この場合において，推進機関は，機関債の債券を発行することができる.

2　経済産業大臣は，前項の認可をするときは，あらかじめ，財務大臣に協議しなければならない.

3　第1項の規定による借入金の現在額及び同項の規定により発行する機関債の元本に係る債務の現在額の合計額は，政令で定める額を超えることとなってはならない.

4　機関債の債権者は，推進機関の財産について他の債権者に先立って自己の債権の弁済を受ける権利を有する.

5　前項の先取特権の順位は，民法（明治29年法律第89号）の規定による一般の先取特権に次ぐものとする.

6　推進機関は，経済産業大臣の認可を受けて，機関債の発行に関する事務の全部又は一部を銀行又は信託会社に委託することができる.

7　会社法第705条第1項及び第2項並びに第709条の規定は，前項の規定により委託を受けた銀行又は信託会社について準用する.

8　第1項，第2項及び第4項から前項までに定めるもののほか，機関債に関し必要な事項は，政令で定める.

（政府保証）

第28条の54　政府は，法人に対する政府の財政援助の制限に関する法律（昭和21年法律第24号）第3条の規定にかかわらず，国会の議決を経た金額の範囲内において，推進機関の前条第1項の借入れ又は機関債に係る債務（第28条の40第1項第五号又は第八号の二に掲げる業務に係るものに限る.）の保証をすることができる.

（余裕金の運用）

第 28 条の 55　推進機関は，次の方法によるほか，業務上の余裕金を運用してはならない．

一　国債その他経済産業大臣の指定する有価証券の保有

二　経済産業大臣の指定する金融機関への預金

三　その他経済産業省令で定める方法

（経済産業省令への委任）

第 28 条の 56　この法律で規定するもののほか，推進機関の財務及び会計に関し必要な事項は，経済産業省令で定める．

第 8 目　監督

（監督命令）

第 28 条の 57　経済産業大臣は，この法律を施行するため必要があると認めるときは，推進機関に対し，定款又は業務規程の変更その他その業務に関して監督上必要な命令をすることができる．

第 9 目　雑則

（解散）

第 28 条の 58　推進機関の解散については，別に法律で定める．

第 4 款　供給計画

第 29 条　電気事業者は，経済産業省令で定めるところにより，毎年度，当該年度以降経済産業省令で定める期間における電気の供給並びに電気工作物の設置及び運用についての計画（以下「供給計画」という．）を作成し，当該年度の開始前に（電気事業者となった日を含む年度にあっては，電気事業者となった後遅滞なく），推進機関を経由して経済産業大臣に届け出なければならない．

2　推進機関は，前項の規定により電気事業者から供給計画を受け取ったときは，経済産業省令で定めるところにより，これを取りまとめ，送配電等業務指針，広域系統整備計画及びその業務の実施を通じて得られた知見に照らして検討するとともに，意見（供給能力の確保のために必要な措置に関するものを含む．）があるときは当該意見を付して，当該年度の開始前に（当該年度に電気事業者となった者に係る供給計画にあっては，速やかに），経済産業大臣に送付しなければならない．

3　電気事業者は，供給計画を変更したときは，遅滞なく，変更した事項を推進機関を経由して経済産業大臣に届け出なければならない．

4　第 2 項の規定は，前項の場合に準用する．この場合において，第 2 項中「これを取りまとめ，」とあるのは「これを」と，「当該年度の開始前に（当該年度に電気事業者となった者に係る供給計画にあっては，速やかに）」とあるのは「速やかに」と読み替えるものとする．

5　経済産業大臣は，第 2 項（前項において準用する場合を含む．）の規定による推進機関の意見を踏まえ，供給計画が広域的運営による電気の安定供給の確保その他の電気事業の総合的かつ合理的な発達を図るため適切でないと認めるときは，電気事業者に対し，その供給計画を変更すべきことを勧告することができる．

6　経済産業大臣は，前項の規定による勧告をした場合において特に必要があり，かつ，適切であると認めるときは，電気事業者に対し，次に掲げる事項を命ずることができる．ただし，第一号に掲げる事項は送電事業者に対して，第二号に掲げる事項は小売電気事業者，発電事業者及び特定卸供給事業者に対して，第三号に掲げる事項は送電事業者，発電事業者及び特定卸供給事業者に対しては，命ずることができない．

一　小売電気事業者，一般送配電事業者，配電事業者又は特定送配電事業者に電気を供給すること．

二　振替供給を行うこと．

三　電気の供給を受けること．

四　電気事業者に電気工作物を貸し渡し，若しくは電気事業者から電気工作物を借り受け，又は電気事業者と電気工作物を共用すること．

五　前各号に掲げるもののほか，広域的運営を図るために必要な措置として経済産業省令で定めるものをとること．

**第30条**　削除

**第5款　災害等への対応**

（供給命令等）

**第31条**　経済産業大臣は，電気の安定供給の確保に支障が生じ，又は生ずるおそれがある場合において公共の利益を確保するため特に必要があり，かつ，適切であると認めるときは電気事業者に対し，次に掲げる事項を命ずることができる．ただし，第一号に掲げる事項は送電事業者に対して，第二号に掲げる事項は小売電気事業者，発電事業者及び特定卸供給事業者に対して，第三号に掲げる事項は送電事業者，発電事業者及び特定卸供給事業者に対しては，命ずることができない．

一　小売電気事業者，一般送配電事業者，配電事業者又は特定送配電事業者に電気を供給すること．

二　小売電気事業者，一般送配電事業者，配電事業者又は特定送配電事業者に振替供給を行うこと．

三　電気事業者から電気の供給を受けること．

四　電気事業者に電気工作物を貸し渡し，若しくは電気事業者から電気工作物を借り受け，又は電気事業者と電気工作物を共用すること．

五　前各号に掲げるもののほか，広域的運営による電気の安定供給の確保を図るために必要な措置をとること．

2　経済産業大臣は，前項に規定する措置を講じてもなお電気の安定供給を確保することが困難であると認められる場合において公共の利益を確保するため特に必要があり，かつ，適切であると認めるときは，特定自家用電気工作物設置者に対し，小売電気事業者に電気を供給することその他の電気の安定供給を確保するために必要な措置をとるべきことを勧告することができる．

3　経済産業大臣は，前項の規定による勧告をした場合において，当該勧告を受けた者が，正当な理由がなく，その勧告に従わなかったときは，その旨を公表することができる．

4　経済産業大臣は，第1項又は第2項の措置を講じたときは，直ちに，その措置の内容を推進機関に通知するものとする．

5　第1項の規定による命令又は第2項の規定による勧告があった場合において，当事者が支払い，又は受領すべき金額その他命令又は勧告の実施に関し必要な細目は，当事者間の協議により定める．

**第32条**　第25条第2項から第5項までの規定は，前条第5項の協議に準用する．

**第33条**　前条において準用する第25条第2項の裁定のうち当事者が支払い，又は受領すべき金額について不服のある者は，その裁定の通知を受けた日から6月以内に，訴えをもってその金額の増減を請求することができる．

2　前項の訴えにおいては，他の当事者を被告する．
3　前条において準用する第 25 条第 2 項の裁定についての審査請求においては，当事者が支払い，又は受領すべき金額についての不服をその裁定についての不服の理由とすることができない．

（災害時連携計画）

第 33 条の 2　一般送配電事業者は，共同して，経済産業省令で定めるところにより，災害その他の事由による事故により電気の安定供給の確保に支障が生ずる場合に備えるための一般送配電事業者相互の連携に関する計画（以下この条において「災害時連携計画」という.）を作成し，推進機関を経由して経済産業大臣に届け出なければならない．これを変更したときも，同様とする．
2　災害時連携計画においては，次に掲げる事項を定めるものとする．
　一　一般送配電事業者相互の連絡に関する事項
　二　一般送配電事業者による従業者及び電源車の派遣及び運用に関する事項
　三　迅速な復旧に資する電気工作物の仕様の共通化に関する事項
　四　その他経済産業省令で定める事項
3　推進機関は，第 1 項の規定により一般送配電事業者から災害時連携計画を受け取ったときは，送配電等業務指針及びその業務の実施を通じて得られた知見に照らして検討するとともに，意見があるときは当該意見を付して，速やかに，経済産業大臣に送付しなければならない．
4　経済産業大臣は，第 1 項の規定による届出があった場合において，その届出に係る災害時連携計画の内容が次の各号のいずれかに適合しないと認めるときは，その届出をした一般送配電事業者に対し，相当の期限を定め，その届出に係る災害時連携計画を変更すべきことを勧告することができる．
　一　災害その他の事由による事故の発生により特定の供給区域における電気の供給に支障が生じ，又は生ずるおそれがある場合においてその供給区域における電気の安定供給を確保するために必要かつ適切なものであること．
　二　その届出をした一般送配電事業者のうち特定の者について不当に差別的でないこと．
　三　電気の使用者の利益又は一般送配電事業者から電気の供給を受ける者の利益を不当に害するおそれがないこと．
5　経済産業大臣は，一般送配電事業者が，正当な理由がなく，第 1 項の規定による届出に係る災害時連携計画を実施していないため，電気の安定供給の確保に支障が生じ，又は生ずるおそれがあると認めるときは，当該一般送配電事業者に対し，当該災害時連携計画を実施すべきことを勧告することができる．

（燃料調達の要請）

第 33 条の 3　経済産業大臣は，電気の安定供給の確保に支障が生じ，又は生ずるおそれがある場合において，発電の用に供する燃料（原油，石油ガス，可燃性天然ガス及び石炭並びにこれらから製造される製品であって経済産業省令で定めるものに限る．次条において同じ.）の調達が特に必要であり，かつ，独立行政法人エネルギー・金属鉱物資源機構以外の者による調達を困難とする特別の事情があると認めるときは，独立行政法人石油天然ガス・金属鉱物資源機構に対し，当該燃料の調達を要請することができる．

（独立行政法人エネルギー・金属鉱物資源機構による推進機関への情報提供）

第 33 条の 4　独立行政法人エネルギー・金属鉱物資源機構は，推進機関の依頼に応じて，第 28 条の 40 第 1 項第一号又は第二号に掲げる業務の適確な実施に資するよう，発電の用に供する燃料に関する情報の提供を行うものとする.

(情報の提供の求め等)

第34条　経済産業大臣は，電気の安定供給の確保に支障が生ずることにより，国民の生命，身体又は財産に重大な被害が生じ，又は生ずるおそれがある緊急の事態への対処又は当該事態の発生の防止のため必要があると認める場合には，一般送配電事業者又は配電事業者に対し，関係行政機関又は地方公共団体の長に対して必要な情報を提供することを求めることができる.

2　一般送配電事業者又は配電事業者は，経済産業大臣から前項の規定による求めがあったときは，正当な理由がない限り，速やかに，その求めに応じなければならない.

3　前項の場合には，当該一般送配電事業者又は配電事業者については，第23条第1項（第一号に係る部分に限り，第27条の12の13において準用する場合を含む．第37条の3第1項において同じ.）の規定は，適用しない.

第6款　電気の使用制限等

第34条の2　経済産業大臣は，電気の需給の調整を行わなければ電気の供給の不足が国民経済及び国民生活に悪影響を及ぼし，公共の利益を阻害するおそれがあると認められるときは，その事態を克服するため必要な限度において，政令で定めるところにより，使用電力量の限度，使用最大電力の限度，用途若しくは使用を停止すべき日時を定めて，小売電気事業者，一般送配電事業者若しくは登録特定送配電事業者（以下この条において「小売電気事業者等」という.）から電気の供給を受ける者に対し，小売電気事業者等の供給する電気の使用を制限すべきこと又は受電電力の容量の限度を定めて，小売電気事業者等から電気の供給を受ける者に対し，小売電気事業者等からの受電を制限すべきことを命じ，又は勧告することができる.

2　経済産業大臣は，前項の規定の施行に必要な限度において，政令で定めるところにより，小売電気事業者等から電気の供給を受ける者に対し，小売電気事業者等が供給する電気の使用の状況その他必要な事項について報告を求めることができる.

## 第8節　あっせん及び仲裁

(あっせん)

第35条　電気供給事業者間において，電力の取引に係る契約その他の取決めであって政令で定めるもの（以下この項及び次条第1項において「契約等」という.）について，一方が契約等の締結を申し入れたにもかかわらず他の一方が協議に応じず，若しくは協議が調わないとき，又は契約等の締結に関し，当事者が取得し，若しくは負担すべき金額，条件その他の細目について当事者間の協議が調わないときは，当事者は，電力・ガス取引監視等委員会（以下この節において「委員会」という.）に対し，あっせんを申請することができる．ただし，当事者が第25条第2項（第27条の12の13及び第32条において準用する場合を含む.）の規定による裁定の申請又は次条第1項の規定による仲裁の申請をした後は，この限りでない.

2　委員会は，事件がその性質上あっせんをするのに適当でないと認めるとき，又は当事者が不当な目的でみだりにあっせんの申請をしたと認めるときを除き，あっせんを行うものとする.

3　委員会によるあっせんは，委員会の委員その他の職員（委員会があらかじめ指定する者に限る．次条第3項において同じ.）のうちから委員会が事件ごとに指名するあっせん委員が行う.

4　あっせん委員は，当事者間をあっせんし，双方の主張の要点を確かめ，事件が解決されるように努めなければならない．

5　あっせん委員は，当事者から意見を聴取し，又は当事者に対し報告を求め，事件の解決に必要なあっせん案を作成し，これを当事者に提示することができる．

6　あっせん委員は，あっせん中の事件について，当事者が第 25 条第 2 項（第 27 条の 12 の 13 及び第 32 条において準用する場合を含む．）の規定による裁定の申請又は次条第 1 項の規定による仲裁の申請をしたときは，当該あっせんを打ち切るものとする．

（仲裁）

**第 36 条**　電気供給事業者間において，契約等の締結に関し，当事者が取得し，又は負担すべき金額，条件その他の細目について当事者間の協議が調わないときは，当事者の双方は，委員会に対し，仲裁を申請することができる．ただし，当事者が第 25 条第 2 項（第 27 条の 12 の 13 及び第 32 条において準用する場合を含む．）の規定による裁定の申請をした後は，この限りでない．

2　委員会による仲裁は，3 人の仲裁委員が行う．

3　仲裁委員は，委員会の委員その他の職員のうちから当事者が合意によって選定した者につき，委員会が指名する．ただし，当事者の合意による選定がなされなかったときは，委員会の委員その他の職員のうちから委員会が指名する．

4　仲裁については，この条に別段の定めがある場合を除いて，仲裁委員を仲裁人とみなして，仲裁法（平成 15 年法律第 138 号）の規定を準用する．

（申請の経由）

**第 37 条**　この節の規定により委員会に対してするあっせん又は仲裁の申請は，経済産業大臣を経由してしなければならない．

（政令への委任）

**第 37 条の 2**　この節に規定するもののほか，あっせん及び仲裁の手続に関し必要な事項は，政令で定める．

## 第 2 章の 2　電気使用者情報の利用及び提供

（電気使用者情報の提供の禁止の例外）

**第 37 条の 3**　第 23 条第 1 項の規定にかかわらず，一般送配電事業者又は配電事業者は，認定電気使用者情報利用者等協会（次条の規定による認定を受けた者をいう．以下同じ．）に対し，同項第一号の電気の使用者に関する情報（同号の経済産業省令で定めるものを除く．以下「電気使用者情報」という．）を提供することができる．

2　前項の規定は，電気使用者情報の提供を制限する他の法律の規定の適用を妨げるものではない．

（認定電気使用者情報利用者等協会の認定）

**第 37 条の 4**　経済産業大臣は，経済産業省令で定めるところにより，電気使用者情報を利用しようとする者並びに前条第 1 項の規定により電気使用者情報を提供しようとする一般送配電事業者及び配電事業者（第二号において「電気使用者情報利用者等」という．）が設立した一般社団法人であって，次に掲げる基準に適合すると認められるものを，その申請により，次条に規定する業務（以下この章において「情報利用等適正化業務」という．）を行う者として認定することができる．

一　社員（以下この章において「会員」という．）による電気使用者情報の利用及び提供の適正化を図ることにより電気供給事業者間の適正な競争関係の確保に資することを目的とすること．

二　電気使用者情報利用者等を会員に含む旨の定款の定めがあること．

三　情報利用等適正化業務の適確な実施のために必要な業務の方法を定めているものであること．

四　情報利用等適正化業務を適確に行うに足りる知識及び能力並びに財産的基礎を有するものであること．

（認定電気使用者情報利用者等協会の業務）

**第37条の5**　認定電気使用者情報利用者等協会は，次に掲げる業務を行うものとする．

一　一般送配電事業者又は配電事業者が第37条の3第1項の規定により提供した電気使用者情報を会員に提供する業務

二　会員が電気使用者情報の利用及び提供をするに当たり，この法律その他の法令の規定及び第四号の規則を遵守させるための会員に対する指導，勧告その他の業務

三　会員の行う電気使用者情報の利用及び提供の適正化を図るために必要な指導，勧告その他の業務

四　会員の行う電気使用者情報の利用及び提供の適正化並びにその取り扱う情報の適正な取扱い及び安全な管理のために必要な規則の制定

五　会員のこの法律若しくはこの法律に基づく命令若しくは処分又は前号の規則の遵守の状況の調査

六　会員の行う電気使用者情報の利用及び提供の適正化を図るために必要な情報の収集，整理及び提供

七　電気使用者情報の利用及び提供に関する電気供給事業者及び電気の使用者からの苦情の処理

八　電気の使用者に対する広報

九　前各号に掲げる業務に附帯する業務

十　前各号に掲げるもののほか，電気使用者情報の利用及び提供に関し，電気供給事業者間の適正な競争関係の確保に資する業務

（会員名簿の縦覧等）

**第37条の6**　認定電気使用者情報利用者等協会は，会員名簿を公衆の縦覧に供しなければならない．

2　認定電気使用者情報利用者等協会でない者は，その名称中に，認定電気使用者情報利用者等協会と誤認されるおそれのある文字を用いてはならない．

3　認定電気使用者情報利用者等協会の会員でない者は，その名称中に，認定電気使用者情報利用者等協会の会員と誤認されるおそれのある文字を用いてはならない．

（電気供給事業者及び電気の使用者からの苦情に関する対応）

**第37条の7**　認定電気使用者情報利用者等協会は，電気供給事業者及び電気の使用者から会員の行う電気使用者情報の利用及び提供に関する苦情について解決の申出があったときは，その相談に応じ，申出人に必要な助言をし，その苦情に係る事情を調査するとともに，当該会員に対しその苦情の内容を通知してその迅速な処理を求めなければならない．

2　認定電気使用者情報利用者等協会は，前項の申出に係る苦情の解決について必要があると認めるときは，当該会員に対し，文書若しくは口頭による説明を求め，又は資料の提出を求めることができる．

3　会員は，認定電気使用者情報利用者等協会から前項の規定による求めがあったときは，正当な理由がないのに，これを拒んではならない.
4　認定電気使用者情報利用者等協会は，第 1 項の申出，苦情に係る事情及びその解決の結果について会員に周知させなければならない.

（認定電気使用者情報利用者等協会への報告等）

第 37 条の 8　会員は，他の会員が行った電気使用者情報の利用及び提供に関し，電気供給事業者間の適正な競争関係を確保するために必要な情報として経済産業省令で定めるものを取得したときは，これを認定電気使用者情報利用者等協会に報告しなければならない.
2　認定電気使用者情報利用者等協会は，その保有する前項に規定する情報について会員から提供の請求があったときは，正当な理由がある場合を除き，当該情報を提供しなければならない.

（目的外利用の禁止）

第 37 条の 9　認定電気使用者情報利用者等協会の役員若しくは職員又はこれらの職にあった者は，その職務に関して知り得た情報を，情報利用等適正化業務の用に供する目的以外に利用してはならない.

（定款の必要的記載事項）

第 37 条の 10　認定電気使用者情報利用者等協会は，その定款において，一般社団法人及び一般財団法人に関する法律第 11 条第 1 項各号に掲げる事項及び第 37 条の 4 第二号に規定する定款の定めのほか，この法律若しくはこの法律に基づく命令の規定又は第 37 条の 5 第四号の規則に違反した会員に対し，定款で定める会員の権利の停止若しくは制限を命じ，又は除名する旨を定めなければならない.

（認定電気使用者情報利用者等協会に対する監督）

第 37 条の 11　経済産業大臣は，情報利用等適正化業務の運営に関し改善が必要であると認めるときは，この法律の施行に必要な限度において，認定電気使用者情報利用者等協会に対し，その改善に必要な措置をとるべきことを命ずることができる.
2　経済産業大臣は，情報利用等適正化業務の運営がこの法律又はこの法律に基づく命令の規定に違反したときは，認定電気使用者情報利用者等協会の認定を取り消し，又は 6 月以内の期間を定めて情報利用等適正化業務の全部若しくは一部の停止を命ずることができる.

（経済産業大臣による情報提供）

第 37 条の 12　経済産業大臣は，認定電気使用者情報利用者等協会の求めに応じ，認定電気使用者情報利用者等協会が情報利用等適正化業務を適正に行うために必要な限度において，会員又は会員になろうとする者に関する情報であって情報利用等適正化業務に資するものとして経済産業省令で定める情報を提供することができる.

# 第3章　電 気 工 作 物

## 第1節　定義

第 38 条　この法律において「一般用電気工作物」とは，次に掲げる電気工作物であって，構内（これに準ずる区域内を含む．以下同じ.）に設置するものをいう．ただし，小規模発電設備（低圧（経済産業省令で定める電圧以下の電圧をいう．第一号において同じ.）の電気に係る発電用の電気工作物であって，経済産業省令で定めるものをいう．以下同じ.）以外の発電用の電気工作物と同一の構内に設置するもの又は爆発性若しくは引火性の物が存在するため電気工作物による事故が発生するおそれが多い場所として，経済産業省令で定める場所に設置するものを除く．

一　電気を使用するための電気工作物であって，その低圧受電電線路（当該電気工作物を設置する場所と同一の構内において低圧の電気を他の者から受電し，又は他の者に受電させるための電線路をいう．次号ロ及び第3項第一号ロにおいて同じ．）以外の電線路によりその構内以外の場所にある電気工作物と電気的に接続されていないもの

二　小規模発電設備であって，次のいずれにも該当するもの

イ　出力が経済産業省令で定める出力未満のものであること．

ロ　低圧受電電線路以外の電線路によりその構内以外の場所にある電気工作物と電気的に接続されていないものであること．

三　前二号に掲げるものに準ずるものとして経済産業省令で定めるもの

2　この法律において「事業用電気工作物」とは，一般用電気工作物以外の電気工作物をいう．

3　この法律において「小規模事業用電気工作物」とは，事業用電気工作物のうち，次に掲げる電気工作物であって，構内に設置するものをいう．ただし，第1項ただし書に規定するものを除く．

一　小規模発電設備であって，次のいずれにも該当するもの

イ　出力が第1項第二号イの経済産業省令で定める出力以上のものであること．

ロ　低圧受電電線路以外の電線路によりその構内以外の場所にある電気工作物と電気的に接続されていないものであること．

二　前号に掲げるものに準ずるものとして経済産業省令で定めるもの

4　この法律において「自家用電気工作物」とは，次に掲げる事業の用に供する電気工作物及び一般用電気工作物以外の電気工作物をいう．

一　一般送配電事業

二　送電事業

三　配電事業

四　特定送配電事業

五　発電事業であって，その事業の用に供する発電等用電気工作物が主務省令で定める要件に該当するもの

## 第2節　事業用電気工作物

### 第1款　技術基準への適合

（事業用電気工作物の維持）

**第39条**　事業用電気工作物を設置する者は，事業用電気工作物を主務省令で定める技術基準に適合するように維持しなければならない．

2　前項の主務省令は，次に掲げるところによらなければならない．

一　事業用電気工作物は，人体に危害を及ぼし，又は物件に損傷を与えないようにすること．

二　事業用電気工作物は，他の電気的設備その他の物件の機能に電気的又は磁気的な障害を与えないようにすること．

三　事業用電気工作物の損壊により一般送配電事業者又は配電事業者の電気の供給に著しい支障を及ぼさないようにすること．

四　事業用電気工作物が一般送配電事業又は配電事業の用に供される場合にあっては，その事業用電気工作物の損壊によりその一般送配電事業又は配電事業に係る電気の供給に著しい支障を生じないようにすること．

（技術基準適合命令）

第 40 条　主務大臣は，事業用電気工作物が前条第 1 項の主務省令で定める技術基準に適合していないと認めるときは，事業用電気工作物を設置する者に対し，その技術基準に適合するように事業用電気工作物を修理し，改造し，若しくは移転し，若しくはその使用を一時停止すべきことを命じ，又はその使用を制限することができる．

（費用の負担等）

第 41 条　事業用電気工作物が他の者の電気的設備その他の物件の設置（政令で定めるものを除く．）により第 39 条第 1 項の主務省令で定める技術基準に適合しないこととなったときは，その技術基準に適合するようにするため必要な措置又はその措置に要する費用の負担の方法は，当事者間の協議により定める．ただし，その費用の負担の方法については，政令で定める場合は，政令で定めるところによる．

2　第 25 条第 2 項本文及び第 3 項から第 5 項まで並びに第 33 条の規定は，前項の協議をすることができず，又は協議が調わない場合に準用する．この場合において，第 25 条第 2 項本文，第 3 項及び第 4 項中「経済産業大臣」とあるのは，「主務大臣」と読み替えるものとする．

3　主務大臣は，前項において準用する第 25 条第 2 項本文の裁定をしようとするときは，政令で定めるところにより，あらかじめ関係大臣に協議しなければならない．

第 2 款　自主的な保安

（保安規程）

第 42 条　事業用電気工作物（小規模事業用電気工作物を除く．以下この款において同じ．）を設置する者は，事業用電気工作物の工事，維持及び運用に関する保安を確保するため，主務省令で定めるところにより，保安を一体的に確保することが必要な事業用電気工作物の組織ごとに保安規程を定め，当該組織における事業用電気工作物の使用（第 51 条第 1 項又は第 52 条第 1 項の自主検査を伴うものにあっては，その工事）の開始前に，主務大臣に届け出なければならない．

2　事業用電気工作物を設置する者は，保安規程を変更したときは，遅滞なく，変更した事項を主務大臣に届け出なければならない．

3　主務大臣は，事業用電気工作物の工事，維持及び運用に関する保安を確保するため必要があると認めるときは，事業用電気工作物を設置する者に対し，保安規程を変更すべきことを命ずることができる．

4　事業用電気工作物を設置する者及びその従業者は，保安規程を守らなければならない．

（主任技術者）

第 43 条　事業用電気工作物を設置する者は，事業用電気工作物の工事，維持及び運用に関する保安の監督をさせるため，主務省令で定めるところにより，主任技術者免状の交付を受けている者のうちから，主任技術者を選任しなければならない．

2　自家用電気工作物（小規模事業用電気工作物を除く．）を設置する者は，前項の規定にかかわらず，主務大臣の許可を受けて，主任技術者免状の交付を受けていない者を主任技術者として選任することができる．

3　事業用電気工作物を設置する者は，主任技術者を選任したとき（前項の許可を受けて選任した場合を除く．）は，遅滞なく，その旨を主務大臣に届け出なければならない．これを解任したときも，同様とする．

4　主任技術者は，事業用電気工作物の工事，維持及び運用に関する保安の監督の職務を誠実に行わなければならない．

5　事業用電気工作物の工事，維持又は運用に従事する者は，主任技術者がその保安のためにする指示に従わなければならない．

（主任技術者免状）

第 44 条　主任技術者免状の種類は，次のとおりとする．

一　第一種電気主任技術者免状

二　第二種電気主任技術者免状

三　第三種電気主任技術者免状

四　第一種ダム水路主任技術者免状

五　第二種ダム水路主任技術者免状

六　第一種ボイラー・タービン主任技術者免状

七　第二種ボイラー・タービン主任技術者免状

2　主任技術者免状は，次の各号のいずれかに該当する者に対し，経済産業大臣が交付する．

一　主任技術者免状の種類ごとに経済産業省令で定める学歴又は資格及び実務の経験を有する者

二　前項第一号から第三号までに掲げる種類の主任技術者免状にあっては，電気主任技術者試験に合格した者

3　経済産業大臣は，次の各号のいずれかに該当する者に対しては，主任技術者免状の交付を行わないことができる．

一　次項の規定により主任技術者免状の返納を命ぜられ，その日から 1 年を経過しない者

二　この法律又はこの法律に基づく命令の規定に違反し，罰金以上の刑に処せられ，その執行を終わり，又は執行を受けることがなくなった日から 2 年を経過しない者

4　経済産業大臣は，主任技術者免状の交付を受けている者がこの法律又はこの法律に基づく命令の規定に違反したときは，その主任技術者免状の返納を命ずることができる．

5　主任技術者免状の交付を受けている者が保安について監督をすることができる事業用電気工作物の工事，維持及び運用の範囲並びに主任技術者免状の交付に関する手続的事項は，経済産業省令で定める．

（免状交付事務の委託）

第 44 条の 2　経済産業大臣は，政令で定めるところにより，主任技術者免状（前条第 1 項第一号から第三号までに掲げる種類のものに限る．）に関する事務（主任技術者免状の返納に係る事務その他政令で定める事務を除く．以下「免状交付事務」という．）の全部又は一部を次条第 2 項の指定試験機関に委託することができる．

2　前項の規定により免状交付事務の委託を受けた指定試験機関の役員若しくは職員又はこれらの職にあった者は，当該委託に係る免状交付事務に関して知り得た秘密を漏らしてはならない．

（電気主任技術者試験）

第 45 条　電気主任技術者試験は，主任技術者免状の種類ごとに，事業用電気工作物の工事，維持及び運用の保安に関して必要な知識及び技能について，経済産業大臣が行う．

2　経済産業大臣は，その指定する者（以下「指定試験機関」という．）に，電気主任技術者試験の実施に関する事務（以下「試験事務」という．）を行わせることができる．

3　電気主任技術者試験の試験科目，受験手続その他電気主任技術者試験の実施細目は，経済産業省令で定める．

（小規模事業用電気工作物を設置する者の届出）

第 46 条　小規模事業用電気工作物を設置する者は，当該小規模事業用電気工作物の使用の開始前に，経済産業省令で定めるところにより，氏名又は名称及び住所その他経済産業省令で定める事項を記載した書類を添えて，その旨を経済産業大臣に届け出なければならない．ただし，経済産業省令で定める場合は，この限りでない．

2　前項の規定による届出をした者は，次の各号のいずれかに該当するときは，経済産業省令で定めるところにより，遅滞なく，その旨を経済産業大臣に届け出なければならない．

一　前項の事項を変更したとき．

二　前項の規定による届出に係る小規模事業用電気工作物が小規模事業用電気工作物でなくなったとき．

三　その他経済産業省令で定める場合に該当するとき．

第 3 款　環境影響評価に関する特例

（事業用電気工作物に係る環境影響評価）

第 46 条の 2　事業用電気工作物の設置又は変更の工事であって環境影響評価法（平成 9 年法律第 81 号）第 2 条第 2 項に規定する第一種事業又は同条第 3 項に規定する第二種事業に該当するものに係る同条第 1 項に規定する環境影響評価（以下「環境影響評価」という．）その他の手続については，同法及びこの款の定めるところによる．

（簡易な方法による環境影響評価）

第 46 条の 3　事業用電気工作物の設置又は変更の工事であって環境影響評価法第 2 条第 3 項に規定する第二種事業に該当するものをしようとする者は，同法第 4 条第 1 項前段の書面には，同項前段に規定する事項のほか，その工事について経済産業省令で定める簡易な方法により環境影響評価を行った結果を，経済産業省令で定めるところにより，記載しなければならない．

（方法書の作成）

第 46 条の 4　事業用電気工作物の設置又は変更の工事であって環境影響評価法第 2 条第 4 項に規定する対象事業に該当するもの（以下「特定対象事業」という．）をしようとする者（以下「特定事業者」という．）は，同法第 5 条第 1 項の環境影響評価方法書（以下「方法書」という．）には，同項第七号の規定にかかわらず，特定対象事業に係る環境影響評価の項目並びに調査，予測及び評価の手法を記載しなければならない．

（方法書の届出）

第 46 条の 5　特定事業者は，環境影響評価法第 6 条第 1 項の規定による送付をするときは，併せて方法書及びこれを要約した書類を経済産業大臣に届け出なければならない．

（方法書についての意見の概要等の届出等）

第 46 条の 6　特定事業者は，環境影響評価法第 9 条の書類には，同条に規定する事項のほか，同法第 8 条第 1 項の意見についての事業者の見解を記載しなければならない．

2　特定事業者は，環境影響評価法第 9 条の規定による送付をするときは，併せて同条の書類を経済産業大臣に届け出なければならない．

（方法書についての都道府県知事等の意見）

第 46 条の 7　環境影響評価法第 10 条第 1 項の都道府県知事の意見並びに同条第 4 項の政令で定める市の長及び同条第 5 項の都道府県知事の意見であって特定対象事業に係るものについては，これらの規定にかかわらず，事業者に替えて経済産業大臣に対し，これらの規定の意見として述べるものとする．

2　都道府県知事は，環境影響評価法第 10 条第 1 項の意見であって特定対象事業に係るものについては，同条第3項の規定によるほか，前条第1項の規定により同法第9条の書類に記載された事業者の見解に配慮しなければならない．

3　環境影響評価法第10条第4項の政令で定める市の長は，同項の意見であって特定対象事業に係るものについては，同条第6項の規定によるほか，前条第1項の規定により同法第9条の書類に記載された事業者の見解に配意しなければならない．

（方法書についての勧告）

第46条の8　経済産業大臣は，第46条の5の規定による方法書の届出があった場合において，環境影響評価法第10条第1項の都道府県知事の意見又は同条第4項の政令で定める市の長の意見及び同条第5項の都道府県知事の意見がある場合にはその意見を勘案するとともに，第46条の6第2項の規定による届出に係る同法第8条第1項の意見の概要及び当該意見についての事業者の見解に配意して，その方法書を審査し，その方法書に係る特定対象事業につき，環境の保全についての適正な配慮がなされることを確保するため必要があると認めるときは，第46条の5の規定による届出を受理した日から経済産業省令で定める期間内に限り，特定事業者に対し，その特定対象事業に係る環境影響評価の項目並びに調査，予測及び評価の手法について必要な勧告をすることができる．

2　経済産業大臣は，前項の規定による勧告をする必要がないと認めたときは，遅滞なく，その旨を特定事業者に通知しなければならない．

3　経済産業大臣は，第1項の規定による勧告又は前項の規定による通知を行うときは，併せて特定事業者に対し，環境影響評価法第10条第1項の書面又は同条第4項の書面及び同条第5項の書面がある場合にはその書面の写しを送付しなければならない．

（環境影響評価の項目等の選定）

第46条の9　特定事業者は，前条第1項の規定による勧告があったときは，環境影響評価法第11条第1項の規定による検討において，同項の規定により同法第10条第1項，第4項又は第5項の意見を勘案するとともに同法第8条第1項の意見に配意するほか，その勧告を踏まえて，当該検討を加えなければならない．

（準備書の作成）

第46条の10　特定事業者は，環境影響評価法第14条第1項の環境影響評価準備書（以下「準備書」という．）には，同項各号に掲げる事項のほか，第46条の8第1項の規定による勧告の内容を記載しなければならない．

（準備書の届出）

第46条の11　特定事業者は，環境影響評価法第15条の規定による送付をするときは，併せて準備書及びこれを要約した書類を経済産業大臣に届け出なければならない．

（準備書についての意見の概要等の届出）

第46条の12　特定事業者は，環境影響評価法第19条の規定による送付をするときは，併せて同条の書類を経済産業大臣に届け出なければならない．

（準備書についての関係都道府県知事等の意見）

第46条の13　環境影響評価法第20条第1項の関係都道府県知事の意見並びに同条第4項の政令で定める市の長及び同条第5項の関係都道府県知事の意見であって特定対象事業に係るものについては，これらの規定にかかわらず，事業者に替えて経済産業大臣に対し，これらの規定の意見として述べるものとする．

（準備書についての勧告）

第46条の14　経済産業大臣は，第46条の11の規定による準備書の届出があった場合において，環境影響評価法第 20 条第 1 項の関係都道府県知事の意見又は同条第 4 項の政令で定める市の長の意見及び同条第 5 項の関係都道府県知事の意見がある場合にはその意見を勘案するとともに，第 46 条の 12 の規定による届出に係る同法第 18 条第 1 項の意見の概要及び当該意見についての事業者の見解に配意して，その準備書を審査し，その準備書に係る特定対象事業につき，環境の保全についての適正な配慮がなされることを確保するため必要があると認めるときは，第 46 条の 11 の規定による届出を受理した日から経済産業省令で定める期間内に限り，特定事業者に対し，その特定対象事業に係る環境影響評価について必要な勧告をすることができる.

2　経済産業大臣は，前項の規定による審査をするときは，環境大臣の環境の保全の見地からの意見を聴かなければならない.

3　経済産業大臣は，第 1 項の規定による勧告をする必要がないと認めたときは，遅滞なく，その旨を特定事業者に通知しなければならない.

4　経済産業大臣は，第 1 項の規定による勧告又は前項の規定による通知を行うときは，併せて特定事業者に対し，環境影響評価法第 20 条第 1 項の書面又は同条第 4 項の書面及び同条第 5 項の書面がある場合にはその書面の写しを送付しなければならない.

（評価書の作成）

第 46 条の 15　特定事業者は，前条第 1 項の規定による勧告があったときは，環境影響評価法第 21 条第 1 項の規定による検討において，同項の規定により同法第 20 条第 1 項，第 4 項又は第 5 項の意見を勘案するとともに同法第 18 条第 1 項の意見に配意するほか，その勧告を踏まえて，当該検討を加えなければならない.

2　特定事業者は，環境影響評価法第 21 条第 2 項の環境影響評価書（以下「評価書」という.）には，同項各号に掲げる事項のほか，第 46 条の 8 第 1 項及び前条第 1 項の規定による勧告の内容を記載しなければならない.

（評価書の届出）

第 46 条の 16　特定事業者は，環境影響評価法第 21 条第 2 項の規定により評価書を作成したときは，その評価書を経済産業大臣に届け出なければならない．次条第 1 項の規定による命令があった場合において，これを変更したときも，同様とする.

（変更命令）

第 46 条の 17　経済産業大臣は，前条の規定による届出があった評価書に係る特定対象事業につき，環境の保全についての適正な配慮がなされることを確保するため特に必要があり，かつ，適切であると認めるときは，同条の規定による届出を受理した日から経済産業省令で定める期間内に限り，特定事業者に対し，相当の期限を定め，その届出に係る評価書を変更すべきことを命ずることができる.

2　経済産業大臣は，前項の規定による命令をする必要がないと認めたときは，遅滞なく，その旨を特定事業者に通知しなければならない.

（評価書の送付）

第 46 条の 18　経済産業大臣は，前条第 2 項の規定による通知をしたときは，その通知に係る評価書の写しを環境大臣に送付しなければならない.

2　特定事業者は，前条第 2 項の規定による通知を受けたときは，速やかに，環境影響評価法第 15 条に規定する関係都道府県知事及び関係市町村長に対し，その通知に係る評価書，これを要約した書類及び前条第 1 項の規定による命令の内容を記載した書類を送付しなければならない.

（評価書の公告及び縦覧）

第46条の19　特定事業者に対する環境影響評価法第27条の適用については，同条中「第25条第3項の規定による送付又は通知をした」とあるのは「電気事業法第46条の17第2項の規定による通知を受けた」と，「評価書を」とあるのは「当該通知に係る評価書を」と，「評価書等」とあるのは「当該通知に係る評価書，これを要約した書類及び同条第1項の規定による命令の内容を記載した書類」とする．

（環境の保全の配慮）

第46条の20　特定事業者は，環境影響評価法第38条第1項の規定により，環境の保全についての適正な配慮をしてその特定対象事業を実施するとともに，第46条の17第2項の規定による通知に係る評価書に記載されているところにより，環境の保全についての適正な配慮をしてその特定対象事業に係る事業用電気工作物を維持し，及び運用しなければならない．

（報告書の公表）

第46条の21　特定事業者に対する環境影響評価法第38条の3第1項の適用については，同項中「第22条第1項の規定により第21条第2項の評価書の送付を受けた者にこれを送付するとともに，これ」とあるのは，「これ」とする．

（環境影響評価法の適用に当たっての技術的読替え等）

第46条の22　この款に定めるもののほか，特定事業者に対する環境影響評価法の規定の適用に当たっての技術的読替えその他特定事業者に対する同法の規定の適用に関し必要な事項は，政令で定める．

（環境影響評価法の適用除外）

第46条の23　特定事業者の特定対象事業については，環境影響評価法第22条から第26条まで，第33条から第37条まで，第38条の3第2項，第38条の4及び第38条の5の規定は，適用しない．

第4款　工事計画及び検査

（工事計画）

第47条　事業用電気工作物の設置又は変更の工事であって，公共の安全の確保上特に重要なものとして主務省令で定めるものをしようとする者は，その工事の計画について主務大臣の認可を受けなければならない．ただし，事業用電気工作物が滅失し，若しくは損壊した場合又は災害その他非常の場合において，やむを得ない一時的な工事としてするときは，この限りでない．

2　前項の認可を受けた者は，その認可を受けた工事の計画を変更しようとするときは，主務大臣の認可を受けなければならない．ただし，その変更が主務省令で定める軽微なものであるときは，この限りでない．

3　主務大臣は，前2項の認可の申請に係る工事の計画が次の各号のいずれにも適合していると認めるときは，前2項の認可をしなければならない．

一　その事業用電気工作物が第39条第1項の主務省令で定める技術基準に適合しないものでないこと．

二　事業用電気工作物が一般送配電事業又は配電事業の用に供される場合にあっては，その事業用電気工作物が電気の円滑な供給を確保するため技術上適切なものであること．

三　特定対象事業に係るものにあっては，その特定対象事業に係る第46条の17第2項の規定による通知に係る評価書に従っているものであること．

四　環境影響評価法第2条第3項に規定する第二種事業（特定対象事業を除く．）に係るものにあっては，同法第 4 条第 3 項第二号（同条第 4 項及び同法第 29 条第 2 項において準用する場合を含む.）の措置がとられたものであること.

4　事業用電気工作物を設置する者は，第 1 項ただし書の場合は，工事の開始の後，遅滞なく，その旨を主務大臣に届け出なければならない.

5　第 1 項の認可を受けた者は，第 2 項ただし書の場合は，その工事の計画を変更した後，遅滞なく，その変更した工事の計画を主務大臣に届け出なければならない．ただし，主務省令で定める場合は，この限りでない.

**第 48 条**　事業用電気工作物の設置又は変更の工事（前条第 1 項の主務省令で定めるものを除く.）であって，主務省令で定めるものをしようとする者は，その工事の計画を主務大臣に届け出なければならない．その工事の計画の変更（主務省令で定める軽微なものを除く.）をしようとするときも，同様とする.

2　前項の規定による届出をした者は，その届出が受理された日から 30 日を経過した後でなければ，その届出に係る工事を開始してはならない.

3　主務大臣は，第 1 項の規定による届出のあった工事の計画が次の各号のいずれにも適合していると認めるときは，前項に規定する期間を短縮することができる.

一　前条第 3 項各号に掲げる要件

二　水力を原動力とする発電用の事業用電気工作物に係るものにあっては，その事業用電気工作物が発電水力の有効な利用を確保するため技術上適切なものであること.

4　主務大臣は，第 1 項の規定による届出のあった工事の計画が前項各号のいずれかに適合していないと認めるときは，その届出をした者に対し，その届出を受理した日から 30 日（次項の規定により第 2 項に規定する期間が延長された場合にあっては，当該延長後の期間）以内に限り，その工事の計画を変更し，又は廃止すべきことを命ずることができる.

5　主務大臣は，第 1 項の規定による届出のあった工事の計画が第 3 項各号に適合するかどうかについて審査するため相当の期間を要し，当該審査が第 2 項に規定する期間内に終了しないと認める相当の理由があるときは，当該期間を相当と認める期間に延長することができる．この場合において，主務大臣は，当該届出をした者に対し，遅滞なく，当該延長後の期間及び当該延長の理由を通知しなければならない.

**（技術基準の適合性確認）**

**第 48 条の 2**　事業用電気工作物であって荷重及び外力に対して安全な構造が特に必要なものとして経済産業省令で定めるもの（以下「特殊電気工作物」という.）について，前条第 1 項の規定による届出をする者は，当該特殊電気工作物が第 39 条第 1 項の主務省令で定める技術基準に適合するものであることについて，経済産業大臣の登録を受けた者の確認（以下「適合性確認」という.）を受けなければならない.

2　前項の登録を受けた者は，特殊電気工作物について適合性確認を行い，当該特殊電気工作物が第 39 条第 1 項の主務省令で定める技術基準に適合しているときは，その旨を記載した証明書を交付することができる.

**（使用前検査）**

**第 49 条**　第 47 条第 1 項若しくは第 2 項の認可を受けて設置若しくは変更の工事をする事業用電気工作物又は第 48 条第 1 項の規定による届出をして設置若しくは変更の工事をする事業用電気工作物（その工事の計画について，同条第 4 項の規定による命令があった場合において同条第 1 項の規定による届出をしていないものを除く.）であって，公共の安全の確保上特に重要なものとして主務省令で定めるもの（第 112 条の 3 第 3 項において「特定事業用電気工作物」という.）は，その工事について主務省令で定めるところにより主務大臣の検査を受け，これに合格した後でなければ，これを使用してはならない．ただし，主務省令で定める場合は，この限りでない.

2　前項の検査においては，その事業用電気工作物が次の各号のいずれにも適合しているときは，合格とする.

一　その工事が第47条第1項若しくは第2項の認可を受けた工事の計画（同項ただし書の主務省令で定める軽微な変更をしたものを含む.）又は第48条第1項の規定による届出をした工事の計画（同項後段の主務省令で定める軽微な変更をしたものを含む.）に従って行われたものであること.

二　第39条第1項の主務省令で定める技術基準に適合しないものでないこと.

**第50条**　主務大臣は，前条第1項に規定する事業用電気工作物について同項の検査を行った場合においてやむを得ない必要があると認めるときは，期間及び使用の方法を定めて，その事業用電気工作物を仮合格とすることができる.

2　前項の規定により仮合格とされた事業用電気工作物は，前条第1項の規定にかかわらず，前項の規定により定められた期間内は，同項の規定により定められた方法により使用することを妨げない.

（使用前安全管理検査）

**第51条**　第48条第1項の規定による届出をして設置又は変更の工事をする事業用電気工作物（その工事の計画について同条第4項の規定による命令があった場合において同条第1項の規定による届出をしていないもの及び第49条第1項の主務省令で定めるものを除く.）であって，主務省令で定めるものを設置する者は，主務省令で定めるところにより，その使用の開始前に，当該事業用電気工作物について自主検査を行い，その結果を記録し，これを保存しなければならない.

2　前項の自主検査（以下「使用前自主検査」という.）においては，その事業用電気工作物が次の各号のいずれにも適合していることを確認しなければならない.

一　その工事が第48条第1項の規定による届出をした工事の計画（同項後段の主務省令で定める軽微な変更をしたものを含む.）に従って行われたものであること.

二　第39条第1項の主務省令で定める技術基準に適合するものであること.

3　使用前自主検査を行う事業用電気工作物を設置する者は，使用前自主検査の実施に係る体制について，主務省令で定める時期（第7項の通知を受けている場合にあっては，当該通知に係る使用前自主検査の過去の評定の結果に応じ，主務省令で定める時期）に，事業用電気工作物（原子力を原動力とする発電用のものを除く.）であって経済産業省令で定めるものを設置する者にあっては経済産業大臣の登録を受けた者が，その他の者にあっては主務大臣が行う審査を受けなければならない.

4　前項の審査は，事業用電気工作物の安全管理を旨として，使用前自主検査の実施に係る組織，検査の方法，工程管理その他主務省令で定める事項について行う.

5　第3項の経済産業大臣の登録を受けた者は，同項の審査を行ったときは，遅滞なく，当該審査の結果を経済産業省令で定めるところにより経済産業大臣に通知しなければならない.

6　主務大臣は，第3項の審査の結果（前項の規定により通知を受けた審査の結果を含む.）に基づき，当該事業用電気工作物を設置する者の使用前自主検査の実施に係る体制について，総合的な評定をするものとする.

7　主務大臣は，第3項の審査及び前項の評定の結果を，当該審査を受けた者に通知しなければならない.

（設置者による事業用電気工作物の自己確認）

**第51条の2**　事業用電気工作物であって公共の安全の確保上重要なものとして主務省令で定めるものを設置する者は，その使用を開始しようとするときは，当該事業用電気工作物が，第39条第1項の主務省令で定める技術基準に適合することについて，主務省令で定めるところにより，自ら確認しなければならない．ただし，第47条第1項の認可（設置の工事に係るものに限る.）又は同条第4項若しくは第48条第1項の規定による届出（設置の工事に係るものに限る.）に係る事業用電気工作物を使用するとき，及び主務省令で定めるときは，この限りでない.

2　前項の規定は，同項に規定する事業用電気工作物を設置する者が当該事業用電気工作物について主務省令で定める変更をした場合であって，当該変更をした事業用電気工作物の使用を開始しようとするときに準用する．この場合において，同項中「事業用電気工作物が」とあるのは「変更をした事業用電気工作物が」と，「設置の工事」とあるのは「変更の工事」と読み替えるものとする.

3　第1項に規定する事業用電気工作物を設置する者は，同項（前項において準用する場合を含む.）の規定による確認をした場合には，当該事業用電気工作物の使用の開始前に，主務省令で定めるところにより，当該確認の結果（当該事業用電気工作物が小規模用電気工作物である場合であって，その設置者が当該確認を委託して行った場合にあっては，その委託先の氏名又は名称及び住所その他経済産業省令で定める事項を含む.）を主務大臣に届け出なければならない.

（溶接自主検査）

**第52条**　発電用のボイラー，タービンその他の主務省令で定める機械若しくは器具である電気工作物（以下「ボイラー等」という.）であって，主務省令で定める圧力以上の圧力を加えられる部分（以下「耐圧部分」という.）について溶接をするもの又は耐圧部分について溶接をしたボイラー等であって輸入したものを設置する者は，その溶接について主務省令で定めるところにより，その使用の開始前に，当該電気工作物について自主検査を行い，その結果を記録し，これを保存しなければならない．ただし，主務省令で定める場合は，この限りでない.

2　前項の自主検査においては，その溶接が第39条第1項の主務省令で定める技術基準に適合していることを確認しなければならない.

（自家用電気工作物の使用の開始）

**第53条**　自家用電気工作物を設置する者は，その自家用電気工作物の使用の開始の後，遅滞なく，その旨を主務大臣に届け出なければならない．ただし，第47条第1項の認可又は第46条第1項，第47条第4項，第48条第1項若しくは第51条の2第3項の規定による届出に係る自家用電気工作物を使用する場合及び主務省令で定める場合は，この限りでない.

（定期検査）

**第54条**　特定重要電気工作物（発電用のボイラー，タービンその他の電気工作物のうち，公共の安全の確保上特に重要なものとして主務省令で定めるものであって，主務省令で定める圧力以上の圧力を加えられる部分があるもの並びに発電用原子炉及びその附属設備であって主務省令で定めるものをいう.）については，これらを設置する者は，主務省令で定めるところにより，主務省令で定める時期ごとに，主務大臣が行う検査を受けなければならない．ただし，主務省令で定める場合は，この限りでない.

（定期安全管理検査）

第55条　次に掲げる電気工作物（以下この条において「特定電気工作物」という.）を設置する者は，主務省令で定めるところにより，定期に，当該特定電気工作物について自主検査を行い，その結果を記録し，これを保存しなければならない.

一　発電用のボイラー，タービンその他の主務省令で定める電気工作物であって前条で定める圧力以上の圧力を加えられる部分があるもの

二　電気工作物のうち，屋外に設置される機械，器具その他の設備であって主務省令で定めるもの（前号に掲げるものを除く.）

三　発電用原子炉及びその附属設備であって主務省令で定めるもの（前二号に掲げるものを除く.）

2　前項の自主検査（以下「定期自主検査」という.）においては，その特定電気工作物が第39条第1項の主務省令で定める技術基準に適合していることを確認しなければならない.

3　定期事業者検査を行う特定電気工作物を設置する者は，当該定期自主検査の際，原子力を原動力とする発電用の特定電気工作物であって主務省令で定めるものに関し，一定の期間が経過した後に第39条第1項の主務省令で定める技術基準に適合しなくなるおそれがある部分があると認めるときは，当該部分が同項の主務省令で定める技術基準に適合しなくなると見込まれる時期その他の主務省令で定める事項について，主務省令で定めるところにより，評価を行い，その結果を記録し，これを保存するとともに，主務省令で定める事項については，これを主務大臣に報告しなければならない.

4　定期自主検査を行う特定電気工作物を設置する者は，定期自主検査の実施に係る体制について，主務省令で定める時期（第6項において準用する第51条第7項の通知を受けている場合にあっては，当該通知に係る定期事業者検査の過去の評定の結果に応じ，主務省令で定める時期）に，特定電気工作物（原子力を原動力とする発電用のものを除く.）であって経済産業省令で定めるものを設置する者にあっては経済産業大臣の登録を受けた者が，その他の者にあっては経済産業大臣が行う審査を受けなければならない.

5　前項の審査は，特定電気工作物の安全管理を旨として，定期自主検査の実施に係る組織，検査の方法，工程管理その他主務省令で定める事項について行う.

6　第51条第5項から第7項までの規定は，第4項の審査に準用する．この場合において，同条第5項中「第3項」とあるのは「第4項」と，同条第6項中「当該事業用電気工作物」とあるのは「当該特定電気工作物」と，使用前自主検査とあるのは「定期自主検査」と読み替えるものとする.

### 第5款　承継

（事業用電気工作物を設置する者の地位の承継）

第55条の2　事業用電気工作物を設置する者について相続，合併又は分割（当該事業用電気工作物を承継させるものに限る.）があったときは，相続人，合併後存続する法人若しくは合併により設立した法人又は分割により当該事業用電気工作物を承継した法人は，その事業用電気工作物を設置する者のこの法律の規定による地位を承継する.

2　前項の規定により事業用電気工作物を設置する者の地位を承継した者は，遅滞なく，その事実を証する書面を添えて，その旨を主務大臣に届け出なければならない.

### 第6款　認定高度保安実施設置者

（認定）

第55条の3　事業用電気工作物（原子力を原動力とする発電用のものを除き，経済産業省令

で定めるものに限る．以下この款において同じ．）を設置する者は，経済産業省令で定めるところにより，保安を一体的に確保することが必要な事業用電気工作物の組織ごとに，高度な保安を確保することができると認められる旨の経済産業大臣の認定（以下この款において単に「認定」という．）を受けることができる．

（認定の基準）

第 55 条の 4　経済産業大臣は，認定の申請が次の各号のいずれにも該当すると認めるときでなければ，その認定をしてはならない．

一　保安の確保のための組織がその業務遂行能力を持続的に向上させる仕組みを有することその他の経済産業省令で定める基準に適合するものであること．

二　保安の確保の方法が高度な情報通信技術を用いたものであることその他の経済産業省令で定める基準に適合するものであること．

（欠格条項）

第 55 条の 5　次の各号のいずれかに該当する者は，認定を受けることができない．

一　認定の申請に係る組織において事業用電気工作物の使用を開始した日から 2 年を経過しない者

二　認定の申請に係る組織の使用する事業用電気工作物に関して，その責めに帰すべき事由により，電気その他による災害を発生させた日から 2 年を経過しない者

三　この法律又はこの法律に基づく命令の規定に違反し，罰金以上の刑に処せられ，その執行を終わり，又は執行を受けることがなくなった日から 2 年を経過しない者

四　第 55 条の 9 の規定により認定を取り消され，その取消しの日から 2 年を経過しない者

五　法人であって，その業務を行う役員のうちに前二号のいずれかに該当する者があるもの

2　第 55 条の 2 第 1 項の規定による事業用電気工作物を設置する者の地位の承継があった場合において，当該事業用電気工作物を設置する者が事業用電気工作物の使用を開始した日から 2 年を経過したときは，前項第一号の規定は，適用しない．ただし，当該承継が分割による承継であって，認定に係る事業の全部を承継するものでない場合は，この限りでない．

（認定の更新）

第 55 条の 6　認定は，5 年以上 10 年以内において政令で定める期間ごとにその更新を受けなければ，その期間の経過によって，その効力を失う．

2　第 55 条の 3 及び第 55 条の 4 の規定は，前項の認定の更新に準用する．

（変更の届出）

第 55 条の 7　認定を受けた者（以下「認定高度保安実施設置者」という．）は，保安の確保のための組織又は保安の確保の方法に変更があつたときは，遅滞なく，その旨を経済産業大臣に届け出なければならない．

（承継）

第 55 条の 8　第 55 条の 2 第 1 項の規定により事業用電気工作物を設置する者（認定高度保安実施設置者に限る．）の地位を承継した者は，認定高度保安実施設置者でないとき，又は認定高度保安実施設置者である場合において次の各号のいずれかに該当するときは，同項の規定にかかわらず，認定高度保安実施設置者の地位を承継しない．

一　その行う承継が分割による承継であって，認定に係る事業の全部を承継するものでないとき．

二　その認定に係る組織の使用する事業用電気工作物に関して，その責めに帰すべき事由により，電気その他による災害を発生させた日から 2 年を経過しないとき．

三　第55条の5第1項第三号から第五号までのいずれかに該当するとき.

（認定の取消し）

**第55条の9**　経済産業大臣は，認定高度保安実施設置者が次の各号のいずれかに該当するときは，認定を取り消すことができる.

一　認定に係る組織の使用する事業用電気工作物に関して，その責めに帰すべき事由により，電気その他による災害を発生させたとき.

二　認定に係る組織の使用する事業用電気工作物に関して，その責めに帰すべき事由により，電気その他による災害の発生のおそれのある事故を発生させたとき.

三　第40条の規定により電気工作物の使用の一時停止の命令又は使用の制限の処分を受けたとき.

四　第55条の4各号のいずれかに該当していないと認められるとき.

五　第55条の5第1項第三号又は第五号に該当するに至ったとき.

六　不正の手段により認定又はその更新を受けたとき.

（保安規程に係る特例）

**第55条の10**　認定高度保安実施設置者は，保安規程を定め，又は変更したときは，第42条第1項及び第2項の規定にかかわらず，これらの規定による届出を要しない．この場合においては，経済産業省令で定めるところにより，当該保安規程を保存し，経済産業大臣から提出を求められたときは，速やかにこれを提出しなければならない.

（主任技術者に係る特例）

**第55条の11**　認定高度保安実施設置者は，第43条第1項の規定による主任技術者の選任又はその解任については，同条第3項の規定にかかわらず，同項の規定による届出を要しない．この場合においては，経済産業省令で定めるところにより，当該選任又は解任に係る記録を作成し，これを保存しなければならない.

（使用前安全管理検査の特例）

**第55条の12**　第51条第3項から第7項までの規定は，認定高度保安実施設置者については，適用しない.

（定期安全管理検査の特例）

**第55条の13**　認定高度保安実施設置者であって，第55条第1項第一号又は第二号に掲げる電気工作物を設置するものは，同項の自主検査については，同項の規定にかかわらず，これを定期に行うことを要しない．この場合においては，経済産業省令で定めるところにより，これを行わなければならない.

2　第55条第4項から第6項までの規定は，認定高度保安実施設置者については，適用しない.

## 第3節　一般用電気工作物

（技術基準適合命令）

**第56条**　経済産業大臣は，一般用電気工作物が経済産業省令で定める技術基準に適合していないと認めるときは，その所有者又は占有者に対し，その技術基準に適合するように一般用電気工作物を修理し，改造し，若しくは移転し，若しくはその使用を一時停止すべきことを命じ，又はその使用を制限することができる.

2　第39条第2項（第三号及び第四号を除く.）の規定は，前項の経済産業省令に準用する.

（調査の義務）

**第57条**　一般用電気工作物と直接に電気的に接続する電線路を維持し，及び運用する者（以下この条，次条及び第 89 条において「電線路維持運用者」という．）は，経済産業省令で定める場合を除き，経済産業省令で定めるところにより，その一般用電気工作物が前条第 1 項の経済産業省令で定める技術基準に適合しているかどうかを調査しなければならない．ただし，その一般用電気工作物の設置の場所に立ち入ることにつき，その所有者又は占有者の承諾を得ることができないときは，この限りでない．

2　電線路維持運用者は，前項の規定による調査の結果，一般用電気工作物が前条第 1 項の経済産業省令で定める技術基準に適合していないと認めるときは，遅滞なく，その技術基準に適合するようにするためとるべき措置及びその措置をとらなかった場合に生ずべき結果をその所有者又は占有者に通知しなければならない．

3　経済産業大臣は，電線路維持運用者が第 1 項の規定による調査若しくは前項の規定による通知をせず，又はその調査若しくは通知の方法が適当でないときは，その電線路維持運用者に対し，その調査若しくは通知を行い，又はその調査若しくは通知の方法を改善すべきことを命ずることができる．

4　電線路維持運用者は，帳簿を備え，第 1 項の規定による調査及び第 2 項の規定による通知に関する業務に関し経済産業省令で定める事項を記載しなければならない．

5　前項の帳簿は，経済産業省令で定めるところにより，保存しなければならない．

（調査業務の委託）

**第 57 条の 2**　電線路維持運用者は，経済産業大臣の登録を受けた者（以下「登録調査機関」という．）に，その電線路維持運用者が維持し，及び運用する電線路と直接に電気的に接続する一般用電気工作物について，その一般用電気工作物が第 56 条第 1 項の経済産業省令で定める技術基準に適合しているどうかを調査すること並びにその調査の結果その一般用電気工作物がその技術基準に適合していないときは，その技術基準に適合するようにするためとるべき措置及びその措置をとらなかった場合に生ずべき結果をその所有者又は占有者に通知すること（以下「調査業務」という．）を委託することができる．

2　電線路維持運用者は，前項の規定により登録調査機関に調査業務を委託したときは，遅滞なく，その旨を経済産業大臣に届け出なければならない．委託に係る契約が効力を失ったときも，同様とする．

3　前条第 1 項の規定は，電線路維持運用者が第 1 項の規定により登録調査機関に調査業務を委託しているときは，その委託に係る一般用電気工作物については，適用しない．

## 第 4 章　土地等の使用

（一時使用）

**第 58 条**　電気事業者（小売電気事業者及び特定卸供給事業者を除く．以下この章において同じ．）は，次に掲げる目的のため他人の土地又はこれに定着する建物その他の工作物（以下「土地等」という．）を利用することが必要であり，かつ，やむを得ないときは，その土地等の利用を著しく妨げない限度において，これを一時使用することができる．ただし，建物その他の工作物にあっては，電線路（その電線路の維持及び運用に必要な通信の用に供する線路を含む．）又はその附属設備（以下この章において「電線路」と総称する．）を支持するために利用する場合に限る．

一　電気事業（小売電気事業及び特定卸供給事業を除く．以下この章において同じ．）の用に供する電線路に関する工事の施行のため必要な資材若しくは車両の置場，土石の捨場，作業場，架線のためのやぐら又は索道の設置

二　天災，事変その他の非常事態が発生した場合において，緊急に電気を供給するための電線路の設置

三　電気事業の用に供する電気工作物の設置のための測標の設置

2　電気事業者は，前項の規定により他人の土地等を一時使用しようとするときは，経済産業大臣の許可を受けなければならない．ただし，天災，事変その他の非常事態が発生した場合において，15日以内の期間一時使用するときは，この限りでない．

3　経済産業大臣は，前項の許可の申請があったときは，その旨を土地等の所有者及び占有者に通知し，意見書を提出する機会を与えなければならない．

4　電気事業者は，第1項の規定により他人の土地等を一時使用しようとするときは，あらかじめ，土地等の占有者に通知しなければならない．ただし，あらかじめ通知することが困難なときは，使用の開始の後，遅滞なく，通知することをもって足りる．

5　第1項の規定により一時使用しようとする土地等が居住の用に供されているときは，その居住者の承諾を得なければならない．

6　第1項の規定による一時使用の期間は，6月（同項第二号の場合において，仮電線路を設置したとき，又は同項第三号の規定により一時使用するときは，1年）をこえることができない．

7　第1項の規定による一時使用のため他人の土地等に立ち入る者は，第2項の許可を受けたことを証する書面を携帯し，関係人の請求があったときは，これを提示しなければならない．ただし，同項ただし書の場合は，この限りでない．

（立入り）

**第59条**　電気事業者は，電気事業の用に供する電気工作物に関する測量又は実地調査のため必要があるときは，経済産業大臣の許可を受けて，他人の土地に立ち入ることができる．

2　前条第3項の規定は，前項の許可の申請があった場合に準用する．

3　前条第4項，第5項及び第7項本文の規定は，電気事業者が第1項の規定により他人の土地に立ち入る場合に準用する．

（通行）

**第60条**　電気事業者は，電気事業の用に供する電線路に関する工事又は電線路の維持のため必要があるときは，他人の土地を通行することができる．

2　前項の規定により他人の土地を通行する者は，その身分を示す証明書を携帯し，関係人の請求があったときは，これを提示しなければならない．

3　第58条第4項及び第5項の規定は，電気事業者が第1項の規定により他人の土地を通行する場合に準用する．

（植物の伐採又は移植）

**第61条**　電気事業者は，植物が電気事業の用に供する電線路に障害を及ぼし，若しくは及ぼすおそれがある場合又は植物が電気事業の用に供する電気工作物に関する測量若しくは実地調査若しくは電気事業の用に供する電線路に関する工事に支障を及ぼす場合において，やむを得ないときは，経済産業大臣の許可を受けて，その植物を伐採し，又は移植することができる．

2　電気事業者は，前項の規定により植物を伐採し，又は移植しようとするときは，あらかじめ，植物の所有者に通知しなければならない．ただし，あらかじめ通知することが困難なときは，伐採又は移植の後，遅滞なく，通知することをもって足りる．

3　電気事業者は，植物が電気事業の用に供する電線路に障害を及ぼしている場合において，

その障害を放置するときは，電線路を著しく損壊して電気の供給に重大な支障を生じ，又は火災その他の災害を発生して公共の安全を阻害するおそれがあると認められるときは，第1項の規定にかかわらず，経済産業大臣の許可を受けないで，その植物を伐採し，又は移植することができる．この場合においては，伐採又は移植の後，遅滞なく，その旨を経済産業大臣に届け出るとともに，植物の所有者に通知しなければならない．

4　第58条第3項の規定は，第1項の許可の申請があった場合に準用する．

（損失補償）

**第62条**　電気事業者は，第58条第1項の規定により他人の土地等を一時使用し，第59条第1項の規定により他人の土地に立ち入り，第60条第1項の規定により他人の土地を通行し，又は前条第1項若しくは第3項の規定により植物を伐採し，若しくは移植したことによって損失を生じたときは，損失を受けた者に対し，通常生ずる損失を補償しなければならない．

**第63条**　前条の規定による損失の補償について，電気事業者と損失を受けた者との間に協議をすることができず，又は協議が調わないときは，電気事業者又は損失を受けた者は，当該土地等若しくは土地又は障害となった植物の所在地を管轄する都道府県知事の裁定を申請することができる．

2　第25条第3項から第5項まで及び第33条の規定は，前項の裁定に準用する．この場合において，第25条第3項及び第4項中「経済産業大臣」とあるのは，「都道府県知事」と読み替えるものとする．

3　損失の補償をすべき旨を定める裁定においては，補償金の額並びにその支払の時期及び方法を定めなければならない．

（原状回復の義務）

**第64条**　電気事業者は，第58条第1項の規定による土地等の一時使用が終わったときは，その土地等を原状に回復し，又は原状に回復しないことによって通常生ずる損失を補償して，その土地等を返還しなければならない．

（公共用の土地の使用）

**第65条**　電気事業者は，道路，橋，溝，河川，堤防その他公共の用に供せられる土地に電気事業の用に供する電線路を設置する必要があるときは，その効用を妨げない限度において，その管理者の許可を受けて，これを使用することができる．

2　前項の場合においては，電気事業者は，管理者の定めるところにより，使用料を納めなければならない．

3　管理者が正当な理由がないのに第1項の許可を拒んだとき，又は管理者の定めた使用料の額が適正でないときは，主務大臣は，電気事業者の申請により，使用を許可し，又は使用料の額を定めることができる．

4　前3項の規定は，道路法（昭和27年法律第180号）の規定による道路並びに同法第18条第1項の規定により決定された道路の区域内の土地及び当該土地に設置された道路の附属物となるべきものについては，適用しない．

5　主務大臣は，次に掲げる場合は，あらかじめ，経済産業大臣に協議しなければならない．

一　第3項の規定により使用を許可し，又は使用料の額を定めようとするとき．

二　電気事業者が電気事業の用に供する電線路を設置するため前項の道路又は道路となるべき区域内の土地若しくは当該土地に設置された道路の附属物となるべきものを占用しようとする場合において，道路法第39条第1項（同法第91条第2項において準用する場合を含む．）の規定により道路管理者が徴収する占用料の額の決定又は同法第87条第1項（同法第91条第2項において準用する場合を含む.）の規定により許可若しくは承認に条件を付したことについての審査請求に対して裁決をしようとするとき.

（準用）

第66条　第61条第3項，第62条及び第63条の規定は，小売電気事業者，特定卸供給事業者及び自家用電気工作物を設置する者に準用する．この場合において，第61条第3項中「電線路を著しく損壊して電気の供給に重大な支障を生じ，又は火災その他の災害を発生して公共の安全を阻害する」とあるのは，「火災その他の災害を発生して公共の安全を阻害する」と読み替えるものとする.

## 第5章　電力・ガス取引監視等委員会

（設置）

第66条の2　経済産業省に，電力・ガス取引監視等委員会（以下「委員会」という.）を置く.

（権限）

第66条の3　委員会は，この法律，ガス事業法（昭和29年法律第51号），熱供給事業法（昭和47年法律第88号）及び再生可能エネルギー電気特措法の規定によりその権限に属させられた事項を処理する.

（職権の行使）

第66条の4　委員会の委員長及び委員は，独立してその職権を行う.

（組織）

第66条の5　委員会は，委員長及び委員4人をもって組織する.

2　委員長及び委員は，非常勤とする.

（委員長）

第66条の6　委員長は，会務を総理し，委員会を代表する.

2　委員長に事故があるときは，あらかじめその指名する委員が，その職務を代理する.

（委員長及び委員の任命）

第66条の7　委員長及び委員は，法律，経済，金融又は工学に関して専門的な知識と経験を有し，その職務に関し公正かつ中立な判断をすることができる者のうちから，経済産業大臣が任命する.

（委員長及び委員の任期）

第66条の8　委員長及び委員の任期は，3年とする．ただし，補欠の委員長又は委員の任期は，前任者の残任期間とする.

2　委員長及び委員は，再任されることができる.

3　委員長及び委員の任期が満了したときは，当該委員長及び委員は，後任者が任命されるまで引き続きその職務を行うものとする.

（会議）

第66条の9　委員会は，委員長が招集する.

2　委員会は，委員長及び2人以上の委員の出席がなければ，会議を開き，議決をすることができない.

3　委員会の議事は，出席者の過半数でこれを決し，可否同数のときは，委員長の決するところによる.

4　委員長に事故がある場合の第2項の規定の適用については，第66条の6第2項に規定する委員は，委員長とみなす.

（事務局）

第66条の10　委員会の事務を処理させるため，委員会に事務局を置く．

2　事務局に，事務局長及び所要の職員を置く．

3　事務局長は，委員長の命を受けて，局務を掌理する．

4　事務局の内部組織は，政令で定める．

（委員会の意見の聴取）

第66条の11　経済産業大臣は，次に掲げる場合には，あらかじめ，委員会の意見を聴かなければならない．

一　第2条の2又は第27条の15の登録をしようとするとき．

二　第2条の9第1項又は第27条の21第1項の規定による登録の取消しをしようとするとき．

三　第2条の17第1項（第27条の32において準用する場合を含む．），第2条の17第2項（第27条の26第3項において準用する場合を含む．），第2条の17第3項（第27条の26第2項において準用する場合を含む．），第9条第5項（第13条第2項（第27条の12及び第27条の12の13において準用する場合を含む．），第27条の12及び第27条の12の13において準用する場合を含む．），第18条第6項若しくは第11項，第19条第1項，第20条第3項若しくは第21条第3項，第22条の3第3項，第23条第6項，第23条の2第2項若しくは第23条の3第2項（これらの規定を第27条の12の13において準用する場合を含む．），第27条第1項（第27条の12，第27条の12の13，第27条の26第1項及び第27条の29において準用する場合を含む．），第27条第2項，第27条の3（第27条の12，第27条の12の13及び第27条の29において準用する場合を含む．），第27条の11第3項若しくは第4項，第27条の11の3第3項，第27条の11の4第5項，第27条の11の5第2項，第27条の11の6第2項，第27条の12の11第3項，第27条の12の12第4項，第27条の13第5項（同条第8項において準用する場合を含む．），第27条の30第5項（同条第8項において準用する場合を含む．）第28条の46第3項，第28条の48第4項，第28条の57，第29条第6項，第37条の11，第99条第2項，第99条の13，第99条の14又は第103条の2第3項の規定による命令をしようとするとき．

四　第3条，第8条第1項，第14条第1項（第27条の12及び第27条の12の13において準用する場合を含む．），第24条第1項(第27条の12の13において準用する場合を含む．)，第27条の4，第27条の7の3第1項，第27条の12の2，第27条の12の7第1項，第27条の33第1項又は第99条の9第1項の規定による許可をしようとするとき．

五　第10条第1項若しくは第2項（これらの規定を第27条の12及び第27条の12の13において準用する場合を含む．），第14条第2項（第27条の12及び第27条の12の13において準用する場合を含む．），第18条第1項若しくは第2項ただし書，第22条の2第1項ただし書（第27条の12の13において準用する場合を含む．），第27条の11の2第1項ただし書，第28条の14第1項，第28条の41第3項，第28条の46第1項，第28条の50，第28条の53第1項若しくは第6項，第99条第1項又は第99条の7第1項の認可をしようとするとき．

六　第15条第2項，第27条の8第2項，第27条の12の8第2項又は第27条の33第6項の規定による許可の取消しをしようとするとき．

七　第16条第2項又は第27条の12の9第2項の規定による供給区域の減少の処分をしようとするとき．

八　第19条第2項の規定による変更の処分をしようとするとき．

九　第20条第2項ただし書，第21条第2項ただし書，第23条第2項ただし書（第27条の12の13において準用する場合を含む.），第27条の11の4第2項ただし書，第27条の12の11第2項ただし書，第27条の12の12第1項又は第28条の51第1項の規定による承認をしようとするとき.
十　第20条の2第1項又は第97条第1項の規定による指定をしようとするとき.
十一　第20条の2第3項の規定による指定の解除をしようとするとき.
十二　第25条第2項（第27条の12の13及び第32条において準用する場合を含む.）の規定による裁定をしようとするとき.
十三　第27条の12の12第5項，第29条第5項又は第33条の2第4項若しくは第5項の規定による勧告をしようとするとき.
十四　第37条の4の規定による認定をしようとするとき.
十五　第37条の11第2項の規定による認定の取消しをしようとするとき.
十六　第99条の14の規定による指定の取消しをしようとするとき.

2　委員会は，前項の規定により意見を述べたときは，遅滞なく，その内容を公表しなければならない.

（勧告）

**第66条の12**　委員会は，第114条第1項又は第2項の規定により委任された第105条，第106条第3項から第5項まで，第8項から第10項まで，第12項若しくは第13項又は第107条第2項，第3項，第6項，第7項，第9項若しくは第10項の規定による権限を行使した場合において，電力の適正な取引の確保を図るため必要があると認めるときは，電気事業者又は第103条の2第2項に規定する届出者に対し,必要な勧告をすることができる．ただし,次条第1項の規定による勧告をした場合は，この限りでない.

2　委員会は，前項の規定による勧告をした場合において，当該勧告を受けた電気事業者又は第103条の2第2項に規定する届出者が，正当な理由がなく，その勧告に従わなかったときは，その旨を経済産業大臣に報告するものとする.

3　委員会は，前項の規定による報告をした場合には，経済産業大臣に対し，当該報告に基づいてとった措置について報告を求めることができる.

**第66条の13**　委員会は，第114条第1項又は第2項の規定により委任された第105条，第106条第3項から第5項まで，第8項から第10項まで，第12項若しくは第13項又は第107条第2項，第3項，第6項，第7項，第9項若しくは第10項の規定による権限を行使した場合において，電力の適正な取引の確保を図るため特に必要があると認めるときは，経済産業大臣に対し，必要な勧告をすることができる．ただし，前条第1項の規定による勧告をした場合は，この限りでない.

2　委員会は，前項の規定による勧告をしたときは，遅滞なく，その内容を公表しなければならない.

3　委員会は，第1項の規定による勧告をした場合には，経済産業大臣に対し，当該勧告に基づいてとった措置について報告を求めることができる.

（建議）

**第66条の14**　委員会は，この法律の規定によりその権限に属させられた事項に関し，電力の適正な取引の確保を図るため必要があると認めるときは，電気事業に関し講ずべき施策について経済産業大臣に建議することができる.

2　委員会は，前項の規定による建議をしたときは，遅滞なく，その内容を公表しなければならない．

3　委員会は，第 1 項の規定による建議をした場合には，経済産業大臣に対し，当該建議に基づき講じた施策について報告を求めることができる．

（資料の提出等の要求）

第 66 条の 15　委員会は，この法律の規定によりその権限に属させられた事項を処理するため必要があると認めるときは，関係行政機関の長その他の関係者に対し，資料の提出，意見の表明，説明その他の必要な協力を求めることができる．

（公表）

第 66 条の 16　委員会は，毎年，その事務の処理状況を公表しなければならない．

（政令への委任）

第 66 条の 17　この編に規定するもののほか，委員会に関し必要な事項は，政令で定める．

# 第 6 章　登録適合性確認機関，登録安全管理審査機関，指定試験機関及び登録調査機関

## 第 1 節　登録適合性確認機関

（登録）

第 67 条　第 48 条の 2 第 1 項の登録（以下この節において単に「登録」という．）は，経済産業省令で定めるところにより，適合性確認を行おうとする者の申請により行う．

（欠格条項）

第 68 条　次の各号のいずれかに該当する者は，登録を受けることができない．

一　この法律又はこの法律に基づく命令の規定に違反し，罰金以上の刑に処せられ，その執行を終わり，又は執行を受けることがなくなった日から 2 年を経過しない者

二　第 78 条の規定により登録を取り消され，その取消しの日から 2 年を経過しない者

三　法人であって，その業務を行う役員のうちに前二号のいずれかに該当する者があるもの

（登録の基準）

第 69 条　経済産業大臣は，第 67 条の規定により登録を申請した者（以下この項において「登録申請者」という．）が次に掲げる要件の全てに適合しているときは，登録をしなければならない．この場合において，登録に関して必要な手続は，経済産業省令で定める．

一　特殊電気工作物の性能を総合的に評価する手法を用いて適合性確認を行うものであること．

二　次のいずれかに該当する者が適合性確認を実施し，その人数が 2 名以上であること．

イ　学校教育法（昭和 22 年法律第 26 号）に基づく大学（短期大学を除く．）又は旧大学令（大正 7 年勅令第 388 号）に基づく大学において電気工学，土木工学，機械工学若しくは建築学の課程又はこれらに相当する課程を修めて卒業した者であって，電気工作物の工事，維持若しくは運用に関する実務又は適合性確認に関する実務に通算して 2 年以上従事した経験を有するもの

ロ　学校教育法に基づく短期大学（同法に基づく専門職大学の前期課程を含む．）若しくは高等専門学校又は旧専門学校令（明治 36 年勅令第 61 号）に基づく専門学校において電気工学，土木工学，機械工学若しくは建築学の課程又はこれらに相当する課程を修めて卒業した者（同法に基づく専門職大学の前期課程にあっては，修了した者）であって，電気工作物の工事，維持若しくは運用に関する実務又は適合性確認に関する実務に通算して 4 年以上従事した経験を有するもの

ハ　電気工作物の工事，維持若しくは運用に関する実務又は適合性確認に関する実務に通算して6年以上従事した経験を有する者

三　登録申請者が，特殊電気工作物を設置する者（以下この号及び第75条第2項において「特殊電気工作物設置者」という．）に支配されているものとして次のいずれかに該当するものでないこと．

イ　登録申請者が株式会社である場合にあっては，特殊電気工作物設置者がその親法人（会社法第879条第1項に規定する親法人をいう．）であること．

ロ　登録申請者の役員（持分会社（会社法第575条第1項に規定する持分会社をいう．）にあっては，業務を執行する社員）に占める特殊電気工作物設置者の役員又は職員（過去2年間に当該特殊電気工作物設置者の役員又は職員であった者を含む．）の割合が1/2を超えていること．

ハ　登録申請者（法人にあっては，その代表権を有する役員）が，特殊電気工作物設置者の役員又は職員（過去2年間に当該特殊電気工作物設置者の役員又は職員であった者を含む．）であること．

2　登録は，適合性確認機関登録簿に次に掲げる事項を記載してするものとする．

一　登録年月日及び登録番号

二　登録を受けた者の氏名又は名称及び住所並びに法人にあっては，その代表者の氏名

三　登録を受けた者が適合性確認を行う事業所の所在地

四　前三号に掲げるもののほか，経済産業省令で定める事項

（登録の更新）

**第70条**　登録は，3年を下らない政令で定める期間ごとにその更新を受けなければ，その期間の経過によって，その効力を失う．

2　前3条の規定は，前項の登録の更新に準用する．

（適合性確認の義務）

**第71条**　登録を受けた者（以下「登録適合性確認機関」という．）は，適合性確認を行うべきことを求められたときは，正当な理由がある場合を除き，遅滞なく，適合性確認を行わなければならない．

2　登録適合性確認機関は，公正に，かつ，経済産業省令で定める方法により適合性確認を行わなければならない．

3　登録適合性確認機関は，適合性確認を行うときは，第69条第1項第二号に規定する者に適合性確認を実施させなければならない．

（変更の届出）

**第72条**　登録適合性確認機関は，第69条第2項第二号から第四号までに掲げる事項を変更しようとするときは，変更しようとする日の2週間前までに，経済産業大臣に届け出なければならない．

（業務規程）

**第73条**　登録適合性確認機関は，適合性確認の業務に関する規程（以下この節において「業務規程」という．）を定め，適合性確認の業務の開始前に，経済産業大臣に届け出なければならない．これを変更しようとするときも，同様とする．

2　業務規程には，適合性確認の実施方法，適合性確認に関する料金の算定方法その他の経済産業省令で定める事項を定めておかなければならない．

3　経済産業大臣は，第1項の規定による届出のあった業務規程が適合性確認の適正かつ確実

な実施上不適当となったと認めるときは，その業務規程を変更すべきことを命ずることができる．

（業務の休廃止）

**第 74 条**　登録適合性確認機関は，適合性確認の業務の全部又は一部を休止し，又は廃止しようとするときは，経済産業省令で定めるところにより，あらかじめ，その旨を経済産業大臣に届け出なければならない．

（財務諸表等の備置き及び閲覧等）

**第 75 条**　登録適合性確認機関は，毎事業年度経過後 3 月以内に，その事業年度の財産目録，貸借対照表及び損益計算書又は収支計算書並びに事業報告書（これらのものが電磁的記録（電子的方式，磁気的方式その他の人の知覚によっては認識することができない方式で作られる記録であって，電子計算機による情報処理の用に供されるものをいう．以下この条において同じ．）で作成され，又はその作成に代えて電磁的記録の作成がされている場合における当該電磁的記録を含む．次項及び第 126 条において「財務諸表等」という．）を作成し，5 年間事業所に備え置かなければならない．

2　特殊電気工作物設置者その他の利害関係人は，登録適合性確認機関の業務時間内は，いつでも，次に掲げる請求をすることができる．ただし，第二号又は第四号の請求をするには，登録適合性確認機関の定めた費用を支払わなければならない．

一　財務諸表等が書面をもって作成されているときは，当該書面の閲覧又は謄写の請求

二　前号の書面の謄本又は抄本の請求

三　財務諸表等が電磁的記録をもって作成されているときは，当該電磁的記録に記録された事項を経済産業省令で定める方法により表示したものの閲覧又は謄写の請求

四　前号の電磁的記録に記録された事項を電磁的方法であって経済産業省令で定めるものにより提供することの請求又は当該事項を記載した書面の交付の請求

（適合命令）

**第 76 条**　経済産業大臣は，登録適合性確認機関が第 69 条第 1 項各号のいずれかに適合しなくなったと認めるときは，その登録適合性確認機関に対し，これらの規定に適合するため必要な措置をとるべきことを命ずることができる．

（改善命令）

**第 77 条**　経済産業大臣は，登録適合性確認機関が第 71 条の規定に違反していると認めるときは，その登録適合性確認機関に対し，適合性確認を行うべきこと又は適合性確認の方法その他の業務の方法の改善に関し必要な措置をとるべきことを命ずることができる．

（登録の取消し等）

**第 78 条**　経済産業大臣は，登録適合性確認機関が次の各号のいずれかに該当するときは，登録を取り消し，又は期間を定めて適合性確認の業務の全部若しくは一部の停止を命ずることができる．

一　第 71 条，第 72 条，第 73 条第 1 項，第 74 条，第 75 条第 1 項又は次条の規定に違反したとき．

二　第 68 条第一号又は第三号に該当するに至ったとき．

三　正当な理由がないのに第 75 条第 2 項各号の規定による請求を拒んだとき．

四　第 73 条第 3 項又は前 2 条の規定による命令に違反したとき．

五　不正の手段により登録を受けたとき．

（帳簿の記載）

第79条　登録適合性確認機関は，帳簿を備え，適合性確認の業務に関し経済産業省令で定める事項を記載しなければならない．

2　前項の帳簿は，経済産業省令で定めるところにより，保存しなければならない．

（経済産業大臣による適合性確認業務の実施）

第80条　経済産業大臣は，登録を受ける者がいないとき，第74条の規定による適合性確認の業務の全部又は一部の休止又は廃止の届出があったとき，第78条の規定により登録を取り消し，又は登録適合性確認機関に対し適合性確認の業務の全部若しくは一部の停止を命じたとき，登録適合性確認機関が天災その他の事由により適合性確認の業務の全部又は一部を実施することが困難となったときその他必要があると認めるときは，当該適合性確認の業務の全部又は一部を自ら行うことができる．

2　経済産業大臣が前項の規定により適合性確認の業務の全部又は一部を自ら行う場合における適合性確認の業務の引継ぎその他の必要な事項については，経済産業省令で定める．

## 第2節　登録安全管理審査機関

（登録）

第80条の2　第51条第3項又は第55条第4項の登録（以下この節において単に「登録」という．）は，経済産業省令で定めるところにより，次に掲げる審査の区分（次条において単に「審査の区分」という．）ごとに，これらの審査（以下「安全管理審査」と総称する．）を行おうとする者の申請により行う．

一　第51条第3項の審査

二　第55条第4項の審査

（登録の基準）

第80条の3　経済産業大臣は，前条の規定により登録を申請した者（以下この項において「登録申請者」という．）が次に掲げる要件の全てに適合しているときは，登録をしなければならない．この場合において，登録に関して必要な手続は，経済産業省令で定める．

一　次のいずれかに該当する者が安全管理審査を実施し，その人数が審査の区分ごとに2名以上であること．

イ　学校教育法に基づく大学（短期大学を除く．）又は旧大学令に基づく大学において電気工学，土木工学，機械工学若しくは経営工学の課程又はこれらに相当する課程を修めて卒業した者であって，電気工作物の工事，維持若しくは運用に関する実務又は安全管理審査に関する実務に通算して2年以上従事した経験を有するもの

ロ　学校教育法に基づく短期大学（同法に基づく専門職大学の前期課程を含む．）若しくは高等専門学校又は旧専門学校令に基づく専門学校において電気工学，土木工学，機械工学若しくは経営工学の課程又はこれらに相当する課程を修めて卒業した者（同法に基づく専門職大学の前期課程にあっては，修了した者）であって，電気工作物の工事，維持若しくは運用に関する実務又は安全管理審査に関する実務に通算して4年以上従事した経験を有するもの

二　登録申請者が，第51条第3項又は第55条第4項の規定により安全管理審査を受けなければならないこととされる電気工作物を設置する者（以下この号において「審査対象電気工作物設置者」という．）に支配されているものとして次のいずれかに該当するものでないこと．

イ　登録申請者が株式会社である場合にあっては，審査対象電気工作物設置者がその親法

人（会社法第 879 条第 1 項に規定する親法人をいう.）であること.

ロ　登録申請者の役員（持分会社（会社法第 575 条第 1 項に規定する持分会社をいう.）にあっては，業務を執行する社員）に占める審査対象電気工作物設置者の役員又は職員（過去 2 年間に当該審査対象電気工作物設置者の役員又は職員であった者を含む.）の割合が 1／2 を超えていること.

ハ　登録申請者（法人にあっては，その代表権を有する役員）が，審査対象電気工作物設置者の役員又は職員（過去 2 年間に当該審査対象電気工作物設置者の役員又は職員であった者を含む.）であること.

2　登録は，安全管理審査機関登録簿に次に掲げる事項を記載してするものとする.

一　登録年月日及び登録番号

二　登録を受けた者の氏名又は名称及び住所並びに法人にあっては，その代表者の氏名

三　審査の区分

四　登録を受けた者が安全管理審査を行う事業所の所在地

（業務規程）

**第 80 条の 4**　登録を受けた者（以下「登録安全管理審査機関」という.）は，安全管理審査の業務に関する規程（以下この節において「業務規程」という.）を定め，安全管理審査の業務の開始前に，経済産業大臣に届け出なければならない. これを変更しようとするときも，同様とする.

2　業務規程には，安全管理審査の実施方法，安全管理審査に関する料金の算定方法その他の経済産業省令で定める事項を定めておかなければならない.

（登録の取消し等）

**第 80 条の 5**　経済産業大臣は，登録安全管理審査機関が次の各号のいずれかに該当するときは，登録を取り消し，又は期間を定めて安全管理審査の業務の全部若しくは一部の停止を命ずることができる.

一　第 51 条第 5 項（第 55 条第 6 項において準用する場合を含む.）若しくは前条第 1 項の規定又は次条において準用する第 71 条，第 72 条，第 74 条，第 75 条第 1 項若しくは第 79 条の規定に違反したとき.

二　次条において準用する第 68 条第一号又は第三号に該当するに至ったとき.

三　正当な理由がないのに次条において準用する第 75 条第 2 項各号の規定による請求を拒んだとき.

四　次条において準用する第 76 条又は第 77 条の規定による命令に違反したとき.

五　不正の手段により登録を受けたとき.

（準用）

**第 80 条の 6**　第 68 条，第 70 条から第 72 条まで，第 74 条から第 77 条まで，第 79 条及び第 80 条の規定は，登録安全管理審査機関に準用する. この場合において，第 68 条第二号及び第 80 条第 1 項中「第 78 条」とあるのは「第 80 条の 5」と，第 70 条第 2 項中「前 3 条の規定」とあるのは「第 80 条の 2 及び第 80 条の 3 の規定並びに第 80 条の 6 において準用する第 68 条の規定」と，第 71 条の見出し及び第 80 条第 2 項中「適合性確認」とあるのは「安全管理審査」と，第 71 条及び第 77 条中「適合性確認を」とあるのは「安全管理審査を」と，第 71 条第 3 項中「第 69 条第 1 項第二号」とあるのは「第 80 条の 3 第 1 項第一号」と，第 72 条中「第 69 条第 2 項第二号から第四号までに掲げる事項」とあるのは「その名称又は安全管理審査を行う事業所の所在地」と，第 74 条，第 77 条，第 79 条第 1 項及び第 80 条第 1

項中「適合性確認の」とあるのは「安全管理審査の」と，第75条第2項中「特殊電気工作物設置者」とあるのは「使用前自主検査又は定期自主検査を行う電気工作物を設置する者」と，第76条中「第69条第1項各号」とあるのは「第80条の3第1項各号」と，第80条の見出し中「適合性確認業務」とあるのは「安全管理審査業務」と読み替えるものとする．

## 第3節　指定試験機関

（指定）

**第81条**　第45条第2項の指定は，経済産業省令で定めるところにより，試験事務を行おうとする者の申請により行う．

2　経済産業大臣は，第45条第2項の指定をしたときは，試験事務を行わないものとする．

（欠格条項）

**第82条**　次の各号のいずれかに該当する者は，第45条第2項の指定を受けることができない．

一　この法律又はこの法律に基づく命令の規定に違反し，罰金以上の刑に処せられ，その執行を終わり，又は執行を受けることがなくなった日から2年を経過しない者

二　第87条第2項の規定により指定を取り消され，その取消しの日から2年を経過しない者

三　その業務を行う役員のうちに，次のいずれかに該当する者がある者

イ　第一号に該当する者

ロ　第84条の5の規定による命令により解任され，解任の日から2年を経過しない者

（指定の基準）

**第83条**　経済産業大臣は，他に第45条第2項の指定を受けた者がなく，かつ，同項の指定の申請が次の各号のいずれにも適合していると認めるときでなければ，その指定をしてはならない．

一　職員，設備，試験事務の実施の方法その他の事項についての試験事務の実施に関する計画が，試験事務の適確な実施のために適切なものであること．

二　前号の試験事務の実施に関する計画を適確に実施するに足りる経理的基礎及び技術的能力があること．

三　一般社団法人又は一般財団法人であること．

四　試験事務以外の業務を行っているときは，その業務を行うことによって試験事務が不公正になるおそれがないものであること．

（試験員）

**第84条**　指定試験機関は，試験事務を行う場合において，第44条第1項第一号から第三号までに掲げる種類の主任技術者免状に係る主任技術者として必要な知識及び技能を有するかどうかの判定に関する事務については，試験員に行わせなければならない．

2　指定試験機関は，試験員を選任しようとするときは，経済産業省令で定める要件を備える者のうちから選任しなければならない．

3　指定試験機関は，試験員を選任したときは，経済産業省令で定めるところにより，経済産業大臣にその旨を届け出なければならない．試験員に変更があったときも，同様とする．

（業務規程）

**第84条の2**　指定試験機関は，試験事務に関する規程（以下この節において「業務規程」という．）を定め，経済産業大臣の認可を受けなければならない．これを変更しようとするときも，同様とする．

2　業務規程で定めるべき事項は，経済産業省令で定める．

3　経済産業大臣は，第 1 項の認可をした業務規程が試験事務の公正な遂行上不適当となったと認めるときは，指定試験機関に対し，業務規程を変更すべきことを命ずることができる．

（業務の休廃止）

第 84 条の 2 の 2　指定試験機関は，経済産業大臣の許可を受けなければ，試験事務の全部又は一部を休止し，又は廃止してはならない．

（事業計画等）

第 84 条の 3　指定試験機関は，毎事業年度開始前に（第 45 条第 2 項の指定を受けた日の属する事業年度にあっては，その指定を受けた後遅滞なく），その事業年度の事業計画及び収支予算を作成し，経済産業大臣の認可を受けなければならない．これを変更しようとするときも，同様とする．

2　指定試験機関は，毎事業年度経過後 3 月以内に，その事業年度の事業報告書及び収支決算書を作成し，経済産業大臣に提出しなければならない．

（役員の選任及び解任）

第 84 条の 4　指定試験機関の役員の選任及び解任は，経済産業大臣の認可を受けなければ，その効力を生じない．

（解任命令）

第 84 条の 5　経済産業大臣は，指定試験機関の役員又は試験員がこの法律若しくはこの法律に基づく命令の規定又は業務規程に違反したときは，その指定試験機関に対し，その役員又は試験員を解任すべきことを命ずることができる．

（秘密保持義務）

第 85 条　指定試験機関の役員若しくは職員（試験員を含む．）又はこれらの職にあった者は，試験事務に関して知り得た秘密を漏らしてはならない．

（役員及び職員の地位）

第 85 条の 2　試験事務に従事する指定試験機関の役員又は職員（試験員を含む．）は，刑法その他の罰則の適用については，法令により公務に従事する職員とみなす．

（適合命令等）

第 86 条　経済産業大臣は，指定試験機関が第 83 条各号（第三号を除く．以下この項において同じ．）のいずれかに適合しなくなったと認めるときは，指定試験機関に対し，当該各号に適合するため必要な措置をとるべきことを命ずることができる．

2　経済産業大臣は，前項に定めるもののほか，この法律を施行するため必要があると認めるときは，指定試験機関に対し，試験事務に関し監督上必要な命令をすることができる．

（指定の取消し等）

第 87 条　経済産業大臣は，指定試験機関が第 83 条第三号に適合しなくなったときは，第 45 条第 2 項の指定を取り消さなければならない．

2　経済産業大臣は，指定試験機関が次の各号のいずれかに該当するときは，第 45 条第 2 項の指定を取り消し，又は期間を定めて試験事務の全部若しくは一部の停止を命ずることができる．

一　第 82 条第一号又は第三号に該当するに至ったとき．

二　第 84 条，第 84 条の 2 第 1 項，第 84 条の 2 の 2，第 84 条の 3 又は次条の規定に違反したとき．

三　第 84 条の 2 第 1 項の認可を受けた業務規程によらないで試験事務を行ったとき．

四　第 84 条の 2 第 3 項，第 84 条の 5 又は前条の規定による命令に違反したとき．

五　不正の手段により第45条第2項の指定を受けたとき.

（帳簿の記載）

第87条の2　指定試験機関は，帳簿を備え，試験事務に関し経済産業省令で定める事項を記載しなければならない.

2　前項の帳簿は，経済産業省令で定めるところにより，保存しなければならない.

（経済産業大臣による試験）

第88条　経済産業大臣は，指定試験機関が第84条の2の2の許可を受けて試験事務の全部若しくは一部を休止したとき，第87条第2項の規定により指定試験機関に対し試験事務の全部若しくは一部の停止を命じたとき，又は指定試験機関が天災その他の事由により試験事務の全部若しくは一部を実施することが困難となった場合において必要があると認めるときは，当該試験事務の全部又は一部を自ら行うものとする.

2　経済産業大臣が前項の規定により試験事務の全部若しくは一部を自ら行う場合，指定試験機関が第84条の2の2の許可を受けて試験事務の全部若しくは一部を廃止する場合又は第87条の規定により経済産業大臣が指定試験機関の指定を取り消した場合における試験事務の引継ぎその他の必要な事項については，経済産業省令で定める.

## 第4節　登録調査機関

（登録）

第89条　第57条の2第1項の登録（以下この節において単に「登録」という.）は，経済産業省令で定めるところにより，電線路維持運用者の委託を受けて調査業務を行おうとする者の申請により行う.

（登録の基準）

第90条　経済産業大臣は，前条の規定により登録を申請した者が次に掲げる要件の全てに適合しているときは，登録をしなければならない．この場合において，登録に関して必要な手続は，経済産業省令で定める.

一　次に掲げる測定器を用いて調査業務を行うものであること.

イ　絶縁抵抗計

ロ　接地抵抗計

ハ　漏れ電流計

ニ　交流電流計

ホ　交流電圧計

二　次のいずれかに該当する者が調査業務を実施するものであること.

イ　第44条第1項第一号から第三号までに掲げる種類の主任技術者免状の交付を受けている者

ロ　電気工事士法（昭和35年法律第139号）第3条第1項に規定する第一種電気工事士又は同条第2項に規定する第二種電気工事士

ハ　学校教育法に基づく大学，高等専門学校，高等学校若しくは中等教育学校，旧大学令に基づく大学，旧専門学校令に基づく専門学校又は旧中等学校令（昭和18年勅令第36号）に基づく実業学校において電気工学の課程又はこれに相当する課程を修めて卒業した者

2　登録は，調査機関登録簿に次に掲げる事項を記載してするものとする.

一　登録年月日及び登録番号

二　登録を受けた者の氏名又は名称及び住所並びに法人にあっては，その代表者の氏名

第 91 条　削除

（調査の義務）

第 92 条　登録調査機関は，第 57 条の 2 第 1 項の規定による調査業務の委託を受けているときは，第 57 条第 1 項の経済産業省令で定めるところにより，その調査業務を行わなければならない．ただし，一般用電気工作物の設置の場所に立ち入ることにつき，その所有者又は占有者の承諾を得ることができないときは，この限りでない．

2　経済産業大臣は，登録調査機関が第 57 条の 2 第 1 項の規定による調査業務の委託を受けている場合において，その調査業務を行わず，又はその方法が適当でないときは，登録調査機関に対し，その調査業務を行い，又はその方法を改善すべきことを命ずることができる．

（調査業務の廃止）

第 93 条　登録調査機関は，調査業務を廃止したときは，遅滞なく，その旨を経済産業大臣に届け出なければならない．

（業務規程）

第 94 条　登録調査機関は，調査業務に関する規程（以下この節において「業務規程」という．）を定め，調査業務の開始前に，経済産業大臣に届け出なければならない．これを変更しようとするときも，同様とする．

2　業務規程には，調査業務の実施方法，調査業務に関する料金の算定方法その他の経済産業省令で定める事項を定めておかなければならない．

（登録の取消し）

第 95 条　経済産業大臣は，登録調査機関が次の各号のいずれかに該当するときは，登録を取り消すことができる．

一　次条において準用する第 68 条第一号又は第三号に該当するに至ったとき．

二　正当な理由がないのに次条において準用する第 75 条第 2 項各号の規定による請求を拒んだとき．

三　第 92 条第 1 項，第 93 条若しくは前条第 1 項の規定又は次条において準用する第 75 条第 1 項若しくは第 79 条の規定に違反したとき．

四　第92条第 2 項の規定又は次条において準用する第76条の規定による命令に違反したとき．

五　不正の手段により第 57 条の 2 第 1 項の登録を受けたとき．

（準用）

第 96 条　第 68 条，第 70 条，第 75 条，第 76 条及び第 79 条の規定は，登録調査機関に準用する．この場合において，第 68 条第二号中「第 78 条」とあるのは「第 95 条」と，第 70 条第 2 項中「前 3 条の規定」とあるのは「第 89 条及び第 90 条の規定並びに第 96 条において準用する第 68 条の規定」と，第 75 条第 2 項中「特殊電気工作物設置者」とあるのは「登録調査機関が調査業務を行う一般用電気工作物の所有者又は占有者」と，第 76 条中「第 69 条第 1 項各号」とあるのは「第 90 条第 1 項各号」，第 79 条第 1 項中「適合性確認の業務」とあるのは「調査業務」と読み替えるものとする．

## 第 7 章　卸電力取引所

（指定）

第 97 条　経済産業大臣は，電気事業者に対する電力の卸取引の機会の拡大を図るとともに，当該卸取引の指標として用いられる適正な価格の形成を図り，もってその円滑な取引に資す

ることを目的とする一般社団法人，一般財団法人その他政令で定める法人であって，次条第1項に規定する業務（以下「市場開設業務」という.）に関し次に掲げる基準に適合すると認められるものを，その申請により，卸電力取引所として指定することができる.

一　職員，市場開設業務の実施の方法その他の事項についての市場開設業務の実施に関する計画が，市場開設業務の適確な実施のために適切なものであること.

二　前号の市場開設業務の実施に関する計画を適確に実施するに足りる経理的及び技術的な基礎を有するものであること.

三　役員又は職員の構成が，市場開設業務の公正な実施に支障を及ぼすおそれがないものであること.

四　市場開設業務以外の業務を行う場合には，その業務を行うことによって市場開設業務の公正な実施に支障を及ぼすおそれがないものであること.

五　第99条の14の規定により指定を取り消され，その取消しの日から2年を経過しない者でないこと.

六　役員のうちに次のいずれかに該当する者がないこと.

イ　禁錮以上の刑に処せられ，その刑の執行を終わり，又は執行を受けることがなくなった日から2年を経過しない者

ロ　この法律又はこの法律に基づく命令の規定に違反したことにより罰金の刑に処せられ，その刑の執行を終わり，又は執行を受けることがなくなった日から2年を経過しない者

2　卸電力取引所は，その名称若しくは住所又は市場開設業務を行う事務所の所在地を変更しようとするときは，変更しようとする日の2週間前までに，その旨を経済産業大臣に届け出なければならない.

（業務）

**第98条**　卸電力取引所は，次に掲げる業務を行うものとする.

一　電気事業者に対する電力の卸取引の機会の拡大及び当該卸取引の指標として用いられる価格の形成に必要なその売買取引を行うための市場（次項及び第99条の2において「卸電力取引市場」という.）を開設すること.

二　前号に掲げる業務に附帯する業務を行うこと.

三　前二号に掲げるもののほか，卸電力取引所の目的を達成するために必要な業務を行うこと.

2　卸電力取引所は，前項第一号に掲げる業務として，翌日に受け渡される経済産業省令で定める時間を単位とする電力の売買取引を行うための市場（次項，第99条の4第2項及び第99条の8において「翌日市場」という.）その他市場開設業務の実施に関する規程（以下この章において「業務規程」という.）で定める卸電力取引市場を開設するものとする.

3　卸電力取引所は，翌日市場における地域間の売買取引に係る電力の量が，当該地域間を電気的に接続する電線路の容量を超えるときは，業務規程で定めるところにより，地域ごとに取引価格を算定するものとする.

（業務規程の認可）

**第99条**　卸電力取引所は，市場開設業務を行うときは，当該業務の開始前に，業務規程を作成し，経済産業大臣の認可を受けなければならない．これを変更しようとするときも，同様とする.

2　経済産業大臣は，前項の認可をした業務規程が市場開設業務の公正かつ適確な実施上不適

当となったと認めるときは，その業務規程を変更すべきことを命ずることができる.
3　業務規程に記載すべき事項及び第 1 項の認可の基準については，経済産業省令で定める.
（売買取引を行うことができる者）
第 99 条の 2　卸電力取引市場における電力の売買取引（以下この章において単に「売買取引」という.）を行うことができる者は，電気事業者その他これに準ずる者であって電力の卸取引の業務を適確に遂行するに足りる資力信用を有するものとして業務規程で定める者とする.
（売買取引）
第 99 条の 3　売買取引は，入札の方法その他業務規程で定める方法によらなければならない.
2　卸電力取引所は，売買取引において，不正な行為が行われ，又は不当な価格が形成されていると認めるときは，業務規程で定めるところにより，売買取引を行う者に対し，売買取引の制限その他の売買取引の公正を確保するために必要な措置を講ずることができる.
3　卸電力取引所は，前項に規定する措置を講じたときは，速やかに，その旨を経済産業大臣に報告しなければならない.
（取引の決済）
第 99 条の 4　売買取引の決済は，卸電力取引所を経て行う方法その他業務規程で定める方法によらなければならない.
2　翌日市場における電力の売買取引の決済は，卸電力取引所を経て行う方法によるものとする.
（売買取引数量等の公表）
第 99 条の 5　卸電力取引所は，経済産業省令で定めるところにより，売買取引の数量及び価格その他経済産業省令で定める事項を公表しなければならない.
（差別的取扱いの禁止）
第 99 条の 6　卸電力取引所は，市場開設業務の運営に関し，売買取引を行う者に対して，不当に差別的な取扱いをしてはならない.
（事業計画等）
第 99 条の 7　卸電力取引所は，毎事業年度開始前に（第 97 条第 1 項の指定を受けた日の属する事業年度にあっては，その指定を受けた後遅滞なく），その事業年度の事業計画及び収支予算を作成し，経済産業大臣の認可を受けなければならない．これを変更しようとするときも，同様とする.
2　卸電力取引所は，毎事業年度経過後 3 月以内に，その事業年度の事業報告書及び収支決算書を作成し，経済産業大臣に提出しなければならない.
（地域間売買取引の決済に係る利益の納付）
第 99 条の 8　卸電力取引所は，推進機関が行う広域系統整備交付金交付業務に要する費用に充てるため，推進機関に対し，経済産業省令で定めるところにより，翌日市場における地域間の売買取引の決済に係る収入からその決済に要する費用を控除した金額を納付するものとする.
（業務の休廃止等）
第 99 条の 9　卸電力取引所は，経済産業大臣の許可を受けなければ，市場開設業務の全部又は一部を休止し，又は廃止してはならない.
2　経済産業大臣が前項の規定により市場開設業務の全部の廃止を許可したときは，当該許可に係る指定は，その効力を失う.
（役員の選任及び解任）
第 99 条の 10　卸電力取引所の役員の選任及び解任は，経済産業大臣の認可を受けなければ，その効力を生じない.

（解任命令）

第99条の11　経済産業大臣は，卸電力取引所の役員がこの法律若しくはこの法律に基づく命令の規定又は業務規程に違反したときは，その卸電力取引所に対し，その役員を解任すべきことを命ずることができる.

（秘密保持義務）

第99条の12　卸電力取引所の役員若しくは職員又はこれらの職にあった者は，市場開設業務に関して知り得た秘密を漏らし，又は盗用してはならない.

（監督命令）

第99条の13　経済産業大臣は，市場開設業務の公正かつ適確な実施を確保するため必要があると認めるときは，卸電力取引所に対し，市場開設業務に関し監督上必要な命令をすることができる.

（指定の取消し等）

第99条の14　経済産業大臣は，卸電力取引所が次の各号のいずれかに該当するときは，その指定を取り消し，又は期間を定めて市場開設業務の全部若しくは一部の停止を命ずることができる.

一　第97条第1項第一号から第四号までに掲げる基準に適合していないと認めるとき.

二　第97条第1項第六号に掲げる基準に適合しないこととなったとき.

三　第97条第2項，第99条第1項，第99条の3第3項，第99条の5から第99条の7まで又は第99条の9第1項の規定に違反したとき.

四　第99条第1項の認可を受けた業務規程によらないで市場開設業務を行ったとき.

五　第99条第2項，第99条の11又は前条の規定による命令に違反したとき.

六　不正の手段により第97条第1項の指定を受けたとき.

## 第8章　雑　　則

（登録等の条件）

第100条　登録，変更登録，許可，指定，認可又は承認には，条件を付し，及びこれを変更することができる.

2　前項の条件は，公共の利益を増進し，又は登録，変更登録，許可，指定，認可若しくは承認に係る事項の確実な実施を図るため必要な最小限度のものに限り，かつ，当該登録，変更登録，許可，指定，認可又は承認を受ける者に不当な義務を課することとなるものであってはならない.

（発電水力）

第101条　経済産業大臣は，発電水力の開発上必要な調査を行なわなければならない.

第102条　経済産業大臣は，発電水力の開発上必要があると認めるときは，水力を原動力とする発電用の電気工作物を設置している者に対し，その電気工作物を設置している河川について，経済産業省令で定めるところにより，その流量を測定し，その測定の結果を報告すべきことを命ずることができる.

第103条　都道府県知事又は地方自治法（昭和22年法律第67号）第252条の19第1項の指定都市（以下「指定都市」という.）の長は，河川法（昭和39年法律第167号）第23条若しくは第29条第2項の許可又は同法第24条若しくは第26条第1項の許可（同法第23条の2の登録の対象となる流水の占用に係る水利使用（同条に規定する水利使用をいう．第3項において同じ.）に関する許可を除く.）の申請があった場合において，その申請が発電水力の利用のためのものであって政令で定めるものであるときは，意見を付して経済産業大臣に報告し，経済産業大臣の意見を求めなければならない.

2　経済産業大臣は，前項の規定により意見を求められたときは，国土交通大臣に協議するものとする.

3　経済産業大臣は，都道府県知事又は指定都市の長に対し河川法第 23 条若しくは第 29 条第 2 項の許可又は同法第 24 条若しくは第 26 条第 1 項の許可（同法第 23 条の 2 の登録の対象となる流水の占用に係る水利使用に関する許可を除く.）の申請があった場合（第 1 項に規定する場合を除く.）において，発電水力の有効な利用を確保するため必要があると認めるときは，その都道府県知事又は指定都市の長に対し，これらの規定による処分に関し必要な勧告をすることができる.

（特定計量の届出等）

**第 103 条の 2**　電力の取引又は証明（計量法（平成 4 年法律第 51 号）第 2 条第 2 項に規定する取引又は証明をいう.）における法定計量単位（同法第 8 条第 1 項に規定する法定計量単位をいう.）による計量（同法第 2 条第 1 項に規定する計量をいう.）であって，その適正を確保することが特に必要なものとして経済産業省令で定めるもの（以下この条，第 111 条第 4 項及び第 117 条の 6 において「特定計量」という.）をする者は，経済産業省令で定めるところにより，あらかじめ，次に掲げる事項を経済産業大臣に届け出なければならない．これを変更するときも，同様とする.

一　氏名又は名称及び住所並びに法人にあっては，その代表者の氏名

二　主たる営業所その他の営業所の名称及び所在地

三　特定計量の内容

四　特定計量の適正を確保するための措置の内容

五　特定計量の開始の予定年月日

六　その他経済産業省令で定める事項

2　前項の規定による届出を行った者（以下「届出者」という.）は，経済産業省令で定める基準に従って，特定計量をしなければならない.

3　経済産業大臣は，届出者が前項の経済産業省令で定める基準に従って特定計量をしていない場合において，電気の使用者の利益の保護又は電気事業の健全な発達に支障が生じ，又は生ずるおそれがあると認めるときは，当該届出者に対し，その特定計量の中止又はその方法の改善その他の必要な措置をとるべきことを命ずることができる.

4　計量法第 16 条第 1 項及び第 40 条から第 48 条までの規定は，第 1 項の規定による届出に係る特定計量に使用される電気計器については，適用しない.

（電気工作物検査官）

**第 104 条**　経済産業省及び原子力規制委員会に，電気工作物検査官を置く.

2　経済産業省の電気工作物検査官は，第 49 条第 1 項若しくは第 54 条の検査又は第 51 条第 3 項若しくは第 55 条第 4 項の審査に関する事務に従事する.

3　原子力規制委員会の電気工作物検査官は，第 49 条第 1 項若しくは第 54 条の検査又は第 51 条第 3 項の審査に関する事務に従事する.

4　電気工作物検査官の資格に関し必要な事項は，政令で定める.

（監査）

**第 105 条**　経済産業大臣は，毎年，一般送配電事業者，送電事業者及び配電事業者の業務及

び経理の監査をしなければならない．

（調査の要請）

**第105条の2**　経済産業大臣は，認定高度保安実施設置者その他の保安の確保上特に重要な者として経済産業省令で定める者において保安に係るサイバーセキュリティ（サイバーセキュリティ基本法（平成26年法律第104号）第2条に規定するサイバーセキュリティをいう．）に関する重大な事態が生じ，又は生じた疑いがある場合において，必要があると認めるときは，独立行政法人情報処理推進機構に対し，その原因究明のための調査を要請することができる．

（報告の徴収）

**第106条**　主務大臣は，第39条，第40条，第47条，第49条及び第50条の規定の施行に必要な限度において，政令で定めるところにより，原子力を原動力とする発電用の電気工作物（以下「原子力発電工作物」という．）を設置する者に対し，その原子力発電工作物の保安に係る業務の状況に関し報告又は資料の提出をさせることができる．

2　主務大臣は，前項の規定によるもののほか，同項の規定により原子力発電工作物を設置する者に対し報告又は資料の提出をさせた場合において，原子力発電工作物の保安を確保するため特に必要があると認めるときは，第39条，第40条，第47条，第49条及び第50条の規定の施行に必要な限度において，当該原子力発電工作物の保守点検を行った事業者に対し，必要な事項の報告又は資料の提出をさせることができる．

3　経済産業大臣は，第1項の規定によるもののほか，この法律の施行に必要な限度において，政令で定めるところにより，小売電気事業者等，一般送配電事業者，送電事業者，配電事業者，特定送配電事業者，発電事業者又は特定卸供給事業者に対し，その業務又は経理の状況に関し報告又は資料の提出をさせることができる．

4　経済産業大臣は，第22条の3から第23条の3まで，第27条の11の3から第27条の11の6まで又は第27条の12の13において準用する第22条の3，第23条（第4項を除く．），第23条の2若しくは第23条の3の規定の施行に必要な限度において，第22条の3第1項に規定する特定関係事業者（小売電気事業者等，一般送配電事業者，送電事業者，配電事業者，特定送配電事業者，発電事業者及び特定卸供給事業者を除く．次項及び次条第3項において「一般送配電事業者の特定関係事業者」という．），第27条の11の3第1項に規定する特定関係事業者（小売電気事業者等，一般送配電事業者，送電事業者，配電事業者，特定送配電事業者，発電事業者及び特定卸供給事業者を除く．次項及び次条第3項において「送電事業者の特定関係事業者」という．）又は第27条の12の13において準用する第22条の3第1項に規定する特定関係事業者（小売電気事業者等，一般送配電事業者，送電事業者，配電事業者，特定送配電事業者，発電事業者及び特定卸供給事業者を除く．次項及び次条第3項において「配電事業者の特定関係事業者」という．）に対し，必要な事項の報告又は資料の提出をさせることができる．

5　経済産業大臣は，第3項の規定により一般送配電事業者，送電事業者又は配電事業者に対し報告又は資料の提出をさせた場合において，電気供給事業者間の適正な競争関係を確保するため特に必要があると認めるときは，第23条第2項（第27条の12の13において準用する場合を含む．）又は第27条の11の4第2項の規定の施行に必要な限度において，当該一般送配電事業者の特定関係事業者等（一般送配電事業者の特定関係事業者を除く．），当該送電事業者の特定関係事業者等（送電事業者の特定関係事業者を除く．）又は当該配電事業者の特定関係事業者等（配電事業者の特定関係事業者を除く．）に対し，必要な事項の報告又は資料の提出をさせることができる．

6　経済産業大臣は，第 1 項の規定によるもののほか，この法律の施行に必要な限度において，政令で定めるところにより，自家用電気工作物を設置する者，自家用電気工作物の保守点検を行った事業者又は登録調査機関に対し，その業務の状況に関し報告又は資料の提出をさせることができる．

7　経済産業大臣は，この法律の施行に必要な限度において，一般用電気工作物（小規模発電設備であるものに限る．）の所有者又は占有者に対し，必要な事項の報告又は資料の提出をさせることができる．

8　経済産業大臣は，この法律の施行に必要な限度において，推進機関に対し，その業務又は経理の状況に関し報告又は資料の提出をさせることができる．

9　経済産業大臣は、第 37 条の 4 から第 37 条の 12 までの規定の施行に必要な限度において、認定電気使用者情報利用者等協会に対し、その業務又は経理の状況に関し報告又は資料の提出をさせることができる。

10　経済産業大臣は，前項の規定により認定電気使用者情報利用者等協会に対し報告又は資料の提出をさせた場合において，電気供給事業者間の適正な競争関係を確保するために特に必要があると認めるときは，第 37 条の 4 から第 37 条の 12 までの規定の施行に必要な限度において，当該認定電気使用者情報利用者等協会の会員（第 37 条の 4 第一号に規定する会員をいう．第 120 条第六号において同じ．）に対し，必要な事項の報告又は資料の提出をさせることができる．

11　経済産業大臣は，この法律の施行に必要な限度において登録適合性確認機関又は，登録安全管理審査機関に対し，その業務又は経理の状況に関し報告又は資料の提出をさせることができる．

12　経済産業大臣は，この法律の施行に必要な限度において，指定試験機関又は卸電力取引所に対し，その業務又は経理の状況に関し報告又は資料の提出をさせることができる．

13　経済産業大臣は，第 103 条の 2 の規定の施行に必要な限度において，届出者に対し，その業務の状況に関し報告又は資料の提出をさせることができる．

（立入検査）

**第 107 条**　主務大臣は，第 39 条，第 40 条，第 47 条，第 49 条及び第 50 条の規定の施行に必要な限度において，その職員に，原子力発電工作物を設置する者又はボイラー等（原子力発電工作物に係るものに限る．）の溶接をする者の工場又は営業所，事務所その他の事業場に立ち入り，原子力発電工作物，帳簿，書類その他の物件を検査させることができる．

2　経済産業大臣は，前項の規定による立入検査のほか，この法律の施行に必要な限度において，その職員に，電気事業者の営業所，事務所その他の事業場に立ち入り，業務若しくは経理の状況又は電気工作物，帳簿，書類その他の物件を検査させることができる．

3　経済産業大臣は，第 22 条の 3 から第 23 条の 3 まで，第 27 条の 11 の 3 から第 27 条の 11 の 6 まで又は第 27 条の 12 の 13 において準用する第 22 条の 3，第 23 条（第 4 項を除く．），第 23 条の 2 若しくは第 23 条の 3 の規定の施行に必要な限度において，その職員に，一般送配電事業者の特定関係事業者，送電事業者の特定関係事業者又は配電事業者の特定関係事業者の営業所，事務所その他の事業場に立ち入り，業務若しくは経理の状況又は帳簿，書類その他の物件を検査させることができる．

4　経済産業大臣は，第 1 項の規定による立入検査のほか，この法律の施行に必要な限度において，その職員に，自家用電気工作物を設置する者，自家用電気工作物の保守点検を行った事業者又はボイラー等の溶接をする者の工場又は営業所,事務所その他の事業場に立ち入り,電気工作物,帳簿,書類その他の物件を検査させることができる.

5　経済産業大臣は,この法律の施行に必要な限度において,その職員に,一般用電気工作物の設置の場所(当該一般用電気工作物が小規模発電設備以外のものである場合にあっては,居住の用に供されているものを除く.)に立ち入り,一般用電気工作物を検査させることができる.ただし,居住の用に供されている場所に立ち入る場合においては,あらかじめ,その居住者の承諾を得なければならない.

6　経済産業大臣は,この法律の施行に必要な限度において,その職員に,推進機関の事務所に立ち入り,業務の状況又は帳簿,書類その他の物件を検査させることができる.

7　経済産業大臣は,第37条の4から第37条の12までの規定の施行に必要な限度において,その職員に,認定電気使用者情報利用者等協会の事務所に立ち入り,業務の状況又は帳簿,書類その他の物件を検査させることができる.

8　経済産業大臣は,この法律の施行に必要な限度において,その職員に,登録適合性確認機関,登録安全管理審査機関又は登録調査機関の事務所又は事業所に立ち入り,業務の状況又は帳簿,書類その他の物件を検査させることができる.

9　経済産業大臣は,この法律の施行に必要な限度において,その職員に,指定試験機関又は卸電力取引所の事務所に立ち入り,業務の状況又は帳簿,書類その他の物件を検査させることができる.

10　経済産業大臣は,第103条の2の規定の施行に必要な限度において,その職員に,届出者の営業所,事務所その他の事業場に立ち入り,業務の状況又は帳簿,書類その他の物件を検査させることができる.

11　前各項の規定により立入検査をする職員は,その身分を示す証明書を携帯し,関係人の請求があったときは,これを提示しなければならない.

12　経済産業大臣は,必要があると認めるときは,推進機関に,第2項の規定による立入検査(次に掲げる事項を調査するために行うものに限る.)を行わせることができる.

一　第28条の43の規定による情報の提供が適正に行われていること.

二　第28条の44第1項の規定による指示を受けた推進機関の会員がその指示に係る措置をとっていること.

13　経済産業大臣は,前項の規定により推進機関に立入検査を行わせる場合には,推進機関に対し,当該立入検査の場所その他必要な事項を示してこれを実施すべきことを指示するものとする.

14　推進機関は,前項の指示に従って第12項に規定する立入検査を行ったときは,その結果を経済産業大臣に報告しなければならない.

15　第12項の規定により立入検査をする推進機関の職員は,その身分を示す証明書を携帯し,関係人の請求があったときは,これを提示しなければならない.

16　経済産業大臣は,必要があると認めるときは,独立行政法人製品評価技術基盤機構(次項,次条及び第127条において「機構」という.)に,第4項(ボイラー等の溶接をする者に係る部分を除く.)又は第5項の規定による立入検査を行わせることができる.

17　第13項から第15項までの規定は,機構の行う立入検査に準用する.

18　第1項から第10項までの規定による権限は,犯罪捜査のために認められたものと解釈してはならない.

(機構に対する命令)

第 107 条の 2　経済産業大臣は，前条第 16 項に規定する立入検査の業務の適正な実施を確保するため必要があると認めるときは，機構に対し，当該業務に関し必要な命令をすることができる．

（聴聞の特例）

第 108 条　経済産業大臣は，第 16 条第 2 項又は第 27 条の 12 の 9 第 2 項の規定による供給区域の減少をしようとするときは，行政手続法（平成 5 年法律第 88 号）第 13 条第 1 項の規定による意見陳述のための手続の区分にかかわらず，聴聞を行わなければならない．

2　第 2 条の 9 第 1 項，第 15 条第 1 項若しくは第 2 項，第 16 条第 1 項若しくは第 2 項，第 27 条の 8 第 1 項から第 3 項まで，第 27 条の 9 第 1 項，第 27 条の 12 の 8 第 1 項から第 3 項まで，第 27 条の 12 の 9 第 1 項若しくは第 2 項，第 27 条の 21 第 1 項，第 28 条の 23 第 6 項，第 37 条の 12 第 2 項，第 78 条，第 80 条の 5，第 84 条の 5，第 87 条，第 95 条，第 99 条の 11 又は第 99 条の 14 の規定による処分に係る聴聞の期日における審理は、公開により行わなければならない．

（指定試験機関の処分等に係る審査請求）

第 109 条　指定試験機関が行う試験事務に係る処分又はその不作為について不服がある者は，経済産業大臣に対し，審査請求をすることができる．この場合において，経済産業大臣は，行政不服審査法（平成 26 年法律第 68 号）第 25 条第 2 項及び第 3 項，第 46 条第 1 項及び第 2 項並びに第 49 条第 3 項の規定の適用については，指定試験機関の上級行政庁とみなす．

（審査請求の手続における意見の聴取）

第 110 条　この法律又はこの法律に基づく命令の規定による処分又はその不作為についての審査請求に対する裁決は，行政不服審査法第 24 条の規定により当該審査請求を却下する場合を除き，審査請求人に対し，相当な期間をおいて予告をした上，同法第 11 条第 2 項に規定する審理員が公開による意見の聴取をした後にしなければならない．

2　前項の意見の聴取に際しては，審査請求人及び利害関係人に対し，その事案について証拠を提示し，意見を述べる機会を与えなければならない．

3　第 1 項に規定する審査請求については，行政不服審査法第 31 条の規定は適用せず，同項の意見の聴取については，同条第 2 項から第 5 項までの規定を準用する．

（苦情の申出）

第 111 条　小売電気事業者等，一般送配電事業者，送電事業者，配電事業者，特定送配電事業者，発電事業者又は特定卸供給事業者の電気の供給又は小売供給契約の締結の媒介，取次ぎ若しくは代理に関し苦情のある者は，経済産業大臣又は委員会に対し，理由を記載した文書を提出して苦情の申出（委員会に対するものにあっては，電力の取引に関するものに限る．次項及び第 4 項において同じ．）をすることができる．

2　認定電気使用者情報利用者等協会の情報利用等適正化業務（第 37 条の 4 に規定する情報利用等適正化業務をいう．第 117 条の 3 において同じ．）に関し苦情のある者は，経済産業大臣又は委員会に対し，理由を記載した文書を提出して苦情の申出をすることができる．

3　登録調査機関の調査業務に関し苦情のある者は，経済産業大臣に対し，理由を記載した文書を提出して苦情の申出をすることができる．

4　届出者のする特定計量に関し苦情のある者は，経済産業大臣又は委員会に対し，理由を記載した文書を提出して苦情の申出をすることができる．

5　経済産業大臣及び委員会は，前各項の申出（委員会にあっては，第 1 項，第 2 項又は前項の申出）があったときは，これを誠実に処理し，処理の結果を申出者に通知しなければならない.

（手数料）

**第112条**　次に掲げる者は，実費を勘案して経済産業省令で定める額の手数料を納めなければならない.

一　第44条第2項第一号の規定により，又は指定試験機関がその試験事務を行う電気主任技術者試験に合格したことにより主任技術者免状の交付を受けようとする者

二　電気主任技術者試験を受けようとする者

三　主任技術者免状の再交付を受けようとする者

四　第55条第4項の審査（経済産業大臣が行う場合に限る.）を受けようとする者

四の二　第55条の3の認定又はその更新を受けようとする者

五　第80条第1項の規定により経済産業大臣の行う適合性確認を受けようとする者

六　第80条の6において読み替えて準用する第80条第1項の規定により経済産業大臣の行う安全管理審査を受けようとする者

2　次に掲げる者は，実費を勘案して主務省令で定める額の手数料を納めなければならない.

一　第49条第1項の検査を受けようとする者

二　第54条の検査を受ける者

三　第51条第3項の審査（登録安全管理審査機関が行う場合を除く.）を受けようとする者

3　前2項の手数料は，第44条の2第1項の規定による委託を受けて指定試験機関がその免状交付事務を行う主任技術者免状の交付を受けようとする者及び指定試験機関がその試験事務を行う電気主任技術者試験を受けようとする者の納めるものについては当該指定試験機関の，その他のものについては国庫の収入とする.

（公示）

**第112条の2**　経済産業大臣は，次に掲げる場合には，その旨を官報に公示しなければならない.

一　第37条の4の規定により認定し，又は第37条の11第2項の規定により認定を取り消し，若しくはその業務の全部若しくは一部の停止を命じたとき.

二　第45条第2項又は第97条第1項の指定をしたとき.

三　第48条の2第1項，第51条第3項，第55条第4項又は第57条の2第1項の登録をしたとき.

四　第57条の2第2項，第72条（第80条の6において準用する場合を含む.），第74条（第80条の6において準用する場合を含む.），第93条又は第97条第2項の規定による届出があったとき.

五　第78条の規定により登録を取り消し，又は適合性確認の業務の全部若しくは一部の停止を命じたとき.

六　第80条第1項の規定により経済産業大臣が適合性確認の業務の全部若しくは一部を自ら行うものとするとき，又は自ら行っていた適合性確認の業務の全部若しくは一部を行わないこととするとき.

七　第80条の5の規定により登録を取り消し，又は安全管理審査の業務の全部若しくは一部の停止を命じたとき.

八　第80条の6において読み替えて準用する第80条第1項の規定により経済産業大臣が安全管理審査の業務の全部若しくは一部を自ら行うものとするとき，又は自ら行っていた安全管理審査の業務の全部若しくは一部を行わないこととするとき.

九　第 84 条の 2 の 2 又は第 99 条の 9 第 1 項の許可をしたとき.

十　第 87 条の規定により指定を取り消し，又は同条第 2 項の規定により試験事務の全部若しくは一部の停止を命じたとき.

十一　第 88 条の規定により経済産業大臣が試験事務の全部若しくは一部を自ら行うものとするとき, 又は自ら行っていた試験事務の全部若しくは一部を行わないこととするとき.

十二　第 95 条の規定により登録を取り消したとき.

十三　第 99 条の 14 の規定により指定を取り消し，又は市場開設業務の全部若しくは一部の停止を命じたとき.

（核原料物質，核燃料物質及び原子炉の規制に関する法律との関係）

**第 112 条の 3**　核原料物質，核燃料物質及び原子炉の規制に関する法律（昭和 32 年法律第 166 号．以下この条において「原子炉等規制法」という.）第 43 条の 3 の 9 第 1 項の規定による認可を受けた設計及び工事の方法その他の工事の計画（以下この条において「設計及び工事の計画」という.）に係る原子力発電工作物の設置又は変更の工事の計画に対する第 47 条第 3 項又は第 48 条第 3 項の規定の適用については，当該設計及び工事の計画が第 47 条第 3 項第一号に掲げる要件（第 39 条第 2 項第一号に掲げる事項に係る部分であって原子炉等規制法第 43 条の 3 の 14 の技術上の基準に該当する部分に限る．次項において同じ.）又は第 48 条第 3 項第一号に掲げる要件（第 47 条第 3 項第一号に掲げる要件（第 39 条第 2 項第一号に掲げる事項に係る部分であって原子炉等規制法第 43 条の 3 の 14 の技術上の基準に該当する部分に限る.）に限る．次項において同じ.）に適合しているものとみなす.

2　原子炉等規制法第 43 条の 3 の 10 第 1 項の規定による届出をした設計及び工事の計画（同条第 4 項の規定による命令があった場合において同条第 1 項の規定による届出をしていないものを除く.）に係る原子力発電工作物の設置又は変更の工事の計画に対する第 47 条第 3 項又は第 48 条第 3 項の規定の適用については，当該設計及び工事の計画が第 47 条第 3 項第一号に掲げる要件又は第 48 条第 3 項第一号に掲げる要件に適合しているものとみなす.

3　原子炉等規制法第 43 条の 3 の 11 第 3 項の規定による確認を受けた原子炉等規制法第 43 条の 3 の 5 第 2 項第五号に規定する発電用原子炉施設である特定事業用電気工作物に対する第 49 条第 2 項の規定の適用については，当該特定事業用電気工作物が同項第二号に掲げる要件（第 39 条第 2 項第一号に掲げる事項に係る部分であって原子炉等規制法第 43 条の 3 の 14 の技術上の基準に該当する部分に限る.）に適合しているものとみなす.

4　第 51 条，第 52 条，第 54 条及び第 55 条の規定は，原子炉等規制法及びこれに基づく命令の規定による検査を受けるべき原子力発電工作物については，適用しない.

（経過措置）

**第 113 条**　この法律の規定に基づき政令又は経済産業省令若しくは主務省令を制定し，又は改廃する場合においては，それぞれ，政令又は経済産業省令若しくは主務省令で，その制定又は改廃に伴い合理的に必要と判断される範囲内において，所要の経過措置を定めることができる.

（主務大臣等）

**第 113 条の 2**　この法律（第 65 条第 3 項及び第 5 項を除く.）における主務大臣は，次の各号に掲げる事項の区分に応じ，当該各号に定める大臣又は委員会とする.

一　原子力発電工作物に関する事項　原子力規制委員会及び経済産業大臣

二　前号に掲げる事項以外の事項　経済産業大臣

2　第 65 条第 3 項及び第 5 項における主務大臣は，同条第 1 項に規定する道路，橋，溝，河川，堤防その他公共の用に供せられる土地の管理を所掌する大臣とする.

3　この法律における主務省令は，第1項各号に掲げる区分に応じ，それぞれ当該各号に定める主務大臣の発する命令とする.

（権限の委任）

**第114条**　経済産業大臣は，第106条第3項及び第8項，同条第12項（卸電力取引所に係るものに限る.）並びに同条第13項並びに第107条第2項及び第6項，同条第9項（卸電力取引所に係るものに限る.）並びに同条第10項の規定による権限（電力の適正な取引の確保に係る規定として政令で定める規定に関するものに限る.）並びに第106条第4項及び第5項並びに第107条第3項の規定による権限を委員会に委任する．ただし，報告又は資料の提出を命ずる権限は，経済産業大臣が自ら行うことを妨げない.

2　経済産業大臣は，政令で定めるところにより，第105条，第106条第9項及び第10項並びに第107条第7項の規定による権限並びに第106条第3項及び第8項並びに同条第12項（卸電力取引所に係るものに限る.）並びに第107条第2項及び第6項並びに同条第9項（卸電力取引所に係るものに限る.）の規定による権限（前項の政令で定める規定に関するものを除く.）を委員会に委任することができる.

3　委員会は，前項の規定により委任された権限を行使したときは，速やかに，その結果について経済産業大臣に報告するものとする.

4　経済産業大臣は，政令で定めるところにより，この法律の規定による権限（第1項又は第2項の規定により委員会に委任されたものを除く.）の一部を経済産業局長又は産業保安監督部長に委任することができる.

5　委員会は，政令で定めるところにより，第1項又は第2項の規定により委任された権限の一部を経済産業局長に委任することができる.

6　前項の規定により経済産業局長に委任された権限に係る事務に関しては，委員会が経済産業局長を指揮監督する.

（委員会に対する審査請求）

**第114条の2**　委員会が前条第1項又は第2項の規定により委任された第106条第3項から第5項まで，第8項から第10項まで，第12項又は第13項の規定により行う報告又は資料の提出の命令（前条第5項の規定により経済産業局長が行う場合を含む.）についての審査請求は，委員会に対してのみ行うことができる.

## 第9章　罰　　則

**第115条**　電気事業の用に供する電気工作物を損壊し，その他電気事業の用に供する電気工作物の機能に障害を与えて発電，蓄電，変電，送電又は配電を妨害した者は，5年以下の懲役又は100万円以下の罰金に処する.

2　みだりに電気事業の用に供する電気工作物を操作して発電，蓄電，変電，送電又は配電を妨害した者は，2年以下の懲役又は50万円以下の罰金に処する.

3　電気事業に従事する者が正当な理由がないのに電気事業の用に供する電気工作物の維持又は運行の業務を取り扱わず，発電，蓄電，変電，送電又は配電に障害を生ぜしめたときも，前項と同様とする.

4　第1項及び第2項の未遂罪は，罰する.

**第116条**　次の各号のいずれかに該当する場合には，当該違反行為をした者は，3年以下の懲役若しくは300万円以下の罰金に処し，又はこれを併科する.

一　第3条の規定に違反して一般送配電事業を営んだとき．

二　第27条の4の規定に違反して送電事業を営んだとき．

三　第27条の12の2の規定に違反して配電事業を営んだとき．

四　第40条（原子力発電工作物に係る場合に限る．）の規定による命令又は処分に違反したとき．

五　第47条第1項（原子力発電工作物に係る場合に限る．）の規定に違反して電気工作物の設置又は変更の工事をしたとき．

**第117条**　次の各号のいずれかに該当する場合には，当該違反行為をした者は，2年以下の懲役若しくは300万円以下の罰金に処し，又はこれを併科する．

一　第14条第1項の規定に違反して一般送配電事業の全部又は一部を休止し，又は廃止したとき．

二　第17条第1項若しくは第2項，同条第3項（離島等供給に係る場合に限る．），第27条の10第1項又は第27条の12の10第1項若しくは第2項の規定に違反して電気の供給を拒んだとき．

三　第27条の12において準用する第14条第1項の規定に違反して送電事業の全部又は一部を休止し，又は廃止したとき．

四　第27条の12の13において準用する第14条第1項の規定に違反して配電事業の全部又は一部を休止し，又は廃止したとき．

**第117条の2**　次の各号のいずれかに該当する場合には，当該違反行為をした者は，1年以下の懲役若しくは100万円以下の罰金に処し，又はこれを併科する．

一　第2条の2の規定に違反して小売電気事業を営んだとき．

二　第2条の16第1項の規定に違反してその名義を他人に小売電気事業のため利用させたとき．

三　第2条の16第2項の規定に違反して小売電気事業を他人にその名において経営させたとき．

四　第22条の2第1項（第27条の12の13において準用する場合も含む．）又は第27条の11の2第1項の規定に違反して小売電気事業，発電事業又は特定卸供給事業を営んだとき．

五　第27条の13第1項の規定による届出をせず，又は虚偽の届出をして特定送配電事業を営んだとき．

六　第27条の15の規定に違反して小売供給を行ったとき．

七　第27条の26第2項において読み替えて準用する第2条の16第1項の規定に違反してその名義を他人に特定送配電事業（小売供給を行うものに限る．次号において同じ．）のため利用させたとき．

八　第27条の26第2項において読み替えて準用する第2条の16第2項の規定に違反して特定送配電事業を他人にその名において経営させたとき．

九　第27条の30第1項の規定による届出をせず，又は虚偽の届出をして特定卸供給事業を営んだとき．

十　第49条第1項（原子力発電工作物に係る場合に限る．）の規定に違反して電気工作物を使用したとき．

十一　第55条第3項の規定に違反して，記録をせず，虚偽の記録をし，若しくは記録を保存せず，又は報告をせず，若しくは虚偽の報告をしたとき．

十二　第107条第1項の規定による審査又は検査を拒み，妨げ，又は忌避したとき．

十三　第78条又は第80条の5の規定による適合性確認又は安全管理審査の業務の停止の命令に違反したとき．

十四　第106条第1項の規定による報告若しくは資料の提出をせず，又は虚偽の報告若しくは資料の提出をしたとき．

**第117条の3**　第37条の11第2項，第87条第2項又は第99条の14の規定による情報利用等適正化業務，試験事務又は市場開設業務の停止の命令に違反したときは，その違反行為をした認定電気使用者情報利用者等協会，指定試験機関又は卸電力取引所の役員又は職員は，1年以下の懲役又は100万円以下の罰金に処する．

**第117条の4**　次の各号のいずれかに該当する者は，1年以下の懲役又は100万円以下の罰金に処する．

一　第44条の2第2項又は第85条の規定に違反して秘密を漏らした者

二　第99条の12の規定に違反して秘密を漏らし，又は盗用した者

**第117条の5**　第28条の29第1項若しくは第2項又は第37条の9の規定に違反した者は，1年以下の懲役又は50万円以下の罰金に処する．

**第117条の6**　第103条の2第1項の規定による届出をせず，又は虚偽の届出をして特定計量をした場合には，当該違反行為をした者は，6月以下の懲役又は50万円以下の罰金に処する．

**第118条**　次の各号のいずれかに該当する場合には，当該違反行為をした者は，300万円以下の罰金に処する．

一　第2条の12第2項（第27条の26第2項において準用する場合を含む．），第2条の17第1項（第27条の32において準用する場合を含む．），第2条の17第2項（第27条の26第3項において準用する場合を含む．），第2条の17第3項（第27条の26第2項において準用する場合を含む．），第9条第5項（第27条の12及び第27条の12の13において準用する場合を含む．），第18条第6項若しくは第11項，第20条第3項若しくは第21条第3項，第22条の3第3項，第23条第6項，第23条の2第2項若しくは第23条の3第2項（これらの規定を第27条の12の13において準用する場合を含む．），第26条第2項（第27条の12の13及び第27条の26第1項において準用する場合を含む．），第27条第1項（第27条の12，第27条の12の13，第27条の26第1項及び第27条の29において準用する場合を含む．），第27条第2項，第27条の11第3項若しくは第4項，第27条の11の3第3項，第27条の11の4第5項，第27条の11の5第2項，第27条の11の6第2項，第27条の12の11第3項，、第27条の12の12第4項，第27条の13第5項（同条第8項において準用する場合を含む．），第27条の30第5項（同条第8項において準用する場合を含む．），第29条第6項，第31条第1項，第57条第3項又は第92条第2項の規定による命令に違反したとき．

二　第17条第3項（離島等供給に係る場合を除く．）又は第27条の14の規定に違反して電気の供給を拒んだとき．

三　第18条第2項，第21条第2項，第24条第1項（第27条の12の13において準用する場合を含む．），第27条の11第2項又は第27条の12の11第2項の規定に違反して電気を供給したとき．

四　第27条の28の規定に違反して発電及び電気の供給を拒んだとき．

五　第27条の31の規定に違反して特定卸供給を拒んだとき．

六　第40条（原子力発電工作物に係る場合を除く．）の規定による命令又は処分に違反した

とき.

七　第 43 条第 1 項の規定に違反して主任技術者を選任しなかったとき.

八　第 47 条第 1 項（原子力発電工作物に係る場合を除く.）の規定に違反して電気工作物の設置又は変更の工事をしたとき.

**第 119 条**　次の各号のいずれかに該当する場合には，当該違反行為をした者は，100 万円以下の罰金に処する.

一　第 2 条の 6 第 1 項の規定に違反して第 2 条の 3 第 1 項第三号に掲げる事項を変更したとき.

二　第 9 条第 1 項（第 27 条の 12 及び第 27 条の 12 の 13 において準用する場合を含む.），第 27 条の 13 第 7 項又は第 27 条の 30 第 7 項の規定による届出をせず，又は虚偽の届出をしたとき.

三　第 9 条第 3 項（第 27 条の 12 及び第 27 条の 12 の 13 において準用する場合を含む.），第 27 条の 13 第 3 項（同条第 8 項において準用する場合を含む.）又は第 27 条の 30 第 3 項（同条第 8 項において準用する場合を含む.）の規定に違反したとき.

四　第 20 条第 2 項の規定に違反して電気を供給したとき.

五　第 27 条の 13 第 2 項（同条第 8 項において準用する場合を含む.），第 27 条の 27 第 2 項又は第 27 条の 30 第 2 項（同条第 8 項において準用する場合を含む.）の規定に違反して添付書類を提出せず，又は添付書類に虚偽の記載をして提出したとき.

六　第 27 条の 19 第 1 項の規定に違反して第 27 条の 16 第 1 項第四号に掲げる事項について変更をしたとき.

七　第 27 条の 27 第 1 項の規定による届出をせず，又は虚偽の届出をして発電事業を営んだとき.

八　第 27 条の 33 第 1 項の規定に違反して電気を供給する事業を営んだとき.

九　第 34 条の 2 第 1 項又は第 103 条の 2 第 3 項の規定による命令に違反したとき.

十　第48条第 4 項の規定による命令に違反して電気工作物の設置又は変更の工事をしたとき.

十一　第 49 条第 1 項（原子力発電工作物に係る場合を除く.）の規定に違反して電気工作物を使用したとき.

**第 119 条の 2**　第 37 条の 11 第 1 項の規定による命令に違反した認定電気使用者情報利用者等協会の役員又は職員は，100 万円以下の罰金に処する.

**第 119 条の 3**　次の各号のいずれかに該当する場合には，その違反行為をした推進機関の発起人，役員又は職員は，30 万円以下の罰金に処する.

一　第 28 条の 14 第 1 項又は第 2 項の規定による申請書又は添付書類に虚偽の記載をしてこれを提出したとき.

二　第 29 条第 2 項（同条第 4 項において準用する場合を含む.）又は第 33 条の 2 第 3 項の規定による送付をしなかったとき.

三　第 106 条第 8 項の規定による報告若しくは資料の提出をせず，又は虚偽の報告若しくは資料の提出をしたとき.

四　第 107 条第 6 項の規定による検査を拒み，妨げ，又は忌避したとき.

**第 119 条の 4**　次の各号のいずれかに該当する場合には，その違反行為をした認定電気使用者情報利用者等協会，指定試験機関又は卸電力取引所の役員又は職員は，30 万円以下の罰金に処する.

一　第 84 条の 2 の 2 又は第 99 条の 9 第 1 項の許可を受けないで試験事務又は市場開設業務の全部を廃止したとき.

二　第87条の2第1項の規定に違反して同項に規定する事項の記載をせず，又は虚偽の記載をしたとき.

三　第87条の2第2項の規定に違反して帳簿を保存しなかったとき.

四　第106条第9項又は第12項の規定による報告若しくは資料の提出をせず，又は虚偽の報告若しくは資料の提出をしたとき.

五　第107条第7項又は第9項の規定による検査を拒み，妨げ，又は忌避したとき.

**第120条**　次の各号のいずれかに該当する場合には，当該違反行為をした者は，30万円以下の罰金に処する.

一　第2条の7第2項（第27条の29及び第27条の32において準用する場合を含む.），第2条の8第1項，第7条第4項（第8条第2項において準用する場合を含む.），第20条第1項，第21条第1項，第27条の7の2第4項（第27条の7の3第2項において準用する場合を含む.），第27条の11第1項，第27条の12の6第4項（第27条の12の7第2項において準用する場合を含む.），第27条の12の11第1項，第27条の20第1項，第27条の24第2項，第27条の25第1項（第27条の29及び第27条の32において準用する場合を含む.），第28条の3第1項，第29条第1項若しくは第3項，第42条第1項若しくは第2項，第43条第3項，第46条第1項若しくは第2項，第47条第4項若しくは第5項，第51条の2第3項，第55条の7，第57条の2第2項又は第74条（第80条の6において準用する場合を含む.）の規定による届出をせず，又は虚偽の届出をしたとき.

二　第2条の14第1項（第27条の26第3項において準用する場合を含む．以下この号において同じ.）の規定に違反して第2条の14第1項に規定する書面を交付せず，又は虚偽の記載若しくは表示をした書面を交付したとき.

三　第18条第12項（第20条第4項及び第21条第4項において準用する場合を含む.）又は第27条の12の11第4項の規定に違反したとき.

四　第23条の4第2項（第27条の12及び第27条の12の13において準用する場合を含む.）又は第34条の2第2項の規定による報告をせず，又は虚偽の報告をしたとき.

五　第26条第3項（第27条の12の13及び第27条の26第1項において準用する場合を含む.）又は第51条第1項，第52条第1項若しくは第55条第1項（原子力発電工作物に係る場合を除く.）若しくは第55条の11の規定に違反して，記録をせず，虚偽の記録をし，又は記録を保存しなかったとき.

六　第37条の6第3項の規定に違反して，その名称中に認定電気使用者情報利用者等協会の会員と誤認されるおそれのある文字を用いたとき.

七　第42条第3項の規定による命令に違反したとき.

八　第48条第1項又は第2項の規定に違反して電気工作物の設置又は変更の工事をしたとき.

八の二　第55条の10の規定に違反して保安規程を保存せず，又は保安規程の提出を拒んだとき.

九　第51条第3項，第54条若しくは第55条第4項（原子力発電工作物に係る場合を除く.）又は第107条第2項から第5項まで，第8項若しくは第10項の規定による審査又は検査を拒み，妨げ，又は忌避したとき.

十　第56条第1項の規定による命令又は処分に違反したとき.

十一　第57条第4項，又は第79条第1項（第80条の6及び第96条において準用する場合を含む.）の規定に違反して第57条第4項，第79条第1項又は第96条において準用する第79条第1項に規定する事項の記載をせず，又は虚偽の記載をしたとき.

十二　第57条第5項，又は第79条第2項（第80条の6及び第96条において準用する場合を含む.）の規定に違反して帳簿を保存しなかったとき.

十三　第102条又は第106条第2項から第7項まで，第10項，第11項若しくは第13項の規定による報告若しくは資料の提出をせず，又は虚偽の報告若しくは資料の提出をしたとき.

**第121条**　法人の代表者又は法人若しくは人の代理人，従業者がその法人又は人の業務に関し，次の各号に掲げる規定の違反行為をしたときは，行為者を罰するほか，その法人に対して当該各号に定める罰金刑を，その人に対して各本条の罰金刑を科する.

一　第116条第四号又は第五号　3億円以下の罰金刑

二　第117条の2（第一号から第九号まで及び第十三号に係る部分を除く.）　1億円以下の罰金刑

三　第116条第一号から第三号まで，第117条，第117条の2（第一号から第九号まで及び第十三号に係る部分に限る.），第117条の6から第119条まで又は前条　各本条の罰金刑

**第122条**　次の各号のいずれかに該当する者は，100万円以下の過料に処する.

一　第13条第2項（第27条の12及び第27条の12の13において準用する場合を含む.）において準用する第9条第5項，第27条の3（第27条の12，第27条の12の13及び第27条の29において準用する場合を含む.）又は第46条の17第1項の規定による命令に違反した者

二　第22条第1項（第27条の12及び第27条の12の13において準用する場合を含む.）又は第27条の2第1項（第27条の12，第27条の12の13及び第27条の29において準用する場合を含む.）の規定に違反した者

三　第22条第2項（第27条の12及び第27条の12の13において準用する場合を含む.）の規定に違反して公表することを怠り，又は不実の公表をした者

四　第27条の2第2項（第27条の12，第27条の12の13及び第27条の29において準用する場合を含む.）の規定による書類の提出をせず，又は虚偽の書類の提出をした者

**第123条**　正当な理由がないのに第37条の6第1項の規定による名簿の縦覧を拒んだ認定電気使用者情報利用者等協会の役員又は職員は，50万円以下の過料に処する.

**第124条**　次の各号のいずれかに該当する場合には，その違反行為をした推進機関の発起人又は役員は，20万円以下の過料に処する.

一　この法律の規定により経済産業大臣の認可を受けなければならない場合において，その認可を受けなかったとき.

二　第28条の8第1項の規定による政令に違反して登記することを怠ったとき.

三　第28条の10第2項の規定に違反したとき.

四　第28条の13第2項の規定による公告をすることを怠り，又は不正の公告をしたとき.

五　第28条の40第1項及び第2項に規定する業務以外の業務を行ったとき.

六　第28条の44第2項又は第3項の規定に違反して，報告をせず，又は虚偽の報告をしたとき.

七　第28条の46第3項，第28条の48第4項又は第28条の57の規定による命令に違反したとき.

八　第28条の46第4項の規定による届出をせず，又は虚偽の届出をしたとき.

九　第28条の51第1項又は第2項に規定する書類を提出せず，又は虚偽の書類を提出したとき.

十　第28条の55の規定に違反して業務上の余裕金を運用したとき．

**第125条**　第28条の7第2項の規定に違反した者は，20万円以下の過料に処する．

**第126条**　第75条第1項（第96条において準用する場合を含む．）の規定に違反して財務諸表等を備えて置かず，財務諸表等に記載すべき事項を記載せず，若しくは虚偽の記載をし，又は正当な理由がないのに第75条第2項各号（第96条において準用する場合を含む．）の規定による請求を拒んだ者は，20万円以下の過料に処する．

**第127条**　第107条の2の規定による命令に違反した場合には，その違反行為をした機構の役員は，20万円以下の過料に処する．

**第128条**　次の各号のいずれかに該当する者は，10万円以下の過料に処する．

一　第2条の6第4項若しくは第2条の8第2項，第9条第2項若しくは第13条第1項（これらの規定を第27条の12及び第27条の12の13において準用する場合を含む．），第27条の13第9項，第27条の19第4項，第27条の25第2項（第27条の29及び第27条の32において準用する場合を含む．），第27条の27第3項若しくは第4項，第27条の30第9項，第27条の33第4項若しくは第5項，第28条の3第2項，第53条，第55条の2第2項又は第93条の規定による届出をせず，又は虚偽の届出をした者

二　第13条第2項（第27条の12及び第27条の12の13において準用する場合を含む．）において準用する第9条第3項の規定に違反して設備を譲り渡し，又は所有権以外の権利の目的とした者

三　正当な理由がないのに第44条第4項の規定による命令に違反して主任技術者免状を返納しなかった者

**第129条**　第37条の6第2項の規定に違反して，その名称中に認定電気使用者情報利用者等協会と誤認されるおそれのある文字を用いた者は，10万円以下の過料に処する．

## 附　　則　抄

1　この法律は，公布の日から起算して1年をこえない範囲内において政令で定める日から施行する．ただし，第86条から第93条までの規定及び附則第26項の通商産業省設置法（昭和27年法律第275号）第25条第1項の改正規定中石炭対策連絡協議会の項の次に電気事業審議会の項を加える部分は，公布の日から施行する．

2　電気に関する臨時措置に関する法律（昭和27年法律第341号．以下「旧法」という．）は，廃止する．

3　旧法に基づき旧公益事業令（昭和25年政令第343号）の規定の例によってした処分，手続その他の行為は，この法律中にこれに相当する規定があるときは，この法律の規定によってしたものとみなす．

4　この法律の施行の際現に旧電気に関する臨時措置に関する法律施行規則（昭和27年通商産業省令第99号．以下「旧規則」という．）第1条第1項の規定に基づき旧電気事業主任技術者資格検定規則（昭和7年逓信省令第54号）の規定の例により第一種，第二種又は第三種の資格を有している者は，それぞれ第54条第1項の第一種電気主任技術者免状，第二種電気主任技術者免状又は第三種電気主任技術者免状の交付を受けている者とみなす．

5　この法律の施行の際現に旧規則第1条第1項の規定に基づき旧発電用汽機汽罐取締規則（昭和15年逓信省令第5号）第20条の規定の例により汽機汽かん主任者に選任されている者のうち，気圧60kg/cm$^2$以上の発電所の汽機汽かん主任者又は気圧15kg/cm$^2$以上60kg/

cm$^2$ 未満の発電所の汽機汽かん主任者は，それぞれ第 54 条第 1 項の第一種ボイラー・タービン主任技術者免状又は第二種ボイラー・タービン主任技術者免状の交付を受けている者とみなす.

6　この法律の施行の際現に国が設置又は変更の工事（第 70 条第 1 項ただし書の場合又は第 71 条第 1 項前段の通商産業省令で定める場合においてするもの及び発電用の原子炉施設に係るものを除く.）をしている電気工作物は，旧規則第 1 条第 1 項の規定に基づき旧自家用電気工作物施設規則（昭和 7 年逓信省令第 56 号）第 51 条又は第 52 条の規定の例による報告又は承認があったものに限り，その工事の計画について，第 70 条第 1 項の認可を受け，又は第 71 条第 1 項の規定による届出をしたものとみなす.

9　この法律の施行前にした行為に対する罰則の適用については，なお従前の例による.

10　次に掲げる者は，経済産業大臣に対し，電気の供給並びに電気工作物の設置及び運用を円滑に行うため，第 17 項から第 19 項までの規定を適用することが適当である旨の認定を申請することができる.

一　一般送配電事業者

二　送電事業者

三　発電事業者たる会社

四　前三号に掲げる者を子会社とする会社

11　前項の規定による申請をしようとする者は，経済産業省令で定めるところにより，次に掲げる事項を記載した申請書その他経済産業省令で定める書類を経済産業大臣に提出しなければならない.

一　商号及び住所

二　電気事業以外の事業を営む場合（前項第四号に掲げる者にあっては，当該者の子会社である同項第一号から第三号までに掲げる者が，電気事業以外の事業を営む場合を含む.）にあっては，その概要

12　経済産業大臣は，第 10 項の規定による申請があった場合において，当該申請に係る電気の供給並びに電気工作物の設置及び運用が次の各号のいずれにも適合するものであると認めるときは，その認定をするものとする.

一　広域的運営による電気の安定供給の確保その他の電気事業の総合的かつ合理的な発達を図るために適当なものであること.

二　円滑かつ確実に実施されると見込まれるものであること.

三　社債の発行により得られる金銭がこれに要する費用に充てられると見込まれるものであること.

13　前項の認定を受けた者（以下「認定会社」という.）は，第 11 項各号に掲げる事項を変更したときは，遅滞なく，その旨を経済産業大臣に届け出なければならない.

14　経済産業大臣は，第 12 項の認定に係る電気の供給並びに電気工作物の設置及び運用が同項各号のいずれかに適合しなくなったと認めるとき，又は認定会社から同項の認定の取消しの申請があったときは，その認定を取り消さなければならない.

15　経済産業大臣は，第 12 項の認定をしようとする場合又は前項の規定による認定の取消しをしようとする場合（認定会社から第 12 項の認定の取消しの申請があった場合を除く.）には，あらかじめ，委員会の意見を聴かなければならない.

16　経済産業大臣は，第 12 項の認定をしたとき，又は第 14 項の規定による認定の取消しをしたときは，遅滞なく，その旨を官報に公示しなければならない.

17　認定会社の社債（社債，株式等の振替に関する法律（平成13年法律第75号）第66条第一号に規定する短期社債を除く．第19項及び第21項において同じ.）の社債権者は，その会社の財産について他の債権者に先立つて自己の債権の弁済を受ける権利を有する.
18　前項の先取特権の順位は，民法の規定による一般の先取特権に次ぐものとする.
19　第14項の規定により第12項の認定が取り消されたときは，当該認定の取消しの前に認定会社が発行した社債の社債権者については，これを認定会社の社債の社債権者とみなして，前2項の規定を適用する.
20　第10項から前項までの規定は，令和7年3月31日限り，その効力を失う.
21　認定会社が第10項から第19項までの規定の失効前に発行した社債の社債権者については，第17項から第19項までの規定は，前項の規定にかかわらず，同項に規定する日後も，なおその効力を有する.

## 附　　則（令和4年6月22日　法律第74号）抄

（施行期日）
**第1条**　この法律は，公布の日から起算して1年6月を超えない範囲内において政令で定める日から施行する．ただし，次の各号に掲げる規定は，当該各号に定める日から施行する.
一　附則第19条の規定公布の日
二　第3条中ガス事業法第56条の次に1条を加える改正規定及び同法第177条第1項第四号の改正規定公布の日から起算して3月を超えない範囲内において政令で定める日
三　第4条の規定（電気事業法目次の改正規定（「第5款　承継（第55条の2）」を（「第5款　承継（第55条の2）」第6款　認定高度保安実施設置者（第55条の3－第55条の13)」に改める部分に限る)，同法第3章第2節に1款を加える改正規定，同法第105条の次に1条を加える改正規定，同法第112条第1項第五号を同項第六号とし，同項第四号の次に二号を加える改正規定（同項第四号の2に係る部分に限る.)，同法第120条第一号の改正規定（「第51条の2第3項」の下に「，第55条の7」を加える部分に限る.)，同条第五号の改正規定及び同条第八号の次に一号を加える改正規定を除く.）並びに附則第4条，第5条，第8条から第10条まで，第15条及び第18条の規定公布の日から起算して9月を超えない範囲内において政令で定める日
四　第2条の規定並びに次条並びに附則第3条，第12条及び第13条の規定，附則第14条中液化石油ガスの保安の確保及び取引の適正化に関する法律（昭和42年法律第149号）第37条の6第1項ただし書の改正規定並びに附則第17条の規定この法律の施行の日から起算して3年を経過した日
（高圧ガス保安法の一部改正に伴う経過措置）
**第2条**　前条第四号に掲げる規定の施行の日（以下「第四号施行日」という.）前にされた第2条の規定による改正前の高圧ガス保安法（以下「旧高圧ガス保安法」という.）第39条の2第1項の認定の申請又は旧高圧ガス保安法第39条の8第1項の認定の更新の申請であって，同号に掲げる規定の施行の際，認定又は認定の更新をするかどうかの処分がされていないものについてのこれらの処分については，なお従前の例による.
2　第四号施行日において現に旧高圧ガス保安法第20条第3項第二号の認定又は旧高圧ガス保安法第39条の8第1項の認定の更新を受けている同号に規定する認定完成検査実施者（第四号施行日以後に前項の規定に基づきなお従前の例によることとされる同号の認定又は同条

第１項の認定の更新を受ける者を含む.）に関する認定の有効期間，変更の届出，認定を受けた者の義務，検査の記録の届出，認定の取消し及び認定の失効については，第四号施行日から起算して３年６月を経過する日までの間は，なお従前の例による.

**第３条**　第四号施行日前にされた旧高圧ガス保安法第 39 条の４第１項の認定の申請又は旧高圧ガス保安法第 39 条の８第１項の認定の更新の申請であって，附則第１条第四号に掲げる規定の施行の際，認定又は認定の更新をするかどうかの処分がされていないものについてのこれらの処分については，なお従前の例による.

２　第四号施行日において現に旧高圧ガス保安法第 35 条第１項第二号の認定又は旧高圧ガス保安法第 39 条の８第１項の認定の更新を受けている同号に規定する認定保安検査実施者（第四号施行日以後に前項の規定に基づきなお従前の例によることとされる同号の認定又は同条第１項の認定の更新を受ける者を含む.）に関する認定の有効期間，変更の届出，認定を受けた者の義務，検査の記録の届出，認定の取消し及び認定の失効については，第四号施行日から起算して３年６月を経過する日までの間は，なお従前の例による.

（電気事業法の一部改正に伴う経過措置）

**第４条**　附則第１条第三号に掲げる規定の施行の日（以下「第三号施行日」という.）において現に小規模事業用電気工作物（第４条の規定による改正後の電気事業法（以下この条及び次条において「新電気事業法」という.）第 38 条第３項に規定する小規模事業用電気工作物をいう．第５項において同じ.）であって経済産業省令で定めるものを設置し，その使用を開始している者は，経済産業省令で定めるところにより，第三号施行日から起算して６月を経過する日までに，新電気事業法第 46 条第１項に規定する事項を記載した書類を添えて，その旨を経済産業大臣に届け出なければならない.

２　前項の規定によりされた届出は，新電気事業法第 46 条第１項の規定によりされた届出とみなす.

３　第１項の規定による届出をせず，又は虚偽の届出をした者は，30 万円以下の罰金に処する.

４　法人の代表者又は法人若しくは人の代理人，使用人その他の従業者がその法人又は人の業務に関し，前項の違反行為をしたときは，行為者を罰するほか，その法人又は人に対して同項の刑を科する.

５　第三号施行日において現に小規模事業用電気工作物（第１項の経済産業省令で定めるものを除く.）を設置し，その使用を開始している者については，新電気事業法第 46 条第１項の届出をしたものとみなして，同条第２項の規定を適用する.

**第５条**　第三号施行日前に第四条の規定による改正前の電気事業法第 48 条第１項の規定により届出がされた工事の計画については，新電気事業法第 48 条の２の規定にかかわらず，なお従前の例による.

（罰則に関する経過措置）

**第６条**　この法律（附則第１条第四号に掲げる規定にあっては，当該規定．以下この条において同じ.）の施行前にした行為及びこの附則の規定によりなお従前の例によることとされる場合におけるこの法律の施行後にした行為に対する罰則の適用については，なお従前の例による.

（検討）

**第７条**　政府は，この法律の施行後５年を経過した場合において，この法律による改正後の規定の施行の状況について検討を加え，必要があると認めるときは，その結果に基づいて所要の措置を講ずるものとする.

（政令への委任）

第19条　この附則に規定するもののほか，この法律の施行に関し必要な経過措置（罰則に関する経過措置を含む．）は，政令で定める．

# 電気事業法施行令

（昭和40年6月15日　政令第206号）

（最終改正）令和4年2月2日　政令第37号

内閣は，電気事業法（昭和39年法律第170号）第2条第7項，第27条，第50条，第51条第2項，第104条第3項，第106条及び第114条の規定に基づき，この政令を制定する．

（電気工作物から除かれる工作物）

**第1条**　電気事業法（以下「法」という．）第2条第1項第十八号の政令で定める工作物は，次のとおりとする．

一　鉄道営業法（明治33年法律第65号），軌道法（大正10年法律第76号）若しくは鉄道事業法（昭和61年法律第92号）が適用され若しくは準用される車両若しくは搬器，船舶安全法（昭和8年法律第11号）が適用される船舶，陸上自衛隊の使用する船舶（水陸両用車両を含む．）若しくは海上自衛隊の使用する船舶又は道路運送車両法（昭和26年法律第185号）第2条第2項に規定する自動車に設置される工作物であって，これらの車両，搬器，船舶及び自動車以外の場所に設置される電気的設備に電気を供給するためのもの以外のもの

二　航空法（昭和27年法律第231号）第2条第1項に規定する航空機に設置される工作物

三　前二号に掲げるもののほか，電圧30V未満の電気的設備であって，電圧30V以上の電気的設備と電気的に接続されていないもの

（小売電気事業者等による情報通信の技術を利用する方法を用いた供給条件に関する事項等の提供の方法）

**第2条**　小売電気事業者等（法第2条の13第1項に規定する小売電気事業者等をいう．次項及び第45条第2項第一号において同じ．）は，法第2条の13第3項の規定により同項に規定する事項を提供しようとするときは，経済産業省令で定めるところにより，あらかじめ，当該事項の提供の相手方に対し，その用いる同項に規定する情報通信の技術を利用する方法（次項において「電磁的方法」という．）の種類及び内容を示し，書面又は電子情報処理組織を使用する方法その他の情報通信の技術を利用する方法であって経済産業省令で定めるもの（次項において「書面等」という．）による承諾を得なければならない．

2　前項の承諾を得た小売電気事業者等は，当該相手方から書面等により電磁的方法による提供を受けない旨の申出があったときは，当該相手方に対し，法第2条の13第3項に規定する事項の提供を電磁的方法によってしてはならない．ただし，当該相手方が再び前項の承諾をした場合は，この限りでない．

3　前2項の規定は，法第2条の14第2項の規定による同項に規定する事項の提供について準用する．

（登録特定送配電事業者等による情報通信の技術を利用する方法を用いた供給条件に関する事項等の提供の方法）

第3条　前条第1項及び第2項の規定は，法第27条の26第3項において読み替えて準用する法第2条の13第3項の規定による同項に規定する事項の提供について準用する．

2　前条第3項の規定は，法第27条の26第3項において読み替えて準用する法第2条の14第2項の規定による同項に規定する事項の提供について準用する．

（借入金及び広域的運営推進機関債の発行の限度額）

第4条　法第28条の52第3項の政令で定める額は，1 200億円とする．

（広域的運営推進機関債の債券）

第5条　広域的運営推進機関（以下「推進機関」という．）は，広域的運営推進機関債（以下「機関債」という．）を発行するときは，当該機関債につき社債，株式等の振替に関する法律（平成13年法律第75号．第8条第1項第六号及び第2項第三号において「社債等振替法」という．）の規定の適用がある場合を除き，機関債の債券を発行しなければならない．

2　前項の機関債の債券は，無記名式で利札付きのものとする．

（機関債の発行の方法）

第6条　機関債の発行は，募集の方法による．

（募集機関債に関する事項の決定）

第7条　推進機関は，その発行する機関債を引き受ける者の募集をしようとするときは，その都度，募集機関債（当該募集に応じて当該機関債の引受けの申込みをした者に対して割り当てる機関債をいう．以下同じ．）について次に掲げる事項を定めなければならない．

一　募集機関債の総額

二　各募集機関債の金額

三　募集機関債の利率

四　募集機関債の償還の方法及び期限

五　利息支払の方法及び期限

六　機関債の債券を発行するときは，その旨

七　各募集機関債と引換えに払い込む金銭の額

八　募集機関債と引換えにする金銭の払込みの期日

九　一定の日までに募集機関債の総額について割当てを受ける者を定めていない場合において，募集機関債の全部を発行しないこととするときは，その旨及びその一定の日

十　前各号に掲げるもののほか，経済産業省令で定める事項

（募集機関債の申込み）

第8条　推進機関は，前条の募集に応じて募集機関債の引受けの申込みをしようとする者に対し，次に掲げる事項を通知しなければならない．

一　募集機関債の名称

二　当該募集に係る前条各号に掲げる事項

三　機関債の債券を発行するときは，無記名式である旨

四　引受けの申込みがあった募集機関債の額が募集機関債の総額を超える場合の措置

五　募集又は管理の委託を受けた者があるときは，その商号又は名称

六　社債等振替法の規定の適用があるときは，その旨及び振替機関（社債等振替法第2条第2項に規定する振替機関をいう．）の商号

七　前各号に掲げるもののほか，経済産業省令で定める事項

2　前条の募集に応じて募集機関債の引受けの申込みをする者は，次に掲げる事項を記載した書面を推進機関に交付しなければならない．

一　申込みをする者の氏名又は名称及び住所
二　引き受けようとする募集機関債の金額及び金額ごとの数
三　社債等振替法の規定の適用がある機関債（第10条第２項において「振替機関債」という.）の募集に応じようとする者については，自己のために開設された当該機関債の振替を行うための口座
3　前項の申込みをする者は，同項の書面の交付に代えて，経済産業省令で定めるところにより，推進機関の承諾を得て，同項の書面に記載すべき事項を電磁的方法（電子情報処理組織を使用する方法その他の情報通信の技術を利用する方法であって経済産業省令で定めるものをいう.）により提供することができる．この場合において，当該申込みをした者は，同項の書面を交付したものとみなす.
4　推進機関は，第１項各号に掲げる事項について変更があったときは，直ちに，その旨及び当該変更があった事項を第２項の申込みをした者（以下「申込者」という.）に通知しなければならない.
5　推進機関が申込者に対してする通知又は催告は，第２項第一号の住所（当該申込者が別に通知又は催告を受ける場所又は連絡先を推進機関に通知した場合にあっては，その場所又は連絡先）に宛てて発すれば足りる.
6　前項の通知又は催告は，その通知又は催告が通常到達すべきであった時に，到達したものとみなす.

（募集機関債の割当て）

第９条　推進機関は，申込者の中から募集機関債の割当てを受ける者を定め，かつ，その者に割り当てる募集機関債の金額及び金額ごとの数を定めなければならない．この場合において，推進機関は，当該申込者に割り当てる募集機関債の金額ごとの数を，前条第２項第二号の数よりも減少することができる.
2　推進機関は，第７条第八号の期日の前日までに，申込者に対し，当該申込者に割り当てる募集機関債の金額及び金額ごとの数を通知しなければならない.

（募集機関債の申込み及び割当てに関する特則）

第10条　前２条の規定は，地方公共団体が募集機関債を引き受ける場合又は募集機関債の募集の委託を受けた者が自ら募集機関債を引き受ける場合においては，その引き受ける部分については，適用しない.
2　前項の場合において，振替機関債を引き受ける地方公共団体又は振替機関債の募集の委託を受けた者は，その引受けの際に，第８条第２項第三号に掲げる事項を推進機関に示さなければならない.

（募集機関債の権利者）

第11条　次の各号に掲げる者は，当該各号に定める募集機関債の権利者となる.
一　申込者　推進機関の割り当てた募集機関債
二　募集機関債を引き受けた地方公共団体　当該地方公共団体が引き受けた募集機関債
三　募集機関債の募集の委託を受けた者で自ら募集機関債を引き受けたもの　その者が引き受けた募集機関債

（機関債の債券の発行）

第12条　推進機関は，機関債の債券を発行する旨の定めがある機関債を発行した日以後遅滞なく，当該機関債の債券を発行しなければならない.
2　機関債の各債券には，第７条第二号から第五号まで並びに第８条第１項第一号，第三号及

び第五号に掲げる事項並びに番号を記載し，推進機関の理事長がこれに記名押印しなければならない．

（広域的運営推進機関債原簿）

**第13条**　推進機関は，主たる事務所に広域的運営推進機関債原簿を備えて置かなければならない．

2　広域的運営推進機関債原簿には，次に掲げる事項を記載し，又は記録しなければならない．

一　第7条第三号から第六号までに掲げる事項その他の機関債の内容を特定するものとして経済産業省令で定める事項（次号において「種類」という．）

二　種類ごとの機関債の総額及び各機関債の金額

三　各機関債と引換えに払い込まれた金銭の額及び払込みの日

四　機関債の債券を発行したときは，機関債の債券の番号，発行の日及び機関債の債券の数

五　第8条第1項第一号，第五号及び第六号に掲げる事項

六　元利金の支払に関する事項

七　前各号に掲げるもののほか，経済産業省令で定める事項

（機関債の債券を発行する場合の機関債の譲渡）

**第14条**　機関債の債券を発行する旨の定めがある機関債の譲渡は，当該機関債に係る債券を交付しなければ，その効力を生じない．

（権利の推定等）

**第15条**　機関債の債券の占有者は，当該債券に係る機関債についての権利を適法に有するものと推定する．

2　機関債の債券の交付を受けた者は，当該債券に係る機関債についての権利を取得する．ただし，その者に悪意又は重大な過失があるときは，この限りでない．

（機関債の債券を発行する場合の機関債の質入れ）

**第16条**　機関債の債券を発行する旨の定めがある機関債の質入れは，当該機関債に係る債券を交付しなければ，その効力を生じない．

（機関債の質入れの対抗要件）

**第17条**　機関債の債券を発行する旨の定めがある機関債の質権者は，継続して当該機関債に係る債券を占有しなければ，その質権をもって推進機関その他の第三者に対抗することができない．

（機関債の債券の喪失）

**第18条**　機関債の債券は，非訟事件手続法（平成23年法律第51号）第100条に規定する公示催告手続によって無効とすることができる．

2　機関債の債券を喪失した者は，非訟事件手続法第106条第1項に規定する除権決定を得た後でなければ，その再発行を請求することができない．

（利札が欠けている場合における機関債の償還）

**第19条**　推進機関は，債券が発行されている機関債をその償還の期限前に償還する場合において，これに付された利札が欠けているときは，当該利札に表示される機関債の利息の請求権の額を償還額から控除しなければならない．ただし，当該請求権が弁済期にある場合は，この限りでない．

2　前項の利札の所持人は，いつでも，推進機関に対し，これと引換えに同項の規定により控除しなければならない額の支払を請求することができる．

（機関債の償還請求権等の消滅時効）

**第 20 条**　機関債の償還請求権は，これを行使することができる時から 10 年間行使しないときは，時効によって消滅する．

2　機関債の利息の請求権及び前条第 2 項の規定による請求権は，これらを行使することができる時から 5 年間行使しないときは，時効によって消滅する．

（機関債の発行の認可）

**第 21 条**　推進機関は，法第 28 条の 52 第 1 項の規定により機関債の発行の認可を受けようとするときは，機関債の募集の日の 20 日前までに次に掲げる事項を記載した申請書を経済産業大臣に提出しなければならない．

一　機関債の発行を必要とする理由

二　第 7 条第一号から第五号まで及び第七号並びに第 8 条第 1 項第一号，第五号及び第六号に掲げる事項

三　機関債の募集の方法

四　機関債の発行に要する費用の概算額

五　前各号に掲げるもののほか，機関債の債券に記載しようとする事項

2　前項の申請書には，次に掲げる書類を添付しなければならない．

一　第 8 条第 1 項各号に掲げる事項を記載した書面

二　機関債の発行により調達する資金の使途を記載した書面

三　機関債の引受けの見込みを記載した書面

（経済産業省令への委任）

**第 22 条**　第 5 条から前条までに定めるもののほか，機関債に関し必要な事項は，経済産業省令で定める．

（電気の使用制限等）

**第 23 条**　法第 34 条の 2 第 1 項の規定により使用電力量の限度又は使用最大電力の限度を定めてする小売電気事業者等（同項に規定する小売電気事業者等をいう．以下この条及び次条において同じ.）の供給する電気の使用を制限すべきことの命令又は勧告は，500 kW 以上の受電電力の容量をもって小売電気事業者等の供給する電気を使用する者について行うものでなければならない．

2　法第 34 条の 2 第 1 項の規定により用途を定めてする小売電気事業者等の供給する電気の使用を制限すべきことの命令又は勧告は，装飾用，広告用その他これらに類する用途について行うものでなければならない．

3　法第 34 条の 2 第 1 項の規定により使用を停止すべき日時を定めてする小売電気事業者等の供給する電気の使用を制限すべきことの命令又は勧告は，1 週につき 2 日を限度として行うものでなければならない．

4　法第 34 条の 2 第 1 項の規定により受電電力の容量の限度を定めてする小売電気事業者等からの受電を制限すべきことの命令又は勧告は，3 000 kW 以上の受電電力の容量をもって小売電気事業者等から電気の供給を受けようとする者について行うものでなければならない．

（報告の徴収）

**第 24 条**　経済産業大臣は，法第 34 条の 2 第 2 項の規定により，小売電気事業者等から電気の供給を受ける者に対し，小売電気事業者等が供給する電気の使用の状況及び同条第 1 項の規定による命令又は勧告に基づいて講じた措置について報告を求めることができる．

（あっせん及び仲裁の対象となる契約等）

**第 25 条**　法第 35 条第 1 項の政令で定めるものは，電力の取引に係る契約その他の取決め（そ

の性質上あっせん又は仲裁をするのが適当でないものとして経済産業省令で定めるものを除く.）とする.

（あっせんに関する通知）

**第26条**　電力・ガス取引監視等委員会（以下「委員会」という.）は，当事者の一方から法第35条第1項の規定によるあっせんの申請（第35条において単に「あっせんの申請」という.）がなされたときは，その相手方に対し，遅滞なく，経済産業省令で定めるところにより，その旨を通知しなければならない.

2　委員会は，法第35条第2項の規定により当該事件がその性質上あっせんをするのに適当でないと認めるとき，又は当事者が不当な目的でみだりにあっせんの申請をしたと認めるときは，当事者に対し，遅滞なく，経済産業省令で定めるところにより，あっせんをしない旨を通知しなければならない.

（あっせんの打切り）

**第27条**　委員会は，あっせんに係る紛争についてあっせんによる解決の見込みがないと認めるときは，あっせんを打ち切ることができる.

2　委員会は，前項の規定によりあっせんを打ち切ったときは，当事者に対し，遅滞なく，経済産業省令で定めるところにより，その旨を通知しなければならない.

（名簿の作成）

**第28条**　委員会は，経済産業省令で定めるところにより，法第36条第3項の委員会の委員その他の職員の名簿を作成しなければならない.

（仲裁委員の選定等）

**第29条**　委員会は，法第36条第1項の規定による仲裁の申請（第35条において単に「仲裁の申請」という.）があったときは，当事者に対して前条の名簿の写しを送付しなければならない.

2　当事者は，その合意により仲裁委員となるべき者を選定したときは，経済産業省令で定めるところにより，その者の氏名を前項の名簿の写しの送付を受けた日から2週間以内に委員会に対し通知しなければならない.

3　前項の期間内に同項の規定による通知がなかったときは，当事者の合意による選定がなされなかったものとみなす.

**第30条**　委員会は，法第36条第3項ただし書の規定により仲裁委員を指名するに当たっては，当該事件の性質，当事者の意思等を勘案してするものとし，仲裁委員を指名したときは，当事者に対し，遅滞なく，経済産業省令で定めるところにより，その者の氏名を通知しなければならない.

（仲裁委員が欠けた場合の措置）

**第31条**　委員会は，仲裁委員が死亡，罷免，辞任その他の理由により欠けた場合においては，当事者に対し，遅滞なく，経済産業省令で定めるところにより，その旨を通知しなければならない.

2　前2条の規定は，仲裁委員が欠けた場合における法第36条第3項の規定による後任の仲裁委員となるべき者の選定及び後任の仲裁委員の指名に準用する.

（文書及び物件の提出）

**第32条**　仲裁委員は，仲裁を行う場合において必要があると認めるときは，当事者の一方からの申出により，その相手方の所持する当該仲裁に係る事件に関係のある文書又は物件を提出させることができる.

（あっせん及び仲裁の手続の非公開）

第 33 条　委員会によるあっせん及び仲裁の手続は，公開しない．ただし，あっせん委員又は仲裁委員は，相当と認める者に傍聴を許すことができる．

（あっせん及び仲裁の状況の報告）

第 34 条　委員会は，経済産業大臣に対し，経済産業省令で定めるところにより，あっせん及び仲裁の状況について報告しなければならない．

（あっせん及び仲裁の申請手続）

第 35 条　あっせんの申請及び仲裁の申請に係る申請書の様式その他申請手続について必要な事項は，経済産業省令で定める．

（費用の負担の特例等）

第 36 条　法第 41 条第 1 項の政令で定める物件の設置は，次の各号に掲げる工事による物件の設置であって，その設置により法第 39 条第 1 項の主務省令で定める技術基準に適合しないこととなる電気工作物について次の各号に規定する法律が適用され又は準用される場合におけるものとする．

一　砂防法（明治 30 年法律第 29 号）が適用される砂防工事

二　道路法（昭和 27 年法律第 180 号）が適用される道路に関する工事，道路に関する工事により必要を生じた工事又は道路に関する工事を施行するために必要を生じた工事

三　都市公園法（昭和 31 年法律第 79 号）が適用される都市公園に関する工事

四　海岸法（昭和 31 年法律第 101 号）が適用される海岸保全施設に関する工事，海岸保全施設に関する工事により必要を生じた工事又は海岸保全施設に関する工事を施行するために必要を生じた工事

五　地すべり等防止法（昭和 33 年法律第 30 号）が適用される地すべり防止工事（ぼた山崩壊防止工事を含む．以下同じ．），地すべり防止工事により必要を生じた工事又は地すべり防止工事を施行するために必要を生じた工事

六　下水道法（昭和 33 年法律第 79 号）が適用される公共下水道に関する工事又は都市下水路に関する工事

七　河川法（昭和 39 年法律第 167 号）が適用され又は準用される河川工事，河川工事により必要を生じた工事又は河川工事を施行するために必要を生じた工事

八　津波防災地域づくりに関する法律（平成 23 年法律第 123 号）が適用される津波防護施設に関する工事，津波防護施設に関する工事により必要を生じた工事又は津波防護施設に関する工事を施行するために必要を生じた工事

2　主務大臣が法第 41 条第 3 項の規定により協議しなければならない関係大臣は，裁定に係る者の事業を所管する大臣とする．

（委託の方法）

第 37 条　法第 44 条の 2 第 1 項の規定による委託は，次に定めるところにより行うものとする．

一　次に掲げる事項についての条項を含む委託契約書を作成すること．

イ　委託に係る免状交付事務の内容に関する事項

ロ　委託に係る免状交付事務を処理する場所及び方法に関する事項

ハ　委託契約の期間及びその解除に関する事項

ニ　その他経済産業省令で定める事項

二　委託をしたときは，経済産業省令で定めるところにより，その旨を公示すること．

（委託することのできない事務）

**第38条**　法第44条の2第1項の政令で定める事務は，法第44条第3項の規定による主任技術者免状の交付の拒否に係る事務とする．

（環境影響評価法の適用に当たっての技術的読替え）

**第39条**　法第46条の22の規定による特定事業者に対する環境影響評価法（平成9年法律第81号）の規定の適用に当たっての技術的読替えは，次の表のとおりとする．

| 読み替える環境影響評価法の規定 | 読み替えられる字句 | 読み替える字句 |
|---|---|---|
| 第4条第1項第一号 | 者 | 者（当該者が産業保安監督部長であるときは，経済産業大臣） |
| 第21条第1項第一号 | 第27条 | 第27条まで及び電気事業法第46条の4から第46条の18 |
| 第21条第1項第二号 | 又は | 若しくは |
| | 事項 | 事項又は電気事業法第46条の8第1項の規定による勧告の内容 |
| | 第27条 | 第27条まで並びに電気事業法第46条の15第2項及び第46条の16から第46条の18 |
| 第28条 | 前条まで | 前条まで及び電気事業法第46条の4から第46条の18まで |
| 第30条第1項 | 送付 | 送付又は届出 |
| 第32条第1項，第55条第1項及び附則第4条第1項 | 第11条から第27条まで | 第11条から第27条まで及び電気事業法第46条の4から第46条の18まで又は同法第46条の10から第46条の18まで |
| 第53条第1項第十号及び附則第2条第1項第八号 | 第26条2項の | 電気事業法第46条の17第2項の規定による通知に係る |
| 第54条第1項及び第3項 | 前章まで | 前章まで及び電気事業法第3章第2節第3款 |

（環境影響評価法施行令の適用に当たっての技術的読替え）

**第40条**　特定事業者に対する環境影響評価法施行令（平成9年政令第346号）第10条第2項（同令第12条第2項において準用する場合を含む．）の規定の適用については，同令第10条第2項中「事業者」とあるのは，「経済産業大臣」とする．

（登録安全管理審査機関の登録等の有効期間）

**第41条**　法第70条第1項（法第96条において準用する場合を含む．）の政令で定める期間は，3年とする．

（卸電力取引所として指定を受けることができる法人）

**第42条**　法第97条第1項の政令で定める法人は，株式会社とする．

（報告等の対象となる河川管理者の許可の申請）

第 43 条　法第 103 条第 1 項の政令で定める申請は，その申請に係る発電水力の利用により出力が最大 1 000 kW 以上の発電をするための申請とする．

（電気工作物検査官の資格）

第 44 条　電気工作物検査官の資格を有する者は，次の各号のいずれかに該当する者とする．

一　学校教育法（昭和 22 年法律第 26 号）による大学（短期大学を除く．）において，電気工学，土木工学，機械工学若しくは経営工学に関する学科を修めて卒業した者又はこれと同等以上の学力を有すると認められる者であって，電気工作物の工事，維持及び運用に関する行政事務に通算して 2 年以上従事したもの

二　学校教育法による短期大学（同法による専門職大学の前期課程を含む．）若しくは高等専門学校において，電気工学，土木工学，機械工学若しくは経営工学に関する学科を修めて卒業した者（同法による専門職大学の前期課程にあっては，修了した者）又はこれと同等以上の学力を有すると認められる者であって，電気工作物の工事，維持及び運用に関する行政事務に通算して 4 年以上従事したもの

三　電気工作物の工事，維持及び運用に関する行政事務に通算して 6 年以上従事した者であって，電気工作物の工事，維持及び運用に関し相当の知識を有すると認められるもの

（報告の徴収）

第 45 条　法第 106 条第 1 項の規定により主務大臣が原子力発電工作物を設置する者に対し報告又は資料の提出をさせることができる事項は，その原子力発電工作物の工事，維持及び運用の保安に関する事項とする．

2　法第 106 条第 3 項の規定により経済産業大臣が報告又は資料の提出をさせることができる事項は，次の各号に掲げる区分に応じ，当該各号に定める事項とする．

一　小売電気事業者等　次に掲げる事項（小売供給契約の締結の媒介，取次ぎ又は代理を業として行う者にあっては，ロに掲げる事項に限る．）

イ　小売電気事業の運営に関する事項

ロ　小売供給契約の締結の媒介，取次ぎ又は代理に関する事項

二　一般送配電事業者　次に掲げる事項

イ　一般送配電事業の運営に関する事項

ロ　会計の整理に関する事項

ハ　一般送配電事業の用に供する電気工作物の工事，維持及び運用の保安に関する事項（前項に規定する事項を除く．）

ニ　調査業務の運営に関する事項

三　送電事業者　次に掲げる事項

イ　送電事業の運営に関する事項

ロ　前号ロに掲げる事項

ハ　送電事業の用に供する電気工作物の工事，維持及び運用の保安に関する事項（前項に規定する事項を除く．）

四　配電事業者　次に掲げる事項

イ　配電事業の運営に関する事項

ロ　第二号ロに掲げる事項

ハ　配電事業の用に供する電気工作物の工事，維持及び運用の保安に関する事項（前項に規定する事項を除く．）

ニ　第二号ニに掲げる事項

五　特定送配電事業者　次に掲げる事項（登録特定送配電事業者以外の特定送配電事業者にあっては，ロに掲げる事項を除く．）
　イ　特定送配電事業の運営に関する事項
　ロ　小売供給に関する契約の締結の媒介，取次ぎ又は代理に関する事項
　ハ　特定送配電事業の用に供する電気工作物の工事，維持及び運用の保安に関する事項（前項に規定する事項を除く．）
　ニ　第二号ニに掲げる事項
六　発電事業者　次に掲げる事項
　イ　発電事業の運営に関する事項
　ロ　第二号ロに掲げる事項
　ハ　発電事業の用に供する電気工作物の工事，維持及び運用の保安に関する事項（前項及び次項第一号に規定する事項を除く．）
　ニ　第二号ニに掲げる事項
七　特定卸供給事業者　特定卸供給事業の運営に関する事項

3　法第106条第6項の規定により経済産業大臣が自家用電気工作物を設置する者に対し報告又は資料の提出をさせることができる事項は，次のとおりとする．
一　自家用電気工作物の工事，維持及び運用の保安に関する事項（第1項に規定する事項を除く．）並びに自家用電気工作物における電気の使用の状況
二　法第27条の33第1項に規定する事業の運営に関する事項
三　法第28条の3第1項の接続に係る発電用の自家用電気工作物における発電又はその発電による電気の供給に関する事項
四　調査業務の運営に関する事項

4　法第106条第6項の規定により経済産業大臣が自家用電気工作物の保守点検を行った事業者に対し報告又は資料の提出をさせることができる事項は，その自家用電気工作物の維持及び運用（維持又は運用に必要な工事を含む．）の保安に関する事項とする．

5　法第106条第6項の規定により経済産業大臣が登録調査機関に対し報告をさせることができる事項は，その事業の運営に関する事項とする．

（権限の委任）

**第46条**　法第114条第1項の政令で定める規定は，法第2条の13及び第2条の14（これらの規定を法第27条の26第3項において読み替えて準用する場合を含む．），第2条の15（法第27条の26第2項において準用する場合を含む．），第2条の16（法第27条の26第2項において読み替えて準用する場合を含む．），第17条第1項，第2項，第4項及び第5項，第18条第1項から第3項まで，第6項，第11項及び第12項（法第20条第4項及び第21条第4項において準用する場合を含む．），第19条，第20条第2項及び第3項，第20条の2第1項及び第3項，第21条第2項及び第3項，第22条第1項（法第27条の12及び第27条の12の13において読み替えて準用する場合を含む．）及び第2項（法第27条の12及び第27条の12の13において準用する場合を含む．），第22条の2第1項（法第27条の12の13において準用する場合を含む．）並びに第2項及び第3項（これらの規定を法第27条の12の13において読み替えて準用する場合を含む．），第22条の3第1項（法第27条の12の13において準用する場合を含む．），第2項（法第27条の12の13において読み替えて準用する場合を含む．）及び第3項（法第27条の12の13において準用する場合を含む．），第23条第1項，第2項及び第3項（これらの規定を法第27条の12の13において読み替え

て準用する場合を含む.），第4項並びに第5項及び第6項（これらの規定を法第27条の12の13において準用する場合を含む.），第23条の2（法第27条の12の13において準用する場合を含む.），第23条の3第1項（法第27条の12の13において読み替えて準用する場合を含む.）及び第2項（法第27条の12の13において準用する場合を含む.），第23条の4第1項（法第27条の12において読み替えて準用する場合及び法第27条の12の13において準用する場合を含む.），第27条の2第1項（法第27条の12，第27条の12の13及び第27条の29において準用する場合を含む.），第27条の10，第27条の11第2項から第4項まで，第27条の11の2から第27条の11の6まで，第27条の12の10，第27条の12の11第2項から第4項まで，第27条の12の12第1項，第4項及び第5項，第27条の14，第7章並びに第103条の2第3項の規定とする.

2　法第114条第2項に規定する権限は，次に掲げるものを除き，委員会が行うものとする．ただし，経済産業大臣が自らその権限を行うことを妨げない.

一　法第106条第3項及び第107条第2項の規定による権限（法第26条及び第34条の2の規定に関するもの，電気事業の用に供する電気工作物の工事，維持及び運用の保安に関するもの（原子力発電工作物の工事，維持及び運用の保安に関するものを除く.）並びに調査業務の運営に関するものに限る.）

二　法第106条第8項及び第107条第6項の規定による権限（法第28条の14第1項，第28条の15，第28条の41第3項，第28条の46第1項から第3項まで，第28条の52第1項及び第6項並びに第28条の56の規定に関するものを除く.）

3　次の表の左欄に掲げる経済産業大臣の権限は，それぞれ同表の右欄に定める経済産業局長又は産業保安監督部長が行うものとする．ただし，同表第一号，第四号から第六号まで，第八号，第九号及び第二十七号から第三十九号までに掲げる権限については，経済産業大臣が自ら行うことを妨げない.

| | |
|---|---|
| 一　法第2条の17第1項（法第27条の32において準用する場合を含む.），第2項及び第3項の規定に基づく権限 | 小売電気事業又は特定卸供給事業に係る業務を行う区域を管轄する経済産業局長 |
| 二　法第9条第2項（法第6条第2項第六号に掲げる事項の変更をした場合に限り，法第27条の12及び第27条の12の13において読み替えて準用する場合を含む.）の規定に基づく権限（一の経済産業局の管轄区域内のみにおいて行われる電気工作物に関する事項の変更に関するものに限る.） | 電気工作物に関する事項の変更が行われる場所を管轄する経済産業局長 |
| 三　法第26条第2項（法第27条の12の13において準用する場合を含む.）の規定に基づく権限であって，電圧に関するもの | 供給区域を管轄する経済産業局長 |
| 四　法第27条第1項（法第27条の12の13において準用する場合を含む.）の規定に基づく権限 | 供給区域を管轄する経済産業局長又は電気工作物の設置の場所を管轄する産業保安監督部長 |

| | |
|---|---|
| 五　法第27条第2項の規定に基づく権限 | 供給区域を管轄する経済産業局長 |
| 六　法第27条の12及び第27条の29において準用する法第27条第1項の規定に基づく権限 | 電気工作物の設置の場所を管轄する経済産業局長又は産業保安監督部長 |
| 七　法第27条の26第1項において準用する法第26条第2項の規定に基づく権限であって，電圧に関するもの | 供給地点を管轄する経済産業局長 |
| 八　法第27条の26第1項において準用する法第27条第1項の規定に基づく権限 | 供給地点を管轄する経済産業局長又は電気工作物の設置の場所を管轄する産業保安監督部長 |
| 九　法第27条の26第2項において準用する法第2条の17第3項及び法第27条の26第3項において読み替えて準用する法第2条の17第2項の規定に基づく権限 | 供給地点を管轄する経済産業局長 |
| 十　法第27条の27第1項及び第3項並びに法第27条の29において準用する法第2条の7第2項，第27条の2第2項，第27の3及び第27条の25の規定に基づく権限であって，発電事業者のうちその事業の用に供する発電用の電気工作物についてその出力の合計が200万kW以下であり，かつ，当該発電用の電気工作物が一の経済産業局の管轄区域内のみにあるものであるものに関するもの | 電気工作物の設置の場所を管轄する経済産業局長 |
| 十一　法第27条の33第1項及び第4項から第6項までの規定に基づく権限であって，供給する電力の容量が1万kW未満の事業に関するもの | 供給する場所を管轄する経済産業局長 |
| 十二　法第28条の3の規定に基づく権限（同条第1項の接続に係る発電用の自家用電気工作物が一の経済産業局の管轄区域内のみにある場合に限る.） | 電気工作物の設置の場所を管轄する経済産業局長 |
| 十三　法第40条の規定に基づく権限であって，次に掲げるもの（一の産業保安監督部の管轄区域内のみにある電気工作物に関するものに限る.）<br>(1)　出力90万kW未満の水力発電所に関するもの<br>(2)　火力発電所（汽力，ガスタービン，内燃力その他経済産業省令で定めるもの又はこれらを組み合わせたものを原動力とするものをいう．以下同じ.）に関するもの<br>(3)　燃料電池発電所に関するもの<br>(4)　太陽電池発電所に関するもの<br>(5)　風力発電所に関するもの | 電気工作物の設置の場所を管轄する産業保安監督部長 |

| | |
|---|---|
| ⑹　電圧 30 万 V 未満の変電所（容量 30 万 kVA 以上若しくは出力 30 万 kW 以上の周波数変換機器又は出力 10 万 kW 以上の整流機器を設置するものを除く.）に関するもの<br>⑺　電圧 30 万 V（直流にあっては，10 万 V）未満の送電線路に関するもの<br>⑻　配電線路に関するもの<br>⑼　電圧 30 万 V（直流にあっては，10 万 V）未満の電力系統に係る保安通信設備に関するもの<br>⑽　需要設備（電気を使用するために，その使用の場所と同一の構内（発電所又は変電所の構内を除く.）に設置する電気工作物の総合体をいう．以下同じ.）に関するもの | |
| 十四　法第 42 条第 1 項から第 3 項まで及び第 55 条の 2 第 2 項の規定に基づく権限であって，自家用電気工作物を設置する者（原子力発電所を設置する者を除く.）のうち自家用電気工作物が一の産業保安監督部の管轄区域内のみにあるものに関するもの | 電気工作物の設置の場所を管轄する産業保安監督部長 |
| 十五　法第 43 条第 2 項及び第 3 項の規定に基づく権限であって, その監督に係る電気工作物（原子力発電工作物を除く.）が一の産業保安監督部の管轄区域内のみにある主任技術者に関するもの | 電気工作物（原子力発電工作物を除く.）の設置の場所を管轄する産業保安監督部長 |
| 十六　法第 47 条第 1 項，第 2 項，第 4 項及び第 5 項，第 48 条第 1 項及び第 3 項から第 5 項まで，第 49 条第 1 項並びに第 50 条第 1 項の規定に基づく権限であって，次に掲げるもの（一の産業保安監督部の管轄区域内のみにおいて行われる電気工作物の工事に関するものに限る.）<br>⑴　出力 90 万 kW 未満の水力発電所の工事（出力を 90 万 kW 以上とする変更の工事を除く.）に関するもの<br>⑵　火力発電所の工事に関するもの<br>⑶　燃料電池発電所の工事に関するもの<br>⑷　太陽電池発電所の工事に関するもの<br>⑸　風力発電所の工事に関するもの<br>⑹　電圧 30 万 V 未満の変電所（容量 30 万 kVA 以上若しくは出力 30 万 kW 以上の周波数変換機器又は出力 10 万 kW 以上の整流機器を設置するものを除く.）の工事（電圧を 30 万 V 以上とする変更の工事及び周波数変換機器の容量を 30 万 kVA 以上とし若しくは出力を 30 万 kW 以上とし，又は整流機器の出力を 10 万 kW 以上とする変更の工事を除く.）に関するもの | 電気工作物の工事が行われる場所を管轄する産業保安監督部長 |

| | |
|---|---|
| (7)　電圧30万V（直流にあっては，10万V）未満の送電線路の工事（電圧を30万V（直流にあっては，10万V）以上とする変更の工事を除く．）に関するもの<br>(8)　電圧30万V（直流にあっては，10万V）未満の電力系統に係る保安通信設備の工事に関するもの<br>(9)　需要設備の工事に関するもの | |
| 十七　法第51条第3項（登録に係る部分を除く．）及び第5項から第7項までの規定に基づく権限であって，前号(1)から(9)までに掲げるもの（一の産業保安監督部の管轄区域内のみにある電気工作物に関するものに限る．） | 電気工作物の設置の場所を管轄する産業保安監督部長 |
| 十八　法第51条の2第3項の規定に基づく権限であって，一の産業保安監督部の管轄区域内のみにある事業用電気工作物に関するもの | 電気工作物の設置の場所を管轄する産業保安監督部長 |
| 十九　法第53条の規定に基づく権限であって，一の産業保安監督部の管轄区域内のみにある自家用電気工作物に関するもの | 電気工作物の設置の場所を管轄する産業保安監督部長 |
| 二十　法第54条第1項の規定に基づく権限であって，次に掲げるもの<br>(1)　火力発電所に関するもの<br>(2)　燃料電池発電所に関するもの | 特定重要電気工作物の設置の場所を管轄する産業保安監督部長 |
| 二十一　法第55条第4項（登録に係る部分を除く．）及び同条第6項において準用する法第51条第5項から第7項までの規定に基づく権限であって，第十三号(2)，(3)及び(5)に掲げるもの（一の産業保安監督部の管轄区域内のみにある電気工作物に関するものに限る．） | 電気工作物の設置の場所を管轄する産業保安監督部長 |
| 二十二　法第56条第1項の規定に基づく権限 | 電気工作物の設置の場所を管轄する産業保安監督部長 |
| 二十三　法第57条第3項及び第92条第2項の規定に基づく権限 | 電気工作物の設置の場所を管轄する産業保安監督部長 |
| 二十四　法第58条第2項及び第3項の規定に基づく権限であって，一の経済産業局の管轄区域内のみにある土地等に関するもの | 土地等の所在地を管轄する経済産業局長 |

| | |
|---|---|
| 二十五　法第 59 条第 1 項及び同条第 2 項において準用する法第 58 条第 3 項の規定に基づく権限であって，一の経済産業局の管轄区域内のみにある土地に関するもの | 土地の所在地を管轄する経済産業局長 |
| 二十六　法第 61 条第 1 項，同条第 3 項（法第 66 条において読み替えて準用する場合を含む.）及び法第 61 条第 4 項において準用する法第 58 条第 3 項の規定に基づく権限であって，一の経済産業局の管轄区域内のみにある植物に関するもの | 植物の所在地を管轄する経済産業局長及び産業保安監督部長 |
| 二十七　法第 106 条第 3 項及び第 107 条第 2 項の規定に基づく権限（法第 114 条第 1 項又は第 2 項の規定により委員会に委任されたものを除く.） | 小売電気事業若しくは特定卸供給事業に係る業務を行う区域，供給区域，供給地点若しくは電気工作物の設置の場所を管轄する経済産業局長又は電気工作物の設置の場所若しくはボイラー等若しくは格納容器等の検査の場所を管轄する産業保安監督部長 |
| 二十八　法第 106 条第 6 項の規定に基づく権限であって，自家用電気工作物を設置する者に関するもの | 電気工作物の設置の場所を管轄する経済産業局長又は産業保安監督部長 |
| 二十九　法第 106 条第 6 項の規定に基づく権限であって，自家用電気工作物の保守点検を行った事業者に関するもの | 電気工作物の設置の場所を管轄する産業保安監督部長 |
| 三十　法第 106 条第 6 項の規定に基づく権限であって，登録調査機関に関するもの | 登録調査機関が調査する電気工作物の設置の場所を管轄する産業保安監督部長 |
| 三十一　法第 106 条第 7 項の規定に基づく権限 | 電気工作物の設置の場所を管轄する産業保安監督部長 |
| 三十二　法第 106 条第 13 項及び第 107 条第 10 項の規定に基づく権限（法第 114 条第 1 項の規定により委員会に委任されたものを除く.） | 特定計量（法第 103 条の 2 第 1 項に規定する特定計量をいう．第 38 号において同じ.）をする者の事業所を管轄する経済産業局長 |

| | |
|---|---|
| 三十三　法第 107 条第 4 項の規定に基づく権限であって，自家用電気工作物を設置する者に関するもの | 電気工作物の設置の場所を管轄する経済産業局長又は産業保安監督部長 |
| 三十四　法第 107 条第 4 項の規定に基づく権限であって，自家用電気工作物の保守点検を行った事業者に関するもの | 電気工作物の設置の場所を管轄する産業保安監督部長 |
| 三十五　法第 107 条第 4 項の規定に基づく権限であって，ボイラー等又は格納容器等の溶接をする者に関するもの | ボイラー等又は格納容器等の検査の場所を管轄する産業保安監督部長 |
| 三十六　法第 107 条第 5 項の規定に基づく権限 | 電気工作物の設置の場所を管轄する産業保安監督部長 |
| 三十七　法第 107 条第 8 項の規定に基づく権限であって，登録調査機関に関するもの | 登録調査機関が調査する電気工作物の設置の場所を管轄する産業保安監督部長 |
| 三十八　法第 111 条第 1 項及び第 4 項の規定に基づく権限並びに同条第 5 項の規定に基づく権限（同条第 1 項又は第 4 項の申出に係るものに限る.） | 小売電気事業若しくは特定卸供給事業に係る業務を行う区域，供給区域，供給地点，電気工作物の設置の場所又は特定計量をする者の事業所を管轄する経済産業局長 |
| 三十九　法第 111 条第 3 項の規定に基づく権限及び同条第 5 項の規定に基づく権限（同条第 3 項の申出に係るものに限る.） | 登録調査機関が調査する電気工作物の設置の場所を管轄する産業保安監督部長 |

4　次の表の左欄に掲げる法第 114 条第 1 項又は第 2 項の規定により委員会に委任された権限は，それぞれ同表の右欄に定める経済産業局長が行うものとする．ただし，委員会が自らその権限を行うことを妨げない．

| | |
|---|---|
| 一　法第 105 条の規定に基づく権限 | 供給区域又は電気工作物の設置の場所を管轄する経済産業局長 |

| | |
|---|---|
| 二　法第106条第3項及び第107条第2項の規定に基づく権限 | 小売電気事業に係る業務を行う区域，供給区域，供給地点又は電気工作物の設置の場所を管轄する経済産業局長 |

## 附　　則（令和4年2月2日　政令第37号）抄

（施行期日）

この政令は，令和4年4月1日から施行する．

# 電気事業法施行規則

（平成7年10月18日　通商産業省令77号）

（最終改正）令和4年5月20日　経済産業省令第48号

電気事業法の一部を改正する法律（平成7年法律第75号）の施行に伴い，並びに電気事業法（昭和39年法律第170号）の規定に基づき，及び同法を実施するため，電気事業法施行規則の全部を改正する省令を次のように定める．

電気事業法施行規則（昭和40年通商産業省令第51号）の全部を次のように改正する．

目　次

## 第1章　総　則

（定義）

**第1条**　この省令において使用する用語は，電気事業法（昭和39年法律第170号．以下「法」という．），電気事業法施行令（昭和40年政令第206号．以下「令」という．）及び電気設備に関する技術基準を定める省令（平成9年通商産業省令第52号）において使用する用語の例による．

2　この省令において，次の各号に掲げる用語の意義は，それぞれ当該各号に定めるところによる．

一　「変電所」とは，構内以外の場所から伝送される電気を変成し，これを構内以外の場所に伝送するため，又は構内以外の場所から伝送される電圧10万V以上の電気を変成するために設置する変圧器その他の電気工作物の総合体をいう．

二　「送電線路」とは，発電所相互間，変電所相互間又は発電所と変電所との間の電線路（専ら通信の用に供するものを除く．以下同じ．）及びこれに附属する開閉所その他の電気工作物をいう．

三　「配電線路」とは，発電所，変電所若しくは送電線路と需要設備との間又は需要設備相互間の電線路及びこれに附属する開閉所その他の電気工作物をいう．

四　「液化ガス」とは，通常の使用状態での温度における飽和圧力が196kPa以上であって，現に液体の状態であるもの又は圧力が196kPaにおける飽和温度が35℃であって，現に液体の状態であるものをいう．

五　「導管」とは，燃料若しくはガス又は液化ガスを輸送するための管及びその附属機器であって，構外に施設するものをいう．

六　「一時間前市場」とは，翌日市場における売買取引に係る電力の受渡しが行われる特定の時間帯と同一の時間帯に電力の受渡しが行われる売買取引を行うための卸電力取引市場であって，当該翌日市場において当該時間帯に電力の受渡しが行われる売買取引が行われた後，当該時間帯の開始の一時間前までの間に売買取引を行うためのものをいう．

七　「特定抑制依頼」とは，充実した情報管理体制を維持しつつ，使用を抑制すべき日時及びその電気の量その他必要な事項を定めて，小売電気事業者，一般送配電事業者，配電事業者又は登録特定送配電事業者（以下この号において「特定抑制対象事業者等」という．）から電気の供給を受ける者に対し，特定抑制対象事業者等の供給する電気の使用を抑制することを依頼することをいう．

（密接な関係）

**第2条**　法第2条第1項第五号ロの経済産業省令で定める密接な関係を有する者が維持し，及び運用する非電気事業用電気工作物は，次の各号のいずれかに該当するものとする．

一　生産工程における関係，資本関係，人的関係等を有する者が維持し，及び運用する非電気事業用電気工作物

二　取引等（前号の生産工程における関係を除く．）により一の企業に準ずる関係を有し，かつ，その関係が長期にわたり継続することが見込まれる者が維持し，及び運用する非電気事業用電気工作物

三　共同して設立した組合（長期にわたり存続することが見込まれるものであって，当該組合の組合契約書において次に掲げる事項を定めている場合に限る．）の組合員である者が維持し，及び運用する非電気事業用電気工作物（電気事業者による再生可能エネルギー電気の調達に関する特別措置法（平成23年法律第108号）第2条第3項に規定する再生可能エネルギー発電設備（同条第5項に規定する認定発電設備を除く．）その他原油，石油ガス，可燃性天然ガス及び石炭並びにこれらから製造される製品以外のエネルギー源を電気に変換する設備及びその附属設備であって，当該組合の組合員の需要に応ずるための専用の設備として新たに設置するものに限る．この号及び次条第1項第三号において同じ．）

イ　非電気事業用電気工作物の発電に係る電気の供給に係る料金（当該料金の額の算出方法を含む．）

ロ　電気計器その他の用品及び配線工事その他の工事に関する費用の負担に関する事項

**第3条**　法第2条第1項第五号ロの経済産業省令で定める密接な関係を有する者の需要は，一の需要場所ごとに次の各号のいずれかに該当するものとする．

一　生産工程における関係，資本関係，人的関係等を有する者の需要

二　取引等（前号の生産工程における関係を除く．）により一の企業に準ずる関係を有し，かつ，その関係が長期にわたり継続することが見込まれる者の需要

三　共同して設立した組合（長期にわたり存続することが見込まれるものであって，当該組合の組合契約書において次に掲げる事項を定めている場合に限る．）の組合員である者の需要

イ　非電気事業用電気工作物の発電に係る電気の供給に係る料金（当該料金の額の算出方法を含む．）

ロ　電気計器その他の用品及び配線工事その他の工事に関する費用の負担に関する事項

2　前項の「一の需要場所」とは，次の各号のいずれかに該当するものとする．ただし，前項第三号に掲げる需要に該当する場合にあっては，第一号から第三号までのいずれかに該当するものとする．

一　一の建物内（集合住宅その他の複数の者が所有し，又は占有している一の建物内であって，一般送配電事業者及び配電事業者以外の者が維持し，及び運用する受電設備を介して電気の供給を受ける当該一の建物内の全部又は一部が存在する場合には，当該全部又は一部）

二　柵，塀その他の客観的な遮断物によって明確に区画された一の構内（ただし，特段の理由がないのに複数の発電設備を隣接した構内に設置する場合を除く．）

三　隣接する複数の前号に掲げる構内であって，それぞれの構内において営む事業の相互の関連性が高いもの

四　道路その他の公共の用に供せられる土地（前二号に掲げるものを除く．）において，一般送配電事業者及び配電事業者以外の者が維持し，及び運用する受電設備を介して電気の

供給を受ける街路灯その他の施設が設置されている部分

3　前項第一号から第四号までに掲げる一の需要場所（以下この条において「原需要場所」という.）において，災害による被害を防ぐための措置，温室効果ガス等の排出の抑制等のための措置，電気工作物の設置及び運用の合理化のための措置その他の電気の使用者の利益に資する措置に伴い必要な設備であって，次の各号に掲げる要件を満たす設備（当該設備を使用するために必要な電灯その他の付随設備を含む.）が設置されている場所を含む必要最小限の場所（以下この項において「特例需要場所」という.）については，当該設備の設置に際し，当該設備に係る電気の使用者又は小売電気事業者から一般送配電事業者又は配電事業者に対して申出があったときは，前項の規定にかかわらず，一の需要場所とみなす.

一　公道に面している等，特例需要場所への一般送配電事業者又は配電事業者の検針並びに保守及び保安等の業務のための立入り（当該設備の全部又は一部が壁面等に設置されている場合にあっては当該設備付近への一般送配電事業者又は配電事業者の立入り）が容易に可能であり，かつ，特例需要場所以外の原需要場所への一般送配電事業者又は配電事業者の立入りに支障が生じないこと.

二　原需要場所における他の電気工作物と電気的接続を分離すること等により保安上の支障がないことが確保されていること.

三　特例需要場所における配線工事その他の工事に関する費用は，当該特例需要場所の電気の使用者又は小売電気事業者が負担するものであること.

四　特例需要場所を一の需要場所とみなすことが社会的経済的事情に照らして著しく不適切であり，当該特例需要場所を供給区域に含む一般送配電事業者又は配電事業者の供給区域内の電気の使用者の利益を著しく阻害するおそれがあるものでないこと.

（離島）

**第3条の2**　法第2条第1項第八号イの経済産業省令で定める離島は，別表第1の左欄に掲げる区域を供給区域とする一般送配電事業者ごとに，それぞれ同表の右欄に掲げる離島とする.

（送電事業に係る送電用の電気工作物の要件）

**第3条の3**　法第2条第1項第十号の経済産業省令で定める要件は，専ら一般送配電事業者又は配電事業者に小売電気事業，一般送配電事業，配電事業若しくは特定送配電事業の用に供するための電気又は法第2条第1項第五号ロに掲げる接続供給に係る電気に係る振替供給を行う事業（当該振替供給を10年以上の期間にわたり行うことを約しているものであり，その供給電力が1 000kWを超えるもの又は当該振替供給を5年以上の期間にわたり行うことを約しているものであり，その供給電力が10万kWを超えるもの.）の用に供する送電用の電気工作物であることとする.

（配電事業に係る配電用の電気工作物の要件）

**第3条の3の2**　法第2条第1項第十一号の二の経済産業省令で定める要件は，その供給区域において託送供給及び電力量調整供給を行う事業（一般送配電事業及び発電事業に該当する部分を除く.）の用に供する配電用の電気工作物であって，電圧7 000V以下の配電線路であることとする.

（発電事業に係る発電用の電気工作物の要件）

**第3条の4**　法第2条第1項第十四号の経済産業省令で定める要件は，次の各号のいずれにも該当する発電用の電気工作物（以下「特定発電用電気工作物」という.）であって，それぞれの接続最大電力（特定発電用電気工作物と一般送配電事業者又は配電事業者が維持し，及び運用する電線路その他の電気工作物（一般送配電事業者及び配電事業者以外の者が維持し，及び運用する電線路その他の電気工作物であって，一般送配電事業者又は配電事業者が維持し，及び運用する電線路その他の電気工作物に電気的に接続されているものを含む.）とを直接に電気的に接続する地点（次項において「接続地点」という.）における最大の電力をいう．第45条の19第２項第二号において同じ.）のうち小売電気事業，一般送配電事業，配電事業又は特定送配電事業（第三号において「小売電気事業等」という.）の用に供するためのもの（第二号及び第48条の２において「小売電気事業等用接続最大電力」という.）の合計が１万kWを超えることとする.

一　出力が１000kW以上であること.

二　出力の値に占める小売電気事業等用接続最大電力の値の割合が50%（出力が10万kWを超える場合にあっては，10%）を超えるものであること.

三　発電する電気の量（発電のために使用するものを除く.）に占める小売電気事業等の用に供するためのものの割合が50%（出力が10万kWを超える場合にあっては，10%）を超えると見込まれること.

2　前項の規定の適用については，同一の接続地点に接続している二以上の発電用の電気工作物は，一の発電用の電気工作物とみなす.

（電気の集約の方法）

第３条の４の２　法第２条第１項第十五号の二の経済産業省令で定める方法は，次に掲げるものとする.

一　発電用又は蓄電用の電気工作物を維持し，及び運用する他の者に対して電子情報処理組織等を使用して発電又は放電を指示する方法

二　電子情報処理組織等を使用した特定抑制依頼による方法

（特定卸供給事業に係る供給能力の要件）

第３条の４の３　法第２条第１項第十五号の三の経済産業省令で定める要件は，特定卸供給を行う者が供給能力を有する者（発電事業者を除く.）（以下この節において「他の者」という.）から集約する電力が１000kWを超えることが見込まれることとする．ただし，次の各号に掲げる場合は，それぞれ，各号に掲げる値が１000kWを超えることが見込まれることとする.

一　小売電気事業の登録を受け，かつ，小売電気事業，配電事業又は特定送配電事業の用に供する電気のみを供給する場合　他の者から集約する電力の値から様式第１の最大需要電力の見込み（最大需要電力の見込みに変更があった場合には，様式第１の４の最大需要電力の見込み.）（以下この節において「直近需要電力値」という.）を除いた値

二　発電事業の届出をし，かつ，小売電気事業，配電事業又は特定送配電事業の用に供する電気のみを供給する場合　他の者から集約する電力の値から自己の消費及び発電のために使用する電力の値を除いた値

三　小売電気事業の登録を受け，発電事業の届出をし，かつ，小売電気事業，配電事業又は特定送配電事業の用に供する電気のみを供給する場合　他の者から集約する電力の値から直近需要電力値並びに自己の消費及び発電のために使用する電力の値を除いた値

# 第２章　電気事業

## 第１節　小売電気事業

### 第１款　事業の登録

（小売電気事業の登録申請）

第３条の５　法第２条の３第１項の申請書は，様式第１によるものとする.

２　法第２条の３第１項第五号の経済産業省令で定める事項は，次に掲げるものとする．

一　電話番号，電子メールアドレスその他の連絡先

二　その行う小売電気事業以外の事業の概要

３　法第２条の３第２項の経済産業省令で定める書類は，次に掲げるものとする．

一　法第２条の５第１項各号（第四号を除く．）に該当しないことを誓約する書面

二　様式第１の２の小売電気事業遂行体制説明書

三　様式第１の３の苦情等処理体制説明書

四　申請者が法人である場合にあっては，当該申請者の定款，登記事項証明書，最近の事業年度末の貸借対照表及び損益計算書並びに役員の履歴書

五　申請者が法人の発起人である場合にあっては，当該法人の定款及び役員となるべき者の履歴書

六　申請者が地方公共団体である場合にあっては，当該申請者が小売電気事業を営むことについての議決に係る議会の会議録の写し

七　申請者が推進機関の会員でない場合にあっては，当該申請者が推進機関に加入する手続をとったことを証する書類

４　経済産業大臣は，法第２条の３第１項の申請書を提出した者に対し，前項各号に掲げる書類のほか，他の者からその小売電気事業の用に供するための電気の供給を受ける場合における当該電気の供給に係る契約書の写しその他の必要と認める書類の提出を求めることができる．

（軽微な変更）

**第３条の６**　法第２条の６第１項ただし書の経済産業省令で定める軽微な変更は，次の各号のいずれかに該当するものとする．

一　変更後の供給能力として見込まれる値（変更がない場合にあっては直近供給能力値をいう．以下この条において「変更後供給能力値」という．）を変更後の最大需要電力として見込まれる値(変更がない場合にあっては直近需要電力値をいう．以下この条において「変更後最大電力値」という．）で除した値が減少しないもの

二　変更後供給能力値を変更後最大電力値で除した値が減少するものであって，当該値が１.08 以上であり，かつ，変更後供給能力値のうち，卸電力取引市場からの調達に係る値を除いた値が変更後最大電力値以上であるもの

２　前項の規定は，次の各号に掲げる変更のいずれかに該当するものについては，適用しない．

一　変更後最大電力値が 150 万 kW 以上増加し，又は変更後最大電力値が直近需要電力値の２倍を超えるもの

二　変更後供給能力値が 150 万 kW 以上減少し，又は変更後供給能力値が直近供給能力値の２分の１を下回るもの

三　沖縄県及び離島等（沖縄県に属するものを除く．）の需要に応ずるために必要な供給能力の確保に関するもの

３　前２項において「直近需要電力値」とは，直近の法第２条の４第１項（法第２条の６第３項において読み替えて準用する場合を含む．）の規定により登録された最大需要電力の値をいい，「直近供給能力値」とは，直近の法第２条の４第１項（法第２条の６第３項において読み替えて準用する場合を含む．）の規定により登録された供給能力の値をいう．

（変更登録の申請）

**第３条の７**　法第２条の６第２項の申請書は，様式第１の４によるものとする．

2　法第２条の６第３項において準用する法第２条の３第２項の経済産業省令で定める書類は，次に掲げるものとする．
一　変更を必要とする理由を記載した書類
二　法第２条の６第３項において読み替えて準用する法第２条の５第１項第一号及び第三号に該当しないことを誓約する書面
3　経済産業大臣は，法第２条の６第２項の変更登録の申請書を提出した者に対し，前項の書類のほか，他の者からその小売電気事業の用に供するための電気の供給を受ける場合における当該電気の供給に係る契約書の写しその他の必要と認める書類の提出を求めることができる．

（変更の届出）

**第３条の８**　法第２条の６第４項の規定による法第２条の３第１項各号（第三号を除く.）に掲げる事項の変更の届出をしようとする者は，様式第１の５の小売電気事業氏名等変更届出書（同項第一号に掲げる事項に変更があった場合にあっては，当該変更が行われたことを証する書類を含む.）を経済産業大臣に提出しなければならない．
2　法第２条の６第４項の規定による第３条の６第１項各号に掲げる軽微な変更の届出をしようとする者は，様式第１の６の小売電気事業変更届出書に変更を必要とする理由を記載した書類を添えて，経済産業大臣に提出しなければならない．

（小売電気事業者の地位の承継の届出）

**第３条の９**　法第２条の７第２項の規定による地位の承継の届出をしようとする者は，様式第１の７の小売電気事業承継届出書に次に掲げる書類を添えて，経済産業大臣に提出しなければならない．
一　当該事業の全部の譲渡し又は相続，合併若しくは分割があったことを証する書類
二　小売電気事業者の地位を承継した者が小売電気事業者以外の者である場合にあっては，次に掲げる書類
イ　法第２条の５第１項各号（第四号を除く.）に該当しないことを誓約する書面
ロ　法人である場合にあっては，当該法人の定款及び登記事項証明書
ハ　法人の発起人である場合にあっては，当該法人の定款

（事業の休止及び廃止並びに法人の解散の届出）

**第３条の10**　法第２条の８第１項の規定による小売電気事業の休止又は廃止の届出をしようとする者は，様式第１の８の小売電気事業休止（廃止）届出書に同条第３項の規定によりその小売供給の相手方に対し周知させるために行った措置の内容を記載した書類及び事業の休止（廃止）の理由を添えて，経済産業大臣に提出しなければならない．
2　法第２条の８第２項の規定による小売電気事業者たる法人の解散の届出をしようとする者は，様式第１の９の解散届出書を経済産業大臣に提出しなければならない．

（事業の休止及び廃止に係る小売供給の相手方への周知）

**第３条の11**　法第２条の８第３項の規定により周知させようとする小売電気事業者は，あらかじめ相当な期間を置いて，次の各号のいずれかの方法により，その事業を休止し，又は廃止しようとする旨をその小売供給の相手方に対して適切に周知させなければならない．
一　訪問
二　電話
三　郵便，信書便，電報その他の手段による書面の送付
四　電子メールの送信

五　当該小売電気事業者の使用に係る電子計算機に備えられたファイルに記録されたその事業を休止し，又は廃止しようとする旨の情報を電気通信回線を通じて当該小売供給の相手方の閲覧に供する方法

### 第2款　業務

（供給条件の説明等）

**第3条の12**　法第2条の13第1項の規定による説明は，次に掲げる事項について行わなければならない．ただし，第四号に掲げる事項のうち苦情及び問合せに応じることができる時間帯については，小売電気事業者が小売供給契約の締結の媒介，取次ぎ又は代理（以下「媒介等」という．）を業として行う者（以下「契約媒介業者等」という．）の業務の方法についての苦情及び問合せを処理することとしている場合は，この限りでない．

一　当該小売電気事業者の氏名又は名称及び登録番号

二　当該契約媒介業者等が当該小売供給契約の締結の媒介等を行う場合にあっては，その旨及び当該契約媒介業者等の氏名又は名称

三　当該小売電気事業者の電話番号，電子メールアドレスその他の連絡先並びに苦情及び問合せに応じることができる時間帯

四　当該契約媒介業者等が当該小売供給契約の締結の媒介等を行う場合にあっては，当該契約媒介業者等の電話番号，電子メールアドレスその他の連絡先並びに苦情及び問合せに応じることができる時間帯

五　当該小売供給契約の申込みの方法

六　当該小売供給開始の予定年月日

七　当該小売供給に係る料金（当該料金の額の算出方法を含む．）

八　電気計器その他の用品及び配線工事その他の工事に関する費用の負担に関する事項

九　前二号に掲げるもののほか，当該小売供給を受けようとする者の負担となるものがある場合にあっては，その内容

十　前三号に掲げる当該小売供給を受けようとする者の負担となるものの全部又は一部を期間を限定して減免する場合にあっては，その内容

十一　当該小売供給契約に契約電力又は契約電流容量の定めがある場合にあっては，これらの値又は決定方法

十二　供給電圧及び周波数

十三　供給電力及び供給電力量の計測方法並びに料金調定の方法

十四　当該小売供給に係る料金その他の当該小売供給を受けようとする者の負担となるものの支払方法

十五　一般送配電事業者又は配電事業者から接続供給を受けて当該小売供給を行う場合にあっては，託送供給等約款に定められた小売供給の相手方の責任に関する事項

十六　当該小売供給契約に期間の定めがある場合にあっては，当該期間

十七　当該小売供給契約に期間の定めがある場合にあっては，当該小売供給契約の更新に関する事項

十八　当該小売供給の相手方が当該小売供給契約の変更又は解除の申出を行おうとする場合における当該小売電気事業者（当該契約媒介業者等が当該小売供給契約の締結の媒介等を行う場合にあっては，当該契約媒介業者等を含む．）の連絡先及びこれらの方法

十九　当該小売供給の相手方からの申出による当該小売供給契約の変更又は解除に期間の制限がある場合にあっては，その内容

二十　当該小売供給の相手方からの申出による当該小売供給契約の変更又は解除に伴う違約金その他の当該小売供給の相手方の負担となるものがある場合にあっては，その内容

二十一　前二号に掲げるもののほか，当該小売供給の相手方からの申出による当該小売供給契約の変更又は解除に係る条件等がある場合にあっては，その内容

二十二　当該小売電気事業者からの申出による当該小売供給契約の変更又は解除に関する事項

二十三　その小売電気事業の用に供する発電用の電気工作物の原動力の種類その他の事項をその行う小売供給の特性とする場合又は当該契約媒介業者等が小売電気事業者が行う小売供給（その小売電気事業の用に供する発電用の電気工作物の原動力の種類その他の事項をその行う小売供給の特性とするものに限る.）に関する契約の締結の媒介等を行う場合にあっては，その内容及び根拠

二十四　当該小売供給の相手方の電気の使用方法，器具，機械その他の用品の使用等に制限がある場合にあっては，その内容

二十五　前各号に掲げるもののほか，当該小売供給に係る重要な供給条件がある場合にあっては，その内容

2　小売電気事業者及び当該小売電気事業者が行う小売供給契約の締結の媒介等を業として行う者は，法第2条の13第1項の規定による説明をする場合には，販売する電気が非化石証書（非化石エネルギー源（エネルギー供給事業者による非化石エネルギー源の利用及び化石エネルギー原料の有効な利用の促進に関する法律（平成21年法律第72号）第2条第2項に規定する非化石エネルギー源をいう.）に由来する電気の非化石電源としての価値を取引可能にするための，当該価値を有することを証するものをいう.）によりその発電に伴って二酸化炭素が排出されない電気であるという価値を証される場合を除き，当該価値を訴求することなく，当該説明をしなければならない.

3　小売電気事業者又は小売電気事業者が行う小売供給契約の締結の取次ぎを業として行う者（以下この条及び次条において「取次業者」という.）が既に締結されている小売供給契約を更新しようとする場合における法第2条の13第1項の規定による説明は，第1項の規定にかかわらず，同項第十六号に掲げる事項について行えば足りるものとする．ただし，同号に掲げる事項のみを説明することについて小売供給を受けようとする者の承諾を得ていない場合には，この限りでない.

4　小売電気事業者又は取次業者が既に締結されている小売供給契約を変更しようとする場合（次項に規定する場合を除く.）における法第2条の13第1項の規定による説明は，第1項の規定にかかわらず，同項各号に掲げる事項のうち当該変更しようとするものについて行えば足りるものとする．ただし，同項各号に掲げる事項のうち当該変更しようとするもののみを説明することについて小売供給を受けようとする者の承諾を得ていない場合には，この限りでない.

5　小売電気事業者又は取次業者が既に締結されている小売供給契約を変更しようとする場合（法令の制定又は改廃に伴い当然必要とされる形式的な変更その他の当該小売供給契約の内容の実質的な変更を伴わない変更をしようとする場合に限る.）における法第2条の13第1項の規定による説明は，第1項の規定にかかわらず，当該変更しようとする事項の概要について行えば足りるものとする．ただし，当該変更しようとする事項の概要のみを説明することについて小売供給を受けようとする者の承諾を得ていない場合には，この限りでない.

6　法第2条の13第2項の経済産業省令で定める場合は，次に掲げる場合とする.

一　法第2条の13第2項の書面を交付することなく電話により同条第1項の規定による説明を行うことについて小売供給を受けようとする者の承諾を得ている場合

二　小売電気事業者又は取次業者が既に締結されている小売供給契約を更新しようとする場合であって，法第2条の13第2項の書面を交付することなく同条第1項の規定による説明を行うことについて小売供給を受けようとする者の承諾を得ている場合

三　小売電気事業者又は取次業者が既に締結されている小売供給契約を変更しようとする場合（法令の制定又は改廃に伴い当然必要とされる形式的な変更その他の当該小売供給契約の内容の実質的な変更を伴わない変更をしようとする場合に限る.）であって，法第2条の13第2項の書面を交付することなく同条第1項の規定による説明を行うことについて小売供給を受けようとする者の承諾を得ている場合

7　小売電気事業者等(法第2条の13第1項に規定する小売電気事業者等をいう．以下同じ.）は，前項第一号に掲げる場合においては，法第2条の13第1項の規定による説明を行った後遅滞なく，小売供給を受けようとする者に対し，同条第2項の書面を交付しなければならない.

8　法第2条の13第2項の経済産業省令で定める事項は，第1項各号に掲げる事項とする.

9　小売電気事業者又は取次業者が既に締結されている小売供給契約を更新しようとする場合における法第2条の13第2項の経済産業省令で定める事項は，前項の規定にかかわらず，第1項第十六号に掲げる事項とする．ただし，同条第1項の規定による説明として，小売電気事業者等が同号に掲げる事項のみを説明することについて小売供給を受けようとする者の承諾を得ていない場合には，この限りでない.

10　小売電気事業者又は取次業者が既に締結されている小売供給契約を変更しようとする場合（次項に規定する場合を除く.）における法第2条の13第2項の経済産業省令で定める事項は，第8項の規定にかかわらず，第1項各号に掲げる事項のうち当該変更しようとするものとする．ただし，同条第1項の規定による説明として，小売電気事業者等が第1項各号に掲げる事項のうち当該変更しようとするもののみを説明することについて小売供給を受けようとする者の承諾を得ていない場合には，この限りでない.

11　小売電気事業者又は取次業者が既に締結されている小売供給契約を変更しようとする場合(法令の制定又は改廃に伴い当然必要とされる形式的な変更その他の当該小売供給契約の内容の実質的な変更を伴わない変更をしようとする場合に限る.）における法第2条の13第2項の経済産業省令で定める事項は，第8項の規定にかかわらず，当該変更しようとする事項の概要とする．ただし，同条第1項の規定による説明として，小売電気事業者等が当該変更しようとする事項の概要のみを説明することについて小売供給を受けようとする者の承諾を得ていない場合には，この限りでない.

12　法第2条の13第3項の経済産業省令で定めるものは，次に掲げるものとする.

一　電子メールを送信する方法であって，小売供給を受けようとする者が当該電子メールの記録を出力することによる書面を作成することができるもの

二　当該小売電気事業者等の使用に係る電子計算機に備えられたファイルに記録された第8項，第9項本文，第10項本文又は前項本文に規定する事項（以下この条において「説明時交付事項」という.）を電気通信回線を通じて小売供給を受けようとする者の閲覧に供する方法（小売供給を受けようとする者が当該ファイルの記録を出力することによる書面を作成することができない場合にあっては，当該ファイルに記録された説明時交付事項を電気通信回線を通じて小売供給を受けようとする者の閲覧に供する方法であって，当該

ファイルに記録された説明時交付事項を，その記録された日から起算して3月間，消去し，又は改変できないもの）

三　磁気ディスク，CD-ROMその他の記録媒体に説明時交付事項を記録したものを交付する方法

13　小売電気事業者等は，法第2条の13第3項の規定により，前項各号に掲げる方法により説明時交付事項を提供した場合においても，小売供給を受けようとする者からの求めがあったときは，その者に対し，説明時交付事項を記載した書面を交付するよう努めなければならない．

（書面の交付）

**第3条の13**　法第2条の14第1項の経済産業省令で定める場合は，小売電気事業者又は取次業者が既に締結されている小売供給契約を変更した場合（法令の制定又は改廃に伴い当然必要とされる形式的な変更その他の当該小売供給契約の内容の実質的な変更を伴わない変更をした場合に限る．）であって，同項の書面を交付しないことについて小売供給を受けようとする者の承諾を得ている場合とする．

2　法第2条の14第1項第三号の経済産業省令で定める事項は，次の各号に掲げるものとする．

一　当該小売電気事業者の登録番号

二　当該契約媒介業者等が当該小売供給契約の締結の媒介等を行う場合にあっては，その旨

三　前条第1項第三号から第二十五号まで（第五号を除く．）に掲げる事項（小売電気事業者が契約媒介業者等の業務の方法についての苦情及び問合せを処理することとしている場合にあっては，同項第四号に掲げる事項のうち苦情及び問合せに応じることができる時間帯を除く．）

四　供給地点特定番号（小売供給を受けようとする者の需要場所を特定することができる番号をいう．以下この条において同じ．）

3　小売電気事業者又は取次業者が既に締結されている小売供給契約を更新した場合における法第2条の14第1項第三号の経済産業省令で定める事項は，前項の規定にかかわらず，前条第1項第十六号に掲げる事項及び供給地点特定番号とする．ただし，法第2条の14第1項第一号及び第二号に掲げる事項，前条第1項第十六号に掲げる事項並びに供給地点特定番号のみを記載した書面を交付することについて小売供給を受けようとする者の承諾を得ていない場合には，この限りでない．

4　小売電気事業者又は取次業者が既に締結されている小売供給契約を変更した場合（第1項に規定する場合を除く．）における法第2条の14第1項第三号の経済産業省令で定める事項は，第2項の規定にかかわらず，法第2条の14第1項第一号から第三号までに掲げる事項のうち当該変更したもの及び供給地点特定番号とする．ただし，同項第一号及び第二号に掲げる事項，第2項第一号から第三号までに掲げる事項のうち当該変更したもの並びに供給地点特定番号のみを記載した書面を交付することについて小売供給を受けようとする者の承諾を得ていない場合には，この限りでない．

5　法第2条の14第2項の経済産業省令で定めるものは，次に掲げるものとする．

一　電子メールを送信する方法であって，小売供給を受けようとする者が当該電子メールの記録を出力することによる書面を作成することができるもの

二　当該小売電気事業者等の使用に係る電子計算機に備えられたファイルに記録された法第2条の14第1項第一号及び第二号に掲げる事項並びに第2項各号に掲げる事項又は第3

項本文若しくは前項本文に規定する事項（以下この条において「契約締結時交付事項」という.）を電気通信回線を通じて小売供給を受けようとする者の閲覧に供する方法（小売供給を受けようとする者が当該ファイルの記録を出力することによる書面を作成することができない場合にあっては，当該ファイルに記録された契約締結時交付事項を電気通信回線を通じて小売供給を受けようとする者の閲覧に供する方法であって，当該ファイルに記録された契約締結時交付事項を，その記録された日から起算して3月間，消去し，又は改変できないもの）

三　磁気ディスク，CD-ROMその他の記録媒体に契約締結時交付事項を記録したものを交付する方法

6　小売電気事業者等は，法第2条の14第2項の規定により，前項各号に掲げる方法により契約締結時交付事項を提供した場合においても，小売供給を受けようとする者からの求めがあったときは，その者に対し，契約締結時交付事項を記載した書面を交付するよう努めなければならない.

（電磁的方法の種類及び内容）

**第3条の14**　令第2条第1項（同条第3項において準用する場合を含む.）の規定により示すべき電磁的方法の種類及び内容は，次に掲げるものとする.

一　第3条の12第12項各号又は前条第五項各号に掲げる方法のうち，小売電気事業者等が使用するもの

二　ファイルへの記録の方式

（小売電気事業者等による情報通信の技術を利用した承諾の取得）

**第3条の15**　令第2条第1項（同条第3項において準用する場合を含む.）に規定する電子情報処理組織を使用する方法その他の情報通信の技術を利用する方法であって経済産業省令で定めるものは，次に掲げるものとする.

一　電子メールを送信する方法であって，小売電気事業者等が当該電子メールの記録を出力することによる書面を作成することができるもの

二　当該小売電気事業者等の使用に係る電子計算機に備えられたファイルに記録された小売供給を受けようとする者の承諾に関する事項を電気通信回線を通じて小売供給を受けようとする者の閲覧に供し，当該小売電気事業者等の使用に係る電子計算機に備えられたファイルに当該小売供給を受けようとする者の承諾に関する事項を記録する方法

三　磁気ディスク，CD-ROMその他の記録媒体に小売供給を受けようとする者の承諾に関する事項を記録したものを得る方法

## 第2節　一般送配電事業

### 第1款　事業の許可

（一般送配電事業の許可申請）

**第4条**　法第4条第1項の申請書は，様式第1の10によるものとする.

2　法第4条第2項の事業計画書は，様式第2によるものとする.

3　法第4条第2項の事業収支見積書は，事業開始の日以後10年内の日を含む毎事業年度について，様式第3により作成するものとする.

4　法第4条第2項の経済産業省令で定める書類は，次に掲げるものとする.

一　一般送配電事業の用に供する電気工作物（配電用のものを除く.）の概要及び供給区域の境界を明示した地形図

二　送電関係一覧図
三　電力潮流図
四　一般送配電事業の用に供する変電所又は発電所の主要設備の配置図
五　他の一般送配電事業者又は配電事業者にその一般送配電事業又は配電事業の用に供するための電気を供給する場合にあっては，その供給の相手方との契約書の写し
六　他の者から一般送配電事業の用に供するための電気の供給を受ける場合にあっては，その供給をする者との契約書の写し
七　主たる技術者の履歴書
八　様式第４の一般送配電事業遂行体制説明書
九　申請者が法人である場合にあっては，当該申請者の定款，登記事項証明書，最近の事業年度末の貸借対照表及び損益計算書並びに役員の履歴書
十　申請者が法人の発起人である場合にあっては，当該法人の定款及び役員となるべき者の履歴書
十一　申請者が地方公共団体である場合にあっては，当該申請者が一般送配電事業を営むことについての議決に係る議会の会議録の写し
十二　一般送配電事業の用に供する水力発電所を設置する場合において，発電水力に関する水利使用について行政庁の許可又は登録を要するときは，その許可書又は登録書の写し（許可又は登録の申請をしている場合にあっては，その申請書の写し）
十三　申請者が推進機関の会員でない場合にあっては，当該申請者が推進機関に加入する手続をとったことを証する書類

５　経済産業大臣は，法第３条の許可を受けようとする者に対し，前項各号に掲げる書類のほか，必要と認める書類の提出を求めることができる．

（事業開始の届出）

**第５条**　法第７条第４項の規定による届出をしようとする者は，様式第５の事業開始届出書を経済産業大臣に提出しなければならない．

（供給区域の変更の許可申請）

**第６条**　法第８条第１項の規定により供給区域の変更の許可を受けようとする者は，様式第６の供給区域変更許可申請書に次の各号に掲げる書類を添えて，経済産業大臣に提出しなければならない．

一　変更を必要とする理由を記載した書類
二　増加し，又は減少する供給区域の境界を明示した地形図
三　供給区域を増加する場合にあっては，増加する区域に対し電気の供給を開始する日以後10年内の日を含む毎事業年度におけるその区域内の用途別の需要の見込み及び供給の計画を記載した書類
四　供給区域を増加する場合にあっては，所要資金の額及び調達方法を記載した書類
五　供給区域を増加する場合にあっては，増加する区域に対し電気の供給を開始する日以後10年内の日を含む毎事業年度における様式第３の事業収支見積書
六　供給区域を増加する場合は，送電関係一覧図
七　供給区域の増加に伴い他の者から電気の供給を受ける場合にあっては，その供給をする者との契約書の写し
八　申請者が地方公共団体である場合にあっては，当該申請者が供給区域を変更することについての議決に係る議会の会議録の写し

2　経済産業大臣は，法第 8 条第 1 項の許可を受けようとする者に対し，前項各号に掲げる書類のほか，必要と認める書類の提出を求めることができる．

（供給区域の増加に伴う事業開始の届出）

第 7 条　第 5 条の規定は，法第 8 条第 2 項において準用する法第 7 条第 4 項の規定による届出をしようとする者に準用する．

（電気工作物の重要な変更）

第 8 条　法第 9 条第 1 項の経済産業省令で定める重要な変更は，次の各号に掲げるものとする．

一　送電用のものに係る変更であって，次のいずれかに該当するもの

イ　他の電気事業者の電気事業の用に供する電気工作物と電気的に接続するための送電線路であって，電圧 30 万 V（直流にあっては，17 万 V）以上のものに係る変更（設置の場所の変更のうち経過地の変更及び設置の方法の変更を除く．）

ロ　他の電気事業者の電気事業の用に供する電気工作物と電気的に接続するための送電線路以外の送電線路又は電圧 30 万 V（直流にあっては，17 万 V）未満の送電線路を他の電気事業者の電気事業の用に供する電気工作物と電気的に接続するための送電線路であって，電圧 30 万 V（直流にあっては，17 万 V）以上のものとすることに伴う変更

ハ　電圧 30 万 V（直流にあっては，17 万 V）以上の送電線路であって，長さ 10km 以上のものに係る変更（設置の場所の変更のうち，経過地の変更及び設置の方法の変更であって変更する部分の長さが 10km 未満のものを除く．）

ニ　電圧 30 万 V（直流にあっては，17 万 V）未満又は長さ 10km 未満の送電線路であって，電圧 30 万 V（直流にあっては，17 万 V）以上かつ長さ 10km 以上のものとすることに伴う変更

二　変電用のものに係る変更であって，次のいずれかに該当するもの

イ　設置の場所の変更であって，電圧 30 万 V 以上のもの又は電圧 30 万 V 未満のものであって，容量 15 万 kVA 以上若しくは出力 15 万 kW 以上の周波数変換機器若しくは整流機器の設置を伴うもの若しくは出力がその者の電気事業の用に供する変電所の出力の合計の 20% 以上のものを設置することに伴うもの

ロ　設置の場所の変更であって，廃止することに伴うもの

ハ　周波数の変更

ニ　電圧 30 万 V 以上のものの出力の変更であって，その変更する出力が 30 万 kVA を超えるもの又はその者の電気事業の用に供する変電所の出力の合計の 20% 以上のもの

ホ　電圧 30 万 V 未満のものの出力の変更であって，周波数変換機器若しくは整流機器の容量を 15 万 kVA 以上とし，又はこれらの出力を 15 万 kW 以上とすることに伴うもの

三　発電用のものに係る変更であって，次のいずれかに該当するもの

イ　設置の場所，原動力の種類又は周波数の変更

ロ　出力の変更であって，その変更する出力が 15 万 kW 以上又はその者の電気事業の用に供する発電所の出力の合計の 20% 以上のもの

（電気工作物等の変更の届出）

第 9 条　法第 9 条第 1 項の規定による一般送配電事業の用に供する電気工作物の変更の届出をしようとする者は，その実施の日の 20 日前までに，様式第 7 の電気工作物変更届出書に次に掲げる書類（電気工作物の廃止の場合にあっては，第一号の書類に限る．）を添えて，経済産業大臣に提出しなければならない．

一　変更を必要とする理由を記載した書類

二　変更工事の概要の説明書

三　変更に係る電気工作物の概要を明示した地形図

四　変更が変電所又は発電所に係る場合にあっては，その変電所又は発電所の主要設備の配置図

五　送電関係一覧図

2　法第9条第2項の規定による氏名若しくは名称及び住所又は主たる営業所その他の営業所の名称及び所在地の変更の届出をしようとする者は，様式第8の氏名等変更届出書を経済産業大臣に提出しなければならない．

3　法第9条第2項の規定による一般送配電事業の用に供する電気工作物の変更の届出をしようとする者は，様式第7の電気工作物変更届出書を提出しなければならない．

（事業の譲渡し及び譲受けの認可申請）

**第10条**　法第10条第1項の認可を受けようとする者は，様式第9の事業譲渡譲受認可申請書に次の各号に掲げる書類を添えて，経済産業大臣に提出しなければならない．

一　譲渡し及び譲受けを必要とする理由を記載した書類

二　譲渡しに関する契約書の写し

三　譲渡価額及びその算出の根拠を記載した書類

四　譲受けに要する資金の額及び調達方法を記載した書類

五　譲受人の譲受けの日以後10年内の日を含む毎事業年度における様式第3の事業収支見積書

六　譲受人が一般送配電事業者以外の者であって，法人である場合にあっては，その者の定款，登記事項証明書，最近の事業年度末の貸借対照表及び損益計算書並びに役員の履歴書

七　譲受人が法人の発起人である場合にあっては，その法人の定款及び役員となるべき者の履歴書

八　譲渡人又は譲受人が地方公共団体である場合にあっては，当該譲渡人又は譲受人の譲渡し又は譲受けについての議決に係る議会の会議録の写し

九　譲受人の譲受けの日以後10年内の日を含む毎年度における用途別の需要見込み及び供給の計画を記載した書類

十　譲渡しに係る一般送配電事業に水力発電所が属する場合において，発電水力に関する水利使用に係る権利の譲渡し又は譲受けについて行政庁の承認又は許可を要するときは，その承認書又は許可書の写し（承認又は許可の申請をしている場合にあっては，その申請書の写し）

十一　主たる技術者の履歴書

十二　様式第4の一般送配電事業遂行体制説明書

2　経済産業大臣は，法第10条第1項の認可を受けようとする者に対し，前項各号に掲げる書類のほか，必要と認める書類の提出を求めることができる．

（合併及び分割の認可申請）

**第11条**　法第10条第2項の認可を受けようとする者は，様式第10の合併認可申請書又は様式第11の分割認可申請書に次の各号に掲げる書類を添えて，経済産業大臣に提出しなければならない．

一　合併又は分割を必要とする理由を記載した書類

二　合併契約書又は分割計画書若しくは分割契約書の写し

三　合併又は分割の条件に関する説明書

四　合併又は分割の日以後 10 年内の日を含む毎事業年度における様式第 3 の事業収支見積書

五　合併又は分割の日以後 10 年内の日を含む毎事業年度における用途別の需要見込み及び供給の計画を記載した書類

六　当事者の一方が一般送配電事業者以外の者である場合にあっては，その者の定款，登記事項証明書並びに最近の事業年度末の貸借対照表及び損益計算書

七　合併後存続する法人若しくは合併により設立する法人又は分割により一般送配電事業の全部を承継する法人の定款及び役員となるべき者の履歴書

八　主たる技術者の履歴書

九　様式第 4 の一般送配電事業遂行体制説明書

2　経済産業大臣は，法第 10 条第 2 項の認可を受けようとする者に対し，前項各号に掲げる書類のほか，必要と認める書類の提出を求めることができる．

**第 12 条**　削除

（設備の譲渡し等）

**第 13 条**　法第 13 条第 1 項の規定による設備譲渡等の届出をしようとする者は，その実施の日の 20 日前までに，様式第 13 の設備譲渡等届出書に次に掲げる書類を添えて，経済産業大臣に提出しなければならない．

一　その設備を譲り渡し，又は所有権以外の権利の目的とすることを必要とする理由を記載した書類

二　その設備の譲渡し又はその設備を所有権以外の権利の目的とすることに関する契約書の写し

三　その設備の譲渡価額又は所有権以外の権利の目的としての評価額の算出の根拠を記載した書類

四　その設備を譲り渡し，又は所有権以外の権利の目的とすることにより一般送配電事業に及ぼす影響に関する説明書

**第 14 条**　法第 13 条第 1 項ただし書の経済産業省令で定める設備は，次に掲げるものとする．

一　送電線路，配電線路，変電所，発電所及び給電設備（以下この条において「電気の供給に直接必要な設備」という．）以外の設備

二　電気の供給に直接必要な設備であって，その帳簿価額が前事業年度末の電気事業会計規則（昭和 40 年通商産業省令第 57 号）第 6 条第 1 項に規定する電気事業固定資産の帳簿価額の総額の 1 /100 未満のもの

（事業の休止及び廃止の許可申請）

**第 15 条**　法第 14 条第 1 項の許可を受けようとする者は，様式第 14 の事業休止（廃止）許可申請書に次の各号に掲げる書類（事業の全部を休止し，又は廃止する場合にあっては，第一号の書類に限る．）を添えて，経済産業大臣に提出しなければならない．

一　休止又は廃止を必要とする理由を記載した書類

二　一般送配電事業の一部を休止し，又は廃止する場合にあっては，休止し，又は廃止する事業に係る供給区域の境界を明示した地形図

三　休止し，又は廃止する一般送配電事業に係る電気工作物の概要を記載した書類

四　休止又は廃止の日以後 10 年内の日を含む毎事業年度における様式第 3 の事業収支見積書

2　経済産業大臣は，法第 14 条第 1 項の許可を受けようとする者に対し，前項各号に掲げる

書類のほか，必要と認める書類の提出を求めることができる．

（法人の解散の認可申請）

第16条　法第14条第2項の認可を受けようとする者は，様式第15の解散認可申請書に解散を必要とする理由を記載した書類を添えて，経済産業大臣に提出しなければならない．

2　経済産業大臣は，法第14条第2項の認可を受けようとする者に対し，前項の書類のほか，必要と認める書類の提出を求めることができる．

第2款　業務

（一般送配電事業者の振替供給の範囲）

第17条　法第17条第1項の経済産業省令で定める振替供給は，一般送配電事業者が行う次に掲げる振替供給とする．

一　小売電気事業，一般送配電事業，配電事業又は特定送配電事業の用に供するための電気に係る振替供給であって，当該振替供給を行う一般送配電事業者の供給区域以外の地域又は配電事業者の供給区域における需要に応じて供給する電気に係るもの

二　法第2条第1項第五号ロに掲げる接続供給に係る電気に係る振替供給であって，当該振替供給を行う一般送配電事業者の供給区域以外の地域又は配電事業者の供給区域における同号ロに規定する非電気事業用電気工作物を維持し，及び運用する他の者の需要又は第3条第1項各号に掲げる需要に応じて供給する電気に係るもの

（託送供給等約款において定めるべき事項）

第18条　法第18条第1項の託送供給等約款は，小売電気事業，一般送配電事業，配電事業及び特定送配電事業の用に供するための電気並びに法第2条第1項第五号ロに掲げる接続供給に係る電気に係る託送供給及び電力量調整供給に関し，振替供給又は接続供給及び電力量調整供給に関する次に掲げる事項について定めるものとする．ただし，沖縄電力株式会社にあっては，第一号に掲げる事項について定めることを要しない（同社が前条に規定する振替供給を行わない場合に限る．）．

一　振替供給に関する次に掲げる事項

イ　適用範囲

ロ　電気計器及び工事に関する費用の負担に関する事項

ハ　ロに掲げるもののほか，供給の相手方の負担となるものがある場合にあっては，その内容

ニ　契約の申込み方法並びに契約の更新及び解除に関する事項

ホ　受電電力，受電電力量，供給電力及び供給電力量の計測方法

ヘ　送電上の責任の分界

ト　イからヘまでに掲げるもののほか，供給条件又は一般送配電事業者及び供給の相手方の責任に関する事項がある場合にあっては，その内容

チ　有効期間を定める場合にあっては，その期間

リ　実施期日

二　接続供給及び電力量調整供給に関する次に掲げる事項

イ　適用範囲

ロ　料金

ハ　一般送配電事業託送供給等約款料金算定規則（平成28年経済産業省令第22号）第32条第1項に規定する調整を行う場合にあっては，同条第2項に規定する離島基準平均燃料価格及び換算係数並びに同条第四項に規定する離島基準調整単価

ニ　電気計器及び工事に関する費用の負担に関する事項
ホ　ロからニまでに掲げるもののほか，供給の相手方の負担となるものがある場合にあっては，その内容
ヘ　契約の申込み方法並びに契約の更新及び解除に関する事項
ト　一般送配電事業者が受電することとなる電気に係る受電電力及び受電電力量の供給の相手方による通知の方法
チ　受電電力，受電電力量，供給電力及び供給電力量の計測方法並びに料金調定の方法
リ　供給の停止及び中止並びにこれらの解除に関する事項
ヌ　送電上の責任の分界
ル　給電所における指令に関する事項
ヲ　イからルまでに掲げるもののほか，供給条件又は一般送配電事業者及び供給の相手方の責任に関する事項がある場合にあっては，その内容
ワ　有効期間を定める場合にあっては，その期間
カ　実施期日

（託送供給等約款の認可の申請）

**第 19 条**　法第 18 条第 1 項の規定による託送供給等約款の設定の認可を受けようとする者は，様式第 16 の託送供給等約款認可申請書に託送供給等約款の案及び次に掲げる書類を添えて，経済産業大臣に提出しなければならない．

一　一般送配電事業託送供給等約款料金算定規則の規定に基づいて作成した書類
二　供給の相手方の負担となるものの金額の算出の根拠又は当該金額の決定の方法に関する説明書

2　法第 18 条第 1 項の規定により託送供給等約款の変更の認可を受けようとする者は，様式第 17 の託送供給等約款変更認可申請書にその変更後の託送供給等約款の案及び次に掲げる書類を添えて，経済産業大臣に提出しなければならない．

一　変更を必要とする理由を記載した書類
二　変更しようとする部分を明らかにした変更前の託送供給等約款
三　前条第二号ロの事項を変更（消費税及び地方消費税に相当する額（以下「消費税等相当額」という．）のみの変更を除く．）しようとする場合にあっては，一般送配電事業託送供給等約款料金算定規則の規定に基づいて作成した書類
四　前条第一号ロ若しくはハ又は同条第二号ニ若しくはホの事項を変更しようとする場合にあっては，供給の相手方の負担となるものの金額の算出の根拠又は当該金額の決定の方法に関する説明書

（託送供給等約款以外の供給条件の認可の申請）

**第 20 条**　法第 18 条第 2 項ただし書の認可を受けようとする者は，様式第 18 の託送供給等特例認可申請書に次に掲げる書類を添えて，経済産業大臣に提出しなければならない．

一　法第 18 条第 1 項の認可を受けた託送供給等約款（同条第 5 項若しくは第 8 項の規定による変更の届出があったとき，又は法第 19 条第 2 項の規定による変更があったときは，その変更後のもの）以外の供給条件による託送供給等を必要とする理由を記載した書類
二　料金その他の供給の相手方の負担となるものの金額を定めようとする場合にあっては，当該金額の算出の根拠又は当該金額の決定の方法に関する説明書

（託送供給等約款の変更の届出）

**第 21 条**　法第 18 条第 4 項の経済産業省令で定める場合は，同条第一項の認可を受けた託送

供給等約款（同条第5項又は第8項の規定による変更の届出があったときは，その変更後のもの．以下この条から第25条までにおいて単に「託送供給等約款」という．）の変更の場合であって，次の各号のいずれかに該当する場合とする．

一　託送供給等約款により接続供給を受ける者又は電力量調整供給を受ける者（以下「接続供給等利用者」という．）の料金及びその支払期日から支払が遅延することにより追加的に発生する当該接続供給等利用者の負担（以下「料金等」という．）を変更する場合であって，当該接続供給等利用者が受ける接続供給又は電力量調整供給に係る電気の量，最大需要電力その他の利用形態並びに当該接続供給等利用者が料金を支払うべき義務の発生する日からその支払を行う日までの期間並びに一般送配電事業の用に供する石炭，石油及び液化天然ガス（輸入されたものに限る．）の価格が当該託送供給等約款の変更の前後において同一であると仮定した場合において，いずれかの接続供給等利用者の支払うべき料金等を合計した額が減少し，かつ，その他の接続供給等利用者の支払うべき料金等を合計した額が増加しないと見込まれる場合（一般送配電事業託送供給等約款料金算定規則第28条第2項に規定する電気の買取りに係る離島等におけるインバランス料金の額が減少する場合を含む．）

二　電気計器及び工事に関する費用の負担に関する事項を変更する場合であって，いずれの託送供給等約款により託送供給を受ける者又は電力量調整供給を受ける者（以下「託送供給等利用者」という．）の負担も増加しない場合

三　前二号に掲げるもののほか，託送供給等利用者の負担となる事項を変更する場合であって，いずれの託送供給等利用者の負担も増加しない場合

四　受電電力，受電電力量，供給電力若しくは供給電力量の計測方法又は料金調定の方法を変更する場合であって，いずれの託送供給等利用者の支払うべき料金等の額及びその他の負担も増加しない場合

五　送電上の責任の分界を変更する場合であって，いずれの託送供給等利用者の支払うべき料金等の額及びその他の負担も増加しない場合

六　託送供給等利用者が料金を支払うべき義務の発生する日から一般送配電事業者が当該託送供給等利用者に対する電気の供給を停止できる日までの期間を変更する場合であって，いずれの託送供給等利用者に対する期間も短縮されない場合

七　電気の供給を停止できる条件又は託送供給等に係る契約を解除できる条件を変更する場合であって，いずれの託送供給等利用者に対する条件も不利なものとしない場合

八　託送供給等利用者が選択し得る事項を追加する場合

九　前各号に掲げるもののほか，託送供給等約款の構成又は使用する字句等を変更する場合

**第22条**　法第18条第5項の規定による託送供給等約款の変更の届出をしようとする者は，その実施の日の10日前までに，様式第19の託送供給等約款変更届出書に次に掲げる書類を添えて，経済産業大臣に提出しなければならない．

一　変更を必要とする理由を記載した書類

二　変更しようとする部分を明らかにした変更前の託送供給等約款

三　第18条第二号ロの事項を変更（消費税等相当額のみの変更を除く．）しようとする場合（次条各号に掲げる費用の額の減少のみに対応する場合を除く．）にあっては，一般送配電事業託送供給等約款料金算定規則の規定に基づいて作成した書類（同令様式第2を除く．）

四　第18条第二号ロの事項を変更（消費税等相当額のみの変更を除く．）しようとする場合（次条各号に掲げる費用の額の減少のみに対応する場合に限る．）にあっては，一般送配電

事業託送供給等約款料金算定規則の規定に基づいて作成した書類

五　第18条第一号ロ若しくはハ又は同条第二号ニ若しくはホの事項を変更しようとする場合にあっては，託送供給等利用者の負担となるものの金額の算出の根拠又は当該金額の決定の方法に関する説明書

**第23条**　法第18条第7項の他の法律の規定により支払うべき費用の額の増加に対応する場合（一般送配電事業を行うに当たり当該費用を節減することが著しく困難な場合に限る.）として経済産業省令で定める場合は，託送供給等約款の変更の場合であって，次の各号のいずれかに該当する場合とする.

一　石油石炭税相当額の増加（石油石炭税の税率の増加その他の石油石炭税に関する制度の改正に起因するものに限る.）に対応する場合

二　電源開発促進税相当額の増加（電源開発促進税の税率の増加その他の電源開発促進税に関する制度の改正に起因するものに限る.）に対応する場合

三　消費税等相当額の増加（消費税若しくは地方消費税の税率の増加その他の消費税若しくは地方消費税の制度の改正に起因するもの又は前二号の増加に伴うものに限る.）に対応する場合

**第24条**　法第18条第八項の規定による託送供給等約款の変更の届出をしようとする者は，様式第二十の託送供給等約款変更届出書に次に掲げる書類を添えて，経済産業大臣に提出しなければならない.

一　変更を必要とする理由を記載した書類

二　変更しようとする部分を明らかにした変更前の託送供給等約款

三　第18条第二号ロの事項を変更（消費税等相当額のみの変更を除く.）しようとする場合にあっては，一般送配電事業託送供給等約款料金算定規則の規定に基づいて作成した書類

四　第18条第一号ロ若しくはハ又は同条第二号ニ若しくはホの事項を変更しようとする場合にあっては，託送供給等利用者の負担となるものの金額の算出の根拠又は当該金額の決定の方法に関する説明書

（託送供給等約款の公表）

**第25条**　法第18条第12項の規定による託送供給等約款の公表は，その実施の日の十日前から，営業所及び事務所に添え置くとともに，インターネットを利用することにより，これを行わなければならない.

（最終保障供給に係る約款において定めるべき事項）

**第26条**　法第20条第1項の最終保障供給に係る約款は，次に掲げる事項について定めるものとする.

一　適用区域又は適用範囲

二　供給の種別がある場合にあっては，その種別

三　供給電圧及び周波数

四　料金

五　電気計器その他の用品及び配線工事その他の工事に関する費用の負担に関する事項

六　前二号に掲げるもののほか，電気の使用者の負担となるものがある場合にあっては，その内容

七　契約の申込みの方法及び解除に関する事項

八　供給電力及び供給電力量の計測方法並びに料金調定の方法

九　供給の停止及び中止に関する事項

十　送電上の責任の分界

十一　電気の使用方法，器具，機械その他の用品の使用等に関し制限を設ける場合にあっては，その内容

十二　前各号に掲げるもののほか，供給条件又は一般送配電事業者及び電気の使用者の責任に関する事項がある場合にあっては，その内容

十三　有効期間を定める場合にあっては，その期間

十四　実施期日

（最終保障供給に係る約款の届出）

**第 27 条**　法第 20 条第 1 項の規定による最終保障供給に係る約款の届出をしようとする者は，その実施の日の 10 日前までに，様式第 21 の最終保障供給に係る約款届出書に当該約款及び次に掲げる書類を添えて，経済産業大臣に提出しなければならない.

一　料金の算出の根拠に関する書類

二　電気の使用者の負担となるものの金額の算出の根拠又は当該金額の決定の方法に関する説明書

2　法第 20 条第 1 項の規定による最終保障供給約款の変更の届出をしようとする者は，その実施の日の 10 日前までに，様式第 22 の最終保障供給約款変更届出書に次に掲げる書類を添えて，経済産業大臣に提出しなければならない.

一　変更を必要とする理由を記載した書類

二　変更しようとする部分を明らかにした変更前の最終保障供給約款

三　前条第四号から第六号までの事項を変更しようとする場合にあっては，料金の算出の根拠又は電気の使用者の負担となるものの金額の算出の根拠若しくは当該金額の決定の方法に関する説明書

（最終保障供給約款以外の供給条件の承認の申請）

**第 28 条**　法第 20 条第 2 項ただし書の承認を受けようとする者は，様式第 23 の最終保障供給特例承認申請書に次に掲げる書類を添えて，経済産業大臣に提出しなければならない.

一　最終保障供給約款以外の供給条件による最終保障供給を必要とする理由を記載した書類

二　料金その他の電気の使用者の負担となるものの金額を定めようとする場合にあっては，当該金額の算出の根拠又は当該金額の決定の方法に関する説明書

（最終保障供給約款の公表）

**第 29 条**　法第 20 条第 4 項において準用する法第 18 条第 12 項の規定による最終保障供給約款の公表は，その実施の日の 10 日前から，その供給区域（離島等を除く.）における営業所及び事務所に添え置くとともに，インターネットを利用することにより，これを行わなければならない.

（指定の申請）

**第 29 条の 2**　法第 20 条の 2 第 1 項の規定により申請をしようとする者は，様式第 23 の 2 の指定区域指定申請書に次の書類を添えて提出しなければならない.

一　指定区域の指定を受けようとする区域の境界を明示した地形図

二　主要な電線路（以下この号及び次号において「主要電線路」という.）から独立して区域内における電線路を維持し，及び運用する場合の費用が，主要電線路に接続している場合の費用と比較して，一般送配電事業の効率的な運営に資することを示す書類

三　主要電線路に接続している場合の停電時間と主要電線路から独立して区域内における電線路を維持し，及び運用する場合に見込まれる停電時間の比較により，当該区域内の電気

の安定供給を阻害するおそれがないことを示す書類

四　指定区域供給開始までの工事等の概要の説明書

2　経済産業大臣は，法第 20 条の 2 第 1 項の規定により申請をした者に対し，前項各号に掲げる書類のほか，必要と認める書類の提出を求めることができる．

（指定区域に係る情報の公表）

第 29 条の 3　法第 20 条の 2 第 2 項及び第 3 項の公表は，インターネットの利用その他の適切な方法により行うものとする．

（離島等供給に係る約款において定めるべき事項）

第 30 条　法第 21 条第 1 項の離島等供給に係る約款は，次に掲げる事項について定めるものとする．

一　適用区域又は適用範囲

二　供給の種別がある場合にあっては，その種別

三　供給電圧及び周波数

四　料金

五　電気計器その他の用品及び配線工事その他の工事に関する費用の負担に関する事項

六　前二号に掲げるもののほか，電気の使用者の負担となるものがある場合にあっては，その内容

七　契約の申込みの方法及び解除に関する事項

八　供給電力及び供給電力量の計測方法並びに料金調定の方法

九　供給の停止及び中止に関する事項

十　送電上の責任の分界

十一　電気の使用方法，器具，機械その他の用品の使用等に関し制限を設ける場合にあっては，その内容

十二　前各号に掲げるもののほか，供給条件又は一般送配電事業者及び電気の使用者の責任に関する事項がある場合にあっては，その内容

十三　有効期間を定める場合にあっては，その期間

十四　実施期日

（離島等供給に係る約款の届出）

第 31 条　法第 21 条第 1 項の規定による離島等供給に係る約款の届出をしようとする者は，その実施の日の 10 日前までに，様式第 24 の離島等供給に係る約款届出書に当該約款及び次に掲げる書類を添えて，経済産業大臣に提出しなければならない．

一　料金の算出の根拠に関する書類

二　電気の使用者の負担となるものの金額の算出の根拠又は当該金額の決定の方法に関する説明書

2　法第 21 条第 1 項の規定による離島等供給約款の変更の届出をしようとする者は，その実施の日の 10 日前までに，様式第 25 の離島等供給約款変更届出書に次に掲げる書類を添えて，経済産業大臣に提出しなければならない．

一　変更を必要とする理由を記載した書類

二　変更しようとする部分を明らかにした変更前の離島等供給約款

三　前条第四号から第六号までの事項を変更しようとする場合にあっては，料金の算出の根拠又は電気の使用者の負担となるものの金額の算出の根拠若しくは当該金額の決定の方法に関する説明書

（離島等供給約款以外の供給条件の承認の申請）

**第32条**　法第21条第2項ただし書の承認を受けようとする者は，様式第26の離島等供給特例承認申請書に次に掲げる書類を添えて，経済産業大臣に提出しなければならない．

一　離島等供給約款以外の供給条件による離島等供給を必要とする理由を記載した書類

二　料金その他の電気の使用者の負担となるものの金額を定めようとする場合にあっては，当該金額の算出の根拠又は当該金額の決定の方法に関する説明書

（離島等供給約款の公表）

**第33条**　法第21条第4項において準用する法第18条第12項の規定による離島等供給約款の公表は，その実施の日の10日前から，離島等を管轄する営業所及び事務所に添え置くとともに，インターネットを利用することにより，これを行わなければならない．

（一般送配電事業者の兼業制限の例外）

**第33条の2**　法第22条の2第1項ただし書の認可を受けようとする者は，様式第26の2の一般送配電事業者の兼業認可申請書に当該認可を受けようとする者が小売電気事業（その供給区域における一般の需要に応ずるものに限る．第45条の2の12第1項において同じ.），発電事業（その供給区域における一般の需要に応ずる小売電気事業の用に供するための電気を発電するものに限る．同項において同じ.）又は特定卸供給事業（その供給区域における一般の需要に応ずる小売電気事業の用に供するための電気を供給するものに限る．同項において同じ.）を営むことが特に必要である理由を記載した書類を添えて，経済産業大臣に提出しなければならない．

2　経済産業大臣は，法第22条の2第1項ただし書の認可を受けようとする者に対し，前項の書類のほか，必要と認める書類の提出を求めることができる．

（特定関係事業者に関する経済産業省令で定める要件）

**第33条の3**　法第22条の3第1項本文の経済産業省令で定める要件は，当該小売電気事業者，発電事業者又は特定卸供給事業者の親会社等（会社法（平成17年法律第86号）第2条第四号の二に規定する親会社等をいう．第44条の3及び第45条の2の13において同じ.）（当該一般送配電事業者に該当するものを除く.）に該当する者であることとする．

（一般送配電事業者の取締役又は執行役の兼職の制限の例外）

**第33条の4**　法第22条の3第1項ただし書の電気供給事業者の間の適正な競争関係を阻害するおそれがない場合として経済産業省令で定める場合は，次の各号のいずれかに該当する場合とする．

一　一般送配電事業者において，兼職（法第22条の3第1項本文の規定により禁止される兼職をいう.）を行う者（以下この条において「兼職者」という.）が非公開情報（当該一般送配電事業者が営む託送供給及び電力量調整供給の業務に関する公表されていない情報であって，小売電気事業，発電事業又は特定卸供給事業に影響を及ぼし得るものをいう．次条，第33条の9及び第33条の15において同じ.）を入手できないことを確保するための措置及び兼職者が当該一般送配電事業者が営む託送供給及び電力量調整供給の業務その他の変電，送電及び配電に係る業務のうち，小売電気事業，発電事業又は特定卸供給事業に影響を及ぼし得るものに参画できないことを確保するための措置を講じている場合

二　一般送配電事業者の特定関係事業者において，兼職者が小売電気事業，発電事業又は特定卸供給事業の経営管理に係る業務運営上の重要な決定に参画できないことを確保するための措置を講じている場合

（特定送配電等業務）

**第 33 条の 5**　法第 22 条の 3 第 2 項本文の電気供給事業者間の適正な競争関係の確保のためその運営における中立性の確保が特に必要な業務として経済産業省令で定めるものは，次の各号のいずれかに該当するものとする．
一　非公開情報を入手することができる業務
二　託送供給及び電力量調整供給の業務その他の変電，送電及び配電に係る業務のうち，小売電気事業，発電事業又は特定卸供給事業に影響を及ぼし得るもの

（重要な役割を担う従業者）

**第 33 条の 6**　法第 22 条の 3 第 2 項第一号の経済産業省令で定める要件は，小売電気事業者の従業者であって，小売電気事業の業務の運営における重要な決定に参画する管理的地位にあるものであることとする．
2　同項第二号の経済産業省令で定める要件は，発電事業者の従業者であって，発電事業の業務の運営における重要な決定に参画する管理的地位にあるものであることとする．
3　同項第三号の経済産業省令で定める要件は，特定卸供給事業者の従業者であって，特定卸供給事業の業務の運営における重要な決定に参画する管理的地位にあるものであることとする．
4　同項第四号の経済産業省令で定める要件は，第 33 条の 3 に定める要件に該当する者の従業者であって，その経営を実質的に支配していると認められる小売電気事業者，発電事業者又は特定卸供給事業者の経営管理に係る業務の運営における重要な決定に参画する管理的地位にあるものであることとする．

（適正な競争関係を阻害するおそれがない情報）

**第 33 条の 6 の 2**　法第 23 条第 1 項第一号の電気供給事業者間の適正な競争関係を阻害するおそれがない情報として経済産業省令で定める情報は，次に掲げるものとする．
一　統計情報
二　匿名加工情報（個人情報の保護に関する法律（平成 15 年法律第 57 号）第 2 条第 6 項に規定する匿名加工情報をいう．第 45 条の 2 の 17 第二号において同じ．）

（経済産業省令で定める一般送配電事業者の禁止行為）

**第 33 条の 7**　法第 23 条第 1 項第三号の電気供給事業者間の適正な競争関係を阻害するものとして経済産業省令で定める行為は，次に掲げるものとする．
一　一般送配電事業者（認可一般送配電事業者に該当するものを除く．次号において同じ．）が，その特定関係事業者たる小売電気事業者，発電事業者又は特定卸供給事業者と同一であると誤認されるおそれのある商号を用いること．ただし，容易に視認できない場所に刻印し，又は表示する場合についてはこの限りではない．
二　一般送配電事業者が，その特定関係事業者たる小売電気事業者，発電事業者又は特定卸供給事業者と同一であると誤認されるおそれのある商標を用いること．ただし，一般送配電事業者がその特定関係事業者たる小売電気事業者，発電事業者又は特定卸供給事業者と同一であると誤認されるおそれのない商標と併せて用いる場合又は容易に視認できない場所に刻印し，若しくは表示する場合についてはこの限りではない．
三　一般送配電事業者（認可一般送配電事業者にあっては当該認可一般送配電事業者の託送供給及び電力量調整供給の業務を行う部門．第 33 条の 15 第 1 項第八号において同じ．）が，その特定関係事業者たる小売電気事業者，発電事業者又は特定卸供給事業者（認可一般送配電事業者にあっては当該認可一般送配電事業者の小売電気事業，発電事業（小売電気事業の用に供するための電気を発電するものに限る．第 33 条の 15 第 1 項第一号ロ，第 44

条の2第1項，第44条の7第3号，第44条の13第1項第一号ロ，第45条の2の18第三号及び第45条の2の24第1項第一号ロにおいて同じ.）又は特定卸供給事業（小売電気事業の用に供するための電気を供給するものに限る．第33条の15第1項第一号ロ，第44条の2第1項，第44条の7第三号，第44条の13第1項第一号ロ，第45条の2の18第三号及び第45条の2の24第1項第一号ロにおいて同じ.）に係る業務を営む部門を含む．第33条の15第1項第八号において同じ.）に対する需要家，取引先その他の利害関係者の評価を高めることに資する広告，宣伝その他の営業行為を行うこと．

（一般送配電事業者と特殊の関係のある者）

**第33条の8**　法第23条第2項の一般送配電事業者と経済産業省令で定める特殊の関係のある者は，次に掲げる者とする．

一　一般送配電事業者の特定関係事業者の子会社等（当該一般送配電事業者に該当するものを除く.）

二　一般送配電事業者の特定関係事業者の主要株主基準値（銀行法（昭和56年法律第59号）第2条第9項に規定する主要株主基準値をいう．第44条の8第二号及び第45条の2の19第二号において同じ.）以上の数の議決権の保有者（当該一般送配電事業者に該当するものを除く.）

三　一般送配電事業者の特定関係事業者の関連会社（会社計算規則（平成18年法務省令第13号）第2条第3項第十八号に規定する関連会社をいう．第44条の8第三号及び第45条の2の19第三号において同じ.）（当該一般送配電事業者に該当するものを除く.）

（業務委託の禁止の例外）

**第33条の9**　法第23条第3項の電気供給事業者間の適正な競争関係を阻害するおそれがない場合として経済産業省令で定める場合は，次に掲げる場合とする．

一　災害その他非常の場合において，やむを得ない一時的な委託としてする場合

二　業務を受託する者（以下「受託者」という.）が，委託をしようとする一般送配電事業者の子会社（当該一般送配電事業者の特定関係事業者又は当該特定関係事業者の子会社等（当該一般送配電事業者を介在させることなく，その財務及び事業の方針の決定を支配するものに限る.）に該当するものを除く.）である場合

三　前各号に掲げる場合のほか，次に掲げる場合のいずれにも該当しない場合

イ　非公開情報を取り扱う業務を委託する場合

ロ　小売電気事業，発電事業又は特定卸供給事業に影響を及ぼし得る業務を委託する場合であって，受託者の裁量の余地がない業務であることが明白でない業務を委託するとき

ハ　受託者を公募することなく業務を委託することが，当該委託に係る業務の性質その他の事情に照らして，合理的な理由を欠く場合

（受託者の公募）

**第33条の10**　法第23条第4項本文の規定による受託者の公募は，新聞掲載，掲示，インターネットの利用その他の適切な方法により広告し，競争入札の方法その他公正かつ適切な業務の受託の実施が確保される方法により行わなければならない．

（受託者の公募の例外）

**第33条の11**　法第23条第4項ただし書の電気供給事業者間の適正な競争関係を阻害するおそれがない場合として経済産業省令で定める場合は，災害その他非常の場合において，やむを得ない一時的な委託としてする場合とする．

（業務受託の禁止の例外）

**第 33 条の 12**　法第 23 条第 5 項の電気供給事業者間の適正な競争関係を阻害するおそれがない場合として経済産業省令で定める場合は，次に掲げる場合とする．

一　災害その他非常の場合において，やむを得ない一時的な受託としてする場合

二　業務を受託するか否かの判断及び受託に係る業務が，特定の電気供給事業者に対し，不当に優先的な取扱いをし，若しくは利益を与え，又は不当に不利な取扱いをし，若しくは不利益を与えることができるものでない場合

**（重要な役割を担う従業者）**

**第 33 条の 13**　法第 23 条の 2 第 1 項第一号の経済産業省令で定める要件は，小売電気事業者の従業者であって，小売電気事業の業務の運営における重要な決定に参画する管理的地位にあるものであることとする．

2　同項第二号の経済産業省令で定める要件は，発電事業者の従業者であって，発電事業の業務の運営における重要な決定に参画する管理的地位にあるものであることとする．

3　同項第三号の経済産業省令で定める要件は，特定卸供給事業者の従業者であって，特定卸供給事業の業務の運営における重要な決定に参画する管理的地位にあるものであることとする．

4　同項第四号の経済産業省令で定める要件は，第 33 条の 3 に定める要件に該当する者の従業者であって，その経営を実質的に支配していると認められる小売電気事業者，発電事業者又は特定卸供給事業者の経営管理に係る業務の運営における重要な決定に参画する管理的地位にあるものであることとする．

**（経済産業省令で定める特定関係事業者の禁止行為）**

**第 33 条の 14**　法第 23 条の 3 第 1 項第二号の電気供給事業者間の適正な競争関係を阻害するものとして経済産業省令で定める行為は，一般送配電事業者の特定関係事業者が行う，当該一般送配電事業者の信用力又は知名度を利用して，その特定関係事業者たる小売電気事業者，発電事業者又は特定卸供給事業者に対する需要家，取引先その他の利害関係者の評価を高めることに資する広告，宣伝その他の営業行為とする．

**（体制の整備等）**

**第 33 条の 15**　法第 23 条の 4 第 1 項の規定により一般送配電事業者が講じなければならない体制の整備その他電気供給事業者間の適正な競争関係を確保するために必要な措置は，次に掲げる要件を満たすものでなければならない．

一　次の表の左欄に掲げる業務の用に供する室は，それぞれ同表の右欄に掲げる業務の用に供する室と区分するものであること．

| | |
|---|---|
| イ　当該一般送配電事業者（認可一般送配電事業者に該当するものを除く．この項の下欄において同じ．）の業務 | 当該一般送配電事業者の特定関係事業者の業務（当該一般送配電事業者がその特定関係事業者から受託する業務を除く．） |

| | |
|---|---|
| ロ　当該一般送配電事業者（認可一般送配電事業者に該当するものに限る．この項の下欄において同じ。）の託送供給及び電力量調整供給の業務その他その一般送配電事業の業務（非公開情報を取り扱わない業務を除く．） | 当該一般送配電事業者の特定関係事業者の業務（当該一般送配電事業者がその特定関係事業者から受託する業務を除く．）又はその小売電気事業，発電事業若しくは特定卸供給事業に係る業務（託送供給及び電力量調整供給の業務その他その一般送配電事業の業務を行う部門が実施する業務を除く．） |

二　託送供給及び電力量調整供給の業務を行う部門（以下この条において「託送供給等部門」という．）に非公開情報の管理の用に供するシステムとして次に掲げる要件（当該システムをその特定関係事業者（認可一般送配電事業者にあっては当該認可一般送配電事業者の小売電気事業，発電事業又は特定卸供給事業に係る業務を営む部門を含む．第十二号において同じ．）と共用しない場合は，イ及びロに掲げる要件を除く．）を満たすことが確保されたものを構築するものであること．

イ　託送供給及び電力量調整供給の業務並びに再生可能エネルギー電気の利用の促進に関する特別措置法（平成23年法律第108号．以下「再生可能エネルギー電気特措法」という．）第二条第五項又は第二条の七第一項に規定する特定契約又は一時調達契約に基づき調達する再生可能エネルギー電気の供給に係る業務の用に供する目的以外の目的のために非公開情報を取り扱うことができないものであること．

ロ　必要に応じて区分された非公開情報ごとに，それぞれ当該区分された非公開情報を利用し，又は提供するために入手することができる者として特定された者のみが当該情報を入手することができるものであること．

ハ　当該システムを使用して非公開情報を入手した者を識別することができる事項，当該者が入手した非公開情報の内容及び当該非公開情報を入手した日時を記録し，これを保存するものであること．

三　託送供給及び電力量調整供給の業務に関して知り得た情報その他その一般送配電事業の業務に関する情報の入手，利用，提供その他の当該情報の取扱いについて，これを適正なものとするために当該一般送配電事業者の取締役，執行役及び従業者（取締役，執行役及び従業者であった者を含む．第七号，第44条の13第1項第三号及び第七号並びに第45条の2の24第1項第三号及び第七号において同じ．）が遵守すべき規程を作成するものであること．

四　前号の規定により作成する規程を遵守させるため，当該一般送配電事業者の取締役，執行役及び従業者に対し必要な研修を実施するものであること．

五　託送供給及び電力量調整供給の業務に関して知り得た情報その他その一般送配電事業の業務に関する情報の管理責任者（次号及び第七号において「情報管理責任者」という．）を置くものであること．

六　情報管理責任者は，当該一般送配電事業者の取締役又は執行役をもってこれに充てることとするものであること．

七　情報管理責任者をして，第三号の規定により作成する規程が当該一般送配電事業者の取締役，執行役及び従業者によって遵守されるよう，託送供給及び電力量調整供給の業務に関して知り得た情報その他その一般送配電事業の業務に関する情報の取扱いを管理させるものであること.

八　託送供給等部門をして，託送供給及び電力量調整供給の業務について，当該一般送配電事業者と小売電気事業者，発電事業者又は特定卸供給事業者との取引及び連絡調整の経緯及びその内容（この号及び次条において「取引及び連絡調整の経緯等」という.）を記録し，これを保存するものであること．ただし，その取引及び連絡調整の経緯等が軽微なものであるときは，この限りでない.

九　法令等（法令，法令に基づく行政官庁の処分又は約款若しくは業務規程その他の規則をいう．以下同じ.）を遵守するための体制の確保に係る責任者（以下「法令遵守責任者」という.）を置くものであること.

十　法令遵守責任者をして，託送供給及び電力量調整供給の業務その他その一般送配電事業の業務が法令等に適合することを確保するための規程及び計画を整備し，及び運用すること並びにその業務執行の状況の監視（次条において「法令等を遵守するための体制の整備等」という.）を行わせるものであること.

十一　当該一般送配電事業者の託送供給及び電力量調整供給の業務その他その一般送配電事業の業務の実施状況を監視する部門（以下この条において「監視部門」という.）を託送供給等部門及び再生可能エネルギー電気特措法第 2 条第 5 項又は第 2 条の 7 第 1 項に規定する特定契約又は一時調達契約に基づき調達する再生可能エネルギー電気の供給に係る業務を行う部門とは別に置くものであること.

十二　監視部門は，その特定関係事業者から独立した組織であること.

十三　監視部門をして，託送供給等部門及び再生可能エネルギー電気特措法第 2 条第 5 項又は第 2 条の 7 第 1 項に規定する特定契約又は一時調達契約に基づき調達する再生可能エネルギー電気の供給に係る業務を行う部門における託送供給及び電力量調整供給の業務に関して知り得た情報その他その一般送配電事業の業務に関する情報の取扱いが適正であるかどうかについて監視させるものであること.

十四　監視部門をして，託送供給及び電力量調整供給の業務その他その一般送配電事業の業務の運営及び内容について，法令等を遵守するものであるかどうかについて監視させるものであること.

十五　監視部門をして，前二号の規定により行わせた監視の結果を取締役会その他の業務執行を決定する機関に報告させるものであること.

2　前項第二号ハ及び第八号の規定による記録の保存期間は，5 年間とする.

（体制の整備等に関する報告）

**第 33 条の 16**　法第 23 条の 4 第 2 項の規定による報告をしようとする者は，毎事業年度経過後 3 月以内に，様式第 26 の 3 の体制整備等報告書に，当該事業年度に係る法第 23 条の 4 第 1 項の規定の遵守のために講じた措置及びその実施状況に関する事項として次に掲げる事項を記載した書類を添えて経済産業大臣に提出しなければならない.

一　前条第一号の規定により区分した室の配置

二　前条第二号の規定により構築したシステムの概要

三　前条第三号の規定により作成した規程

四　前条第四号の規定により実施した研修の内容

五　前条第五号，第六号，第九号，第十一号及び第十二号の規定により整備した体制

六　前条第七号の規定により実施した管理の内容

七　前条第八号の規定により記録した取引及び連絡調整の経緯等の概要
八　前条第十号の規定により作成した規程及び計画並びに同号の規定により行った監視の結果
九　前条第十号の規定により行った監視の結果，法令等を遵守するための体制の整備等が適正でない場合において，当該体制の整備等を是正するための措置を講じたときはその内容，当該措置を講じなかったときはその理由
十　前条第十三号及び第十四号の規定により行った監視の結果
十一　前条第十三号の規定により行った監視の結果，託送供給及び電力量調整供給の業務に関して知り得た情報その他その一般送配電事業の業務に関する情報の取扱いが適正でない場合において，当該取扱いを是正するための措置を講じたときはその内容，当該措置を講じなかったときはその理由
十二　前条第十四号の規定により行った監視の結果，記録した取引及び連絡調整の経緯等が，法令等の規定を遵守するものでない場合において，取引及び連絡調整の方法を是正するための措置を講じたときはその内容，当該措置を講じなかったときはその理由
十三　前条第一項各号に掲げる措置のほか，法第23条の4第1項の規定に基づき，電気供給事業者間の適正な競争関係を確保するために講じたその他の措置がある場合には，その内容

（供給区域外に設置する電線路による供給の許可申請）

**第34条**　法第24条第1項の許可を受けようとする者は，様式第27の供給区域外に設置する電線路による供給許可申請書に次の書類を添えて，経済産業大臣に提出しなければならない．
一　供給を必要とする理由を記載した書類
二　供給の相手方との契約書の写し
三　料金の算出の根拠又は料金決定の方法に関する説明書
四　供給することにより一般送配電事業に及ぼす影響に関する説明書
五　供給するために電気工作物を設置する場合にあっては，その電気工作物の概要並びにその設置のために要する資金の額及び調達方法を記載した書類
六　送電関係一覧図
2　経済産業大臣は，法第24条第1項の許可を受けようとする者に対し，前項各号に掲げる書類のほか，必要と認める書類の提出を求めることができる．

（託送供給に係る協議に関する裁定の申請）

**第35条**　法第25条第2項の裁定を申請しようとする者は，様式第28の裁定申請書に協議の経過に関する説明書を添えて，経済産業大臣に提出しなければならない．

（消費税等相当額の表示に係る手続の特例）

**第36条**　第19条，第20条，第22条，第24条，第27条，第28条，第31条，第32条及び第34条の規定に基づき申請書又は届出書を提出しようとする場合であって，消費税等相当額又はその額に係る表示若しくは請求の方法の変更をしようとするときは，これらの規定に掲げるもののほか，消費税等相当額並びにその額に係る表示及び請求の方法に関する説明書を経済産業大臣に提出しなければならない．

（賦課金額に係る手続の特例）

**第37条**　第27条，第28条，第31条及び第32条の規定に基づき申請書又は届出書を提出しようとする場合であって，再生可能エネルギー電気特措法第36条第1項に規定する賦課金の額（以下「賦課金額」という．）又はその額に係る表示若しくは請求の方法の変更をしよ

うとするときは，これらの規定に掲げるもののほか，賦課金額並びにその額に係る表示及び請求の方法に関する説明書を経済産業大臣に提出しなければならない．

（電圧及び周波数の値）

**第 38 条**　法第 26 条第 1 項（法第 27 条の 12 の 13 及び第 27 条の 26 第 1 項において準用する場合を含む．次項において同じ．）の経済産業省令で定める電圧の値は，その電気を供給する場所において次の表の左欄に掲げる標準電圧に応じて，それぞれ同表の右欄に掲げるとおりとする．

| 標準電圧 | 維持すべき値 |
|---|---|
| 100V | 101V の上下 6V を超えない値 |
| 200V | 202V の上下 20V を超えない値 |

2　法第 26 条第 1 項の経済産業省令で定める周波数の値は，その者が供給する電気の標準周波数に等しい値とする．

（電圧及び周波数の測定方法等）

**第 39 条**　法第 26 条第 3 項（法第 27 条の 12 の 13 及び第 27 条の 26 第 1 項において準用する場合を含む．以下この条及び次条において同じ．）の経済産業省令で定める電圧の測定方法は，次に掲げるものとする．

一　測定は，別に告示するところにより選定した測定箇所において行うこと．

二　測定は，測定箇所ごとに，毎年，供給区域又は供給地点を管轄する経済産業局長（中部経済産業局電力・ガス事業北陸支局長を含む．）が指定する期間において 1 回，連続して 24 時間行うこと．

三　同一の発電所又は変電所の引出しに係る配電線路に属する測定箇所における測定は，同一の日時において行うこと．

四　測定は，記録計器を使用して行うこと．

2　法第 26 条第 3 項の経済産業省令で定める周波数の測定方法は，電力系統ごとに，記録計器を使用して常時測定するものとする．

3　法第 26 条第 3 項の経済産業省令で定める記録方法は，次のとおりとする．

一　電圧の測定の結果については，測定箇所ごとに次の事項を記録すること．

イ　標準電圧

ロ　測定箇所が属する配電線路の引出しに係る発電所又は変電所の名称及び当該測定箇所に係る高圧配電線路の名称

ハ　測定年月日

ニ　測定電圧の 30 分平均最大値及び 30 分平均最小値並びにそれぞれの発生時

ホ　測定計器の型式及び番号

ヘ　測定者の氏名

二　周波数の測定の結果については，電力系統ごとに次の事項を記録すること．

イ　標準周波数

ロ　測定周波数の日最大値及び日最小値並びに月間積算周波数偏差

ハ　測定計器の型式及び番号

ニ　測定者の氏名

三　測定の結果の記録は，3年間保存すること．

（電磁的方法による保存）

**第40条**　法第26条第3項に規定する測定の結果の記録は，前条第三項に規定する記録方法により，電磁的方法（電子的方法，磁気的方法その他の人の知覚によって認識することができない方法をいう．以下同じ．）により作成し，保存することができる．

2　前項の規定による保存をする場合には，同項の測定の結果の記録が必要に応じ電子計算機その他の機器を用いて直ちに表示されることができるようにしておかなければならない．

3　第1項の規定による保存をする場合には，経済産業大臣が定める基準を確保するよう努めなければならない．

（電気工作物の台帳の作成等）

**第40条の2**　法第26条の3第1項（法第27条の26第1項において準用する場合を含む．第4項及び次条第1項において同じ．）に規定する電気工作物の台帳は，帳簿及び図面をもって組成するものとする．

2　帳簿には，少なくとも次に掲げる事項を記載するものとする．

一　鉄塔，鉄柱，コンクリート柱，電線（配電設備を除く．），ケーブル（引込線を除く．），遮断器，開閉器（配電設備を除く．），断路器，電力用蓄電器，主要変圧器，配電用変圧器，リアクター及び変圧器にあっては，その区分，名称，設置場所，設置の時期，耐用年数，設備仕様（電気方式，電圧，容量，電気の周波数，材質，規格その他の電気工作物に関する情報をいう．以下この号及び次号並びに第3項第一号において同じ．），単位，管理等履歴（巡視，点検及び工事等に係る記録をいう．以下この号及び次号並びに第3項第一号において同じ．）及び処置必要度（工事等の優先度又は要否を判断するための基礎となる情報であって，管理等履歴を用いること及び必要に応じて設置場所の環境又は使用状況その他の電気工作物に係る情報を用いることにより得られるものをいう．）

二　電気工作物（前号に掲げるもの，電線（引込線及び添加電話線に限る．），ケーブル（引込線に限る．）及び計器を除く．）にあっては，その区分，名称，設置場所，設置の時期，耐用年数，設備仕様，単位及び管理等履歴

三　電線（引込線及び添加電話線に限る．），ケーブル（引込線に限る．）及び計器にあっては，その区分，名称，耐用年数及び数量

3　図面は，平面図を作成するほか，必要に応じ，系統図又はその他の図面を作成するものとし，電気工作物につき，少なくとも次に掲げるところにより記載するものとする．

一　平面図は，次に掲げる事項を記載したものとすること．

イ　市町村名及びその境界線

ロ　配電区域（一連の配電線路により電気が供給される区域をいう．）

ハ　前項第一号に掲げる電気工作物の位置及び名称（配電の用に供する鉄塔，鉄柱，コンクリート柱，遮断器，断路器，電力用蓄電器，リアクター及び変圧器にあっては，位置，名称，設置の時期，耐用年数，設備仕様，単位及び管理等履歴）

ニ　配電の用に供する電線，ケーブル及び開閉器の位置及び名称（開閉器にあっては，位置，名称，設置の時期，耐用年数，設備仕様，単位及び管理等履歴）

ホ　引込線の位置

ヘ　付近の道路，河川及び鉄道等の位置

ト　方位，縮尺，凡例及び作成の年月日

二　前号の規定にかかわらず，同号ハからホまでに掲げる事項を平面図に記載することが困

難な場合には，その記載することが困難な事項を記載しないことができる．この場合において，当該記載することが困難な事項を系統図又はその他の図面に記載しなければならない．

4　法第 26 条の 3 第 1 項の経済産業省令で定める事項は，第 2 項各号及び第三項各号に掲げる事項（設置の時期及び耐用年数を除く．）とする．

5　帳簿又は図面の記載事項に変更があったときは，速やかに，これを訂正しなければならない．

（電磁的方法による保存）

第 40 条の 3　法第 26 条の 3 第 1 項に規定する電気工作物の台帳は，電磁的方法により作成し，保存することができる．

2　前項の規定による保存をする場合には，同項の電気工作物の台帳が必要に応じ電子計算機その他の機器を用いて直ちに表示されることができるようにしておかなければならない．

3　前条第 3 項第一号ハ括弧書，ニ括弧書及びホに掲げる事項（同号ハ括弧書及びニ括弧書に掲げる事項にあっては，位置及び名称を除く．以下この項において同じ．）が，電磁的方法により作成され，保存されている場合であって，必要に応じ電子計算機その他の機器を用いて直ちに表示されることができるようにしているときは，同号ハ括弧書，ニ括弧書及びホに掲げる事項が同条第 3 項柱書に規定する平面図に記載されているものとみなす．

4　第 1 項の規定による保存をする場合には，経済産業大臣が定める基準を確保するよう努めなければならない．

## 第 3 節　送電事業

（送電事業の許可申請）

第 41 条　法第 27 条の 5 第 1 項の申請書は，様式第二十九によるものとする．

2　法第 27 条の 5 第 2 項の事業計画書は，様式第 2 によるものとする．

3　法第 27 条の 5 第 2 項の事業収支見積書は，事業開始の日以後 5 年内の日を含む毎事業年度について，様式第 3 により作成するものとする．

4　法第 27 条の 5 第 2 項の経済産業省令で定める書類は，次に掲げるものとする．

一　送電事業の用に供する電気工作物の概要

二　送電関係一覧図

三　送電事業の用に供する変電所の主要設備の配置図

四　一般送配電事業者に小売電気事業，一般送配電事業，配電事業若しくは特定送配電事業の用に供するための電気又は法第 2 条第 1 項第五号ロに掲げる接続供給に係る電気に係る振替供給を行うことを約している場合にあっては，その供給の相手方との契約書の写し

四の二　配電事業者に小売電気事業，一般送配電事業，配電事業若しくは特定送配電事業の用に供するための電気又は法第 2 条第 1 項第五号ロに掲げる接続供給に係る電気に係る振替供給を行うことを約している場合にあっては，その供給の相手方との契約書の写し

五　主たる技術者の履歴書

六　様式第 30 の送電事業遂行体制説明書

七　申請者が法人である場合にあっては，当該申請者の定款，登記事項証明書，最近の事業年度末の貸借対照表及び損益計算書並びに役員の履歴書

八　申請者が法人の発起人である場合にあっては，当該法人の定款及び役員となるべき者の履歴書

九　申請者が地方公共団体である場合にあっては，当該申請者が送電事業を営むことについての議決に係る議会の会議録の写し

十　申請者が推進機関の会員でない場合にあっては，当該申請者が推進機関に加入する手続をとったことを証する書類

5　経済産業大臣は，法第27条の4の許可を受けようとする者に対し，前項各号に掲げる書類のほか，必要と認める書類の提出を求めることができる．

（送電事業者の振替供給の範囲）

**第42条**　法第27条の11第1項の経済産業省令で定める振替供給に係る契約の要件は，次に掲げるものとする．

一　一般送配電事業者又は配電事業者に小売電気事業，一般送配電事業，配電事業若しくは特定送配電事業の用に供するための電気又は法第二条第一項第五号ロに掲げる接続供給に係る電気に係る振替供給に係る契約であって，10年以上の期間にわたり行うこと及びその供給電力が1 000kWを超えるものであることを約するもの

二　一般送配電事業者又は配電事業者に小売電気事業，一般送配電事業，配電事業若しくは特定送配電事業の用に供するための電気又は法第2条第1項第五号ロに掲げる接続供給に係る電気に係る振替供給に係る契約であって，5年以上の期間にわたり行うこと及びその供給電力が10万kWを超えるものであることを約するもの

（送電事業者の振替供給条件において定めるべき事項）

**第43条**　法第27条の11第1項の料金その他の供給条件は，次に掲げる事項について定めるものとする．

一　適用範囲

二　料金

三　電気計器及び工事に関する費用の負担に関する事項

四　前二号に掲げるもののほか，供給の相手方の負担となるものがある場合にあっては，その内容

五　契約の更新及び解除に関する事項

六　受電電力，受電電力量，供給電力及び供給電力量の計測方法並びに料金調定の方法

七　送電上の責任の分界

八　前各号に掲げるもののほか，供給条件又は送電事業者，一般送配電事業者及び配電事業者の責任に関する事項がある場合にあっては，その内容

九　有効期間を定める場合にあっては，その期間

十　実施期日

（振替供給条件の届出）

**第44条**　法第27条の11第1項の規定による料金その他の供給条件の設定の届出をしようとする者は，その実施の日の10日前までに，様式第31の振替供給条件届出書に料金の算出の根拠及び供給の相手方の負担となるものの金額の算出の根拠又は当該金額の決定の方法に関する説明書を添えて，経済産業大臣に提出しなければならない．

2　法第27条の11第1項の規定による振替供給条件の変更の届出をしようとする者は，その実施の日の10日前までに，様式第31の2の振替供給条件変更届出書に次に掲げる書類を添えて，経済産業大臣に提出しなければならない．

一　変更を必要とする理由を記載した書類

二　変更しようとする部分を明らかにした変更前の供給条件

三　前条第二号から第四号までの事項を変更しようとする場合にあっては，料金の算出の根拠及び供給の相手方の負担となるものの金額の算出の根拠又は当該金額の決定の方法に関する説明書

（送電事業者の兼業制限の例外）

**第 44 条の 2**　法第 27 条の 11 の 2 第 1 項ただし書の認可を受けようとする者は，様式第 31 の 2 の 2 の送電事業者の兼業認可申請書に当該認可を受けようとする者が小売電気事業，発電事業又は特定卸供給事業を営むことが特に必要である理由を記載した書類を添えて，経済産業大臣に提出しなければならない．

2　経済産業大臣は，法第 27 条の 11 の 2 第 1 項ただし書の認可を受けようとする者に対し，前項の書類のほか，必要と認める書類の提出を求めることができる．

（特定関係事業者に関する経済産業省令で定める要件）

**第 44 条の 3**　法第 27 条の 11 の 3 第 1 項本文の経済産業省令で定める要件は，当該小売電気事業者，発電事業者又は特定卸供給事業者の親会社等（当該送電事業者に該当するものを除く．）に該当する者であることとする．

（送電事業者の取締役又は執行役の兼職の制限の例外）

**第 44 条の 4**　法第 27 条の 11 の 3 第 1 項ただし書の電気供給事業者間の適正な競争関係を阻害するおそれがない場合として経済産業省令で定める場合は，次の各号のいずれかに該当する場合とする．

一　送電事業者において，兼職（法第 27 条の 11 の 3 第 1 項本文の規定により禁止される兼職をいう．）を行う者（以下この条において「兼職者」という．）が非公開情報（当該送電事業者が営む振替供給の業務に関する公表されていない情報であって，小売電気事業，発電事業又は特定卸供給事業に影響を及ぼし得るものをいう．次条，第 44 条の 9 及び第 44 条の 13 において同じ．）を入手できないことを確保するための措置及び兼職者が当該送電事業者が営む振替供給の業務その他の変電及び送電に係る業務のうち，小売電気事業，発電事業又は特定卸供給事業に影響を及ぼし得るものに参画できないことを確保するための措置を講じている場合

二　送電事業者の特定関係事業者において，兼職者が小売電気事業，発電事業又は特定卸供給事業の経営管理に係る業務運営上の重要な決定に参画できないことを確保するための措置を講じている場合

（特定送電等業務）

**第 44 条の 5**　法第 27 条の 11 の 3 第 2 項本文の電気供給事業者間の適正な競争関係の確保のためその運営における中立性の確保が特に必要な業務として経済産業省令で定めるものは，次の各号のいずれかに該当するものとする．

一　非公開情報を入手することができる業務

二　振替供給の業務その他の変電及び送電に係る業務のうち，小売電気事業，発電事業又は特定卸供給事業に影響を及ぼし得るもの

（重要な役割を担う従業者）

**第 44 条の 6**　法第 27 条の 11 の 3 第 2 項第一号の経済産業省令で定める要件は，小売電気事業者の従業者であって，小売電気事業の業務の運営における重要な決定に参画する管理的地位にあるものであることとする．

2　同項第二号の経済産業省令で定める要件は，発電事業者の従業者であって，発電事業の業務の運営における重要な決定に参画する管理的地位にあるものであることとする．

3　同項第三号の経済産業省令で定める要件は，特定卸供給事業者の従業者であって，特定卸供給事業の業務の運営における重要な決定に参画する管理的地位にあるものであることとする.

4　同項第四号の経済産業省令で定める要件は，第44条の3に定める要件に該当する者の従業者であって，その経営を実質的に支配していると認められる小売電気事業者，発電事業者又は特定卸供給事業者の経営管理に係る業務の運営における重要な決定に参画する管理的地位にあるものであることとする.

（経済産業省令で定める送電事業者の禁止行為）

**第44条の7**　法第27条の11の4第1項第三号の電気供給事業者間の適正な競争関係を阻害するものとして経済産業省令で定める行為は，次に掲げるものとする.

一　送電事業者（認可送電事業者に該当するものを除く．次号において同じ.）が，その特定関係事業者たる小売電気事業者，発電事業者又は特定卸供給事業者と同一であると誤認されるおそれのある商号を用いること．ただし，容易に視認できない場所に刻印し，又は表示する場合についてはこの限りではない.

二　送電事業者が，その特定関係事業者たる小売電気事業者，発電事業者又は特定卸供給事業者と同一であると誤認されるおそれのある商標を用いること．ただし，送電事業者がその特定関係事業者たる小売電気事業者，発電事業者又は特定卸供給事業者と同一であると誤認されるおそれのない商標と併せて用いる場合又は容易に視認できない場所に刻印し，若しくは表示する場合についてはこの限りではない.

三　送電事業者（認可送電事業者にあっては当該認可送電事業者の振替供給の業務を行う部門．第44条の13第1項第八号において同じ.）が，その特定関係事業者たる小売電気事業者，発電事業者又は特定卸供給事業者（認可送電事業者においては当該認可送電事業者の小売電気事業，発電事業又は特定卸供給事業に係る業務を営む部門を含む．第44条の13第1項第八号において同じ.）に対する需要家，取引先その他の利害関係者の評価を高めることに資する広告，宣伝その他の営業行為を行うこと.

（送電事業者と特殊の関係のある者）

**第44条の8**　法第27条の11の4第2項の送電事業者と経済産業省令で定める特殊の関係のある者は，次に掲げる者とする.

一　送電事業者の特定関係事業者の子会社等（当該送電事業者に該当するものを除く.）

二　送電事業者の特定関係事業者の主要株主基準値以上の数の議決権の保有者（当該送電事業者に該当するものを除く.）

三　送電事業者の特定関係事業者の関連会社（当該送電事業者に該当するものを除く.）

（業務委託の禁止の例外）

**第44条の9**　法第27条の11の4第3項の電気供給事業者間の適正な競争関係を阻害するおそれがない場合として経済産業省令で定める場合は，次に掲げる場合とする.

一　災害その他非常の場合において，やむを得ない一時的な委託としてする場合

二　受託者が，委託をしようとする送電事業者の子会社（当該送電事業者の特定関係事業者又は当該特定関係事業者の子会社等（当該送電事業者を介在させることなく，その財務及び事業の方針の決定を支配するものに限る.）に該当するものを除く.）である場合

三　前各号に掲げる場合のほか，次に掲げる場合のいずれにも該当しない場合

イ　非公開情報を取り扱う業務を委託する場合

ロ　小売電気事業，発電事業又は特定卸供給事業に影響を及ぼし得る業務を委託する場合

であって，受託者の裁量の余地がない業務であることが明白でない業務を委託するとき

ハ　受託者を公募することなく業務を委託することが，当該委託に係る業務の性質その他の事情に照らして，合理的な理由を欠く場合

（業務受託の禁止の例外）

**第 44 条の 10**　法第 27 条の 11 の 4 第 4 項の電気供給事業者間の適正な競争関係を阻害するおそれがない場合として経済産業省令で定める場合は，次に掲げる場合とする．

一　災害その他非常の場合において，やむを得ない一時的な受託としてする場合

二　業務を受託するか否かの判断及び受託に係る業務が，特定の電気供給事業者に対し，不当に優先的な取扱いをし，若しくは利益を与え，又は不当に不利な取扱いをし，若しくは不利益を与えることができるものでない場合

（重要な役割を担う従業者）

**第 44 条の 11**　法第 27 条の 11 の 5 第 1 項第一号の経済産業省令で定める要件は，小売電気事業者の従業者であって，小売電気事業の業務の運営における重要な決定に参画する管理的地位にあるものであることとする．

2　同項第二号の経済産業省令で定める要件は，発電事業者の従業者であって，発電事業の業務の運営における重要な決定に参画する管理的地位にあるものであることとする．

3　同項第三号の経済産業省令で定める要件は，特定卸供給事業者の従業者であって，特定卸供給事業の業務の運営における重要な決定に参画する管理的地位にあるものであることとする．

4　同項第四号の経済産業省令で定める要件は，第 44 条の 3 に定める要件に該当する者の従業者であって，その経営を実質的に支配していると認められる小売電気事業者，発電事業者又は特定卸供給事業者の経営管理に係る業務の運営における重要な決定に参画する管理的地位にあるものであることとする．

（経済産業省令で定める特定関係事業者の禁止行為）

**第 44 条の 12**　法第 27 条の 11 の 6 第 1 項第二号の電気供給事業者間の適正な競争関係を阻害するものとして経済産業省令で定める行為は，送電事業者の特定関係事業者が行う，当該送電事業者の信用力又は知名度を利用して，その特定関係事業者たる小売電気事業者，発電事業者又は特定卸供給事業者に対する需要家，取引先その他の利害関係者の評価を高めることに資する広告，宣伝その他の営業行為とする．

（体制の整備等）

**第 44 条の 13**　法第 27 条の 12 において読み替えて準用する法第 23 条の 4 第 1 項の規定により送電事業者が講じなければならない体制の整備その他電気供給事業者間の適正な競争関係を確保するために必要な措置は，次に掲げる要件を満たすものでなければならない．

一　次の表の左欄に掲げる業務の用に供する室は，それぞれ同表の右欄に掲げる業務の用に供する室と区分するものであること．

| | |
|---|---|
| イ　当該送電事業者（認可送電事業者に該当するものを除く．この項の下欄において同じ．）の業務 | 当該送電事業者の特定関係事業者の業務（当該送電事業者がその特定関係事業者から受託する業務を除く．） |

| | |
|---|---|
| ロ　当該送電事業者（認可送電事業者に該当するものに限る．この項の下欄において同じ．）の振替供給の業務その他その送電事業の業務（非公開情報を取り扱わない業務を除く．） | 当該送電事業者の特定関係事業者の業務（当該送電事業者がその特定関係事業者から受託する業務を除く．）又はその小売電気事業、発電事業若しくは特定卸供給事業に係る業務（振替供給の業務その他その送電事業の業務を行う部門が実施する業務を除く．） |

二　振替供給の業務を行う部門（以下この条において「振替供給部門」という．）に非公開情報の管理の用に供するシステムとして次に掲げる要件（当該システムをその特定関係事業者（認可送電事業者にあっては当該認可送電事業者の小売電気事業，発電事業又は特定卸供給事業に係る業務を営む部門を含む．第十二号において同じ．）と共用しない場合は，イ及びロに掲げる要件を除く．）を満たすことが確保されたものを構築するものであること．

イ　振替供給の業務の用に供する目的以外の目的のために非公開情報を取り扱うことができないものであること．

ロ　必要に応じて区分された非公開情報ごとに，それぞれ当該区分された非公開情報を利用し，又は提供するために入手することができる者として特定された者のみが当該情報を入手することができるものであること．

ハ　当該システムを使用して非公開情報を入手した者を識別することができる事項，当該者が入手した非公開情報の内容及び当該非公開情報を入手した日時を記録し，これを保存するものであること．

三　振替供給の業務に関して知り得た情報その他その送電事業の業務に関する情報の入手，利用，提供その他の当該情報の取扱いについて，これを適正なものとするために当該送電事業者の取締役，執行役及び従業者が遵守すべき規程を作成するものであること．

四　前号の規定により作成する規程を遵守させるため，当該送電事業者の取締役，執行役及び従業者に対し必要な研修を実施するものであること．

五　振替供給の業務に関して知り得た情報その他その送電事業の業務に関する情報の管理責任者（次号及び第七号において「情報管理責任者」という．）を置くものであること．

六　情報管理責任者は，当該送電事業者の取締役又は執行役をもってこれに充てることとするものであること．

七　情報管理責任者をして，第三号の規定により作成する規程が当該送電事業者の取締役，執行役及び従業者によって遵守されるよう，振替供給の業務に関して知り得た情報その他その送電事業の業務に関する情報の取扱いを管理させるものであること．

八　振替供給部門をして，振替供給の業務について，当該送電事業者と小売電気事業者，発電事業者又は特定卸供給事業者との取引及び連絡調整の経緯及びその内容（この号及び次条において「取引及び連絡調整の経緯等」という．）を記録し，これを保存するものであること．ただし，その取引及び連絡調整の経緯等が軽微なものであるときは，この限りでない．

九　法令遵守責任者を置くものであること．

十　法令遵守責任者をして，振替供給の業務その他その送電事業の業務が法令等に適合することを確保するための規程及び計画を整備し，及び運用すること並びにその業務執行の状況の監視（次条において「法令等を遵守するための体制の整備等」という.）を行わせるものであること.

十一　当該送電事業者の振替供給の業務その他その送電事業の業務の実施状況を監視する部門（以下この条において「監視部門」という.）を振替供給部門とは別に置くものであること.

十二　監視部門は，その特定関係事業者から独立した組織であること.

十三　監視部門をして，振替供給の業務を行う部門における振替供給の業務に関して知り得た情報その他その送電事業の業務に関する情報の取扱いが適正であるかどうかについて監視させるものであること.

十四　監視部門をして，振替供給の業務その他その送電事業の業務の運営及び内容について，法令等を遵守するものであるかどうかについて監視させるものであること.

十五　監視部門をして，前二号の規定により行わせた監視の結果を取締役会その他の業務執行を決定する機関に報告させるものであること.

2　前項第二号ハ及び第八号の規定による記録の保存期間は，5 年間とする.

（体制の整備等に関する報告）

**第 44 条の 14**　法第 27 条の 12 において準用する法第 23 条の 4 第 2 項の規定による報告をしようとする者は，毎事業年度経過後 3 月以内に，様式第 26 の 3 の体制整備等報告書に，当該事業年度に係る法第 27 条の 12 において読み替えて準用する法第 23 条の 4 第 1 項の規定の遵守のために講じた措置及びその実施状況に関する事項として次に掲げる事項を記載した書類を添えて経済産業大臣に提出しなければならない.

一　前条第一号の規定により区分した室の配置

二　前条第二号の規定により構築したシステムの概要

三　前条第三号の規定により作成した規程

四　前条第四号の規定により実施した研修の内容

五　前条第五号，第六号，第九号，第十一号及び第十二号の規定により整備した体制

六　前条第七号の規定により実施した管理の内容

七　前条第八号の規定により記録した取引及び連絡調整の経緯等の概要

八　前条第十号の規定により作成した規程及び計画並びに同号の規定により行った監視の結果

九　前条第十号の規定により行った監視の結果，法令等を遵守するための体制の整備等が適正でない場合において，当該体制の整備等を是正するための措置を講じたときはその内容，当該措置を講じなかったときはその理由

十　前条第十三号及び第十四号の規定により行った監視の結果

十一　前条第十三号の規定により行った監視の結果，振替供給の業務に関して知り得た情報その他その送電事業の業務に関する情報の取扱いが適正でない場合において，当該取扱いを是正するための措置を講じたときはその内容，当該措置を講じなかったときはその理由

十二　前条第十四号の規定により行った監視の結果，記録した取引及び連絡調整の経緯等が，法令等の規定を遵守するものでない場合において，取引及び連絡調整の方法を是正するための措置を講じたときはその内容，当該措置を講じなかったときはその理由

十三　前条第 1 項各号に掲げる措置のほか，法第 27 条の 12 において読み替えて準用する法第 23 条の 4 第 1 項の規定に基づき，電気供給事業者間の適正な競争関係を確保するため

に講じたその他の措置がある場合には，その内容

（準用）

**第45条**　第5条から第11条まで，第13条から第16条まで，第40条の2（第2項第三号並びに第3項第一号ロ，ニ及びホを除く．）及び第40条の3（第3項を除く．）の規定は送電事業者に準用する．この場合において，次の表の左欄に掲げる規定中同表の中欄に掲げる字句は，それぞれ同表の左欄に掲げる字句に読み替えるものとする．

| | | |
|---|---|---|
| 第5条 | 法第7条第4項 | 法第27条の7の2第4項 |
| 第6条の見出し | 供給区域 | 振替供給の相手方たる一般送配電事業者又は配電事業者 |
| 第6条 | 法第8条第1項 | 法第27条の7の3第1項 |
| 第6条第1項 | 供給区域 | 振替供給の相手方たる一般送配電事業者又は配電事業者 |
| | 様式第6の供給区域変更許可申請書に次の各号に掲げる書類 | 様式第31の3の振替供給関係変更許可申請書に第一号及び第二号に掲げる書類（振替供給の相手方の減少の場合にあっては，第一号の書類に限る．） |
| 第6条第1項第二号 | 増加し，又は減少する供給区域の境界を明示した地形図 | 振替供給の相手方との契約書の写し |
| 6条第2項 | 前項各号 | 前項第一号及び第二号（振替供給の相手方の減少の場合にあっては，第一号に限る．） |
| 第7条の見出し | 供給区域 | 振替供給の相手方たる一般送配電事業者又は配電事業者 |
| 第7条 | 法第8条第2項 | 法第27条の12において読み替えて準用する法第8条第2項 |
| 第8条 | 法第9条第1項 | 法第27条の12において読み替えて準用する法第9条第1項 |
| | 次の各号 | 第一号及び第二号 |
| 第9条第1項 | 法第9条第1項 | 法第27条の12において読み替えて準用する法第9条第1項 |
| 第9条第1項第四号 | 変電所又は発電所 | 変電所 |

| | | |
|---|---|---|
| 第9条第2項及び第3項 | 法第9条第2項 | 法第27条の12において読み替えて準用する法第9条第2項 |
| 第10条 | 法第10条第1項 | 法第27条の12において準用する法第10条第1項 |
| 第10条第1項 | 次の各号 | 第一号から第八号まで，第十一号及び第十二号 |
| 第10条第1項第五号 | 10年 | 5年 |
| 第10条第1項第十二号 | 様式第4の一般送配電事業遂行体制説明書 | 様式第30の送電事業遂行体制説明書 |
| 第10条第2項 | 前項各号 | 前項第一号から第八号まで，第十一号及び第十二号 |
| 第11条 | 法第10第2項 | 法第27条の12において準用する法第10条第2項 |
| 第11条第1項 | 次の各号 | 第一号から第四号まで及び第六号から第九号まで |
| 第11条第1項第四号 | 10年 | 5年 |
| 第11条第1項第九号 | 様式第4の一般送配電事業遂行体制説明書 | 様式第30の送電事業遂行体制説明書 |
| 第11条第2項 | 前項各号 | 前項第一号から第四号まで及び第六号から第九号まで |
| 第13条 | 法第13条第1項 | 法第27条の12において準用する法第13条第1項 |
| 第14条 | 法第13条第1項 | 法第27条の12において準用する法第13条第1項 |
| | 送電線路，配電線路，変電所，発電所及び給電設備 | 送電線路，変電所及び給電設備 |
| 第15条 | 法第14条第1項 | 法第27条の12において準用する法第14条第1項 |
| 第15条第1項 | 次の各号 | 第一号，第三号及び第四号 |

| | | |
|---|---|---|
| 第15条第1項第四号 | 10年 | 5年 |
| 第15条第2項 | 前項各号 | 前項第一号，第三号及び第四号 |
| 第16条 | 法第14条第2項 | 法第27条の12において準用する法第14条第2項 |
| 第40条の2第1項 | 法第26条の3第1項（法第27条の26第1項において準用する場合を含む．第4項において同じ．） | 法第27条の12において準用する法第26条の3第1項 |
| 第40条の2第2項柱書 | 次に掲げる事項 | 第一号及び第二号に掲げる事項 |
| 第40条の2第2項第一号 | 鉄塔，鉄柱，コンクリート柱，電線(配電設備を除く．)，ケーブル，遮断器，開閉器（配電設備を除く．)，断路器，電力用蓄電器，主要変圧器，配電用変圧器，リアクター及び変圧器 | 鉄塔，鉄柱，コンクリート柱，電線（配電設備を除く．)，ケーブル，遮断器，開閉器（配電設備を除く．)，断路器，電力用蓄電器，主要変圧器及びリアクター |
| 第40条の2第3項第一号柱書 | 次に掲げる事項 | イ，ハ，ヘ及びトに掲げる事項 |
| 第40条の2第3項第一号ハ | 前項第一号に掲げる電気工作物の位置及び名称（配電の用に供する鉄塔，鉄柱，コンクリート柱，遮断器，断路器，電力用蓄電器，リアクター及び変圧器にあっては，位置，名称，設置の時期，耐用年数，設備仕様，単位及び管理等履歴） | 前項第一号に掲げる電気工作物（変圧器を除く．）の位置及び名称 |
| 第40条の2第3項第二号 | 同号ハからホまでに掲げる事項 | 同号ハに掲げる事項 |
| 第40条の2第4項 | 法第26条の3第1項 | 法第27条の12において準用する法第26条の3第1項 |
| | 第2項各号 | 2項第一号及び第二号 |

| | | |
|---|---|---|
| 第 40 条の 3 第 1 項 | 法第 26 条の 3 第 1 項 | 法第 27 条の 12 において準用する法第 26 条の 3 第 1 項 |

2　第 36 条の規定は前条の届出書の提出に準用する．

## 第3節の2　配電事業

（配電事業の許可申請）

**第 45 条の 2**　法第 27 条の 12 の 3 第 1 項の申請書は，様式第 31 の 3 の 2 によるものとする．

2　法第 27 条の 12 の 3 第 2 項の事業計画書は，様式第 31 の 3 の 3 によるものとする．

3　法第 27 条の 12 の 3 第 2 項の事業収支見積書は，事業開始の日以後 10 年内の日を含む毎事業年度について，様式第 3 により作成するものとする．

4　法第 27 条の 12 の 3 第 2 項の経済産業省令で定める書類は，次に掲げるものとする．

一　配電事業の用に供する電気工作物の概要及び供給区域の境界を明示した地形図

二　送配電関係一覧図

三　電力潮流図

四　配電事業の用に供する変電所又は発電所の主要設備の配置図

五　一般送配電事業者又は他の配電事業者にその配電事業の用に供するための電気を供給する場合にあっては，その供給の相手方との契約書の写し

六　他の者から配電事業の用に供するための電気の供給を受ける場合にあっては，その供給をする者との契約書の写し

七　主たる技術者の履歴書

八　様式第 31 の 3 の 4 の配電事業遂行体制説明書

九　申請者が法人である場合にあっては，当該申請者の定款，登記事項証明書，最近の事業年度末の貸借対照表及び損益計算書並びに役員の履歴書

十　申請者が法人の発起人である場合にあっては，当該法人の定款及び役員となるべき者の履歴書

十一　申請者が地方公共団体である場合にあっては，当該申請者が配電事業を営むことについての議決に係る議会の会議録の写し

十二　配電事業の用に供する水力発電所を設置する場合において，発電水力に関する水利使用について行政庁の許可又は登録を要するときは，その許可書又は登録書の写し（許可又は登録の申請をしている場合にあっては，その申請書の写し）

十三　申請者が推進機関の会員でない場合にあっては，当該申請者が推進機関に加入する手続をとったことを証する書類

十四　法第 27 条の 12 の 11 に規定する託送供給等約款の方針を記載した書面

十五　法第 27 条の 12 の 12 に規定する引継計画の要旨（一般送配電事業者，他の配電事業者又は特定送配電事業者から譲り受け，若しくは借り受ける見込みの電気工作物を配電事業の用に供しようとするときに限る）

十六　法第 27 条の 12 の 12 に規定する引継計画を作成せず事業を行う場合又は他の配電事業者又は特定送配電事業者から譲り受け，又は借り受ける見込みの電気工作物を配電事業の用に供して事業を行う場合にあっては，配電事業の休止又は廃止の際に行う一般送配電事業者への託送供給等の業務の引継ぎに関して一般送配電事業者と共同で作成する休廃止

時取決書

5　経済産業大臣は，法第27条の12の2の許可を受けようとする者に対し，前項各号に掲げる書類のほか，必要と認める書類の提出を求めることができる．

（配電事業者の振替供給の範囲）

**第45条の2の2**　法第27条の12の10第1項の経済産業省令で定める振替供給は，配電事業者（一般送配電事業者又は他の配電事業者と電気的に接続していない場合を除く．）が行う次に掲げる振替供給とする．

一　小売電気事業，一般送配電事業，配電事業又は特定送配電事業の用に供するための電気に係る振替供給であって，当該振替供給を行う配電事業者の供給区域以外の地域における需要に応じて供給する電気に係るもの

二　法第2条第1項第五号ロに掲げる接続供給に係る電気に係る振替供給であって，当該振替供給を行う配電事業者の供給区域以外の地域における同号ロに規定する非電気事業用電気工作物を維持し，及び運用する他の者の需要又は第3条第1項各号に掲げる需要に応じて供給する電気に係るもの

（託送供給等約款において定めるべき事項）

**第45条の2の3**　法第27条の12の11第1項の託送供給等約款は，小売電気事業，一般送配電事業，配電事業及び特定送配電事業の用に供するための電気並びに法第2条第1項第五号ロに掲げる接続供給に係る電気に係る託送供給及び電力量調整供給に関し，振替供給又は接続供給及び電力量調整供給に関する次に掲げる事項について定めるものとする．ただし，一般送配電事業者又は他の配電事業者と電気的に接続していない配電事業者にあっては，第一号に掲げる事項について定めることを要しない．

一　振替供給に関する次に掲げる事項

イ　適用範囲

ロ　電気計器及び工事に関する費用の負担に関する事項

ハ　ロに掲げるもののほか，供給の相手方の負担となるものがある場合にあっては，その内容

ニ　契約の申込み方法並びに契約の更新及び解除に関する事項

ホ　受電電力，受電電力量，供給電力及び供給電力量の計測方法

ヘ　イからホまでに掲げるもののほか，供給条件又は配電事業者及び供給の相手方の責任に関する事項がある場合にあっては，その内容

ト　有効期間を定める場合にあっては，その期間

チ　実施期日

二　接続供給及び電力量調整供給に関する次に掲げる事項

イ　適用範囲

ロ　料金

ハ　電気計器及び工事に関する費用の負担に関する事項

ニ　ロ及びハに掲げるもののほか，供給の相手方の負担となるものがある場合にあっては，その内容

ホ　契約の申込み方法並びに契約の更新及び解除に関する事項

ヘ　配電事業者が受電することとなる電気に係る受電電力及び受電電力量の供給の相手方による通知の方法

ト　受電電力，受電電力量，供給電力及び供給電力量の計測方法並びに料金調定の方法

チ　供給の停止及び中止並びにこれらの解除に関する事項

リ　給電所における指令に関する事項

ヌ　イからリまでに掲げるもののほか，供給条件又は配電事業者及び供給の相手方の責任に関する事項がある場合にあっては，その内容

ル　有効期間を定める場合にあっては，その期間

ヲ　実施期日

（託送供給等約款の届出）

**第45条の2の4**　法第27条の12の11第1項の規定による託送供給等約款の届出をしようとする者は，その実施の日の3月前までに，様式第31の3の5の託送供給等約款届出書に託送供給等約款及び次に掲げる書類を添えて，経済産業大臣に提出しなければならない．

一　料金が法第27条の12の5第2項第五号の供給区域の全部又は一部をその供給区域の一部とする一般送配電事業者の託送供給等に係る料金に比較して適正な水準となることが確保されることの説明書及びその算定根拠

二　供給の相手方の負担となるものの金額の算出の根拠又は当該金額の決定の方法に関する説明書

2　法第27条の12の11第1項の規定により託送供給等約款の変更の届出をしようとする者は，その実施の日の3月前までに，様式第31の3の6の託送供給等約款変更届出書に次に掲げる書類を添えて，経済産業大臣に提出しなければならない．

一　変更を必要とする理由を記載した書類

二　変更しようとする部分を明らかにした変更前の託送供給等約款

三　前条第二号ロの事項を変更（消費税等相当額のみの変更を除く.）しようとする場合にあっては，前項第一号に掲げる書類

四　前条第一号ロ若しくはハ又は同条第二号ハ若しくはニの事項を変更しようとする場合にあっては，供給の相手方の負担となるものの金額の算出の根拠又は当該金額の決定の方法に関する説明書

（託送供給等約款以外の供給条件の承認の申請）

**第45条の2の5**　法第27条の12の11第2項ただし書の承認を受けようとする者は，様式第31の3の7の託送供給特例承認申請書に次に掲げる書類を添えて，経済産業大臣に提出しなければならない．

一　託送供給等約款以外の供給条件による託送供給等を必要とする理由を記載した書類

二　料金その他の供給の相手方の負担となるものの金額を定めようとする場合にあっては，当該金額の算出の根拠又は当該金額の決定の方法に関する説明書

（託送供給等約款の公表）

**第45条の2の6**　法第27条の12の11第4項の規定による託送供給等約款の公表は，その実施の日の3月前から，営業所及び事務所に添え置くとともに，インターネットを利用することにより，これを行わなければならない．

2　配電事業者は，託送供給等約款の公表後速やかにその供給区域内の電気の使用者及び事業を営む小売電気事業者に対して，その旨を通知しなければならない．

（引継計画の承認）

**第45条の2の7**　法第27条の12の12第1項の承認を受けようとする者は，様式第31の3の8の引継計画承認申請書に様式第31の3の9の引継計画を添えて，経済産業大臣に提出しなければならない．なお，経済産業大臣は，同項の承認を受けようとする者に対し，当該

承認を受けようとする者が他の者に託送供給等業務を委託する場合における当該委託に係る契約書の写しその他の必要と認める書類の提出を求めることができる.

（軽微な変更）

第45条の2の8　法第27条の12の12第1項の経済産業省令で定める軽微な変更は，市町村名，連絡先，電気工作物の数量その他の託送供給等の業務の適正かつ円滑な引継ぎに支障のない変更とする.

（変更の承認）

第45条の2の9　法第27条の12の12第1項の規定による引継計画の変更の承認を受けようとする者は，様式第31の3の10の引継計画変更承認申請書に次に掲げる書類を添えて，経済産業大臣に提出しなければならない.

一　変更を必要とする理由を記載した書類

二　変更しようとする部分を明らかにした変更前の引継計画

（変更の届出）

第45条の2の10　法第27条の12の12第3項の規定による引継計画の変更の届出をしようとする者は，様式第31の3の11の引継計画変更届出書を経済産業大臣に提出しなければならない.

（事業の休止及び廃止の許可申請）

第45条の2の11　法第27条の12の13において準用する法第14条第1項の許可を受けようとする者は，様式第14の事業休止（廃止）許可申請書に次の各号に掲げる書類（事業の全部を休止し，又は廃止する場合にあっては，第一号及び第五号の書類に限る.）を添えて，経済産業大臣に提出しなければならない.

一　休止又は廃止を必要とする理由を記載した書類

二　配電事業の一部を休止し，又は廃止する場合にあっては，休止し，又は廃止する事業に係る供給区域の境界を明示した地形図

三　休止し，又は廃止する配電事業に係る電気工作物の概要を記載した書類

四　休止又は廃止の日以後10年内の日を含む毎事業年度における様式第3の事業収支見積書

五　一般送配電事業者，他の配電事業者又は配電事業を営もうとする者に対する託送供給等の業務の適正かつ円滑な引継ぎに関する事項を記載した休止又は廃止のための計画

六　引継計画又は休廃止時取決書

七　休廃止時取決書の内容に変更がある場合にあっては，その理由を記載した書類

2　経済産業大臣は，法第27条の12の13において準用する法第14条第1項の許可を受けようとする者に対し，前項各号に掲げる書類のほか，必要と認める書類の提出を求めることができる.

（配電事業者の兼業制限の例外）

第45条の2の12　法第27条の12の13において準用する法第22条の2第1項ただし書の認可を受けようとする者は，様式第31の3の12の配電事業者の兼業認可申請書に当該認可を受けようとする者が小売電気事業，発電事業又は特定卸供給事業を営むことが特に必要である理由を記載した書類を添えて，経済産業大臣に提出しなければならない.

2　経済産業大臣は，法第27条の12の13において準用する法第22条の2第1項ただし書の認可を受けようとする者に対し，前項の書類のほか，必要と認める書類の提出を求めることができる.

（特定関係事業者に関する経済産業省令で定める要件）

**第 45 条の 2 の 13**　法第 27 条の 12 の 13 において準用する法第 22 条の 3 第 1 項本文の経済産業省令で定める要件は，当該小売電気事業者，発電事業者又は特定卸供給事業者の親会社等（当該配電事業者に該当するものを除く.）に該当する者であることとする.

（配電事業者の取締役又は執行役の兼職の制限の例外）

**第 45 条の 2 の 14**　法第 27 条の 12 の 13 において準用する法第 22 条の 3 第 1 項ただし書の電気供給事業者間の適正な競争関係を阻害するおそれがない場合として経済産業省令で定める場合は，次の各号のいずれかに該当する場合とする.

一　配電事業者において，兼職（法第 27 条の 12 の 13 において準用する法第 22 条の 3 第 1 項本文の規定により禁止される兼職をいう.）を行う者（以下この条において「兼職者」という.）が非公開情報（当該配電事業者が営む託送供給及び電力量調整供給の業務に関する公表されていない情報であって，小売電気事業，発電事業又は特定卸供給事業に影響を及ぼし得るものをいう．次条，第 45 条の 2 の 20 及び第 45 条の 2 の 24 において同じ.）を入手できないことを確保するための措置及び兼職者が当該配電事業者が営む託送供給及び電力量調整供給の業務その他の変電及び配電に係る業務のうち，小売電気事業，発電事業又は特定卸供給事業に影響を及ぼし得るものに参画できないことを確保するための措置を講じている場合

二　配電事業者の特定関係事業者において，兼職者が小売電気事業，発電事業又は特定卸供給事業の経営管理に係る業務運営上の重要な決定に参画できないことを確保するための措置を講じている場合

（特定送配電等業務）

**第 45 条の 2 の 15**　法第 27 条の 12 の 13 において読み替えて準用する法第 22 条の 3 第 2 項本文の電気供給事業者間の適正な競争関係の確保のためその運営における中立性の確保が特に必要な業務として経済産業省令で定めるものは，次の各号のいずれかに該当するものとする.

一　非公開情報を入手することができる業務

二　託送供給及び電力量調整供給の業務その他の変電及び配電に係る業務のうち，小売電気事業，発電事業又は特定卸供給事業に影響を及ぼし得るもの

（重要な役割を担う従業者）

**第 45 条の 2 の 16**　法第 27 条の 12 の 13 において準用する法第 22 条の 3 第 2 項第一号の経済産業省令で定める要件は，小売電気事業者の従業者であって，小売電気事業の業務の運営における重要な決定に参画する管理的地位にあるものであることとする.

2　同項第二号の経済産業省令で定める要件は，発電事業者の従業者であって，発電事業の業務の運営における重要な決定に参画する管理的地位にあるものであることとする.

3　同項第三号の経済産業省令で定める要件は，特定卸供給事業者の従業者であって，特定卸供給事業の業務の運営における重要な決定に参画する管理的地位にあるものであることとする.

4　同項第四号の経済産業省令で定める要件は，第 45 条の 2 の 13 に定める要件に該当する者の従業者であって，その経営を実質的に支配していると認められる小売電気事業者，発電事業者又は特定卸供給事業者の経営管理に係る業務の運営における重要な決定に参画する管理的地位にあるものであることとする.

（適正な競争関係を阻害するおそれがない情報）

**第 45 条の 2 の 17**　法第 27 条の 12 の 13 において準用する法第 23 条第 1 項第一号の電気供

給事業者間の適正な競争関係を阻害するおそれがない情報として経済産業省令で定める情報は，次に掲げるものとする．

一　統計情報

二　匿名加工情報

（経済産業省令で定める配電事業者の禁止行為）

**第45条の2の18**　法第27条の12の13において準用する法第23条第1項第三号の電気供給事業者間の適正な競争関係を阻害するものとして経済産業省令で定める行為は，次に掲げるものとする．

一　配電事業者（法第27条の12の13において準用する法第22条の2第1項ただし書の認可を受けた配電事業者（本条及び第45条の2の24第1項第一号において「認可配電事業者」という．）を除く．次号において同じ．）が，その特定関係事業者たる小売電気事業者，発電事業者又は特定卸供給事業者と同一であると誤認されるおそれのある商号を用いること．ただし，容易に視認できない場所に刻印し，又は表示する場合についてはこの限りではない．

二　配電事業者が，その特定関係事業者たる小売電気事業者，発電事業者又は特定卸供給事業者と同一であると誤認されるおそれのある商標を用いること．ただし，配電事業者がその特定関係事業者たる小売電気事業者，発電事業者又は特定卸供給事業者と同一であると誤認されるおそれのない商標と併せて用いる場合又は容易に視認できない場所に刻印し，若しくは表示する場合についてはこの限りではない．

三　配電事業者（認可配電事業者にあっては当該認可配電事業者の託送供給及び電力量調整供給の業務を行う部門．第45条の2の24第1項第八号において同じ．）が，その特定関係事業者たる小売電気事業者，発電事業者又は特定卸供給事業者（認可配電事業者においては当該認可配電事業者の小売電気事業，発電事業，又は特定卸供給事業に係る業務を営む部門を含む．第45条の2の24第1項第八号において同じ．）に対する需要家，取引先その他の利害関係者の評価を高めることに資する広告，宣伝その他の営業行為を行うこと．

（配電事業者と特殊の関係のある者）

**第45条の2の19**　法第27条の12の13において読み替えて準用する法第23条第2項の配電事業者と経済産業省令で定める特殊の関係のある者は，次に掲げる者とする．

一　配電事業者の特定関係事業者の子会社等（当該配電業者に該当するものを除く．）

二　配電事業者の特定関係事業者の主要株主基準値以上の数の議決権の保有者（当該配電事業者に該当するものを除く．）

三　配電事業者の特定関係事業者の関連会社（当該配電事業者に該当するものを除く．）

（業務委託の禁止の例外）

**第45条の2の20**　法第27条の12の13において準用する法第23条第3項の電気供給事業者間の適正な競争関係を阻害するおそれがない場合として経済産業省令で定める場合は，次に掲げる場合とする．

一　災害その他非常の場合において，やむを得ない一時的な委託としてする場合

二　受託者が，委託をしようとする配電事業者の子会社（当該配電事業者の特定関係事業者又は当該特定関係事業者の子会社等（当該配電事業者を介在させることなく，その財務及び事業の方針の決定を支配するものに限る．）に該当するものを除く．）である場合

三　受託者が一般送配電事業者である場合であって，委託をしようとする配電事業者において，当該一般送配電事業者が受託した業務で知り得た他の電気供給事業者及び電気の使用

者に関する情報を当該業務の用に供する目的以外の目的のために利用し，又は提供しないことを確保するための措置が講じられている場合
四　前各号に掲げる場合のほか，次に掲げる場合のいずれにも該当しない場合
イ　非公開情報を取り扱う業務を委託する場合
ロ　小売電気事業，発電事業又は特定卸供給事業に影響を及ぼし得る業務を委託する場合であって，受託者の裁量の余地がない業務であることが明白でない業務を委託するとき
ハ　受託者を公募することなく業務を委託することが，当該委託に係る業務の性質その他の事情に照らして，合理的な理由を欠く場合

（業務受託の禁止の例外）

**第 45 条の 2 の 21**　法第 27 条の 12 の 13 において準用する法第 23 条第 5 項の電気供給事業者間の適正な競争関係を阻害するおそれがない場合として経済産業省令で定める場合は，次に掲げる場合とする．
一　災害その他非常の場合において，やむを得ない一時的な受託としてする場合
二　業務を受託するか否かの判断及び受託に係る業務が，特定の電気供給事業者に対し，不当に優先的な取扱いをし，若しくは利益を与え，又は不当に不利な取扱いをし，若しくは不利益を与えることができるものでない場合

（重要な役割を担う従業者）

**第 45 条の 2 の 22**　法第 27 条の 12 の 13 において準用する法第 23 条の 2 第 1 項第一号の経済産業省令で定める要件は，小売電気事業者の従業者であって，小売電気事業の業務の運営における重要な決定に参画する管理的地位にあるものであることとする．
2　同項第二号の経済産業省令で定める要件は，発電事業者の従業者であって，発電事業の業務の運営における重要な決定に参画する管理的地位にあるものであることとする．
3　同項第三号の経済産業省令で定める要件は，特定卸供給事業者の従業者であって，特定卸供給事業の業務の運営における重要な決定に参画する管理的地位にあるものであることとする．
4　同項第四号の経済産業省令で定める要件は，第 45 条の 2 の 13 に定める要件に該当する者の従業者であって，その経営を実質的に支配していると認められる小売電気事業者，発電事業者又は特定卸供給事業者の経営管理に係る業務の運営における重要な決定に参画する管理的地位にあるものであることとする．

（経済産業省令で定める特定関係事業者の禁止行為）

**第 45 条の 2 の 23**　法第 27 条の 12 の 13 において準用する法第 23 条の 3 第 1 項第二号の電気供給事業者間の適正な競争関係を阻害するものとして経済産業省令で定める行為は，配電事業者の特定関係事業者が行う，当該配電事業者の信用力又は知名度を利用して，その特定関係事業者たる小売電気事業者，発電事業者又は特定卸供給事業者に対する需要家，取引先その他の利害関係者の評価を高めることに資する広告，宣伝その他の営業行為とする．

（体制の整備等）

**第 45 条の 2 の 24**　法第 27 条の 12 の 13 において準用する法第 23 条の 4 第 1 項の規定により配電事業者が講じなければならない体制の整備その他電気供給事業者間の適正な競争関係を確保するために必要な措置は，次に掲げる要件（その供給区域における需要家軒数が五万軒未満の配電事業者にあっては，第一号，第二号及び第十一号から第十五号までに掲げる要件を除く．）を満たすものでなければならない．
一　次の表の左欄に掲げる業務の用に供する室は，それぞれ同表の右欄に掲げる業務の用に

供する室と区分するものであること．

| | |
|---|---|
| イ　当該配電事業者（認可配電事業者に該当するものを除く．この項の下欄において同じ。）の業務 | 当該配電事業者の特定関係事業者の業務（当該配電事業者がその特定関係事業者から受託する業務を除く．） |
| ロ　当該配電事業者（認可配電事業者に該当するものに限る．この項の下欄において同じ。）の託送供給及び電力量調整供給の業務その他その配電事業の業務（非公開情報を取り扱わない業務を除く．） | 当該配電事業者の特定関係事業者の業務（当該配電事業者がその特定関係事業者から受託する業務を除く．）又はその小売電気事業、発電事業若しくは特定卸供給事業に係る業務（託送供給及び電力量調整供給の業務その他その配電事業の業務を行う部門が実施する業務を除く．） |

二　託送供給及び電力量調整供給の業務を行う部門（以下この条において「託送供給等部門」という．）に非公開情報の管理の用に供するシステムとして次に掲げる要件（当該システムをその特定関係事業者（認可配電事業者にあっては当該認可配電事業者の小売電気事業，発電事業又は特定卸供給事業に係る業務を営む部門を含む．第十二号において同じ．）と共用しない場合は，イ及びロに掲げる要件を除く．）を満たすことが確保されたものを構築するものであること．

イ　託送供給及び電力量調整供給の業務並びに再生可能エネルギー電気特措法第２条第５項又は第２条の７第１項に規定する特定契約又は一時調達契約に基づき調達する再生可能エネルギー電気の供給に係る業務の用に供する目的以外の目的のために非公開情報を取り扱うことができないものであること．

ロ　必要に応じて区分された非公開情報ごとに，それぞれ当該区分された非公開情報を利用し，又は提供するために入手することができる者として特定された者のみが当該情報を入手することができるものであること．

ハ　当該システムを使用して非公開情報を入手した者を識別することができる事項，当該者が入手した非公開情報の内容及び当該非公開情報を入手した日時を記録し，これを保存するものであること．

三　託送供給及び電力量調整供給の業務に関して知り得た情報その他その配電事業の業務に関する情報の入手，利用，提供その他の当該情報の取扱いについて，これを適正なものとするために当該配電事業者の取締役，執行役及び従業者が遵守すべき規程を作成するものであること．

四　前号の規定により作成する規程を遵守させるため，当該配電事業者の取締役，執行役及び従業者に対し必要な研修を実施するものであること．

五　託送供給及び電力量調整供給の業務に関して知り得た情報その他その配電事業の業務に関する情報の管理責任者（次号及び第七号において「情報管理責任者」という．）を置くものであること．

六　情報管理責任者は，当該配電事業者の取締役又は執行役をもってこれに充てることとするものであること．

七　情報管理責任者をして，第三号の規定により作成する規程が当該配電事業者の取締役，執行役及び従業者によって遵守されるよう，託送供給及び電力量調整供給の業務に関して知り得た情報その他その配電事業の業務に関する情報の取扱いを管理させるものであること.

八　託送供給等部門をして，託送供給及び電力量調整供給の業務について，当該配電事業者と小売電気事業者，発電事業者又は特定卸供給事業者との取引及び連絡調整の経緯及びその内容（この号及び次条において「取引及び連絡調整の経緯等」という.）を記録し，これを保存するものであること．ただし，その取引及び連絡調整の経緯等が軽微なものであるときは，この限りでない.

九　法令遵守責任者を置くものであること.

十　法令遵守責任者をして，託送供給及び電力量調整供給の業務その他その配電事業の業務が法令等に適合することを確保するための規程及び計画を整備し，及び運用すること並びにその業務執行の状況の監視（次条において「法令等を遵守するための体制の整備等」という.）を行わせるものであること.

十一　当該配電事業者の託送供給及び電力量調整供給の業務その他その配電事業の業務の実施状況を監視する部門（以下この条において「監視部門」という.）を託送供給等部門及び再生可能エネルギー電気特措法第2条第5項又は第2条の7第1項に規定する特定契約又は一時調達契約に基づき調達する再生可能エネルギー電気の供給に係る業務を行う部門とは別に置くものであること.

十二　監視部門は，その特定関係事業者から独立した組織であること.

十三　監視部門をして，託送供給等部門及び再生可能エネルギー電気特措法第2条第5項又は第2条の7第1項に規定する特定契約又は一時調達契約に基づき調達する再生可能エネルギー電気の供給に係る業務を行う部門における託送供給及び電力量調整供給の業務に関して知り得た情報その他その配電事業の業務に関する情報の取扱いが適正であるかどうかについて監視させるものであること.

十四　監視部門をして，託送供給及び電力量調整供給の業務その他その配電事業の業務の運営及び内容について，法令等を遵守するものであるかどうかについて監視させるものであること.

十五　監視部門をして，前二号の規定により行わせた監視の結果を取締役会その他の業務執行を決定する機関に報告させるものであること.

2　前項第二号ハ及び第八号の規定による記録の保存期間は，5年間とする.

（体制の整備等に関する報告）

**第45条の2の25**　法第27条の12の13において準用する法第23条の4第2項の規定による報告をしようとする者は，毎事業年度経過後3月以内に，様式第26の3の体制整備等報告書に，当該事業年度に係る法第27条の12の13において準用する法第23条の4第1項の規定の遵守のために講じた措置及びその実施状況に関する事項として次に掲げる事項（その供給区域における需要家軒数が五万軒未満の配電事業者にあっては，第一号，第二号及び第十号から第十三号までに掲げる事項を除く.）を記載した書類を添えて経済産業大臣に提出しなければならない.

一　前条第1項第一号の規定により区分した室の配置

二　前条第1項第二号の規定により構築したシステムの概要

三　前条第1項第三号の規定により作成した規程

四　前条第1項第四号の規定により実施した研修の内容

五　前条第1項第五号，第六号，第九号，第十一号及び第十二号の規定により整備した体制

六　前条第1項第七号の規定により実施した管理の内容
七　前条第1項第八号の規定により記録した取引及び連絡調整の経緯等の概要
八　前条第1項第十号の規定により作成した規程及び計画並びに同号の規定により行った監視の結果
九　前条第1項第十号の規定により行った監視の結果，法令等を遵守するための体制の整備等が適正でない場合において，当該体制の整備等を是正するための措置を講じたときはその内容，当該措置を講じなかったときはその理由
十　前条第1項第十三号及び第十四号の規定により行った監視の結果
十一　前条第1項第十三号の規定により行った監視の結果，託送供給及び電力量調整供給の業務に関して知り得た情報その他その配電事業の業務に関する情報の取扱いが適正でない場合において，当該取扱いを是正するための措置を講じたときはその内容，当該措置を講じなかったときはその理由
十二　前条第1項第十四号の規定により行った監視の結果，記録した取引及び連絡調整の経緯等が，法令等の規定を遵守するものでない場合において，取引及び連絡調整の方法を是正するための措置を講じたときはその内容，当該措置を講じなかったときはその理由
十三　前条第1項各号に掲げる措置のほか，法第27条の12の13において準用する法第23条の4第1項の規定に基づき，電気供給事業者間の適正な競争関係を確保するために講じたその他の措置がある場合には，その内容

（供給区域外に設置する電線路による供給の許可申請）

**第45条の2の26**　法第27条の12の13において準用する法第24条第1項の許可を受けようとする者は，様式第27の供給区域外に設置する電線路による供給許可申請書に次の書類を添えて，経済産業大臣に提出しなければならない．
一　供給を必要とする理由を記載した書類
二　供給の相手方との契約書の写し
三　料金の算出の根拠又は料金決定の方法に関する説明書
四　供給することにより一般送配電事業又は配電事業者に及ぼす影響に関する説明書
五　供給するために電気工作物を設置する場合にあっては，その電気工作物の概要並びにその設置のために要する資金の額及び調達方法を記載した書類
六　送配電関係一覧図

2　経済産業大臣は，法第27条の12の13において準用する法第24条第1項の許可を受けようとする者に対し，前項各号に掲げる書類のほか，必要と認める書類の提出を求めることができる．

（準用）

**第45条の2の27**　第5条から第11条まで，第13条，第14条，第16条，第34条から第36条まで及び第40条から第40条の3までの規定は配電事業者に準用する．この場合において，次の表の左欄に掲げる規定中同表の中欄に掲げる字句は，それぞれ同表の右欄に掲げる字句に読み替えるものとする．

| | | |
|---|---|---|
| 第5条 | 法第7条第4項 | 法第27条の12の6第4項 |
| 第6条 | 法第8条第1項 | 法第27条の12の7第1項 |

| | | |
|---|---|---|
| 第7条 | 法第8条第2項において準用する法第7条第4項 | 法第27条の12の7第2項において準用する法第27条の12の6第4項 |
| 第8条 | 法第9条第1項 | 法第27条の12の13において読み替えて準用する法第9条第1項 |
| 第9条第1項 | 法第9条第1項 | 法第27条の12の13において読み替えて準用する法第9条第1項 |
| 第9条第1項第五号 | 送電関係一覧図 | 送配電関係一覧図 |
| 第9条第2項及び第3項 | 法第9条第2項 | 法第27条の12の13において読み替えて準用する法第9条第2項 |
| 第10条 | 法第10条第1項 | 法第27条の12の13において準用する法第10条第1項 |
| 第10条第1項第六号 | 一般送配電事業者以外の者 | 一般送配電事業者又は配電事業者以外の者 |
| 第10条第1項第十号 | 一般送配電事業 | 配電事業 |
| 第10条第1項第十二号 | 様式第4の一般送配電事業遂行体制説明書 | 様式第31の3の4の配電事業遂行体制説明書 |
| 第11条 | 法第10条第2項 | 法第27条の12の13において準用する法第10条第2項 |
| 第11条第1項第九号 | 様式第4の一般送配電事業遂行体制説明書 | 様式第31の3の4の配電事業遂行体制説明書 |
| 第13条 | 法第13条第1項 | 法第27条の12の13において準用する法第13条第1項 |
| 第13条第1項第四号 | 一般送配電事業 | 配電事業 |
| 第14条 | 法第13条第1項 | 法第27条の12の13において準用する法第13条第1項 |

| | | |
|---|---|---|
| 第16条 | 法第14条第2項 | 法第27条の12の13において準用する法第14条第2項 |
| 第35条 | 法第25条第2項 | 法第27条の12の13において準用する法第25条第2項 |
| 第36条 | 第19条，第20条，第22条，第24条，第27条，第28条，第31条，第32条及び第34条 | 第45条の2の4，第45条の2の5及び第45条の2の26 |
| 第40条第1項 | 法第26条第3項 | 法第27条の12の13において準用する法第26条第3項 |
| 第40条の2第1項 | 法第26条の3第1項 | 法第27条の12の13において準用する法第26条の3第1項 |
| 第40条の2第4項 | 法第26条の3第1項 | 法第27条の12の13において準用する法第26条の3第1項 |
| 第40条の3第1項 | 法第26条の3第1項 | 法第27条の12の13において準用する法第26条の3第1項 |

## 第4節　特定送配電事業

（特定送配電事業の届出）

**第45条の2の28**　法第27条の13第1項の規定による特定送配電事業の届出をしようとする者は，様式第31の4の特定送配電事業届出書を経済産業大臣に提出しなければならない．

2　法第27条の13第1項第六号の経済産業省令で定める事項は，次に掲げるものとする．

一　電話番号，電子メールアドレスその他の連絡先

二　送電用及び配電用の電気工作物のこう長及び送電容量

三　小売電気事業者又は一般送配電事業者にその小売電気事業又は一般送配電事業の用に供するための電気に係る託送供給を行うことを約している場合にあっては，その託送供給の相手方及びその内容

3　法第27条の13第2項の経済産業省令で定める書類は，次に掲げるものとする．

一　特定送配電事業の用に供する電気工作物の概要（配電用のものを除く．）及び供給地点の位置を明示した地形図並びに供給地点を記載した図面

二　送電関係一覧図

三　特定送配電事業の用に供する変電所又は発電所の主要設備の配置図

四　特定送配電事業の用に供する電気工作物に属する供給地点ごとの需要に応ずる電力及び電力量を記載した書類

五　小売電気事業者又は一般送配電事業者にその小売電気事業又は一般送配電事業の用に供するための電気に係る託送供給を行うことを約している場合にあっては，その託送供給の相手方との契約書の写し

六　届出者が法人である場合にあっては，当該届出者の定款及び登記事項証明書

七　届出者が法人の発起人である場合にあっては，当該法人の定款
八　届出者が推進機関の会員でない場合にあっては，当該届出者が推進機関に加入する手続をとったことを証する書類

（供給地点の変更の届出）

**第 45 条の 3**　法第 27 条の 13 第 7 項の規定による供給地点の変更の届出をしようとする者は，その実施の日の 20 日前までに，様式第 31 の 5 の供給地点変更届出書を経済産業大臣に提出しなければならない．

2　法第 27 条の 13 第 8 項において準用する同条第 2 項の経済産業省令で定める書類は，次に掲げるものとする．
一　変更を必要とする理由を記載した書類
二　増加し，又は減少する供給地点の位置を明示した地形図及び供給地点を記載した図面
三　供給地点を増加する場合にあっては，送電関係一覧図
四　増加する供給地点において小売電気事業者又は一般送配電事業者にその小売電気事業又は一般送配電事業の用に供するための電気に係る託送供給を行うことを約している場合にあっては，その託送供給の相手方との契約書の写し

（電気工作物の変更の届出）

**第 45 条の 4**　法第 27 条の 13 第 7 項の規定による特定送配電事業の用に供する電気工作物の変更の届出をしようとする者は，様式第 31 の 6 の電気工作物変更届出書を経済産業大臣に提出しなければならない．

2　法第 27 条の 13 第 8 項において準用する同条第 2 項の経済産業省令で定める書類は，次に掲げるもの（電気工作物の廃止の場合にあっては，第一号の書類に限る．）とする．
一　変更を必要とする理由を記載した書類
二　変更工事の概要の説明書
三　変更に係る電気工作物の概要を明示した地形図
四　変更が変電所又は発電所に係る場合にあっては，その変電所又は発電所の主要設備の配置図
五　送電関係一覧図

（軽微な変更）

**第 45 条の 5**　法第 27 条の 13 第 8 項の規定により読み替えて準用する同条第 3 項の経済産業省令で定める軽微な変更は，配電用の電気工作物に係るものであって，次に掲げるものとする．
一　配電用の電気工作物を介して電気の供給が行われていない場所において，既に届け出られた配電用の電気工作物の増設により特定送配電気事業としての電気の供給を行おうとすることに伴うもの
二　次のいずれかに該当するもの以外のもの（前号に掲げるものを除く．）
　イ　電圧の変更（昇圧に限る．）を伴うもの
　ロ　配電用の電気工作物のこう長の増加を伴うもの
　ハ　送電容量の増加を伴うもの
三　配電用の電気工作物の廃止その他の供給地点の減少を伴う変更

（氏名等の変更の届出）

**第 45 条の 6**　法第 27 条の 13 第 9 項の規定による同条第 1 項第一号，第二号，第五号又は第六号に掲げる事項の変更の届出をしようとする者は，様式第 31 の 7 の氏名等変更届出書を

経済産業大臣に提出しなければならない.

（小売供給の登録申請）

**第45条の7**　法第27条の16第1項の申請書は，様式第31の8によるものとする.

2　法第27条の16第1項第六号の経済産業省令で定める事項は，次に掲げるものとする.

一　電話番号，電子メールアドレスその他の連絡先

二　その行う特定送配電事業以外の事業の概要

3　法第27条の16第2項の経済産業省令で定める書類は，次に掲げるものとする.

一　法第27条の18第1項各号（第四号を除く.）に該当しないことを誓約する書面

二　様式第31の9の小売供給遂行体制説明書

三　様式第1の3の苦情等処理体制説明書

四　申請者が法人である場合にあっては，当該申請者の定款，登記事項証明書，最近の事業年度末の貸借対照表及び損益計算書並びに役員の履歴書

五　申請者が法人の発起人である場合にあっては，当該法人の定款及び役員となるべき者の履歴書

六　申請者が地方公共団体である場合にあっては，当該申請者が小売供給を行う事業を営むことについての議決に係る議会の会議録の写し

4　経済産業大臣は，法第27条の16第1項の申請書を提出した者に対し，前項各号に掲げる書類のほか，他の者からその小売供給を行う事業の用に供するための電気の供給を受ける場合における当該電気の供給に係る契約書の写しその他の必要と認める書類の提出を求めることができる.

（軽微な変更）

**第45条の8**　法第27条の19第1項ただし書の経済産業省令で定める軽微な変更は，次の各号のいずれかに該当するものとする.

一　変更後の供給能力として見込まれる値（変更がない場合にあっては直近供給能力値をいう．以下この条において「変更後供給能力値」という.）を変更後の最大需要電力として見込まれる値(変更がない場合にあっては直近需要電力値をいう．以下この条において「変更後最大電力値」という.）で除した値が減少しないもの

二　変更後供給能力値を変更後最大電力値で除した値が減少するものであって，当該値が1.08以上であり，かつ，変更後供給能力値のうち，卸電力取引市場からの調達に係る値を除いた値が変更後最大電力値以上であるもの

2　前項の規定は，次の各号に掲げる変更のいずれかに該当するものについては，適用しない.

一　変更後最大電力値が150万kW以上増加し，又は変更後最大電力値が直近需要電力値の2倍を超えるもの

二　変更後供給能力値が150万kW以上減少し，又は変更後供給能力値が直近供給能力値の1／2を下回るもの

三　沖縄県及び離島等（沖縄県に属するものを除く.）の需要に応ずるために必要な供給能力の確保に関するもの

3　前2項において「直近需要電力値」とは，直近の法第27条の17第1項（法第29条の19第3項において読み替えて準用する場合を含む.）の規定により登録された最大需要電力の値をいい，「直近供給能力値」とは，直近の法第27条の17第1項（法第29条の19第3項において読み替えて準用する場合を含む.）の規定により登録された供給能力の値をいう.

（変更登録の申請）

**第 45 条の 9**　法第 27 条の 19 第 2 項の申請書は，様式第 31 の 10 によるものとする.

2　法第 27 条の 19 第 3 項において準用する法第 27 条の 16 第 2 項の経済産業省令で定める書類は，次に掲げるものとする.

一　変更を必要とする理由を記載した書類

二　法第 27 条の 19 第 3 項において読み替えて準用する法第 27 条の 18 第 1 項第一号及び第三号に該当しないことを誓約する書面

3　経済産業大臣は，法第 27 条の 19 第 2 項の変更登録の申請書を提出した者に対し，前項の書類のほか，他の者からその小売供給の用に供するための電気の供給を受ける場合における当該電気の供給に係る契約書の写しその他の必要と認める書類の提出を求めることができる.

（変更の届出）

**第 45 条の 10**　法第 27 条の 19 第 4 項の規定による法第 27 条の 16 第 1 項各号（第四号を除く.）に掲げる事項の変更の届出をしようとする者は，様式第 31 の 11 の小売供給氏名等変更届出書（同項第一号に掲げる事項に変更があった場合にあっては，当該変更が行われたことを証する書類を含む.）を経済産業大臣に提出しなければならない.

2　法第 27 条の 19 第 4 項の規定による第 45 条の 8 第 1 項各号に掲げる軽微な変更の届出をしようとする者は，様式第 31 の 12 の小売供給変更届出書に，変更を必要とする理由を記載した書類を添えて，経済産業大臣に提出しなければならない.

（小売供給の休止及び廃止の届出）

**第 45 条の 11**　法第 27 条の 20 第 1 項の規定による小売供給の休止又は廃止の届出をしようとする者は，様式第 31 の 13 の小売供給休止（廃止）届出書に，同条第 2 項の規定によりその小売供給の相手方に対し周知させるために行った措置の内容を記載した書類及び事業の休止（廃止）の理由を添えて，経済産業大臣に提出しなければならない.

（小売供給の休止及び廃止に係る小売供給の相手方への周知）

**第 45 条の 12**　法第 27 の 20 第 2 項の規定により周知させようとする登録特定送配電事業者は，あらかじめ相当な期間を置いて，次の各号のいずれかの方法により，その小売供給を休止し，又は廃止しようとする旨をその小売供給の相手方に対して適切に周知させなければならない.

一　訪問

二　電話

三　郵便，信書便，電報その他の手段による書面の送付

四　電子メールの送信

五　当該登録特定送配電事業者の使用に係る電子計算機に備えられたファイルに記録されたその事業を休止し，又は廃止しようとする旨の情報を電気通信回線を通じて当該小売供給の相手方の閲覧に供する方法

（特定送配電事業者の地位の承継の届出）

**第 45 条の 13**　法第 27 条の 24 第 2 項の規定による地位の承継の届出をしようとする者は，様式第 31 の 14 の特定送配電事業承継届出書に次に掲げる書類を添えて，経済産業大臣に提出しなければならない.

一　当該事業の全部の譲渡し又は相続，合併若しくは分割があったことを証する書類

二　特定送配電事業者の地位を承継した者が特定送配電事業者以外の者である場合にあっては，次に掲げる書類

イ　法人である場合にあっては，当該法人の定款及び登記事項証明書
ロ　法人の発起人である場合にあっては，当該法人の定款
三　当該事業が小売供給を行うものに係るものである場合にあっては，法第27条の18第1項各号（第四号を除く.）に該当しないことを誓約する書面

（事業の休止及び廃止並びに法人の解散の届出）

**第45条の14**　法第27条の25第1項の規定による事業の全部又は一部の休止又は廃止の届出をしようとする者は，その実施の日の20日前までに，様式第31の15の特定送配電事業休止（廃止）届出書に次に掲げる書類を添えて，経済産業大臣に提出しなければならない. ただし，事業の全部を休止し，又は廃止する場合にあっては，次に掲げる書類を添付することを要しない.
一　休止し，又は廃止する事業に係る託送供給地点の位置を明示した地形図及びその供給地点を記載した図面
二　休止し，又は廃止する事業に係る電気工作物の概要を記載した書類
2　法第27条の25第2項の規定による特定送配電事業者たる法人の解散の届出をしようとする者は，様式第31の16の解散届出書を経済産業大臣に提出しなければならない.

（供給条件の説明等）

**第45条の15**　法第27条の26第3項において読み替えて準用する法第2条の13第1項の規定による説明は，次に掲げる事項について行わなければならない. ただし，第四号に掲げる事項のうち苦情及び問合せに応じることができる時間帯については，登録特定送配電事業者が契約媒介業者等の業務の方法についての苦情及び問合せを処理することとしている場合は，この限りでない.
一　当該登録特定送配電事業者の氏名又は名称及び登録番号
二　当該契約媒介業者等が当該小売供給に関する契約の締結の媒介等を行う場合にあっては，その旨及び当該契約媒介業者等の氏名又は名称
三　当該登録特定送配電事業者の電話番号，電子メールアドレスその他の連絡先並びに苦情及び問合せに応じることができる時間帯
四　当該契約媒介業者等が当該小売供給に関する契約の締結の媒介等を行う場合にあっては，当該契約媒介業者等の電話番号，電子メールアドレスその他の連絡先並びに苦情及び問合せに応じることができる時間帯
五　当該小売供給に関する契約の申込みの方法
六　当該小売供給開始の予定年月日
七　当該小売供給に係る料金（当該料金の額の算出方法を含む.）
八　電気計器その他の用品及び配線工事その他の工事に関する費用の負担に関する事項
九　前二号に掲げるもののほか，当該小売供給を受けようとする者の負担となるものがある場合にあっては，その内容
十　前三号に掲げる当該小売供給を受けようとする者の負担となるものの全部又は一部を期間を限定して減免する場合にあっては，その内容
十一　当該小売供給に関する契約に契約電力又は契約電流容量の定めがある場合にあっては，これらの値又は決定方法
十二　供給電圧及び周波数
十三　供給電力及び供給電力量の計測方法並びに料金調定の方法
十四　当該小売供給に係る料金その他の当該小売供給を受けようとする者の負担となるもの

の支払方法

十五　当該小売供給に関する契約に期間の定めがある場合にあっては，当該期間

十六　当該小売供給に関する契約に期間の定めがある場合にあっては，当該小売供給に関する契約の更新に関する事項

十七　当該小売供給の相手方が当該小売供給に関する契約の変更又は解除の申出を行おうとする場合における当該登録特定送配電事業者（当該契約媒介業者等が当該小売供給に関する契約の締結の媒介等を行う場合にあっては，当該契約媒介業者等を含む．）の連絡先及びこれらの方法

十八　当該小売供給の相手方からの申出による当該小売供給契約の変更又は解除に期間の制限がある場合にあっては，その内容

十九　当該小売供給の相手方からの申出による当該小売供給契約の変更又は解除に伴う違約金その他の当該小売供給の相手方の負担となるものがある場合にあっては，その内容

二十　前二号に掲げるもののほか，当該小売供給の相手方からの申出による当該小売供給に関する契約の変更又は解除に係る条件等がある場合にあっては，その内容

二十一　当該登録特定送配電事業者からの申出による当該小売供給契約の変更又は解除に関する事項

二十二　その小売供給を行う事業の用に供する発電用の電気工作物の原動力の種類その他の事項をその行う小売供給の特性とする場合又は当該契約媒介業者等が登録特定送配電事業者が行う小売供給（その小売供給を行う事業の用に供する発電用の電気工作物の原動力の種類その他の事項をその行う小売供給の特性とするものに限る．）に関する契約の締結の媒介等を行う場合にあっては，その内容及び根拠

二十三　当該小売供給の相手方の電気の使用方法，器具，機械その他の用品の使用等に制限がある場合にあっては，その内容

二十四　前各号に掲げるもののほか，当該小売供給に係る重要な供給条件がある場合にあっては，その内容

2　第 3 条の 12 第 2 項の規定は，登録特定送配電事業者及び当該登録特定送配電事業者が行う小売供給に関する契約の締結の媒介等を業として行う者に準用する．

3　登録特定送配電事業者又は登録特定送配電事業者が行う小売供給に関する契約の締結の取次ぎを業として行う者（以下この条及び次条において「取次業者」という．）が既に締結されている小売供給に関する契約を更新しようとする場合における法第 27 条の 26 第 3 項において読み替えて準用する法第 2 条の 13 第 1 項の規定による説明は，第 1 項の規定にかかわらず，同項第十五号に掲げる事項について行えば足りるものとする．ただし，同号に掲げる事項のみを説明することについて小売供給を受けようとする者の承諾を得ていない場合には，この限りでない．

4　登録特定送配電事業者又は取次業者が既に締結されている小売供給契約を変更しようとする場合（次項に規定する場合を除く．）における法第 27 条の 26 第 3 項において読み替えて準用する法第 2 条の 13 第 1 項の規定による説明は，第 1 項の規定にかかわらず，同項各号に掲げる事項のうち当該変更しようとするものについて行えば足りるものとする．ただし，同項各号に掲げる事項のうち当該変更しようとするもののみを説明することについて小売供給を受けようとする者の承諾を得ていない場合には，この限りでない．

5　登録特定送配電事業者又は取次業者が既に締結されている小売供給契約を変更しようとする場合（法令の制定又は改廃に伴い当然必要とされる形式的な変更その他の当該小売供給に

関する契約の内容の実質的な変更を伴わない変更をしようとする場合に限る.）における法第27条の26第3項において読み替えて準用する法第2条の13第1項の規定による説明は，第1項の規定にかかわらず，当該変更しようとする事項の概要について行えば足りるものとする．ただし，当該変更しようとする事項の概要のみを説明することについて小売供給を受けようとする者の承諾を得ていない場合には，この限りでない.

6　法第27条の26第3項において読み替えて準用する法第2条の13第2項の経済産業省令で定める場合は，次に掲げる場合とする.

一　法第27条の26第3項において読み替えて準用する法第2条の13第2項の書面を交付することなく電話により法第27条の26第3項において読み替えて準用する法第2条の13第1項の規定による説明を行うことについて小売供給を受けようとする者の承諾を得ている場合

二　登録特定送配電事業者又は取次業者が既に締結されている小売供給に関する契約を更新しようとする場合であって，法第27条の26第3項において読み替えて準用する法第2条の13第2項の書面を交付することなく法第27条の26第3項において読み替えて準用する法第2条の13第1項の規定による説明を行うことについて小売供給を受けようとする者の承諾を得ている場合

三　登録特定送配電事業者又は取次業者が既に締結されている小売供給に関する契約を変更しようとする場合（法令の制定又は改廃に伴い当然必要とされる形式的な変更その他の当該小売供給に関する契約の内容の実質的な変更を伴わない変更をしようとする場合に限る.）であって，法第27条の26第3項において読み替えて準用する法第2条の13第2項の書面を交付することなく法第27条の26第3項において読み替えて準用する法第2条の13第1項の規定による説明を行うことについて小売供給を受けようとする者の承諾を得ている場合

7　登録特定送配電事業者等は，前項第一号に掲げる場合においては，法第27条の26第3項において読み替えて準用する法第2条の13第1項の規定による説明を行った後遅滞なく，小売供給を受けようとする者に対し，法第27条の26第3項において読み替えて準用する法第2条の13第2項の書面を交付しなければならない.

8　法第27条の26第3項において読み替えて準用する法第2条の13第2項の経済産業省令で定める事項は，第1項各号に掲げる事項とする.

9　登録特定送配電事業者又は取次業者が既に締結されている小売供給契約を更新しようとする場合における法第27条の26第3項において読み替えて準用する法第2条の13第2項の経済産業省令で定める事項は，前項の規定にかかわらず，第1項第十五号に掲げる事項とする．ただし，法第27条の26第3項において読み替えて準用する法第2条の13第1項の規定による説明として，登録特定送配電事業者等が同号に掲げる事項のみを説明することについて小売供給を受けようとする者の承諾を得ていない場合には，この限りでない.

10　登録特定送配電事業者又は取次業者が既に締結されている小売供給契約を変更しようとする場合（次項に規定する場合を除く.）における法第27条の26第3項において読み替えて準用する法第2条の13第2項の経済産業省令で定める事項は，第8項の規定にかかわらず，第1項各号に掲げる事項のうち当該変更しようとするものとする．ただし，法第27条の二26第3項において読み替えて準用する法第2条の13第1項の規定による説明として，登録特定送配電事業者等が第1項各号に掲げる事項のうち当該変更しようとするもののみを説明することについて小売供給を受けようとする者の承諾を得ていない場合には，この限りでな

い.

11　登録特定送配電事業者又は取次業者が既に締結されている小売供給契約を変更しようとする場合（法令の制定又は改廃に伴い当然必要とされる形式的な変更その他の当該小売供給に関する契約の内容の実質的な変更を伴わない変更をしようとする場合に限る.）における法第 27 条の 26 第 3 項において読み替えて準用する法第 2 条の 13 第 2 項の経済産業省令で定める事項は，第 8 項の規定にかかわらず，当該変更しようとする事項の概要とする．ただし，法第 27 条の 26 第 3 項において読み替えて準用する法第 2 条の 13 第 1 項の規定による説明として，登録特定送配電事業者等が当該変更しようとする事項の概要のみを説明することについて小売供給を受けようとする者の承諾を得ていない場合には，この限りでない.

12　法第 27 条の 26 第 3 項において読み替えて準用する法第 2 条の 13 第 3 項の経済産業省令で定めるものは，次に掲げるものとする.

一　電子メールを送信する方法であって，小売供給を受けようとする者が当該電子メールの記録を出力することによる書面を作成することができるもの

二　当該登録特定送配電事業者等の使用に係る電子計算機に備えられたファイルに記録された第 8 項，第 9 項本文，第 10 項本文又は前項本文に規定する事項（以下この条において「説明時交付事項」という.）を電気通信回線を通じて小売供給を受けようとする者の閲覧に供する方法（小売供給を受けようとする者が当該ファイルの記録を出力することによる書面を作成することができない場合にあっては，当該ファイルに記録された説明時交付事項を電気通信回線を通じて小売供給を受けようとする者の閲覧に供する方法であって，当該ファイルに記録された説明時交付事項を，その記録された日から起算して 3 月間，消去し，又は改変できないもの）

三　磁気ディスク，シー・ディー・ロムその他の記録媒体に説明時交付事項を記録したものを交付する方法

13　登録特定送配電事業者等は，法第 27 条の 26 第 3 項において読み替えて準用する法第 2 条の 13 第 3 項の規定により，前項各号に掲げる方法により説明時交付事項を提供した場合においても，小売供給を受けようとする者からの求めがあったときは，その者に対し，説明時交付事項を記載した書面を交付するよう努めなければならない.

（書面の交付）

**第 45 条の 16**　法第 27 条の 26 第 3 項において読み替えて準用する法第 2 条の 14 第 1 項の経済産業省令で定める場合は，登録特定送配電事業者又は取次業者が既に締結されている小売供給に関する契約を変更した場合（法令の制定又は改廃に伴い当然必要とされる形式的な変更その他の当該小売供給契約の内容の実質的な変更を伴わない変更をした場合に限る.）であって，法第 27 条の 26 第 3 項において読み替えて準用する法第 2 条の 14 第 1 項の書面を交付しないことについて小売供給を受けようとする者の承諾を得ている場合とする.

2　法第 27 条の 26 第 3 項において読み替えて準用する法第 2 条の 14 第 1 項第三号の経済産業省令で定める事項は，次に掲げるものとする.

一　当該登録特定送配電事業者の登録番号

二　当該契約媒介業者等が当該小売供給に関する契約の締結の媒介等を行う場合にあっては，その旨

三　前条第三号から第二十四号まで（第五号を除く.）に掲げる事項（登録特定送配電事業者が契約媒介業者等の業務の方法についての苦情及び問合せを処理することとしている場合にあっては，同項第四号に掲げる事項のうち苦情及び問合せに応じることができる時間

帯を除く.)

3　登録特定送配電事業者又は取次業者が既に締結されている小売供給契約を更新した場合における法第27条の26第3項において読み替えて準用する法第2条の14第1項第三号の経済産業省令で定める事項は，前項の規定にかかわらず，前条第1項第十五号に掲げる事項とする．ただし，法第27条の26第3項において読み替えて準用する法第2条の14第1項第一号及び第二号に掲げる事項並びに前条第1項第十五号に掲げる事項のみを記載した書面を交付することについて小売供給を受けようとする者の承諾を得ていない場合には，この限りでない.

4　登録特定送配電事業者又は取次業者が既に締結されている小売供給契約を変更した場合（第1項に規定する場合を除く.）における法第27条の26第3項において読み替えて準用する法第2条の14第1項第三号の経済産業省令で定める事項は，第2項の規定にかかわらず，法第27条の26第3項において読み替えて準用する法第2条の14第1項第一号から第三号までに掲げる事項のうち当該変更したものとする．ただし，法第27条の26第3項において読み替えて準用する法第2条の14第1項第一号及び第二号に掲げる事項並びに第2項第一号から第三号までに掲げる事項のうち当該変更したもののみを記載した書面を交付することについて小売供給を受けようとする者の承諾を得ていない場合には，この限りでない.

5　法第27条の26第3項において読み替えて準用する法第2条の14第2項の経済産業省令で定めるものは，次に掲げるものとする.

一　電子メールを送信する方法であって，小売供給を受けようとする者が当該電子メールの記録を出力することによる書面を作成することができるもの

二　当該登録特定送配電事業者等の使用に係る電子計算機に備えられたファイルに記録された法第27条の26第3項において読み替えて準用する法第2条の14第1項第一号及び第二号に掲げる事項並びに第2項各号に掲げる事項又は第3項本文若しくは前項本文に規定する事項（以下この条において「契約締結時交付事項」という.）を電気通信回線を通じて小売供給を受けようとする者の閲覧に供する方法（小売供給を受けようとする者が当該ファイルの記録を出力することによる書面を作成することができない場合にあっては，当該ファイルに記録された契約締結時交付事項を電気通信回線を通じて小売供給を受けようとする者の閲覧に供する方法であって，当該ファイルに記録された契約締結時交付事項を，その記録された日から起算して3月間，消去し，又は改変できないもの）

三　磁気ディスク，シー・ディー・ロムその他の記録媒体に契約締結時交付事項を記録したものを交付する方法

6　登録特定送配電事業者等は，法第27条の26第3項において読み替えて準用する法第2条の14第2項の規定により，前項各号に掲げる方法により契約締結時交付事項を提供した場合においても，小売供給を受けようとする者からの求めがあったときは，その者に対し，契約締結時交付事項を記載した書面を交付するよう努めなければならない.

**(電磁的方法の種類及び内容)**

**第45条の17**　令第3条第1項において準用する令第2条第1項（令第3条第2項において準用する令第2条第3項において準用する場合を含む.）の規定により示すべき電磁的方法の種類及び内容は，次に掲げるものとする.

一　第45条の15第12項各号又は前条第5項各号に掲げる方法のうち，登録特定送配電事業者等が使用するもの

二　ファイルへの記録の方式

（登録特定送配電事業者等による情報通信の技術を利用した承諾の取得）

第 45 条の 18　令第 3 条第 1 項において準用する令第 2 条第 1 項（令第 3 条第 2 項において準用する令第 2 条第 3 項において準用する場合を含む.）に規定する電子情報処理組織を使用する方法その他の情報通信の技術を利用する方法であって経済産業省令で定めるものは，次に掲げるものとする.

一　電子メールを送信する方法であって，登録特定送配電事業者等が当該電子メールの記録を出力することによる書面を作成することができるもの

二　当該登録特定送配電事業者等の使用に係る電子計算機に備えられたファイルに記録された小売供給を受けようとする者の承諾に関する事項を電気通信回線を通じて小売供給を受けようとする者の閲覧に供し，当該登録特定送配電事業者等の使用に係る電子計算機に備えられたファイルに当該小売供給を受けようとする者の承諾に関する事項を記録する方法

三　磁気ディスク，シー・ディー・ロムその他の記録媒体に小売供給を受けようとする者の承諾に関する事項を記録したものを得る方法

## 第 5 節　発電事業

（発電事業の届出）

第 45 条の 19　法第 27 条の 27 第 1 項の規定による届出をしようとする者は，様式第 31 の 17 の発電事業届出書を提出しなければならない.

2　法第 27 条の 27 第 1 項第五号の経済産業省令で定める事項は，次に掲げるものとする.

一　電話番号，電子メールアドレスその他の連絡先

二　特定発電用電気工作物ごとの接続最大電力及び出力

三　専ら自己の消費の用に供する発電用の電気工作物であって，法第 28 条の 3 第 1 項の規定による接続に係るものを有する場合にあっては，当該電気工作物の設置の場所，原動力の種類，周波数及び出力

四　一般送配電事業者又は配電事業者にその一般送配電事業又は配電事業の用に供するための電気を発電し，当該電気を供給することを約している場合にあっては，その供給の相手方及びその内容

3　法第 27 条の 27 第 2 項の経済産業省令で定める書類は，次に掲げるものとする.

一　発電事業の用に供する電気工作物の概要を記載した書面

二　一般送配電事業者又は配電事業者にその一般送配電事業又は配電事業の用に供するための電気を発電し，当該電気を供給することを約している場合にあっては，その供給の相手方との契約書の写し

三　届出者が推進機関の会員でない場合にあっては，当該届出者が推進機関に加入する手続をとったことを証する書類

4　法第 27 条の 27 第 3 項の規定による届出をしようとする者は，様式第 31 の 18 の発電事業変更届出書に変更を必要とする理由を記載した書面を添えて提出しなければならない.

（発電事業者の地位の承継の届出）

第 45 条の 20　法第 27 条の 29 において準用する法第 2 条の 7 第 2 項の規定による地位の承継の届出をしようとする者は，様式第 31 の 19 の発電事業承継届出書を提出しなければならない.

（事業の休止及び廃止並びに法人の解散）

第 45 条の 21　法第 27 条の 29 において準用する法第 27 条の 25 第 1 項の規定による事業の

休止又は廃止の届出をしようとする者は，様式第31の20の発電事業休止（廃止）届出書に休止又は廃止を必要とする理由を記載した書類を添えて提出しなければならない．

2　法第27条の29において準用する法第27条の25第2項の規定による発電事業者たる法人の解散の届出をしようとする者は，様式第31の21の解散届出書を提出しなければならない．

## 第5節の2　特定卸供給事業

（特定卸供給事業の届出）

**第45条の21の2**　法第27の30第1項の規定による特定卸供給事業の届出をしようとする者は，様式第31の21の2の特定卸供給事業届出書を経済産業大臣に提出しなければならない．

2　法第27条の30第1項第六号の経済産業省令で定める事項は，次に掲げるものとする．

一　電話番号，電子メールアドレスその他の連絡先

二　特定卸供給事業を行う地域

3　法第27条の30第2項の経済産業省令で定める書類は，次に掲げるものとする．

一　電気の集約の方法に関するもの

二　供給能力の確保に関するもの

三　一般送配電事業者及び配電事業者にその一般送配電事業及び配電事業の用に供するための電気を供給することを約している場合にあっては，その供給の相手方との契約書の写し

四　届出者が推進機関の会員でない場合にあっては，当該届出者が推進機関に加入する手続をとったことを証する書類

（変更の届出）

**第45条の21の3**　法第27条の30第7項の規定による同条第1項第三号又は第四号に掲げる事項の変更の届出をしようとする者は，その実施の日の30日前までに，様式第31の21の3の特定卸供給事業変更届出書を経済産業大臣に提出しなければならない．

2　法第27条の30第8項において準用する同条第2項の経済産業省令で定める書類は，次に掲げるものとする．

一　変更を必要とする理由を記載した書類

二　電気の集約の方法に関するもの

三　供給能力の確保に関するもの

四　一般送配電事業者及び配電事業者にその一般送配電事業及び配電事業の用に供するための電気を供給することを約している場合にあっては，その供給の相手方との契約書の写し

（軽微な変更）

**第45条の21の4**　法第27条の30第8項において読み替えて準用する同条第3項の経済産業省令で定める軽微な変更は，次に掲げるもの以外のものとする．

一　変更後の他の者から集約することが見込まれる電力の合計値が，第45条の21の2第3項第二号に規定する書類に記載されている他の者から集約することが見込まれる電力の値の1／2を下回る変更

二　供給の相手方の追加に係る変更（供給の相手方の電気事業の種類を追加する場合に限る．）

三　電気の集約方法の変更

四　電気の集約を行うために新たな電子情報処理組織を追加する変更

五　電気の集約を行うために使用する電子情報処理組織の主たる機能の変更

（氏名等の変更の届出）

第 45 条の 21 の 5　法第 27 条の 30 第 9 項の規定による同条第 1 項第一号，第二号，第五号又は第六号に掲げる事項の変更の届出をしようとする者は，様式第 31 の 21 の 4 の氏名等変更届出書を経済産業大臣に提出しなければならない．

（特定卸供給事業者の地位の承継の届出）

第 45 条の 21 の 6　法第 27 条の 32 において準用する法第 2 条の 7 第 2 項の規定による地位の承継の届出をしようとする者は，様式第 31 の 21 の 5 の特定卸供給事業承継届出書を提出しなければならない．

（事業の休止及び廃止並びに法人の解散）

第 45 条の 21 の 7　法第 27 条の 32 において準用する法第 27 条の 25 第 1 項の規定による事業の休止又は廃止の届出をしようとする者は，その実施の日の 30 日前までに，様式第 31 の 21 の 6 の特定卸供給事業休止（廃止）届出書に休止又は廃止を必要とする理由を記載した書類を添えて提出しなければならない．

2　法第 27 条の 32 において準用する法第 27 条の 25 第 2 項の規定による特定卸供給事業者たる法人の解散の届出をしようとする者は，様式第 31 の 21 の 7 の解散届出書を提出しなければならない．

## 第５節の３　賠償負担金の回収等

（賠償負担金の回収等）

第 45 条の 21 の 8　一般送配電事業者（第 45 条の 21 の 10 第 1 項の通知を受けた者に限る．以下この条において同じ．）は，当該通知に従い，賠償負担金（次条第 1 項に規定する賠償負担金をいう．）をその接続供給の相手方又はその供給区域内に供給区域がある配電事業者から回収しなければならない．

2　一般送配電事業者は，第 45 条の 21 の 10 第 1 項の通知に従い，各原子力発電事業者（次条第一項に規定する原子力発電事業者をいう．）ごとに賠償負担金相当金（第 45 条の 21 の 10 第 1 項第三号に規定する賠償負担金相当金をいう．）を払い渡さなければならない．

（賠償負担金の額の承認）

第 45 条の 21 の 9　原子力発電事業（自らが維持し，及び運用する原子力発電工作物を用いて小売電気事業，一般送配電事業，配電事業又は特定送配電事業の用に供するための電気を発電する事業をいう．以下この項及び第 45 条の 21 の 12 第 3 項第二号において同じ．）を営む発電事業者（以下この条，次条及び第 45 条の 21 の 12 第 1 項において「原子力発電事業者」という．）は，その運用する原子力発電工作物及び廃止した原子力発電工作物（旧原子力発電事業者（当該原子力発電事業者が営む原子力発電事業に相当する事業を営んでいた者をいう．以下この条において同じ．）が廃止したものを含む．）（第 3 項及び第 45 条の 21 の 12 第 1 項において単に「原子力発電工作物」という．）に係る原子力損害（原子力損害の賠償に関する法律（昭和 36 年法律第 147 号）第 2 条第 2 項に規定する原子力損害及びこれに相当するものをいう．）の賠償のために備えておくべきであった資金であって，旧原子力発電事業者が平成 23 年 3 月 31 日以前に原価として算定することができなかったものを，一般送配電事業者（沖縄電力株式会社を除く．以下この条，次条，第 45 条の 21 の 12 及び第 45 条の 21 の 13 において同じ．）から回収しようとするときは，回収しようとする資金（以下この条及び次条において「賠償負担金」という．）の額について，五年ごとに，経済産業大臣の承認を受けなければならない．

2　前項の承認を受けようとする原子力発電事業者は，様式第31の21の8の賠償負担金承認申請書に次に掲げる書類を添えて，経済産業大臣に提出しなければならない．
一　賠償負担金の総額及び当該額の根拠を記載した書類
二　5年間に回収しようとする賠償負担金の額及び当該額の根拠を記載した書類
三　各一般送配電事業者ごとの回収すべき賠償負担金の額及び当該額の根拠を記載した書類
3　経済産業大臣は，第1項の承認の申請が次の各号のいずれにも適合していると認めるときは，同項の承認をしなければならない．
一　賠償負担金の総額が，平成27事業年度の一般負担金年度総額（原子力損害賠償・廃炉等支援機構法（平成23年法律第94号）第39条第1項に規定する一般負担金年度総額をいう．）を原子力発電工作物の出力（原子力損倍賠償・廃炉等支援機構（以下この号において「機構」という．）が平成23事業年度に同条第四項の認可を受けた負担金率（同条第1項に規定する「負担金率」をいう．）の算定の基礎となる原子力発電工作物の出力（kWで表したものをいう．以下この号において同じ．）をいう．）で除して得た額，原子力発電事業者の原子力発電工作物の出力の合計，それらの原子力発電工作物が平成23年3月31日までに運用されていた期間の合計及び平成23事業年度から平成31事業年度までの原賠・廃炉等支援機構一般負担金（同項の規定によりその額が算出される負担金をいう．）の額の合計額に照らし，適正かつ明確に定められていること．
二　5年間に回収しようとする賠償負担金の額が，賠償負担金の総額及び第1項の承認を受けた賠償負担金の額に係る回収見込額に照らし，適正かつ明確に定められていること．
三　各一般送配電事業者ごとの回収すべき賠償負担金の額が，旧原子力発電事業者が平成23年3月31日以前に発電した原子力電気（原子力発電工作物を用いて原子力を変換して得られる電気をいう．第45条の21の12第3項第二号において同じ．）の供給に係る契約の内容に照らし，適正かつ明確に定められていること．

（各一般送配電事業者が回収すべき賠償負担金の額等の通知）

**第45条の21の10**　経済産業大臣は，前条第1項の承認をしたときは，各一般送配電事業者に対し，次に掲げる事項を通知するものとする．通知した事項が変更されたときも，同様とする．
一　回収すべき賠償負担金の額（前条第1項の規定により承認された賠償負担金の額を各一般送配電事業者ごとに合計した額をいう．）
二　回収の期間
三　賠償負担金相当金（一般送配電事業者がこの項の通知に従い回収した金銭をいう．）を払い渡すべき各原子力発電事業者の氏名又は名称及び住所並びに法人にあっては，その代表者の氏名
四　前各号に掲げるもののほか，経済産業大臣が必要と認める事項
2　経済産業大臣は，前項の通知をしたときは，遅滞なく，同項第三号の各原子力発電事業者に対し，同項の規定により通知した事項のうち当該各原子力発電事業者に係る事項を通知するものとする．

## 第5節の4　廃炉円滑化負担金の回収等

（廃炉円滑化負担金の回収等）

**第45条の21の11**　一般送配電事業者（第45条の21の13第1項の通知を受けた者に限る．以下この条において同じ．）は，当該通知に従い，廃炉円滑化負担金（次条第一項に規定す

る廃炉円滑化負担金をいう.）をその接続供給の相手方又はその供給区域内に供給区域がある配電事業者から回収しなければならない.

2　一般送配電事業者は, 第 45 条の 21 の 13 第 1 項の通知に従い, 各特定原子力発電事業者（次条第 1 項に規定する特定原子力発電事業者をいう.）ごとに廃炉円滑化負担金相当金（第 45 条の 21 の 13 第 1 項第三号に規定する廃炉円滑化負担金相当金をいう.）を払い渡さなければならない.

（廃炉円滑化負担金の額の承認）

**第 45 条の 21 の 12**　電気事業会計規則（昭和 40 年通商産業省令第 57 号. 以下この条において「会計規則」という.）第 28 条の 2 第 1 項若しくは第 28 条の 3 第 1 項の承認又は原子力発電施設解体引当金に関する省令（平成元年通商産業省令第 30 号）第 5 条第 3 項ただし書の承認を受けた原子力発電事業者（以下この条及び次条において「特定原子力発電事業者」という.）は, 当該承認に係る原子力発電工作物（特定原子力施設（核原料物質, 核燃料物質及び原子炉の規制に関する法律（昭和 32 年法律第 166 号）第 64 条の 2 第 1 項に規定する特定原子力施設をいう.）に係るものを除く.）の廃止を円滑に実施するために必要な資金を一般送配電事業者から回収しようとするときは, 回収しようとする資金（以下この条及び次条において「廃炉円滑化負担金」という.）の額について, 経済産業大臣の承認を受けなければならない.

2　前項の承認を受けようとする特定原子力発電事業者は, 様式第 31 の 21 の 9 の廃炉円滑化負担金承認申請書に次に掲げる書類を添えて, 経済産業大臣に提出しなければならない.

一　廃炉円滑化負担金の額及び当該額の根拠を記載した書類

二　各一般送配電事業者ごとの回収すべき廃炉円滑化負担金の額及び当該額の根拠を記載した書類

3　経済産業大臣は, 第 1 項の承認の申請が次の各号のいずれにも適合していると認めるときは, 同項の承認をしなければならない.

一　廃炉円滑化負担金の額が, 当該額の根拠となる原子力特定資産簿価（会計規則第 28 条の 2 第 1 項に規定する原子力特定資産簿価をいう.）, 原子力廃止関連仮勘定簿価（同令第 28 条の 3 第 1 項に規定する原子力廃止関連仮勘定簿価をいう.）, 原子力廃止関連費用相当額（同項に規定する原子力廃止関連費用相当額をいう.）及び原子力発電施設解体引当金の要引当額（原子力発電施設解体引当金に関する省令第 5 条第 3 項に規定する要引当額をいう.）に照らし, 適正かつ明確に定められていること.

二　各一般送配電事業者ごとの回収すべき廃炉円滑化負担金の額が, 特定原子力発電事業者（当該特定原子力発電事業者が営む原子力発電事業に相当する事業を営んでいた者を含む.）が発電した原子力電気の供給に係る契約の内容に照らし, 適正かつ明確に定められていること.

（各一般送配電事業者が回収すべき廃炉円滑化負担金の額等の通知）

**第 45 条の 21 の 13**　経済産業大臣は, 前条第 1 項の承認をしたときは, 各一般送配電事業者に対し, 次に掲げる事項を通知するものとする. 通知した事項が変更されたときも, 同様とする.

一　回収すべき廃炉円滑化負担金の額

二　回収の期間

三　廃炉円滑化負担金相当金（一般送配電事業者がこの項の通知に従い回収した金銭をいう.）を払い渡すべき各特定原子力発電事業者の氏名又は名称及び住所並びに法人にあっ

ては，その代表者の氏名

四　前各号に掲げるもののほか，経済産業大臣が必要と認める事項

2　経済産業大臣は，前項の通知をしたときは，遅滞なく，同項第三号の各特定原子力発電事業者に対し，同項の規定により通知した事項のうち当該各特定原子力発電事業者に係る事項を通知するものとする．

## 第6節　特定供給

（構内の定義）

**第45条の22**　法第27条の33第1項第一号の経済産業省令で定める構内は，次の各号のいずれかに該当するものとする．

一　柵，塀その他の客観的な遮断物によって明確に区画された一の構内

二　隣接する複数の前号に定める構内であって，それぞれの構内において営む事業の相互の関連性が高いもの

（特定供給の許可申請）

**第45条の23**　法第27条の33第2項の申請書は，様式第31の22によるものとする．

2　法第27条の33第2項の経済産業省令で定める書類は，次に掲げるものとする．

一　供給を必要とする理由を記載した書類

二　供給の相手方との契約書の写し

三　電気を供給する事業を営む者が供給の相手方と次条で定める関係を有することに関する説明書

四　送電関係一覧図

3　法第27条の33第2項第四号の経済産業省令で定める事項は，次に掲げるものとする．

一　供給する電力及び電力量

二　供給開始予定年月日

（密接な関係）

**第45条の24**　法第27条の33第3項第一号の経済産業省令で定める関係は，次の各号のいずれかに該当するものとする．

一　生産工程における関係，資本関係，人的関係等におけるもの

二　取引等（前号の生産工程におけるものを除く．）により一の企業に準ずる関係を有し，かつ，その関係が長期にわたり継続することが見込まれるもの

三　自らが維持し，及び運用する電線路を介して電気を供給する事業を営もうとする場合にあっては，共同して組合を設立し，かつ，当該組合が長期にわたり存続することが見込まれるもの

（特定供給の変更届出）

**第45条の25**　法第27条の33第4項の規定による届出をしようとする者は，様式第31の23の特定供給変更届出書にその変更に係る書類を添えて提出しなければならない．

（特定供給の廃止届出）

**第45条の26**　法第27条の33第5項の規定による届出をしようとする者は，様式第31の24の特定供給廃止届出書を提出しなければならない．

## 第7節　広域的運営

### 第1款　特定自家用電気工作物設置者の届出

（特定自家用電気工作物）

**第 45 条の 27**　法第 28 条の 3 第 1 項の経済産業省令で定める要件は，その出力が 1 000kW 以上である発電用の自家用電気工作物（太陽電池発電設備及び風力発電設備を除く．以下「特定自家用電気工作物」という．）であることとする．

（特定自家用電気工作物設置者の届出）

**第 45 条の 28**　法第 28 条の 3 第 1 項の規定による届出をしようとする者は，様式第 31 の 25 の特定自家用電気工作物接続届出書を提出しなければならない．

2　法第 28 条の 3 第 1 項の経済産業省令で定める事項は，次に掲げるものとする．

一　電話番号，電子メールアドレスその他の連絡先

二　特定自家用電気工作物の設置の場所，原動力の種類，周波数，出力及びその用途

三　逆潮流防止装置（特定自家用電気工作物の発電に係る電気を，一般送配電事業者又は配電事業者が維持し，及び運用する電線路とを直接又は一般送配電事業者若しくは配電事業者以外の者が維持し，及び運用する電線路を通じて間接に送電できないようにするための装置をいう．以下同じ．）の有無

3　法第 28 条の 3 第 2 項の規定による届出をしようとする者は，次の各号に掲げる場合の区分に応じ，当該各号に定める届出書を提出しなければならない．

一　当該届出が法第 28 条の 3 第 2 項第一号に係るものである場合　様式第 31 の 26 の特定自家用電気工作物設置者変更届出書

二　当該届出が法第 28 条の 3 第 2 項第二号に係るものである場合　様式第 31 の 27 の特定自家用電気工作物の要件に該当しなくなった場合の届出書

三　当該届出が法第 28 条の 3 第 2 項第三号に係るものである場合　様式第 31 の 28 の特定自家用電気工作物が一般送配電事業者又は配電事業者が維持し，及び運用する電線路とを直接又は一般送配電事業者若しくは配電事業者以外の者が維持し，及び運用する電線路を通じて間接に電気的に接続されている状態でなくなった場合の届出書

## 第 2 款　供給計画

（供給計画の届出）

**第 46 条**　法第 29 条第 1 項の規定による届出をしようとする者は，次の表の上欄に掲げる者の区分に応じ，同表の中欄に掲げる事項について，同表の下欄に定める期間における計画を記載した様式第 32 の供給計画届出書を提出しなければならない．

| | | |
|---|---|---|
| 小売電気事業者 | 一　年度別の最大電力の供給に関すること<br>二　年度別の電力量の供給に関すること<br>三　電気の取引（振替供給，接続供給，特定供給及び法第 27 条の 33 第 1 項第一号の規定による電気の供給を除く．以下この条において同じ．）に関すること | 初年度以降 10 年間 |
| | 月別の最大電力の供給に関すること | 初年度及び第 2 年度 |
| | 月別の電力量の供給に関すること | 初年度 |

| | | |
|---|---|---|
| 一般送配電事業者 | 一　年度別の最大電力の供給に関すること<br>二　年度別の電力量の供給に関すること<br>三　使用を開始し，又は能力を変更する主要な送電線路及び変電所に関すること<br>四　広域系統整備計画に関すること<br>五　電気の取引に関すること | 初年度以降10年間 |
| | 月別の最大電力の供給に関すること | 初年度及び第2年度 |
| | 月別の電力量の供給に関すること | 初年度 |
| 送電事業者 | 一　使用を開始し，又は能力を変更する主要な送電線路及び変電所に関すること<br>二　広域系統整備計画に関すること | 初年度以降10年間 |
| 配電事業者 | 一　年度別の最大電力の供給に関すること<br>二　年度別の電力量の供給に関すること<br>三　使用を開始し，又は能力を変更する主要な送電線路及び変電所に関すること<br>四　電気の取引に関すること | 初年度以降10年間 |
| | 月別の最大電力の供給に関すること | 初年度及び第2年度 |
| | 月別の電力量の供給に関すること | 初年度 |
| 特定送配電事業者 | 使用を開始し，又は能力を変更する主要な送電線路及び変電所に関すること | 初年度以降10年間 |
| 登録特定送配電事業者 | 一　年度別の最大電力の供給に関すること<br>二　年度別の電力量の供給に関すること<br>三　使用を開始し，又は能力を変更する主要な送電線路及び変電所に関すること<br>四　電気の取引に関すること | 初年度以降10年間 |
| | 月別の最大電力の供給に関すること | 初年度及び第2年度 |
| | 月別の電力量の供給に関すること | 初年度 |

| | | |
|---|---|---|
| 発電事業者 | 一　年度別の最大電力の供給に関すること<br>二　年度別の電力量の供給に関すること<br>三　使用を開始し，又は能力を変更する発電所に関すること<br>四　電気の取引に関すること | 初年度以降 10 年間 |
| | 月別の最大電力の供給に関すること | 初年度及び第 2 年度 |
| | 月別の電力量の供給に関すること | 初年度 |
| | 第 11 年度以降に使用を開始し，又は能力を変更する発電所であって，第 10 年度以内に着工するもののうち出力 35 万 kW 以上のもの（能力を変更するものにあっては，その変更する出力が 35 万 kW 以上のものに限る.）に関すること | 第 11 年度以降 |
| 特定卸供給事業者 | 一　年度別の最大電力の供給に関すること<br>二　年度別の電力量の供給に関すること<br>三　電気の取引に関すること | 初年度以降 10 年間 |
| | 月別の最大電力の供給に関すること | 初年度及び第 2 年度 |
| | 月別の電力量の供給に関すること | 初年度 |

2　前項の供給計画届出書には，次の表の上欄に掲げる者の区分に応じ，同表の下欄に掲げる書類を添付しなければならない.

| | |
|---|---|
| 小売電気事業者 | 様式第 36 の初年度及び第 2 年度における電気の取引に関する計画書 |

| | |
|---|---|
| 一般送配電事業者 | 一　様式第36の初年度及び第2年度における電気の取引に関する計画書<br>二　供給区域内において行う電気の供給に対する需要について記載した様式第33の供給区域需要電力量想定書<br>三　供給区域における周波数制御，需給調整その他の系統安定化業務に必要となる電源等の能力確保状況について記載した様式第33の2の調整力確保計画書<br>四　供給区域における周波数の標準周波数に比した変動の割合について，前年度の実績を記載した様式第37の周波数滞在率実績表<br>五　様式第38の初年度，第五年度及び第10年度の各年度末における電力系統の状況を記載した書面<br>六　初年度及び第5年度の最大需要電力発生時における電力潮流の状況を記載した書類<br>七　様式第38の2の初年度，第五年度及び第10年度の会社間連系線ごとの送電容量並びに最大需要電力発生時における運用容量及び受給電力を記載した書類 |
| 送電事業者 | 様式第38の初年度，第5年度及び第10年度の各年度末における電力系統の状況を記載した書類 |
| 配電事業者 | 一　様式第36の初年度及び第2年度における電気の取引に関する計画書<br>二　供給区域内において行う電気の供給に対する需要について記載した様式第33の供給区域需要電力量想定書<br>三　供給区域における周波数制御，需給調整その他の系統安定化業務に必要となる電源等の能力確保状況について記載した様式第33の2の調整力確保計画書<br>四　供給区域における周波数の標準周波数に比した変動の割合について，前年度の実績を記載した様式第37の周波数滞在率実績表<br>五　様式第38の初年度，第5年度及び第10年度の各年度末における電力系統の状況を記載した書面 |
| 特定送配電事業者 | 様式第38の初年度，第5年度及び第10年度の各年度末における電力系統の状況を記載した書類 |
| 登録特定送配電事業者 | 一　様式第36の初年度及び第2年度における電気の取引に関する計画書<br>二　様式第38の初年度，第5年度及び第10年度の各年度末における電力系統の状況を記載した書類 |
| 発電事業者 | 一　様式第36の初年度及び第2年度における電気の取引に関する計画書<br>二　様式第34の初年度及び第2年度における発電所別発電計画明細書<br>三　様式第35の初年度における火力発電所燃料計画明細書 |
| 特定卸供給事業 | 様式第36の初年度及び第2年度における電気の取引に関する計画書 |

3　法第29条第2項の規定により推進機関が供給計画を送付しようとするときは，様式第38の3の供給計画取りまとめ送付書に従い，これを行わなければならない．

4　法第29条第3項の規定による供給計画の変更の届出をしようとする者は，様式第39の供給計画変更届出書に変更を必要とする理由を記載した書類及び当該変更に係る第2項の表下欄に掲げる書類の変更の内容を記載した書類を添えて提出しなければならない．

第46条の2　電気事業者は，電気事業者となった日を含む年度にあっては，電気事業者となった後遅滞なく，その供給計画を推進機関を経由して経済産業大臣に届け出なければならない．

（広域的運営を図るために必要な措置）

第46条の3　法第29条第6項第五号の経済産業省令で定める措置は，一般送配電事業者及び送電事業者に対して行う次に掲げる措置とする．

一　会社間連系線に係る設備を整備すること．

二　主要送電線路（使用電圧が250kV以上の送電線路及び最上位電圧から二階級までの送電線路（供給区域内の最上位電圧が250kV未満の場合にあっては，最上位電圧の送電線路に限る．）であって，会社間連系線を除くものをいう．）に係る設備を整備すること．

（供給命令等の実施細目に関する裁定の申請）

第47条　法第32条において準用する法第25条第2項の裁定を申請しようとする者は，様式第28の裁定申請書に協議の経過に関する説明書を添えて提出しなければならない．

### 第3款　災害等への対応

（災害時連携計画の届出）

第47条の2　法第33条の2第1項前段の規定による災害時連携計画の届出をしようとする者は，様式第39の2の災害時連携計画届出書を提出しなければならない．

2　法第33条の2第1項後段の規定による災害時連携計画の変更の届出をしようとする者は，変更後遅滞なく，様式第39の3の災害時連携計画変更届出書を提出しなければならない．

（災害時連携計画の記載事項）

第47条の3　法第33条の2第2項第四号の経済産業省令で定める事項は，次に掲げるものとする．

一　復旧方法等の共通化に関する事項

二　災害時における設備の被害状況その他の復旧に必要な情報の共有方法に関する事項

三　電源車の燃料の確保に関する事項

四　電気の需給及び電力系統の運用に関する事項

五　電気事業者，地方公共団体その他の関係機関との連携に関する事項

六　共同訓練に関する事項

（発電の用に供する燃料）

第47条の4　法第33条の3の経済産業省令で定めるものは，揮発油，灯油，軽油及び重油とする．

## 第8節　あっせん及び仲裁

（あっせん及び仲裁に関する通知の方法）

第47条の5　令第26条，第27条第2項，第29条第2項及び第30条（これらの規定を令第31条第2項において準用する場合を含む．）並びに第31条第1項の規定による通知は，書面により行うものとする．

2　令第26条第1項の規定による通知をする場合には，同項の申請に係る申請書の写しを併

せて送付しなければならない.

（名簿の記載事項）

**第 47 条の 6**　令第 28 条の名簿には，次に掲げる事項を記載するものとする.

一　氏名及び職業

二　経歴

三　任命及び任期満了の年月日

（あっせん及び仲裁の状況の報告）

**第 47 条の 7**　令第 34 条の規定による報告は，国の会計年度の経過後 1 月以内に，当該会計年度中における次に掲げる事項についてするものとする.

一　あっせん及び仲裁の申請件数

二　あっせんをしないものとした事件及びあっせんを打ち切った事件の件数

三　あっせんにより解決した事件の件数

四　仲裁判断をした事件の件数

五　その他電力・ガス取引監視等委員会（以下「委員会」という.）の事務に関し重要な事項

（あっせんの申請）

**第 47 条の 8**　法第 35 条第 1 項の規定によるあっせんの申請をしようとする者は，様式第 40 の申請書を委員会に提出しなければならない.

2　証拠となるものがある場合においては，それを前項の申請書に添えて提出しなければならない.

（仲裁の申請）

**第 47 条の 9**　法第 36 条第 1 項の規定による仲裁の申請をしようとする者は，様式第 40 の 2 の申請書を委員会に提出しなければならない.

2　証拠となるものがある場合においては，それを前項の申請書に添えて提出しなければならない.

3　紛争が生じた場合に法による仲裁に付する旨の合意を証する書面がある場合においては，それを第 1 項の申請書に添えて提出しなければならない.

（申請の方法）

**第 47 条の 10**　法第 35 条第 1 項の規定によるあっせん又は法第 36 条第 1 項の規定による仲裁の申請をしようとする者は，当該申請を当該者の住所を管轄する経済産業局長又は沖縄総合事務局長を経由して行うことができる.

## 第 2 章の 2　電気使用者情報の利用及び提供

（認定電気使用者情報利用者等協会の認定申請）

**第 47 条の 10 の 2**　法第 37 条の 4 の規定による認定の申請は，次に掲げる事項を記載した申請書を経済産業大臣に提出しなければならない.

一　名称

二　事務所の所在の場所

三　役員の氏名及び会員の名称

2　前項の申請書には，次の各号に掲げる書類を添えて提出しなければならない.

一　定款

二　登記事項証明書

三　情報利用等適正化業務の実施の方法を記載した書類

四　情報利用等適正化業務を適確に行うに足りる知識及び能力を有することを明らかにする書類

五　最近の事業年度（申請の日の属する事業年度に設立された法人にあっては，その設立の時）における財産目録その他の財産的基礎を有することを明らかにする書類

六　役員の履歴書及び住民票の抄本又はこれに代わる書類

七　役員の旧氏（住民基本台帳法施行令（昭和 42 年政令第 292 号）第 30 条の 13 に規定する旧氏をいう.）及び名を当該役員の氏名に併せて前項の申請書に記載した場合において，前号に掲げる書類が当該旧氏及び名を証するものでないときは，当該旧氏及び名を証する書類

3　経済産業大臣は，第 1 項の申請書を提出した者に対し，前項各号に掲げる書類のほか，必要と認める書類の提出を求めることができる.

（認定電気使用者情報利用者等協会への報告）

**第 47 条の 10 の 3**　法第 37 条の 8 第 1 項の経済産業省令で定める情報は，電気供給事業者間の適正な競争関係を阻害し，又は阻害するおそれがある情報とする.

（経済産業大臣による情報提供）

**第 47 条の 10 の 4**　法第 37 条の 12 の経済産業省令で定める情報は，次に掲げる情報とする.

一　法に基づく報告書若しくは資料の求め又は立入検査の結果及びその内容に関する事項

二　法若しくは法に基づく命令又はこれらに基づく処分の内容に関する事項

三　電気使用者情報の利用及び提供に関する電気供給事業者及び電気の使用者からの苦情並びにその苦情の処理に関する事項

四　その他情報利用等適正化業務を適正に行うために経済産業大臣が必要と認める事項

# 第 3 章　電気工作物

## 第 1 節　適用範囲及び定義

（適用範囲）

**第 47 条の 11**　この章（第 56 条及び第 2 款の 2 を除く.）の規定は，原子力発電工作物以外の電気工作物について適用する.

（火力発電所の原動力）

**第 47 条の 12**　令第 46 条第 3 項の表第 13 号（2）の経済産業省令で定めるものは，スターリングエンジン又はこれに準ずるものとする.

（一般用電気工作物の範囲）

**第 48 条**　法第 38 条第 1 項の経済産業省令で定める電圧は，600V とする.

2　法第 38 条第 1 項の経済産業省令で定める発電用の電気工作物は，次のとおりとする．ただし，次の各号に定める設備であって，同一の構内に設置する次の各号に定める他の設備と電気的に接続され，それらの設備の出力の合計が 50kW 以上となるものを除く.

一　太陽電池発電設備であって出力 50kW 未満のもの

二　風力発電設備であって出力 20kW 未満のもの

三　次のいずれかに該当する水力発電設備であって，出力 20kW 未満のもの

イ　最大使用水量が毎秒 $m^3$ 未満のもの（ダムを伴うものを除く.）

ロ　特定の施設内に設置されるものであって別に告示するもの

四　内燃力を原動力とする火力発電設備であって出力 10kW 未満のもの

五　次のいずれかに該当する燃料電池発電設備であって，出力10kW未満のもの
イ　固体高分子型又は固体酸化物型の燃料電池発電設備であって，燃料・改質系統設備の最高使用圧力が0.1MPa（液体燃料を通ずる部分にあっては，1.0MPa）未満のもの
ロ　道路運送車両法（昭和26年法律第185号）第2条第2項に規定する自動車（二輪自動車，側車付二輪自動車，三輪自動車，カタピラ及びそりを有する軽自動車，大型特殊自動車，小型特殊自動車並びに被牽引自動車を除く.）に設置される燃料電池発電設備（当該自動車の動力源として用いる電気を発電するものであって，圧縮水素ガスを燃料とするものに限る.）であって，道路運送車両の保安基準（昭和26年運輸省令第67号）第17条第1項及び第17条の2第5項の基準に適合するもの
六　発電用火力設備に関する技術基準を定める省令（平成9年通商産業省令第51号）第73条の2第1項に規定するスターリングエンジンで発生させた運動エネルギーを原動力とする発電設備であって，出力10kW未満のもの
3　法第38条第1項の経済産業省令で定める場所は，次のとおりとする.
一　火薬類取締法（昭和25年法律第149号）第2条第1項に規定する火薬類（煙火を除く.）を製造する事業場
二　鉱山保安法施行規則（平成16年経済産業省令第96号）が適用される鉱山のうち，同令第1条第2項第八号に規定する石炭坑
4　法第38条第1項第一号の経済産業省令で定める電圧は，600Vとする.

**第48条の2**　法第38条第3項第五号の主務省令で定める要件は，次の各号のいずれかに該当することとする.
一　特定発電用電気工作物の小売電気事業等用接続最大電力の合計が200万kW（沖縄電力株式会社の供給区域にあっては，10万kW）を超えること.
二　一般送配電事業者が離島等供給の用に供するため又はその供給する電気の電圧及び周波数の値を一定の値に維持するため，当該一般送配電事業者が維持し，及び運用するものであること.

## 第2節　事業用電気工作物

### 第1款　技術基準への適合

（費用の負担等に関する裁定の申請）

**第49条**　第47条の規定は，法第41条第2項において準用する法第25条第2項の裁定を申請しようとする者に準用する.

### 第2款　自主的な保安

（保安規程）

**第50条**　法第42条第1項の保安規程は，次の各号に掲げる事業用電気工作物の種類ごとに定めるものとする.
一　事業用電気工作物であって，一般送配電事業，送電事業，配電事業又は発電事業（法第38条第3項第五号に掲げる事業に限る. 次項において同じ.）の用に供するもの
二　事業用電気工作物であって，前号に掲げるもの以外のもの
2　前項第一号に掲げる事業用電気工作物を設置する者は，法第42条第1項の保安規程において，次の各号（その者が発電事業（その事業の用に供する発電用の電気工作物が第48条の2第一号に掲げる要件に該当するものに限る.）を営むもの以外の者である場合にあっては，第五号から第七号まで及び第十一号を除く.）に掲げる事項を定めるものとする.

一　事業用電気工作物の工事，維持又は運用に関する保安のための関係法令及び保安規程の遵守のための体制（経営責任者の関与を含む．）に関すること．

二　事業用電気工作物の工事，維持又は運用を行う者の職務及び組織に関すること（次号に掲げるものを除く．）．

三　主任技術者の職務の範囲及びその内容並びに主任技術者が保安の監督を行う上で必要となる権限及び組織上の位置付けに関すること．

四　事業用電気工作物の工事，維持又は運用を行う者に対する保安教育に関することであって次に掲げるもの

イ　関係法令及び保安規程の遵守に関すること．

ロ　保安のための技術に関すること．

ハ　保安教育の計画的な実施及び改善に関すること．

五　発電用の事業用電気工作物の工事，維持又は運用に関する保安を計画的に実施し，及び改善するための措置であって次に掲げるもの（前号に掲げるものを除く．）

イ　発電用の事業用電気工作物の工事，維持又は運用に関する保安についての方針及び体制に関すること．

ロ　発電用の事業用電気工作物の工事，維持又は運用に関する保安についての計画に関すること．

ハ　発電用の事業用電気工作物の工事，維持又は運用に関する保安についての実施に関すること．

ニ　発電用の事業用電気工作物の工事，維持又は運用に関する保安についての評価に関すること．

ホ　発電用の事業用電気工作物の工事，維持又は運用に関する保安についての改善に関すること．

六　発電用の事業用電気工作物の工事，維持又は運用に関する保安のために必要な文書の作成，変更，承認及び保存の手順に関すること．

七　前号に規定する文書についての保安規程上の位置付けに関すること．

八　事業用電気工作物の工事，維持又は運用に関する保安についての適正な記録に関すること．

九　事業用電気工作物の保安のための巡視，点検及び検査に関すること．

十　事業用電気工作物の運転又は操作に関すること．

十一　発電用の事業用電気工作物の保安に係る外部からの物品又は役務の調達の内容及びその重要度に応じた管理に関すること．

十二　発電所の運転を相当期間停止する場合における保全の方法に関すること．

十三　災害その他非常の場合に採るべき措置に関すること．

十四　保安規程の定期的な点検及びその必要な改善に関すること．

十五　その他事業用電気工作物の工事，維持及び運用に関する保安に関し必要な事項

3　第1項第二号に掲げる事業用電気工作物を設置する者は，法第42条第1項の保安規程において，次の各号に掲げる事項を定めるものとする．ただし，鉱山保安法（昭和24年法律第70号），鉄道営業法（明治33年法律第65号），軌道法（大正10年法律第76号）又は鉄道事業法（昭和61年法律第92号）が適用され又は準用される自家用電気工作物については発電所，変電所及び送電線路に係る次の事項について定めることをもって足りる．

一　事業用電気工作物の工事，維持又は運用に関する業務を管理する者の職務及び組織に関

すること．

二　事業用電気工作物の工事，維持又は運用に従事する者に対する保安教育に関すること．

三　事業用電気工作物の工事，維持及び運用に関する保安のための巡視，点検及び検査に関すること．

四　事業用電気工作物の運転又は操作に関すること．

五　発電所の運転を相当期間停止する場合における保全の方法に関すること．

六　災害その他非常の場合に採るべき措置に関すること．

七　事業用電気工作物の工事，維持及び運用に関する保安についての記録に関すること．

八　事業用電気工作物（使用前自主検査，溶接事業者検査若しくは定期事業者検査（以下「法定事業者検査」と総称する．）又は法第51条の2第1項若しくは第2項の確認（以下「使用前自己確認」という．）を実施するものに限る．）の法定事業者検査又は使用前自己確認に係る実施体制及び記録の保存に関すること．

九　その他事業用電気工作物の工事，維持及び運用に関する保安に関し必要な事項

4　大規模地震対策特別措置法（昭和53年法律第73号）第2条第四号に規定する地震防災対策強化地域（以下「強化地域」という．）内に法第38条第3項各号に掲げる事業の用に供する電気工作物を設置する電気事業者（大規模地震対策特別措置法第6条第1項に規定する者を除く．次項において同じ．）にあっては，前2項に掲げる事項のほか，次の各号に掲げる事項について保安規程に定めるものとする．

一　大規模地震対策特別措置法第2条第三号に規定する地震予知情報及び同条第十三号に規定する警戒宣言（以下「警戒宣言」という．）の伝達に関すること．

二　警戒宣言が発せられた場合における防災に関する業務を管理する者の職務及び組織に関すること．

三　警戒宣言が発せられた場合における保安要員の確保に関すること．

四　警戒宣言が発せられた場合における電気工作物の巡視，点検及び検査に関すること．

五　警戒宣言が発せられた場合における防災に関する設備及び資材の確保，点検及び整備に関すること．

六　警戒宣言が発せられた場合に地震防災に関し採るべき措置に係る教育，訓練及び広報に関すること．

七　その他地震災害の発生の防止又は軽減を図るための措置に関すること．

5　大規模地震対策特別措置法第3条第1項の規定による強化地域の指定の際，現に当該強化地域内において法第38条第3項各号に掲げる事業の用に供する電気工作物を設置している電気事業者は，当該指定のあった日から6月以内に保安規程において前項に掲げる事項について定め，法第42条第2項の規定による届出をしなければならない．

6　南海トラフ地震に係る地震防災対策の推進に関する特別措置法（平成14年法律第92号）第3条第1項の規定により南海トラフ地震防災対策推進地域として指定された地域内に法第38条第三項各号に掲げる事業の用に供する電気工作物を設置する電気事業者（南海トラフ地震に係る地震防災対策の推進に関する特別措置法第五条第1項に規定する者を除き，同法第2条第2項に規定する南海トラフ地震（以下「南海トラフ地震」という．）に伴い発生する津波に係る地震防災対策を講ずべき者として同法第4条第1項に規定する南海トラフ地震防災対策推進基本計画で定める者に限る．次項において同じ．）にあっては，第2項及び第3項に掲げる事項のほか，次の各号に掲げる事項について保安規程に定めるものとする．

一　南海トラフ地震に伴い発生する津波からの円滑な避難の確保に関すること．

二　南海トラフ地震に係る防災訓練並びに地震防災上必要な教育及び広報に関すること.

7　南海トラフ地震に係る地震防災対策の推進に関する特別措置法第 3 条第 1 項の規定による南海トラフ地震防災対策推進地域の指定の際，現に当該南海トラフ地震防災対策推進地域内において法第 38 条第三項各号に掲げる事業の用に供する電気工作物を設置している電気事業者は，当該指定のあった日から 6 月以内に，保安規程において前項に掲げる事項について定め，法第 42 条第 2 項の規定による届出をしなければならない.

8　日本海溝・千島海溝周辺海溝型地震に係る地震防災対策の推進に関する特別措置法（平成 16 年法律第 27 号）第 3 条第 1 項の規定により日本海溝・千島海溝周辺海溝型地震防災対策推進地域として指定された地域内に法第 38 条第 3 項各号に掲げる事業の用に供する電気工作物を設置する電気事業者（日本海溝・千島海溝周辺海溝型地震に係る地震防災対策の推進に関する特別措置法第 6 条第 1 項に規定する者を除き，同法第 2 条第 1 項に規定する日本海溝・千島海溝周辺海溝型地震（以下「日本海溝・千島海溝周辺海溝型地震」という.）に伴い発生する津波に係る地震防災対策を講ずべき者として同法第 5 条第 1 項に規定する日本海溝・千島海溝周辺海溝型地震防災対策推進基本計画で定める者に限る．次項において同じ.）にあっては，第 2 項及び第 3 項に掲げる事項のほか，次の各号に掲げる事項について保安規程に定めるものとする.

一　日本海溝・千島海溝周辺海溝型地震に伴い発生する津波からの円滑な避難の確保に関すること.

二　日本海溝・千島海溝周辺海溝型地震に係る防災訓練並びに地震防災上必要な教育及び広報に関すること.

9　日本海溝・千島海溝周辺海溝型地震に係る地震防災対策の推進に関する特別措置法第 3 条第 1 項の規定による日本海溝・千島海溝周辺海溝型地震防災対策推進地域の指定の際，現に当該日本海溝・千島海溝周辺海溝型地震防災対策推進地域内において法第 38 条第 3 項各号に掲げる事業の用に供する電気工作物を設置している電気事業者は，当該指定のあった日から六月以内に，保安規程において前項に掲げる事項について定め，法第 42 条第 2 項の規定による届出をしなければならない.

**第 51 条**　法第 42 条第 1 項の規定による届出をしようとする者は，様式第 41 の保安規程届出書に保安規程を添えて提出しなければならない.

2　法第 42 条第 2 項の規定による届出をしようとする者は，様式第 42 の保安規程変更届出書に変更を必要とする理由を記載した書類を添えて提出しなければならない.

3　情報通信技術を活用した行政の推進等に関する法律（平成 14 年法律第 151 号．以下「情報通信技術活用法」という.）第 6 条第 1 項の規定により電子情報処理組織（経済産業省の所管する法令に係る情報通信技術を活用した行政の推進等に関する法律施行規則（平成 15 年経済産業省令第 8 号．以下「情報通信技術活用法施行規則」という.）第 3 条に規定する電子情報処理組織をいう．以下同じ.）を使用して第 2 項の届出をする場合は，情報通信技術活用法施行規則第 4 条第 3 項の規定は，適用しない.

**（主任技術者の選任等）**

**第 52 条**　法第 43 条第 1 項の規定による主任技術者の選任は，次の表の左欄に掲げる事業場又は設備ごとに，それぞれ同表の右欄に掲げる者のうちから行うものとする.

| | |
|---|---|
| 一　水力発電所（小型のもの又は特定の施設内に設置されるものであって別に告示するものを除く．）の設置の工事のための事業場 | 第1種電気主任技術者免状，第2種電気主任技術者免状又は第3種電気主任技術者免状の交付を受けている者及び第1種ダム水路主任技術者免状又は第2種ダム水路主任技術者免状の交付を受けている者 |
| 二　第1種電気主任技術者免状，第2種電気主任技術者免状又は第3種電気主任技術者免状の交付を受けている者及び第1種ダム水路主任技術者免状又は第2種ダム水路主任技術者免状の交付を受けている者<br>又は燃料電池発電所（改質器の最高使用圧力が98kPa以上のものに限る．）の設置の工事のための事業場 | 第1種電気主任技術者免状，第2種電気主任技術者免状又は第3種電気主任技術者免状の交付を受けている者及び第1種ボイラー・タービン主任技術者免状又は第2種ボイラー・タービン主任技術者免状の交付を受けている者 |
| 三　燃料電池発電所（二に規定するものを除く．），変電所，送電線路又は需要設備の設置の工事のための事業場 | 第1種電気主任技術者免状，第2種電気主任技術者免状又は第3種電気主任技術者免状の交付を受けている者 |
| 四　水力発電所（小型のもの又は特定の施設内に設置されるものであって別に告示するものを除く．）であって，高さ15m以上のダム若しくは圧力392kPa以上の導水路，サージタンク若しくは放水路を有するもの又は高さ十五15m以上のダムの設置の工事を行うもの | 第1種ダム水路主任技術者免状又は第2種ダム水路主任技術者免状の交付を受けている者 |
| 五　火力発電所（小型の汽力を原動力とするものであって別に告示するもの，内燃力を原動力とするもの及び出力1万kW未満のガスタービンを原動力とするものを除く．）及び燃料電池発電所（改質器の最高使用圧力が98kPa以上のものに限る．） | 第1種ボイラー・タービン主任技術者免状又は第2種ボイラー・タービン主任技術者免状の交付を受けている者 |

| | |
|---|---|
| 六　発電所，変電所，需要設備又は送電線路若しくは配電線路を管理する事業場を直接統括する事業場 | 第1種電気主任技術者免状，第2種電気主任技術者免状又は第3種電気主任技術者免状の交付を受けている者，その直接統括する発電所のうちに4の水力発電所以外の水力発電所（小型のもの又は特定の施設内に設置されるものであって別に告示するものを除く.）がある場合は，第1種ダム水路主任技術者免状又は第2種ダム水路主任技術者免状の交付を受けている者及びその直接統括する発電所のうちに五のガスタービンを原動力とする火力発電所以外のガスタービンを原動力とする火力発電所（小型のガスタービンを原動力とするものであって別に告示するものを除く.）がある場合は，第1種ボイラー・タービン主任技術者免状又は第2種ボイラー・タービン主任技術者免状の交付を受けている者 |

2　次の各号のいずれかに掲げる自家用電気工作物に係る当該各号に定める事業場のうち，当該自家用電気工作物の工事，維持及び運用に関する保安の監督に係る業務（以下「保安管理業務」という.）を委託する契約（以下「委託契約」という.）が次条に規定する要件に該当する者と締結されているものであって，保安上支障がないものとして経済産業大臣（事業場が一の産業保安監督部の管轄区域内のみにある場合は，その所在地を管轄する産業保安監督部長．次項並びに第53条第1項，第2項及び第5項において同じ.）の承認を受けたもの並びに発電所，変電所及び送電線路以外の自家用電気工作物であって鉱山保安法が適用されるもののみに係る前項の表第三号又は第六号の事業場については，同項の規定にかかわらず，電気主任技術者を選任しないことができる.

一　出力5 000kW未満の太陽電池発電所であって電圧7 000V以下で連系等をするもの　前項の表第六号の事業場

二　出力2 000kW未満の発電所（水力発電所，火力発電所及び風力発電所に限る.）であって電圧7 000V以下で連系等をするもの　前項の表第一号，第二号又は第六号の事業場

三　出力1 000kW未満の発電所（前二号に掲げるものを除く.）であって電圧7 000V以下で連系等をするもの　前項の表第三号又は第六号の事業場

四　電圧7 000V以下で受電する需要設備　前項の表第三号又は第六号の事業場

五　電圧600V以下の配電線路　当該配電線路を管理する事業場

3　出力2 000kW未満の水力発電所（自家用電気工作物であるものに限る.）に係る第1項の表第一号又は第六号に掲げる事業場のうち，当該水力発電所の保安管理業務の委託契約が次条に規定する要件に該当する者と締結されているものであって，保安上支障がないものとして経済産業大臣の承認を受けたものについては，同項の規定にかかわらず，ダム水路主任技術者を選任しないことができる.

4　事業用電気工作物を設置する者は，主任技術者に二以上の事業場又は設備の主任技術者を

兼ねさせてはならない．ただし，事業用電気工作物の工事，維持及び運用の保安上支障がないと認められる場合であって，経済産業大臣（監督に係る事業用電気工作物が一の産業保安監督部の管轄区域内のみにある場合は，その設置の場所を管轄する産業保安監督部長．第53条の二において同じ．）の承認を受けた場合は，この限りでない．

**第52条の2**　前条第2項又は第3項の要件は，次の各号に掲げる事業者の区分に応じ，当該各号に定める要件とする．

一　個人事業者（事業を行う個人をいう．）

イ　前条第2項の場合にあっては電気主任技術者免状の交付を，同条第3項の場合にあってはダム水路主任技術者免状の交付を，それぞれ受けていること．

ロ　別に告示する要件に該当していること．

ハ　別に告示する機械器具を有していること．

ニ　保安管理業務を実施する事業場の種類及び規模に応じて別に告示する算定方法で算定した値が別に告示する値未満であること．

ホ　保安管理業務の適確な遂行に支障を及ぼすおそれがないこと．

ヘ　次条第五項の規定による取消しにつき責めに任ずべき者であって，その取消しの日から2年を経過しないものでないこと．

二　法人

イ　前条第2項又は第3項の承認の申請に係る事業場（以下「申請事業場」という．）の保安管理業務に従事する者（以下「保安業務従事者」という．）が前号イ及びロの要件に該当していること．

ロ　別に告示する機械器具を有していること．

ハ　保安業務従事者であって申請事業場を担当する者（以下「保安業務担当者」という．）ごとに，担当する事業場の種類及び規模に応じて別に告示する算定方法で算定した値が別に告示する値未満であること．

ニ　保安管理業務を遂行するための体制が，保安管理業務の適確な遂行に支障を及ぼすおそれがないこと．

ホ　次条第5項の規定により取り消された承認に係る委託契約の相手方で，その取消しの日から2年を経過しない者でないこと．ただし，その取消しにつき，委託契約の相手方の責めに帰することができないときは，この限りでない．

ヘ　次条第5項の規定による取消しにつき責めに任ずべき者であって，その取消しの日から2年を経過しないものを保安管理業務に従事させていないこと．

**第53条**　第52条第2項又は第3項の承認を受けようとする者は，様式第43の保安管理業務外部委託承認申請書に次の書類を添え，経済産業大臣に提出しなければならない．

一　委託契約の相手方の執務に関する説明書

二　委託契約書の写し

三　委託契約の相手方が前条の要件に該当することを証する書類

2　経済産業大臣は，第52条第2項又は第3項の承認の申請が次の各号のいずれにも適合していると認めるときでなければ，同項の承認をしてはならない．

一　委託契約の相手方が前条の要件に該当していること．

二　委託契約の相手方が前条第二号の要件に該当する者である場合は，保安業務担当者が定められていること．

三　委託契約は，保安管理業務を委託することのみを内容とする契約であること．

四　申請事業場の電気工作物が，第48条第3項各号に掲げる場所に設置する電気工作物でないこと．

五　申請事業場の電気工作物の点検を，別に告示する頻度で行うこと並びに災害，事故その他非常の場合における当該事業場の電気工作物を設置する者（以下「設置者」という.）と委託契約の相手方（委託契約の相手方が前条第二号の要件に該当する者の場合にあっては保安業務担当者を含む.）との連絡その他電気工作物の工事，維持及び運用の保安に関し，設置者及び委託契約の相手方の相互の義務及び責任その他必要事項が委託契約に定められていること．

六　委託契約の相手方（委託契約の相手方が前条第二号の要件に該当する者の場合にあっては保安業務担当者）の主たる連絡場所が当該事業場に遅滞なく到達し得る場所にあること．

3　次の各号に掲げる者は，その職務を誠実に行わなければならない．また，第二号又は第四号に掲げる者は，その保安業務従事者にその職務を誠実に行わせなければならない．

一　第52条第2項の承認に係る委託契約の相手方のうち前条第一号の要件に該当する者(以下「電気管理技術者」という.）

二　第52条第2項の承認に係る委託契約の相手方のうち前条第二号の要件に該当する者(以下「電気保安法人」という.）

三　第52条第3項の承認に係る委託契約の相手方のうち前条第一号の要件に該当する者(以下「ダム水路管理技術者」という.）

四　第52条第3項の承認に係る委託契約の相手方のうち前条第二号の要件に該当する者(以下「ダム水路保安法人」という.）

五　保安業務従事者

4　第52条第2項又は第3項の承認を受けた者は，その承認に係る事業場の電気工作物の工事，維持及び運用の保安を確保するに当たり，その承認に係る委託契約の相手方の意見を尊重しなければならない．

5　経済産業大臣は，第52条第2項又は第3項の承認を受けた者が次の各号のいずれかに該当するときは，その承認を取り消すことができる．

一　第2項各号のいずれかに該当しなくなったとき．

二　電気管理技術者又は電気保安法人が，第52条第2項の承認に係る委託契約によらないで保安管理業務を行ったとき．

三　ダム水路管理技術者又はダム水路保安法人が，第52条第3項の承認に係る委託契約によらないで保安管理業務を行ったとき．

四　電気管理技術者及び電気保安法人，ダム水路管理技術者及びダム水路保安法人並びに保安業務従事者が第3項の規定に違反したとき．

五　不正の手段により第52条第2項又は第3項の承認を受けたとき．

**第53条の2**　第52条第四項ただし書の承認を受けようとする者は，様式第44の主任技術者兼任承認申請書に次の書類を添え，経済産業大臣に提出しなければならない．

一　兼任を必要とする理由を記載した書類

二　主任技術者の執務に関する説明書

**第54条**　法第43条第2項の許可を受けようとする者は，様式第45の主任技術者選任許可申請書に次の書類を添えて提出しなければならない．

一　選任を必要とする理由を記載した書類

二　選任しようとする者の事業用電気工作物の工事，維持及び運用の保安に関する知識及び

技能に関する説明書

**第55条**　法第43条第3項の規定による届出をしようとする者は，様式第46の主任技術者選任又は解任届出書を提出しなければならない．

（免状の種類による監督の範囲）

**第56条**　法第44条第5項の経済産業省令で定める事業用電気工作物の工事，維持及び運用の範囲は，次の表の上欄に掲げる主任技術者免状の種類に応じて，それぞれ同表の下欄に掲げるとおりとする．

| 主任技術者免状の種類 | 保安の監督をすることができる範囲 |
|---|---|
| 一　第1種電気主任技術者免状 | 事業用電気工作物の工事，維持及び運用（四又は六に掲げるものを除く．） |
| 二　第2種電気主任技術者免状 | 電圧17万V未満の事業用電気工作物の工事，維持及び運用（四又は六に掲げるものを除く．） |
| 三　第3種電気主任技術者免状 | 電圧5万V未満の事業用電気工作物（出力5 000kW以上の発電所を除く．）の工事，維持及び運用（四又は六に掲げるものを除く．） |
| 四　第1種ダム水路主任技術者免状 | 水力設備（小型のもの又は特定の施設内に設置されるものであって別に告示するものを除く．）の工事，維持及び運用（電気的設備に係るものを除く．） |
| 五　第2種ダム水路主任技術者免状 | 水力設備（小型のもの又は特定の施設内に設置されるものであって別に告示するもの又はダム，導水路，サージタンク及び放水路を除く．），高さ70m未満のダム並びに圧力588kPa未満の導水路，サージタンク及び放水路の工事，維持及び運用（電気的設備に係るものを除く．） |
| 六　第1種ボイラー・タービン主任技術者免状 | 火力設備（小型の汽力を原動力とするものであって別に告示するもの，小型のガスタービンを原動力とするものであって別に告示するもの及び内燃力を原動力とするものを除く．），原子力設備及び燃料電池設備（改質器の最高使用圧力が98kPa以上のものに限る．）の工事，維持及び運用（電気的設備に係るものを除く．） |

| | |
|---|---|
| 七　第2種ボイラー・タービン主任技術者免状 | 火力設備（汽力を原動力とするものであって圧力5 880kPa以上のもの及び小型の汽力を原動力とするものであって別に告示するもの，小型のガスタービンを原動力とするものであって別に告示するもの及び内燃力を原動力とするものを除く.），圧力5 880kPa未満の原子力設備及び燃料電池設備（改質器の最高使用圧力が98kPa以上のものに限る.）の工事，維持及び運用（電気的設備に係るものを除く.） |

（免状交付事務に係る委託契約書の記載事項）

第56条の2　令第37条第一号ニの経済産業省令で定める事項は，次のとおりとする.

一　委託契約代金に関する事項

二　指定試験機関による経済産業大臣への報告に関する事項

（免状交付事務に係る公示）

第56条の3　令第37条第二号の規定による公示は，次に掲げる事項を明らかにすることにより行うものとする.

一　委託に係る免状交付事務の内容

二　委託に係る免状交付事務を処理する場所

第57条から第61条まで　削除

第2款の2　環境影響評価に関する特例

（簡易な方法による環境影響評価）

第61条の2　法第46条の3の経済産業省令で定める簡易な方法は，次のとおりとする.

一　環境影響評価の項目については，別表第1の2の上欄に掲げる項目とすること.

二　環境影響評価法（平成9年法律第81号）第2条第3項に規定する第二種事業を行おうとする者に係る調査及び予測については，既存の文献又は資料の収集等により，別表第1の2の下欄に掲げる内容を行うものとすること.

三　環境影響評価法第2条第3項に規定する第二種事業を行おうとする者に係る簡易な方法による環境影響評価については，発電所の設置又は変更の工事の事業に係る計画段階配慮事項の選定並びに当該計画段階配慮事項に係る調査，予測及び評価の手法に関する指針，環境影響評価の項目並びに当該項目に係る調査，予測及び評価を合理的に行うための手法を選定するための指針並びに環境の保全のための措置に関する指針等を定める省令（平成10年通商産業省令第54号）第16条各号に掲げる要件に該当するかどうかに関し，当該第二種事業を行おうとする者の見解を明らかにすることにより行うものとすること.

2　法第46条の3の書面には，前項第二号及び第三号により行われた調査，予測及び評価の結果を記載するものとすること.

（方法書の届出）

第61条の3　法第46条の五の規定による届出をしようとする者は，様式第46の2の環境影響評価方法書届出書に方法書を添えて提出しなければならない.

（方法書についての意見の概要等の届出）

**第61条の4**　法第46条の6第2項の規定による届出をしようとする者は，様式第46の3の環境影響評価方法書についての意見の概要等届出書に環境影響評価法第9条に規定する書類を添えて提出しなければならない．

（方法書についての勧告期間）

**第61条の5**　法第46条の8第1項の経済産業省令で定める期間は180日とする．ただし，法第46条の7第1項の規定による都道府県知事の意見がその期間内に提出されないときその他その期間内に勧告をすることができない合理的な理由があるときは，その期間を延長することができる．

2　経済産業大臣が前項の規定により同項の期間を延長する場合には，法第46条の5の規定による方法書の届出をした者に対し，同項の期間内に延長する期間及び期間を延長する理由を通知しなければならない．

（準備書の届出）

**第61条の6**　法第46条の11の規定による届出をしようとする者は，様式第46の4の環境影響評価準備書届出書に準備書及びこれを要約した書類を添えて提出しなければならない．

（準備書についての意見の概要等の届出）

**第61条の7**　法第46条の12の規定による届出をしようとする者は，様式第46の5の環境影響評価準備書についての意見の概要等届出書に環境影響評価法第十九条に規定する書類を添えて提出しなければならない．

（準備書についての勧告期間）

**第61条の8**　法第46条の14第1項の経済産業省令で定める期間は270日とする．ただし，法第46条の13の規定による都道府県知事の意見がその期間内に提出されないときその他その期間内に勧告をすることができない合理的な理由があるときは，その期間を延長することができる．

2　経済産業大臣が前項の規定により同項の期間を延長する場合には，法第46条の11の規定による準備書の届出をした者に対し，同項の期間内に延長する期間及び期間を延長する理由を通知しなければならない．

（評価書の届出）

**第61条の9**　法第46条の16の規定による届出をしようとする者は，様式第46の6の環境影響評価書届出書に評価書を添えて出しなければならない．

（評価書の変更命令期間）

**第61条の10**　法第46条の17の経済産業省令で定める期間は30日とする．

### 第3款　工事計画及び検査

（工事計画の認可等）

**第62条**　法第47条第1項の主務省令で定める事業用電気工作物の設置又は変更の工事は，別表第2の上欄に掲げる工事の種類に応じて，それぞれ同表の中欄に掲げるもの及びこれ以外のものであって急傾斜地の崩壊による災害の防止に関する法律（昭和44年法律第57号）第3条第1項の規定により指定された急傾斜地崩壊危険区域（以下「急傾斜地崩壊危険区域」という．）内において行う同法第7条第1項各号に掲げる行為（当該急傾斜地崩壊危険区域の指定の際既に着手しているもの及び急傾斜地の崩壊による災害の防止に関する法律施行令（昭和44年政令第206号）第2条第一号から第八号までに掲げるものを除く．）に係るもの（以下「制限工事」という．）とする．

2　法第47条第2項ただし書の主務省令で定める軽微な変更は，別表第2の中欄若しくは下欄に掲げる変更の工事，別表第 4 の下欄に掲げる工事又は急傾斜地崩壊危険区域内において行う制限工事を伴う変更以外の変更とする．

3　法第 47 条第 5 項ただし書の主務省令で定める場合は，次条第 1 項第一号の工事計画書の記載事項の変更を伴う場合以外の場合とする．

**第 63 条**　法第 47 条第 1 項又は第 2 項の認可を受けようとする者は，様式第 47 の工事計画（変更）認可申請書に次の書類を添えて提出しなければならない．ただし，その申請が変更の工事に係る場合であって，取替えの工事に係るときは第二号の書類を，廃止の工事に係るときは同号及び第三号の書類を添付することを要しない．

一　工事計画書

二　当該事業用電気工作物の属する別表第三の上欄に掲げる種類に応じて，同表の下欄に掲げる書類

三　工事工程表

四　変更の工事又は工事の計画の変更に係る場合は，変更を必要とする理由を記載した書類

2　前項第一号の工事計画書には，申請に係る事業用電気工作物の種類に応じて，別表第 3 の中欄に掲げる事項（その申請が修理の工事に係る場合は，修理の方法）を記載しなければならない．この場合において，その申請が変更の工事（取替え，修理又は廃止の工事を除く．）又は工事の計画の変更に係るものであるときは，変更前と変更後とを対照しやすいように記載しなければならない．

3　別表第 2 の中欄に掲げる工事の計画を分割して法第 47 条第 1 項の認可の申請をする場合は，第 1 項各号の書類のほか，当該申請に係る部分以外の工事の計画の概要を記載した書類を添えてその申請をしなければならない．

4　第 1 項の申請書並びに同項及び前項の添付書類の提出部数は，正本 1 通とする．

**第 64 条**　法第 47 条第 5 項の規定による届出をしようとする者は，様式第 48 の工事計画軽微変更届出書に変更を必要とする理由を記載した書類を添えて提出しなければならない．

2　前項の届出書及び添付書類の提出部数は，正本 1 通とする．

（工事計画の事前届出）

**第 65 条**　法第 48 条第 1 項の主務省令で定めるものは，次のとおりとする．

一　事業用電気工作物の設置又は変更の工事であって，別表第 2 の上欄に掲げる工事の種類に応じてそれぞれ同表の下欄に掲げるもの（事業用電気工作物が滅失し，若しくは損壊した場合又は災害その他非常の場合において，やむを得ない一時的な工事としてするものを除く．）

二　事業用電気工作物の設置又は変更の工事であって，別表第 4 の上欄に掲げる工事の種類に応じてそれぞれ同表の下欄に掲げるもの（別表第 2 の中欄若しくは下欄に掲げるもの，及び事業用電気工作物が滅失し，若しくは損壊した場合又は災害その他非常の場合において，やむを得ない一時的な工事としてするものを除く．）

2　法第 48 条第 1 項の主務省令で定める軽微な変更は，別表第 2 の下欄に掲げる変更の工事又は別表第 4 の下欄に掲げる工事を伴う変更以外の変更とする．

**第 66 条**　法第 48 条第 1 項の規定による前条第 1 項第一号に定める工事の計画の届出をしようとする者は，様式第 49 の工事計画（変更）届出書に次の書類を添えて提出しなければならない．ただし，その届出が変更の工事に係る場合であって，取替えの工事に係るときは第二号の書類を，廃止の工事に係るときは同号及び第三号の書類を添付することを要しない．

一　工事計画書

二　当該事業用電気工作物の属する別表第3の上欄に掲げる種類に応じて，同表の下欄に掲げる書類
三　工事工程表
四　変更の工事又は工事の計画の変更に係る場合は，変更を必要とする理由を記載した書類
2　法第48条第1項の規定による前条第1項第二号に定める工事の計画の届出をしようとする者は，様式第49の工事計画（変更）届出書に次の書類を添えて提出しなければならない.
一　公害の防止に関する工事計画書
二　当該事業用電気工作物の属する別表第5の上欄に掲げる種類に応じて，同表の下欄に掲げる書類
三　変更の工事又は工事の計画の変更に係る場合は，変更を必要とする理由を記載した書類
3　届出に係る事業用電気工作物の種類に応じて，第1項第一号の工事計画書には別表第3の中欄に掲げる事項（その届出が修理の工事に係る場合は，修理の方法）を，第2項第一号の公害の防止に関する工事計画書には別表第5の中欄に掲げる事項を，記載しなければならない. この場合において，その届出が変更の工事（取替え，修理又は廃止の工事を除く.）又は工事の計画の変更に係るものであるときは，変更前と変更後とを対照しやすいように記載しなければならない.
4　別表第2の下欄又は別表第4の下欄に掲げる工事の計画を分割して法第48条第1項前段の規定による届出をする場合は，第1項各号又は第2項各号の書類のほか，当該届出に係る部分以外の工事の計画の概要を記載した書類を添えてその届出をしなければならない.
5　第1項及び第2項の届出書並びに第1項，第2項及び前項の添付書類の提出部数は，正本1通とする.

（添付書類の省略）

**第67条**　法第47条第1項若しくは第2項の認可を受けようとする場合又は法第48条第1項の規定による届出をしようとする場合において，その申請書又は届出書に添付すべき書類のうち，経済産業大臣（令第46条第3項の表第十六号の権限に係る事業用電気工作物に係る場合は，当該権限を行使する産業保安監督部長. 第70条において同じ.）がその認可の申請又は届出に係る事業用電気工作物の型式，設計等から見て添付することを要しない旨の指示をしたものについては，第63条第1項又は前条第1項若しくは第2項の規定にかかわらず，添付することを要しない.
2　水力発電所における水力設備（二以上の者が管理するものであって，かつ，これらの者を代表する者と当該水力発電所の設置者が異なるものに限る.）のうち次の各号に掲げるものの設置又は変更の工事をしようとする者が法第48条第1項の規定による届出をしようとする場合は，前条第1項の規定にかかわらず，同項各号に掲げる書類の添付を要しない. ただし，この場合において，河川法（昭和39年法律第167号）第26条第1項の許可に係る申請書の写しを添付しなければならない.
一　ダム（洪水吐きゲート操作用予備動力設備及び洪水吐きゲートの制御に係る設備を除く.）
二　取水設備
三　貯水池又は調整池

（使用前検査）

**第68条**　法第49条第1項の主務省令で定める事業用電気工作物は，発電所に係るものであって，次に掲げるもの以外のものとする.

一　水力発電所に係るもの
二　火力発電所に係るもの
三　燃料電池発電所に係るもの
四　太陽電池発電所に係るもの
五　風力発電所に係るもの
六　第一号から第五号までに規定する発電所に係るもののほか，変更の工事を行う発電所に属する電力用コンデンサー，分路リアクトル又は限流リアクトル
七　第 62 条第 1 項に規定する制限工事に係るもの
八　第 65 条第 1 項第二号に規定する工事に係るもの

**第 69 条**　使用前検査は，工事の計画に係る全ての工事が完了した時において，電気工作物検査官が特定事業用電気工作物の通常運転時における性能を確認する検査その他工事の完了を確認するために必要な検査を行うものとする．

**第 70 条**　法第 49 条第 1 項ただし書の主務省令で定める場合は，次のとおりとする．
一　事業用電気工作物を試験のために使用する場合
二　事業用電気工作物の一部が完成した場合であって，その完成した部分を使用しなければならない特別の理由がある場合（前号に掲げる場合を除く．）において，その使用の期間及び方法について経済産業大臣の承認を受け，その承認を受けた期間内においてその承認を受けた方法により使用するとき．
三　事業用電気工作物の設置の場所の状況又は工事の内容により，経済産業大臣が支障がないと認めて検査を受けないで使用することができる旨を指示した場合

**第 71 条**　使用前検査を受けようとする者は，様式第 50 の使用前検査申請書を提出しなければならない．
2　前項の申請には，工事の工程を説明する書類を添えて提出しなければならない．
3　第 1 項の申請書又は前項の書類の内容に変更があった場合には，速やかにその変更の内容を説明する書類を提出しなければならない．
4　第 1 項の申請書及び第 2 項の書類又は前項の書類の提出部数は，正本及びその写し各 1 通とする．

**第 71 条の 2**　経済産業大臣は，前条第 1 項の申請書の提出を受けた場合には，第 69 条の検査の実施に当たっての方法その他必要な事項を定めた当該申請に係る検査実施要領書を定めるものとする．

**第 71 条の 3**　経済産業大臣は，使用前検査に合格したと認めたときは，当該申請に係る使用前検査合格証を交付する．

**第 72 条**　第 70 条第二号の承認を受けようとする者は，様式第 51 の使用承認申請書に次の書類を添えて提出しなければならない．ただし，その申請に係る事業用電気工作物につき第二号又は第三号の書類を既に提出している場合であって，その既に提出しているものと内容に変更がないときはこれらの書類を，添付することを要しない．
一　使用又は試験使用を必要とする理由を記載した書類
二　送電関係一覧図
三　単線結線図

**第 73 条**　削除

**第 73 条の 2**　削除

（使用前安全管理検査）

**第73条の2の2**　法第51条第1項の主務省令で定める事業用電気工作物は，次に掲げるもの以外のものとする．

一　出力3万kW未満であってダムの高さが15m未満の水力発電所（送電電圧17万V以上の送電線引出口の遮断器（需要設備と電気的に接続するためのものを除く．次号において同じ.）を伴うものにあっては，当該遮断器を除く.）

一の二　河川法第26条第1項の許可に係る水力発電所の水力設備（二以上の者が管理するものであって，かつ，これらの者を代表する者と当該水力発電所の設置者が異なるものに限る.）のうち次に掲げるもの

イ　ダム（洪水吐きゲート操作用予備動力設備及び洪水吐きゲートの制御に係る設備を除く.）

ロ　取水設備

ハ　貯水池又は調整池

二　内燃力を原動力とする火力発電所（送電電圧17万V以上の送電線引出口の遮断器を伴うものにあっては，当該遮断器を除く.）

三　変更の工事を行う発電所又は変電所に属する電力用コンデンサー

四　変更の工事を行う発電所又は変電所に属する分路リアクトル又は限流リアクトル

五　電力貯蔵装置

六　非常用予備発電装置

七　第65条第1項第二号に規定する工事を行う事業用電気工作物

八　試験のために使用する事業用電気工作物

**第73条の3**　使用前自主検査は次に掲げる工事の工程において行うものとする．

一　水力発電所に係る工事であって，完成後の高さが15m以上のダムについては，基礎地盤に堤体コンクリートを打設し，又は堤体材料を盛り立てようとする時及びダムの全体又は一部を流水の貯留の用に供しようとする時

二　工事の計画に係る一部の工事が完成した場合であって，その完成した部分を使用しようとする時（前号の工事の工程を除く.）

三　工事の計画に係るすべての工事が完了した時

**第73条の4**　使用前自主検査は，電気工作物の各部の損傷，変形等の状況並びに機能及び作動の状況について，法第48条第1項の規定による届出をした工事の計画（第65条第2項の軽微な変更をしたものを含む.）に従って工事が行われたこと及び法第39条第1項の技術基準に適合するものであることを確認するために十分な方法で行うものとする．

**第73条の5**　使用前自主検査の結果の記録は，次に掲げる事項を記載するものとする．

一　検査年月日

二　検査の対象

三　検査の方法

四　検査の結果

五　検査を実施した者の氏名

六　検査の結果に基づいて補修等の措置を講じたときは，その内容

七　検査の実施に係る組織

八　検査の実施に係る工程管理

九　検査において協力した事業者がある場合には，当該事業者の管理に関する事項

十　検査記録の管理に関する事項

十一　検査に係る教育訓練に関する事項

2　使用前自主検査の結果の記録は，次に掲げる期間保存するものとする．

一　前項第一号から第六号までに掲げる事項

イ　発電用水力設備に係るものは当該設備の存続する期間

ロ　イ以外のものは第73条の3第三号の工事の工程において行う使用前自主検査を行った後5年間

二　前項第七号から第十一号までに掲げる事項については，使用前自主検査を行った後最初の法第51条第7項の通知を受けるまでの期間

**第73条の6**　法第51条第3項の主務省令で定める時期は，次のとおりとする．ただし，災害その他やむを得ない事由により当該時期に法第51条第3項の審査（以下「使用前安全管理審査」という．）を受けることが困難であるときは，経済産業大臣又は電気工作物の設置の場所を管轄する産業保安監督部長が当該事由を勘案して定める時期に受けなければならない．

一　前回の法第51条第7項の通知（以下この条において単に「通知」という．）において，使用前自主検査の実施につき十分な体制がとられていると評定された組織であって，前回の使用前安全管理審査に係る使用前自主検査が終了した日と前回の通知を受けた日から起算して3年を超えない日との間に第73条の3第一号及び第三号の工事の工程において行う使用前自主検査を行ったものについては，前回の通知を受けた日から3年3月を超えない時期

二　前号に規定する組織であって，使用前自主検査の実施につき十分な体制を維持することが困難となった組織については，当該体制を維持することが困難となった時期

三　前各号に規定する組織以外の組織については，第73条の3第一号及び第三号の工事の工程において行う使用前自主検査を行う時期

**第73条の6の2**　法第51条第3項の原子力を原動力とする発電用の事業用電気工作物以外の事業用電気工作物であって経済産業省令で定めるものは，火力発電設備及び燃料電池発電設備に属する電気工作物（当該電気工作物の構造その他の関係により経済産業大臣（令第46条第3項の表第十七号の権限に係る電気工作物に係る場合は，当該権限を行使する産業保安監督部長．以下この条において同じ．）が指示するものを除く．）とする．

2　経済産業大臣は，前項の指示をした場合には，登録安全管理審査機関に対し，その旨を通知するものとする．

**第73条の7**　使用前安全管理審査であって，登録安全管理審査機関が行うもの以外のものを受けようとする者は，様式第52の2の使用前安全管理審査申請書を提出しなければならない．

2　登録安全管理審査機関が行う使用前安全管理審査を受けようとする者は，当該登録安全管理審査機関が定めるところにより，使用前安全管理審査申請書を当該登録安全管理審査機関に提出しなければならない．

**第73条の8**　法第51条第4項の主務省令で定める事項は，次のとおりとする．

一　検査において協力した事業者がある場合には，当該事業者の管理に関する事項

二　検査記録の管理に関する事項

三　検査に係る教育訓練に関する事項

**第73条の9**　法第51条第5項の通知は，次に掲げる事項を記した書面によって行うものとする．

一　審査を受けた組織の名称

二　審査年月日

三　審査の結果

（設置者による事業用電気工作物の自己確認）

**第74条**　法第51条の2第1項の主務省令で定める事業用電気工作物は，別表第6に掲げる電気工作物とする．

**第75条**　法第51条の2第1項の主務省令で定めるときは，事業用電気工作物が滅失し，若しくは損壊した場合又は災害その他非常の場合において，やむを得ない一時的な工事を行った場合の当該工事に係る事業用電気工作物を使用するときとする．

**第76条**　使用前自己確認は，電気工作物の各部の損傷，変形等の状況並びに機能及び作動の状況について，法第39条第1項の技術基準に適合するものであることを確認するために十分な方法で行うものとする．

**第77条**　法第51条の2第2項の主務省令で定める変更は，別表第7に掲げる電気工作物の変更とする．

**第78条**　法第51条の2第3項の届出をしようとする者は，様式第53の使用前自己確認結果届出書に次に掲げる事項を記載した書類を添えて提出しなければならない．

一　使用前自己確認を行った年月日

二　使用前自己確認の対象

三　使用前自己確認の方法

四　使用前自己確認の結果

五　使用前自己確認を実施した者及び主任技術者の氏名

六　使用前自己確認の結果に基づいて補修等の措置を講じたときは，その内容

七　当該事業用電気工作物の属する別表第3の上欄に掲げる電気工作物の種類に応じて，同表の下欄に掲げる添付書類（別表第六第2項に掲げる電気工作物の設置及び別表第七第3項に掲げる電気工作物の変更をしようとする場合を除く．）

2　使用前自己確認の結果の記録は，使用前自己確認を行った後5年間保存するものとする．ただし，使用前自己確認に係る事業用電気工作物を廃止した場合は，この限りでない．

（溶接事業者検査）

**第79条**　法第52条第1項の主務省令で定めるボイラー等に属する機械又は器具は，次のとおりとする．

一　火力発電所（液化ガスを熱媒体として用いる小型の汽力を原動力とするものであって別に告示するもの及び内燃力を原動力とするものを除く．）に係る次の機械又は器具

イ　ボイラー，独立過熱器，独立節炭器，蒸気貯蔵器，蒸気だめ，熱交換器若しくはガス化炉設備に属する容器又は液化ガス設備（原動力設備に係るものに限る．）に属する液化ガス用貯槽，液化ガス用気化器，ガスホルダー若しくは冷凍設備（受液器及び油分離器に限る．）

ロ　外径150mm以上の管（液化ガス設備にあっては，液化ガス用燃料設備に係るものに限る．）

二　燃料電池発電所に係る次の機械又は器具

イ　容器，熱交換器又は改質器であって，内径が200mmを超えかつ長さが1 000mmを超えるもの又は内容積が0.04m$^3$を超えるもの

ロ　外径150mm以上の管

**第 80 条**　法第 52 条第 1 項の主務省令で定める圧力は，次のとおりとする．

一　水用の容器又は管であって，最高使用温度百度未満のものについては，最高使用圧力 1 960kPa

二　液化ガス用の容器又は管については，最高使用圧力 0kPa

三　前各号に規定する容器以外の容器については，最高使用圧力 98kPa

四　第一号及び第二号に規定する管以外の管については，最高使用圧力 980kPa（燃料電池設備に属さない管の長手継手の部分にあっては，490kPa）

**第 81 条**　削除

**第 82 条**　法第 52 条第 1 項の検査（以下「溶接事業者検査」という．）は，溶接の状況について，法第 39 条第 1 項に規定する技術基準に適合するものであることを確認するために十分な方法で行うものとする．

**第 82 条の 2**　溶接事業者検査の結果の記録は，次に掲げる事項を記載するものとする．

一　検査年月日

二　検査の対象

三　検査の方法

四　検査の結果

五　検査を実施した者の氏名

六　検査の結果に基づいて補修等の措置を講じたときは，その内容

2　溶接事業者検査の結果の記録は，五年間保存するものとする．

**第 83 条**　法第 52 条第 1 項ただし書の主務省令で定める場合は，次のとおりとする．

一　溶接作業の標準化，溶接に使用する材料の規格化等の状況により，その検査の場所を管轄する産業保安監督部長が支障がないと認めて溶接事業者検査を行わないで使用することができる旨の指示をした場合

二　次に掲げる工作物を，あらかじめ，その設置の場所を管轄する産業保安監督部長に届け出て事業用電気工作物として使用する場合

イ　ボイラー及び圧力容器安全規則（昭和 47 年労働省令第 33 号）第 7 条第 1 項若しくは第 53 条第 1 項の溶接検査に合格した工作物又は同規則第 84 条第 1 項若しくは第 90 条の 2 において準用する第 84 条第 1 項の検定を受けた工作物

ロ　発電所の原動力設備に属する工作物（一般高圧ガス保安規則（昭和 41 年通商産業省令第 53 号）第 2 条第一号，第二号又は第四号に規定するガスを内包する液化ガス設備に係るものに限る．）であって，高圧ガス保安法（昭和 26 年法律第 204 号）第 56 条の 3 の特定設備検査に合格し，又は同法第 56 条の 6 の 14 第 2 項の規定若しくは第 56 条の 6 の 22 第 2 項において準用する第 56 条の 6 の 14 第 2 項の規定による特定設備基準適合証の交付を受けたもの

三　耐圧部分について径 61mm 以下の連続しない穴に管台若しくは座を取り付けるための溶接のみをした第 79 条第一号に規定する機械若しくは器具（耐圧部分についてその溶接のみを新たにするものを含む．）又は漏止め溶接のみをした同条に規定する機械若しくは器具（耐圧部分についてその溶接のみを新たにするものを含む．）を使用する場合

**第 84 条**　削除

**第 85 条**　ボイラー等であって耐圧部分について溶接をするもの（以下この条において「特定ボイラー等」という．）又は耐圧部分について溶接をしたボイラー等であって輸入したもの（以下この条において「輸入特定ボイラー等」という．）を設置する者は，当該特定ボイラー等

又は輸入特定ボイラー等に係る溶接事業者検査を終了したときは，当該特定ボイラー等又は輸入特定ボイラー等に溶接事業者検査を行ったことを示す記号その他表示を付するものとする．

**第86条**　削除

（自家用電気工作物の使用開始の届出）

**第87条**　法第53条ただし書の主務省令で定める場合は，法第47条第1項の認可又は法第48条第1項の規定による届出に係る電気工作物を他から譲り受け，又は借り受けて自家用電気工作物として使用する場合以外の場合とする．

**第88条**　法第53条の規定による届出をしようとする者は，様式第60の自家用電気工作物使用開始届出書を提出しなければならない．

**第89条**　削除

（定期検査）

**第89条の2**　法第54条の主務省令で定める圧力は，最高使用圧力0kPaとする．

**第90条から第93条まで**　削除

（定期安全管理検査）

**第94条**　法第55条第1項の主務省令で定める電気工作物は，次に掲げるものとする．ただし，非常用予備発電装置に属するものを除く．

一　蒸気タービン本体（出力1 000kW以上の発電設備に限る．）及びその附属設備（以下「蒸気タービン及びその附属設備」という．）

二　ボイラー及びその附属設備

三　独立過熱器及びその附属設備

四　蒸気貯蔵器及びその附属設備

五　ガスタービン（出力1 000kW以上の発電設備に係るもの（内燃ガスタービンにあってはガス圧縮機及びガス圧縮機と一体となって燃焼用の圧縮ガスをガスタービンに供給する設備の総合体であって，高圧ガス保安法第二条に定める高圧ガスを用いる機械又は器具に限る．）に限る．）

六　液化ガス設備（液化ガス用燃料設備以外の液化ガス設備にあっては，高圧ガス保安法第五条第1項及び第2項並びに第24条の2に規定する事業所に該当する火力発電所（液化ガスを熱媒体として用いる小型の汽力を原動力とするものであって別に告示するものを除く．）の原動力設備に係るものに限る．）

七　燃料電池用改質器（最高使用圧力98kPa以上の圧力を加えられる部分がある燃料電池用改質器のうち，出力500kW以上の発電設備に係るものであって，内径が200mmを超え，かつ，長さが1 000mmを超えるもの及び内容積が0.04m$^3$を超えるものに限る．）

八　ガス化炉設備

九　脱水素設備

十　風力機関（出力500kW以上の発電設備に係るものに限る．）及びその附属設備

十一　発電機（風力発電所における出力500kW以上の発電設備に係るものに限る．）

十二　変圧器（風力発電所における出力500kW以上の発電設備に係るものに限る．）

十三　電力用コンデンサー（風力発電所における出力500kW以上の発電設備に係るものに限る．）

**第94条の2**　定期事業者検査は，次に掲げる時期に行うものとする．

一　蒸気タービン本体及びその附属設備についての定期事業者検査にあっては，運転が開始

された日又は定期事業者検査が終了した日以降4年を超えない時期

二　ガスタービン（出力1万 kW 未満の発電設備に係るものに限る.）についての定期事業者検査にあっては，運転が開始された日又は定期事業者検査が終了した日以降3年を超えない時期

三　ボイラー及びその附属設備，独立過熱器及びその附属設備，蒸気貯蔵器及びその附属設備，ガスタービン（出力1万 kW 以上の発電設備に係るものに限る.），液化ガス設備，ガス化炉設備又は脱水素設備についての定期事業者検査にあっては，運転が開始された日又は定期事業者検査が終了した日以降2年を超えない時期

四　燃料電池用改質器についての定期事業者検査にあっては，運転が開始された日又は定期事業者検査が終了した日以降13月を超えない時期

五　風力機関及びその附属設備，発電機，変圧器並びに電力用コンデンサーについての定期事業者検査にあっては，運転が開始された日又は定期事業者検査が終了した日以降3年を超えない時期

2　次に掲げる場合にあっては，第1項の規定にかかわらず，経済産業大臣又は特定電気工作物の設置の場所を管轄する産業保安監督部長（以下この条において単に「産業保安監督部長」という.）が定める時期に定期事業者検査を行うものとする.

一　第 94 条の5第1項第一号又は第二号に規定する組織であると評定されたとき.

二　使用の状況から第1項第一号から第四号までに規定する時期に定期事業者検査を行う必要がないと認めて，産業保安監督部長が定期事業者検査を行うべき時期を定めて承認したとき.

三　災害その他やむを得ない事由により第1項に規定する時期又は前二号の規定により経済産業大臣又は産業保安監督部長が定める時期に定期事業者検査を行うことが著しく困難であると認めて，産業保安監督部長が定期事業者検査を行うべき時期を定めて承認したとき.

3　前項第二号又は第三号の承認を受けようとする者は，様式第 61 の2の定期事業者検査時期変更承認申請書に使用の状況を記載した書類を添えて，産業保安監督部長に提出しなければならない．ただし，前項第三号の承認を受けようとする場合には，当該書類を添付することを要しない.

第 94 条の3　定期事業者検査は，次に掲げる方法で行うものとする.

一　開放，分解，非破壊検査その他の各部の損傷，変形，摩耗及び異常の発生状況を確認するために十分な方法

二　試運転その他の機能及び作動の状況を確認するために十分な方法

第 94 条の4　定期事業者検査の結果の記録は，次に掲げる事項を記載するものとする.

一　検査年月日

二　検査の対象

三　検査の方法

四　検査の結果

五　検査を実施した者の氏名

六　検査の結果に基づいて補修等の措置を講じたときは，その内容

七　検査の実施に係る組織

八　検査の実施に係る工程管理

九　検査において協力した事業者がある場合には，当該事業者の管理に関する事項

十　検査記録の管理に関する事項

十一　検査に係る教育訓練に関する事項

2　定期事業者検査の結果の記録は，前項第一号から第六号までに掲げる事項については法第55条第6項において準用する法第51条第7項の通知（以下この条及び次条において単に「通知」という.）を受けるまでの期間又は5年のいずれか長い期間，前項第七号から第十一号までに掲げる事項については当該定期事業者検査を行った後最初の通知を受けるまでの期間保存するものとする.

**第94条の5**　第94条第一号から第九号までに掲げる電気工作物の法第55条第4項の主務省令で定める時期は，次のとおりとする．ただし，災害その他やむを得ない事由により当該時期に法第55条第4項の審査（以下「定期安全管理審査」という.）を受けることが困難であるときは，経済産業大臣又は電気工作物の設置の場所を管轄する産業保安監督部長が当該事由を勘案して定める時期に受けなければならない.

一　前回の通知において定期事業者検査の実施につき十分な体制がとられており，かつ，保守管理に関する十分かつ高度な取組を実施していると評定された組織であって，前回の定期安全管理審査に係る定期事業者検査が終了した日と前回の通知を受けた日から起算して6年を超えない日との間に定期事業者検査を行ったものについては，前回の通知を受けた日から6年3月を超えない時期

二　前回の通知において定期事業者検査の実施につき十分な体制がとられており，かつ，保守管理に関する十分な取組を実施していると評定された組織であって，前回の定期安全管理審査に係る定期事業者検査が終了した日と前回の通知を受けた日から起算して4年を超えない日との間に定期事業者検査を行ったものについては，前回の通知を受けた日から4年3月を超えない時期

三　前回の通知において定期事業者検査の実施につき十分な体制がとられていると評定された組織であって，前回の定期安全管理審査に係る定期事業者検査が終了した日と前回の通知を受けた日から起算して3年を超えない日との間に定期事業者検査を行ったものについては，前回の通知を受けた日から3年3月を超えない時期

四　前各号に規定する組織であって，定期事業者検査の実施につき十分な体制を維持することが困難となった組織については，当該体制を維持することが困難となった時期

五　第一号に規定する組織であって，前回の定期安全管理審査に係る定期事業者検査が終了した日と前回の通知を受けた日から起算して6年を超えない日との間に定期事業者検査の時期が到来しなかったもの，第二号に規定する組織であって，前回の定期安全管理審査に係る定期事業者検査が終了した日と前回の通知を受けた日から起算して4年を超えない日との間に定期事業者検査の時期が到来しなかったもの及び第三号に規定する組織であって，前回の定期安全管理審査に係る定期事業者検査が終了した日と前回の通知を受けた日から起算して3年を超えない日との間に定期事業者検査の時期が到来しなかったものについては，定期事業者検査を行う時期

六　前各号に規定する組織以外の組織については，定期事業者検査を行う時期

2　第94条第十号から第十三号までに掲げる電気工作物の法第55条第4項の主務省令で定める時期は，次のとおりとする．ただし，災害その他やむを得ない事由により当該時期に定期安全管理審査を受けることが困難であるときは，経済産業大臣又は電気工作物の設置の場所を管轄する産業保安監督部長が当該事由を勘案して定める時期に受けなければならない.

一　前回の通知において定期事業者検査の実施につき十分な体制がとられており，かつ，保守管理に関する十分かつ高度な取組を実施していると評定された組織については，前回の

通知を受けた日から6年3月を超えない時期

二　前号に規定する組織以外の組織については，前回の通知を受けた日から3年3月を超えない時期

三　第一号及び第二号に規定する組織であって，定期事業者検査の実施につき体制を維持することが困難となった組織については，当該体制を維持することが困難となった時期

**第94条の5の2**　法第55条第4項の原子力を原動力とする発電用の特定電気工作物以外の電気工作物であって経済産業省令で定めるものは，火力発電設備，燃料電池発電設備及び風力発電設備に属する電気工作物（当該電気工作物の構造その他の関係により経済産業大臣（令第46条第3項の表第二十一号の権限に係る電気工作物に係る場合は，当該権限を行使する産業保安監督部長．以下この条において同じ.）が指示するものを除く.）とする.

2　経済産業大臣は，前項の指示をした場合には，登録安全管理審査機関に対し，その旨を通知するものとする.

**第94条の6**　定期安全管理審査であって，登録安全管理審査機関が行うもの以外のものを受けようとする者は，様式第62の定期安全管理審査申請書を提出しなければならない.

2　登録安全管理審査機関が行う定期安全管理審査を受けようとする者は，当該登録安全管理審査機関が定めるところにより，定期安全管理審査申請書を当該登録安全管理審査機関に提出しなければならない.

**（準用）**

**第94条の7**　第73条の8及び第73条の9の規定は，定期安全管理検査に準用する．この場合において，第73条の8中「法第51条第4項」とあるのは「法第55条第5項」と，第73条の九中「法第51条第5項」とあるのは「法第55条第6項において準用する法第51条第5項」と読み替えるものとする.

**（電磁的方法による保存）**

**第94条の8**　第73条の5第1項各号，第82条の2第1項各号及び第94条の4第1項各号に掲げる事項が，電磁的方法により記録され，当該記録が必要に応じ電子計算機その他の機器を用いて直ちに表示されることができるようにして保存されるときは，当該記録の保存をもって法第51条第1項，第52条第1項及び第55条第1項に規定する当該事項が記載された記録の保存に代えることができる.

2　前項の規定による保存をする場合には，経済産業大臣が定める基準を確保するよう努めなければならない.

### 第4款　承継

**（事業用電気工作物を設置する者の地位の承継の届出）**

**第95条**　法第55条の2第2項の規定により事業用電気工作物を設置する者の地位の承継の届出をしようとする者は，様式第62の2の事業用電気工作物設置者地位承継届出書に次の書類を添えて提出しなければならない.

一　法第55条の2第1項の規定により事業用電気工作物を設置する者の地位を承継した相続人であって，二以上の相続人の全員の同意により選定されたものにあっては，様式第62の3による書面及び戸籍謄本

二　法第55条の2第1項の規定により事業用電気工作物を設置する者の地位を承継した相続人であって，前号の相続人以外のものにあっては，様式第62の4による書面及び戸籍謄本

三　法第55条の2第1項の規定により合併又は分割によって事業用電気工作物を設置する

者の地位を承継した法人にあっては，その法人の登記事項証明書

## 第3節　一般用電気工作物

（一般用電気工作物の調査）

**第96条**　法第57条第1項の経済産業省令で定める場合は，次のとおりとする．

一　電線路維持運用者が維持し，及び運用する電線路と直接に電気的に接続する一般用電気工作物が，当該電線路を介して供給される電気を使用するものである場合以外の場合

二　電線路維持運用者が維持し，及び運用する電線路が，災害その他非常の場合に，一時的に，当該電線路と直接に電気的に接続する一般用電気工作物に供給される電気の電路となる場合

2　法第57条第1項の規定による調査は，次の各号により行うものとする．

一　調査は，一般用電気工作物が設置された時及び変更の工事（ロに掲げる一般用電気工作物にあっては，受電電力の容量の変更を伴う変更の工事に限る．）が完成した時に行うほか，次に掲げる頻度で行うこと．ただし，災害その他やむを得ない事由により当該頻度で行うことができなかった場合には，当該災害その他やむを得ない事情がやんだ後速やかに調査を行うものとする．

イ　ロに掲げる一般用電気工作物以外の一般用電気工作物にあっては，4年に1回以上

ロ　一般用電気工作物の所有者又は占有者から一般用電気工作物の点検の業務（以下「点検業務」という．）を受託する事業を行うことについて，当該受託事業を行う区域を管轄する産業保安監督部長（当該受託事業を行う区域が二以上の産業保安監督部の管轄区域にわたるときは，経済産業大臣．以下「所轄産業保安監督部長」という．）の登録を受けた法人（以下「登録点検業務受託法人」という．）が点検業務を受託している一般用電気工作物（以下「受託電気工作物」という．）にあっては，5年に1回以上

二　法第57条第2項の規定による通知をしたときは，その通知に係る一般用電気工作物について，その通知後相当の期間を経過したときに，その一般用電気工作物の所有者又は占有者の求めに応じて再び調査を行うこと．

三　調査は，法第90条第1項第二号イからハまでのいずれかに該当する者が行うこと．

四　調査を行う者（以下「調査員」という．）は，その身分を示す証明書を携帯し，関係人の請求があったときは，これを提示すること．

五　調査は，測定器又は目視による方法その他の適切な方法により行うこと．

**第97条**　前条第2項第一号の登録を受けようとする法人は，様式第63の点検業務受託事業登録申請書に次の書類を添えて所轄産業保安監督部長に提出しなければならない．

一　定款及び登記事項証明書

二　最近の事業年度末の貸借対照表及び損益計算書

三　次の事項を記載した書類

イ　役員の氏名及び履歴

ロ　事業所の所在地

四　次条各号の規定に該当しないことを説明した書類

五　第97条の3各号の規定に適合することを説明した書類

**第97条の2**　次の各号のいずれかに該当する法人は，第96条第2項第一号の登録を受けることができない．

一　その役員のうちに，電気事業法，電気工事業の業務の適正化に関する法律（昭和45年

法律第 96 号）若しくは電気工事士法（昭和 35 年法律第 139 号）又はこれらの法律に基づく命令の規定に違反し，罰金以上の刑に処せられ，その執行を終わり，又は執行を受けることがなくなった日から 2 年を経過しない者があること．

二　第百条の規定により登録を取り消され，その取消しの日から 2 年を経過しない法人であること．

三　点検業務を受託する事業を適確に遂行するに足りる経理的基礎及び技術的能力を有しない法人であること．

**第 97 条の 3**　所轄産業保安監督部長は，第 96 条第 2 項第一号の登録の申請が次の各号のいずれにも適合しているときは，その登録をしなければならない．

一　点検業務を受託する事業を行う区域（以下「業務区域」という．）は，少なくとも一の都道府県の行政区域を含むものであること．ただし，中小企業団体の組織に関する法律（昭和 32 年法律第 185 号）第 42 条第 1 項の規定に基づき設立された商工組合又は商工組合連合会（その資格事業（中小企業団体の組織に関する法律第八条第 2 項に規定する資格事業をいう．）が工業，鉱業（土石採取業を含む．）又は建設業に属する場合に限る．）にあっては，この限りでない．

二　電気工事業の業務の適正化に関する法律第 2 条第 3 項に規定する電気工事業者並びに同法第 34 条第 2 項の規定により登録電気工事業者とみなされた者及び同条第 3 項の規定により通知電気工事業者とみなされた者（以下単に「電気工事業者」という．）を主たる構成員とし，その数が，業務区域内に事業所を有する電気工事業者の 1／ 3 以上であること．

三　次に掲げる測定器を用いて点検業務を行うものであること．

イ　絶縁抵抗計

ロ　接地抵抗計

ハ　漏れ電流計

ニ　交流電流計

ホ　交流電圧計

四　次のいずれかに該当する者が点検業務を実施するものであること．

イ　法第 44 条第 1 項第一号から第三号までに掲げる種類の主任技術者免状の交付を受けている者

ロ　電気工事士法第 3 条第 1 項に規定する第 1 種電気工事士又は同条第 2 項に規定する第 2 種電気工事士

ハ　学校教育法に基づく大学，高等専門学校，高等学校若しくは中等教育学校，旧大学令（大正 7 年勅令第 388 号）に基づく大学，旧専門学校令（明治 36 年勅令第 61 号）に基づく専門学校又は旧中等学校令（昭和 18 年勅令第 36 号）に基づく実業学校において電気工学の課程又はこれに相当する課程を修めて卒業した者（当該課程を修めて同法による専門職大学の前期課程を修了した者を含む．）

**第 97 条の 4**　第 96 条第 2 項第一号の登録は，点検業務受託事業登録簿に次に掲げる事項を記載してするものとする．

一　登録年月日及び登録番号

二　点検業務受託法人の名称，事業所の所在地及び業務区域

**第 97 条の 5**　登録点検業務受託法人は，その名称，事業所の所在地又は業務区域を変更しようとするときは，様式第 63 の 2 の登録点検業務受託法人名称等変更届出書により，その旨を所轄産業保安監督部長に届け出なければならない．

**第98条**　登録点検業務受託法人は，点検業務を受託する事業を適正に行うため，次に掲げる事項を定めた点検業務受託事業規程を定め，点検業務を受託する事業の開始前に所轄産業保安監督部長に届け出なければならない．これを変更したときも，同様とする．

一　事業所の所在地及び業務区域

二　点検業務を受託する事業を管理する者の職務及び組織に関する事項

三　点検業務を実施する者の資格及びその配置に関する事項

四　点検業務を実施する者に対する保安教育に関する事項

五　委託者との契約に関する事項

六　点検業務の実施項目，方法及び頻度に関する事項

七　点検業務を受託する事業についての記録に関する事項

八　委託者に対する損害賠償に関する事項

九　その他点検業務を受託する事業に関し必要な事項

2　前項の届出は，それぞれ様式第64の点検業務受託事業規程届出書又は様式第65の点検業務受託事業規程変更届出書に点検業務受託事業規程を添えて行わなければならない．

3　所轄産業保安監督部長は，点検業務を受託する事業の適正な実施を確保するため必要があると認めるときは，登録点検業務受託法人に対し，点検業務受託事業規程を変更すべきことを指示するものとする．

**第99条**　登録点検業務受託法人は，点検業務を受託する事業を廃止したときは，遅滞なく，その旨を所轄産業保安監督部長に届け出なければならない．

2　前項の届出は，様式第66の点検業務受託事業廃止届出書により行わなければならない．

**第100条**　所轄産業保安監督部長は，登録点検業務受託法人が次の各号のいずれかに該当するときは，第96条第2項第一号の登録を取り消すことができる．

一　第97条の2第一号又は第三号に該当するに至ったとき．

二　第97条の3各号の規定に適合しなくなったとき．

三　第97条の5又は第98条第1項の規定に違反したとき．

四　第98条第3項の指示に正当な理由なく従わなかったとき．

五　不正の手段により登録を受けたとき．

**第100条の2**　登録点検業務受託法人は，次に掲げる事項を記載した帳簿を備え，点検業務を実施した日から4年間保存しなければならない．

一　点検業務を受託した一般用電気工作物の所有者又は占有者の氏名又は名称及び住所

二　点検業務を実施した年月日

三　点検業務の実施結果

四　点検業務を実施した者の氏名

**第100条の3**　所轄産業保安監督部長は，点検業務を受託する事業の適正な実施を確保するため必要があると認めるときは，登録点検業務受託法人に対し，その点検業務を受託する事業の状況に関し必要な報告を求めることができる．

**第101条**　所轄産業保安監督部長は，次の場合には，当該登録点検業務受託法人の業務区域内の電線路維持運用者に，その旨を通知しなければならない．

一　第96条第2項第一号の登録をしたとき．

二　第97条の5又は第99条第1項の規定による届出があったとき．

三　第100条の規定により登録を取り消したとき．

**第102条**　登録点検業務受託法人は，点検業務を受託する契約を締結したときは，遅滞なく，

次に掲げる事項を，当該受託に係る電線路維持運用者に通知するものとする．契約が更新されたときも，同様とする．

一　委託者の氏名又は名称及び住所

二　受託電気工作物の設置場所

三　契約期間

2　登録点検業務受託法人は，契約期間満了前に契約が終了したときは，遅滞なく，その旨を当該受託に係る電線路維持運用者に通知するものとする．

（調査結果の記録等）

第 103 条　法第 57 条第 4 項の経済産業省令で定める事項は，次のとおりとする．

一　一般用電気工作物の所有者又は占有者の氏名又は名称及び住所

二　調査年月日

三　調査の結果

四　通知年月日

五　通知事項

六　調査員の氏名

2　法第 57 条第 4 項の帳簿は，第 96 条第一号イに掲げる一般用電気工作物に係るものにあっては 4 年間，同号ロに掲げる一般用電気工作物に係るものにあっては 5 年間，保存するものとする．

（電磁的方法による保存）

第 103 条の 2　前条第 1 項各号に掲げる事項が，電磁的方法により記録され，当該記録が必要に応じ電子計算機その他の機器を用いて直ちに表示されることができるようにして保存されるときは，当該記録の保存をもって法第 57 条第 5 項に規定する当該事項が記載された帳簿の保存に代えることができる．

2　前項の規定による保存をする場合には，経済産業大臣が定める基準を確保するよう努めなければならない．

（調査業務の委託の届出等）

第 104 条　法第 57 条の 2 第 2 項の規定による届出をしようとする者は，様式第 67 の調査業務委託（委託廃止）届出書を提出しなければならない．

2　調査業務の委託の届出をする場合は，前項の調査業務委託届出書に委託に係る契約書の写しを添えて提出しなければならない．

## 第３章の２　土地等の使用

（一時使用）

第 104 条の 2　法第 58 条第 2 項の許可を受けようとする者は，様式第 67 の 2 の土地等一時使用許可申請書に次の書類を添えて当該土地等の所在地を管轄する経済産業局長（当該土地等の所在地が二以上の経済産業局の管轄区域にわたるときは，経済産業大臣）に提出しなければならない．

一　当該土地等の所有者及び占有者と交渉した経過を記載した書面（交渉することができなかったときは，その理由書）

二　土地の登記事項証明書（未登記の土地については，土地台帳の謄本．以下同じ．）その他の土地等に関する権利関係を示す書類

三　土地等の所在地を記載した図面

イ　縮尺1/25 000以上の地形図（縮尺1/25 000以上の地形図が無い場合にあっては，縮尺1/50 000以上の地形図．以下同じ．）

ロ　縮尺1/2 000以上の実測平面図

（立入り）

第104条の3　法第59条第1項の許可を受けようとする者は，様式第67の3の土地立入許可申請書に次の書類を添えて当該土地の所在地を管轄する経済産業局長（当該土地の所在地が二以上の経済産業局の管轄区域にわたるときは，経済産業大臣）に提出しなければならない．

一　当該土地の所有者及び占有者と交渉した経過を記載した書面（交渉することができなかったときは，その理由書）

二　土地の登記事項証明書その他の土地に関する権利関係を示す書類

三　立ち入ろうとする土地の所在地を記載した図面

イ　縮尺1/25 000以上の地形図

ロ　縮尺1/2 000以上の実測平面図

（植物の伐採又は移植）

第104条の4　法第61条第1項の許可を受けようとする者は，様式第67の4の植物の伐採又は移植許可申請書に次の書類を添えて伐採又は移植を行う植物の所在地を管轄する経済産業局長（当該植物の所在地が二以上の経済産業局の管轄区域にわたるときは，経済産業大臣）に提出しなければならない．

一　当該植物の所有者と交渉した経過を記載した書面（交渉することができなかったときは，その理由書）

二　立木の登記事項証明書その他の植物に関する権利関係を示す書類

三　土地の登記事項証明書その他の土地に関する権利関係を示す書類

四　伐採又は移植しようとする植物の所在地を記載した図面

イ　縮尺1/25 000以上の地形図

ロ　縮尺1/2 000以上の実測平面図

五　伐採又は移植しようとする植物の状態を示す書類

第104条の5　法第61条第3項の届出をしようとする者は，様式第67の5の植物の伐採又は移植届出書に次の書類を添えて伐採又は移植した植物の所在地を管轄する経済産業局長（当該植物の所在地が二以上の経済産業局の管轄区域にわたるときは，経済産業大臣）に提出しなければならない．

一　立木の登記事項証明書その他の植物に関する権利関係を示す書類

二　土地の登記事項証明書その他の土地に関する権利関係を示す書類

三　伐採又は移植した植物の所在地を記載した図面

イ　縮尺1/25 000以上の地形図

ロ　縮尺1/2 000以上の実測平面図

四　伐採又は移植した植物の現状を示す書類及びその明瞭な写真

第104条の6　法第63条第1項の裁定の申請をしようとする者は，様式第68の裁定申請書に協議の経過に関する説明書を添えて提出しなければならない．

# 第4章　登録安全管理審査機関，指定試験機関及び登録調査機関

## 第1節　登録安全管理審査機関

第105条　削除

第106条　削除

（公示）

第107条　経済産業大臣は登録安全管理審査機関の登録をしたときは，登録安全管理審査機関の行う審査の業務の開始の日を公示しなければならない．

（登録の申請）

第108条　法第67条の規定により申請をしようとする者は，様式第69の登録安全管理審査機関登録申請書に次の書類を添えて提出しなければならない．

一　登記事項証明書又はこれに準ずるもの

二　事業所の名称及び所在地を記載した書類

三　申請者が法第68条各号の規定に該当しないことを説明した書面

四　審査の業務を行う者が法第69条第1項第一号の規定に適合することを説明した書類

五　申請者が法第69条第1項第二号の規定に適合することを説明した書類

第109条　削除

（安全管理審査の方法）

第110条　法第71条第2項に規定する経済産業省令で定める方法は，次に掲げる方法とする．

一　安全管理審査は，文書審査及び実地審査により，法第69条第1項第二号に規定する審査対象電気工作物設置者（以下この条において「設置者」という．）の法定事業者検査の実施に係る体制を審査すること．

二　実地審査は，次に掲げるいずれかの方法で行うこと．

イ　法定事業者検査の実施場所及び当該検査記録の保管場所で行うこと．

ロ　映像及び音声の送受信により相手の状態を相互に認識しながら通信をすることが可能な方法を用いて行うこと．

三　実地審査は，法定事業者検査の記録の確認及び当該検査に係る関係者からの聞き取り（水力発電所の湛水前のダムに係る使用前安全管理審査の実地審査にあっては，これらに加えて，法定事業者検査の立会い）により，次に掲げる事項に関して審査を行うこと．

イ　設置者の法定事業者検査の実施に係る体制について文書審査により確認できない事項

ロ　設置者があらかじめ定めた法定事業者検査の実施に係る体制に従って当該法定事業者検査が行われているかどうかを判断するために必要な事項

第111条及び第112条　削除

（登録安全管理審査機関に係る登録の更新）

第113条　法第70条の規定により，登録安全管理審査機関が登録の更新を受けようとする場合は，第105条から前条までの規定を準用する．

（変更の届出）

第114条　登録安全管理審査機関は，法第72条の規定によりその名称又は事業所の所在地の変更の届出をするときは，様式第70による事業所変更届出書に変更を必要とする理由を記載した書類を添えて提出しなければならない．

（業務規程）

第115条　法第73条第2項の経済産業省令で定める事項は，次のとおりとする．

一　審査の業務を行う時間及び休日に関する事項
二　事業所の名称及びその事業所が審査の業務を行う区域
三　料金の収納の方法に関する事項
四　料金の算定方法
五　審査の実施の方法に関する事項
六　安全管理審査員の選任及び解任に関する事項
七　安全管理審査員の配置に関する事項
八　審査の申請書の保存に関する事項
九　経済産業大臣に対する安全管理審査の結果の通知に関する事項
十　審査の業務を行う電気工作物（第94条各号に掲げるもののうち，一部の電気工作物の審査の業務を行わない場合に限る.）
十一　前各号に掲げるもののほか，審査の業務に関し必要な事項

2　登録安全管理審査機関は，法第73条第1項の規定により業務規程の届出をするときは，様式第71の業務規程届出書に業務規程を添えて提出しなければならない.

3　登録安全管理審査機関は，法第73条第1項の規定により業務規程の変更の届出をするときは，様式第72の業務規程変更届出書に変更を必要とする理由を記載した書類を添えて提出しなければならない.

（業務の休廃止）

**第116条**　登録安全管理審査機関は，法第74条の届出をするときは，様式第73の安全管理審査業務休止（廃止）届出書に休止又は廃止の理由を記載した書類を添えて提出しなければならない.

（電磁的記録に記録された事項を表示する方法等）

**第116条の2**　法第75条第2項第三号の経済産業省令で定める方法は，電磁的記録に記録された事項を紙面又は出力装置の映像面に表示する方法とする.

2　法第75条第2項第四号の経済産業省令で定める電磁的方法は，次に掲げるもののうち，登録安全管理審査機関が定めるものとする.
一　送信者の使用に係る電子計算機と受信者の使用に係る電子計算機とを電気通信回線で接続した電子情報処理組織を使用する方法であって，当該電気通信回線を通じて情報が送信され，受信者の使用に係る電子計算機に備えられたファイルに当該情報が記録されるもの
二　磁気ディスクその他これに準ずる方法により一定の情報を確実に記録しておくことができる物をもって調製するファイルに情報を記録したものを交付する方法

（帳簿）

**第117条**　法第79条第1項の経済産業省令で定める事項は，次のとおりとする.
一　審査を申請した者の氏名又は名称及び住所並びに法人にあっては，その代表者の氏名
二　審査対象電気工作物に係る事業場の名称及び所在地
三　審査の申請を受けた年月日
四　審査を行った電気工作物の概要
五　審査の場所
六　審査年月日
七　安全管理審査員の氏名
八　審査の結果
九　その他審査に関し必要な事項

2　法第79条第1項の帳簿は，10年間保存するものとする．

（電磁的方法による保存）

第118条　前条第1項に掲げる事項が，電磁的方法により記録され，当該記録が必要に応じ電子計算機その他の機器を用いて直ちに表示されることができるようにして保存されるときは，当該記録の保存をもって法第七十九条第2項に規定する当該事項が記載された帳簿の保存に代えることができる．

2　前項の規定による保存をする場合には，経済産業大臣が定める基準を確保するよう努めなければならない．

（業務の引継ぎ）

第118条の2　登録安全管理審査機関は，法第80条第2項の規定により経済産業大臣が同項の安全管理審査の業務の全部又は一部を行う場合には，次に掲げる事項を行わなければならない．

一　引き継ぐべき安全管理審査の業務を経済産業大臣に引き継ぐこと．

二　引き継ぐべき安全管理審査の業務に関する帳簿及び書類を経済産業大臣に引き渡すこと．

三　その他経済産業大臣が安全管理審査の業務の引継ぎに関し必要と認める事項を行うこと．

## 第2節　指定試験機関

（指定の申請）

第119条　法第81条第1項の規定により申請をしようとする者は，様式第77の指定試験機関指定申請書に次の書類を添えて提出しなければならない．

一　定款及び登記事項証明書

二　最近の事業年度末における財産目録及び貸借対照表

三　申請の日を含む事業年度及び翌事業年度における事業計画書及び収支予算書

四　次の事項を記載した書類

イ　役員の氏名及び履歴並びに一般社団法人にあっては社員の氏名又は名称

ロ　事務所の所在地

ハ　申請に係る試験事務の実施の方法に関する計画

ニ　試験員の選任に関する事項

ホ　申請に係る試験事務以外の業務を行っている場合は，その業務の種類及び概要

（事務所の変更）

第120条　指定試験機関は，事務所の所在地を変更しようとするときは，様式第70の事務所変更届出書に変更を必要とする理由を記載した書類を添えて経済産業大臣に提出しなければならない．

（試験員の要件）

第121条　法第84条第2項の経済産業省令で定める要件は，次の各号のいずれかに該当する者であることとする．

一　学校教育法による大学又は高等専門学校において電気工学に関する学科を担当する教授，准教授又は講師（非常勤講師を除く．）の職にあり，又はあった者

二　教育職員免許法（昭和24年法律第147号）による高等学校教諭の専修免許状を有する者であって，学校教育法による高等学校において電気工学に関する学科を担当する教諭の

職にあり，又はあったもの

三　学校教育法による大学若しくは高等専門学校，旧大学令による大学又は旧専門学校令による専門学校において電気工学に関する学科を修めて卒業し（当該学科を修めて同法による専門職大学の前期課程を修了した場合を含む.），かつ，電気技術に関する業務に10年以上従事した経験を有する者

四　電気工作物検査官の職にあり，又はあった者

五　第1種電気主任技術者免状の交付を受けている者であって，電気技術に関する業務に2年以上従事した経験を有するもの

六　第2種電気主任技術者免状の交付を受けている者であって，電気技術に関する業務に4年以上従事した経験を有するもの

七　前各号に掲げる者と同等以上の知識及び経験を有していると経済産業大臣が認める者

（試験員の選任又は変更の届出）

**第122条**　指定試験機関は，法第84条第3項の規定により試験員を選任したとき又は試験員に変更があったときは，遅滞なく，様式第78の試験員の選任（変更）届出書に選任又は変更の理由を記載した書類を添えて提出しなければならない.

（業務の休廃止）

**第122条の2**　指定試験機関は，法第84条の2の2の許可を受けようとするときは，様式第78の2の試験事務休止（廃止）許可申請書に休止又は廃止の理由を記載した書類を添えて提出しなければならない.

（事業計画等）

**第122条の3**　指定試験機関は，法第84条の3第1項の規定により事業計画及び収支予算の認可を受けようとするときは，様式第78の3の事業計画及び収支予算認可申請書に事業計画書及び収支予算書を添えて提出しなければならない.

2　指定試験機関は，法第84条の3第1項の規定により事業計画及び収支予算の変更の認可を受けようとするときは，様式第78の4の事業計画（収支予算）変更認可申請書に変更の理由を記載した書類を添えて提出しなければならない.

（役員の選任及び解任）

**第122条の4**　指定試験機関は，法第84条の4の認可を受けようとするときは，様式第78の5の役員の選任（解任）認可申請書に選任又は解任の理由を記載した書類を添えて提出しなければならない.

（事務の引継ぎ）

**第122条の5**　指定試験機関は，法第88条第2項の規定により経済産業大臣が同項の試験事務の全部又は一部を行う場合には，次に掲げる事項を行わなければならない.

一　引き継ぐべき試験事務を経済産業大臣に引き継ぐこと.

二　引き継ぐべき試験事務に関する帳簿及び書類を経済産業大臣に引き渡すこと.

三　その他経済産業大臣が試験事務の引継ぎに関し必要と認める事項を行うこと.

（業務規程）

**第123条**　法第84条の2第2項の業務規程で定めるべき事項は，次のとおりとする.

一　試験事務を行う時間及び休日に関する事項

二　事務所の名称及びその事務所が試験事務を行う区域

三　手数料の収納の方法に関する事項

四　試験の実施の方法に関する事項

五　試験結果通知書の発行に関する事項
六　試験員の選任及び解任に関する事項
七　試験事務に関して知り得た秘密の保持に関する事項
八　試験事務に関する書類の保存に関する事項
九　前各号に掲げるもののほか，試験事務に関し必要な事項

2　指定試験機関は，法第 84 条の 2 第 1 項の規定により業務規程の設定の認可を受けようとするときは，様式第 78 の 6 の業務規程設定認可申請書に業務規程の案を添えて提出しなければならない.

3　指定試験機関は，法第 84 条の 2 第 1 項の規定により業務規程の変更の認可を受けようとするときは，様式第 78 の 7 の業務規程変更認可申請書に変更を必要とする理由を記載した書類を添えて提出しなければならない.

（試験結果の報告）

**第 124 条**　指定試験機関は，試験を実施したときは，遅滞なく，様式第 79 の試験結果報告書に合格者（一部の科目に合格した者（以下「科目合格者」という.）を含む．以下同じ.）の氏名，生年月日，本籍地及び科目合格者にあっては合格科目を記載した書類を添えて経済産業大臣に提出しなければならない.

（帳簿）

**第 125 条**　法第 87 条の 2 第 1 項の経済産業省令で定める事項は，合格者に係る試験年月日，試験地，受験番号，氏名，生年月日及び本籍地とする.

2　法第 87 条の 2 第 1 項の帳簿は，試験事務を廃止するまで保存しなければならない.

（電磁的方法による保存）

**第 126 条**　前条第 1 項に規定する事項が，電磁的方法により記録され，当該記録が必要に応じ電子計算機その他の機器を用いて直ちに表示されることができるようにして保存されるときは，当該記録の保存をもって法第 87 条の 2 第 2 項に規定する当該事項が記載された帳簿の保存に代えることができる.

2　前項の規定による保存をする場合には，経済産業大臣が定める基準を確保するよう努めなければならない.

## 第 3 節　登録調査機関

（登録の申請）

**第 127 条**　法第 89 条の規定により申請をしようとする者は，様式第 80 の登録調査機関登録申請書に次の書類を添えて提出しなければならない.

一　登記事項証明書又はこれに準ずるもの
二　事業所の名称及び所在地を記載した書類
三　申請者が法第 96 条において準用する法第 68 条各号の規定に該当しないことを説明した書面
四　申請者が法第 90 条第 1 項第一号の規定に適合することを説明した書類
五　調査の業務を行う者が法第 90 条第 1 項第二号の規定に適合することを説明した書類

**第 128 条及び第 129 条**　削除

（調査業務の廃止）

**第 130 条**　登録調査機関は，法第 93 条の規定による調査業務の廃止の届出をしようとするときは，様式第 83 の調査業務廃止届出書を提出しなければならない.

（業務規程）

**第131条**　法第94条第2項の経済産業省令で定める事項は，次のとおりとする．

一　事業所の所在地及びその事業所が調査業務を行う区域

二　料金の算定方法

三　調査の実施の方法に関する事項

四　調査を実施する者の選任及び解任に関する事項

五　調査を実施する者の配置に関する事項

六　一般用電気工作物の工事，維持及び運用に関する保安のため必要な事項の委託者に対する連絡に関する事項

七　前各号に掲げるもののほか，調査業務に関し必要な事項

2　登録調査機関は，法第94条第1項の規定により業務規程を届け出るときは，様式第83の2の業務規程届出書に業務規程を添えて提出しなければならない．

3　登録調査機関は，法第94条第1項の規定により業務規程の変更を届け出るときは，様式83の3の業務規程変更届出書に変更を必要とする理由を記載した書類を添えて提出しなければならない．

（準用）

**第132条**　第103条，第103条の2，第113条及び第116条の2の規定は，登録調査機関に準用する．この場合において，第103条中「法第57条第4項」とあるのは「法第96条において準用する法第79条第1項」と，第103条の2中「法第57条第5項」とあるのは「法第96条において準用する法第79条第2項」と，第113条中「法第70条」とあるのは「法第96条において準用する法第70条」と,「第105条から前条まで」とあるのは「第127条」と，第116条の2第1項中「法第75条第2項第三号」とあるのは「法第96条において準用する法第75条第2項第三号」と，同条第2項中「法第75条第2項第四号」とあるのは「法第96条において準用する法第75条第2項第四号」と読み替えるものとする．

## 第5章　卸電力取引所

（指定の申請）

**第132条の2**　法第97条第1項の規定により卸電力取引所の指定を受けようとする者（以下この条において「指定申請者」という．）は，様式第83の4の卸電力取引所指定申請書に次の書類を添えて提出しなければならない．

一　定款及び登記事項証明書

二　指定の申請に関する意思の決定を証する書類

三　市場開設業務の実施に関する計画として次の事項を記載した書類

イ　市場開設業務に関する知識及び経験を有する役員及び職員の確保の状況に関する事項

ロ　市場開設業務の実施内容に関する事項

四　市場開設業務の実施に関する計画を適確に実施するに足りる経理的及び技術的な基礎を示すものとして次の事項を記載した書類

イ　経理的及び技術的な基礎を有する旨を説明した事項

ロ　売買取引の制限その他の売買取引の公正を確保するための基準及びその方法に関する事項

ハ　市場開設業務に用いる電子計算機等の設備の概要及びその所有又は借入れの別並びに当該設備に関する整備計画に関する事項

五　申請の日の属する事業年度の前事業年度における貸借対照表，損益計算書及び財産目録（申請の日の属する事業年度に設立された法人にあっては，その設立時における財産目録）
六　災害等が発生した場合における業務の継続に関する計画
七　役員の氏名及び履歴を記載した書類
八　職員の氏名及び履歴を記載した書類
九　その代表権を有する役員及び常勤の役員が取引参加者との利害関係を有していないことを誓約する書類
十　役員の選任方法を記載した書類
十一　役員及び職員並びにこれらの職にあった者の行動規範を記載した書類
十二　役員及び職員の配置の見込み並びに事務の機構及び分掌に関する事項を記載した書類
十三　指定申請者が市場開設業務外の業務を行う場合には，当該業務の概要及び当該業務が市場開設業務の公正な実施に支障を及ぼすおそれがないことを説明した書類
十四　役員が法第 97 条第 1 項第六号イ又はロに該当しないことを誓約する書類

2　経済産業大臣は，前項各号に掲げるもののほか，指定申請者に対し，指定のために必要な書類の提出を求めることができる．

（名称等の変更の届出）

**第 132 条の 3**　卸電力取引所は，法第 97 条第 2 項の規定による名称若しくは住所又は市場開設業務を行う事務所の所在地の変更の届出をしようとするときは，様式第 83 の 5 の卸電力取引所名称等変更届出書を提出しなければならない．

（業務）

**第 132 条の 4**　法第 98 条第 2 項の経済産業省令で定める時間は 30 分とする．

（業務規程の認可の申請等）

**第 132 条の 5**　卸電力取引所は，法第 99 条第 1 項前段の規定により業務規程の認可を受けようとするときは，様式第 83 の 6 の業務規程認可申請書に業務規程を添えて提出しなければならない．

2　卸電力取引所は，法第 99 条第 1 項後段の規定により業務規程の変更の認可を受けようとするときは，様式第 83 の 7 の業務規程変更認可申請書に変更後の業務規程を添えて提出しなければならない．

（業務規程の記載事項）

**第 132 条の 6**　法第 99 条第 3 項の経済産業省令で定める事項は，次のとおりとする．

一　市場開設業務を行う時間及び休日（当該時間及び休日が翌日市場，1 時間前市場，翌々日以降の特定の時間帯に受け渡される電気を対象として取引する市場その他卸電力取引所において開設される市場ごとに異なる場合にあっては，当該市場ごとの時間及び休日）に関する事項
二　市場開設業務を行う事務所の所在地
三　売買取引を行うことができる者の資格及びその審査の方法に関する事項
四　卸電力取引市場の種類に関する事項
五　売買取引の方法（当該方法が翌日市場，1 時間前市場，翌々日以降の特定の時間帯に受け渡される電気を対象として取引する市場その他卸電力取引所において開設される市場ごとに異なる場合にあっては，当該市場ごとの方法）に関する事項
六　売買取引の決済に関する事項
七　売買取引の手数料に関する事項

八　債務の履行を担保するために預託する金銭を徴収する場合には，当該金銭の徴収及びその管理の方法に関する事項

八の二　翌日市場において地域ごとに取引価格を算定する方法に関する事項

九　翌日市場における地域間の売買取引の決済に係る収入及びその決済に要する費用の管理に関する事項

十　売買取引において，不正な行為が行われ，又は不当な価格が形成されている場合における当該売買取引の制限その他の売買取引の公正を確保するために必要な措置に関する事項

十一　市場開設業務の実施体制に関する事項

十二　卸電力取引市場の監視の方法に関する事項

十三　取引参加者に対する処分に関する事項

十四　売買取引の実施方法に関する取引参加者からの助言又は意見の聴取に関する事項

十五　前各号に掲げるもののほか，市場開設業務の実施に関し必要な事項

（業務規程の認可の基準）

**第132条の7**　法第99条第3項の認可の基準は，法第98条第1項第一号及び第二号に掲げる業務を適正かつ確実に実施する上で適当なものであることとする．

（売買取引数量等の公表）

**第132条の8**　法第99条の5の経済産業省令で定める事項は，翌日市場における売買取引に係る電力の受渡しが行われる時間帯における電力の売渡しに係る入札数量及び当該時間における電力の買入れに係る入札数量とする．

2　法第99条の5の「売買取引の数量及び価格」とは，次の表の上欄に掲げる市場の区分に応じ，それぞれ同表の下欄に定める事項とする．

| | |
|---|---|
| 翌日市場 | 一　翌日市場における売買取引に係る電力の受渡しが行われる時間帯ごとの売買取引の数量<br>二　一の時間帯における売買取引の価格（地域によって売買取引の価格が異なる場合の価格を含む．） |
| 1時間前市場 | 一　翌日市場における売買取引に係る電力の受渡しが行われる特定の時間帯と同一の時間帯における売買取引の数量<br>二　一の時間帯における売買取引の価格を当該時間帯の売買取引の数量により加重平均した金額 |
| 翌々日以降の特定の時間帯に受け渡される電気を対象として取引する市場 | 一　商品ごとの売買取引の数量<br>二　商品ごとの売買取引の価格を当該商品の売買取引の数量により加重平均した金額 |

3　法第99条の5の規定による公表は，インターネットを利用することにより，前2項に規定する事項について日々行うとともに，その月間及び年間の合計値について確定後遅滞なく行わなければならない．

（事業計画等の認可の申請）

**第132条の9**　卸電力取引所は，法第99条の7第1項前段の規定により事業計画及び収支予

算の認可を受けようとするときは，様式第 83 の 8 の卸電力取引所事業計画及び収支予算認可申請書に次に掲げる書類を添えて，毎事業年度開始の日の 1 月前までに（法第 97 条第 1 項の規定による指定を受けた日の属する事業年度にあっては，当該指定を受けた後遅滞なく），これを提出しなければならない．

一　事業計画書

二　収支予算書

三　前事業年度末の予定貸借対照表

四　当該事業年度末の予定貸借対照表

五　前二号に掲げるもののほか，収支予算書の参考となる書類

2　卸電力取引所は，法第 99 条の 7 第 1 項後段の規定により事業計画及び収支予算の変更の認可を受けようとするときは，様式第 83 の 9 の卸電力取引所事業計画（収支予算）変更認可申請書に当該変更の明細を記載した書面を添えて提出しなければならない．この場合において，収支予算の変更が前項第四号又は第五号に掲げる書類の変更を伴うときは，当該変更後の書類を添付しなければならない．

（事業報告書等の提出）

第 132 条の 10　卸電力取引所は，法第 99 条の 7 第 2 項の規定により毎事業年度の事業報告書及び収支決算書を提出しようとするときは，その事業年度末の貸借対照表を添えて，これを行わなければならない．

（地域間売買取引の決済に係る利益の納付）

第 132 条の 11　卸電力取引所は，毎事業年度末において，翌日市場における地域間の売買取引の決済に係る収入からその決済に要する費用を控除した金額が零以上であるときは，法第 99 条の 8 の規定により，推進機関に対し，翌事業年度の 4 月 30 日までに当該金額を納付するものとする．

2　前項の収入の額は，次の各号に掲げる額を合計して得た額をいう．

一　毎事業年度末までに行われた翌日市場における地域間の売買取引（以下この条において「地域間売買取引」という．）を法第 98 条第 3 項の規定により地域ごとに算定された取引価格（次号において「地域取引価格」という．）で決済することにより卸電力取引所が得る額

二　毎事業年度末までに行われた地域間売買取引に係る地域取引価格の差額（以下この条において「地域間値差」という．）と，卸電力取引所が販売する当該地域間値差に相当する額をあらかじめ確定するための商品（次項第一号において「地域間値差固定商品」という．）の価格との差額として当該事業年度末までに卸電力取引所が取引参加者から支払を受ける額

3　第 1 項の費用の額は，次の各号に掲げる額を合計して得た額をいう．

一　毎事業年度末までに行われた地域間売買取引に係る地域間値差と地域間値差固定商品の価格との差額として当該事業年度末までに卸電力取引所が取引参加者に支払う額

二　前項各号及び前号に関する事務費

4　卸電力取引所は，第 1 項の金額を当該金額が生じた事業年度の損益計算書に費用として計上するものとする．

（市場開設業務の休廃止）

第 132 条の 12　卸電力取引所は，法第 99 条の九第 1 項の規定により市場開設業務の全部又は一部の休止又は廃止の許可を受けようとするときは，様式第 83 の 10 の市場開設業務休止

（廃止）許可申請書を提出しなければならない．

（役員の選任等の認可の申請）

第132条の13　卸電力取引所は，法第99条の10の規定による役員の選任又は解任の認可を受けようとするときは，様式第83の11の役員選任（解任）認可申請書に選任又は解任の理由を記載した書類を添えて提出しなければならない．

## 第6章　雑則

（特定計量の定義）

第132条の14　法第103条の2第1項の経済産業省令で定める計量は，次の各号のいずれにも該当するものとする．

一　電気計器（計量法（平成4年法律第51号）第72条第1項の検定証印又は同法第96条第1項（同法第101条第3項において読み替えて準用する場合を含む．）の表示（以下「検定証印等」という．）が付されているもの（検定証印等の有効期間を経過していないものに限る．）を除く．）を使用する計量

二　電力量その他の電気に係る物象の状態の量（計量法第2条第1項に規定するものをいう．以下同じ．）を増加させ，又は減少させる機器の種類を特定してする計量

三　特定した機器の種類の定格消費電力が500kW未満であること又は出力電力が500kW未満であることが見込まれる計量（電力の取引又は証明（計量法第2条第2項に規定する取引又は証明をいう．以下同じ．）において，電力の上限が500kW未満となる措置を講じている場合又は計量に関する知見に基づいて十分に検討され，その内容が公表されている場合を含む．）

（事業の届出）

第132条の15　法第103条の2第1項の規定による届出をしようとする者は，当該特定計量の実施予定日の30日前までに，様式第83の12の特定計量届出書に，様式第83の13及び第83の14による説明書を添えて，経済産業大臣に提出しなければならない．

（変更の届出）

第132条の16　法第103条の2第1項の規定による変更の届出をしようとする者は，当該変更に係る事項について，変更の予定年月日の10日前までに，様式第83の15の特定計量変更届出書を経済産業大臣に提出しなければならない．特定計量に使用する電気計器の型名を追加しようとする者は，変更の予定年月日の30日前までに，様式第83の15の特定計量変更届出書に，様式第83の13及び様式第83の14による説明書を添えて，経済産業大臣に提出しなければならない．

（特定計量に係る基準）

第132条の17　法第103条の2第2項の経済産業省令で定める基準は，次条から第132条の21まで及び第132条の23に定めるところによる．

（特定計量に使用する電気計器に係る基準）

第132条の18　特定計量に使用する電気計器は，次の各号のいずれにも適合するものでなければならない．

一　その誤差が，適正な計量の実施を確保するために必要と認められる範囲を超えないこと．

二　製造事業者名又は当該製造事業者の登録商標（商標法（昭和34年法律第127号）第2条第5項の登録商標をいう．），製造年，型名，製造番号，定格値その他電気計器を特定するために必要な事項が，その見やすい箇所に，明瞭に判読でき，かつ，容易に消えない方

法で，表記されていること．ただし，その見やすい箇所に表記することが困難なときは，その近傍に表記し，又は必要に応じ電子計算機その他の機器を用いて直ちに表示することができるようにする等の代替的な措置が講じられていること．

三　計量した電力量その他の物象の状態の量の値を確認するための機能を有するものであること．

四　計量する機能の不正な変更を防止するための措置（特定計量を行う者による計量する機能の不正な変更を防止するための対応を含む．）が講じられていること．

五　計量する機能がその使用環境上想定し得る電流，電圧，周波数，温度の変化その他内外からの作用及び使用場所の状況の影響を容易に受けない性能を有するものであって，安全性その他適正な計量の実施を確保するために必要な性能を有するものであること．

六　次に掲げる基準に適合する者により，第一号及び第五号に掲げる基準への適合性を確認するための検査が電気計器の通常の使用状態に応じて適切に行われ，かつ，当該検査に関する記録が適切に作成され，及び保存されていること．

イ　第一号及び第五号に掲げる基準への適合性を適切に確認することができる検査に関する知識を有する者であること

ロ　第一号及び第五号に掲げる基準への適合性を適切に確認することができる検査設備を所有し，又は利用できる者であること

ハ　その製造事業者が自ら検査を行う場合にあっては，その検査の実施において適正な体制を有する者であること

七　その構造，使用条件，使用状況等に応じて，第一号から第五号までに掲げる基準に適合する機能を維持するために必要な点検，取替えその他の措置が講じられていること．

(特定計量をする者に係る基準)

**第 132 条の 19**　特定計量に係る取引又は証明をしようとする者は，その相手方に対し，書面の交付その他の適切な方法により，次に掲げる事項(その内容を変更しようとする場合にあっては，当該変更しようとする事項に限る．）について説明を行うこととする．ただし，第十一号に掲げる事項のうち苦情及び問合せに応じることができる時間帯については，特定計量をする者が，特定計量に係る取引又は証明の媒介，取次ぎ又は代理（以下この号において「媒介等」という．）を業として行う者（以下この号において「媒介業者等」という．）の業務の方法についての苦情及び問合せを処理することとしている場合は，この限りでない．

一　当該特定計量に係る取引又は証明をしようとする者の氏名又は名称

二　当該媒介業者等が当該特定計量に係る取引又は証明の媒介等を行う場合にあっては，その旨及び当該媒介業者等の氏名又は名称

三　検定証印等が付されているもの（検定証印等の有効期間を経過していないものに限る．）を使用する計量ではなく，電気事業法第 103 条の 2 第 1 項に規定する特定計量をする旨

四　特定計量をする電力量その他の物象の状態の量の種類

五　使用する電気計器の一般的な名称，製造事業者名，製造年，型名，製造番号その他使用する電気計器を特定するために必要な事項

六　前条第一号の誤差の範囲並びに当該誤差の範囲が計量法第 71 条第 1 項第二号の経済産業省令で定める検定公差を超える場合にはその旨及びその誤差が電力の取引又は証明に及ぼす影響（軽微なものを除く．）

七　前条第三号の機能の概要

八　前条第六号の検査を行った者の名称

九　前条第七号の措置

十　当該特定計量に係る取引又は証明をしようとする者の電話番号，電子メールアドレス等その他の連絡先並びに苦情及び問合せに応じることができる時間帯

十一　媒介業者等が，当該特定計量に係る取引又は証明の媒介等を行う場合にあっては，当該媒介業者等の電話番号，電子メールアドレス等その他の連絡先並びに苦情及び問合せに応じることができる時間帯

十二　適正な計量の実施の確保のために特定計量に係る取引又は証明の相手方が遵守し，又は留意すべき事項があるときは，その内容

十三　電気計器の工事，維持及び運用に関する費用，その位置で計量をすることにより発生する費用の負担その他の特定計量に係る取引又は証明の相手方の負担となるものがある場合にあっては，その内容

十四　特定計量に係る取引又は証明の実施期間

十五　その他その特定計量をするに当たり必要な事項

**第132条の20**　特定計量をする者は，特定計量に係る取引又は証明の相手方からの苦情及び問合せについては，適切かつ迅速にこれを処理することとする．また，苦情の内容及び苦情処理に関する記録を，その記載の日から少なくとも2年間保存することとする．

**第132条の21**　特定計量をする者は，次に掲げる事項を記載した台帳を作成し，これを特定計量の終了する日から少なくとも2年間保存することとする．

一　特定計量に使用する電気計器の設置の場所

二　第132条の14第二号の機器の種類

三　第132条の14第三号に掲げる計量に該当している旨

四　使用する電気計器の一般的な名称，製造事業者名，製造年，型名，製造番号その他使用する電気計器を特定するために必要な事項

五　特定計量の開始の日

六　第132条の18条第七号の措置

七　特定計量に使用する電気計器の所有者の氏名又は名称

八　特定計量に係る取引又は証明の相手方の氏名又は名称その他の特定計量を適切に実施するための管理に必要な事項

**（電磁的方法による保存）**

**第132条の22**　第132条の二十一各号に掲げる事項が，電磁的方法により記録され，当該記録が必要に応じ電子計算機その他の機器を用いて直ちに表示されることができるようにして保存されるときは，当該記録の保存をもって当該事項が記載された台帳の保存に代えることができる．

**第132条の23**　特定計量をする者は，計量した電力量その他の物象の状態の量に関する記録の保存，サイバーセキュリティの確保その他の特定計量の適正な実施に関し必要な措置を講じることとする．

**（立入検査の身分証明書）**

**第133条**　法第107条第11項の証明書は，様式第84によるものとする．

**第133条の2**　法第107条第17項において準用する同条第15項の証明書は，様式第84の2によるものとする．

**第134条**　削除

**（聴聞）**

**第 135 条**　行政手続法（平成 5 年法律第 88 号）第 15 条第 1 項の規定による通知は，聴聞を行うべき期日の 21 日前までに行わなければならない．

2　経済産業大臣は，行政手続法第 17 条第 1 項の許可の申請をした者のうちから，聴聞に出席して意見を述べることができる者を指定し，その期日の 3 日前までに指定した者に対しその旨を通知しなければならない．

（意見の聴取）

**第 136 条**　法第 110 条第 1 項の意見の聴取は，経済産業大臣又はその指名する職員が議長として主宰する意見聴取会によって行う．

2　経済産業大臣は，意見聴取会を開こうとするときは，その期日の 21 日前までに，意見聴取会の期日及び場所並びに事案の内容を審査請求人に対し通知しなければならない．

3　利害関係人（参加人を除く.）又はその代理人として意見聴取会に出席して意見を述べようとする者は，意見聴取会の期日の 14 日前までに，意見の概要及びその事案について利害関係があることを疎明する事実を記載した文書によりその旨を経済産業大臣に届け出なければならない．

4　経済産業大臣は，前項の規定による届出をした者のうちから，意見聴取会に出席して意見を述べることができる者を指定し，その期日の 3 日前までに指定した者に対しその旨を通知しなければならない．

5　経済産業大臣は，必要があると認めるときは，学識経験のある者，関係行政機関の職員その他の参考人に意見聴取会に出席を求めることができる．

6　意見聴取会においては，審査請求人，参加人，第 4 項の規定による指定を受けた者又はこれらの代理人及び前項の規定により意見聴取会に出席を求められた者以外の者は，意見を述べることができない．

7　意見聴取会においては，議長は，最初に審査請求人又はその代理人に審査請求の要旨及び理由を陳述させなければならない．

8　意見聴取会において審査請求人又はその代理人が出席しないときは，議長は，審査請求書の朗読をもって前項の規定による陳述に代えることができる．

9　審査請求人又は利害関係人の代理人は，その代理権を証する書類を議長に提出しなければならない．

10　意見聴取会に出席して意見を述べる者が事案の範囲を超えて発言するとき，又は意見聴取会に出席している者が意見聴取会の秩序を乱し，若しくは不穏な言動をするときは，議長は，これらの者に対し，その発言を禁止し，又は退場を命ずることができる．

11　議長は，意見聴取会の期日又は場所を変更したときは，その期日及び場所を第 4 項の規定による指定を受けた者及び第 5 項の規定により意見聴取会に出席を求められた者に通知しなければならない．

**第 137 条**　削除

（申請書等の写しの提出）

**第 138 条**　経済産業大臣に対し次の表の上欄に掲げる申請又は届出をしようとする者は，その申請又は届出に係る書類の写し 1 通をそれぞれ同表の下欄に定める経済産業局長又は産業保安監督部長に提出しなければならない．

| | |
|---|---|
| 一　法第3条及び第27条の4の許可の申請 | 申請に係る電気工作物の設置の場所を管轄する経済産業局長 |
| 二　法第42条第1項又は第2項による届出（原子力発電所に係るものを除く.） | 届出に係る電気工作物の設置の場所を管轄する産業保安監督部長 |
| 三　法第47条第1項又は第2項の認可の申請（原子力発電所に係る工事に関するものを除く.） | 申請に係る電気工作物の設置の場所を管轄する産業保安監督部長 |
| 四　法第47条第4項若しくは第5項又は第48条第1項の規定による届出（原子力発電所に係る工事に関するものを除く.） | 届出に係る電気工作物の設置の場所を管轄する産業保安監督部長 |

2　情報通信技術活用法第6条第1項の規定により電子情報処理組織を使用して前項の表中第二号に掲げる届出（法第42条第2項の規定による届出に限る.）に係る書類の写しを提出する場合は，情報通信技術活用法施行規則第4条第3項の規定は，適用しない.

## 附　則（令和4年5月20日　経済産業省令第48号）

この省令は，公布の日から施行する.

様式第１（第３条の５関係）

## 小 売 電 気 事 業 登 録 申 請 書

年　　月　　日

殿

住　所

氏　名（名称及び代表者の氏名）

電気事業法第２条の２の規定により，小売電気事業の登録を受けたいので，次のとおり申請します．

| | | |
|---|---|---|
| 主たる営業所 | 名称 | |
| | 所在地 | |
| その他の営業所 | 名称 | |
| | 所在地 | |

| | | | |
|---|---|---|---|
| 最大需要電力が見込まれる月及び時間帯 | 月　　時～　　時 | 備考 | |
| 最大需要電力の見込み | kW | | |
| 供給能力の確保の見込み | kW | 備考 | |

内訳

(1)自社電源

| | |
|---|---|
| 確保する電源の出力の見込み | kW |
| 自社電源による供給能力の確保の見込み | kW |

電源の名称・所在地・原動力の種類等

| 名称 | 所在地 | 原動力の種類 | 運転開始日 | 出力 | 供給能力の確保の見込み | 備考 |
|---|---|---|---|---|---|---|
| | | | | | | |
| | | | | | | |

(2)相対契約

| | |
|---|---|
| 確保する契約電力の見込み | kW |
| 相対契約による供給能力の確保の見込み | kW |

契約の相手方の事業者名・所在地・契約締結日等

| 事業者名 | 事業者の所在地 | 契約締結日 | 契約期間 | 契約電力 | 供給能力の確保の見込み | 備考 |
|---|---|---|---|---|---|---|
| | | | | | | |
| | | | | | | |

| | | | |
|---|---|---|---|
| (3)卸電力取引市場からの調達 | | | |
| 最大需要電力が見込まれる時間帯における調達量の見込み | kW | 備考 | |
| (4)その他 | | | |
| 最大需要電力が見込まれる時間帯において供給能力に相当する能力として見込むことができる値 | kW | 備考 | |
| 事業開始の予定年月日 | | | |
| 電話番号，電子メールアドレスその他の連絡先 | | | |
| その行う小売電気事業以外の事業の概要 | | | |

備考　1　最大需要電力とは，当面見込まれる小売供給の相手方の電気の需要の最大値をいう．

2　「最大需要電力が見込まれる月及び時間帯」及び「最大需要電力の見込み」の「備考」の欄には，これらをどのように見込んだかの説明を記載すること．

3　「供給能力の確保の見込み」の欄には，最大需要電力が見込まれる時間帯における当該最大需要電力の見込みに応ずるための供給能力の確保の見込みを記載すること．

4　他の電気事業者に対して電気を供給する見込みがあることその他の理由により，「供給能力の確保の見込み」の欄に記載する値と，その内訳の合計値（「自社電源による供給能力の確保の見込み」，「相対契約による供給能力の確保の見込み」，「最大需要電力が見込まれる時間帯における調達量の見込み」及び「最大需要電力が見込まれる時間帯において供給能力に相当する能力として見込むことができる値」の合計値）が一致しない場合には，「供給能力の確保の見込み」の「備考」の欄にその理由を記載すること．

5　「電源の名称・所在地・原動力の種類等」の「原動力の種類」の欄には，水力，火力，原子力，新エネルギー等又はその他の別を記載することとし，火力と記載するに当たっては，燃料電池発電設備を含み，廃棄物を除くものとすること．また，火力と記載する場合には石炭，ＬＮＧ，石油，ＬＰＧ，その他ガス，瀝青質混合物の別を，水力と記載する場合には一般と揚水の別を，新エネルギー等と記載する場合には風力，太陽光，地熱，バイオマス，廃棄物の別を記載すること．

6　「電源の名称・所在地・原動力の種類等」の欄に記載するに当たっては，出力が1 000kW以下の電源については，原動力の種類ごとに一括して記載することができる．

7　「電源の名称・所在地・原動力の種類等」の「運転開始日」の欄にこの申請書の提出日より先の日を記載する場合には，当該欄に当該電源の工事着工日も記載すること．

8　「電源の名称・所在地・原動力の種類等」の欄において，太陽電池発電設備又は風力発電設備を供給能力として見込んでいる場合及び「出力」の欄と「供給能力の確保の見込み」の欄に記載する値が一致しない場合には，「備考」の欄にこれらの供給能力の確保の見込みの考え方を記載すること．

9 「契約の相手方の事業者名・所在地・契約締結日等」の欄に記載するに当たっては，契約電力が1 000kW 以下のものについては，一括して記載することができる．

10 「契約の相手方の事業者名・所在地・契約締結日等」の欄において，太陽電池発電設備又は風力発電設備を供給能力として見込んでいる場合及び「契約電力」の欄と「供給能力の確保の見込み」の欄に記載する値が一致しない場合には，「備考」の欄にこれらの供給能力の確保の見込みの考え方を記載すること．

11 「卸電力取引市場からの調達」の「備考」の欄には，過去の卸電力取引市場における約定量等に照らして，その調達量を卸電力取引市場から調達することができると見込む根拠を記載すること．

12 「最大需要電力が見込まれる時間帯において供給能力に相当する能力として見込むことができる値」の欄には，デマンド・レスポンスなど，(1)〜(3)に該当しないものを記載すること．

13 「その他」の「備考」の欄には，最大需要電力が見込まれる時間帯において，その値を供給能力に相当する能力として見込むこととした理由を記載すること．

14 用紙の大きさは，日本産業規格 A4 とすること．

様式第１の２（第３条の５関係）

小売電気事業遂行体制説明書

１．小売電気事業を遂行する責任者

２．小売電気事業を遂行する体制の概要

３．組織図

備考　用紙の大きさは，日本産業規格 A4 とすること．

様式第１の３（第３条の５，第45条の７関係）

苦情等処理体制説明書

１．小売供給の相手方からの苦情及び問合せの方法

２．小売供給の相手方からの苦情及び問合せを処理する体制の概要

３．小売供給の相手方からの苦情及び問合せを処理する体制図

備考　1　１．については，対応することができる時間帯も記載すること．

2　３．については，具体的な対応人員等も記載すること．

3　用紙の大きさは，日本産業規格 A4 とすること．

様式第１の４（第３条の７関係）

# 小売電気事業変更登録申請書

年　　月　　日

殿

住　所

氏　名（名称及び代表者の氏名）

電気事業法第２条の６第１項の規定により，同法第２条の３第１項第三号に掲げる事項の変更登録を受けたいので，次のとおり申請します．

| | 変更前 | 変更後 | 備考 |
|---|---|---|---|
| 最大需要電力が見込まれる月及び時間帯 | 月　　時～　　時 | 月　　時～　　時 | |
| 最大需要電力の見込み | kW | kW | |
| 供給能力の確保の見込み | kW | kW | |

変更後の供給能力の確保の見込みの内訳

(1)自社電源

| | |
|---|---|
| 確保する電源の出力の見込み | kW |
| 自社電源による供給能力の確保の見込み | kW |

電源の名称・所在地・原動力の種類等

| 名称 | 所在地 | 原動力の種類 | 運転開始日 | 出力 | 供給能力の確保の見込み | 備　　考 |
|---|---|---|---|---|---|---|
| | | | | | | |
| | | | | | | |

(2)相対契約

| | |
|---|---|
| 確保する契約電力の見込み | kW |
| 相対契約による供給能力の確保の見込み | kW |

契約の相手方の事業者名・所在地・契約締結日等

| 事業者名 | 事業者の所在地 | 契約締結日 | 契約期間 | 契約電力 | 供給能力の確保の見込み | 備　　考 |
|---|---|---|---|---|---|---|
| | | | | | | |
| | | | | | | |

| | | | | |
|---|---|---|---|---|
| (3)卸電力取引市場からの調達 | | | | |
| | 最大需要電力が見込まれる時間帯における調達量の見込み | kW | 備考 | |
| (4)その他 | | | | |
| | 最大需要電力が見込まれる時間帯において供給能力に相当する能力として見込むことができる値 | kW | 備考 | |
| 変更予定年月日 | | | | |
| 小売電気事業の登録年月日及び登録番号 | | | | |
| 電話番号，電子メールアドレスその他の連絡先 | | | | |

備考　様式第1の備考1から14までと同様とすること．

様式第1の5（第3条の8関係）

小売電気事業氏名等変更届出書

年　　月　　日

殿

住　所

氏　名（名称及び代表者の氏名）

電気事業法第2条の6第4項の規定により，次のとおり変更したので届け出ます．

| | | |
|---|---|---|
| 変更事項 | | |
| 変更の内容 | 変更前 | 変更後 |
| | | |
| 変更年月日 | | |
| 小売電気事業の登録年月日及び登録番号 | | |
| 電話番号，電子メールアドレスその他の連絡先 | | |

備考　用紙の大きさは，日本産業規格 A4 とすること．

様式第１の６（第３条の８関係）

# 小売電気事業変更届出書

年　　月　　日

殿

住　所

氏　名（名称及び代表者の氏名）

電気事業法第２条の６第４項の規定により，次のとおり変更したので届け出ます．

| | 変更前 | 変更後 | 備考 |
|---|---|---|---|
| 最大需要電力が見込まれる月及び時間帯 | 月　時～　時 | 月　時～　時 | |
| 最大需要電力の見込み | kW | kW | |
| 供給能力の確保の見込み | kW | kW | |

変更後の供給能力の確保の見込みの内訳

(1)自社電源

| | |
|---|---|
| 確保する電源の出力の見込み | kW |
| 自社電源による供給能力の確保の見込み | kW |

電源の名称・所在地・原動力の種類等

| 名称 | 所在地 | 原動力の種類 | 運転開始日 | 出力 | 供給能力の確保の見込み | 備　考 |
|---|---|---|---|---|---|---|
| | | | | | | |
| | | | | | | |

(2)相対契約

| | |
|---|---|
| 確保する契約電力の見込み | kW |
| 相対契約による供給能力の確保の見込み | kW |

契約の相手方の事業者名・所在地・契約締結日等

| 事業者名 | 事業者の所在地 | 契約締結日 | 契約期間 | 契約電力 | 供給能力の確保の見込み | 備　考 |
|---|---|---|---|---|---|---|
| | | | | | | |
| | | | | | | |

| | | | |
|---|---|---|---|
| (3)卸電力取引市場からの調達 | | | |
| 最大需要電力が見込まれる時間帯における調達量の見込み | kW | 備考 | |
| (4)その他 | | | |
| 最大需要電力が見込まれる時間帯において供給能力に相当する能力として見込むことができる値 | kW | 備考 | |
| 変更年月日 | | | |
| 小売電気事業の登録年月日及び登録番号 | | | |
| 電話番号，電子メールアドレスその他の連絡先 | | | |

備考　様式第１の備考１から14までと同様とすること．

**様式第１の７**（第３条の９関係）

## 小売電気事業承継届出書

年　　月　　日

殿

住　所

氏　名（名称及び代表者の氏名）

地位を承継した者が小売電気事業者である場合は，その登録年月日及び登録番号

電気事業法第２条の７第２項の規定により，次のとおり小売電気事業者の地位を承継したので届け出ます．

| | |
|---|---|
| 承継年月日 | |
| 被承継者 | |
| 承継した小売電気事業の登録年月日及び登録番号 | |
| 電話番号，電子メールアドレスその他の連絡先 | |

備考　用紙の大きさは，日本産業規格A4とすること．

様式第1の8（第3条の10関係）

小売電気事業休止（廃止）届出書

年　月　日

殿

住　所

氏　名（名称及び代表者の氏名）

電気事業法第2条の8第1項の規定により，次のとおり小売電気事業を休止（廃止）したので届け出ます．

| | |
|---|---|
| 休止年月日及び予定期間（廃止年月日） | |
| 小売電気事業の登録年月日及び登録番号 | |
| 電話番号，電子メールアドレスその他の連絡先 | |

備考　用紙の大きさは，日本産業規格A4とすること．

様式第1の9（第3条の10関係）

解散届出書

年　月　日

殿

住　所

氏　名（名称及び代表者の氏名）

電気事業法第2条の8第2項の規定により，次のとおり小売電気事業者たる法人が解散したので届け出ます．

| | |
|---|---|
| 解散した法人の名称及び代表者の氏名 | |
| 解散した法人の登録年月日及び登録番号 | |
| 解散年月日 | |
| 電話番号，電子メールアドレスその他の連絡先 | |

備考　用紙の大きさは，日本産業規格A4とすること．

様式第１の10（第４条関係）

# 一般送配電事業許可申請書

年　　月　　日

殿

住　所
商　号
代表者の役職氏名

電気事業法第３条の規定により，次のとおり一般送配電事業の許可を受けたいので申請します．

<table>
<tr><td colspan="4"></td><td></td><td>備　考</td></tr>
<tr><td colspan="4">取締役の氏名</td><td></td><td rowspan="21"></td></tr>
<tr><td colspan="2" rowspan="2">主たる営業所</td><td colspan="2">名称</td><td></td></tr>
<tr><td colspan="2">所在地</td><td></td></tr>
<tr><td colspan="2" rowspan="2">その他の営業所</td><td colspan="2">名称</td><td></td></tr>
<tr><td colspan="2">所在地</td><td></td></tr>
<tr><td colspan="4">供給区域（都道府県郡市区町村字を記載すること.）</td><td></td></tr>
<tr><td rowspan="14">一般送配電事業の用に供する電気工作物</td><td rowspan="8">送電用の電気工作物</td><td rowspan="3">設置の場所</td><td>区間</td><td></td></tr>
<tr><td>経由する発電所又は変電所の名称</td><td></td></tr>
<tr><td>経過地（都道府県郡市区町村を記載すること.）</td><td></td></tr>
<tr><td colspan="2">電気方式</td><td></td></tr>
<tr><td colspan="2">設置の方法</td><td></td></tr>
<tr><td colspan="2">回線数</td><td></td></tr>
<tr><td colspan="2">周波数</td><td></td></tr>
<tr><td colspan="2">電圧</td><td></td></tr>
<tr><td rowspan="3">配電用の電気工作物</td><td colspan="2">電気方式</td><td></td></tr>
<tr><td colspan="2">周波数</td><td></td></tr>
<tr><td colspan="2">電圧</td><td></td></tr>
<tr><td rowspan="3">変電用の電気工作物</td><td colspan="2">設置の場所（都道府県郡市区町村を記載すること.）</td><td></td></tr>
<tr><td colspan="2">周波数</td><td></td></tr>
<tr><td colspan="2">出力</td><td></td></tr>
</table>

| | | | | |
|---|---|---|---|---|
| | 発電用の電気工作物 | 設置の場所（都道府県郡市区町村を記載すること.） | | |
| | | 原動力の種類 | | |
| | | 周波数 | | |
| | | 出力 | | |

備考　1　水力発電所の場合は，常時出力及び常時せん頭出力を備考欄に記載すること.

2　送電線路の回線数が設計回線数と異なる場合は，設計回線数を備考欄に記載すること.

3　送電線路の電圧が設計電圧と異なる場合は，設計電圧を備考欄に記載すること.

4　該当事項のない欄は，省略すること.

5　用紙の大きさは，日本産業規格 A4 とすること.

様式第２（第４条，第 41 条関係）

## 事業計画書

1　事業開始予定年月日

2　一般送配電事業の開始の日以降 10 年内の日を含む毎年度における用途別の需要見込み及び供給の計画

3　送電事業の開始の日以降５年内の日を含む毎年度における用途別の需要見込み及び供給の計画

4　所要資金の額及びその調達方法

5　工事の概要

(1)　一般送配電事業の用に供する送電線路

送電線路の名称

こう長及び回線数

電線の種類，太さ及び１回線当たりの条数

送電容量

開開所の位置（都道府県郡市区町村を記載すること.）

(2)　送電事業の用に供する送電線路

送電線路の名称

こう長及び回線数

電線の種類，太さ及び１回線当たりの条数

送電容量

開閉所の位置（都道府県郡市区町村を記載すること.）

(3)　一般送配電事業の用に供する変電所

変電所の名称

変圧器の種類，容量，電圧，相，周波数及び台数

周波数変換機器又は整流機器の種類，容量又は出力，電圧，相，周波数及び台数

(4)　送電事業の用に供する変電所

変電所の名称

変圧器の種類，容量，電圧，相，周波数及び台数

周波数変換機器又は整流機器の種類，容量又は出力，電圧，相，周波数及び台数

(5)　電気事業の用に供する発電所

イ　発電所の名称

ロ　原動力設備

(イ)　水力設備

取水する河川又は湖沼の名称及び放水する河川又は湖沼の名称

取水する河川又は湖沼の流域面積（当該発電所に係る部分に限る.）

取水口の位置（都道府県都市区町村字番地を記載すること.）

放水口の位置（都道府県郡市区町村字番地を記載すること.）

ダムの位置（都道府県都市区町村字番地を記載すること.）

有効落差（最大，常時及び常時せん頭の別に記載すること.）

使用水量（最大，常時及び常時せん頭の別に記載すること.）

揚水式発電所の場合は，揚水量及び揚程

引水方法

ダムの種類，高さ，頂長及び堤体の面積
導水路の種類，こう長及びこう配
ヘッドタンク又はサージタンクの種類
水圧管路の条数，長さ，最大内径及び最小内径
放水路の種類，こう長及びこう配
貯水池又は調整池の全容量，有効容量，設計洪水流量，利用水深，常時満水位，計画最高水位及び年間総流入量
水車の種類，出力，回転数及び台数
揚水式発電所における揚水用のポンプの種類，入力，回転数及び台数

(ロ) 汽力を原動力とする設備
蒸気タービンの種類，出力，回転数及び台数
ボイラーの種類，蒸発量及び台数
燃料の種類及び標準発熱量

(ハ) ガスタービンを原動力とする設備
ガスタービンの種類，出力，回転数及び台数
燃料の種類及び標準発熱量

(ニ) 内燃力を原動力とする設備
内燃機関の種類，出力，回転数及び台数
燃料の種類及び標準発熱量

(ホ) 原子力設備
原子炉の型式，熱出力及び基数
燃料の種類，初期濃縮度，燃焼率及び装荷量
原子炉圧力容器の種類，圧力，温度及び台数
蒸気発生器の種類，容量，圧力，温度及び台数
原子炉の制御方式
原子炉格納施設の種類及び圧力
蒸気タービンの種類，出力，主蒸気止め弁の入口の圧力及び温度，再熱蒸気止め弁の入口の圧力及び温度，回転数並びに台数

ハ　電気設備
発電機の種類，容量，電圧，相，周波数，回転数及び台数
変圧機の種類，容量，電圧，相，周波数及び台数
周波数変換機器又は整流機器の種類，容量又は出力，電圧，相，周波数及び台数

6　工事の工程
7　工事費の概要

備考　1　工事の概要は，主要設備について記載すること．
2　工事の工程は，送電線路，変電所又は発電所に係る場合に限り，記載すること．
3　工事費の概算は，電気事業会計規則（昭和40年通商産業省令第57号）の別表第1の勘定科目の分類により記載すること．
4　該当事項のない項目は，省略すること．
5　用紙の大きさは，日本産業規格A4とすること．

様式第3（第4条，第6条，第10条，第11条，第15条，第41条，第45条の2関係）

## 事業収支見積書

### 収益及び費用

| 項目 | | 年度 | 備考 |
| --- | --- | --- | --- |
| 託送収益 | | | |
| 事業者間精算収益 | | | |
| 電灯料 | | | |
| | 想定需要（百万 kWh） | | |
| | 単位（円／kWh） | | |
| 電力料 | | | |
| | 想定需要（百万 kWh） | | |
| | 単位（円／kWh） | | |
| その他の収益 | | | |
| 当期経常収益合計 | | | |
| 送電費 | | | |
| 変電費 | | | |
| 配電費 | | | |
| その他の費用 | | | |
| 当期経常費用合計 | | | |
| 法人税等 | | | |
| 当期純利益 | | | |

### キャッシュ・フロー

| 項目 | 年度 | 備考 |
| --- | --- | --- |
| 営業活動によるキャッシュ・フロー | | |
| 投資活動によるキャッシュ・フロー | | |
| 固定資産の取得による支出 | | |
| 固定資産の売却による収入 | | |
| その他の増減額 | | |
| 財務活動によるキャッシュ・フロー | | |
| 借入金の増減額 | | |
| 社債の増減額 | | |
| 株式の発行による収入 | | |
| 配当金の支払額 | | |

| | | |
|---|---|---|
| その他の増減額 | | |
| 現金及び現金同等物の増減額 | | |
| 現金及び現金同等物の期首残高 | | |
| 現金及び現金同等物の期末残高 | | |

備考　1　電灯料及び電力料については法第2条第1項第八号イに定める最終保障供給及び同号ロに定める離島等供給に係る収益に限る.

2　法人税等には，法人税等調整額を含むこと.

3　受取利息及び受取配当金については投資活動によるキャッシュ・フローに，支払利息は財務活動によるキャッシュ・フローに含めること.

4　送電事業者にあっては，一般送配電事業者又は配電事業者への振替供給によって得た収益を事業者間精算収益により整理すること.

5　該当事項のない欄は，省略すること.

6　備考欄には，事業収支見積書の作成にあたり設定した仮定や算定方法等，各財務数値の計上根拠に係る説明を記載すること.

7　毎事業年度の全ての金額を，1枚で記載するごと.

8　記載すべき金額は100万円単位，想定需要は100万kWhをもって表示すること.

9　用紙の大きさは，日本産業規格A4とすること.

様式第4（第4条，第10条，第11条関係）

## 一般送配電事業遂行体制説明書

1．一般送配電事業を遂行する責任者

2．一般送配電事業を遂行する体制の概要

3．組織図

備考　用紙の大きさは，日本産業規格A4とすること.

様式第5（第5条関係）

事 業 開 始 届 出 書

年　　月　　日

殿

住　所
商　号
代表者の役職氏名

電気事業法第7条第4項（同法第8条第2項において準用する同法第7条第4項）（同法第27条の12において読み替えて準用する同法第7条第4項）（同法第27条の12において準用する同法第8条第2項において準用する同法第7条第4項）又は第27条の12の6第4項（同法第27条の12の7第2項において準用する第27条の12の6）の規定により，次のとおり事業を開始したので届け出ます．

| | |
|---|---|
| 事業開始年月日 | |
| 事 業 の 内 容 | |

備考　1　事業の内容は，電気事業法第7条第2項（同法第8条第2項において準用する場合を含む.）（同法第27条の12において読み替えて準用する同法第7条第2項（同法第27条の12において準用する同法第8条第2項において準用する場合を含む.））又は第27条の12の6第2項(同法第27条の12の7第2項において準用する場合を含む.）の規定により供給区域（振替供給の相手方たる一般送配電事業者又は配電事業者）を区分して法第7条第1項（同法第8条第2項において準用する場合を含む.）（同法第27条の12において読み替えて準用する同法第7条第1項（同法第27条の12において準用する同法第8条第2項において準用する場合を含む.））又は第27条の12の6第1項（同法第27条の12の7第2項において準用する場合を含む.）の指定があった場合に限り，記載すること．

2　用紙の大きさは，日本産業規格A4とすること．

様式第6（第6条関係）

供 給 区 域 変 更 許 可 申 請 書

年　　月　　日

殿

住　所
商　号
代表者の役職氏名

電気事業法第8条第1項の規定により，次のとおり供給区域の増加（減少）の許可を受けたいので申請します．

| | |
|---|---|
| 増加（減少）しようとする区域（都道府県郡市町村字を記載すること.） | |
| 変　更　予　定　年　月 | |

備考　用紙の大きさは，日本産業規格A4とすること．

様式第７（第９条関係）

電　気　工　作　物　変　更　届　出　書

年　　月　　日

殿

住　所
商　号
代表者の役職氏名

電気事業法第９条第１項（同法第９条第２項）（同法第27条の12において読み替えて準用する同法第９条第１項）（同法第27条の12において読み替えて準用する同法第９条第２項）（同法第27条の12の13において読み替えて準用する同法第９条第１項）（同法第27条の12の13において読み替えて準用する同法第９条第２項）の規定により，次のとおり電気工作物の変更をしたい（変更をした）ので届け出ます．

| 一般送配電事業（送電事業）（配電事業）の用に供する電気工作物 | | 変更前 | 変更後 | 備考 |
|---|---|---|---|---|
| 送電用の電気工作物 | 設置の場所（都道府県郡市区町村を記載すること．） | | | |
| | 電気方式 | | | |
| | 設置の方法 | | | |
| | 回線数 | | | |
| | 周波数 | | | |
| | 電圧 | | | |
| 配電用の電気工作物 | 電気方式 | | | |
| | 周波数 | | | |
| | 電圧 | | | |
| 変電用の電気工作物 | 設置の場所（都道府県郡市区町村を記載すること．） | | | |
| | 周波数 | | | |
| | 出力 | | | |
| 発電用の電気工作物 | 設置の場所（都道府県郡市区町村を記載すること．） | | | |
| | 原動力の種類 | | | |
| | 周波数 | | | |
| | 出力 | | | |

備考　1　水力発電所の場合は，常時出力及び常時せん頭出力を備考欄に記載すること．
2　送電線路の回線数が設計回線数と異なる場合は，設計回線数を備考欄に記載すること．
3　送電線路の電圧が設計電圧と異なる場合は，設計電圧を備考欄に記載すること．
4　該当事項のない欄は，省略すること．
5　用紙の大きさは，日本産業規格A4とすること．

様式第8（第9条関係）

氏　名　等　変　更　届　出　書

年　　月　　日

殿

住　所
商　号
代表者の役職氏名

電気事業法第9条第2項(同法第27条の12において読み替えて準用する同法第9条第2項)(同法第27条の12の13において読み替えて準用する同法第9条第2項）の規定により，次のとおり変更したので届け出ます.

| 変　更　事　項 | | |
|---|---|---|
| 変　更　の　内　容 | 変　更　前 | 変　更　後 |
| | | |
| 変　更　年　月　日 | | |
| 電話番号，メールアドレスその他の連絡先 | | |

備考　用紙の大きさは，日本産業規格 A4 とすること.

様式第9（第10条関係）

事業譲渡譲受認可申請書

年　　月　　日

殿

譲渡人住　所
商　号
代表者の役職氏名
譲受人住　所
商　号
代表者の役職氏名

電気事業法第10条第1項（同法第27条の12において準用する同法第10条第1項）（同法第27条の12の13において準用する同法第10条第1項）の規定により，次のとおり一般送配電事業（送電事業）（配電事業）の全部の譲渡し及び譲受けの認可を受けたいので申請します.

| | |
|---|---|
| 譲　渡　予　定　年　月　日 | |

備考　用紙の大きさは，日本産業規格 A4 とすること.

様式第10（第11条関係）

合　併　認　可　申　請　書

年　　月　　日

殿

合併する法人の住　所
商　号
代表者の役職氏名
合併する法人の住　所
商　号
名称及び代表者の氏名

電気事業法第10条第2項（同法第27条の12において準用する同法第10条第2項）（同法第27条の12の13において準用する同法第10条第2項）の規定により，次のとおり法人の合併の認可を受けたいので申請します．

| | | |
|---|---|---|
| 合併後存続（合併により設立）する法人の商号 | 住　所 | |
| | 商　号 | |
| 合　併　予　定　年　月　日 | | |

備考　用紙の大きさは，日本産業規格A4とすること．

様式第11（第11条関係）

分　割　認　可　申　請　書

年　　月　　日

殿

分割する法人の住　所
商　号
代表者の役職氏名

電気事業法第10条第2項（同法第27条の12において準用する同法第10条第2項）（同法第27条の12の13において準用する同法第10条第2項）の規定により，次のとおり法人の分割の認可を受けたいので申請します．

| | | |
|---|---|---|
| 分割により一般送配電事業（送電事業）（配電事業）の全部を承継する法人の商号 | 住　所 | |
| | 商　号 | |
| 分　割　予　定　年　月　日 | | |

備考　用紙の大きさは，日本産業規格A4とすること．

様式第12　削除

様式第 13（第 13 条関係）

設　備　譲　渡　等　届　出　書

年　　月　　日

殿

住　所

商　号

代表者の役職氏名

電気事業法第 13 条第 1 項（同法第 27 条の 12 において準用する同法第 13 条第 1 項）（同法第 27 条の 12 の 13 において準用する同法第 13 条第 1 項）の規定により，次のとおり設備を譲渡（設備を所有権以外の権利の目的とすること）を行いたいので届け出ます.

| | |
|---|---|
| 所有権以外の権利の種類 | |
| 譲渡の相手方（所有権以外の権利を取得すべき者）の氏名（名称）及び住所 | |
| 譲り渡そうとする（所有権以外の権利の目的としようとする）設備の概要及びその帳簿価額 | |
| 譲渡の期日（所有権以外の権利の存続期間） | |

備考　1　該当事項のない欄は，省略すること.

2　用紙の大きさは，日本産業規格 A4 とすること.

様式第 14（第 15 条関係）

事 業 休 止（ 廃 止 ） 認 可 申 請 書

年　　月　　日

殿

住　所

商　号

代表者の役職氏名

電気事業法第 14 条第 1 項（同法第 27 条の 12 において準用する同法第 14 条第 1 項）（同法第 27 条の 12 の 13 において準用する同法第 14 条第 1 項）の規定により，次のとおり一般送配電事業（送電事業）（配電事業）の全部（一部）の休止（廃止）の許可を受けたいので申請します.

| | |
|---|---|
| 休止の予定年月日及び予定期間（廃止予定年月日） | |
| 休止（廃止）しようとする事業の内容 | |

備考　用紙の大きさは，日本産業規格 A4 とすること.

様式第15（第16条関係）

解　散　認　可　申　請　書

年　　月　　日

殿

住　所
商　号
代表者の役職氏名

電気事業法第14条第2項（同法第27条の12において準用する同法第14条第2項）（同法第27条の12の13において準用する同法第14条第2項）の規定により，次のとおり法人の解散の決議（総社員の同意）の認可を受けたいので申請します．

| | |
|---|---|
| 解散予定年月日 | |

備考　用紙の大きさは，日本産業規格A4とすること．

様式第16（第19条関係）

託送供給等約款認可申請書

年　　月　　日

殿

住　所
商　号
代表者の役職氏名

電気事業法第18条第1項の規定により，別紙託送供給等約款の案のとおり託送供給等約款の認可を受けたいので申請します．

備考　用紙の大きさは，日本産業規格A4とすること．

様式第17（第19条関係）

託送供給等約款変更認可申請書

年　　月　　日

殿

住　所
商　号
代表者の役職氏名

次のとおり託送供給等約款の変更の認可を受けたいので，電気事業法第18条第1項の規定により申請します．

| | |
|---|---|
| 変更の内容 | |
| 実施期日 | |

備考　用紙の大きさは，日本産業規格A4とすること．

様式第 18（第 20 条関係）

託送供給等特例認可申請書

年　　月　　日

殿

住　所
商　号
代表者の役職氏名

電気事業法第 18 条第 2 項ただし書の規定により，次のとおり託送供給等約款以外の供給条件により託送供給等を行うことの認可を受けたいので申請します．

<table>
<tr><td colspan="3">供給の種類</td><td>振替供給・接続供給・電力量調整供給</td><td>備考</td></tr>
<tr><td rowspan="4">供給の相手方</td><td colspan="2">氏名（名称）</td><td></td><td></td></tr>
<tr><td colspan="2">住所</td><td></td><td></td></tr>
<tr><td rowspan="2">受給場所</td><td>受電場所</td><td></td><td></td></tr>
<tr><td>供給場所</td><td></td><td></td></tr>
<tr><td colspan="3">供給電力</td><td></td><td></td></tr>
<tr><td colspan="3">供給電圧</td><td></td><td></td></tr>
<tr><td colspan="3">電気方式及び周波数</td><td></td><td></td></tr>
<tr><td colspan="3">料金その他の供給条件の内容</td><td></td><td></td></tr>
<tr><td colspan="3">供給開始年月日及び有効期間</td><td></td><td></td></tr>
</table>

備考　1　受電場所及び供給場所が属する発電所，変電所，送電線路又は配電線路の名称を備考欄に記載すること．
　　　2　用紙の大きさは，日本産業規格 A4 とすること．

様式第 19（第 22 条関係）

託送供給等約款変更届出書

年　　月　　日

殿

住　所
商　号
代表者の役職氏名

電気事業法第 18 条第 5 項の規定により，次のとおり託送供給等約款を変更したので届け出ます．

| | |
|---|---|
| 変更の内容 | |
| 実施期日 | |

備考　用紙の大きさは，日本産業規格 A4 とすること．

様式第20（第24条関係）

託送供給等約款変更届出書

年　　月　　日

殿

住　所
商　号
代表者の役職氏名

電気事業法第18条第8項の規定により，次のとおり託送供給等約款を変更したいので届け出ます.

| | |
|---|---|
| 変　更　の　内　容 | |
| 実　施　期　日 | |

備考　用紙の大きさは，日本産業規格A4とすること.

様式第21（第27条関係）

最終保障供給に係る約款届出書

年　　月　　日

殿

住　所
商　号
代表者の役職氏名

電気事業法第20条第1項の規定により，別紙のとおり最終保障供給に係る約款を定めたので届け出ます.

備考　用紙の大きさは，日本産業規格A4とすること.

様式第22（第27条関係）

最終保障供給約款変更届出書

年　　月　　日

殿

住　所
商　号
代表者の役職氏名

電気事業法第20条第1項の規定により，次のとおり最終保障供給約款を変更したいので届け出ます.

| | |
|---|---|
| 変　更　の　内　容 | |
| 実　施　期　日 | |

備考　用紙の大きさは，日本産業規格A4とすること.

様式第 23（第 28 条関係）

## 最終保障供給特例承認申請書

年　　月　　日

殿

住　所
商　号
代表者の役職氏名

電気事業法第 20 条第 2 項ただし書の規定により，次のとおり最終保障供給約款以外の供給条件の承認を受けたいので申請します．

| | |
|---|---|
| 料金その他の供給条件 | |
| 実施期日及び実施期間 | |

備考　用紙の大きさは，日本産業規格 A4 とすること．

様式第 23 の 2（第 29 条の 2 関係）

## 指定区域指定申請書

年　　月　　日

殿

住　所
商　号
代表者の役職氏名

電気事業法第 20 条の 2 第 1 項の規定により，指定区域の指定を受けたいので，次のとおり申請します．

| | | | |
|---|---|---|---|
| 指定区域の申請を行う区域<br>（都道府県郡市区町村字を記載すること．） | | | |
| 指定区域供給開始の予定年月日 | | | |
| 地方公共団体，その託送供給等約款により電気の供給を受けることとなる者，指定区域内の電気の使用者その他の関係者に対する指定区域の申請を行う旨やその概要についての説明会の開催その他の方法による説明の実施実績及び指定までの工事計画 | | | |
| 最大需要電力が見込まれる月及び時間帯 | 月　　時～　時 | 備考 | |
| 最大需要電力の見込み | kW | | |
| 供給能力の確保の見込み | kW | 備考 | |
| （1）自社電源 | | | |
| 確保する電源の出力の見込み | kW | | |
| 自社電源による供給能力の確保の見込み | kW | | |

| 電源の名称・所在地・原動力の種類等 | | | | | | |
|---|---|---|---|---|---|---|
| 名称 | 所在地 | 原動力の種類 | 運転開始日 | 出力 | 供給能力の確保の見込み | 備考 |
| | | | | | | |
| | | | | | | |

（2）相対契約

| | |
|---|---|
| 確保する契約電力の見込み | kW |
| 相対契約による供給能力の確保の見込み | kW |

| 契約の相手方の事業者名・所在地・契約締結日等 | | | | | | |
|---|---|---|---|---|---|---|
| 事業者名 | 事業者の所在地 | 契約締結日 | 契約期間 | 契約電力 | 供給能力の確保の見込み | 備考 |
| | | | | | | |
| | | | | | | |

（3）その他

| | | | |
|---|---|---|---|
| 最大需要電力が見込まれる時間帯において供給能力に相当する能力として見込むことができる値 | kW | 備考 | |

備考　1　最大需要電力とは，当面見込まれる離島等供給の相手方の電気の需要の最大値をいう．

2　「最大需要電力が見込まれる月及び時間帯」及び「最大需要電力の見込み」の「備考」の欄には，これらをどのように見込んだかの説明を記載すること．

3　「供給能力の確保の見込み」の欄には，最大需要電力が見込まれる時間帯における当該最大需要電力の見込みに応ずるための供給能力の確保の見込みを記載すること．

4　他の電気事業者に対して電気を供給する見込みがあることその他の理由により，「供給能力の確保の見込み」の欄に記載する値と，その内訳の合計値（「自社電源による供給能力の確保の見込み」，「相対契約による供給能力の確保の見込み」及び「最大需要電力が見込まれる時間帯において供給能力に相当する能力として見込むことができる値」の合計値）が一致しない場合には，「供給能力の確保の見込み」の「備考」の欄にその理由を記載すること．

5　「電源の名称・所在地・原動力の種類等」の「原動力の種類」の欄には，水力，火力，新エネルギー又はその他の別を記載することとし，火力と記載するに当たっては，燃料電池発電設備を含み，廃棄物を除くものとすること．また，火力と記載する場合には石炭，LNG，石油，LPG，その他ガス，瀝青質混合物の別を，水力と記載する場合には一般と揚水の別を，新エネルギー等と記載する場合には風力，太陽光，地熱，バイオマス，廃棄物の別を記載すること．

6　「電源の名称・所在地・原動力の種類等」の「運転開始日」の欄にこの申請書の提出日より先の日を記載する場合には，当該欄に当該電源の工事着工備も記載すること．

7　「電源の名称・所在地・原動力の種類等」の欄において，太陽電池発電設備又は風力発電設備を供給能力として見込んでいる場合及び「出力」の欄と「供給能力の確保の見込み」の欄に記載する値が一致しない場合には，「備考」の欄にこれらの供給能力の確保の見込みの考え方を記載すること．

8　「契約の相手方の事業者名・所在地・契約締結日等」の欄において，太陽電池発電設備又は風力発電設備を供給能力として見込んでいる場合及び「契約電力」の欄と「供給能力の確保の見込み」の欄に記載する値が一致しない場合には，「備考」の欄にこれらの供給能力の確保の見込みの考え方を記載すること．

9 「最大需要電力が見込まれる時間帯において供給能力に相当する能力として見込むことができる値」の欄には，デマンド・レスポンスなど，(1) ～ (2) に該当しないものを記載すること．
10 「その他」の「備考」の欄には，最大需要電力が見込まれる時間帯において，その値を供給能力に相当する能力として見込むこととした理由を記載すること．
11 用紙の大きさは，日本産業規格 A4 とすること．

様式第 24（第 31 条関係）

離島供給に係る約款届出書

年　　月　　日

殿

住　所
商　号
代表者の役職氏名

電気事業法第 21 条第 1 項の規定により，別紙のとおり離島等供給に係る約款を定めたので届け出ます．

備考　用紙の大きさは，日本産業規格 A4 とすること．

様式第 25（第 31 条関係）

離島等供給約款変更届出書

年　　月　　日

殿

住　所
商　号
代表者の役職氏名

電気事業法第 21 条第 1 項の規定により，次のとおり離島等供給約款を変更したので届け出ます．

| | |
|---|---|
| 変更の内容 | |
| 実施期日 | |

備考　用紙の大きさは，日本産業規格 A4 とすること．

様式第26（第32条関係）

離島等供給特例承認申請書

年　月　日

殿

住　所
商　号
代表者の役職氏名

電気事業法第21条第2項ただし書の規定により，次のとおり離島等供給約款以外の供給条件の承認を受けたいので申請します．

| | |
|---|---|
| 料金その他の供給条件 | |
| 実施期日及び実施期間 | |

備考　用紙の大きさは，日本産業規格A4とすること．

様式第26の2（第33条の2関係）

一般送配電事業者の兼業認可申請書

年　月　日

殿

住　所
商　号
代表者の役職氏名

電気事業法第22条の2第1項ただし書の規定により，次のとおり一般送配電事業者の兼業の認可を受けたいので申請します．

| | |
|---|---|
| 兼業の開始予定年月日 | |
| 兼業しようとする事業の内容 | |

備考　用紙の大きさは，日本産業規格A4とすること．

様式第26の3（第33条の16関係）

体制整備報告書

年　月　日

殿

住　所
商　号
代表者の役職氏名

電気事業法第23条の4第2項(同法第27条の12において準用する同法第23条の4第2項)(同法第27条の12の13において準用する同法第23条の4第2項）の規定により，別紙のとおり同条第1項（同法第27条の12において読み替えて準用する同法第23条の4第1項）の規定の遵守のために講じた措置及びその実施状況を報告します．

備考　用紙の大きさは，日本産業規格A4とすること．

様式第 27（第 34 条関係）

供給区域外に設置する電線路による供給許可申請書

年　　月　　日

殿

住　所
商　号
代表者の役職氏名

電気事業法第 24 条第 1 項（同法第 27 条の 12 の 13 において準用する同法第 24 条第 1 項）の規定により，次のとおり供給区域外に設置する電線路による供給の許可を受けたいので申請します．

| | | 備　考 |
|---|---|---|
| 供給場所 | | |
| 供給電力及び供給電力量 | | |
| 料金その他の供給条件 | | |
| 供給開始予定年月日 | | |

備考　1　供給場所が属する発電所，変電所，送電線路又は配電線路の名称を備考欄に記載すること．
2　用紙の大きさは，日本産業規格 A4 とすること．

様式第 28（第 35 条関係）

裁　定　申　請　書

年　　月　　日

殿

住　所
氏　名（名称及び代表者の氏名）　印

電気事業法第 25 条第 2 項（同法第 27 条の 12 の 13 において準用する同法第 25 条第 2 項）（同法第 32 条第 2 項又は同法第 41 条第 2 項において準用する同法第 25 条第 2 項）の規定により，次のとおり裁定を申請します．

| | | |
|---|---|---|
| 相手方 | 住所 | |
| | 氏名（名称及び代表者の氏名） | |
| 裁定を求める事項 | | |

備考　用紙の大きさは，日本産業規格 A4 とすること．

**様式第29**（第41条関係）

# 送電事業許可申請書

年　　月　　日

殿

住　所
商　号
代表者の役職氏名

電気事業法第27条の4の規定により，次のとおり送電事業の許可を受けたいので申請します．

<table>
<tr><td colspan="4"></td><td></td><td>備　考</td></tr>
<tr><td colspan="3" rowspan="2">主たる営業所</td><td>名称</td><td></td><td rowspan="17"></td></tr>
<tr><td>所在地</td><td></td></tr>
<tr><td colspan="3" rowspan="2">その他の営業所</td><td>名称</td><td></td></tr>
<tr><td>所在地</td><td></td></tr>
<tr><td colspan="3" rowspan="2">振替供給の相手方たる一般送配電事業者</td><td>商号</td><td></td></tr>
<tr><td>住所</td><td></td></tr>
<tr><td rowspan="11">送電事業の用に供する電気工作物</td><td rowspan="8">送電用の電気工作物</td><td rowspan="3">設置の場所</td><td>区間</td><td></td></tr>
<tr><td>経由する発電所又は変電所の名称</td><td></td></tr>
<tr><td>経過地（都道府県郡市区町村を記載すること.）</td><td></td></tr>
<tr><td colspan="2">電気方式</td><td></td></tr>
<tr><td colspan="2">設置の方法</td><td></td></tr>
<tr><td colspan="2">回線数</td><td></td></tr>
<tr><td colspan="2">周波数</td><td></td></tr>
<tr><td colspan="2">電圧</td><td></td></tr>
<tr><td rowspan="3">変電用の電気工作物</td><td colspan="2">設置の場所（都道府県郡市区町村を記載すること.）</td><td></td></tr>
<tr><td colspan="2">周波数</td><td></td></tr>
<tr><td colspan="2">出力</td><td></td></tr>
</table>

備考
1　送電線路の回線数が設計回線数と異なる場合は，設計回線数を備考欄に記載すること．
2　送電線路の電圧が設計電圧と異なる場合は，設計電圧を備考欄に記載すること．
3　該当事項のない欄は，省略すること．
4　用紙の大きさは，日本産業規格A4とすること．

様式第 30（第 41 条，第 45 条関係）

送 電 事 業 遂 行 体 制 説 明 書

1．送電事業を遂行する責任者

2．送電事業を遂行する体制の概要

3．組織図

備考　用紙の大きさは，日本産業規格 A4 とすること．

様式第 31（第 44 条関係）

振 替 供 給 条 件 届 出 書

年　　月　　日

殿

住　所

商　号

代表者の役職氏名

電気事業法第 27 条の 11 第 1 項の規定により，別紙のとおり料金その他の供給条件を定めたので届け出ます．

備考　用紙の大きさは，日本産業規格 A4 とすること．

様式第 31 の 2（第 44 条関係）

振 替 供 給 条 件 変 更 届 出 書

年　　月　　日

殿

住　所

商　号

代表者の役職氏名

電気事業法第 27 条の 11 第 1 項の規定により，次のとおり料金その他の供給条を変更したので届け出ます．

| | |
|---|---|
| 変　更　の　内　容 | |
| 実　施　期　日 | |

備考　用紙の大きさは，日本産業規格 A4 とすること．

様式第 31 の 2 の 2（第 44 条の 2 関係）

送 電 事 業 者 の 兼 業 認 可 申 請 書

年　　月　　日

殿

住　所

商　号

代表者の役職氏名

電気事業法第 27 条の 11 の 2 第 1 項ただし書の規定により，次のとおり送電事業者の兼業の認可を受けたいので申請します．

| | |
|---|---|
| 兼 業 の 開 始 予 定 年 月 日 | |
| 兼業しようとする事業の内容 | |

備考　用紙の大きさは，日本産業規格 A4 とすること．

様式第 31 の 3（第 45 条関係）

振 替 供 給 関 係 変 更 許 可 申 請 書

年　　月　　日

殿

住　所

商　号

代表者の役職氏名

電気事業法第 27 条の 12 において読み替えて準用する同法第 8 条第 1 項の規定により，次のとおり振替供給の相手方たる一般送配電事業者又は配電事業者の増加（減少）の許可を受けたいので申請します．

| | | |
|---|---|---|
| 増加（減少）しようとする供給の相手方 | 氏名（名称） | |
| | 住　　所 | |
| 変 更 予 定 年 月 | | |

備考　用紙の大きさは，日本産業規格 A4 とすること．

様式第31の3の2（第45条の2関係）

配電事業許可申請書

年　月　日

殿

住所
商号
代表者の役職氏名

電気事業法第27条の12の3の規定により，次のとおり配電事業の許可を受けたいので申請します．

<table>
<tr><td colspan="4"></td><td></td><td>備考</td></tr>
<tr><td colspan="3" rowspan="2">主たる営業所</td><td>名称</td><td></td><td rowspan="21"></td></tr>
<tr><td>所在地</td><td></td></tr>
<tr><td colspan="3" rowspan="2">その他の営業所</td><td>名称</td><td></td></tr>
<tr><td>所在地</td><td></td></tr>
<tr><td colspan="4">供給区域（都道府県郡市区町村字を記載すること.）</td><td></td></tr>
<tr><td rowspan="16">配電事業の用に供する電気工作物</td><td rowspan="8">送電用及び配電用の電気工作物</td><td rowspan="3">設置の場所</td><td>区間</td><td></td></tr>
<tr><td>経由する発電所又は変電所の名称</td><td></td></tr>
<tr><td>経過地（都道府県郡市区町村を記載すること.）</td><td></td></tr>
<tr><td colspan="2">電気方式</td><td></td></tr>
<tr><td colspan="2">設置の方法</td><td></td></tr>
<tr><td colspan="2">回線数</td><td></td></tr>
<tr><td colspan="2">周波数</td><td></td></tr>
<tr><td colspan="2">電圧</td><td></td></tr>
<tr><td rowspan="3">変電用の電気工作物</td><td colspan="2">設置の場所（都道府県郡市区町村を記載すること.）</td><td></td></tr>
<tr><td colspan="2">周波数</td><td></td></tr>
<tr><td colspan="2">出力</td><td></td></tr>
<tr><td>発電</td><td colspan="2"></td><td></td></tr>
<tr><td rowspan="4"></td><td colspan="2">設置の場所（都道府県郡市区町村を記載すること.）</td><td></td></tr>
<tr><td colspan="2">原動力の種類</td><td></td></tr>
<tr><td colspan="2">周波数</td><td></td></tr>
<tr><td colspan="2">出力</td><td></td></tr>
</table>

備考　1　水力発電所の場合は，常時出力及び常時せん頭出力を備考欄に記載すること.
2　送電線路の回線数が設計回線数と異なる場合は，設計回線数を備考欄に記載すること.
3　送電線路の電圧が設計電圧と異なる場合は，設計電圧を備考欄に記載すること.
4　該当事項のない欄は，省略すること.
5　用紙の大きさは，日本産業規格A4とすること.

様式第31の3の3（第45条の2関係）

事　業　計　画　書

1　事業開始予定年月日

2　配電事業の開始の日以降10年内の日を含む毎年度における用途別の需要見込み及び供給の計画

3　所要資金の額及びその調達方法

4　事業開始後当面の間，一般送配電事業者にその託送供給等の業務を委託する場合にあっては，将来的に自ら託送供給等の業務を行う計画

5　地方公共団体，その託送供給等約款により電気の供給を受けることとなる者，供給区域内の電気の使用者その他の関係者に対する配電事業を営もうとする旨やその事業概要についての説明会の開催その他の方法による説明の実施実績及び許可後に行う実施計画

6　譲り受け，または借り受ける見込みの電気工作物の概要

（1）配電事業の用に供する送配電線路

送配電線路の名称

こう長及び回線数

電線の種類，太さ及び1回線当たりの条数

送配電容量

開閉所の位置（都道府県郡市区町村を記載すること.）

（2）配電事業の用に供する変電所

変電所の名称

変圧器の種類，容量，電圧，相，周波数及び台数

周波数変換機器又は整流器気の種類，容量又は出力，電圧，相，周波数及び台数

（3）電気事業の用に供する発電所

イ　発電所の名称

ロ　原動力設備

（イ）水力設備

取水する河川又は湖沼の名称及び放水する河川又は湖沼の名称

取水する河川又は湖沼の流域面積（当該発電所に係る部分に限る.）

取水口の位置（都道府県郡市区町村字番地を記載すること.）

放水口の位置（都道府県郡市区町村字番地を記載すること.）

ダムの位置（都道府県郡市区町村字番地を記載すること.）

有効落差（最大，常時及び常時せん頭の別に記載すること.）

使用水量（最大，常時及び常時せん頭の別に記載すること.）

揚水式発電所の場合は，揚水量及び揚程

引水方法

ダムの種類，高さ，頂長及び提体の面積

導水路の種類，こう長及びこう配

ヘッドタンク又はサージタンクの種類

水圧管路の条数，長さ，最大内径及び最小内径

放水路の種類，こう長及びこう配

貯水池又は調整池の全容量，有効容量，設計洪水流量，利用水深，常時満水位，計画最高水位および年間総流入量
水車の種類，出力，回転数及び台数
揚水式発電所における揚水用のポンプの種類，入力，回転数及び台数
(ロ) 汽力を原動力とする設備
蒸気タービンの種類，出力，回転数及び台数
ボイラーの種類，蒸発量及び台数
燃料の種類及び標準発熱量
(ハ) ガスタービンを原動力とする設備
ガスタービンの種類，出力，回転数及び台数
燃料の種類及び標準発熱量
(ニ) 内燃力を原動力とする設備
内燃機関の種類，出力，回転数及び台数
燃料の種類及び標準発熱量
(ホ) 原子力設備
原子炉の型式，熱出力及び基数
燃料の種類，初期濃縮度，燃料率及び装荷量
原子炉圧力容器の種類，圧力，温度及び台数
蒸気発生器の種類，容量，圧力，温度及び台数
原子炉の制御方式
原子炉格納施設の種類及び圧力
蒸気タービンの種類，出力，主蒸気止め弁の入口の圧力及び温度，再熱蒸気止め弁の入口の圧力及び温度，回転数並びに台数
ハ　電気設備
発電機の種類，容量，電圧，相，周波数，回転数及び台数
変圧器の種類，容量，電圧，相，周波数及び台数
周波数変換機器又は整流機器の種類，容量又は出力，電圧，相，周波数及び台数
7　工事の概要
(1) 配電事業の用に供する送配電線路
送配電線路の名称
こう長及び回線数
電線の種類，太さ及び1回線当たりの条数
送配電容量
開閉所の位置（都道府県郡市区町村を記載すること.）
(2) 配線事業の用に供する変電所
変電所の名称
変圧器の種類，容量，電圧，相，周波数及び台数
周波数変換機器又は整流っ規の種類，容量又は出力，電圧，相，周波数及び台数
(3) 電気事業の用に供する発電所
イ　発電所の名称
ロ　原動力設備
(イ) 水力設備

取水する河川又は湖沼の名称及び放水する河川又は湖沼の名称
取水する河川又は湖沼の流域面積（当該発電所に係る部分に限る.）
取水口の位置（都道府県郡市区町村字番地を記載すること.）
放水口の位置（都道府県郡市区町村字番地を記載すること.）
ダムの位置（都道府県郡市区町村字番地を記載すること.）
有効落差（最大，常時及び常時せん頭の別に記載すること.）
使用水量（最大，常時及び常時せん頭の別に記載すること.）
揚水式発電所の場合は，揚水量及び揚程
引水方法
ダムの種類，高さ，頂長及び提体の面積
導水路の種類，こう長及びこう配
ヘッドタンク又はサージタンクの種類
水圧管路の条数，長さ，最大内径及び最小内径
放水路の種類，こう長及びこう配
貯水池又は調整池の全容量，有効容量，設計洪水流量，利用水深，常時満水位，計画最高水位および年間総流入量
水車の種類，出力，回転数及び台数
揚水式発電所における揚水用のポンプの種類，入力，回転数及び台数

（ロ）汽力を原動力とする設備
蒸気タービンの種類，出力，回転数及び台数
ボイラーの種類，蒸発量及び台数
燃料の種類及び標準発熱量

（ハ）ガスタービンを原動力とする設備
ガスタービンの種類，出力，回転数及び台数
燃料の種類及び標準発熱量

（ニ）内燃力を原動力とする設備
内燃機関の種類，出力，回転数及び台数
燃料の種類及び標準発熱量

（ホ）原子力設備
原子炉の型式，熱出力及び基数
燃料の種類，初期濃縮度，燃料率及び装荷量
原子炉圧力容器の種類，圧力，温度及び台数
蒸気発生器の種類，容量，圧力，温度及び台数
原子炉の制御方式
原子炉格納施設の種類及び圧力
蒸気タービンの種類，出力，主蒸気止め弁の入口の圧力及び温度，再熱蒸気止め弁の入口の圧力及び温度，回転数並びに台数

ハ　電気設備
発電機の種類，容量，電圧，相，周波数，回転数及び台数
変圧器の種類，容量，電圧，相，周波数及び台数
周波数変換機器又は整流機器の種類，容量又は出力，電圧，相，周波数及び台数

8　工事の工程

9　工事費の概要
10　公益的な費用の処理方法
11　上記 6 ～ 10 それぞれに関する一般送配電事業者，他の配電事業者又は特定送配電事業者との具体的な協議事項及び協議状況

備考　1　譲り受け，又は借り受ける見込みの電気工作物の概要及び工事の概要は，主要設備について記載すること．
2　工事の工程は，送配電線路，変電所又は発電所に係る場合に限り，記載すること．
3　工事費の概算は，電気事業会計規則（昭和 40 年通商産業省令第 57 号）の別表第 1 の勘定科目の分類により記載すること．
4　該当事項のない項目は，省略すること．
5　用紙の大きさは，日本産業規格 A4 とすること．

様式第 31 の 3 の 4（第 45 条の 2 関係）

配　電　事　業　遂　行　体　制　説　明　書

1．配電事業を遂行する責任者
2．配電事業を遂行する体制の概要
3．組織図

備考　1　配電事業を遂行する体制の概要には，災害その他の事由により電気の安定供給の確保に支障が生ずる場合に備えるための他の電気事業者，地方公共団体，その他の関係者との連携に関する体制，一般送配電事業者その他の者への委託関係，セキュリティ管理及び個人情報の保護の実施体制を含めて記載すること．
2　用紙の大きさは，日本産業規格 A4 とすること．

様式第 31 の 3 の 5（第 45 条の 2 の 4 関係）

託　送　供　給　等　約　款　届　出　書

年　　月　　日

殿

住　所
商　号
代表者の役職氏名

電気事業法第 27 条の 12 の 11 第 1 項の規定により，別紙のとおり託送供給等約款を定めたので届け出ます．

備考　用紙の大きさは，日本産業規格 A4 とすること．

様式第31の3の6（第45条の2の4関係）

託送供給等約款変更届出書

年　月　日

殿

住　所
商　号
代表者の役職氏名

電気事業法第27条の12の11第1項の規定により，別紙のとおり託送供給等約款を変更したいので届け出ます．

| | |
|---|---|
| 変更の内容 | |
| 実施期日 | |

備考　用紙の大きさは，日本産業規格A4とすること．

様式第31の3の7（第45条の2の5関係）

託送供給等特例承認申請書

年　月　日

殿

住　所
商　号
代表者の役職氏名

電気事業法第27条の12の11第2項ただし書の規定により，次のとおり託送供給等約款以外の供給条件の承認を受けたいので申請します．

<table>
<tr><td colspan="3">供給の種類</td><td>振替供給・接続供給・電力量調整供給</td><td>備考</td></tr>
<tr><td rowspan="4">供給の相手方</td><td colspan="2">氏名（名称）</td><td></td><td></td></tr>
<tr><td colspan="2">住所</td><td></td><td></td></tr>
<tr><td rowspan="2">受給場所</td><td>受電場所</td><td></td><td></td></tr>
<tr><td>供給場所</td><td></td><td></td></tr>
<tr><td colspan="3">供給電力</td><td></td><td></td></tr>
<tr><td colspan="3">供給電圧</td><td></td><td></td></tr>
<tr><td colspan="3">電気方式及び周波数</td><td></td><td></td></tr>
<tr><td colspan="3">料金その他の供給条件の内容</td><td></td><td></td></tr>
<tr><td colspan="3">供給開始年月日及び有効期間</td><td></td><td></td></tr>
</table>

備考　1　受電場所及び供給場所が属する発電所，変電所，送電線路又は配電線路の名称を備考欄に記載すること．
　　　2　用紙の大きさは，日本産業規格A4とすること．

様式第31の3の8（第45条の2の7関係）

引　継　計　画　承　認　申　請　書

年　　月　　日

殿

住　所

商　号

代表者の役職氏名

電気事業法第27条の12の12第1項の規定により，別紙引継計画の案のとおり引継計画の承認を受けたいので申請します．

備考　用紙の大きさは，日本産業規格A4とすること．

様式第31の3の9（第45条の2の7関係）

引　継　計　画　書

1　引継計画を共同で作成した者
2　引継開始予定年月日
3　電気工作物の引継ぎに関する事項
（1）譲り受け，又は借り受けた電気工作物の概要
（2）電気工作物やその情報等の引継ぎ方法
（3）電気工作物の維持・運用方法
4　託送供給等業務の引継ぎに関する事項
（1）引き継ぐ託送供給等業務の内容及び引継ぎ方法
（2）災害その他の事由による事故により電気の安定供給の確保に支障が生ずる場合に備えるための措置と引継ぎ方法
（3）保安上の責任主体や責任分担
（4）個人情報保護の実施体制及び個人情報保護に係る業務の引継ぎ方法
5　譲り受け，又は借り受けた電気工作物の譲受価格若しくは借受価格に関する事項
（1）譲受価格又は借受価格の総額
（2）公益的費用の単価又は額
（3）供給区域の発電及び需要に関する情報
（4）譲受価格又は借受価格の算定期間
（5）譲受価格又は借受価格の算定方法
（6）譲受価格又は借受価格の算定に当たって用いた想定値と実績値の差の取扱い
（7）配電事業者による効率化の成果等の取扱い
6　配電事業の休廃止，譲渡し又は供給区域の変更（供給区域の減少に限る．）時における一般送配電事業者等に対する電気工作物の譲渡し又は返却及び託送供給等の業務の引継ぎに関する事項
（1）電気工作物やその情報等の引継ぎ方法
（2）供給区域内の地方公共団体，電気の使用者，その託送供給等約款により電気の供給を受けている者その他の関係者に対する説明の方法

（3）原状回復方法の内容
（4）休廃止に備えた積立金の積立て方法及び取崩し方法
（5）積立金の積立てを行えない場合の対応方法
（6）一般送配電事業者が配電事業者の設備管理状況等を確認する方法
（7）第三者への電気工作物の譲渡・貸与の取扱い

7　供給区域内の地方公共団体，電気の使用者，その託送供給等約款により電気の供給を受けている者その他の関係者に対する配電事業を営もうとする旨やその事業概要についての説明会の開催その他の方法による説明の実績

備考　1　譲り受け，又は借り受けた電気工作物の概要は，主要設備について記載すること．
　　　2　該当事項のない項目は，省略すること．
　　　3　用紙の大きさは，日本産業規格 A4 とすること．

様式第 31 の 3 の 10（第 45 条の 2 の 9 関係）

引継計画変更承認申請書

年　　月　　日

殿

住　所
商　号
代表者の役職氏名

次のとおり引継計画の変更の承認を受けたいので，電気事業法第 27 条の 12 の 12 第 1 項の規定により申請します．

| | |
|---|---|
| 変更の内容 | |
| 変更年月日 | |

備考　用紙の大きさは，日本産業規格 A4 とすること．

様式第 31 の 3 の 11（第 45 条の 2 の 10 関係）

引継計画変更届出書

年　　月　　日

殿

住　所
商　号
代表者の役職氏名

電気事業法第 27 条の 12 の 12 第 3 項により，次のとおり引継計画を変更したので届け出ます．

| | | |
|---|---|---|
| 変更事項 | | |
| 変更の内容 | 変更前 | 変更後 |
| | | |
| 変更年月日 | | |

備考　用紙の大きさは，日本産業規格 A4 とすること．

様式第 31 の 3 の 12（第 45 条の 2 の 12 関係）

配電事業者の兼業認可申請書

年　月　日

殿

住所
商号
代表者の役職氏名

電気事業法第 27 条の 12 の 13 において準用する同法第 22 条の 2 第 1 項ただし書の規定により，次のとおり配電事業者の兼業の認可を受けたいので申請します．

| | |
|---|---|
| 兼業の開始予定年月日 | |
| 兼業しようとする事業の内容 | |

備考　用紙の大きさは，日本産業規格 A4 とすること．

様式第 31 の 4（第 45 条の 2 の 28 関係）

# 特定送配電事業届出書

年　　月　　日

殿

住　所

氏　名（名称及び代表者の氏名）

電気事業法第 27 条の 13 第 1 項の規定により，次のとおり特定送配電事業を営みたいので届け出ます．

<table>
<tr><td colspan="4"></td><td></td><td>備　考</td></tr>
<tr><td colspan="3" rowspan="2">主たる営業所</td><td>名称</td><td></td><td rowspan="22"></td></tr>
<tr><td>所在地</td><td></td></tr>
<tr><td colspan="3" rowspan="2">その他の営業所</td><td>名称</td><td></td></tr>
<tr><td>所在地</td><td></td></tr>
<tr><td colspan="4">供給地点</td><td></td></tr>
<tr><td rowspan="18">特定送配電事業の用に供する電気工作物</td><td rowspan="10">送電用の電気工作物</td><td rowspan="3">設置の場所</td><td>区間</td><td></td></tr>
<tr><td>経由する変電所又は発電所の名称</td><td></td></tr>
<tr><td>経過地（都道府県郡市区町村を記載すること.）</td><td></td></tr>
<tr><td colspan="2">電気方式</td><td></td></tr>
<tr><td colspan="2">設置の方法</td><td></td></tr>
<tr><td colspan="2">回線数</td><td></td></tr>
<tr><td colspan="2">周波数</td><td></td></tr>
<tr><td colspan="2">電圧</td><td></td></tr>
<tr><td colspan="2">こう長</td><td></td></tr>
<tr><td colspan="2">送電容量</td><td></td></tr>
<tr><td rowspan="5">配電用の電気工作物</td><td colspan="2">電気方式</td><td></td></tr>
<tr><td colspan="2">周波数</td><td></td></tr>
<tr><td colspan="2">電圧</td><td></td></tr>
<tr><td colspan="2">こう長</td><td></td></tr>
<tr><td colspan="2">送電容量</td><td></td></tr>
<tr><td rowspan="3">変電用の電気工作物</td><td colspan="2">設置場所（都道府県郡市区町村を記載すること.）</td><td></td></tr>
<tr><td colspan="2">周波数</td><td></td></tr>
<tr><td colspan="2">出力</td><td></td></tr>
</table>

| | | | | |
|---|---|---|---|---|
| | 発電用の電気工作物 | 設置場所（都道府県郡市区町村を記載すること．） | | |
| | | 原動力の種類 | | |
| | | 周波数 | | |
| | | 出力 | | |
| 事業開始の予定年月日 | | | | |
| 電話番号，電子メールアドレスその他の連絡先 | | | | |
| 託送供給の相手方及び内容 | | | | |

備考　1　供給地点の欄には，都道府県郡市区町村字番地住居番号を記載すること．

2　水力発電所の場合は，常時出力及び常時せん頭出力を備考欄に記載すること．

3　送電線路の回線数が設計回線数と異なる場合は，設計回線数を備考欄に記載すること．

4　送電線路の電圧が設計電圧と異なる場合は，設計電圧を備考欄に記載すること．

5　該当事項のない欄は，省略すること．

6　用紙の大きさは，日本産業規格 A4 とすること．

7　氏名を記載し，押印することに代えて，署名することができる．この場合において，署名は必ず本人が自署するものとする．

様式第 31 の 5（第 45 条の 3 関係）

供給地点変更届出書

年　　月　　日

殿

住　所

氏　名（名称及び代表者の氏名）

電気事業法第 27 条の 13 第 7 項の規定により，次のとおり供給地点の増加（減少）を行いたいので届け出ます．

| | |
|---|---|
| 増加（減少）しようとする供給地点 | |
| 託送供給の相手方及び内容 | |
| 変更予定年月日 | |
| 電話番号，電子メールアドレスその他の連絡先 | |

備考　1　供給地点の住所の欄には，都道府県郡市区町村字番地住居番号を記載すること．

2　用紙の大きさは，日本産業規格 A4 とすること．

様式第 31 の 6（第 45 条の 4 関係）

# 電気工作物変更届出書

年　　月　　日

殿

住　所

氏　名（名称及び代表者の氏名）

電気事業法第 27 条の 13 第 7 項の規定により，次のとおり電気工作物の変更をしたいので届け出ます．

| 特定送配電事業の用に供する電気工作物 | | 変　更　前 | 変　更　後 | 備　考 |
|---|---|---|---|---|
| 送電用の電気工作物 | 設置の場所（都道府県郡市区町村を記載すること．） | | | |
| | 電　気　方　式 | | | |
| | 設　置　の　方　法 | | | |
| | 回　線　数 | | | |
| | 周　波　数 | | | |
| | 電　圧 | | | |
| 配電用の電気工作物 | 電　気　方　式 | | | |
| | 周　波　数 | | | |
| | 電　圧 | | | |
| 変電用の電気工作物 | 設置の場所（都道府県郡市区町村を記載すること．） | | | |
| | 周　波　数 | | | |
| | 出　力 | | | |
| 発電用の電気工作物 | 設置の場所（都道府県郡市区町村を記載すること．） | | | |
| | 原　動　力　の　種　類 | | | |
| | 周　波　数 | | | |
| | 出　力 | | | |
| 電話番号，電子メールアドレスその他の連絡先 | | | | |

備考　1　水力発電所の場合は，常時出力及び常時せん頭出力を備考欄に記載すること．

2　送電線路の回線数が設計回線数と異なる場合は，設計回線数を備考欄に記載すること．

3　送電線路の電圧が設計電圧と異なる場合は，設計電圧を備考欄に記載すること．

4　該当事項のない欄は，省略すること．

5　用紙の大きさは，日本産業規格 A4 とすること．

様式第 31 の 7（第 45 条の 6 関係）

氏　名　等　変　更　届　出　書

年　　月　　日

殿

住　所

氏　名（名称及び代表者の氏名）

電気事業法第 27 条の 13 第 9 項の規定により，次のとおり変更したので届け出ます．

| | | |
|---|---|---|
| 変　　更　　事　　項 | | |
| 変　更　の　内　容 | 変　　更　　前 | 変　　更　　後 |
| | | |
| 変　更　年　月　日 | | |
| 電話番号，電子メールアドレスその他の連絡先 | | |

備考　用紙の大きさは，日本産業規格 A4 とすること．

様式第31の8（第45条の7関係）

# 小売供給登録申請書

年　　月　　日

殿

住　所

氏　名（名称及び代表者の氏名）

電気事業法第27条の15の規定により，小売供給の登録を受けたいので，次のとおり申請します．

| | | | | |
|---|---|---|---|---|
| 主たる営業所 | 名称 | | | |
| | 所在地 | | | |
| その他の営業所 | 名称 | | | |
| | 所在地 | | | |
| 供給地点 | | | | |
| 最大需要電力が見込まれる月及び時間帯 | | 月　　時～　　時 | 備考 | |
| 最大需要電力の見込み | | kW | | |
| 供給能力の確保の見込み | | kW | 備考 | |

内訳

(1)自社電源

| | |
|---|---|
| 確保する電源の出力の見込み | kW |
| 自社電源による供給能力の確保の見込み | kW |

電源の名称・所在地・原動力の種類等

| 名称 | 所在地 | 原動力の種類 | 運転開始日 | 出力 | 供給能力の確保の見込み | 備　　考 |
|---|---|---|---|---|---|---|
| | | | | | | |
| | | | | | | |

(2)相対契約

| | |
|---|---|
| 確保する契約電力の見込み | kW |
| 相対契約による供給能力の確保の見込み | kW |

契約の相手方の事業者名・所在地・契約締結日等

| 事業者名 | 事業者の所在地 | 契約締結日 | 契約期間 | 契約電力 | 供給能力の確保の見込み | 備　　考 |
|---|---|---|---|---|---|---|
| | | | | | | |
| | | | | | | |

| | | | |
|---|---|---|---|
| (3)卸電力取引市場からの調達 | | | |
| 最大需要電力が見込まれる時間帯における調達量の見込み | kW | 備考 | |
| (4)その他 | | | |
| 最大需要電力が見込まれる時間帯において供給能力に相当する能力として見込むことができる値 | kW | 備考 | |
| 事業開始の予定年月日 | | | |
| 電話番号，電子メールアドレスその他の連絡先 | | | |
| その行う小売供給を行う事業以外の事業の概要 | | | |

備考　1　最大需要電力とは，当面見込まれる小売供給の相手方の電気の需要の最大値をいう．

2　「最大需要電力が見込まれる月及び時間帯」及び「最大需要電力の見込み」の「備考」の欄には，これらをどのように見込んだかの説明を記載すること．

3　「供給能力の確保の見込み」の欄には，最大需要電力が見込まれる時間帯における当該最大需要電力の見込みに応ずるための供給能力の確保の見込みを記載すること．

4　他の電気事業者に対して電気を供給する見込みがあることその他の理由により，「供給能力の確保の見込み」の欄に記載する値と，その内訳の合計値（「自社電源による供給能力の確保の見込み」，「相対契約による供給能力の確保の見込み」，「最大需要電力が見込まれる時間帯における調達量の見込み」及び「最大需要電力が見込まれる時間帯において供給能力に相当する能力として見込むことができる値」の合計値）が一致しない場合には，「供給能力の確保の見込み」の「備考」の欄にその理由を記載すること．

5　「電源の名称・所在地・原動力の種類等」の「原動力の種類」の欄には，水力，火力，新エネルギー又はその他の別を記載することとし，火力と記載するに当たっては，燃料電池発電設備を含み，廃棄物を除くものとすること．また，火力と記載する場合には石炭，ＬＮＧ，石油，ＬＰＧ，その他ガス，瀝青質混合物の別を，水力と記載する場合には一般と揚水の別を，新エネルギー等と記載する場合には風力，太陽光，地熱，バイオマス，廃棄物の別を記載すること．

6　「電源の名称・所在地・原動力の種類等」の欄に記載するに当たっては，出力が1 000kW以下の電源については，原動力の種類ごとに一括して記載することができる．

7　「電源の名称・所在地・原動力の種類等」の「運転開始日」の欄にこの申請書の提出日より先の日を記載する場合には，当該欄に当該電源の工事着工日も記載すること．

8　「電源の名称・所在地・原動力の種類等」の欄において，太陽電池発電設備又は風力発電設備を供給能力として見込んでいる場合及び「出力」の欄と「供給能力の確保の見込み」の欄に記載する値が一致しない場合には，「備考」の欄にこれらの供給能力の確保の見込みの考え方を記載すること．

9 「契約の相手方の事業者名・所在地・契約締結日等」の欄に記載するに当たっては，契約電力が 1 000kW 以下のものについては，一括して記載することができる．

10 「契約の相手方の事業者名・所在地，契約締結日等」の欄において，太陽電池発電設備又は風力発電設備を供給能力として見込んでいる場合及び「契約電力」の欄と「供給能力の確保の見込み」の欄に記載する値が一致しない場合には，「備考」の欄にこれらの供給能力の確保の見込みの考え方を記載すること．

11 「卸電力取引市場からの調達」の「備考」の欄には，過去の卸電力取引市場における約定量等に照らして，その調達量を卸電力取引市場から調達することができると見込む根拠を記載すること．

12 「最大需要電力が見込まれる時間帯において供給能力に相当する能力として見込むことができる値」の欄には，デマンド・レスポンスなど，(1)〜(3)に該当しないものを記載すること．

13 「その他」の「備考」の欄には，最大需要電力が見込まれる時間帯において，その値を供給能力に相当する能力として見込むこととした理由を記載すること．

14 用紙の大きさは，日本産業規格 A4 とすること．

様式第 31 の 9（第 45 条の 7 関係）

## 小 売 供 給 遂 行 体 制 説 明 書

1．小売供給を行う事業を遂行する責任者

2．小売供給を行う事業を遂行する体制の概要

3．組織図

備考　用紙の大きさは，日本産業規格 A4 とすること．

様式第 31 の 10（第 45 条の 9 関係）

# 小売供給変更登録申請書

年　　月　　日

殿

住　所

氏　名（名称及び代表者の氏名）

電気事業法第 27 条の 19 第 1 項の規定により，同法第 27 条の 16 第 1 項第四号に掲げる事項の変更登録を受けたいので，次のとおり申請します．

| | 変更前 | 変更後 | 備考 |
|---|---|---|---|
| 最大需要電力が見込まれる月及び時間帯 | 月　　時～　　時 | 月　　時～　　時 | |
| 最大需要電力の見込み | kW | kW | |
| 供給能力の確保の見込み | kW | kW | |

変更後の供給能力の確保の見込みの内訳

(1)自社電源

| | |
|---|---|
| 確保する電源の出力の見込み | kW |
| 自社電源による供給能力の確保の見込み | kW |

電源の名称・所在地・原動力の種類等

| 名称 | 所在地 | 原動力の種類 | 運転開始日 | 出力 | 供給能力の確保の見込み | 備　　考 |
|---|---|---|---|---|---|---|
| | | | | | | |
| | | | | | | |

(2)相対契約

| | |
|---|---|
| 確保する契約電力の見込み | kW |
| 相対契約による供給能力の確保の見込み | kW |

契約の相手方の事業者名・所在地・契約締結日等

| 事業者名 | 事業者の所在地 | 契約締結日 | 契約期間 | 契約電力 | 供給能力の確保の見込み | 備　　考 |
|---|---|---|---|---|---|---|
| | | | | | | |
| | | | | | | |

| | | | |
|---|---|---|---|
| (3)卸電力取引市場からの調達 | | | |
| 最大需要電力が見込まれる時間帯における調達量の見込み | kW | 備考 | |
| (4)その他 | | | |
| 最大需要電力が見込まれる時間帯において供給能力に相当する能力として見込むことができる値 | kW | 備考 | |
| 変更予定年月日 | | | |
| 小売供給の登録年月日及び登録番号 | | | |
| 電話番号，電子メールアドレスその他の連絡先 | | | |

備考　様式31の8の備考1から14までと同様とすること．

様式第31の11（第45条の10関係）

小売供給氏名等変更届出書

年　　月　　日

殿

住　所

氏　名（名称及び代表者の氏名）

電気事業法第27条の19第4項の規定により，次のとおり変更したので届け出ます．

| | | |
|---|---|---|
| 変更事項 | | |
| 変更の内容 | 変更前 | 変更後 |
| | | |
| 変更年月日 | | |
| 小売供給の登録年月日及び登録番号 | | |
| 電話番号，電子メールアドレスその他の連絡先 | | |

備考　用紙の大きさは，日本産業規格Ａ４とすること。

様式第 31 の 12（第 45 条の 10 関係）

# 小 売 供 給 変 更 届 出 書

年　　月　　日

殿

住　所

氏　名（名称及び代表者の氏名）

電気事業法第 27 条の 19 第 4 項の規定により，次のとおり変更したので届け出ます．

| | 変更前 | 変更後 | 備考 |
|---|---|---|---|
| 最大需要電力が見込まれる月及び時間帯 | 月　　時～　　時 | 月　　時～　　時 | |
| 最大需要電力の見込み | kW | kW | |
| 供給能力の確保の見込み | kW | kW | |

変更後の供給能力の確保の見込みの内訳

(1)自社電源

| | |
|---|---|
| 確保する電源の出力の見込み | kW |
| 自社電源による供給能力の確保の見込み | kW |

電源の名称・所在地・原動力の種類等

| 名称 | 所在地 | 原動力の種類 | 運転開始日 | 出力 | 供給能力の確保の見込み | 備　　考 |
|---|---|---|---|---|---|---|
| | | | | | | |
| | | | | | | |

(2)相対契約

| | |
|---|---|
| 確保する契約電力の見込み | kW |
| 相対契約による供給能力の確保の見込み | kW |

契約の相手方の事業者名・所在地・契約締結日等

| 事業者名 | 事業者の所在地 | 契約締結日 | 契約期間 | 契約電力 | 供給能力の確保の見込み | 備　　考 |
|---|---|---|---|---|---|---|
| | | | | | | |
| | | | | | | |

| | | | | | |
|---|---|---|---|---|---|
| | (3)卸電力取引市場からの調達 | | | | |
| | | 最大需要電力が見込まれる時間帯における調達量の見込み | kW | 備考 | |
| | (4)その他 | | | | |
| | | 最大需要電力が見込まれる時間帯において供給能力に相当する能力として見込むことができる値 | kW | 備考 | |
| 変更年月日 | | | | | |
| 小売供給の登録年月日及び登録番号 | | | | | |
| 電話番号，電子メールアドレスその他の連絡先 | | | | | |

備考　様式第 31 の 8 の備考 1 から 14 までと同様とすること．

**様式第 31 の 13**（第 45 条の 11 関係）

小 売 供 給 休 止（廃 止） 届 出 書

年　　月　　日

殿

住　所

氏　名（名称及び代表者の氏名）

電気事業法第 27 条の 20 第 1 項の規定により，次のとおり小売供給の全部（一部）を休止（廃止）したので届け出ます．

| | |
|---|---|
| 休止年月日及び予定期間（廃止年月日） | |
| 休止（廃止）した小売供給の内容 | |
| 小売供給の登録年月日及び登録番号 | |
| 電話番号，電子メースアドレスその他の連絡先 | |

備考　用紙の大きさは，日本産業規格 A4 とすること．

**様式第 31 の 14**（第 45 条の 13 関係）

特 定 送 配 電 事 業 承 継 届 出 書

年　　月　　日

殿

住　所

氏　名（名称及び代表者の氏名）

地位を承継した者が特定送配電事業者である場合は，その届出年月日

電気事業法第 27 条の 24 第 2 項の規定により，次のとおり特定送配電事業者の地位を承継したので届け出ます．

| | |
|---|---|
| 承　継　年　月　日 | |
| 被　承　継　者 | |
| 承継した特定送配電事業の届出年月日 | |
| 電話番号，電子メールアドレスその他の連絡先 | |

備考　用紙の大きさは，日本産業規格 A4 とすること．

様式第 31 の 15（第 45 条の 14 関係）

特定送配電事業休止（廃止）届出書

年　　月　　日

殿

住　所

氏　名（名称及び代表者の氏名）

電気事業法第 27 条の 25 第 1 項の規定により，次のとおり特定送配電事業の全部（一部）を休止（廃止）したいので届け出ます．

| | |
|---|---|
| 休止予定年月日及び予定期間<br>（廃止予定年月日） | |
| 休止（廃止）しようとする事業の内容 | |
| 特定送配電事業の届出年月日 | |
| 電話番号，電子メールアドレスその他の連絡先 | |

備考　用紙の大きさは，日本産業規格 A4 とすること．

様式第 31 の 16（第 45 条の 14 関係）

解　散　届　出　書

年　　月　　日

殿

住　所

氏　名（名称及び代表者の氏名）

電気事業法第 27 条の 25 第 2 項の規定により，次のとおり特定送配電事業者たる法人が解散したので届け出ます．

| | |
|---|---|
| 解散した法人の名称及び代表者の氏名 | |
| 解散した法人の届出年月日 | |
| 解　散　年　月　日 | |
| 電話番号，電子メールアドレスその他の連絡先 | |

備考　用紙の大きさは，日本産業規格 A4 とすること．

様式第 31 の 17（第 45 条の 19 関係）

# 発　電　事　業　届　出　書

年　　月　　日

殿

住　所

氏　名（名称及び代表者の氏名）

次のとおり発電事業を営みたいので，電気事業法第 27 条の 27 第 1 項の規定により届け出ます．

<table>
<tr><td colspan="10"></td><td>備考</td></tr>
<tr><td colspan="4" rowspan="2">主たる営業所</td><td colspan="2">名称</td><td colspan="4"></td><td rowspan="19"></td></tr>
<tr><td colspan="2">所在地</td><td colspan="4"></td></tr>
<tr><td colspan="4" rowspan="2">その他の営業所</td><td colspan="2">名称</td><td colspan="4"></td></tr>
<tr><td colspan="2">所在地</td><td colspan="4"></td></tr>
<tr><td></td><td>発電所の名称</td><td>設置の場所（都道府県市区町村を記載すること．）</td><td>原動力の種類</td><td>周波数</td><td>出力</td><td>特定発電用電気工作物の出力</td><td>特定発電用電気工作物の接続最大電力</td><td>供給の相手方</td><td>供給の内容</td></tr>
<tr><td rowspan="6">発電事業の用に供する発電用の電気工作物</td><td rowspan="3"></td><td rowspan="3"></td><td></td><td rowspan="6"></td><td></td><td rowspan="3"></td><td rowspan="3"></td><td rowspan="3"></td><td rowspan="3"></td></tr>
<tr><td></td><td></td></tr>
<tr><td></td><td></td></tr>
<tr><td rowspan="3"></td><td rowspan="3"></td><td></td><td></td><td rowspan="3"></td><td rowspan="3"></td><td rowspan="3"></td><td rowspan="3"></td></tr>
<tr><td></td><td></td></tr>
<tr><td></td><td></td></tr>
<tr><td rowspan="6">専ら自己の消費の用に供する発電用の電気工作物</td><td rowspan="3"></td><td rowspan="3"></td><td></td><td rowspan="6"></td><td></td><td rowspan="3"></td><td rowspan="3"></td><td rowspan="3"></td><td rowspan="3"></td></tr>
<tr><td></td><td></td></tr>
<tr><td></td><td></td></tr>
<tr><td rowspan="3"></td><td rowspan="3"></td><td></td><td></td><td rowspan="3"></td><td rowspan="3"></td><td rowspan="3"></td><td rowspan="3"></td></tr>
<tr><td></td><td></td></tr>
<tr><td></td><td></td></tr>
<tr><td colspan="6">事業開始の予定年月日</td><td colspan="4"></td></tr>
<tr><td colspan="6">電話番号，電子メールアドレスその他の連絡先</td><td colspan="4"></td></tr>
</table>

備考　1　水力発電所の場合は，常時出力及び常時せん頭出力を備考欄に記載すること．

2　一般送配電事業者又は配電事業者にその一般送配電事業又は配電事業の用に供するための電気を発電し，当該電気を供給することを約している場合にあっては，その供給の相手方及びその内容を記載すること．

様式第31の18（第45条の19関係）

# 発　電　事　業　変　更　届　出　書

年　　月　　日

殿

住　所

氏　名（名称及び代表者の氏名）

次のとおり届出事項を変更したので，電気事業法第27条の27第3項の規定により届け出ます．

| | 変更前 | | | | | | | | | 変更後 | | | | | | | | | 備考 |
|---|---|---|---|---|---|---|---|---|---|---|---|---|---|---|---|---|---|---|---|
| | 氏名又は名称 | | | | | | | | | 氏名又は名称 | | | | | | | | | |
| | | | | | | | | | | | | | | | | | | | |
| | 住所 | | | | | | | | | 住所 | | | | | | | | | |
| | | | | | | | | | | | | | | | | | | | |
| | 電話番号，電子メールアドレスその他の連絡先 | | | | | | | | | 電話番号，電子メールアドレスその他の連絡先 | | | | | | | | | |
| | | | | | | | | | | | | | | | | | | | |
| 主たる営業所 | 名称 | | | | | | | | | 名称 | | | | | | | | | |
| | 所在地 | | | | | | | | | 所在地 | | | | | | | | | |
| その他営業所 | 名称 | | | | | | | | | 名称 | | | | | | | | | |
| | 所在地 | | | | | | | | | 所在地 | | | | | | | | | |
| | 発電所の名称 | 設置の場所（都道府県市区町村を記載すること．） | 原動力の種類 | 周波数 | 出力 | 特定発電用電気工作物の出力 | 特定発電用電気工作物の接続最大電力 | 供給の相手方 | 供給の内容 | 発電所の名称 | 設置の場所（都道府県市区町村を記載すること．） | 原動力の種類 | 周波数 | 出力 | 特定発電用電気工作物の出力 | 特定発電用電気工作物の接続最大電力 | 供給の相手方 | 供給の内容 | |
| 発電事業の用に供する発電用の電気工作物 | | | | | | | | | | | | | | | | | | | |
| | | | | | | | | | | | | | | | | | | | |
| | | | | | | | | | | | | | | | | | | | |
| | | | | | | | | | | | | | | | | | | | |
| | | | | | | | | | | | | | | | | | | | |
| 専ら自己の消費の用に供する発電用の電気工作物 | | | | | | | | | | | | | | | | | | | |
| | | | | | | | | | | | | | | | | | | | |

備考　1　水力発電所の場合は，常時出力及び常時せん頭出力を備考欄に記載すること．

2　出力の変更の場合は，当該変更を行った年月日を備考欄に記載すること．

3　用紙の大きさは，日本産業規格A4とすること．

様式第 31 の 19（第 45 条の 20 関係）

発　電　事　業　承　継　届　出　書

年　　月　　日

殿

住　所

氏　名（名称及び代表者の氏名）

次のとおり発電事業者の地位を承継したので，電気事業法第 27 条の 29 において準用する同法第 2 条の 7 第 2 項の規定により届け出ます．

| | |
|---|---|
| 承　継　年　月　日 | |
| 被　承　継　者 | |
| 承継した発電事業の届出年月日 | |
| 電話番号，電子メールアドレスその他の連絡先 | |

備考　用紙の大きさは，日本産業規格 A4 とすること．

様式第 31 の 20（第 45 条の 21 関係）

発 電 事 業 休 止（廃 止）届 出 書

年　　月　　日

殿

住　所

氏　名（名称及び代表者の氏名）

次のとおり発電事業を休止（廃止）するので，電気事業法第 27 条の 29 において準用する同法第 27 条の 25 の規定により届け出ます．

| | |
|---|---|
| 休止年月日及び予定期間（廃止年月日） | |
| 発電事業の届出年月日 | |
| 電話番号，電子メールアドレスその他の連絡先 | |

備考　用紙の大きさは，日本産業規格 A4 とすること．

様式第 31 の 21（第 45 条の 21 関係）

解　散　届　出　書

年　月　日

殿

住　所

氏　名（名称及び代表者の氏名）

次のとおり法人を解散したので，電気事業法第 27 条の 29 において準用する同法第 27 条の 25 第 2 項の規定により届け出ます．

| | |
|---|---|
| 解散年月日 | |
| 発電事業の届出年月日 | |
| 電話番号，電子メールアドレスその他の連絡先 | |

備考　用紙の大きさは，日本産業規格 A4 とすること．

様式第 31 の 21 の 2（第 45 条の 21 の 2 関係）

# 特 定 卸 供 給 事 業 届 出 書

年　　月　　日

殿

住　所

氏　名（名称及び代表者の氏名）

電気事業法第 27 条の 30 第 1 項の規定により，次のとおり特定卸供給事業を営みたいので届け出ます．

| | | | | 備考 |
|---|---|---|---|---|
| 主たる営業所 | 名称 | | | |
| | 所在地 | | | |
| その他の営業所 | 名称 | | | |
| | 所在地 | | | |
| 事業を行う地域<br>（都道府県を記載すること） | | | | |
| その行う特定卸供給事業<br>以外の電気事業ライセンス | | | | |
| 電子情報処理組織の<br>使用の有無 | 有　　無 | | | |
| 内訳 | | | 集約方法 | |
| 供給能力 | 契約容量の合計（$10^3$kW） | | | |
| | 設備容量の合計（$10^3$kW） | | | |
| 特定卸供給の<br>相手方 | 供給の相手方・市場等の名称 | 該当する電気事業 | 契約内容の詳細 | |
| | | | | |
| 事業開始の予定年月日 | | | | |
| 電話番号 | | | | |
| 電子メールアドレス | | | | |
| その他の連絡先 | | | | |

備考　1　供給に当たって電子情報処理組織を使用する場合は，「特定卸供給事業に係るサイバーセキュリティ確保の指針」の「サイバーセキュリティ確保の観点から望ましい行為」の実施状況の詳細を添付すること．

2　一般送配電事業者又は配電事業者にその一般送配電事業又は配電事業の用に供するための電気を供給することを約している場合にあっては，その供給の相手方及びその内容を記載すること．

3「契約容量の合計」の欄については，下位のアグリゲーター等との契約により，供給又は運用を約している容量の合計を記載すること．容量を問わない契約の場合は，供給可能と見込まれる電力の見込みを記入するとともに，別紙にその詳細を示すこと．

4　参考様式の事業実施体制図において，下位のアグリゲーター等の供給能力や事業エリア，リソースの種類を記載すること．

5　該当事項のない欄は，省略すること．

6　用紙の大きさは，日本産業規格 A4 とすること．

様式第31の21の3（第45条の21の3関係）

# 特定卸供給事業変更届出書

年　　月　　日

殿

住　所

氏　名（名称及び代表者の氏名）

電気事業法第27条の30第7項の規定により，同条第1項第三号又は第四号に掲げる事項を変更したいので，次のとおり届け出ます．

| | 変更前 | | | 変更後 | | | 備考 |
|---|---|---|---|---|---|---|---|
| | 電子情報処理組織の使用の有無 | | | 電子情報処理組織の使用の有無 | | | |
| | 有　無 | | | 有　無 | | | |
| | 他の電気事業ライセンス | | | 他の電気事業ライセンス | | | |
| | | | | | | | |
| | 契約容量の合計（$10^3$kW） | 設備容量の合計（$10^3$kW） | 事業を行う地域（都道府県を記載すること） | 契約容量の合計（$10^3$kW） | 設備容量の合計（$10^3$kW） | 事業を行う地域（都道府県を記載すること） | |
| 供給能力に関する事項 | | | | | | | |
| | 供給の相手方・市場等の名称 | 該当する電気事業 | 契約内容 | 供給の相手方・市場等の名称 | 該当する電気事業 | 契約内容 | |
| 供給の相手方に関する事項 | | | | | | | |
| 変更予定年月日 | | | | | | | |
| 電子情報処理組織の主たる機能の変更の有無 | | | | 有　　無 | | | |

備考　様式第31の21の2の備考1から6までと同様とすること．

様式第 31 の 21 の 4（第 45 条の 21 の 5 関係）

氏　名　等　変　更　届　出　書

年　　月　　日

殿

住　所

氏　名（名称及び代表者の氏名）

電気事業法第 27 条の 30 第 9 項の規定により，次のとおり変更したので届け出ます．

| | | |
|---|---|---|
| 変　更　事　項 | | |
| 変　更　の　内　容 | 変更前 | 変更後 |
| | | |
| 変　更　年　月　日 | | |
| 電話番号，電子メールアドレスその他の連絡先 | | |

備考　用紙の大きさは，日本産業規格 A4 とすること．

様式第 31 の 21 の 5（第 45 条の 21 の 6 関係）

特定卸供給事業承継届出書

年　　月　　日

殿

住　所

氏　名（名称及び代表者の氏名）

電気事業法第 27 条の 32 において準用する同法第 2 条の 7 第 2 項の規定により，次のとおり特定卸供給事業者の地位を承継したので届け出ます．

| | |
|---|---|
| 承　継　年　月　日 | |
| 被　承　継　者 | |
| 承継した特定卸供給事業の届出年月日 | |
| 電話番号，電子メールアドレスその他の連絡先 | |

備考　用紙の大きさは，日本産業規格 A4 とする．

様式第31の21の6（第45条の21の7関係）

特定卸供給事業休止（廃止）届出書

年　月　日

殿

住　所

氏　名（名称及び代表者の氏名）

次のとおり特定卸供給事業を休止（廃止）するので，電気事業法第27条の32において準用する同法第27条の25第1項の規定により届け出ます．

| | |
|---|---|
| 休止年月日及び予定期間（廃止年月日） | |
| 特定卸供給事業の届出年月日 | |
| 電話番号，電子メールアドレスその他の連絡先 | |

備考　用紙の大きさは，日本産業規格A4とする．

様式第31の21の7（第45条の21の7関係）

解散届出書

年　月　日

殿

住　所

氏　名（名称及び代表者の氏名）

次のとおり法人を解散したので，電気事業法第27条の32において準用する同法第27条の25第2項の規定により届け出ます．

| | |
|---|---|
| 解散年月日 | |
| 特定卸供給事業の届出年月日 | |
| 電話番号，電子メールアドレスその他の連絡先 | |

備考　用紙の大きさは，日本産業規格A4とする．

様式第 31 の 21 の 8（第 45 条の 21 の 9 関係）

賠 償 負 担 金 承 認 申 請 書

年　　月　　日

殿

住　所

氏　名（名称及び代表者の氏名）

電気事業法施行規則第 45 条の 21 の 9 第 1 項の規定により，次のとおり賠償負担金の額の承認を受けたいので申請します．

| | |
|---|---|
| 賠償負担金の総額 | 円 |
| 5 年間に回収しようとする賠償負担金の額 | 円 |
| 各一般送配電事業者ごとの回収すべき賠償負担金の額（各一般送配電事業者の商号及び住所） | 円（　　　　） |

備考　用紙の大きさは，日本産業規格 A4 であること．

様式第 31 の 21 の 9（第 45 条の 21 の 12 関係）

廃 炉 円 滑 化 負 担 金 承 認 申 請 書

年　　月　　日

殿

住　所

氏　名（名称及び代表者の氏名）

電気事業法施行規則第 45 条の 21 の 12 第 1 項の規定により，次のとおり廃炉円滑化負担金の額の承認を受けたいので申請します．

| | |
|---|---|
| 廃炉円滑化負担金の額 | 円 |
| 各一般送配電事業者ごとの回収すべき廃炉円滑化負担金の額（各一般送配電事業者の商号及び住所） | 円（　　　　） |

備考　用紙の大きさは，日本産業規格 A4 であること．

様式第 31 の 22（第 45 条の 23 関係）

## 特定供給許可申請書

年　月　日

殿

住　所

氏　名（名称及び代表者の氏名）

電気事業法第 27 条の 33 第 1 項の規定により，次のとおり特定供給の許可を受けたいので申請します．

| | | | |
|---|---|---|---|
| 供給の相手方 | 氏名（名称） | | 備考 |
| | 住所 | | |
| | 供給場所 | | |
| 供給する電力及び電力量 | | | |
| 供給開始予定年月日 | | | |
| 電話番号，電子メールアドレスその他の連絡先 | | | |

備考　1　供給場所が属する発電所，変電所，送電線路若しくは配電線路又は需要設備を設置する事業場の名称を備考欄に記載すること．

2　用紙の大きさは，日本産業規格 A4 とすること．

様式第 31 の 23（第 45 条の 25 関係）

## 特定供給変更届出書

年　月　日

殿

住　所

氏　名（名称及び代表者の氏名）

電気事業法第 27 条の 33 第 4 項の規定により，次のとおり特定供給の許可に係る事項の変更をしたので届け出ます．

| | |
|---|---|
| 変更の内容 | |
| 変更した年月日 | |
| 特定供給の許可年月日 | |
| 電話番号，電子メールアドレスその他の連絡先 | |

備考　用紙の大きさは，日本産業規格 A4 とすること．

様式第 31 の 24（第 45 条の 26 関係）

特 定 供 給 廃 止 届 出 書

年　　月　　日

殿

住 所

氏 名（名称及び代表者の氏名）

電気事業法第 27 条の 33 第 5 項の規定により，次のとおり特定供給を廃止したので届け出ます．

| | |
|---|---|
| 廃 止 年 月 日 | |
| 特定供給の許可年月日 | |
| 電話番号，電子メールアドレスその他の連絡先 | |

備考　用紙の大きさは，日本産業規格 A4 とすること．

様式第31の25（第45条の28関係）

特定自家用電気工作物接続届出書

年　　月　　日

殿

住　所

氏　名（名称及び代表者の氏名）

次のとおり特定自家用電気工作物と一般送配電事業者の電線路とを電気的に接続したので，電気事業法第28条の3第1項の規定により届け出ます．

| 発電所の名称 | 設置の場所（都道府県市区町村を記載すること.） | 原動力の種類 | 周波数 | 出　　力 | 用途（常用・非常用の別） | 逆潮流防止装置の有無 | 備考 |
|---|---|---|---|---|---|---|---|
| | | | | | | | |
| | | | | | | | |
| | | | | | | | |
| | | | | | | | |
| 電話番号，電子メールアドレスその他の連絡先 | | | | | | | |

備考　用紙の大きさは，日本産業規格A4とすること．

様式第 31 の 26（第 45 条の 28 関係）

## 特定自家用電気工作物設置者変更届出書

年　　月　　日

殿

住　所

氏　名（名称及び代表者の氏名）

次のとおり届出事項を変更したので，電気事業法第 28 条の 3 第 2 項の規定により届け出ます．

<table>
<tr><td colspan="7">変更前</td><td colspan="7">変更後</td><td>備考</td></tr>
<tr><td colspan="7">氏名又は名称</td><td colspan="7">氏名又は名称</td><td rowspan="15"></td></tr>
<tr><td colspan="7"></td><td colspan="7"></td></tr>
<tr><td colspan="7">住所</td><td colspan="7">住所</td></tr>
<tr><td colspan="7"></td><td colspan="7"></td></tr>
<tr><td colspan="7">電話番号，電子メールアドレスその他の連絡先</td><td colspan="7">電話番号，電子メールアドレスその他の連絡先</td></tr>
<tr><td colspan="7"></td><td colspan="7"></td></tr>
<tr><td>発電所の名称</td><td>設置の場所（都道府県市区町村を記載すること．）</td><td>原動力の種類</td><td>周波数</td><td>出力</td><td>用途（常用・非常用の別）</td><td>逆潮流防止装置の有無</td><td>発電所の名称</td><td>設置の場所（都道府県市区町村を記載すること．）</td><td>原動力の種類</td><td>周波数</td><td>出力</td><td>用途（常用・非常用の別）</td><td>逆潮流防止装置の有無</td></tr>
<tr><td></td><td></td><td></td><td></td><td></td><td></td><td></td><td></td><td></td><td></td><td></td><td></td><td></td><td></td></tr>
<tr><td></td><td></td><td></td><td></td><td></td><td></td><td></td><td></td><td></td><td></td><td></td><td></td><td></td><td></td></tr>
<tr><td></td><td></td><td></td><td></td><td></td><td></td><td></td><td></td><td></td><td></td><td></td><td></td><td></td><td></td></tr>
<tr><td></td><td></td><td></td><td></td><td></td><td></td><td></td><td></td><td></td><td></td><td></td><td></td><td></td><td></td></tr>
<tr><td></td><td></td><td></td><td></td><td></td><td></td><td></td><td></td><td></td><td></td><td></td><td></td><td></td><td></td></tr>
<tr><td colspan="7">変更した年月日</td><td colspan="7"></td></tr>
<tr><td colspan="7">特定自家用電気工作物接続届出年月日</td><td colspan="7"></td></tr>
</table>

備考　用紙の大きさは，日本産業規格 A4 とすること．

様式第31の27（第45条の28関係）

特定自家用電気工作物の要件に該当しなくなった場合の届出書

年　　月　　日

殿

住　所

氏　名（名称及び代表者の氏名）

次のとおり特定自家用電気工作物の要件に該当しなくなったので，電気事業法第28条の3第2項の規定により届け出ます．

| | |
|---|---|
| 発電所の名称 | |
| 該当しなくなった特定自家用電気工作物の原動力の種類，周波数及び出力 | |
| 該当しなくなった理由 | |
| 該当しなくなった年月日 | |
| 電話番号，電子メールアドレスその他の連絡先 | |
| 特定自家用電気工作物接続届出年月日 | |

備考　用紙の大きさは，日本産業規格A4とすること．

様式第 31 の 28（第 45 条の 28 関係）

特定自家用電気工作物が一般送配電事業者の電線路と
電気的に接続されている状態でなくなった場合の届出書

年　　月　　日

殿

住　所
氏　名（名称及び代表者の氏名）

次のとおり特定自家用電気工作物が一般送配電事業者の電線路と電気的に接続されている状態でなくなったので，電気事業法第 28 条の 3 第 2 項の規定により届け出ます．

| | |
|---|---|
| 発電所の名称 | |
| 接続されている状態でなくなった理由 | |
| 接続されている状態でなくなった年月日 | |
| 電話番号，電子メールアドレスその他の連絡先 | |
| 特定自家用電気工作物接続届出年月日 | |

備考　用紙の大きさは，日本産業規格 A4 とすること．

様式第 32（第 46 条関係）

供　給　計　画　届　出　書

年　　月　　日

殿

住　所
氏　名（名称及び代表者の氏名）

電気事業法第 29 条第 1 項の規定により　年度の供給計画を別紙のとおり届け出ます．

備考　1　別紙は，次の第 1 表から第 8 表までの様式によること．
　　　2　用紙の大きさは，日本産業規格 A4 とすること．

第1表

# 年度別の最大電力供給計画表

（単位：$10^3$kW）

| 項目 | | | 年度 | 前年度（参考） | 1 | 2 | 3 | 4 | 5 | 6 | 7 | 8 | 9 | 10 |
|---|---|---|---|---|---|---|---|---|---|---|---|---|---|---|
| 供給電力 | 保有電源 | 水力発電所（送電端） | | | | | | | | | | | | |
| 供給電力 | 保有電源 | 火力発電所（送電端） | | | | | | | | | | | | |
| 供給電力 | 保有電源 | 原子力発電所（送電端） | | | | | | | | | | | | |
| 供給電力 | 保有電源 | 新エネルギー等発電所（送電端） | | | | | | | | | | | | |
| 供給電力 | 保有電源 | 合計（送電端） | | | | | | | | | | | | |
| 供給電力 | 調達分 | 発電事業者 | | | | | | | | | | | | |
| 供給電力 | 調達分 | 特定卸供給事業者 | | | | | | | | | | | | |
| 供給電力 | 調達分 | 一般送配電事業者 | | | | | | | | | | | | |
| 供給電力 | 調達分 | 配電事業者 | | | | | | | | | | | | |
| 供給電力 | 調達分 | 小売電気事業者 | | | | | | | | | | | | |
| 供給電力 | 調達分 | その他 | 取引所 | | | | | | | | | | | |
| 供給電力 | 調達分 | その他 | その他 | | | | | | | | | | | |
| 供給電力 | 調達先未定 | | | | | | | | | | | | | |
| 供給電力 | 合計（送電端） | | | | | | | | | | | | | |
| 供給電力 | 【エリア】小売電気事業者（供給力合計） | | | | | | | | | | | | | |
| 供給電力 | 【エリア】発電事業者（余力合計） | | | | | | | | | | | | | |
| 供給電力 | 【エリア】特定卸供給事業者（余力合計） | | | | | | | | | | | | | |
| 供給電力 | 一般送配電事業者（補正） | | | | | | | | | | | | | |
| 供給電力 | エリア外供給力（再掲） | | | | | | | | | | | | | |
| 供給電力 | 【エリア】合計（送電端） | | | | | | | | | | | | | |
| 需要電力（送電端） | | | | | | | | | | | | | | |
| ひっ迫時需要抑制電力（送電端） | 小売電気事業者 | | | | | | | | | | | | | |
| ひっ迫時需要抑制電力（送電端） | 一般送配電事業者 | | | | | | | | | | | | | |
| 供給予備力（送電端） | | | | | | | | | | | | | | |
| 供給予備率（％） | | | | | | | | | | | | | | |
| 調整力確保量 | | | | | | | | | | | | | | |
| 調整力（％） | | | | | | | | | | | | | | |
| 年度末電源構成 | 水力発電所 | | | | | | | | | | | | | |
| 年度末電源構成 | 水力発電所 | 一般 | | | | | | | | | | | | |
| 年度末電源構成 | 水力発電所 | 揚水 | | | | | | | | | | | | |
| 年度末電源構成 | 火力発電所 | | | | | | | | | | | | | |
| 年度末電源構成 | 火力発電所 | 石炭 | | | | | | | | | | | | |
| 年度末電源構成 | 火力発電所 | LNG | | | | | | | | | | | | |
| 年度末電源構成 | 火力発電所 | 石油 | | | | | | | | | | | | |
| 年度末電源構成 | 火力発電所 | LPG | | | | | | | | | | | | |
| 年度末電源構成 | 火力発電所 | その他ガス | | | | | | | | | | | | |
| 年度末電源構成 | 火力発電所 | 歴青質混合物 | | | | | | | | | | | | |
| 年度末電源構成 | 原子力発電所 | | | | | | | | | | | | | |
| 年度末電源構成 | 新エネルギー等発電所 | | | | | | | | | | | | | |
| 年度末電源構成 | 新エネルギー等発電所 | 風力 | | | | | | | | | | | | |
| 年度末電源構成 | 新エネルギー等発電所 | 太陽光 | | | | | | | | | | | | |
| 年度末電源構成 | 新エネルギー等発電所 | 地熱 | | | | | | | | | | | | |
| 年度末電源構成 | 新エネルギー等発電所 | バイオマス | | | | | | | | | | | | |
| 年度末電源構成 | 新エネルギー等発電所 | 廃棄物 | | | | | | | | | | | | |
| 年度末電源構成 | その他 | | | | | | | | | | | | | |
| 年度末電源構成 | 合計 | | | | | | | | | | | | | |

第2表

## 年度別の電力量供給計画表

（単位：$10^6$kWh）

| 項目＼年度 | | | | 前年度（参考） | 1 | 2 | 3 | 4 | 5 | 6 | 7 | 8 | 9 | 10 |
|---|---|---|---|---|---|---|---|---|---|---|---|---|---|---|
| 供給電力 | 保有電源 | 水力発電所（送電端） | | | | | | | | | | | | |
| | | 火力発電所（送電端） | | | | | | | | | | | | |
| | | 原子力発電所（送電端） | | | | | | | | | | | | |
| | | 新エネルギー等発電所（送電端） | | | | | | | | | | | | |
| | | 合計（送電端） | | | | | | | | | | | | |
| | 調達分 | 発電事業者 | | | | | | | | | | | | |
| | | 特定卸供給事業者 | | | | | | | | | | | | |
| | | 一般送配電事業者 | | | | | | | | | | | | |
| | | 配電事業者 | | | | | | | | | | | | |
| | | 小売電気事業者 | | | | | | | | | | | | |
| | | その他 | 取引所 | | | | | | | | | | | |
| | | | その他 | | | | | | | | | | | |
| | 調達先未定 | | | | | | | | | | | | | |
| | 揚水式発電所の揚水用動力量 | | | | | | | | | | | | | |
| | 合計（送電端） | | | | | | | | | | | | | |
| | 【エリア】小売電気事業者（供給電力量合計） | | | | | | | | | | | | | |
| | 一般送配電事業者（補正） | | | | | | | | | | | | | |
| | 【エリア】合計（送電端） | | | | | | | | | | | | | |
| 需要電力量（送電端） | | | | | | | | | | | | | | |
| 送電端電力量 | 水力発電所 | | | | | | | | | | | | | |
| | | 一般 | | | | | | | | | | | | |
| | | 揚水 | | | | | | | | | | | | |
| | 火力発電所 | | | | | | | | | | | | | |
| | | 石炭 | | | | | | | | | | | | |
| | | LNG | | | | | | | | | | | | |
| | | 石油 | | | | | | | | | | | | |
| | | LPG | | | | | | | | | | | | |
| | | その他ガス | | | | | | | | | | | | |
| | | 歴青質混合物 | | | | | | | | | | | | |
| | 原子力発電所 | | | | | | | | | | | | | |
| | 新エネルギー等発電所 | | | | | | | | | | | | | |
| | | 風力 | | | | | | | | | | | | |
| | | 太陽光 | | | | | | | | | | | | |
| | | 地熱 | | | | | | | | | | | | |
| | | バイオマス | | | | | | | | | | | | |
| | | 廃棄物 | | | | | | | | | | | | |
| | その他 | | | | | | | | | | | | | |
| | 合計 | | | | | | | | | | | | | |
| 非化石電源比率（％） | | | | | | | | | | | | | | |

第3表

## 月別の最大電力供給計画表

年度（単位：$10^3$kW）

| 項目　　月別 | | | | 4月 | 5月 | 6月 | 7月 | 8月 | 9月 | 10月 | 11月 | 12月 | 1月 | 2月 | 3月 |
|---|---|---|---|---|---|---|---|---|---|---|---|---|---|---|---|
| 供給電力 | 保有電源 | 水力発電所（送電端） | | | | | | | | | | | | | |
| | | 火力発電所（送電端） | | | | | | | | | | | | | |
| | | 原子力発電所（送電端） | | | | | | | | | | | | | |
| | | 新エネルギー等発電所（送電端） | | | | | | | | | | | | | |
| | | 合計（送電端） | | | | | | | | | | | | | |
| | 調達分 | 発電事業者 | | | | | | | | | | | | | |
| | | 特定卸供給事業者 | | | | | | | | | | | | | |
| | | 一般送配電事業者 | | | | | | | | | | | | | |
| | | 配電事業者 | | | | | | | | | | | | | |
| | | 小売電気事業者 | | | | | | | | | | | | | |
| | | その他 | 取引所 | | | | | | | | | | | | |
| | | | その他 | | | | | | | | | | | | |
| | 調達先未定 | | | | | | | | | | | | | | |
| | 合計（送電端） | | | | | | | | | | | | | | |
| | 【エリア】小売電気事業者（供給力合計） | | | | | | | | | | | | | | |
| | 【エリア】発電事業者（余力合計） | | | | | | | | | | | | | | |
| | 【エリア】特定卸供給事業者（余力合計） | | | | | | | | | | | | | | |
| | 一般送配電事業者（補正） | | | | | | | | | | | | | | |
| | エリア外供給力（再掲） | | | | | | | | | | | | | | |
| | 【エリア】合計（送電端） | | | | | | | | | | | | | | |
| 需要電力（送電端） | | | | | | | | | | | | | | | |
| ひっ迫時需要抑制電力（送電端） | 小売電気事業者 | | | | | | | | | | | | | | |
| | 一般送配電事業者 | | | | | | | | | | | | | | |
| 供給予備力（送電端） | | | | | | | | | | | | | | | |
| 供給予備率（％） | | | | | | | | | | | | | | | |
| 調整力確保量 | | | | | | | | | | | | | | | |
| 調整力（％） | | | | | | | | | | | | | | | |

第4表

月別の電力量供給計画表

（単位：$10^6$kWh）

| 項目 | | | 月別 | 4月 | 5月 | 6月 | 7月 | 8月 | 9月 | 上期計 | 10月 | 11月 | 12月 | 1月 | 2月 | 3月 | 下期計 | 年度計 |
|---|---|---|---|---|---|---|---|---|---|---|---|---|---|---|---|---|---|---|
| 供給電力 | 保有電源 | 水力発電所（送電端） | | | | | | | | | | | | | | | | |
| | | 火力発電所（送電端） | | | | | | | | | | | | | | | | |
| | | 原子力発電所（送電端） | | | | | | | | | | | | | | | | |
| | | 新エネルギー等発電所（送電端） | | | | | | | | | | | | | | | | |
| | | 合計（送電端） | | | | | | | | | | | | | | | | |
| | 調達分 | 発電事業者 | | | | | | | | | | | | | | | | |
| | | 特定卸供給事業者 | | | | | | | | | | | | | | | | |
| | | 一般送配電事業者 | | | | | | | | | | | | | | | | |
| | | 配電事業者 | | | | | | | | | | | | | | | | |
| | | 小売電気事業者 | | | | | | | | | | | | | | | | |
| | | その他 | 取引所 | | | | | | | | | | | | | | | |
| | | | その他 | | | | | | | | | | | | | | | |
| | 調達先未定 | | | | | | | | | | | | | | | | | |
| | 揚水式発電所の揚水用動力量 | | | | | | | | | | | | | | | | | |
| | 合計（送電端） | | | | | | | | | | | | | | | | | |
| | 【エリア】小売電気事業者（供給電力量合計） | | | | | | | | | | | | | | | | | |
| | 一般送配電事業者（補正） | | | | | | | | | | | | | | | | | |
| | 【エリア】合計（送電端） | | | | | | | | | | | | | | | | | |
| 需要電力量（送電端） | | | | | | | | | | | | | | | | | | |

第5表

## 発電所の開発等についての計画書

| 区分 | 名称及び設備番号 | 所在地 | 種類 | 最大出力（kW） | 年間可能発電電力量（$10^6$kWh）又は所内率（%）（うち小売電気事業の用に供するための年間想定発電電力量（$10^6$kWh）） | 着工年月 | 使用開始年月 |
|---|---|---|---|---|---|---|---|
| 工事中 | | | | | | | |
| | | | | | | | |
| | | | | | | | |
| | | | | | | | |
| 着工準備中 | | | | | | | |
| | | | | | | | |
| | | | | | | | |
| | | | | | | | |
| | | | | | | | |
| その他 | | | | | | | |
| | | | | | | | |
| | | | | | | | |

第6の1表

## 主要送電線路の整備計画書

| 区分 | 名称 | 区間 | 電圧（kV） | こう長（km） | 回線数 | 電線の種類及び太さ（$mm^2$） | 着工年月 | 使用開始年月 | 設置又は変更を必要とする理由 |
|---|---|---|---|---|---|---|---|---|---|
| 工事中 | | | | | | | | | |
| | | | | | | | | | |
| | | | | | | | | | |
| | | | | | | | | | |
| 着工準備中 | | | | | | | | | |
| | | | | | | | | | |
| | | | | | | | | | |
| | | | | | | | | | |
| | | | | | | | | | |

| | | | | | | | | | |
|---|---|---|---|---|---|---|---|---|---|
| その他 | | | | | | | | | |
| | | | | | | | | | |
| | | | | | | | | | |

第6の2表

主 要 変 電 所 の 整 備 計 画 書

| 区分 | 名称 | 所在地 | 増加出力（MVA） | 変　圧　器 | | | | その他の設備（名称，容量） | 着工年月 | 使用開始年月 | 設置又は変更を必要とする理由 |
|---|---|---|---|---|---|---|---|---|---|---|---|
| | | | | 相数 | 電圧（kV） | 容量（MVA） | 台数 | | | | |
| 工事中 | | | | | | | | | | | |
| | | | | | | | | | | | |
| | | | | | | | | | | | |
| | | | | | | | | | | | |
| 着工準備中 | | | | | | | | | | | |
| | | | | | | | | | | | |
| | | | | | | | | | | | |
| | | | | | | | | | | | |
| | | | | | | | | | | | |
| その他 | | | | | | | | | | | |
| | | | | | | | | | | | |
| | | | | | | | | | | | |

第6の3表

広 域 系 統 整 備 計 画

| 計画名称 | 工事内容 | 着工年月 | 使用開始年月 |
|---|---|---|---|
| | | | |
| | | | |
| | | | |
| | | | |
| | | | |

第 7 表

発電所の開発等についての長期計画書

| 名　称<br>及び<br>設備番号 | 所 在 地 | 種　類 | 最大出力<br>(kW) | 着工年月 | 使用開始年月 |
|---|---|---|---|---|---|
| | | | | | |
| | | | | | |
| | | | | | |
| | | | | | |
| | | | | | |

第 8 表

電 気 の 取 引 に 関 す る 計 画 書

| 区分 | | 事業者 | エリア | 項目 | 年度 | | | | | | | | | | 備考 |
|---|---|---|---|---|---|---|---|---|---|---|---|---|---|---|---|
| | | | | | 1 | 2 | 3 | 4 | 5 | 6 | 7 | 8 | 9 | 10 | |
| 受電（調達） | 発電事業者 | | | 最大受給電力（$10^3$kW） | | | | | | | | | | | |
| | | | | 年間受給電力量（$10^6$kWh） | | | | | | | | | | | |
| | | | | 最大受給電力（$10^3$kW） | | | | | | | | | | | |
| | | | | 年間受給電力量（$10^6$kWh） | | | | | | | | | | | |
| | | 小計 | | 最大受給電力（$10^3$kW） | | | | | | | | | | | |
| | | | | 年間受給電力量（$10^6$kWh） | | | | | | | | | | | |
| | 特定卸供給事業者 | | | 最大受給電力（$10^3$kW） | | | | | | | | | | | |
| | | | | 年間受給電力量（$10^6$kWh） | | | | | | | | | | | |
| | | | | 最大受給電力（$10^3$kW） | | | | | | | | | | | |
| | | | | 年間受給電力量（$10^6$kWh） | | | | | | | | | | | |
| | | 小計 | | 最大受給電力（$10^3$kW） | | | | | | | | | | | |
| | | | | 年間受給電力量（$10^6$kWh） | | | | | | | | | | | |
| | 一般送配電事業者 | | | 最大受給電力（$10^3$kW） | | | | | | | | | | | |
| | | | | 年間受給電力量（$10^6$kWh） | | | | | | | | | | | |
| | | | | 最大受給電力（$10^3$kW） | | | | | | | | | | | |
| | | | | 年間受給電力量（$10^6$kWh） | | | | | | | | | | | |
| | | 小計 | | 最大受給電力（$10^3$kW） | | | | | | | | | | | |
| | | | | 年間受給電力量（$10^6$kWh） | | | | | | | | | | | |

| | | | | | | | | | | | | | | | |
|---|---|---|---|---|---|---|---|---|---|---|---|---|---|---|---|
| 受電（調達） | 配電事業者 | | | 最大受給電力（$10^3$kW） | | | | | | | | | | | |
| | | | | 年間受給電力量（$10^6$kWh） | | | | | | | | | | | |
| | | | | 最大受給電力（$10^3$kW） | | | | | | | | | | | |
| | | | | 年間受給電力量（$10^6$kWh） | | | | | | | | | | | |
| | | 小計 | | 最大受給電力（$10^3$kW） | | | | | | | | | | | |
| | | | | 年間受給電力量（$10^6$kWh） | | | | | | | | | | | |
| | 小売電気事業者 | | | 最大受給電力（$10^3$kW） | | | | | | | | | | | |
| | | | | 年間受給電力量（$10^6$kWh） | | | | | | | | | | | |
| | | | | 最大受給電力（$10^3$kW） | | | | | | | | | | | |
| | | | | 年間受給電力量（$10^6$kWh） | | | | | | | | | | | |
| | | 小計 | | 最大受給電力（$10^3$kW） | | | | | | | | | | | |
| | | | | 年間受給電力量（$10^6$kWh） | | | | | | | | | | | |
| | その他 | | | 最大受給電力（$10^3$kW） | | | | | | | | | | | |
| | | | | 年間受給電力量（$10^6$kWh） | | | | | | | | | | | |
| | | | | 最大受給電力（$10^3$kW） | | | | | | | | | | | |
| | | | | 年間受給電力量（$10^6$kWh） | | | | | | | | | | | |
| | | 小計 | | 最大受給電力（$10^3$kW） | | | | | | | | | | | |
| | | | | 年間受給電力量（$10^6$kWh） | | | | | | | | | | | |
| | 合計 | | | 最大受給電力（$10^3$kW） | | | | | | | | | | | |
| | | | | 年間受給電力量（$10^6$kWh） | | | | | | | | | | | |

| 区分 | | 事業者 | エリア | 項目 | 年度 | | | | | | | | | | 備考 |
|---|---|---|---|---|---|---|---|---|---|---|---|---|---|---|---|
| | | | | | 1 | 2 | 3 | 4 | 5 | 6 | 7 | 8 | 9 | 10 | |
| 送電（販売） | 発電事業者 | | | 最大電力（$10^3$kW） | | | | | | | | | | | |
| | | | | 年間電力量（$10^6$kWh） | | | | | | | | | | | |
| | | | | 最大電力（$10^3$kW） | | | | | | | | | | | |
| | | | | 年間電力量（$10^6$kWh） | | | | | | | | | | | |
| | | 小計 | | 最大電力（$10^3$kW） | | | | | | | | | | | |
| | | | | 年間電力量（$10^6$kWh） | | | | | | | | | | | |
| | 特定卸供給事業者 | | | 最大電力（$10^3$kW） | | | | | | | | | | | |
| | | | | 年間電力量（$10^6$kWh） | | | | | | | | | | | |
| | | | | 最大電力（$10^3$kW） | | | | | | | | | | | |
| | | | | 年間電力量（$10^6$kWh） | | | | | | | | | | | |
| | | 小計 | | 最大電力（$10^3$kW） | | | | | | | | | | | |
| | | | | 年間電力量（$10^6$kWh） | | | | | | | | | | | |
| | 一般送配電事業者 | | | 最大電力（$10^3$kW） | | | | | | | | | | | |
| | | | | 年間電力量（$10^6$kWh） | | | | | | | | | | | |
| | | | | 最大電力（$10^3$kW） | | | | | | | | | | | |
| | | | | 年間電力量（$10^6$kWh） | | | | | | | | | | | |
| | | 小計 | | 最大電力（$10^3$kW） | | | | | | | | | | | |
| | | | | 年間電力量（$10^6$kWh） | | | | | | | | | | | |
| | 配電事業者 | | | 最大電力（$10^3$kW） | | | | | | | | | | | |
| | | | | 年間電力量（$10^6$kWh） | | | | | | | | | | | |
| | | | | 最大電力（$10^3$kW） | | | | | | | | | | | |
| | | | | 年間電力量（$10^6$kWh） | | | | | | | | | | | |
| | | 小計 | | 最大電力（$10^3$kW） | | | | | | | | | | | |
| | | | | 年間電力量（$10^6$kWh） | | | | | | | | | | | |
| | 小売電気事業者 | | | 最大電力（$10^3$kW） | | | | | | | | | | | |
| | | | | 年間電力量（$10^6$kWh） | | | | | | | | | | | |
| | | | | 最大電力（$10^3$kW） | | | | | | | | | | | |
| | | | | 年間電力量（$10^6$kWh） | | | | | | | | | | | |
| | | 小計 | | 最大電力（$10^3$kW） | | | | | | | | | | | |
| | | | | 年間電力量（$10^6$kWh） | | | | | | | | | | | |

| | | | | | | | | | | | | | | | |
|---|---|---|---|---|---|---|---|---|---|---|---|---|---|---|---|
| 送電（販売） | その他 | | | 最大電力（$10^3$kW） | | | | | | | | | | | |
| | | | | 年間電力量（$10^6$kWh） | | | | | | | | | | | |
| | | | | 最大電力（$10^3$kW） | | | | | | | | | | | |
| | | | | 年間電力量（$10^6$kWh） | | | | | | | | | | | |
| | | 小計 | | 最大電力（$10^3$kW） | | | | | | | | | | | |
| | | | | 年間電力量（$10^6$kWh） | | | | | | | | | | | |
| | 合計 | | | 最大電力（$10^3$kW） | | | | | | | | | | | |
| | | | | 年間電力量（$10^6$kWh） | | | | | | | | | | | |

様式第 33（第 46 条関係）

## 供給区域需要電力量想定書

（単位：$10^6$kWh）

| 用途＼年度別 | | | 前年度（参考） | 1 | 2 | 3 | 4 | 5 | 6 | 7 | 8 | 9 | 10 | 備考 |
|---|---|---|---|---|---|---|---|---|---|---|---|---|---|---|
| 需要電力量 | | 家庭用その他 | | | | | | | | | | | | |
| | | 業務用 | | | | | | | | | | | | |
| | | 産業用その他 | | | | | | | | | | | | |
| | 合計（使用端） | | | | | | | | | | | | | |
| | 合計（需要端） | | | | | | | | | | | | | |
| | 合計（送電端） | | | | | | | | | | | | | |
| 需要電力（送電端）（$10^3$kW） | | | | | | | | | | | | | | |
| 年負荷率（％） | | | | | | | | | | | | | | |
| 送配電損失率（％） | | | | | | | | | | | | | | |
| 想定の前提となる指標等 | | | | | | | | | | | | | | |
| 想定の方法 | | | | | | | | | | | | | | |

様式第 33 の 2（第 46 条関係）

## 調　整　力　確　保　計　画　書

（単位：$10^3$kW）

| | 発電所名（号機） | 1 | 2 | 3 | 4 | 5 | 6 | 7 | 8 | 9 | 10 |
|---|---|---|---|---|---|---|---|---|---|---|---|
| 保有電源 | | | | | | | | | | | |
| | | | | | | | | | | | |
| | | | | | | | | | | | |
| 調達分 | | | | | | | | | | | |
| | | | | | | | | | | | |
| | | | | | | | | | | | |

様式第 34（第 46 条関係）

第 1 表

## 水力発電所（揚水式を含む）発電・補修計画明細書

年度

| 発電所名 | 発電所の分類及び発電機の番号 | 出力（$10^3$kW） | 補修計画 | | | | | | | | | | | | 年度計 | 備考 |
|---|---|---|---|---|---|---|---|---|---|---|---|---|---|---|---|---|
| | | | 4月 | 5月 | 6月 | 7月 | 8月 | 9月 | 10月 | 11月 | 12月 | 1月 | 2月 | 3月 | | |
| | | | | | | | | | | | | | | | | |
| | | | | | | | | | | | | | | | | |
| | | | | | | | | | | | | | | | | |
| | | | | | | | | | | | | | | | | |
| 合計 | 発電能力（$10^3$kW） | | | | | | | | | | | | | | | |
| | 補修期間における月別減少出力（$10^3$kW） | | | | | | | | | | | | | | | |
| | 供給電力（$10^3$kW）（送電端） | | | | | | | | | | | | | | | |
| | 供給電力量（$10^6$kWh）（送電端） | | | | | | | | | | | | | | | |

第 2 表

## 火力発電所発電・補修計画明細書

年度

| 発電所名 | ボイラー及びタービンの番号 | 出力（$10^3$kW） | 補修計画 | | | | | | | | | | | | 年度計 | 備考 |
|---|---|---|---|---|---|---|---|---|---|---|---|---|---|---|---|---|
| | | | 4月 | 5月 | 6月 | 7月 | 8月 | 9月 | 10月 | 11月 | 12月 | 1月 | 2月 | 3月 | | |
| | | | | | | | | | | | | | | | | |
| | | | | | | | | | | | | | | | | |
| | | | | | | | | | | | | | | | | |
| | | | | | | | | | | | | | | | | |
| 合 | 発電能力（$10^3$kW） | | | | | | | | | | | | | | | |
| | 補修期間における月別減少出力（$10^3$kW） | | | | | | | | | | | | | | | |
| | 供給電力（$10^3$kW）（送電端） | | | | | | | | | | | | | | | |
| 計 | 供給電力量（$10^6$kWh）（送電端） | | | | | | | | | | | | | | | |

第 3 表

## 原子力発電所発電・補修計画明細書

年度

| 発電所名 | 原子炉及びタービンの番号 | 出力（$10^3$kW） | 補修計画 | | | | | | | | | | | | 年度計 | 備考 |
|---|---|---|---|---|---|---|---|---|---|---|---|---|---|---|---|---|
| | | | 4月 | 5月 | 6月 | 7月 | 8月 | 9月 | 10月 | 11月 | 12月 | 1月 | 2月 | 3月 | | |
| | | | | | | | | | | | | | | | | |
| | | | | | | | | | | | | | | | | |
| | | | | | | | | | | | | | | | | |
| | | | | | | | | | | | | | | | | |
| 合 | 発電能力（$10^3$kW） | | | | | | | | | | | | | | | |
| | 補修期間における月別減少出力（$10^3$kW） | | | | | | | | | | | | | | | |
| | 供給電力（$10^3$kW）（送電端） | | | | | | | | | | | | | | | |
| 計 | 供給電力量（$10^6$kWh）（送電端） | | | | | | | | | | | | | | | |

様式第 35（第 46 条関係）

第 1 表

火 力 発 電 所 燃 料 計 画 明 細 書

| 項目 | 年度 | | |
|---|---|---|---|
| | 受入量 | 発電用<br>消費量 | 貯蔵量 |
| 石炭（湿炭）（$10^3$t） | | | |
| 原油（$10^3$kl） | | | |
| 歴青質混合物（$10^3$t） | | | |
| 重油（$10^3$kl） | | | |
| 軽油（$10^3$kl） | | | |
| ナフサ（$10^3$kl） | | | |
| 天然ガス液（$10^3$kl） | | | |
| 液化石油ガス（$10^3$t） | | | |
| 液化天然ガス（$10^3$t） | | | |
| 都市ガス（$10^6$m$^3$N） | | | |
| 天然ガス（$10^6$m$^3$N） | | | |
| その他ガス（$10^6$m$^3$N） | | | |

第2表

# 火力発電所燃料計画明細書

| 項目 | 燃焼方式／発電所名 | | | | | | | 火力計（内燃力等を除く） | 内燃力等 | 合計 |
|---|---|---|---|---|---|---|---|---|---|---|
| | | | | 計 | | | 計 | | | |
| 石炭 | 発電用消費量（湿炭）（$10^3$t） | | | | | | | | | |
| | 平均発熱量（乾炭）（kJ/kg） | | | | | | | | | |
| | 湿分率（%） | | | | | | | | | |
| 原油 | 発電用消費量（$10^3$kl） | | | | | | | | | |
| | 平均発熱量（kJ/l） | | | | | | | | | |
| 歴青質混合物 | 発電用消費量（$10^3$t） | | | | | | | | | |
| | 平均発熱量（kJ/kg） | | | | | | | | | |
| 重油 | 発電用消費量（$10^3$kl） | | | | | | | | | |
| | 平均発熱量（kJ/l） | | | | | | | | | |
| 軽油 | 発電用消費量（$10^3$kl） | | | | | | | | | |
| | 平均発熱量（kJ/l） | | | | | | | | | |
| ナフサ | 発電用消費量（$10^3$kl） | | | | | | | | | |
| | 平均発熱量（kJ/l） | | | | | | | | | |
| 天然ガス液 | 発電用消費量（$10^3$kl） | | | | | | | | | |
| | 平均発熱量（kJ/l） | | | | | | | | | |
| 液化石油ガス | 発電用消費量（$10^3$t） | | | | | | | | | |
| | 平均発熱量（kJ/kg） | | | | | | | | | |
| 液化天然ガス | 発電用消費量（$10^3$t） | | | | | | | | | |
| | 平均発熱量（kJ/kg） | | | | | | | | | |
| 都市ガス | 発電用消費量（$10^6m^3$N） | | | | | | | | | |
| | 平均発熱量（kJ/$m^3$N） | | | | | | | | | |
| 天然ガス | 発電用消費量（$10^6m^3$N） | | | | | | | | | |
| | 平均発熱量（kJ/$m^3$N） | | | | | | | | | |
| その他ガス | 発電用消費量（$10^6m^3$N） | | | | | | | | | |
| | 平均発熱量（kJ/$m^3$N） | | | | | | | | | |
| 供給電力量（発電端）（$10^6$kWh） | | | | | | | | | | |
| 利用率（%） | | | | | | | | | | |
| 熱効率（%） | | | | | | | | | | |
| 総合重油換算量（$10^3$kl） | | | | | | | | | | |
| 重油換算消費率（l/kWh） | | | | | | | | | | |

第３表

国　別　燃　料　調　達　計　画　書

（単位：$10^3$t）

| | | 1 | 2 | 3 | 4 | 5 | 6 | 7 | 8 | 9 | 10 |
|---|---|---|---|---|---|---|---|---|---|---|---|
| 石炭（湿炭ベース） | | | | | | | | | | | |
| | | | | | | | | | | | |
| | | | | | | | | | | | |
| | | | | | | | | | | | |
| | その他 | | | | | | | | | | |
| | 未定 | | | | | | | | | | |
| | 合計 | | | | | | | | | | |
| 液化天然ガス | | | | | | | | | | | |
| | | | | | | | | | | | |
| | | | | | | | | | | | |
| | | | | | | | | | | | |
| | その他 | | | | | | | | | | |
| | 未定 | | | | | | | | | | |
| | 合計 | | | | | | | | | | |

様式第 36（第 46 条関係）

# 電 気 の 取 引 に 関 す る 計 画 書

年度

| 区分 | | 事業者 | エリア | 項目 | 4月 | 5月 | 6月 | 7月 | 8月 | 9月 | 上期計 | 10月 | 11月 | 12月 | 1月 | 2月 | 3月 | 下期計 | 年度計 |
|---|---|---|---|---|---|---|---|---|---|---|---|---|---|---|---|---|---|---|---|
| 受電（調達） | 発電事業者 | | | 最大受給電力（$10^3$kW） | | | | | | | | | | | | | | | |
| | | | | 受給電力量（$10^6$kWh） | | | | | | | | | | | | | | | |
| | | | | 最大受給電力（$10^3$kW） | | | | | | | | | | | | | | | |
| | | | | 受給電力量（$10^6$kWh） | | | | | | | | | | | | | | | |
| | | 小計 | | 最大受給電力（$10^3$kW） | | | | | | | | | | | | | | | |
| | | | | 受給電力量（$10^6$kWh） | | | | | | | | | | | | | | | |
| | 特定卸供給事業者 | | | 最大受給電力（$10^3$kW） | | | | | | | | | | | | | | | |
| | | | | 受給電力量（$10^6$kWh） | | | | | | | | | | | | | | | |
| | | | | 最大受給電力（$10^3$kW） | | | | | | | | | | | | | | | |
| | | | | 受給電力量（$10^6$kWh） | | | | | | | | | | | | | | | |
| | | 小計 | | 最大受給電力（$10^3$kW） | | | | | | | | | | | | | | | |
| | | | | 受給電力量（$10^6$kWh） | | | | | | | | | | | | | | | |
| | 一般送配電事業者 | | | 最大受給電力（$10^3$kW） | | | | | | | | | | | | | | | |
| | | | | 受給電力量（$10^6$kWh） | | | | | | | | | | | | | | | |
| | | | | 最大受給電力（$10^3$kW） | | | | | | | | | | | | | | | |
| | | | | 受給電力量（$10^6$kWh） | | | | | | | | | | | | | | | |
| | | 小計 | | 最大受給電力（$10^3$kW） | | | | | | | | | | | | | | | |
| | | | | 受給電力量（$10^6$kWh） | | | | | | | | | | | | | | | |
| | 配電事業者 | | | 最大受給電力（$10^3$kW） | | | | | | | | | | | | | | | |
| | | | | 受給電力量（$10^6$kWh） | | | | | | | | | | | | | | | |
| | | | | 最大受給電力（$10^3$kW） | | | | | | | | | | | | | | | |
| | | | | 受給電力量（$10^6$kWh） | | | | | | | | | | | | | | | |
| | | 小計 | | 最大受給電力（$10^3$kW） | | | | | | | | | | | | | | | |
| | | | | 受給電力量（$10^6$kWh） | | | | | | | | | | | | | | | |

| | | | | | | | | | | | | | | | | | | | |
|---|---|---|---|---|---|---|---|---|---|---|---|---|---|---|---|---|---|---|---|
| 受電（調達） | 小売電気事業者 | | | 最大受給電力（$10^{3}$kW） | | | | | | | | | | | | | | | |
| | | | | 受給電力量（$10^{6}$kWh） | | | | | | | | | | | | | | | |
| | | | | 最大受給電力（$10^{3}$kW） | | | | | | | | | | | | | | | |
| | | | | 受給電力量（$10^{6}$kWh） | | | | | | | | | | | | | | | |
| | | 小計 | | 最大受給電力（$10^{3}$kW） | | | | | | | | | | | | | | | |
| | | | | 受給電力量（$10^{6}$kWh） | | | | | | | | | | | | | | | |
| | その他 | | | 最大受給電力（$10^{3}$kW） | | | | | | | | | | | | | | | |
| | | | | 受給電力量（$10^{6}$kWh） | | | | | | | | | | | | | | | |
| | | | | 最大受給電力（$10^{3}$kW） | | | | | | | | | | | | | | | |
| | | | | 受給電力量（$10^{6}$kWh） | | | | | | | | | | | | | | | |
| | | 小計 | | 最大受給電力（$10^{3}$kW） | | | | | | | | | | | | | | | |
| | | | | 受給電力量（$10^{6}$kWh） | | | | | | | | | | | | | | | |
| | 合計 | | | 最大受給電力（$10^{3}$kW） | | | | | | | | | | | | | | | |
| | | | | 受給電力量（$10^{6}$kWh） | | | | | | | | | | | | | | | |

| 区分 | | 事業者 | エリア | 項目 | 4月 | 5月 | 6月 | 7月 | 8月 | 9月 | 上期計 | 10月 | 11月 | 12月 | 1月 | 2月 | 3月 | 下期計 | 年度計 |
|---|---|---|---|---|---|---|---|---|---|---|---|---|---|---|---|---|---|---|---|
| 送電（販売） | 発電事業者 | | | 最大電力（$10^3$kW） | | | | | | | | | | | | | | | |
| | | | | 電力量（$10^6$kWh） | | | | | | | | | | | | | | | |
| | | | | 最大電力（$10^3$kW） | | | | | | | | | | | | | | | |
| | | | | 電力量（$10^6$kWh） | | | | | | | | | | | | | | | |
| | | 小計 | | 最大電力（$10^3$kW） | | | | | | | | | | | | | | | |
| | | | | 電力量（$10^6$kWh） | | | | | | | | | | | | | | | |
| | 特定卸供給事業者 | | | 最大電力（$10^3$kW） | | | | | | | | | | | | | | | |
| | | | | 電力量（$10^6$kWh） | | | | | | | | | | | | | | | |
| | | | | 最大電力（$10^3$kW） | | | | | | | | | | | | | | | |
| | | | | 電力量（$10^6$kWh） | | | | | | | | | | | | | | | |
| | | 小計 | | 最大電力（$10^3$kW） | | | | | | | | | | | | | | | |
| | | | | 電力量（$10^6$kWh） | | | | | | | | | | | | | | | |
| | 一般送配電事業者 | | | 最大電力（$10^3$kW） | | | | | | | | | | | | | | | |
| | | | | 電力量（$10^6$kWh） | | | | | | | | | | | | | | | |
| | | | | 最大電力（$10^3$kW） | | | | | | | | | | | | | | | |
| | | | | 電力量（$10^6$kWh） | | | | | | | | | | | | | | | |
| | | 小計 | | 最大電力（$10^3$kW） | | | | | | | | | | | | | | | |
| | | | | 電力量（$10^6$kWh） | | | | | | | | | | | | | | | |
| | 配電事業者 | | | 最大電力（$10^3$kW） | | | | | | | | | | | | | | | |
| | | | | 電力量（$10^6$kWh） | | | | | | | | | | | | | | | |
| | | | | 最大電力（$10^3$kW） | | | | | | | | | | | | | | | |
| | | | | 電力量（$10^6$kWh） | | | | | | | | | | | | | | | |
| | | 小計 | | 最大電力（$10^3$kW） | | | | | | | | | | | | | | | |
| | | | | 電力量（$10^6$kWh） | | | | | | | | | | | | | | | |
| | 小売電気事業者 | | | 最大電力（$10^3$kW） | | | | | | | | | | | | | | | |
| | | | | 電力量（$10^6$kWh） | | | | | | | | | | | | | | | |
| | | | | 最大電力（$10^3$kW） | | | | | | | | | | | | | | | |
| | | | | 電力量（$10^6$kWh） | | | | | | | | | | | | | | | |
| | | 小計 | | 最大電力（$10^3$kW） | | | | | | | | | | | | | | | |
| | | | | 電力量（$10^6$kWh） | | | | | | | | | | | | | | | |

| | | | | | | | | | | | | | | | | | | | |
|---|---|---|---|---|---|---|---|---|---|---|---|---|---|---|---|---|---|---|---|
| 送電（販売） | その他 | | | 最大電力（$10^3$kW） | | | | | | | ／ | | | | | | | ／ | ／ |
| | | | | 電力量（$10^6$kWh） | | | | | | | | | | | | | | | |
| | | | | 最大電力（$10^3$kW） | | | | | | | ／ | | | | | | | ／ | ／ |
| | | | | 電力量（$10^6$kWh） | | | | | | | | | | | | | | | |
| | | 小計 | | 最大電力（$10^3$kW） | | | | | | | ／ | | | | | | | ／ | ／ |
| | | | | 電力量（$10^6$kWh） | | | | | | | | | | | | | | | |
| | 合計 | | | 最大電力（$10^3$kW） | | | | | | | ／ | | | | | | | ／ | ／ |
| | | | | 電力量（$10^6$kWh） | | | | | | | | | | | | | | | |

様式第 37（第 46 条関係）

## 周波数滞在率実績表

年度

| | |
|---|---|
| 事業者における規定変動幅（Hz） | |
| 実測周波数が規定変動幅内に維持された時間の比率（%）<br>（実測期間内） | |
| 実測周波数のうち，最大の変動幅の変動率（又は周波数）（%）<br>（実測期間内） | |
| 実測周波数が規定変動幅内に維持された時間の比率（%）<br>（８月の１か月間） | |
| 実測周波数が規定変動幅内に維持された時間の比率（%）<br>（８月以外の供給区域毎に指定する月間） | |
| 実測周波数のうち，最大の変動幅の変動率（又は周波数）（%）<br>（８月） | |
| 実測周波数のうち，最大の変動幅の変動率（又は周波数）（%）<br>（８月以外の供給区域毎に指定する月） | |

様式第 38（第 46 条関係）

## 電　力　系　統　の　状　況

| 系統図 | 会社間連系線の概要 | | | | | | |
|---|---|---|---|---|---|---|---|
| | 年度 | 名称 | 送電容量<br>（MW） | 運用容量<br>（MW） | こう長<br>（km） | 系統分離条件<br>（周波数（Hz）<br>対応時間（s）） | 使用開始<br>年月 |
| | | | | | | | |
| | | | | | | | |
| | | | | | | | |
| | | | | | | | |

様式第 38 の 2（第 46 条関係）

## 最大需要電力発生時における会社間連系線の状況

年度（単位：MW）

| 連系地<br>点名 | 送電<br>容量 | 運用容量 | | 受給電力 | | |
|---|---|---|---|---|---|---|
| | | 送電分 | 受電分 | | 送電分 | 受電分 |
| | | | | | | |
| | | | | | | |

様式第38の3

供給計画の取りまとめ送付書

年　月　日

殿

広域的運営推進機関
理事長名

電気事業法第29条第2項の規定により次のとおり　年度の供給計画を取りまとめたので送付します.

| |
|---|
| 1. 電力需要想定 |
| (1) 前年度の推定実績及び第1, 2年度の見通し（短期） |
| (2) 当該年度以降10年間の見通し（長期） |
| 2. 需給バランス |
| (1) 前年度の推定実績及び第1, 2年度の見通し（短期） |
| (2) 当該年度以降10年間の見通し（長期） |
| 3. 電源構成の変化に関する分析 |
| 4. 送配電設備の増強計画 |
| 5. 広域的運営の状況 |
| 6. 電気事業者の特性分析 |
| 7. その他 |

備考　用紙の大きさは, 日本産業規格A4とすること.

様式第39（第46条関係）

供給計画変更届出書

年　月　日

殿

住　所
氏　名（名称及び代表者の氏名）

年度の供給計画を次のとおり変更したので, 電気事業法第29条第3項の規定により届け出ます.

| | |
|---|---|
| 変　更　の　内　容 | |

備考　用紙の大きさは, 日本産業規格A4とすること.

様式第 39 の 2（第 47 条の 2 関係）

## 災　害　時　連　携　計　画　届　出　書

年　　月　　日

殿

住所
商号
代表者の役職氏名

電気事業法第 33 条の 2 第 1 項の規定により，次のとおり災害時連携計画を届け出ます．

1　一般送配電事業者相互の連絡に関する事項

○ 一般送配電事業者相互の連絡に関する事項及び被災事業者の対応方針

備考　1　事業者間の連絡体制について記載すること．
　　　2　被災事業者から他の事業者に対する応援要請の考え方，応援事業者の受け入れ体制について記載すること．
　　　3　被災状況の把握といった非常災害発生時対応における体制整備について記載すること．

2　一般送配電事業者による従業者及び電源車の派遣及び運用に関する事項

○ 一般送配電事業者による従業者に関する事項及び応援体制の方針

備考　1　応援要請が予測される場合の準備体制について記載すること．
　　　2　応援事業者の安全管理及び健康管理について，労働災害防止の観点から記載すること．

○ 一般送配電事業者による電源車の派遣，運用・管理手法

備考　1　電源車ニーズの収集・派遣を一元的に運用・管理する手法について記載すること．
　　　2　電源車の位置，復旧要因の位置等を把握するためのシステム等について記載すること．

3　迅速な復旧に資する電気工作物の仕様の共通化に関する事項

○ 電気工作物の仕様の共通化に関する対応

備考　　迅速な仮復旧作業に係る各社設備仕様の共通化に関し，工具，資機材の共用可否を記載するとともに，共用できないものについては，今後の仕様統一化等対応の見込みについて記載すること．

4　復旧方法等の共通化に関する事項

○ 復旧方法等の共通化の実施内容

備考　1　復旧方法に関し，被害種類毎に復旧の手順や使用する工具，資機材を記載するとともに，電源車等共同運用が想定されるものについては操作手順を記載すること.
2　完全復旧よりも早期の停電解消を最優先する仮復旧手順について記載すること.

5　災害時における設備の被害状況その他の復旧に必要な情報の共有方法に関する事項

○ 復旧に必要な情報の共有方法

備考　被害状況や復旧状況の迅速な把握及び工程管理に関するシステム等について記載すること.

6　電源車の燃料の確保に関する事項

○ 燃料の確保の方針

備考　一般送配電事業者間において電源車の応援派遣を受け入れる事態を想定した燃料の確保の方針として，平時における燃料の調達量及び緊急時における追加的な燃料の調達方針，緊急時に備えた燃料補給用ローリー及びドラム缶等の調達方針・リスト（一般送配電事業者やその関連会社が締結している災害協定等により目指す緊急時の確保台数（他の一般送配電事業者への応援融通台数を含む.）を含む.），電源車の燃料調達等に係る人員の応援体制について記載すること.

7　電気の需給及び電力系統の運用に関する事項

○ 電気の需給及び電力系統の運用の実施状況

備考　1　需給ひっ迫時における需給状況の改善方策について記載すること.
2　大規模停電等発生時における復旧方策について記載すること.

8　電気事業者，地方公共団体その他の関係機関との連携に関する事項

○ 本届出書の計画が対象とする電気事業者との連携に関する実施内容

備考　1　グループ会社の発電事業者，小売電気事業者との災害復旧作業の連携について，巡視要員の確保や問い合わせ対応要員の確保なども含めて記載すること.
2　グループ会社以外の発電事業者，小売電気事業者との災害復旧作業の連携について記載すること.

○ 本届出書の計画が対象とする地方公共団体との連携に関する実施内容

備考　災害復旧作業の連携に関して，地方公共団体との連携について記載すること.

○ 本届出書の計画が対象とする自衛隊との連携に関する実施内容

備考　災害復旧作業の連携に関して，自衛隊との連携について記載すること.

○ 本届出書の計画が対象とする通信業界との連携に関する実施内容

備考　災害復旧作業の連携に関して，通信業界との連携について記載すること.

○ 本届出書の計画が対象とする復旧工事に係る施工者との連携に関する実施内容

備考　災害復旧作業の連携に関して，復旧工事に係る施工者との連携について記載すること.

9　本届出書の計画を実施するための共同訓練に関する事項

○ 本届出書の計画の共同訓練の実施内容

備考　非常災害時における連携の円滑化を図るための共同訓練の計画について記載すること.

備考　1　用紙の大きさは，日本産業規格 A4 とすること.

2　必要に応じて，詳細資料を添付すること.

3　手順書，方針，リスト及び様式などを引用する場合は，名称を記載するとともに，内容に変更があったときは，適時情報提供すること.

様式第 39 の 3（第 47 条の 2 関係）

## 災害時連携計画変更届出書

年　　月　　日

殿

住所
商号
代表者の役職氏名

電気事業法第 33 条の 2 第 1 項前段の規定による災害時連携計画を変更したので，電気事業法第 33 条の 2 第 1 項後段の規定により届出ます．

| | |
|---|---|
| 変更事項 | |
| 変更前 | |
| 変更後 | |
| 変更の理由 | |

備考　1　用紙の大きさは，日本産業規格 A4 とすること．
　　　2　必要に応じて，詳細資料を添付すること．

様式第 40（第 47 条の 8 関係）

## あっせん申請書

年　　月　　日

殿

住　所
氏　名（名称及び代表者の氏名）

電力の取引に係る契約その他の取決めに関する協議が不調不能のため，電気事業法第 35 条第 1 項の規定により，次のとおりあっせんを申請します．

| | | |
|---|---|---|
| 申請者 | 連絡先及び電気供給事業者の種別 | |
| 申請者以外の当事者 | 氏名（名称及び代表者の氏名），住所，連絡先及び電気供給事業者の種別 | |
| あっせんを求める事項 | | |
| 協議の不調又は不能の理由及び協議の経過 | | |
| その他参考となる事項 | | |

備考　1　「連絡先」には，連絡のとれる電話番号等を記載すること．また，申請者に担当部署等がある場合は，当該担当部署名等を記載すること．
　　　2　「電気供給事業者の種別」には，小売電気事業者，一般送配電事業者，送電事業者，特定送配電事業者，発電事業者又はその他のいずれかを記載すること．
　　　3　用紙の大きさは，日本産業規格 A4 とすること．

様式第 40 の 2（第 47 条の 9 関係）

仲　裁　申　請　書

年　　月　　日

殿

住　所

氏　名（名称及び代表者の氏名）

電力の取引に係る契約その他の取決めに関する協議が不調のため，電気事業法第 36 条第 1 項の規定により，次のとおり仲裁を申請します．

| | | |
|---|---|---|
| 申　請　者 | 連絡先及び電気供給事業者の種別 | |
| 申請者以外の当事者 | 氏名（名称及び代表者の氏名），住所，連絡先及び電気供給事業者の種別 | |
| 仲裁判断を求める事項 | | |
| 協議の不調の理由及び協議の経過 | | |
| その他参考となる事項 | | |

備考　1　「連絡先」には，連絡のとれる電話番号等を記載すること．また，申請者に担当部署等がある場合は，当該担当部署名等を記載すること．

2　「電気供給事業者の種別」には，小売電気事業者，一般送配電事業者，送電事業者，特定送配電事業者，発電事業者又はその他のいずれかを記載すること．

3　用紙の大きさは，日本産業規格 A4 とすること．

様式第 41（第 51 条関係）

保　安　規　程　届　出　書

年　　月　　日

殿

住　所

氏　名（名称及び代表者の氏名）

電気事業法第 42 条第 1 項の規定により別紙のとおり保安規程を定めたので届け出ます．

備考　用紙の大きさは，日本産業規格 A4 とすること．

様式第42（第51条関係）

保　安　規　程　変　更　届　出　書

年　　月　　日

殿

住　所
氏　名（名称及び代表者の氏名）

次のとおり保安規程を変更したので，電気事業法第42条第2項の規定により届け出ます．

| | |
|---|---|
| 変　更　の　内　容 | |
| 変　更　年　月　日 | |

備考　用紙の大きさは，日本産業規格A4とすること．

様式第43（第53条関係）

保安管理業務外部委託承認申請書

年　　月　　日

殿

住　所
氏　名（名称及び代表者の氏名）

電気事業法施行規則第52条第2項又は第3項の規定により承認を受けたいので申請します．

| | | |
|---|---|---|
| 主任技術者を選任しない事業場 | 名称及び所在地 | |
| | 電気工作物の概要 | |
| 委託契約の相手方 | 氏名及び生年月日（名称） | |
| | 住所 | |
| | 主任技術者免状の種類及び番号 | |
| 委託契約を締結した年月日 | | |

備考　1　主任技術者免状の種類及び番号の欄は，委託契約の相手方が法人である場合は，省略すること．
2　用紙の大きさは，日本産業規格A4とすること．

様式第 44（第 53 条の 2 関係）

## 主 任 技 術 者 兼 任 承 認 申 請 書

年　　月　　日

殿

住　所
氏　名（名称及び代表者の氏名）

電気事業法施行規則第 52 条第 4 項ただし書の規定により次のとおり主任技術者の兼任の承認を受けたいので申請します．

| | | |
|---|---|---|
| 兼任させようとする主任技術者 | 氏名及び生年月日 | |
| | 住　　　所 | |
| | 主任技術者免状の種類及び番号 | |
| 選任しようとする事業所の名称及び所在地 | | |
| 既に選任されている事業場 | 名称及び所在地 | |
| | 選任された期日 | |

備考　1　法附則第 7 項又は第 8 項の規定により法第 44 条第 1 項の主任技術者免状の交付を受けている者とみなされた者に係る場合は，その旨を主任技術者免状の種類及び番号の欄に記載すること．
　　　2　用紙の大きさは，日本産業規格 A4 とすること．

様式第 45（第 54 条関係）

## 主 任 技 術 者 選 任 許 可 申 請 書

年　　月　　日

殿

住　所
氏　名（名称及び代表者の氏名）

電気事業法第 43 条第 2 項の規定により次のとおり主任技術者の選任の許可を受けたいので申請します．

| | | |
|---|---|---|
| 主任技術者を選任する事業場の名称及び所在地 | | |
| 選任する主任技術者 | 氏名及び生年月日 | |
| | 住　　　所 | |
| 主任技術者の監督に係る電気工作物の概要 | | |

備考　用紙の大きさは，日本産業規格 A4 とすること．

様式第 46（第 55 条関係）

## 主任技術者選任又は解任届出書

年　　月　　日

殿

住　所
氏　名（名称及び代表者の氏名）

次のとおり主任技術者の選任又は解任をしたので，電気事業法第 43 条第 3 項の規定により届け出ます．

<table>
<tr><td colspan="2">主任技術者を選任又は解任した事業場の名称及び所在地</td><td></td></tr>
<tr><td rowspan="6">選任した主任技術者</td><td>氏名及び生年月日</td><td></td></tr>
<tr><td>住　　所</td><td></td></tr>
<tr><td>主任技術者免状の種類及び番号</td><td></td></tr>
<tr><td>主任技術者が主任技術者の職務以外の職務を行っているときは，その職務の内容</td><td></td></tr>
<tr><td>主任技術者の監督に係る電気工作物の概要</td><td></td></tr>
<tr><td>選任年月日</td><td></td></tr>
<tr><td rowspan="4">解任した主任技術者</td><td>氏名及び生年月日</td><td></td></tr>
<tr><td>住　　所</td><td></td></tr>
<tr><td>主任技術者免状の種類及び番号</td><td></td></tr>
<tr><td>解任年月日</td><td></td></tr>
</table>

備考　1　法附則第 7 項又は第 8 項の規定により法第 44 条第 1 項の主任技術者免状の交付を受けている者とみなされた者に係る場合は，その旨を主任技術者免状の種類及び番号の欄に記載すること．

2　届出の内容が選任又は解任に限られるときは，それぞれ解任した主任技術者又は選任した主任技術者の欄を斜線により削除すること．

3　用紙の大きさは，日本産業規格 A4 とすること．

様式第 46 の 2（第 61 条の 3 関係）

環境影響評価方法書届出書

年　月　日

経済産業大臣　殿

住　所
氏　名（名称及び代表者の氏名）

環境影響評価法第 5 条第 1 項及び第 6 条第 1 項に基づき，方法書及びこれを要約した書類を作成しましたので，電気事業法第 46 条の 5 の規定により，別添のとおり届け出ます．

備考　用紙の大きさは，日本産業規格 A4 とすること．

様式第 46 の 3（第 61 条の 4 関係）

環境影響評価方法書についての意見の概要等届出書

年　月　日

経済産業大臣　殿

住　所
氏　名（名称及び代表者の氏名）

環境影響評価法第 9 条に規定する書類を作成しましたので，電気事業法第 46 条の 6 第 2 項の規定により，別添のとおり届け出ます．

備考　用紙の大きさは，日本産業規格 A4 とすること．

様式第 46 の 4（第 61 条の 6 関係）

環境影響評価準備書届出書

年　月　日

経済産業大臣　殿

住　所
氏　名（名称及び代表者の氏名）

環境影響評価法第 14 条第 1 項及び 15 条に基づき，準備書及びこれを要約した書類を作成しましたので，電気事業法第 46 条の 11 の規定により，別添のとおり届け出ます．

備考　用紙の大きさは，日本産業規格 A4 とすること．

様式第 46 の 5（第 61 条の 7 関係）

環境影響評価準備書についての意見の概要等届出書

年　　月　　日

経済産業大臣　殿

住　所
氏　名（名称及び代表者の氏名）

環境影響評価法第 19 条に規定する書類を作成しましたので，電気事業法第 46 条の 12 の規定により，別添のとおり届け出ます．

備考　用紙の大きさは，日本産業規格 A4 とすること．

様式第 46 の 6（第 61 条の 9 関係）

環 境 影 響 評 価 書 届 出 書

年　　月　　日

経済産業大臣　殿

住　所
氏　名（名称及び代表者の氏名）

環境影響評価法第 21 条第 2 項に基づき，評価書を作成しましたので，電気事業法第 46 条の 16 の規定により，別添のとおり届け出ます．

備考　用紙の大きさは，日本産業規格 A4 とすること．

様式第 47（第 63 条関係）

工事計画（変更）認可申請書

年　　月　　日

殿

住　所
氏　名（名称及び代表者の氏名）

電気事業法第 47 条第 1 項（第 47 条第 2 項）の規定により別紙工事計画書のとおり工事の計画（工事の計画の変更）の認可を受けたいので申請します.

備考　用紙の大きさは，日本産業規格 A4 とすること.

様式第 48（第 64 条関係）

工事計画軽微変更届出書

年　　月　　日

殿

住　所
氏　名（名称及び代表者の氏名）

次のとおり工事の計画を変更したので，電気事業法第 47 条第 5 項の規定により届け出ます.

| | |
|---|---|
| 工事の計画の変更に係る事業場の名称及び所在地 | |
| 工事の計画の変更の内容 | |

備考　用紙の大きさは，日本産業規格 A4 とすること.

様式第 49（第 66 条関係）

工事計画（変更）届出書

年　　月　　日

殿

住　所
氏　名（名称及び代表者の氏名）

電気事業法第 48 条第 1 項の規定により別紙工事計画のとおり工事の計画（工事の計画の変更）を届け出ます.

備考　用紙の大きさは，日本産業規格 A4 とすること.

様式第50（第71条関係）

使用前検査申請書

年　月　日

殿

住　所
氏　名（名称及び代表者の氏名）

電気事業法第49条第1項の規定により次のとおり使用前検査を受けたいので申請します．

| | |
|---|---|
| 検査を受けようとする電気工作物に係る事業場の名称及び所在地 | |
| 電気工作物の概要 | |
| 検査を受けようとする工事の工程 | |
| 検査希望年月日 | |
| 使用開始予定年月日 | |

備考　1　電気工作物の概要の欄には，法第47条第1項若しくは第2項の認可番号及び認可年月日又は法第48条第1項の規定による届出年月日を付記すること．
　　　2　用紙の大きさは，日本産業規格A4とすること．

様式第51（第72条関係）

使用承認申請書

年　月　日

殿

住　所
氏　名（名称及び代表者の氏名）

電気事業法施行規則第70条第二号の規定により次のとおり使用の承認を受けたいので申請します．

| | |
|---|---|
| 使用しようとする電気工作物に係る事業場の名称及び所在地 | |
| 使用しようとする電気工作物の概要 | |
| 使用開始予定年月日及び使用期間 | |
| 使用の方法 | |

備考　1　使用しようとする電気工作物の概要の欄には，法第47条第1項若しくは第2項の認可番号及び認可年月日又は法第48条第1項の規定による届出年月日を記載すること．
　　　2　用紙の大きさは，日本産業規格A4とすること．

様式第 52　削除

様式第 52 の 2（第 73 条の 7 関係）

使 用 前 安 全 管 理 審 査 申 請 書

年　　月　　日

殿

住　所
氏　名（名称及び代表者の氏名）

電気事業法第 51 条第 3 項の規定により次のとおり審査を受けたいので申請します.

| | |
|---|---|
| 審査を受けようとする組織の名称及び使用前自主検査の場所 | |
| 直近の使用前安全管理審査が終了した日以降使用前自主検査を行った電気工作物の概要 | |
| 審査を受けようとする工事の工程 | |
| 審 査 希 望 年 月 日 | |
| 使 用 開 始（予 定）年 月 日 | |

備考　1　直近の使用前安全管理審査が終了した日以降使用前自主検査を行った電気工作物の概要の欄には，法第 48 条第 1 項の規定による届出年月日を付記すること.
　　　2　用紙の大きさは，日本産業規格 A4 とすること.

様式第53（第78条関係）

使用前自己確認結果届出書

年　　月　　日

殿

住　所

氏　名（名称及び代表者の氏名）

電気事業法第51条の2第3項の規定により，別紙のとおり使用前自己確認の結果を届け出ます．

1．確認年月日
2．確認の対象
3．確認の方法
4．確認の結果
5．確認を実施した者及び主任技術者の氏名
6．確認の結果に基づいて補修等の措置を講じたときは，その内容

備考　用紙の大きさは，日本産業規格A4とすること．

様式第54　削除

様式第55　削除

様式第56　削除

様式第57　削除

様式第58　削除

様式第59　削除

様式第 60（第 88 条関係）

自家用電気工作物使用開始届出書

年　　月　　日

殿

住　所
氏　名（名称及び代表者の氏名）

次のとおり自家用電気工作物の使用を開始したので，電気事業法第 53 条の規定により届け出ます．

| | |
|---|---|
| 電気工作物を設置する事業場の名称及び所在地 | |
| 電気工作物の概要 | |
| 使用開始年月日 | |

備考　1　譲受け又は借受けに係る電気工作物の場合は，その旨及び譲受け先又は借受け先の氏名又は名称を電気工作物の概要の欄に付記すること．
2　用紙の大きさは，日本産業規格 A4 とすること．

様式第 61　削除

様式第 61 の 2（第 94 条の 2 関係）

定期事業者検査時期変更承認申請書

年　　月　　日

殿

住　所
氏　名（名称及び代表者の氏名）

電気事業法施行規則第 94 条の 2 第 3 項の規定により次のとおり定期事業者検査の時期変更の承認を受けたいので申請します．

| | |
|---|---|
| 電気工作物を設置する発電所の名称 | |
| 電気工作物の種類及び施設番号 | |
| 直近の定期自主検査終了年月日 | |
| 定期事業者検査開始希望年月日 | |
| 定期事業者検査を行う時期を変更しなければならない理由 | |

備考　1　電気工作物の種類及び施設番号の欄には，当該電気工作物の出力，蒸気量等を付記すること．
2　直近の定期事業者検査終了年月日の欄には，当該電気工作物に係る直近の定期事業者検査の試運転終了日等を付記すること．
3　用紙の大きさは，日本産業規格 A4 とすること．

様式第62（第94条の6関係）

定　期　安　全　管　理　審　査　申　請　書

年　　月　　日

殿

住　所
氏　名（名称及び代表者の氏名）

電気事業法第55条第4項の規定により次のとおり審査を受けたいので申請します.

| | |
|---|---|
| 審査を受けようとする組織の名称及び定期事業者検査の場所 | |
| 直近の定期安全管理審査が終了した日以降定期事業者検査を行った電気工作物の概要 | |
| 審　査　希　望　年　月　日 | |

備考　1　直近の定期安全管理審査が終了した日以降定期事業者検査を行った電気工作物の概要の欄には，当該電気工作物の出力，最大蒸発量等を付記すること.
2　用紙の大きさは，日本産業規格A4とすること.

様式第62の2（第95条関係）

事業用電気工作物設置者地位承継届出書

年　　月　　日

殿

住　所
氏　名（名称及び代表者の氏名）

事業用電気工作物を設置する者の地位を承継したので，電気事業法第55条の2第2項の規定により次のとおり届け出ます.

| | |
|---|---|
| 被承継者の氏名又は名称及び住所 | |
| 承　継　の　原　因 | |
| 承継に係る事業用電気工作物を設置する事業場の名称及び所在地 | |

備考　用紙の大きさは，日本産業規格A4とすること.

様式第 62 の 3（第 95 条関係）

事業用電気工作物設置者相続同意証明書

年　　月　　日

殿

証明者　住　所
　　　　氏　名

次のとおり事業用電気工作物を設置する者について相続がありましたことを証明します．

| | |
|---|---|
| 被相続人の氏名及び住所 | |
| 事業用電気工作物を設置する者の地位を承継した者として選定された者の氏名及び住所 | |
| 相続開始の年月日 | |

備考　用紙の大きさは，日本産業規格 A4 とすること．

様式第 62 の 4（第 95 条関係）

事業用電気工作物設置者相続証明書

年　　月　　日

殿

証明者　住　所
　　　　氏　名（名称及び代表者の氏名）

次のとおり事業用電気工作物を設置する者について相続がありましたことを証明します．

| | |
|---|---|
| 被相続人の氏名及び住所 | |
| 事業用電気工作物を設置する者の地位を承継した者の氏名及び住所 | |
| 相続開始の年月日 | |

備考　用紙の大きさは，日本産業規格 A4 とすること．

様式第63（第97条関係）

点 検 業 務 受 託 事 業 登 録 申 請 書

年　　月　　日

殿

住　所
名称及び代表者の氏名

電気事業法施行規則第96条第一号の規定により点検業務を受託する事業を行うことの登録を受けたいので申請します.

備考　用紙の大きさは，日本産業規格A4とすること.

様式第63の2（第97条の5関係）

登録点検業務受託法人名称等変更届出書

年　　月　　日

殿

住　所
名称及び代表者の氏名

次のとおり名称（事業所の所在地又は業務区域）の変更をしたいので，電気事業法施行規則第97条の5の規定により届け出ます.

| | |
|---|---|
| 変　更　前 | |
| 変　更　後 | |
| 変更予定年月日 | |

備考　1　用紙の大きさは，日本産業規格A4とすること.

様式第64（第98条関係）

点 検 業 務 受 託 事 業 規 程 届 出 書

年　　月　　日

殿

住　所
名称及び代表者の氏名

別紙のとおり点検業務受託事業規程を定めたので，電気事業法施行規則第98条第1項の規定により届け出ます.

備考　用紙の大きさは，日本産業規格A4とすること.

様式第 65（第 98 条関係）

点検業務受託事業規程変更届出書

年　　月　　日

殿

住　所
名称及び代表者の氏名

別紙のとおり点検業務受託事業規程を変更したので，電気事業法施行規則第 98 条第 1 項の規定により届け出ます．

| | |
|---|---|
| 変更の内容 | |
| 変更予定年月日 | |

備考　用紙の大きさは，日本産業規格 A4 とすること．

様式第 66（第 99 条関係）

点検業務受託事業廃止届出書

年　　月　　日

殿

住　所
名称及び代表者の氏名

次のとおり点検業務を受託する事業を廃止したので，電気事業法施行規則第 99 条第 1 項の規定により届け出ます．

| | |
|---|---|
| 廃止年月日 | |

備考　用紙の大きさは，日本産業規格 A4 とすること．

様式第 67（第 104 条関係）

調査業務委託（委託廃止）届出書

年　　月　　日

殿

住　所
氏　名（名称及び代表者の氏名）

次のとおり調査業務を委託（の委託を廃止）したので，電気事業法第 57 条の 2 第 2 項の規定により届け出ます．

| | |
|---|---|
| 委託先（委託廃止先）の登録調査機関 | |
| 委託（委託廃止）に係る調査区域（都道府県郡市区町村字を記載すること.） | |
| 委託（委託廃止）年月日 | |

備考　用紙の大きさは，日本産業規格 A4 とすること．

様式第 67 の 2（第 104 条の 2 関係）

土 地 等 一 時 使 用 許 可 申 請 書

年　　月　　日

殿

住　所
氏　名（名称及び代表者の氏名）

電気事業法第 58 条第 2 項の規定により，次のとおり土地等の一時使用の許可を受けたいので申請します．

| | |
|---|---|
| 一　時　使　用　の　目　的 | |
| 土　地　等　の　所　在　地 | |
| 土地等の所有者の住所及び氏名 | |
| 一　時　使　用　の　期　間 | |
| 許　可　申　請　の　事　情 | |

備考　用紙の大きさは，日本産業規格 A4 とすること．

様式第 67 の 3（第 104 条の 3 関係）

土 地 立 入 許 可 申 請 書

年　　月　　日

殿

住　所
氏　名（名称及び代表者の氏名）

電気事業法第 59 条第 1 項の規定により，次のとおり土地の立入許可を受けたいので申請します．

| | |
|---|---|
| 立　入　り　の　目　的 | |
| 土　地　の　所　在　地 | |
| 土地の所有者の住所及び氏名 | |
| 立　入　り　の　期　間 | |
| 許　可　申　請　の　事　情 | |

備考　用紙の大きさは，日本産業規格 A4 とすること．

様式第 67 の 4（第 104 条の 4 関係）

## 植物の伐採又は移植許可申請書

年　　月　　日

殿

住　所
氏　名（名称及び代表者の氏名）

電気事業法第 61 条第 1 項の規定により，次のとおり植物の伐採又は移植許可を受けたいので申請します．

<table>
<tr><td>伐採又は移植の目的</td><td colspan="5"></td></tr>
<tr><td>植物の所在地</td><td colspan="5"></td></tr>
<tr><td rowspan="4">植物の種類及び数量（許可対象（伐採等の対象となる植物の種類及び数量）を記載する．なお，法定離隔距離内に進入している植物と進入するおそれのある植物がある場合には，別に記載する．）</td><td>種類<br>区分</td><td></td><td></td><td></td><td>合計</td></tr>
<tr><td>法定離隔距離を保てないもの</td><td></td><td></td><td></td><td></td></tr>
<tr><td>法定離隔距離を保てないおそれのあるもの</td><td></td><td></td><td></td><td></td></tr>
<tr><td>合計</td><td></td><td></td><td></td><td></td></tr>
<tr><td>植物の所有者の住所及び氏名</td><td colspan="5"></td></tr>
<tr><td>伐採又は移植の方法</td><td colspan="5"></td></tr>
<tr><td>伐採又は移植の時期</td><td colspan="5"></td></tr>
<tr><td>許可申請の事情</td><td colspan="5"></td></tr>
</table>

備考　用紙の大きさは，日本産業規格 A4 とすること．

様式第 67 の 5（第 104 条の 5 関係）

植物の伐採又は移植届出書

年　月　日

殿

住　所
氏　名（名称及び代表者の氏名）

電気事業法第 61 条第 3 項の規定により，次のとおり植物の伐採又は移植を実施しましたので届け出ます．

| | |
|---|---|
| 伐採又は移植の目的 | |
| 植物の所在地 | |
| 植物の種類及び数量 | |
| 植物の所有者の住所及び氏名 | |
| 伐採又は移植の方法 | |
| 伐採又は移植の時期 | |
| 伐採又は移植した事情 | |

備考　用紙の大きさは，日本産業規格 A4 とすること．

様式第 68（第 104 条の 6 関係）

裁定申請書

年　月　日

殿

住　所
氏　名（名称及び代表者の氏名）

電気事業法第 63 条第 1 項の規定により，次のとおり裁定を申請します．

| | | |
|---|---|---|
| 相手方 | 住所 | |
| | 氏名（名称及び代表者の氏名） | |
| 裁定を求める事項 | | |

備考　用紙の大きさは，日本産業規格 A4 とすること．

様式第 69（第 108 条関係）

登録安全管理審査機関登録申請書

年　　月　　日

殿

住　所
名称及び代表者の氏名

電気事業法第 67 条の規定により次のとおり同法第 51 条第 3 項又は第 55 条第 4 項の登録を受けたいので申請します．

| | |
|---|---|
| 審査の区分 | |
| 審査の業務を開始しようとする年月日 | |

備考　用紙の大きさは，日本産業規格 A4 とすること．

様式第 70（第 114 条及び第 120 条関係）

名称等変更届出書

年　　月　　日

殿

住　所
名称及び代表者の氏名

次のとおり名称等の変更をしたいので，電気事業法第 72 条（電気事業法施行規則第 120 条）の規定により届け出ます．

| | |
|---|---|
| 変更の内容 | |
| 変更予定年月日 | |

備考　用紙の大きさは，日本産業規格 A4 とすること．

様式第71（第115条関係）

業　務　規　程　届　出　書

年　　月　　日

殿

住　所
名称及び代表者の氏名

別紙業務規定のとおり業務規程を定めたので電気事業法第73条第1項の規定により届け出ます.

備考　用紙の大きさは，日本産業規格A4とすること.

様式第72（第115条関係）

業　務　規　程　変　更　届　出　書

年　　月　　日

殿

住　所
名称及び代表者の氏名

別紙業務規定のとおり業務規程を変更したので電気事業法第73条第1項の規定により届け出ます.

| | |
|---|---|
| 変　更　の　内　容 | |
| 変更予定年月日 | |

備考　用紙の大きさは，日本産業規格A4とすること.

様式第 73（第 116 条関係）

安全管理審査業務休止（廃止）届出書

年　　月　　日

殿

住　所
名称及び代表者の氏名

次のとおり審査の業務の一部（全部）を休止（廃止）するので電気事業法第 74 条の規定により届け出ます.

| | |
|---|---|
| 休止の予定年月日及び予定期間（廃止の予定年月日） | |
| 休止（廃止）しようとする審査の業務の内容 | |

備考　用紙の大きさは，日本産業規格 A4 とすること.

様式第 74　削除

様式第 75　削除

様式第 76　削除

様式第 77（第 119 条関係）

指 定 試 験 機 関 指 定 申 請 書

年　　月　　日

殿

住　所
名称及び代表者の氏名

電気事業法第 81 条第 1 項の規定により次のとおり同法第 45 条第 2 項の指定を受けたいので申請します.

| 電気主任技術者試験の種類 | 試験事務を開始しようとする年月日 |
|---|---|
| | |

備考　用紙の大きさは，日本産業規格 A4 とすること.

様式第78（第122条関係）

試験員の選任（変更）届出書

年　　月　　日

殿

住　所
名称及び代表者の氏名

次のとおり試験員の選任をした（試験員に変更があった）ので，電気事業法第84条第3項の規定により届け出ます．

| | |
|---|---|
| 選任した（変更があった）試験員の氏名及び略歴 | |

備考　用紙の大きさは，日本産業規格A4とすること．

様式第78の2（第122条の2関係）

試験事務休止（廃止）許可申請書

年　　月　　日

殿

住　所
名称及び代表者の氏名

電気事業法第84条の2の2の規定により次のとおり試験事務の一部（全部）を休止（廃止）の許可を受けたいので申請します．

| | |
|---|---|
| 休止の予定年月日及び予定期間（廃止の予定年月日） | |
| 休止（廃止）しようとする試験事務の内容 | |

備考　用紙の大きさは，日本産業規格A4とすること．

様式第78の3（第122条の3関係）

事業計画及び収支予算認可申請書

年　　月　　日

殿

住　所
名称及び代表者の氏名

電気事業法第84条の3第1項の規定により別紙のとおり事業計画及び収支予算の認可を受けたいので申請します．

備考　用紙の大きさは，日本産業規格A4とすること．

様式第78の4（第122条の3関係）

事業計画（収支予算）変更認可申請書

年　　月　　日

殿

住　所
名称及び代表者の氏名

電気事業法第84条の3第1項の規定により別紙のとおり事業計画（収支予算）の変更の認可を受けたいので申請します.

| | |
|---|---|
| 変　更　の　内　容 | |

備考　用紙の大きさは，日本産業規格A4とすること.

様式第78の5（第122条の4関係）

役員の選任（解任）認可申請書

年　　月　　日

殿

住　所
名称及び代表者の氏名

電気事業法第84条の4の規定により次のとおり役員の選任（解任）の認可を受けたいので申請します.

| | |
|---|---|
| 選任（解任）しようとする役員の氏名及び略歴 | |

備考　用紙の大きさは，日本産業規格A4とすること.

様式第78の6（第123条関係）

業務規程設定認可申請書

年　　月　　日

殿

住　所
名称及び代表者の氏名

電気事業法第84条の2第1項の規定により別紙業務規程のとおり業務規程の設定の認可を受けたいので申請します.

備考　用紙の大きさは，日本産業規格A4とすること.

様式第 78 の 7（第 123 条関係）

業 務 規 程 変 更 認 可 申 請 書

年　　月　　日

殿

住　所
名称及び代表者の氏名

電気事業法第 84 条の 2 第 1 項の規定により次のとおり業務規程の変更の認可を受けたいので申請します.

| | |
|---|---|
| 変　更　の　内　容 | |
| 変 更 予 定 年 月 日 | |

備考　用紙の大きさは，日本産業規格 A4 とすること.

様式第 79（第 124 条関係）

試 験 結 果 報 告 書

年　　月　　日

殿

住　所
名称及び代表者の氏名

電気事業法施行規則第 124 条の規定により次のとおり報告します.

| | |
|---|---|
| 実　施　年　月　日 | |
| 試　験　の　種　類 | |
| 申　請　者　数 | |
| 受　験　者　数 | |
| 合　格　者　数 | |

備考　用紙の大きさは，日本産業規格 A4 とすること.

様式第 80（第 127 条関係）

登 録 調 査 機 関 登 録 申 請 書

年　　月　　日

殿

住　所
名称及び代表者の氏名

電気事業法第 89 条の規定により次のとおり同法第 57 条の 2 第 1 項の登録を受けたいので申請します.

備考　用紙の大きさは，日本産業規格 A4 とすること.

様式第 81　削除

様式第 82　削除

様式第 83（第 130 条関係）

調 査 業 務 廃 止 届 出 書

年　　月　　日

殿

住　所
名称及び代表者の氏名

次のとおり調査業務を廃止したので，電気事業法第 92 条の 2 の規定により届け出ます.

| | |
|---|---|
| 廃　止　年　月　日 | |

備考　用紙の大きさは，日本産業規格 A4 とすること.

様式第 83 の 2（第 131 条関係）

業 務 規 程 届 出 書

年　　月　　日

殿

住　所
名称及び代表者の氏名

別紙業務規程のとおり業務規程を定めたので電気事業法第 92 条の 3 第 1 項の規程により届け出ます.

備考　用紙の大きさは，日本産業規格 A4 とすること.

様式第 83 の 3（第 131 条関係）

業　務　規　程　変　更　届　出　書

年　　月　　日

殿

住　所
名称及び代表者の氏名

別紙業務規程のとおり業務規程を変更したので電気事業法第 92 条の 3 第 1 項の規程により届け出ます.

| | |
|---|---|
| 変　更　の　内　容 | |
| 変 更 予 定 年 月 日 | |

備考　用紙の大きさは，日本産業規格 A4 とすること.

様式第 83 の 4（第 132 条の 2 関係）

卸　電　力　取　引　所　指　定　申　請　書

年　　月　　日

殿

申請者の住所
申請者の名称
代表者の氏名

電気事業法第 97 条第 1 項の規定により，下記のとおり卸電力取引所の指定を受けたいので申請します.

記

1．市場開設業務を行う事務所の所在地
2．市場開設業務を開始しようとする年月日

備考　用紙の大きさは，日本産業規格 A4 とすること.

様式第 83 の 5（第 132 条の 3 関係）

卸電力取引所名称等変更届出書

年　月　日

殿

届出者の住所
届出者の名称
代表者の氏名

(1)　卸電力取引所の名称又は住所
(2)　市場開設業務を行う事務所の所在地
を変更したいので，電気事業法第 97 条第 2 項の規定により，下記のとおり届け出ます.

記

1．変更事項

| 届出事項 | 変更前 | 変更後 | 変更年月日 | 備考 |
|---|---|---|---|---|
| | | | | |
| | | | | |

2．変更の理由

備考　用紙の大きさは，日本産業規格 A4 とすること.

様式第 83 の 6（第 132 条の 5 関係）

業務規程認可申請書

年　月　日

殿

申請者の住所
申請者の名称
代表者の氏名

電気事業法第 99 条第 1 項前段の規定により，別紙のとおり業務規程の認可を受けたいので申請します.

備考　用紙の大きさは，日本産業規格 A4 とすること.

様式第83の7（第132条の5関係）

業 務 規 程 変 更 認 可 申 請 書

年　　月　　日

殿

申請者の住所
申請者の名称
代表者の氏名

電気事業法第99条第1項後段の規定により，下記のとおり業務規程の変更の認可を受けたいので申請します．

記

1．変更の内容
2．変更の理由

備考　1　用紙の大きさは，日本産業規格A4とする，
　　　2　変更の明細を記載した書面を添付すること．

様式第83の8（第132条の9関係）

卸電力取引所事業計画及び収支予算認可申請書

年　　月　　日

殿

申請者の住所
申請者の名称
代表者の氏名

電気事業法第99条の7第1項前段の規定により，別添のとおり事業計画及び収支予算の認可を受けたいので申請します．

備考　用紙の大きさは，日本産業規格A4とすること．

様式第 83 の 9（第 132 条の 9 関係）

卸電力取引所事業計画（収支予算）変更認可申請書

年　　月　　日

殿

申請者の住所
申請者の名称
代表者の氏名

電気事業法第 99 条の 7 第 1 項後段の規定により，下記のとおり事業計画（収支予算）の変更の認可を受けたいので申請します．

記

1．変更の内容
2．変更の理由

備考　1　用紙の大きさは，日本産業規格 A4 とすること．
　　　2　変更の明細を記載した書面を添付すること．

様式第 83 の 10（第 132 条の 12 関係）

市場開設業務休止（廃止）許可申請書

年　　月　　日

殿

申請者の住所
申請者の名称
代表者の氏名

電気事業法第 99 条の 9 第 1 項の規定により，下記のとおり市場開設業務の一部（全部）の休止（廃止）の許可を受けたいので申請します．

記

1．休止（廃止）しようとする市場開設業務の範囲
2．休止（廃止）しようとする年月日
3．休止しようとする場合にあっては，その期間
4．休止（廃止）の理由

備考　用紙の大きさは，日本産業規格 A4 とすること．

様式第 83 の 11（第 132 条の 13 関係）

役 員 選 任（ 解 任 ） 認 可 申 請 書

年　　月　　日

殿

申請者の住所
申請者の名称
代表者の氏名

電気事業法第 99 条の 10 の規定により，別添のとおり卸電力取引所の役員の選任（解任）の認可を受けたいので申請します.

備考　用紙の大きさは，日本産業規格 A4 とすること.

様式第 83 の 12（第 132 条の 15 関係）

特　定　計　量　届　出　書

年　　月　　日

殿

住　所
氏　名（名称及び代表者の氏名）

電気事業法第 103 条の 2 第 1 項の規定により，次のとおり届け出ます.

| | | |
|---|---|---|
| 主たる営業所 | 名称 | |
| | 所在地 | |
| その他の営業所 | 名称 | |
| | 所在地 | |
| 特定計量の内容 | | |
| 特定計量の適正を確保するための措置の内容 | | |
| 特定計量の開始の予定年月日 | | |
| 電話番号，電子メールアドレスその他の連絡先 | | |

備考　用紙の大きさは，日本産業規格 A4 とする.

様式第 83 の 13（第 132 条の 15 関係）

電気事業法第 103 条の 2 第 1 項第三号　説明書

年　　月　　日

殿

住　所

氏　名（名称及び代表者の氏名）

1．使用する電気計器の概要

| | |
|---|---|
| 電気計器の種別 | |
| 型名 | |
| 製造事業者名 | |
| 精度階級 | |
| 定格値 | |
| 変成器の概要 | |

2．計量対象

| |
|---|
| |

3．取引規模

| |
|---|
| |

備考　1　用紙の大きさは，日本産業規格 A4 とする．

2　「変圧器の概要」の欄については，電気計器と合わせて変成器を使用する場合にのみ記載すること．

様式第 83 の 14（第 132 条の 15 関係）

電気事業法第 103 条の 2 第 1 項第四号　説明書

年　月　日

殿

住　所

氏　名（名称及び代表者の氏名）

1．特定計量に係る取引又は証明の相手方に対する苦情及び問合せに関する事項

（1）特定計量に係る取引又は証明の相手方からの苦情及び問合せの方法

| |
|---|
| |

（2）特定計量に係る取引又は証明の相手方からの苦情及び問合せを処理する体制の概要

| |
|---|
| |

（3）特定計量に係る取引又は証明の相手方からの苦情及び問合せを処理する体制図

| |
|---|
| |

2．使用期間の設定方法

| | |
|---|---|
| 対象範囲 | |
| 使用期間 | |
| 使用期間の設定根拠 | |

3．基準適合検査及び使用前等検査の検査主体等

| | |
|---|---|
| 基準適合検査 | |
| 使用前等検査 | |
| 使用中検査 | |
| サンプル検査を実施する場合にはその内容 | |

4．検査主体の適切性に関する事項

| | |
|---|---|
| 検査主体名 | |
| 届出者，製造事業者，第三者機関の別 | |
| 必要な能力に関する事項 | |
| 必要な体制に関する事項 | |

5．実施する試験に関する事項

| 試験項目 | 検査結果 | 参照する規格番号 |
|---|---|---|
| 誤差及び基本性能 | | |
| 安全性能 | | |
| 耐ノイズ性能 | | |
| 耐久性能 | | |
| 耐候性能 | | |
| その他性能 | | |

6．準拠する他の規格等に関する事項

| 規格番号 | 規格名称 | 成立年月日 | 委員会等の名称 | 主要な計量に関する知見を有する有識者 | 対象機器例 |
|---|---|---|---|---|---|
| | | | | | |

7．差分計量，按分計量を行う場合はその方法及び適切性

| |
|---|
| |

備考　1　該当事項のない欄は，省略すること．
　　　2　用紙の大きさは，日本産業規格 A4 とする．

様式第 83 の 15（第 132 条の 16 関係）

特　定　計　量　変　更　届　出　書

年　　月　　日

殿

住　所

氏　名（名称及び代表者の氏名）

電気事業法第 103 条の 2 第 1 項の規定により，次のとおり変更したいので届け出ます．

1．変更の内容

| |
|---|
| |

2．変更の予定年月日

| |
|---|
| |

備考　用紙の大きさは，日本産業規格 A4 とする．

様式第 84（第 133 条関係）

表　面

第　　　号

電気事業法第 107 条の規定による立入検査証

職　名
氏　名

写
真

押出スタンプ

年　　月　　日生

年　　月　　日発行

発行者　　　　　印

裏　面

電気事業法抜粋

（立入検査）

第 107 条　主務大臣は，第 39 条，第 40 条，第 47 条，第 49 条及び第 50 条の規定の施行に必要な限度において，その職員に，原子力発電工作物を設置する者又はボイラー等（原子力発電工作物に係るものに限る.）の溶接をする者の工場又は営業所，事務所その他の事業場に立ち入り，原子力発電工作物，帳簿，書類その他の物件を検査させることができる.

2　経済産業大臣は，前項の規定による立入検査のほか，この法律の施行に必要な限度において，その職員に，電気事業者の営業所，事務所その他の事業場に立ち入り，業務若しくは経理の状況又は電気工作物，帳簿，書類その他の物件を検査させることができる.

3　経済産業大臣は，第 22 条の 3 から第 23 条の 3 まで，第 27 条の 11 の 3 から第 27 条の 11 の 6 まで又は第 27 条の 12 の 13 において準用する第 22 条の 3，第 23 条（第 4 項を除く.），第 23 条の 2 若しくは第 23 条の 3 の規定の施行に必要な限度において，その職員に，一般送配電事業者の特定関係事業者，送電事業者の特定関係事業者又は配電事業者の特定関係事業者の営業所，事務所その他の事業場に立ち入り，業務若しくは経理の状況又は帳簿，書類その他の物件を検査させることができる.

4　経済産業大臣は，第 1 項の規定による立入検査のほか，この法律の施行に必要な限度において，その職員に，自家用電気工作物を設置する者，自家用電気工作物の保守点検を行った事業者又はボイラー等の溶接をする者の工場又は営業所，事務所その他の事業場に立ち入り，電気工作物，帳簿，書類その他の物件を検査させることができる.

5　経済産業大臣は，この法律の施行に必要な限度において，その職員に，一般用電気工作物の設置の場所（当該一般用電気工作物が小出力発電設備以外のものである場合にあっては，居住の用に供されているものを除く.）に立ち入り，一般用電気工作物を検査させることができる．ただし，居住の用に供されている場所に立ち入る場合においては，あらかじめ，その居住者の承諾を得なければならない.

6　経済産業大臣は，この法律の施行に必要な限度において，その職員に，推進機関の事務所に立ち入り，業務の状況又は帳簿，書類その他の物件を検査させることができる.

7　経済産業大臣は，第 37 条の 4 から第 37 条の 12 までの規定の施行に必要な限度において，その職員に，認定電気使用者情報利用者等協会の事務所に立ち入り，業務の状況又は帳簿，書類その他の物件を検査させることができる.

8　経済産業大臣は，この法律の施行に必要な限度において，その職員に，登録安全管理審査機関又は登録調査機関の事務所又は事業所に立ち入り，業務の状況又は帳簿，書類その他の物件を検査させることができる.

9　経済産業大臣は，この法律の施行に必要な限度において，その職員に，指定試験機関又は卸電力取引所の事務所に立ち入り，業務の状況又は帳簿，書類その他の物件を検査させることができる.

10　経済産業大臣は，第 103 条の 2 の規定の施行に必要な限度において，その職員に，届出者の営業所，事務所その他の事業場に立ち入り，業務の状況又は帳簿，書類その他の物件を検査させることができる.

11　前各項の規定により立入検査をする職員は，その身分を示す証明書を携帯し，関係人の請求があったときは，これを提示しなければならない.

第 117 条の 2　次の各号のいずれかに該当する場合には，当該違反行為をした者は，1 年以下の懲役若しくは 100 万円以下の罰金に処し，又はこれを併科する.

十二　第 107 条第 1 項の規定による審査又は検査を拒み，妨げ，又は忌避したとき.

第 119 条の 3　次の各号のいずれかに該当する場合には，その違反行為をした推進機関の発起人，役員又は職員は，30 万円以下の罰金に処する.

四　第 107 条第 6 項の規定による検査を拒み，妨げ，又は忌避したとき.

第 119 条の 4　次の各号のいずれかに該当する場合には，その違反行為をした認定電気使用者情報利用者等協会，指定試験機関又は卸電力取引所の役員又は職員は，30 万円以下の罰金に処する.

五　第 107 条第 7 項又は第 9 項の規定による検査を拒み，妨げ，又は忌避したとき.

第 120 条　次の各号のいずれかに該当する場合には，当該違反行為をした者は，30 万円以下の罰金に処する.

九　第 51 条第 3 項，第 54 条若しくは第 55 条第 4 項（原子力発電工作物に係る場合を除く.）又は第 107 条第 2 項から第 5 項まで，第 8 項若しくは第 10 項の規定による審査又は検査を拒み，妨げ，又は忌避したとき.

## 様式第 84 の 2（第 133 の 2 条関係）

表面

第　　　号

電気事業法第 107 条の規定による立入検査証

独立行政法人製品評価技術基盤機構

氏　名

写

真

押出スタンプ

年　　　月　　　日生

年　　　月　　　日発行

発行者　　　　　　　　印

裏　面

電気事業法抜粋

第 107 条

4　経済産業大臣は，第 1 項の規定による立入検査のほか，この法律の施行に必要な限度において，その職員に，自家用電気工作物を設置する者，自家用電気工作物の保守点検を行った事業者又はボイラー等の溶接をする者の工場又は営業所，事務所その他の事業場に立ち入り，電気工作物，帳簿，書類その他の物件を検査させることができる．

5　経済産業大臣は，この法律の施行に必要な限度において，その職員に，一般用電気工作物の設置の場所（当該一般用電気工作物が小出力発電設備以外のものである場合にあっては，居住の用に供されているものを除く.）に立ち入り，一般用電気工作物を検査させることができる．ただし，居住の用に供されている場所に立ち入る場合においては，あらかじめ，その居住者の承諾を得なければならない．

13　経済産業大臣は，前項の規定により推進機関に立入検査を行わせる場合には，推進機関に対し，当該立入検査の場所その他必要な事項を示してこれを実施すべきことを指示するものとする．

14　推進機関は，前項の指示に従って第 12 項に規定する立入検査を行ったときは，その結果を経済産業大臣に報告しなければならない．

15　第 12 項の規定により立入検査をする推進機関の職員は，その身分を示す証明書を携帯し，関係人の請求があったときは，これを提示しなければならない．

16　経済産業大臣は，必要があると認めるときは，独立行政法人製品評価技術基盤機構（次項，次条及び第 127 条において「機構」という.）に，第 4 項（ボイラー等の溶接をする者に係る部分を除く.）又は第 5 項の規定による立ち入り検査を行わせることができる．

17　第 13 項から第 15 項までの規定は，機構の行う立入検査に準用する．

第 120 条　次の各号のいずれかに該当する場合には，当該違反行為をした者は，30 万円以下の罰金に処する．

九　第 51 条第 3 項，第 54 条若しくは第 55 条第 4 項（原子力発電工作物に係る場合を除く.）又は第 107 条第 2 項から第 5 項まで，第 8 項若しくは第 10 項の規定による審査又は検査を拒み，妨げ，又は忌避したとき．

附則様式第1（附則第2条関係）

供給規程以外の供給条件承認申請書

年　　月　　日

殿

住　所

氏　名（名称及び代表者の氏名）

電気事業法の一部を改正する法律附則第5条第1項の承認を受けたいので次のとおり申請します．

| | |
|---|---|
| 料金その他の供給条件の内容 | |
| 実施期日及び実施期間 | |

備考　1　料金その他の供給条件の内容の欄には，旧法第21条ただし書の認可番号及び認可年月日を付記すること．

2　用紙の大きさは，日本産業規格A4とすること．

附則様式第2（附則第18条関係）

電気事業法附則第17項から第19項までの規定を適用することが適当である旨の認定申請書

年　　月　　日

殿

住　所

氏　名（名称及び代表者の氏名）

第3条新法附則第10項の規定により，同法附則第12項の認定を受けたいので申請します．

記

1．商号

2．電気事業以外の事業を営む場合にあっては，その概要

（申請者が電気事業法附則第10項第四号に掲げる者である場合は，その子会社たる同項第一号から第三号までに掲げる者の内容を含む．）

3．電気事業法附則第12項各号に掲げる要件に適合することの説明

備考　用紙の大きさは，日本産業規格A4とする．

別表第１（第３条の２の２関係）

| 区　　　　域 | 離　　　　島 |
|---|---|
| 北海道 | 礼文島，利尻島，天売島，焼尻島，奥尻島 |
| 青森県，岩手県，宮城県，秋田県，山形県，福島県，新潟県 | 飛島，佐渡島，粟島 |
| 茨城県，栃木県，群馬県，埼玉県，千葉県，東京都，神奈川県，山梨県<br>静岡県のうち<br>　熱海市，沼津市，三島市，富士宮市（昭和31年9月29日における旧庵原郡内房村の区域を除く．），伊東市，富士市（平成20年10月31日における旧庵原郡富士川町の区域を除く．），御殿場市，裾野市，下田市，伊豆市，伊豆の国市，田方郡，賀茂郡，駿東郡 | 大島，利島，新島，式根島，神津島，三宅島，御蔵島，八丈島，青ヶ島，父島，母島 |
| 富山県，石川県，福井県（小浜市，三方郡，大飯郡及び三方上中郡を除く．）<br>岐阜県のうち<br>　飛騨市（平成16年1月31日における旧吉城郡神岡町及び宮川村（昭和31年9月29日における旧坂下村の区域に限る．）の区域に限る．）及び郡上市（平成16年2月29日における旧郡上郡白鳥町石徹白の区域に限る．） | 舳倉島 |
| 鳥取県，島根県，岡山県，広島県，山口県<br>兵庫県のうち<br>　赤穂市（昭和38年9月1日に岡山県和気郡日生町から編入された区域に限る．）<br>香川県のうち<br>　小豆郡，香川郡<br>愛媛県のうち<br>　今治市（平成17年1月15日における旧越智郡吉海町，宮窪町，伯方町，上浦町，大三島町及び関前村の区域に限る．），越智郡 | 島後，中ノ島，西ノ島，知夫里島，見島 |

| | |
|---|---|
| 福岡県，佐賀県，長崎県，熊本県，大分県，宮崎県，鹿児島県 | 小呂島，対馬島，海栗島，泊島，赤島，沖ノ島，島山島，壱岐島，若宮島，原島，長島，大島，上甑島，中甑島，下甑島，竹島，硫黄島，黒島，口之島，中之島，平島，諏訪之瀬島，悪石島，小宝島，宝島，種子島，屋久島，口永良部島，奄美大島，喜界島，加計呂麻島，与路島，請島，徳之島，沖永良部島，与論島，馬毛島 |
| 沖縄県 | 粟国島，渡名喜島，久米島，奥武島，オーハ島，北大東島，南大東島，宮古島，池間島，大神島，来間島，伊良部島，下地島，多良間島，水納島，石垣島，竹富島，西表島，鳩間島，由布島，小浜島，黒島，新城島（上地），新城島（下地），波照間島，与那国島 |

別表第1の2（第61条の2関係）

| 項　　　目 | 調 査 及 び 予 測 の 内 容 |
|---|---|
| 一　水力発電所<br>（1）　騒音に関する項目 | 1　調査項目<br>(1)　騒音の諸元<br>イ　建設機械の稼働の状況<br>ロ　工事用資材等の搬出入に使用する自動車の稼働の状況<br>(2)　騒音の状況<br>国又は地方公共団体の測定している騒音の測定点（以下「騒音の測定点」という.）の測定値及び位置<br>(3)　地形<br>騒音の伝搬に影響を及ぼす地形及び大規模な建築物の状況<br>(4)　地域の基準<br>環境基本法（平成5年法律第91号）第16条第1項の規定による騒音に係る環境上の条件についての基準（以下「騒音に係る環境基準」という.）<br>(5)　保全対象<br>イ　学校教育法（昭和22年法律第26号）第1条に規定する学校，児童福祉法（昭和22年法律第164号）第7条に規定する保育所，医療法（昭和23年法律第205号）第1条の5第1項に規定する病院又は同条第2項に規定する診療所のうち患者の収容施設を有するもの（以下「学校等」と総称する.）<br>ロ　都市計画法（昭和43年法律第100号）第9条第1項から第7項までに定める地域<br>ハ　幹線道路の沿道の整備に関する法律（昭和55年法律第34号）第5条第1項の規定により指定された沿道整備道路<br>ニ　騒音の測定点において騒音に係る環境基準が確保されていない地点<br>ホ　騒音規制法第17条第1項の規定に基づく指定地域内における自動車騒音の限度を定める命令（昭和46年総理府令・厚生省令第3号）に規定する限度を超えている地域<br>2　調査地域<br>(1)　発電所の設置又は変更の工事（以下「工事」という.）を行う場所の周囲1kmの範囲内の区域 |

| | |
|---|---|
| | ⑵　保全対象のハからホまでについては，工事を行う場所の周囲10kmの範囲内において工事用資材等の搬出入に使用する自動車が通過する道路に面する区域<br>3　予測<br>⑴　工事による影響については，調査により確認された保全対象のイ，ロ又はニが存在する地域における騒音が最大となるときの騒音の影響の程度を定量的に予測する．<br>⑵　工事用資材等の搬出入に使用する自動車による影響については，調査により確認された保全対象のハからホまでが存在する地域における工事用資材等の搬出入に使用する自動車の台数がそれぞれ最大となる日の道路交通騒音の影響の程度を定量的に予測する． |
| （2）　振動に関する項目 | 1　調査項目<br>⑴　振動の諸元<br>工事用資材等の搬出入に使用する自動車の稼働の状況<br>⑵　保全対象<br>振動規制法施行規則（昭和51年総理府令第58号）第12条に規定する限度を超えている地域<br>2　調査地域<br>工事を行う場所の周囲10kmの範囲内において工事用資材等の搬出入に使用する自動車が通過する自動車が通過する道路に面する区域<br>3　予測<br>調査により確認された保全対象が存在する地域において工事用資材等の搬出入に使用する自動車の台数が最大となる日の道路交通振動の影響の程度を定量的に予測する． |
| （3）　水質に関する項目 | 1　調査項目<br>⑴　排水の諸元<br>排水の生物化学的酸素要求量又は化学的酸素要求量，窒素含有量及び燐含有量並びに排出量<br>⑵　水質の状況<br>水道原水水質保全事業の実施の促進に関する法律（平成6年法律第8号）第2条第3項に規定する取水地点（以下「水道原水取水地点」という．）並びに国又は地方公共団体が測定している水質の測定点（以下「水質の測定点」という．）の生物化学的酸素要求量又は化学的酸素要求量，全窒素， |

| | |
|---|---|
| | 全燐並びに位置<br>(3)　地域の基準<br>環境基本法第16条第１項の規定による水質汚濁（生物化学的酸素要求量，化学的酸素要求量，全窒素又は全燐に関するものに限る.）に係る環境上の条件についての基準（以下「水質汚濁に係る環境基準」という.）<br>(4)　保全対象<br>イ　排水基準を定める省令（昭和46年総理府令第35号）別表第２備考６及び７に規定する湖沼<br>ロ　水道原水取水地点<br>ハ　水質汚濁防止法（昭和45年法律第138号）第４条の２の第１項に規定する指定水域又は指定地域<br>ニ　湖沼水質保全特別措置法（昭和59年法律第61号）第３条第１項に規定する指定湖沼又は同条第２項に規定する指定地域<br>ホ　水質の測定点において生物化学的酸素要求量，化学的酸素要求量，全窒素又は全燐の水質汚濁に係る環境基準が確保されていない地点<br>２　調査地域<br>排水の排出により水質の状態が変化するおそれのある水域及び減水区間<br>３　予測<br>(1)　調査により確認された保全対象（保全対象のロを除く.）における排水の排出による生物化学的酸素要求量又は化学的酸素要求量，全窒素及び全燐の影響の程度を排水口直近の水質の測定点において定量的に予測する.<br>(2)　排水の排出によって，調査により確認された保全対象のロに影響が及ぶかどうかを定量的に予測する.<br>(3)　調査により確認された保全対象のロが存在する水域が減水区間となる場合にあっては，当該保全対象（ただし，当該保全対象での測定が困難な場合，当該保全対象の直近の水質の測定点.）において影響の程度を定量的に予測する. |
| （４）　植物に関する項目 | １　調査項目<br>国又は地方公共団体の調査により確認された自然林及び野生植物の重要な生育の場の状況<br>２　調査地域 |

| | |
|---|---|
| | 環境影響評価法第４条第１項に規定する第２種事業が実施されるべき区域（以下「事業実施区域」という.）及びその周辺区域並びに排水の排出により水質の状態が変化するおそれのある水域及び減水区間<br>３　予測<br>(1)　国又は地方公共団体の調査により確認された野生植物の重要な生育の場に影響が及ぶかどうかを予測する.<br>(2)　事業実施区域の周囲１km の範囲内に国又は地方公共団体の調査により確認された自然林又は野生植物の重要な生育の場が存在するかどうかを予測する. |
| （５）　動物に関する項目 | １　調査項目<br>国又は地方公共団体の調査により確認された野生植物の重要な生息の場の状況<br>２　調査地域<br>事業実施区域及びその周辺区域並びに排水の排出により水質の状態が変化するおそれのある水域及び減水区間<br>３　予測<br>(1)　国又は地方公共団体の調査により確認された野生植物の重要な生息の場に影響が及ぶかどうかを予測する.<br>(2)　事業実施区域の周囲１km の範囲内に国又は地方公共団体の調査により確認された野生動物の重要な生息の場が存在するかどうかを予測する. |
| （６）　自然保護に関する項目 | １　調査項目<br>(1)　環境の保全を目的として指定された地域その他の対象の状況<br>(2)　国又は地方公共団体の調査により確認された人為的な改変を受けていない自然湖岸又は河川の水際線が人工改変を受けていない河岸の状況<br>２　調査地域<br>事業実施区域の周囲１km の範囲内の区域<br>３　予測<br>(1)　調査により確認された環境の保全を目的として指定された地域その他の対象への影響の程度を予測する.<br>(2)　事業実施区域の周囲１km の範囲内に国又は地方公共団体の調査により確認された人為的な改変を受けていない自然湖岸又は河川の水際線が人工 |

| | |
|---|---|
| | 改変を受けていない河岸が存在するかどうかを予測する. |
| 二　火力発電所（地熱を利用するものを除く.）<br>（１）　大気質に関する項目 | １　調査項目<br>(1)　排ガスの諸元<br>イ　硫黄酸化物，窒素酸化物及びばいじんの濃度及び排出量<br>ロ　煙突の出口のガスの排出量，速度及び温度，地表上の高さ並びに個数<br>(2)　大気質の状況<br>国又は地方公共団体の測定している大気の測定点（以下「大気の測定点」という.）の二酸化硫黄，二酸化窒素及び浮遊粒子状物質の地上濃度並びに位置<br>(3)　気象<br>地上の風向及び風速<br>(4)　地形<br>大気の拡散に影響を及ぼす地形及び大規模な建築物の状況<br>(5)　地域の基準<br>環境基本法第 16 条第１項の規定による大気の汚染（二酸化硫黄，二酸化窒素及び浮遊粒子状物質に関するものに限る.）に係る環境上の条件についての基準（以下「大気の汚染に係る環境基準」という.）<br>(6)　保全対象<br>イ　学校等<br>ロ　都市計画法第９条第１項から第７項までに定める地域<br>ハ　大気汚染防止法（昭和 43 年法律第 97 号）第５条の２第１項に規定する指定地域<br>ニ　自動車から排出される窒素酸化物及び粒子状物質の特定地域における総量の削減等に関する特別措置法（平成４年法律第 70 号）第６条第１項に規定する窒素酸化物対策地域又は同法第８条第１項に規定する粒子状物質対策地域<br>ホ　大気の測定点における二酸化硫黄，二酸化窒素又は浮遊粒子状物質の大気の汚染に係る環境基準が確保されていない地点<br>２　調査地域 |

| | |
|---|---|
| | 発電所を設置する区域の周囲20kmの範囲内の区域<br>3　予測<br>調査により確認された保全対象が存在する地域における二酸化硫黄，二酸化窒素及び浮遊粒子状物質の大気の測定点への影響を定量的に予測する． |
| （2）　騒音に関する項目 | 1　調査項目<br>(1)　騒音の諸元<br>イ　建設機械及び発電所の施設の稼働の状況<br>ロ　工事用資材等の搬出入に使用する自動車の稼働状況<br>(2)　地形<br>騒音の伝搬に影響を及ぼす地形及び大規模な建築物の状況<br>(3)　保全対象<br>イ　学校等<br>ロ　都市計画法第９条第１項から第７項までに定める地域<br>ハ　幹線道路の沿道の整備に関する法律第５条第１項の規定により指定された沿道整備道路<br>ニ　騒音の測定点において騒音に係る環境基準が確保されていない地点<br>ホ　騒音規制法第17条第１項の規定に基づく指定地域内における自動車騒音の限度を定める命令に規定する限度を超えている地域<br>2　調査地域<br>(1)　事業実施区域の周囲１kmの範囲内の区域<br>(2)　保全対象のハからホまでについては，事業実施区域の周囲10kmの範囲内において工事用資材等の搬出入に使用する自動車が通過する道路に面する区域<br>3　予測<br>(1)　工事及び発電所の施設の稼働による影響については，調査により確認された保全対象のイ，ロ又はニが存在する地域における騒音が最大となる日の騒音の影響の程度を定量的に予測する．<br>(2)　工事用資材等の搬出入に使用する自動車による影響については，調査により確認された保全対象のハからホまでが存在する地域における工事用資材等の搬出入に使用する自動車の台数がそれぞれ最大となる日の道路交通騒音の影響の程度を定量的に予測する． |

| | |
|---|---|
| （３） 振動に関する項目 | １ 調査項目<br>⑴ 振動の諸元<br>工事用資材等の搬出入に使用する自動車の稼働の状況<br>⑵ 保全対象<br>振動規制法施行規則第12条に規定する限度を超えている地域<br>２ 調査地域<br>事業実施区域の周囲10kmの範囲内において工事用資材等の搬出入に使用する自動車が通過する道路に面する区域<br>３ 予測<br>調査により確認された保全対象が存在する地域における工事用資材等の搬出入に使用する自動車の台数が最大となる日の道路交通振動の影響の程度を定量的に予測する. |
| （４） 水質に関する項目 | １ 調査項目<br>⑴ 排水の諸元<br>イ 排水の生物化学的酸素要求量又は化学的酸素要求量，窒素含有量，燐含有量並びに排出量<br>ロ 温排水の排出量及び排水の温度<br>⑵ 水質の状況<br>水道原水取水地点及び水質の測定点の生物化学的酸素要求量又は化学的酸素要求量，全窒素，全燐，水温並びに位置<br>⑶ 地域の基準<br>水質汚濁に係る環境基準<br>⑷ 保全対象<br>イ 排水基準を定める省令別表第２備考６及び７に規定する湖沼及び海域<br>ロ 水道原水取水地点<br>ハ 水質汚濁防止法第４条の２第１項に規定する指定水域又は指定地域<br>ニ 湖沼水質保全特別措置法第３条第１項に規定する指定湖沼又は同条第２項に規定する指定地域<br>ホ 瀬戸内海環境保全特別措置法（昭和48年法律第110号）第２条第１項に規定する瀬戸内海又は同条第２項の関係府県の区域（瀬戸内海環境保全特別措置法施行令（昭和48年政令第327号）第３条の区域を除く.）<br>ヘ 水質の測定点において生物化学的酸素要求 |

| | |
|---|---|
| | 量，化学的酸素要求量，全窒素又は全燐に係る環境基準が確保されていない地点<br>2　調査地域<br>排水の排出により水質の状態が変化するおそれのある水域<br>3　予測<br>(1)　調査により確認された保全対象（保全対象のロを除く.）に対する排水の排出による生物化学的酸素要求量又は化学的酸素要求量，全窒素及び全燐の影響の程度を排水口直近の水質の測定点において定量的に予測する.<br>(2)　排水の排出によって，調査により確認された保全対象のロに影響が及ぶかどうかを定量的に予測する. |
| (５)　植物に関する項目 | 1　調査項目<br>国又は地方公共団体の調査により確認された自然林，藻場及び野生植物の重要な生育の場の状況<br>2　調査地域<br>事業実施区域の周辺区域及び排水の排出により水質の状態が変化するおそれのある水域及び排水の排出により水温の状態が一定程度以上変化するおそれのある水域<br>3　予測<br>(1)　国又は地方公共団体の調査により確認された藻場又は野生植物の重要な生育の場に影響が及ぶかどうかを予測する.<br>(2)　事業実施区域の周囲１km の範囲内に国又は地方公共団体の調査により確認された自然林，藻場又は野生植物の重要な生育の場が存在するかどうかを予測する. |
| (６)　動物に関する項目 | 1　調査項目<br>国又は地方公共団体の調査により確認されたさんご群集及び野生植物の重要な生息の場の状況<br>2　調査地域<br>事業実施区域及びその周辺区域並びに排水の排出により水質の状態が変化するおそれのある水域及び排水の排出により水温の状態が一定程度以上変化するおそれのある水域<br>3　予測<br>(1)　国又は地方公共団体の調査により確認されたさんご群集又は野生植物の重要な生息の場に影響が及ぶかどうかを予測する. |

| | |
|---|---|
| | ⑵　事業実施区域の周囲1kmの範囲内に国又は地方公共団体の調査により確認されたさんご群集又は野生植物の重要な生息の場が存在するかどうかを予測する. |
| （7）　自然保護に関する項目 | 1　調査項目<br>⑴　環境の保全を目的として指定された地域その他の対象の状況<br>⑵　国又は地方公共団体の調査により確認された干潟，汽水湖，人為的な改変を受けていない自然海岸，自然湖岸及び河川の水際線が人工改変を受けていない河岸の状況<br>2　調査地域<br>事業実施区域の周囲1kmの範囲内の区域並びに排水の排出により水温の状態が一定程度以上変化するおそれのある水域<br>3　予測<br>⑴　調査により確認された環境の保全を目的として指定された地域その他の対象への影響の程度を予測する.<br>⑵　事業実施区域の周囲1kmの範囲内に国又は地方公共団体の調査により確認された干潟，汽水湖，人為的な改変を受けていない自然海岸，自然湖岸又は河川の水際線が人工改変を受けていない河岸が存在するかどうかを予測する.<br>⑶　調査により確認された干潟に影響が及ぶかどうかを予測する. |
| 三　火力発電所（地熱を利用するものに限る.）<br>（1）　大気質に関する項目 | 1　調査項目<br>⑴　排ガスの諸元<br>イ　硫化水素の濃度及び排出量<br>ロ　排出口のガスの排出量，速度及び温度，地表上の高さ並びに個数<br>ハ　冷却塔の運転の状況<br>⑵　気象<br>地上の風向及び風速<br>⑶　地形<br>大気の拡散に影響を及ぼす地形及び大規模な建築物の状況<br>2　調査地域<br>排出ガス中の硫化水素が影響を及ぼすおそれがあ |

| | |
|---|---|
| | る範囲内の区域<br>３　予測<br>　２の区域における硫化水素の濃度を定量的に予測する． |
| （２）　騒音に関する項目 | １　調査項目<br>(1)　騒音の諸元<br>　イ　建設機械及び発電所の施設の稼働の状況<br>　ロ　工事用資材等の搬出入に使用する自動車の稼働状況<br>(2)　地形<br>　騒音の伝搬に影響を及ぼす地形及び大規模な建築物の状況<br>(3)　保全対象<br>　イ　学校等<br>　ロ　都市計画法第９条第１項から第７項までに定める地域<br>　ハ　幹線道路の沿道の整備に関する法律第５条第１項の規定により指定された沿道整備道路<br>　ニ　騒音の測定点において騒音に係る環境基準が確保されていない地点<br>　ホ　騒音規制法第 17 条第１項の規定に基づく指定地域内における自動車騒音の限度を定める命令に規定する限度を超えている地域<br>２　調査地域<br>(1)　事業実施区域の周囲１km の範囲内の区域<br>(2)　保全対象のハからホまでについては，事業実施区域の周囲 10km の範囲内において工事用資材等の搬出入に使用する自動車が通過する道路に面する区域<br>３　予測<br>(1)　工事及び発電所の施設の稼働による影響については，調査により確認された保全対象のイ，ロ又はニが存在する地域における騒音が最大となる日の騒音の影響の程度を定量的に予測する．<br>(2)　工事用資材等の搬出入に使用する自動車による影響については，調査により確認された保全対象のハからホまでが存在する地域における工事用資材等の搬出入に使用する自動車の台数がそれぞれ最大となる日の自動車騒音の影響の程度を定量的に予測する． |
| （３）　振動に関する項目 | １　調査項目<br>(1)　振動の諸元 |

| | |
|---|---|
| | 　工事用資材等の搬出入に使用する自動車の稼働の状況<br>⑵　保全対象<br>　振動規制法施行規則第12条に規定する限度を超えている地域<br>2　調査地域<br>　事業実施区域の周囲10kmの範囲内において工事用資材等の搬出入に使用する自動車が通過する道路に面する区域<br>3　予測<br>　調査により確認された保全対象が存在する地域における工事用資材等の搬出入に使用する自動車の台数が最大となる日の道路交通振動の影響の程度を定量的に予測する． |
| （4）　水質に関する項目 | 1　調査項目<br>⑴　排水の諸元<br>イ　排水の生物化学的酸素要求量又は化学的酸素要求量，窒素含有量，燐含有量並びに排出量<br>ロ　温排水の排出量及び排水の温度<br>⑵　水質の状況<br>　水道原水取水地点及び水質の測定点の生物化学的酸素要求量又は化学的酸素要求量，全窒素，全燐，水温並びに位置<br>⑶　地域の基準<br>　水質に係る環境基準<br>⑷　保全対象<br>イ　排水基準を定める省令別表第2備考6及び7に規定する湖沼<br>ロ　水道原水取水地点<br>ハ　水質汚濁防止法第4条の2第1項に規定する指定地域<br>ニ　湖沼水質保全特別措置法第3条第1項に規定する指定湖沼又は同条第2項に規定する指定地域<br>ホ　水質の測定点において生物化学的酸素要求量，化学的酸素要求量，全窒素又は全燐の水質汚濁に係る環境基準が確保されていない地点<br>2　調査地域<br>　排水の排出により水質の状態が変化するおそれのある水域<br>3　予測<br>⑴　調査により確認された保全対象（保全対象のロ |

| | |
|---|---|
| | を除く.）に対する排水の排出による生物化学的酸素要求量又は化学的酸素要求量，全窒素及び全燐の影響の程度を排水口直近の水質の測定点において定量的に予測する.<br>(2)　排水の排出によって，調査により確認された保全対象の口に影響が及ぶかどうかを定量的に予測する. |
| （5）　植物に関する項目 | 1　調査項目<br>国又は地方公共団体の調査により確認された自然林及び野生植物の重要な生育の場の状況<br>2　調査地域<br>事業実施区域及びその周辺区域並びに硫化水素の排出により影響を及ぼすおそれのある範囲内の区域，排水の排出により水質の状態が変化するおそれのある水域及び排水の排出により水温の状態が一定程度以上変化するおそれのある水域<br>3　予測<br>(1)　国又は地方公共団体の調査により確認された野生植物の重要な生育の場に影響が及ぶかどうかを予測する.<br>(2)　事業実施区域の周囲1 km の範囲内において国又は地方公共団体の調査により確認された自然林又は野生植物の重要な生育の場が存在するかどうかを予測する. |
| （6）　動物に関する項目 | 1　調査項目<br>国又は地方公共団体の調査により確認された野生動物の重要な生息の場の状況<br>2　調査地域<br>事業実施区域及びその周辺区域並びに排水の排出により水質の状態が変化するおそれのある水域及び排水の排出により水温の状態が一定程度以上変化するおそれのある水域<br>3　予測<br>(1)　国又は地方公共団体の調査により確認された野生動物の重要な生息の場に影響が及ぶかどうかを予測する.<br>(2)　事業実施区域の周囲1 km の範囲内において国又は地方公共団体の調査により確認された野生動物の重要な生息の場が存在するかどうかを予測する. |
| （7）　自然保護に関する項目 | 1　調査項目<br>(1)　環境の保全を目的として指定された地域その他 |

| | |
|---|---|
| | の対象の状況<br>(2)　国又は地方公共団体の調査により確認された人為的な改変を受けていない自然湖岸及び河川の水際線が人工改変を受けていない河岸の状況<br>2　調査地域<br>事業実施区域の周囲1kmの範囲内の区域<br>3　予測<br>(1)　調査により確認された環境の保全を目的として指定された地域その他の対象への影響の程度を予測する.<br>(2)　事業実施区域の周囲1kmの範囲内に国又は地方公共団体の調査により確認された人為的な改変を受けていない自然湖岸又は河川の水際線が人工改変を受けていない河岸が存在するかどうかを予測する. |
| 四　太陽電池発電所<br>（1）　騒音に関する項目 | 1　調査項目<br>(1)　騒音の諸元<br>イ　建設機械及び発電所の施設の稼働の状況<br>ロ　工事用資材等の搬出入に使用する自動車の稼働の状況<br>(2)　地形<br>騒音の伝搬に影響を及ぼす地形及び大規模な建築物の状況<br>(3)保全対象<br>イ　学校等<br>ロ　都市計画法第9条第1項から第7項までに定める地域<br>ハ　幹線道路の沿道の整備に関する法律第5条第1項の規定より指定された沿道整備道路<br>ニ　騒音の測定点において騒音に係る環境基準が確保されていない地点<br>ホ　騒音規制法第17条第1項の規定に基づく指定地域内における自動車騒音の限度を定める命令に規定する限度を超えている地域<br>2　調査地域<br>(1)　事業実施区域の周囲1kmの範囲内の区域<br>(2)　保全対象のハからホまでについては，事業実施区域の周囲10kmの範囲内において工事用資材等の搬出入に使用する自動車が通過する道路に面する区域 |

| | |
|---|---|
| | 3　予測<br>⑴　工事及び発電所の施設の稼働による影響については，調査により確認された保全対象のイ，ロ又はニが存在する地域における騒音がそれぞれ最大となる日の騒音の影響の程度を定量的に予測する．<br>⑵　工事用資材等の搬出入に使用する自動車による影響については，調査により確認された保全対象のハからホまでが存在する地域における工事用資材等の搬出入に使用する自動車の台数がそれぞれ最大となる日の道路交通騒音の影響の程度を定量的に予測する． |
| （2）　振動に関する項目 | 1　調査項目<br>⑴　振動の諸元<br>工事用資材等の搬出入に使用する自動車の稼働の状況<br>⑵　保全対象<br>振動規制法施行規則第12条に規定する限度を超えている地域<br>2　調査地域<br>工事を行う場所の周囲10kmの範囲内において工事用資材等の搬出入に使用する自動車が通過する道路に面する区域<br>3　予測<br>調査により確認された保全対象が存在する地域において工事用資材等の搬出入に使用する自動車の台数が最大となる日の道路交通振動の影響の程度を定量的に予測する． |
| （3）　水質に関する項目 | 1　調査項目<br>⑴　排水の諸元<br>排水の生物化学的酸素要求量又は化学的酸素要求量，窒素含有量，燐含有量並びに排出量<br>⑵　水質の状況<br>水道原水取水地点及び水質の測定点の生物化学的酸素要求量又は化学的酸素要求量，全窒素，全燐，水温並びに位置<br>⑶　地域の基準<br>水質汚濁に係る環境基準<br>⑷　保全対象<br>イ　排水基準を定める省令別表第2備考6及び7に規定する湖沼及び海域<br>ロ　水道原水取水地点 |

| | |
|---|---|
| | ハ　水質汚濁防止法第４条の２第１項に規定する指定水域又は指定地域<br>ニ　湖沼水質保全特別措置法第３条第１項に規定する指定湖沼又は同条第２項に規定する指定地域<br>ホ　瀬戸内海環境保全特別措置法第２条第１項に規定する瀬戸内海又は同条第２項の関係府県の区域（瀬戸内海環境保全特別措置法施行令第３条の区域を除く.）<br>ヘ　水質の測定点において生物化学的酸素要求量，化学的酸素要求量，全窒素又は全燐に係る環境基準が確保されていない地点<br>２　調査地域<br>　排水の排出により水質の状態が変化するおそれのある水域<br>３　予測<br>(1)　調査により確認された保全対象（保全対象のロを除く.）に対する排水の排出による生物化学的酸素要求量又は化学的酸素要求量，全窒素及び全燐の影響の程度を排水口直近の水質の測定点において定量的に予測する.<br>(2)　排水の排出によって，調査により確認された保全対象のロに影響が及ぶかどうかを定量的に予測する. |
| （４）　植物に関する項目 | １　調査項目<br>　国又は地方公共団体の調査により確認された自然林，藻場及び野生植物の重要な生育の場の状況<br>２　調査地域<br>　事業実施区域の周辺区域及び排水の排出により水質の状態が変化するおそれのある水域<br>３　予測<br>(1)　国又は地方公共団体の調査により確認された藻場又は野生植物の重要な生育の場に影響が及ぶかどうかを予測する.<br>(2)　事業実施区域の周囲１km の範囲内に国又は地方公共団体の調査により確認された自然林，藻場又は野生植物の重要な生育の場が存在するかどうかを予測する. |
| （５）　動物に関する項目 | １　調査項目<br>　国又は地方公共団体の調査により確認されたさんご群集及び野生動物の重要な生息の場の状況<br>２　調査地域 |

| | |
|---|---|
| | 事業実施区域及びその周辺区域並びに排水の排出により水質の状態が変化するおそれのある水域<br>3　予測<br>(1)　国又は地方公共団体の調査により確認されたさんご群集又は野生動物の重要な生息の場に影響が及ぶかどうかを予測する．<br>(2)　事業実施区域の周囲1 km の範囲内に国又は地方公共団体の調査により確認されたさんご群集又は野生動物の重要な生息の場が存在するかどうかを予測する． |
| (6)　自然保護に関する項目 | 1　調査項目<br>(1)　環境の保全を目的として指定された地域その他の対象の状況<br>(2)　国又は地方公共団体の調査により確認された干潟，汽水湖，人為的な改変を受けていない自然海岸，自然湖岸及び河川の水際線が人工改変を受けていない河岸の状況<br>2　調査地域<br>事業実施区域の周囲1 km の範囲内の区域<br>3　予測<br>(1)　調査により確認された環境の保全を目的として指定された地域その他の対象への影響の程度を予測する．<br>(2)　事業実施区域の周囲1 km の範囲内に国又は地方公共団体の調査により確認された干潟，汽水湖，人為的な改変を受けていない自然海岸，自然湖岸又は河川の水際線が人工改変を受けていない河岸が存在するかどうかを予測する．<br>(3)　調査により確認された干潟に影響が及ぶかどうかを予測する． |
| 五　風力発電所<br>(1)　騒音に関する項目 | 1　調査項目<br>(1)　騒音の諸元<br>イ　建設機械及び発電所の施設の稼働の状況<br>ロ　工事用資材等の搬出入に使用する自動車の稼働の状況<br>(2)　地形<br>騒音の伝搬に影響を及ぼす地形及び大規模な建築物の状況<br>(3)　保全対象<br>イ　学校等 |

| | |
|---|---|
| | ロ　都市計画法第9条第1項から第7項までに定める地域<br>ハ　幹線道路の沿道の整備に関する法律第5条第1項の規定により指定された沿道整備道路<br>ニ　騒音の測定点において騒音に係る環境基準が確保されていない地点<br>ホ　騒音規制法第17条第1項の規定に基づく指定地域内における自動車騒音の限度を定める命令に規定する限度を超えている地域<br>2　調査地域<br>(1)　事業実施区域の周囲1kmの範囲内の区域<br>(2)　保全対象のハからホまでについては，事業実施区域の周囲10kmの範囲内において工事用資材等の搬出入に使用する自動車が通過する道路に面する区域<br>3　予測<br>(1)　工事及び発電所の施設の稼働による影響については，調査により確認された保全対象のイ，ロ又はニが存在する地域における騒音がそれぞれ最大となる日の騒音の影響の程度を定量的に予測する．<br>(2)　工事用資材等の搬出入に使用する自動車による影響については，調査により確認された保全対象のハからホまでが存在する地域における工事用資材等の搬出入に使用する自動車の台数がそれぞれ最大となる日の道路交通騒音の影響の程度を定量的に予測する． |
| （2）　振動に関する項目 | 1　調査項目<br>(1)　振動の諸元<br>工事用資材等の搬出入に使用する自動車の稼働の状況<br>(2)　保全対象<br>振動規制法施行規則第12条に規定する限度を超えている地域<br>2　調査地域<br>工事を行う場所の周囲10kmの範囲内において工事用資材等の搬出入に使用する自動車が通過する道路に面する区域<br>3　予測<br>調査により確認された保全対象が存在する地域において工事用資材等の搬出入に使用する自動車の台数が最大となる日の道路交通振動の影響の程 |

| | |
|---|---|
| | 度を定量的に予測する． |
| （3）　水質に関する項目 | 1　調査項目<br>⑴　排水の諸元<br>　排水の生物化学的酸素要求量又は化学的酸素要求量，窒素含有量，燐《りん》含有量並びに排出量<br>⑵　水質の状況<br>　水道原水取水地点及び水質の測定点の生物化学的酸素要求量又は化学的酸素要求量，全窒素，全燐《りん》，水温並びに位置<br>⑶　地域の基準<br>　水質汚濁に係る環境基準<br>⑷　保全対象<br>イ　排水基準を定める省令別表第2備考6及び7に規定する湖沼及び海域<br>ロ　水道原水取水地点<br>ハ　水質汚濁防止法第4条の2第1項に規定する指定水域又は指定地域<br>ニ　湖沼水質保全特別措置法第3条第1項に規定する指定湖沼又は同条第2項に規定する指定地域<br>ホ　瀬戸内海環境保全特別措置法第2条第1項に規定する瀬戸内海又は同条第2項の関係府県の区域（瀬戸内海環境保全特別措置法施行令第3条の区域を除く．）<br>ヘ　水質の測定点において生物化学的酸素要求量，化学的酸素要求量，全窒素又は全燐《りん》に係る環境基準が確保されていない地点<br>2　調査地域<br>　排水の排出により水質の状態が変化するおそれのある水域<br>3　予測<br>⑴　調査により確認された保全対象（保全対象のロを除く．）に対する排水の排出による生物化学的酸素要求量又は化学的酸素要求量，全窒素及び全燐《りん》の影響の程度を排水口直近の水質の測定点において定量的に予測する．<br>⑵　排水の排出によって，調査により確認された保全対象のロに影響が及ぶかどうかを定量的に予測する． |
| （4）　植物に関する項目 | 1　調査項目<br>　国又は地方公共団体の調査により確認された自然林，藻場及び野生植物の重要な生育の場の状況 |

| | |
|---|---|
| | 2　調査地域<br>事業実施区域の周辺区域及び排水の排出により水質の状態が変化するおそれのある水域<br>3　予測<br>(1)　国又は地方公共団体の調査により確認された藻場又は野生植物の重要な生育の場に影響が及ぶかどうかを予測する.<br>(2)　事業実施区域の周囲1kmの範囲内に国又は地方公共団体の調査により確認された自然林，藻場又は野生植物の重要な生育の場が存在するかどうかを予測する. |
| (5)　動物に関する項目 | 1　調査項目<br>国又は地方公共団体の調査により確認されたさんご群集及び野生動物の重要な生息の場の状況<br>2　調査地域<br>事業実施区域及びその周辺区域並びに排水の排出により水質の状態が変化するおそれのある水域<br>3　予測<br>(1)　国又は地方公共団体の調査により確認されたさんご群集又は野生動物の重要な生息の場に影響が及ぶかどうかを予測する.<br>(2)　事業実施区域の周囲1kmの範囲内に国又は地方公共団体の調査により確認されたさんご群集又は野生動物の重要な生息の場が存在するかどうかを予測する. |
| (6)　自然保護に関する項目 | 1　調査項目<br>(1)　環境の保全を目的として指定された地域その他の対象の状況<br>(2)　国又は地方公共団体の調査により確認された干潟，汽水湖，人為的な改変を受けていない自然海岸，自然湖岸及び河川の水際線が人工改変を受けていない河岸の状況<br>2　調査地域<br>事業実施区域の周囲1kmの範囲内の区域<br>3　予測<br>(1)　調査により確認された環境の保全を目的として指定された地域その他の対象への影響の程度を予測する.<br>(2)　事業実施区域の周囲1kmの範囲内に国又は地方公共団体の調査により確認された干潟，汽水湖，人為的な改変を受けていない自然海岸，自然湖岸又は河川の水際線が人工改変を受けていない河岸 |

| | |
|---|---|
| | が存在するかどうかを予測する.<br>(3)　調査により確認された干潟に影響が及ぶかどうかを予測する. |

別表第 2（第 62 条，第 65 条関係）

| 工　事　の　種　類 | | 認可を要するもの | 事前届出を要するもの |
| --- | --- | --- | --- |
| 発電所 | 一　設置の工事 | 出力 20kW 以上の発電所の設置であって，次に掲げるもの以外のもの<br>(1)　水力発電所の設置<br>(2)　火力発電所の設置<br>(3)　燃料電池発電所の設置<br>(4)　太陽電池発電所の設置<br>(5)　風力発電所の設置 | 1　発電所の設置であって，次に掲げるもの<br>(1)　水力発電所（小型のもの又は特定の施設内に設置されるものであって別に告示するものを除く.）の設置<br>(2)　火力発電所であって汽力を原動力とするもの（小型の汽力を原動力とするものであって別に告示するものを除く.）の設置<br>(3)　出力 1 000 kW 以上の火力発電所であってガスタービンを原動力とするものの設置<br>(4)　出力 1 万 kW 以上の火力発電所の設置であって内燃力を原動力とするものの設置<br>(5)　火力発電所であって汽力，ガスタービン及び内燃力以外を原動力とするものの設置<br>(6)　火力発電所であって 2 以上の原動力を組み合わせたものを原動力とするものの設置<br>(7)　出力 500 kW 以上の燃料電池発電所（別表第 6 に掲げるものを除く.）の設置<br>(8)　出力 2 000 kW 以上の太陽電池発電所の設置<br>(9)　出力 500 kW 以上の風力発電所の設置<br>(10)　(1)から(5)まで及び(7) |

| | | | |
|---|---|---|---|
| | | | から(9)までに掲げる原動力のうち2以上のものを組み合わせた合計出力300kW以上の発電所の設置<br>2　1以外の発電所の設置であって送電電圧17万V以上のものに係る送電線引出口の遮断器（需要設備と電気的に接続するためのものを除く.）の設置 |
| | 二　変更の工事 | | |
| | （1）　発電設備の設置 | 出力20kW以上の発電設備の設置であって，次に掲げるもの以外のもの<br>(1)　水力発電所の発電設備の設置<br>(2)　火力発電所の発電設備の設置<br>(3)　燃料電池発電所の発電設備の設置<br>(4)　太陽電池発電所の発電設備の設置<br>(5)　風力発電所の発電設備の設置 | 発電設備の設置であって，次に掲げるもの<br>(1)　水力発電所の発電設備（小型のもの又は特定の施設内に設置されるものであって別に告示するものを除く.）の設置<br>(2)　火力発電所の発電設備であって汽力を原動力とするもの（小型の汽力を原動力とするものであって別に告示するものを除く.）の設置<br>(3)　火力発電所の出力1 000 kW以上の発電設備であってガスタービンを原動力とするものの設置<br>(4)　火力発電所の出力1万kW以上の発電設備の設置であって内燃力を原動力とするものの設置<br>(5)　火力発電所の発電設備であって汽力，ガスタービン及び内燃力以外を原動力とするもの |

| | | | |
|---|---|---|---|
| | | | の設置<br>⑹　火力発電所の発電設備であって２以上の原動力を組み合わせたものを原動力とするものの設置<br>⑺　燃料電池発電所の出力 500 kW 以上の発電設備（別表第７に掲げるものを除く．）の設置<br>⑻　太陽電池発電所の出力２ 000 kW 以上の発電設備の設置<br>⑼　風力発電所の出力 500 kW 以上の発電設備の設置<br>⑽　⑴から⑸まで及び⑺から⑼までに掲げる原動力のうち二以上のものを組み合わせた合計出力 300kW 以上の発電設備の設置 |
| | （２）　発電設備の設置の工事以外の変更の工事であって，次の設備に係るもの<br>１　原動力設備<br>⑴水力設備<br>イ　ダム | | １　ダムの設置<br>２　ダムの改造であって，堤体の強度若しくは安定度又は洪水吐きの容量，強度若しくは安定度の変更を伴うもの<br>３　洪水吐きゲート用予備動力設備の設置又は取替え（大気汚染防止法第２条第２項に規定するばい |

| | | | |
|---|---|---|---|
| | | | 煙発生施設に該当する出力500kW以上の発電設備に係るものに限る.）<br>4　洪水吐きゲートの制御方法の変更を伴うもの |
| | ロ　取水設備 | | 1　出力３万kW以上の発電設備に係る取水設備の設置<br>2　出力10万kW以上の発電設備に係る取水設備の改造であって，通水容量の変更を伴うもの |
| | ハ　沈砂池 | | 出力３万kW以上の発電設備に係る沈砂池の設置 |
| | ニ　導水路 | | 1　出力３万kW以上の発電設備に係る導水路の設置及び延長<br>2　改造であって，次に掲げるもの<br>(1)　出力３万kW以上の発電設備に係る圧力導水路の改造であって，次に掲げるもの<br>イ　通水容量の変更を伴うもの<br>ロ　水路橋又はサイホンの強度の変更を伴うもの<br>(2)　出力３万kW以上の発電設備に係る圧力のかからない導水路を圧力導水路とするもの |
| | ホ　放水路 | | 1　出力３万kW以上の発電設備に係る放水路の設備及び延長<br>2　出力３万kW以上の発電設備に係る放水路の改造であって，次に掲げるもの<br>(1)　通水容量の変更を伴うもの<br>(2)　水路橋又はサイホンの強度の変更を伴うも |

| | | | |
|---|---|---|---|
| | | | の |
| | ヘ　ヘッドタンク | | 出力3万kW以上の発電設備に係るヘッドタンクの設置 |
| | ト　サージタンク | | 出力3万kW以上の発電設備に係るサージタンクの設置 |
| | チ　水圧管路 | | 1　出力3万kW以上の発電設備に係る水圧管路の設置及び延長<br>2　出力3万kW以上の発電設備に係る水圧管路の改造であって，次に掲げるもの<br>(1)　管胴本体の強度の変更を伴うもの<br>(2)　圧力の変更を伴うもの |
| | リ　水車 | | 1　出力3万kW以上の発電設備に係る水車の設置<br>2　出力3万kW以上の発電設備に係る水車の改造であって，20%以上の出力の変更を伴うもの |
| | ヌ　揚水式発電設備に係る揚水用のポンプ | | 1　出力3万kW以上の揚水式発電設備に係る揚水用のポンプの設置<br>2　出力3万kW以上の揚水式発電設備に係る揚水用のポンプの改造であって，20%以上の入力の変更を伴うもの |
| | ル　貯水池又は調整池 | | 1　貯水池又は調整池の設置<br>2　貯水池又は調整池の改造であって，常時満水位又は最低水位の変更を伴うもの<br>3　貯水池又は調整池の改造であって有効容量の変更を伴うもの |

| | | | |
|---|---|---|---|
| | (2)火力設備 | | |
| | イ　蒸気タービン | | 1　出力1 000 kW以上の発電設備に係る蒸気タービンの設置<br>2　出力1 000 kW以上の発電設備に係る蒸気タービンの改造であって，次に掲げるもの<br>(1)　主蒸気止め弁の入口の圧力又は温度の変更を伴うもの<br>(2)　回転速度の変更又は5％以上の定格出力の変更を伴うもの<br>(3)　調速装置又は非常調速装置の種類の変更を伴うもの<br>3　出力1 000 kW以上の発電設備に係る蒸気タービンの取替え |
| | ロ　ボイラー若しくは独立過熱器（バーナーを含む．以下同じ．）又は蒸気貯蔵器 | | 1　発電設備に係るボイラー，独立加熱器又は蒸気貯蔵器の設置<br>2　ボイラー，独立過熱器又は蒸気貯蔵器の改造であって，次に掲げるもの<br>(1)　最高使用圧力又は最高使用温度の変更を伴うもの<br>(2)　再熱器の最高使用圧力又は最高使用温度の変更を伴うもの<br>(3)　安全弁の能力の変更を伴うもの<br>3　ボイラー，独立過熱器又は蒸気貯蔵器の取替え<br>4　出力1 000 kW以上の発電設備に係るボイラーの改造であって，燃料の種類の変更又は追加を伴うもの（石炭，石油，液化ガス及びガス以外のも |

| | | | |
|---|---|---|---|
| | | | のに係る場合に限る.） |
| | ハ　蒸気井 | | 設置 |
| | ニ　ガスタービン（空気圧縮機，ガス発生機及び燃焼器を含む．以下同じ.） | | 1　出力1 000 kW以上の発電設備に係るガスタービンの設置<br>2　出力1 000 kW以上の発電設備に係るガスタービンに属するガス圧縮機の設置<br>3　出力1万kW以上の発電設備に係るガスタービンの改造であって，次に掲げるもの<br>(1)　入口の圧力又は温度の変更を伴うもの<br>(2)　回転速度の変更又は5％以上の定格出力の変更を伴うもの<br>(3)　調速装置又は非常調速装置の種類の変更を伴うもの<br>4　出力1万kW以上の発電設備に係るガスタービンの取替え |
| | ホ　内燃機関 | | 出力1万kW以上の発電設備に係る内燃機関の設置又は取替え |
| | へ　燃料設備（内燃力発電設備に係るものを除く.） | | 1　出力1 000 kW以上の発電設備に係る燃料設備の設置<br>2　出力1 000 kW以上の発電設備に係る燃料設備の改造であって，次に掲げるもの<br>(1)　液化ガス用燃料設備に属するものであって，ガス・液化ガス用容器（液化ガス用貯槽，液化ガス用気化器，ガスホルダー，熱交換器（ガス又は液化ガス用のものに限る.），冷凍 |

| | | | |
|---|---|---|---|
| | | | 設備（受液器，油分離器又は凝縮器に限る.）及びその他のガス又は液化ガス用の容器をいう．以下別表第2及び別表第3において同じ.），冷凍設備に係る冷媒ガス圧縮機（最高使用圧力が980 kPa以上のものに限る．以下別表第2及び別表第3において同じ.），液化ガス用ポンプ，圧送機（最高使用圧力が980 kPa以上のものに限る．以下別表第2及び別表第3において同じ.），ガス・液化ガス用配管（外径が150 mm以上のガス又は液化ガスを通ずる配管をいう．以下別表第2及び別表第3において同じ.）又は導管の設置<br>(2)　液化ガス用燃料設備に属するものであって，ガス・液化ガス用容器若しくは配管の最高使用圧力，最高使用温度若しくは最低使用温度（通常の使用状態の温度が0℃以下のものに限る．以下別表第2及び別表第3において同じ.）又は導管の最高使用圧力の変更を伴うもの<br>(3)　液化ガス用燃料設備に属するものであって，低温貯槽（圧力が0 kPaにおける沸点が0℃以下の液化ガスを |

| | | | |
|---|---|---|---|
| | | | 温度が 0℃以下又は当該液化ガスの気相部における通常の使用状態での圧力が 98 kPa 以下の液体の状態で貯蔵する貯槽をいう．以下同じ.）に係る防液堤の容量の変更又は冷凍設備に係る冷媒ガス圧縮機，液化ガス用ポンプ若しくは圧送機の能力又は吐出圧力の変更を伴うもの<br>(4)　液化ガス用燃料設備に属するガス・液化ガス用容器の胴又は安全弁に係るもの<br>(5)　液化ガス用燃料設備に属するガス・液化ガス用配管又は導管の変更に係る長さが 100 m 以上のもの<br>(6)　液化ガス用燃料設備に属する液化ガス用気化器，ガス若しくは液化ガス用の熱交換器又は冷凍設備に係る凝縮器の伝熱面積の変更を伴うもの<br>(7)　液化ガス用燃料設備に属する導管の位置の変更が 20 m 以上のもの<br>3　可燃性の廃棄物を主な原材料として固形化した燃料（以下「廃棄物固形化燃料」という.）の貯蔵設備の改造であって，次に掲げるもの<br>(1)　廃棄物固形化燃料の貯蔵設備の主要寸法，材料又は個数の変更を |

| | | | |
|---|---|---|---|
| | | | 伴うもの<br>(2) 廃棄物固形化燃料の貯蔵設備の湿度，温度若しくは酸素若しくは可燃性のガスの濃度を測定するための装置，これらの測定の結果を記録するための装置，不活性ガスを封入するための装置その他燃焼を防止するための装置又は消火のための装置の種類，能力，個数又は取付箇所の変更を伴うもの<br>(3) 廃棄物固形化燃料の貯蔵設備において，当該燃料を受け入れるための装置，当該燃料の全部を撤去するための装置又は当該撤去の実施後の点検のための装置の種類，能力，個数又は取付箇所の変更を伴うもの<br>(4) その他廃棄物固形化燃料の貯蔵設備の安全を確保するための措置に係る変更を伴うもの |
| | ト　液化ガス設備（液化ガス用燃料設備を除く．） | | 1　出力1 000 kW以上の発電設備に係る液化ガス設備の設置<br>2　出力1 000 kW以上の発電設備に係る液化ガス設備の改造であって，次に掲げるもの<br>(1) ガス・液化ガス用容器，液化ガス用ポンプ，ガス圧縮機（最高使用圧力が980kPa以上のものに限る．以下別表 |

| | | | |
|---|---|---|---|
| | | | 第2及び別表第3において同じ.），ガス・液化ガス用配管又は導管の設置<br>(2)　ガス・液化ガス用容器の最高使用圧力，最高使用温度若しくは最低使用温度又は導管の最高使用圧力の変更を伴うもの<br>(3)　液化ガス用ポンプ又はガス圧縮機の能力又は吐出圧力の変更を伴うもの<br>(4)　液化ガス用容器の胴又は安全弁に係るもの<br>(5)　ガス・液化ガス用配管の最高使用圧力，最高使用温度又は最低使用温度の変更を伴うもの<br>(6)　液化ガス用気化器又は熱交換器の伝熱面積の変更を伴うもの<br>(7)　ガス・液化ガス用配管又は導管の変更に係る長さが100m以上のもの<br>(8)　導管の位置の変更が20m以上のもの |
| | チ　ガス化炉設備 | | 1　発電設備に係るガス化炉設備の設置<br>2　ガス化炉設備の改造であって，次に掲げるもの<br>(1)　ガス化炉用容器（ガス化炉，蒸気発生器，熱交換器その他のガス化炉用の容器の最高使用圧力が980kPa以上のものをいう．以下別表第2及び別表第3において同じ.），ガス圧 |

| | | | |
|---|---|---|---|
| | | | 縮機又はガス用配管（外径が150mm以上のガスを通ずる配管であって，最高使用圧力が980kPa以上のものをいう．以下別表第2及び別表第3において同じ．）の設置<br>(2)　ガス化炉用容器又は再熱器の最高使用圧力又は最高使用温度の変更を伴うもの<br>(3)　ガス圧縮機の能力又は吐出圧力の変更を伴うもの<br>(4)　ガス化炉用容器の胴又は安全弁に係るもの<br>(5)　ガス用配管の最高使用圧力又は最高使用温度の変更を伴うもの<br>(6)　熱交換器の伝熱面積の変更を伴うもの<br>(7)　ガス用配管の変更に係る長さが100m以上のもの<br>(8)　蒸気発生器の取替え |
| | リ　脱水素設備 | | 1　発電設備に係る脱水素設備（水素化合物から触媒反応によって水素を製造する設備をいう．以下別表第2及び別表第3において同じ．）の設置<br>2　発電設備に係る脱水素設備の改造であって，次に掲げるもの<br>(1)　脱水素設備用容器（最高使用圧力が980kPa以上のものに |

| | | | |
|---|---|---|---|
| | | | 限る．以下別表第2及び別表第3において同じ．），ガス圧縮機又はガス用配管の設置<br>⑵　脱水素設備用容器の最高使用圧力又は最高使用温度の変更を伴うもの<br>⑶　ガス圧縮機の能力又は吐出圧力の変更を伴うもの<br>⑷　脱水素設備用容器の胴又は安全弁に係るもの<br>⑸　ガス用配管の最高使用圧力又は最高使用温度の変更を伴うもの<br>⑹　脱水素設備用容器の伝熱面積の変更を伴うもの<br>⑺　ガス用配管の変更に係る長さが 100 m以上のもの |
| | ヌ　汽力，ガスタービン及び内燃力以外を原動力とする火力設備 | | 1　設置<br>2　改造であって，次に掲げるもの<br>⑴　最高使用圧力，最高使用温度又は最低使用温度の変更を伴うもの<br>⑵　回転速度の変更又は５％以上の定格出力の変更を伴うもの<br>⑶　取替え又は容器若しくは熱交換器に係る強度に影響を及ぼす修理 |
| | ⑶燃料電池設備 | | 1　出力 500 kW 以上の燃料電池設備の設置<br>2　出力 500 kW 以上の燃料電池設備の改造であって，次に掲げるもの<br>⑴　燃料電池の設置又は |

| | | | |
|---|---|---|---|
| | | | 改造であって20％以上の電圧若しくは出力の変更を伴うもの<br>(2) 容器，熱交換器又は改質器（内径が200 mmを超えかつ長さが1 000 mmを超えるもの及び内容積が0.04 $m^3$を超えるものであって，最高使用圧力が98 kPa以上のものに限る.）の設置又は改造であって最高使用圧力若しくは最高使用温度の変更を伴うもの若しくは胴若しくは安全弁に係るもの<br>(3) 液体窒素用貯槽，気化器又は窒素ガス用ガスだめ（内径が200 mmを超えかつ長さが1 000 mmを超えるもの及び内容積が0.04$m^3$を超えるものであって，最高使用圧力が98 kPa以上のものに限る.）の設置又は改造であって最高使用圧力，最低使用温度（通常の使用状態での温度が零度以下のものに限る.）若しくは最高使用温度の変更を伴うもの若しくは　胴若しくは安全弁に係るもの<br>(4) 燃料貯蔵設備に係る（二）1(2)への右欄に準ずるもの<br>3　出力500 kW以上の燃料電池設備に係る燃料電池の取替え<br>4　出力500 kW以上かつ |

| | | | |
|---|---|---|---|
| | | | 改質器の最高使用圧力が98 kPa以上の燃料電池設備の修理であって，次に掲げるもの<br>⑴　容器，熱交換器，改質器，液体窒素用貯槽，気化器又は窒素ガス用ガスだめ（内径が200 mmを超えかつ長さが1 000 mmを超えるもの及び内容積が0.04m$^3$を超えるものであって，最高使用圧力が98 kPa以上のものに限る．）の取替え又は修理であって次に掲げるもの<br>イ　胴又は安全弁の取替え<br>ロ　胴の強度に影響を及ぼすもの<br>ハ　安全弁の性能に影響を及ぼすもの<br>⑵　燃料貯蔵設備に係る（二）1⑵への右欄に準ずるもの |
| | ⑷太陽電池設備<br>太陽電池 | | 1　出力2 000 kW以上の太陽電池の設置<br>2　出力2 000 kW以上の太陽電池の取替え<br>3　出力2 000 kW以上の太陽電池の改造であって，次に掲げるもの<br>⑴　20 %以上の電圧の変更を伴うもの<br>⑵　支持物の強度の変更を伴うもの<br>4　出力2 000 kW以上の太陽電池の修理であって，支持物の強度に影響を及ぼすもの |
| | ⑸風力設備 | | 1　出力500 kW以上の発 |

| | | | |
|---|---|---|---|
| | 風力機関 | | 電設備に係る風力機関の設置<br>2　出力500 kW以上の発電設備に係る風力機関の改造であって，次に掲げるもの<br>(1)　回転速度の変更又は5％以上の出力の変更を伴うもの<br>(2)　風車又は支持物の強度の変更を伴うもの<br>(3)　調速装置又は非常調速装置の種類の変更を伴うもの<br>3　出力500 kW以上の発電設備に係る風力機関の取替え<br>4　出力500 kW以上の発電設備に係る風力機関の修理であって，次に掲げるもの<br>(1)　調速装置又は非常調速装置の取替え<br>(2)　風車又は支持物の強度に影響を及ぼすもの |
| | 2　電気設備 | | |
| | (1)発電機 | 1　(一)中欄の発電設備に係る発電機の設置<br>2　(一)中欄の発電設備に係る発電機の改造であって，次に掲げるもの<br>(1)　20％以上の電圧又は容量の変更を伴うもの<br>(2)　周波数の変更を伴うもの | 1　(1)右欄の発電設備(水力発電所にあっては，出力3万kW以上のものに限る.)に係る発電機の設置<br>2　(1)右欄の発電設備(水力発電所にあっては，出力3万kW以上のものに限る.)に係る発電機の改造であって，次に掲げるもの<br>(1)　20％以上の電圧又は容量の変更を伴うもの<br>(2)　周波数の変更を伴うもの |

| | | | |
|---|---|---|---|
| | (2)変圧器 | 1　(一)中欄の発電設備に係る変圧器であって電圧30万Vかつ容量10万kVA以上のものの設置<br>2　(一)中欄の発電設備に係る変圧器であって電圧30万V以上かつ容量10万kVA以上のものの改造のうち，次に掲げるもの<br>(1)　20%以上の電圧又は容量の変更を伴うもの<br>(2)　電圧調整装置を付加するもの | 1　電圧17万V以上であって，容量10万kVA以上の変圧器（中欄に掲げるものを除く.）の設置<br>2　電圧17万V以上であって，容量10万kVA以上の変圧器（中欄に掲げるものを除く.）の改造であって，次に掲げるもの<br>(1)　20%以上の電圧又は容量の変更を伴うもの<br>(2)　電圧調整装置を付加するもの<br>3　電圧17万V以上であって容量10万V以上の変圧器の取替え |
| | (3)電圧調整器又は電圧位相調整器 | | 1　送電電圧17万V以上の発電所に係る容量1万kVA以上の電圧調整器又は電圧位相調整器の設置<br>2　送電電圧17万V以上の発電所に係る容量1万kVA以上の電圧調整器又は電圧位相調整器の改造であって，20%以上の電圧又は容量の変更を伴うもの<br>3　送電電圧17万V以上の発電所に係る容量1万kVA以上の電圧調整器又は電圧位相調整器の取替え |
| | (4)調相機 | | 1　送電電圧17万V以上の発電所に係る容量2万kVA以上の調相機の設置<br>2　送電電圧17万V以上の発電所に係る容量2万kVA以上の調相機の改 |

| | | | |
|---|---|---|---|
| | | | 造であって，20%以上の電圧又は容量の変更を伴うもの<br>3　送電電圧17万V以上の発電所に係る容量2万kVA以上の調相機の取替え |
| | (5)電力用コンデンサー | | 1　送電電圧17万V以上の発電所に係る容量1万kVA以上の群の設置<br>2　送電電圧17万V以上の発電所に係る容量1万kVA以上の群の改造であって，20%以上の容量の変更を伴うもの<br>3　送電電圧17万V以上の発電所に係る容量1万kVA以上の群の取替え |
| | (6)分路リアクトル又は限流リアクトル | | 1　送電電圧17万V以上の発電所に係る容量1万kVA以上の分路リアクトル又は限流リアクトルの設置<br>2　送電電圧17万V以上の発電所に係る容量1万kVA以上の分路リアクトル又は限流リアクトルの改造であって，20%以上の容量の変更を伴うもの<br>3　送電電圧17万V以上の発電所に係る容量1万kVA以上の分路リアクトル又は限流リアクトルの取替え |
| | (7)周波数変換機器又は整流機器 | | 1　容量15万kVA以上又は出力15万kW以上の周波数変換機器又は整流機器の設置<br>2　容量15万kVA以上又は出力15万kW以上の周波数変換機器又は整 |

| | | | |
|---|---|---|---|
| | | | 流機器の改造であって，20 %以上の電圧の変更又は20%以上の容量若しくは出力の変更を伴うもの<br>3　容量15万kVA以上又は出力15万kW以上の周波数変換機器又は整流機器の取替え |
| | (8)遮断器 | 1　（一）中欄の発電設備に係る送電線引出口の遮断器（需要設備と電気的に接続するためのものを除く.）であって，電圧30万V以上のものの設置（ガス遮断器又はガス遮断器以外の遮断器に替え，ガス遮断器を設置する場合を除く.）<br>2　（一）中欄の発電設備に係る送電線引出口の遮断器（需要設備と電気的に接続するためのものを除く.）であって，電圧30万V以上のものの改造のうち，20%（ガス遮断器及び真空遮断器にあっては，30%）以上の遮断電流の変更を伴うもの<br>3　（一）中欄の発電設備に係る遮断器であって，周波数低下による事故の拡大を防止するために設置するもののうち法第38条第3項各号に掲げる事業の用に供 | 1　送電線引出口の遮断器（需要設備と電気的に接続するためのものを除く.）であって，電圧17万V以上のもの（中欄に掲げるものを除く.）の設置（ガス遮断器又はガス遮断器以外の遮断器に替え，ガス遮断器を設置する場合を除く.）<br>2　送電線引出口の遮断器（需要設備と電気的に接続するためのものを除く.）であって，電圧17万V以上のものの改造のうち，20%（ガス遮断器及び真空遮断器にあっては，30%）以上の遮断電流の変更を伴うもの（中欄に掲げるものを除く.）<br>3　周波数低下による事故の拡大を防止するために設置する遮断器であって，法第38条第3項各号に掲げる事業の用に供する電圧30万V以上のもの（中欄に掲げるものを除く.）の設置<br>4　他の者が設置する電気工作物（需要設備を除く.）と電気的に接続するための遮断器であっ |

| | | | |
|---|---|---|---|
| | | する電圧30万V以上のものの設置 | て，電圧17万V以上のものの取替え |
| | ⑼逆変換装置 | | 燃料電池発電所における出力500kW以上の発電設備，太陽電池発電所における出力2 000kW以上の発電設備又は風力発電所における出力500kW以上の発電設備に係る逆変換装置の設置，取替え又は改造であって20％以上の電圧若しくは出力の変更を伴うもの |
| | ⑽電力貯蔵装置 | | 1　(1)右欄の発電設備に係る容量8万kWh以上の電力貯蔵装置の設置<br>2　(1)右欄の発電設備に係る容量8万kWh以上の電力貯蔵装置の改造であって，20％以上の容量の変更を伴うもの |
| | 3　附帯設備<br>⑴発電所の運転を管理するための制御装置 | | 水力発電所，出力1 000kW未満（内燃力を原動力とするものにあっては1万kW未満）の火力発電所，出力500kW未満の燃料電池発電所，出力2 000kW未満の太陽電池発電所又は出力500kW未満の風力発電所以外の発電所に係る制御装置の改造であって，制御方式の変更を伴うもの |
| 変電所 | 一　設置の工事 | | 電圧17万V以上（構内以外の場所から伝送される電気を変成するために設置する変圧器その他の電気工作物の総合体であって，構内以外の場所に伝送するためのもの以外のもの（以下「受電所」という.）にあっては10万V以上）の変電所 |

| | | | |
|---|---|---|---|
| | 二　変更の工事であって，次の設備に係るもの | | の設置 |
| | (1)　変圧器 | | 1　電圧17万V以上であって，容量10万kVA以上(受電所にあっては，電圧10万V以上であって，容量1万kVA以上)の変圧器の設置<br>2　電圧17万V以上であって，容量10万kVA以上(受電所にあっては，電圧10万V以上であって，容量1万kVA以上)の変圧器の改造であって，次に掲げるもの<br>⑴　20%以上の電圧又は容量の変更を伴うもの<br>⑵　電圧調整装置を付加するもの<br>3　電圧17万V以上であって，容量10万kVA以上(受電所にあっては，電圧10万V以上であって，容量1万kVA以上)の変圧器の取替え |
| | (2)　電圧調整器又は電圧位相調整器 | | 1　電圧17万V以上（受電所にあっては，電圧10万V以上）の変電所に係る容量1万kVA以上の電圧調整器又は電圧位相調整器の設置<br>2　電圧17万V以上（受電所にあっては，電圧10万V以上）の変電所に係る容量1万kVA以上の電圧調整器又は電圧位相調整器の改造であって，20%以上の電圧又は容量の変更を伴うもの<br>3　電圧17万V以上（受電所にあっては，電圧 |

| | | | |
|---|---|---|---|
| | | | 10万V以上）の変電所に係る容量1万kVA以上の電圧調整器又は電圧位相調整器の取替え |
| | （3）　調相機 | | 1　電圧17万V以上の変電所に係る容量2万kVA以上の調相機（受電所にあっては，電圧10万V以上の変電所に係る容量1万kVA以上の調相機）の設置<br>2　電圧17万V以上の変電所に係る容量2万kVA以上の調相機（受電所にあっては，電圧10万V以上の変電所に係る容量1万kVA以上の調相機）の改造であって，20%以上の電圧又は容量の変更を伴うもの<br>3　電圧17万V以上の変電所に係る容量2万kVA以上の調相機（受電所にあっては，電圧10万V以上の変電所に係る容量1万kVA以上の調相機）の取替え |
| | （4）　電力用コンデンサー | | 1　電圧17万V以上（受電所にあっては，電圧10万V以上）の変電所に係る容量1万kVA以上の群の設置<br>2　電圧17万V以上（受電所にあっては，電圧10万V以上）の変電所に係る容量1万kVA以上の群の改造であって，20%以上の容量の変更を伴うもの<br>3　電圧17万V以上（受電所にあっては，電圧10万V以上）の変電所 |

| | | | |
|---|---|---|---|
| | | | に係る容量1万kVA以上の群の取替え |
| | （5） 分路リアクトル又は限流リアクトル | | 1　電圧17万V以上（受電所にあっては，電圧10万V以上）の変電所に係る容量1万kVA以上の分路リアクトル又は限流リアクトルの設置<br>2　電圧17万V以上（受電所にあっては，電圧10万V以上）の変電所に係る容量1万kVA以上の分路リアクトル又は限流リアクトルの改造であって，20%以上の容量の変更を伴うもの<br>3　電圧17万V以上（受電所にあっては，電圧10万V以上）の変電所に係る容量1万kVA以上の分路リアクトル又は限流リアクトルの取替え |
| | （6） 周波数変換機器又は整流機器（鉄道営業法，軌道法又は鉄道事業法が適用され又は準用される変電所の直流き電側のものを除く.） | | 1　容量15万kVA以上又は出力15万kW以上（受電所にあっては，容量10万kVA以上又は出力10万kW以上）の周波数変換機器又は整流機器の設置<br>2　容量15万kVA以上又は出力15万kW以上（受電所にあっては，容量10万kVA以上又は出力10万kW以上）の周波数変換機器又は整流機器の改造であって，20%以上の電圧の変更又は20%以上の容量若しくは出力の変更を伴うもの<br>3　容量15万kVA以上又は出力15万kW以上 |

| | | | |
|---|---|---|---|
| | | | （受電所にあっては，容量10万kVA以上又は出力10万kW以上）の周波数変換機器又は整流機器の取替え |
| | （7）　遮断器 | | 1　送電線引出口の遮断器（需要設備と電気的に接続するためのものを除く.）であって，電圧17万V以上（受電所にあっては電圧10万V以上）のものの設置（ガス遮断器又はガス遮断器以外の遮断器に替え，ガス遮断器を設置する場合を除く.）<br>2　送電線引出口の遮断器（需要設備と電気的に接続するためのものを除く.）であって，電圧17万V以上（受電所にあっては電圧10万V以上）のものの改造のうち，20%（ガス遮断器及び真空遮断器にあっては，30%）以上の遮断電流の変更を伴うもの<br>3　周波数低下による事故の拡大を防止するために設置する遮断器であって，法第38条第3項各号に掲げる事業の用に供する電圧30万V以上のものの設置<br>4　他の者が設置する電気工作物（需要設備を除く.）と電気的に接続するための遮断器であって，電圧17万V以上（受電所にあっては電圧10万V以上）のものの取替え |

| | | | |
|---|---|---|---|
| | （8） 電力貯蔵装置 | | 1 電圧17万V以上（受電所にあっては，電圧10万V以上）の変電所に係る容量8万kWh以上の電力貯蔵装置の設置<br>2 電圧17万V以上（受電所にあっては，電圧10万V以上）の変電所に係る容量8万kWh以上の電力貯蔵装置の改造であって，20%以上の容量の変更を伴うもの |
| 送電線路（電線路と一体的に工事が行われる送電線引出口の遮断器（需要設備と電気的に接続するためのものを除く．）を含む．以下この項において同じ．） | 一 設置の工事 | | 電圧17万V以上の送電線路又は電圧17万V以上の電気鉄道用送電線路（鉄道営業法，軌道法又は鉄道事業法が適用され又は準用される送電線路であって，電気鉄道の専用敷地内に設置されるものをいう．以下同じ．）の設置 |
| | 二 変更の工事であって，次の設備に係るもの<br>（1） 電線路（電線路と一体的に工事が行われる送電線引出口の遮断器（需要設備と電気的に接続するためのものを除く．）を含む．以下この項において同じ．） | | 1 電圧17万V以上の電線路又は電気鉄道用送電線路に属する電圧17万V以上の電線路の1km以上の延長<br>2 電圧17万V以上の電線路又は電気鉄道用送電線路に属する電圧17万V以上の電線路の改造であって，次に掲げるもの<br>⑴ 電圧の変更（昇圧に限る．）を伴うもの<br>⑵ 電気方式又は回線数の変更を伴うもの<br>⑶ 電線の種類の変更を伴うもの<br>⑷ 電線の1回線当たり |

| | | | |
|---|---|---|---|
| | | | の条数の変更を伴うもの（電圧30万V以上の電線路（電気鉄道用送電線路に属するものを除く.）に係るものに限る.）<br>⑸　20%以上の電線の太さの変更を伴うもの（電圧30万V以上の電線路（電気鉄道用送電線路に属するものを除く.）に係るものに限る.）<br>⑹　支持物（上部及び基礎）の種類又は基数の変更を伴うもの（電圧30万V以上の電線路（電気鉄道用送電線路に属するものを除く.）に係るものに限る.）<br>⑺　地中電線路の布設方式の変更を伴うもの<br>3　電圧17万V未満の電線路の電圧を17万V以上とする改造<br>4　電圧17万V以上の電線路の左右50m以上の位置変更 |
| | （2）　開閉所 | | 1　電圧17万V以上の開閉所の設置<br>2　電圧17万V以上の開閉所の改造であって，次に掲げるもの<br>⑴　電圧の変更（昇圧に限る.）を伴うもの<br>⑵　送電線引出口の遮断器（需要設備と電気的に接続するためのものを除く.）の設置（ガス遮断器又はガス遮断器以外の遮断器に替え，ガス遮断器を設置 |

| | | | |
|---|---|---|---|
| | | | する場合を除く.)<br>(3)　送電線引出口の遮断器（需要設備と電気的に接続するためのものを除く.)の改造であって，20%（ガス遮断器及び真空遮断器にあっては，30%）以上の遮断電流の変更を伴うもの<br>(4)　周波数低下による事故の拡大を防止するための遮断器であって，法第38条第3項各号に掲げる事業の用に供する電圧30万V以上のもの（電気鉄道用送電線路に属するものを除く.）の設置<br>3　電圧17万V未満の開閉所の電圧を17万V以上とする改造<br>4　電圧17万V以上の開閉所の修理であって，他の者が設置する電気工作物（需要設備を除く.）と電気的に接続するための遮断器の取替え |
| 需要設備（鉱山保安法が適用されるものを除く.） | 一　設置の工事<br>二　変更の工事であって，次の設備に係るもの<br>（1）　遮断器 | | 受電電圧1万V以上の需要設備の設置<br>1　他の者が設置する電気工作物と電気的に接続するための遮断器（受電電圧1万V以上の需要設備に属するものに限る.）であって，電圧1万V以上のものの設置<br>2　他の者が設置する電気 |

| | | | |
|---|---|---|---|
| | | | 工作物と電気的に接続するための遮断器（受電電圧1万V以上の需要設備に属するものに限る.）であって，電圧1万V以上のものの改造のうち，20%以上の遮断電流の変更を伴うもの<br>3　他の者が設置する電気工作物と電気的に接続するための遮断器（受電電圧1万V以上の需要設備に属するものに限る.）であって，電圧1万V以上のものの取替え |
| | (2)　電力貯蔵装置 | | 1　受電電圧1万V以上の需要設備に属する電力貯蔵装置であって，容量8万kWh以上のものの設置<br>2　受電電圧1万V以上の需要設備に属する電力貯蔵装置であって，容量8万kWh以上のものの改造のうち，20%以上の容量の変更を伴うもの |
| | (3)　(1)及び(2)の機器以外の機器（計器用変成器を除く.） | | 1　電圧1万V以上の機器であって，容量1万kVA以上又は出力1万kW以上のものの設置<br>2　電圧1万V以上の機器であって，容量1万kVA以上又は出力1万kW以上のものの改造のうち，20%以上の電圧の変更又は20%以上の容量若しくは出力の変更を伴うもの<br>3　電圧1万V以上の機器であって，容量1万kVA以上又は出力1万kW以上のものの取替え |

| | | | |
|---|---|---|---|
| | （４） 電線路 | | １ 電圧５万Ｖ以上の電線路の設置<br>２ 電圧10万Ｖ以上の電線路の１km以上の延長<br>３ 電圧10万Ｖ以上の電線路の改造であって，次に掲げるもの<br>⑴ 電圧の変更（昇圧に限る.）を伴うもの<br>⑵ 電気方式又は回線数の変更を伴うもの<br>⑶ 電線の種類又は１回線当たりの条数の変更を伴うもの<br>⑷ 20％以上の電線の太さの変更を伴うもの<br>⑸ 支持物に係るもの<br>⑹ 地中電線路の布設方式の変更を伴うもの<br>４ 電圧10万Ｖ未満の電線路の電圧を10万Ｖ以上とする改造<br>５ 電圧10万Ｖ以上の電線路の左右50m以上の位置変更 |

別表第３（第63条，第66条，第78条関係）

| 電気工作物の種類 | 記載すべき事項 | | 添付書類（認可の申請に係る工事，届出に係る工事又は使用前自己確認の内容に関係あるものに限る.） |
| --- | --- | --- | --- |
| | 一般記載事項 | 設備別記載事項（認可の申請又は届出に係る工事の内容に関係のあるものに限る.） | |
| 一　発電所 | 1　発電所の名称及び位置（都道府県郡市区町村字を記載すること.）<br>2　発電所の出力（水力発電所の場合は，常時出力及び常時せん頭出力を付記すること.）及び周波数<br>3　水力発電所の場合は，使用水量，有効落差及び理論水力（それぞれ最大，常時及び常時せん頭の別に記載すること.）<br>4　特定対象事業に係るものにあっては，その特定対象事業に係る法第46条の17第2項の規定による通知に係る評価書に従っている環境の保全のための措置<br>5　環境影響評価法第2条第3項 | | 送電関係一覧図<br>事業用電気工作物が電気の円滑な供給を確保するため技術上適切なものであることの説明書（電圧17万V以上の電力系統に係る事業用電気工作物であって，一般送配電事業又は配電事業の用に供されるものに係る場合に限る.）<br>特定対象事業に係るものにあっては，特定対象事業実施区域内の主要工作物及び主要仮設備の配置図（水力発電所の場合は，減水区間の長さも併せて記載すること.）<br>特定対象事業に係るものにあっては，その特定対象事業に係る法第46条の17第2項の規定による通知に係る評価書に従っている環境の保全のための措置に関する説明書<br>環境影響評価法第2条第3項に規定する第二種事業（特定対象事業を除く.）に係るものにあっては，同法第4条第3項第二号（同条第4項及び同法第29条第2項において準用する場合を含む.）の措置に関する説明書 |

| | | | |
|---|---|---|---|
| | に規定する第二種事業（特定対象事業を除く.）に係るものにあっては，同法第 4 条第 3 項第二号（同条第 4 項及び同法第 29 条第 2 項において準用する場合を含む.）の措置がとられたものである旨 | | 大気汚染防止法第 2 条第 2 項のばい煙発生施設を設置する場合は，ばい煙（大気汚染防止法第 2 条第 1 項に規定するものをいう．以下同じ.）に関する説明書<br>大気汚染防止法第 2 条第 13 項の水銀排出施設を設置する場合は，水銀等（同条第 12 項に規定するものをいう．以下同じ.）に関する説明書<br>騒音規制法（昭和 43 年法律第 98 号）第 3 条第 1 項の規定により指定された地域内に同法第 2 条第 1 項の特定施設を設置する場合は，騒音に関する説明書<br>水質汚濁防止法第 5 条第 3 項に規定する有害物質貯蔵指定施設を設置する場合は，有害物質貯蔵指定施設に関する説明書<br>振動規制法（昭和 51 年法律第 64 号）第 3 条第 1 項の規定により指定された地域内に同法第 2 条第 1 項の特定施設を設置する場合は，振動に関する説明書<br>ダイオキシン類対策特別措置法（平成 11 年法律第 105 号）第 2 条第 2 項の特定施設を設置する場合は，ダイオキシン類に関する説明書<br>急傾斜地崩壊危険区域内において行う制限工事に係る場合は，当該区域内の急傾斜地（急傾斜地の崩壊による災害の防止に関する法律第 2 条第 1 項に規定するものをいう．以下同じ.）の |

| | | | |
|---|---|---|---|
| | | | 崩壊の防止措置に関する説明書<br>発電所の概要を明示した地形図(水力発電所の場合は,縮尺1/50 000以上の地形図)<br>主要設備の配置の状況を明示した平面図及び断面図(水力発電所の場合は,各設備の主要寸法を記載すること.)<br>単線結線図(接地線(計器用変成器を除く.)については電線の種類,太さ及び接地の種類も併せて記載すること.)<br>新技術の内容を十分に説明した書類 |
| (1)　水力設備 | | | 流量資料<br>使用水量の決定に関する説明書<br>有効落差,理論水力及び出力についての計算書<br>流量の調整方法及び引水方法に関する説明書<br>揚水発電所の揚水量の決定に関する説明書 |
| 1　ダム | | 1　種類,高さ,余裕高,頂長,頂幅,越流頂標高,越流幅及び越流水深<br>2　堤体の体積,最大敷幅並びに上下流面こう配又は中心角及び半径<br>3　高さ15 m以上のダムに係る次の事項<br>(1)　基礎地盤の処理方法<br>(2)　コンクリートの材料の種類,コンクリート$1m^3$当た | ダムの構造図<br>土砂堆積量計算書<br>設計洪水流量計算書<br>堤体の強度及び安定度についての計算書<br>高さ15m以上のダムの基礎地盤の地質及び処理の方法に関する説明書<br>高さ15m以上のダムの施工方法に関する説明書<br>洪水吐きの構造図並びに容量,強度及び安定度についての計算書<br>ゲート制御の方法に関する説明書 |

| | | | |
|---|---|---|---|
| | | りのセメント使用量及びコンクリート以外の堤体材料の材料試験の結果<br>4　洪水吐きに係る次の事項<br>(1)　種類及び容量<br>(2)　ゲートの種類，主要寸法及び門数<br>(3)　ゲート操作用常用動力設備の種類及び容量並びに制御方法<br>(4)　ゲート操作用予備動力設備の制御方法，常用との切換方法の他(2)6，(2)7及び(6)1の中欄に準ずるもの<br>(5)　水たたきの減勢方式<br>5　洪水吐き以外の放流設備の種類，主要寸法及び設置箇所の標高 | ゲート操作用予備動力装置の出力の決定に関する説明書の他(2)6，(2)7及び(6)1の右欄に準ずるもの<br>水たたきの減勢計算書又は水たたきの減勢についての水理模型実験の結果を記載した書類 |
| 2　取水設備 | | 1　取水する河川又は湖沼の名称及び取水地点の位置（都道府県郡市区町村字番地を記載すること．）<br>2　取水方法<br>3　取水口の主要寸法及び取水口敷標高<br>4　制水門の種類及び主要寸法 | |
| 3　沈砂池 | | 主要寸法 | |
| 4　導水路 | | 1　こう長（本水路及び支水路の別並びにトンネル，暗きょ，開きょ，水路橋，サイホン及びその他の別に記載すること．） | 導水路定規図<br>通水容量計算書（取水設備を含む．）<br>水路橋及びサイホンの構造計算書 |

| | | | |
|---|---|---|---|
| | | 及び圧力<br>2　こう配，標準断面形及び標準断面寸法<br>3　水路橋，サイホンの標準巻厚及び標準断面寸法<br>4　合流そうの主要寸法 | |
| 5　放水路 | | 1　放水する河川又は湖沼の名称及び放水地点の位置（都道府県郡市区町村字番地を記載すること.）<br>2　こう長（それぞれトンネル，暗きょ，開きょ及びその他の別に記載すること.）及び圧力<br>3　こう配，標準断面形及び標準断面寸法<br>4　放水口の主要寸法及び放水口敷標高<br>5　調圧水室の種類及び主要寸法 | 放水路定規図<br>通水容量計算書 |
| 6　ヘッドタンク又はサージタンク | | 1　種類及び圧力<br>2　水槽の主要寸法 | |
| 7　水圧管路 | | 1　圧力<br>2　管胴本体の長さ（本管及び条管の別に記載すること.），最大管厚，最小管厚，最大内径，最小内径，材料，接合方法及び支持方法<br>3　アンカーブロックの個数及び小支台の種類 | 圧力計算書<br>管胴本体の構造計算書<br>アンカーブロックの強度及び安定度についての計算書 |
| 8　水車 | | 1　種類，出力，回転速度並びにポンプ水車にあっては揚水 | |

| | | | |
|---|---|---|---|
| | | 量，揚程及び入力<br>2　調速機の種類<br>3　制水門又は制水弁の種類及び主要寸法<br>4　吸出管の種類及び吸出高<br>5　ポンプ水車の場合は，駆動装置の種類及び出力 | |
| 9　揚水式発電所における揚水用のポンプ | | 1　種類，揚水量，揚程，入力及び回転速度<br>2　制水門又は制水弁の種類及び主要寸法<br>3　駆動装置の種類及び出力 | |
| 10　貯水池又は調整池 | | 全容量，有効容量，サーチャージ容量，利用水深，常時満水位，最低水位，設計洪水位，サーチャージ水位，制限水位及びたん水面積 | 貯水池又は調整池の縦断図及び横断図<br>水位たん水面積曲線図<br>水位容量曲線図<br>背水位計算書 |
| （2）　火力設備 | | | |
| 1　蒸気タービン | | 1　種類，出力，主蒸気止め弁の入口の圧力及び温度，回転速度並びに被動機一体の危険速度<br>2　主要な管の主要寸法及び材料<br>3　調速装置及び非常調速装置の種類<br>4　復水器の種類及び冷却水温度<br>5　蒸気タービンに附属する冷却塔又は冷却池の種類及び容量<br>6　蒸気タービンに附属する熱交換器に係る次の事項 | 蒸気タービンの構造図<br>制御方法に関する説明書（蒸気タービンの振動管理に関する説明書を含む）．<br>蒸気タービンに附属する管の配置の概要を明示した図面 |

| | | | |
|---|---|---|---|
| | | (1) 種類，発生蒸気量，入口及び出口の温度，最高使用圧力（一次側及び二次側の別に記載すること.），最高使用温度（一次側及び二次側の別に記載すること.），主要寸法，材料並びに個数<br>(2) 蒸気を発生する熱交換器の安全弁の種類，吹出圧力，吹出量，個数及び取付箇所<br>7 蒸気タービンに附属する管に係る次の事項<br>(1) 主要な管の最高使用圧力，最高使用温度，外径，厚さ及び材料<br>(2) 安全弁及び逃がし弁の種類，吹出圧力，吹出量，個数及び取付箇所<br>8 蒸気タービンの基本設計方針，適用基準及び適用規格 | |
| 2 ボイラー | | 1 種類，最大蒸発量，最高使用圧力，最高使用温度，排出ガス量，ばい煙量，ばい煙濃度及び伝熱面積<br>2 再熱器の通過蒸気量，最高使用圧力及び最高使用温度<br>3 胴，管寄せ及び主要な管の主要寸法及び材料<br>4 安全弁の種類，吹 | ボイラーの構造図<br>制御方法に関する説明書<br>ボイラーに附属する管の配置の概要を明示した図面 |

| | | | |
|---|---|---|---|
| | | 出圧力，吹出量，個数及び取付箇所<br>5　ボイラーに附属する給水設備に係るポンプの種類，個数及び原動機の種類<br>6　ボイラーに附属する熱交換器に係る次の事項<br>(1)　種類，発生蒸気量，入口及び出口の温度，最高使用圧力（一次側及び二次側の別に記載すること.），最高使用温度（一次側及び二次側の別に記載すること.），主要寸法，材料及び個数<br>(2)　蒸気を発生する熱交換器の安全弁の種類，吹出圧力，吹出量，個数及び取付箇所<br>7　ボイラーに附属する通風設備に係る次の事項<br>(1)　通風機の種類及び個数<br>(2)　煙突の種類，出口のガスの速度及び温度，口径，地表上の高さ，有効高さ並びに個数<br>8　ボイラーに附属する空気圧縮設備及びガス圧縮設備に係る次の事項<br>(1)　空気だめ及びガスだめの種類，容量，最高使用圧力， | |

| | | | |
|---|---|---|---|
| | | 主要寸法，材料及び個数<br>(2) 空気だめ及びガスだめの安全弁の種類，吹出圧力，吹出量，個数及び取付箇所<br>(3) 空気圧縮機及びガス圧縮機の種類，容量，吐出圧力及び個数<br>9 ボイラーに附属する管に係る次の事項<br>(1) 主要な管の最高使用圧力，最高使用温度，外径，厚さ及び材料<br>(2) 安全弁及び逃がし弁の種類，吹出圧力，吹出量，個数及び取付箇所<br>10 微粉炭燃焼用機器に係る乾燥機，給炭機，粉砕機，輸送装置及びバーナーの種類，容量及び個数並びに微粉炭の発熱量，硫黄分，窒素分及び灰分<br>11 微粉炭以外の石炭の燃焼用機器に係るストーカーの種類，燃焼容量，火床の幅及び長さ，個数並びに石炭の発熱量，硫黄分，窒素分及び灰分<br>12 油燃焼用機器に係る次の事項<br>(1) 原油用又は原油以外の石油（液化石油ガスを除く.） | |

| | | | |
|---|---|---|---|
| | | 用の別<br>(2) 輸送装置及びバーナーの種類，容量及び個数並びに原油及び原油以外の石油（液化石油ガスを除く.）の発熱量，硫黄分，窒素分及び灰分<br>(3) 熱交換器の種類，入口及び出口の温度，最高使用圧力（一次側及び二次側の別に記載すること.），最高使用温度（一次側及び二次側の別に記載すること.），主要寸法，材料並びに個数<br>13 ガス燃焼用機器に係る輸送装置及びバーナーの種類，容量及び個数並びにガスの発熱量，硫黄分，窒素分及び灰分<br>14 液化ガス用燃料設備に属する燃焼用機器に係る次の事項<br>(1) 液化ガスに係るガスの種類，発熱量，硫黄分，窒素分及び灰分<br>(2) バーナーの種類，容量及び個数<br>(3) ガス又は液化ガス用の容器（熱交換器を除く.）の種類，最高使用圧力，最高使用温度，最低使用温度，主要寸法，材料及び | |

| | | | |
|---|---|---|---|
| | | 個数<br>(4)　ガス又は液化ガス用の熱交換器の種類，入口及び出口の温度，最高使用圧力（一次側及び二次側の別に記載すること.），最高使用温度（一次側及び二次側の別に記載すること.），最低使用温度（一次側及び二次側の別に記載すること.），主要寸法，材料並びに個数並びに当該容器及び熱交換器の安全弁の種類，吹出圧力，吹出量，個数及び取付箇所<br>(5)　ガス・液化ガス用配管の最高使用圧力，最高使用温度，最低使用温度，外径，厚さ及び材料<br>15　その他燃料の燃焼用機器に係る輸送装置及び燃焼器の種類，容量及び個数並びにその他燃料の発熱量，硫黄分，窒素分及び灰分<br>16　ボイラーの基本設計方針，適用基準及び適用規格 | |
| 3　独立加熱器 | | 1　種類，最大通過蒸気量，最高使用圧力，最高使用温度及び伝熱面積<br>2　管寄せ及び主要な | 独立過熱器の構造図<br>制御方法に関する説明書<br>独立過熱器に附属する管の配置の概要を明示した図面 |

| | | | |
|---|---|---|---|
| | | 管の主要寸法及び材料<br>3　安全弁の種類，吹出圧力，吹出量，個数及び取付箇所<br>4　独立過熱器に附属する熱交換器の種類，入口及び出口の温度，最高使用圧力（一次側及び二次側の別に記載すること.），最高使用温度（一次側及び二次側の別に記載すること.），伝熱面積，主要寸法，材料並びに個数<br>5　独立過熱器に附属する通風設備に係る次の事項<br>(1)　通風機の種類及び個数<br>(2)　煙突の種類，出口のガスの速度及び温度，口径，地表上の高さ並びに個数<br>6　独立過熱器に附属する空気圧縮設備及びガス圧縮設備に係る次の事項<br>(1)　空気だめ及びガスだめの種類，容量，最高使用圧力，主要寸法，材料及び個数<br>(2)　空気だめ及びガスだめの安全弁の種類，吹出圧力，吹出量，個数及び取付箇所<br>(3)　空気圧縮機及び | |

| | | | |
|---|---|---|---|
| | | ガス圧縮機の種類，容量，吐出圧力及び個数<br>7　独立過熱器に附属する管に係る次の事項<br>(1)　主要な管の最高使用圧力，最高使用温度，外径，厚さ及び材料<br>(2)　安全弁及び逃がし弁の種類，吹出圧力，吹出量，個数及び取付箇所<br>8　（2）2の中欄10から15までに準ずるもの<br>9　独立加熱器の基本設計方針，適用基準及び適用規格 | |
| 4　蒸気貯蔵器 | | 1　種類，容量，最高使用圧力及び使用圧力の範囲<br>2　胴の主要寸法及び材料<br>3　安全弁の種類，吹出圧力，吹出量，個数及び取付箇所<br>4　蒸気貯蔵器に附属する管に係る次の事項<br>(1)　主要な管の最高使用圧力，最高使用温度，外径，厚さ及び材料<br>(2)　安全弁及び逃がし弁の種類，吹出圧力，吹出量，個数及び取付箇所<br>5　蒸気貯蔵器の基本設計方針，適用基準及び適用規格 | 蒸気貯蔵器の構造図<br>制御方法に関する説明書<br>蒸気貯蔵器に附属する管の配置の概要を明示した図面 |

| | | | |
|---|---|---|---|
| 5　蒸気井 | | 1　孔径，深さ並びに噴出蒸気の圧力，温度及び量<br>2　蒸気井に附属する蒸気分離器の種類，容量，最高使用圧力，最高使用温度，主要寸法，材料及び個数<br>3　蒸気井に附属する熱交換器に係る次の事項<br>⑴　種類，発生蒸気量，入口及び出口の温度，最高使用圧力（一次側及び二次側の別に記載すること.），最高使用温度（一次側及び二次側の別に記載すること.），主要寸法，材料並びに個数<br>⑵　蒸気を発生する熱交換器の安全弁の種類，吹出圧力，吹出量，個数及び取付箇所<br>4　蒸気井に附属する管に係る次の事項<br>⑴　主要な管の最高使用圧力，最高使用温度，外径，厚さ及び材料<br>⑵　安全弁及び逃がし弁の種類，吹出圧力，吹出量，個数及び取付箇所<br>5　蒸気井の基本設計方針，適用基準及び適用規格 | 蒸気井の構造図<br>蒸気井に附属する管の配置の概要を明示した図面 |
| 6　ガスタービン | | 1　種類，出力，入口及び出口の圧力及び | ガスタービンの構造図<br>制御方法に関する説明書 |

| | | | |
|---|---|---|---|
| （空気圧縮機，ガス発生機，燃焼器を含む．以下同じ．） | | 温度，設計外気温度，回転速度，被動機一体の危険速度，排出ガス量，ばい煙量並びにばい煙濃度<br>2　主要な管の主要寸法及び材料<br>3　調速装置及び非常調速装置の種類<br>4　ガスタービンに附属する熱交換器の種類，入口及び出口の温度，最高使用圧力（一次側及び二次側の別に記載すること．），最高使用温度（一次側及び二次側の別に記載すること．），主要寸法，材料並びに個数<br>5　ガスタービンに附属する煙突の種類，出口のガスの速度及び温度，口径，地表上の高さ，有効高さ並びに個数<br>6　ガスタービンに附属する空気圧縮機及びガス圧縮機に係る次の事項<br>(1)　空気だめ及びガスだめの種類，容量，最高使用圧力，主要寸法，材料及び個数<br>(2)　空気だめ及びガスだめの安全弁の種類，吹出圧力，吹出量，個数及び取付箇所<br>(3)　空気圧縮機及びガス圧縮機の種 | ガスタービンに附属する管の配置の概要を明示した図面 |

| | | | |
|---|---|---|---|
| | | 類，容量，吐出圧力及び個数<br>⑷　空気圧縮器に附属する冷却塔又は冷却池の種類及び容量<br>7　空気冷却器に係る次の事項<br>⑴　種類，入口及び出口の温度並びに個数<br>⑵　中間冷却器の最高使用圧力，主要寸法及び材料<br>8　ガスタービンに附属する管に係る次の事項<br>⑴　主要な管の最高使用圧力，最高使用温度，外径，厚さ及び材料<br>⑵　安全弁及び逃がし弁の種類，吹出圧力，吹出量，個数及び取付箇所<br>9　（２）２の中欄10から15までに準ずるもの<br>10　ガスタービンの基本設計方針，適用基準及び適用規格 | |
| 7　内燃機関 | | 1　種類，出力，回転速度，燃料の種類，発熱量，硫黄分，窒素分，灰分及び使用量，排出ガス量，ばい煙量並びにばい煙濃度<br>2　調速装置及び非常調速装置の種類<br>3　内燃機関に附属する冷却水設備の容量 | 燃料系統図 |

| | | | |
|---|---|---|---|
| | | 4　内燃機関に附属する空気圧縮設備に係る次の事項<br>(1)　空気だめの種類，容量，最高使用圧力，主要寸法，材料及び個数<br>(2)　空気だめの安全弁の種類，吹出圧力，吹出量，個数及び取付箇所<br>(3)　空気圧縮機の種類，容量，吐出圧力及び個数<br>5　内燃機関に附属する煙突の種類，出口のガスの速度及び温度，口径，地表上の高さ，有効高さ並びに個数<br>6　内燃機関に附属するばい煙処理設備（以下「ばい煙処理設備」という.）に係る次の事項<br>(1)　種類，容量，入口及び出口におけるばい煙量，ばい煙濃度及びガスの温度，アンモニアの注入量並びにアンモニアの注入により発生するばいじんに係るばい煙濃度<br>(2)　ばい煙処理設備に附属する空気圧縮機，通風機，破砕機又は摩砕機の種類，容量及び個数<br>7　内燃機関の基本設 | |

| | | | |
|---|---|---|---|
| | | 計方針，適用基準及び適用規格 | |
| 8　燃料設備 | | 1　燃料運搬設備に係る次の事項<br>(1)　揚炭機及び運炭機の種類，容量及び個数<br>(2)　油又はガスの輸送管（液化ガス用燃料設備に属するものを除く.）であって，外径300 mm 以上のものの最高使用圧力，最高使用温度，外径，厚さ及び材料<br>(3)　液化ガス用燃料設備に属する配管及び導管の始点及び終点の位置（導管に係るものに限る.），延長（導管に係るものに限る.）（地中，水底及びその他の別に記載すること.），最高使用圧力，外径，厚さ並びに材料並びに当該導管のガス遮断装置の種類<br>(4)　液化ガス用燃料設備に属する圧送機の種類，型式，能力，入口及び出口の圧力，回転数，個数（常用及び予備の別に記載すること.）並びに原動機の種類及び出力<br>2　液化ガス用燃料設 | 燃料系統図<br>液化ガス用燃料設備に属する液化ガス用貯槽，液化ガス用気化器，ガスホルダー，冷凍設備，液化ガス用ポンプ及び圧縮機（最高使用圧力が980kPa/$cm^2$ 以上のものに限る.）の保安物件に対する離隔距離並びに液化ガス用貯槽及びガスホルダーのそれぞれの相互間の離隔距離に関する説明書<br>制御方法に関する説明書<br>液化ガス用燃料設備に属する液化ガス用貯槽（低温貯槽にあっては，防液堤を含む.）及びガスホルダーの基礎に関する説明書<br>熱交換器（液化ガス用燃料設備に属するものを除く.），油タンク，ガスタンク（液化ガス用燃料設備に属するものを除く.）並びに液化ガス用燃料設備に属するガス・液化ガス用容器（液化ガス用貯槽及びガスホルダーの支持物並びに低温貯槽に係る防液堤を含む.），冷凍設備に係る冷媒ガス圧縮機，液化ガス用ポンプ及び圧送機の構造図<br>熱交換器（液化ガス用燃料設備に属するものを除く.），外径が300 mm 以上の油又はガスの輸送管（液化ガス用燃料設備に属するものを除く.）並びに液化ガス用燃料設備に属するガス・液化ガス用容器（液化ガス用貯槽及びガスホル |

| | | | |
|---|---|---|---|
| | | 備に属するガス発生設備に係る次の事項<br>(1) 液化ガス用気化器の種類，能力，加熱用熱源の種類及び容量，出口の圧力及び温度，最高使用圧力（一次側及び二次側の別に記載すること．），最高使用温度（一次側及び二次側の別に記載すること．）及び最低使用温度（一次側及び二次側の別に記載すること．），主要寸法，材料並びに個数並びに当該液化ガス用気化器の安全弁の種類，吹出圧力，吹出量，個数及び取付箇所<br>(2) （2）2の中欄14（3）及び（4）に準ずるもの（液化ガス用気化器に係るものを除く．）<br>3 燃料貯蔵設備に係る次の事項<br>(1) 貯炭場の面積及び貯炭容量及び個数<br>(2) 油タンク及びガスタンク（液化ガス用燃料設備に属するものを除く．）の種類，容量及び個数<br>(3) 液化ガス用燃料設備に属するガス | ダーの支持物並びに低温貯槽に係る防液堤を含む．），ガス・液化ガス用配管及び導管の強度計算に関する説明書<br>液化ガス用燃料設備に属する液化ガス用貯槽及び導管の緊急遮断装置並びに液化ガス用気化器の緊急停止装置に関する説明書<br>液化ガス用燃料設備に属する導管の経路（地中，水底及びその他の別を表示すること．），経過地の名称及び付近に存する主要な道路，建築物その他の工作物の位置を明示した縮尺1/3 000以上の地形図（圧力逃がし装置，ガス遮断装置及び伸縮吸収装置の位置並びに道路面下に埋設する場合であって他の地下埋設物と接近又は交叉するときはその地下埋設物との離隔距離を付記すること．）<br>液化ガス用燃料設備に属する導管の伸縮吸収措置，防食措置及び機械的衝撃に対する防護措置に関する説明書並びに当該導管の圧力逃がし装置の構造図<br>粉じん発生施設に関する説明書<br>廃棄物固形化燃料の貯蔵設備の構造図<br>廃棄物固形化燃料の貯蔵設備の湿度，温度並びに酸素及び可燃性のガスの濃度を測定するための装置，これらの測定の結果を記録するための装置，不活性ガスを封入するための装置その他 |

| | | | |
|---|---|---|---|
| | | ホルダーの種類，容量及び個数，最高使用圧力，主要寸法及び材料並びに当該ガスホルダーの安全弁の種類，吹出圧力，吹出量，個数及び取付箇所<br>⑷　液化ガス用燃料設備に属する液化ガス用貯槽の種類，容量及び個数，最高使用圧力，最高使用温度，最低使用温度，主要寸法及び材料，低温貯槽に係る保冷の形式，保冷材の種類及び充てん厚さ並びに防液堤の容量，主要寸法及び材料並びに当該液化ガス用貯槽の安全弁の種類，吹出圧力，吹出量，個数及び取付箇所<br>⑸　液化ガス用燃料設備に属する冷凍設備の冷媒ガスの種類，当該冷凍設備に係る受液器，油分離器及び凝縮器に係る２の中欄14（３）に掲げる事項に準ずるもの並びに当該冷凍設備に係る冷媒ガス圧縮機に係る８の中欄１（４）に掲げる事項に準ずるもの | 燃焼を防止するための装置並びに消火のための装置に関する説明書<br>廃棄物固形化燃料の貯蔵設備において，当該燃料を受け入れるための装置，当該燃料の全部を撤去するための装置及び当該撤去の実施後の点検のための装置に関する説明書<br>その他廃棄物固形化燃料の貯蔵設備の安全を確保するための装置に関する説明書 |

| | | | |
|---|---|---|---|
| | | ⑹　液化ガス用燃料設備に属する液化ガス用ポンプの種類，能力，吐出圧力及び個数（常用及び予備の別に記載すること.）<br>⑺　2の中欄14（3）及び（4）に準ずるもの（ガスホルダー，液化ガス用貯槽又は冷凍設備に係るものを除く.）<br>⑻　廃棄物固形化燃料の貯蔵設備の主要寸法，材料及び個数<br>⑼　廃棄物固形化燃料の貯蔵設備の湿度，温度並びに酸素及び可燃性のガスの濃度を測定するための装置，これらの測定の結果を記録するための装置，不活性ガスを封入するための装置その他燃焼を防止するための装置並びに消火のための装置の種類，能力，個数及び取付箇所<br>⑽　廃棄物固形化燃料の貯蔵設備において，当該燃料を受け入れるための装置，当該燃料の全部を撤去するための装置及び当該撤去の実施後の点 | |

| | | | |
|---|---|---|---|
| | | 検のための装置の種類，能力，個数及び取付箇所<br>(11) その他廃棄物固形化燃料の貯蔵設備の安全を確保するための装置の種類，能力，個数及び取付箇所<br>4 灰じん輸送装置の種類，容量及び個数<br>5 灰じん堆積場の面積及び堆積容量<br>6 運炭機，貯炭場及び灰じん堆積場に係る粉じん防止設備の種類，型式及び個数<br>7 微粉炭燃焼用機器に係る乾燥機の燃料の種類，硫黄分，窒素分，灰分，発熱量及び使用量，排出ガス量，ばい煙量，ばい煙濃度並びに煙突の出口のガスの速度，出口のガスの温度，地表上の高さ及び有効高さ<br>8 微粉炭燃焼用機器に係る乾燥機に附属する空気圧縮機又は通風機の種類，容量及び個数 | |
| 9 ばい煙処理設備 | | 1 ばい煙処理設備に係る次の事項<br>(1) 種類，容量，入口及び出口におけるばい煙量，ばい煙濃度及びガスの温度，アンモニアの注入量，アンモニアの注入により | ばい煙処理設備の構造図<br>水質汚濁防止法第 2 条第 2 項の特定施設を設置する場合は，汚水等に関する説明書 |

| | | | |
|---|---|---|---|
| | | 発生するばいじんに係るばい煙濃度並びに個数<br>(2) 廃ガス洗浄施設（石炭を燃料とする火力設備に係るものに限る．）に係る用水及び排水の系統<br>2 ばい煙処理設備に附属する空気圧縮機，通風機，破砕機又は摩砕機の種類，容量及び個数 | |
| 10 液化ガス設備（液化ガス用燃料設備を除く．） | | 1 液化ガス用気化器の種類，能力，加熱用熱源の種類及び容量，出口の圧力及び温度，最高使用圧力（一次側及び二次側の別に記載すること．），最高使用温度（一次側及び二次側の別に記載すること．）及び最低使用温度（一次側及び二次側の別に記載すること．），主要寸法，材料及び個数並びに当該液化ガス用気化器の安全弁の種類，吹出圧力，吹出量，個数及び取付箇所<br>2 液化ガス用貯槽の種類，容量及び個数，最高使用圧力，最高使用温度，最低使用温度，主要寸法及び材料，低温貯槽に係る保冷の形式，保冷材の種類及び充てん厚さ並びに液化ガス | ガス・液化ガス系統図<br>液化ガス用貯槽，液化ガス用気化器，液化ガス用ポンプ及びガス圧縮機の保安物件に対する離隔距離並びに液化ガス設備の隣接する設備に対する離隔距離に関する説明書<br>液化ガス用貯槽，液化ガス用気化器及びガス圧縮機の構造図<br>ガス・液化ガス用容器，ガス・液化ガス用配管及び導管の強度計算に関する説明書<br>液化ガス設備に属する導管の経路（地中，水底及びその他の別を表示すること．），経過地の名称及び付近に存する主要な道路，建築物その他の工作物の位置を示した縮尺1/3000以上の地形図（圧力逃がし装置，ガス遮断装置及び伸縮吸収装置の位置並びに道路面下に埋設する場合であって他の地下埋設物と接近又は交 |

| | | | |
|---|---|---|---|
| | | 用貯槽に係る防液堤の容量，主要寸法及び材料並びに当該液化ガス用貯槽の安全弁の種類，吹出圧力，吹出量，個数及び取付箇所<br>3　ガス圧縮機に係る８の中欄１（４）に掲げる事項に準ずるもの<br>4　液化ガス用ポンプの種類，能力，吐出圧力及び個数（常用及び予備の別に記載すること.）<br>5　ガス・液化ガス用配管及び導管の最高使用圧力，最高使用温度，最低使用温度，外径，厚さ及び材料<br>6　(2)２の中欄14(4)に準ずるもの（液化ガス用気化器又は液化ガス用貯槽に係るものを除く.）<br>7　(2)８の中欄１(3)に準ずるもの | 叉するときはその地下埋設物との離隔距離を付記すること.） |
| 11　ガス化炉設備 | | 1　ガス化炉に係る次の事項<br>(1)　種類，最大ガス発生量，最高使用圧力及び最高使用温度<br>(2)　主要寸法及び材料<br>(3)　安全弁の種類，吹出圧力，吹出量，個数及び取付箇所<br>(4)　(2)２の中欄10から15までに準ずるもの | ガス化炉用容器及びガス圧縮機の構造図<br>制御方法に関する説明書<br>ガス化炉及びガス圧縮機の保安物件に対する離隔距離に関する説明書<br>ガス化炉用容器及びガス用配管の強度計算に関する説明書<br>ガス化炉設備の緊急停止装置に関する説明書<br>ガス化炉設備設備に附属する管の配置の概要を明示し |

| | | | |
|---|---|---|---|
| | | (5) ガス化炉に附属する給水設備に係る給水ポンプの種類，個数及び原動機の種類<br>2 蒸気発生器に係る次の事項<br>(1) 種類，最大蒸発量，最高使用圧力，最高使用温度及び伝熱面積<br>(2) 再熱器の通過蒸気量，最高使用圧力，最高使用温度<br>(3) 胴，管寄せ及び主要な管の主要寸法及び材料<br>(4) 安全弁の種類，吹出圧力，吹出量，個数及び取付箇所<br>(5) 蒸気発生器に附属する給水設備に係る給水ポンプの種類，個数及び原動機の種類<br>3 熱交換器に係る次の事項<br>(1) 種類，発生蒸気量，入口及び出口の温度，最高使用圧力（一次側及び二次側の別に記載すること．），最高使用温度（一次側及び二次側の別に記載すること．），主要寸法，材料並びに個数<br>(2) 熱交換器の安全弁の種類，吹出圧力，吹出量，個数及び取付箇所 | た図面 |

| | | | |
|---|---|---|---|
| | | 4　ガス化炉用容器（ガス化炉，蒸気発生器及び熱交換器を除く.）の種類，最高使用圧力，最高使用温度，主要寸法，材料及び個数<br>5　ガス圧縮機の種類，型式，能力，入口及び出口の圧力，回転数，個数（常用及び予備の別に記載すること.）並びに原動機の種類及び出力<br>6　ガス化炉設備に属する配管に係る次の事項<br>(1)　主要な管の最高使用圧力，最高使用温度，外径，厚さ及び材料<br>(2)　安全弁及び逃がし弁の種類，吹出圧力，吹出量，個数並びに取付箇所<br>7　ガス化炉設備の基本設計方針，適用基準及び適用規格 | |
| 12　脱水素設備 | | 1　脱水素設備（蒸発器を除く.）に係る次の事項<br>(1)　種類、入口及び出口の温度，最高使用圧力（一次側及び二次側の別に記載すること.），最高使用温度（一次側及び二次側の別に記載すること.），主要寸法，材料並びに個数 | 脱水素設備及びガス圧縮機の構造図<br>制御方法に関する説明書<br>脱水素設備の保安物件に対する離隔距離に関する説明書<br>脱水素設備及びガス用配管の強度計算に関する説明書<br>脱水素設備の緊急停止装置に関する説明書<br>脱水素設備に係る系統図<br>脱水素設備に附属する管の配置の概要を明示した図面 |

| | | | |
|---|---|---|---|
| | | ⑵ 安全弁の種類, 吹出圧力, 吹出量, 個数及び取付箇所<br>2 蒸発器に係る次の事項<br>⑴ 種類, 能力, 加熱用熱源の種類及び容量, 入口及び出口の圧力及び温度, 最高使用圧力（一次側及び二次側の別に記載すること.）, 最高使用温度（一次側及び二次側の別に記載すること.）, 主要寸法、材料並びに個数<br>⑵ 安全弁の種類, 吹出圧力、吹出量, 個数及び取付箇所<br>3 ガス圧縮機の種類, 型式, 能力, 入口及び出口の圧力, 回転速度, 個数並びに原動機の種類及び出力<br>4 脱水素設備に属する配管に係る次の事項<br>⑴ 主要な管の最高使用圧力, 最高使用温度, 外径, 厚さ及び材料<br>⑵ 安全弁及び逃がし弁の種類, 吹出圧力, 吹出量, 個数並びに取付箇所<br>5 脱水素設備の基本設計方針, 適用基準及び適用規格 | |
| 13 汽力, | | 1 種類, 出力, 最高 | 熱精算図 |

| | | | |
|---|---|---|---|
| ガスタービン及び内燃力以外を原動力とする火力設備 | | 使用圧力，最高使用温度，最低使用温度，ばい煙量及びばい煙濃度<br>2　容器（内径が200mmを超えかつ長さが1 000mmを越えるもの及び内容積が$0.04\mathrm{m}^3$を越えるものであって，最高使用圧力が98kPa以上のものに限る．右欄において同じ．）の種類，容量，最高使用圧力，最高使用温度，主要寸法，材料及び個数<br>3　熱交換器（内径が200mmを超えかつ長さが1 000mmを越えるもの及び内容積が$0.04\mathrm{m}^3$を越えるものであって，最高使用圧力が98kPa以上のものに限る．右欄において同じ．）の種類，入口及び出口の温度，最高使用圧力（一次側及び二次側の別に記載すること．），主要寸法，材料並びに個数<br>4　安全弁の種類，吹出出力，吹出量，個数及び取付箇所<br>5　管（外径150mm以上かつ最高使用圧力が98kPa以上のものに限る．右欄において同じ．）の最高使用圧力，最高使用温度，外径，厚さ及 | 総合系統図<br>構造図<br>容器及び熱交換器の強度計算に関する説明書<br>安全弁の吹出量に関する説明書（構造図を含む．）<br>管の配置の概要を明示した図面及び強度計算に関する説明書<br>制御方法に関する説明書 |

| | | | |
|---|---|---|---|
| | | び材料<br>6　火力設備の基本設計方針，適用基準及び適用規格 | |
| (3)　燃料電池設備 | | 1　燃料電池の種類，出力，電圧，電流，冷却法，台数，及び保護継電装置の種類<br>2　容器（内径が200mmを超えかつ長さが1 000 mmを超えるもの及び内容積が0.04m$^3$を超えるものであって，最高使用圧力が98kPa以上のものに限る．右欄において同じ.）の種類，容量，最高使用圧力，最高使用温度，主要寸法，材料及び個数<br>3　安全弁の種類，吹出圧力，吹出量，個数及び取付箇所<br>4　熱交換器（内径が200mmを超えかつ長さが1 000mmを超えるもの及び内容積が0.04m$^3$を超えるものであって，最高使用圧力が98kPa以上のものに限る．右欄において同じ.）の種類，入口及び出口の温度，最高使用圧力（一次側及び二次側の別に記載すること.），主要寸法，材料並びに個数<br>5　改質器に係る次の事項<br>(1)　燃料の種類，発 | 発電方式に関する説明書<br>総合系統図<br>燃料電池並びに容器，熱交換器，改質器液体窒素用貯槽，気化器及び窒素ガス用ガスだめの構造図容器並びに熱交換器，液体窒素用貯槽，気化器及び窒素ガス用ガスだめの強度計算に関する説明書<br>燃料電池設備の安全弁の吹出量に関する説明書（構造図を含む.）<br>ガス置換方法及び置換ガスの種類に関する説明書<br>燃料貯蔵設備に係る（2）8の右欄に準ずるもの<br>管の配置の概要を明示した図面及び強度計算に関する説明書 |

| | | | |
|---|---|---|---|
| | | 熱量，硫黄分，窒素分及び灰分<br>⑵　種類，容量，入口及び出口の温度，最高使用圧力（一次側及び二次側の別に記載すること．），加熱面積，主要寸法，材料，個数，排出ガス量，ばい煙量並びにばい煙濃度<br>⑶　バーナーの燃料の種類，発熱量，硫黄分，窒素分及び灰分<br>⑷　通風設備の種類，出口のガスの速度及び温度，口径，地表上の高さ，有効煙突高さ並びに個数<br>6　燃料貯蔵設備に係る（2）8の中欄に準ずるもの<br>7　液体窒素用貯槽（内径が 200 mm を超えかつ長さが 1 000 mm を超えるもの及び内容積が $0.04m^3$ を超えるものであって，最高使用圧力が 98kPa 以上のものに限る．右欄において同じ．）の種類，容量，最高使用圧力，最高使用温度，最低使用温度，主要寸法，材料及び個数並びに低温貯槽に係る保冷の形式並びに保冷材の種類及び充てん厚さ | |

| | | | |
|---|---|---|---|
| | | 8　気化器（内径が200mmを超えかつ長さが1 000mmを超えるもの及び内容積が0.04m$^3$を超えるものであって，最高使用圧力が98kPa以上のものに限る．右欄において同じ．）の種類，能力，加熱用熱源の種類及び容量，出口の圧力及び温度，最高使用圧力（一次側及び二次側の別に記載すること．），最高使用温度（一次側及び二次側の別に記載すること．），最低使用温度（一次側及び二次側の別に記載すること．），主要寸法，材料並びに個数<br>9　窒素ガス用ガスだめ（内径が200mmを超えかつ長さが1 000mmを超えるもの及び内容積が0.04m$^3$を超えるものであって，最高使用圧力が98kPa以上のものに限る．右欄において同じ．）の種類，容量，最高使用圧力，主要寸法，材料及び個数<br>10　管（外径300 mm以上かつ最高使用圧力が98kPa以上のものに限る．右欄において同じ．）の最高使用圧力，最高使用 | |

| | | | |
|---|---|---|---|
| | | 温度，外径，厚さ及び材料 | |
| （4） 太陽電池設備<br>太陽電池 | | 種類，出力，開放電圧，短絡電流及びモジュールの個数 | 発電方式に関する説明書<br>支持物の構造図及び強度計算書 |
| （5） 風力設備<br>風力機関 | | 1 種類，出力，回転速度及び台数<br>2 ロータの直径並びに翼の枚数及び材料<br>3 調速装置及び非常調速装置の種類 | 発電方式に関する説明書<br>風車の構造図及び強度計算書<br>支持物の構造図及び強度計算書<br>雷撃からの風車の保護に関する説明書<br>風車の回転速度が著しく上昇し，又は風車の制御装置の機能が著しく低下した場合において風車を安全かつ自動的に停止させるための措置に関する説明書（常用電源の停電時の措置を含めて記載すること.） |
| （6） 電気設備 | | | 電磁誘導電圧計算書（電圧 17 万 V 以上の電力系統に係る中性点接地装置の工事を含む場合に限る.）<br>短絡強度計算書 |
| 1 発電機 | | 1 種類，容量，力率，電圧，相，周波数，回転速度，結線法及び冷却法並びに発電電動機の場合は，出力<br>2 励磁装置の種類，容量，回転速度，駆動方法及び個数（常用及び予備の別に記載すること.）<br>3 保護継電装置の種類<br>4 原動機との連結方法 | |
| 2 変圧器 | | 第二号（1）の中欄に準ずるもの | 第二号（1）の右欄に準ずるもの |
| 3 電圧調整器又は電圧位相 | | 第二号（2）の中欄に準ずるもの | 第二号（2）の右欄に準ずるもの |

| | | | |
|---|---|---|---|
| 調整器 | | | |
| 4　調相機 | | 第二号（3）の中欄に準ずるもの | 第二号（3）の右欄に準ずるもの |
| 5　電力用コンデンサー | | 第二号（4）の中欄に準ずるもの | 第二号（4）の右欄に準ずるもの |
| 6　分路リアクトル又は限流リアクトル | | 第二号（5）の中欄に準ずるもの | 第二号（5）の右欄に準ずるもの |
| 7　周波数変換機器又は整流機器 | | 第二号（6）の中欄に準ずるもの | 第二号（6）の右欄に準ずるもの |
| 8　遮断器 | | 第二号（7）の中欄に準ずるもの | 第二号（7）の右欄に準ずるもの |
| 9　逆変換装置 | | 1　種類，容量，電圧，電流，相，周波数，結線法及び個数<br>2　保護継電装置の種類 | 逆変換装置の用途に関する説明書 |
| 10　電力貯蔵装置 | | 1　種類，容量，主要寸法，電圧，電流，個数及び用途<br>2　保護継電装置の種類 | 電力貯蔵方式に関する説明書<br>電力貯蔵装置の用途に関する説明書 |
| （7）　附帯設備 | | | |
| 1　発電所の運転を管理するための制御装置 | | 制御方式 | 制御方法に関する説明書 |
| 二　変電所 | 1　変電所の名称及び位置（都道府県郡市区町村字を記載すること.）<br>2　変電所の出力及び周波数 | | 送電関係一覧図<br>事業用電気工作物が電気の円滑な供給を確保するため技術上適切なものであることの説明書（電圧17万V以上の電力系統に係る事業用電気工作物であって，一 |

| | | | |
|---|---|---|---|
| | | | 般送配電事業又は配電事業の用に供されるものに係る場合に限る.）<br>急傾斜地崩壊危険区域内において行う制限工事に係る場合は，当該区域内の急傾斜地の崩壊の防止措置に関する説明書<br>主要設備の配置の状況を明示した平面図及び断面図<br>単線結線図（接地線（計器用変成器を除く.）については，電線の種類，太さ及び接地の種類も併せて記載すること.）<br>新技術の内容を十分に説明した書類<br>電磁誘導電圧計算書（電圧17 万 V 以上（受電所にあっては 10 万 V 以上）の電力系統に係る中性点接地装置の工事を含む場合に限る.）<br>短絡強度計算書 |
| （1）　変圧器 | | 1　種類，容量，電圧（一次，二次及び三次の別に記載し，電圧調整装置を有するものの場合は，電圧調整範囲及びタップ数を付記すること.），相，周波数，結線法，冷却法並びに電気事業の用に供するものにあっては，常用及び予備の別<br>2　保護継電装置の種類 | |
| （2）　電圧調整器又は電圧位相調整器 | | 1　種類，容量，電圧（電圧調整範囲及びタップ数を付記すること.），相，周波数，結線法及び冷却法<br>2　保護継電装置の種 | 設置計画についての説明書 |

| | | | |
|---|---|---|---|
| | | 類 | |
| （3） 調相機 | | 1 種類，容量（進相及び遅相の別に記載すること．），電圧，周波数，回転速度及び冷却法<br>2 励磁装置の種類及び容量<br>3 保護継電装置の種類 | 設置計画についての説明書<br>短絡強度計算書 |
| （4） 電力用コンデンサー | | 1 並列用及び直列用の別，1群の容量，1群当たりの個数，電圧並びに結線法<br>2 保護継電装置の種類 | 設置計画についての説明書 |
| （5） 分路リアクトル又は限流リアクトル | | 1 容量，電圧，相，周波数，結線法及び冷却法<br>2 保護継電装置の種類 | 設置計画についての説明書 |
| （6） 周波数変換機器又は整流機器（鉄道営業法，軌道法又は鉄道事業法が適用され又は準用される変電所の直流き電側のものを除く．） | | 1 種類，容量又は出力，電圧，電流，相，周波数，回転速度，結線法及び励磁法<br>2 保護継電装置の種類 | 制御方法に関する説明書（電圧10万V以上のものに係る場合に限る．）<br>電波障害の防止措置に関する説明書（電圧10万V以上のものに係る場合に限る．） |
| （7） 遮断器 | | 1 種類，電圧，電流，遮断電流及び遮断時間<br>2 保護継電装置の種類 | 三相短絡容量計算書 |
| （8） 電力貯 | | 1 種類，容量，主要 | |

| | | | |
|---|---|---|---|
| 蔵装置 | | 寸法，電圧，電流，個数及び用途<br>2　保護継電装置の種類 | 電力貯蔵方式に関する説明書<br>電力貯蔵装置の用途に関する説明書 |
| （9）　変電所の運転を管理するための制御装置 | | 第一号（7）1の中欄に準ずるもの | 第一号（7）1の右欄に準ずるもの |
| 三　送電線路（電線路と一体的に工事が行われる送電線引出口の遮断器（需要設備と電気的に接続するためのものを除く.）を含む．以下この項において同じ.） | 1　送電線路の名称及び区間<br>2　送電線路の電圧（設計電圧と異なる場合は，設計電圧を付記すること.） | | 送電関係一覧図<br>事業用電気工作物が電気の円滑な供給を確保するため技術上適切なものであることの説明書（電圧17万V以上の電力系統に係る事業用電気工作物であって，一般送配電事業又は配電事業の用に供されるものに係る場合に限る.）<br>急傾斜地崩壊危険区域内において行う制限工事に係る場合は，当該区域内の急傾斜地の崩壊の防止措置に関する説明書<br>送電線路の経路及び開閉所の位置並びにその送電線路の維持のための保安通信設備の通信経路を明示した縮尺1/200 000以上の地形図<br>気候及び立地条件についての説明書（地中電線路及び開閉所に係るものを除く.）<br>新技術の内容を十分に説明した書類 |
| （1）　電線路（電線路と一体的に工事が行われる送電線引出口の遮 | | 1　こう長（架空，地中，水底及びその他の別に記載すること.）<br>2　電気方式，中性点接地方式，回線数（設計回線数と異なる場 | 電線路の中心線（架空，地中，水底及びその他の別を表示すること.），経過する都道府県群市区町村の境界及び名称並びに電線路から左右100m以内にある弱電 |

| | | | |
|---|---|---|---|
| 断器（需要設備と電気的に接続するためのものを除く.）を含む.以下この項において同じ.) | | 合は，設計回線数を付記すること.）及び再閉路方式<br>3　電線の種類，太さ及び1回線当たりの条数<br>4　架空電線路の電線の最低の高さ，電線相互間の間隔及びねん架の方法<br>5　架空地線の種類，太さ及び条数<br>6　支持物（上部及び基礎）の種類及び基数<br>7　がいしの種類，大きさ及び懸垂型のものにあっては，一連の個数<br>8　地中電線路の布設方式<br>9　遮断器に係る事項であって，第二号（7）の中欄に準ずるもの | 流線路，鉄道，道路，建造物その他の工作物（架空電線路以外の電線路にあっては，電線路に接近又は交さするもの）の位置を明示した縮尺1/5 000以上（市街地における架空電線路及び架空電線路以外の電線路の場合は，1/2 000以上）の地形図（架空電線路にあっては，航空障害灯，昇塔防止設備を，架空電線路以外の電線路にあっては，電線路の布設図を併せて記載すること.）<br>支持物の構造図及び強度計算書（設計条件に関する説明も併せて記載すること.）<br>がいしの種類，大きさ及び懸垂型のものの一連の個数の決定に関する説明書<br>ケーブル構造図<br>電磁誘導電圧計算書<br>静電誘導電流計算書<br>電波障害の防止措置に関する説明書<br>遮断器に係る第二号（7）の右欄に準ずるもの |
| （2）　開閉所 | | 1　開閉所の位置（都道府県郡市区町村字を記載すること.）<br>2　遮断器に係る事項であって，第二号（7）の中欄に準ずるもの | 主要設備の配置の状況を明示した平面図及び断面図<br>遮断器に係る第二号（7）の右欄に準ずるもの |
| 四　需要設備 | 1　需要設備の位置（都道府県郡市区町村字を記載し，事業場の名称を付記すること.）<br>2　需要設備の最 | | 主要設備の配置の状況及び受電点の位置を明示した平面図及び断面図<br>単線結線図（接地線（計器用変成器を除く.）については，電線の種類，太さ及び接地の種類も併せて記載 |

| | | | |
|---|---|---|---|
| | 大電力及び受電電圧<br>3　需要設備に直接電気を供給する発電所又は変電所の名称 | | すること.)<br>新技術の内容を十分に説明した書類<br>電磁誘導電圧計算書（電圧10万V以上の電力系統に係る中性点接地装置の工事を含む場合に限る.） |
| （1）　遮断器 | | 第二号（7）の中欄に準ずるもの | 第二号（7）の右欄に準ずるもの |
| （2）　電力貯蔵装置 | | 1　種類，容量，主要寸法，電圧，電流，個数及び用途<br>2　保護継電装置の種類 | 電力貯蔵方式に関する説明書<br>電力貯蔵装置の用途に関する説明書 |
| （3）（1）及び（2）の機器以外の機器（計器用変成器を除く.） | | 電圧1万V以上の機器に係る次の事項<br>(1)　種類，容量又は出力，電圧，相，周波数，回転速度及び結線法<br>(2)　保護継電装置の種類 | 短絡強度計算書 |
| （4）　電線路 | | 電圧1万V以上の電線路に係る次の事項<br>(1)　架空，屋側，屋上，地中及びその他の別<br>(2)　電気方式及び中性点接地方式<br>(3)　電線の種類及び太さ<br>(4)　架空電線路の電線の最低の高さ及び電線相互間の間隔<br>(5)　支持物の種類<br>(6)　がいしの種類，大きさ及び懸垂型のものにあっては，一連の個数<br>(7)　地中電線路の布設方式<br>(8)　保護継電装置の種類 | ケーブルの構造図（電圧10万V以上のものに係る場合に限る）<br>支持物の構造図及び強度計算書（電圧10万V以上のものに係る場合に限る.また，設計条件に関する説明も併せて記載すること.）<br>地中電線路の布設図 |

別表第4（第65条関係）

| 工事の種類 | 事前に届出を要するもの |
|---|---|
| 一　大気汚染防止法第2条第2項に規定するばい煙発生施設に該当する電気工作物に係る工事 | 1　水力発電所におけるダムに附属する洪水吐きゲート操作用予備動力設備の設置又は改造であって原動機の出力の変更を伴うもの<br>2　ガスタービン又は内燃機関の設置又は改造であって燃料の燃焼能力若しくは燃料の種類の変更を伴うもの<br>3　火力発電所における微粉炭燃焼機器に係る乾燥機の設置又は改造であって乾燥能力の変更を伴うもの<br>4　燃料電池発電設備に係る改質器の設置又は改造であってバーナーの燃料の燃焼能力若しくは燃料の種類の変更を伴うもの<br>5　発電所におけるボイラー又は独立過熱器の改造であって伝熱面積又はバーナーの燃料の燃焼能力若しくは燃料の種類の変更を伴うもの<br>6　発電所における廃棄物焼却炉の設置又は改造であって焼却能力の変更を伴うもの<br>7　非常用予備発電装置又は非常用予備動力装置の設置又は改造であって原動機の出力の変更を伴うもの |
| 二　大気汚染防止法第2条第3項に規定するばい煙処理施設に該当する電気工作物に係る工事 | 1　次に掲げる設備に附属するばい煙処理設備の設置，改造であってばい煙処理能力の変更を伴うもの又は廃止<br>(1)　ボイラー<br>(2)　ガスタービン<br>(3)　内燃機関<br>(4)　火力発電所における微粉炭燃焼機器に係る乾燥機<br>(5)　発電所における廃棄物焼却炉<br>(6)　非常用予備発電装置<br>(7)　非常用予備動力装置<br>(8)　ガス化炉設備<br>2　次に掲げる設備に附属する通風設備の設置，改造又は廃止であって，煙突の種類，出口におけるガスの速度，温度若しくは大気汚染防止法第6条第2項に規定するばい煙濃度，口径，地表上の高さ又は排出ガス量の変更を伴うもの<br>(1)　ボイラー<br>(2)　独立過熱器<br>(3)　ガスタービン<br>(4)　内燃機関 |

| | |
|---|---|
| | ⑸　ばい煙処理設備<br>⑹　燃料電池発電設備に属する改質器<br>⑺　発電所における廃棄物焼却炉<br>⑻　非常用予備発電装置<br>⑼　非常用予備動力装置<br>⑽　ガス化炉設備 |
| 三　大気汚染防止法第2条第10項に規定する一般粉じん発生施設に該当する電気工作物に係る工事 | 1　火力発電所における運炭機及び灰じん輸送装置の設置若しくは改造であって運搬能力の変更を伴うもの又はこれに係る粉じん防止設備（一般粉じん発生施設から飛散する粉じんを防止するための設備をいう.）の設置若しくは改造であって粉じん飛散防止の能力の変更を伴うもの若しくは廃止<br>2　火力発電所における貯炭場若しくは灰じんの堆積場の設置若しくは改造であって堆積能力の変更を伴うもの又はこれに係る粉じん防止設備の設置若しくは改造であって粉じん飛散防止能力の変更を伴うもの若しくは廃止<br>3　火力発電所における破砕機，粉砕機又は摩砕機の設置若しくは改造であって能力の変更を伴うもの又はこれに係る粉じん防止設備の設置若しくは改造であって粉じん処理能力の変更を伴うもの若しくは廃止 |
| 四　大気汚染防止法第2条第13項に規定する水銀排出施設に該当する電気工作物に係る工事 | 大気汚染防止法第2条第13項に規定に規定する水銀排出施設に該当する電気工作物の設置又は改造であって，構造，使用の方法又は水銀等の処理の方法の変更を伴うもの |
| 五　ダイオキシン類対策特別措置法第2条第2項に規定する特定施設に該当する電気工作物に係る工事 | 1　発電所における廃棄物焼却炉の設置又は改造であって焼却能力の変更を伴うもの<br>2　廃棄物焼却炉から発生するガスを処理する施設のうち次に掲げるもの及び当該廃棄物焼却炉において生ずる灰の貯留施設であって汚水又は廃液を排出するものの設置又は改造であって汚水又は廃液の排出量の変更を伴うもの<br>⑴　廃ガス洗浄施設<br>⑵　湿式集じん施設 |
| 六　水質汚濁防止法第2条第2項に規定する特定施設に該当する電気工作物を設置する事業場の電気工作物に係る工事 | 廃ガス洗浄施設（水質汚濁防止法第2条第2項に規定する特定施設に該当するものに限る.）若しくはこれに係る設備の設置又は改造であって，構造，設備（当該廃ガス洗浄施設が同法第2条第8項に規定する有害物質使用特定施設に該当しない場合又は同法第5条第2項の規定に該当する場合を除く.），使用の方法，汚水等の処理の方法，排出水の汚染状態若しくは量（同 |

| | |
|---|---|
| | 法第4条の5第1項に規定する指定地域内事業場に係る場合にあっては，排水系統別の汚染状態若しくは量を含む.)，同法第2条第8項に規定する特定地下浸透水の浸透の方法又は用水若しくは排水の系統の変更を伴うもの |
| 七　水質汚濁防止法第5条第3項に規定する有害物質貯蔵指定施設に該当する電気工作物を設置する事業場の電気工作物に係る工事 | 水質汚濁防止法第5条3項に規定する有害物質貯蔵指定施設に該当する電気工作物の設置又は改造であって，構造，設備，使用の方法又は当該施設において貯蔵される同法第2条第2項第一号に規定する有害物質（以下「有害物質」という.）に係る搬入若しくは搬出の系統の変更を伴うもの |
| 八　騒音規制法第2条第1項に規定する特定施設に該当する電気工作物（同法第3条第1項の規定により指定された地域内に設置するものに限る.）を設置する事業場の電気工作物に係る工事 | 発電所，変電所，送電線路，電力用保安通信設備，需要設備若しくはこれらの設置のための事業場における空気圧縮機，送風機，通風機，破砕機，粉砕機，摩砕機，ふるい若しくは分級機（騒音規制法第2条第1項に規定する特定施設に該当するものに限る.）の設置（特定施設の種類ごとの数を当該特定施設の種類について直近に届け出た数の2倍以内の数に増加する場合を除く.）又はこれらに係る騒音防止設備の廃止若しくは改造であって騒音防止の能力の減少を伴うもの |
| 九　振動規制法第2条第1項に規定する特定施設に該当する電気工作物（同法第3条第1項の規定により指定された地域内に設置するものに限る.）を設置する事業場の電気工作物に係る工事 | 発電所，変電所，送電線路，電力保安用通信設備，需要設備若しくはこれらの設置のための事業場における圧縮機，破砕機，粉砕機，摩砕機，ふるい若しくは分級機（振動規制法第2条第1項に規定する特定施設に該当するものに限る.）の設置若しくは改造であって能力の変更を伴うもの又はこれらに係る振動防止設備の廃止若しくは改造であって振動防止の能力の減少を伴うもの |
| 十　鉱山保安法第2条第2項に規定する鉱山に属する工作物（海域にあり，定置式のものに限る.）に設置する電気工作物に係る工事 | 内燃機関（ディーゼル発電機に限る.）の設置又は改造であって，1973年の船舶による汚染の防止のための国際条約に関する1978年の議定書によって修正された同条約附属書6第3章第13規則1．1，1．2及び1．3並びに2．1の要件を満たすもの |

別表第５（第 66 条関係）

| 電気工作物の種類 | 記載すべき事項 |  | 添附書類（届出に係る工事の内容に関係のあるものに限る.） |
|---|---|---|---|
|  | 一般記載事項 | 設備別記載事項（届出に係る工事の内容に関係のあるものに限る.） |  |
| 一　環境関連 | 事業場の名称及び位置 |  |  |
| （1）　ばい煙発生施設 |  | 1　ばい煙発生施設の種類，出力又は能力及び個数<br>2　伝熱面積及び有効火床面積<br>3　燃料の燃焼能力（重油換算）<br>4　燃料の種類，硫黄分，窒素分，灰分，発熱量及び使用量 | ばい煙に関する説明書 |
| （2）　ばい煙処理施設 |  | 1　ばい煙処理設備に係る次の事項<br>(1)　種類，容量及び個数<br>(2)　入口及び出口のばい煙量，ばい煙濃度及びガスの温度<br>(3)　アンモニアの注入量及びアンモニアの注入により発生するばいじんに係るばい煙濃度<br>2　通風設備に係る次の事項<br>(1)　通風機又は圧縮機の種類，容量及び個数<br>(2)　煙突の種類，出口のガスの速度及び温度，口径，地 | ばい煙に関する説明書 |

| | | | |
|---|---|---|---|
| | | 表上の高さ，有効高さ並びに個数 | |
| （3）　粉じん発生施設 | | 1　運炭機又は灰じん輸送装置の種類，容量及び個数<br>2　貯炭場又は灰じん堆積場の面積及び容量<br>3　破砕機，粉砕機又は摩砕機の種類，容量及び個数<br>4　粉じん防止装置の種類型式及び個数 | 粉じんに関する説明書 |
| （4）　水銀排出施設 | | 1　水銀排出施設の種類，容量及び個数 | 水銀等に関する説明書 |
| （5）　ダイオキシン類対策特別措置法第2条第2項に規定する特定施設 | | 1　廃棄物焼却炉に係る次の事項<br>(1)　廃棄物焼却炉の種類，火床面積，焼却能力及び個数<br>(2)　廃ガス洗浄施設の種類，容量及び個数<br>(3)　湿式集じん施設の種類，容量及び個数<br>(4)　灰の貯留施設の面積及び容量 | ダイオキシン類に関する説明書 |
| （6）　水質汚濁防止法第2条第2項に規定する特定施設 | | 1　廃ガス洗浄施設の種類，容量，個数並びに用水及び排水の系統 | 汚水等に関する説明書 |
| （7）　水質汚濁防止法第5条第3項に | | 1　有害物質貯蔵指定施設の種類，容量及び個数並びにその施設において貯蔵される有害物質に係る搬 | 有害物質貯蔵指定施設に関する説明書 |

| | | | |
|---|---|---|---|
| 規定する有害物質貯蔵指定施設 | | 入及び搬出の系統 | |
| （8）騒音発生施設 | | 1　空気圧縮機，送風機，通風機，破砕機，粉砕機，摩砕機，ふるい又は分級機の種類，容量及び個数<br>2　騒音防止設備の種類 | 騒音に関する説明書 |
| （9）振動発生施設 | | 1　圧縮機，破砕機，粉砕機，摩砕機，ふるい又は分級機の種類，容量及び個数<br>2　振動防止設備の種類 | 振動に関する説明書 |
| （10）鉱山に属する工作物（海域にあり，定置式のものに限る.）に設置する電気工作物（内燃機関であって，ディーゼル発電機に限る.） | | 1　出力又は能力及び個数<br>2　燃料の種類，硫黄分及び窒素分 | 窒素酸化物，硫黄酸化物及び燃料油の品質に関する説明書 |

別表第6（第74条関係）

1　次の各号のいずれにも適合する燃料電池発電所であって，出力500kW以上2 000kW未満のもの

一　当該燃料電池発電所が，複数の燃料電池筐体（燃料電池設備，電気設備その他の電気工作物を格納する筐体をいう．以下同じ．）及び当該燃料電池筐体に接続する電線，ガス導管その他の附属設備のみで構成されていること．

二　当該燃料電池発電所を構成する全ての燃料電池設備が，燃料電池筐体内に格納されていること．

三　当該燃料電池発電設備を構成する全ての燃料電池筐体に格納される燃料電池設備が，出力500kW未満であること．

2　太陽電池発電所であって，出力500kW以上2 000kW未満のもの

3　風力発電所であって，出力20kW以上500kW未満のもの

4　出力20kW未満の発電所であって，次に掲げるもの以外のもの

一　水力発電所

二　火力発電所

三　燃料電池発電所

四　太陽電池発電所

五　風力発電所

別表第7（第77条関係）

1　水力発電所のダムの洪水吐きゲート操作用予備動力設備の設置又は取替え（出力500kW以上の発電設備に係るものに限る．）

2　出力500kW以上2 000kW未満の燃料電池発電所における燃料電池発電設備の設置であって次の各号のいずれにも適合するもの

一　当該設置に係る燃料電池発電設備が，複数の燃料電池筐体及び当該燃料電池筐体に接続する電線，ガス導管その他の附属設備のみで構成されていること．

二　当該燃料電池発電所を構成する全ての燃料電池設備が，燃料電池筐体内に格納されていること．

三　当該設置に係る燃料電池発電設備を構成する全ての燃料電池筐体に格納される燃料電池設備が，出力500kW未満であること．

3　太陽電池発電所における変更であって次に掲げるもの

一　出力500kW以上2 000kW未満の発電設備の設置

二　発電設備の設置以外の変更であって次に掲げるもの

(1)　出力500kW以上2 000kW未満の太陽電池の設置

(2)　出力500kW以上2 000kW未満の太陽電池の取替え

(3)　出力500kW以上2 000kW未満の太陽電池の改造であって次に掲げるもの

イ　20%以上の電圧の変更を伴うもの

ロ　支持物の強度の変更を伴うもの

(4)　出力500kW以上2 000kW未満の太陽電池の修理であって，支持物の強度に影響を及ぼすもの

4　風力発電所における変更であって次に掲げるもの

一　出力20kW以上500kW未満の発電設備の設置

二　発電設備の設置以外の変更であって次に掲げるもの

(1)　出力 20kW 以上 500kW 未満の発電設備に係る風力機関の設置

(2)　出力 20kW 以上 500kW 未満の発電設備に係る風力機関の改造であって，次に掲げるもの

イ　回転速度の変更又は5%以上の出力の変更を伴うもの

ロ　風車又は支持物の強度の変更を伴うもの

ハ　調速装置又は非常調速装置の種類の変更を伴うもの

三　出力 20kW 以上 500kW 未満の発電設備に係る風力機関の取替え

四　出力 20kW 以上 500kW 未満の発電設備に係る風力機関の修理であって，次に掲げるもの

(1)　調速装置又は非常調速装置の取替え

(2)　風車又は支持物の強度に影響を及ぼすもの

5　出力 20kW 未満の発電所における変更であって、次に掲げるもの

一　出力 20kW 未満の発電設備の設置であって，次に掲げるもの以外のもの

(1)　水力発電所の発電設備の設置

(2)　火力発電所の発電設備の設置

(3)　燃料電池発電所の発電設備の設置

(4)　太陽電池発電所の発電設備の設置

(5)　風力発電所の発電設備の設置

二　前号の発電設備における発電設備の設置以外の変更であって，次に掲げるもの

(1)　回転速度の変更又は５％以上の定格出力の変更を伴うもの

(2)　改造であって次に掲げるもの

イ　強度の変更を伴うもの

ロ　安全装置の種類の変更を伴うもの

(3)　取替え

(4)　修理であって、次に掲げるもの

イ　強度に影響を及ぼすもの

ロ　安全装置の取替えを伴うもの

# 電気使用制限等規則

（平成23年6月1日　経済産業省令第28号）

（最終改正）令和2年12月28日　経済産業省令第92号

電気事業法（昭和39年法律第170号）第27条の規定に基づき，及び同条の規定を実施するため，電気使用制限等規則の全部を改正する省令を次のように定める．

（使用電力量の制限）

**第1条**　経済産業大臣が指定する地域において小売電気事業者等（電気事業法第34条の2第1項に規定する小売電気事業者等をいう．以下同じ.）が供給する電気を使用する者であって，一の需要設備についての契約電力（電気を使用する者が小売電気事業者等との契約上使用できる最大電力をいう．次条及び第5条において同じ.）の値が500kW以上であるものは，経済産業大臣が使用電力量を制限する期間として指定する期間においては，当該需要設備については，経済産業大臣が指定する電力量の限度を超えて当該小売電気事業者等が供給する電気を使用してはならない．

2　前項の規定は，上下水道の用に供する需要設備その他の経済産業大臣が指定する需要設備については，適用しない．

（使用最大電力の制限）

**第2条**　経済産業大臣が指定する地域において小売電気事業者等が供給する電気を使用する者は，経済産業大臣が指定する期間及び時間の範囲内における一の需要設備についての経済産業大臣が指定する契約電力の値（次条において「指定契約電力」という.）が500kW以上となる期間及び時間の各1時間においては，当該需要設備については，経済産業大臣が指定する電力の値に経済産業大臣が指定する率を乗じて得た電力の値の限度を超えて当該小売電気事業者等が供給する電気を使用してはならない．

2　前条第2項の規定は，前項の規定による制限に準用する．

（使用最大電力の制限の特例）

**第3条**　前条第1項に規定する使用最大電力の制限の対象となる者（同条第2項において準用する第1条第2項の経済産業大臣が指定する需要設備以外の需要設備を有しないものを除く．以下「関係電気使用者」という.）は，前条第1項の規定により使用最大電力の制限が行われる期間の範囲内の期間及び当該制限が行われる時間において，単独で又は他の関係電気使用者と共同して，複数の需要設備についての電気の使用を連携させて抑制するため，当該抑制をしようとする期間の開始の日から起算して14日前までに，次に掲げる事項を記載した様式第1による申請書（以下この条及び第11条において「電力共同抑制申請書」という.）を経済産業大臣に提出し，その内容が適当である旨の確認を受けることができる．

一　氏名又は名称及び住所並びに法人にあっては，その代表者の氏名

二　当該需要設備についての電気の使用を連携させて抑制しようとする期間

三　当該需要設備の概要

四　当該需要設備についての電気の使用を連携させて抑制する旨の説明

五　当該需要設備についての電気の使用を連携させて抑制することにより，満たすことが求められる使用電力の合計値に係る基準として，当該需要設備ごとの前条第1項に規定する経済産業大臣が指定する電力の値及び率を勘案して，経済産業大臣が指定する電力の値(以下この条において「指定合計電力」という.)

六　第二号に掲げる期間及び前条第1項の規定により使用最大電力の制限が行われる時間(以下この条において「特定指定期間等」という.)の各1時間において予定している当該需要設備ごとの使用電力の値(以下この条において「使用予定電力」という.)及びその合計値(以下この条において「合計使用予定電力」という.)

2　経済産業大臣は，前項の規定により提出された電力共同抑制申請書の内容が次の各号のいずれにも適合することを確認したときは，当該関係電気使用者を指定関係電気使用者として指定するものとする.

一　当該需要設備の全てについて，前条第1項に規定する経済産業大臣が指定する地域における同一の供給区域又は供給地点内に存在し，かつ，特定指定期間等における指定契約電力が500kW 以上であること.

二　特定指定期間等における合計使用予定電力の最大値が，指定合計電力以下であること.

三　その他電気事業法第34条の2第1項の規定の趣旨に照らして著しく不適当であるとして経済産業大臣が定める内容でないこと.

3　指定関係電気使用者は，特定指定期間等の各1時間においては，当該需要設備については，前条第1項の規定にかかわらず，当該需要設備についての電気の使用を連携させて抑制することにより，その使用電力の合計値が指定合計電力以下となる場合を除き，それぞれの使用電力の値がそれぞれの使用予定電力以下となるように，小売電気事業者等が供給する電気を使用しなければならない.

4　指定関係電気使用者は，第2項の確認を受けた電力共同抑制申請書の内容を変更しようとする場合は，その変更を適用しようとする日から起算して14日前までに，次に掲げる事項を記載した様式第2による申請書を経済産業大臣に提出し，その内容が適当である旨の確認を受け，指定を受けなければならない．ただし，同項の規定による指定(この項の規定による確認を受けた場合にあっては，その確認後の指定．以下この条及び第8条において同じ.)を他の関係電気使用者と共同で受けている場合には，当該関係電気使用者と共同して当該申請書を提出しなければならない.

一　氏名又は名称及び住所並びに法人にあっては，その代表者の氏名

二　変更しようとする事項(新旧の対照を明示すること.)

三　変更の理由

5　指定関係電気使用者は，第2項の規定による指定の取消しを受けようとする場合は，当該指定の取消しを受けようとする日から起算して7日前までに，様式第3による申請書を経済産業大臣に提出しなければならない．ただし，同項の規定による指定を他の関係電気使用者と共同で受けている場合には，当該関係電気使用者と共同して当該申請書を提出しなければならない.

6　経済産業大臣は，指定関係電気使用者から前項の指定の取消しの申請があったときは，その指定を取り消すものとする.

7　経済産業大臣は，指定関係電気使用者が虚偽若しくは不正の事実に基づいて確認を受けた者であることが判明したとき，又は第3項の規定に違反したときは，その指定を取り消すことができる.

8　第1項の規定による確認の申請は，第10条第2項の規定による通知の前においても，行うことができる．

（用途を定めてする使用制限）

**第4条**　経済産業大臣が指定する地域において小売電気事業者等が供給する電気を使用する者は，経済産業大臣が指定する期間及び時間においては，広告灯，電飾，ネオンサイン，ショウウィンドウ用照明設備又は屋外投光器のうち装飾用，広告用その他これらに類する用途に使用されるもので経済産業大臣が指定するものの用に当該一般電気事業者等が供給する電気を使用してはならない．

（日時を定めてする使用制限）

**第5条**　経済産業大臣が指定する地域において小売電気事業者等が供給する電気を使用する者であって，一の需要設備についての契約電力の値が50kW以上であるものは，経済産業大臣が指定する期間においては，経済産業大臣が1週につき2日を限度として指定する日数又は経済産業大臣が指定する日及び時間には，当該需要設備については，保安用その他の経済産業大臣が指定する用途以外の用途に当該小売電気事業者等が供給する電気を使用してはならない．

2　第1条第2項の規定は，前項の規定による制限に準用する．

（制限の緩和）

**第6条**　経済産業大臣は，保安上その他やむを得ない特別の事由により必要があると認めるときは，経済産業大臣の定めるところにより，前5条の規定による制限を緩和することができる．

（賃貸事業者等の努力義務）

**第7条**　第1条第1項に規定する使用電力量の制限の対象となる者（同条第2項の経済産業大臣が指定する需要設備以外の需要設備を有しないものを除く．次条において同じ．）及び関係電気使用者は，当該需要設備の一部を賃貸している場合は，第1条第1項又は第2条第1項の規定による電気の使用の制限が行われたときは，賃借している事業者（以下この条において「賃借事業者」という．）に係る使用電力量及び使用電力の値の把握並びに当該賃借事業者に対する当該情報の提供に努めなければならない．

2　賃借事業者は，当該情報を活用しつつ，小売電気事業者等が供給する電気の使用の抑制に努めなければならない．

（使用状況の報告）

**第8条**　第1条第1項に規定する使用電力量の制限の対象となる者及び関係電気使用者は，同条第1項又は第2条第1項の規定による電気の使用の制限が行われたときは，経済産業大臣が指定する期日までに，それぞれ様式第4又は様式第5（指定関係電気使用者にあっては，様式第6）により，当該制限が行われた期間における電気の使用状況に関する報告書にその写し2通を添えて，経済産業大臣に提出しなければならない．ただし，第3条第2項の規定による指定を他の関係電気使用者と共同で受けている場合には，当該指定に係る特定指定期間等における電気の使用状況に関し，当該関係電気使用者と共同して当該報告書を提出しなければならない．

（受電の届出及び勧告）

**第9条**　経済産業大臣が指定する地域において，一の需要設備の受電電力の容量が経済産業大臣が指定する容量以上の受電電力の容量をもって小売電気事業者等から受電をしようとする者又は現に小売電気事業者等から受電をしている者であって増加しようとする受電電力の容量が当該指定する容量以上である者は，経済産業大臣が指定する期間においては，受電開始の30日前までに，次に掲げる事項を経済産業大臣に届け出なければならない．

一　受電電力の容量及び受電開始の日

二　需要設備の設置の場所

2　経済産業大臣は，前項の届出があった場合において，当該受電が電気の供給の不足をもたらし，公共の利益を阻害するおそれがあると認められるときは，その事態を克服するため必要な限度において，当該受電の開始前に限り受電をしようとする容量を削減すべきことを勧告することができる．

3　第1項の届出をしようとする者は，様式第7の届出書に様式第八の受電（増加）届出に関する説明書を添えて提出しなければならない．

（公示等）

**第10条**　第3条第1項第五号，第4条から第6条まで及び前2条の規定による経済産業大臣の指定は，その内容を官報に公示することによって行う．

2　第1条及び第2条の規定による経済産業大臣の指定は，その内容を官報に公示し，関係電気使用者に通知することによって行う．

3　第3条第2項，第4項，第6項及び第7項の規定による経済産業大臣の指定又は指定の取消しは，その内容を関係電気使用者に通知することによって行う．

（提出）

**第11条**　電力共同抑制申請書，第3条第4項及び第5項の申請書，第8条の報告書並びに第9条第3項の届出書及び説明書の提出については，当該申請書等が，電磁的記録（電子的方式，磁気的方式その他人の知覚によっては認識することができない方式で作られる記録であって，電子計算機による情報処理の用に供されるものをいう．）で作成されている場合には，次に掲げる電磁的方法をもって行うことができる．ただし，電磁的方法は，受信者がファイルへの記録を出力することにより書面を作成することができるものでなければならない．

一　送信者の使用に係る電子計算機と受信者の使用に係る電子計算機とを電気通信回線で接続した電子情報処理組織を使用する方法であって，当該電気通信回線を通じて情報が送信され，受信者の使用に係る電子計算機に備えられたファイルに当該情報が記録されるもの

二　磁気ディスクその他これに準ずる方法により一定の情報を確実に記録しておくことができる物をもって調製するファイルに情報を記録したものを交付する方法

## 附　　則（令和2年12月28日　経済産業省令第92号）

（施行期日）

**第1条**　この省令は，公布の日から施行する．

（経過措置）

**第2条**　この省令の施行の際現にあるこの省令による改正前の様式（次項において「旧様式」という．）により使用されている書類（第92条による改正前の電気事業法等の一部を改正する等の法律の施行に伴う経過措置に関する省令様式第13を除く．）は，この省令による改正後の様式によるものとみなす．

2　この省令の施行の際現にある旧様式による用紙（第92条による改正前の電気事業法等の一部を改正する等の法律の施行に伴う経過措置に関する省令様式第13を除く．）については，当分の間，これを取り繕って使用することができる．

様式第1（第3条関係）

# 電力共同抑制申請書

年　　月　　日

殿

住　　所
氏　　名
（法人にあっては名称及び代表者の氏名）
住　　所
氏　　名
（法人にあっては名称及び代表者の氏名）

電気使用制限等規則第3条第1項の規定による確認を受けたいので申請します.

1　連絡担当者

| | |
|---|---|
| 関係電気使用者の名称 | |
| 所属部課 | |
| 氏名 | |
| 電話 | |
| FAX | |
| e-mail | |

注　1　他の関係電気使用者と共同して提出する場合は，氏名及び住所（法人にあっては名称及び代表者の氏名）をそれぞれ記載すること．なお，所定の場所にそのすべてを記載することができないときは別紙1に記載すること.
2　電気の使用を連携させて抑制を行う需要設備ごとの関係電気使用者の名称及び規則第10条第2項の規定に基づき通知された需要設備番号を別紙2に記載すること.
3　複数の需要設備についての電気の使用を連携させて抑制することの説明等を別紙3に記載すること.
4　電気の使用を連携させて抑制を行う需要設備ごとの概要等について別紙4に記載すること.
5　用紙の大きさは，日本産業規格A4とすること.

2　電力の制限の状況

| | | |
|---|---|---|
| 特定指定期間等 | 月　日～　月　日 | 時～　時 |
| 使用できる電力の限度(指定合計電力)(kW) | | |

注　1　指定合計電力に関し，その算定の根拠となる需要設備ごとの電力の値については，別紙4の2に記載すること.
2　用紙の大きさは，日本産業規格A3とすること.

3　特定指定期間等の各一時間において予定している需要設備の使用電力の合計値（合計使用予定電力）

　月　　日　～　　月　　日

| 日<br>時間 | 日<br>（曜日）<br>（kW） | 日<br>（曜日）<br>（kW） | 日<br>（曜日）<br>（kW） | 日<br>（曜日）<br>（kW） | 日<br>（曜日）<br>（kW） | 日<br>（曜日）<br>（kW） | 日<br>（曜日）<br>（kW） | 日<br>（曜日）<br>（kW） | 日<br>（曜日）<br>（kW） | 日<br>（曜日）<br>（kW） | 日<br>（曜日）<br>（kW） | 日<br>（曜日）<br>（kW） | 日<br>（曜日）<br>（kW） | 日<br>（曜日）<br>（kW） |
|---|---|---|---|---|---|---|---|---|---|---|---|---|---|---|
| 0 ～ 1 | | | | | | | | | | | | | | |
| 1 ～ 2 | | | | | | | | | | | | | | |
| 2 ～ 3 | | | | | | | | | | | | | | |
| 3 ～ 4 | | | | | | | | | | | | | | |
| 4 ～ 5 | | | | | | | | | | | | | | |
| 5 ～ 6 | | | | | | | | | | | | | | |
| 6 ～ 7 | | | | | | | | | | | | | | |
| 7 ～ 8 | | | | | | | | | | | | | | |
| 8 ～ 9 | | | | | | | | | | | | | | |
| 9 ～ 10 | | | | | | | | | | | | | | |
| 10 ～ 11 | | | | | | | | | | | | | | |
| 11 ～ 12 | | | | | | | | | | | | | | |
| 12 ～ 13 | | | | | | | | | | | | | | |
| 13 ～ 14 | | | | | | | | | | | | | | |
| 14 ～ 15 | | | | | | | | | | | | | | |
| 15 ～ 16 | | | | | | | | | | | | | | |
| 16 ～ 17 | | | | | | | | | | | | | | |
| 17 ～ 18 | | | | | | | | | | | | | | |
| 18 ～ 19 | | | | | | | | | | | | | | |
| 19 ～ 20 | | | | | | | | | | | | | | |
| 20 ～ 21 | | | | | | | | | | | | | | |
| 21 ～ 22 | | | | | | | | | | | | | | |
| 22 ～ 23 | | | | | | | | | | | | | | |
| 23 ～ 24 | | | | | | | | | | | | | | |

注　1　合計使用予定電力について，所定の場所にそのすべてを記載することができないときは，用紙を追加し，記載すること．

2　用紙の大きさは，日本産業規格 A3 とすること．

4　合計使用予定電力の最大値

| | |
|---|---|
| 合計使用予定電力の最大値（kW） | |

注　用紙の大きさは，日本産業規格 A3 とすること．

別紙1

住　　所
氏　　名
（法人にあっては名称及び代表者の氏名）
住　　所
氏　　名
（法人にあっては名称及び代表者の氏名）
住　　所
氏　　名
（法人にあっては名称及び代表者の氏名）
住　　所
氏　　名
（法人にあっては名称及び代表者の氏名）
住　　所
氏　　名
（法人にあっては名称及び代表者の氏名）

注　1　所定の場所にそのすべてを記載することができないときは，記載項目を追加すること．
　　2　用紙の大きさは，日本産業規格 A4 とすること．

別紙2

| | |
|---|---|
| 関係電気使用者の名称 | |
| 需要設備番号 | |

| | |
|---|---|
| 関係電気使用者の名称 | |
| 需要設備番号 | |

| | |
|---|---|
| 関係電気使用者の名称 | |
| 需要設備番号 | |

| | |
|---|---|
| 関係電気使用者の名称 | |
| 需要設備番号 | |

| | |
|---|---|
| 関係電気使用者の名称 | |
| 需要設備番号 | |

注　1　電気の使用を連携させて抑制を行う需要設備ごとの関係電気使用者の名称及び規則第10条第2項の規定に基づき通知された需要設備番号を記載すること.
　　2　所定の場所にそのすべてを記載することができないときは, 記載項目を追加すること.
　　3　用紙の大きさは, 日本産業規格 A4 とすること.

別紙3

1　複数の需要設備についての電気の使用を連携させて抑制することの説明

| |
|---|
| |

注　1　複数の需要設備についての電気の使用を連携させて抑制することの説明の欄には, 複数の需要設備間における具体的な連絡手段及び連絡体制図について記載すること.
　　2　用紙の大きさは, 日本産業規格 A4 とすること.

2　規則第3条第2項第3号に関する事項

| | |
|---|---|
| 申請書の内容が, 規則第3条第2項第3号の経済産業大臣が定める著しく不適当な内容に該当していないか. | 該当していない　該当している |

注1　規則第3条第2項第3号に関する事項について, 該当していない又は該当しているのいずれかを○で囲むこと. また, 該当していない場合, 該当していないことを証明する書類を添付すること.
　2　用紙の大きさは, 日本産業規格 A4 とすること.

別紙4

1　需要設備の概要

<table>
<tr><td colspan="3">関係電気使用者の名称</td><td></td></tr>
<tr><td colspan="3">需要設備番号</td><td></td></tr>
<tr><td colspan="3">需要設備の設置場所</td><td></td></tr>
<tr><td colspan="3">需要設備の用途</td><td></td></tr>
<tr><td rowspan="8">特定指定期間等における指定契約電力(kW)</td><td rowspan="4">一般契約の場合</td><td></td><td></td></tr>
<tr><td></td><td></td></tr>
<tr><td></td><td></td></tr>
<tr><td></td><td></td></tr>
<tr><td rowspan="3">需給調整契約の場合</td><td></td><td></td></tr>
<tr><td></td><td></td></tr>
<tr><td></td><td></td></tr>
<tr><td colspan="2">合計</td><td></td></tr>
</table>

| | | |
|---|---|---|
| 受　電　電　圧（V） | | |
| 電気の供給を受けている小売電気事業者等の名称 | | |
| 担当連絡先等 | 所　属　部　課 | |
| | 氏　名 | |
| | 電　話 | |
| | F　A　X | |
| | e-mail | |

注　1　指定契約電力は，契約種別ごとに記載すること．
　　2　用紙の大きさは，日本産業規格 A4 とすること．

2　電力の制限の状況

| | |
|---|---|
| 需　要　設　備　番　号 | |
| 需要設備の制限率（%） | |
| 指定合計電力における当該需要設備の電力の値（kW） | |
| 指定合計電力を示す年月日及び時間 | 年　月　日　時　～　年　月　日　時 |

注　用紙の大きさは，日本産業規格 A3 とすること．

3　特定指定期間等の各一時間において予定している需要設備の使用電力（使用予定電力）
　月　日～　月　日

| 日 / 時間 | 日（曜日）（kW） | 日（曜日）（kW） | 日（曜日）（kW） | 日（曜日）（kW） | 日（曜日）（kW） | 日（曜日）（kW） | 日（曜日）（kW） | 日（曜日）（kW） | 日（曜日）（kW） | 日（曜日）（kW） | 日（曜日）（kW） | 日（曜日）（kW） | 日（曜日）（kW） | 日（曜日）（kW） |
|---|---|---|---|---|---|---|---|---|---|---|---|---|---|---|
| 0～1 | | | | | | | | | | | | | | |
| 1～2 | | | | | | | | | | | | | | |
| 2～3 | | | | | | | | | | | | | | |
| 3～4 | | | | | | | | | | | | | | |
| 4～5 | | | | | | | | | | | | | | |
| 5～6 | | | | | | | | | | | | | | |
| 6～7 | | | | | | | | | | | | | | |
| 7～8 | | | | | | | | | | | | | | |
| 8～9 | | | | | | | | | | | | | | |

| | | | | | | | | | | | | | | |
|---|---|---|---|---|---|---|---|---|---|---|---|---|---|---|
| 9〜10 | | | | | | | | | | | | | | |
| 10〜11 | | | | | | | | | | | | | | |
| 11〜12 | | | | | | | | | | | | | | |
| 12〜13 | | | | | | | | | | | | | | |
| 13〜14 | | | | | | | | | | | | | | |
| 14〜15 | | | | | | | | | | | | | | |
| 15〜16 | | | | | | | | | | | | | | |
| 16〜17 | | | | | | | | | | | | | | |
| 17〜18 | | | | | | | | | | | | | | |
| 18〜19 | | | | | | | | | | | | | | |
| 19〜20 | | | | | | | | | | | | | | |
| 20〜21 | | | | | | | | | | | | | | |
| 21〜22 | | | | | | | | | | | | | | |
| 22〜23 | | | | | | | | | | | | | | |
| 23〜24 | | | | | | | | | | | | | | |

注　1　使用予定電力について，所定の場所にそのすべてを記載することができないときは，用紙を追加し，記載すること．

2　用紙の大きさは，日本産業規格 A3 とすること．

様式第2（第3条関係）

## 電力共同抑制変更申請書

年　　月　　日

殿

住　　所
氏　　名
（法人にあっては名称及び代表者の氏名）
住　　所
氏　　名
（法人にあっては名称及び代表者の氏名）

電気使用制限等規則第3条第4項の規定による変更の確認を受けたいので申請します．

1　連絡担当者

| | |
|---|---|
| 関係電気使用者の名称 | |
| 所属部課 | |
| 氏名 | |
| 電話 | |
| FAX | |
| e-mail | |

注　1　他の関係電気使用者と共同して提出する場合は，氏名及び住所（法人にあっては名称及び代表者の氏名）をそれぞれ記載すること．なお，所定の場所にそのすべてを記載することができないときは別紙に記載すること．
　　2　用紙の大きさは，日本産業規格 A4 とすること．

2　変更内容

| | | |
|---|---|---|
| 指定年月日 | | |
| 規則第3条第2項又は同条第4項の規定に基づく指定を受けた際の通知書の文書番号 | | |
| 変更事項 | 変更後 | 変更前 |
| | | |
| 変更の理由 | | |

| | |
|---|---|
| 変更内容の適用予定年月日 | |

注　1　変更事項については，その内容を踏まえ，様式第1の2～4，別紙2，別紙3及び別紙4と同様のものを添付すること．
　　2　用紙の大きさは，日本産業規格 A4とすること．

別紙

住　　所
氏　　名
（法人にあっては名称及び代表者の氏名）
住　　所
氏　　名
（法人にあっては名称及び代表者の氏名）
住　　所
氏　　名
（法人にあっては名称及び代表者の氏名）
住　　所
氏　　名
（法人にあっては名称及び代表者の氏名）
住　　所
氏　　名
（法人にあっては名称及び代表者の氏名）

注　1　所定の場所にそのすべてを記載することができないときは，記載項目を追加すること．
　　2　用紙の大きさは，日本産業規格 A4とすること．

様式第３（第３条関係）

# 指 定 取 消 し 申 請 書

年　　月　　日

殿

住　所
氏　名
（法人にあっては名称及び代表者の氏名）
住　所
氏　名
（法人にあっては名称及び代表者の氏名）

電気使用制限等規則第３条第６項の規定による指定の取消しを受けたいので申請します．

1　連絡担当者

| | |
|---|---|
| 関係電気使用者の名称 | |
| 所属部課 | |
| 氏名 | |
| 電話 | |
| FAX | |
| e-mail | |

注　1　他の関係電気使用者と共同して提出する場合は，氏名及び住所（法人にあっては名称及び代表者の氏名）をそれぞれ記載すること．なお，所定の場所にそのすべてを記載することができないときは別紙１に記載すること．
　　2　電気の使用を連携させて抑制を行う需要設備ごとの関係電気使用者の名称及び規則第10条第２項の規定に基づき通知された需要設備番号を別紙２に記載すること．
　　3　用紙の大きさは，日本産業規格 A4 とすること．

2　取り消す指定の内容

| | |
|---|---|
| 指定年月日 | |
| 規則第３条第２項又は同条第４項の規定に基づく指定を受けた際の通知書の文書番号 | |
| 指定を取り消す理由 | |
| 指定取消し予定年月日 | |

注　用紙の大きさは，日本産業規格 A4 とすること．

別紙１

住　　所
氏　　名
（法人にあっては名称及び代表者の氏名）
住　　所
氏　　名
（法人にあっては名称及び代表者の氏名）
住　　所
氏　　名
（法人にあっては名称及び代表者の氏名）
住　　所
氏　　名
（法人にあっては名称及び代表者の氏名）
住　　所
氏　　名
（法人にあっては名称及び代表者の氏名）

注　１　所定の場所にそのすべてを記載することができないときは，記載項目を追加すること．
　　２　用紙の大きさは，日本産業規格 A4 とすること．

別紙２

| | |
|---|---|
| 関係電気使用者の名称 | |
| 需　要　設　備　番　号 | |

| | |
|---|---|
| 関係電気使用者の名称 | |
| 需　要　設　備　番　号 | |

| | |
|---|---|
| 関係電気使用者の名称 | |
| 需　要　設　備　番　号 | |

| | |
|---|---|
| 関係電気使用者の名称 | |
| 需　要　設　備　番　号 | |

| | |
|---|---|
| 関係電気使用者の名称 | |
| 需　要　設　備　番　号 | |

注　１　電気の使用を連携させて抑制を行う需要設備ごとの関係電気使用者の名称及び規則第10条第２項の規定に基づき通知された需要設備番号を記載すること．
　　２　所定の場所にそのすべてを記載することができないときは，記載項目を追加すること．
　　３　用紙の大きさは，日本産業規格 A4 とすること．

様式第４（第８条関係）

# 使用電力量状況報告書

年　　月　　日

殿

住　所
氏　名
（法人にあっては名称及び代表者の氏名）

電気使用制限等規則第８条の規定により次のとおり使用電力量の状況を報告します．

1　需要設備の概要

| | | |
|---|---|---|
| 需要設備の設置場所 | | |
| 需要設備の用途 | | |
| 契約の種別 | | |
| 受電電圧（V） | | |
| 電気の供給を受けている小売電気事業者等の名称 | | |
| 担当連絡先等 | 所属部課 | |
| | 氏名 | |
| | 電話 | |
| | FAX | |
| | e-mail | |

注　用紙の大きさは，日本産業規格 A4 とすること．

2　使用電力量の状況

| | |
|---|---|
| 使用した電力量（Q）（kWh） | |
| 使用できる電力量の限度（W）（kWh） | |
| $\frac{Q}{W}$ (%) | |
| 使用できる電力量の限度の算出に関する説明 | |

注　用紙の大きさは，日本産業規格 A4 とすること．

様式第5（第8条関係）

## 使用電力状況報告書

年　　月　　日

殿

住　所
氏　名
（法人にあっては名称及び代表者の氏名）

電気使用制限等規則第8条の規定により次のとおり使用電力の状況を報告します．

1　需要設備の概要

| | | | |
|---|---|---|---|
| 関係電気使用者の名称 | | | |
| 需要設備番号 | | | |
| 需要設備の設置場所 | | | |
| 需要設備の用途 | | | |
| 電力の制限が実施される期間及び時間における指定契約電力(kW) | 一般契約の場合 | | |
| | | | |
| | | | |
| | | | |
| | 需給調整契約の場合 | | |
| | | | |
| | | | |
| | 合計 | | |
| 受電電圧（V） | | | |
| 電気の供給を受けている小売電気事業者等の名称 | | | |
| 担当連絡先等 | 所属部課 | | |
| | 氏名 | | |
| | 電話 | | |
| | FAX | | |
| | e-mail | | |

注　1　指定契約電力は，契約種別ごとに記載すること．
　　2　用紙の大きさは，日本産業規格A4とすること．

2　電力の制限の状況等

| | | |
|---|---|---|
| 需　要　設　備　番　号 | | |
| 状況を報告する期間及び時間 | 月　日～　月　日 | 時～　時 |
| 規則第２条第１項にて経済産業大臣が指定する電力の値（kW） | | |
| 制　限　率(%) | | |
| 使用できる電力の限度(kW) | | |

注　用紙の大きさは，日本産業規格 A3 とすること．

3　状況を報告する期間における最大需要電力

| | |
|---|---|
| 状況を報告する期間における最大需要電力（kW） | |

注　1　状況を報告する期間における最大需要電力が使用できる電力の限度以下となる場合であり，検針票の写しその他の当該需要電力が状況を報告する期間における最大の値であることを証明する書類を添付する場合は，４及び５は記載不要とする．
　　2　用紙の大きさは，日本産業規格 A3 とすること．

4　需要設備の使用電力の状況
　　月　日～　月　日

| 日<br>時間 | 日<br>(曜日)<br>(kW) | 日<br>(曜日)<br>(kW) | 日<br>(曜日)<br>(kW) | 日<br>(曜日)<br>(kW) | 日<br>(曜日)<br>(kW) | 日<br>(曜日)<br>(kW) | 日<br>(曜日)<br>(kW) | 日<br>(曜日)<br>(kW) | 日<br>(曜日)<br>(kW) | 日<br>(曜日)<br>(kW) | 日<br>(曜日)<br>(kW) | 日<br>(曜日)<br>(kW) | 日<br>(曜日)<br>(kW) | 日<br>(曜日)<br>(kW) |
|---|---|---|---|---|---|---|---|---|---|---|---|---|---|---|
| 0～1 | | | | | | | | | | | | | | |
| 1～2 | | | | | | | | | | | | | | |
| 2～3 | | | | | | | | | | | | | | |
| 3～4 | | | | | | | | | | | | | | |
| 4～5 | | | | | | | | | | | | | | |
| 5～6 | | | | | | | | | | | | | | |
| 6～7 | | | | | | | | | | | | | | |
| 7～8 | | | | | | | | | | | | | | |
| 8～9 | | | | | | | | | | | | | | |
| 9～10 | | | | | | | | | | | | | | |
| 10～11 | | | | | | | | | | | | | | |
| 11～12 | | | | | | | | | | | | | | |

| | | | | | | | | | | | | | | |
|---|---|---|---|---|---|---|---|---|---|---|---|---|---|---|
| 12 ～ 13 | | | | | | | | | | | | | | |
| 13 ～ 14 | | | | | | | | | | | | | | |
| 14 ～ 15 | | | | | | | | | | | | | | |
| 15 ～ 16 | | | | | | | | | | | | | | |
| 16 ～ 17 | | | | | | | | | | | | | | |
| 17 ～ 18 | | | | | | | | | | | | | | |
| 18 ～ 19 | | | | | | | | | | | | | | |
| 19 ～ 20 | | | | | | | | | | | | | | |
| 20 ～ 21 | | | | | | | | | | | | | | |
| 21 ～ 22 | | | | | | | | | | | | | | |
| 22 ～ 23 | | | | | | | | | | | | | | |
| 23 ～ 24 | | | | | | | | | | | | | | |

注　1　引込み線等の共用により把握が困難な需要設備の使用電力の値は，受電地点における共用設備全体に係る使用電力の値から引込み線等を共用する他の需要設備の使用電力の値を差し引くことにより算出するものとする．

2　注 1 において，引込み線等を共用する他の需要設備の使用電力の値ついても把握が困難な場合は，受電地点における共用設備全体に係る使用電力の値から引込み線等を共用する他の需要設備の契約電力の値又は契約電力に相当するものの値を差し引くことにより算出するものとする．

3　需要設備の使用電力の状況について，所定の場所にそのすべてを記載することができないときは，用紙を追加し，記載すること．

4　用紙の大きさは，日本産業規格 A 3 とすること．

5　需要設備の使用電力の最大値

| | |
|---|---|
| 需要設備の使用電力の最大値（kW） | |

注　用紙の大きさは，日本産業規格 A3 とすること．

様式第6（第8条関係）

# 使用電力状況報告書

年　　月　　日

殿

住　所
氏　名
（法人にあっては名称及び代表者の氏名）
住　所
氏　名
（法人にあっては名称及び代表者の氏名）

電気使用制限等規則第8条の規定により次のとおり使用電力の状況を報告します.

1　規則第3条第2項又は同条第4項の規定に基づき指定を受けた際の通知書の文書番号

| |
|---|
| |

注　1　他の関係電気使用者と共同して提出する場合は，氏名及び住所（法人にあっては名称及び代表者の氏名）をそれぞれ記載すること．なお，所定の場所にそのすべてを記載することができないときは別紙1に記載すること.
2　電気の使用を連携させて抑制を行う需要設備ごとの関係電気使用者の名称及び規則第10条第2項の規定に基づき通知された需要設備番号を別紙2に記載すること.
3　電気の使用を連携させて抑制を行う需要設備ごとの概要等について別紙3に記載すること.
4　用紙の大きさは，日本産業規格 A4 とすること.

2　連絡担当者

| | |
|---|---|
| 関係電気使用者の名称 | |
| 所属部課 | |
| 氏名 | |
| 電話 | |
| FAX | |
| e-mail | |

注　用紙の大きさは，日本産業規格 A4 とすること.

3　電力の制限の状況

| | | |
|---|---|---|
| 特定指定期間等 | 月　日～　月　日 | 時～　時 |
| 使用できる電力の限度(指定合計電力)(kW) | | |

注　用紙の大きさは，日本産業規格 A4 とすること.

4　需要設備の使用電力の合計値の状況
月　　日　～　　月　　日

| 日<br>時間 | 日<br>（曜日）<br>（kW） | 日<br>（曜日）<br>（kW） | 日<br>（曜日）<br>（kW） | 日<br>（曜日）<br>（kW） | 日<br>（曜日）<br>（kW） | 日<br>（曜日）<br>（kW） | 日<br>（曜日）<br>（kW） | 日<br>（曜日）<br>（kW） | 日<br>（曜日）<br>（kW） | 日<br>（曜日）<br>（kW） | 日<br>（曜日）<br>（kW） | 日<br>（曜日）<br>（kW） | 日<br>（曜日）<br>（kW） | 日<br>（曜日）<br>（kW） |
|---|---|---|---|---|---|---|---|---|---|---|---|---|---|---|
| 0～1 | | | | | | | | | | | | | | |
| 1～2 | | | | | | | | | | | | | | |
| 2～3 | | | | | | | | | | | | | | |
| 3～4 | | | | | | | | | | | | | | |
| 4～5 | | | | | | | | | | | | | | |
| 5～6 | | | | | | | | | | | | | | |
| 6～7 | | | | | | | | | | | | | | |
| 7～8 | | | | | | | | | | | | | | |
| 8～9 | | | | | | | | | | | | | | |
| 9～10 | | | | | | | | | | | | | | |
| 10～11 | | | | | | | | | | | | | | |
| 11～12 | | | | | | | | | | | | | | |
| 12～13 | | | | | | | | | | | | | | |
| 13～14 | | | | | | | | | | | | | | |
| 14～15 | | | | | | | | | | | | | | |
| 15～16 | | | | | | | | | | | | | | |
| 16～17 | | | | | | | | | | | | | | |
| 17～18 | | | | | | | | | | | | | | |
| 18～19 | | | | | | | | | | | | | | |
| 19～20 | | | | | | | | | | | | | | |
| 20～21 | | | | | | | | | | | | | | |
| 21～22 | | | | | | | | | | | | | | |
| 22～23 | | | | | | | | | | | | | | |
| 23～24 | | | | | | | | | | | | | | |

注　1　需要設備の使用電力の合計値の状況について，所定の場所にそのすべてを記載することができないときは，用紙を追加し，記載すること．
　　2　用紙の大きさは，日本産業規格 A3 とすること．

5　需要設備の使用電力の合計値の最大値

| | |
|---|---|
| 需要設備の使用電力の合計値の最大値（kW） | |

注　用紙の大きさは，日本産業規格 A3とすること．

別紙1

住　　所
氏　　名
（法人にあっては名称及び代表者の氏名）
住　　所
氏　　名
（法人にあっては名称及び代表者の氏名）
住　　所
氏　　名
（法人にあっては名称及び代表者の氏名）
住　　所
氏　　名
（法人にあっては名称及び代表者の氏名）
住　　所
氏　　名
（法人にあっては名称及び代表者の氏名）

注　1　所定の場所にそのすべてを記載することができないときは，記載項目を追加すること．
　　2　用紙の大きさは，日本産業規格 A4とすること．

別紙2

| | |
|---|---|
| 関係電気使用者の名称 | |
| 需 要 設 備 番 号 | |

| | |
|---|---|
| 関係電気使用者の名称 | |
| 需 要 設 備 番 号 | |

| | |
|---|---|
| 関係電気使用者の名称 | |
| 需 要 設 備 番 号 | |

| | |
|---|---|
| 関係電気使用者の名称 | |
| 需 要 設 備 番 号 | |

| | |
|---|---|
| 関係電気使用者の名称 | |
| 需 要 設 備 番 号 | |

注　1　電気の使用を連携させて抑制を行う需要設備ごとの関係電気使用者の名称及び規則第10条第2項の規定に基づき通知された需要設備番号を記載すること．
　　2　所定の場所にそのすべてを記載することができないときは，記載項目を追加すること．
　　3　用紙の大きさは，日本産業規格 A4とすること．

別紙3

1　需要設備の概要

<table>
<tr><td colspan="3">関係電気使用者の名称</td><td></td></tr>
<tr><td colspan="3">需要設備番号</td><td></td></tr>
<tr><td colspan="3">需要設備の設置場所</td><td></td></tr>
<tr><td colspan="3">需要設備の用途</td><td></td></tr>
<tr><td rowspan="8">特定指定期間等における指定契約電力(kW)</td><td rowspan="4">一般契約の場合</td><td></td><td></td></tr>
<tr><td></td><td></td></tr>
<tr><td></td><td></td></tr>
<tr><td></td><td></td></tr>
<tr><td rowspan="3">需給調整契約の場合</td><td></td><td></td></tr>
<tr><td></td><td></td></tr>
<tr><td></td><td></td></tr>
<tr><td colspan="2">合計</td><td></td></tr>
<tr><td colspan="3">受電電圧(V)</td><td></td></tr>
<tr><td colspan="3">電気の供給を受けている小売電気事業者等の名称</td><td></td></tr>
<tr><td rowspan="5">担当連絡先等</td><td colspan="2">所属部課</td><td></td></tr>
<tr><td colspan="2">氏名</td><td></td></tr>
<tr><td colspan="2">電話</td><td></td></tr>
<tr><td colspan="2">FAX</td><td></td></tr>
<tr><td colspan="2">e-mail</td><td></td></tr>
</table>

注　1　指定契約電力は，契約種別ごとに記載すること．
　　2　用紙の大きさは，日本産業規格 A4 とすること．

2　電力の制限の状況

| | |
|---|---|
| 需要設備番号 | |
| 需要設備の制限率(%) | |

注　用紙の大きさは，日本産業規格 A3 とすること．

3　需要設備の使用電力の状況
　月　　日　～　　月　　日

| 日<br>時間 | 日<br>（曜日）<br>（kW） | 日<br>（曜日）<br>（kW） | 日<br>（曜日）<br>（kW） | 日<br>（曜日）<br>（kW） | 日<br>（曜日）<br>（kW） | 日<br>（曜日）<br>（kW） | 日<br>（曜日）<br>（kW） | 日<br>（曜日）<br>（kW） | 日<br>（曜日）<br>（kW） | 日<br>（曜日）<br>（kW） | 日<br>（曜日）<br>（kW） | 日<br>（曜日）<br>（kW） | 日<br>（曜日）<br>（kW） | 日<br>（曜日）<br>（kW） |
|---|---|---|---|---|---|---|---|---|---|---|---|---|---|---|
| 0～1 | | | | | | | | | | | | | | |
| 1～2 | | | | | | | | | | | | | | |
| 2～3 | | | | | | | | | | | | | | |
| 3～4 | | | | | | | | | | | | | | |
| 4～5 | | | | | | | | | | | | | | |
| 5～6 | | | | | | | | | | | | | | |
| 6～7 | | | | | | | | | | | | | | |
| 7～8 | | | | | | | | | | | | | | |
| 8～9 | | | | | | | | | | | | | | |
| 9～10 | | | | | | | | | | | | | | |
| 10～11 | | | | | | | | | | | | | | |
| 11～12 | | | | | | | | | | | | | | |
| 12～13 | | | | | | | | | | | | | | |
| 13～14 | | | | | | | | | | | | | | |
| 14～15 | | | | | | | | | | | | | | |
| 15～16 | | | | | | | | | | | | | | |
| 16～17 | | | | | | | | | | | | | | |
| 17～18 | | | | | | | | | | | | | | |
| 18～19 | | | | | | | | | | | | | | |
| 19～20 | | | | | | | | | | | | | | |
| 20～21 | | | | | | | | | | | | | | |
| 21～22 | | | | | | | | | | | | | | |
| 22～23 | | | | | | | | | | | | | | |
| 23～24 | | | | | | | | | | | | | | |

注　1　引込み線等の共用により把握が困難な需要設備の使用電力の値は，受電地点における共用設備全体に係る使用電力の値から引込み線等を共用する他の需要設備の使用電力の値を差し引くことにより算出するものとする．
　　2　注1において，引込み線等を共用する他の需要設備の使用電力の値についても把握が

困難な場合は，受電地点における共用設備全体に係る使用電力の値から引込み線等を共用する他の需要設備の契約電力又は契約電力に相当するものの値を差し引くことにより算出するものとする．

3　需要設備の使用電力の状況について，所定の場所にそのすべてを記載することができないときは，用紙を追加し，記載すること．

4　用紙の大きさは，日本産業規格 A3 とすること．

様式第7（第9条関係）

受電（増加）届出書

年　　月　　日

殿

住　所
氏　名
（法人にあっては名称及び代表者の氏名）

電気使用制限等規則第9条第1項の規定により次のとおり届け出ます.

<table>
<tr><td colspan="2">受電（増加）電力の容量</td><td></td></tr>
<tr><td colspan="2">需要設備の設置場所</td><td></td></tr>
<tr><td colspan="2">受電（増加）開始の日</td><td></td></tr>
<tr><td rowspan="5">担当連絡先等</td><td>所属部課</td><td></td></tr>
<tr><td>氏名</td><td></td></tr>
<tr><td>電話</td><td></td></tr>
<tr><td>FAX</td><td></td></tr>
<tr><td>e-mail</td><td></td></tr>
</table>

注　用紙の大きさは，日本産業規格A4とすること.

様式第 8（第 9 条関係）

## 受電（増加）届出に関する説明書

1　電気の用途

| |
|---|

注　用紙の大きさは，日本産業規格 A4 とすること．

2　使用の方法

| | 届出後 | 届出前 |
|---|---|---|
| 常時供給を受けようとする電力の値（kW） | | |
| 臨時に供給を受けようとする電力の値（kW） | | |
| 予備として供給を受けようとする電力の値（kW） | | |

注　用紙の大きさは，日本産業規格 A4 とすること．

3　受電電力の容量の算出根拠

| |
|---|

注　用紙の大きさは，日本産業規格 A4 とすること．

# 電気事業法の規定に基づく主任技術者の資格等に関する省令

（昭和40年6月15日　通商産業省令第52号）

（最終改正）令和4年3月31日　経済産業省令第32号

電気事業法（昭和39年法律第170号）第54条，第56条および第99条の規定に基づき，およびこれらの規定を実施するため，電気事業法の規定に基づく主任技術者の資格等に関する省令を次のように制定する．

電気事業法の規定に基づく主任技術者の資格等に関する省令

目　次



## 第1章　主任技術者の資格等

（学歴又は資格及び実務の経験の内容）

**第1条**　電気事業法（昭和39年法律第170号）第44条第2項第一号の経済産業省令で定める学歴又は資格及び実務の経験は，次の表の左欄に掲げる主任技術者免状の種類に応じて，それぞれ同表の中欄及び右欄に掲げるとおりとする．

| 免状の種類 | 学歴又は資格 | 実務の経験 | |
|---|---|---|---|
| | | 実務の内容 | 経験年数 |
| 第1種電気主任技術者免状 | 一　学校教育法（昭和22年法律第26号）による大学（短期大学を除く．以下同じ．）若しくはこれと同等以上の教育施設であって，経済産業大臣が告示で定める基準に適合するものとして認定を受けたものの電気工学に関する学科において，第7条第1項各号の科目を修めて卒業した者（当該科目を修めて同法による大学院を修了した者を含む．） | 電圧5万V以上の電気工作物の工事，維持又は運用 | 卒業前（同法による大学院においては修了前）経験年数の1/2と卒業後（同法による大学院においては修了後）の経験年数との和が5年以上 |
| | 二　一に掲げる者以外の | 電圧5万V以上の電 | 第2種電気主任技術者 |

| | | | |
|---|---|---|---|
| | 者であって，第２種電気主任技術者免状の交付を受けているもの | 気工作物の工事，維持又は運用 | 免状の交付を受けた後５年以上 |
| 第２種電気主任技術者免状 | 一　学校教育法による大学若しくはこれと同等以上の教育施設であって，経済産業大臣が告示で定める基準に適合するものとして認定を受けたものの電気工学に関する学科において，第７条第１項各号の科目を修めて卒業した者（当該科目を修めて同法による大学院を修了した者を含む.） | 電圧１万Ｖ以上の電気工作物の工事，維持又は運用 | 卒業前（同法による大学院においては修了前）の経験年数の1/2と卒業後（同法による大学院においては修了後）の経験年数との和が３年以上 |
| | 二　学校教育法による短期大学（同法による専門職大学の前期課程を含む．以下同じ.）若しくは高等専門学校又はこれらと同等以上の教育施設であって，経済産業大臣が告示で定める基準に適合するものとして認定を受けたものの電気工学に関する学科において，第７条第１項各号の科目を修めて卒業した者（当該科目を修めて同法による専門職大学の前期課程を修了した者を含む.） | 電圧１万Ｖ以上の電気工作物の工事，維持又は運用 | 卒業前（同法による専門職大学の前期課程においては修了前）の経験年数の1/2と卒業後（同法による専門職大学の前期課程においては修了後）の経験年数との和が５年以上 |
| | 三　一及び二に掲げる者以外の者であって，第３種電気主任技術者免状の交付を受けているもの | 電圧１万Ｖ以上の電気工作物の工事，維持又は運用 | 第３種電気主任技術者免状の交付を受けた後５年以上 |
| 第３種電気主任技術者免状 | 一　学校教育法による大学若しくはこれと同等以上の教育施設であって，経済産業大臣が告示で定める基準に適合 | 電圧500V以上の電気工作物の工事，維持又は運用 | 卒業前（同法による大学院においては修了前）の経験年数の1/2と卒業後（同法による大学院においては修了 |

| | | | |
|---|---|---|---|
| | するものとして認定を受けたものの電気工学に関する学科において，第7条第1項各号の科目を修めて卒業した者（当該科目を修めて同法による大学院を修了した者を含む.） | | 後）の経験年数との和が1年以上 |
| | 二　学校教育法による短期大学若しくは高等専門学校又はこれらと同等以上の教育施設であって，経済産業大臣が告示で定める基準に適合するものとして認定を受けたものの電気工学に関する学科において，第7条第1項各号の科目を修めて卒業した者（当該科目を修めて同法による専門職大学の前期課程を修了した者を含む.） | 電圧500V以上の電気工作物の工事，維持又は運用 | 卒業前（同法による専門職大学の前期課程においては修了前）の経験年数の1/2と卒業後（同法による専門職大学の前期課程においては修了後）の経験年数との和が2年以上 |
| | 三　学校教育法による高等学校又はこれと同等以上の教育施設であって，経済産業大臣が告示で定める基準に適合するものとして認定を受けたものの電気工学に関する学科において，第7条第1項各号の学科を修めて卒業した者 | 電圧500V以上の電気工作物の工事，維持又は運用 | 卒業前の経験年数の1/2と卒業後の経験年数との和が3年以上 |
| 第1種ダム水路主任技術者免状 | 一　学校教育法による大学又はこれと同等以上の教育施設において，土木工学に関する学科を修めて卒業した者（当該学科を修めて同法による大学院を修了した者を含む.） | 水力設備（電気的設備を除く．以下同じ.）又は水力設備に相当する発電用以外の設備の工事，維持又は運用 | 卒業後（同法による大学院においては修了後）高さ15m以上のダム（発電用のものに限る.）の工事，維持又は運用に関する経験3年以上を含む5年以上 |
| | 二　学校教育法による大学又はこれと同等以上 | 水力設備又は水力設備に相当する発電用以外 | 卒業後（同法による大学院においては修了 |

| | | | |
|---|---|---|---|
| | の教育施設を卒業した者（同法による大学院を修了した者を含み，前号に掲げる者を除く.） | の設備の工事，維持又は運用 | 後）高さ 15m 以上のダム（発電用のものに限る.）の工事，維持又は運用に関する経験３年以上を含む９年以上 |
| | 三　学校教育法による短期大学若しくは高等専門学校又はこれと同等以上の教育施設において，土木工学に関する学科を修めて卒業した者（当該学科を修めて同法による専門職大学の前期課程を修了した者を含む.） | 水力設備又は水力設備に相当する発電用以外の設備の工事，維持又は運用 | 卒業後（同法による専門職大学の前期課程においては修了後）高さ 15m 以上のダム（発電用のものに限る.）の工事，維持又は運用に関する経験４年以上を含む６年以上 |
| | 四　学校教育法による短期大学若しくは高等専門学校又はこれと同等以上の教育施設を卒業した者（同法による専門職大学の前期課程を修了した者を含み，前号に掲げる者を除く.） | 水力設備又は水力設備に相当する発電用以外の設備の工事，維持又は運用 | 卒業後（同法による専門職大学の前期課程においては修了後）高さ 15m 以上のダム（発電用のものに限る.）の工事，維持又は運用に関する経験４年以上を含む 10 年以上 |
| | 五　学校教育法による高等学校又はこれと同等以上の教育施設において，土木工学に関する学科を修めて卒業した者 | 水力設備又は水力設備に相当する発電用以外の設備の工事，維持又は運用 | 卒業後高さ 15m 以上のダム（発電用のものに限る.）の工事，維持又は運用に関する経験５年以上を含む 10 年以上 |
| | 六　学校教育法による高等学校又はこれと同等以上の教育施設を卒業した者（五に掲げる者を除く.） | 水力設備又は水力設備に相当する発電用以外の設備の工事，維持又は運用 | 卒業後高さ 15m 以上のダム（発電用のものに限る.）の工事，維持又は運用に関する経験５年以上を含む 14 年以上 |
| | 七　学校教育法による中学校又は義務教育学校を卒業した者 | 水力設備又は水力設備に相当する発電用以外の設備の工事，維持又は運用 | 卒業後高さ 15m 以上のダム（発電用のものに限る.）の工事，維持又は運用に関する経験 10 年以上を含む 20 年以上 |
| | 八　高等学校卒業程度認定試験規則(平成 17 年文部科学省令第１号) | 水力設備又は水力設備に相当する発電用以外の設備の工事，維持又 | 高卒認定試験合格者となった後高さ 15m 以上のダム（発電用のも |

| | | | |
|---|---|---|---|
| | 第8条に規定する認定試験合格者（同令附則第2条の規定による廃止前の大学入学資格検定規程(昭和26年文部省令第13号)第8条第1項に規定する資格検定合格者を含む．以下「高卒認定試験合格者」という．） | は運用 | のに限る．）の工事，維持又は運用に関する経験5年以上を含む14年以上 |
| 第2種ダム水路主任技術者免状 | 一　学校教育法による大学，短期大学若しくは高等専門学校又はこれと同等以上の教育施設において，土木工学に関する学科を修めて卒業した者（当該学科を修めて同法による大学院又は専門職大学の前期課程を修了した者を含む．） | 水力設備の工事，維持又は運用 | 卒業後（同法による大学院又は専門職大学の前期課程においては修了後）3年以上 |
| | 二　学校教育法による大学，短期大学若しくは高等専門学校又はこれと同等以上の教育施設を卒業した者（当該学科を修めて同法による大学院，専門職大学の前期課程を修了した者を含み，前号に掲げる者を除く．） | 水力設備又は水力設備に相当する発電用以外の設備の工事，維持又は運用 | 卒業後（同法による大学院又は専門職大学の前期課程においては修了後）5年以上（3年以上の水力設備に係る経験を含むものに限る．） |
| | 三　学校教育法による高等学校又はこれと同等以上の教育施設において，土木工学に関する学科を修めて卒業した者 | 水力設備又は水力設備に相当する発電用以外の設備の工事，維持又は運用 | 卒業後5年以上（3年以上の水力設備に係る経験を含むのもに限る．） |
| | 四　学校教育法による高等学校又はこれと同等以上の教育施設を卒業した者（三に掲げる者を除く） | 水力設備又は水力設備に相当する発電用以外の設備の工事，維持又は運用 | 卒業後7年以上（3年以上の水力設備に係る経験を含むものに限る．） |
| | 五　学校教育法による中学又は義務教育学校を卒業した者 | 水力設備又は水力設備に相当する発電用以外の設備の工事，維持又 | 卒業後12年以上（8年以上の水力設備に係る経験を含むものに限 |

| | | | |
|---|---|---|---|
| | | は運用 | る.） |
| | 六　高卒認定試験合格者 | 水力設備又は水力設備に相当する発電用以外の設備の工事，維持又は運用 | 高卒認定試験合格者となった後7年以上（3年以上の水力設備に係る経験を含むものに限る.） |
| 第1種ボイラー・タービン主任技術者免状 | 一　学校教育法による大学又はこれと同等以上の教育施設において，機械工学に関する学科を修めて卒業した者（当該学科を修めて同法による大学院を修了した者を含む.） | 発電用のボイラー又は蒸気タービンの工事，維持又は運用 | 卒業後（同法による大学院においては修了後）6年以上（3年以上の圧力5 880kPa以上の発電用のボイラー又は蒸気タービンの工事，維持又は運用に関する経験を含むものに限る.） |
| | 二　学校教育法による大学又はこれと同等以上の教育施設を卒業した者（同法による大学院を修了した者を含み，前号に掲げる者を除く.） | ボイラー又は蒸気タービンの工事，維持又は運用 | 卒業後（同法による大学院においては修了後）10年以上（6年以上の発電用のボイラー又は蒸気タービンの工事，維持又は運用に関する経験（3年以上の圧力5 880kPa以上の発電用のボイラー又は蒸気タービンの工事，維持又は運用に関する経験を含むものに限る.）を含むものに限る.） |
| | 三　学校教育法による短期大学若しくは高等専門学校又はこれと同等以上の教育施設において，機械工学に関する学科を修めて卒業した者（当該学科を修めて同法による専門職大学の前期課程を修了した者を含む.） | 発電用のボイラー又は蒸気タービンの工事，維持又は運用 | 卒業後（同法による専門職大学の前期課程においては修了後）8年以上（4年以上の圧力5 880kPa以上の発電用のボイラー又は蒸気タービンの工事，維持又は運用に関する経験を含むものに限る.） |
| | 四　学校教育法による短期大学若しくは高等専門学校又はこれと同等以上の教育施設を卒業した者（同法による専門職大学の前期課程を | ボイラー又は蒸気タービンの工事，維持又は運用 | 卒業後（同法による専門職大学の前期課程においては修了後）12年以上（8年以上の発電用のボイラー又は蒸気タービンの工事，維 |

| | | | |
|---|---|---|---|
| | 修了した者を含み，前号に掲げる者を除く.） | | 持又は運用に関する経験（4年以上の圧力5 880kPa以上の発電用のボイラー又は蒸気タービンの工事，維持又は運用に関する経験を含むものに限る.）を含むものに限る.） |
| | 五　学校教育法による高等学校又はこれと同等以上の教育施設において，機械工学に関する学科を修めて卒業した者 | 発電用のボイラー又は蒸気タービンの工事，維持又は運用 | 卒業後10年以上（5年以上の圧力5 880kPa以上の発電用のボイラー又は蒸気タービンの工事，維持又は運用に関する経験を含むものに限る.） |
| | 六　学校教育法による高等学校又はこれと同等以上の教育施設を卒業した者（前号に掲げる者を除く.） | ボイラー又は蒸気タービンの工事，維持又は運用 | 卒業後14年以上（10年以上の発電用のボイラー又は蒸気タービンの工事，維持又は運用に関する経験（5年以上の圧力5 880kPa以上の発電用のボイラー又は蒸気タービンの工事，維持又は運用に関する経験を含むものに限る.）を含むものに限る.） |
| | 七　学校教育法による中学校又は義務教育学校を卒業した者 | ボイラー又は蒸気タービンの工事，維持又は運用 | 卒業後20年以上（15年以上の発電用のボイラー又は蒸気タービンの工事，維持又は運用に関する経験（10年以上の圧力5 880kPa以上の発電用のボイラー又は蒸気タービンの工事，維持又は運用に関する経験を含むものに限る.）を含むものに限る.） |
| | 八　船舶職員及び小型船舶操縦者法（昭和26年法律第149号）第5条第1項第二号イの一級海技士（機関）とし | 発電用のボイラー又は蒸気タービンの工事，維持又は運用 | 免許を受け又は免状の交付を受け若しくは試験に合格した後6年以上（3年以上の圧力5 880kPa以上の発電 |

| | | | |
|---|---|---|---|
| | ての海技士の免許を受けている者，ボイラー及び圧力容器安全規則（昭和47年労働省令第33号）第97条第一号の特級ボイラー技師免許を受けている者，エネルギーの使用合理化等に関する法律（昭和54年法律第49号）第9条第１項のエネルギー管理士免状の交付を受けている者（エネルギー管理士の試験及び免状の交付に関する規則（昭和59年通商産業省令第15号）第29条の表の左欄に掲げる熱分野専門区分に応じた同表の右欄に掲げる試験課目又は同規則別表第１の第一欄に掲げる熱分野専門区分に応じた同表の第二欄に掲げる修了試験課目に合格したことによりエネルギー管理士免状の交付を受けた者に限る．以下この表において同じ.）又は技術士法（昭和58年法律第25号）第２条第１項の技術士（機械部門に限る.）の二次試験に合格した者 | | 用のボイラー又は蒸気タービンの工事，維持又は運用に関する経験を含むものに限る.） |
| | 九　高卒認定試験合格者 | ボイラー又は蒸気タービンの工事，維持又は運用 | 高卒認定試験合格者となった後14年以上（10年以上の発電用ボイラー又は蒸気タービンの工事，維持又は運用に関する経験（５年以上の圧力5 880kPa以上の発電用のボイラー又は蒸気タービンの工 |

| | | | |
|---|---|---|---|
| | | | 事，維持又は運用に関する経験を含むものに限る．）を含むものに限る．） |
| 第２種ボイラー・タービン主任技術者免状 | 一　学校教育法による大学又はこれと同等以上の教育施設において，機械工学に関する学科を修めて卒業した者（当該学科を修めて同法による大学院を修了した者を含む．） | 発電用のボイラー，蒸気タービン，ガスタービン又は燃料電池設備（最高使用圧力が98kPa以上のものに限る．以下同じ．）の工事，維持又は運用 | 卒業後（同法による大学院においては修了後）３年以上 |
| | 二　学校教育法による大学又はこれと同等以上の教育施設を卒業した者（同法による大学院を修了した者を含み，前号に掲げる者を除く．） | ボイラー，蒸気タービン，ガスタービン又は燃料電池設備の工事，維持又は運用<br>発電用のボイラー，蒸気タービン，ガスタービン又は燃料電池設備の工事維持又は運用 | 卒業後（同法による大学院においては修了後）５年以上（３年以上の発電用のボイラー，蒸気タービン，ガスタービン又は燃料電池設備の工事，維持又は運用に関する経験を含むものに限る．） |
| | 三　学校教育法による短期大学若しくは高等専門学校又はこれと同等以上の教育施設において，機械工学に関する学科を修めて卒業した者（当該学科を修めて同法による専門職大学の前期課程を修了した者を含む．） | 発電用のボイラー，蒸気タービン，ガスタービン又は燃料電池設備の工事，維持又は運用 | 卒業後（同法による専門職大学の前期課程においては修了後）４年以上 |
| | 四　学校教育法による短期大学若しくは高等専門学校又はこれと同等以上の教育施設を卒業した者（同法による専門職大学の前期課程を修了した者を含み，前号に掲げる者を除く．） | ボイラー，蒸気タービン，ガスタービン又は燃料電池設備の工事，維持又は運用 | 卒業後（同法による専門職大学の前期課程においては修了後）６年以上（４年以上の発電用のボイラー，蒸気タービン，ガスタービン又は燃料電池設備の工事，維持又は運用に関する経験を含むものに限る．） |
| | 五　学校教育法による高等学校又はこれと同等以上の教育施設におい | 発電用のボイラー，蒸気タービン，ガスタービン又は燃料電池設備 | 卒業後５年以上 |

| | | | |
|---|---|---|---|
| | て，機械工学に関する学科を修めて卒業した者 | の工事，維持又は運用 | |
| | 六　学校教育法による高等学校又はこれと同等以上の教育施設を卒業した者（前号に掲げる者を除く.） | ボイラー，蒸気タービン，ガスタービン又は燃料電池設備の工事，維持又は運用 | 卒業後７年以上（５年以上の発電用のボイラー，蒸気タービン，ガスタービン又は燃料電池設備の工事，維持又は運用に関する経験を含むものに限る.） |
| | 七　学校教育法による中学校又は義務教育学校を卒業した者 | ボイラー，蒸気タービン，ガスタービン又は燃料電池設備の工事，維持又は運用 | 卒業後12年以上（10年以上の発電用のボイラー，蒸気タービン，ガスタービン又は燃料電池設備の工事，維持又は運用に関する経験を含むものに限る.） |
| | 八　船舶職員及び小型船舶操縦者法第５条第１項第二号イの一級海技士（機関）としての海技士の免許を受けている者，ボイラー及び圧力容器安全規則第97条第一号の特級ボイラー技師免許を受けている者，エネルギーの使用の合理化等に関する法律第９条第１項のエネルギー管理士免状の交付を受けている者又は技術士法第２条第１項の技術士（機械部門に限る.）の二次試験に合格した者 | 発電用のボイラー，蒸気タービン，ガスタービン又は燃料電池設備の工事，維持又は運用 | 免許を受け又は免状の交付を受け若しくは試験に合格した後３年以上 |
| | 九　高卒認定試験合格者 | ボイラー，蒸気タービン，ガスタービン又は燃料電池設備の工事，維持又は運用 | 高卒認定試験合格者となった後７年以上（５年以上の発電用のボイラー，蒸気タービン，ガスタービン又は燃料電池設備の工事，維持又は運用に関する経験を含むものに限る.） |

2　電気主任技術者免状の交付を受けようとする者のうち，学校教育法による大学，短期大学，高等専門学校若しくは高等学校又はこれらと同等以上の教育施設であって，経済産業大臣の認定を受けたものの電気工学に関する学科において，第7条第1項第二号から第四号に定める科目の一部を修めないで卒業した者（同法による大学院又は専門職大学の前期課程を修了した者を含む．以下「単位不足者」という．）については，2科目を限度（同項第二号及び第四号又は同項第三号及び第四号に限る．）として同条第1項に規定する一次筆記試験の当該科目の合格をもって，修めたものとみなす．

3　第1項の規定による認定を受けようとする者は，様式第1の学校認定申請書に次の書類を添え，その申請に係る学校その他の教育施設（以下「学校等」という．）の所在地を管轄する産業保安監督部長（産業保安監督部の支部長及び中部近畿産業保安監督部北陸産業保安監督署長を含む．以下同じ．）を経由して経済産業大臣に提出しなければならない．

一　学校等の設立年月日並びに関係学科の設置年月日及びその学科における授業科目の推移を記載した書類

二　関係学科の修業年限及び学校教育法による学校以外の教育施設の場合は，学生又は生徒の定員並びに入学資格を記載した書類

三　電気工学に関して認定を受けようとする者にあっては様式2の2，その他の者にあっては様式2の関係学科科目別授業内容及び履修単位明細書

四　学校教育法による学校以外の教育施設の場合は，様式3の関係学科教員関係明細書

五　電気工学に関して認定を受けようとする者にあっては様式4の2，その他の者にあっては様式4の関係学科実験設備及び実習設備明細書

**第1条の2**　前条第1項の規定により認定を受けた者が次の各号に掲げる事項を変更しようとするときは，あらかじめ様式第1の2の学校認定変更届出書をその学校等の所在地を管轄する産業保安監督部長を経由して経済産業大臣に提出しなければならない．

一　学校等の名称又は住所

二　関係学科の修業年限（認定時より短縮する場合に限る．）及び学校教育法による学校以外の教育施設の場合は，学生又は生徒の定員（認定時より増加する場合に限る．）並びにその入学資格

三　関係学科の名称若しくは科目又は科目別授業内容若しくは履修単位（認定時より減少する場合に限る．）

四　学校教育法による学校以外の教育施設の場合は，関係学科の教員数（認定時より減少する場合に限る．）

五　関係学科の実験設備及び実習設備（認定時より減少する場合に限る．）

**第1条の3**　経済産業大臣は，第1条第1項の認定が適当でなくなったと認めるとき又は同項の規定により認定を受けた者が前条の規定に違反したときは，将来に向かってその認定を取り消すことができる．

**第1条の4**　経済産業大臣は，第1条第1項の規定により教育施設の認定を行なったとき，第1条の2の規定により同条第一号の変更の届出があったとき，または前条の規定により認定を取り消したときは，その旨を公示するものとする．

**第2条**　削除

（主任技術者免状の様式）

**第3条**　主任技術者免状は，様式第5によるものとする．

（免状交付の手続）

第４条　法第44条第２項第一号の規定により主任技術者免状の交付を受けようとする者は，様式第６の主任技術者免状交付申請書に戸籍の抄本，住民票の写し（本籍（外国人にあっては，住民基本台帳法（昭和42年法律第81号）第30条の45に規定する国籍等）の記載のあるものに限る.）その他の本籍，氏名及び生年月日を確かめるに足りる書類（以下「戸籍の抄本等」という.）（有効期間又は有効期限のあるものにあっては，産業保安監督部長を経由して経済産業大臣が提出を受ける日において有効なものに，その他のものにあっては，産業保安監督部長を経由して経済産業大臣が提出を受ける日前６月以内に作成されたものに限る．第５条第３項において同じ.）並びに第１条第１項の学歴又は資格及び実務の経験を有することを証する書類（電気主任技術者免状の交付を受けようとする者が学歴に係るものを提出する場合にあっては，学校等が作成した様式第７の単位取得証明書）を添え，産業保安監督部長を経由して経済産業大臣に提出しなければならない.

２　法第44条第２項第二号の規定により主任技術者免状の交付を受けようとする者（指定試験機関がその試験事務を行う電気主任技術者試験を受けようとする者を除く.）は，様式第６の２の主任技術者免状交付申請書に戸籍の抄本等（有効期間又は有効期限のあるものにあっては経済産業大臣が提出を受ける日において有効なものに，その他のものにあっては，経済産業大臣が提出を受ける日前６月以内に作成されたものに限る．次項本文において同じ.）及び試験結果通知書を添え，経済産業大臣に提出しなければならない.

３　指定試験機関がその試験事務を行う電気主任技術者試験に合格したことにより主任技術者免状の交付を受けようとする者は，様式第６の３の主任技術者免状交付申請書に戸籍の抄本等及び試験結果通知書を添え，経済産業大臣に提出しなければならない．ただし，経済産業大臣が法第44条の２第１項の規定により免状交付事務の委託を行う場合は，様式第６の４の主任技術者免状交付申請書に戸籍の抄本等（有効期間又は有効期限のあるものにあっては，指定試験機関が提出を受ける日において有効なものに，その他のものにあっては，指定試験機関が提出を受ける日前６月以内に作成されたものに限る.）及び試験結果通知書を添え，指定試験機関に提出しなければならない.

（免状の再交付）

第５条　主任技術者免状を汚し，損じ，又は失ってその再交付を受けようとする者は，様式第８の主任技術者免状再交付申請書を産業保安監督部長を経由して経済産業大臣に提出しなければならない.

２　主任技術者免状を汚し，又は損じてその再交付を受けようとする者は，前項の主任技術者免状再交付申請書に当該主任技術者免状を添付しなければならない.

３　主任技術者免状を汚し，損じ，又は失ってその再交付の申請をする場合であって，主任技術者免状の記載事項に変更があるときは，第１項の主任技術者免状再交付申請書に戸籍の抄本等を添付しなければならない.

## 第２章　電気主任技術者試験

（電気主任技術者試験の方法）

第６条　電気主任技術者試験（以下単に「技術者試験」という.）は，一次筆記試験（以下単に「一次試験」という.）及び二次筆記試験（以下単に「二次試験」という.）の方法により行うものとする．ただし，第３種電気主任技術者免状に係るものにあっては，二次試験を行わないものとする.

2　二次試験は，一次試験に合格した者および次項の規定により一次試験を免除された者について行うものとする．

3　一次試験（第３種電気主任技術者免状に係るものを除く．）に合格した者が，その合格した一次試験の行われた年度の初めから２年以内（経済産業大臣が天災その他の非常事態により試験が行われなかったことその他の特別の事情を考慮して別に告示して指定する者については，当該試験が行われた年度の初めから２年を経過した後において最初に行われる試験の実施日の属する月まで）にその合格した一次試験に係る技術者試験と同一の種類の主任技術者免状に係る技術者試験を受ける場合は，その一次試験を免除する．

（試験の科目）

第７条　一次試験の科目は，次のとおりとする．

一　電気理論，電子理論，電気計測及び電子計測に関するもの

二　発電所及び変電所の設計及び運転，送電線路及び配電線路（屋内配線を含む．以下同じ．）の設計及び運用並びに電気材料に関するもの

三　電気機器，パワーエレクトロニクス，電動機応用，照明，電熱，電気化学，電気加工，自動制御，メカトロニクス並びに電力システムに関する情報伝送及び処理に関するもの

四　電気法規（保安に関するものに限る．）及び電気施設管理に関するもの

2　二次試験の科目は，次のとおりとする．

一　発電所及び変電所の設計及び運転，送電線路及び配電線路の設計及び運用並びに電気施設管理に関するもの

二　電気機器，パワーエレクトロニクス，自動制御及びメカトロニクスに関するもの

（試験科目の免除）

第７条の２　一次試験（第３種電気主任技術者免状に係るものを除く．）の一部の科目に合格した者に対しては，その合格した一次試験の行われた年度の初めから３年以内（経済産業大臣が天災その他の非常事態により試験が行われなかったことその他の特別の事情を考慮して別に告示して指定する者については，当該試験が行われた年度の初めから３年を経過した後において最初に行われる試験の実施日の属する月まで）にその合格した一次試験に係る技術者試験と同一の種類の主任技術者免状に係る技術者試験を受ける場合は，その申請によりその一次試験の科目を免除する．

2　一次試験（第３種電気主任技術者免状に係るものに限る．）の一部の科目に合格した者に対しては，次の各号のいずれかに該当する場合は，その申請によりその一次試験の科目を免除する．

一　その合格した一次試験が，当該試験の実施日の属する年度において最初に行われたものであって，当該年度の初めから３年以内（経済産業大臣が天災その他の非常事態により試験が行われなかったことその他の特別の事情を考慮して別に告示して指定する者については，当該年度の初めから３年を経過した後において最初に行われる試験の実施日の属する月まで）にその合格した一次試験に係る技術者試験と同一の種類の主任技術者免状に係る技術者試験を受ける場合

二　その合格した一次試験が，当該試験の実施日の属する年度において２回目に行われたものであって，当該年度の初めから３年を経過した後において最初に行われる試験の実施日の属する月まで（経済産業大臣が天災その他の非常事態により試験が行われなかったことその他の特別の事情を考慮して別に告示して指定する者については，当該試験が行われた年度の初めから３年を経過した後において２回目に行われる試験の実施日の属する月ま

で）にその合格した一次試験に係る技術者試験と同一の種類の主任技術者免状に係る技術者試験を受ける場合

（技術者試験の実施）

第８条　技術者試験は，毎年度少なくとも１回（第３種電気主任技術者免状に係るものにあっては，毎年度２回）行うものとする．ただし，災害その他やむを得ない事由により年度に１回（第３種電気主任技術者免状に係るものにあっては，毎年度２回）技術者試験を行うことが困難であるときは，この限りでない．

（技術者試験の公示）

第９条　技術者試験を行う日時及び場所並びに受験願書の提出期限その他技術者試験の実施に関し必要な事項は，あらかじめ，官報に公示する．

（受験手続）

第10条　技術者試験（指定試験機関がその試験事務を行うものを除く．）を受けようとする者は，様式第９の電気主任技術者試験受験願書を，受験地を管轄する産業保安監督部長を経由して経済産業大臣に提出しなければならない．

２　指定試験機関がその試験事務を行う技術者試験を受けようとする者は，当該指定試験機関が定めるところにより，受験願書を当該指定試験機関に提出しなければならない．

## 附　　則（令和４年３月31日　経済産業省令第32号）

この省令は，令和４年４月１日から施行する．

様式第１（第１条関係）

学　校　認　定　申　請　書

年　　月　　日

殿

住　所

氏　名（名称及び代表者の氏名）

電気事業法の規定に基づく主任技術者の資格等に関する省令第１条第１項の規定により次のとおり認定を受けたいので申請します.

| | |
|---|---|
| 学校等の名称及び所在地 | |
| 申請に係る主任技術者免状の種類 | |

備考　用紙の大きさは，日本産業規格 A4 とすること.

様式第１の２（第１条の２関係）

学　校　認　定　変　更　届　出　書

年　　月　　日

殿

住　所

氏　名（名称及び代表者の氏名）

電気事業法の規定に基づく主任技術者の資格等に関する省令第１条の２の規定により次のとおり変更したいので届け出ます.

| | |
|---|---|
| 変　更　事　項 | |
| 変更予定年月日 | |

備考　１　関係学科目，履修単位の変更にあっては，変更後の様式第２又は様式第２の２の関係学科科目別授業内容及び履修単位明細書を，教員関係の変更にあっては，変更後の様式第３の関係学科教員関係明細書を，実験設備又は実習設備の変更にあっては，変更後の様式第４又は様式第４の２の関係学科実験設備及び実習設備明細書を添付すること.

２　用紙の大きさは，日本産業規格 A4 とすること.

様式第２（第１条関係）

関係学科科目別授業内容及び履修単位明細書

| 区分 | | 学科目 | 単位数 | 時間数 | 学科目の概要 |
|---|---|---|---|---|---|
| 一般教育科目 | 必修 | | | | |
| | 小計 | | | | |
| | 選択 | | | | |
| | 小計 | | | | |
| 専門教育科目 | 必修 | | | | |
| | 小計 | | | | |
| | 選択 | | | | |
| | 小計 | | | | |

備考　1　単位数は，学年別及び学期別に記載すること．
　　　2　基礎教育科目を設けている場合は，一般教育科目の次に基礎教育科目の欄を設けて記載すること．
　　　3　用紙の大きさは，日本産業規格 A4 とすること．

様式第２の２（第１条関係）

電気関係学科科目別授業内容及び履修単位明細書

| 科目区分 | 学科目 | | 単位数 | 時間数 | 学科目の概要 |
|---|---|---|---|---|---|
| ①電気工学又は電子工学等の基礎に関するもの | 第一欄 | | | | |
| | 小　　計 | | | | |
| | 第二欄 | | | | |
| | 小　　計 | | | | |
| ②発電，変電，送電，配電及び電気材料並びに電気法規に関するもの | 第一欄 | | | | |
| | 小　　計 | | | | |
| | 第二欄 | | | | |
| | 小　　計 | | | | |
| ③電気及び電子機器，自動制御，電気エネルギー利用並びに情報伝送及び処理に関するもの | 第一欄 | | | | |
| | 小　　計 | | | | |
| | 第二欄 | | | | |
| | 小　　計 | | | | |
| ④電気工学若しくは電子工学実験又は電気工学若しくは電子工学実習に関するもの | 第一欄 | | | | |
| | 小　　計 | | | | |
| | 第二欄 | | | | |
| | 小　　計 | | | | |
| ⑤電気及び電子機器設計又は電気及び電子機器製図に関するもの | 第二欄 | | | | |
| | 計 | | | | |

備考　1　単位数は，学年別及び学期別に記入すること．

2　第一欄，第二欄の別は，別に告示で定める授業内容の第一欄，第二欄の区分によること．

3　それぞれの科目区分に該当する学科目は，別に告示で定める科目区分ごとの授業内容のものとすること．

4　用紙の大きさは，日本産業規格 A4 とすること．

様式第３（第１条関係）

関係学科教員関係明細書

| 氏　名 | 職　名 | 専任及び兼任の別 | 最終学歴及び最終学校卒業後の略歴 | 担当学科目 |
|---|---|---|---|---|
| | | | | |
| | | | | |
| | | | | |
| | | | | |
| | | | | |
| | | | | |
| | | | | |
| | | | | |
| | | | | |

備考　１　認定科目を担当する教員について記載すること．
　　　２　職名の欄には，教授，助教授，講師，助手，教諭，助教諭等の別を記載すること．
　　　３　用紙の大きさは，日本産業規格 A4 とすること．

様式第４（第１条関係）

関係学科実験設備及び実習設備明細書

| 種　　類 | 容量，性能等 | 数　　量 | 備　　考 |
|---|---|---|---|
| | | | |
| | | | |
| | | | |
| | | | |
| | | | |
| | | | |
| | | | |
| | | | |
| | | | |

備考　用紙の大きさは，日本産業規格 A4 とすること．

様式第４の２（第１条関係）

電気関係学科実験設備及び実習設備明細書

| 種別 | 種　類 | 容量，性能等 | 数　量 | 備　考 |
| --- | --- | --- | --- | --- |
| 電気機器実験・実習用設備 | | | | |
| | | | | |
| | | | | |
| | | | | |
| | | | | |
| 電子・情報工学実験・実習用設備 | | | | |
| | | | | |
| | | | | |
| | | | | |
| | | | | |
| 高電圧実験設備 | | | | |
| | | | | |
| | | | | |
| | | | | |
| | | | | |
| 測定用設備及び計器類設備 | | | | |
| | | | | |
| | | | | |
| | | | | |
| | | | | |

備考　用紙の大きさは，日本産業規格 A4 とすること．

様式第5（第3条関係）

第　　　種　主任技術者免状

第　　　号

本　　籍
氏　　名
生年月日

電気事業法第44条の規定によりこの免状を交付する．

年　　月　　日

経済産業大臣　印

備考　用紙の大きさは，日本産業規格A4とすること．

様式第6（第4条関係）

収入印紙
（消印をしないこと．）

| | |
|---|---|
| ※整理番号 | |
| ※受理年月日 | |

主 任 技 術 者 免 状 交 付 申 請 書

年　　月　　日

殿

住　　所
氏　　名

電気事業法第44条第2項第一号の規定により次のとおり主任技術者免状の交付を受けたいので申請します．

| | |
|---|---|
| 交付を受けようとする免状の種類 | |
| 登 録 科 目 名 及 び 合 格 年 度 | |

備考　1　※印の欄は，記載しないこと．
2　用紙の大きさは，日本産業規格A4とすること．
3　単位不足者にあっては，登録科目名及び合格年度の欄に電気事業法の規定に基づく主任技術者の資格等に関する省令第7条の3の規定により登録した合格科目及び当該科目の合格年度を記載すること．

様式第６の２（第４条関係）

| | |
|---|---|
| ※整理番号 | |
| ※受理年月日 | |

主 任 技 術 者 免 状 交 付 申 請 書

年　　月　　日

殿

住　　所

氏　　名

電気事業法第44条第２項第二号の規定により次のとおり主任技術者免状の交付を受けたいので申請します.

| | |
|---|---|
| 交付を受けようとする免状の種類 | |
| 試 験 結 果 通 知 書 の 番 号 | |

備考　1　※印の欄は，記載しないこと.
　　　2　用紙の大きさは，日本産業規格 A4 とすること.

様式第6の3（第4条関係）

| |
|---|
| 収入印紙<br>（消印をしないこと.） |

| | |
|---|---|
| ※整理番号 | |
| ※受理年月日 | |

主任技術者免状交付申請書

年　月　日

殿

住　所

氏　名

指定試験機関がその試験事務を行う電気主任技術者試験に合格したことにより次のとおり主任技術者免状の交付を受けたいので申請します.

| | |
|---|---|
| 交付を受けようとする免状の種類 | |
| 試験結果通知書の番号 | |

備考　1　※印の欄は，記載しないこと.
　　　2　用紙の大きさは，日本産業規格A4とすること.

様式第6の4（第4条関係）

| |
|---|
| 収入印紙<br>（消印をしないこと.） |

| | |
|---|---|
| ※整理番号 | |
| ※受理年月日 | |

主任技術者免状交付申請書

年　月　日

殿

住　所

氏　名

指定試験機関がその試験事務を行う電気主任技術者試験に合格したことにより次のとおり主任技術者免状の交付を受けたいので申請します.

| | |
|---|---|
| 交付を受けようとする免状の種類 | |
| 試験結果通知書の番号 | |

備考　1　※印の欄は，記載しないこと.
　　　2　用紙の大きさは，日本産業規格A4とすること.

様式第7（第4条関係）

# 単　位　取　得　証　明　書

入学　　年　　月　　日

卒業　　年　　月　　日

氏　　名

生年月日

上記の者は，下記の科目を取得したことを証明する．

年　　月　　日

学校等の名称及び代表者の氏名　　　　印

記

| 区分 | | 学科目 | 単位数 | 時間数 | 学科目の概要 |
|---|---|---|---|---|---|
| ①理論 | ◎科目 | | | | |
| | 小　　計 | | | | |
| | ○科目 | | | | |
| | 小　　計 | | | | |
| | 計 | | | | |
| ②電力 | ◎科目 | | | | |
| | 小　　計 | | | | |
| | ○科目 | | | | |
| | 小　　計 | | | | |
| | 計 | | | | |
| ③機械 | ◎科目 | | | | |
| | 小　　計 | | | | |
| | ○科目 | | | | |
| | 小　　計 | | | | |
| | 計 | | | | |
| ④法規 | ◎科目 | | | | |
| | 小　　計 | | | | |
| | ○科目 | | | | |
| | 小　　計 | | | | |
| | 計 | | | | |

備考
1　◎科目，○科目の別は，認定学科目の必修，選択によること．
2　履修生として取得した単位については，学科目名の次に（履）と付記し，取得数の欄に取得年月日を付記すること．
3　大学院において行う科目については，学科目名の次に（院）と付記すること．
4　①理論とは，電気理論，電子理論，電気計測，電子計測，電気基礎実験，電子実験等電気の基礎に関するものをいう．
5　②電力とは，発電，変電，送電，配電等の電力の発生・輸送及び管理，電力貯蔵等エネルギーシステムに関するもの並びに電気応用実験，電気実習及び電気製図をいう．
6　③機械とは，電気エネルギー利用（電動機応用，照明，電熱，電気加工，電気エネルギー・光変換応用等），自動制御（メカトロニクスを含む．），電気機械（パワーエレクトロニクスを含む．），情報伝送・処理及び電子計算機並びに電気応用実験，電気実習，電子実習，電気機器設計，電子（回路）製図及び自動設計製図（CAD）に関するものをいう．
7　④法規とは，電気法規及び電気施設管理に関するものをいう．
8　用紙の大きさは，日本産業規格A4とすること．

様式第８（第５条関係）

| |
|---|
| 収入印紙<br>（消印を<br>しない<br>こと．） |

| | |
|---|---|
| ※整理番号 | |
| ※受理年月日 | |

主 任 技 術 者 免 状 再 交 付 申 請 書

年　　月　　日

殿

住　　所

氏　　名

電気事業法の規定の基づく主任技術者の資格等に関する省令第５条第１項の規定により次のとおり主任技術者免状の再交付を受けたいので申請します．

| | |
|---|---|
| 本　　　　籍 | |
| 生　年　月　日 | |
| 免　状　の　種　類 | 第　　種　　　主任技術者免状 |
| 免　状　の　番　号 | 第　　　　　号 |
| 免 状 の 取 得 年 月 日 | |
| 再 交 付 を 受 け る 理 由 | |

備考　1　※印の欄は，記載しないこと．

　　　2　用紙の大きさは，日本産業規格 A4 とすること．

様式第９（第10条関係）

3cm

18.2 cm

収入印紙
〔消印をしないこと.〕

○　○

| ※受験番号 | |
|---|---|

電　気　主　任　技　術　者　試　験　受　験　願　書

年　月　日

殿

電気主任技術者試験を受けたいので，次のとおり申請します.

<table>
<tr><td>ふりがな</td><td colspan="2"></td><td>性　別</td><td colspan="3">男　・　女</td><td>受験地</td><td colspan="2"></td></tr>
<tr><td>氏　　名</td><td colspan="2"></td><td>生年月日</td><td colspan="3">年　月　日</td><td>本　籍</td><td colspan="2"></td></tr>
<tr><td rowspan="2">受験しようとする試験の種別</td><td rowspan="2">第　　種</td><td rowspan="2">受験希望科目</td><td rowspan="2">一次試験</td><td>理　論</td><td>法　規</td><td>機　械</td><td>電　力</td><td rowspan="2">二次試験のみ</td><td rowspan="2"></td></tr>
<tr><td></td><td></td><td></td><td></td></tr>
<tr><td>ふりがな<br>現住所</td><td colspan="6">〒</td><td>電　話</td><td colspan="2"></td></tr>
<tr><td>ふりがな<br>※住　所<br>変更欄</td><td colspan="6">〒</td><td>電　話</td><td colspan="2"></td></tr>
<tr><td>勤務先名<br>（学校名）</td><td colspan="9"></td></tr>
<tr><td>勤務先<br>（学校の）<br>住　　所</td><td colspan="6">〒</td><td>電　話</td><td colspan="2"></td></tr>
<tr><td colspan="10">備考　1　※印欄は，記入しないこと.<br>2　受験希望科目の下欄に「○」を記入し，免除希望科目がある場合は当該科目の下欄に「免」を記入すること.<br>3　科目の免除を希望する者は，受験願書の裏面に試験結果通知書の写しを貼付すること.</td></tr>
</table>

○　○

写　真　票

| | |
|---|---|
| 種　別 | 第　種 |
| 氏　名 | |
| 生年月日 | 年　月　日 |
| 受験地 | |
| ※受験番号 | |
| ※受験日 | |
| ※受験会場 | |

写　真

注意
1. 申請者本人のみ
2. 6ヶ月以内に撮影したもの
3. 正面，無帽，無背景
4. 縦45mm×横35mm（ふちなし）

| ※出欠欄 | | | | | |
|---|---|---|---|---|---|
| 一次試験 | 理論 | | 二次試験 | 電力・管理 | |
| | 法規 | | | | |
| | 機械 | | | 機械・制御 | |
| | 電力 | | | | |

15.6cm

郵便切手

郵便はがき

住所

氏名　殿

電気主任技術者試験受験票

| | | | | | |
|---|---|---|---|---|---|
| 種　別 | 第　種 | | 受験地 | | |
| ※受験日 | | | | | |
| ※試験日 | | | | | |
| ※試験会場 | | | | | |
| ※受験科目 | 一次試験 | 理論 | | 二次試験 | |
| | | 法規 | | | |
| | | 機械 | | | |
| | | 電力 | | | |

10cm

15cm

# 電気関係報告規則（抄）

（昭和40年6月15日　通商産業省令第54号）

（最終改正）令和4年3月31日　経済産業省令第25号

電気事業法（昭和39年法律第170号）第106条の規定に基づき，電気関係報告規則を次のように制定する．

（定義）

**第1条**　この省令において使用する用語は，電気事業法（昭和39年法律第170号．以下「法」という．），電気事業法施行令（昭和40年政令第206号．以下「令」という．）及び電気事業法施行規則（平成7年通商産業省令第77号．以下「施行規則」という．）において使用する用語の例による．

2　この省令において，次の各号に掲げる用語の意義は，それぞれ当該各号に定めるところによる．

一「再生可能エネルギー電気」とは，電気事業者による再生可能エネルギー電気の調達に関する特別措置法（平成23年法律第108号）第2条第1項に規定する再生可能エネルギー電気をいう．

二「インバランス」とは，次に掲げるものをいう．

イ　一般送配電事業者又は配電事業者が小売供給を行う事業を営む他の者から受電した電気の量と当該他の者のその小売供給を行う事業の用に供するための電気の量に相当する電気の量との30分を単位とした差

ロ　一般送配電事業者又は配電事業者が非電気事業用電気工作物を維持し，及び運用する他の者から受電した当該非電気事業用電気工作物の発電に係る電気の量と当該他の者があらかじめ申し出た電気の量との30分を単位とした差

ハ　一般送配電事業者又は配電事業者が発電用の電気工作物を維持し，及び運用する他の者から受電した当該発電用の電気工作物の発電に係る電気の量と当該他の者があらかじめ申し出た電気の量との30分を単位とした差

ニ　一般送配電事業者又は配電事業者が特定卸供給を行う事業を営む他の者から受電した電気の量と当該他の者があらかじめ申し出た電気の量との30分を単位とした差

三「主要電気工作物」とは，小出力発電設備に属するもの（太陽電池発電設備に属するもの（太陽電池（出力10 kW以上のものに限る．），変圧器，負荷時電圧調整器，負荷時電圧位相調整器，調相機，電力用コンデンサー，分路リアクトル，限流リアクトル，周波数変換器，整流機器，遮断器及び逆変換装置（容量10 kVA以上のものに限る．））及び風力発電設備に属するもの（風力機関，発電機，変圧器，負荷時電圧調整器，負荷時電圧位相調整器，調相機，電力用コンデンサー，分路リアクトル，限流リアクトル，周波数変換器，整流機器，遮断器及び逆変換装置）に限る．）及び施行規則別表第3の電気工作物の種類の欄に掲げる電気工作物のうち次に掲げるものをいう．

イ　水力発電所に属するものにあっては，ダム，取水設備，沈砂池，導水路，放水路，ヘッドタンク，サージタンク，水圧管路，水車，揚水式発電所における揚水用のポンプ，貯水池，調整池，発電機（出力3万kW以上のものに限る.），変圧器（電圧17万V以上かつ容量が10万kVA以上のものに限る．以下ロからトまでにおいて同じ.），負荷時電圧調整器（送電電圧17万V以上の発電所に係る容量1万kVA以上のものに限る，以下ロからへまでにおいて同じ.），負荷時電圧位相調整器（送電電圧17万V以上の発電所に係る容量1万kVA以上のものに限る．以下ロからへまでにおいて同じ.），調相機（送電電圧17万V以上の発電所に係る容量2万kVA以上のものに限る．以下ロからへまでにおいて同じ.），電力用コンデンサー（送電電圧17万V以上の発電所に係る容量1万kVA以上の群に属するものに限る．以下ロからへまでにおいて同じ.），分路リアクトル及び限流リアクトル（送電電圧17万V以上の発電所に係る容量1万kVA以上のものに限る，以下ロからへまでにおいて同じ.），周波数変換機器（容量15万kVA以上のものに限る．以下ロからトまでにおいて同じ.），整流機器（容量15万kVA以上の直流電源用のものに限る．以下ロからトまでにおいて同じ.），並びに遮断器（電圧17万V以上の送電線引出口のものに限る．以下ロからトまでにおいて同じ.），

ロ　火力発電所に属するものにあっては，蒸気タービン，ボイラー，独立過熱器，蒸気貯蔵器，蒸気井，ガスタービン，内燃機関，燃料設備，ばい煙処理設備，液化ガス設備，ガス化炉設備，脱水素設備並びに施行規則別表第2の発電所の2の（1）の右欄に掲げる発電設備に係る発電機，変圧器，負荷時電圧調整器，負荷時電圧位相調整器，調相機，電力用コンデンサー，分路リアクトル，限流リアクトル，周波数変換機器，整流機器及び遮断器

ハ　燃料電池発電所に属するものにあっては，燃料電池設備（出力500kW以上のものに限る.），変圧器，負荷時電圧調整器，負荷時電圧位相調整器，調相機，電力用コンデンサー，分路リアクトル，限流リアクトル，周波数変換機器，整流機器，遮断器及び逆変換装置（容量500kVA以上のものに限る.）

ニ　太陽電池発電所に属するものにあっては，太陽電池（出力50kW以上のものに限る.），変圧器，負荷時電圧調整器，負荷時電圧位相調整器，調相機，電力用コンデンサー，分路リアクトル，限流リアクトル，周波数変換機器，整流機器，遮断器及び逆変換装置（容量50kVA以上のものに限る.）

ホ　風力発電所に属するものにあっては，風力機関，発電機（出力20kW以上のものに限る.），変圧器，負荷時電圧調整器，負荷時電圧位相調整器，調相機，電力用コンデンサー，分路リアクトル，限流リアクトル，周波数変換機器，整流機器，遮断器及び逆変換装置（容量20kVA以上のものに限る.）

ヘ　変電所に属するものにあっては，変圧器，負荷時電圧調整器（電圧17万V以上の変電所に係る容量1万kVA以上のものに限る.）負荷時電圧位相調整器（電圧17万V以上の変電所に係る容量1万kVA以上のものに限る.），調相機（電圧17万V以上の変電所に係る容量2万kVA以上のものに限る.），電力用コンデンサー（電圧17万V以上の変電所に係る容量1万kVA以上の群に属するものに限る.），分路リアクトル及び限流リアクトル（電圧17万V以上の変電所に係る容量1万kVA以上のものに限る.），周波数変換機器，整流機器並びに遮断器

ト　送電線路に属するものにあっては，電線（ケーブルを含み，電圧17万V以上の送電線路のものに限る.）及び支持物（電圧17万V以上の送電線路のものに限る.）並びに

遮断器（電圧17万V以上の開閉所の送電線引出口のものに限る.）

チ　需要設備に属するものにあっては，遮断器（他の者が設置する電気工作物と電気的に接続するための受電電圧1万V以上のものに限る.），変圧器（電圧1万V以上かつ容量1万kVA以上のものに限る．ただし，放電灯用変圧器，試験用変圧器等の特殊用途に供されるものを除く.），周波数変換機器及び整流機器（電圧1万V以上かつ容量1万kVA以上のものに限る.），電力用コンデンサー（電圧1万V以上かつ容量1万kVA以上の群に属するものに限る.），調相機及び分路リアクトル（電圧1万V以上かつ容量1万kVA以上のものに限る.）並びに電線（ケーブルを含み，電圧5万V以上の電線路のものに限る.）及び支持物（電圧5万V以上の電線路のものに限る.）

四　「電気火災事故」とは，漏電，短絡，せん絡その他の電気的要因により建造物，車両その他の工作物（電気工作物を除く.），山林等に火災が発生することをいう.

五　「破損事故」とは，電気工作物が変形，損傷若しくは破壊，火災又は絶縁劣化若しくは絶縁破壊が原因で，当該電気工作物の機能が低下又は喪失したことにより，直ちに，その運転が停止し，若しくはその運転を停止しなければならなくなること又はその使用が不可能となり，若しくはその使用を中止することをいう.

六　「主要電気工作物の破損事故」とは，別に告示する主要電気工作物を構成する設備の破損事故が原因で，当該主要電気工作物の機能が低下又は喪失したことにより，直ちに，その運転が停止し，若しくはその運転を停止しなければならなくなること又はその使用が不可能となり，若しくはその使用を中止することをいう.

七　「供給支障事故」とは，破損事故又は電気工作物の誤操作若しくは電気工作物を操作しないことにより電気の使用者（当該電気工作物を管理する者を除く．以下この条において同じ.）に対し，電気の供給が停止し，又は電気の使用を緊急に制限することをいう．ただし，電路が自動的に再閉路されることにより電気の供給の停止が終了した場合を除く.

八　「供給支障電力」とは，供給支障事故が発生した場合において，電気の使用者に対し，電気の供給が停止し，又は電気の使用を制限する直前と直後との供給電力の差をいう.

九　「供給支障時間」とは，供給支障事故が発生した時から電気の供給の停止又は使用の制限が終了した時までの時間をいう.

十　「発電支障事故」とは，発電所の電気工作物の故障，損傷，破損，欠陥又は電気工作物の誤操作若しくは電気工作物を操作しないことにより当該発電所の発電設備（発電事業の用に供するものに限る.）が直ちに運転が停止し，又はその運転を停止しなければならなくなることをいう.

十一　「ポリ塩化ビフェニル含有電気工作物」とは，別に告示する電気工作物（原子力発電工作物を除く.）であって，ポリ塩化ビフェニルを含有する絶縁油を使用するものをいう.

十二　「高濃度ポリ塩化ビフェニル含有電気工作物」とは，ポリ塩化ビフェニル含有電気工作物であって，使用されている絶縁油に含まれるポリ塩化ビフェニルの重量の割合が0.5%を超えるものをいう.

（定期報告）

**第2条**　次の表の報告対象者の欄に掲げる者は，それぞれ同表の報告書名の欄に掲げる報告書を，それぞれ同表の様式番号及び報告期限の欄に掲げるところに従い，同表の報告先の欄に掲げる者に提出しなければならない.

| 報告書名 | 報告対象者 | 様式番号 | 報告期限 | 報告先 |
|---|---|---|---|---|
| 一　発受電月報 | 電気事業者 | 様式第2 | 翌々月15日 | 経済産業大臣 |
| 二　設備資金報 | 一般送配電事業者，送電事業者，配電事業者，特定送配電事業者及び発電事業者 | 様式第3 | 毎事業年度の最終月の末日から3月（法第38条第3項第一号，第二号及び第五号に掲げる事業を営む者にあっては，毎四半期の最終月の末日から2月）を経過する日 | 経済産業大臣 |
| 三　一般用電気工作物調査年報 | 法第57条第1項の調査を実施した者及び登録調査機関 | 様式第5 | 5月末日 | 電気工作物の設置の場所を管轄する産業保安監督部長（産業保安監督部の支部長及び中部近畿産業保安監督部北陸産業保安監督署長を含む．以下同じ．） |
| 四　電気保安年報（原子力発電所に係るものを除く．） | 法第38条第3項各号に掲げる事業を営む者 | 様式第8 | 7月末日 | 経済産業大臣 |
| 五　自家用発電所運転半期報 | 法第28条の3第1項の接続に係る発電用の自家用電気工作物（出力1000kW未満の発電所を除く．）を設置する者 | 様式第9 | 4月末日及び10月末日 | 電気工作物の設置の場所を管轄する経済産業局長（中部経済産業局電力・ガス事業北陸支局長を含む．） |
| 六　ポリ塩化ビフェニルを含有する絶縁油を使用する柱上変圧器の使用状況調査年報（当該機器を有する場合に限る．） | 法第38条第3項各号に掲げる事業を営む者 | 様式第10 | 7月末日 | 経済産業大臣 |
| 七　電力取引報 | 様式第11の表ごとに別表の報告対象者の欄に掲げる者 | 様式第11 | 様式第11の表ごとに別表の報告期限の欄に掲げる期限 | 委員会 |
| 八　卸電力取引所報 | 卸電力取引所 | 様式第12 | 翌日15時 | 委員会 |
| 九　溶接事業者検査年報 | 溶接事業者検査を実施した電気工作物を設置する者 | 様式第12の2 | 6月末日 | 電気工作物の設置の場所を管轄する産業保安監督部長 |

| | | | | |
|---|---|---|---|---|
| 十　特定卸供給関係取引月報 | 一般送配電事業者及び配電事業者 | 様式第12の3 | 翌々月15日 | 経済産業大臣 |
| 十一　市町村別発電年報 | 一般送配電事業者，配電事業者及び特定送配電事業者 | 様式第12の4 | 6月末日 | 経済産業大臣 |
| 十二　市町村別需要年報 | 一般送配電事業者，配電事業者及び特定送配電事業者 | 様式第12の5 | 6月末日 | 経済産業大臣 |
| 十三　特定計量関係取引年報 | 法第103条の2第1項の特定計量をする者 | 様式第12の6 | 5月末日 | 経済産業大臣 |

（事故報告）

**第３条**　電気事業者（法第38条第3項各号に掲げる事業を営む者に限る．以下この条において同じ.）又は自家用電気工作物を設置する者は，電気事業者にあっては電気事業の用に供する電気工作物（原子力発電工作物を除く．以下この項において同じ.）に関して，自家用電気工作物を設置する者にあっては自家用電気工作物（鉄道営業法（明治33年法律第65号），軌道法（大正10年法律第76号）又は鉄道事業法（昭和61年法律第92号）が適用され又は準用される自家用電気工作物であって，発電所，変電所又は送電線路（電気鉄道の専用敷地内に設置されるものを除く.）に属するもの（変電所の直流き電側設備又は交流き電側設備を除く.）以外のもの及び原子力発電工作物を除く．以下この項において同じ.）に関して，次の表の事故の欄に掲げる事故が発生したときは，それぞれ同表の報告先の欄に掲げる者に報告しなければならない．この場合において，二以上の号に該当する事故であって報告先の欄に掲げる者が異なる事故は，経済産業大臣に報告しなければならない．

| 事　故 | 報告先 | |
|---|---|---|
| | 電気事業者 | 自家用電気工作物を設置する者 |
| 一　感電又は電気工作物の破損若しくは電気工作物の誤操作若しくは電気工作物を操作しないことにより人が死傷した事故（死亡又は病院若しくは診療所に入院した場合に限る.）<br>二　電気火災事故（工作物にあっては，その半焼以上の場合に限る.）<br>三　電気工作物の破損又は電気工作物の誤操作若しくは電気工作物を操作しないことにより，他の物件に損傷を与え，又はその機能の全部又は一部を損なわせた事故 | 電気工作物の設置の場所を管轄する産業保安監督部長 | 電気工作物の設置の場所を管轄する産業保安監督部長 |

| | | |
|---|---|---|
| 四　次に掲げるものに属する主要電気工作物の破損事故<br>イ　出力90万kW未満の水力発電所<br>ロ　火力発電所（汽力，ガスタービン（出力1 000kW以上のものに限る．），内燃力（出力1万kW以上のものに限る．），これら以外を原動力とするもの又は二以上の原動力を組み合わせたものを原動力とするものをいう．以下同じ．）における発電設備（発電機及びその発電機と一体となって発電の用に供される原動力設備並びに電気設備の総合体をいう．以下同じ．）（ハに掲げるものを除く．）<br>ハ　火力発電所における汽力又は汽力を含む二以上の原動力を組み合わせたものを原動力とする発電設備であって，出力1 000kW未満のもの（ボイラーに係るものを除く．）<br>ニ　出力500kW以上の燃料電池発電所<br>ホ　出力50kW以上の太陽電池発電所<br>ヘ　出力20kW以上の風力発電所<br>ト　電圧17万V以上（構内以外の場所から伝送される電気を変成するために設置する変圧器その他の電気工作物の総合体であって，構内以外の場所に伝送するためのもの以外のものにあっては10万V以上）30万V未満の変電所（容量30万kVA以上若しくは出力30万kW以上の周波数変換機器又は出力10万kW以上の整流機器を設置するものを除く．）<br>チ　電圧17万V以上30万V未満の送電線路（直流のものを除く．）<br>リ　電圧1万V以上の需要設備（自家用電気工作物を設置する者に限る．） | 電気工作物の設置の場所を管轄する産業保安監督部長 | 電気工作物の設置の場所を管轄する産業保安監督部長 |
| 五　次に掲げるものに属する主要電気工作物の破損事故（第一号，第三号及び第八号から第十号までに掲げるものを除く．）<br>イ　出力90万kW以上の水力発電所<br>ロ　電圧30万V以上の変電所又は容量30万kVA以上若しくは出力30万kW以上の周波数変換機器若しくは出力10万kW以上の整流機器を設置する変電所<br>ハ　電圧30万V（直流にあっては電圧17万V）以上の送電線路 | 経済産業大臣 | 経済産業大臣 |
| 六　水力発電所，火力発電所，燃料電池発電所，太陽電池発電所又は風力発電所に属する出力10万kW以上 | 電気工作物の設置の場所を | 電気工作物の設置の場所を |

| | | |
|---|---|---|
| の発電設備に係る7日間以上の発電支障事故 | 管轄する産業保安監督部長 | 管轄する産業保安監督部長 |
| 七　供給支障電力が7 000kW 以上7万 kW 未満の供給支障事故であって，その支障時間が1時間以上のもの，又は供給支障電力が7万 kW 以上10万 kW 未満の供給支障事故であって，その支障時間が10分以上のもの（第九号及び第十一号に掲げるものを除く.） | 電気工作物の設置の場所を管轄する産業保安監督部長 | |
| 八　供給支障電力が10万kW以上の供給支障事故であって，その支障時間が10分以上のもの（第十号及び第十一号に掲げるものを除く.） | 経済産業大臣 | |
| 九　電気工作物の破損又は電気工作物の誤操作若しくは電気工作物を操作しないことにより他の電気事業者に供給支障電力が7 000kW 以上7万 kW 未満の供給支障を発生させた事故であって，その支障時間が1時間以上のもの，又は供給支障電力が7万 kW 以上10万 kW 未満の供給支障を発生させた事故であって，その支障時間が10分以上のもの | 電気工作物の設置の場所を管轄する産業保安監督部長 | |
| 十　電気工作物の破損又は電気工作物の誤操作若しくは電気工作物を操作しないことにより他の電気事業者に供給支障電力が10万 kW 以上の供給支障を発生させた事故であって，その支障時間が10分以上のもの | 経済産業大臣 | |
| 十一　一般送配電事業者の一般送配電事業の用に供する電気工作物，配電事業者の配電事業の用に供する電気工作物又は特定送配電事業者の特定送配電事業の用に供する電気工作物と電気的に接続されている電圧3 000V 以上の自家用電気工作物の破損又は自家用電気工作物の誤操作若しくは自家用電気工作物を操作しないことにより一般送配電事業者，配電事業者又は特定送配電事業者に供給支障を発生させた事故 | | 電気工作物の設置の場所を管轄する産業保安監督部長 |
| 十二　ダムによって貯留された流水が当該ダムの洪水吐きから異常に放流された事故 | 電気工作物の設置の場所を管轄する産業保安監督部長 | 電気工作物の設置の場所を管轄する産業保安監督部長 |
| 十三　第一号から前号までの事故以外の事故であって，電気工作物に係る社会的に影響を及ぼした事故 | 電気工作物の設置の場所を管轄する産業保安監督部長 | 電気工作物の設置の場所を管轄する産業保安監督部長 |

**第3条の2**　一般用電気工作物（小出力発電設備（太陽電池発電設備（出力10kW以上のものに限る．）及び風力発電設備に限る．）に限る．以下この条において同じ．）の所有者又は占有者は，次の各号に掲げる事故が発生したときは，一般用電気工作物の設置の場所を管轄する産業保安監督部長に報告しなければならない．この場合において，二以上の号に該当する事故であって報告先の産業保安監督部長が異なる事故は，経済産業大臣に報告しなければならない．

一　感電又は電気工作物の破損若しくは電気工作物の誤操作若しくは電気工作物を操作しないことにより人が死傷した事故（死亡又は病院若しくは診療所に入院した場合に限る．）

二　電気火災事故（工作物にあっては，その半焼以上の場合に限る．）

三　電気工作物の破損又は電気工作物の誤操作若しくは電気工作物を操作しないことにより，他の物件に損傷を与え，又はその機能の全部又は一部を損なわせた事故

四　一般用電気工作物に属する主要電気工作物の破損事故

2　前項の規定による報告は，事故の発生を知った時から24時間以内可能な限り速やかに氏名，事故の発生の日時及び場所，事故が発生した電気工作物並びに事故の概要について，電話等の方法により行うとともに，事故の発生を知った日から起算して30日以内に当該事故の詳細を記載した報告書を提出して行わなければならない．

（公害防止等に関する届出）

**第4条**　電気事業者又は自家用電気工作物を設置する者は，次の表の届出を要する場合の欄に掲げる場合には，同表の届出期限及び届出事項に掲げるところに従い，同表の届出先の欄に掲げる者へ届け出なければならない．ただし，当該届出に係る電気工作物が原子力発電所に属するものである場合並びに同表の第一号から第四号まで，第五号の二及び第六号に掲げる場合であって，法第47条第1項の認可又は法第48条第1項の規定による届出を必要とする工事に係る場合には，この限りでない．

| 届出を要する場合 | 届出期限 | 届出事項 | 届出先 |
|---|---|---|---|
| 一　大気汚染防止法（昭和43年法律第97号）第2条第2項に規定するばい煙発生施設（以下「ばい煙発生施設」という．）に該当する電気工作物を設置する場合又はばい煙発生施設に該当する電気工作物の使用の方法であってばい煙量（同法第6条第2項に規定するものをいう．以下同じ．），ばい煙濃度（同項に規定するものをいう．以下同じ．）若しくは煙突の有効高さ（同法第3条第2項第一号に規定する排出口の高さをいう．以下同じ．）に係るものを変更する場合 | あらかじめ | 当該変更に係る事項 | 経済産業大臣（出力90万kW未満の水力発電所に属する電気工作物，火力発電所に属する電気工作物，電圧30万V未満の変電所（容量30万kVA以上若しくは出力30万kW以上の周波数変換機器又は出力10万kW以上の整流機器を設置するものを除 |
| 二　大気汚染防止法第2条第10項 | | | |

| | | | |
|---|---|---|---|
| に規定する一般粉じん発生施設（以下「一般粉じん発生施設」という.）に該当する電気工作物の使用又は管理の方法であって一般粉じん（同条第9項に規定するものをいう．以下同じ.）の排出又は飛散の防止に係るものを変更する場合 | | | く.）に属する電気工作物，電圧30万V（直流にあっては，10万V）未満の送電線路に属する電気工作物，電圧30万V（直流にあっては，10万V）未満の電力系統に係る保安通信設備に属する電気工作物又は需要設備に属する電気工作物に係る場合は，当該電気工作物の設置の場所を管轄する産業保安監督部長．第六号に掲げる場合にあっては，当該発電所又は変電所，開閉所若しくはこれらに準ずる場所の設置の場所を管轄する産業保安監督部長） |
| 二の二　大気汚染防止法第2条第13項に規定する水銀排出施設（以下「水銀排出施設」という.）に該当する電気工作物を設置する場合又は水銀排出施設に該当する電気工作物の使用の方法若しくは水銀等（同条第12項に規定するものをいう．以下同じ.）の処理の方法を変更する場合 | | | |
| 三　ダイオキシン類対策特別措置法（平成11年法律第105号）第2条第2項に規定する特定施設（この号，第九号及び第十七号の四において「特定施設」という.）に該当する電気工作物を設置する場合又は特定施設に該当する電気工作物の使用の方法であってダイオキシン類の排出量（同法第12条第2項に規定するものをいう.）に係るものを変更する場合 | | | |
| 四　水質汚濁防止法（昭和45年法律第138号）第2条第2項に規定する特定施設（この号，第十二号，第十三号及び第十八号において「特定施設」という.）に該当する電気工作物を設置する場合又は特定施設に該当する電気工作物の使用の方法，同条第7項に規定する汚水等（以下「汚水等」という.）の処理の方法，同条第6項に規定する排出水（以下「排出水」とい | | | |

| | | | |
|---|---|---|---|
| う.）の汚染状態若しくは量（同法第4条の5第1項に規定する指定地域内事業場に係る場合にあっては，排水系統別の汚染状態若しくは量を含む.），同法第2条第8項に規定する特定地下浸透水（以下「特定地下浸透水」という.）の浸透の方法若しくは用水若しくは排水の系統を変更する場合 | | | |
| 五　水質汚濁防止法第4条の2第1項に規定する指定項目で表示した汚濁負荷量（以下「汚濁負荷量」という.）の測定手法を定める場合又は当該測定手法を変更する場合 | | 汚濁負荷量の測定手法に係る事項 | |
| 五の二　水質汚濁防止法第5条第3項に規定する有害物質貯蔵指定施設（以下「有害物質貯蔵指定施設」という.）に該当する電気工作物を設置する場合又は有害物質貯蔵指定施設に該当する電気工作物の使用の方法若しくは当該施設において貯蔵される同法第2条第2項第一号に規定する有害物質（第十二号の二において「有害物質」という.）に係る搬入若しくは搬出の系統を変更する場合 | | 当該変更に係る事項 | |
| 六　振動規制法（昭和51年法律第64号）第3条第1項の規定により指定された地域内に設置された発電所又は変電所，開閉所若しくはこれらに準ずる場所の電気工作物であって，同法第2条第1項の特定施設に該当するものの使用の方法を変更する場合（当該変更が電気工作物の使用開始時刻の繰上げ又は使用終了時刻の繰下げを伴わない場合を除く.） | | | |

| | | |
|---|---|---|
| 七　現に設置している電気工作物がばい煙発生施設となった場合においてばい煙を大気中に排出する場合 | 30日以内（第七号に掲げる場合にあっては電気工作物がばい煙発生施設となった日から，第八号の二に掲げる場合にあっては電気工作物が水銀排出施設となった日から，第九号に掲げる場合にあっては電気工作物がダイオキシン類対策特別措置法第2条第2項に規定する特定施設となった日から，第十二号に掲げる場合にあっては電気工作物が水質汚濁防止法第2条第2項に規定する特定施設となった日から，第十二号の二に掲げる場合にあっては電気工作 | ばい煙発生施設の種類，構造及び使用の方法並びにばい煙の処理の方法 |
| 八　現に設置している電気工作物が一般粉じん発生施設になった場合 | | 一般粉じん発生施設の種類，構造並びに使用及び管理の方法 |
| 八の二　現に設置している電気工作物が水銀排出施設になった場合 | | 水銀排出施設の種類，構造及び使用方法並びに水銀等の処理の方法 |
| 九　現に設置している電気工作物が特定施設となった場合において排出ガス（ダイオキシン類対策特別措置法第2条第3項に規定するものをいう.）を排出し，又は排出水（同条第4項に規定するものをいう.）を排出する場合 | | 特定施設の種類，構造及び使用の方法並びに大気基準適用施設（ダイオキシン類対策特別措置法第10条第1項に規定するものをいう．以下同じ.）にあっては当該大気基準適用施設から排出される発生ガス，水質基準対象施設（同法第12条第1項第六号に規定するものをいう．以下同じ.）にあっては当該水質基準対象施設から排出される汚水又は廃液の処理の方法 |
| 十　水質基準対象施設が大気基準適用施設となった場合 | | 大気基準適用施設から排出される発生ガスの処理の方法 |
| 十一　大気基準適用施設が水質基準対象施設となった場合 | | 水質基準対象施設から排出される汚水又は廃液の処理の方法 |
| 十二　現に設置している電気工作物が特定施設となった場合において排出水を排出し，又は特定地下浸透水を浸透させる場合 | | 特定施設の種類，構造，設備（当該特定施設が水質汚濁防止法第2条第8項に規定する有害物質使用特定施設に該当しない |

| | | | |
|---|---|---|---|
| | 物が有害物質使用特定施設（第十二号に掲げる場合を除く.）又は有害物質貯蔵指定施設となった日から30日以内） | 場合又は同法第5条第2項の規定に該当する場合を除く.），使用の方法，汚水等の処理の方法，排出水の汚染状態及び量（指定地域内事業場にあっては，排水系統別の汚染状態及び量を含む.），特定地下浸透水の浸透の方法並びに用水及び排水の系統 | |
| 十二の二　現に設置している電気工作物が有害物質使用特定施設（前号に掲げる場合を除く.）又は有害物質貯蔵指定施設となった場合 | | 有害物質使用特定施設（前号に掲げる場合を除く.）又は有害物質貯蔵指定施設の構造，設備，使用の方法並びに当該施設において製造され，使用され若しくは処理され又は貯蔵される有害物質に係る搬入及び搬出の系統 | |
| 十三　特定施設の設置場所が水質汚濁防止法第4条の2第1項に規定する指定地域となった場合において当該特定施設が排出水を排出する場合 | 水質汚濁防止法第4条の2第1項の地域を定める政令の施行の日から60日以内 | 排出水の排水系統別の汚染状態及び量 | |
| 十四　騒音規制法（昭和43年法律第98号）第2条第1項の特定施設（この号において「特定施設」という.）に該当する電気工作物を設置する発電所若しくは変電所，開閉所若しくはこれらに準ずる場所の設置の場所が同法第3条第1項の規定により指定された地域（この号において「指定地域」という.）となった場合又は指定 | 30日以内 | 特定施設の種類，容量及び個数並びに騒音防止の方法 | 当該発電所又は変電所，開閉所若しくはこれらに準ずる場所の設置の場所を管轄する産業保安監督部長 |

| | | | |
|---|---|---|---|
| 地域内に設置される発電所若しくは変電所，開閉所若しくはこれらに準ずる場所の電気工作物が特定施設となった場合 | | | |
| 十五　振動規制法第2条第1項の特定施設（この号において「特定施設」という.）に該当する電気工作物を設置する発電所若しくは変電所，開閉所若しくはこれらに準ずる場所の設置の場所が同法第3条第1項の規定により指定された地域（この号において「指定地域」という.）となった場合又は指定地域内に設置される発電所若しくは変電所，開閉所若しくはこれらに準ずる場所の電気工作物が特定施設となった場合 | | 特定施設の種類，容量，個数及び使用の方法並びに振動防止の方法 | |
| 十六　第一号，第二号若しくは第二号の二の施設，第三号，第四号，第五号の二若しくは第六号の電気工作物又は騒音規制法第3条第1項の規定により指定された地域内に設置される発電所，変電所，開閉所若しくはこれらに準ずる場所の電気工作物であって同法第2条第1項の特定施設に該当するものを設置する者の氏名又は住所（法人にあっては名称，代表者の氏名若しくは住所又は事業場の名称若しくは所在地） | 変更又は廃止の後遅滞なく | 変更のあった事項（電気事業者が法第9条第2項（法第6条第2項第二号の事項の変更に限る.），法第27条の12において準用する法第9条第2項（法第27条の7第2項第二号の事項の変更に限る.），法第27条の13第9項（同条第1項第一号の事項の変更に限る.）及び法第27条の27第3項（同条第1項一号の事項の変更に限る.）の届出をする場合を除く.） | 当該施設又は当該電気工作物の設置の場所を管轄する産業保安監督部長（予備として有している第十五号の二の電気工作物にあっては，当該電気工作物を保管している場所を管轄する産業保安監督部長を含む.） |
| 十七　第一号，第二号若しくは第二号の二の施設又は第三号，第四号若しくは第五号の二の電気工作物を廃止した場合（当該施設の属する発電所の廃止又は出力の変更に伴い廃止した場合を除く.） | | 当該廃止に係る事項 | |

| | | | |
|---|---|---|---|
| 十七の二　騒音規制法第３条第１項の規定により指定された地域内に設置される発電所，変電所，開閉所又はこれらに準ずる場所の同法第２条第１項の特定施設に該当する電気工作物の全てを廃止した場合 | 廃止の後遅滞なく | 当該廃止に係る事項 | 当該電気工作物の設置の場所を管轄する産業保安監督部長 |
| 十七の二の二　振動規制法第３条第１項の規定により指定された地域内に設置される発電所，変電所，開閉所又はこれらに準ずる場所の同法第２条第１項の特定施設に該当する電気工作物の全てを廃止した場合 | 廃止の後遅滞なく | 当該廃止に係る事項 | 当該電気工作物の設置の場所を管轄する産業保安監督部長 |
| 十七の三　ばい煙発生施設又は大気汚染防止法第17条第１項に規定する特定施設に該当する電気工作物について故障，破損その他の事故が発生し，ばい煙又は同項に規定する特定物質が大気中に多量に排出された場合 | 事故の発生後直ちに | 事故の状況 | 当該電気工作物の設置の場所を管轄する産業保安監督部長 |
| 十七の四　特定施設に該当する電気工作物について故障，破損その他の事故が発生し，ダイオキシン類対策特別措置法第２条第１項に規定するダイオキシン類が大気中に多量に排出された場合 | 事故の発生後直ちに | 事故の状況 | 当該電気工作物の設置の場所を管轄する産業保安監督部長 |
| 十八　水質汚濁防止法第２条第６項に規定する特定事業場に該当する発電所若しくは変電所，開閉所若しくはこれらに準ずる場所，又はこれらを設置するための事業場において，特定施設に該当する電気工作物の破損その他の事故が発生し，同条第２項第一号に規定する有害物質（ポリ塩化ビフェニルを除く．この号及び次号において「有害物質」という．）を含む水若し | 事故の発生後可能な限り速やかに | 事故の状況及び講じた措置の概要 | 当該電気工作物の設置の場所を管轄する産業保安監督部長 |

| | | | |
|---|---|---|---|
| くはその汚染状態が同項第二号に規定する項目について同法第３条第１項又は第３項の排水基準に適合しないおそれがある水が当該特定事業場から同法第２条第１項に規定する公共用水域（次号及び第十八号の三において「公共用水域」という.）に排出され，又は有害物質を含む水が当該特定事業場から地下に浸透したことにより人の健康又は生活環境に係る被害を生ずるおそれがある場合 | | | |
| 十八の二　水質汚濁防止法第14条の２第２項に規定する指定事業場に該当する発電所若しくは変電所，開閉所若しくはこれらに準ずる場所，又はこれらを設置するための事業場において，同法第２条第４項に規定する指定施設に該当する電気工作物の破損その他の事故が発生し，有害物質又は同項に規定する指定物質を含む水が当該指定事業場から公共用水域に排出され，又は地下に浸透したことにより人の健康又は生活環境に係る被害を生ずるおそれがある場合 | | | |
| 十八の三　水質汚濁防止法第14条の２第３項に規定する貯油事業場等に該当する発電所若しくは変電所，開閉所若しくはこれらに準ずる場所，又はこれらを設置するための事業場において，同法第２条第５項に規定する貯油施設等に該当する電気工作物の破損その他の事故が発生し，同項に規定する油を含む水が当該貯油事業場等から公共用水域に排出され，又は地下に浸透したことにより生活環境に係る被害を生ずるおそれがある場合 | | | |

（ポリ塩化ビフェニル含有電気工作物に関する届出）

第４条の２　ポリ塩化ビフェニル含有電気工作物を現に設置している又は予備として有している者（以下この条において「ポリ塩化ビフェニル含有電気工作物設置者等」という.）は，次の表の左欄に掲げる場合には，同表の中欄に掲げる様式により，同表の右欄に掲げる期限までに，当該ポリ塩化ビフェニル含有電気工作物を設置している又は予備として有している場所を管轄する産業保安監督部長（以下この条において「管轄産業保安監督部長」という.）へ届け出なければならない.

| 届出を要する場合 | 様式番号 | 届出期限 |
|---|---|---|
| 一　ポリ塩化ビフェニル含有電気工作物を現に設置している又は予備として有していることが新たに判明した場合（直ちに，当該ポリ塩化ビフェニル含有電気工作物を廃止し，第三号の届出をする場合を除く.） | 様式第13の2 | 判明した後遅滞なく |
| 二　ポリ塩化ビフェニル含有電気工作物設置者等の氏名若しくは住所（法人にあっては当該ポリ塩化ビフェニル含有電気工作物を設置している又は予備として有している事業場の名称又は所在地）に変更があった場合又は当該ポリ塩化ビフェニル含有電気工作物の設置若しくは予備の別に変更があった場合 | 様式第13の3 | 変更の後遅滞なく |
| 三　ポリ塩化ビフェニル含有電気工作物を廃止した場合 | 様式第13の4 | 廃止の後遅滞なく |
| 四　ポリ塩化ビフェニル含有電気工作物の破損その他の事故が発生し，ポリ塩化ビフェニルを含有する絶縁油が構内以外に排出された，又は地下に浸透した場合 | 様式第13の5 | 事故の発生後可能な限り速やかに |

2　高濃度ポリ塩化ビフェニル含有電気工作物を現に設置している又は予備として有している者は，高濃度ポリ塩化ビフェニル含有電気工作物について，毎年度の管理の状況（以下この条において「管理状況」という.）を翌年度の６月30日までに，様式第13の6により，管轄産業保安監督部長へ届け出なければならない．また，直近に届け出た管理状況に記載した高濃度ポリ塩化ビフェニル含有電気工作物を廃止する予定の年月を変更する場合には，遅滞なく，変更後の管理状況を管轄産業保安監督部長へ届け出なければならない.

（自家用電気工作物を設置する者の発電所の出力の変更等の報告）

第５条　自家用電気工作物（原子力発電工作物を除く.）を設置する者は，次の場合は，遅滞なく，その旨を当該自家用電気工作物の設置の場所を管轄する産業保安監督部長に報告しなければならない.

一　発電所若しくは変電所の出力又は送電線路若しくは配電線路の電圧を変更した場合（法第47条第1項若しくは第2項の認可を受け，又は法第48条第1項の規定による届出をした工事に伴い変更した場合を除く.）

二　発電所，変電所その他の自家用電気工作物を設置する事業場又は送電線路若しくは配電線路を廃止した場合

（卸電力取引所の会員の変更の報告）

**第6条**　卸電力取引所は，卸電力取引所の会員に変更があった場合には，遅滞なく，様式第14の取引会員情報を委員会に報告しなければならない.

## 附　　則（令和4年3月31日　経済産業省令第25号）

この省令は，令和4年4月1日から施行する.

様式第5（第2条関係）

# 一般用電気工作物調査年報

年度

事業者名＿＿＿＿＿＿

1　竣工調査実施状況

| | |
|---|---|
| 調査実施総需要家数 | |
| 登録調査機関へ調査を委託した需要家数 | |
| 調査実施需要家数 | |
| 調査不能需要家数 | |
| 通知需要家数 | |
| 再調査実施需要家数 | |
| 再調査における通知需要家数 | |

2　定期調査実施状況

| | |
|---|---|
| 総需要家数 | |
| 調査実施総需要家数 | |
| 登録調査機関へ調査を委託した需要家数 | |
| 調査予定需要家数 | |
| 調査実施需要家数 | |
| 調査不能需要家数 | |
| 通知需要家数 | |
| 再調査実施需要家数 | |
| 再調査における通知需要家数 | |

備考　1　竣工調査とは一般用電気工作物が設置された時及び変更の工事が完成した時に行う調査，定期調査とは4年に1回以上行う調査，再調査とはこれらの調査の結果，法第57条第2項の規定による通知をした後再び行う調査をいい，各調査実施状況についてそれぞれ記載すること.

2　登録調査機関にあっては，調査実施総需要家数，総需要家数及び登録調査機関へ調査を委託した需要家数の欄には記入しないこと.

3 用紙の大きさは，日本産業規格 A4とすること.

様式第9（第2条関係）

# 自 家 用 発 電 所 運 転 半 期 報

上
年度　期分
下

事業者名　　　　住所　　　　発電所名

連絡先担当者氏名　　電話番号　　電子メールアドレス

原動力の種類　　　　〔　〕（燃料の種類　　　　）

| 月別 | 最大出力(kW) | 変更出力(kW) | 発電電力量(kWh) | 所内及び損失電力量(kWh) | 電気事業者等への送電電力量(kWh) | | | | 自家消費電力量(kWh) |
|---|---|---|---|---|---|---|---|---|---|
| | | | | | 電気事業者 | 特定供給の相手方 | その他事業者 | 合計 | |
| 4月 | | | [ ] | | | | | 〈 〉 | |
| 5月 | | | [ ] | | | | | 〈 〉 | |
| 6月 | | | [ ] | | | | | 〈 〉 | |
| 7月 | | | [ ] | | | | | 〈 〉 | |
| 8月 | | | [ ] | | | | | 〈 〉 | |
| 9月 | | | [ ] | | | | | 〈 〉 | |
| 計 | | ／ | [ ] | | | | | 〈 〉 | |
| 10月 | | | [ ] | | | | | 〈 〉 | |
| 11月 | | | [ ] | | | | | 〈 〉 | |
| 12月 | | | [ ] | | | | | 〈 〉 | |
| 1月 | | | [ ] | | | | | 〈 〉 | |
| 2月 | | | [ ] | | | | | 〈 〉 | |
| 3月 | | | [ ] | | | | | 〈 〉 | |
| 計 | | ／ | [ ] | | | | | 〈 〉 | |
| 合　計 | | ／ | [ ] | | | | | 〈 〉 | |

| 出力変更の要因 | | 運転停止期間及び停止理由 | |
|---|---|---|---|

備考　1　燃料の種類の欄には，火力発電に用いた燃料の種類を記載すること．
2　当該自家用電気工作物がコージェネレーション（ガスタービン等を原動力として発電し，当該発電に伴って発生する排熱を回収してこれを熱源として利用するシステムをいう．）である場合は，原動力の種類の欄の〔　〕内にコジェネと記載すること．
3　出力の変更等があった場合は，変更出力の欄に前月からの増減出力を記入するとともに，出力変更の要因の欄に新設，増設，廃止等を明記すること．
4　発電電力量欄の上段の［　］内には，火力のうちバイオマスに係る電力量を再掲し，下段の［　］内には，火力発電のうち廃棄物に係る電力量を再掲すること．
5　〈　〉内には，電気事業法第97条第1項の規定に基づき指定された卸電力取引所を通じた取引により送電した電力量を再掲すること．
6　用紙の大きさは，日本産業規格A4とすること．

様式第 13（第 3 条関係）

## 電　気　関　係　事　故　報　告

| |
|---|
| 1．件　　名： |
| 2．報告事業者<br>1）事業者名（電気工作物の設置者名）：<br>2）住所： |
| 3．発生日時： |
| 4．事故発生の電気工作物（設置場所，使用電圧）： |
| 5．状　　況： |
| 6．原　　因： |
| 7．被害状況<br>1）死傷：有・無<br>内容：<br>2）火災：有・無<br>内容：<br>3）供給支障：有（供給支障電力，供給支障時間）・無<br>内容：<br>4）その他（上記以外の他に及ぼした障害）<br>内容： |
| 8．復旧日時： |
| 9．防止対策： |
| 10．主任技術者の氏名及び所属（保安管理業務外部委託承認がある場合は，委託先情報）： |
| 11．電気工作物の設置者の確認：有・無 |

備考　用紙の大きさは，日本産業規格 A4 とすること．

様式第13の2

ポリ塩化ビフェニル含有電気工作物設置等届出書

年　月　日

殿

住　所　〒

氏　名（法人にあっては名称及び代表者の氏名）

電気関係報告規則第4条の2第1項の表第一号の規定に基づき，ポリ塩化ビフェニル含有電気工作物を設置している又は予備として有していることが判明したので，その旨，届け出ます．

（事業場に関する事項）

| | |
|---|---|
| 事業場の名称 | |
| 事業場の所在地 | 〒 |
| 連絡先 | TEL |

（電気工作物に係る事項）

| 種類 | 高濃度 | 定格容量 | 製造者名 | 表示記号等 | 使用状態 | 製造年月 | 設置年月 | 個数 |
|---|---|---|---|---|---|---|---|---|
| | | | | | | | | |
| | | | | | | | | |
| | | | | | | | | |

（その他参考となるべき事項）

| |
|---|
| |

備考　1　高濃度ポリ塩化ビフェニル含有電気工作物に該当する場合には，高濃度の欄に○印を付けること．

2　使用状態の欄には，設置している場合は「設置」と，予備として有している場合は「予備」と記載すること．

3　用紙の大きさは，日本産業規格A4とすること．

様式第 13 の 3

ポリ塩化ビフェニル含有電気工作物変更届出書

年　　月　　日

殿

住　所　〒

氏　名（法人にあっては名称及び代表者の氏名）

電気関係報告規則第４条の２第１項の表第二号の規定に基づき，ポリ塩化ビフェニル含有電気工作物の変更について届け出ます.

（事業場に関する事項）

| | |
|---|---|
| 事業場の名称 | |
| 事業場の所在地 | 〒 |
| 連絡先 | TEL |

（変更に係る事項）

| | |
|---|---|
| 変更年月日 | 年　　月　　日 |
| 変更前 | |
| 変更後 | |

（その他参考となるべき事項）

| |
|---|
| |

備考　用紙の大きさは，日本産業規格 A4 とすること.

様式第13の4

# ポリ塩化ビフェニル含有電気工作物廃止届出書

年　　月　　日

殿

住　所　〒

氏　名（法人にあっては名称及び代表者の氏名）

電気関係報告規則第４条の２第１項の表第三号の規定に基づき，ポリ塩化ビフェニル含有電気工作物の廃止について届け出ます．

（事業場に関する事項）

| | |
|---|---|
| 事業場の名称 | |
| 事業場の所在地 | 〒 |
| 連絡先 | TEL |

（電気工作物に係る事項）

| 種類 | 高濃度 | 定格容量 | 製造者名 | 表示記号等 | 製造年月 | 設置年月 | 廃止年月日 | 個数 |
|---|---|---|---|---|---|---|---|---|
| | | | | | | | | |
| | | | | | | | | |
| | | | | | | | | |
| 廃止理由 | 1：老朽取替・廃止　2：損壊・焼損　3：PCB洗浄<br>4：その他（　　　　　　　　） | | | | | | | |
| 廃止内容 | | | | | | | | |

（その他参考となるべき事項）

| |
|---|
| |

備考　1　高濃度ポリ塩化ビフェニル含有電気工作物に該当する場合には，高濃度の欄に○印を付けること．

2　廃止理由が「PCB洗浄」の場合には，廃止内容の欄には，当該電気工作物の継続使用の有無並びに洗浄の方法及び結果について記載すること．

3　用紙の大きさは，日本産業規格A4とすること．

様式第 13 の 5

## ポリ塩化ビフェニル含有電気工作物の絶縁油漏洩に係る事故届出書

年　　月　　日

殿

住　所　〒

氏　名（法人にあっては名称及び代表者の氏名）

電気関係報告規則第４条の２第１項の表第四号の規定に基づき，ポリ塩化ビフェニル含有電気工作物の絶縁油漏洩に係る事故について届け出ます．

（事業場に関する事項）

| | |
|---|---|
| 事業場の名称 | |
| 事業場の所在地 | 〒 |
| 連絡先 | TEL |

（事故のあった電気工作物に係る事項）

<table>
<tr><td>種類</td><td>定格容量</td><td>製造者名</td><td>表示記号等</td><td>使用状態</td><td>製造年月</td><td>設置年月</td><td>個数</td></tr>
<tr><td></td><td></td><td></td><td></td><td></td><td></td><td></td><td></td></tr>
<tr><td>発生日時</td><td colspan="2"></td><td>復旧日時</td><td colspan="4"></td></tr>
<tr><td colspan="3">ポリ塩化ビフェニルの含有濃度</td><td colspan="5"></td></tr>
<tr><td colspan="2">事故の状況</td><td colspan="6"></td></tr>
<tr><td colspan="2">講じた措置</td><td colspan="6"></td></tr>
</table>

（その他参考となるべき事項）

| |
|---|
| |

備考　1　使用状態の欄には，設置している場合は「設置」と，予備として有している場合は「予備」と記載すること．

　　　2　用紙の大きさは，日本産業規格 A4 とすること．

様式第13の6

## 高濃度ポリ塩化ビフェニル含有電気工作物管理状況届出書

年　　月　　日

殿

住　所 〒

氏　名（法人にあっては名称及び代表者の氏名）

電気関係報告規則第４条の２第２項の規定に基づき，高濃度ポリ塩化ビフェニル含有電気工作物管理状況を別紙のとおり届け出ます．

（事業場に関する事項）

| | |
|---|---|
| 事業場の名称 | |
| 事業場の所在地 | 〒 |
| 連絡先 | TEL |
| 電気主任技術者等の氏名 | （選任又は外部委託（電気保安法人又は電気管理技術者）の別） |
| 電気主任技術者等の連絡先 | TEL |

（その他参考となるべき事項）

| |
|---|
| |

（別紙）

高濃度ポリ塩化ビフェニル含有電気工作物管理状況

氏名（法人にあっては名称）
事業場の名称

（電気工作物に係る事項）

| 通し番号 | 種類 | 定格容量 | 製造者名 | 表示記号等 | 使用状態 | 製造年月 | 設置年月 | 廃止予定年月 | 備考 |
|---|---|---|---|---|---|---|---|---|---|
| | | | | | | | | | |
| | | | | | | | | | |
| | | | | | | | | | |
| | | | | | | | | | |
| | | | | | | | | | |

備考　1　別紙の表には，高濃度ポリ塩化ビフェニル含有電気工作物 1 個につき 1 行ずつ記載すること．

2　別紙の表の「廃止予定年月」の欄には，電気設備に関する技術基準を定める省令（平成 9 年通商産業省令第 52 号）に基づく告示で定める期限から 1 年を超えない期間に廃止することが明らかな場合にあっては，これを証する書類を添付し，当該書類で定められた廃棄予定年月を記載すること．

3　使用状態の欄には，設置している場合は「設置」と，予備として有している場合は「予備」と記載すること．

4　用紙の大きさは，日本産業規格 A4 とすること．

# 電気事業法関係手数料規則

（平成7年10月18日　通商産業省令第81号）

（最終改正）令和4年3月23日　経済産業省令第18号

電気事業法（昭和39年法律第170号）第112条の規定に基づき，電気事業法関係手数料規則を次のように定める．

（主任技術者免状の交付等に係る手数料の額）

**第1条**　電気事業法（以下「法」という．）第44条第2項第一号の規定により，若しくは指定試験機関がその試験事務を行う電気主任技術者試験に合格したことにより主任技術者免状の交付を受けようとする者，電気主任技術者試験を受けようとする者又は主任技術者免状の再交付を受けようとする者が法第112条第1項の規定により納付しなければならない手数料の額は，別表第1のとおりとする．

（使用前検査に係る手数料の額）

**第2条**　法第49条第1項の検査（法第106条第1項に規定する原子力発電工作物の工事に係るものを除く．）を受けようとする者が法第112条第2項の規定により納付しなければならない手数料の額は，別表第2の左欄に掲げる区分に応じ，同表の中欄に定める金額（電子申請（情報通信技術を活用した行政の推進等に関する法律（平成14年法律第151号）第6条第1項の規定により経済産業省の所管する法令に係る情報通信技術を活用した行政の推進等に関する法律施行規則（平成15年経済産業省令第8号）第3条に規定する電子情報処理組織を使用して行う申請をいう．以下同じ．）による場合にあっては，同表の右欄に定める金額）とする．

（使用前安全管理審査に係る手数料の額）

**第3条**　法第51条第3項の審査（以下「使用前安全管理審査」という．）を受けようとする者が法第112条第2項の規定により納付しなければならない手数料の額は，別表第3のとおりとする．ただし，前回の法第51条第7項の通知（以下この条において単に「通知」という．）において，使用前自主検査の実施につき十分な体制がとられていると評定された組織であって，前回の使用前安全管理審査に係る使用前自主検査が終了した日と前回の通知を受けた日から起算して3年を超えない日との間に電気事業法施行規則（平成7年通商産業省令第77号）第73条の3第一号及び第三号の工事の工程において行う使用前自主検査を行ったものについては，当該組織が行った使用前自主検査に係る審査に必要な手数料の総額の半額とする．

（定期安全管理審査に係る手数料の額）

**第4条**　法第55条第4項の審査（法第106条第1項に規定する原子力発電工作物の工事に係るものを除く．）を受けようとする者が法第112条第1項の規定により納付しなければならない手数料の額は，別表第4のとおりとする．ただし，前回の法第55条第6項において準用する第51条第7項の通知において，電気事業法施行規則（平成7年通商産業省令第77号）

第 94 条の 5 第 1 項第一号から第三号まで又は第 2 項第一号に規定する組織であるについては，当該組織が行った定期事業者検査に係る審査に必要な手数料の総額の半額とする．

2　前項のただし書きの手数料の総額の算定において，定期事業者検査に係る審査に必要な手数料は，同一の種類，出力及び蒸発量の区分に応じ，2 台目以降については，当該電気工作物の定期事業者検査に係る審査に必要な手数料の額の 1/3 の額とする．

## 附　　則（令和 4 年 3 月 23 日　経済産業省令第 18 号）

この省令は，令和 4 年 4 月 1 日から施行する．

別表第1（第1条関係）

| | |
|---|---|
| 一　法第44条第2項第一号の規定により主任技術者免状の交付を受けようとする者 | 6 600円 |
| 二　指定試験機関がその試験事務を行う電気主任技術者試験に合格したことにより主任技術者免状の交付を受けようとする者 | 2 350円 |
| 三　第1種電気主任技術者免状又は第2種電気主任技術者免状に係る電気主任技術者試験を受けようとする者 | 1万4 200円 |
| 四　第3種電気主任技術者免状に係る電気主任技術者試験を受けようとする者 | 8 100円 |
| 五　主任技術者免状の再交付を受けようとする者 | 2 600円 |

備考　電子申請による場合におけるこの表の適用については，第一号中「6 600円」とあるのは「4 750円」と，第三号中「1万4 200円」とあるのは「1万3 800円」と，第四号中「8 100円」とあるのは「7 700円」と，第五号中「2 600円」とあるのは「1 550円」とする．

別表第2（第2条関係）

| 区　　分 | 金　　額 | 電子申請による場合における金額 |
|---|---|---|
| 一　発電所のうち水力発電所，火力発電所，原子力発電所，燃料電池発電所，太陽電池発電所及び風力発電所以外のもの（以下「その他の発電所」という．）の設置の工事 | 16万200円 | 14万9 600円 |
| 二　その他の発電所の変更の工事 | | |
| （1）　発電設備（発電機その他の発電機器並びにその発電機器と一体となって発電の用に供される原動力設備及び電気設備の総合体をいう．以下同じ．）の設置の工事 | 16万200円 | 14万9 600円 |
| （2）発電設備の設置の工事以外の変更の工事 | | |
| 1　その他の発電所における原子力設備に係る工事 | 10万7 500円 | 9万6 900円 |
| 2　電気設備に係る工事 | | |
| (1)　発電機に係る工事 | | |
| イ　容量3万kVA未満の発電機に係るもの（容量を3万kVA以上とするものを除く．） | 11万9 400円 | 11万1 100円 |
| ロ　容量3万kVA未満の発電機の容量を3万kVA以上30万kVA未満とするもの及び容量3万kVA以上30万kVA未満の発電機に係るもの（容量を30万kVA以上とするものを除く．） | 20万9 300円 | 20万200円 |
| ハ　容量30万kVA未満の発電機の容量 | 25万6 800円 | 24万7 700円 |

| | | |
|---|---|---|
| を30万kVA以上60万kVA未満とするもの及び容量30万kVA以上60万kVA未満の発電機に係るもの（容量を60万kVA以上とするものを除く.） | | |
| ニ　容量60万kVA未満の発電機の容量を60万kVA以上とするもの及び容量60万kVA以上の発電機に係るもの | 30万5 500円 | 29万5 500円 |
| (2)　変圧器に係る工事（これに伴う他の電気設備（発電機，周波数変換機器及び整流機器を除く.）の設置又は変更の工事を含む.） | | |
| イ　容量5万kVA未満の変圧器に係るもの（容量を5万kVA以上とするものを除く.） | 11万9 400円 | 11万1 100円 |
| ロ　容量5万kVA未満の変圧器の容量を5万kVA以上30万kVA未満とするもの及び容量5万kVA以上30万kVA未満の変圧器に係るもの（容量を30万kVA以上とするものを除く.） | 20万9 300円 | 20万200円 |
| ハ　容量30万kVA未満の変圧器の容量を30万kVA以上60万kVA未満とするもの及び容量30万kVA以上60万kVA未満の変圧器に係るもの（容量を60万kVA以上とするものを除く.） | 25万6 800円 | 24万7 700円 |
| ニ　容量60万kVA未満の変圧器の容量を60万kVA以上とするもの及び容量60万kVA以上の変圧器に係るもの | 30万5 500円 | 29万5 500円 |
| (3)　負荷時電圧調整器に係る工事 | 11万4 400円 | 10万5 200円 |
| (4)　負荷時電圧位相調整器に係る工事 | 11万4 400円 | 10万5 200円 |
| (5)　調相機に係る工事 | 11万4 400円 | 10万5 200円 |
| (6)　周波数変換機器に係る工事 | 20万4 300円 | 19万4 300円 |
| (7)　整流機器に係る工事 | 20万4 300円 | 19万4 300円 |
| (8)　遮断器に係る工事 | | |
| イ　電圧1万V未満の遮断器に係るもの | 7万5 100円 | 6万6 700円 |
| ロ　電圧1万V以上の遮断気に係るもの | 11万4 400円 | 10万5 200円 |
| 3　附帯設備に係る工事 | 11万4 400円 | 10万5 200円 |

別表第3（第3条関係）

| 区分 | | | | 審査方法の別 | 金額 |
|---|---|---|---|---|---|
| 一　発電所の設置の工事及び発電所の変更の工事であって発電設備の設置の工事に係るもの | (1)　水力発電所に係る工事 | 1　完成後の基礎地盤から堤頂までの高さ（以下単に「高さ」という．）が15m以上のダムに係る工事で，基礎地盤に提体コンクリートを打設し，又は提体材料を盛り立てようとするときに行うもの | | 法定事業者検査の実施場所及び当該検査記録の保管場所で行う場合 | 11万2 300円（電子申請による場合にあっては，10万3 100円） |
| | | | | 映像及び音声の送受信により相手の状態を相互に認識しながら通信をすることが可能な方法を用いて行う場合 | 9万3 600円（電子申請による場合にあっては，8万4 400円） |
| | | 2　完成後の高さが15m以上のダムに係る工事で，ダムの全部又は一部を流水の貯留の用に供しようとするときに行うもの | | 法定事業者検査の実施場所及び当該検査記録の保管場所で行う場合 | 16万7 900円（電子申請による場合にあっては，15万8 700円） |
| | | | | 映像及び音声の送受信により相手の状態を相互に認識しながら通信をすることが可能な方法を用いて行う場合 | 14万9 800円（電子申請による場合にあっては，14万600円） |
| | | 3　工事の計画に係る全ての工事が完了したときに行うもの | (1)　出力3万kW未満の水力発電所に係るもの | 法定事業者検査の実施場所及び当該検査記録の保管場所で行う場合 | 22万4 700円（電子申請による場合にあっては，20万6 200円） |
| | | | | 映像及び音声の送受信により相手の状態を相互に認識しながら通信をすることが可能な方法を用いて行う場合 | 18万7 200円（電子申請による場合にあっては，16万8 700円） |
| | | | (2)　出力3万kW以上90万kW未満の水力発電所に係るもの | 法定事業者検査の実施場所及び当該検査記録の保管場所で行う場合 | 29万9 700円（電子申請による場合にあっては，28万1 100円） |
| | | | | 映像及び音声の送受信により相手の状態を相互に認識しながら通信をすることが可能な方法を用いて行う場合 | 26万2 100円（電子申請による場合にあっては，24万3 600円） |

| | | | | | |
|---|---|---|---|---|---|
| | | | (3) 出力90万kW以上の水力発電所に係るもの | 法定事業者検査の実施場所及び当該検査記録の保管場所で行う場合 | 60万9 700円（電子申請による場合にあっては，57万8 000円） |
| | | | | 映像及び音声の送受信により相手の状態を相互に認識しながら通信をすることが可能な方法を用いて行う場合 | 50万8 800円（電子申請による場合にあっては，47万7 200円） |
| | （2）火力発電所に係る工事 | 1 汽力（地熱を利用するものを除く．）を原動力とする火力発電所に係るもの | (1) 出力3万kW未満の火力発電所に係るもの | 法定事業者検査の実施場所及び当該検査記録の保管場所で行う場合 | 90万9 400円（電子申請による場合にあっては，87万2 100円） |
| | | | | 映像及び音声の送受信により相手の状態を相互に認識しながら通信をすることが可能な方法を用いて行う場合 | 74万9 100円（電子申請による場合にあっては，71万1 800円） |
| | | | (2) 出力3万kW以上90万kW未満の火力発電所に係るもの | 法定事業者検査の実施場所及び当該検査記録の保管場所で行う場合 | 103万6 800円（電子申請による場合にあっては，109万100円） |
| | | | | 映像及び音声の送受信により相手の状態を相互に認識しながら通信をすることが可能な方法を用いて行う場合 | 93万6 400円（電子申請による場合にあっては，88万9 700円） |
| | | | (3) 出力90万kW以上の火力発電所に係るもの | 法定事業者検査の実施場所及び当該検査記録の保管場所で行う場合 | 160万8 000円（電子申請による場合にあっては，154万4 600円） |
| | | | | 映像及び音声の送受信により相手の状態を相互に認識しながら通信をすることが可能な方法を用いて行う場合 | 127万2 200円（電子申請による場合にあっては，120万8 700円） |

| | | | |
|---|---|---|---|
| 2　汽力（地熱を利用するものに限る．）を原動力とする火力発電所に係るもの | (1)　出力３万kW未満の火力発電所に係るもの | 法定事業者検査の実施場所及び当該検査記録の保管場所で行う場合 | 71万4 300円（電子申請による場合にあっては，67万7 000円） |
| | | 映像及び音声の送受信により相手の状態を相互に認識しながら通信をすることが可能な方法を用いて行う場合 | 59万9 200円（電子申請による場合にあっては，56万2 000円） |
| | (2)　出力３万kW以上の火力発電所に係るもの | 法定事業者検査の実施場所及び当該検査記録の保管場所で行う場合 | 86万5 300円（電子申請による場合にあっては，82万5 500円） |
| | | 映像及び音声の送受信により相手の状態を相互に認識しながら通信をすることが可能な方法を用いて行う場合 | 71万8 700円（電子申請による場合にあっては，67万9 000円） |
| 3　ガスタービンを原動力とする火力発電所に係るもの | (1)　出力３万kW未満の火力発電所に係るもの | 法定事業者検査の実施場所及び当該検査記録の保管場所で行う場合 | 74万4 300円（電子申請による場合にあっては，70万7 000円） |
| | | 映像及び音声の送受信により相手の状態を相互に認識しながら通信をすることが可能な方法を用いて行う場合 | 59万9 200円（電子申請による場合にあっては，56万2 000円） |
| | (2)　出力３万kW以上の火力発電所に係るもの | 法定事業者検査の実施場所及び当該検査記録の保管場所で行う場合 | 86万5 300円（電子申請による場合にあっては，82万5 500円） |
| | | 映像及び音声の送受信により相手の状態を相互に認識しながら通信をすることが可能な方法を用いて行う場合 | 71万8 700円（電子申請による場合にあっては，67万9 000円） |

| | | | |
|---|---|---|---|
| | 4　汽力及びガスタービンを原動力とする火力発電所に係るもの | 法定事業者検査の実施場所及び当該検査記録の保管場所で行う場合 | それぞれの原動力設備の種類及び出力に応ずる金額を合算して得た額 |
| | | 映像及び音声の送受信により相手の状態を相互に認識しながら通信をすることが可能な方法を用いて行う場合 | |
| | 5　1から4までに規定するもの以外のもの | 法定事業者検査の実施場所及び当該検査記録の保管場所で行う場合 | 16万800円（電子申請による場合にあっては，15万300円） |
| | | 映像及び音声の送受信により相手の状態を相互に認識しながら通信をすることが可能な方法を用いて行う場合 | 12万7 200円（電子申請による場合にあっては，11万6 700円） |
| （3）　燃料電池発電所に係る工事 | | 法定事業者検査の実施場所及び当該検査記録の保管場所で行う場合 | 21万4 100円（電子申請による場合にあっては，20万3 700円） |
| | | 映像及び音声の送受信により相手の状態を相互に認識しながら通信をすることが可能な方法を用いて行う場合 | 16万9 600円（電子申請による場合にあっては，15万9 100円） |
| （4）　太陽電池発電所に係る工事 | | 法定事業者検査の実施場所及び当該検査記録の保管場所で行う場合 | 17万8 500円（電子申請による場合にあっては，16万9 300円） |
| | | 映像及び音声の送受信により相手の状態を相互に認識しながら通信をすることが可能な方法を用いて行う場合 | 14万9 800円（電子申請による場合にあっては，14万600円） |

| | | | | |
|---|---|---|---|---|
| | (5) 風力発電所に係る工事 | | 法定事業者検査の実施場所及び当該検査記録の保管場所で行う場合 | 17万8 500円(電子申請による場合にあっては，16万9 300円) |
| | | | 映像及び音声の送受信により相手の状態を相互に認識しながら通信をすることが可能な方法を用いて行う場合 | 14万9 800円(電子申請による場合にあっては，14万600円) |
| 二　発電所の変更の工事であって発電設備の設置の工事以外の変更の工事に係るもの | (1) 水力設備に係る工事 | 1　完成後の高さが15m以上のダムに係る工事で，基礎地盤に提体コンクリートを打設し，又は提体材料を盛り立てようとするときに行うもの | 法定事業者検査の実施場所及び当該検査記録の保管場所で行う場合 | 13万400円(電子申請による場合にあっては，12万1 200円) |
| | | | 映像及び音声の送受信により相手の状態を相互に認識しながら通信をすることが可能な方法を用いて行う場合 | 11万2 300円(電子申請による場合にあっては，10万3 100円) |
| | | 2　完成後の高さが15m以上のダムに係る工事で，ダムの全部又は一部を流水の貯留の用に供しようとするときに行うもの | 法定事業者検査の実施場所及び当該検査記録の保管場所で行う場合 | 16万7 900円(電子申請による場合にあっては，15万8 700円) |
| | | | 映像及び音声の送受信により相手の状態を相互に認識しながら通信をすることが可能な方法を用いて行う場合 | 14万9 800円(電子申請による場合にあっては，14万600円) |
| | | 3　工事の計画に係る全ての工事が完了したときに行うもの | 法定事業者検査の実施場所及び当該検査記録の保管場所で行う場合 | 13万400円(電子申請による場合にあっては，12万1 200円) |
| | | | 映像及び音声の送受信により相手の状態を相互に認識しながら通信をすることが可能な方法を用いて行う場合 | 11万2 300円(電子申請による場合にあっては，10万3 100円) |

| | | | |
|---|---|---|---|
| (2) 火力設備に係る工事 | 1　汽力又はガスタービンを原動力とするもの | 法定事業者検査の実施場所及び当該検査記録の保管場所で行う場合 | 43万2 000円(電子申請による場合にあっては，41万3 500円) |
| | | 映像及び音声の送受信により相手の状態を相互に認識しながら通信をすることが可能な方法を用いて行う場合 | 37万4 500円(電子申請による場合にあっては，35万5 900円) |
| | 2　1に規定するもの以外のもの | 法定事業者検査の実施場所及び当該検査記録の保管場所で行う場合 | 10万7 500円(電子申請による場合にあっては，9万7 000円) |
| | | 映像及び音声の送受信により相手の状態を相互に認識しながら通信をすることが可能な方法を用いて行う場合 | 8万4 800円(電子申請による場合にあっては，7万4 300円) |
| (3) 燃料電池設備に係る工事 | | 法定事業者検査の実施場所及び当該検査記録の保管場所で行う場合 | 16万800円(電子申請による場合にあっては，15万300円) |
| | | 映像及び音声の送受信により相手の状態を相互に認識しながら通信をすることが可能な方法を用いて行う場合 | 12万7 200円(電子申請による場合にあっては，11万6 700円) |
| (4) 太陽電池設備に係る工事 | | 法定事業者検査の実施場所及び当該検査記録の保管場所で行う場合 | 13万400円(電子申請による場合にあっては，12万1 200円) |
| | | 映像及び音声の送受信により相手の状態を相互に認識しながら通信をすることが可能な方法を用いて行う場合 | 11万2 300円(電子申請による場合にあっては，10万3 100円) |

| | | | |
|---|---|---|---|
| | （5）　風力設備に係る工事 | 法定事業者検査の実施場所及び当該検査記録の保管場所で行う場合 | 13万400円（電子申請による場合にあっては，12万1 200円） |
| | | 映像及び音声の送受信により相手の状態を相互に認識しながら通信をすることが可能な方法を用いて行う場合 | 11万2 300円（電子申請による場合にあっては，10万3 100円） |
| | （6）　電気設備に係る工事 | 法定事業者検査の実施場所及び当該検査記録の保管場所で行う場合 | 17万2 300円（電子申請による場合にあっては，16万2 400円） |
| | | 映像及び音声の送受信により相手の状態を相互に認識しながら通信をすることが可能な方法を用いて行う場合 | 14万1 000円（電子申請による場合にあっては，13万1 100円） |
| | （7）　附帯設備に係る工事 | 法定事業者検査の実施場所及び当該検査記録の保管場所で行う場合 | 12万1 500円（電子申請による場合にあっては，11万1 700円） |
| | | 映像及び音声の送受信により相手の状態を相互に認識しながら通信をすることが可能な方法を用いて行う場合 | 10万1 000円（電子申請による場合にあっては，9万1 200円） |
| 三　変電所及び送電線路の設置の工事に係るもの | | 法定事業者検査の実施場所及び当該検査記録の保管場所で行う場合 | 22万3 000円（電子申請による場合にあっては，21万3 200円） |
| | | 映像及び音声の送受信により相手の状態を相互に認識しながら通信をすることが可能な方法を用いて行う場合 | 18万900円（電子申請による場合にあっては，17万1 100円） |

| | | |
|---|---|---|
| 四　変電所及び送電線路の変更の工事に係るもの | 法定事業者検査の実施場所及び当該検査記録の保管場所で行う場合 | 17万2 300円（電子申請による場合にあっては，16万2 400円） |
| | 映像及び音声の送受信により相手の状態を相互に認識しながら通信をすることが可能な方法を用いて行う場合 | 14万1 000円（電子申請による場合にあっては，13万1 100円） |
| 五　需要設備の設置の工事に係るもの | 法定事業者検査の実施場所及び当該検査記録の保管場所で行う場合 | 13万400円（電子申請による場合にあっては，12万1 200円） |
| | 映像及び音声の送受信により相手の状態を相互に認識しながら通信をすることが可能な方法を用いて行う場合 | 11万2 300円（電子申請による場合にあっては，10万3 100円） |
| 六　需要設備の変更の工事に係るもの | 法定事業者検査の実施場所及び当該検査記録の保管場所で行う場合 | 8万2 300円（電子申請による場合にあっては，7万3 100円） |
| | 映像及び音声の送受信により相手の状態を相互に認識しながら通信をすることが可能な方法を用いて行う場合 | 7万4 900円（電子申請による場合にあっては，6万5 700円） |

別表第4（第4条関係）

| 区分 | | | 審査方法の別 | 金額 |
|---|---|---|---|---|
| 一　火力発電所に属する特定電気工作物 | （1）　蒸気タービン | 1　出力3万kW未満のもの | 法定事業者検査の実施場所及び当該検査記録の保管場所で行う場合 | 17万9 200円（電子申請による場合にあっては，17万円） |
| | | | 映像及び音声の送受信により相手の状態を相互に認識しながら通信をすることが可能な方法を用いて行う場合 | 14万9 800円（電子申請による場合にあっては，14万600円） |
| | | 2　出力3万kW以上90万kW未満のもの | 法定事業者検査の実施場所及び当該検査記録の保管場所で行う場合 | 22万7 300円（電子申請による場合にあっては，21万8 100円） |
| | | | 映像及び音声の送受信により相手の状態を相互に認識しながら通信をすることが可能な方法を用いて行う場合 | 18万7 200円（電子申請による場合にあっては，17万8 000円） |
| | | 3　出力90万kW以上のもの | 法定事業者検査の実施場所及び当該検査記録の保管場所で行う場合 | 39万4 600円（電子申請による場合にあっては，37万6 000円） |
| | | | 映像及び音声の送受信により相手の状態を相互に認識しながら通信をすることが可能な方法を用いて行う場合 | 33万7 100円（電子申請による場合にあっては，31万8 500円） |
| | （2）　ボイラー | 1　蒸発量150t/h未満のもの | 法定事業者検査の実施場所及び当該検査記録の保管場所で行う場合 | 17万9 200円（電子申請による場合にあっては，17万円） |
| | | | 映像及び音声の送受信により相手の状態を相互に認識しながら通信をすることが可能な方法を用いて行う場合 | 14万9 800円（電子申請による場合にあっては，14万600円） |

| | | | |
|---|---|---|---|
| | 2　蒸発量150t/h以上2 700t/h未満のもの | 法定事業者検査の実施場所及び当該検査記録の保管場所で行う場合 | 22万7 300円（電子申請による場合にあっては，21万8 100円） |
| | | 映像及び音声の送受信により相手の状態を相互に認識しながら通信をすることが可能な方法を用いて行う場合 | 18万7 200円（電子申請による場合にあっては，17万8 000円） |
| | 3　蒸発量2 700t/h以上のもの | 法定事業者検査の実施場所及び当該検査記録の保管場所で行う場合 | 39万4 600円（電子申請による場合にあっては，37万6 000円） |
| | | 映像及び音声の送受信により相手の状態を相互に認識しながら通信をすることが可能な方法を用いて行う場合 | 33万7 100円（電子申請による場合にあっては，31万8 500円） |
| （3）　独立加熱器 | | 法定事業者検査の実施場所及び当該検査記録の保管場所で行う場合 | 13万400円（電子申請による場合にあっては，12万1 200円） |
| | | 映像及び音声の送受信により相手の状態を相互に認識しながら通信をすることが可能な方法を用いて行う場合 | 11万2 300円（電子申請による場合にあっては，10万3 100円） |
| （4）　蒸気貯蔵器 | | 法定事業者検査の実施場所及び当該検査記録の保管場所で行う場合 | 11万2 300円（電子申請による場合にあっては，10万3 100円） |
| | | 映像及び音声の送受信により相手の状態を相互に認識しながら通信をすることが可能な方法を用いて行う場合 | 9万3 600円（電子申請による場合にあっては，8万4 400円） |
| （5）　液化ガス設備 | | 法定事業者検査の実施場所及び当該検査記録の保管場所で行う場合 | 11万2 300円（電子申請による場合にあっては，10万3 100円） |
| | | 映像及び音声の送受信により相手の状態を相互に認識しながら通信をすることが可能な方法を用いて行う場合 | 9万3 600円（電子申請による場合にあっては，8万4 400円） |

| | | | | |
|---|---|---|---|---|
| | （6）ガスタービン | 1　出力3万kW未満のもの | 法定事業者検査の実施場所及び当該検査記録の保管場所で行う場合 | 13万400円（電子申請による場合にあっては，12万1 200円） |
| | | | 映像及び音声の送受信により相手の状態を相互に認識しながら通信をすることが可能な方法を用いて行う場合 | 11万2 300円（電子申請による場合にあっては，10万3 100円） |
| | | 2　出力3万kW以上のもの | 法定事業者検査の実施場所及び当該検査記録の保管場所で行う場合 | 17万9 200円（電子申請による場合にあっては，17万円） |
| | | | 映像及び音声の送受信により相手の状態を相互に認識しながら通信をすることが可能な方法を用いて行う場合 | 14万9 800円（電子申請による場合にあっては，14万600円） |
| | （7）ガス化炉設備 | | 法定事業者検査の実施場所及び当該検査記録の保管場所で行う場合 | 13万400円（電子申請による場合にあっては，12万1 200円） |
| | | | 映像及び音声の送受信により相手の状態を相互に認識しながら通信をすることが可能な方法を用いて行う場合 | 11万2 300円（電子申請による場合にあっては，10万3 100円） |
| | （8）脱水素設備 | | 法定事業者検査の実施場所及び当該検査記録の保管場所で行う場合 | 22万4 700円（電子申請による場合にあっては，20万6 200円） |
| | | | 映像及び音声の送受信により相手の状態を相互に認識しながら通信をすることが可能な方法を用いて行う場合 | 18万7 200円（電子申請による場合にあっては，16万8 700円） |
| 二　燃料電池発電所に属する特定電気工作物 | 改質器 | | 法定事業者検査の実施場所及び当該検査記録の保管場所で行う場合 | 17万9 200円（電子申請による場合にあっては，17万円） |
| | | | 映像及び音声の送受信により相手の状態を相互に認識しながら通信をすることが可能な方法を用いて行う場合 | 14万9 800円（電子申請による場合にあっては，14万600円） |

| | | |
|---|---|---|
| 三　風力発電所に属する特定電気工作物 | 法定事業者検査の実施場所及び当該検査記録の保管場所で行う場合 | 39 万 1 300 円（電子申請による場合にあっては，36 万 3 400 円） |
| | 映像及び音声の送受信により相手の状態を相互に認識しながら通信をすることが可能な方法を用いて行う場合 | 33 万 7 000 円（電子申請による場合にあっては，30 万 9 100 円） |

# 電気事業法第 45 条第 2 項に規定する指定試験機関を定める省令

(平成 13 年 3 月 30 日　経済産業省令第 123 号)

(最終改正) 平成 20 年 12 月 1 日　経済産業省令第 82 号

電気事業法 (昭和 39 年法律第 170 号) 第 81 条及び第 89 条の規定に基づき，並びに同法を実施するため，電気事業法第 45 条第 2 項に規定する指定試験機関等を定める省令を次のように定める.

電気事業法第 45 条第 2 項に規定する指定試験機関を定める省令

電気事業法 (昭和 39 年法律第 170 号) 第 45 条第 2 項に規定する経済産業大臣が指定する者として次の者を指定する.

| 名　　称 | 主たる事務所の所在地 |
|---|---|
| 財団法人電気技術者試験センター (昭和 59 年 8 月 1 日に財団法人電気技術者試験センターという名称で設立された法人をいう.) | 東京都中央区八丁堀 2 丁目 9 番 1 号 |

## 附　　則 (平成 20 年 12 月 1 日　経済産業省令第 82 号)

この省令は，一般社団法人及び一般財団法人に関する法律の施行の日 (平成 20 年 12 月 1 日) から施行する.

# 電気事業法施行規則第 52 条の２第一号ロの要件等並びに第 53 条第２項第五号の頻度に関する告示

（平成 15 年７月１日　経済産業省告示第 249 号）

（最終改正）令和３年３月 31 日　経済産業省告示第 60 号

電気事業法施行規則（平成７年通商産業省令第 77 号）第 52 条の２第一号ロ，ハ及びニ並びに第二号ロ及びハ並びに第 53 条第２項第五号の規定に基づき，電気事業法施行規則第 52 条の２第一号ロの要件，第一号ハ及び第二号ロの機械器具並びに第一号ニ及び第二号ハの算定方法等並びに第 53 条第２項第五号の頻度に関する告示を次のように定め，平成 16 年１月１日から施行する．

なお，昭和 63 年通商産業省告示第 191 号（電気事業法施行規則第 52 条第２項の委託契約の相手方の要件等）は，平成 15 年 12 月 31 日限り，廃止する．

（要件）

**第１条**　電気事業法施行規則（以下「規則」という．）第 52 条の２第一号ロの要件は，事業用電気工作物の工事，維持又は運用に関する実務に従事した期間（電気主任技術者免状又はダム水路主任技術者免状の交付を受けた日前における期間については，その１／２に相当する期間）が，通算して，次に掲げる期間以上であることとする．

一　第１種電気主任技術者免状の交付を受けている者　　３年

二　第２種電気主任技術者免状の交付を受けている者　　４年

三　第３種電気主任技術者免状の交付を受けている者　　５年

四　第２種電気主任技術者免状又は第３種電気主任技術者免状の交付を受けている者であって，当該いずれかの免状の交付を受けた後，自家用電気工作物の保安管理業務に関する講習を修了した者　　３年

五　第一種ダム水路主任技術者免状又は第二種ダム水路主任技術者免状の交付を受けている者　　１年

２　前項第一号から第三号までに掲げる期間は，次の各号に掲げる全ての設備条件に適合する需要設備の工事，維持又は運用に関する保安の監督に係る業務を行う場合には，同項の規定にかかわらず，それぞれ当該期間から１年を減じた期間とすることができる．

一　設備容量が 300kVA 以下のもの

二　受電設備がキュービクル式であるもの

三　主遮断装置が，高圧限流ヒューズと高圧交流負荷開閉器を組み合わせて用いる形式（ＰＦ・Ｓ形）のもの

（機械器具）

**第２条**　規則第 52 条の２第一号ハ及び第二号ロの機械器具のうち電気管理技術者及び電気保安法人に関するものは，次の各号に掲げるものとする．

ただし，保安管理業務を実施する事業場の設置者がこれらの機械器具を当該事業場に備え付けている場合にあっては当該機械器具を，委託契約の相手方が太陽電池発電所，燃料電池発電所，需要設備又は配電線路を管理する事業場の保安管理業務のみを実施する場合にあっ

ては第七号から第九号までに掲げる機械器具を，委託契約の相手方又は当該事業場の設置者が必要な場合に使用し得る措置を講じている場合にあっては第十号及び第十一号に掲げる機械器具をそれぞれ除くものとする.

一　絶縁抵抗計
二　電流計
三　電圧計
四　低圧検電器
五　高圧検電器
六　接地抵抗計
七　騒音計
八　振動計
九　回転計
十　継電器試験装置
十一　絶縁耐力試験装置

2　規則第52条の2第一号ハ及び第二号ロの機械器具のうちダム水路管理技術者及びダム水路保安法人に関するものは次の各号に掲げるものとする.

ただし，保安管理業務を実施する事業場の設置者がこれらの機械器具を当該事業場に備え付けている場合にあっては当該機械器具を，委託契約の相手方又は当該事業場の設置者が必要な場合に使用し得る措置を講じている場合にあっては第五号から第七号に掲げる機械器具をそれぞれ除くものとする.

一　巻尺
二　すきまゲージ
三　ハンマー
四　漏水計量器
五　膜厚計
六　超音波厚さ計
七　振動計

（算定方法等）

**第3条**　規則第52条の2第一号ニ及び第二号ハの算定方法は，委託契約の相手方が保安管理業務を実施する事業場（委託契約の相手方が法人の場合にあっては，保安業務担当者が担当する事業場）に係るそれぞれの自家用電気工作物を管理する事業場に応じて次表に掲げる換算係数を乗じて得た値（以下この項において「換算値」という.）を合計するものとする. ただし，設備容量が64kVA未満の需要設備（非常用予備発電装置を設置するものを除く. 以下「小規模高圧需要設備」という.）については，当該合計した値から10以内の事業場に係る換算値を控除するものとする.

| 事　業　場 | | | 換算係数 |
|---|---|---|---|
| 発電所 | 出力100kW未満 | | 0.3 |
| | 出力100kW以上300kW未満 | | 0.4 |
| | 出力300kW以上600kW未満 | | 0.6 |
| | 出力600kW以上1 000kW未満 | | 0.8 |
| | 出力1 000kW以上1 500kW未満 | | 1.0 |
| | 出力1 500kW以上2 000kW未満 | | 1.2 |
| | 出力2 000kW以上2 500kW未満 | | 1.4 |
| | 出力2 500kW以上3 500kW未満 | | 1.6 |
| | 出力3 500kW以上5 000kW未満 | | 1.8 |
| 需要設備 | 低　　圧 | | 0.3 |
| | 高　　圧 | 設備容量が64kVA未満 | 0.4（小規模高圧需要設備にあっては0.2） |
| | | 設備容量が64kVA以上150kVA未満 | 0.6 |
| | | 設備容量が150kVA以上350kVA未満 | 0.8 |
| | | 設備容量が350kVA以上550kVA未満 | 1.0 |
| | | 設備容量が550kVA以上750kVA未満 | 1.2 |
| | | 設備容量が750kVA以上1 000kVA未満 | 1.4 |
| | | 設備容量が1 000kVA以上1 300kVA未満 | 1.6 |
| | | 設備容量が1 300kVA以上1 650kVA未満 | 1.8 |
| | | 設備容量が1 650kVA以上2 000kVA未満 | 2.0 |
| | | 設備容量が2 000kVA以上2 700kVA未満 | 2.2 |
| | | 設備容量が2 700kVA以上4 000kVA未満 | 2.4 |
| | | 設備容量が4 000kVA以上6 000kVA未満 | 2.6 |
| | | 設備容量が6 000kVA以上8 800kVA未満 | 2.8 |
| | | 設備容量が8 800kVA以上 | 3.0 |
| 配電線路を管理する事業場 | | | 0.1 |

2　次の表の左欄に掲げる設備の換算係数は，前項の表当該事業場の項の規定にかかわらず，同項に定める換算係数に，当該事業場ごとにそれぞれ次の表の右欄に掲げる値を乗じた値と

する.

| | |
|---|---|
| 一　次条第二号の二本文の発電所及び同条第九号の需要設備（小規模高圧需要設備を除く.） | 0.45 |
| 二　次条第二号の二ただし書の発電所及び太陽電池発電所（第三号から第八号までに掲げるものを除く.） | 0.25 |
| 三　太陽電池発電所であって，次条第四号の二イ又は同条第四号の三イの設備を有するもの | 0.32 |
| 四　太陽電池発電所であって，次条第四号の二ロ又は同条第四号の三ロの設備を有するもの | 0.31 |
| 五　太陽電池発電所であって，次条第四号の二ハの設備を有するもの | 0.33 |
| 六　太陽電池発電所であって，次条第四号の三ハの設備を有するもの | 0.32 |
| 七　太陽電池発電所であって，次条第四号の二ニの設備を有するもの | 0.36 |
| 八　太陽電池発電所であって，次条第四号の三ニの設備を有するもの | 0.33 |
| 九　次条第七号及び第八号の需要設備（小規模高圧需要設備を除く.） | 0.6 |

3　規則第52条の2第一号ニ及び第二号ハの別に告示する値は33とする.

（点検頻度）

**第4条**　規則第53条第2項第五号の頻度は次の各号に掲げるとおりとする.

一　発電所（小出力発電設備並びに発電設備に接続されているものであって液化石油ガスの保安の確保及び取引の適正化に関する法律（昭和42年法律第149号）第2条第4項に規定する供給設備及び供給設備と末端ガス栓の間の配管その他の設備を除く．以下同じ.）のうち次号から第五号までに掲げるもの以外にあっては毎月2回以上．ただし，設置，改造等の工事期間中にあっては毎週1回以上

二　内燃力又はガスタービンを原動力とする火力発電所（次号に掲げるものを除く）にあっては毎月1回以上

二の二　内燃力又はガスタービンを原動力とする火力発電所のうち，内燃機関又はガスタービン，発電機及び制御装置が一の筐体の収められている設備であって，当該設備を製造した者その他の当該設備の構造及び性能に精通する者との契約により保守が実施されるものにあっては3月に1回以上．ただし，ガスタービンを原動力とする火力発電所であって，次に掲げる要件のいずれにも該当するものにあっては，6月に1回以上

イ　当該火力発電設備を構成する火力設備の全てが平成27年経済産業省告示第99号第4条各号に掲げる要件のいずれにも該当するもの

ロ　ガスタービンの軸受の潤滑剤として空気を使用するもの

三　燃料電池発電所にあっては毎月1回以上．ただし，設置，改造等の工事期間中にあっては毎週1回以上

四　太陽電池発電所にあっては6月に1回以上.

四の二　太陽電池発電所が次に掲げる設備を有する場合（次号に規定する場合を除く.）の当該設備にあっては，前号の規定にかかわらず，それぞれ次に掲げるとおりとする.

イ　保安上責任分界点から逆変換装置の系統側接続箇所までの設備（以下「受変電設備」という.）であって，第六号本文及び第九号の需要設備に準ずるもの　4月に1回以上

ロ　受変電設備であって，第六号ただし書の需要設備に準ずるもの　6月に1回以上

ハ　受変電設備であって，第七号のイからニまでの設備条件の全てに適合する信頼性の高いもの又は低圧受電のもの　3月に1回以上

ニ　受変電設備（イからハまでに掲げるものを除く.）　2月1回以上

四の三　太陽電池発電所が次に掲げる設備を有する場合（当該太陽電池発電所に異常が生じた場合に安全かつ確実に停止させるための十分な監視体制が確保されていると認められるときに限る.）の当該設備にあっては，前二号の規定にかかわらず，それぞれ次に掲げるとおりとする.

イ　受変電設備であって，第六号本文又は第九号の需要設備に準ずるもの　5月に1回以上

ロ　受変電設備であって，第六号ただし書の需要設備に準ずるもの　6月に1回以上

ハ　受変電設備であって，第七号イからニまでの設備条件の全てに適合する信頼性の高いもの又は低圧受電のもの　4月に1回以上

ニ　受変電設備（イからハまでに掲げるものを除く.）　3月に1回以上

五　風力発電所にあっては毎月1回以上

六　小規模高圧需要設備にあっては3月に1回以上．ただし，規則第96条第2項第一号ロに規定する登録点検業務受託法人が点検業務を受託している小規模高圧需要設備にあっては6月に1回以上

七　次のイからニまでの設備条件の全てに適合する信頼性の高い需要設備であって設備容量が100kVA以下のもの又は低圧受電の需要設備にあっては隔月1回以上

イ　柱上に設置した高圧電線路がないもの

ロ　高圧負荷開閉器（キュービクル内に設置するものを除く.）に可燃性絶縁油を使用していないもの

ハ　保安上の責任分界点又はこれに近い箇所に地絡保護継電器付高圧交流負荷開閉器又は地絡遮断器が設置されているもの

ニ　責任分界点から主遮断装置の間に電力需給用計器用変成器，地絡保護継電器用変成器，受電電圧確認用変成器，主遮断器用開閉状態表示変成器及び主遮断器操作用変成器以外の変成器がないもの

八　前号のイからニまでの設備条件の全てに適合する信頼性の高い需要設備であって，次のイ又はロに掲げるものにあっては，それぞれ次に掲げるとおりとする.

イ　低圧電路の絶縁状態の適確な監視が監視が可能な装置を有する需要設備又は非常用照明設備，消防設備，昇降機その他の非常時に使用する設備への電路以外の低圧電路に漏電遮断器が設置してある需要設備　隔月1回以上

ロ　低圧電路の絶縁状態の適確な監視が可能な装置を有する需要設備であって，当該需要設備の設置場所と異なる場所から適確に点検を実施できるよう措置（第三者認証を取得した機械器具等を使用する措置をいう.）した需要設備　毎月1回以上

九　第七号に適合する需要設備であって，次のイからハまでの全ての設備条件に適合するものにあっては3月に1回以上

イ　受電設備がキュービクル式であるもの（屋内に設置するものに限る.）

ロ　蓄電池設備又は非常用予備発電装置がないもの

十　第六号から前号までに該当する需要設備以外の需要設備にあっては毎月1回以上

十一　設置，改造等の工事期間中の需要設備にあっては第六号から前号までの規定にかかわ

らず毎週１回以上

十二　配電線路を管理する事業場にあっては６月に１回以上

十三　水力発電所の水力設備については毎月１回以上

## 附　　　則（令和３年３月31日　経済産業省告示第60号）抄

令和３年４月１日から施行する.

# 主要電気工作物を構成する設備を定める告示

（平成28年9月23日　経済産業省告示第238号）

（最終改正）令和4年3月31日　経済産業省告示第85号

電気関係報告規則（昭和40年通商産業省令第54号）第1条電第2項第七号の規定に基づき主要電気工作物を構成する設備を定める告示を次のように定め，平成28年9月24日から施行する．

なお，平成16年経済産業省告示第66号は，平成28年9月23日限り，廃止する．

## 主要電気工作物を構成する設備を定める告示

電気関係報告規則（昭和40年通商産業省令第54号）第1条第2項第六号に規定する別に告示する主要電気工作物を構成する設備（以下「主設備」という．）は，次の各号に掲げる電気工作物の種類に応じて，各号の表の左欄に掲げる主要電気工作物ごとに，それぞれ同表の右欄の掲げるものとする．

一　水力発電所

| 主要電気工作物 | 主　　設　　備 |
|---|---|
| ダム | ダム及び副ダム，洪水吐き，洪水吐きゲート（洪水吐きゲートに附属する開閉装置及び角落しを含む．）及び排砂ゲート（排砂ゲートに附属する開閉装置及び角落しを含む．以下この号において同じ．）余水路，排砂水路，流木路，舟ばつ路及び魚道並びにダムの護岸 |
| 取水設備 | 取水口，取水口にある制水門（制水門に附属する開閉装置及び角落しを含む．以下この号において同じ．）及び排砂ゲート，排砂水路及び余水路，除塵設備並びに取水設備の護岸 |
| 沈砂池 | 沈砂池（沈砂池に附属する制水門を含む．），排砂ゲート，排砂路及び余水路，除塵設備並びに沈砂池の護岸 |
| 導水路 | 開きょ，蓋きょ，トンネル，水路橋，水路管，とい，制水門及び排砂ゲート，排砂水路並びに除塵設備 |

| | |
|---|---|
| 放水路 | 放水路及び放水路の護岸 |
| ヘッドタンク | ヘッドタンク，排砂ゲート，排砂水路及び余水路，除塵設備並びにヘッドタンク及び余水路の護岸 |
| サージタンク | サージタンク及び放水路サージタンク |
| 水圧管路 | 水圧管（水圧管に附属する制水弁を含む.），空気管（空気管に附属する弁を含む.）及び排水管（排水管に附属する弁を含む.），空気弁及び排水弁，水圧管のアンカーブロック，支台並びに水圧管路の路面及び側壁 |
| 水車 | 水車及び揚水用のポンプ水車（水車又は揚水用のポンプ水車に附属する制圧機，デフレクタ，調速機，圧油装置，吸出管及び吸出管の付属加圧管を含む.） |
| 揚水式発電所における揚水用ポンプ | 揚水用ポンプ（揚水用のポンプに附属する電動機を含む.） |
| 貯水池 | 貯水池の法面及び底面，余水吐き及び排砂ゲート，余水路及び排砂水路並びに湛水地域の護岸 |
| 調整池 | 調整池の法面及び底面，余水吐き及び排砂ゲート，余水路及び排砂水路並びに湛水地域の護岸 |
| 発電機（出力3万kW以上のものに限る.） | 発電機及び揚水式発電用の発電電動機（発電機又は発電電動機に附属する励磁装置及び冷却装置を含む.） |
| 変圧器（電圧17万V以上かつ容量が10万kVA以上のものに限る.以下次号から第七号までにおいて同じ.） | 変圧器（変圧器に附属する冷却装置，窒素封入装置及び電圧調整装置を含む.） |
| 負荷時電圧調整器（送電電圧17万V以上の発電所に係る容量1万kVA以上のものであって，変圧器に附属しないものに限る.以下次号から第六号までにおいて同じ.） | 負荷時電圧調整器（負荷時電圧調整器に附属する冷却装置，窒素封入装置及びタップ切換装置を含む.） |

| | |
|---|---|
| 負荷時電圧位相調整器（送電電圧17万V以上の発電所に係る容量1万kVA以上のものであって，変圧器に附属しないものに限る．以下次号から第六号までにおいて同じ.） | 負荷時電圧位相調整器（負荷時電圧位相調整器に附属する冷却装置，窒素封入装置及びタップ切換装置を含む.） |
| 調相機（送電電圧17万V以上の発電所に係る容量2万kVA以上のものに限る．以下次号から第六号までにおいて同じ.） | 調相機（調相機に附属する励磁装置，冷却装置及び起動用電動機を含む.） |
| 電力用コンデンサー（送電電圧17万V以上の発電所に係る容量1万kVA以上の群に属するものに限る．以下次号から第六号までにおいて同じ.） | 電力用コンデンサー |
| 分路リアクトル及び限流リアクトル（送電電圧17万V以上の発電所に係る容量1万kVA以上のものに限る．以下次号から第六号までにおいて同じ.） | 分路リアクトル及び限流リアクトル |
| 周波数変換機器（容量15万kVA以上のものに限る．以下次号から第七号までにおいて同じ.） | 周波数変換機器 |
| 整流機器（容量15万kVA以上の直流電源用のものであって，電気鉄道用の直流電源用整流器を除く．以下次号から第七号までにおいて同じ.） | 直流電源用整流器 |
| 遮断器（電圧17万V以上の送電線引出口のものであって，送電線引出口の遮断器に附属する消弧装置及び空気圧縮装置を含む．以下次号から第七号までにおいて同じ.） | 遮断機 |

二　火力発電所

| 主要電気工作物 | 主　　設　　備 |
|---|---|
| 蒸気タービン | タービン（ケーシング，仕切板ノズル，車軸，円板，羽根及び軸受を含む．以下この号において同じ．），調速装置，非常調速装置，主蒸気管（安全弁を含む．以下この号において同じ．），再熱蒸気管（安全弁を含む．以下のこの号において同じ．），気筒連絡管（安全弁を含む．以下この号において同じ．），工場送気管（安全弁を含む．以下この号において同じ．）復水管（安全弁を含む．）及び給水管（安全弁を含む．以下この号において同じ．）主蒸気止め弁並びに熱交換器（高圧給水加熱器，低圧給水加熱器，脱気器，グランド蒸気復水器，蒸気式空気抽出器及び復水予熱器，スチームコンバータ，エバポレータ，空気冷却式コンデンサ並びに各設備に附属する安全弁を含む．以下ガスタービンの項において同じ．） |
| ボイラー | 胴、管寄せ，火炉，蒸気だめ，給水ポンプ，再熱器管，連絡管，給水管，主蒸気管，再熱蒸気管，過熱器管，節炭器管及び工場送気管，安全弁，熱交換器（スチームコンバータ，貫流ボイラーの起動用ウオータセパレータ，フラッシュタンク及び各設備に附属する安全弁を含む．），空気圧縮機（空気だめ及び空気だめの安全弁を含む．以下この号において同じ．）及びガス圧縮機（ガスだめ及びガスだめの安全弁を含む．以下この号において同じ．），独立節炭器及び空気予熱器並びに通風機 |
| 独立過熱器 | ボイラーの主設備の欄に準ずるもの |
| 蒸気貯蔵器 | ボイラーの主設備の欄に準ずるもの |
| 蒸気井 | 蒸気井 |
| ガスタービン | タービン，調速装置及び非常調速装置，空気圧縮機及びガス圧縮機，燃焼器からタービン，空気圧縮機から燃焼器及び空気圧縮機からタービンに至る配管（安全弁を含む．）並びに熱交換器及びガス発生器 |
| 内燃機関 | 内燃機関（気筒，ピストン，ピストン棒及び連接棒，クランク軸，はずみ車，軸受，弁並びに減速機及び |

| | |
|---|---|
| | 増速機を含む.）並びに調速装置及び非常調速装置 |
| 燃料設備 | 廃棄物固形化燃料を貯蔵する設備，油タンク及びガスタンク，液化ガス用貯槽（安全弁を含む．以下この号において同じ.），液化ガス用気化器（安全弁を含む．以下この号において同じ.）並びにガス用又は液化ガス用の外径 150mm 以上の配管及び導管 |
| ばい煙処理設備 | 空気圧縮機，通風機，破砕機及び摩砕機 |
| 液化ガス設備（液化ガス用燃料設備を除く.） | 液化ガス用貯槽，液化ガス用気化器，液化ガス用容器（安全弁を含む.）並びに液化ガス用の外径 150mm 以上の配管及び導管 |
| ガス化炉設備 | ガス化炉，蒸気発生器及びボイラーの主設備の欄に準ずるもの |
| 脱水素設備 | 脱水素設備（外径 150mm 未満の配管及び導管を除く.） |
| 発電機 | 前号の水力発電所の主設備の欄に掲げるもの（揚水式発電用の発電電動機を除く.） |
| 変圧器 | 前号の水力発電所の主設備の欄に掲げるもの |
| 負荷時電圧調整器 | 前号の水力発電所の主設備の欄に掲げるもの |
| 負荷時電圧位相調整器 | 前号の水力発電所の主設備の欄に掲げるもの |
| 調相機 | 前号の水力発電所の主設備の欄に掲げるもの |
| 電力用コンデンサー | 前号の水力発電所の主設備の欄に掲げるもの |
| 分路リアクトル及び限流リアクトル | 前号の水力発電所の主設備の欄に掲げるもの |
| 周波数変換機器 | 前号の水力発電所の主設備の欄に掲げるもの |
| 整流機器 | 前号の水力発電所の主設備の欄に掲げるもの |
| 遮断器 | 前号の水力発電所の主設備の欄に掲げるもの |

三　燃料電池発電所

| 主要電気工作物 | 主　　設　　備 |
|---|---|
| 燃料電池設備（出力 500kW 以上のものに限る.） | 燃料電池，容器，熱交換器，改質器及び気化器，安全弁，燃料貯蔵設備，液体窒素用貯槽，窒素用ガスだめ並びに管 |
| 変圧器 | 第一号の水力発電所の主設備の欄に掲げるもの |
| 負荷時電圧調整器 | 第一号の水力発電所の主設備の欄に掲げるもの |
| 負荷時電圧位相調整器 | 第一号の水力発電所の主設備の欄に掲げるもの |
| 調相機 | 第一号の水力発電所の主設備の欄に掲げるもの |
| 電力用コンデンサー | 第一号の水力発電所の主設備の欄に掲げるもの |
| 分路リアクトル及び限流リアクトル | 第一号の水力発電所の主設備の欄に掲げるもの |
| 周波数変換機器 | 第一号の水力発電所の主設備の欄に掲げるもの |
| 整流機器 | 第一号の水力発電所の主設備の欄に掲げるもの |
| 遮断器 | 第一号の水力発電所の主設備の欄に掲げるもの |
| 逆変換装置（容量 500kVA 以上のものに限る.） | 逆変換装置又はインバータ |

四　太陽電池発電所

| 主要電気工作物 | 主　　設　　備 |
|---|---|
| 太陽電池（出力 50kW 以上のものに限る.） | 太陽電池モジュール及び支持物 |
| 変圧器 | 第一号の水力発電所の主設備の欄に掲げるもの |
| 負荷時電圧調整器 | 第一号の水力発電所の主設備の欄に掲げるもの |
| 負荷時電圧位相調整器 | 第一号の水力発電所の主設備の欄に掲げるもの |

| | |
|---|---|
| 調相機 | 第一号の水力発電所の主設備の欄に掲げるもの |
| 電力用コンデンサー | 第一号の水力発電所の主設備の欄に掲げるもの |
| 分路リアクトル及び限流リアクトル | 第一号の水力発電所の主設備の欄に掲げるもの |
| 周波数変換機器 | 第一号の水力発電所の主設備の欄に掲げるもの |
| 整流機器 | 第一号の水力発電所の主設備の欄に掲げるもの |
| 遮断器 | 第一号の水力発電所の主設備の欄に掲げるもの |
| 逆変換装置（容量50kVA）以上のものに限る. | 前号の燃料電池発電所の主設備の欄に掲げるもの |

四の二　太陽電池発電設備

| 主要電気工作物 | 主　　設　　備 |
|---|---|
| 太陽電池（出力10kW以上のものに限る.） | 太陽電池モジュール及び支持物 |
| 変圧器 | 第一号の水力発電所の主設備の欄に掲げるもの |
| 負荷時電圧調整器 | 第一号の水力発電所の主設備の欄に掲げるもの |
| 負荷時電圧位相調整器 | 第一号の水力発電所の主設備の欄に掲げるもの |
| 調相機 | 第一号の水力発電所の主設備の欄に掲げるもの |
| 電力用コンデンサー | 第一号の水力発電所の主設備の欄に掲げるもの |
| 分路リアクトル及び限流リアクトル | 第一号の水力発電所の主設備の欄に掲げるもの |
| 周波数変換機器 | 第一号の水力発電所の主設備の欄に掲げるもの |
| 整流機器 | 第一号の水力発電所の主設備の欄に掲げるもの |
| 遮断器 | 第一号の水力発電所の主設備の欄に掲げるもの |
| 逆変換装置（容量10kVA以上のものに限る.） | 第三号の燃料電池発電所の主設備の欄に掲げるもの |

五　風力発電所

| 主要電気工作物 | 主　　設　　備 |
|---|---|
| 風力機関 | 風車，支持物並びに調速装置及び非常用調速装置 |
| 発電機（出力 20kW）以上のものに限る. | 第一号の水力発電所の主設備の欄に掲げるもの（揚水式発電用の発電電動機を除く.） |
| 変圧器 | 第一号の水力発電所の主設備の欄に掲げるもの |
| 負荷時電圧調整器 | 第一号の水力発電所の主設備の欄に掲げるもの |
| 負荷時電圧位相調整器 | 第一号の水力発電所の主設備の欄に掲げるもの |
| 調相機 | 第一号の水力発電所の主設備の欄に掲げるもの |
| 電力用コンデンサー | 第一号の水力発電所の主設備の欄に掲げるもの |
| 分路リアクトル及び限流リアクトル | 第一号の水力発電所の主設備の欄に掲げるもの |
| 周波数変換機器 | 第一号の水力発電所の主設備の欄に掲げるもの |
| 整流機器 | 第一号の水力発電所の主設備の欄に掲げるもの |
| 遮断器 | 第一号の水力発電所の主設備の欄に掲げるもの |
| 逆変換装置（容量 20kVA）以上のものに限る. | 第四号の燃料電池発電所の主設備の欄に掲げるもの |

五の二　風力発電設備

| 主要電気工作物 | 主　　設　　備 |
|---|---|
| 風力機関 | 風車，支持物並びに調速装置及び非常用調速装置 |
| 発電機 | 第一号の水力発電所の主設備の欄に掲げるもの（揚水式発電用の発電電動機を除く.） |
| 変圧器 | 第一号の水力発電所の主設備の欄に掲げるもの |
| 負荷時電圧調整器 | 第一号の水力発電所の主設備の欄に掲げるもの |
| 負荷時電圧位相調整期 | 第一号の水力発電所の主設備の欄に掲げるもの |

| | |
|---|---|
| 調相機 | 第一号の水力発電所の主設備の欄に掲げるもの |
| 電力用コンデンサー | 第一号の水力発電所の主設備の欄に掲げるもの |
| 分路リアクトル及び限流リアクトル | 第一号の水力発電所の主設備の欄に掲げるもの |
| 周波数変換機器 | 第一号の水力発電所の主設備の欄に掲げるもの |
| 整流機器 | 第一号の水力発電所の主設備の欄に掲げるもの |
| 遮断器 | 第一号の水力発電所の主設備の欄に掲げるもの |
| 逆変換装置 | 第三号の燃料電池発電所の主設備の欄に掲げるもの |

六　変電所

| 主要電気工作物 | 主　設　備 |
|---|---|
| 変圧器（受電所に設置されるものあっては，電圧10万V以上かつ容量1万kVA以上のものに限る．） | 変圧器（変圧器に附属する冷却装置，窒素封入装置及び電圧調整装置を含む．） |
| 負荷時電圧調整器（電圧17万V以上の変電所に係る容量1万kVA以上のものに限る．） | 第一号の水力発電所の主設備の欄に掲げるもの |
| 負荷時電圧位相調整器（電圧17万V以上の変電所に係る容量1万kVA以上のものに限る．） | 第一号の水力発電所の主設備の欄に掲げるもの |
| 調相機（電圧17万V以上の変電所に係る容量2万kVA以上のものに限る．） | 第一号の水力発電所の主設備の欄に掲げるもの |
| 電力用コンデンサー（電圧17万V以上の変電所に係る容量1万kVA以上の群に属するものに限る．） | 第一号の水力発電所の主設備の欄に掲げるもの |
| 分路リアクトル及び限流リアクトル（送電電圧17万V以上の変電所に係る容量1万kVA以上のものに限る．） | 第一号の水力発電所の主設備の欄に掲げるもの |

| | |
|---|---|
| 周波数変換機器 | 第一号の水力発電所の主設備の欄に掲げるもの |
| 整流機器 | 第一号の水力発電所の主設備の欄に掲げるもの |
| 遮断器 | 第一号の水力発電所の主設備の欄に掲げるもの |

七　送電線路

| 主要電気工作物 | 主　　設　　備 |
|---|---|
| 電線（ケーブルを含み，電圧 17 万 V 以上の送電線路のものに限る.） | 電線（OF ケーブルにあっては，その圧油装置を含む.） |
| 支持物（電圧 17 万 V 以上の送電線路のものに限る.） | 本柱，鉄柱，鉄筋コンクリート柱及び鉄塔並びに電線支持がいし |
| 遮断器（電圧 17 万 V 以上の開閉所の送電線引出口のものに限る.） | 遮断器（送電線引出口の遮断器に附属する消弧装置及び空気圧縮装置を含む.） |

八　需要設備

| 主要電気工作物 | 主　　設　　備 |
|---|---|
| 遮断器（他の者が設置する電気工作物と電気的に接続するための受電電圧 1 万 V 以上のものに限る.） | 遮断器 |
| 変圧器（電圧 1 万 V 以上かつ容量 1 万kVA以上のものに限る. ただし，放電灯用変圧器，試験用変圧器等の特殊用途に供されるものを除く.） | 変圧器及び配電用変圧器（変圧器又は配電用変圧器に附属する冷却装置，窒素封入装置，電圧調整装置及びタップ切換装置を含む.） |
| 周波数変換機器（電圧 1 万 V 以上かつ容量 1 万 kVA 以上のものに限る.） | 周波数変換機器 |
| 整流機器（電圧 1 万 V 以上かつ容量 1 万 kVA 以上のものに限る.） | 整流機器 |
| 電力用コンデンサー（電圧 1 万 V 以上かつ容量 1 万 kVA 以上の群に属するものに限る.） | 電力用コンデンサー |

| | |
|---|---|
| 調相機（電圧1万V以上かつ容量1万kVA以上のものに限る.） | 調相機（調相機に附属する冷却装置及び起動用電動機を含む.） |
| 分路リアクトル（電圧1万V以上かつ容量1万kVA以上のものに限る.） | 分路リアクトル |
| 電線路の電線（ケーブルを含み，電圧5万V以上の電線路のものに限る.）及び支持物（電圧5万V以上の電線路のものに限る.） | 電線（OFケーブルにあっては，その圧油装置を含む.），木柱，鉄柱，鉄筋コンクリート柱及び鉄塔並びにがいし |

**附　　則**（令和4年3月31日　経済産業省告示第85号）

この告示は，令和4年4月1日から施行する.

# 電気主任技術者免状に係る学校等の認定基準に関する告示

（平成22年3月31日　経済産業省告示第71号）

（最終改正）令和3年1月15日　経済産業省告示第5号

電気事業法の規定に基づく主任技術者の資格等に関する省令（昭和40年通商産業省令第52号）第1条第1項の規定に基づき，電気主任技術者免状に係る学校等の認定基準に関する告示を次のように定め，平成22年4月1日から適用する．

なお，平成18年経済産業省告示第68号（電気主任技術者免状に係る学校等の認定基準に関する告示）は，平成22年3月31日限り，廃止する．

## 電気主任技術者免状に係る学校等の認定基準に関する告示

**第1条**　電気事業法の規定に基づく主任技術者の資格等に関する省令第1条第1項の告示で定める基準は次のとおりとする．

一　入学資格，修業年限及び教育施設の内容が，認定を受けようとする教育施設（以下単に「教育施設」という．）の種類に従い，別表第1に適合していること

二　電気事業法の規定に基づく主任技術者の資格等に関する省令第1条第1項の電気工学に関する学科（以下「関係学科」という．）において，教育施設の科目が，次号に掲げるすべての要件を満たしていること

イ　別表第2に掲げる授業内容とし，かつ，当該科目の単位数を別表第3に掲げる教育施設の種類及び科目区分に従い，同表に掲げる単位数以上開設していること

ロ　別表第3に掲げる教育施設の種類及び科目区分（5を除く．）に従った科目の単位数の1／2以上を，別表第2の第1欄に掲げる授業内容としていること

三　学校教育法（昭和22年法律第26号）による学校（同法第1条による学校及び同法第124条による専修学校をいう．以下同じ．）以外の教育施設における関係学科の教員については，教育施設の種類に従い，関係学科に関して，大学設置基準（昭和31年文部省令第28号），短期大学設置基準（昭和50年文部省令第21号），高等専門学校設置基準（昭和36年文部省令第23号）若しくは専修学校設置基準（昭和51年文部省令第2号）による教員の資格を有する者又は教育職員免許法（昭和24年法律第147号）により授与された高等学校の教員の免許状を有する者と同等以上の専門分野における経歴，技能又は知識を有する者を，別表第4に従い配置していること

四　別表第5に掲げる実験設備及び実習設備（以下「実験設備等」という．）については，当該実験設備等を使用する関係学科の生徒数又は学生数等に応じ，適切に実験又は実習を行うために必要な数を設置していること

**第2条**　前条第二号の単位数の計算方法は，学校教育法による学校については，大学設置基準第21条第2項，短期大学設置基準第7条第2項，高等専門学校設置基準第17条第3項，第4項若しくは第5項，専修学校設置基準第19条第1項又は高等学校学習指導要領（平成30

年文部科学省告示第 68 号）第 1 章第 2 款第 3 項（以下「大学設置基準等」という.）によるものとし，学校以外の教育施設については，教育施設の種類に応じ大学設置基準等を準用するものとする.

別表第 1

入学資格，修業年限及び教育施設の内容

| 教育施設の種類 ＼ 入学資格，修業年限，教育施設の内容 | 大学又はこれと同等以上の教育施設 | 短期大学又はこれと同等以上の教育施設 | 高等専門学校又はこれと同等以上の教育施設 | 高等学校又はこれと同等以上の教育施設 | |
|---|---|---|---|---|---|
| 入学資格 | 高等学校を卒業した者若しくは通常の課程による 12 年の学校教育を修了した者（通常の課程以外の課程によりこれに相当する学校教育を修了した者を含む.）又は監督庁の定めるところにより，これと同等以上の学力があると認められた者 | 高等学校を卒業した者若しくは通常の課程による 12 年の学校教育を修了した者（通常の課程以外の課程によりこれに相当する学校教育を修了した者を含む.）又は監督庁の定めるところにより，これと同等以上の学力があると認められた者 | 中学校若しくはこれに準ずる学校を卒業した者又は監督庁の定めるところによりこれと同等以上の学力があると認められた者 | 高等学校を卒業した者若しくは通常の課程による 12 年の学校教育を修了した者（通常の課程以外の課程によりこれに相当する学校教育を修了した者を含む.）又は監督庁の定めるところにより，これと同等以上の学力があると認められた者 | 中学校若しくはこれに準ずる学校を卒業した者又は監督庁の定めるところによりこれと同等以上の学力があると認められた者 |
| 修業年限 | 4 年以上 | 2 年以上 | 5 年以上 | 2 年以上 | 3 年以上 |
| 教育施設の内容 | 大学設置基準に適合し又はこれに準ずるものであって大学卒業者と同等以上の学力を修得し得ると認められるもの（通信教育による課程を除く.） | 短期大学設置基準に適合し又はこれに準ずるものであって，短期大学卒業者と同等以上の学力を修得し得ると認められるもの（通信教育による課程を除く.） | 高等専門学校設置基準に適合し，又はこれに準ずるものであって，高等専門学校卒業者と同等以上の学力を修得し得ると認められるもの（通信教育による課程を除く.） | 高等学校（専門教育を主とする学科）卒業者と同等以上の学力を修得し得ると認められるもの（通信教育による課程を除く.） | 高等学校設置基準に適合し又はこれに準ずるものであって，高等学校卒業者と同等以上の学力を修得し得ると認められるもの（通信教育による課程を除く.） |

別表第2

関係学科の科目区分に応じた科目の授業内容

| 科　目　区　分 | 授　業　内　容 | |
|---|---|---|
| | 第　一　欄 | 第　二　欄 |
| 1．電気工学又は電子工学等の基礎に関するもの | 電磁気学<br>電子回路<br>電気計測又は電子計測 | 電気回路<br>電子デバイス工学<br>システム基礎論<br>電気電子物性 |
| 2．発電，変電，送電，配電及び電気材料並びに電気法規に関するもの | 発電工学又は発電用原動機に関するもの<br>変電工学<br>送配電工学<br>電気法規<br>電気施設管理 | 高電圧工学<br>エネルギー変換工学<br>電力システム工学<br>放電工学<br>電気材料（絶縁材料を含むこと．）<br>技術者倫理 |
| 3．電気及び電子機器，自動制御，電気エネルギー利用並びに情報伝送及び処理に関するもの | 電気機器学<br>パワーエレクトロニクス<br>自動制御又は制御工学 | 電気応用<br>メカトロニクス<br>電気光変換<br>情報伝送及び処理<br>電子計算機<br>省エネルギー |
| 4．電気工学若しくは電子工学実験又は電気工学若しくは電子工学実習に関するもの | 電気回路実験<br>電気応用実験 | 電気実習<br>電子実験<br>電子実習 |
| 5．電気及び電子機器設計又は電気及び電子機器製図に関するもの | | 電気機器設計<br>電気製図<br>自動設計製図（CAD）<br>電子回路設計<br>電子製図 |

（備考）　1．第一欄は，教育施設において必ず開設しなければならない科目の授業内容を示す．また，これらの授業内容の科目は，必修科目又は選択科目のいずれで開設してもよい．

2．電気応用は，電動機応用，照明，電熱，電気化学変換又は電気加工（放電応用を含む．）の一部を含むこと．

3．電気回路実験，電気応用実験又は電気実習の授業内容の一部は，受電設備の実習又は見学であっても差し支えない．

別表第3

関係学科の科目区分別基準単位数

| 教育施設の種類 / 科目区分 | 大学又はこれと同等以上の教育施設 | 短期大学又はこれと同等以上の教育施設 | 高等専門学校又はこれと同等以上の教育施設 | 高等学校又はこれと同等以上の教育施設 |
|---|---|---|---|---|
| 1．電気工学又は電子工学等の基礎に関するもの | 17 | 12 | 12 | 6 |
| 2．発電，変電，送電，配電及び電気材料並びに電気法規に関するもの | 8 | 7 | 7 | 3 |
| 3．電気及び電子機器，自動制御，電気エネルギー利用並びに情報伝送及び処理に関するもの | 10 | 8 | 8 | 5 |
| 4．電気工学若しくは電子工学実験又は電気工学若しくは電子工学実習に関するもの | 6 | 5 | 8 | 10 |
| 5．電気及び電子機器設計又は電気及び電子機器製図に関するもの | 2 | 2 | 2 | 2 |
| 科目合計 | 49 | 38 | 41 | 26 |

（備考）　1．「高等専門学校又はこれと同等以上の教育施設」以外の種類にあっては，科目合計から，科目区分1から5までの単位数の合計を差し引いた単位数を，科目区分1から4までに配分し補うこと．

2．「高等学校又はこれと同等以上の教育施設」の種類において，高等学校学習指導要領（平成30年文部科学省告示第68号）に規定された科目により授業を行うときは，次の科目及び単位数をもって表の科目区分ごとの単位数に該当するものとする．

イ．「電気工学又は電子工学等の基礎に関するもの」は，次のいずれかの科目及び単位数とする．

① 電気回路　6単位以上

② 電気回路　4単位以上
電子技術又は電子回路　2単位以上　計6単位以上

③ 生産技術　4単位以上
電子技術又は電子回路　2単位以上　計6単位以上

ただし，生産技術については，別表第2「電気工学又は電子工学等の基礎に関するもの」の授業内容の科目であること．

ロ．「発電，変電，送電，配電及び電気材料並びに電気法規に関するもの」は，次の科目及び単位数とする．

電力技術　3単位以上

ただし，別表第2「発電，変電，送電，配電及び電気材料並びに電気法規に関するもの」の授業内容の科目であること．

ハ．「電気及び電子機器，自動制御，電気エネルギーの利用並びに情報伝送及び処理に関するもの」は，次のいずれかの科目及び単位数とする．ここで，工業情報数理に代えてハードウェア技術にしてもよい.

①　電気機器　　2単位以上
　　電力技術　　2単位以上
　　工業情報数理又は
　　ハードウェア技術　　1単位以上　　計5単位以上

ただし，電力技術については，別表第2「自動制御，電気エネルギー利用並びに情報伝送及び処理に関するもの」の授業内容の科目であること.

②　電気機器　　2単位以上
　　電子計測制御　　2単位以上
　　工業情報数理又は
　　ハードウェア技術　　1単位以上　　計5単位以上

ニ.「電気工学若しくは電子工学実験又は電気工学若しくは電子工学実習に関するもの」は，次の科目及び単位数とする.

　　電気実習又は電子実習　　10単位以上

ただし，同要領に規定された「工業技術基礎（3単位以上）」又は「課題研究（2単位以上）」の科目の授業を行う場合は，これらの内容が電気工学実験及び電気工学実習に密接に関連する内容のものであれば，「電気工学若しくは電子工学実験又は電気工学若しくは電子工学実習に関するもの」の単位数をそれぞれ2単位を限度として減ずることができるものとする.

ホ.「電気及び電子機器設計又は電気及び電子機器製図に関するもの」は，次のいずれかの科目及び単位数とする.

①　電気製図　　2単位以上
②　電子製図　　2単位以上

別表第4

関係学科の教員数

| 教育施設の種類 | | 大学と同等以上の教育施設 | 短期大学と同等以上の教育施設 | 高等専門学校と同等以上の教育施設 | 高等学校と同等以上の教育施設 |
|---|---|---|---|---|---|
| 関係学科教員数 | 1学年1学級編成の場合 | 8名以上 | 4名以上 | 8名以上 | 3名以上 |
| | 1学年2学級編成以上の場合 | 上記の教員数に1学級を増すごとに2名を加えた数 | | | |

（備考）

1．関係学科の教員数は，1学級の生徒又は学生等の定員が50名程度（高等専門学校又は高等学校と同等以上の教育施設にあっては40名程度）を標準とした場合に，教育施設が配置する教員数とする.

2．関係学科の教員は，電気工学又は電気工学に密接に関連する科目（電子工学並びに情報伝送及び処理関連を含む.）を担当する者に限るものとし，その中には1/2以上の専任教員（別表第2に掲げる関係学科の科目区分を主として担当し，当該教育施設に本務として勤務する教員をいう．以下同じ.）を含まなければならないものとする.

3．専任教員が関係学科の教員の1/2を超えるときは，関係学科の教員数を別表第4による最低教員数から当該超過専任教員数に相当する数だけ兼任の教員を減じることができるものとする.

4．昼間において授業を行う教育施設の専任教員数が，夜間において授業を行う教育施設（以下「夜間の教育施設」という.）の教員を兼ねる場合には，別表第2に掲げる関係学科の科目区分を担当し，かつ，夜間の教育施設に毎週3日以上一般の専任教員に準じて勤務するときに限り，当該夜間の教育施設の専任教員としても取扱い得るものとする.

別表第５

## 関係学科実験設備等

1．電気機器実験・実習設備

| 品　目 | 教育施設の種類<br>品　名 | 大学若しくはこれと同等以上の教育施設 | 短期大学若しくはこれと同等以上の教育施設 | 高等専門学校若しくはこれと同等以上の教育施設 | 高等学校若しくはこれと同等以上の教育施設 | 備　考 |
|---|---|---|---|---|---|---|
| (1) 回転機 | ①直流分巻電動発電機 | ◎ | ◎ | ◎ | ◎ | 複巻でもよい. |
| | ②単相又は三相誘導電動機 | ◎ | ◎ | ◎ | ◎ | かご形又は巻線形どちらでもよい. |
| | ③三相同期機 | ◎ | ◎ | ◎ | ◎ | |
| (2) 変圧器 | ④高圧単相変圧器 | ○ | ○ | ○ | ― | |
| | ⑤低圧単相変圧器 | ○ | ○ | ○ | ○ | 一次及び二次の定格電圧が100V以上のもの. |
| | ⑥三相変圧器 | ○ | ○ | ○ | ― | |
| | ⑦単相又は三相誘導電圧調整器 | ○ | ○ | ○ | ○ | 定格電圧が100V以上のものであって調整範囲が± 100%のものとする.<br>単巻調整器でもよい. |
| (3) パワーエレクトロニクス | ⑧半導体整流装置 | ◎ | ◎ | ◎ | ◎ | 素子の種類は問わない. |
| | ⑨半導体パワーエレクトロニクス素子実験セット | ◎ | ◎ | ◎ | ― | 素子の種類は問わない. |
| | ⑩可変抵抗器 | ◎ | ◎ | ◎ | ◎ | 負荷抵抗器でもよい. |
| | ⑪速度制御装置 | ○ | ○ | ○ | ― | |
| | ⑫太陽電池発電装置 | ○ | ○ | ○ | ― | |
| | ⑬インバータ実験セット | ○ | ○ | ○ | ○ | |
| (4) 制御装置 | ⑭シーケンス制御装置 | ○ | ○ | ○ | ○ | |
| | ⑮フィードバック制御装置 | ○ | ○ | ○ | ○ | |
| (5) 保護装置 | ⑯保護継電器各種 | ○ | ○ | ○ | ○ | 過電流継電器及び地絡継電器を含むこと．計器用変流器(CT)，計器用変圧器(VT)を含む継電器試験装置でもよい. |

| 品目 | 品名（教育施設の種類） | 大学若しくはこれと同等以上の教育施設 | 短期大学若しくはこれと同等以上の教育施設 | 高等専門学校若しくはこれと同等以上の教育施設 | 高等学校若しくはこれと同等以上の教育施設 | 備　　考 |
|---|---|---|---|---|---|---|
| (6) 開閉装置 | ⑰開閉器各種 | ○ | ○ | ○ | ○ | 遮断器でもよい. |

（備考）1. (2) 変圧器に分類される2～4設備のうち，1設備以上を設置すること.
2. (3) パワーエレクトロニクス，(4) 制御装置，(5) 保護装置又は (6) 開閉装置に分類され，かつ○印がついた5～7設備のうち，3設備以上（高等学校若しくはこれと同等以上の教育施設にあっては2設備以上）を設置すること.

2. 電子・情報工学実験・実習設備

| 品目 | 品名（教育施設の種類） | 大学若しくはこれと同等以上の教育施設 | 短期大学若しくはこれと同等以上の教育施設 | 高等専門学校若しくはこれと同等以上の教育施設 | 高等学校若しくはこれと同等以上の教育施設 | 備　　考 |
|---|---|---|---|---|---|---|
| (1) 電源装置 | ①直流安定化電源 | ◎ | ◎ | ◎ | ◎ | |
| (2) 計測装置 | ②波形観測装置 | ◎ | ◎ | ◎ | ◎ | |
| | ③回路計（テスター） | ◎ | ◎ | ◎ | ◎ | デジタルマルチメータでもよい. |
| | ④電子計数装置 | ○ | ○ | ○ | ○ | 電子計数器，サイクルカウンタでもよい. |
| | ⑤トランスデューサ | ○ | ○ | ○ | — | 交流又は直流でもよい. |
| | ⑥減衰器 | ○ | ○ | ○ | — | |
| (3) 電子回路実験装置 | ⑦増幅器実験装置 | ○ | ○ | ○ | ○ | 高周波又は低周波でもよい. |
| | ⑧発振器実験装置 | ○ | ○ | ○ | ○ | ファンクションジェネレータを含むこと. |
| | ⑨ A-D／D-A 変換装置 | ○ | ○ | ○ | ○ | インターフェイスボードを含むこと. |
| | ⑩パルス回路実験装置 | ○ | ○ | ○ | ○ | |
| | ⑪論理回路実験装置 | ○ | ○ | ○ | ○ | |

（備考）(2) 計測装置又は (3) 電子回路実験装置に分類され，かつ○印がついた6～8設備のうち，3設備以上（高等学校若しくはこれと同等以上の教育施設にあっては2設備以上）を設置すること.

3．高電圧実験設備

| 品目＼品名＼教育施設の種類 | | 大学若しくはこれと同等以上の教育施設 | 短期大学若しくはこれと同等以上の教育施設 | 高等専門学校若しくはこれと同等以上の教育施設 | 高等学校若しくはこれと同等以上の教育施設 | 備考 |
|---|---|---|---|---|---|---|
| （1）試験装置 | ①試験用変圧器一式 | ◎ | ◎ | ◎ | ◎ | 出力電圧 6 kV 以上のもの． |
| | ②インパルス電圧発生器 | ◎ | ◎ | ◎ | ※◎ | ※印は，高電圧発生装置でもよい． |
| | ③球間隙 | ◎ | ◎ | ◎ | ◎ | |
| | ④試料がいし | ◎ | ◎ | ◎ | ◎ | |
| （2）計測装置他 | ⑤波形観測装置 | ◎ | ◎ | ◎ | ○ | 分圧器，高圧プローブを含むこと． |
| | ⑥高電圧電圧計 | ○ | ○ | ○ | ○ | |
| | ⑦油試験装置 | ○ | ○ | ○ | ○ | |
| | ⑧受電設備（断路器，遮断器，変圧器，保護継電器，コンデンサ等） | ○ | ○ | ○ | ○ | 実習又は見学を行うこと． |

（備考）（2）計測装置他に分類され，かつ○印がついた3～4設備のうち，1設備以上を設置すること．

4．測定用設備及び計器類設備

| 品目＼品名＼教育施設の種類 | | 大学若しくはこれと同等以上の教育施設 | 短期大学若しくはこれと同等以上の教育施設 | 高等専門学校若しくはこれと同等以上の教育施設 | 高等学校若しくはこれと同等以上の教育施設 | 備考 |
|---|---|---|---|---|---|---|
| （1）測定用設備 | ①測定用可変抵抗器 | ◎ | ◎ | ◎ | ◎ | |
| | ②万能ブリッジ | ◎ | ◎ | ◎ | ◎ | エレクトロニクス応用ブリッジ，インピーダンス測定器又はホイートストンブリッジでもよい． |
| | ③可変コンデンサ | ◎ | ◎ | ◎ | — | |
| | ④可変インダクタ | ◎ | ◎ | ◎ | — | |
| | ⑤微小電流測定装置 | ◎ | ◎ | ◎ | ◎ | 2種類以上の検流計を含むこと． |

| 品目 | 品名（教育施設の種類） | 大学若しくはこれと同等以上の教育施設 | 短期大学若しくはこれと同等以上の教育施設 | 高等専門学校若しくはこれと同等以上の教育施設 | 高等学校若しくはこれと同等以上の教育施設 | 備考 |
|---|---|---|---|---|---|---|
| （2）電気計測器類 | ⑥直流電流計各種 | ◎ | ◎ | ◎ | ◎ | デジタル式，クランプ式，電子電圧計を含んでもよい． |
| | ⑦交流電流計各種 | ◎ | ◎ | ◎ | ◎ | 〃 |
| | ⑧直流電圧計各種 | ◎ | ◎ | ◎ | ◎ | 〃 |
| | ⑨交流電圧計各種 | ◎ | ◎ | ◎ | ◎ | 〃 |
| | ⑩単相電力計 | ◎ | ◎ | ◎ | ◎ | デジタル式でもよい． |
| | ⑪三相電力計 | ◎ | ◎ | ◎ | ◎ | 〃 |
| | ⑫単相電力量計 | ◎ | ◎ | ◎ | ◎ | |
| | ⑬絶縁抵抗計 | ○ | ○ | ○ | ◎ | 電子式を含み，定格測定電圧500V以上のもの． |
| | ⑭接地抵抗計 | ○ | ○ | ○ | ◎ | |
| | ⑮単相又は多相力率計 | ○ | ○ | ○ | ○ | |
| | ⑯周波数計 | ○ | ○ | ○ | ○ | |
| （3）温度計測器類 | ⑰熱電温度計 | ○ | ○ | ○ | ○ | |
| | ⑱光高温計 | ○ | ○ | ○ | ○ | |
| | ⑲抵抗温度計 | ○ | ○ | ○ | ○ | |
| | ⑳熱画像計測装置 | ○ | ○ | ○ | ○ | |
| （4）その他 | ㉑磁束計 | ○ | ○ | ○ | ○ | |
| | ㉒照度計 | ○ | ○ | ○ | ○ | |
| | ㉓回転計各種 | ○ | ○ | ○ | ○ | 速度センサを含んでもよい． |
| | ㉔データロガー | ○ | ○ | ○ | ○ | |

（備考）　1．（2）電気計測器類，（3）温度計測器類又は（4）その他に分類され，かつ○印がついた10～12設備のうち，5設備以上（高等学校若しくはこれと同等以上の教育施設にあっては3設備以上）を設置すること．

2．複数の機能を有しているもの（多機能機種）でもよい．

（注）　1．◎印は，必ず設置しければならない実験設備等を示す．

2．○印は，なるべく設置を要する実験設備等を示し，備考に従って設置しなければならない．

3．上表の実験設備等については，適切に実験又は実習を行うことができると認められる場合は，借用のものであっても，差し支えない．

4．上表の実験設備等において，当該実験設備等に代用することができる実験設備等がある場合にはこれに代えることができるものとする．

## 附　　則（令和3年1月15日　経済産業省告示第5号）

この告示は，令和4年4月1日から施行する．

# 電気事業法施行規則第48条第2項第三号ロの特定の施設内に設置される水力発電設備等を定める告示

（平成27年4月30日　経済産業省告示第99号）

（最終改正）令和3年3月31日　経済産業省告示第61号

電気事業法施行規則（平成7年通商産業省令第77号）第48条第2項第三号ロの特定の施設内に設置される水力発電設備，第52条第1項の表第一号，第四号及び第六号並びに別表第2の発電所の項第一号右欄の1（1）の小型の水力発電所又は特定の施設内に設置される水力発電所，同条第1項の表第二号及び第五号並びに別表第2の発電所の項第一号右欄の1（2）の小型の汽力を原動力とする火力発電所，同条第1項の表第二号及び第六号の小型のガスタービンを原動力とする火力発電所，第56条の表第四号及び第五号の小型の水力設備又は特定の施設内に設置される水力設備，同表第六号及び第七号の小型の汽力を原動力とする火力設備及び小型のガスタービンを原動力とする火力設備，第79条第一号及び第94条第六号の液化ガスを熱媒体として用いる小型の汽力を原動力とする火力発電所，別表第2の発電所の項第二号（1）右欄の（1）の小型の水力発電所の発電設備又は特定の施設内に設置される水力発電所の発電設備並びに同号（1）右欄の（2）の小型の汽力を原動力とする火力発電所の発電設備を次のように定め，公布の日から施行する．

なお，平成24年経済産業省告示第100号（電気事業法施行規則第52条第1項の表第一号等の規定に基づく小型のもの若しくは特定の施設内に設置されるものである水力発電所等）は，平成27年4月29日限り，廃止する．

（特定の施設内に設置される水力発電設備）

第1条　電気事業法施行規則（以下「規則」という．）第48条第2項第三号ロの特定の施設内に設置される水力発電設備は，当該水力発電設備を構成する水力設備の全てが次に掲げる施設のいずれかに設置されるものとする．

一　土地改良法（昭和24年法律第195号）第2条第2項に規定する土地改良事業に係る農業用用排水施設（ダムを除く．）

二　水道法（昭和32年法律第177号）第3条第8項の導水施設，浄水施設又は送水施設

三　下水道法（昭和33年法律第79号）第2条第六号に規定する終末処理場

四　工業用水道事業法（昭和33年法律第84号）第11条第1項の導水施設，浄水施設又は送水施設

（小型の水力発電所等）

第2条　規則第52条第1項の表第一号，第四号及び第六号並びに別表第2の発電所の項第一号右欄の1（1）の小型の水力発電所は，当該水力発電所を構成する水力設備の全てが次の第一号から第三号までに掲げる要件のいずれにも該当するものとする．

一　ダムを伴わないもの

二　発電機と接続して得られる電気の出力が200kW未満のもの

三　最大使用水量が1 $m^3/s$ 未満のもの

2　規則第52条第1項の表第一号，第四号及び第六号並びに別表第2の発電所の項第一号右欄の1（1）の特定の施設内に設置される水力発電所は，当該水力発電所を構成する水力設備の全てが前条各号に掲げる施設のいずれかに設置されるものとする．

（小型の汽力を原動力とする火力発電所）

**第3条**　規則第52条第1項の表第二号及び第五号並びに別表第2の発電所の項第一号右欄の1（2）の小型の汽力を原動力とする火力発電所は，当該火力発電所を構成する火力設備の全てが第一号から第五号まで及び第六号又は第七号に掲げる要件のいずれにも該当するものとする．

一　発電機と接続して得られる電気の出力が300kW未満のもの

二　最高使用圧力が2MPa未満のもの

三　最高使用温度が250℃未満のもの

四　運転時等において，人体に危害を及ぼさないように，蒸気タービン本体が発電機と一体のものとして，一の筐体に収められているもの又は施錠その他の通行制限のための措置が講じられている部屋に収められているもの

五　蒸気タービン本体の損壊その他の事故が発生した場合においても，当該事故に伴って生じた破片が当該蒸気タービン本体の車室（ケーシングその他これに類するものを含む．）又はこれが収められている筐体の外部に飛散しない構造を有するもの

六　同一の火力発電所の構内（これに準ずる区域内を含む．以下同じ．）に設置された労働安全衛生法（昭和47年法律第57号）の適用を受けるボイラーから蒸気の供給を受け，当該蒸気の汽力を直接その原動力とするもの又は同一の火力発電所の構内以外から電気事業法（昭和39年法律第170号），労働安全衛生法若しくは熱供給事業法（昭和47年法律第88号）の適用を受けるボイラーにより蒸気の供給を受け，当該蒸気の汽力を直接その原動力とするもの

七　液化ガス用気化器により気化した熱媒体の蒸気の汽力をその原動力とするものであって，次に掲げる要件のいずれにも該当するもの

イ　液化ガス用気化器により気化した熱媒体に係る加熱用熱源が輻射熱を用いたものであること又は水若しくは蒸気を用いたものであること．

ロ　熱媒体として一般高圧ガス保安規則（昭和41年通商産業省令第53号）第2条第1項第四号に規定する不活性ガス（同項第二号に規定する毒性ガスを除く．）を用いたものであること．

ハ　熱媒体が漏えいした場合の窒息その他の危害を防止するため適切な措置が講じられていること．

（小型のガスタービンを原動力とする火力発電所）

**第4条**　規則第52条第1項の表第二号及び第六号の小型のガスタービンを原動力とする火力発電所は，当該火力発電所を構成する火力設備の全てが次に掲げる要件のいずれにも該当するものとする．

一　発電機と接続して得られる電気の出力が300kW未満のもの

二　最高使用圧力が1 000kPa未満のもの

三　最高使用温度が1 400℃未満のもの

四 発電機と一体のものとして一の筐体に収められているものその他の一体のものとして設置されるもの．ただし，燃料設備及びばい煙処理設備については，この限りでない．

五 ガスタービンの損壊その他の事故が発生した場合においても，当該事故に伴って生じた破片が当該設備の外部に飛散しない構造を有するもの

（小型の水力発電設備等）

**第5条** 規則第56条の表第四号及び第五号の小型の水力設備は，第2条第1項各号に掲げる要件のいずれにも該当するものとする．

2 規則第56条の表第四号及び第五号の特定の施設内に設置される水力設備は，第1条各号に掲げる施設のいずれかに設置されるものとする．

（小型の汽力を原動力とする火力設備）

**第6条** 規則第56条の表第六号及び第七号の小型の汽力を原動力とする火力設備は，第3条第一号から第五号まで及び第六号又は第七号に掲げる要件のいずれにも該当するものとする．

（小型のガスタービンを原動力とする火力設備）

**第7条** 規則第56条の表第六号及び第七号の小型のガスタービンを原動力とする火力設備は，第4条各号に掲げる要件のいずれにも該当するものとする．

（液化ガスを熱媒体として用いる小型の汽力を原動力とする火力発電所）

**第8条** 規則第79条第一号及び第94条第六号の液化ガスを熱媒体として用いる小型の汽力を原動力とする火力発電所は，当該火力発電所を構成する火力設備の全てが第3条第一号から第五号まで及び第七号に掲げる要件のいずれにも該当するものとする．

（小型の水力発電所の発電設備等）

**第9条** 規則別表第2の発電所の項第二号（1）右欄の（1）の小型の水力発電所の発電設備は，当該発電設備を構成する水力設備の全てが第2条第1項各号に掲げる要件のいずれにも該当するものであるものとする．

2 規則別表第2の発電所の項第二号（1）右欄の（1）の特定の施設内に設置される水力発電所の発電設備は，当該発電設備を構成する水力設備の全てが第1条各号に掲げる施設のいずれかに設置されるものとする．

（小型の汽力を原動力とする火力発電所の発電設備）

**第10条** 規則別表第2の発電所の項第二号（1）右欄の（2）の小型の汽力を原動力とする火力発電所の発電設備は，当該発電設備を構成する火力設備の全てが第3条第一号から第五号まで及び第六号又は第七号に掲げる要件のいずれにも該当するものとする．

## 附　則 抄（令和3年3月31日 経済産業省告示第61号）

（施行期日）

第1条 この告示は，令和3年4月1日より施行する．

# 第 2 編

# 内規・指針・通達

## （内規・指針・通達の収録一覧）

* ＊電気事業法施行規則第 50 条第２項の解釈適用に当たっての考え方（内規）
* ＊主任技術者制度の解釈及び運用（内規）
* ＊共同受電の場合における電気主任技術者の選任等に関する事務処理要領（内規）
* ＊電気主任技術者制度に関するＱ＆Ａ
* ＊電気事業法の規定に基づく主任技術者の資格等に関する省令第１条第１項に規定する教育施設に係る認定等の運用について（内規）
* ＊移動用電気工作物の取扱いについて
* ＊自家用電気工作物の「需要設備の最大電力」の法令解釈（内規）
* ＊事業用電気工作物設置者地位承継届出書に関する標準的な記入方法等
* ＊公害防止関係資料の様式例について
* ＊電気関係報告規則第３条の運用について（内規）
* ＊高圧又は特別高圧で受電する需要家の高調波抑制対策ガイドライン
* ＊電力品質確保に係る系統連系技術要件ガイドライン
* ＊排気を発電用以外の用途にのみ供する発電用の蒸気タービンに蒸気を供給するボイラーの取扱いについて（内規）
* ＊ポリ塩化ビフェニルを含有する絶縁油を使用する電気工作物等の使用及び廃止の状況の把握並びに適正な管理に関する標準実施要領（内規）
* ＊使用前・定期安全管理審査実施要領（内規）
* ＊使用前自主検査及び使用前自己確認の方法の解釈
* ＊電気事業法施行規則第 94 条の３第１項第一号及び第二号に定める定期事業者検査の方法の解釈

# 電気事業法施行規則第50条第2項の解釈適用に当たっての考え方（内規）

（平成 28 年 9 月 23 日　20160905 商局第 2 号）

（最終改正）令和 3 年 3 月 31 日　20210319 保局第 1 号

電気事業法（昭和 39 年法律第 170 号．以下「法」という．）第 42 条第 1 項に規定する保安規程（以下「保安規程」という．）の記載事項については，電気事業法施行規則（平成 7 年通商産業省令第 77 号．以下「省令」という．）第 50 条第 1 項において，事業用電気工作物であって，一般送配電事業，送電事業又は発電事業（法第 38 条第 3 項第 4 号に掲げる事業に限る．以下同じ．）の用に供するものと，それ以外の事業用電気工作物に区分し，保安を一体的に確保することが必要な組織ごとに定めることとしている．一般送配電事業，送電事業又は発電事業の用に供する事業用電気工作物の設置者（以下「事業者」という．）の定める保安規程については，省令第 50 条第 2 項に掲げる事項について記載することが求められ，自主保安活動を行う上での基本的なルールを事業者自らの責任において適切に定めるべく，下記のように記載されることが必要である．

なお，本内規に定める保安規程の記載事項は，経済産業省が，本内規の制定時において，一般送配電事業，送電事業又は発電事業の用に供する事業用電気工作物の保安確保に必要と考える標準的記載事項である．

## 記

### 1．第一号（関係法令及び保安規程の遵守のための体制）

一　事業用電気工作物の工事，維持又は運用に関する保安のための関係法令及び保安規程の遵守のための体制（経営責任者の関与を含む．）に関すること．

保安のための関係法令及び保安規程の遵守を確実に行わせるため，いわゆるコンプライアンスに係る体制が確実に構築されていることが明確にされていることが必要である．

また，法令遵守においては，経営責任者の積極的な関与が不可欠であることにかんがみ，この点について特に明記されている必要がある．

### 2．第二号（組織）

二　事業用電気工作物の工事，維持又は運用を行う者の職務及び組織に関すること（次号に掲げるものを除く．）．

平成 19 年経済産業省令第 56 号による改正前の省令（以下「旧省令」という．）第 50 条第 1 項第一号に掲げる事項と同じである．（ただし，主任技術者については次号に掲げるものを特掲している．）

なお，事業用電気工作物の工事，維持又は運用を行う者とは，事業用電気工作物の設置者の組織に属する者で工事，維持又は運用を行う者をいう．

また，社内における職制規定と保安規程に記載される職務及び組織については，整合している必要がある．

### 3．第三号（主任技術者）

> 三　主任技術者の職務の範囲及びその内容並びに主任技術者が保安の監督を行う上で必要となる権限及び組織上の位置付けに関すること．

主任技術者は，法第 43 条の規定により保安の監督を行うために選任される者であり，その職務を誠実に行うことが求められている．

したがって，その保安の監督の責務を十全に果たすことができるようにするため，その職務範囲及び内容について適切に定められていることが必要である．また，保安の監督を適切に行う上で，必要な権限及び組織上の位置付けがなされている必要がある．特に，保安の監督に支障を来すこと等がないよう，上位者等との関係において独立性が確保されている必要がある．

なお，必ずしも発電所の保安組織から主任技術者が独立していることが当然に求められるものではない．

### 4．第四号（保安教育）

> 四　事業用電気工作物の工事，維持又は運用を行う者に対する保安教育に関することであって次に掲げるもの
> イ　関係法令及び保安規程の遵守に関すること．
> ロ　保安のための技術に関すること．
> ハ　保安教育の計画的な実施及び改善に関すること．

事業用電気工作物の保安を確保するためには，保安に関わるすべての者に対してその職務に応じた保安教育がなされる必要がある．

したがって，保安教育に定める内容として，第四号イ，ロ及びハに掲げる事項について明確に記載されていることが必要である．

イについては，関係法令及び保安規程の遵守を確実なものとする観点から，その内容が明確に定められていることが必要である．

ロについては，保安に携わる者に必要な技術的内容を習得させ，これを十分活用できるような力量を確保させることが確実なものとなることを目的として内容が明確に定められている必要がある．

ハについては，保安教育を計画的に実施することに加え，教育効果を定期的に評価し，その結果を踏まえた保安教育プログラムの継続的な向上のための措置についても記載されていることが必要である．

## 5．第五号（発電用の事業用電気工作物に対する保安の改善）

> 五　発電用の事業用電気工作物の工事，維持又は運用に関する保安を計画的に実施し，及び改善するための措置であって次に掲げるもの（前号に掲げるものを除く．）
> イ　発電用の事業用電気工作物の工事，維持又は運用に関する保安についての方針及び体制に関すること．
> ロ　発電用の事業用電気工作物の工事，維持又は運用に関する保安についての計画に関すること．
> ハ　発電用の事業用電気工作物の工事，維持又は運用に関する保安についての実施に関すること．
> ニ　発電用の事業用電気工作物の工事，維持又は運用に関する保安についての評価に関すること．
> ホ　発電用の事業用電気工作物の工事，維持又は運用に関する保安についての改善に関すること．

保安を適切なものとするためには，あらかじめ保安の方針及び体制を定めて計画的に実施するとともに，実施結果に対して適切に評価を行い，その結果を踏まえ改善に結び付ける活動を継続的に実施する必要がある．

このため，保安規程においてはこれらの活動内容が具体的かつ明確に定められている必要がある．また，上記のイからホに掲げる事項を定めるに当たっては，特に次の点を踏まえたものであることが必要である．

イについて，保安に関する方針を定めるにあたっては，保安活動を推進するための目標を設定することが必要である．

ロについては，適切な保安の実施にあたって必要となる人的及び物的資源について十分に考慮して，適切なプロセスを定める必要がある．

ハについては，ロで定めた計画に従って適切なプロセスにより実施することが必要である．

ニについては，ロで定めた計画に従って適切に実施されているかどうかについて評価することが必要である．実施者による自己評価，実施部門から独立した組織による内部監査，外部監査等の評価手法を適切に採用する必要がある．

ホについては，社内の他部門，あるいは他社，他産業などから得られた保安に関する知見について，その重要度に応じて適切に反映する手順を定める必要がある．改善に当たっては，不適合（事業用電気工作物の工事，維持又は運用に関する保安がロに規定する計画に従って適切に実施されていないと評価される状態をいう．）が検出された場合に，その重要度に応じて再発防止のために行う是正に関する処置及び生じるおそれのある不適合を防止するための予防に関する処置を適切に実施する必要がある．このため，不適合を管理する手順が定められている必要がある．また，不適合に関して，その重要度に応じた情報の公開に関する事項を記載する必要がある．

## 6．第六号（発電用の事業用電気工作物に対する保安に必要な文書）

> 六　発電用の事業用電気工作物の工事，維持又は運用に関する保安のために必要な文書の作成，変更，承認及び保存の手順に関すること．

発電用の事業用電気工作物の工事，維持又は運用に関する保安のために必要なすべての文書について，その作成，変更，承認及び保存が適切に行われるための文書管理手順（保安のために必要な文書か否かの基準及び文書の識別や廃棄に係る手順を含む.）について記載される必要がある．これらには，法に基づく工事計画の届出を必要とする工事に該当するか否かを確認し，届出を行う必要がある場合には，法の規定に基づいて届出を行う手続きが取られたかどうかを確認するための手続きが含まれる．

7．第七号（発電用の事業用電気工作物に対する保安に必要な文書の保安規程上の位置づけ）

| |
|---|
| 七　前号に規定する文書についての保安規程上の位置付けに関すること． |

保安のために必要な文書について，保安規程を最上位として階層別に明確に位置付けを行い，当該文書が保安規程に基づいて定められていることが必要である．また，第六号で定めた保安に必要な文書を常に適切な状態として維持していくため，第五号ニに規定する評価を踏まえ改善する手順が記載されていることが必要である．

8．第八号（保安に関する記録）

| |
|---|
| 八　事業用電気工作物の工事，維持又は運用に関する保安についての適正な記録に関すること． |

保安についての必要な記録を適正に作成し，管理するための措置が明確に記載されていることが必要である．その際，記録を適正に作成し，管理するための措置については，記録の承認，保存に係る手順が定められている必要がある．また，法定事業者検査を含めた保守点検に係る体制及びその結果の記録の保存に関することが明記されている必要がある．

9．第九号（巡視点検），十号（運転または操作），十二号（発電所長期停止時の保全）及び十三号（災害，非常時の措置）

| |
|---|
| 九　事業用電気工作物の保安のための巡視，点検及び検査に関すること．<br>十　事業用電気工作物の運転又は操作に関すること．<br>十二　発電所の運転を相当期間停止する場合における保全の方法に関すること．<br>十三　災害その他非常の場合に採るべき措置に関すること． |

旧省令第 50 条第 1 項第三号，第四号，第五号及び第六号と同じである．

10．第十一号（発電用の事業用電気工作物の保安に係る調達管理）

| |
|---|
| 十一　発電用の事業用電気工作物の保安に係る外部からの物品又は役務の調達の内容及びその重要度に応じた管理に関すること． |

保安の確保に関する第一義的な責任は，事業用電気工作物を設置する者にある．このため，

発電設備の保安に関し，外部から必要な物品又は役務を調達する際，保安の重要度に応じた管理のための手順（調達管理手順，調達要求事項，調達製品の検証などの必要な手順をいう.）が記載されていることが必要である.

### 11. 第十四号（保安規程の定期的な点検及び改善）

| |
|---|
| 十四　保安規程の定期的な点検及びその必要な改善に関すること. |

保安の実施によって得られた知見を適切に保安に反映するとともに，社内外の環境変化への適切な対応を行うなど，保安の継続的な改善を行っていくためには，保安規程についての不断の見直しを行うことが必要である．このため，保安規程の定期的な点検及びその必要な改善に関する考え方が記載されていることが必要である.

### 12. 第十五号（その他保安上必要な事項）

| |
|---|
| 十五　その他事業用電気工作物の工事，維持及び運用に関する保安に関し必要な事項 |

サイバーセキュリティ（サイバーセキュリティ基本法（平成 26 年法律第 104 号）第 2 条に規定するサイバーセキュリティをいう.）を確保するため，次の各号により適切な措置が講じられることが必要である.

一　スマートメーターシステムにおいては，日本電気技術規格委員会規格 JESC Z0003(2019)「スマートメーターシステムセキュリティガイドライン」によること.

二　電力制御システムにおいては，日本電気技術規格委員会規格 JESC Z0004（2019）「電力制御システムセキュリティガイドライン」によること.

また，本号は前に掲げるもののほか，事業用電気工作物の工事，維持及び運用に関する保安を行う上で事業者の判断により必要となるものについて記載することを想定した規定である.

**【参考：旧省令 第 50 条第 1 項】**

（保安規程）

第 50 条　法第 42 条第 1 項の保安規程は，使用前自主検査，溶接事業者検査又は定期事業者検査（以下「法定事業者検査」と総称する.）を実施する組織については次の第一号から第九号までに掲げる事項について，それ以外の組織については次の第一号から第七号まで及び第九号に掲げる事項について定めるものとする．ただし，鉱山保安法（昭和 24 年法律第 70 号），鉄道営業法（明治 33 年法律第 65 号），軌道法（大正 10 年法律第 76 号）又は鉄道事業法（昭和 61 年法律第 92 号）が適用され又は準用される自家用電気工作物については発電所，変電所及び送電線路に係る次の事項について，原子力設備については，蒸気タービン，補助ボイラー並びに補助ボイラーに属する燃料燃焼設備及びばい煙（大気汚染防止法（昭和 43 年法律第 97 号）第 2 条第 1 項に規定するものをいう．以下同じ.）の処理設備（以下「ばい煙処理設備」という.）の工事，維持及び運用に関する保安のため必要な次の事項並びに溶接事業者検査に係る次の第八号に掲げる事項について定めることをもって足りる.

一　事業用電気工作物の工事，維持又は運用に関する業務を管理する者の職務及び組織に関すること.

二　事業用電気工作物の工事，維持又は運用に従事する者に対する保安教育に関すること．
三　事業用電気工作物の工事，維持及び運用に関する保安のための巡視，点検及び検査に関すること．
四　事業用電気工作物の運転又は操作に関すること．
五　発電所の運転を相当期間停止する場合における保全の方法に関すること．
六　災害その他非常の場合に採るべき措置に関すること．
七　事業用電気工作物の工事，維持及び運用に関する保安についての記録に関すること．
八　事業用電気工作物の法定事業者検査に係る実施体制及び記録の保存に関すること．
九　その他事業用電気工作物の工事，維持及び運用に関する保安に関し必要な事項

附 則（20160905 商局第 2 号）

1　この規程は，平成 28 年 9 月 24 日から施行する．

2　この規程の施行の際現に電気事業法施行規則（平成 7 年通商産業省令第 77 号）第 50 条第 1 項第一号に規定する事業用電気工作物を使用している者は，平成 28 年 12 月 31 日までに，この規程に掲げる事項を定めて電気事業法第 42 四条第 2 項の規定による届出をしなければならない．

3　電気事業法施行規則第 50 条第 2 項の解釈適用に当たっての考え方（内規）（平成 20 年 12 月 26 日付け平成 20・12・22 原院第 6 号）は廃止する．

附 則（20210319 保局第 1 号）

この規程は，令和 3 年 4 月 1 日から施行する．

# 主任技術者制度の解釈及び運用（内規）

（制定　平成31年3月11日　20190304保局第1号）

（最終改正）令和4年9月12日　20220830保局第1号

電気事業法（昭和39年法律第170号．以下「法」という．）第43条第1項の選任，法第43条第2項の許可，法第43条第4項の職務，電気事業法施行規則（平成7年通商産業省令第77号．以下「規則」という．）第52条第1項の表第六号に掲げる事業場又は設備（以下「事業場等」という．）に行う主任技術者の選任，規則第52条第2項の承認，規則第52条第3項の承認及び規則第52条第4項ただし書の承認について，下記のとおり解釈及び運用方針を定め運用することとする．

なお，当該規定の解釈はこの内規に限定されるものではなく，法及び規則に照らして十分な保安水準の確保ができる根拠があれば，当該規定に適合するものと判断する．

## 記

1．法第43条第1項の選任については，次のとおり解釈する．

（1）　法第43条第1項の選任において，規則第52条第1項の規定に従って選任される主任技術者は，原則として，事業用電気工作物を設置する者（以下1．において「設置者」という．）又はその役員若しくは従業員でなければならない．ただし，自家用電気工作物については，次のいずれかの要件を満たす者から選任する場合は，この限りでない．なお，この取扱いは，自家用電気工作物の電気主任技術者に係る法第43条第2項の許可及び規則第52条第4項ただし書の承認についても，同様とする．

①　労働者派遣事業の適正な運営の確保及び派遣労働者の保護等に関する法律（昭和60年法律第88号）第2条第二号に規定する派遣労働者であって，選任する事業場に常時勤務する者（規則第52条第4項ただし書の承認において，この内規6．に従って兼任を承認される場合は，いずれかの事業場に常時勤務する者．）．ただし，同法第26条に基づく労働者派遣契約において次のイからハまでに掲げる事項が全て約されている場合に限る．

イ　設置者は，自家用電気工作物の工事，維持及び運用の保安を確保するにあたり，主任技術者として選任する者の意見を尊重すること．

ロ　自家用電気工作物の工事，維持及び運用に従事する者は，主任技術者として選任する者がその保安のためにする指示に従うこと．

ハ　主任技術者として選任する者は，自家用電気工作物の工事，維持及び運用に関する保安の監督の職務を誠実に行うこと．

②　設置者から自家用電気工作物の工事，維持及び運用に関する保安の監督に係る業務（以下「保安管理業務」という．）の委託を受けている者（以下「受託者」という．）又はその役員若しくは従業員であって，選任する事業場に常時勤務する者（規則第52条第4項ただし書の承認において，この内規6．に従って兼任を承認される場合は，いずれか

の事業場に常時勤務する者.）．ただし，当該委託契約において，（1）①イからハまでに掲げる事項が全て約されている場合に限る.

（2）（1）②の受託者が，当該自家用電気工作物の維持や管理の主体であって，当該自家用電気工作物について法第39条第1項の義務を果たすことが明らかな場合は，受託者を設置者とみなし，当該受託者（以下「みなし設置者」という.）が主任技術者の選任を行うことを認める．また，（1）の規定は，主任技術者を選任するみなし設置者に準用する．この場合において，（1）中「設置者」とあるのは「みなし設置者」と読み替えるものとする.

なお，この取扱いは，法第43条第2項の許可並びに規則第52条第2項及び第4項ただし書の承認についても，同様とする.

（3）次に掲げる要件の全てに適合する場合においては，自家用電気工作物の設置場所と異なる事業場等に常時勤務する者を，電気主任技術者として選任することができる．この場合の法第43条第3項の届出については，次に掲げる要件の全てに適合することを確認できる説明書等を添付すること.

① 選任する事業場等が最大電力2 000kW未満の需要設備であって，電圧7 000V以下で受電するもの.

② 選任する事業場等と選任する者が，次のいずれかに該当すること.

イ 選任する者が自家用電気工作物の設置者又はその役員若しくは従業員であること.

ロ 選任する者が自家用電気工作物の設置者の親会社又は子会社の従業員であること.

ハ 選任する者が自家用電気工作物の設置者と同一の親会社の子会社の従業員であること.

ニ（1）ただし書に規定する設置者による選任及び（2）に規定するみなし設置者による選任であって，選任する者が常時勤務する事業場等の設置者と，自家用電気工作物の設置者が同一であること.

③ 選任する者が，第1種電気主任技術者免状，第2種電気主任技術者免状又は第3種電気主任技術者免状の交付を受けていること.

④ 選任する者の執務の状況が次に適合すること.

イ 選任する事業場等は，選任する者が常時勤務する事業場等又はその者の住所から2時間以内に到達できるところにあること.

ロ 点検は，規則第53条第2項第五号の頻度に準じて行うこと.

⑤ 自家用電気工作物の工事，維持及び運用のために必要な事項を電気主任技術者に連絡する責任者が選任されていること.

（4） 発電事業者がその発電事業の用に供する電気工作物であって，当該発電事業者と異なる者（以下（4）において「設備運用者等」という.）がその工事，維持及び運用を行うものについては，当該発電事業者及び設備運用者等が連名で主任技術者の選任を行うものとする．この場合において，法第42条に基づく保安規程についても，発電事業者と設備運用者等の責任分担を明確化した上で，当該発電事業者と設備運用者等の連名により定めるものとする.

（5） 一般送配電事業を営む者が設置する一般送配電事業の用に供する発電設備については，一般送配電事業者又は発電事業者（当該設備を発電事業の用に供する場合であって，当該発電事業者が法第38条第3項第五号の発電事業者である場合に限る.）として主任技術者を選任しなければならない．この場合において，法第42条に基づく保安規程についても同様に取り扱う．

（6）配電事業を営む者が設置する配電事業の用に供する発電設備については，配電事業者又は発電事業者（当該設備を発電事業の用に供する場合であって，当該発電事業者が法第38条第3項第五号に掲げる発電事業を営む者である場合に限る．）として主任技術者を選任しなければならない．この場合において，法第42条に基づく保安規程についても同様に取り扱う．

（7）一般電気事業者が，電気事業法等の一部を改正する法律（平成26年法律72号．以下（7）において「改正法」という．）の施行後に一般送配電事業の用に供する電気工作物及び発電事業の用に供する電気工作物について，改正法の施行前に一の主任技術者を選任し，一体として工事，維持及び運用を行っている場合であって，改正法の施行後も引き続き，一般送配電事業者及び発電事業者が一体として当該電気工作物の工事，維持及び運用を行う場合にあっては，一般送配電事業者及び発電事業者として当該一の主任技術者を選任しているものとみなす．この場合において，一般電気事業者が，それぞれ別の法人としての一般送配電事業者及び発電事業者に改組する場合にあっては，両事業者の連名による主任技術者の選任の届出を行うこととする．なお，法第42条に基づく保安規程についても同様に取り扱うこととし，別の法人として改組する場合にあっては，両事業者の責任分担を明確化した上で，保安規程を定め，届出を行うこととする．

**1の2．法第43条第4項の職務については，次のとおり解釈する．**

法第43条第4項の事業用電気工作物の工事，維持及び運用に関する保安の監督の職務には，その保安の監督に係る電気工作物のうち，変圧器，電力用コンデンサー，計器用変成器，リアクトル，放電コイル，電圧調整器，整流器，開閉器，遮断器，中性点抵抗器，避雷器及びOFケーブルが，「ポリ塩化ビフェニルを含有する絶縁油を使用する電気工作物等の使用及び廃止の状況の把握並びに適正な管理に関する標準実施要領（内規）（20161005商局第1号．以下「PCB管理標準実施要領」という．）」Ⅱ．2．（1）に掲げる高濃度ポリ塩化ビフェニル含有電気工作物に該当するかどうかを主任技術者自らが確認すること，又は法第43条第5項の事業用電気工作物の工事，維持又は運用に従事する者が確認したことを主任技術者が確認することを含むものとする．

**2．法第43条第2項の許可は，次の基準により行うものとする．**

（1）電気主任技術者に係る法第43条第2項の許可は，その申請が次の①及び②の要件に適合し，かつ，自家用電気工作物の工事，維持及び運用の保安上支障がないと認められる場合に限り，行うものとする．

① 電気主任技術者を選任しようとする事業場等が次のいずれかに該当すること．

イ　次に掲げる設備又は事業場の設置の工事のための事業場

（イ）出力500kW未満の発電所（（ホ）に掲げるものを除く．）

（ロ）電圧1万V未満の変電所

（ハ）最大電力500kW未満の需要設備（（ホ）に掲げるものを除く．）

（ニ）電圧1万V未満の送電線路

（ホ）非自航船用電気設備（非自航船に設置される電気工作物の総合体をいう．以下同じ．）であって出力1 000kW未満の発電所又は最大電力1 000kW未満の需要設備

ロ　次に掲げる設備又は事業場のみを直接統括する事業場

（イ）出力500kW未満の発電所（（ホ）に掲げるものを除く．）

（ロ）　電圧１万Ｖ未満の変電所
（ハ）　最大電力 500kW 未満の需要設備（（ホ）に掲げるものを除く.）
（ニ）　電圧１万Ｖ未満の送電線路又は配電線路を管理する事業場
（ホ）　非自航船用電気設備であって出力 1 000kW 未満の発電所又は最大電力 1 000kW 未満の需要設備

②　電気主任技術者として選任しようとする者が，次のいずれかに該当すること.

イ　学校教育法（昭和 22 年法律第 26 号）による高等学校又はこれと同等以上の教育施設において，電気事業法の規定に基づく主任技術者の資格等に関する省令（昭和 40 年通商産業省令第 52 号）第７条第１項各号の科目を修めて卒業した者

ロ　電気工事士法（昭和 35 年法律第 139 号）第３条第１項に規定する第１種電気工事士（ハに掲げる者であって，同法第４条第３項第一号に該当する者として免状の交付を受けた者を除く.）

ハ　電気工事士法第６条に規定する第１種電気工事士試験に合格した者

ニ　旧電気工事技術者検定規則（昭和 34 年通商産業省告示第 329 号）による高圧電気工事技術者の検定に合格した者

ホ　公益事業局長又は通商産業局長の指定を受けた高圧試験に合格した者

ヘ　最大電力 100kW 未満（非自航船用電気設備にあっては最大電力 300kW 未満）の需要設備又は電圧 600V 以下の配電線路を管理する事業場のみを直接統括する事業場に係る場合は，イからホまでに掲げる者のほか，次のいずれかに該当する者

（イ）　電気工事士法第３条第２項に規定する第２種電気工事士
（ロ）　学校教育法による短期大学若しくは高等専門学校又はこれらと同等以上の教育施設の電気工学科以外の工学に関する学科において一般電気工学（実験を含む.）に関する科目を修めて卒業した者

ト　イからホまでに掲げる者と同等以上の知識及び技能を有する者，又はヘに規定する場合にあっては，ヘ（イ）若しくは（ロ）に掲げる者と同等以上の知識及び技能を有する者

（２）　ダム水路主任技術者に係る法第 43 条第２項の許可は，その申請が次の①及び②の要件に適合し，かつ，自家用電気工作物の工事，維持及び運用の保安上支障がないと認められる場合に限り，行うものとする.

①　ダム水路主任技術者を選任しようとする事業場が次のいずれかに該当すること.

イ　出力 500kW 未満の水力発電所の設置の工事のための事業場又は直接統括する水力発電所が出力 500kW 未満のものである事業場

ロ　出力 500kW 以上 2 000kW 以下の水力発電所（ダムの基礎地盤から堤頂までの高さが 15m 未満の水路式発電所（産業標準化法（昭和 24 年法律第 185 号）に基づく日本産業規格 B 0119（2009）において定められた水路式発電所をいう.）（以下単に「水路式発電所」という.）に限る.）の設置の工事のための事業場又は直接統括する水力発電所（水路式発電所に限る.）が出力 500kW 以上 2 000kW 以下のものである事業場

②　ダム水路主任技術者として選任しようとする者が，次のいずれかに該当すること.

イ　出力 100kW 未満の水力発電所の設置の工事のための事業場又は直接統括する水力発電所が出力 100kW 未満のものである事業場に係る場合は，次のいずれかに該当する者

（イ）　学校教育法による高等学校又はこれと同等以上の教育施設において土木工学の

課程を修めて卒業した者

（ロ）　技術士法（昭和58年法律第25号）第4条第1項の規定に基づき行われる技術士試験の第一次試験であってその技術部門が建設部門であるものに合格した者

（ハ）　技術士法第4条第1項の規定に基づき行われる技術士試験の第二次試験であってその技術部門が建設部門，農業部門（選択科目が「農業農村工学」であるものに限る.）又は総合技術監理部門（選択科目が建設部門に係るもの又は「農業農村工学」であるものに限る.）であるものに合格した者

（ニ）　建設業法（昭和24年法律第100号）第27条第1項の規定に基づき行われる技術検定であってその種目が土木施工管理であるものに合格した者

（ホ）　（ロ）から（ニ）までに掲げる者のほか，（イ）に掲げる者と同等以上の知識及び技能を有すると認められる者

（へ）　（イ）から（ホ）までに掲げる者のほか，土木技術に関し相当の知識及び技能を有すると認められる者

ロ　出力100kW以上500kW未満の水力発電所の設置の工事のための事業場又は直接統括する水力発電所が出力100kW以上500kW未満のものである事業場に係る場合は，イ（イ）から（ホ）までに掲げる要件のいずれかに該当する者

ハ　出力500kW以上2 000kW以下の水力発電所（水路式発電所に限る.）の設置の工事のための事業場又は直接統括する水力発電所（水路式発電所に限る.）が出力500kW以上2 000kW以下のものである事業場に係る場合は，イ（イ）から（ホ）までに掲げる要件のいずれかに該当する者であって，次に掲げるいずれの要件にも適合する講習（以下「ダム水路主任技術者講習」という.）の課程を修了した者

（イ）　ダム水路主任技術者講習を実施する者は，以下の要件を全て満たしていること.

（a）　電力・土木技術等に関する講演又は講習を適切に開催した実績がある法人

（b）　法又は法に基づく処分に違反し，罰金以上の刑に処され，その執行を終わり，又は執行を受けることがなくなった日から2年を経過しない者が，役員にいない法人

（ロ）　講習を実施する者は，ダム水路主任技術者講習を実施する前に，講習の日程，実施場所並びに（ハ）及び（ニ）に掲げる要件を満たす講習である旨を公示し，受講者の募集を行うこと.

（ハ）　次の表の左欄に掲げる科目に応じ，それぞれ同表の中欄に掲げる範囲について，それぞれ同表右欄に掲げる講習時間以上行うものであること.

| 科目 | 範囲 | 講習時間 |
|---|---|---|
| 水力発電設備の保安に関する法令 | 一　水力発電設備の安全規制の概要<br>二　ダム水路主任技術者制度の概要<br>三　電気関係報告規則について | 30分 |
| 水力発電の仕組み，技術基準 | 一　水力発電の仕組み<br>二　発電用水力設備に関する技術基準を定める省令，発電用水力設備の技術基準の解釈について | 1時間30分 |

| | | |
|---|---|---|
| 水文・気象 | 一　水文・気象と防災<br>二　水理学基礎 | 4時間 |
| コンクリート構造物（ダム，導水路等） | 一　設計，解析（耐震設計を含む．）<br>二　ダム挙動の把握と漏水管理<br>三　点検，計測，診断 | 2時間 |
| 鋼構造物（水門，ゲート，水圧鉄管等） | 一　設計，解析（振動解析を含む．）<br>二　ゲート操作，バルブ操作<br>三　点検，計測，診断 | 2時間 |
| 水力発電所の設計，演習 | 一　水力設備の設計<br>二　設計演習 | 3時間 |
| ダム水路主任技術者の保安監督業務 | 一　巡視・点検及び検査の方法<br>二　不良箇所の発見と処置<br>三　記録と経年監視<br>四　災害・事故の対応 | 1時間 |
| 現地実習 | 一　巡視・点検及び検査の方法<br>二　不良箇所の発見と処置<br>三　水力設備の計測，診断 | 3時間 |

（ニ）　第1種ダム水路主任技術者若しくは第2種ダム水路主任技術者の免状の交付を受けている者又は電気工作物検査官の職にあり若しくはあった者が講師であること．

（ホ）　講習を修了した者に対して，講習実施機関名，受講者氏名，生年月日，講師名，受講期日及びダム水路主任技術者講習を修了した旨が記載された修了証（例えば，様式例1によるものとする．）を発行すること．

（3）　ボイラー・タービン主任技術者に係る法第43条第2項の許可は，その申請が次の①及び②の要件に適合し，かつ，自家用電気工作物の工事，維持及び運用の保安上支障がないと認められる場合に限り，行うものとする．

①　ボイラー・タービン主任技術者を選任しようとする事業場等が，火力発電所（内燃力を原動力とするものを除く．以下本項において同じ．），火力発電所の設置の工事のための事業場若しくは火力発電所を直接統括する事業場又は燃料電池発電所若しくは燃料電池発電所の設置の工事のための事業場であること．

②　ボイラー・タービン主任技術者として選任しようとする者が，次のいずれかに該当すること．

イ　小型の汽力を原動力とする出力100kW以下の火力発電所，当該発電所の設置の工事のための事業場又は当該発電所を直接統括する事業場であってその直接統括する発電所の出力の合計が100kW以下のものに係る場合は，次のいずれかに該当する者

（イ）　学校教育法による高等学校又はこれと同等以上の教育施設において機械工学の課程を修めて卒業した者

（ロ）　学校教育法による高等学校若しくはこれと同等以上の教育施設を卒業した者又は高等学校卒業程度認定試験規則（平成17年文部科学省令第1号）第8条に規定する認定試験合格者（同規則附則第2条の規定による廃止前の大学入学資格検定規程（昭和26年文部省令第13号）第8条第1項の資格検定合格者を含む．）で，

かつ，次のいずれかに該当する者

（a） 労働安全衛生法（昭和 47 年法律第 57 号）別表第 18 第三十七号のボイラー取扱技能講習を修了した者であって，③に掲げる要件に適合する講習（以下「ボイラー・タービン主任技術者講習」という.）を修了した者

（b） 火力発電所の工事，維持又は運用に関する実務に通算して１年以上従事した者

（ハ） 船舶職員及び小型船舶操縦者法（昭和 26 年法律第 149 号）第５条第１項第二号イの１級海技士（機関），同号ロの２級海技士（機関）又は同号ハの３級海技士（機関）としての海技士の免許を受けている者

（ニ） 労働安全衛生法別表第 18 第三十七号のボイラー取扱技能講習を修了した者であって，労働安全衛生法施行令（昭和 47 年政令第 318 号）第 20 条第五号イからニまでに掲げるボイラーを４月以上取り扱った経験がある者

（ホ） ボイラー及び圧力容器安全規則（昭和 47 年労働省令第 33 号）第 97 条第一号の特級ボイラー技士免許，同条第二号の１級ボイラー技士免許又は同条第三号の２級ボイラー技士免許を受けている者

（ヘ） エネルギーの使用の合理化等に関する法律（昭和 54 年法律第 49 号）第９条第１項のエネルギー管理士免状の交付を受けている者（エネルギー管理士の試験及び免状の交付に関する規則（昭和 59 年通商産業省令第 15 号）第 31 条の表の上欄に掲げる熱分野専門区分に応じた同表の下欄に掲げる試験課目又は同規則別表第１の第１欄に掲げる熱分野専門区分に応じた同表の第２欄に掲げる修了試験課目に合格したことによりエネルギー管理士免状の交付を受けた者に限る.）

（ト） 技術士法第４条第１項の規定に基づき行われる技術士試験の第二次試験であってその技術部門が機械部門であるものに合格した者

ロ　出力 200kW 未満，圧力 1 000kPa 未満，かつ，当該ボイラーの最大蒸発量（ボイラーを２個以上設置する場合はその蒸発量の和）が 4 t/h 未満（発電用の蒸気タービンに蒸気を供給するボイラーに限る.）の火力発電所，当該発電所の設置のための事業場又は火力発電所を直接統括する事業場であってその直接統括する発電所の出力の合計が 200kW 未満のものに係る場合は，次のいずれかに該当する者.

（イ） 学校教育法による高等学校又はこれと同等以上の教育施設において機械工学の課程を修めて卒業した者

（ロ） 学校教育法による高等学校若しくはこれと同等以上の教育施設を卒業した者又は高等学校卒業程度認定試験規則第８条に規定する認定試験合格者（同規則附則第２条の規定による廃止前の大学入学資格検定規程第８条第１項の資格検定合格者を含む.）であって，火力発電所の工事，維持又は運用に関する実務に通算して１年以上従事した者

（ハ） 船舶職員及び小型船舶操縦者法第５条第１項第二号イの１級海技士（機関），同号ロの２級海技士（機関）又は同号ハの３級海技士（機関）としての海技士の免許を受けている者

（ニ） 労働安全衛生法別表第 18 第三十七号のボイラー取扱技能講習を修了した者であって，労働安全衛生法施行令第 20 条第五号イからニまでに掲げるボイラーを４月以上取り扱った経験がある者

（ホ） ボイラー及び圧力容器安全規則第 97 条第一号の特級ボイラー技士免許，同条

第二号の１級ボイラー技士免許又は同条第三号の２級ボイラー技士免許を受けている者

（ヘ） エネルギーの使用の合理化等に関する法律第９条第１項のエネルギー管理士免状の交付を受けている者（エネルギー管理士の試験及び免状の交付に関する規則第 31 条の表の上欄に掲げる熱分野専門区分に応じた同表の下欄に掲げる試験課目又は同規則別表第１の第１欄に掲げる熱分野専門区分に応じた同表の第２欄に掲げる修了試験課目に合格したことによりエネルギー管理士免状の交付を受けた者に限る．）

（ト） 技術士法第４条第１項の規定に基づき行われる技術士試験の第二次試験であってその技術部門が機械部門であるものに合格した者

ハ 出力 5 000kW 未満かつ圧力 1 470kPa 未満の火力発電所若しくは燃料電池発電所，当該発電所の設置の工事のための事業場又は火力発電所を直接統括する事業場であってその直接統括する発電所の出力の合計が 5 000kW 未満のものに係る場合は，次のいずれかに該当する者．

（イ） 学校教育法による高等学校又はこれと同等以上の教育施設において機械工学の課程を修めて卒業した者

（ロ） 船舶職員及び小型船舶操縦者法第５条第１項第二号イの１級海技士（機関）としての海技士の免許を受けている者

（ハ） ボイラー及び圧力容器安全規則第 97 条第一号の特級ボイラー技士免許又は同条第二号の１級ボイラー技士免許を受けている者

（ニ） エネルギーの使用の合理化等に関する法律第９条第１項のエネルギー管理士免状の交付を受けている者（エネルギー管理士の試験及び免状の交付に関する規則第 31 条の表の上欄に掲げる熱分野専門区分に応じた同表の下欄に掲げる試験課目又は同規則別表第１の第１欄に掲げる熱分野専門区分に応じた同表の第２欄に掲げる修了試験課目に合格したことによりエネルギー管理士免状の交付を受けた者に限る．）

（ホ） 技術士法第４条第１項の規定に基づき行われる技術士試験の第二次試験であってその技術部門が機械部門であるものに合格した者

（ヘ） イ（ロ）（ｂ）に掲げる者であって，出力 200kW 以上かつ圧力 1 000kPa 以上の火力発電所又は燃料電池発電所の工事，維持又は運用に関する実務に通算して２年以上従事した者

（ト） 船舶職員及び小型船舶操縦者法第５条第１項第二号ロの２級海技士（機関）若しくは同号ハの３級海技士（機関）としての海技士の免許を受けている者又はボイラー及び圧力容器安全規則第 97 条第三号の２級ボイラー技士免許を受けている者であって，出力 200kW 以上かつ圧力 1 000kPa 以上の火力発電所又は燃料電池発電所の工事，維持又は運用に関する実務に通算して２年以上従事した者

（チ） （イ）から（ト）までに掲げる者と同等以上の知識及び技能を有すると認められる者

ニ 圧力 2 940kPa 未満の火力発電所若しくは燃料電池発電所，当該発電所の設置の工事のための事業場又は火力発電所を直接統括する事業場に係る場合は，次のいずれかに該当する者

（イ） 学校教育法による短期大学若しくは高等専門学校又はこれらと同等以上の教育

施設において機械工学の課程を修めて卒業した者

（ロ）　ハに掲げる者（（ト）及び（チ）に掲げる者を除く.）であって，圧力1 470kPa以上の火力発電所又は燃料電池発電所の工事，維持又は運用に関する実務に通算して３年以上従事した者

ホ　圧力5 880kPa未満の火力発電所若しくは燃料電池発電所又は当該発電所の設置の工事のための事業場に係る場合は，次のいずれかに該当する者

（イ）　学校教育法による大学（短期大学を除く.）又はこれと同等以上の教育施設において機械工学の課程を修めて卒業した者

（ロ）　ニに掲げる者であって圧力2 450kPa以上の火力発電所又は燃料電池発電所の工事，維持又は運用に関する実務に通算して２年以上従事した者

ヘ　圧力5 880kPa以上の火力発電所若しくは燃料電池発電所又は当該発電所の設置の工事のための事業場に係る場合は，ホに掲げる者であって，圧力2 450kPa以上の火力発電所又は燃料電池発電所の工事，維持又は運用に関する実務に通算して３年以上従事した者

③　ボイラー・タービン主任技術者講習は，次の要件の全てを満たすものとする.

イ　ボイラー・タービン主任技術者講習を実施する者（以下「BT講習実施者」という.）は，次の要件を全て満たすものであること.

（イ）　電力・火力発電等に関する講演又は講習を適切に開催した実績がある法人であること.

（ロ）法又は法に基づく処分に違反し，罰金以上の刑に処され，その執行を終わり，又は執行を受けることがなくなった日から２年を経過しない者が役員にいない法人であること.

ロ　BT講習実施者は，ボイラー・タービン主任技術者講習を実施する前に，当該講習の日程，実施場所並びにニ及びホに掲げる要件を満たす講習である旨を公示し，受講者の募集を行うこと.

ハ　ボイラー・タービン主任技術者講習を毎年度２回以上実施すること．ただし，災害その他やむを得ない事由により，当該講習の開催が困難であるときはこの限りでない.

ニ　次の表の左欄に掲げる科目に応じ，それぞれ同表の中欄に掲げる範囲について，それぞれ同表右欄に掲げる講習時間以上行うものであること．ただし，現地実習は任意とする.

| 科目 | 範囲 | 講習時間 |
|---|---|---|
| 火力発電設備の保安に関する法令 | 一　火力発電設備の安全規制の概要<br>二　ボイラー・タービン主任技術者制度の概要<br>三　電気関係報告規則について<br>四　保安規程について | 1時間 |
| 火力発電の仕組み，技術基準 | 一　火力発電の仕組み<br>二　発電用火力設備に関する技術基準を定める省令，発電用火力設備の技術基準の解釈について | 1時間30分 |

| | | |
|---|---|---|
| 火力発電設備の構造物等（ボイラー，タービン等） | 一　設計<br>二　ボイラーについて<br>三　タービンについて<br>四　使用燃料について<br>五　その他関連機器について | 2時間 |
| ボイラー・タービン主任技術者の保安監督業務 | 一　巡視・点検及び検査の方法<br>二　不良箇所の発見と処置（診断及び補修方法）<br>三　記録と経年監視<br>四　緊急事態（災害，事故等）の対応 | 1時間 |
| 理解度確認試験 | 上記内容（現地実習を除く.）に関する試験（合計15問程度とし，6割以上の正解で合格とする.） | 30分 |
| 現地実習※ | 一　巡視・点検及び検査の方法<br>二　診断及び補修方法<br>三　火力設備の計測，診断等<br>※現地実習を行わない場合は現地実習に代わるプログラムを実施すること. | 4時間 |

ホ　ボイラー・タービン主任技術者の免状の交付を受けている者，電気工作物検査官の職にあり若しくはあった者又はこれらと同等以上の知識を有すると認められる者が講師であること.

へ　講習を修了した者に対して，講習実施機関名，受講者氏名，生年月日，講師名，受講期日及び講習を修了した旨が記載された修了証（例えば、様式例2によるものとする.）を発行すること.

**3．規則第52条第1項の表第六号に掲げる事業場等について行う主任技術者の選任は，次のとおり解釈する.**

**（直接統括する事業場の電気主任技術者の選任）**

（1）　発電所，変電所，需要設備又は送電線路若しくは配電線路を管理する事業場（以下3.において「被統括事業場」という.）を直接統括する事業場（以下3.において「統括事業場」という.）のうち，自家用電気工作物であって電圧17万V未満で連系等をするものへの電気主任技術者の選任は，次に掲げる要件の全てに適合する場合に行うものとする.

なお，被統括事業場について，その数が7以上（発電所と同一設置者が設置する送電線路又は変電所を介して電力系統に接続し，これらの電気工作物を一体として運用する事業場等は1とみなすことができる．このうち，風力発電所については，複数の発電機を一体として運用する発電所は1とみなすことができる.）となる場合は，保安管理業務の遂行上支障となる場合が多いと考えられるので，特に慎重を期することとする.

①　統括事業場において，被統括事業場の保安を一体的に確保するための組織（以下3.において「保安組織」という.）が次に掲げる要件の全てに適合すること.

イ　設置者又はその役員若しくは従業員（以下3．において「設置者等」という.）の中から，統括事業場において被統括事業場の保安管理業務を指揮する電気主任技術者

（以下（1）において「統括電気主任技術者」という.）を選任していること.

ロ　被統括事業場の保安管理業務の実施計画に基づいた人員数を，統括事業場に確保していること．ただし，設置者等以外の者から確保するときは，保安管理業務の遂行上支障が生じないようその業務内容を契約において明確にしなければならない.

ハ　統括事業場は，被統括事業場について次の（イ）又は（ロ）による監視を行い，異常が生じた場合に保安組織に通報する体制を確保していること.

（イ）　被統括事業場が電気設備の技術基準の解釈（20130215 商局第 4 号）第 47 条第 1 項若しくは第 47 条の 2 第 1 項に規定する発電所又は第 48 条第 1 項に規定する変電所である場合においては，その種類に応じ，統括事業場を制御所（被統括事業場が変電所である場合にあっては，変電制御所）とみなして，電気設備の技術基準の解釈第 47 条，第 47 条の 2 又は第 48 条の規定を適用したものであること.

（ロ）　被統括事業場が当該需要設備又はこれと同一の構内において常時監視をしない需要設備である場合においては，電気設備の技術基準の解釈第 48 条第三号（ト及びチを除く.）の規定を準用したものであること．この場合において，「監視制御方式に応じ 48- 2 表に規定する場所等」とあるのは「統括事業場」と，「全屋外式変電所以外の変電所にあっては，火災」とあるのは「火災」と読み替えるものとする.

ニ　保安組織が通報を受けた場合において，事態の緊急性により必要と認めるときは，速やかに統括電気主任技術者に通報できる体制を確保していること.

ホ　異常が生じた場合において，緊急の対応が必要なときは，夜間，休日等であっても常に，統括電気主任技術者の指示の下に適切な措置を行う体制を確保していること.

ヘ　設置者は，保安管理業務の遂行体制を構築し，また，統括電気主任技術者による保安管理業務の内容の適切性及び実効性を確認するために，あらかじめ定められた間隔で，保安管理業務のレビューを行い，必要な場合には適切な改善を図ること.

②　統括電気主任技術者として選任しようとする者が次に掲げる要件の全てに該当すること.

イ　被統括事業場の種類に応じて，第 1 種電気主任技術者免状，第 2 種電気主任技術者免状又は第 3 種電気主任技術者免状の交付を受けていること.

ロ　保安組織において実効性のある監督及び管理ができること.

ハ　異常が生じた場合において通報を受けた場合には，現場の状況に応じた確認や保安組織へ指示を行うなど適切な措置をとることができること.

③　被統括事業場は，次に掲げる要件の全てに該当する場合を除き，統括事業場から 2 時間以内に到達できるところにあること.

イ　被統括事業場の保安管理業務を専ら担当する技術者（以下この③において「担当技術者」という.）として，被統括事業場の規模に応じた知識及び技能を有する者を確保していること．ただし，設置者等以外の者から確保するときは，①ロただし書の規定によること.

ロ　担当技術者が常時勤務する事務所（以下この③において「担当技術者駐在所」という.）は，被統括事業場に 2 時間以内に到達できるところにあること.

ハ　統括事業場，担当技術者駐在所及び当該担当技術者に係る被統括事業場（送電線路又は配電線路を管理する事業場にあっては，当該送電線路又は配電線路を設置する場所を含む.）が，1 の一般送配電事業者又は配電事業者の供給区域内にあること.

ニ　①ハの規定に基づく統括事業場による被統括事業場の監視に加え，担当技術者駐在所は，被統括事業場について次の（イ）又は（ロ）による監視を行い，異常が生じた場合に保安組織に通報する体制を確保していること．

（イ）　被統括事業場が電気設備の技術基準の解釈第 47 条第 1 項若しくは第 47 条の 2 第 1 項に規定する発電所又は第 48 条第 1 項に規定する変電所である場合においては，その種類に応じ，担当技術者を技術員と，担当技術者駐在所を制御所（被統括事業場が変電所である場合にあっては，変電制御所）とみなして，電気設備の技術基準の解釈第 47 条，第 47 条の 2 又は第 48 条の規定を適用したものであること．

（ロ）　被統括事業場が当該需要設備又はこれと同一の構内において常時監視をしない需要設備である場合においては，電気設備の技術基準の解釈第 48 条第三号（ト及びチを除く．）の規定を準用したものであること．この場合において，「監視制御方式に応じ 48-2 表に規定する場所等」とあるのは「担当技術者」と，「全屋外式変電所以外の変電所にあっては，火災」とあるのは「火災」と読み替えるものとする．

ホ　事態の緊急性により必要と認めるときは，速やかに担当技術者が統括電気主任技術者に通報できる体制を確保していること．

ヘ　異常が生じた場合において，緊急の対応が必要なときは，夜間，休日等であっても常に，統括電気主任技術者の指示の下に担当技術者が適切な措置を行う体制を確保していること．

ト　担当技術者に対する保安教育，災害その他非常の場合に統括電気主任技術者，担当技術者及び保安組織が採るべき措置並びにサイバーセキュリティの確保のために必要な措置について，保安規程に規定していること．

④　統括電気主任技術者の執務の状況が次に掲げる要件の全てに適合すること．

イ　原則として，統括事業場に常駐すること．

ロ　統括電気主任技術者がやむを得ず勤務できない場合に備え，あらかじめ統括電気主任技術者と同等の知識及び経験を有する代務者を指名しておくこと．

⑤　①～④までに係る事項が保安規程に適切に反映されていること．

（直接統括する事業場のダム水路主任技術者の選任）

（2）　自家用電気工作物である水力発電所の統括事業場へのダム水路主任技術者の選任は，次に掲げる要件の全てに適合する場合に行うものとする．

なお，被統括事業場のうち，発電所の数が 7 以上となる場合は，保安管理業務の遂行上支障となる場合が多いと考えられるので，特に慎重を期することとする．

①　統括事業場において，保安組織が次に掲げる要件の全てに適合すること．

イ　設置者等の中から，被統括事業場の保安管理業務を指揮するダム水路主任技術者（以下（2）において「統括ダム水路主任技術者」という．）を選任していること．

ロ　被統括事業場の保安管理業務の実施計画に基づいた人員数を，統括事業場に確保していること．ただし，設置者等以外の者から確保するときは，保安管理業務の遂行上支障が生じないようその業務内容を契約において明確にしなければならない．

ハ　統括事業場は，被統括事業場について遠隔監視装置等により監視を行い，異常が生じた場合に保安組織に通報する体制を確保していること．

ニ　保安組織が通報を受けた場合において，事態の緊急性により必要と認めるときは，速やかに統括ダム水路主任技術者に通報できる体制を確保していること.

ホ　異常が生じた場合において，緊急の対応が必要なときは，夜間，休日等であっても常に，統括ダム水路主任技術者の指示の下に適切な措置を行う体制を確保していること.

ヘ　設置者は，保安管理業務の遂行体制を構築し，また，統括ダム水路主任技術者による保安管理業務の内容の適切性及び実効性を確認するために，あらかじめ定められた間隔で，保安管理業務のレビューを行い，必要な場合には適切な改善を図ること.

② 統括ダム水路主任技術者として選任しようとする者が次に掲げる要件の全てに該当すること.

イ　第１種ダム水路主任技術者免状又は第２種ダム水路主任技術者免状の交付を受けていること.

ロ　保安組織において実効性のある監督及び管理ができること.

ハ　異常が生じた場合において通報を受けた場合には，現場の状況に応じた確認や保安組織へ指示を行うなど適切な措置をとることができること.

③ 被統括事業場は，同一水系又は近傍水系であって，かつ，次に掲げる要件の全てに該当するものを除き，統括事業場から２時間以内に到達できるところにあること.

イ　統括事業場からの到達時間が２時間を超える被統括事業場を専ら担当する技術者（以下この③において「担当技術者」という.）を確保していること. ただし，設置者等以外の者から確保するときは，①ロただし書の規定に基づいていること.

ロ　担当技術者が常時勤務する事務所（以下この③において「担当技術者駐在所」という.）は，被統括事業場から２時間以内に到達できるところにあること.

ハ　①ハの規定に基づく統括事業場による被統括事業場の監視に加え，担当技術者駐在所は，被統括事業場について遠隔監視装置等により監視を行い，異常が生じた場合に通報を受ける体制を確保していること.

ニ　保安組織が通報を受けた場合において，事態の緊急性により必要と認めるときは，速やかに担当技術者が統括ダム水路主任技術者に通報できる体制を確保していること.

ホ　異常が生じた場合において，緊急の対応が必要なときは，夜間，休日等であっても常に，統括ダム水路主任技術者の指示の下に担当技術者が適切な措置を行う体制を確保していること.

ヘ　担当技術者に対する保安教育，災害その他非常の場合に統括ダム水路主任技術者，担当技術者及び保安組織が採るべき措置並びにサイバーセキュリティの確保のために必要な措置について，保安規程に規定していること.

④ 統括ダム水路主任技術者の執務の状況が次に掲げる要件の全てに適合すること.

イ　原則として，統括事業場に常駐すること.

ロ　統括ダム水路主任技術者がやむを得ず勤務できない場合に備え，あらかじめ統括ダム水路主任技術者と同等の知識及び経験を有する代務者を指名しておくこと.

⑤ ①～④までに係る事項が保安規程に適切に反映されていること.

**4．規則第 52 条第２項の承認は，次の基準により行うものとする.**

**（自家用電気工作物に接続する電線路）**

（1）　規則第 52 条第２項第一号から第四号までのいずれかの事業場に接続する電線路（電圧 7 000V 以下で連系等をするもので，当該事業場から電力系統に連系し，若しくは当該事業場から同一設置者が設置する他の電気工作物に接続するために当該事業場の構外にわたるもの又は当該事業場から当該事業場と同一敷地内にある他の電気工作物に接続するためのものに限る.）であって，保安上支障がないと認められるものについては，当該事業場の一部として取り扱うこととする.

なお，規則第 52 条の 2 第一号ニ及び第二号ハの算定方法等並びに規則第 53 条第 2 項第五号の頻度については，それぞれ平成 15 年経済産業省告示第 249 号第 3 条及び第 4 条に掲げる当該事業場の算定方法等及び点検頻度に準ずることとする.

（保安管理業務講習）

（2） 告示第 1 条第 1 項第 4 号に規定する講習（以下「保安管理業務講習」という.）については，次の要件の全てを満たすものとする．また，告示第 1 条第 1 項第四号に規定する講習を修了した者とは，②の表に掲げる全ての科目及び範囲を受講した者とする.

① 保安管理業務講習を実施する者（以下「保安管理業務講習実施者」という。）は、次の要件を全て満たすものであること。

イ　電気保安に関する講演，研修，講習等を適切に開催した実績（保安管理業務講習実施者自らの法人に在籍する者のみに対して実施されたものを除く.）を有する法人であること.

ロ　法又は法に基づく処分に違反し，罰金以上の刑に処され，その執行を終わり，又は執行を受けることがなくなった日から 2 年を経過しない者が役員にいないこと.

ハ　保安管理業務講習を行うために必要な教材，告示第 2 条の各号に掲げる機械器具並びに絶縁用保護具及び絶縁用防具並びに模擬受変電設備を備えていること（必要なときに使用し得る措置が講じられていることを含む.）.

ニ　保安管理業務講習を毎年度 1 回以上実施すること．ただし，災害その他やむを得ない事由により，保安管理業務講習の開催が困難であるときはこの限りでない.

ホ　同講習の受講を申し込んだ者が第 2 種電気主任技術者免状又は第 3 種電気主任技術者免状の交付を受けていることの確認をすること及び同講習の受講を申し込んだ者に対し当該者の所属等によって受講の許諾を判断することなく公正に取り扱うことについて，規約等を定めていること.

② 保安管理業務講習の内容は，次の表の左欄に掲げる科目に応じ，それぞれ同表の中欄に掲げる範囲について，それぞれ同表右欄に掲げる講習時間以上行うものであること．ただし，告示第 1 条第一号四号に掲げる者のうち第 2 種電気主任技術者免状の交付を受けている者については，科目「電気基礎」の受講を免除することができる.

| 科目 | 範囲 | 講習時間 |
| --- | --- | --- |
| 電気基礎 | 一　交流回路，磁気回路<br>二　短絡容量，保護協調，電圧降下<br>三　変電機器，電力応用機器 | 4 時間 |

| | | |
|---|---|---|
| 関係法令 | 一　電気事業法，電気事業法施行令，電気事業法施行規則<br>二　技術基準<br>三　保安規程<br>四　外部委託承認制度<br>五　委託契約，外部委託承認申請手続<br>六　電気関係報告規則<br>七　ポリ塩化ビフェニル含有電気工作物関係法令<br>八　労働安全衛生法 | 3時間 |
| 各種設備の概要 | 一　受変電設備<br>二　配電設備<br>三　発電設備（非常用予備発電装置を含む．以下この表において同じ．）<br>四　蓄電池設備 | 2時間 |
| 月次点検の方法<br>（実習を含む．） | 一　設置者への問診<br>二　引込設備の外観点検<br>三　受変電設備の外観点検，測定<br>四　電線路の外観点検<br>五　負荷設備の外観点検<br>六　発電設備の外観点検，測定，試験<br>七　蓄電池設備の外観点検<br>八　設置者への報告 | 4時間<br>（うち実習<br>1時間） |
| 年次点検の方法<br>（実習を含む．） | 一　引込設備の外観点検，測定，試験<br>二　受変電設備の外観点検，測定，試験<br>三　電線路の外観点検，測定，試験<br>四　負荷設備の外観点検，測定<br>五　発電設備の外観点検，測定，試験<br>六　蓄電池設備の外観点検，測定，試験<br>七　設置者への報告 | 7時間<br>（うち実習<br>3時間） |
| 工事期間中の点検の方法<br>（実習を含む．） | 一　工事期間中の点検（竣工検査を含む．）の要点<br>二　単線結線図の読解<br>三　設計図面と設備等の照合<br>四　受電作業の手順<br>五　設置者への報告 | 3時間<br>（うち実習<br>1時間） |
| 点検用機械器具の取扱方法<br>（実習を含む．） | 一　絶縁抵抗計，電流計，電圧計，低圧検電器，高圧検電器，接地抵抗計，騒音計，振動計，回転計，継電器試験装置，絶縁耐力試験装置の取扱い<br>二　トレーサビリティ | 2時間<br>（うち実習<br>1時間） |
| 事故応動 | 一　波及事故，内部停電の復旧作業<br>二　事故報告 | 2時間 |

| | | |
|---|---|---|
| 作業安全，コンプライアンス，新技術 | 一　作業安全（絶縁用保護具等の使用方法）<br>二　コンプライアンス（法令遵守，技術者倫理）<br>三　新技術 | 2時間 |

（注1）科目ごとの終了時に，理解度を確認すること．

（注2）実習の時間を除き，オンラインによる講習（インターネット回線等で配信する講義をパソコン等によって個別に視聴させる方法）で実施することができる．

③　実習の講師は，電気主任技術者免状の交付を受けている者であって，事業用電気工作物の工事，維持又は運用に関する保安の監督に係る業務に従事した期間（電気主任技術者免状の交付を受けた日前における期間については，その1／2に相当する期間）が，告示第1条第1項第一号から第四号のいずれかに該当すること．

④　講習を実施する者は，保安管理業務講習を実施する前に，講習の日程，実施場所及び受講定員並びに各科目について②及び③に掲げる要件を満たす講習である旨（科目ごとの講習形式（対面講習又はオンライン講習の別）を含む．）を公示し，受講希望者の募集を行うこと．

⑤　保安管理業務講習の全部又は一部の科目を修了した者に対して，講習実施機関名，受講者氏名，電気主任技術者免状番号，生年月日，科目ごとの修了年月日が記載された保安管理業務講習修了証（例えば，様式例3によるものとする．）を発行すること．

⑥　保安管理業務講習の終了後，遅滞なく実施結果報告書及び修了者名簿（科目ごとの修了状況がわかるもの）を産業保安グループ電力安全課へ提出すること．

⑦　①から⑥までの要件を満たすことについて，受講者の募集開始前に，産業保安グループ電力安全課の確認を受けたものであること．

（個人事業者の兼業等）

（3）　規則第52条の2第一号ホについては，保安管理業務の計画的かつ確実な遂行に支障が生じないことを担保するため，保安管理業務の内容の適切性及び実効性について厳格に審査するとともに，個人事業者が他に職業を有している場合には審査にあたり特に慎重を期することとする．

（法人のマネジメントシステム）

（4）　規則第52条の2第二号ニについては，保安管理業務の計画的かつ確実な遂行に支障が生じないことを担保するため，保安管理業務の内容の適切性及び実効性について厳格に審査することとする．承認にあたっては，次の項目の全てが満たされていることを要することとし，これらの項目については，法人の社内規程等に明確かつ具体的に規定されており，点検を含む保安管理業務の適切な実施に確実に反映されることが担保されていることを要することとする．

①　保安業務従事者は規則第52条第2項の承認の申請に係る委託契約の相手方の法人（以下本項において「法人」という．）の役員又は従業員であること．

②　法人は，保安管理業務の遂行体制を構築し，保安業務担当者が明確な責任の下に保安管理業務を実施すること．また，あらかじめ定められた間隔で保安管理業務のレビューを行い適切な改善を図ること．

③　保安業務担当者は，保安管理業務以外の職務（電気工作物の保安に関するものを除く．）を兼務しないこと．

④　保安業務担当者は事業場の点検を自ら行うこと．ただし，保安業務担当者が保安業務

従事者に事業場の点検を行わせる場合は，次に掲げる要件の全てに該当すること．

イ　保安業務担当者が自らの職務上の指揮命令関係にある保安業務従事者に適切に指示して点検を行わせるとともに，点検の結果に関する報告が当該保安業務従事者から的確に行われる体制となっていること．

ロ　保安業務担当者が点検を指示した保安業務従事者との業務の分担内容が明確になっていること．その際，保安業務担当者が自らは保安業務従事者の監督を行うこととして，事業場の点検の大部分を保安業務従事者に行わせるなど，自ら実施する保安管理業務の内容が形式的なものとなっていないこと．このため，保安業務担当者に係る勤務体制等について厳格に審査を行う．

ハ　特定の保安業務従事者に著しく偏って点検を行わせることとなっていないこと．このため，保安業務従事者が保安業務担当者から指示を受けて点検する事業場については，告示第３号第３条第３項の値（以下「告示の値」という．）を当該保安業務担当者から職務上の指揮命令関係にある保安業務従事者の総数で除した値又は告示の値に０．２を乗じた値のいずれか小さい方の値を超えないこと．

ニ　保安業務従事者は，複数の保安業務担当者から点検の指示を受けないこと．

(法人の保安業務担当者等の明確化)

（５）　規則第53条第２項第二号については，委託契約書に保安業務担当者を明確にする旨が記載されており，かつ，保安業務担当者及び当該保安業務担当者が指示して点検を行わせる保安業務従事者（以下「保安業務担当者等」という．）の氏名及び生年月日並びに主任技術者免状の種類及び番号が委託契約書の別紙等で定められていることを要することとする．

(太陽電池発電所専用の受変電設備の点検)

（６）　規則第53条第２項第五号で定める点検について，告示第４号第４条第四号の３の「太陽電池発電所に異常が生じた場合に安全かつ確実に停止させるための十分な監視体制が確保されていると認められるとき」とは，次の①及び②に掲げる要件に適合する場合とする．

①　太陽電池発電所が，電気設備に関する技術基準を定める省令（平成９年通商産業省令第52号）第46条第１項に掲げる発電所に該当しないものであって，電気設備の技術基準の解釈第47条第５項第二号又は第三号に該当するものであること．

②　太陽電池発電所の設置者が，電気設備の技術基準の解釈第47条の２第１項第三号ロ（イ）から（ニ）までに掲げる場合であって，警報が発せられたときは，当該警報の内容を電気管理技術者又は保安業務担当者等（以下「電気管理技術者等」という．）に迅速に伝達し，かつ，当該警報の内容の伝達を受けた電気管理技術者等が当該警報に係る異常に対応することができるようにする体制を有すること．

(委託契約書に明記された者による保安管理業務の実施等)

（７）　規則第53条第２項第五号の「電気工作物の工事，維持及び運用の保安に関し，設置者及び委託契約の相手方の相互の義務及び責任その他必要事項が委託契約に定められていること」は，次に掲げる全ての事項を委託契約書等から確認できることとする．

①　外部委託に係る自家用電気工作物の工事，維持及び運用に関する保安の確保を，次に掲げる基本原則の全てに従って行うこと．

イ　電気管理技術者等が，保安規程に基づき，保安管理業務を自ら実施する．ただし，次に掲げる自家用電気工作物であって，電気管理技術者等の監督の下で点検が行われ，かつ，その記録が電気管理技術者等により確認されているものに係る保安管理業務については，この限りでない．

（イ） 設備が特殊であるため，専門の知識及び技術を有する者でなければ点検を行うことが困難な自家用電気工作物（例えば，次のいずれかに該当する自家用電気工作物）

（a） 建築基準法（昭和25年法律第201号）第12条第3項の規定に基づき，一級建築士等の検査を要する建築設備

（b） 消防法（昭和23年法律第186号）第17条の3の3の規定に基づき，消防設備士免状の交付を受けている者等の点検を要する消防用設備等又は特殊消防用設備等

（c） 労働安全衛生法第45条第2項の規定に基づき，検査業者等の検査を要する機械

（d） 機器の精度等の観点から専門の知識及び技術を有する者による調整を要する機器（医療用機器，オートメーション化された工作機械群等）

（e） 内部点検のための分解，組立に特殊な技術を要する機器（密閉型防爆構造機器等）

（ロ） 設置場所が特殊であるため，電気管理技術者等が点検を行うことが困難な自家用電気工作物（例えば，次のいずれかの場所に設置される自家用電気工作物）

（a） 立入に危険を伴う場所（酸素欠乏危険場所，有毒ガス発生場所，高所での危険作業を伴う場所，放射線管理区域等）

（b） 情報管理のため立入が制限される場所（機密文書保管室，研究室，金庫室，電算室等）

（c） 衛生管理のため立入が制限される場所（手術室，無菌室，新生児室，クリーンルーム等）

（d） 機密管理のため立入が制限される場所（独居房等）

（e） 立入に専門家による特殊な作業を要する場所（密閉場所等）

（ハ） 事業場外で使用されている可搬型機器である自家用電気工作物

（ニ） 発電設備のうち電気設備以外である自家用電気工作物

ロ　設置者が，事業場において保安管理業務を行う者と面接等を行い，その者が委託契約書に明記された電気管理技術者等であることを確認する．このため，電気管理技術者等が，事業場における保安管理業務を行う際に，その身分を示す証明書により，自らが委託契約書に記された電気管理技術者等であることを設置者に対して明らかにする．ただし，緊急の場合は，この限りでない．

ハ　設置者が，保安管理業務の結果について電気管理技術者等から報告を受け，その記録（当該業務を実施した電気管理技術者等の氏名を含む．）を確認及び保存する．

ニ　電気管理技術者等が，自家用電気工作物の技術基準への適合状況を確認するため，設置，改造等の工事期間中（以下単に「工事期間中」という．）の点検，月次点検（規則第53条第2項第五号に基づき委託契約書に頻度を定める点検であって，設備が運転中の状態において行うものをいう．以下同じ．）及び年次点検（主として停電により設備を停止状態にして行う点検をいう．以下本項において同じ．）を行う．

ホ　電気管理技術者等が，工事期間中の点検，月次点検又は年次点検の結果から，技術基準への不適合又は不適合のおそれがあると判断した場合は，修理，改造等を設置者

に指示又は助言する．

② 月次点検を，次に掲げる要件の全てに従って行うこと．

なお，告示第４条第四号に規定する太陽電池発電所（告示第４条第四号の２及び第４号の３に規定する受変電設備を除く．以下②において同じ．）又は告示第４条第八号ロに規定する需要設備に係る月次点検については，電気管理技術者等が当該設備の設置場所（以下「現地」という．）と異なる場所（以下「遠隔地」という．）から適確に行える場合にあっては，現地又は遠隔地のいずれかで行うことができるものとする．このうち，告示第４条第八号ロに規定する需要設備にあっては，遠隔地から適確に点検を実施できるよう措置した需要設備として別紙に定める要件を満たすものであることとし，３月に１回以上を現地で行わなければならない．また，遠隔地で点検を実施する場合にあっては，その旨を保安規程に規定すること．

イ　外観点検を，（イ）に掲げる項目について，（ロ）に掲げる設備等を対象として行う．

（イ）　点検項目

（ａ）　電気工作物の異音，異臭，損傷，汚損等の有無

（ｂ）　電線とそれ以外の物との離隔距離の適否

（ｃ）　機械器具，配線の取付け状態及び過熱の有無

（ｄ）　接地線等の保安装置の取付け状態

（ｅ）　その他必要に応じて，保安規程に定める項目

（ロ）　対象設備等

（ａ）　引込設備（区分開閉器，引込線，支持物，ケーブル等）

（ｂ）　受電設備（断路器，電力用ヒューズ，遮断器，高圧負荷開閉器，変圧器，電力用コンデンサ及びリアクトル，避雷器，計器用変成器，母線等）

（ｃ）　受電盤・配電盤

（ｄ）　接地工事の施設状況（接地線，保護管等）

（ｅ）　構造物（受電室建物，キュービクル式受電設備・変電設備の金属製外箱等）・配電設備

（ｆ）　発電設備（原動機，発電機，始動装置等）

（ｇ）　蓄電池設備

（ｈ）　負荷設備（配線，配線器具，低圧機器等）

（ｉ）　その他必要に応じて，保安規程に定める設備

ロ　（イ）及び（ロ）までに掲げる項目の確認のため，当該（イ）及び（ロ）に定める測定を行う．

（イ）　電圧値の適否及び過負荷等

電圧，負荷電流測定

（ロ）　低圧回路の絶縁状態

Ｂ種接地工事の接地線に流れる漏えい電流測定

ハ　イ及びロの点検のほか，設置者及びその従事者に，日常巡視等において異常等がなかったか否かの問診を行い，異常があった場合には，電気管理技術者等としての観点から点検を行う．その際，告示第４条第八号に規定する需要設備に係る問診を遠隔地で行う場合にあっては，設置者又はその従事者は，原則として現地にて問診を受けるものとする．

③ 年次点検を，月次点検に係る②の要件に加え，次のイ及びロに掲げる要件に従って行

うこと．

イ　1年に1回以上行う．（ただし，信頼性が高く，かつ，ロと同等と認められる点検が1年に1回以上行われている機器については，停電により設備を停止状態にして行う点検を3年に1回以上とすることができる．）

ロ　次に掲げる全ての項目の確認その他必要に応じた測定又は試験を行う．

（イ）低圧電路の絶縁抵抗が電気設備に関する技術基準を定める省令第58条に規定された値以上であること並びに高圧電路が大地及び他の電路と絶縁されていること．

（ロ）接地抵抗値が電気設備の技術基準の解釈第17条に規定された値以下であること．

（ハ）保護継電器の動作特性試験及び保護継電器と遮断器の連動動作試験の結果が正常であること．

（ニ）非常用予備発電装置が常用電源停電時に自動的に起動し，停電復旧後停止すること並びに非常用予備発電装置の発電電圧及び発電電圧周波数（回転数）が正常であること．

（ホ）蓄電池設備のセルの電圧，電解液の比重，温度等が正常であること．

（ヘ）変圧器，電力用コンデンサー，計器用変成器，リアクトル，放電コイル，電圧調整器，整流器，開閉器，遮断器，中性点抵抗器，避雷器及びOFケーブルが，PCB管理標準実施要領Ⅱ．２．（１）に掲げる高濃度ポリ塩化ビフェニル含有電気工作物に該当するかどうかを確認すること．

④　工事期間中は，②イに定める外観点検を行い，自家用電気工作物の施工状況及び技術基準への適合状況の確認を行うこと．

⑤　低圧電路の絶縁状況の適確な監視が可能な装置を有する需要設備については，警報発生時（警報動作電流（設定の上限値は50mAとする．）以上の漏えい電流が発生している旨の警報（以下「漏えい警報」という．）を連続して5分以上受信した場合又は5分未満の漏えい警報を繰り返し受信した場合をいう．以下同じ．）に，次のイ及びロに掲げる処置を行うこと．

イ　電気管理技術者等が，警報発生の原因を調査し，適切な措置を行う．

ロ　電気管理技術者等が，警報発生時の受信の記録を3年間保存する．

⑥　事故又は故障発生時に，次のイからニまでに掲げる処置を行うこと．

イ　事故又は故障の発生や発生するおそれがある旨の連絡を設置者又はその従業者から受けた場合は，電気管理技術者等が，現状の確認，送電停止，電気工作物の切り離し等に関する指示を行う．

ロ　電気管理技術者等が，事故又は故障の状況に応じて，臨時点検を行う．

ハ　事故又は故障の原因が判明した場合は，電気管理技術者等が，同様の事故又は故障を再発させないための対策について，設置者に指示又は助言を行う．

ニ　電気関係報告規則（昭和40年通商産業省令第54号）（以下「報告規則」という．）に基づく事故報告を行う必要がある場合は，電気管理技術者等が，設置者に対し，事故報告するよう指示を行う．

（連絡責任者の選任）

（8）　規則第53条第2項第五号の「その他必要事項」は，規則第52条第2項の承認を受けようとする者が当該事業場について，電気工作物の工事，維持及び運用に関する保安のため必要な事項を委託契約の相手方に連絡する責任者（設備容量が6 000kVA以上の需要設備にあっては2.（1）②イからホまでに掲げる者と同等以上の知識及び技能を有する者）が選任されていることとする.

（事業場への到達時間）

（9）　規則第53条第2項第六号の「遅滞なく到達」とは，2時間以内に到達することを要することとする.

（過疎地域等の自家用電気工作物に対する措置）

（10）　申請に係る自家用電気工作物が過疎地域の持続的発展の支援に関する特別措置法（令和3年法律第19号）第2条第1項に規定する過疎地域（以下「過疎地域」という.），離島振興法（昭和28年法律第72号）第2条第1項の規定により指定された離島振興対策実施地域（以下「離島振興対策実施地域」という.）又は沖縄振興特別措置法（平成14年法律第14号）第3条第三号に規定する離島（以下「離島」という.）に設置される場合には，当該申請の審査に当たっては保安管理業務の円滑かつ適切な実施に支障が生じないよう配慮することとする.

（高圧一括受電するマンションにおける住居部分及び家庭用燃料電池設備の点検）

（11）　高圧一括受電するマンションの保安管理を外部委託により行う場合にあっては，住居部分（その住居部分で使用する電気を電気供給事業者から直接受電するとした場合に，その電気工作物が法第57条に規定する調査の対象となるものに限る.）の点検は，（7）②及び③にかかわらず，4年に1回（住居部分が「一般用電気工作物の定期調査の方法に関する基本的な要件及び標準的な調査項目について」（平成15・12・19原院第12号）3.に該当する場合には1年に1回）以上の頻度で行うことをもって足りるものとする.

また，各住居部分と直接に電気的に接続されている家庭用燃料電池発電設備（以下「当該燃料電池発電設備」という.）の点検は，次の①から⑤までに掲げる要件に適合する場合に限り，（7）②及び③にかかわらず，4年に1回（住居部分が「一般用電気工作物の定期調査の方法に関する基本的な要件及び標準的な調査項目について」3.に該当する場合には1年に1回）以上の頻度で行うことをもって足りるものとする．この場合の点検においては，外観点検，漏電遮断器の動作確認並びに当該燃料電池発電設備を製造，販売した者その他の当該燃料電池発電設備の構造及び性能に精通する者（以下「機器販売事業者等」という.）による整備記録の確認も併せて行うこと.

①　当該燃料電池発電設備及び当該燃料電池発電設備と直接に電気的に接続されている住居部分の分電盤に，漏電遮断器が設置されていること.

②　設置者と機器販売事業者等との契約により，当該燃料電池発電設備の保守が実施され，その点検結果等が整備記録に記録されていること.

③　各住居部分の当該燃料電池発電設備が，出力10kW未満であること.

④　設置者又は設置者から委託を受けた機器販売事業者等によって，③の整備記録が適切に保管されていること.

⑤　当該燃料電池発電設備が，保安に影響する設備の異常を検知した場合及び機器販売事業者等による設備の整備周期を超えた場合には自動停止するものであり，かつ，機器販売事業者等の確認の後に運転が再開されること．ただし，停電や電力の過剰使用等によって遮断器が動作した場合等においては，当該燃料電池発電設備の運転の再開を居住者自らが行うことを妨げるものではない.

5．規則第52条第3項の承認は，次の基準により行うものとする.

（承認の対象となる水力発電所）

（１） 水力発電所に係る規則第52条第３項の承認は，水路式発電所であって，かつ，ダムの基礎地盤から堤頂までの高さが15m未満のものについて行うものとする．

（個人事業者の兼業等）

（２） 規則第52条の２第一号ホについては，保安管理業務の計画的かつ確実な遂行に支障が生じないことを担保するため，保安管理業務の内容の適切性及び実効性について厳格に審査するとともに，個人事業者が他に職業を有している場合には審査にあたり特に慎重を期することとする．

（法人のマネジメントシステム）

（３） 規則第52条の２第二号ニについては，保安管理業務の計画的かつ確実な遂行に支障が生じないことを担保するため，保安管理業務の内容の適切性及び実効性について厳格に審査することとする．承認にあたっては，次の項目の全てが満たされていることを要することとし，これらの項目については，法人の社内規程等に明確かつ具体的に規定されており，点検を含む保安管理業務の適切な実施に確実に反映されることが担保されていることを要することとする．

① 保安業務従事者は規則第52条第３項の承認の申請に係る委託契約の相手方の法人（以下本項において「法人」という．）の役員又は従業員であること．

② 法人は，保安管理業務の遂行体制を構築し，保安業務担当者が明確な責任の下に保安管理業務を実施すること．また，あらかじめ定められた間隔で保安管理業務のレビューを行い適切な改善を図ること．

③ 保安業務担当者は，保安管理業務以外の職務（電気工作物の保安に関するものを除く．）を兼務しないこと．

④ 保安業務担当者は事業場の点検を自ら行うこと．ただし，保安業務担当者が保安業務従事者に事業場の点検を行わせる場合は，次に掲げる全ての要件に該当すること．

イ 保安業務担当者が自らの職務上の指揮命令関係にある保安業務従事者に適切に指示して点検を行わせるとともに，点検の結果に関する報告が当該保安業務従事者から的確に行われる体制となっていること．

ロ 保安業務担当者が点検を指示した保安業務従事者との業務の分担内容が明確になっいること．その際，保安業務担当者が自らは保安業務従事者の監督を行うこととして，事業場の点検の大部分を保安業務従事者に行わせるなど，自ら実施する保安管理業務の内容が形式的なものとなっていないこと．このため，保安業務担当者に係る勤務体制等について厳格に審査を行う．

ハ 特定の保安業務従事者に著しく偏って点検を行わせることとなっていないこと．このため，保安業務従事者が保安業務担当者から指示を受けて点検する事業場については，告示の値を当該保安業務担当者から職務上の指揮命令関係にある保安業務従事者の総数で除した値又は告示の値に０．２を乗じた値のいずれか小さい方の値を超えないこと．

二 保安業務従事者は，複数の保安業務担当者から点検の指示を受けないこと．

（法人の保安業務担当者等の明確化）

（４） 規則第53条第２項第二号については，委託契約書に保安業務担当者を明確にする旨が記載されており，かつ，保安業務担当者等の氏名及び生年月日並びに主任技術者免状の種類及び番号が委託契約書の別紙等で定められていることを要することとする．

（委託契約書に明記された者による保安管理業務の実施等）

（5） 規則第53条第2項第五号の「電気工作物の工事，維持及び運用の保安に関し，設置者及び委託契約の相手方の相互の義務及び責任その他必要事項が委託契約に定められていること」は，次に掲げる全ての事項を委託契約書等から確認できることとする．

① 外部委託に係る自家用電気工作物の工事，維持及び運用に関する保安の確保を，次に掲げる全ての基本原則に従って行うこと．

イ ダム水路管理技術者又は保安業務担当者等（以下「ダム水路管理技術者等」という．）が，保安規程に基づき，保安管理業務を自ら実施する．

ロ 設置者が，事業場において保安管理業務を行う者と面接等を行い，その者が委託契約書に明記されたダム水路管理技術者等であることを確認する．このため，ダム水路管理技術者等が，事業場における保安管理業務を行う際に，その身分を示す証明書により，自らが委託契約書に記されたダム水路管理技術者等であることを設置者に対して明らかにする．ただし，緊急の場合は，この限りでない．

ハ 設置者が，保安管理業務の結果についてダム水路管理技術者等から報告を受け，その記録（当該業務を実施したダム水路管理技術者等の氏名を含む．）を確認及び保存する．

ニ ダム水路管理技術者等が，自家用電気工作物の技術基準への適合状況を確認するため，工事期間中の点検，月次点検及び年次点検（主として発電設備を停止状態にして行う点検をいう．以下本項において同じ．）を行う．

ホ ダム水路管理技術者等が，工事期間中の点検，月次点検，年次点検，6カ年点検，不定期点検又は臨時点検の結果から，技術基準への不適合又は不適合のおそれがあると判断した場合は，修理，改造等を設置者に指示又は助言する．

② 月次点検を，次に掲げる要件の全てに従って行うこと．

イ 外観点検を，（イ）に掲げる項目について，（ロ）に掲げる設備等を対象として行う．

（イ） 点検項目

（a） 水力設備の亀裂，変形，腐食，摩耗及び劣化等の状況

（b） 水力設備等の漏水及び湧水等の異常の有無

（c） 水力設備の損傷等を引き起こすおそれのある事象として周辺地山の崩壊及び崩壊のおそれの有無

（ロ） 対象設備等

（a） ダム

（b） 取水口，取水ゲート

（c） 沈砂池

（d） 除塵機，スクリーン

（e） 導水路

（f） 水槽

（g） 水圧鉄管

（h） 水車

（i） 周辺地山

（j） （a）～（h）までに付属する測定装置及び警報装置並びに（i）の状況を監視するための装置

ロ 上記②イの点検のほか，設置者及びその従事者に，日常巡視等において異常等がな

かったか否かの問診を行い，異常があった場合には，ダム水路管理技術者等としての観点から点検を行う．

③　年次点検を，月次点検に係る②の要件に加え，次のイ及びロに掲げる要件に従って行うこと．

イ　1年に1回以上行う．

ロ　次の（イ）及び（ロ）に掲げる項目の確認その他必要に応じた測定・試験を行う．

（イ）　ダムの可動堰，取水ゲート等の可動部が正常に動作すること．

（ロ）　取水ゲートを閉めることにより，発電用水が遮水され，水車及び発電機が正常に停止すること（入口弁が正常に閉止することを含む．）．

④　6カ年点検として，露出した水圧鉄管の板厚測定を6年に1回以上行うこと．

⑤　不定期点検として，露出した水圧鉄管の振動測定を必要に応じ行うこと．

⑥　臨時点検として，台風，豪雨，地震，雪等の発生後の水力設備の点検を必要に応じ行うこと．

⑦　工事期間中は，上記②イに定める外観点検を行い，自家用電気工作物の施工状況及び技術基準への適合状況の確認を行うこと．

⑧　事故又は故障発生時に，次のイからニまでに掲げる処置を行うこと．

イ　事故又は故障の発生や発生するおそれの連絡を設置者又はその従業者から受けた場合は，ダム水路管理技術者等が，現状の確認，取水停止等に関する指示を行う．

ロ　ダム水路管理技術者等が，事故又は故障の状況に応じて，臨時点検を行う．

ハ　事故・故障の原因が判明した場合は，ダム水路管理技術者等が，同様の事故・故障を再発させないための対策について，設置者に指示又は助言を行う．

ニ　報告規則に基づく事故報告を行う必要がある場合は，ダム水路管理技術者等が，設置者に対し，事故報告するよう指示を行う．

**（連絡責任者の選任）**

（6）　規則第53条第2項第五号の「その他必要事項」は，規則第52条第3項の承認を受けようとする者が当該事業場について，電気工作物の工事，維持及び運用に関する保安のため必要な事項を委託契約の相手方に連絡する責任者が選任されていることとする．

**（事業場への到達時間）**

（7）　規則第53条第2項第六号中の「遅滞なく到達」とは，水力発電所が同一水系又は近傍水系にあり，かつ，2時間以内に到達することを要することとする．

**（過疎地域等の自家用電気工作物に対する措置）**

（8）　申請に係る自家用電気工作物が過疎地域，離島振興対策実施地域又は離島に設置される場合には，当該申請の審査に当たっては保安管理業務の円滑かつ適切な実施に支障が生じないよう配慮することとする．

**6．規則第52条第4項ただし書の承認は，次の基準により行うものとする．**

（1）　電気主任技術者に係る規則第52条第4項ただし書の承認は，その申請が次に掲げる要件の全てに適合する場合に行うものとする．

なお，兼任させようとする事業場等の最大電力が2 000kW以上（ただし，発電所については出力2 000kW以上．このうち，太陽電池発電所については出力5 000kW以上．）となる場合又は兼任させようとする事業場若しくは設備が6以上となる場合は，保安業務の遂行上支障となる場合が多いと考えられるので，特に慎重を期することとする．

①　兼任させようとする事業場等が電圧7 000V以下で連系等をするものであること．

② 兼任させようとする者が兼任する事業場（この②において「申請事業場」という.）が次のいずれかに該当すること.

イ 兼任させようとする者が常時勤務する事業場の事業用電気工作物を設置する者の事業場

ロ 兼任させようとする者が常時勤務する事業場の事業用電気工作物を設置する者の親会社又は子会社である者の事業場

ハ 兼任させようとする者が常時勤務する事業場の事業用電気工作物を設置する者と同一の親会社の子会社である者の事業場

ニ 兼任させようとする者が常時勤務する事業場又は既に兼任している事業場（このニにおいて「原事業場」という.）と同一敷地内にある事業場であって，当該申請事業場の事業用電気工作物の設置者及び当該原事業場の事業用電気工作物の設置者（このニにおいて「両設置者」という.）が次に掲げる要件の全てを満たすもの

（イ） 両設置者間において締結されている１.（１）①又は②の契約等において，規則第53条第２項第五号に規定された事項（点検頻度に関するものを除く.）に準じた事項が定められていること.

（ロ）（イ）に定める事項を，当該申請事業場及び当該原事業場に勤務する従業員その他の関係者に対し周知していること.

（ハ） 保安規程において，（イ）に定める協定を遵守する旨を定めていること.

③ 兼任させようとする者が，第１種電気主任技術者免状，第２種電気主任技術者免状又は第３種電気主任技術者免状の交付を受けていること.

④ 兼任させようとする者の執務の状況が次に適合すること.

イ 兼任させようとする事業場等は，兼任させようとする者が常時勤務する事業場又はその者の住所から２時間以内に到達できるところにあること.

ロ 点検は，規則第53条第２項第五号の頻度に準じて行うこと.

⑤ 電気主任技術者が常時勤務しない事業場の場合は，電気工作物の工事，維持及び運用のために必要な事項を電気主任技術者に連絡する責任者が選任されていること.

（２） ダム水路主任技術者に係る規則第52条第４項ただし書の承認は，その申請が次に掲げる要件の全てに適合する場合に行うものとする.

なお，兼任させようとする水力発電所のダムの基礎地盤から堤頂までの高さが15m以上となる場合又は兼任させようとする事業場等が６以上となる場合は，保安管理業務の遂行上支障となる場合が多いと考えられるので，特に慎重を期することとする.

① 兼任させようとする者が兼任する水力発電所が次のいずれかに該当すること.

イ 既に選任されている水力発電所と同一の設置者が設置した水力発電所

ロ 既に選任されている水力発電所の設置者の親会社又は子会社が設置した水力発電所

ハ 既に選任されている水力発電所の設置者の親会社の子会社が設置した水力発電所

② 兼任させようとする者が，第１種ダム水路主任技術者免状又は第２種ダム水路主任技術者免状の交付を受けていること.

③ 兼任させようとする水力発電所が，既に選任されているものと同一水系又は近傍水系にあり，かつ，兼任させようとする者が常時勤務する事業場又はその者の住所から２時間以内に到達できるところにあること.

④ 兼任させようとする者が兼任する水力発電所には，電気工作物の工事，維持及び運用のために必要な連絡体制が整備されていること.

（3） ボイラー・タービン主任技術者（規則第52条第1項の表第五号の事業場に選任されるものに限る.）に係る規則第52条第4項ただし書の承認は，その申請が次に掲げる要件の全てに適合する場合に行うものとする.

① 兼任させようとする者が兼任する事業場が次のいずれかに該当すること.

イ 兼任させようとする者が常時勤務する事業場を設置する者の事業場

ロ 兼任させようとする者が常時勤務する事業場を設置する者の親会社又は子会社である者の事業場

ハ 兼任させようとする者が常時勤務する事業場を設置する者の親会社の子会社である者の事業場

② 兼任させようとする事業場等は2以下とすること．ただし，兼任させようとする事業場等が既に選任されているものと同一の又は隣接する構内にある場合は，この限りでない.

③ 兼任させようとする者が，第1種ボイラー・タービン主任技術者免状又は第2種ボイラー・タービン主任技術者免状の交付を受けていること.

④ 兼任させようとする事業場は，兼任させようとする者が常時勤務する事業場から30分以内に到達できるところにあること．ただし，申請に係る者が兼任する事業場の発電設備が休止中（事業場内の全ての発電設備が運転を停止し，かつ，事業場内に発電のための燃料が残されていない状態をいう．⑤において同じ.）であって，運転再開を目的とする工事，点検等が開始されるまでの期間については，2時間以内に到達できるところにあればよいものとする.

⑤ 兼任させようとする者が兼任する事業場には，発電設備の工事，維持及び運用に関する保安を確保するための体制が整備されているとともに，必要な事項をボイラー・タービン主任技術者に連絡する責任者が選任されていること．ただし，兼任させようとする者が兼任する事業場の発電設備が休止中であって，運転再開を目的とする工事，点検等が開始されるまでの期間については，この限りでない.

（4） 1．（4）から（6）における規則第52条第4項ただし書の承認については，（1）から（3）の規定を準用する.

附　則

1．　この内規は，令和3年3月1日から施行する.

2．　「主任技術者制度の解釈及び運用（内規）」（平成31年3月11日付け20190304保局第1号）は，廃止する.

附　則（20210310保局第1号）

この規程は，令和3年4月1日から施行する.

附　則（20220613保局第1号）

この規程は，令和4年6月22日から施行する.

附　則（20220830保局第1号）

この規程は，令和4年9月12日から施行する.

別紙

1．本内規4．（7）②の遠隔地から適確に点検を実施できるよう措置した需要設備の要件

本内規4．（7）②の遠隔地から適確に点検を実施できるよう措置した需要設備の要件を次のとおり定める．

当該需要設備の点検のために（1）に規定する要件を満たす情報収集機器及び（2）に規定する要件を満たす情報伝送のための通信機器を使用するものであって，これらの機械器具等がそれぞれ（1）（③を除く．）及び（2）に規定する要件を満たすことについて，（3）に規定する要件を満たす機関による告示第4条第八号ロに規定する第三者認証を取得したものであること．

（1）　情報収集機器

情報収集機器は，次の①から③までの全ての要件を満たすものであること．

① 次のイからホまでの全ての要件を満たすカメラを使用し，キュービクル式の受電設備若しくは変電設備の中に施設するものであること又はこれと同等以上の点検ができることが認められるものであること．

イ　施設された環境において発生する振動等の影響による位置ずれや脱落等がないように堅牢に取り付けたものであること．

ロ　任意の時間に撮影画像をデジタル信号として出力できるものであること．

ハ　高圧用の断路器，遮断器，負荷開閉器，変圧器，計器用変成器（零相変流器を含む．），調相設備及び避雷器であって，受電設備又は変電設備の中に設置されているものについて，それぞれ少なくとも一方向から見た場合において，電路を引き出す部分（製品として当該部分が隠ぺい場所に施設されているものを除く．）及び本体の大半を撮影できるものであること．

ニ　画素数が300万画素以上のカラー画像であること．

ホ　撮影の際，撮影箇所の照度が200lx以上となるよう必要な光源が点灯するものであること．

②　受電設備の主遮断装置の近傍の電路における電圧及び電流の値が確認できるものであること．

③　電気管理技術者等と協議の上で，異常な熱を検知する物を施設するものであること．

（2）　情報伝送のための通信機器

情報伝送のための通信機器は，当該受電設備又は変電設備に係る低圧電路の絶縁監視装置において使用するものを用いることができることとし，これを用いない場合にあっては，制御系ネットワーク（当該受電設備又は変電設備の制御に係るものを除く．）から独立した構成とできるものであること．

（3）　告示第4条第八号ロに規定する第三者認証を行う機関

告示第4条第八号ロに規定する第三者認証を行う機関は，機械器具等のうち，情報収集機器及び情報伝送のための通信機器がそれぞれ（1）（③を除く．）及び（2）の要件を満たすものであることの認証（以下単に「認証」という．）を行うこととし，次の①から⑫までの全ての要件を満たすものであること．

①　一般社団法人又は一般財団法人であること．

②　法又は法に基づく処分に違反し，罰金以上の刑に処せられ，その執行を終わり，又は執行を受けることがなくなった日から2年を経過しない者が役員にいないこと．

③　規則第52条第2項に規定する保安管理業務に関係する事業者又はその構成員である

者が，役員にいないこと．

④　認証の業務を行う部門に管理者を置くこと．

⑤　認証の業務の管理及び精度の確保に関する文書が作成されていること．

⑥　⑤に掲げる文書に記載されたところに従い，認証の業務の管理及び精度の確保を行う部門又は組織を置くこと．

⑦　受電設備又は変電設備に取り付ける情報収集機器及び情報伝送のための通信機器の選定並びに情報収集機器の適正な取付の認証について，規約等を定めていること．

⑧　情報収集機器の適正な取付について，当該機関の職員が製造事業者の工場等又は需要設備の設置場所において認証できる体制を構築していること．ただし，既に認証した情報収集機器と同一の型式の情報収集機器を当該認証のときと同一の型式の受電設備又は変電設備の同一の位置に取り付ける場合にあっては，この限りではない．

⑨　全国の認証を受けることを希望する者に対し認証の業務を公正に行うことができる体制を有していること．

⑩　認証の業務を行うための６人以上の委員で構成された委員会を設置し，その２/３以上に，当該機関の構成員以外の者のうちから，学校教育法による大学又は高等専門学校において電気工学に関する学科又は課程を修めて卒業した者（当該学科又は課程を修めて同法による専門職大学の前期課程を修了した者を含む．）をあてること．

⑪　認証の業務に関する事項で次に掲げるものを記載した帳簿を備え付け，認証を行った日からこれを５年間保存すること．

イ　認証の申請をした者の氏名及び住所（法人にあっては，名称及び主たる事務所の所在地）

ロ　認証の申請を受けた年月日

ハ　機械器具等の形状，構造，材質，成分及び性能の概要

ニ　情報収集機器及び情報伝送のための通信機器がそれぞれ（１）（③を除く．）及び（２）の要件の全部又は一部を満たすものであることの認証をした日

ホ　ニの認証をした者の氏名

ヘ　認証の有無（認証をしない場合にあっては，その理由を含む．）

ト　認証の有無を通知した日

⑫　①から⑪までの要件を満たすことについて，毎年度産業保安グループ電力安全課の確認を受けたものであること．

様式例１

## ダム水路主任技術者講習修了証

<table>
<tr><td>ふりがな<br>受講者氏名</td><td colspan="2"></td><td>生年<br>月日</td><td>年　月　日生</td></tr>
<tr><td>現住所</td><td colspan="2"></td><td colspan="2">（TEL.　　　　）</td></tr>
<tr><td rowspan="2">他に連絡先がある場合その名称及び所在地</td><td>名称</td><td colspan="3">（TEL.　　　　）</td></tr>
<tr><td>住所</td><td colspan="3"></td></tr>
</table>

| 科目 | 範囲 | 講師の氏名<br>（要件） | 受講期日 |
|---|---|---|---|
| 水力発電設備の保安に関する法令 | 1．水力発電設備の安全規制の概要<br>2．ダム水路主任技術者制度の概要<br>3．電気関係報告規則について | | 年　月　日<br>時　分～　時　分<br>（　時間） |
| 水力発電所の仕組み・技術基準 | 1．水力発電の仕組み<br>2．発電用水力設備に関する技術基準を定める省令，発電用水力設備の技術基準の解釈 | | 年　月　日<br>時　分～　時　分<br>（　時間） |
| 水文・気象 | 1．水文・気象と防災<br>2．水理学基礎 | | 年　月　日<br>時　分～　時　分<br>（　時間） |
| コンクリート構造物（ダム，導水路等） | 1．設計，解析（耐震設計を含む．）<br>2．ダム挙動の把握と漏水管理<br>3．点検，計測，診断 | | 年　月　日<br>時　分～　時　分<br>（　時間） |
| 鋼構造物（水門，ゲート，水圧鉄管等） | 1．設計，解析（振動解析を含む．）<br>2．ゲート操作，バルブ操作<br>3．点検，計測，診断 | | 年　月　日<br>時　分～　時　分<br>（　時間） |
| 水力発電所の設計，演習 | 1．水力設備の設計<br>2．設計演習 | | 年　月　日<br>時　分～　時　分<br>（　時間） |
| ダム水路主任技術者の保安監督業務 | 1．巡視・点検及び検査の方法<br>2．不良箇所の発見と処置<br>3．記録と径年監視<br>4．災害・事故の対応 | | 年　月　日<br>時　分～　時　分<br>（　時間） |
| 現地実習 | 1．巡視・点検及び検査の方法<br>2．不良箇所の発見と処置<br>3．水力設備の計測，診断 | | 年　月　日<br>時　分～　時　分<br>（　時間） |

上記の者は，主任技術者制度の解釈及び運用（内規）２．（２）②ハに基づく講習を修了したことを証明します．

年　月　日

証明者　所在地　　　　　　　　　　（TEL.　　　　　）

名称及び

代表者の氏名　　　　　　　　　　印

備考　1　用紙の大きさは，日本産業規格Ａ４とすること．

2　証明者の氏名を記載し，押印することに代えて，署名することができる．この場合において，署名は必ず本人が自著すること．

3　講師の要件については，交付を受けたダム水路主任技術者免状の１種若しくは２種，又は電気工作物検査官の職にあり若しくはあった者の別を記載すること．

様式例２

## ボイラー・タービン主任技術者講習修了証

| | | | |
|---|---|---|---|
| ふりがな<br>受講者氏名 | | 生年<br>月日 | 年　　月　　日生 |
| 現住所 | | （TEL.　　　　　　） | |
| 他に連絡先がある場合その名称及び所在地 | 名称 | （TEL.　　　　　　） | |
| | 住所 | | |

| 科目 | 範囲 | 講師の氏名<br>（要件） | 受講期日 |
|---|---|---|---|
| 火力発電設備の保安に関する法令 | 1．火力発電設備の安全規制の概要<br>2．ボイラー・タービン主任技術者制度の概要<br>3．電気関係報告規則について<br>4．保安規程について | | 年　月　日<br>時　分～　時　分<br>（　時間） |
| 火力発電所の仕組み・技術基準 | 1．火力発電の仕組み<br>2．発電用火力設備に関する技術基準を定める省令，発電用火力設備の技術基準の解釈について | | 年　月　日<br>時　分～　時　分<br>（　時間） |
| 火力発電設備の構造物等（ボイラー，タービン等） | 1．設計<br>2．ボイラーについて<br>3．タービンについて<br>4．使用燃料について<br>5．その他関連機器について | | 年　月　日<br>時　分～　時　分<br>（　時間） |
| ボイラー・タービン主任技術者の保安監督業務 | 1．巡視・点検及び検査の方法<br>2．不良箇所の発見と処置（診断及び補修方法）<br>3．記録と経年監視<br>4．緊急事態（災害，事故等）の対応 | | 年　月　日<br>時　分～　時　分<br>（　時間） |
| 理解度確認試験 | 上記内容（現地実習を除く.）に関する試験（合計15問程度とし，６割以上の正解で合格とする.） | | 年　月　日<br>時　分～　時　分<br>（　時間） |
| 現地実習* | 1．巡視・点検及び検査の方法<br>2．診断及び補修方法<br>3．火力設備の計測、診断等<br>*現地実習を行わない場合は現地実習に代わるプログラムを実施すること. | | 年　月　日<br>時　分～　時　分<br>（　時間） |

上記の者は，主任技術者制度の解釈及び運用（内規）２．（３）③ニに基づく講習を修了したことを証明します.

　　　年　月　日

証明者　所在地　　　　　　　　　　　　　　　　（TEL.　　　　　　　　）

　　　　名称及び

　　　　代表者の氏名　　　　　　　　　　　　印

備考　1　用紙の大きさは，日本産業規格Ａ４とすること.

　　　2　証明者の氏名を記載し，押印することに代えて，署名することができる．この場合において，署名は必ず本人が自署すること.

　　　3　講師の要件については，交付を受けたボイラー・タービン主任技術者免状交付者，電気工作物検査官の職にあり若しくはあった者又は同等以上の知識を有する者の別を記載すること.

様式例３

## 保安管理業務講習修了証

| | | | |
|---|---|---|---|
| ふりがな<br>受講者氏名 | | 電気主任技術者<br>免状番号 | |
| | | 生年月日 | 年　月　日生 |
| 現住所<br>（TEL　　　） | | | |

| 科目 | 範囲 | 講習形式 | 修了年月日 |
|---|---|---|---|
| 電気基礎 | 1．交流回路，磁気回路<br>2．短絡容量，保護協調，電圧降下<br>3．変電機器，電力応用機器 | | 年　月　日 |
| 関係法令 | 1．電気事業法，電気事業法施行令，電気事業法施行規則<br>2．技術基準<br>3．保安規程<br>4．外部委託承認制度<br>5．委託契約，外部委託承認申請手続<br>6．電気関係報告規則<br>7．ポリ塩化ビフェニル含有電気工作物関係法令<br>8．労働安全衛生法 | | 年　月　日 |
| 各種設備の概要 | 1．受変電設備<br>2．配電設備<br>3．発電設備（非常用予備発電装置を含む．）<br>4．蓄電池設備 | | 年　月　日 |
| 月次点検の方法 | 1．設置者への問診<br>2．引込設備の外観点検<br>3．受変電設備の外観点検，測定<br>4．電線路の外観点検<br>5．負荷設備の外観点検<br>6．発電設備の外観点検，測定，試験<br>7．蓄電池設備の外観点検<br>8．設置者への報告 | | 年　月　日 |
| | 9．実習 | | 年　月　日 |
| 年次点検の方法 | 1．引込設備の外観点検，測定，試験<br>2．受変電設備の外観点検，測定，試験<br>3．電線路の外観点検，測定，試験<br>4．負荷設備の外観点検，測定<br>5．発電設備の外観点検，測定，試験<br>6．蓄電池設備の外観点検，測定，試験<br>7．設置者への報告 | | 年　月　日 |
| | 8．実習 | | 年　月　日 |
| 工事期間中の点検の方法 | 1．工事期間中の点検（竣工検査を含む．）の要点<br>2．単線結線図の読解<br>3．設計図面と設備等の照合<br>4．受電作業の手順<br>5．設置者への報告 | | 年　月　日 |
| | 6．実習 | | 年　月　日 |
| 点検用の機械器具の取扱方法 | 1．絶縁抵抗計，電流計，電圧計，低圧検電器，高圧検電器，接地抵抗計，騒音計，振動計，回転計，継電器試験装置，絶縁耐力試験装置の取扱い<br>2．トレーサビリティ | | 年　月　日 |
| | 3．実習 | | 年　月　日 |
| 事故応動 | 1．波及事故，内部停電の復旧作業<br>2．事故報告 | | 年　月　日 |
| 作業安全，コンプライアンス，新技術 | 1．作業安全（絶縁用保護具等の使用方法）<br>2．コンプライアンス（法令遵守，技術者倫理）<br>3．新技術 | | 年　月　日 |

上記の者は，主任技術者制度の解釈及び運用（内規）４．（２）に基づく講習の科目の全部（又は一部）を修了したことを証明します．

年　月　日

証明者　所在地

名称及び

代表者の氏名　　　　　　　　　　　　印

備考　1　用紙の大きさは，日本産業規格Ａ４とすること．

2　証明者の氏名を記載し，押印することに代えて，署名することができる．この場合において，署名は必ず本人が自署すること．

3　講習形式の欄には，対面講習又はオンライン講習の別を記載すること．また，未受講の科目については，当該欄に斜線を引くこと．

# 共同受電の場合における電気主任技術者の選任等に関する事務処理要領（内規）

（平成14年8月21日　平成14・08・12原院第3号）

経済産業省原子力安全・保安院

共同受電の場合における電気主任技術者の選任等に関する事務処理要領（内規）について，以下のとおり定める．

共同受電の場合において，以下の（1）から（3）の条件を満たす場合には，複数の事業場を一つの事業場とみなして，電気主任技術者の選任及び届出並びに保安規程の作成及び届出をできることとする．

（1）　それぞれの事業場が近接していること．

（2）　それぞれの事業場を設置する者が，同一の資本系列に属していること，又は相互に電気設備上若しくは製造工程上密接な協力関係にあること．

（3）　それぞれの事業場を設置する者相互の契約行為等により複数の事業場を同一の組織が維持・管理し，当該複数の事業場の保安の責任を一括して負っていること．

# 電気主任技術者制度に関するＱ＆Ａ

平成27年（2015年）4月2日　制定

（最終改正）　令和4年7月29日

## 1. 選　任

### 1.1 「従業員」の考え方について

●該当箇所：内規1.（1）

Q．自社で電気主任技術者を選任する場合において，内規1.⑴でいう「従業員」とは，正社員でなければならないでしょうか？

A．自社で電気主任技術者を選任しようとする場合は，以下の両方の条件を満たせば，定年退職後に再雇用された嘱託社員等，いわゆる正社員でなくても差し支えありません．

・自社で直接雇用している者であって，電気事業法施行規則第52条第1項に定める主任技術者の選任場所に常時勤務する者．

・例えば勤務時間外の事故発生といった場合においても対応が可能である等，当該事業場の保安監督業務に専念することができる者．

・有期の労働契約を締結する労働者については，正社員と同一の勤務実態にあり，かつ，内規の規定を満たせる者．

Q．「常時勤務」の定義は何でしょうか？

A．週40時間（週5日・1日8時間勤務）を目安とします．

### 1.2 外部選任について

●該当箇所：内規1.（1）①②

Q．1.⑴①及び②の形態に名前はありますか？

A．「外部選任」と呼びます．内規1.⑴①のイからハに掲げる事項（保安上の意見を尊重する旨の契約を締結する等）がすべて契約書等に約されている場合を条件に，電気主任技術者を自社の従業員以外（派遣労働者等）から選任する制度です．なお，みなし設置者の役員若しくは従業員が，維持・管理の主体であって，技術基準の適合義務を果たすために，常時勤務した状況で，外部選任することは可能ですが，みなし設置者の役員若しくは従業員が，常時勤務しない状況で，外部選任することはできません．電気保安法人や電気管理技術者に保安管理業務を委託する「外部委託」と言葉が似ていますが，別制度です．

### 1.3 みなし設置者について

●該当箇所：内規1.（2）

Q．みなし設置者とは何でしょうか？　みなし設置者ができる手続きには何がありますか？

A．外部選任により，本来の設置者から自家用電気工作物の保安の監督に係る業務の委託を受けている者のうち維持・管理の主体である者であって，当該自家用電気工作物を技術基準に適合するよう維持する責任を有する者については，設置者とみなして電気主任技術者の選任及び保安規程に係る届出・申請を行うことができます．この設置者とみなされた者を「みなし設置者」といいます．そのため，それ以外の手続きは本来の設置者が行うことになります．

なお，（本来の）設置者とは，電気工作物の維持・管理を行い得る主体（電気事業法に関する全ての権限，義務，責任を果たす主体）のことをいい，必ずしも所有者と一致するとは限りません．よって，占有者等が（本来の）設置者になり得ます．占有者が「設置者」にあたるのか「みなし設置者」にあたるのかは，行使できる権限の範囲を確認し，判断に困る場合には相談して下さい．

Q．「維持・管理の主体であって，当該電気工作物について法第39条第1項の義務を果たすことが明らかな場合」とは，具体的にどのような要件なのでしょうか？

A．本来の設置者とみなし設置者の間で契約においてみなし設置者が電気工作物を技術基準に適合させるために必要な措置をとる権限が与えられていることを指します．

Q．みなし設置者から，更に外部選任（内規1.(1)①及び②に定める者）を行うことは可能でしょうか？

A．可能です．

Q．みなし設置者から委託を受けている者は，みなし設置者になることができるのでしょうか？（みなし設置者の再委託は可能でしょうか？）

A．維持・管理の主体であることがみなし設置者の条件であるため，みなし設置者の再委託はできません．

Q．みなし設置者が主任技術者選任又は解任届出書等の届出・申請書類を作成する際，本来の設置者名を記載する必要はあるのでしょうか？

A．主任技術者選任又は解任届出書等の届出・申請書類の「事業場の名称及び所在地」の欄に本来の設置者名を記載して下さい．（下記記載例を参考にして下さい．）

**＜みなし設置者が届出を行う場合の記載例＞**

主任技術者選任又は解任届出書

平成　　年　　月　　日

殿

住　所　◆県◆市◆町◆番地
氏　名　株式会社◆◆
代表取締役　◆◆　◆◆　㊞
（みなし設置者）

みなし設置者であることが分かるように、“(みなし設置者)”と記載して下さい。

次のとおり主任技術者の選任又は解任をしたので、電気事業法第４３条第３項の規定により届け出ます。

| | | |
|---|---|---|
| 主任技術者を選任又は解任した事業場の名称及び所在地 | | △△株式会社　△ビル<br>△県△市△町△番地 |
| 選任した | 氏名及び生年月日 | ○○　○○　昭　年　月　日生 |
| | 住所 | ○県○市○町○番地 |
| | 主任技術者免状の種類及び番号 | 第○種電気主任技術者免　第○○○号 |
| | | |

本来設置者の情報（設置者名及び事業場名、所在地）を記載して下さい。

Q．みなし設置者は，保安規程届出（保安規程変更届出）を行うことはできるのでしょうか？
A．みなし設置者は，自家用電気工作物を技術基準に適合するよう維持する責任を有する者であるため，技術基準適合を維持するための方策を定めた保安規程に係る届出をみなし設置者が行うことも可能です．

Q．みなし設置者が変更になった場合は，どのような手続きが必要になるのでしょうか？
A．自家用電気工作物の保安の組織が変わるため，保安規程変更届出を行う必要があります．また，保安管理業務を外部委託している場合は，改めて，保安管理業務外部委託承認申請を行う必要があります．なお，外部委託制度を用いない場合（電気主任技術者を雇用し選任する等）にあっては，主任技術者選任又は解任届出書等の届出・申請を行う必要があります．

## １．４　兼務

●該当箇所：内規１．⑶

Q．１．⑶の形態に名前はありますか？
A．「兼務」と呼びます．

Q．「要件の全てに適合することを確認できる説明書等」とはどのようなものでしょうか？
A．主任技術者兼任承認申請の際に添付する「執務に関する説明書」を添付することが考えられます．

●該当箇所：内規１．⑶②

Q.「親会社又は子会社」と判断する基準は何でしょうか？

A.「4.1 設置者の関係性について」をご参照ください．

Q. 外部選任やみなし設置者の選任であっても，兼務は認められるのでしょうか？

A. １．⑶②ニにより認められます．

# 2. 統括行為

## 2.1　事業場の考え方について

●該当箇所：内規３.⑴

Q. 発電所で，送電線路及び変電所を介して電力系統に接続し，それらを一体として運用する事業場とは，どのようなものでしょうか？

A. 電力系統との接続箇所が発電所から遠隔地にある場合，送電線路及び変電所を設置する場合がありますが，これらの電気工作物を一体として運用する場合は，事業場は１とみなして主任技術者を選任することができます．また，風力発電所については，複数の発電機と送電線路及び変電所を一体として運用する事業場等は１事業場とみなすことができます．なお，この解釈は１つの発電所に対して各１つの送電線路及び変電所という形態に限り，例えば複数の発電所を同一設置者の送電線路に接続する場合は，別事業場として取り扱います．ただし，平成 25 年 4 月 4 日付け『工事計画届出等又は環境アセスメントの要否の判断に係る「同一発電所」及び「同一工事」に該当するか否かの判断の目安について』に基づき，同一事業場として判断される場合は，１事業場となります．判断が難しい場合は，最寄りの産業保安監督部にご相談ください．

Q. 電圧が 17 万 V 以上で連系等する発電所において，送電線路と変電所を介して電力系統に接続する場合，送電線路と変電所は別事業場として扱うのでしょうか？

A. 電圧が 17 万 V 以上であっても，各１つの発電所，送電線路及び変電所を一体管理する場合は，１事業場とみなし，１人の主任技術者の選任とすることが可能です．ただし，１人の主任技術者の監督の下，複数の事業場を統括する行為は認められません．

## 2.2　異なる設置者の保有する複数設備に対する統括行為について

●該当箇所：内規３.⑴①

Q. 統括行為を行いたい複数設備の設置者が異なる場合，委託契約等を締結すれば統括行為は認められますか？

A. 認められません．統括行為は，原則として同一の設置者が一つの保安組織において複数の発電所等の保安管理を一体的に統括する場合に適用するものです．

## 2.3　資本関係（親子，兄弟関係）による統括行為について

●該当箇所：内規３.⑴①

Q. 統括行為を行いたい複数設備について，設置者が異なるがその設置者間に資本関係等がある場合，統括行為は行えますか？

A. 保安管理上支障がない体制が構築できるとするような場合にあっては，個別にその内容を審査して妥当性を判断することになります．

（例）統括事業所が被統括事業場の親会社であり，資本関係に加えて保安体制等に係る覚書の締結等を結んでいる場合．等

## 2.4 外部選任（内規1.⑴①及び②に定める者），みなし設置者による統括行為について

●該当箇所：内規3.⑴①

Q．同一設置者の複数設備を統括行為によって管理したい場合，外部選任（1.⑴に定める者），あるいはみなし設置者から電気主任技術者を選任し，行う統括行為は認められますか？

A．原則として認められません．ただし，1.⑴②に定める者あるいはみなし設置者であって，本来設置者との間に資本関係があり，前述した2.2のような場合には，個別にその内容を審査して妥当性を判断することになります．

## 2.5 発電所及び変電所の監視方法等について

●該当箇所：内規3.⑴①

Q．統括事業場は，被統括事業場を遠隔監視装置等により監視を行わなければなりませんが，電気設備の技術基準の解釈第47条の2及び第48条における随時巡回方式等は適用できないのでしょうか．

A．被統括事業場であっても，種類や規模等の形態に応じ，電気設備の技術基準の解釈第47条の2及び第48条に定める随時巡回方式等の適用は可能です．

## 2.6 担当技術者の要件について

●該当箇所：内規3.⑴③

Q．担当技術者として，被統括事業場の規模に応じた知識及び技能を有する者を確保しなければなりませんが，どのような者が該当しますか．

A．次にあげる者等が該当します．

・電気主任技術者免状（第1種，第2種，第3種），電気工事士免状（第1種，第2種）の交付を受けている者

・電気主任技術者試験（第1種，第2種，第3種），電気工事士試験（第1種，第2種）に合格した者

・主任技術者の資格等に関する省令に基づく認定校で，電気主任技術者免状の認定に必要な科目を修めて卒業した者

Q．担当技術者に必要な保安教育について，保安規程に記載する必要がありますが，具体的にどのような内容を実施すればいいのでしょうか．

A．保安教育には，公衆安全の確保や作業安全等の観点から，地震や台風等の非常時を想定した連絡訓練や現場の安全確保訓練，復旧手順の確認訓練が必要です．また，停電時には開閉器等の操作が必要な場合もあるため，以下の項目は必ず盛り込んでください．

①非常時における統括電気主任技術者との連絡体制及び方法並びに指揮命令系統（連絡途絶時を含む．）

②非常事態が発生した場合の現場の安全確保

③遮断器等の操作手順

# 3. 外部委託

## 3.1　実務経験

●該当箇所：平成15年経済産業省告示第249号（以下「告示」という.）第1条

Q．事業用電気工作物の実務経験のみとし，一般用電気工作物の経験は認めないのでしょうか？

A．外部委託制度は事業用電気工作物の保安管理を行うものであるため，認められません.

●該当箇所：告示第1条第四号及び第2項

Q．保安管理業務講習を受講することで実務経験を3年に短縮できますが，告示第1条第2項の需要設備であれば，さらに実務経験を1年短縮できるのでしょうか？

A．保安管理業務講習受講による実務経験の短縮と，告示第1条第2項の需要設備に規定する実務経験の短縮は併用できません.

●該当箇所：内規4．(2)⑤

Q．保安管理業務講習による実務経験の短縮について，講習受講後の修了証はどうすればよろしいでしょうか？

A．告示第1条第1項第四号に基づく実務経験とする場合は，実務経歴証明書に保安管理業務講習修了証の写しを添付して各産業保安監督部にご提出ください．なお，原本の提出は不要ですが，原本の確認をさせて頂く場合がございますので，修了証の原本は適切に保管してください.

## 3.2　機械器具

●該当箇所：告示第2条

Q．告示第2条の絶縁抵抗計は低圧用･高圧用の区分が無いが，どちらか片方でも大丈夫でしょうか？　また，電流計，電圧計については，それぞれの機能を内蔵したマルチメーター1台でも大丈夫でしょうか？

A．保安管理業務を行う事業場の状況に応じて，低圧用，高圧用の必要性について判断して下さい．例として，低圧の事業場のみを受託している場合には低圧用の絶縁抵抗計を備えていれば足りますが，高圧の事業場を受託している場合には，両方備えておく必要があると考えます．また，当該マルチメーターの場合は，一般的に該当機器を保有していると考えます.

Q．告示第2条の機械器具は，備えるべき機械器具の種類のみの記載であり，台数については特別規定がありません．例えば，電気保安法人の一拠点において，複数の保安業務従事者（又は保安業務担当者）がいる場合，備えるべき台数はそれぞれの機械器具を1台ずつ備えておけば良いでしょうか？

A．主任技術者制度の解釈及び運用（内規）4．(3)において，「保安管理業務の計画的かつ確実な遂行に支障が生じないことを担保するため，・・・・厳格に審査することとする.」と規定されていますので，条件に適合するためには保安管理業務の確実な遂行に支障が生じないために必要な台数の機械器具を備え付ける必要があります.

基本的には，人数分備え付けることにより支障が生じないことを担保するものとなりますが，従事者が常に2人1組で点検する場合等，必ずしも従事者数と同じだけの機械器具が必要とならない場合もあります．電気保安法人の体制や受託事業場を考慮して個別に判断することになります．

## 3.3　保安管理業務を遂行するための体制

●該当箇所：電気事業法施行規則第52条の２第二号ニ

Q．規則に「保安管理業務を遂行するための体制が，保安管理業務の適確な遂行に支障を及ぼすおそれがないこと．」とあるが，たとえば工事会社が業務を行う場合の体制は「部」あるいは「課」等で工事担当部署と分ける必要はありますか？

A．一般的に，保安管理部署と他の部署との責任関係を明確化するため，分離独立した組織とすることが望ましいと考えます．

●該当箇所：電気事業法施行規則第52条の２第二号ホ

Q．保安業務従事者若しくは，保安業務担当者自身の責任で承認取り消しとなった場合，その保安業務従事者を２年間保安管理業務に従事させていなければ，法人としては契約が可能でしょうか？

A．当該取り消し事由について，明らかに法人の責めに帰すことができない場合にあっては，法人としての契約は可能です．

●該当箇所：電気事業法施行規則第52条の２第二号へ

Q．「責めに任ずべき者」とは，具体的に誰を想定しているのでしょうか？
（例）電気保安法人，保安業務従事者，保安業務担当者？

A．法人ではなく，保安業務従事者（保安業務担当者を含む．）を指します．

●該当箇所：電気事業法施行規則第53条第５項

Q．施行規則で法人についての罰則がうたってあると解釈（２年間の営業停止）していますが，間違いないでしょうか？

A．法令違反に対し厳正に対処するため，規則第52条の２第二号ホに取消しの日から２年を経過しない者であることを定めています．

●該当箇所：内規4.(4)

Q．一つの事業場を複数の保安業務担当者で点検することは可能でしょうか？　また，一つの事業場を複数の保安業務従事者で点検することは可能でしょうか？

A．契約内容によっては，複数の保安業務担当者が存在することは考えられます．また，それぞれの担当者から指示を受けた従事者が存在することも考えられます．

## 3.4　点検頻度

●該当箇所：告示第４条

Q．一つの発電所に複数の発電設備が設置されている場合，設備毎に点検頻度を設定することが可能でしょうか？
（例）１号発電設備100 kW（内燃力，パッケージ型，保守契約有り）３ヶ月に１回点検
　　　２号発電設備200 kW（ガスタービン，パッケージ型，保守契約無し）毎月１回点検

A．可能です．その場合，契約書や保安規程などに設備毎の点検頻度を明記する必要がありま

す．また，換算係数については，以下のとおり算定します．
（太陽電池発電所については，別途換算係数を算定します．）
0.6 × 100 ／ 300 × 0.45＋ 0.6 × 200 ／ 300 ＝ 0.49
　＜１号発電設備＞　　＜２号発電設備＞

Q．低圧受電の需要設備は，同一構内に設置される発電所の点検頻度にかかわらず，隔月１回以上の頻度で点検を行わなければならないのでしょうか？
A．そのとおりです．
　例えば，出力 50 kW で余剰買取制度に基づく（受変電設備は需要設備と共用）太陽電池発電所が設置される場合，当該発電所はパネル，パワコン部分のみであるため毎年２回以上，需要設備は隔月１回以上の点検頻度となります．また，換算係数については，以下のとおり計算します．
0.3 × 0.6 ＋ 0.3 × 0.25 ＝ 0.255
＜低圧受電の需要設備＞　＜余剰買取制度に基づく太陽電池発電所＞

Q．告示第４条第八号に該当する需要設備において，設置者の要望により点検を１ヶ月周期で行う場合の換算係数の取り扱いはどうなりますか？
A．設備規模に応じた換算係数に 0.6 を乗じた数値となります．本件は，あくまでも設備内容に応じた換算係数が使用できるという考え方であり，換算係数を減じるために絶縁監視装置等を取り付けることを推奨するものではありません．

**●該当箇所：告示第４条第二号の二**

Q．「内燃機関又はガスタービン，発電機及び制御装置が一の筐体に収められている設備」とは，当該設備の制御盤も含めて一つの筐体に収められているものだけが対象となるのでしょうか？
A．原則として，当該設備の制御盤も含めて一つの筐体に収められているものが対象となりますが，当該設備を複数台設置することにより，別途，筐体外に共通の制御盤等を設置するものも対象と考えます．
　なお，燃料設備のように内燃機関やガスタービンとは別のものとして取り扱う場合であって，一の筐体に収められていない場合でも，告示の要件に該当すると判断します．一方，冷却装置のように内燃機関やガスタービンに附属するものが一の筐体に収められていない場合には，告示の要件には該当しないと判断します．

Q．「内燃機関又はガスタービン，発電機及び制御装置が一の筐体に収められている設備」という部分について，建物内のある一室を当該関連設備のためのみに使用しており，当該一室内に必要な全ての設備が備わっている場合，当該一室をもって一つの筐体とみなすことは可能でしょうか．
A．告示中，「一の筐体に収められている」とはいわゆるパッケージ型の設備に限ったものであり，建物内の一室といった区画された場所にオープン型の設備を設置するものまでを含むものではありません．

Q．「契約により保守が実施されるもの」とは，設備の保守契約でなくメーカー保証でも認められるのでしょうか？

A．メーカー保証の中で，定期的な消耗品等の交換，機器の点検など保守が行われるのであれば，「契約により保守が実施されるもの」と認められます．その場合，保証書が保守契約書の代わりとなります．

なお，故障時のみ対応するような内容の保証の場合には，告示の要件には該当しないと判断し，認められません．

Q．「契約により保守が実施されるもの」とは，設備の設置者とメーカー等保守を行う者が直接契約を締結しなければならないのでしょうか？

A．必ずしも直接契約でなくても認められます．例えば，設備の設置者が契約しているビルメンテナンス会社からの再委託であって，メーカー等が保守を実施しているような場合も認められます．

## 3.5　構外にわたる電線路

●該当箇所：内規 4.（1）

Q．「規則第 52 条第 2 項第一号から第三号までのいずれかの事業場に接続する電線路（電圧 7 000V 以下で連系等をするもので，当該事業場から電力系統に連系し，若しくは当該事業場から同一設置者が設置する他の電気工作物に接続するために当該事業場の構外にわたるもの）であって，保安上支障が無いと認められるもの」とは，設備形態として具体的にどのようなものでしょうか？

A．設備形態としては，主に以下のケースが考えられます．なお，設備の形態によっては，一般送配電事業者が定める託送供給約款において託送供給等が認められない場合があります．託送供給等約款の内容につきましては，各供給区域の一般送配電事業者にご確認ください．

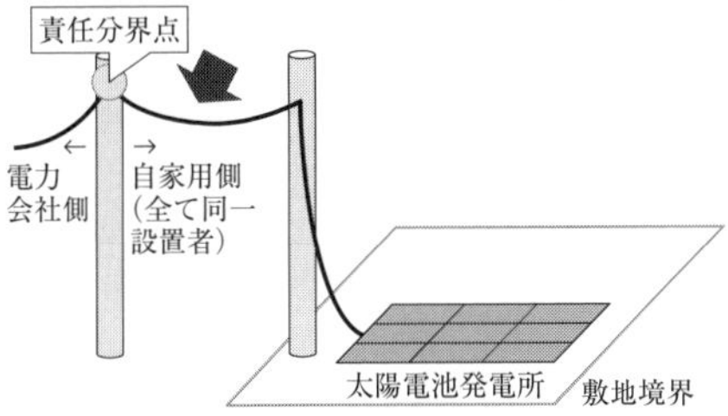


【例 1】発電所の構外に高圧電線路がわたる場合

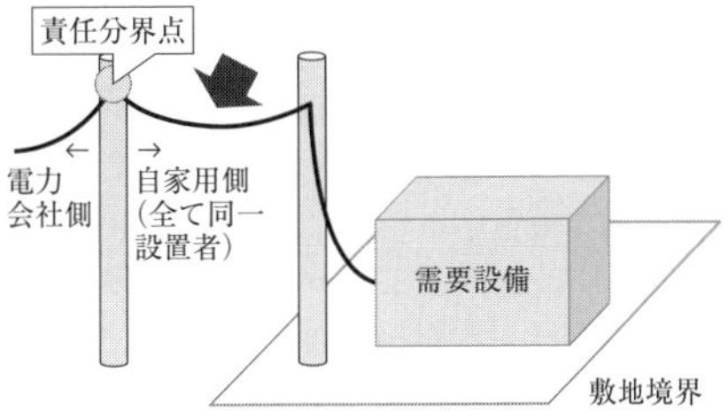


【例 2】需要設備の構外に高圧電線路がわたる場合

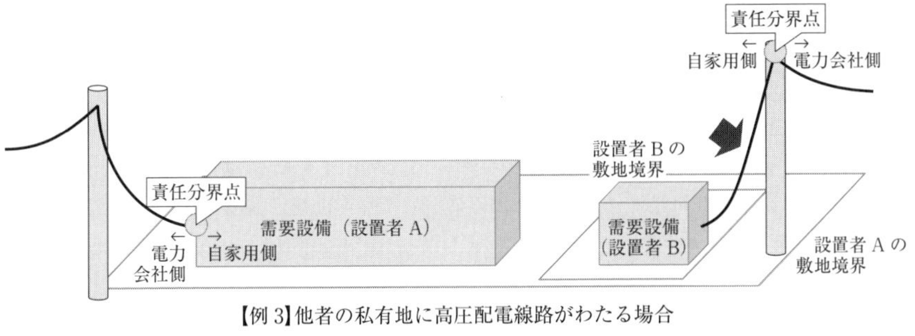


【例 3】他者の私有地に高圧配電線路がわたる場合

Q. 構外にわたる電線路の設置場所（例:公道，私道，河川，私有地等）に制限はありますか？
A. 設置場所に制限はありません．
なお，主任技術者の選任形態によらず，構外にわたる電線路についても，法令に基づく技術基準への適合義務等が課されます．そのため，公道や私有地等に電線路を設置する場合には，道路管理者や土地所有者等の占有許可，土地立入許可，契約に基づく立入り等の同意等を事前に取るなどして管理技術者や保安法人等による保安管理業務や緊急時対応（突発的な立入りや，休日・夜間の立入り等を含む.）等が滞りなく行える体制を構築する必要があります.
保安管理業務外部委託承認申請の際に占有許可等の書類の添付は必須ではありませんが，承認の審査において占用許可等の書類が求められる場合があります.

Q. 架空電線路だけでなく，地中電線路も外部委託することはできますか？
A. 架空電線路に限らず，地中電線路も保安管理業務を外部委託することができます.

Q. 構外にわたる電線路の点検頻度や，点検に係る換算値（告示に係る点数）はどうなるのでしょうか？
A. 構外にわたる電線路は，それぞれの事業場の点検頻度に準じて点検を行うことになるため，当該事業場の点検頻度と同一の頻度で構外にわたる電線路の点検が必要となります．また，換算値もそれぞれの事業場に準じて算出します．なお，構内とは，構内に準ずる区域内を含みます．構内の判断が難しい場合は，最寄りの産業保安監督部にご相談ください.
【換算値の例】
500 kVA 需要設備で告示第 4 条第十号に該当＋構外にわたる電線路（【例 2】に該当）: 1.0

Q. 施行規則第 52 条第 2 項第四号の 600 V 以下の配電線路はどのようなものが該当するのでしょうか？
A. 電線路の設置者以外の他者に電気を供給するために設置する 600 V 以下の配電線路等が該当します．そのため，電線路の設置者以外の他者に電気を供給するために 600 V を超える配電線路を設置する場合には，「その事業場に接続する電線路（・・・）が構外にわたる場合であって，保安上支障がないと認められるもの 」の規定の対象とはならず，保安管理業務を外部委託することはできません.
また，小出力発電設備で構外に低圧電線路がわたる事業場や電線路部分のみが自家用電気工作物となる事業場（CATV の伝送路等）も該当します.

Q. 小出力発電設備に該当しない低圧発電所で構外に低圧電線路がわたる場合や低圧需要設備で電線路が構外にわたる場合の換算値はどうなりますか？
A. 小出力発電設備に該当しない低圧発電所で構外に低圧電線路がわたる場合は，発電所の頻度に準じて点検することになりますので，告示第 3 条第 1 項の配電線路の換算係数（0.1）は加算されません.（発電所の換算係数（0.3）のみとなります.）低圧需要設備で電線路が構外にわたる場合も同様です（告示第 3 条第 1 項の換算係数は需要設備（0.3）のみとなります).

Q. 小出力発電設備に該当する低圧発電所で構外に低圧電線路がわたる場合の換算値はどうな

りますか？

A. 小出力発電設備に該当する発電設備で構外に低圧電線路がわたる場合は，告示第３条第１項の配電線路の換算係数（0.1）が適用されます．

Q. 電線路の設置者以外の他者に電気を供給するために設置する600Ｖ以下の配電線路がある事業場や，電線路部分のみが自家用電気工作物となる事業場（CATVの伝送路等）の当該電線路の換算値はどうなりますか？

A. 配電線路の換算係数（0.1）が適用されます．

Q. 公道や他者の私有地にある電線路の改修依頼や樹木伐採等，維持管理の方法はどのようにするのでしょうか？

A. 電線路に限らず，保安管理業務受託者が点検し，技術基準適合状態に疑義がある場合，設置者に技術基準適合義務が課されます．当該電線路に不具合箇所がある場合又は樹木接触等の恐れがあることを受託者が発見した場合は，速やかに設置者に通知し，設置者が対処することとなります．また，保安管理業務受託者は，適切な処置がなされているかを確認することになります．

また，電線路の改修や樹木の伐採等の際は，トラブルに発展しないように，設置者は以下のような対応が必要です．

・公道や私有地等に電線路を設置する場合には，道路管理者や土地所有者等と協議し，工事や樹木の伐採等がある旨を事前に伝える．
・樹木が極力接近しないように電線路を設置する．
・電線路の改修や樹木の伐採等を実施する場合は，道路管理者や土地所有者，近隣住民等に周知する．
・樹木等の伐採の際は，樹木等の所有者に伐採許可を得る．

Q.「規則第52条第２項第一号から第三号までのいずれかの事業場に接続する電線路（電圧7000V以下で連系等をするもので、当該事業場から当該事業場と同一敷地内にある他の電気工作物に接続するためのもの）であって、保安上支障がないと認められるもの」とは、設備形態として具体的にどのようなものでしょうか？

A. 設備形態としては、オンサイトPPAが考えられます。また、保安上支障がないかどうかの基準については、「「一需要場所・複数引込」及び「複数需要場所・一引込」の電気事業法上の取扱い（電気保安）について」３．⑴を参考にしてください。

## 3.6 個人事業者の兼業等

●該当箇所：内規 4.（3）

Q. 兼業は基本的に認められないと考えて良いでしょうか？　その証明は自己申告だけでＯＫでしょうか？

A. 兼業により時間的，身体的な制約を受け保安上の問題が生じるおそれがあるため，承認に当たっては，慎重を期すこととします．なお証明は，申請の際に兼業，兼職に関する自己証明書を添付していただきます．

Q. 電気管理技術者が，自宅の横にある土地を利用してＦＩＴ法に基づく太陽電池発電所の設置・売電事業を行うことは可能でしょうか？

A．電気管理技術者自身が設置者となり，ＦＩＴ法に基づく太陽電池発電所の運用を行うことは，既存の外部委託受託事業場の保安管理業務の遂行に支障が生じないもの（人事院規則に準ずる範囲）であれば，認められます．

Q．上記の場合であって電気主任技術者の選任が必要な際，どのように扱うべきでしょうか？電気管理技術者自らが設置者となり，自社選任をしても良いのでしょうか？

A．外部委託制度とは，電気主任技術者の選任がかなわない時に用いる制度であって，電気主任技術者の自社選任とはそれぞれ独立したものです．設置した太陽電池発電所の保安管理業務について，当該管理技術者が外部委託受託者としての活動をしながら，自らを選任することは認められません．また，「外部委託制度」の主旨から，自らに外部委託を行うことも認められません．

## 3.7 電気保安法人のマネジメントシステム

●該当箇所：電気事業法施行規則第52条の2第二号ニ

Q．法人のマネジメントシステムは，社内規程等に規定さえされていれば，規則第52条の2第二号ニの規定を満たしているのでしょうか？

A．規則第52条の2第二号ニに規定する保安管理業務を遂行するための体制が，審査により明らかに機能しないことが判明し，実態上も実質的に機能していないのであれば，満たしているとは言えません．

●該当箇所：内規4.(4)

Q．法人は，既存の法人でも保安管理業務部門が独立していればどのような法人でも良いのでしょうか？

A．法令に基づき設立された法人であれば特に業種による制限はありません．

Q．協同組合組織もここでいう法人となりますか？　また，法人であると認められる場合，組合員が保安業務従事者となって問題はありませんか？

A．法令に基づき設立された法人である協同組合（協同組合は中小企業等協同組合法に基づき設立されています）は法人として扱うことになります．その場合，法人の構成員であって組合員の場合は当該組合に雇用されていないため保安業務従事者とは認められません．

Q．法人は契約書等で法人名以外の名称を使用する事は，認められますか？

A．法人名以外の名称（法人格を有しない任意の団体名）は認められません．

Q．有限責任事業組合はここでいう法人となりますか？

A．法人格がないため，法人として扱うことはできません．

Q．合同会社もここでいう法人となりますか？　また，法人であると認められる場合，社員が保安業務従事者となって問題はありませんか？

A．法令に基づき設立された法人である合同会社は法人として扱うことになります．その場合，法人の業務を執行する社員（個人に限ります．）は，保安業務従事者になることが可能です．

Q. 法人のマネジメントシステムの単位は，1法人につき1マネジメントシステムでしょうか？地域，組織ごとに分割可能でしょうか？

A. 保安管理業務に係るマネジメントについて，保安管理業務の統制を本部で一括して行っているのか，支部毎に任されているかなどで，法人毎にマネジメントシステムの単位は変わることもあり得るため，一律1法人1マネジメントシステムとする必要は必ずしもありません．

●該当箇所：内規 4. ⑷①

Q. 保安管理業務を行う従業員は，正社員で無くてはなりませんか？　雇用形態は？（保険等の関係もあり，パートとかではダメなのか？）確認方法は？

A. 法人の従業員であることが担保された雇用形態が必要であり，保安管理業務の適確な遂行に支障を及ぼすおそれ（委託契約期間を満たさない期間の短期契約社員を保安業務担当者とする等）がないことが必要です．なお，確認のため，雇用証明書を添付していただきます．

●該当箇所：内規 4. ⑷②

Q. 法人の保安管理業務について，レビューを行う間隔は法人任せで良いでしょうか？「適切な改善を図る」とは，どれだけ改善すれば適切でしょうか？

A. レビューを行うことを社内規定等に明確かつ具体的に規定することが必要であり，レビューを行う間隔やその内容は，法人が自主的に定めるべきものです．

●該当箇所：内規 4. ⑷③

Q. 保安管理業務以外の職務とは？　点検以外に竣工検査とか年次点検作業及びそれを補助する作業も保安管理業務の中に含まれるのでしょうか？ これらの作業に従事する者にも保安業務従事者としての要件が要求されるのでしょうか？

A. 事業用電気工作物の工事，維持，及び運用に関する保安の監督が保安管理業務となりますので，それ以外が保安管理業務以外となります．一般的に竣工検査や年次点検作業は，保安規程で定められているため，保安管理業務に含まれます．また，これらの作業を行うに当たって，保安業務従事者の指示の下に補助作業を行う者には，保安業務従事者としての要件は課されません．

Q. 電気工作物の保安に関する職務とは？

A. 電気工作物の検査，事故防止のための工事（点検・試験の結果，至急修理・改修が必要なもの）や事故・災害時の応急処置として行う工事などが電気工作物の保安に関する職務となります．

Q.「保安業務担当者は保安管理業務以外の職務（電気工作物の保安に関するものを除く．）を兼務しないこと」とありますが，担当を持たない保安業務従事者は，他の職務を兼務しても良いのでしょうか？

A. 兼職規制の対象は，あくまでも事業場を担当する保安業務担当者となります．

●該当箇所：内規 4. ⑷④ロ

Q. ある事業場において，保安業務担当者が審査基準⑶④の要件を満たした上で1名の保安業務従事者に点検を命じたとき，その保安業務従事者は自らも点検しながら他の者に点検作業を手伝ってもらうことは可能でしょうか？
A．可能です．

Q．上記の場合，手伝う者はどのような要件を要しますか？
A．特に要件はありませんが，保安業務従事者の監督の下，作業を行う必要があります．

**●該当箇所：内規 4.⑷④ハ**

Q．保安業務担当者の指揮命令下に，6名の保安業務従事者がおり，常に2名体制で点検することとなっている場合，各保安業務従事者には何点分まで点検を行わせることが可能でしょうか？
①5.5（33／6＝5.5）
②6.6（ペアで1人として33／3＝11．小さい方をとって6.6）
A．保安業務担当者の指揮命令下にある者はあくまでも6名であることから，①となります．

Q．保安業務担当者の指揮命令下にある保安業務従事者の換算係数を算定する際，小規模高圧需要設備を換算係数から除くことが可能でしょうか？
A．告示第3条に準じて，保安業務従事者ごとに小規模高圧需要設備を10件まで換算係数から除くことが可能です．

Q．法人のマネジメントシステムについて⑶④ハで「特定の保安業務従事者に著しく偏って点検を行わせることとなっていないこと．」とありますが，一般的なピラミッド型の組織であっ

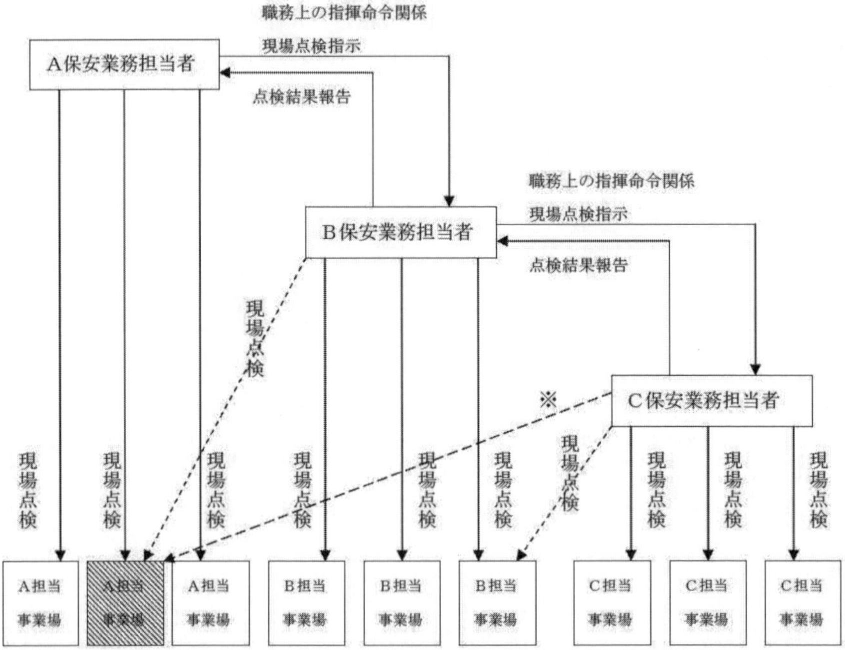

て下図のような指揮命令関係にある場合，Ｃ担当者がＢ担当者の事業場を点検することは可能でしょうか．可能である場合，Ａ担当者がＢ担当者に点検指揮した事業場（斜線）について，Ｂ担当者がその事業場（斜線）の点検をさらにＣ担当者に指揮することができますか．（※印の矢印）

Ａ．職務上の指揮命令関係から判断して，Ｂ担当者の指示のもとＣ担当者が従事者として，Ｂ担当者の事業場を点検することは可能です．しかし，Ａ担当者の指示を受けたＢ担当者がさらにＣ担当者に指示をして，Ａ担当者の事業場をＣ担当者に点検させようとすることは，Ａ担当者が自らの職務上の指揮命令関係にないＣ担当者に指示を行うことになるため，認められません．

## 3.8　電気保安法人の保安業務担当者等の明確化について

●該当箇所：内規 4. ⑸

Ｑ．契約書の別紙で担当者を定めることとしているが，担当者が変更した場合はどうすれば良いでしょうか？

Ａ．保安業務担当者の要件等について確認する必要があるため，法人から定期的に保安業務担当者の配置状況や受託換算件数等の報告をしていただくこととなります．

## 3.9　委託契約書に明記された者による保安管理業務の実施等について

●該当箇所：内規 4. ⑺

Ｑ．委託契約書等には契約書以外にどういったものが含まれますか？

Ａ．仕様書，覚書，保安規程が含まれます．ただし，契約書以外に記載する場合は，その文書が確認できるよう契約書本文中に記載先を明記することが必要です．

●該当箇所：内規 4. ⑺①イ㈧

Ｑ．事業場外で使用されている可搬型機器である自家用電気工作物とはどういったものでしょうか？

Ａ．通常事業場内に設置されているが，事業場外に持ち運び可能な工作物全般となります．（例えば，工場等で使用する卓上ボール盤等の工作機械．）

●該当箇所：内規 4. ⑺①イ㈡

Ｑ．発電設備のうち電気設備以外である自家用電気工作物とはどういったものでしょうか？

Ａ．例えば，発電所の電気工作物のうち，内燃機関，燃料設備，ガスタービン，風力機関等のことです．

●該当箇所：内規 4. ⑺①ロ

Ｑ．審査基準⑺①ロの「身分を示す証明書」について，法人の場合は「社員証」等が想定できますが，個人の管理技術者の場合「身分を示す」とは何を示せば良いでしょうか？

Ａ．電気管理技術者本人の確認が行えるものを指し，例えば運転免許証等になります．

●該当箇所：内規 4. ⑺①ニ

Ｑ．年次点検業務が電気管理技術者等だけで実施することが難しい場合，他の者と一緒に点検業務を実施し，その監督をすることで内規の要件を満たすことになりますか？
A．電気管理技術者等が直接すべての作業を行わなくても，その監督の下で点検が行われ，記録の確認がされているものであれば，電気管理技術者等が実施したものと考えます．

●該当箇所：内規 4．(7)②ロ(ロ)
Q．低圧回路の絶縁状態の測定方法は，B種接地線の漏えい電流測定に限るのでしょうか？
A．低圧回路の絶縁状態を確認するための一例を記載しております．電路ごとの絶縁状態を確認する方法もあります．当然のことながら，B種接地線の漏えい電流が過大の場合は，電路ごとに絶縁状態を確認することとなります．

●該当箇所：内規４.(7)②
Q．太陽電池発電所の月次点検について，遠隔地から適確に点検を行える場合とは，どのような場合を指すのでしょうか？
A．保安規程に基づく外観点検等の項目のうち，遠隔監視システムで取得できるデータや監視カメラで確認できる項目が遠隔地で点検できる場合を指します．なお，遠隔地で点検できない項目については，現地での点検が必要となります．

Q．告示第４条第八号ロに規定する需要設備の月次点検について，遠隔地から適確に点検する場合とはどのような場合を指すのでしょうか？
A．告示第４条第八号ロに規定するとおり，需要設備で遠隔点検を実施する場合には，第三者認証を取得した機械器具等を使用する必要がございます．

●該当箇所：内規４.(7)②ハ
Q．告示第４条第八号ロに規定する需要設備について遠隔地で問診を行う場合，設置者又はその従事者は原則として現地で問診を受けるとのことですが，ポンプ場やトンネル等，無人事業場においても設置者又はその従事者は，現地に出向く必要があるのでしょうか？
A．有人事業場では負荷設備の増設等が比較的頻繁に発生することが想定されるため，原則として現地で問診を受けることを求めています．他方，無人事業場では負荷設備の増設等が頻繁に発生することはあまり想定されませんので，無人事業場を管理する事業場で電気工作物が適切に管理されている場合は，設置者又はその従事者は，無人事業場を管理する事業場にて問診を受けることが可能です．

●該当箇所：内規 4．(7)③イ
Q．ただし書きに定める「信頼性が高い」「同等と認められる点検」とは，どのようなことでしょうか．
A．本誌の最後に添付する関連資料（資料１）「主任技術者制度の解釈及び運用（内規）（令和３年３月１日付け 20210208 保局第２号 4．(7)③イ括弧書きにおける停電点検の延伸に係る要件の明確化について」を参考に，設備状態を勘案して総合的に判断することになります．

Q．停電による年次点検の頻度を３年に１回として承認を得られれば，それ以降は点検の結果に関わらず，点検周期はそのまま継続できるのでしょうか．
A．承認は基本的に継続されますが，点検の結果，３年に１回の停電による年次点検が不適当と判断された場合には，当然に全ての年次点検を停電による点検にしてください．

## 3.10　過疎地域等の自家用電気工作物に対する措置

●該当箇所：内規 4. ⑽

Q．過疎地域等の自家用電気工作物に対して，審査を行う場合の配慮基準はどのようになるのでしょうか？

A．過疎地域等の場合，設置場所から２時間以内に到達出来る電気管理技術者等が存在しない場合が考えられるため，そのような点を配慮する必要があると考えられます．

Q．離島など過疎地域の自家用電気工作物の保安管理業務を受託した場合，点検頻度を緩和することは可能でしょうか？

A．主任技術者制度の解釈及び運用（内規）4. ⑼「過疎地域等の自家用電気工作物に対する措置」は，当該内規における審査基準のみを緩和するものであり，施行規則や告示に定める要件には適用できないものとして取扱います．よって，離島等の過疎地域であっても告示で定める点検頻度を緩和することはできません．

## 3.11　高圧一括受電するマンションの住居部分の点検

●該当箇所：内規 4. ⑾

Q．「マンション」とは，どういうものを指しますか？

A．本内規におけるマンションは，人の住居の用に供する部分が二以上存在する建物をいいます．

Q．「住居」とは何でしょうか？

A．人が起臥寝食のために日常的に使用する場所をいいます．その住居の所有権，賃借権別は問いません．

Q．高圧一括受電するマンション内に存在する「コンビニ等の店舗」にも本規定が適用されますか？

A．適用されません．内規のとおり，「住居部分」に限定されております．これは，高圧受電の二次側である「コンビニ等の店舗」には不特定多数の者が出入りすること，一般家庭用の電気機器と異なる業務用の電気機器類（冷蔵・冷凍ショーケース等）が設置されていること等に鑑み，一般用電気工作物の定期調査と同様の方法での点検実施では，一定の保安レベルの確保が困難であるためです．

　なお，本規定は当該マンションの住居部分の点検方法について整理したものであって，本規定を適用したとしても，当該マンションの住居部分が自家用電気工作物であることは変わりありません．

Q．住居部分に関して，一般用電気工作物の定期調査と同様の方法で点検を実施することに変更した場合，何らか法的な手続きは必要でしょうか．

A．高圧受電のマンションについては，住居部分を含めて一体の自家用電気工作物であるため，住居部分に関して，一般用電気工作物の定期調査と同様の方法で点検を実施する旨，保安規程に定め，当該変更届を提出することが必要です．

Q．同一マンション内にあるエネファームの合計出力が50 kW以上になると，各エネファームは法令上「発電所」と位置付けられるため，燃料電池発電所の点検頻度を毎月1回以上と定めている告示と，4年に1回以上で足りるとする内規との間に不整合が生じてしまうのではないでしょうか．

A．電気的に接続された一構内における出力が50 kW以上になる発電設備は，個々が小出力発電設備に該当するものであっても発電所とみなされます．一方で，エネファームは，マンションの共用部分にまとめて設置する形態ではなく各住居毎に分散設置されるものであること，更に，内規4. ⑾内の「②設置者と機器販売事業者等との契約により，当該燃料電池発電設備の保守が実施され，その点検結果等が整備記録に記録されていること．」の条件をもって，告示における点検頻度及び換算係数には反映させないこととしたものです．

## 3.12　外部選任（内規1. ⑴①及び②に定める者），みなし設置者からの外部委託について

●該当箇所：内規1. ⑵なお書き

Q．外部選任（内規1. ⑴①及び②に定める者）からの外部委託（電気保安法人又は個人の管理技術者）は可能でしょうか？

A．不可能です．

Q．みなし設置者からの外部委託（電気保安法人又は個人の管理技術者）は可能でしょうか？

A．可能です．

## 3.13　その他

●該当箇所：電気事業法施行規則第3条第3項

Q．一需要場所複数引込となる事業場において外部委託を行う場合，設備容量を合算して申請することになるのでしょうか？

A．絶縁監視装置の有無等，設備条件が異なることが想定されますので，外部委託承認においては，原則として設備単位は引込毎と解釈し，それぞれの電気工作物として申請頂くこととなります．

●該当箇所：電気事業法施行規則第52条第2項第一号

Q．太陽電池発電所の外部委託について，出力が2 000kWから5 000kWで，電圧7 000V以下で連系等する太陽電池発電所はどのようなものがあるのでしょうか？

A．単独系統に接続する発電所が想定されます．一方で，一般送配電事業者との系統連系協議においては，原則として託送等供給約款や電力品質確保に係る系統連系技術要件ガイドライン等の連系の区分によります．

●該当箇所：電気事業法施行規則第53条第1項

Q．電気事業法施行規則第53条第1項第三号において，前条（第52条の2）の要件に該当することを証する書類の内，第52条の2第一号ヘ及び同条第二号ホ，ヘについて証する書類とは，具体的に何でしょうか？　また，その証明者は誰がなることができますか？

A．要件に該当する旨の宣誓を行うこととなります．証明者は，個人であれば本人であり，法人であれば法人の代表者になります．

●該当箇所：電気事業法施行規則第 53 条第２項

Q．設置者と電気保安法人との契約継続中に，保安業務担当者が変更した場合，承認条件に変更が生じるので，承認申請書を再度提出することによって条件を確認し，承認し直すこととなりますか？

A．契約内容にもよりますが，当該変更があった場合に再契約となる場合は，再申請が必要となります．なお，再契約とならない場合は，再申請は必要ありませんが，変更後の保安業務担当者の要件等について報告していただくことになります．

Q．規則第 53 条第２項第三号に「委託契約は保安管理業務を委託するのみを内容とする契約であること」とありますが，ビルメンテナンス等の総合保安管理業務（電気・空調・給排水衛生設備）の契約書でも大丈夫でしょうか？

A．保安業務レベルの低下をきたすことのないよう，他の業務と一体となった契約ではなく，保安管理業務を委託するのみの独立の契約として公正さ，適正さを確保することが必要です．

●該当箇所：内規 4.

Q．個人の管理技術者が法人を設立した場合，今まで個人で承認を受けていた分と法人設立後に法人として承認を受けた分を併任して良いでしょうか？

A．個人と法人のどちらか一方になります．一般的に個人が法人に移った場合は，法人として再申請することとなります．

Q．現在の管理技術者が，現在の契約先の需要家を抱えて法人に移ったとき，個々の契約を法人が一括して引き継ぐことは可能でしょうか？

A．設置者が法人と委託契約を締結する必要があるため，再申請の必要があります．

Q．個人の事業者が，法人を設立して営業活動のみを法人として行い，保安管理業務の参入に関しては個人のままで行いたいと考えているが良いでしょうか？

A．保安管理業務の契約の一環として営業活動を行っていることとなるため，法人として参入していただきます．

Q．平成 21・04・15 原院第１号をもって改正（※）された内規はいつから適用されるのでしょうか？　契約締結日を基準として適用されるのか，それとも申請日を基準として適用されるのでしょうか？

※　この改正は，外部委託承認の要件の一つである，規則第 53 条第２項第五号の「事業用電気工作物の工事，維持及び運用の保安に関し，設置者及び委託契約の相手方の相互の義務及び責任が委託契約に定められていること」の解釈として①電気管理技術者等が，保安規程に基づき，保安管理業務を自ら実施すること，②設置者が，委託契約書に記載された電気管理技術者等が保安管理業務を行っていることを確認すること，③電気管理技術者等が行う月次点検の内容，④電気管理技術者等が年次点検を行うこと及びその内容，⑤電気管理技術者等が行う工事期間中の点検の内容，⑥電気管理技術者等が，事故・故障発生時に臨時点検，再発防止策の指示等を行うこと，等が外部委託契約書から確認できることを規定し，その後の外部委託承認申請について適用したもの．

A．改正された内規は 11 月１日に申請されたものから適用されます．そのため，契約締結日が11月1日以前であっても，申請が11月1日以降となれば，改正された内規が適用されることとなります．

Q．既に外部委託の承認を得ている事業場においても，平成21・04・15原院第1号をもって改正（※前問同様）された内規の内容を契約書等に反映させなければなりませんか？

A．既契約の事業場においては，その承認は有効であり，変更する必要はありませんが，改正された内規の内容に沿った保安管理業務の実施が望まれます．

# 4. 兼　任

## 4.1　設置者の関係性について

●該当箇所：内規6.⑴②ロ，⑵①ロ及び⑶①ロ

Q．「親会社又は子会社」と判断する基準は何でしょうか？

A．会社法（平成17年7月26日法律第86号）第2条第三号に規定する会社法施行規則（平成18年2月7日法務省令第12号）第3条に基づき判断します．

⇒（親会社の例）　議決権総数の50％超を有している会社 等

●該当箇所：内規6.⑴②ハ

Q．「同一の親会社の子会社」と判断する基準は何でしょうか？

A．前述する「親会社又は子会社」の定義に従い，親会社が同一である子会社同士（いわゆる兄弟会社）であることです．

●該当箇所：内規6.⑴②，⑵①及び⑶①

Q．親会社と孫会社間の兼任について認められますか？

A．親子会社間に比べ，資本関係のうすい親孫会社間においては，保安上の指揮命令系統が不明確になることが懸念され，保安確保の観点から，兼任は認めておりません．

　ただし，資本関係が密接と考えられる完全親子会社間（親—孫及び孫—孫間に限る．）に限り，兼任は認められます（下図の例とおり）．

%は出資比率を示す

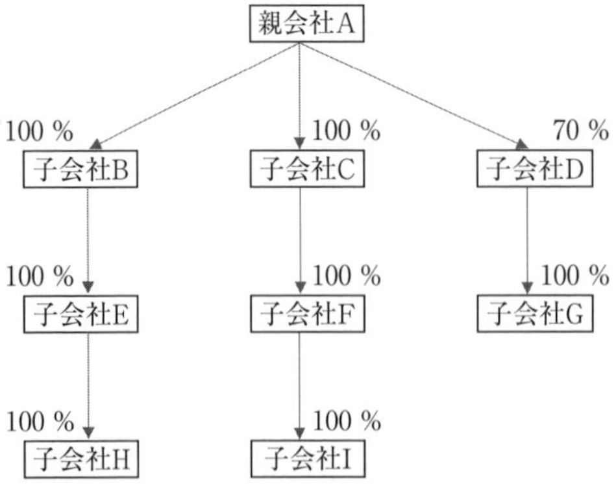


兼任可能となる組み合わせ

| | A | B | C | D | E | F | G | H | I |
|---|---|---|---|---|---|---|---|---|---|
| A | | ○ | ○ | ○ | ○ | ○ | × | × | × |
| B | ○ | | ○ | ○ | ○ | ○ | × | ○ | × |
| C | ○ | ○ | | ○ | ○ | ○ | × | × | ○ |
| D | ○ | ○ | ○ | | ○ | ○ | ○ | × | × |
| E | ○ | ○ | ○ | ○ | | ○ | × | ○ | × |
| F | ○ | ○ | ○ | ○ | ○ | | × | × | ○ |
| G | × | × | × | ○ | × | × | | × | × |
| H | × | ○ | × | × | ○ | × | × | | × |
| I | × | × | ○ | × | × | ○ | × | × | |

### 4.2 「敷地」の考え方について

●該当箇所：内規6.⑴②ニ

Q.「敷地」とはどの範囲を指すのでしょうか？　また，「同一敷地内にある」とはどのような状態を示しているのでしょうか？

A．一般には，電気工作物や電気工作物を保有する建築物を建設するために使用する土地のことを指します．

ここでいう「同一敷地内にある」とは，敷地内にある一方の電気工作物で発生した事故（代表例としては，屋根に設置した太陽電池発電設備の火災事故や破損事故）がもう一方の設備の保安に密接に影響するといえる場合を示します．

したがって，同一敷地内であっても互いの設備が影響を受けない程度に離れている場合は，両方の設備に対して同等レベルの確保が困難となるため，本規定は適用されません．

### 4.3 みなし設置者による兼任について

●該当箇所：内規1.⑵なお書き

Q．本来設置者が異なる事業場において，みなし設置者が同一（又は親子・兄弟関係）の場合，兼任は可能でしょうか？

A．本来設置者が異なる場合，従事時間や優先順位などの面においてそれぞれの設置者間で齟齬が生じ，電気主任技術者の保安の確保のための行動が制限されるおそれが生じるなど保安に係る責任の所在が不明確になりやすいため，みなし設置者が同一であったとしても兼任はできません．

### 4.4 その他

●該当箇所：内規6.⑴なお書き

Q．兼任させようとする事業場若しくは設備が6以上となる場合であって，兼任が承認された事例を教えて下さい．

A．過去に認めた事例を紹介します．なお，下記事例はあくまで判断の目安であり，案件毎に保安組織の体制，管理方法，設備等総合的かつ事業者毎の個別事情を勘案する必要がありますので，事前に事業場を管轄する地域の産業保安監督部宛てご相談下さい．

① ポンプ場で兼任させる数が6となった例

・全ての事業場が，農事用の負荷であり，半年稼働（残りの期間は休止）している．

・うち，1つの事業場が予備発電設備（30 kVA）を有する低圧自家用である．

・中央管理所において，兼任している事業場を遠隔で常時監視し，異常の際には直ちに対応する態勢にある．

・周辺に人（常勤者含む）がおらず，事故が発生した際の影響が低い．

② 1の敷地内で兼任させる数が6となった例

・全ての事業所が，同一敷地内（同一地番かつ同一の出入管理区域）に設置されている．

・全ての事業所の保安組織は一元化されている．

・全ての事業所において，1箇所あたりの最大電力が2 000 kW未満である．

Q.「兼任させようとする事業場若しくは設備」とありますが，下記の図のように内規3.に定める統括行為を用いて複数の発電所を直接統括する事業場を1事業場として複数兼任することはできますか？

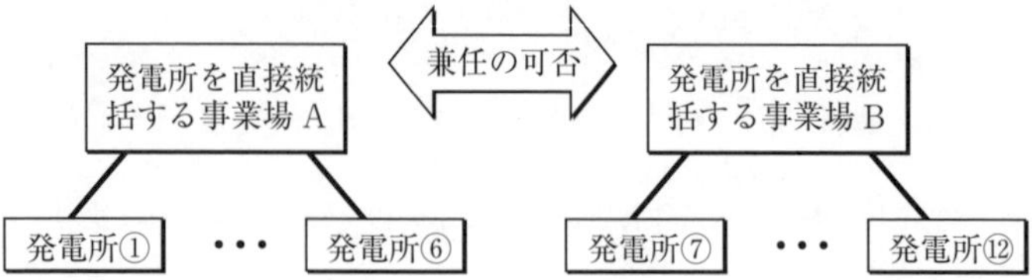


Ａ．発電所等を直接統括する事業場を含んだ兼任は認められません．兼任と統括行為はそれぞれ独立したものであり，併用できません．

●該当箇所：内規 6.⑴②ニ

Ｑ．太陽電池発電設備等と需要設備の間の設置形態に何らかの制限はありますか？

Ａ．いわゆる屋根貸し，土地貸し等，設置形態は問いません．しかし，一方で発生した事故がもう一方の設備の保安に密接に影響する形態であることが必要です．

Ｑ．箇所数，設備容量の上限は見直されますか？

Ａ．本特例を適用する場合でも，他の兼任要件は引き続き適用されます．

# 関　連　資　料

（資料１）

主任技術者制度の解釈及び運用（内規）（令和３年３月１日付け 20210208 保局第２号）4.⑺③イ括弧書きにおける停電点検の延伸に係る要件の明確化について

令和３年３月

経済産業省産業保安グループ　電力安全課　現

在，電気事業法施行規則（平成７年 10 月 18 日通商産業省令第 77 号）第 52 条第２項の規定により，一定規模の自家用電気工作物について一定の要件を満たす法人又は個人と保安の監督に係る業務を委託する契約を締結している場合であって，保安上支障がないものとして経済産業大臣（又は所轄の産業保安監督部長）の承認を受けた場合には，電気主任技術者を選任しないことができる（外部委託承認制度）．その承認要件のひとつとして，年次点検に係る要件を次のとおり規定している．

主任技術者制度の解釈及び運用（内規）（令和３年３月１日付け 20210208 保局第２号）

4.⑺③年次点検を，月次点検に係る②の要件に加え，次のイ及びロに掲げる要件に従って行うこと．

イ　１年に１回以上行う．（ただし，信頼性が高く，かつ，下記③ロの各号と同等と認められる点検が１年に１回以上行われている機器については，停電により設備を停止状態にして行う点検を３年に１回以上とすることができる．）

ロ　次の(イ)から(ホ)までに掲げる項目の確認その他必要に応じた測定・試験を行う．

(イ)　低圧電路の絶縁抵抗が電気設備に関する技術基準を定める省令第 58 条で規定された値以上であること並びに高圧電路が大地及び他の電路と絶縁されていること．

(ロ)　接地抵抗値が電気設備の技術基準の解釈第 17 条で規定された値以下であること．

(ハ)　保護継電器の動作特性試験及び保護継電器と遮断器の連動動作試験の結果が正常であること．

> (ニ)　非常用予備発電装置が商用電源停電時に自動的に起動し，送電後停止すること並びに非常用予備発電装置の発電電圧及び発電電圧周波数(回転数)が正常であること．
> (ホ)　蓄電池設備のセルの電圧，電解液の比重，温度等が正常であること．

ここで，年次点検については原則として１年に１回，停電により設備を停止状態にして行う点検（以下「停電点検」という．）の実施を定めているが，内規4．(7)イただし書に規定する機器については，停電点検を３年に１回以上の頻度で実施することができる．

今般，内規4．(7)イただし書きにおける停電点検の延伸のための条件として「信頼性が高いこと」及び「4．(7)③ロの各号と同等と認められる点検」について，その要件を明確化することによって，より一層の運用の明確化を図ることとする．

なお，本件は満足すべき要件とこれを満たすと認められる技術的内容を具体的に示したものであり，下記具体例に限定されるものではなく，当該要件に照らして十分な保安水準の確保ができる技術的根拠があれば，当該要件に適合するものと判断するものである．

また，本運用は，電気事業法施行規則第52条の２第一号ロの要件，第一号ハ及び第二号ロの機械器具並びに第一号ニ及び第二号ハの算定方法等並びに第53条第２項第五号の頻度に関する告示（平成15年経済産業省告示第249号．以下「告示」という．）の令和３年３月１日付け改正に伴い，『主任技術者制度の解釈及び運用（内規）（平成25年９月27日付け20130920商局第１号）４．(4)③イ括弧書きにおける停電点検の延伸に係る要件の明確化について』を改正するものである．

## Ⅰ．「信頼性が高い機器」の要件

(1)　設備を構成する個々の機械器具において，設計上，製作上又は施工上支障があるものではないこと．

　(例)　リコール制度による届出や保安上の注意喚起等の対象となっていないこと．

(2)　保安上の観点から，設備構成に一定の信頼性が認められるものであること．

　(例)　告示第４条第七号イ～ニまでの設備条件のすべてに適合するものであること．

> 告示第４条第七号
> イ　柱上に設置した高圧変圧器がないもの
> ロ　高圧負荷開閉器（キュービクル内に設置するものを除く．）に可燃性絶縁油を使用していないもの
> ハ　保安上の責任分界点又はこれに近い箇所に地絡保護継電器付高圧交流負荷開閉器又は地絡遮断器が設置されているもの
> ニ　責任分界点から主遮断装置の間に電力需給用計器用変成器，地絡保護継電器用変成器，受電電圧確認用変成器，主遮断器用開閉状態表示変成器及び主遮断器操作用変成器以外の変成器がないもの

(3)　設備環境上支障のあるものではないこと．ただし，適切な対策が講じられているものは除く．

　(例)・腐食性ガスや可燃性ガス等の滞留する場所に設置されているものではないこと．
　　　・高温多湿による保安機能の支障が生じる環境に設置されているものではないこと．
　　　・塩害による保安機能の支障が生じる環境に設置されているものではないこと．

(4)　使用実績又は維持管理状況を踏まえて，次回の停電年次点検まで（３年後まで）の間における設備の信頼性に支障が認められるものではないこと．

（例）・前回の停電年次点検において，内規で定める点検が実施されており，その結果（修理等を行った場合にはその結果も含む.）が支障ないものであること.
・前回の停電年次点検以降で実施した無停電での年次点検及び直近までの月次点検の結果（修理等を行った場合にはその結果も含む.）が支障ないものであること.
・製造者等が推奨する取替更新時期内であるもの又は保安に関する適正な余寿命評価（次回の停電年次点検までの期間（３年後までの期間））を行ったものであること.

⑸ 保安管理に係る体制に支障のあるものではないこと.

（例） 年次点検（停電及び無停電）の実施方法が，保安規程又は保安規程の下部規程等に定められていること.

## Ⅱ.「4. ⑺③ロの各号と同等と認められる点検」の要件

以下(イ)から(ホ)の各号で確認すべき事項に関して，当該事項を満足している蓋然性が高いと認められる方法によるものであること.

| |
|---|
| (イ) 低圧電路の絶縁抵抗が電気設備に関する技術基準を定める省令第 58 条で規定された値以上であること並びに高圧電路が大地及び他の電路と絶縁されていること. |

・絶縁監視装置による監視結果又は漏れ電流計による測定結果が良好であること．また外観点検の結果（必要に応じた超音波式部分放電探査やサーモグラフィ等による過熱部位の有無の確認を含む.）が良好であること.

| |
|---|
| (ロ) 接地抵抗値が電気設備の技術基準の解釈第 17 条で規定された値以下であること. |

・簡易的測定方法による測定値に余裕をもって推測する方法.
・過去より直近までの測定値の評価及び接地設備に係る外観点検（必要に応じて端子間の導通状況の確認）をもって推測する方法.

| |
|---|
| (ハ) 保護継電器の動作特性試験及び保護継電器と遮断器の連動動作試験の結果が正常であること. |

・前回の停電時に実施した保護継電器単体の動作特性試験結果が良好であること.
・前回の停電時に実施した遮断器のトリップ回路の内部抵抗，絶縁抵抗等の測定結果及び過熱部位の有無等の確認結果に係る測定値等の評価結果が良好であること．また，遮断器のグリスアップ等が適切な頻度で行われていること.
・前回の停電時に実施した保護継電器から遮断器までの設備（関連設備を含む）の外観点検（必要に応じて端子間の導通状況の確認）の結果が良好であること.

| |
|---|
| (ニ) 非常用予備発電装置が商用電源停電時に自動的に起動し，送電後停止すること並びに非常用予備発電装置の発電電圧及び発電電圧周波数（回転数）が正常であること. |

・模擬信号等による起動及び停止と発電電圧及び発電電圧周波数（回転数）が正常であることの確認.

| |
|---|
| (ホ) 蓄電池設備のセルの電圧，電解液の比重，温度等が正常であること. |

・蓄電池設備のセルの電圧，電解液の比重，温度等が正常であること.

# 電気事業法の規定に基づく主任技術者の資格等に関する省令第１条第１項に規定する教育施設に係る認定等の運用について（内規）

（平成30年8月8日　20180802保局第２号）

電気事業法の規定に基づく主任技術者の資格等に関する省令第１条第１項に規定する教育施設に係る認定等の運用について（内規）を次のように制定する．

（学校認定の事務処理）

１．産業保安監督部長（産業保安監督部の支部長，中部近畿産業保安監督部北陸産業保安監督署長又は那覇産業保安監督事務所長を含む．以下同じ．）が行う，電気事業法の規定に基づく主任技術者の資格等に関する省令（昭和40年通商産業省令第52号．以下「省令」という．）第１条第３項の規定に基づく学校認定申請書（以下「申請書」という．）の処理については次による．

（１）　審査の結果，電気主任技術者免状に係る学校等の認定基準に関する告示（平成22年経済産業省告示第71号．以下「認定基準」という．）に適合すると認められるものについては，省令第１条第１項に規定する経済産業大臣が告示で定める基準に適合するものとして認定を受けた教育施設（以下「認定校」という．）として認定し，公示依頼を技術総括・保安審議官宛て進達すること．

（２）　省令第１条の４の規定により認定校が公示されたときは，その旨を様式１により当該認定校に通知するものとする．

２．産業保安監督部長は，省令第１条の２に基づく学校認定に係る変更届出書（以下「変更届出書」という．）の処理については次による．

（１）　認定基準に適合しないと認められるものについては，その旨学校に通知し，適合するように指導すること．

（２）　変更届出の内容が，省令第１条の２第一号（学校名及び所在地の変更）に係るものについては，公示依頼を技術総括・保安審議官宛て進達すること．

（３）　省令第１条の４の規定により認定校の記載事項の変更が公示されたときは，その旨を学校等に通知するものとする．

（４）　変更届出の内容が，省令第１条の２第三号に規定する関係学科のうち，科目又は科目別授業内容若しくは履修単位に関する変更のときは，内容について認定基準に適合しないものでないことを確認することとする．

（単位取得証明書）

３．申請書及び変更届出書（省令第１条の２第三号の変更に係るものに限る．）を受理する場合は，省令様式第７の単位取得証明書を添付するよう指導し，記載方法が正しいことを確認する．また，単位取得証明書の発行に当たっては，常に学校認定の際に定められた様式に従うよう指導すること．

（単位取得証明書様式の書き方）

４．単位取得証明書の書き方は次によること．

（1） ◎科目欄は，必ず開設しなければならない授業内容の科目を記載させ，○科目欄は，その他の授業内容の科目を記載させること．

（2） 編入学の場合には，編入年次及び編入前学校名（学部及び学科名を含む．）を入学年月日の下に記入させること．

（3） 認定校の名称が変更されている場合においては，旧学校名を併記させること．

（4） 科目等履修生として取得した科目にあっては，取得単位欄に取得年月及びその旨を明記させること．

（5） 認定大学の設置者が設置する大学院において必要単位を履修し取得した場合には，卒業した大学名（学部及び学科を含む．），大学卒業年月日及び大学院修了年月日を記載させること．

（実験設備等に関する審査について）

5．認定基準第1条第四号の規定に係る審査は，以下のとおり行うものとする．

（1） 実験設備及び実習設備（以下「実験設備等」という．）の設置数については，生徒又は学生等一人一人に対する授業の質を確保する観点から，生徒数又は学生数等及び班分けの方法等授業の実施体制から総合的に判断し，適切に実験又は実習を行うために必要な数を設置していることを確認すること．また，認定校が，実験設備等の設置数を減らす場合においても，合理的な理由があることを確認すること．

（2） 実験設備等を借用のものとする場合は，賃借に関する契約書等の写しを提出させ，認定校が必要とするときに確実に使用できることを確認すること．

（学校認定申請時期）

6．学校認定申請時期は，原則として申請に係るカリキュラムを適用しようとする入学年次の学期が始まる前までに行うこと．ただし，書類等により認定基準に適合することが認められる場合にあっては，最長，入学した学生又は生徒がその認定基準に従って標準的な課程を履修し卒業する前までに申請することができるものとする．

（認定等に係る立入検査）

7．申請又は届出後の立入調査の実施

（1） 認定申請に係るものにあっては，書類審査において認定基準を満たしている場合，当該施設等に立入調査を実施し，認定基準に適合しているか調査すること．6．のただし書きの場合には，その立入調査の時期は，認定を行おうとする入学年次の生徒又は学生等が卒業する年度までに行うこと．

（2） 変更届出書を受理した場合は，次に掲げる場合に立入調査を行うこと．また，その時期は，変更に係る事項の変更後1年以内に行うこと．

イ．学校等が移転した場合

ロ．設備の変更が1割以上の場合

（立入調査）

8．認定校の立入調査の実施について，産業保安監督部（産業保安監督部の支部，中部近畿産業保安監督部北陸産業保安監督署及び那覇産業保安監督事務所を含む．以下同じ．）ごとに年度計画を定め，定期的（5年に1度以上）に立入調査（以下「定期立入調査」という．）を行うこと．また，産業保安監督部長は，必要があると認めたときは，臨時に立入調査（以下「臨時立入調査」という．）を行うものとする．

ただし，7．で規定する立入調査及び臨時立入調査は，定期立入調査に代えることができる．なお，同一の学校法人又は準学校法人が同一又は隣接して構内に2以上の認定校を有する場合は，原則として同時に行うこととする．

（データの作成と保管及び管理）

9．産業保安監督部は，認定した場合，次に掲げる事項を台帳に記載し保管するとともに，データベースに所要の事項を遅滞なく入力すること．変更届出書が提出された場合には，変更届出に係る事項を修正すること．

① 申請年月日
② 学校等の名称及び所在地
③ 申請に係わる主任技術者免状の種類
④ 学部等
⑤ 認定年月日又は廃止年月日
⑥ 関係学科の科目別授業内容及び開講（予定）履修単位
⑦ 関係学科教員の資格及び数（申請時に添付する必要が無いとして省令に規定される学校等に係るものは除く．）
⑧ 関係学科の実験設備及び実習設備
⑨ 単位取得証明書様式
⑩ 学校教育法における位置付け
⑪ 立入調査実施記録
⑫ その他指導等

（立入調査の事務処理要領）

10．立入調査については，以下に基づき行うこととする．

（調査通知）

（1） 産業保安監督部長は，立入調査を実施する場合は，学校側と日時等について調整の上，あらかじめ様式3により文書にて学校等の長に通知すること．

（調査立会）

（2） 立入調査の実施時には，関係学科の長又はこれと同等以上の者の立会いを要請すること．

（調査実施時間）

（3） 実験実習設備等に係る調査は授業に支障のないように実施できるよう調整すること．また，原則2名で実施すること．

（調査の中止）

（4） 調査官は立入りの拒否，事故その他の事情により調査が困難となった場合は，調査を中止すること．

（調査官の義務）

（5） 調査官は調査の実施に当たって，次の事項に配慮すること．

イ．認定基準への適合の確認に必要な限度を超えることのないこと．
ロ．知り得た機密の保持．
ハ．学校側の協力のもとに行い，その振る舞いには品位及び節度を保つこと．

（立入調査の結果について）

（6） 調査官は，立入調査終了後，遅滞なく産業保安監督部長に調査結果を報告するものとする．（認定時にあっては様式4，変更時にあっては様式5，定期又は臨時にあっては様式6を用いること．）

（7） 産業保安監督部長は，7．で規定する立入調査又は定期立入調査若しくは臨時立入調査による結果を，一括して取りまとめ保管するとともに（10年保存），7. で規定する立入調査にあっては立入調査後に，定期立入調査又は臨時立入調査に係るものにあっては当該年度終了後1カ月以内に技術総括・保安審議官に写しを送付すること．

（調査結果の改善指示等）

11. 立入調査の結果，認定基準に適合しないものがあった場合は，産業保安監督部長は速やかに，改善を指示するものとする．

12. 省令第1条の2に規定する事項を変更したもので，届出の手続きが行われていなかったものについてその事実が明らかになったときは，速やかにその手続きを行なうよう指示するものとする．

13. 産業保安監督部長は，認定校が認定基準に適合せず，かつ，11. の改善指示に従わなかった場合は，省令第1条の3の規定に基づく処分を行うこと．

（高等学校における総合学科制度の導入に伴う手続）

14. 高等学校が総合学科を認定申請する場合，また認定校が総合学科制度への変更に伴い変更届を提出する場合には，必要単位の履修等に係る制度の概要についての説明書を添付させるとともに様式2の確約書を提出させること．

附　則

1. この内規は平成29年7月13日から施行する．

2. 「電気事業法の規定に基づく主任技術者の資格等に関する省令第1条第1項に規定する教育施設に係る認定等の運用について（内規）」（平成24年9月19日付け20120919商局第36号）は，廃止する．

様式 1

番　　　号
年　月　日

○○○学校
　学校長○○　○○殿

○○産業保安監督部長

電気事業法の規定に基づく主任技術者の資格等に関する省令第１条第１項
の規定による学校等の認定の通知について

上記の件について，平成○○年○○月○○日付け○○第○○○○号をもって申請がありましたが，審査の結果，「学校等の認定基準」に適合していると認められますので，認定校として認定し，平成○○年○○月○○日付けで公示しましたのでお知らせします．

記

認定学科名　　○○○学部○○○学科
平成○○年度入学生から適用

（備考）

様式２

平成　　年　　月　　日

○○産業保安監督部（○○支部）電力安全課長 殿
（中部近畿産業保安監督部北陸産業保安監督署長 殿）
（那覇産業保安監督事務所保安監督課長 殿）

○○県立○○高等学校
校長○○　○○

第３種電気主任技術者免状に係る学校認定（変更届出）に対する確約書

本校の総合学科を第３種電気主任技術者免状に係る認定校としての認定を受けるにあたり，以下のとおり確約します．

（本校は第３種電気主任技術者免状の認定校として認められておりますが，平成○年度から総合学科制度を導入するにあたり，以下のとおり確約します．）

1　電気主任技術者免状取得希望生徒については，必要な科目及び履修単位を適切なカリキュラムを組むとともに，生徒に対し必要な科目及び単位を指導する．

2　総合学科の概要

様式３

番　　　　号
年　　月　　日

○○○学校
学校長　○○○○　殿

○○産業保安監督部（○○支部）長 名
（中部近畿産業保安監督部北陸産業保安監督署長 名）
（那覇産業保安監督事務所長 名）

電気主任技術者免状に係る学校等の認定基準への適合状況に関する立入調査について（通知）

上記の件について，下記により行いたく，必要な書類の準備並びに当日の協力方お願いします．

記

1．立入調査日時　　平成○○年○○月○○日
　　　　　　　　　　　　○○時から○○時まで

2．立入調査官　○○産業保安監督部（○○支部）電力安全課
（中部近畿産業保安監督部北陸産業保安監督署）
（那覇産業保安監督事務所保安監督課）
○○　○○
○○　○○

3．準備する関係書類等　(1)学校及び関係学科の設立年月日並びに授業科目の推移に関する書類
(2)関係学科の入学資格，修業年限及び生徒（学生）の定員に関する書類
(3)関係学科区分科目別授業内容及び履修単位に関する書類
(4)関係学科の実験設備及び実習設備
(5)単位取得証明書の様式
(6)その他学校認定に関係する書類

（備考）夜間の授業を行っている認定校にあっては，昼間で行う旨を明記する．

様式4

番　　　号
年　月　日

○○産業保安監督部（○○支部）長 殿
（中部近畿産業保安監督部北陸産業保安監督署長 殿）
（那覇産業保安監督事務所長 殿）

調査官　○○○○○

電気主任技術者免状に係る学校認定のための立入調査報告書

上記の件について，電気事業法の規定に基づく主任技術者の資格等に関する省令第1条第1項の規定に基づく学校認定申請があり，下記により申請者に対する立入調査を行いましたので報告します．

記

1．調査を行った学校名及び所在地
（イ）学校名
（ロ）所在地

2．調査官及び調査年月日
（イ）調査官（官職名）
（ロ）調査年月日　平成　年　月　日

3．調査立会者

4．認定を受けようとする学科名（学部名等）及び免状の種類
（イ）学部名等（全日制，定時制等の別）
（ロ）免状の種類　　第　種電気主任技術者免状

5．学校及び関係学科（学部等）の設立年月日並びに授業科目の推移
（イ）学校等の設立年月日　　昭和（平成）　年　月　日
（ロ）関係学科の設立年月日　昭和（平成）　年　月　日
（ハ）授業科目の推移

6．調査事項

（1）関係学科の入学資格，修業年限及び生徒（学生）の定員等

（イ）入学資格

（ロ）修業年限　年

（ハ）生徒（学生）の定員

（ニ）適用する学生（生徒）　平成　年度入学生から適用

（ホ）関係学科の教員状況

（2）関係学科区分科目別授業内容及び履修単位

（イ）関係学科区分科目別授業内容の適合状況

（ロ）履修単位の適合状況

（ハ）その他特記事項

（3）関係学科の実験設備及び実習設備

（イ）電気機器実験用設備の適合状況

（ロ）電子・情報工学実験設備及び実習設備の適合状況

（ハ）高電圧試験設備の適合状況

（ニ）測定用設備及び計器類設備の適合状況

（ホ）その他特記事項

（4）単位取得証明書様式

（イ）単位取得証明書様式の適正記述状況

（ロ）その他特記事項

7．結論

8．その他参考意見

以上

様式５

番　　　　号
年　　月　　日

○○産業保安監督部（○○支部）長 殿
（中部近畿産業保安監督部北陸産業保安監督署長 殿）
（那覇産業保安監督事務所長 殿）

調査官　○○○○○

電気主任技術者免状に係る学校認定変更のための立入調査報告書

上記の件について，電気事業法の規定に基づく主任技術者の資格等に関する省令第１条第１項の２の規定に基づき学校認定変更申請があり，下記により申請者に対する立入調査を行いましたので報告します.

記

１．調査を行った学校名及び所在地
（イ）学校名
（ロ）所在地

２．調査官及び調査年月日
（イ）調査官（官職名）
（ロ）調査年月日　　　平成　　年　　月　　日

３．調査立会者

４．認定を受けようとする学科名（学部名等）及び免状の種類
（イ）学部名等（全日制，定時制等の別）
（ロ）免状の種類　第　種電気主任技術者免状

５．変更届出事項

６．調査事項（特に変更事項を中心に調査を行うものとする.）
（１）関係学科の入学資格，修業年限及び生徒（学生）の定員等
（イ）入学資格
（ロ）修業年限　年
（ハ）生徒（学生）の定員
（ニ）適用する学生（生徒）　平成　年度入学生から適用
（ホ）関係学科の教員状況
（２）関係学科区分科目別授業内容及び履修単位
（イ）関係学科区分科目別授業内容の適合状況
（ロ）履修単位の適合状況
（ハ）その他特記事項
（３）関係学科の実験設備及び実習設備
（イ）電気機器実験用設備の適合状況
（ロ）電子・情報工学実験設備及び実習設備の適合状況
（ハ）高電圧試験設備の適合状況
（ニ）測定用設備及び計器類設備の適合状況
（ホ）その他特記事項
（４）単位取得証明書様式
（イ）単位取得証明書様式の適正記述状況
（ロ）その他特記事項

７．結論

８．その他参考意見

以上

様式６

番　　　号
年　月　日

○○産業保安監督部（○○支部）長 殿
（中部近畿産業保安監督部北陸産業保安監督署長 殿）
（那覇産業保安監督事務所長 殿）

調査官　○○○○○

平成○○年度に実施した主任技術者の資格等に関する省令第１条第１項の規定による認定学校等の立入調査報告書

上記の件について，下記のとおり，定期及び臨時の立入調査を実施したので，学校等の事務処理要領のうち認定校への立入調査要領第６項の規定により報告します.

なお，下記の学校については，立入調査の結果，「学校等の認定基準」に適合しており，別段支障ないと認められます.

記

1．平成○○年度に実施した認定学校等の定期立入調査結果一覧表
（別紙 1）

2．平成○○年度に実施した認定学校等の臨時立入調査結果一覧表
（別紙 2）

平成○○年度に実施した認定学校等の定期立入調査結果一覧表　　（別紙１）

| 学校名<br>調査項目 | | |
|---|---|---|
| １．調査実施年月日 | | |
| ２．調査実施者名<br>（官職名）<br>（調査官名） | | |
| ３．調査を行った学校名及びその所在地 | | |
| ４．学科名（学部名等）<br>（全日制，定時制等の別） | | |
| ５．免状の種類 | 第　種電気主任技術者免状 | 第　種電気主任技術者免状 |
| ６．審査事項<br>（１）関係学科の入学資格修業年限及び生徒（学生）の定員<br>（イ）入学資格<br>（ロ）修業年限<br>（ハ）生徒（学生）の定員<br>（ニ）適用する学生（生徒）の時期<br>（ホ）関係学科の教員状況 | <br><br><br><br>年<br><br>平成　年度入学生から適用 | <br><br><br><br>年<br><br>平成　年度入学生から適用 |
| （２）関係学科区分科目別授業内容及び履修単位<br>（イ）関係学科区分科目別授業内容の適合状況<br>（ロ）履修単位の適合状況<br>（ハ）その他特記状況 | | |
| （３）関係学科の実験設備及び実習設備<br>（イ）電気機器実験用設備の適合状況<br>（ロ）電子・情報工学実験設備及び実習設備の適合状況<br>（ハ）高電圧試験設備の適合状況<br>（ニ）測定用設備及び計器類設備の適合状況<br>（ホ）その他特記事項 | | |

| 学校名<br>調査項目 | | |
|---|---|---|
| （4）単位取得証明書様式<br>（イ）単位取得証明書様式の適正記述状況<br>（ロ）その他特記事項 | | |
| （5）学校等の認定基準に適合しない部分の内容とその理由 | | |
| （6）学校等の認定基準に適合しない部分の指導内容 | | |
| （7）その他事務処理上特記すべき事項 | | |

平成○○年度に実施した認定学校等の臨時立入調査結果一覧表　（別紙2）

| 学校名<br>調査項目 | | |
|---|---|---|
| 1．調査実施年月日 | | |
| 2．調査実施者名<br>（官職名）<br>（調査官名） | | |
| 3．調査を行った学校名及びその所在地 | | |
| 4．学科名（学部名等）<br>（全日制，定時制等の別） | | |
| 5．免状の種類 | 第　種電気主任技術者免状 | 第　種電気主任技術者免状 |
| 6．学校及び関係学科（学部等）の設立年月日並びに授業科目の推移<br>（イ）学校等の設立年月日<br>（ロ）関係学科の設立年月日<br>（ハ）授業科目の推移 | 昭和（平成）　年　月　日<br>昭和（平成）　年　月　日 | 昭和（平成）　年　月　日<br>昭和（平成）　年　月　日 |
| 7．審査事項<br>（1）関係学科の入学資格修業年限及び生徒（学生）の定員<br>（イ）入学資格<br>（ロ）修業年限<br>（ハ）生徒(学生)の定員<br>（ニ）適用する学生(生徒)の時期<br>（ホ）関係学科の教員状況 | 年<br>平成　年度入学生から適用 | 年<br>平成　年度入学生から適用 |

| 学校名<br>調査項目 | | |
|---|---|---|
| （2）関係学科の実験設備及び実習設備<br>（イ）電気機器実験用設備の適合状況<br>（ロ）電子・情報工学実験設備及び実習設備の適合状況<br>（ハ）高電圧試験設備の適合状況<br>（ニ）測定用設備及び計器類設備の適合状況<br>（ホ）その他特記事項 | | |
| （3）単位取得証明書様式<br>（イ）単位取得証明書様式の適正記述状況<br>（ロ）その他特記事項 | | |
| （4）学校等の認定基準に適合しない部分の内容とその理由 | | |
| （5）学校等の認定基準に適合しない部分の指導内容 | | |
| （6）その他事務処理上特記すべき事項 | | |

# 移動用電気工作物の取扱いについて

（平成28年6月17日）20160531商局第1号）

電気事業法（昭和39年法律第170号．以下「法」という．）における移動用電気工作物に係る運用，解釈等は以下のとおりとする．

## 記

1．定義

この通達において，次の各号に掲げる用語の定義は，それぞれ当該各号に定めるところによる．

（1）「移動用発電設備」とは，発電機その他の発電機器並びにその発電機器と一体となって発電の用に供される原動力設備及び電気設備の総合体（以下「発電設備」という．）であって，貨物自動車等に設置されるもの（電気事業法施行令（昭和40年政令第206号）第1条に掲げるものを除く．）又は貨物自動車等で移設して使用することを目的とする発電設備をいう．ただし，非自航船用電気設備を除く．

（2）「非自航船用電気設備」とは，非自航船に設置される発電設備又は需要設備をいう．

（3）「移動用変電設備」とは，変電の用に供される電気設備の総合体であって，貨物自動車等で移設して使用することを目的とする変電設備をいう．ただし，移動用予備変圧器を除く．

（4）「移動用予備変圧器」とは，二以上の発電所，変電所又は需要設備に移設して使用することを目的とする予備変圧器をいう．

（5）「移動用電気工作物」とは，移動用発電設備，非自航船用電気設備，，移動用変電設備及び移動用予備変圧器をいう．

2．移動用電気工作物の取扱い

（1）次の各号に掲げる設備については，当該各号に定める設備として取り扱うこととする．

① 移動用発電設備であって，発電所，変電所，開閉所，電力用保安通信設備又は需要設備の非常用予備発電設備として使用するもの：発電所，変電所，開閉所，電力用保安通信設備又は需要設備に属する非常用予備発電装置

② 移動用発電設備であって①以外のもの：発電所

③ 非自航船用電気設備については，次のとおりとする．

イ　発電設備のみを有するもの：発電所

ロ　発電設備及び需要設備を有するもの：発電所及び需要設備

ハ　イ及びロ以外のもの：需要設備

④ 移動用変電設備：変電所

⑤ 移動用予備変圧器：発電所，変電所又は需要設備に属する変圧器

（2）移動用電気工作物に係る法第42条の規定に基づく保安規程の届出並びに法第43条及び電気事業法施行規則（通商産業省令第77号．以下「規則」という．）第52条の規定に基づく主任技術者選任の届出及び申請の運用に当たっては，次のとおり取り扱うこと

とする．

① 法第42条の規定に基づく保安規程の届出

法第42条の規定に基づく保安規程の届出は，移動用電気工作物を設置して使用する者が，当該移動用電気工作物の工事，維持及び運用（修理，改造，保管，点検，整備，使用，据付等）の方法並びに移動する区域について保安規程を作成し，当該移動用電気工作物を使用する場所を管轄する産業保安監督部長（産業保安監督部の支部長，中部近畿産業保安監督部北陸産業保安監督署長及び那覇産業保安監督事務所長を含む．以下同じ.）に提出するものとする．なお，当該保安規程で定める移動する区域が二以上の産業保安監督部の管轄区域にある場合は，経済産業大臣に届出を行うものとする．

② 法第43条及び規則第52条の規定に基づく主任技術者選任の届出及び申請

法第43条及び規則第52条の規定に基づく主任技術者選任の届出及び申請は，移動用電気工作物を設置して使用する者が，使用する場所又はこれを直接統括する事業場に主任技術者を選任（規則第52条第2項の承認にあっては，同項の委託契約を締結）し，当該移動用電気工作物を使用する場所を管轄する産業保安監督部長に提出するものとする．なお，当該使用する場所が二以上の産業保安監督部の管轄区域にある場合，経済産業大臣に届出及び申請を行うものとする．

（3） 移動用電気工作物に係る法第47条の規定に基づく工事計画の認可の申請，法第48条の規定に基づく工事計画，法第51条の届出及び法第50条の2の規定に基づく使用前安全管理審査の申請及び法第51条の2の規定に基づく使用前自己確認結果の届出の運用に当たっては，次のとおり取り扱うこととする．

① 移動用電気工作物に係る法第47条の規定に基づく工事計画の認可の申請及び法第48条の規定に基づく工事計画の届出は，移動用電気工作物を設置して使用する者が，法第51条の使用前自主検査を実施する場所を管轄する産業保安監督部長に提出するものとする．なお，工事計画の認可の申請及び届出に添付する発電所の位置には，移動する区域を記載すること．

② 移動用電気工作物に係る法第47条の規定に基づく工事計画の認可の申請及び法第48条の規定に基づく工事計画の届出は，移動用電気工作物の設置又は変更の工事をしようとするときに提出し，既に工事計画の認可を受けた又は届出を行った当該移動用電気工作物を移動して使用する場合（他者から借り受けた移動用電気工作物を設置する場合を除く.）は，再度の工事計画の認可の申請又は届出を要しないものとする．ただし，その移動の位置が工事計画の認可の申請又は届出の際に添付した発電所の位置に記載する移動する区域内である場合に限る.）．

③ 移動用電気工作物に係る法第50条の2の規定に基づく使用前安全管理審査の申請は，当該移動用電気工作物の設備の規模に応じて，法第50条の2第3項の登録を受けている登録安全管理審査機関又は使用前自主検査を実施する場所を管轄する産業保安監督部長に提出するものとする．

④ 規則様式第52の2の使用前安全管理審査申請書の「審査を受けようとする組織の名称及び使用前自主検査の場所」の欄には，当該移動用電気工作物の管理を行う事業場の名称及び位置並びに使用前自主検査を実施する場所を記載する．

⑤ 移動用電気工作物に係る法第51条の2の規定に基づく使用前自己確認結果の届出は，移動用電気工作物を設置して使用する者が，法第51条の2の使用前自己確認を実施する場所を管轄する産業保安監督部長に提出するものとする．なお，使用前自己確認結果

の届出に添付する発電所の位置には，移動する区域を記載すること．

⑥ 移動用電気工作物に係る法第51条の2の規定に基づく使用前自己確認結果の届出は，移動用電気工作物の使用の開始前にその結果を提出し，既に使用前自己確認結果の届出を行った当該移動用電気工作物を移動して使用する場合（他者から借り受けた移動用電気工作物を設置する場合を除く.）は，再度の使用前自己確認結果の届出は要しないものとする（ただし，その移動の位置が，使用前自己確認結果の届出の際に添付した発電所の移動する区域内である場合に限る.）.

（4） 移動用電気工作物に係る法第55条第4項の規定に基づく定期安全管理審査の申請の運用に当たっては，次のとおり取り扱うこととする．

① 移動用電気工作物に係る法第55条第4項の規定に基づく定期安全管理審査の申請は，当該電気工作物の設備の規模に応じて，法第55条第4項の登録を受けている登録安全管理審査機関又は定期事業者検査を実施する場所を管轄する産業保安監督部長に提出するものとする．

② 規則第94条の2第2項の規定に基づく定期事業者検査の時期の変更の承認において同項に規定する「特定電気工作物の設置の場所を管轄する産業保安監督部長」とは，当該移動用電気工作物の管理を行う事業場を管轄する産業保安監督部長とする．

③ 規則様式第62の定期安全管理審査申請書の「審査を受けようとする組織の名称及び定期事業者検査の場所」の欄には，当該移動用電気工作物の管理を行う事業場の名称及び位置並びに定期事業者検査を実施する場所を記載する．

（5） 電気関係報告規則において移動用電気工作物の「設置の場所を管轄する産業保安監督部長」とは，当該移動用電気工作物の使用の場所を管轄する産業保安監督部長とする．

附　則

1 この規程は，平成28年6月17日から施行する．

2 「移動用電気工作物の取扱いについて」（平成17年6月1日付け平成17・05・20原院第1号）は廃止する．

# 自家用電気工作物の「需要設備の最大電力」の法令解釈（内規）

（平成14年9月3日　平成14·07·09原院第6号）

電気事業法，電気工事業の業務の適正化に関する法律及び電気工事士法上の自家用電気工作物の「需要設備の最大電力」の法令解釈については，下記のとおりとする．

## 記

1．契約電力500kW以上の需要家については，契約電力の値

2．契約電力500kW未満の需要家については，契約負荷設備及び契約受電設備に基づき，電気供給約款別表4に従って算定される値（以下「契約設備電力の値」という．）と実量値をもって決定される契約設備電力の値のうちいずれか大きい値．ただし，実量値による契約電力が設定されない需要家にあっては，契約設備電力の値

また，自家用発電所と電力会社からの受電を併用する場合の需要設備の最大電力については，発電所出力（最大出力500kW未満に限る．）と受電電力の合計値（1 000kW未満に限る．）とする．なお，この場合の受電電力についても上記1及び2により解することとする．

# 事業用電気工作物設置者地位承継届出書に関する標準的な記入方法等

（平成17年4月1日　平成17・03・09原院第2号）

1．目的

本件は，電気事業法施行規則（以下「規則」という.）様式第62の2の事業用電気工作物設置者地位承継届出書（以下「承継届出書」という.）の標準的な様式記入方法等について，統一的な運用を図るために，定めるものである.

2．承継届出書に関する標準的な記入方法等

（1）　想定される承継の形態

電気事業法（以下「法」という.）第55条の2第1項において，地位の承継ができる場合は「事業用電気工作物を設置する者について相続，合併又は分割があったとき」と規定されており，設備の譲渡の場合は含まない.

したがって，想定される承継の形態は次のとおり.

①　単純承継の場合

B社とA社が合併後B社が存続し，B社がA社の地位を承継する場合.

②　分割承継の場合

A社からB社が分割され，B社がA社の地位を承継する場合.

③　名称変更を伴う承継の場合

上記単純承継によりB社がA社の地位を承継し，併せてB社が「C社」に名称変更する場合.

（2）　設置者の名称変更のみの取扱い

承継行為が発生しない設置者の名称変更のみについては，法第55条の2第2項の届出の対象とはしない.

（3）　規則様式第62の2中「承継に係る事業用電気工作物を設置する事業場の名称及び所在地」の欄の記入方法

規則様式第62の2中の当該欄には単に「別紙のとおり.」と記述し，名称及び所在地以外に，事務処理上必要な最低限の情報を記載した別紙様式を添付する．なお，（1）③の名称変更を伴う承継がある場合は，別紙様式を承継に係る事業場と名称変更に係る事業場に分けて添付する.

3．承継届出書の記載例

承継届出書の記載例とその解説は，別添のとおり.

（別添）

# 様式の記載例とその解説

## 1．単純承継の場合

本令は，（株）△△が（株）○○及び（株）□□の地位を承継する場合の例である．

（1） 規則様式第 62 の 2 の記載例

添付（記入例 1 － 1）を参照．

① 届出者は，（株）△△である．

② 被承継者は，（株）○○及び（株）□□である．

③ 「承継の原因」の欄には，「吸収合併」等の理由を簡潔明瞭に記載する．

④ 「承継に係る事業用電気工作物を設置する事業場の名称及び所在地」の欄には，「別紙のとおり．」と記載し，別紙様式による文書を添付する．

（2） 別紙様式の記載例

添付（記入例 1 － 2）を参照．

① 別紙様式のとおり，別表左欄に掲げる事業場の所在地に応じ，同表右欄の区分ごとに記載する．該当する区分がない場合には，当該区分の欄を空白とせずに，削除してよい．

② 「事業場の名称」及び「所在地」の欄は，（記入例 1 － 2）の例のとおり記載する．

③ 「備考」欄中「発電所の有無」の欄は，常用発電所がある場合には，「あり」と記入し，括弧書きで，発電所の種類（火力，水力等）を記載する．

④ 「備考」欄中「公害防止関係法の対象の有無」の欄は，対象となる場合には，「大気汚染防止法」，「騒音規制法」，「水質汚濁防止法」，「振動規制法」及び「ダイオキシン類対策特別措置法」の中から該当する名称を記載する．

⑤ 「備考」欄中「工事中の電気工作物の有無」の欄は，使用開始前の電気工作物であって，法第 47 条第 1 項により工事計画の認可を申請しているもの，工事計画認可書の交付を受けたもの又は法第 48 条第 1 項により工事計画を届け出たものがある場合には，当該工事の概要を簡潔明瞭に記載する．

⑥ 「備考」欄中「使用中の PCB 含有電気工作物の有無」の欄は，使用中の PCB 含有電気工作物がある場合には，「あり」と記入し，括弧書きで，総個数を記載する．

## 2．分割承継の場合

本例は，（株）△△が（株）○○から分割され，（株）○○の地位を承継する場合の例である．

（1） 規則様式第 62 の 2 の記載例

添付（記入例 2 － 1）を参照．

① 届出者は，（株）△△である．

② 被承継者は，（株）○○である．

③ 「承継の原因」の欄には，「分割」等の理由を簡潔明瞭に記載する．

④ 「承継に係る事業用電気工作物を設置する事業場の名称及び所在地」の欄には，「別紙のとおり．」と記載し，別紙様式による文書を添付する．

（2） 別紙様式の記載例

添付（記入例 2 － 2）を参照．

1．（2）に同じ．

## 3．名称変更を伴う承継の場合

本例は，（株）〇〇及び（株）□□が合併し，（株）□□が存続会社としてその地位を承継し，併せて（株）△△に名称を変更する場合の例である．

（1） 規則様式第62の2の記載例

添付（記入例3－1）を参照．

① 届出者は，（株）△△である．

② 被承継者は，（株）〇〇である．

③ 「承継の原因」の欄には，「吸収合併」等の理由に加え，名称変更した旨を含め，簡潔明瞭に記載する．

④ 「承継に係る事業用電気工作物を設置する事業場の名称及び所在地」の欄には，「別紙のとおり.」と記載し，別紙様式による文書を添付する．

（2） 別紙様式の記載例

添付（記入例3－2）を参照．

1．（2）に同じ．

別表

| 事業場の所在地 | 区　分 |
|---|---|
| 北海道産業保安監督部の管轄区域内 | 北海道 |
| 関東東北産業保安監督部東北支部の管轄区域内 | 東　北 |
| 関東東北産業保安監督部の管轄区域内（同部東北支部の管轄区域内を除く.） | 関　東 |
| 中部近畿産業保安監督部の管轄区域内（同部北陸産業保安監督署又は同部近畿支部の管轄区域内を除く.） | 中　部 |
| 中部近畿産業保安監督部北陸産業保安監督署の管轄区域内 | 北　陸 |
| 中部近畿産業保安監督部近畿支部の管轄区域内 | 近　畿 |
| 中国四国産業保安監督部の管轄区域内（同部四国支部の管轄区域内を除く.） | 中　国 |
| 中国四国産業保安監督部四国支部の管轄区域内 | 四　国 |
| 九州産業保安監督部の管轄区域内 | 九　州 |
| 那覇産業保安監督事務所の管轄区域内 | 沖　縄 |

（別紙様式）

承継（名称変更）に係る事業用電気工作物を設置する事業場の名称及び所在地

| 区分 | 事業場の名称 | | 所在地 | 備考 | | | |
|---|---|---|---|---|---|---|---|
| | 承継（変更）前 | 承継（変更）後 | | 発電所の有無 | 公害防止関係法の対象の有無 | 工事中の電気工作物の有無 | 使用中のPCB含有電気工作物の有無 |
| 北海道 | | | | | | | |
| 東北 | | | | | | | |
| 関東 | | | | | | | |
| 中部 | | | | | | | |
| 北陸 | | | | | | | |
| 近畿 | | | | | | | |
| 中国 | | | | | | | |
| 四国 | | | | | | | |
| 九州 | | | | | | | |
| 沖縄 | | | | | | | |

※常用発電所がある場合，「発電所の有無」欄には「あり」と記入するとともに，括弧書きで発電所の種類（火力，水力等）を記入して下さい．

※公害防止関係法の対象となる設備がある事業場の場合，「公害防止関係法の対象の有無」の欄には「大気汚染防止法」，「騒音規制法」，「水質汚濁防止法」，「振動規制法」及び「ダイオキシン類対策特別措置法」のうちから該当する法律名を記入して下さい．

※使用開始前の電気工作物であって，法第 47 条第 1 項により工事計画の認可を申請しているもの，工事計画認可書の交付を受けたもの又は法第 48 条第 1 項により工事計画を届け出たものがある場合には，当該工事の概要を簡潔明瞭に記入して下さい．

※使用中の PCB 含有電気工作物がある事業場の場合，「使用中の PCB 含有電気工作物の有無」欄には「あり」と記入するとともに，括弧書きで総個数を記入して下さい．

（記入例１－１）

事業用電気工作物設置者地位承継届出書

年　　月　　日

殿

住所　東京都○○区○○番地
氏名　株式会社△△
代表取締役　○○○○　　　印

事業用電気工作物を設置する者の地位を承継したので，電気事業法第55条の２第２項の規定により次のとおり届け出ます．

| | |
|---|---|
| 被承継者の氏名又は名称及び住所 | 株式会社○○　北海道札幌市○○番地<br>株式会社□□　北海道旭川市○○番地 |
| 承継の原因 | 平成○年○月○日付けで株式会社△△が，株式会社○○及び株式会社□□を吸収合併したため． |
| 承継に係る事業用電気工作物を設置する事業場の名称及び所在地 | 別紙のとおり． |

（記入例１－２）

承継に係る事業用電気工作物を設置する事業場の名称及び所在地

| 区　分 | 事業場の名称 | | 所在地 | 備　　考 | | | |
|---|---|---|---|---|---|---|---|
| | 承継前 | 承継後 | | 発電所の有無 | 公害防止関係法の対象の有無 | 工事中の電気工作物の有無 | 使用中のPCB含有電気工作物の有無 |
| 北海道 | 株式会社○○北海道工場 | 株式会社△△札幌工場 | 北海道札幌市○○番地 | あり（火力） | 大気汚染防止法<br>騒音規制法　振動規制法 | なし | なし |
| | 株式会社□□北海道工場 | 株式会社△△旭川工場 | 北海道旭川市○○番地 | なし | なし | 主変増設工事認可申請中 | あり（２） |

（記入例２－１）

事業用電気工作物設置者地位承継届出書

年　　月　　日

殿

住所　東京都○○区○○番地
氏名　株式会社△△
代表取締役　○○○○　　　印

事業用電気工作物を設置する者の地位を承継したので，電気事業法第55条の２第２項の規定により次のとおり届け出ます．

| | |
|---|---|
| 被承継者の氏名又は名称及び住所 | 株式会社○○　北海道札幌市○○番地 |
| 承継の原因 | 平成○年○月○日付けで株式会社△△が，株式会社○○から分割されたため． |
| 承継に係る事業用電気工作物を設置する事業場の名称及び所在地 | 別紙のとおり． |

（記入例２－２）

承継に係る事業用電気工作物を設置する事業場の名称及び所在地

| 区　分 | 事業場の名称 | | 所在地 | 備　考 | | | |
|---|---|---|---|---|---|---|---|
| | 承継前 | 承継後 | | 発電所の有無 | 公害防止関係法の対象の有無 | 工事中の電気工作物の有無 | 使用中のPCB含有電気工作物の有無 |
| 北海道 | 株式会社○○北海道工場 | 株式会社△△札幌工場 | 北海道札幌市○○番地 | あり（火力） | 大気汚染防止法 騒音規制法 振動規制法 | なし | なし |

（記入例３－１）

事業用電気工作物設置者地位承継届出書

年　　月　　日

殿

住所　東京都○○区○○番地
氏名　株式会社△△
　　　代表取締役　○○○○　　　印

事業用電気工作物を設置する者の地位を承継したので，電気事業法第55条の２第２項の規定により次のとおり届け出ます．

| | |
|---|---|
| 被承継者の氏名又は名称及び住所 | 株式会社○○　北海道札幌市○○番地 |
| 承継の原因 | 平成○年○月○日付けで株式会社□□が，株式会社○○を吸収合併し，株式会社△△に名称変更したため． |
| 承継に係る事業用電気工作物を設置する事業場の名称及び所在地 | 別紙のとおり． |

（記入例３－２）

承継に係る事業用電気工作物を設置する事業場の名称及び所在地

| 区分 | 事業場の名称 | | 所在地 | 備考 | | | |
|---|---|---|---|---|---|---|---|
| | 承継前 | 承継後 | | 発電所の有無 | 公害防止関係法の対象の有無 | 工事中の電気工作物の有無 | 使用中のPCB含有電気工作物の有無 |
| 北海道 | 株式会社○○北海道工場 | 株式会社△△札幌工場 | 北海道札幌市○○番地 | あり（火力） | 大気汚染防止法 騒音規制法 振動規制法 | なし | なし |

（記入例３－２）

名称変更に係る事業用電気工作物を設置する事業場の名称及び所在地

| 区　分 | 事業場の名称 | | 所在地 | 備　　考 | | | |
|---|---|---|---|---|---|---|---|
| | 承継前 | 承継後 | | 発電所の有無 | 公害防止関係法の対象の有無 | 工事中の電気工作物の有無 | 使用中のPCB含有電気工作物の有無 |
| 北海道 | 株式会社□□北海道工場 | 株式会社△△旭川工場 | 北海道札幌市○○番地 | あり（火力） | 大気汚染防止法 騒音規制法 振動規制法 | なし | なし |

# 公害防止関係資料の様式例について

（平成29年3月31日　20170323商局3号）

商務情報政策局商務流通保安グループは，公害防止関係資料の様式例について，下記のとおり作成し，設置者等に対し，周知するとともに，産業保安監督部長（産業保安監督部の支部長，中部近畿産業保安監督部北陸産業保安監督署長及び那覇産業保安監督事務所長を含む.）に対し，通知することとする.

附　則

1．この規程は，平成29年4月1日から施行する．ただし，水銀等に関する説明書に係る規定は，大気汚染防止法の一部を改正する法律（平成27年法律第41号）の施行の日（平成30年4月1日）から施行する.

2．「公害防止関係資料の様式例について」（平成24年6月1日付け平成24・05・28原院第2号）は平成29年4月1日に廃止する.

## 記

1．公害防止関係資料の様式例について

電気事業法施行規則（平成7年通商産業省令第77号）別表第3及び別表第5に規定するばい煙に関する説明書，粉じんに関する説明書，水銀等に関する説明書，ダイオキシン類に関する説明書，汚水等に関する説明書，有害物質貯蔵指定施設に関する説明書，騒音に関する説明書及び振動に関する説明書並びに電気関係報告規則（昭和40年通商産業省令第54号）第4条の表第一号から第十七号の二の二号（第十五の二号を除く.）までの規定に基づく届出に係る説明書（以下「公害防止関係資料」という.）の様式の例は，以下のとおりとする.

2．電気関係報告規則の報告対象について

電気関係報告規則の排出ガス量，ばい煙量，ばい煙濃度，水銀濃度又は汚水等の汚染状態及び量等であって，通常の運転中における微細な変動については，これらを変更したものとして取り扱わないものとし，排出ガス量等を計画性をもって変更するものについては，所定の手続きを要するものとする.

様式　例

ばい煙に関する説明書

1　設置（変更）しようとする発電設備等の概要

<table>
<tr><td colspan="2">事業者名</td><td>○○○○株式会社</td></tr>
<tr><td colspan="2">代表者氏名</td><td>代表取締役○○○○</td></tr>
<tr><td colspan="2">代理人の職・氏名</td><td>（代理人○○○○）</td></tr>
<tr><td colspan="2">住　所</td><td>県　市　町　　番地</td></tr>
<tr><td colspan="2">事業場の名称</td><td></td></tr>
<tr><td colspan="2">事業場の所在地</td><td></td></tr>
<tr><td rowspan="8">ばい煙発生施設の概要</td><td>ばい煙発生施設番号及び名称</td><td></td></tr>
<tr><td>ばい煙発生施設の型式</td><td></td></tr>
<tr><td>蒸発量又は焼却能力</td><td>t/h</td></tr>
<tr><td>加熱面積又は火格子面積</td><td>$m^2$</td></tr>
<tr><td>燃料の燃焼能力（重油換算）</td><td>l/h</td></tr>
<tr><td>発電設備等の番号<br>発電設備等の出力</td><td>No.<br>kW 又は PS</td></tr>
<tr><td>設置年月</td><td>年　　月</td></tr>
<tr><td>着工・使用開始予定年月</td><td>年　月　～　年　月</td></tr>
</table>

（注）　1　ばい煙発生施設番号及び名称の欄には，大気汚染防止法施行令別表1の中欄に掲げる号番号及び名称を記載すること．

2　ばい煙発生施設がボイラーの場合は，蒸発量を記入すること．

3　ばい煙発生施設が発電設備又は動力設備の場合は，設備の番号及び出力を記入すること．

2　ばい煙発生施設使用の方法（最大連続時）

| | | |
|---|---|---|
| 工場又は事業場における施設の名称・番号 | | |
| 排出基準 | 硫黄酸化物 | $m^3N/h$ |
| | （規制K値） | （K＝　　　） |
| | 窒素酸化物 | ppm（容量比） |
| | ばいじん | $mg/m^3N$ |
| 使用燃料 | 種類 | |
| | 発熱量 | kJ/kg 又は $kJ/m^3N$ |
| | 比重 | |
| | 硫黄分 | %（重量比又は容量比） |
| | 窒素分 | %（重量比又は容量比） |
| | 灰分 | %（重量比） |
| | 使用量 | t/h 又は $m^3N/h$ |
| 排煙条件 | 排出ガス量（湿り） | $m^3N/h$ |
| | 排出ガス量（乾き） | $m^3N/h$ |
| | 排出ガス温度 | ℃ |
| | 排出ガス速度 | m/s |
| | 煙突の実高さ | m |
| | 煙突の有効高さ | m |
| | 排出ガス中の酸素濃度 | %（容量比） |
| 排出ばい煙 | 硫黄酸化物の量 | $m^3N/h$ |
| | 硫黄酸化物の濃度 | ppm（容量比） |
| | 硫黄酸化物の最大着地濃度 | ppm（容量比） |
| | （相当K値） | （K＝　　　相当） |
| | 窒素酸化物の量 | $m^3N/h$ |
| | 窒素酸化物の濃度 | ppm（容量比） |
| | | （$O_2$ ＝　%） |
| | ばいじんの量 | kg/h |
| | ばいじんの濃度 | $mg/m^3N$ |
| | | （$O_2$ ＝　%） |
| 参考事項 | この欄には，以下の事項等について記載すること．<br>（1）　ばい煙の排出状況に著しい変動のある施設について，一工程中の排出量の変動の状況<br>（2）　窒素酸化物の発生抑制のために採っている方法<br>（3）　1日の標準稼働時間が24時間に満たない場合の稼働時間<br>（4）　ガスタービン，ディーゼル機関，ガス機関又はガソリン機関については，常用又は非常用（専ら非常時において用いられるものをいう．）の別 | |

3　ばい煙の処理方法

| 工場又は事業場における施設の名称・番号 | | | | | |
|---|---|---|---|---|---|
| ばい煙処理設備 | 種類・名称 | | | | |
| | 型式 | | | | |
| | 設置年月 | 年　月 | | 年　月 | |
| | 着工予定年月 | 年　月 | | 年　月 | |
| | 使用開始予定年月 | 年　月 | | 年　月 | |
| 処理能力 | | 処理前 | 処理後 | 処理前 | 処理後 |
| | 処理ガス量（設備最大） | m$^3$N/h | m$^3$N/h | m$^3$N/h | m$^3$N/h |
| | 処理ガス量（MCR 時） | m$^3$N/h | m$^3$N/h | m$^3$N/h | m$^3$N/h |
| | 処理ガス温度 | ℃ | ℃ | ℃ | ℃ |
| | 硫黄酸化物の量 | m$^3$N/h | m$^3$N/h | m$^3$N/h | m$^3$N/h |
| | 硫黄酸化物の濃度 | ppm | ppm | ppm | ppm |
| | 窒素酸化物の量 | m$^3$N/h | m$^3$N/h | m$^3$N/h | m$^3$N/h |
| | 窒素酸化物の濃度 | ppm | ppm | ppm | ppm |
| | はいじんの量 | kg/h | kg/h | kg/h | kg/h |
| | はいじんの濃度 | mg/m$^3$N | mg/m$^3$N | mg/m$^3$N | mg/m$^3$N |
| 参考事項 | この欄には以下の事項等について記載すること．<br>（1）アンモニア注入装置のアンモニア注入量（量大及び通常）<br>（2）排煙脱硫装置に附属する再加熱装置に使用する燃料の種類<br>硫黄分（重量比％），燃料消費量及び再加熱に伴って発生するばい煙の量 | | | | |

4　添付図面

（1）発電所の所在地を示す 1/50 000 の地形図（設置場所を明示すること．）

（2）発電所構内配置図（ばい煙発生施設，ばい煙処理設備，煙突の設置場所を明示すること．）

（3）ばい煙発生施設構造概要図（主要寸法及びバーナーの位置又は，シリンダ径及び気筒類等を明示すること．）

（4）ばい煙処理設備構造概要図（主要寸法，各部名称等を明示すること．）

備考　1　本説明のうち 1 ～ 4 について，写しを 1 部提出すること．

2　本説明書の用紙の大きさは，図面，表等やむを得ないものを除き，日本産業規格 A4 とすること．

3　非常用の設備にあっては，以下 5 ～ 9 について添付することを要しない．

5　燃料使用計画

（1）燃料燃焼設備容量

（例）

| | 重　　油 | 原　　油 | B.F.G | 副生ガス | ……… |
|---|---|---|---|---|---|
| バーナー容量 | kg/h | kg/h | $m^3$N/h | $m^3$N/h | |
| 燃料発熱量 | kJ/kg | kJ/kg | kJ/$m^3$N | kJ/$m^3$N | |
| 設備発熱量 | kJ/h | kJ/h | kJ/h | kJ/h | |
| 設備能力 | % | % | % | % | |

（注）　1　設備能力は原則として最大連続時に対する熱量比で示すこと.

　　　　2　設備発熱量はその設備の可能総発熱量を示すこと.

　　　　3　設備能力がバーナー以外の機器で制限される場合はその旨記載のこと.

（2）使用燃料の種類とその割合

（例）

| 分　類 | 燃　料<br>使用方法 | 燃料使用割合 | | | | | 設備<br>効率 | 設備総<br>入熱量 |
|---|---|---|---|---|---|---|---|---|
| | | 微粉炭 | 重　油 | B.F.G | 副生<br>ガス | …… | | |
| Case 1 | 重油専焼 | | t/h<br>100% | | | | % | kJ/h |
| Case 2 | 重油・<br>ガス混焼 | | t/h<br>% | $m^3$N/h<br>% | $m^3$N/h<br>% | | % | kJ/h |
| Case 3 | ガス専焼 | | | $m^3$N/h<br>100% | | | % | kJ/h |
| Case 4 | …… | …… | …… | …… | …… | …… | …. | …… |

（3）燃料使用方法の選択について

（実際運転においてどの Cace を選択するかを述べる）

（4）廃油，廃ガスその他燃料の発生量と使用量について

（工場の廃ガス又は廃油その他を使用する場合作成する）

(例)

| | | B.F.G | C.O.G | 副生ガス | 副生油 | |
|---|---|---|---|---|---|---|
| 発生量 | 1号高炉 | | | | | |
| | コークス炉 | | | | | |
| | エチレンプラント | | | | | |
| | ……………… | | | | | |
| | 計 | | | | | |
| 使用料 | 第○号ボイラー | | | | | |
| | 産業用ボイラー | | | | | |
| | 加熱炉用 | | | | | |
| | ……………… | | | | | |
| | 計 | | | | | |

## 6　燃料分析値

(例)

| | 重油 | 原油 | 副生油 | 微粉炭 | ……… |
|---|---|---|---|---|---|
| 発熱量 | | | | | |
| 比重 | | | | | |
| 粘度 | | | | | |
| 成分（C・H-O等） | | | | | |
| 硫黄分 | %以下 | %以下 | %以下 | %以下 | %以下 |
| 窒素分 | %以下 | %以下 | %以下 | %以下 | %以下 |
| 灰分 | | | | | |
| $V_2O_5$ | | | | | |
| 水分 | | | | | |

（例）

| | B.F.G | C.O.G | 副生油 | ……… |
|---|---|---|---|---|
| 発熱量 | | | | |
| 比　重 | | | | |
| 成分 Co | | | | |
| $H_2$ | | | | |
| $CH_4$ | | | | |
| ……… | | | | |
| 水　分 | | | | |
| 灰 | | | | |
| $SO_2$ | | | | |

（注）　硫黄分については，購入目標値又は実績最大値を記すこと．

7　ばい煙量の計算（例　ボイラーの場合）

（注）　以下の計算は次の条件の下におこなうこととする．

ア　負荷は事業用・自家用の別を問わずMCR（最大連続蒸発量）とする．

イ　計算はすべて当該ボイラー1缶についておこなう．すなわち，有効高さ，許容排出量等の算出に使用する排ガス量は単独放出，集合放出の別を問わず当該分とすること．

ウ　燃料中の硫黄分は，石油の場合，全量が $SO_2$ になるとして計算し，石炭の場合灰分への硫黄吸着率は実験等による確実な値のみ採用すること．

エ　硫黄酸化物の地上濃度および地点の計算は，次の計算式によりおこなうものとする．

$$\begin{cases} C_{max} = 1.72 \times \dfrac{q}{He^2} \\ X_{max} = 20.8 \times He^{1.143} \end{cases}$$

オ　排出ガス量の算出にあたっては空気予熱器からの空気の漏洩率は設計値が明確な場合は設計値によるものとし，そうでない場合は漏洩率＝0とする．

カ　計算は結果だけでなく使用する算式および実際の数値を入れた計算式を記載すること．

（1）　排出ガス量等の計算（例　液体燃料の場合）

ア　理論空気量　有効桁数3桁（4桁目4捨5入）

$Ao = 8.89\ (C) + 26.7\ (H) + 3.33\ (S)$〔$m^3N$/kg-fuel〕

ただし，C・HおよびSは燃料1 kg当りの炭素・水素および硫黄の含有量（kg/kg）

イ　理論燃焼ガス量　有効桁数3桁（4桁目4捨5入）

$Qo = 8.89\ (C) + 32.3\ (H) + 3.33\ (S)$〔$m^3N$/kg-fuel〕

ウ　実際燃焼ガス量　有効桁数3桁（4桁目4捨5入）

$Q' = Qo + (\lambda - 1)\ Ao$〔$m^3N$/kg-fuel〕

ただし，$\lambda$は過剰空気率および漏入空気率

エ　燃料使用量　F＝○○〔kg/h〕

ボイラー効率　$\eta^B$＝○○〔%〕

オ　排出ガス量

$$Q = Q' \times F \times \frac{273 + 15}{273} \times \frac{1}{3\,600}\ 〔m^3/s〕$$

［ただし，Q′＝実際燃焼ガス量〔$m^3N$/kg-fuel〕
F＝燃焼使用量〔kg/h〕］

カ　排出温度

T＝○○＋237〔K〕

キ　排出速度

$$V = \frac{\frac{T}{273} \times Q' \times F \times \frac{1}{3\,600}}{煙突頂部断面積}\ 〔m/s〕$$

（ただし　T＝排ガスの排出口における温度〔K〕）

（2）　補正排出口高さの計算

He ＝ Ho ＋ 0.65（Hm ＋ Ht）　有効桁数３桁（４桁目切捨）

有効桁数３桁（４桁目切捨）

$$Hm = \frac{0.795\sqrt{Q \cdot V}}{1 + \frac{2.58}{V}}$$

$$Ht = 2.01 \times 10^{-3} \times Q \times (T - 288) \cdot 2.30 \log J + \frac{1}{J} - 1)$$

$$J = \frac{1}{\sqrt{Q \cdot V}}\ (1\,460 - 296 \times \frac{V}{T - 288})\ + 1$$

ここに

Ho＝排出口の実高さ〔m〕
Q＝ 15°C における排出ガス量〔$m^3/s$〕
V＝排出速度〔m/s〕
T＝排出温度〔K〕

（3）　硫黄酸化物許容排出量の計算

$q = K \times 10^{-3} He^2$〔$m^3N/h$〕　有効桁数３桁（４桁目切捨）

ここに

q＝硫黄酸化物許容排出量〔$m^3N/h$〕
K＝法第３条第２項第一号の政令で定める地域ごとに別表第１の下欄に掲げる値
He＝補正排出口高さ〔m〕

（4）　硫黄酸化物排出量の計算

$q' = 0.7 \times \frac{S}{100} \times F$〔$m^3N/h$〕　有効桁数３桁（４桁目切上げ）

ここに

q′＝硫黄酸化物の排出量〔$m^3N/h$〕
S ＝燃料の硫黄含有率〔%〕
F＝燃料使用量

第○号ボイラーには脱硫効率$\eta s$＝○○%の脱硫装置を設置するので実際の排出量は次のとおり

$$q'' = \frac{q'(100 - \eta s)}{100} \text{〔}m^3N/h\text{〕}$$

また，排出口における硫黄酸化物濃度は

$$\frac{0.7 \times \frac{S}{100}}{Q'} \times 10^6 \text{〔Wet ppm〕}$$

（5） 排出口ばいじん濃度の計算

$$d = \frac{D}{Q'} \text{〔}g/m^3N\text{〕}$$ 有効桁数2桁（3桁目4捨5入）

ここに

d＝ばいじん濃度〔$g/m^3N$〕
D＝燃料1 kg当たりの灰分〔g〕
Q'＝燃料1 kg当たり実際燃焼ガス量〔$m^3N$/kg-fuel〕

［ただし，石炭燃焼ボイラー（微粉炭・ストーカー）の場合にはボトム等で回収される残さい分を実績の比率によりDよりあらかじめ差引くものとする．］

第○号ボイラーには集じん効率$\eta d$＝○○%の集じん装置を設置しますので，排出口におけるばいじん濃度は次のとおり

$$d' = \frac{d(100 - \eta d)}{100} \text{〔}g/m^3N\text{〕}$$

※排出口窒素酸化物についても同様に計算し，$O_2$換算すること．

（6）〔参考〕地上最大濃度およびその地点の計算

$$C_{max} = 1.72 \times \frac{q'}{He^2} \text{〔ppm〕}$$

$$X_{max} = 20.8 \times He^{1.143} \text{〔m〕}$$

ここに

$C_{max}$＝地上最大濃度〔ppm〕
$X_{max}$＝同上出現地点〔m〕
q′＝硫黄酸化物の排出量〔$m^3N/h$〕
He＝補正排出口高さ〔m〕

8 大気汚染の防止対策について

（1） 設置の場所の自然条件及び社会環境について
（大気汚染に関係あるものに限る.）

（2）　周辺地域の大気汚染状況

（3）　大気汚染防止の具体策
（使用燃料，排煙対策，ばい煙処理方法等）

（4）　ばい煙の拡散
（理論計算，風洞実験の結果等）

（5）　ばい煙量等の測定及び監視の方法

（6）　緊急時の措置

（7）　ばい煙量の削減計画
（当該地域の公害防止計画の概要についても記載すること．）

（8）　総量規制基準遵守のための方法
（発電所全体での燃料の使用計画等）

（9）　その他（ばい煙処理に伴う副生品，廃水の処理方法等）

9　添付書類

（1）　設備の各負荷（1/4 ～ 4/4 及び最大連続時）における有効高さと許容排出量グラフ

（2）　風向主軸上地上濃度グラフ（最大連続時）

（3）　発電所の風速，風配図

（4）　排出ガスの最大地上濃度地点を示す地形図

（5）　ばい煙量等の測定箇所を示す図面

（6）　その他（公害防止協定の写し等）

粉じんに関する説明書

1　設置（変更）しようとする発電設備等の概要

| | | |
|---|---|---|
| 事業者名<br>代表者の氏名<br>（代理人の職氏名）<br>住所 | | ○○○○株式会社<br>代表取締役○○○○<br>（代理人○○）<br>県　市　町　番地 |
| 発電所の名称<br>発電所の所在地 | | ○○発電所 |
| 施設の概要 | 貯炭場，灰じん堆積場<br>名称<br>番号<br>運炭機<br>名称<br>番号<br>設置年月<br>着工，使用開始予定年月 | <br><br><br><br><br><br>年　月<br>年　月　～　年　月 |

2　粉じん対策の内容（貯炭場，灰じん堆積場の場合）

| | | |
|---|---|---|
| 貯炭場若しくは灰じん堆積場<br>施設番号<br>名称型式<br>設置年月<br>着工，使用開始予定年月 | | <br><br><br>年　月<br>年　月　～　年　月 |
| 規模 | 面積<br>堆積能力 | $\mathrm{m}^2$<br>t |
| 堆積物の種類，性状<br>年間延べ堆積量 | | t/年 |
| 使用及び管理方法 | 建築物の概要<br>散水設備の種類<br>散水設備の能力基数<br>散水の方法<br>締固め装置の種類<br>締固めの種類<br>その他の方法 | <br><br>$\mathrm{m}^3$/h × |

3　粉じん対策の内容（運炭機の場合）

| | | |
|---|---|---|
| 運炭機<br>施設番号<br>名称型式<br>設置年月<br>着工，使用開始予定年月 | | <br><br><br>年　月<br>年　月　～　年　月 |
| 規模 | ベルト幅又はバケット容量<br>単基の長さ<br>基数<br>ベルト又はバケットの速度<br>運搬能力 | cm（$\mathrm{m}^3$）<br>m<br>基<br>m/分<br>t/h |
| 運搬物の種類，性状<br>月間運搬量 | | t/月 |
| 使用及び管理の方法 | 建築物の概要<br>散水設備の種類<br>散水設備の能力<br>防じんカバー<br>その他の方法 | <br><br>$\mathrm{m}^3$/h |

4　粉じん対策の内容（粉砕機，ふるいの場合）

| | | |
|---|---|---|
| 粉砕機若しくはふるい | | |
| | 施設番号 | |
| | 名称型式 | |
| | 設置年月 | 年　月 |
| | 着工，使用開始予定年月 | 年　月～　年　月 |
| 規模 | 原動機の定格出力 | kW |
| | 処理能力 | t/h |
| 処理対象物の種類及び月間処理量 | | t/月 |
| 使用方法及び管理方法 | 建築物の概要 | |
| | 集じん器効率 | % |
| | 散水設備の能力 | $m^3$/h |
| | 処理量当たりの散水量 | L/t |
| | 粉じんカバー | |
| | その他の方法 | |

5　添付図面

1　発電所等の所在地を示す1／50 000地形図

2　発電所構内配置図

（ボイラー，粉じん発生施設等を明示すること.）

3　粉じん発生施設および粉じん飛散防止設備の構造等の概要図（主要寸法等を明示すること.）

(注)　変更しようとする場合には，変更事項について変更前及び変更後の内容を併記すること.

備考　1　本説明書のうち1～5について，写しを一部提出すること.

2　本説明書の用紙の大きさは，図面，表等やむを得ないものを除き，日本産業規格A4とすること.

水銀等に関する説明書

1　設置（変更）しようとする発電設備等の概要

<table>
<tr><td colspan="3">事業者名</td><td colspan="2">○○○○株式会社</td></tr>
<tr><td colspan="3">代表者氏名</td><td colspan="2">代表取締役○○○○</td></tr>
<tr><td colspan="3">代理人の職・氏名</td><td colspan="2">(代理人○○○○)</td></tr>
<tr><td colspan="3">住所</td><td colspan="2">県　市　町　番地</td></tr>
<tr><td colspan="3">事業場の名称</td><td colspan="2">○○発電所</td></tr>
<tr><td colspan="3">事業場の住所</td><td colspan="2"></td></tr>
<tr><td colspan="3">水銀排出施設の種類</td><td colspan="2"></td></tr>
<tr><td rowspan="11">水銀排出施設の概要</td><td colspan="2">施設番号及び名称</td><td></td><td></td></tr>
<tr><td colspan="2">型式</td><td></td><td></td></tr>
<tr><td rowspan="6">規模</td><td>伝熱面積（㎡）</td><td></td><td></td></tr>
<tr><td>燃料の燃焼能力（重油換算 l/h）</td><td></td><td></td></tr>
<tr><td>原料の処理能力（t/h）</td><td></td><td></td></tr>
<tr><td>火格子面積又は羽口面断面積（㎡）</td><td></td><td></td></tr>
<tr><td>変圧器の定格容量（kVA）</td><td></td><td></td></tr>
<tr><td>焼却能力（kg/h）</td><td></td><td></td></tr>
<tr><td colspan="2">設置年月日</td><td>年　月　日</td><td>年　月　日</td></tr>
<tr><td colspan="2">工事着手予定年月日</td><td>年　月　日</td><td>年　月　日</td></tr>
<tr><td colspan="2">使用開始予定年月日</td><td>年　月　日</td><td>年　月　日</td></tr>
<tr><td colspan="3">その他参考となるべき事項</td><td></td><td></td></tr>
</table>

（注）1　水銀排出施設の種類の欄には，大気汚染防止法施行規則別表第３の３に掲げる項番号及び名称を記載すること．

2　規模の欄には，大気汚染防止法施行規則別表第３の３の中欄に規定する項目について記載すること．

3　設置届出の場合には着手予定年月日及び使用開始予定年月日の欄に，使用届出の場合には設置年月日の欄に，変更届出の場合には設置年月日，着手予定年月日及び使用開始予定年月日の欄に，それぞれ記載すること．

2　水銀排出施設の使用の方法

| | | | | | | |
|---|---|---|---|---|---|---|
| 工場又は事業所における施設番号 | | | | | | |
| 排出基準（$\mu$g/Nm$^3$） | | | | | | |
| 使用状況 | 1日の使用時間及び月使用日数等 | | 時～　時<br>時間/回　回/日　日/月 | | 時～　時<br>時間/回　回/日　日/月 | |
| | 季節変動 | | | | | |
| 原材料（水銀等の排出に影響のあるものに限る.） | 種類 | | | | | |
| | 使用割合 | | | | | |
| | 原材料中の水銀等含有割合 | | | | | |
| | 1日の使用量 | | | | | |
| 燃料（水銀等の排出に影響のあるものに限る.） | 種類 | | | | | |
| | 燃料中の水銀等の含有割合 | | | | | |
| | 通常の使用量 | | | | | |
| | 混焼割合 | | | | | |
| 排出ガス量（Nm$^3$/h） | | 湿り | 最大 | 通常 | 最大 | 通常 |
| | | 乾き | 最大 | 通常 | 最大 | 通常 |
| 排出ガス中の酸素濃度（%） | | | | | | |
| 水銀濃度（$\mu$g/Nm$^3$） | 全水銀 | | | | | |
| | ガス状水銀 | | | | | |
| | 粒子状水銀 | | | | | |
| その他参考となるべき事項 | | | | | | |

（注）1　原材料及び燃料の欄は，代表値や平均値を記載すること又は幅記載することでも差し支えない.

2　水銀濃度は，設置の届出の時点で実測値が得られない場合は，設計値等を記載することでも差し支えない.

3　水銀濃度は，平常時の平均的な排出状況における複数の測定結果の平均値又はこれらの結果について幅記載することでも差し支えない.

4　その他参考となるべき事項の欄には，水銀等の排出状況に著しい変動がある施設についての一工程の排出量の変動の状況，水銀等の排出のために採っている方法等を記載すること.

3　水銀等の処理の方法

<table>
<tr><td colspan="4">水銀等の処理施設の工場又は事業場における施設番号</td><td></td><td></td></tr>
<tr><td colspan="4">処理に係る水銀排出施設の工場又は事業所における施設番号</td><td></td><td></td></tr>
<tr><td colspan="4">設置年月日</td><td>年　月　日</td><td>年　月　日</td></tr>
<tr><td colspan="4">着手予定年月日</td><td>年　月　日</td><td>年　月　日</td></tr>
<tr><td colspan="4">使用開始予定年月日</td><td>年　月　日</td><td>年　月　日</td></tr>
<tr><td rowspan="14">処理能力</td><td colspan="2" rowspan="2">排出ガス量（Nm$^3$/h）</td><td>湿り</td><td>最大　通常</td><td>最大　通常</td></tr>
<tr><td>乾き</td><td>最大　通常</td><td>最大　通常</td></tr>
<tr><td colspan="2" rowspan="2">排出ガス温度（℃）</td><td>処理前</td><td></td><td></td></tr>
<tr><td>処理後</td><td></td><td></td></tr>
<tr><td colspan="3">排出ガス中の酸素濃度（%）</td><td></td><td></td></tr>
<tr><td rowspan="6">水銀濃度（μg/Nm$^3$）</td><td rowspan="2">全水銀</td><td>処理前</td><td></td><td></td></tr>
<tr><td>処理後</td><td></td><td></td></tr>
<tr><td rowspan="2">ガス状水　銀</td><td>処理前</td><td></td><td></td></tr>
<tr><td>処理後</td><td></td><td></td></tr>
<tr><td rowspan="2">粒子状水　銀</td><td>処理前</td><td></td><td></td></tr>
<tr><td>処理後</td><td></td><td></td></tr>
<tr><td rowspan="3">捕集効率（%）</td><td colspan="2">全水銀</td><td></td><td></td></tr>
<tr><td colspan="2">ガス状水銀</td><td></td><td></td></tr>
<tr><td colspan="2">粒子状水銀</td><td></td><td></td></tr>
<tr><td colspan="2" rowspan="2">使用状況</td><td colspan="2">1日の使用時間及び月使用日数等</td><td>時～　時<br>時間/回　回/日　日/月</td><td>時～　時<br>時間/回　回/日　日/月</td></tr>
<tr><td colspan="2">季節変動</td><td></td><td></td></tr>
<tr><td colspan="4">その他参考となるべき事項</td><td></td><td></td></tr>
</table>

（注）1　水銀排出施設において発生する水銀等を排出口から大気中に排出する前に処理するための施設（集じん機等）について，記載すること．

2　設置届出の場合には着手予定年月日及び使用開始予定年月日の欄に，使用届出の場合には設置年月日の欄に，変更届出の場合には設置年月日，着手予定年月日及び使用開始予定年月日の欄に，それぞれ記載すること．

3　水銀濃度は，乾きガス中の濃度とすること．

4　添付図面
（1）発電所の所在地を示す 1/50 000 の地形図（設置場所を明示すること.）
（2）発電所構内配置図（石炭燃焼ボイラー，廃棄物焼却炉，水銀回収施設等を明示すること.）
（3）水銀排出施設の構造図とその主要寸法を記入した概要図
（4）水銀等の処理施設の構造図とその主要寸法を記入した概要図

備考　1　本説明書のうち 1 ～ 4 について，写しを一部提出すること.
2　変更届出の場合には，変更のある部分について，変更前及び変更後の内容を対照させること.
3　届出書及び別紙の様式の大きさは，図面，表等やむを得ないものを除き，日本産業規格 A4 とすること.

### ダイオキシン類に関する説明書

1　特定施設（大気基準適用施設）の概要

| | | | | |
|---|---|---|---|---|
| 事業者名 | | | ○○○○株式会社 | |
| 代表者の氏名 | | | 代表取締役○○○○ | |
| 代理人の職・氏名 | | | (代理人○○○○) | |
| 住所 | | | 県　市　町　番地 | |
| 事業場の名称 | | | ○○発電所 | |
| 事業場の住所 | | | | |
| 特定施設の種類 | | | | |
| 特定施設の概要 | 特定施設号番号及び名称 | | | |
| | 型式 | | | |
| | 施設の設置場所 | | | |
| | 規模 | 原材料の処理能力 (t/h) | | |
| | | 変圧器の定格容量 (kVA) | | |
| | | 炉の容量 ($m^3$) | | |
| | | 焼却能力 (t/h) | | |
| | | 火床面積 ($m^3$) | | |
| | 設置年月日 | | 年　月　日 | 年　月　日 |
| | 工事着手予定年月日 | | 年　月　日 | 年　月　日 |
| | 工事完成予定年月日 | | 年　月　日 | 年　月　日 |
| | 使用開始予定年月日 | | 年　月　日 | 年　月　日 |
| その他参考となるべき事項 | | | | |

(注)　1　特定施設番号及び名称の欄には，ダイオキシン類対策特別措置法施行令別表第 1 に掲げる号番号及び名称を記載すること.
2　設置届出の場合には工事着手予定年月日，工事完成予定年月日及び使用開始予定年月日の欄に，使用届出の場合には設置年月日の欄に，変更届出の場合には設置年月日，工事着手予定年月日，工事完成予定年月日及び使用開始予定年月日の欄に，それぞれ記載すること.
3　規模の欄には，ダイオキシン類対策特別措置法施行令別表第 1 に掲げる施設に係る項目について記載すること.

2 特定施設（大気基準適用施設）の使用の方法

| | | | |
|---|---|---|---|
| 工場又は事業場における施設の名称・番号 | | | |
| 使用状況 | 1日当たりの使用時間及び月使用日数等 | 時～ 時<br>日／月 | 時～ 時<br>日／月 |
| | 季節変動 | | |
| 原料及び燃料（ダイオキシン類の発生に影響のあるものに限る） | 種類 | | |
| | 使用割合 | | |
| | 原料又は燃料中の塩素分の成分割合(%) | | |
| | 1日の使用量 | | |
| 排ガス量（m$^3$/h) | | 最大 通常 | 最大 通常 |
| 排ガス温度（℃） | | | |
| 排出ガス中の酸素濃度（%） | | | |
| 排出ガス中のダイオキシン類の濃度(ng-TEQ/m$^3$N) | | 最大 通常 | 最大 通常 |
| その他参考となるべき事項 | | | |

（注） 1 排出ガス量については，温度が零度であって圧力が1気圧の状態（以下「標準状態」という.）における量に，排出ガス中のダイオキシン類の濃度については，標準状態における排出ガス1m$^3$中に，それぞれ換算したものとする.

2 ダイオキシン類の濃度は，乾きガス量とすること.

3 「その他参考となるべき事項」の欄には，排出ガスの排出状況に著しい変動のある施設についての一工程中の排出ガス量の変動の状況を記載のこと.

3 排出ガスの処理の方法（大気基準適用施設のみ）

| | | |
|---|---|---|
| 工場又は事業場における施設の名称・番号 | | |
| 形式 | | |
| 排出ガスの処理の内容 | | |
| 処理の系統 | | |
| 施設の設置場所 | | |
| 設置年月日 | 年 月 日 | 年 月 日 |
| 工事着手予定年月日 | 年 月 日 | 年 月 日 |
| 工事完成予定年月日 | 年 月 日 | 年 月 日 |

| | | |
|---|---|---|
| 使用開始予定年月日 | 年　月　日 | 年　月　日 |
| その他参考となるべき事項 | | |

(注)　1　設置届出の場合には工事着手予定年月日，工事完成予定年月日及び使用開始予定年月日の欄に，使用届出の場合には設置年月日の欄に，変更届出の場合には設置年月日，工事着手予定年月日，工事完成予定年月日及び使用開始予定年月日の欄に，それぞれ記載すること．

4　特定施設（水質基準対象施設）の概要

| | | | |
|---|---|---|---|
| 事業者名 | | ○○○○株式会社 | |
| 代表者の氏名 | | 代表取締役○○○○ | |
| 代理人の職・氏名 | | (代理人○○○○) | |
| 住所 | | 県　市　町　番地 | |
| 事業場の名称 | | ○○発電所 | |
| 事業場の住所 | | | |
| 特定施設の種類 | | | |
| 特定施設の概要 | 特定施設号番号及び名称 | | |
| | 型式 | | |
| | 構造 | | |
| | 主要寸法 | | |
| | 能力 | | |
| | 配置 | | |
| | 設置年月日 | 年　月　日 | 年　月　日 |
| | 工事着手予定年月日 | 年　月　日 | 年　月　日 |
| | 工事完成予定年月日 | 年　月　日 | 年　月　日 |
| | 使用開始予定年月日 | 年　月　日 | 年　月　日 |
| その他参考となるべき事項 | | | |

(注)　1　特定施設番号及び名称の欄には，ダイオキシン類対策特別措置法施行令別表第2に掲げる号番号及び名称を記載すること．

2　配置の欄には，当該特定施設及びこれに関連する主要機械又は主要装置の配置を記載すること．

3　設置届出の場合には工事着手予定年月日，工事完成予定年月日及び使用開始予定年月日の欄に，使用届出の場合には設置年月日の欄に，変更届出の場合には設置年月日，工事着手予定年月日，工事完成予定年月日及び使用開始予定年月日の欄に，それぞれ記載すること．

5　特定施設（水質基準対象施設）の使用の方法

| | | | | |
|---|---|---|---|---|
| 工場又は事業場における施設の名称・番号 | | | | |
| 設置場所 | | | | |
| 操業の系統 | | | | |
| 使用時間間隔 | | | | |
| 1日当たりの使用時間 | | | | |
| 使用の季節的変動 | | | | |
| 原材料（消耗資材を含む.）の種類，使用方法及び1日当たりの使用量 | | | | |
| 汚水又は廃液の汚染状態 | 通常 | 最大 | 通常 | 最大 |
| | | | | |
| 汚水等の量（$m^3$／日） | 通常 | 最大 | 通常 | 最大 |
| | | | | |
| その他参考となるべき事項 | | | | |

6　汚水等の処理の方法（水質基準対象施設のみ）

| | | |
|---|---|---|
| 工場又は事業場における施設の名称・番号 | | |
| 処理施設の設置場所 | | |
| 設置年月日 | 年　月　日 | 年　月　日 |
| 工事着手予定年月日 | 年　月　日 | 年　月　日 |
| 工事完成予定年月日 | 年　月　日 | 年　月　日 |
| 使用開始予定年月日 | 年　月　日 | 年　月　日 |
| 種類及び型式 | | |
| 構造 | | |
| 主要寸法 | | |
| 能力 | | |
| 処理の方式 | | |
| 処理の系統 | | |
| 集水及び導水の方法 | | |
| 使用時間間隔 | | |
| 1日当たりの使用時間 | | |
| 使用の季節変動 | | |
| 消耗資材の1日当たりの用途別使用量 | | |

| | | | | | | | | | |
|---|---|---|---|---|---|---|---|---|---|
| 汚水等の汚染状態及び量 | | 通常 | | 最大 | | 通常 | | 最大 | |
| | | 処理前 | 処理後 | 処理前 | 処理後 | 処理前 | 処理後 | 処理前 | 処理後 |
| | | | | | | | | | |
| | 量($m^3$／日) | | | | | | | | |
| 残さの種類，1月間の種類別生成量及び処理方法 | | | | | | | | | |
| 排出水の排出方法 | | | | | | | | | |
| その他参考となるべき事項 | | | | | | | | | |

(注)　1　設置届出の場合には工事着手予定年月日，工事完成予定年月日及び使用開始予定年月日の欄に，使用届出の場合には設置年月日の欄に，変更届出の場合には設置年月日，工事着手予定年月日，工事完成予定年月日及び使用開始予定年月日の欄に，それぞれ記載すること.

2　排出水の排出方法の欄には,排出口の位置及び数並びに排出先を含め記載すること.

7　添付図面

（1）　発電所の所在地を示す1/50 000の地形図（設置場所を明示すること.）

（2）　発電所構内配置図（廃棄物焼却炉，廃ガス洗浄施設等を明示すること.）

（3）　特定施設の構造図とその主要寸法を記入した概要図

（4）　排ガスの処理に係る施設の構造図とその主要寸法を記入した概要図

備考　1　本説明書のうち１～７について，写しを一部提出すること.

2　変更届出の場合には，変更のある部分について，変更前及び変更後の内容を対照させること.

3　届出書及び別紙の様式の大きさは，図面，表等やむを得ないものを除き，日本産業規格Ａ４とすること.

4　１～７の様式を記載するにあたり，できる限り，図面，表等を利用すること.

汚水等に関する説明書

1　特定施設の概要

| | | | |
|---|---|---|---|
| 事業者名 | | ○○○○株式会社 | |
| 代表者氏名 | | 代表取締役○○○○ | |
| 代理人の職・氏名 | | 代理人○○ | |
| 事業場の名称 | | | |
| 事業場の所在地 | | 県　市　町　番地 | |
| 特定施設の構造 | 特定施設番号及び名称 | | |
| | 型式 | | |
| | 構造 | | |
| | 主要寸法 | | |
| | 能力 | | |
| | 配置 | | |
| | 設置年月日 | 年　月　日 | 年　月　日 |

| | | | |
|---|---|---|---|
| | 工事着手予定年月日 | 年　月　日 | 年　月　日 |
| | 工事完成予定年月日 | 年　月　日 | 年　月　日 |
| | 使用開始予定年月日 | 年　月　日 | 年　月　日 |
| その他参考となるべき事項 | | | |

(注)　1　特定施設番号及び名称の欄には，水質汚濁防止法施行令別表第1に掲げる号番号及び名称を記載すること．

2　配置の欄には，当該特定施設及びこれに関連する主要機械又は主要装置の配置を記載すること．

3　設置届出の場合には工事着手予定年月日，工事完成予定年月日及び使用開始予定年月日の欄に，使用届出の場合には設置年月日の欄に，変更届出の場合には設置年月日，工事着手予定年月日，工事完成予定年月日及び使用開始予定年月日の欄に，それぞれ記載すること．

2　特定施設の使用の方法

| | | | | | |
|---|---|---|---|---|---|
| 工場又は事業場における施設の名称・番号 | | | | | |
| 特定施設番号及び名称 | | | | | |
| 設置場所 | | | | | |
| 操業の系統 | | | | | |
| 使用時間間隔 | | | | | |
| 1日当たりの使用時間 | | | | | |
| 使用の季節的変動 | | | | | |
| 原材料（消耗資材を含む.）の種類使用方法及び1日当たりの使用量 | | | | | |
| 汚水等の汚染状態 | 種類・項目 | 通常 | 最大 | 通常 | 最大 |
| | | | | | |
| 汚水等の量（$m^3$／日） | | 通常 | 最大 | 通常 | 最大 |
| | | | | | |
| その他参考となるべき事項 | | | | | |

(注)　汚水等の汚染状態の欄には，当該特定事業場の排出水に係る排出基準に定められた事項について記載すること．

3　汚水等の処理の方法

<table>
<tr><td colspan="2">工場又は事業場における施設の名称・番号</td><td colspan="4"></td><td colspan="4"></td></tr>
<tr><td colspan="2">処理施設の設置場所</td><td colspan="4"></td><td colspan="4"></td></tr>
<tr><td colspan="2">設置年月日</td><td colspan="4">年　月　日</td><td colspan="4">年　月　日</td></tr>
<tr><td colspan="2">工事着手予定年月日</td><td colspan="4">年　月　日</td><td colspan="4">年　月　日</td></tr>
<tr><td colspan="2">工事完成予定年月日</td><td colspan="4">年　月　日</td><td colspan="4">年　月　日</td></tr>
<tr><td colspan="2">使用開始予定年月日</td><td colspan="4">年　月　日</td><td colspan="4">年　月　日</td></tr>
<tr><td colspan="2">種類及び型式</td><td colspan="4"></td><td colspan="4"></td></tr>
<tr><td colspan="2">構造</td><td colspan="4"></td><td colspan="4"></td></tr>
<tr><td colspan="2">主要寸法</td><td colspan="4"></td><td colspan="4"></td></tr>
<tr><td colspan="2">能力</td><td colspan="4"></td><td colspan="4"></td></tr>
<tr><td colspan="2">処理の方式</td><td colspan="4"></td><td colspan="4"></td></tr>
<tr><td colspan="2">処理の系統</td><td colspan="4"></td><td colspan="4"></td></tr>
<tr><td colspan="2">集水及び導水方法</td><td colspan="4"></td><td colspan="4"></td></tr>
<tr><td colspan="2">使用時間間隔</td><td colspan="4"></td><td colspan="4"></td></tr>
<tr><td colspan="2">1日当たりの使用時間</td><td colspan="4"></td><td colspan="4"></td></tr>
<tr><td colspan="2">使用の季節変動</td><td colspan="4"></td><td colspan="4"></td></tr>
<tr><td colspan="2">消耗資材の1日当たりの用途別使用量</td><td colspan="4"></td><td colspan="4"></td></tr>
<tr><td rowspan="4">汚水等の汚染状態及び量</td><td>種類・項目</td><td colspan="2">通　常</td><td colspan="2">最　大</td><td colspan="2">通　常</td><td colspan="2">最　大</td></tr>
<tr><td rowspan="2"></td><td>処理前</td><td>処理後</td><td>処理前</td><td>処理後</td><td>処理前</td><td>処理後</td><td>処理前</td><td>処理後</td></tr>
<tr><td></td><td></td><td></td><td></td><td></td><td></td><td></td><td></td></tr>
<tr><td>量($m^3$／日)</td><td></td><td></td><td></td><td></td><td></td><td></td><td></td><td></td></tr>
<tr><td colspan="2">残さの種類，1月間の種類別生成量及び処理方法</td><td colspan="4"></td><td colspan="4"></td></tr>
<tr><td colspan="2">排出水の排出方法</td><td colspan="4"></td><td colspan="4"></td></tr>
<tr><td colspan="2">その他参考となるべき事項</td><td colspan="4"></td><td colspan="4"></td></tr>
</table>

（注）　1　汚水等の汚染状態の欄には，当該特定事業場の排出水に係る排出基準に定められた事項について記載すること．

2　排出水の排出方法の欄には，排出口の位置及び数並びに排出先を含め記載すること．

3　設置届出の場合には工事着手予定年月日，工事完成予定年月日及び使用開始予定年月日の欄に，使用届出の場合には設置年月日の欄に，変更届出の場合には設置年月日，工事着手予定年月日，工事完成予定年月日及び使用開始予定年月日の欄に，それぞれ記載すること．

4　排出水の汚染状態及び量

<table>
<tr><td colspan="3">工場又は事業場における施設の名称・番号</td><td></td><td></td><td></td><td></td></tr>
<tr><td rowspan="2">排出水の汚染状態</td><td>排出口名</td><td>種類・項目</td><td>通常</td><td>最大</td><td>通常</td><td>最大</td></tr>
<tr><td></td><td></td><td></td><td></td><td></td><td></td></tr>
<tr><td colspan="3" rowspan="2">排出水の量（$m^3$/日）</td><td>通常</td><td>最大</td><td>通常</td><td>最大</td></tr>
<tr><td></td><td></td><td></td><td></td></tr>
<tr><td colspan="3">その他参考となるべき事項</td><td></td><td></td><td></td><td></td></tr>
</table>

（注）　排出水の汚染状態の欄には，当該特定事業場の排出水に係る排出基準に定められた事項について記載すること．

5　排出水の排水系統別の汚染状態及び量

| 指定項目の別 |
|---|
| |

<table>
<tr><td rowspan="5">特定排出水</td><td rowspan="3">業種その他の区分</td><td colspan="2">汚染状態<br>(mg/l)</td><td colspan="5">水　量<br>($m^3$/日)</td><td colspan="2">汚濁負荷量<br>(kg/日)</td></tr>
<tr><td rowspan="2">通常</td><td rowspan="2">最大</td><td rowspan="2">通常</td><td rowspan="2">最大</td><td colspan="3"></td><td rowspan="2">通常</td><td rowspan="2">最大</td></tr>
<tr><td>Qo</td><td>Qi</td><td>Qj</td></tr>
<tr><td></td><td></td><td></td><td></td><td></td><td></td><td></td><td></td><td></td><td></td></tr>
<tr><td>合計</td><td></td><td></td><td></td><td></td><td></td><td></td><td></td><td></td><td></td></tr>
<tr><td rowspan="4">特定排出水以外の排出水</td><td>種類及び用　途</td><td colspan="2">汚染状態<br>(mg/l)</td><td colspan="2">水　量<br>($m^3$/日)</td><td colspan="2">汚濁負荷量<br>(kg/日)</td><td colspan="3" rowspan="4"></td></tr>
<tr><td></td><td>通常</td><td>最大</td><td>通常</td><td>最大</td><td>通常</td><td>最大</td></tr>
<tr><td></td><td></td><td></td><td></td><td></td><td></td><td></td></tr>
<tr><td>合計</td><td></td><td></td><td></td><td></td><td></td><td></td></tr>
<tr><td>その他参考となるべき事項</td><td colspan="10"></td></tr>
</table>

（注）　1　排出水の排水系統別の汚染状態及び量については，指定地域内の事業場に係る届出書に限って欄を設けること．

2　本様式については，指定項目毎に作成すること．また，指定項目の別の欄に指定項目を記入すること．

3　化学的酸素要求量，窒素含有量，りん含有量について記載する場合には，「Qo」をそれぞれ「Qco」，「Qno」，「Qpo」と，「Qi」をそれぞれ「Qci」，「Qni」，「Qpi」と読み替え，窒素含有量及びりん含有量については，Qj の項には記載しないこととする．

4　3に係る記載については，水質汚濁防止法施行規則第1条の5，第1条の6及び第1条の7に定められたものによること．

6　排出力に係る用水及び排水の系統

| | | | |
|---|---|---|---|
| 用水及び排水の系統 | | | |
| 用途別用水使用量 | 用　途 | 使用水 | 用水使用量（$m^3$/日） |
| | | | |
| | | | |
| | | | |
| | | | |
| | | | |
| | | | |

7　有害物質使用特定施設の概要

| | | | |
|---|---|---|---|
| 事業者名 | | ○○○○株式会社 | |
| 代表者氏名 | | 代表取締役○○○○ | |
| 代理人の職・氏名 | | 代理人○○ | |
| 事業場の名称 | | | |
| 事業場の所在地 | | 県　市　町　番地 | |
| 有害物質使用特定施設の構造 | 特定施設番号及び名称 | | |
| | 型式 | | |
| | 構造 | | |
| | 主要寸法 | | |
| | 能力 | | |
| | 配置 | | |
| | 床面及び周囲 | | |
| | 設置年月日 | 年　月　日 | 年　月　日 |
| | 工事着手予定年月日 | 年　月　日 | 年　月　日 |
| | 工事完成予定年月日 | 年　月　日 | 年　月　日 |
| | 使用開始予定年月日 | 年　月　日 | 年　月　日 |
| その他参考となるべき事項 | | | |

（注）　1　特定施設番号及び名称の欄には，水質汚濁防止法施行令別表第1に掲げる号番号及び名称を記載すること．

2　配置の欄には，当該特定施設及びこれに関連する主要機械又は主要装置の配置を記載すること．

3　設置届出の場合には工事着手予定年月日，工事完成予定年月日及び使用開始予定年月日の欄に，使用届出の場合には設置年月日の欄に，変更届出の場合には設置年月日，工事着手予定年月日，工事完成予定年月日及び使用開始予定年月日の欄に，それぞれ記載すること．

8　有害物質使用特定施設の設備

| | | |
|---|---|---|
| 特定施設番号及び名称 | | |
| 設備 | | |
| 構造 | | |
| 主要寸法 | | |
| 配置 | | |
| 設置年月日 | 年　月　日 | 年　月　日 |
| 工事着手予定年月日 | 年　月　日 | 年　月　日 |
| 工事完成予定年月日 | 年　月　日 | 年　月　日 |
| 使用開始予定年月日 | 年　月　日 | 年　月　日 |
| その他参考となるべき事項 | | |

(注)　配置の欄には，当該有害物質使用特定施設の設備の配置を記載すること．

9　有害物質使用特定施設の使用の方法

| | | | | | |
|---|---|---|---|---|---|
| 工場又は事業場における施設の名称・番号 | | | | | |
| 特定施設番号及び名称 | | | | | |
| 設置場所 | | | | | |
| 操業の系統 | | | | | |
| 使用時間間隔 | | | | | |
| 1日当たりの使用時間 | | | | | |
| 使用の季節的変動 | | | | | |
| 原材料（消耗資材を含む．）の種類使用方法及び1日当たりの使用量 | | | | | |
| 汚水等の汚染状態 | 種類・項目 | 通常 | 最大 | 通常 | 最大 |
| | | | | | |
| 汚水等の量(m³／日) | | 通常 | 最大 | 通常 | 最大 |
| | | | | | |
| その他参考となるべき事項 | | | | | |

(注)　汚水等の汚染状態の欄には，有害物質による汚染状態について記載すること．

10　汚水等の処理の方法

<table>
<tr><td colspan="2">工場又は事業場における施設の名称・番号</td><td colspan="4"></td><td colspan="4"></td></tr>
<tr><td colspan="2">処理施設の設置場所</td><td colspan="4"></td><td colspan="4"></td></tr>
<tr><td colspan="2">設置年月日</td><td colspan="4">年　月　日</td><td colspan="4">年　月　日</td></tr>
<tr><td colspan="2">工事着手予定年月日</td><td colspan="4">年　月　日</td><td colspan="4">年　月　日</td></tr>
<tr><td colspan="2">工事完成予定年月日</td><td colspan="4">年　月　日</td><td colspan="4">年　月　日</td></tr>
<tr><td colspan="2">使用開始予定年月日</td><td colspan="4">年　月　日</td><td colspan="4">年　月　日</td></tr>
<tr><td colspan="2">種類及び型式</td><td colspan="4"></td><td colspan="4"></td></tr>
<tr><td colspan="2">構造</td><td colspan="4"></td><td colspan="4"></td></tr>
<tr><td colspan="2">主要寸法</td><td colspan="4"></td><td colspan="4"></td></tr>
<tr><td colspan="2">能力</td><td colspan="4"></td><td colspan="4"></td></tr>
<tr><td colspan="2">処理の方式</td><td colspan="4"></td><td colspan="4"></td></tr>
<tr><td colspan="2">処理の系統</td><td colspan="4"></td><td colspan="4"></td></tr>
<tr><td colspan="2">集水及び導水方法</td><td colspan="4"></td><td colspan="4"></td></tr>
<tr><td colspan="2">使用時間間隔</td><td colspan="4"></td><td colspan="4"></td></tr>
<tr><td colspan="2">1日当たりの使用時間</td><td colspan="4"></td><td colspan="4"></td></tr>
<tr><td colspan="2">使用の季節変動</td><td colspan="4"></td><td colspan="4"></td></tr>
<tr><td colspan="2">消耗資材の1日当たりの用途別使用量</td><td colspan="4"></td><td colspan="4"></td></tr>
<tr><td rowspan="4">汚水等の汚染状態及び量</td><td>種類・項目</td><td colspan="2">通　常</td><td colspan="2">最　大</td><td colspan="2">通　常</td><td colspan="2">最　大</td></tr>
<tr><td rowspan="2"></td><td>処理前</td><td>処理後</td><td>処理前</td><td>処理後</td><td>処理前</td><td>処理後</td><td>処理前</td><td>処理後</td></tr>
<tr><td></td><td></td><td></td><td></td><td></td><td></td><td></td><td></td></tr>
<tr><td>量($m^3$／日)</td><td></td><td></td><td></td><td></td><td></td><td></td><td></td><td></td></tr>
<tr><td colspan="2">残さの種類，1月間の種類別生成量及び処理方法</td><td colspan="4"></td><td colspan="4"></td></tr>
<tr><td colspan="2">その他参考となるべき事項</td><td colspan="4"></td><td colspan="4"></td></tr>
</table>

(注)　汚水等の汚染状態の欄には，有害物質による汚染状態について記載すること．

11　特定地下浸透水の浸透の方法

<table>
<tr><td>浸透施設の位置</td><td></td></tr>
<tr><td>浸透施設の数</td><td></td></tr>
</table>

| | | | | | | | | | |
|---|---|---|---|---|---|---|---|---|---|
| 浸透水 | 事業場における施設の名称・番号 | | | | | | | | |
| | 量（$m^3$／日） | 通常 | 最大 | 通常 | 最大 | 通常 | 最大 | 通常 | 最大 |
| | | | | | | | | | |
| その他参考となるべき事項 | | | | | | | | | |

12　特定地下浸透水又は有害物質に係る用水及び排水の系統

| | | | |
|---|---|---|---|
| 用水及び排水の系統 | | | |
| 用途別用水使用量 | 用　途 | 使用水 | 用水使用量（$m^3$/ 日） |
| | | | |
| | | | |
| | | | |
| | | | |
| | | | |
| | | | |

13　添付図面

（1）　発電所の所在地を示す 1/50 000 の地形図（設置場所を明示すること）

（2）　発電所構内配置図（特定施設と汚水等の処理に係る施設の設置場所を明示すること）

（3）　特定施設の構造とその主要寸法を記入した概要図

（4）　汚水等の処理に係る施設の構造とその主要寸法を記入した概要図

（5）　用水及び排水処理系統図（特定施設，処理に係る施設，排出水管理のための採水箇所を明示すること）

備考　1　本説明書のうち 1 ～ 13 について，写しを一部提出すること．

　　　2　1 ～ 13 の様式を記載するにあたり，できる限り，図面，表等を利用すること．

14　水質汚濁の防止対策について

（1）　周辺水域の水質汚濁状況

（2）　水質汚濁防止の具体策について（発生元対策，排水処理方法等）

（3）　排出水等の水質測定及び監視の方法

（4） 緊急時の措置

（5） 総量規制基準遵守のための方法

（6） 公害防止協定の締結状況（公害防止協定の写しを添付）

備考 1 変更に係る届出の場合には，変更のある部分について，変更前及び変更後の内容を対照させること．

2 用紙の大きさは，図面，表等やむを得ないものを除き，日本産業規格 A4 とすること．

## 有害物質貯蔵指定施設に関する説明書

1 有害物質貯蔵指定施設の概要

| | | | |
|---|---|---|---|
| 事業者名 | | ○○○○株式会社 | |
| 代表者氏名 | | 代表取締役○○○○ | |
| 代理人の職・氏名 | | 代理人○○ | |
| 事業場の名称 | | | |
| 事業場の所在地 | | 県 市 町 番地 | |
| 有害物質貯蔵指定施設の構造 | 施設の名称 | | |
| | 型式 | | |
| | 構造 | | |
| | 主要寸法 | | |
| | 能力 | | |
| | 配置 | | |
| | 床面及び周囲 | | |
| | 設置年月日 | 年 月 日 | 年 月 日 |
| | 工事着手予定年月日 | 年 月 日 | 年 月 日 |
| | 工事完成予定年月日 | 年 月 日 | 年 月 日 |
| | 使用開始予定年月日 | 年 月 日 | 年 月 日 |
| その他参考となるべき事項 | | | |

（注） 1 配置の欄には，当該有害物質貯蔵指定施設及びこれに関連する主要機械又は主要装置の配置を記載すること．

2 設置届出の場合には工事着手予定年月日，工事完成予定年月日及び使用開始予定年月日の欄に，使用届出の場合には設置年月日の欄に，変更届出の場合には設置年月日，工事着手予定年月日，工事完成予定年月日及び使用開始予定年月日の欄に，それぞれ記載すること．

2 有害物質貯蔵指定施設の設備

| | | |
|---|---|---|
| 工場又は事業場における施設番号 | | |
| 設備 | | |

| | | |
|---|---|---|
| 構　　　　　　造 | | |
| 主　　要　　寸　　法 | | |
| 配　　　　　　置 | | |
| 設　置　年　月　日 | 年　月　日 | 年　月　日 |
| 工事着手予定年月日 | 年　月　日 | 年　月　日 |
| 工事完成予定年月日 | 年　月　日 | 年　月　日 |
| 使用開始予定年月日 | 年　月　日 | 年　月　日 |
| その他参考となるべき事項 | | |

（注）　配置の欄には，当該有害物質貯蔵指定施設の設備の配置を記載すること．

3　有害物質貯蔵指定施設の使用の方法

| | | |
|---|---|---|
| 工場又は事業場における施設の名称・番号 | | |
| 設　　置　　場　　所 | | |
| 操　　業　　の　　系　　統 | | |
| 使　用　時　間　間　隔 | | |
| 1日当たりの使用時間 | | |
| 使用の季節的変動 | | |
| 貯蔵する有害物質の種類 | | |
| その他参考となるべき事項 | | |

（注）　使用時間間隔の欄及び1日当たりの使用時間の欄には，それぞれ当該施設への有害物質を含む水の供給時における当該施設の使用時間間隔及び使用時間を記載すること．

4　搬入及び搬出の系統

| | |
|---|---|
| 貯蔵される有害物質に係る搬入及び搬出の系統 | |

5　添付図面

（1）　発電所の所在地を示す1/50 000の地形図（設置場所を明示すること）

（2）　発電所構内配置図（有害物質貯蔵指定施設の設置場所を明示すること）

（3）　有害物質貯蔵指定施設の構造とその主要寸法を記入した概要図

（4）　搬入及び搬出の系統図

備考　1　本説明書のうち1～5について，写しを一部提出すること．

　　　2　1～5の様式を記載するにあたり，できる限り，図面，表等を利用すること．

6　添付書類
（1）　緊急時の措置

備考　1　変更に係る届出の場合には，変更のある部分について，変更前及び変更後の内容を対照させること．
　　　2　用紙の大きさは，図面，表等やむを得ないものを除き，日本産業規格 A4 とすること．

## 騒音に関する説明書

1　設置（変更）しようとする発電設備（変電設備等）の概要

<table>
<tr><td colspan="2">事業者名<br>代表者の氏名<br>（代理人の職氏名）<br>住所</td><td>○○○○株式会社<br>代表取締役○○○○<br>(代理人○○)<br>県　市　町　番地</td></tr>
<tr><td colspan="2">発電所（変電所等）の名称<br>発電所（変電所等）の所在地<br>従業員数</td><td>○○発電所（変電所）<br>○○号発変電設備<br>県　市　町　番号<br>人</td></tr>
<tr><td rowspan="3">発電設備（変電設備等）の概要</td><td>発（変）電設備の番号<br>発（変）電設備の出力<br>(容量)</td><td></td></tr>
<tr><td>通風機の種類<br>通風機の通風量<br>通風機の個数</td><td></td></tr>
<tr><td>空気圧縮機の種類<br>空気圧縮機の容量<br>空気圧縮機の個数</td><td></td></tr>
</table>

2　騒音防止の方法

| | |
|---|---|
| 指定地域の区分<br>規制基準<br>騒音の大きさ<br>イ　特定施設等の騒音の大きさ<br>ロ　発（変）電所等の境界線上の騒音の大きさの推定値<br>騒音防止方法の概要（図面添付） | 第　種<br>朝夕，昼，夜間　デシベル |

3　添付図面
発電所等の平面図及び周辺図にイ及びロに掲げる事項を図示し，ハに掲げる事項を付記すること．
イ．発電所等の騒音に関する設備（特定施設等の騒音源及び騒音防止に関する設備）の配置図

ロ．発電所等の境界周辺の状況

海，河川，道路，農地等の状況及び住居，病院等の建造物の状況

なお，発電所等が属する指定地域の区分と周辺の指定地域の区分が異なるときは，その状況

ハ．境界線上の騒音の大きさを図示した図面（原則として次の箇所数を等間隔に選定する.）

| 境界周辺長さ | 箇所数 |
|---|---|
| 300 m未満 | 12 |
| 300 m以上 500 m未満 | 16 |
| 500 m以上 1 000 m未満 | 20 |
| 1 000 m以上 2 000 m未満 | 24 |
| 2 000 m以上 3 000 m未満 | 32 |
| 3 000 m以上 | 40 |

(注)　変更しようとする場合には，変更事項について変更前及び変更後の内容を併記すること.

(参考)　騒音の測定方法

騒音の大きさの測定方法は，昭和 43 年 11 月 27 日付け四省共同告示第 1 号「特定工場等において発生する騒音の規制に関する基準」備考 3 及び 4 によるほか，（社）日本電気協会電気技術基準調査委員会の電気技術指針「発電所等における騒音防止対策指針」の「発変電所の騒音測定方法」（JEAG5001 − 1971）によること.

備考　1　本説明書のうち 1 ～ 3 について，写しを一部提出すること.

2　本説明書の用紙の大きさは，図面，表等やむを得ないものを除き，日本産業規格 A 4 とすること.

**振動に関する説明書**

1　設置（変更）しようとする発電設備等の概要

<table>
<tr><td colspan="3">事業者名<br>代表者の氏名<br>（代理人の職名及び氏名）<br>住所</td><td>○○○○株式会社<br>代表取締役○○○○<br>(代理人○○)<br>県　市　町　番地</td></tr>
<tr><td colspan="3">発電所（変電所等）の名称<br>発電所（変電所等）の所在地<br>常時使用する従業員数</td><td>○○発電所（変電所）<br>○○号発変電設備<br>県　市　町　番号<br>人</td></tr>
<tr><td rowspan="3">発電設備（変電設備等）の概要</td><td colspan="2">発電設備等の設備番号<br>発電設備等の出力</td><td></td></tr>
<tr><td>圧縮機</td><td>種類<br>容量及び原動機の出力<br>個数<br>使用開始時刻<br>使用終了時刻</td><td></td></tr>
<tr><td>破砕機</td><td>種類<br>容量及び原動機の出力<br>個数<br>使用開始時刻<br>使用終了時刻</td><td></td></tr>
</table>

| | | | |
|---|---|---|---|
| | 摩砕機 | 種類 | |
| | | 容量及び原動機の出力 | |
| | | 個数 | |
| | | 使用開始時刻 | |
| | | 使用終了時刻 | |

備考　1．特定施設の種類に応じ様式に準じて記載すること．

2　振動防止の方法

| | |
|---|---|
| 指定地域の区分 | 第　　　種 |
| 規制基準 | 昼間　デシベル，夜間　デシベル |
| 振動の大きさ | |
| イ　発電設備（変電設備等）の振動の大きさ | |
| ロ　発電所（変電所等）の境界線上の振動の大きさの推定値 | |
| 振動防止方法の概要 | |

3　添付図面

イ．発電所（変電所等）の振動に関する設備の配置図

ロ．発電所（変電所等）の境界周辺の状況を明示した図面

ハ．境界線上の振動の大きさを記入した図面

備考　1　本説明書のうち１～３について，写しを一部提出すること．

2　本説明書の用紙の大きさは，図面，表等やむを得ないものを除き，日本産業規格Ａ４とすること．

3　振動防止方法の概要の欄には吊基礎，直接支持基礎（板ばね，コイルばね等を使用するもの），空気ばねの設置等振動防止に関して講じようとする措置の概要を記載するとともに，できる限り図面，表等を利用すること．

4　変更しようとする場合，変更事項について変更前及び変更後の内容を併記すること．

# 電気関係報告規則第３条及び第３条の２の運用について（内規）

（平成24年9月19日　20120919商局第9号）

（最終改正）令和4年4月1日　20220328保局第2号

## 電気関係報告規則第３条及び第３条の２の運用について（内規）

経済産業省大臣官房技術総括・保安審議官　太田　雄彦

電気関係報告規則（昭和40年通商産業省令第54号．以下「規則」という．）第３条は，電気事業法（昭和39年法律第170号．以下「法」という．）第106条の規定に基づき，事業用電気工作物において，感電等による死傷，電気火災，主要電気工作物の破損，供給支障，ダムによって貯留された流水の異常放流，その他社会的影響の大きい事故が発生したとき，その施設を管理する電気事業者（法第38条第３項各号に掲げる事業を営む者に限る．以下同じ．）又は法第38条第３項に規定する自家用電気工作物を設置する者（以下「自家用電気工作物設置者」という．）に対し，経済産業大臣又は電気工作物の設置の場所を管轄する産業保安監督部長に電気事故に関する報告義務を課すとともに，その報告の範囲，方法等について定めている．

また，規則第３条の２は，法第106条の規定に基づき，一般用電気工作物において，感電等による死傷，電気火災，主要電気工作物の破損が発生したとき，当該一般用電気工作物の所有者又は占有者に対し，経済産業大臣又は電気工作物の設置の場所を管轄する産業保安監督部長への電気事故に関する報告義務を課すとともに，その報告の範囲，方法等について定めている．

本規程は，規則第３条及び第３条の２に基づく報告が適切になされるよう，報告の目的，範囲，方法等について詳細に定めたものであり，電気事業者，自家用電気工作物設置者又は一般用電気工作物の所有者若しくは占有者は，本規程に基づいて報告を行うこととする．

## 電気関係報告規則第３条の運用について（内規）

目次



### １．電気事故報告の目的

電気事故報告は，電気に係る保安の確保のために欠くことができないものであり，その内容の分析に基づいて，類似の事故の再発防止策を講じるとともに，電気工作物の安全性の確保，信頼性の向上等のための施策の検討を行う．また，本報告によって，電気工作物の施設，保守及び給電サービスの状況を明らかにし，電気に係る保安の確保のための規制の在り方について検討することが可能となる．

電気事故の分析は，ミクロ的分析とマクロ的分析の両面から行う必要がある．本報告はミクロ的分析に該当し，社会的及び技術的に重要であり，他の設備についても予防措置を講じる必要があるものや，最新の技術を用いた設備で発生した事故であって詳細に調査をする必要のあるものについて，報告を求めるものである．なお，「定期報告（規則第２条の規定に基づく電気保安年報）」はマクロ的分析に該当する．

上記のとおり，本報告と定期報告は，電気技術の進歩と電気産業の発展に必要不可欠な資料である．

２．規則第３条及び第３条の２の運用に当たっての留意点

（1） 規則第３条第１項の表第四号，第五号及び第六号並びに第３条の２第１項第四号は電気工作物の使用が開始された時から適用し，その他の同条同項の規定については，電気工作物の設置又は変更の工事が開始された時から適用する．

（2） 電気事業者又は自家用電気工作物設置者は，規則第３条第１項各号の少なくともいずれか一の事故に該当するときはその旨を直ちに報告する必要がある．同条第２項に規定する「事故の発生を知った時」とは，電気事業者又は自家用電気工作物設置者が事象の発生を覚知し，当該事象が規則第３条第１項各号の少なくともいずれか一の事故に該当することを確認した時のことをいう．

また，規則第３条第２項前段の規定に基づく報告（以下「事業用電気工作物の事故の速報」という．）の際に，複数の号に該当する場合は，より適確に該当すると判断する号により報告することとし，速報の後に他の号に該当することが明らかになった場合は，その旨を規則第３条第２項後段の規定に基づき，規則様式第13により提出する「電気関係事故報告」（以下「事業用電気工作物の事故の詳報」という．）に，該当する号を全て記載して報告することとする．

（3） 事業用電気工作物の事故の詳報は，事象の状況に関する事実関係とその発生原因（発生メカニズムを含む．），再発防止のための対策等を可能な限り詳細に記載し，「事故の発生を知った日（電気事業者又は自家用電気工作物設置者が事象の発生を覚知し，当該事象が規則第３条第１項各号の少なくともいずれかの一の事故に該当することを確認した日をいう．）」から起算して30日以内に提出しなければならない．事業用電気工作物の事故の詳報により得られたデータは，事故分析等を通じ，それ以降の保安規制上の要求事項の改正や，他施設での同種の事故の発生防止策の検討等にも活用する．

なお，事業用電気工作物の事故の詳報が提出された時点において，未だ調査中の内容が有る場合には，当該詳報は中間報告と位置付け，調査結果が明らかになり次第，速やかに続報又は最終報を報告することとする．

（4） 一般用電気工作物の所有者又は占有者は，規則第３条の２第１項各号の少なくともいずれか一の事故に該当するときはその旨を直ちに報告する必要がある．同条第２項に規定する「事故の発生を知った時」とは，一般用電気工作物の所有者又は占有者が事象の発生を覚知し，当該事象が規則第３条の２第１項各号の少なくともいずれか一の事故に該当することを確認した時のことをいう．

また，規則第３条の２第２項前段の規定に基づく報告の際に，複数の号に該当する場合は，より適確に該当すると判断する号により報告することとし，速報の後に他の号に該当することが明らかになった場合は，その旨を規則第３条第２項後段の規定に基づき，事故の詳細を記載した報告書（以下「一般用電気工作物の事故の詳報」という．）を提出することとする．

（5） 規則第３条第１項各号及び規則第３条の２第１項各号に掲げる事故以外の事故であって再発防止策の検討を要するなど，特に必要な場合は，法第106条に基づいて報告徴収

を行うこととする．

３．報告基準の各号について

規則第３条第１項及び第３条の２第１項の各号について，次のとおり解釈する．

【第３条第１項第一号】　感電等の電気工作物に係る死傷事故

| |
|---|
| 一　感電又は電気工作物の破損若しくは電気工作物の誤操作若しくは電気工作物を操作しないことにより人が死傷した事故（死亡又は病院若しくは診療所に入院した場合に限る.） |

（1）目　的

感電等のその他電気工作物に係る死傷事故は，法目的である「公共の安全の確保」の観点から重要なものであることから，報告を求めるものである．

（2）語句・文章の解釈

① 「感電により人が死傷した事故」：充電している電気工作物や，当該箇所からの漏電又は誘導によって充電された工作物等に体が触れたり，あるいは電気工作物に接近して閃絡を起こしたりすることで，体内に電流が流れ，又は，アークが発生し，直接それが原因で死傷（アークによる火傷等も含む.）した事故又は電撃のショックで心臓麻痺を起こしたり，体の自由を失って高所から墜落したりすることなどにより死傷した事故をいう．

② 「誤操作若しくは操作しないこと」：主として，電気工作物の操作員のヒューマンエラーによる事故の発生を想定し，「誤操作」とは，機器の操作手順書等に記載されている本来の当該機器の操作手順と異なる操作を行うことをいう．「操作しないこと」とは，例えば機器の誤動作阻止のための操作をしないことや点検後の復旧作業において規定の手順どおりなされていない状態のままにしておくなど，本来機器があるべき状態に操作しないことをいう．ただし，単に，操作員のヒューマンエラーに起因するものだけでなく，組織的な判断・対応等の場合（例えば，マニュアルの不整備による事故等.）も対象になり得る．

③ 「入院した場合に限る.」：電気による感電負傷の場合は，一般的な熱傷等による火傷等と異なり，電気工作物の接地状況や使用場所の環境，充電部に接触した人の着衣の状況等によって，体内を通過する電流の大きさや通過経路等が異なり，それらに応じて人体への影響が異なるという特徴を有する．また，感電による人体への影響は，体表面の損傷の程度では重症度が判断できないこと，時間の経過とともに局所の損傷が拡大するという特徴も有することなどから，加療期間ではなく，入院という行為を事故報告の対象としたものである．

（3）運用上の留意点

① 電気工作物の事故を原因とする死亡や，傷害の治療等を目的とした入院であることが明らかでない場合は，原則，医師の診断結果により判断することとする．また，医師の診断結果が得られない場合は，当該事故の状況を客観的に調査の上，判断することとする．なお，医師の診断書等により，経過観察，検査等を目的とした入院であることが明らかな場合は，報告を要しない．

② 事業用電気工作物の事故の詳報の提出に際しては，医師の診断書に傷害の治療に要する期間が記載されている場合には，当該期間を記載することが好ましい．

【第３条第１項第二号】 電気火災事故

| |
|---|
| 二　電気火災事故（工作物にあっては，その半焼以上の場合に限る．） |

（1）目　的

電気工作物が原因で火災が発生し，電気工作物以外の物件や他人の財産に損害を与えた場合に，これを調査し，その防止対策を講ずる必要があることから，報告を求めるものである．

（2）語句・文章の解釈

① 「電気火災事故」：発電機，電線路，変圧器，配線等に漏電，短絡，閃絡等の電気的異常状態が発生し，それによる発熱，発火が原因で，建造物，車両，その他の工作物，山林等に火災を起こしたものをいう．

② 「工作物」：人工的に製作し，地上，地中，水上又は水中に設置したもの．

③ 「半焼」：火災による損壊の程度が工作物（建物については延床面積）の20％以上70％未満であること（内閣府の「災害に係る住宅等の被害認定基準検討委員会」で検討された「災害の被害認定基準について（平成13年6月28日府政防第518号）」に準ずる．）．

（3）運用上の留意点

火災の発生時には，その程度が「半焼以上」であることを電気事業者又は自家用電気工作物設置者が直ちに判断することが困難な場合もある．判断に迷う場合は，鎮火後の状況を確認し，「半焼以上」であることを確認し，当該火災の原因が電気工作物に起因するものと判明した時点を「事故の発生を知った時」と解することとする．また，当該電気工作物設置者自ら「半焼以上」であることを確認できない場合，消防署が「半焼以上」と判断することをもって，当該事故の火災の程度を「半焼以上」と判断することとする．

なお，電気工作物それ自体の火災のみの場合は，それが電気工作物自身の欠陥からの発火であっても，本号でいう「電気火災事故」としては扱わず，電気工作物の「破損事故」として扱う．

【第３条第１項第三号】 電気工作物に係る物損等事故

| |
|---|
| 三　電気工作物の破損又は電気工作物の誤操作若しくは電気工作物を操作しないことにより，他の物件に損傷を与え，又はその機能の全部又は一部を損なわせた事故 |

（1）目　的

電気工作物の破損や電気工作物の操作員のヒューマンエラーにより，第三者の物件に損傷や機能の喪失を与えた事故は，法目的である「公共の安全の確保」の観点から重要なものであり，電気工作物の保守管理運営の面で十分検討し対策を立てる必要があるため，報告を求めるものである．

（2）語句・文章の解釈

① 「他の物件」：事故を発生させた電気事業者又は自家用電気工作物設置者及び関係事業者でない第三者の物件のことをいう．

② 「他の物件に損傷を与え，又はその機能の全部又は一部を損なわせた事故」：電気工作物の破損又は電気工作物の操作員のヒューマンエラーにより，第三者の物件に対して本来の機能を損なわせるなどの被害を与えた事故のことをいい，例えば，以下の事故が挙げられ

る．

イ　電気工作物の事故に伴う異常電圧によって，広範囲にわたる供給先の電化製品等の損壊

ロ　支持物の傾斜，折損等による家屋等の損壊

ハ　太陽電池モジュール又は架台，風車のブレード等の構外への飛散等

ニ　電気工作物の破損等に伴う土砂崩れ等による道路等の閉塞，交通の著しい阻害等

③　②の場合，自然現象（台風，大雪，豪雨，地震等）を起因とした電気工作物の破損等に伴う他物損事故も対象となるが，電気事業者又は自家用電気工作物設置者が事故の発生を防止するための対策を講じることが合理的に達成不可能な事故については対象から除くことができ，例えば，以下の事故が挙げられる．

イ　落雷が電路を通過し，直接，工場や家庭内での製品，機器等の異常や不良に至ったもの

ロ　停電に伴う製品，機器等の異常や不良等に至ったもの

ハ　飛来物，浮遊物，倒木，土砂崩れ等による電気工作物の破損に伴う２次被害

ニ　車の衝突事故による電柱倒壊等に伴う２次被害

ホ　電気的若しくは磁気的な影響による異常電圧等（開閉過電圧や誘電電圧等）により，他の電気工作物の異常や不良に至ったもの

（３）運用上の留意点

本号では，電気工作物の破損又は電気工作物の操作員のヒューマンエラーにより被害を与えたことが明らかになった時を「事故の発生を知った時」と解する．

なお，当該電気工作物の設置者が被害に対する適切な措置や対策を早期に講ずべき責務があることに留意すること．

【第３条第１項第四号，第五号】　主要電気工作物の破損事故

四　次に掲げるものに属する主要電気工作物の破損事故

イ　出力 90 万 kW 未満の水力発電所

ロ　火力発電所（汽力，ガスタービン（出力 1 000kW 以上のものに限る．），内燃力（出力 1 万 kW 以上のものに限る．），これら以外を原動力とするもの又は二以上の原動力を組み合わせたものを原動力とするものをいう．以下同じ．）における発電設備（発電機及びその発電機と一体となつて発電の用に供される原動力設備並びに電気設備の総合体をいう．以下同じ．ただし，ハに掲げるものを除く．）

ハ　火力発電所における汽力又は汽力を含む二以上の原動力を組み合わせたものを原動力とする発電設備であって，出力 1 000kW 未満のもの（ボイラーに係るものを除く．）

ニ　出力 500kW 以上の燃料電池発電所

ホ　出力 50kW 以上の太陽電池発電所

ヘ　出力 20kW 以上の風力発電所

ト　電圧 17 万 V 以上（構内以外の場所から伝送される電気を変成するために設置する変圧器その他の電気工作物の総合体であって，構内以外の場所に伝送するためのもの以外のものにあっては 10 万 V 以上）30 万 V 未満の変電所（容量 30 万 kVA 以上若しくは出力 30 万 kW 以上の周波数変換機器又は出力 10 万 kW 以上の整流機器を設置するものを除く．）

チ　電圧17万V以上30万V未満の送電線路（直流のものを除く.）
リ　電圧1万V以上の需要設備（自家用電気工作物を設置する者に限る.）

五　次に掲げるものに属する主要電気工作物の破損事故（第一号，第三号及び第八号から第十号までに掲げるものを除く.）
イ　出力90万kW以上の水力発電所
ロ　電圧30万V以上の変電所又は容量30万kVA以上若しくは出力30万kW以上の周波数変換機器若しくは出力10万kW以上の整流機器を設置する変電所
ハ　電圧30万V（直流にあっては電圧17万V）以上の送電線路

（1）目　的

主要電気工作物の破損事故が発生すれば，当該施設の機能に重大な影響を及ぼすばかりでなく，関連施設への重大な影響，復旧の遅れ，供給支障事故を誘発するおそれがあるため，当該事故の原因を究明し，再発防止策を図るために報告を求めるものである.

（2）語句・文章の解釈

①「主要電気工作物」：規則第1条第2項第三号に掲げているものをいう．主要電気工作物は，発電所等の運転，維持又は保安対策上必要不可欠な電気工作物として定めているものであり，工事計画認可又は届出が必要な電気工作物を基本としている．同項第三号に規定しているとおり，主要電気工作物は，別に告示する（平成28年経済産業省告示第238号）「主設備」から構成されている.

②「破損事故」：規則第1条第2項第五号に掲げるものをいい，電気工作物が変形，損傷若しくは破壊，火災又は絶縁劣化若しくは絶縁破壊が原因で，当該電気工作物の機能が低下又は喪失したことにより，「直ちに，その運転が停止し，若しくはその運転を停止しなければならなくなること」又は「その使用が不可能となり，若しくはその使用を中止すること」をいう.

③「直ちに，その運転が停止し，若しくはその運転を停止しなければならなくなること」：例えば，電気工作物の機能低下が，運転中において想定されている機能低下の範囲を超えて急激に起きた場合であって，当該電気工作物の自動停止機能により運転が自動停止した場合，又は，操作員が緊急に手動停止した場合をいい，例えば以下の事故が挙げられる.
イ　落雷による太陽電池又はその附属設備の焼損
ロ　逆変換装置等の損傷に伴う運転停止

④「その使用が不可能となり，若しくはその使用を中止すること」：例えば，以下の事故が挙げられる.
イ　発電所の燃料貯蔵タンクにおいて，その貯蔵機能に支障が生じた結果，その使用が不可能となったこと，又は，その使用を中止することをいう.
ロ　太陽電池発電設備の支持物の倒壊・折損
ハ　水没による太陽電池モジュールや逆変換装置等の損傷に起因する太陽電池発電設備の停止
ニ　風車のブレードの折損
ホ　風車の支持物の倒壊

⑤　主要電気工作物の破損事故の対象とならない例として以下の場合が挙げられる.

イ　停止を伴う点検中に不具合が発生した場合

ロ　運転中又は使用中の電気工作物に機能低下が認められた場合であって，補修（当該設備，機器の補修のための計画的な運転停止を含む.）により機能を回復可能な場合

（３）運用上の留意点

①　主要電気工作物の破損事故は，当該主要電気工作物の使用を開始して以降の事故を対象とする．したがって，当該電気工作物の工事中，試充電中又は試運転中に発生した破損については，破損事故とは解さない．また，設備，機器の停止を伴う点検中に発見した当該設備，機器の不具合は，主要電気工作物の破損事故の報告対象とはしない.

②　自然現象に起因する事故であって，十分な保安実績が有り，事故発生後の対処方法として，早期に部品交換，原型復旧，機能回復を行う等の方法が十分に確立している場合，事業用電気工作物の詳報は，再発防止策の欄を除いたものを提出することで足りることとする．なお，当該事故の例としては，以下の場合が挙げられる.

イ　台風等の際に飛来物により送電線が断線した場合

ロ　洪水により発電所が流出した場合

【第３条第１項第六号】発電支障事故

| |
|---|
| 六　水力発電所，火力発電所，燃料電池発電所，太陽電池発電所又は風力発電所に属する出力 10 万 kW 以上の発電設備に係る７日間以上の発電支障事故 |

（１）目　的

電気の安定供給確保等の観点から，発電設備の保安状況の把握が重要であることから，報告を求めるものである.

（２）語句・文章の解釈

①「発電支障事故」:規則第１条第２項第十号に掲げる「発電所の電気工作物の故障，損傷，破損，欠陥又は電気工作物の誤操作若しくは電気工作物を操作しないことにより当該発電所の発電設備が直ちに運転が停止し，又はその運転を停止しなければならなくなること」をいい，例えば，以下の事故が挙げられる.

イ　石炭のサイロ，ベルトコンベア若しくはミル又は動力用・制御用ケーブル等の電気系統の破損や火災

ロ　保護装置の誤動作や故障

ハ　発電機やタービンの異常振動

ニ　燃焼器の異常

ホ　蒸気系統，油循環系統，冷却水系統，水素・炭酸ガス系統等のバルブ・ストレーナー等の閉塞や漏洩

ヘ　取水口や復水器の異常

ト　運転員の操作ミス

②「発電設備が直ちに運転が停止し，又はその運転を停止しなければならなくなること」:【第１項第四号，第五号】主要電気工作物の破損事故（２）③と同じ.

③「７日間以上」:発電支障期間は，発電停止日から運転可能になった日までをいい，運転可能となった後に，電気事業者又は自家用電気工作物設置者の判断で運転を行わなかった期間は含まない.

④　発電支障事故の対象とする電気工作物は，一般送配電事業者又は配電事業業者が維持し，及び運用する電線路その他の電気工作物に電線路に接続し，かつ，専ら発電事業の用に供するための発電設備（単一の発電設備の出力が 10 万 kW 以上であるものに限る.）を対象とする.

（3）運用上の留意点

①　発電支障事故は，発電設備の営業運転を開始して以降の事故を対象とする．したがって，電気工作物の工事中，試充電中又は試運転中に発生した事故は，発電支障事故とは解さない．また，発電設備の停止を伴う点検中に発見した設備，機器の不具合については発電支障事故の対象としない．その他，保安停止や，流木，土砂，くらげ等の流入及び除去作業に伴う発電停止も対象外とする.

②　事業用電気工作物の詳報の提出に際し，他施設での同種の事故の発生防止策の検討に資すると思われる場合のみ，再発防止策の欄の記載を要することとし，例えば，以下の場合が挙げられる.

イ　誤操作により単一の事故が起因であったものの，その拡大を防げずに複数の系に影響を及ぼしたもの

ロ　最新の技術を用いた設備で発生した事故であって，過去に同様の事故が発生していない又は少ないもの

ハ　同一の箇所に同一の条件で過去に複数回事故が発生したものの，十分な対策が取られていないもの（設備の運用方針として事故後早期に部品交換をする前提であるもの，又は，これまでの知見に基づき対処方法が確立しているものを除く.）

【第３条第１項第七号，第八号】　供給支障事故

七　供給支障電力が 7 000kW 以上７万 kW 未満の供給支障事故であって，その供給支障時間が１時間以上のもの，又は供給支障電力が７万 kW 以上 10 万 kW 未満の供給支障事故であって，その供給支障時間が 10 分以上のもの（第九号及び第十一号に掲げるものを除く.）

八　供給支障電力が 10 万 kW 以上の供給支障事故であって，その供給支障時間が 10 分以上のもの（第十号及び第十一号に掲げるものを除く.）

（1）目　的

供給支障事故は，人身や物件に対して被害を及ぼさない場合であっても，我が国が電力に大きく依存していることに鑑み，広範な停電の発生等が発生した場合には，社会的に重大な影響を及ぼすおそれが大きいことから，報告を求めるものである.

（2）語句・文章の解釈

①「供給支障事故」：規則第１条第２項第七号に掲げる「破損事故又は電気工作物の誤操作若しくは電気工作物を操作しないことにより電気の使用者（当該電気工作物を管理する者を除く.）に対し，電気の供給が停止し，又は電気の使用を緊急に制限することをいう．ただし，電路が自動的に再閉路されることにより電気の供給の停止が終了した場合を除く.」ことをいう.

イ　ここにいう供給支障とは，電気の使用者が受電可能な状態で，かつ，電気を使おうとしているにもかかわらず，電気事業者の電気工作物の破損事故又は電気工作物の操作員

のヒューマンエラーにより，電気の使用者が電気の供給を停止又は使用の制限を余儀なくされた場合をいう．

ロ　電気の使用者に対し，停電，使用の制限をする場合としては，

（イ）　法令の規定に基づく経済産業大臣の指示による場合

（ロ）　異常渇水等の自然現象が原因であって電気の需給上やむを得ない場合

（ハ）　電気事業者の電気工作物に不具合が生じ，又は不具合が生ずるおそれがある場合

（ニ）　電気事業者の電気工作物の修繕，変更その他工事上やむを得ない場合

（ホ）　非常災害の場合

（ヘ）　電気の使用者の責めとなる理由により保安上の危険がある場合

（ト）　その他，電気供給約款に定められた項目に電気の使用者が違反した場合があり，これらについては電気供給約款に細かく定められている．この中で本規則でいう供給支障事故は，（ハ）の場合が該当するが，（ハ）の後段の予防停電は，電気の使用者に対し，停電することについて了解を求め，認知させてから実施するのが原則であり，この場合には，供給支障事故とはみなさない．

ハ　電路が一旦遮断された後に，低速度再閉路も含めて自動的に再閉路が成功したとき，又は自動的に系統切替が成功したときは，供給支障事故とはみなさない．

ニ　規則第１条第２項第七号中「当該電気工作物を管理する者を除く．」とあるのは，自家用電気工作物に事故があって，その事故による支障が電気事業者に波及したことにより，当該自家用電気工作物設置者への電気の供給が停止又は使用が制限された場合には，それは供給支障とはみなさないという意味である．すなわち，専用線で受電している自家用電気工作物設置者の場合，自家用構内の事故のため，一般送配電事業者又は配電事業者の変電所の引出口遮断器がトリップして停電しても，これは供給支障事故とはみなさない．

②「供給支障電力」：規則第１条第２項第八号に掲げている「供給支障事故が発生した場合において，電気の使用者に対し，電気の供給が停止し，又は電気の使用を制限する直前と直後との供給電力の差」をいう．

イ　供給支障電力の算定は，事故の直前と直後の供給電力の差を取ることを定めており，事故により停電した場合には，事故直前の供給電力が供給支障電力となる．個々の供給支障電力を算定するのは，発変電所にある需要電力の計量地点ごとに，停電又は制限した電力を測定するが，計量の困難な場合は事故前後の潮流の変化や総需要計から総合的に推定する．事故によっては，供給支障の及ぶ範囲が２以上のフィーダー又は２以上の変電所にわたる場合があるが，この場合の供給支障電力は，それぞれの停電又は制限した電力の合計で表す．ただし，自家用電気工作物からの波及事故の場合には，事故の原因になった自家用電気工作物の受電電力はこの停電又は制限した電力の合計には含まない．

ロ　変電所で何らかの原因により電位差が発生して電圧接地警報が作動し，事故原因がどの回線で発生したかを発見するために，給電操作として各回線の遮断器を順次一時的に開閉してみることがある．このように事故の原因となった箇所を検出することを目的として送電線を開放する場合は，事故回線でなければ直ちに閉路するので，供給支障電力には含めないこととする．

ハ　供給支障事故の復旧の途上，再び同じ地区に供給支障事故が発生した場合は，いずれか大きい方の供給支障電力をとるものとする．

③ 「供給支障時間」：規則第１条第２項第九号に掲げる「供給支障事故が発生した時から，電気の供給の停止又は使用の制限が終了した時までの時間」をいう．なお，規則第３条第１項第七号又は第八号に掲げる供給支障電力を一旦超過した供給支障事故は，当該供給支障電力を超過した時間から，当該供給支障が解消されたときまでの時間を，供給支障時間という．ただし，配電線路に係る供給支障事故については，当該配電線路の発電所又は変電所の引出口遮断器が投入されたときに，当該配電線路に係る供給支障が終了したものとみなす．

イ　供給支障時間は，供給支障が発生してから供給能力が回復し，必要な電気の送配電が可能になって，電気の使用者に対する電気の供給が通常どおり行われるまでの時間をいう．

ここで，電気の使用者に対して電気の供給を開始する又は電気の使用の制限を解除する場合，電気の使用者の都合で受電しないときは，当該使用者の受電用遮断器まで電気を供給した時又は当該使用者に対し供給能力が回復していつでも供給できることを通知した時をもって，供給の停止又は使用の制限が終了した時とみなすことができる．

ロ　変電所や送電線路の電源側の事故時に隣接バンクなど他系統へ系統切替をしたときもイと同様の扱いとすることができる．

（３）運用上の留意点

台風，高潮，豪雨，津波，地震，落雷，雪等の自然災害に起因する供給支障事故は，規則第３条第２項ただし書の規定のとおり，事業用電気工作物の事故の詳報の対象とはしない．

【第３条第１項第九号，第十号，第十一号】　他社への波及事故

九　電気工作物の破損又は電気工作物の誤操作若しくは電気工作物を操作しないことにより他の電気事業者に供給支障電力が7 000kW 以上７万 kW 未満の供給支障を発生させた事故であって，その支障時間が１時間以上のもの，又は供給支障電力が７万 kW 以上 10 万 kW 未満の供給支障を発生させた事故であって，その支障時間が 10 分以上のもの

十　電気工作物の破損又は電気工作物の誤操作若しくは電気工作物を操作しないことにより他の電気事業者に供給支障電力が 10 万 kW 以上の供給支障を発生させた事故であって，その支障時間が 10 分以上のもの

十一　一般送配電事業者の一般送配電事業の用に供する電気工作物，配電事業者の配電事業の用に供する電気工作物又は特定送配電事業者の特定送配電事業の用に供する電気工作物と電気的に接続されている電圧 3 000V 以上の自家用電気工作物の破損事故又は自家用電気工作物の誤操作若しくは自家用電気工作物を操作しないことにより一般送配電事業者又は特定送配電事業者に供給支障を発生させた事故

（１）目　的

一般送配電事業者間，配電事業者間，一般配電事業者及び配電事業者間又は発電事業者から他の電気事業者への波及事故を規定したものであり，例えば，大規模発電所が脱落したり，基幹系送電系統を通じた電気事故の波及により大規模な供給支障を誘発したりするおそれがある．このため，電気事業者相互の協調のあり方等を検討する必要から，電気事業者から報告を求めるものである（規則第３条第１項第九号及び第十号）．

一方，自家用電気工作物設置者については，その数も多く，自社の電気事故が他の電気事業

者に波及しないよう，受電設備の保守，管理及び電気事業者と自家用電気工作物設置者との相互の協調のあり方等を検討する必要があるため，電圧 3 000V 以上の電圧で受電する自家用電気工作物の設置者から報告を求めるものである（規則第３条第１項第十一号）.

（２）運用上の留意点

① 電気事故は，本来，事故を発生させた側に責任があることが原則であり，発生した事故は設置者自身の施設内に留めるのが原則であることから，各種保護装置や遮断器を設置して波及事故防止対策を講じている．しかしながら，当該装置等が有効に機能しなかった場合など波及事故が発生した場合は，発端となった事故を発生させた電気事業者又は自家用電気工作物設置者から報告を求める．ただし，一般送配電事業又は配電事業の用に供する配電線路等が自動的に再閉路に成功した場合を除く.

② 規則第３条第１項の表第九号又は同表第十号に規定する他社へ供給支障を発生させた事故の供給支障電力の大きさ及び供給支障時間の長さについては，第七号，第八号に規定する供給支障事故に準ずる.

③ 災害時等における緊急的な送電措置として地域独立系統の運用が行われる．地域独立系統内における系統側と需要側の保護協調を維持した中での運用ができない状況における波及事故については，報告の対象からは除く.

【第３条第１項第十二号】　ダムからの異常放流事故

| |
|---|
| 十二　ダムによって貯留された流水が当該ダムの洪水吐きから異常に放流された事故 |

（１）目　的

ダムについては，その異常放流が社会的に大きな影響をもたらす事故に拡大するおそれがあることに鑑み，ダムに限って，本号において報告を求めるものである．なお，本報告は，平成 14 年に発電用ダムにおいて洪水吐きゲート誤作動（制御システムのソフトウェア不具合）による異常放流を契機として追加されたものである.

（２）語句・文章の解釈

「異常に放流された事故」：操作員の誤操作又は制御システムの不具合によるダムの洪水吐きゲートの誤作動を停止する操作がなされなかったことにより，例えばダムの操作に関する規程（河川法（昭和 39 年法律第 167 号）第 47 条）に反して，ダムによって貯留された流水が放流された場合のことをいう.

【第３条第１項第十三号】　電気工作物に係る社会的影響を及ぼした事故

| |
|---|
| 十三　第一号から前号までの事故以外の事故であって，電気工作物に係る社会的に影響を及ぼした事故 |

（１）目　的

電気工作物に係る社会的に影響を及ぼした事故については，技術的には単純な原因であったとしても，電気事業の公共性に鑑み，電気工作物に係る保安体制，管理運営体制等について，詳細に調査，検討し，再発防止策を講じる必要があることから，第一号から第十二号までの事故に該当しない事故を対象として，報告を求めるものである.

（２）運用上の留意点

① 「社会的に影響を及ぼした事故」は多様であり，かつ，その時の周囲の状況や社会的情勢によって，その評価も異なってくることに留意する必要がある．このため，どのような規模の事故を対象として報告を求めるかを一律に定めることは困難であるが，例えば以下の事故が挙げられる．この場合，原因にかかわらず，電気工作物の工事，維持，又は運用に係るものであれば，本号の事故の対象となり得る．

イ　著しく長期的かつ広域的な自然災害等により，広範囲の地域に著しい影響を及ぼした事故

ロ　電気工作物の工事中又は定期的な点検等の期間中に発生した公共の安全の確保上又は電力の安定供給の確保上特に重要な事項に係る事故

ハ　多くの人が一度に集まるイベント（オリンピック，パラリンピック，サミット等）等における供給支障事故であって社会的に特に重大な影響を及ぼした事故

ニ　一つ又は複数の事故が起因となって，多数の家屋等の施設又は工作物に著しい被害を与えた事故（この場合，事故を発生させた設置者自らの電気工作物は除く．）

ホ　電気工作物の維持又は運用に係る一つ又は複数の要因が起因となって，道路や橋などの施設又は工作物を破損又は不通とするなど社会的な混乱や不安等を生じさせた事故

ヘ　電気工作物で使用している油等が構外に排出され，又は，地下に浸透した場合（人の健康に係る被害を生ずるおそれがある場合に限る．規則第４条に掲げるものと重複する場合には，規則第４条に基づく届出をもって本号に基づく速報に代えることができる．）

② 社会的に影響を及ぼした事故が発生したかどうかについては，比較的規模が大きく，原因も複雑である場合もあり，その立証が困難な場合が多い．また，その被害等も相当の時間を経過した後に判明する場合も多いことから，電気事業者又は自家用電気工作物設置者及び経済産業省は，何らかの被害等に関する情報が得られた場合には，積極的にその被害の状況や原因を調査し，これらの関係を時系列を含め，明確にしておくことが重要である．

【第３条の２第１項第一号】感電等の電気工作物に係る死傷事故

> 一　感電又は電気工作物の破損若しくは電気工作物の誤操作若しくは電気工作物を操作しないことにより人が死傷した事故（死亡又は病院若しくは診療所に入院した場合に限る．）

（１）目　的

感電等のその他電気工作物に係る死傷事故は，法目的である「公共の安全の確保」の観点から重要なものであることから，報告を求めるものである．

（２）語句・文章の解釈

① 「感電により人が死傷した事故」：充電している電気工作物や，当該箇所からの漏電又は誘導によって充電された工作物等に体が触れたり，あるいは電気工作物に接近して閃絡を起こしたりすることで，体内に電流が流れ，又は，アークが発生し，直接それが原因で死傷（アークによる火傷等も含む．）した事故又は電撃のショックによる心臓麻痺及び体の自由を失って高所から墜落したりすることなどにより死傷した事故をいう．

② 「誤操作若しくは操作しないこと」：主として，電気工作物の操作時のヒューマンエラーによる事故の発生を想定し，「誤操作」とは，機器の操作手順書等に記載されている本来

の当該機器の操作手順と異なる操作を行うことをいう．「操作しないこと」とは，例えば機器の誤動作阻止のための操作をしないことや点検後の復旧作業において規定の手順どおりなされていない状態のままにしておくなど，本来機器があるべき状態に操作しないことをいう．ただし，単に，操作時のヒューマンエラーに起因するものだけでなく，組織的な判断・対応等の場合（例えば，マニュアルの不整備による事故等．）も対象になり得る．

③ 「入院した場合に限る．」：電気による感電負傷の場合は，一般的な熱傷等による火傷等と異なり，電気工作物の接地状況や使用場所の環境，充電部に接触した人の着衣の状況等によって，体内を通過する電流の大きさや通過経路等が異なり，それらに応じて人体への影響が異なるという特徴を有する．また，感電による人体への影響は，体表面の損傷の程度では重症度が判断できないこと，時間の経過とともに局所の損傷が拡大するという特徴も有することなどから，加療期間ではなく，入院という行為を事故報告の対象としたものである．

（３）運用上の留意点

① 電気工作物の事故を原因とする死亡や，傷害の治療等を目的とした入院であることが明らかでない場合は，原則，医師の診断結果により判断することとする．また，医師の診断結果が得られない場合は，当該事故の状況を客観的に調査の上，判断することとする．なお，医師の診断書等により，経過観察，検査等を目的とした入院であることが明らかな場合は，報告を要しない．

② 一般用電気工作物の事故の詳報の提出に際しては，医師の診断書に傷害の治療に要する期間が記載されている場合には，当該期間を記載することが望ましい．

【第３条の２第１項第二号】電気火災事故

| |
|---|
| 二　電気火災事故（工作物にあっては，その半焼以上の場合に限る．） |

（１）目的

電気工作物が原因で火災が発生し，電気工作物以外の物件や他人の財産に損害を与えた場合に，これを調査し，その防止対策を講ずる必要があることから，報告を求めるものである．

（２）語句・文章の解釈

① 「電気火災事故」：発電機，電線路，変圧器，配線等に漏電，短絡，閃絡等の電気的異常状態が発生し，それによる発熱，発火が原因で，建造物，車両，その他の工作物，山林等に火災を起こしたものをいう．

② 「工作物」：人工的に製作し，地上，地中，水上又は水中に設置したもの．

③ 「半焼」：火災による損壊の程度が工作物（建物については延床面積）の20％以上70％未満であること（内閣府の「災害に係る住宅等の被害認定基準検討委員会」で検討された「災害の被害認定基準について（平成13年6月28日府政防第518号）」に準ずる．）．

（３）運用上の留意点

火災の発生時には，その程度が「半焼以上」であることを一般用電気工作物の所有者又は占有者が直ちに判断することが困難な場合もある．判断に迷う場合は，鎮火後の状況を確認し，「半焼以上」であることを確認し，当該火災の原因が電気工作物に起因するものと判明した時点を「事故の発生を知った時」と解することとする．また，当該一般用電気工作物の所有者又は占有者自ら「半焼以上」であることを確認できない場合，消防署が「半焼以上」と判断することをもって，当該事故の火災の程度を「半焼以上」と判断することとする．

なお，電気工作物それ自体の火災のみの場合は，それが電気工作物自身の欠陥からの発火であっても，本号でいう「電気火災事故」としては扱わず，電気工作物の「破損事故」として扱う．

【第３条の２第１項第三号】電気工作物に係る物損等事故

| |
|---|
| 三　電気工作物の破損又は電気工作物の誤操作若しくは電気工作物を操作しないことにより，他の物件に損傷を与え，又はその機能の全部又は一部を損なわせた事故 |

（１）目的

電気工作物の破損や電気工作物の操作時のヒューマンエラーにより，第三者の物件に損傷や機能の喪失を与えた事故は，法目的である「公共の安全の確保」の観点から重要なものであり，電気工作物の保守管理運営の面で十分検討し対策を立てる必要があるため，報告を求めるものである．

（２）語句・文章の解釈

① 「他の物件」：事故を発生させた一般用電気工作物の所有者又は占有者及び関係事業者でない第三者の物件のことをいう．

② 「他の物件に損傷を与え，又はその機能の全部又は一部を損なわせた事故」：電気工作物の破損又は電気工作物の操作時のヒューマンエラーにより，第三者の物件に対して本来の機能を損なわせるなどの被害を与えた事故のことをいい，例えば，以下の事故が挙げられる．

イ　支持物の傾斜，折損等による家屋等の損壊

ロ　太陽電池モジュール又は架台，風車のブレード等の構外への飛散等

ハ　電気工作物の破損等に伴う土砂崩れ等による道路等の閉塞，交通の著しい阻害等

③②の場合，自然現象（台風，大雪，豪雨，地震等）を起因とした電気工作物の破損等に伴う他物損事故も対象となるが，一般用電気工作物の所有者又は占有者が事故の発生を防止するための対策を講じることが合理的に達成不可能な事故については対象から除くことができ，例えば，以下の事故が挙げられる．

イ　停電に伴う製品，機器等の異常や不良等に至ったもの

ロ　飛来物，浮遊物，倒木，土砂崩れ等による電気工作物の破損に伴う２次被害

ハ　車の衝突事故による電柱倒壊等に伴う２次被害

ニ　電気的若しくは磁気的な影響による異常電圧等（開閉過電圧や誘電電圧等）により，他の電気工作物の異常や不良に至ったもの

（３）運用上の留意点

本号では，電気工作物の破損又は電気工作物の操作時のヒューマンエラーにより被害を与えたことが明らかになった時を「事故の発生を知った時」と解する．

なお，当該一般用電気工作物の所有者又は占有者が被害に対する適切な措置や対策を早期に講ずべき責務があることに留意すること．

【第３条の２第１項第四号】主要電気工作物の破損事故

| |
|---|
| 四　一般用電気工作物に属する主要電気工作物の破損事故 |

（１）目的

主要電気工作物の破損事故が発生すれば，当該施設の機能に重大な影響を及ぼすばかりでなく，関連施設への重大な影響や復旧の遅れが懸念されるため，当該事故の原因を究明し，再発防止策を図るために報告を求めるものである．

（２）語句・文章の解釈

① 「主要電気工作物」：規則第１条第２項第３号に掲げているものをいい，別に告示する（平成28年経済産業省告示第238号）「主設備」から構成されている．

② 「破損事故」：規則第１条第２項第５号に掲げるものをいい，電気工作物が変形，損傷若しくは破壊，火災又は絶縁劣化若しくは絶縁破壊が原因で，当該電気工作物の機能が低下又は喪失したことにより，「直ちに，その運転が停止し，若しくはその運転を停止しなければならなくなること」又は「その使用が不可能となり，若しくはその使用を中止すること」をいう．

③ 「直ちに，その運転が停止し，若しくはその運転を停止しなければならなくなること」：例えば，電気工作物の機能低下が，運転中において想定されている機能低下の範囲を超えて急激に起きた場合であって，当該電気工作物の自動停止機能により運転が自動停止した場合又は緊急に手動停止した場合をいい，例えば以下の事故が挙げられる．

イ　落雷による太陽電池又はその附属設備の焼損

ロ　逆変換装置等の損傷に伴う運転停止

④ 「その使用が不可能となり，若しくはその使用を中止すること」：例えば，以下の事故が挙げられる．

イ　太陽電池モジュールの半壊以上の損壊

具体的には，破損の程度が太陽電池モジュール面積の20％以上であること（内閣府の「災害に係る住宅等の被害認定基準検討委員会」で検討された「災害の被害認定基準について（平成13年６月28日府政防第518号）」の半壊に準ずる．）．

ロ　太陽電池発電設備の支持物の損傷による架台の倒壊

ハ　水没による太陽電池モジュールや逆変換装置等の損傷に起因する太陽電池発電設備の停止

ニ　風車のブレードの折損

ホ　風車の支持物の倒壊

⑤　主要電気工作物の破損事故の対象とならない例として以下の場合が挙げられる．

イ　停止を伴う点検中に不具合が発生した場合

ロ　運転中又は使用中の電気工作物に機能低下が認められた場合であって，補修（当該設備，機器の補修のための計画的な運転停止を含む．）により機能を回復可能な場合

（３）運用上の留意点

主要電気工作物の破損事故は，当該主要電気工作物の使用を開始して以降の事故を対象とする．したがって，当該電気工作物の工事中，試充電中又は試運転中に発生した破損については，破損事故とは解さない．また，設備，機器の停止を伴う点検中に発見した当該設備，機器の不具合は，主要電気工作物の破損事故の報告対象とはしない．

附　　則（20210319 商局第１号）

１．この規程は，令和３年４月１日から施行する．

２．電気関係報告規則第３条の運用について（内規）（平成 28 年９月 23 日付け 20160905 商局第２号）は廃止する．

附　　則（20220328 保局第２号）

この規程は，令和４年４月１日から施行する．

# 高圧又は特別高圧で受電する需要家の高調波抑制対策ガイドライン

(平成16年1月3日　6資公部第379号)

## 高圧又は特別高圧で受電する需要家の高調波抑制対策ガイドライン

1．目　的

このガイドラインは，電気事業法に基づく技術基準を遵守したうえで，商用電力系統（以下「系統」という.）の高調波環境目標レベルをふまえて，系統から高圧又は特別高圧で受電する需要家において，その電気設備を使用することにより発生する高調波電流を抑制するための技術要件を示すものである.

2．適用範囲

（1）　このガイドラインの適用対象となる需要家は，次のいずれかに該当する需要家（以下「特定需要家」という.）とする.

①　6.6 kVの系統から受電する需要家であって，その施設する高調波発生機器の種類毎の高調波発生率を考慮した容量（以下「等価容量」という.）の合計が50 kVAを超える需要家

②　22 kV又は33 kVの系統から受電する需要家であって，等価容量の合計が300 kVAを超える需要家

③　66 kV以上の系統から受電する需要家であって，等価容量の合計が2 000 kVAを超える需要家

（2）（1）の等価容量を算出する場合に対象とする高調波発生機器は，「日本工業規格JIS C61000-3-2(限度値－高調波電流発生限度値(1相当たりの入力電流が20A以下の機器)」(以下「日本工業規格JIS C61000-3-2」という.)の適用対象となる機器以外の機器とする.

（3）　このガイドラインは，特定需要家が（2）に該当する高調波発生機器を新設，増設又は更新する等の場合に適用する.

なお，（2）に該当する高調波発生機器を新設，増設又は更新する等によって特定需要家に該当することになる場合においても適用するものとする.

3．高調波流出電流の算出

特定需要家から系統に流出する高調波流出電流の算出は次によるものとする.

（1）　高調波流出電流は，高調波発生機器毎の定格運転状態において発生する高調波電流を合計し，これに高調波発生機器の最大の稼働率を乗じたものとする.

（2）高調波流出電流は，高調波の次数毎に合計するものとする.

（3）対象とする高調波の次数は40次以下とする.

（4）　特定需要家の構内に高調波流出電流を低減する設備がある場合は，その低減効果を考慮することができるものとする.

4．高調波流出電流の上限値

特定需要家から系統に流出する高調波流出電流の許容される上限値は，高調波の次数毎に，表1に示す需要家の契約電力1 kW当たりの高調波流出電流の上限値に当該需要家の契約電

力（kW を単位とする．）を乗じた値とする．

**5．高調波流出電流の抑制対策の実施**

特定需要家は，上記３．の高調波流出電流が，上記４．の高調波流出電流の上限値を超える場合には，高調波流出電流を高調波流出電流の上限値以下となるよう必要な対策を講ずるものとする．

表１　契約電力１kW 当たりの高調波流出電流上限値

（単位：mA/kW）

| 受電電圧 | 5 次 | 7 次 | 11 次 | 13 次 | 17 次 | 19 次 | 23 次 | 23 次超過 |
|---|---|---|---|---|---|---|---|---|
| 6.6kV | 3.5 | 2.5 | 1.6 | 1.3 | 1.0 | 0.9 | 0.76 | 0.70 |
| 22kV | 1.8 | 1.3 | 0.82 | 0.69 | 0.53 | 0.47 | 0.39 | 0.36 |
| 33kV | 1.2 | 0.86 | 0.55 | 0.46 | 0.35 | 0.32 | 0.26 | 0.24 |
| 66kV | 0.59 | 0.42 | 0.27 | 0.23 | 0.17 | 0.16 | 0.13 | 0.12 |
| 77kV | 0.50 | 0.36 | 0.23 | 0.19 | 0.15 | 0.13 | 0.11 | 0.10 |
| 110kV | 0.35 | 0.25 | 0.16 | 0.13 | 0.10 | 0.09 | 0.07 | 0.07 |
| 154kV | 0.25 | 0.18 | 0.11 | 0.09 | 0.07 | 0.06 | 0.05 | 0.05 |
| 220kV | 0.17 | 0.12 | 0.08 | 0.06 | 0.05 | 0.04 | 0.03 | 0.03 |
| 275kV | 0.14 | 0.10 | 0.06 | 0.05 | 0.04 | 0.03 | 0.03 | 0.02 |

# 高圧又は特別高圧で受電する需要家の高調波抑制対策ガイドライン附属書

**1．目　的**

このガイドラインは，電力利用基盤強化懇談会（昭和 62 年５月）において系統の総合電圧ひずみ率と高調波障害発生の関係を考慮して提言された「高調波環境目標レベル」（6.6kV 配電系統で５％，特別高圧系統で３％）を維持するよう，高調波の発生者である需要家が高調波電流の流出を抑制するための対策を行う際の技術要件を定めたものである．

**2．適用範囲**

（1）　等価容量

「等価容量」とは，需要家が有する高調波発生機器の容量を６パルス変換装置容量に換算し，それぞれの機器の換算容量を総和したものとし，次式により算出する．

$$P_o = \Sigma K_i P_i$$

ここに

$P_o$：等価容量〔kVA〕（６パルス変換装置換算）

$K_i$：換算係数（第１表による．）

$P_i$：定格容量〔kVA〕

$i$：変換回路種別を示す数

（2） 日本工業規格 JIS C61000-3-2 の適用範囲

日本工業規格 JIS C61000-3-2 で「300 V 以下の商用電源系統に接続して用いる定格電流 20 A/ 相以下の電気機器・電子機器【家電・はん（汎）用品】に適用する.」としている.

（3） 更新する等の場合

「更新する等の場合」とは，既設設備の全部又は一部を更新する場合並びに契約電力又は契約種別を変更する場合をいう.

## 3．高調波電流の算出

（1） 高調波発生機器の最大稼働率

「高調波発生機器の最大稼働率」とは，高調波発生機器の総容量に対する実稼働している機器が最大となる容量との比とする．実稼働している機器の容量は，30 分間の平均値とする.

（2） 高調波の次数毎に合計

「高調波の次数毎に合計」とは，高調波電流の算出に当たっては，一般的には高調波電流の各次数毎に各高調波発生機器の高調波電流を合計することであるが，本ガイドラインでは，各次数内での高調波電流の位相差を考慮せず大きさを合計することとしてよい.

（3） 対象次数

「対象次数」は，高次の高調波が特段の支障とならない場合は，5 次及び 7 次とする.

（4） 高調波流出電流を低減する設備

「高調波流出電流を低減する設備」とその効果とは，

① フィルター，自家発電設備，力率改善用コンデンサ（低圧も含む.），電動機等による吸収効果

② Y－△（直近の変電所の同一母線を介して形成されるものを含む.）の組合せ，アクティブフィルター等によるキャンセル効果

③ アーク炉の稼働台数によるキャンセル効果

等をいう.

## 4．高調波流出電流の上限値

（1） 契約電力

「契約電力」が電力会社との需給契約等の時点で定まらず，後に定まる需要家又は複数ある需要家の場合の契約電力は次によることとする.

① 高圧電力甲又は契約電力 500 kW 未満の業務用電力で「実量制」が適用される需要家の契約電力は，契約設備電力を適用する.

② 時間帯別調整契約等複数の契約電力がある場合は，契約電力のうち最大の契約電力を適用する.

## 5．高調波流出電流の抑制対策の実施

高調波流出電流の抑制対策の実施に当たっては，高調波流出電流を高調波流出電流の上限値以下にする対策の実施が原則であるが，増設又は既設設備の一部を更新する場合に当該設備を次のいずれかによって施設する場合には，当該の変更については，対策を実施したものとしてよい.

① 当該高調波発生機器の高調波流出電流（ガイドラインに基づき算出したもの）が，ガイドラインの表 1 の「契約電力」を当該高調波発生機器の「定格入力（kVA を単位とする.）」に置き換えて算出（低圧機器の場合は受電電圧 6.6 kV の欄の値を電圧換算し

たうえで適用）した高調波発生電流の上限値以下となる機器又は回路を増設又はこれに更新して施設する．

② 12 パルス変換装置相当以上の機器又は回路（容量が極めて大きい変換器の場合を除く．）を増設又はこれに更新して施設する．

第１表　換算係数

| 回路分類 | 回路種別 | | 換算係数 $K_i$ | 主な利用例 |
|---|---|---|---|---|
| 1 | 三相ブリッジ | 6 パルス変換装置 | $K_{11} = 1$ | ・直流電流変換所<br>・電気化学<br>・その他一般 |
| | | 12 パルス変換装置 | $K_{12} = 0.5$ | |
| | | 24 パルス変換装置 | $K_{13} = 0.25$ | |
| 2 | 単相ブリッジ | 直流電流平滑 | $K_{21} = 1.3$ | ・交流式電気鉄道車両 |
| | | 混合ブリッジ | $K_{22} = 0.65$ | |
| | | 均一ブリッジ | $K_{23} = 0.7$ | |
| 3 | 三相ブリッジ<br>（コンデンサ平滑） | リアクトルなし | $K_{31} = 3.4$ | ・汎用インバータ<br>・エレベータ<br>・冷凍空調機<br>・その他一般 |
| | | リアクトルあり（交流側） | $K_{32} = 1.8$ | |
| | | リアクトルあり（直流側） | $K_{33} = 1.8$ | |
| | | リアクトルあり（交・直流側） | $K_{34} = 1.4$ | |
| 4 | 単相ブリッジ<br>（コンデンサ平滑） | リアクトルなし | $K_{41} = 2.3$ | ・汎用インバータ<br>・冷凍空調機<br>・その他一般 |
| | | リアクトルあり（交流側） | $K_{42} = 0.35$ | |
| 5 | 自励三相ブリッジ<br>（電圧型 PWM 制御）<br>（電流型 PWM 制御） | ―― | $K_5 = 0$ | ・無停電電源装置<br>・通信用電源装置<br>・エレベータ<br>・系統連系用分散電源 |
| 6 | 自励単相ブリッジ<br>（電圧型 PWM 制御） | ―― | $K_6 = 0$ | ・通信用電源装置<br>・交流式電気鉄道車両<br>・系統連系用分散電源 |
| 7 | 交流電力調整装置 | 抵抗負荷 | $K_{71} = 1.6$ | ・無効電力調整装置<br>・大型照明装置<br>・加熱器 |
| | | リアクタンス負荷<br>（交流アーク炉用を除く） | $K_{72} = 0.3$ | |
| 8 | サイクロコンバータ | 6 パルス変換装置相当 | $K_{81} = 1$ | ・電動機（圧延用，セメント用，交流式電気鉄道車両用） |
| | | 12 パルス変換装置相当 | $K_{82} = 0.5$ | |
| 9 | 交流アーク炉 | 単独運転 | $K_9 = 0.2$ | ・製鋼用 |
| 10 | そ　の　他 | | $K_{10}$：申告値 | ―― |

※ $K_i$ ＝変換回路種別毎の $\sqrt{\Sigma\left(n\times\%\,I_n\right)^2}$ /6 パルス変換装置の $\sqrt{\Sigma\left(n\times\%\,I_n\right)^2}$

$n$：高調波の次数　$\%\,I_n$：$n$ 次の高調波電流の基本波電流に対する比率

※ PWM：pulse width modulation

## 第２表　個別機器の高調波電流発生量

### 1.三相ブリッジ

（単位：%）

| 次　数 | 5 | 7 | 11 | 13 | 17 | 19 | 23 | 25 |
|---|---|---|---|---|---|---|---|---|
| 6パルス変換装置 | 17.5 | 11.0 | 4.5 | 3.0 | 1.5 | 1.25 | 0.75 | 0.75 |
| 12パルス変換装置 | 2.0 | 1.5 | 4.5 | 3.0 | 0.2 | 0.15 | 0.75 | 0.75 |
| 24パルス変換装置 | 2.0 | 1.5 | 1.0 | 0.75 | 0.2 | 0.15 | 0.75 | 0.75 |

### 2．単相ブリッジ

（単位：%）

| 次　数 | 5 | 7 | 11 | 13 | 17 | 19 | 23 | 25 |
|---|---|---|---|---|---|---|---|---|
| 直流電流平滑 | 19 | 13 | 7.0 | 5.5 | 3.0 | — | — | — |
| 混合ブリッジ | 6.3 | 8.7 | 3.2 | 1.0 | 2.3 | — | — | — |
| 均一ブリッジ | 8.8 | 6.2 | 3.8 | 2.6 | 2.2 | — | — | — |

・制御角：60度
・交流リアクタンス：15%
・直流リアクタンス：150%相当（電源周波数換算）
・負荷：100%

### 3.三相ブリッジ（コンデンサ平滑）

（単位：%）

| 次　数 | 5 | 7 | 11 | 13 | 17 | 19 | 23 | 25 |
|---|---|---|---|---|---|---|---|---|
| リアクトルなし | 65 | 41 | 8.5 | 7.7 | 4.3 | 3.1 | 2.6 | 1.8 |
| リアクトルあり（交流側） | 38 | 14.5 | 7.4 | 3.4 | 3.2 | 1.9 | 1.7 | 1.3 |
| リアクトルあり（直流側） | 30 | 13 | 8.4 | 5.0 | 4.7 | 3.2 | 3.0 | 2.2 |
| リアクトルあり（交・直流側） | 28 | 9.1 | 7.2 | 4.1 | 3.2 | 2.4 | 1.6 | 1.4 |

・交流側リアクトル：３%
・直流側リアクトル：蓄積エネルギーが0.08～0.15ms相当（100%負荷換算）
・平滑コンデンサ：蓄積エネルギーが15～30ms相当（100%負荷換算）
・負荷：100%

4．単相ブリッジ（コンデンサ平滑）

（単位：%）

| 次　数 | 5 | 7 | 11 | 13 | 17 | 19 | 23 | 25 |
|---|---|---|---|---|---|---|---|---|
| リアクトルなし | 50 | 24 | 5.1 | 4.0 | 1.5 | 1.4 | — | — |
| リアクトルあり<br>（交流側） | 6.0 | 3.9 | 1.6 | 1.2 | 0.6 | 0.1 | — | — |

・交流側リアクトル：20%
・平滑コンデンサ：蓄積エネルギーが 15 ～ 30ms 相当（100%負荷換算）
・負荷：100%

5．交流電力調整装置

（単位：%）

| 次　数 | 5 | 7 | 11 | 13 | 17 | 19 | 23 | 25 |
|---|---|---|---|---|---|---|---|---|
| 抵　抗　負　荷 | 12.9 | 12.7 | 7.6 | 5.5 | 4.2 | 4.1 | 3.4 | 2.9 |
| リアクトル負荷 | 5.1 | 2.6 | 1.1 | 0.75 | 0.44 | 0.35 | 0.24 | 0.20 |

6．サイクロコンバータ

（単位：%）

| 次　数 | 5 | 7 | 11 | 13 | 17 | 19 | 23 | 25 |
|---|---|---|---|---|---|---|---|---|
| 6パルス変換装置相当 | 17.5 | 11.0 | 4.5 | 3.0 | 1.5 | 1.25 | 0.75 | 0.75 |
| 12 パルス変換装置相当 | 2.0 | 1.5 | 4.5 | 3.0 | 0.2 | 0.15 | 0.75 | 0.75 |

・三相ブリッジ回路の整流器相当とする．

7．交流アーク炉

（単位：%）

| 次　数 | 5 | 7 | 11 | 13 | 17 | 19 | 23 | 25 |
|---|---|---|---|---|---|---|---|---|
| 溶解炉 | 4.3 | 1.7 | — | — | — | — | — | — |

・回路のリアクタンス：45 ～ 60%
・負荷：100%
・台数：1台

# 電力品質確保に係る系統連系技術要件ガイドライン

(平成16年10月1日　16資電部第114号)

(最終改正) 令和4年9月1日

## 第1章　総　　　則

### 1．ガイドラインの必要性

系統連系技術要件ガイドラインの整備は，コージェネレーション等の分散型電源を電力系統に連系する場合の技術要件として，昭和61年8月に策定され，その後数次の改定を行ってきた．同ガイドラインは，分散型電源の導入に向けた環境整備の観点から，電力系統への連系を可能とするための商用電力系統（以下「系統」という．）側の電気事業者と発電設備等設置者の間における技術的指標を提示してきたものである．

元来，発電設備等の系統連系については，系統運用者である一般送配電事業者と発電設備等設置者の両者間で，その条件について個別に協議を行い設定されるものである．しかしながら，

① 発電設備等設置者は，系統運用を日常的に行っているわけではないので，系統に係る情報が不足しがちであること

② 系統運用者には，系統を運用する上で系統内の発電設備等に係る情報を把握する必要があること

から，連系に係る協議が円滑に行われるようにするためには，系統連系に係る情報の透明性及び公平性が確保されることが必要である．

これに加え，再生可能エネルギーの導入拡大が進む中，電力の低需要期における需給バランスの維持や再生可能エネルギー電源の出力変動等に対応するための調整力確保の必要性が一層高まっていることから，電気の安定供給維持に資する適切な対策を講じていく必要がある．

かかる観点を踏まえ，本ガイドラインは，系統に連系することを可能とするために必要となる要件のうち，電圧，周波数等の電力品質を確保していくための事項及び連絡体制等について考え方を整理したものである．系統連系に際しての一般送配電事業者の対応についての考え方については，電気事業法（昭和39年法律第170号）に基づく電力広域的運営推進機関においても，一般送配電事業者がルールとして定めるべき事項として，系統を利用する者等による議論も踏まえ送配電等業務指針を策定しているが，本ガイドラインは，当該指針とも相まって，系統連系技術要件（託送供給等約款別冊）に対して統一的な方針を示し，発電設備等の系統連系に係る環境整備を図ろうとするものである．

加えて，令和2年6月に「強靱かつ持続可能な電気供給体制の確立を図るための電気事業法等の一部を改正する法律」（令和2年法律第49号）が成立し，特定の区域で配電系統を維持・運用し，託送供給及び電力量調整供給を行う配電事業が電気事業法上に新たに位置付けられた．配電事業者は特定の区域において独占的に系統を維持・運用する主体であり，一般送配電事業者に倣った義務が課されることを踏まえ，配電事業者においても，一般送配電事業者と同様に，連系に係る協議が円滑に行われるよう，系統連系に係る情報の透明性及び公平性が確保されることが必要である．

2．適用の範囲

このガイドラインは，一般送配電事業者及び配電事業者がその供給区域内で設置する発電設備等以外の発電設備等を系統と連系する場合に適用する．この場合，系統連系時間の長短にかかわらず，原則として適用する．また，既設の発電設備等で系統と連系しないで運転していたものを新たに改造して連系する場合にも適用する．既に系統に連系している発電設備等であっても，当該設備等のリプレース時やパワーコンディショナー等の装置切替時，又は系統運用に支障を来すおそれがある場合（リレー整定値等の設定変更必要時等）には，最新の要件を適用する．

ここで，系統と発電設備等との連系は，電気的に交流回路で接続している状態を指し，整流器等を介して直流回路を接続する状態は除かれる．ただし，発電そのものは行っていない設備であっても，二次電池などで放電時の電気的特性が発電設備と同等である場合，系統に与える影響を考慮しなければならないため，本ガイドラインの適用範囲に含まれる．

なお，発電設備等の系統への連系に当たっては，感電の防止等の電気工作物の安全に関する対応も必要となる．これについては，電気事業法第39条及び第56条に基づく電気設備に関する技術基準を定める省令（通商産業省令第52号）により，公共の安全の確保の観点から設置者及び一般送配電事業者，送電事業者及び配電事業者が遵守すべき基準として定められている．

3．用語の整理

（1） 系統の種類

① 低圧配電線

低圧需要家に電力を供給する低圧の配電線をいう．一般には，単相2線式：100V，単相3線式：100V/200V，三相3線式：200V，及び三相4線式：100/200Vの方式がある．

② 高圧配電線

高圧需要家に電力を供給する役割と，配電用変電所から柱上変圧器等を介して低圧需要家に電力を供給するまでの送電を行う役割を兼ね備えた高圧の配電線をいう．一般には，三相3線式：6.6kV．また，特定の一需要家への電力供給を目的に施設される専用線もある．

③ スポットネットワーク配電線

2回線以上の22kV又は33kV特別高圧地中電線路から需要家がそれぞれの回線ごとに施設した変圧器の2次側母線で常時並行受電する配電線をいう．

④ 特別高圧電線路

7kVを超える特別高圧の電線路であって，特別高圧需要家に電力を供給する役割と変電所まで電気を送電する役割とがある．なお，電圧が35kV以下の場合は，配電線扱いもある．また，特定の一需要家への電力供給を目的に施設される専用線もある．

（2） 系統の状態等

① 並列

発電設備等を系統に接続すること．なお，本ガイドラインにおいては，発電設備等の系統への接続を交流回路で行うものについて記述している．

② 解列

発電設備等を系統から切り離すこと．

③ 連系

発電設備等が系統へ並列する時点から解列する時点までの状態．

④ 逆潮流

発電設備等設置者の構内から系統側へ向かう有効電力の流れ（潮流）.

⑤ 単独運転

発電設備等が連系している系統が，事故等によって系統電源と切り離された状態において，連系している発電設備等の運転だけで発電を継続し，線路負荷に電力供給している状態.

⑥ 再閉路

系統の事故等が発生した場合，配電用変電所等において，通常，当該系統を系統電源から切り離すが，早期復旧を図るために，一定時間経過後に，自動的に当該系統と系統電源とを接続して再送電を行うことをいう.

（3） 装置

① 逆変換装置（インバータ）

電力用半導体素子のスイッチング作用を利用して，直流電力を交流電力に変換する装置．転流の方法によって，転流電圧がインバータの構成要素から与えられる自励式とインバータの外部から与えられる他励式とがある.

② 転送遮断装置

変電所遮断器の遮断信号を専用通信線や電気通信事業者の専用回線で伝送し，発電設備等設置者の連系用遮断器を動作させる装置

③ 自動同期検定装置

同期発電機を用いた発電設備等の系統への並列に際して，系統側と発電設備等側との周波数，電圧及び位相を自動的に合わせて投入する装置.

④ 保安通信用電話設備

電気工作物の保安のために発電設備等設置者と一般送配電事業者又は配電事業者との間等に施設される通信用電話設備.

⑤ 専用回線電話

通信事業者の電話交換機を介さない電話

⑥ スーパービジョン

発電機の運転情報，遮断器の開閉情報，保護リレーの動作などの情報を遠方へ伝送・表示する装置.

⑦ テレメータ

電圧，電流，電力などの計測値を遠方へ伝送・表示する装置.

⑧ 電気現象記録装置

短い周期で時刻同期のとれた電圧，電流，電力などの計測値を連続的に記録し，遠方へ伝送する装置.

（4） 機能・方式

① 進相無効電力制御機能

逆変換装置を用いる場合，自動的に発電設備等の電圧を調整する対策の一つとして用いられる機能．発電設備等から系統に向かって，電圧より電流の位相が進んだ無効電力（進相無効電力）を制御することにより，自動的に電圧を設定値に調整する機能.

② 出力制御機能

逆変換装置を用いる場合，自動的に発電設備等の電圧を調整する対策の一つとして用いられる機能．逆潮流がある場合には，発電設備等の出力を制限することにより電圧を調整する機能となる．逆潮流がない場合には，受電電力を常時監視し，発電設備等の出

力を自動的に設定値に制御する機能.

③ 自動同期検定機能

系統側と発電設備等側との周波数，電圧及び位相を自動的に合わせて投入する機能.

④ スポットネットワーク受電方式

一般送配電事業者又は配電事業者の変電所から，スポットネットワーク配電線（通常3回線の22kV又は33kV配電線）で受電し，各回線に設置された受電変圧器（ネットワーク変圧器をいう.）を介して二次側をネットワーク母線で並列接続した受電方式をいう.

電気方式には，一次側は22kV（又は33kV）三相3線式，二次側200～400V級三相4線式（低圧スポットネットワーク方式）と二次側6.6kV三相3線式（高圧スポットネットワーク方式）とがある.

（5） その他

① 発電設備等の一設置者当たりの電力容量

受電電力の容量又は系統連系に係る発電設備等の出力容量のうちいずれか大きい方.なお，「受電電力の容量」とは，契約電力であり，契約電力は常時の契約電力と予備の契約電力（自家発補給電力等）の合計をいう．また，「発電設備等の出力容量」とは，交流発電設備を用いる場合にはまずその定格出力を指し，直流発電設備等で逆変換装置を用いる場合には，逆変換装置の定格出力をいう.

② 再閉路時間

系統の事故等が発生した場合であって，事故復旧の迅速化のために，系統運用者側が遮断器を開放した時点から当該遮断器を自動投入（再閉路）するまでの時間.

③ 発電抑制

連系された系統の事故時（例えば，2回線の系統で1回線事故時）に，健全な系統の過負荷を回避するため，系統側に必要に応じて過負荷検出装置を設置して，発電設備等の出力を抑制させること.

④ 二次励磁制御巻線形誘導発電機

二次巻線の交流励磁電流を周波数制御することにより可変速運転を行う巻線形誘導発電機

4．連系の区分

（1） 低圧配電線との連系

発電設備等の一設置者当たりの電力容量が原則として50kW未満の発電設備等は，第2章第1節及び第2節に定める技術要件を満たす場合には，低圧配電線と連系することができる．ただし，同期発電機・誘導発電機・二次励磁制御巻線形誘導発電機を用いた発電設備の連系（逆変換装置を介した連系を除く.）は，原則として逆潮流がない場合に限る.

（2） 高圧配電線との連系

発電設備等の一設置者当たりの電力容量が原則として2 000kW未満の発電設備等は，第2章第1節及び第3節に定める技術要件を満たす場合には，高圧配電線と連系することができる.

（3） スポットネットワーク配電線との連系

発電設備等の一設置者当たりの電力容量が原則として1万kW未満の発電設備等は，第2章第1節及び第4節に定める技術要件を満たす場合には，スポットネットワーク配電線とスポットネットワーク受電方式により連系することができる.

（4） 特別高圧電線路との連系

第２章第１節及び第５節に定める技術要件を満たす場合には，発電設備等を特別高圧電線路（第１章４．（３）に定めるスポットネットワーク配電線を除く．）と連系することができる．ただし，35kV 以下の特別高圧電線路のうち配電線扱いの電線路と連系する場合に限り，高圧配電線との連系に係る技術要件に準拠することができる．また，この場合，連系できる発電設備等の一設置者当たりの電力容量は原則として１万 kW 未満とする．

（５） 下位の電圧連系区分に準拠した連系

発電設備等の出力容量の合計が契約電力に比べて極めて小さい場合には，契約電力における電圧の連系区分より下位の電圧の連系区分（一段下の連系区分に限定するものではない.）に準拠して連系することができる．

ここで，発電設備等の出力容量の合計が契約電力に比べて極めて小さい場合の考え方としては，個々のケースにより異なるのでケースごとに考えるべきではあるが，発電設備等の出力容量の合計が契約電力の５％程度以下であることが一般的な目安と考えられる．

５．協議

このガイドラインは，系統連系において電力品質を確保するための技術要件についての標準的な指標であり，実際の連系に当たっては，一般送配電事業者及び配電事業者が定め，公表する系統連系技術要件（託送供給約款別冊）に基づくものとし，当事者は誠意を持って協議に当たるものとする．

# 第２章　連系に必要な技術要件

## 第１節　共通事項

### １．電気方式

（１） 発電設備等の電気方式は，（２）に定める場合を除き，連系する系統の電気方式と同一とする．

（２） 発電設備等の電気方式は，次のいずれかに該当する場合には，連系する系統の電気方式と異なってもよいものとする．

① 最大使用電力に比べ発電設備等の容量が非常に小さく，相間の不平衡による影響が実態上問題とならない場合．

② 単相３線式の系統に単相２線式 200V の発電設備等を連系する場合であって，受電点の遮断器を開放したときなどに負荷の不平衡により生じる過電圧（中性線に対する両側の電圧を監視し，そのどちらか 120V を超える場合をいう.）に対して逆変換装置を停止する対策，又は発電設備等を解列する対策を行う場合．

### ２．設備の整定値・定数等の設定

系統故障などにより周波数が変動した場合に，発電機が脱落すると周波数変動が助長され，さらに発電機の連鎖脱落を招く可能性がある．このため，系統に連系する発電設備等は，一定範囲の周波数変動に対し連鎖脱落しないように，運転可能周波数範囲を一般送配電事業者又は配電事業者からの求めに応じ，適切な数値に設定する．

また，系統安定度維持対策等のために必要な場合，昇圧用変圧器及び発電機の定数，遮断器及び保護リレーの仕様について，一般送配電事業者又は配電事業者からの求めに応じ，適切な数値に設定又は選定するとともに，求められた発電設備の諸元等を提出する．

### ３．需給バランス制約による発電出力の抑制

逆潮流のある発電設備のうち，太陽光発電設備及び風力発電設備には，一般送配電事業者又は配電事業者からの求めに応じ，当該一般送配電事業者又は当該配電事業者からの遠隔制御に

より，需給バランス制約による０％から100％の範囲（１％刻み）で発電出力（自家消費分を除くことも可）の制限をかけられる機能を有する逆変換装置やその他必要な装置を設置する等の対策を行うものとする．なお，ウィンドファームとしての運用がない風力発電所やウィンドファームコントローラーがない風力発電所については，技術的制約を踏まえ個別協議とする．

逆潮流のある発電設備のうち，火力発電設備及びバイオマス発電設備（ただし，再生可能エネルギー電気の利用の促進に関する特別措置法施行規則（平成24年経済産業省令第46号）第５条第８号の４二に規定する地域資源バイオマス電源であって，燃料貯蔵や技術に由来する制約等により出力の抑制が困難なものを除く．）は発電出力を技術的に合理的な範囲で最大限抑制することができるよう努めることとし，その最低出力を多くとも50%以下（発電設備ごとの仕様は表２，表３を参照）に抑制するために必要な機能を具備する等の対策を行うものとする．ただし，自家消費を主な目的とした発電設備等については，個別の事情を踏まえ対策の内容を協議するものとする．

４．系統容量制約による発電出力の抑制

逆潮流のある発電設備のうち，受電電圧が基幹系統（一般送配電事業者の供給区域内の最上位電圧から２階級（一般送配電事業者の供給区域内の最上位電圧が250kV未満のときは最上位電圧））の電圧階級の設備及び空き容量のない基幹系統の配下のローカル系統等に連系する10kW以上の設備には，一般送配電事業者又は配電事業者からの求めに応じ，当該一般送配電事業者又は当該配電事業者からの遠隔制御により，系統容量制約による発電出力の抑制ができる機能を有する装置やその他必要な装置を設置する等の対策を行うものとする．

## 第２節　低圧配電線との連系

１．力率

低圧配電線との連系については以下のように考えるものとする．

① 逆潮流がない場合の受電点の力率は，適正なものとして原則85%以上とするとともに，系統側からみて進み力率（発電設備等側からみて遅れ力率）とはならないようにする．ただし，逆潮流がない発電設備等のうち，逆変換装置を介して連系する発電設備等については，受電点での力率調整を行うために，発電設備等設置者全体の負荷，家電機器の増減に対応した無効電力の調整を発電設備等に負わせることは困難である．したがって，発電設備等自体の運転力率で判断することとし，力率を系統側からみて遅れ95%以上とすればよいものとする．

② 逆潮流がある場合の受電点の力率は，適正なものとして原則85%以上とするとともに，電圧上昇を防止するために系統側から見て進み力率（発電設備等側から見て遅れ力率）とならないようにする．ただし，次のいずれかに該当する場合には，受電点における力率を85%以上としなくともよいものとする．

ア．電圧上昇を防止する上でやむを得ない場合（この場合，受電点の力率を80%まで制御できるものとする．）

イ．逆変換装置を用いる場合であって，その定格出力が低圧配電線との連系の場合の連系実績を踏まえ，単相２線式では２kVA以下，単相３線式では６kVA以下，三相３線式では15kVA以下を目安とした小出力である場合，又は，一般住宅の負荷のように，負荷の使用状態にかかわらず，負荷力率が極めて１に近く，発電設備等を連系している状態でも受電点の力率が適正と想定できる場合（この場合，発電設備等の力率を，無効電力を制御するときには85%以上，無効電力を制御しないときには95%以上とすればよいものとする.）

2．電圧変動・出力変動

（1） 常時電圧変動対策

発電設備等を低圧配電系統に連系する場合においては，電気事業法第26条及び同法施行規則第38条の規定により，低圧需要家の電圧を標準電圧100Vに対しては101 ± 6 V，標準電圧200Vに対しては202 ± 20V以内に維持する必要がある.

発電設備等設置者から逆潮流を生じることにより，低圧配電線各部の電圧が上昇し，適正値を逸脱するおそれがある場合は，当該発電設備等設置者が他の需要家を適正電圧に維持するための対策を施す必要がある．なお，構内負荷機器への影響を考慮すれば，設置者構内も適正電圧に維持することが望ましく，特に，一般家庭等に小出力発電設備等を設置する場合には，設置者の電気保安に関する知識が必ずしも十分でないため，電圧規制点を受電点とすることが適切である．しかし，系統側の電圧が電圧上限値に近い場合，発電設備等からの逆潮流の制限により発電電力量の低下も予想されるため，他の需要家への供給電圧が適正値を逸脱するおそれがないことを条件として，電圧規制点を引込柱としてもよい.

電圧上昇対策は，個々の連系ごとに系統側条件と発電設備等側条件の両面から検討することが基本となるが，個別協議期間短縮やコストダウンの観点から，あらかじめ対策について標準化しておくことが有効である．発電設備等からの逆潮流により低圧需要家の電圧が適正値（101 ± 6 V，202 ± 20V）を逸脱するおそれがあるときは，発電設備等設置者において，進相無効電力制御機能又は出力制御機能により自動的に電圧を調整する対策を行うものとする．なお，これにより対応できない場合には，配電線の増強等を行うものとする.

（2） 瞬時電圧変動対策

発電設備等の連系時の検討においては，発電設備等の並解列時の瞬時電圧低下は，コンピュータ，OA機器，産業用ロボット等の情報機器が，定格電圧の10%以上の瞬時電圧低下により機器停止等の影響を受ける場合があることも勘案し，常時電圧の10%以内（100V系では90Vが下限値）とすることが適切である．瞬時電圧低下対策を適用する時間は2秒程度までとすることが適当である．これは，落雷等により発生した故障点を除去するまでの間，故障点を中心として電圧が低下することがあるが，配電系統において，この電圧低下状態が継続する時間は，一般的には0.3～2秒程度となっていることにかんがみたものである．このような前提の下，以下のような対策を行うものとする.

① 自励式の逆変換装置を用いる場合には，自動的に同期がとれる機能を有するものを用いるものとする．また，他励式の逆変換装置を用いる場合であって，並列時の瞬時電圧低下により系統の電圧が常時電圧から10%を超えて逸脱するおそれがあるときは，発電設備等設置者において限流リアクトル等を設置するものとする．なお，これにより対応できない場合には，配電線の増強を行うか，自励式の逆変換装置を用いるものとする.

② 同期発電機を用いる場合には，制動巻線付きのもの（制動巻線を有しているものと同等以上の乱調防止効果を有する制動巻線付きでない同期発電機を含む）とするとともに自動同期検定装置を設置するものとし，二次励磁制御巻線形誘導発電機を用いる場合には，自動同期検定機能を有するものを用いるものとする．また，誘導発電機を用いる場合であって，並列時の瞬時電圧低下により系統の電圧が常時電圧から10%を超えて逸脱するおそれがあるときは，発電設備等設置者において限流リアクトル等を設置するも

のとする．なお，これにより対応できない場合には，同期発電機を用いる等の対策を行うものとする．

③ 再生可能エネルギー発電設備等を連系する場合であって，出力変動や頻繁な並解列による電圧変動（フリッカ等）により他者に影響を及ぼすおそれがあるときは，発電設備等設置者において電圧変動の抑制や並解列の頻度を低減する対策を行うものとする．なお，これにより対応できない場合には，配電線の増強等を行うか，一般配電線との連系を専用線による連系とするものとする．

（3）出力変動対策

再生可能エネルギー発電設備等を連系する場合であって，出力変動により他者に影響を及ぼすおそれがあるときは，一般送配電事業者又は配電事業者からの求めに応じ，発電設備等設置者において出力変化率制限機能の具備等の対策を行うものとする．

3．不要解列の防止

（1） 保護協調

連系された系統以外の短絡事故やループ切替時の瞬時位相ずれなどによる系統側で瞬時電圧低下等が生ずることがあるが，この場合に極力不要な解列を防ぐため，電圧低下時間が不足電圧リレーの整定時限以内の場合は発電設備等を解列せず，運転継続又は自動復帰できるシステムとする．系統の電圧低下の継続時間が不足電圧リレーの整定時限を超える場合は，発電設備等を解列する．

（2） 事故時運転継続

発電設備等が，系統の事故による広範囲の瞬時電圧低下や瞬時的な周波数の変化等により一斉に停止又は解列すると，系統全体の電圧や周波数の維持に大きな影響を与える可能性があるため，そのような場合にも発電設備等は運転を継続するものとする．

## 第3節 高圧配電線との連系

1．力率

高圧配電線との連系のうち，逆潮流がない場合の受電点の力率は，標準的な力率に準拠して85％以上とし，かつ系統側からみて進み力率とはならないこととする．逆潮流がある場合の受電点の力率は，低圧配電線との連系の場合と同様に取り扱う．

2．自動負荷制限

発電設備等の脱落時等に連系された配電線路や配電用変圧器等が過負荷となるおそれがあるときは，発電設備等設置者において自動的に負荷を制限する対策を行うものとする．

3．逆潮流の制限

配電用変電所におけるバンク単位で逆潮流が発生すると，系統運用者において系統側の電圧管理面での問題が生ずるおそれがあることから逆潮流のある発電設備等の設置によって，当該発電設備等を連系する配電用変電所のバンクにおいて，原則として逆潮流が生じないようにすることが必要である．

ただし，当該発電設備等の設置によって，当該バンクに逆潮流が生じる場合は，系統側の電圧管理面で問題が生じないよう，当該発電設備等を連系する配電用変電所に設置されている電圧調整装置が逆潮流に対応できるような措置を講じることや，配電線に電圧調整装置を設置するなどの対策を行うものとする．

4．電圧変動・出力変動

（1） 常時電圧変動対策

発電設備等を一般配電線に連系する場合においては，電気事業法第26条及び同法施行規則第38条の規定により，低圧需要家の電圧を標準電圧100Vに対しては101 ± 6V，標準電圧200Vに対しては202 ± 20V以内に維持する必要がある．

しかし，発電設備等が連系された場合には，解列による電圧低下等により系統側の電圧が適正値を維持できなくなる場合も考えられる．また，逆潮流有りの発電設備等が連系された場合には，系統側の電圧が上昇し適正値を維持できない場合も考えられる．

電圧変動の程度は，負荷の状況，系統構成，系統運用，発電設備等の設置点や出力等により異なるため，個別に検討することが適切であるが，需要家への電気の安定供給を維持していくため，電圧変動対策が必要な場合には，以下に示す電圧変動対策のための装置を発電設備等設置者が設置するものとし，これにより対応できない場合には，配電線新設による負荷分割等の配電線増強を行うか，又は専用線による連系を行う．

① 一般配電線との連系であって，発電設備等の脱落等により低圧需要家の電圧が適正値（101 ± 6V，202 ± 20V）を逸脱するおそれがあるときは，発電設備等設置者において自動的に負荷を制限する対策を行うものとする．

② 発電設備等からの逆潮流により低圧需要家の電圧が適正値（101 ± 6V，202 ± 20V）を逸脱するおそれがあるときは，発電設備等設置者において自動的に電圧を調整する対策を行うものとする．

（2） 瞬時電圧変動対策

発電設備等の連系時の検討においては，低圧の場合と同様，発電設備等の並解列時の瞬時電圧低下は常時電圧の10%以内とし，瞬時電圧低下対策を適用する時間は2秒程度までとすることが適当であることを前提として，以下のような対策を行うものとする．

① 同期発電機を用いる場合には，制動巻線付きのもの（制動巻線を有しているものと同等以上の乱調防止効果を有する制動巻線付きでない同期発電機を含む.）とするとともに自動同期検定装置を設置するものとし，二次励磁制御巻線形誘導発電機を用いる場合には，自動同期検定機能を有するものを用いるものとする．また，誘導発電機を用いる場合であって，並列時の瞬時電圧低下により系統の電圧が常時電圧から10%を超えて逸脱するおそれがあるときは，発電設備等設置者において限流リアクトル等を設置するものとする．なお，これにより対応できない場合には，同期発電機を用いる等の対策を行うものとする．

② 自励式の逆変換装置を用いる場合には，その構成（変圧器，フィルタ等）や並列方法によっては変圧器の励磁突入電流が流れ，また，系統と逆変換装置出力が同期していないと，並列時に大きな突入電流が流れる．したがって，この場合には，自動的に同期が取れる機能を有するものを用いるものとする．また，他励式の逆変換装置を用いる場合であっては，逆変換装置自身に突入電流を抑制する機能がない．したがって，並列時の瞬時電圧低下により系統の電圧が常時電圧から10%を超えて逸脱するおそれがあるときは，発電設備等設置者において限流リアクトル等を設置するものとする．なお，これにより対応できない場合には，自励式の逆変換装置を用いるものとする．

③ 再生可能エネルギー発電設備等を連系する場合であって，出力変動や頻繁な並解列による電圧変動（フリッカ等）により他者に影響を及ぼすおそれがあるときは，発電設備等設置者において電圧変動の抑制や並解列の頻度を低減する対策を行うものとする．なお，これにより対応できない場合には，配電線の増強等を行うか，一般配電線との連系を専用線による連系とするものとする．

（3） 出力変動対策

再生可能エネルギー発電設備等を連系する場合であって，出力変動により他者に影響を及ぼすおそれがあるときは，一般送配電事業者又は配電事業者からの求めに応じ，発電設備等設置者において出力変化率制限機能の具備等の対策を行うものとする．

5．不要解列の防止

（1） 保護協調

連系された系統以外の短絡事故等により系統側で瞬時電圧低下等が生ずることがあるが，連系された系統以外の事故時には，発電設備等は解列されないようにするとともに，連系された系統から発電設備等が解列される場合には，逆電力リレー，不足電力リレー等による解列を自動再閉路時間より短い時限，かつ，過渡的な電力変動による当該発電設備等の不要な遮断を回避できる時限で行うものとする．ここで，「不要な遮断を回避できる時限」とは，発電設備等を継続的に安定運転させるため，単独運転時の逆潮流と単独運転以外の一時的な逆潮流（構内の急激な負荷変動や連系された系統の電圧・周波数の変動によって起きる一時的な逆潮流）を判別できる時限のことをいう．

（2） 事故時運転継続

発電設備等が，系統の事故による広範囲の瞬時電圧低下や瞬時的な周波数の変化等により一斉に停止又は解列すると，系統全体の電圧や周波数の維持に大きな影響を与える可能性があるため，そのような場合にも発電設備等は運転を継続するものとする．

6．連絡体制

発電設備等設置者の構内事故及び系統側の事故等により，連系用遮断器が動作した場合等には，一般送配電事業者又は配電事業者と発電設備等設置者との間で迅速かつ的確な情報連絡を行い，速やかに必要な措置を講ずることが必要である．このため，系統側電気事業者の営業所等と発電設備等設置者の技術員駐在箇所等との間には，保安通信用電話設備を設置するものとする．ただし，保安通信用電話設備は次のうちのいずれかを用いることができる．

① 専用保安通信用電話設備

② 電気通信事業者の専用回線電話

③ 次の条件を全て満たす場合においては，一般加入電話又は携帯電話等

ア．発電設備等設置者側の交換機を介さず直接技術員との通話が可能な方式（交換機を介する代表番号方式ではなく，直接技術員駐在箇所へつながる単番方式）とし，発電設備等の保守監視場所に常時設置されているものとすること．

イ．話中の場合に割り込みが可能な方式（キャッチホン等）とすること．

ウ．停電時においても通話可能なものであること．

エ．災害時等において当該電気事業者と連絡が取れない場合には，当該電気事業者との連絡が取れるまでの間発電設備等の解列又は運転を停止するよう，保安規程上明記されていること．

## 第4節 スポットネットワーク配電線との連系

1．力率

スポットネットワーク配電線との連系については，高圧配電線との連系の逆潮流がない場合と同様に扱う．なお，線路の作業等で1回線停止後，再送電したときに，発電設備等の出力状態によっては，ネットワークリレーの差電圧投入ができない場合が生じるので，この場合は，発電設備等の出力・力率制御を行って，差電圧投入を促すこととする．

2．自動負荷制限

発電設備等の脱落時等に主として連系された配電線路や配電用変圧器等が過負荷となるおそれがあるときは，発電設備等設置者において自動的に負荷を制限する対策を行うものとする．

3．電圧変動

（1） 常時電圧変動対策

スポットネットワーク配電線の電圧は，後述の特別高圧電線路への連系の場合と同じ管理基準が用いられるので，常時電圧変動の適正値は常時電圧の概ね±１～２％以内とする．

また，スポットネットワーク配電線には，特別高圧需要家のほか，変圧器室やレギュラーネットワークによる低圧需要家も存在する．このため，発電設備等をスポットネットワーク配電線に連系する場合には，系統に連系する低圧需要家の電圧を，電気事業法第２６条及び同法施行規則第 38 条の規定に基づき，標準電圧 100V に対しては 101 ± 6 V，標準電圧 200V に対しては 202 ± 20V 以内に維持する必要がある．

しかし，発電設備等が連系された場合には，発電設備等の解列による電圧低下等により系統の電圧が適正値を維持できないおそれがある．

電圧変動の程度は，負荷の状況，系統構成，系統運用，発電設備等の解列点や出力等により異なるため，個別に検討するものとするが，発電設備等の脱落等により系統の電圧が適正値を逸脱するおそれがある時は，発電設備等設置者において自動的に負荷を制限する対策を行うものとする．

（2） 瞬時電圧変動対策

本受電方式の需要家では高度な情報機器が用いられることが多く，これら機器は，定格電圧の 10％以上の瞬時電圧低下で機器停止等の影響を受ける場合があるため，発電設備等の並解列時の瞬時電圧低下は 10％以内とすることが適切である．

① 同期発電機を用いる場合には，制動巻線付きのもの（制動巻線を有しているものと同等以上の乱調防止効果を有する制動巻線付きでない同期発電機を含む.）とするとともに自動同期検定装置を設置するものとし，二次励磁制御巻線形誘導発電機を用いる場合には，自動同期検定機能を有するものを用いるものとする．また，誘導発電機を用いる場合であって，並列時の瞬時電圧低下により系統の電圧が常時電圧から 10％を超えて逸脱するおそれのあるときは，発電設備等設置者において限流リアクトル等を設置するものとする．なお，これにより対応できない場合には，同期発電機を用いる等の対策を行うものとする．

② 自励式の逆変換装置を用いる場合の取扱は，「第３節 高圧配電線との連系」における要件に準ずる．すなわち，自励式の逆変換装置を用いる場合には，その構成（変圧器，フィルタ等）や並列方法によっては変圧器の励磁突入電流が流れ，また，系統と逆変換装置出力が同期していないと，並列時に大きな突入電流が流れる．したがって，この場合には，自動的に同期がとれる機能を有するものを用いるものとする．また，他励式の逆変換装置を用いる場合であっては，逆変換装置自身に突入電流を抑制する機能がない．したがって，並列時の瞬時電圧低下により系統の電圧が常時電圧から 10％を超えて逸脱するおそれのあるときは，発電設備等設置者において限流リアクトル等を設置するものとする．なお，これにより対応できない場合には，自励式の逆変換装置を用いるものとする．

③ 再生可能エネルギー発電設備等を連系する場合であって，出力変動や頻繁な並解列による電圧変動（フリッカ等）により他者に影響を及ぼすおそれがあるときは，発電設備

等設置者において電圧変動の抑制や並解列の頻度を低減する対策を行うものとする．

4．不要解列の防止

（1） 保護協調

発電設備等の故障又は系統の事故時に，事故範囲の局限化を行い，需要家への電気の安定供給を維持していくためには，以下の考え方を基本とするものとする．

① 連系された系統の事故及びプロテクタ遮断器までの事故に対しては，事故回線のプロテクタ遮断器を開放し，健全回線との連系は原則として保持して，発電設備等は解列しないこと．

② 連系された系統以外の事故時や系統側の瞬時電圧低下等に対し，発電設備等は解列されないこと．

（2） 事故時運転継続

発電設備等が，系統の事故による広範囲の瞬時電圧低下や瞬時的な周波数の変化等により一斉に停止又は解列すると，系統全体の電圧や周波数の維持に大きな影響を与える可能性があるため，そのような場合にも発電設備等は運転を継続するものとする．

5．連絡体制

発電設備等設置者の構内事故及び系統側の事故等により，連系用遮断器が動作した場合等には，一般送配電事業者又は配電事業者と発電設備等設置者との間で迅速かつ的確な情報連絡を行い，速やかに必要な措置を講ずることが必要である．このため，系統側電気事業者の営業所等と発電設備等設置者の技術員駐在箇所等との間には，保安通信用電話設備を設置するものとする．ただし，保安通信用電話設備は次のうちのいずれかを用いることができる．

① 専用保安通信用電話設備

② 電気通信事業者の専用回線電話

③ 次の条件を全て満たす場合においては，一般加入電話又は携帯電話等

ア．発電設備等設置者側の交換機を介さず直接技術員との通話が可能な方式（交換機を介する代表番号方式ではなく，直接技術員駐在箇所へつながる単番方式）とし，発電設備等の保守監視場所に常時設置されているものとすること．

イ．話中の場合に割り込みが可能な方式（キャッチホン等）とすること．

ウ．停電時においても通話可能なものであること．

エ．災害時等において当該電気事業者と連絡が取れない場合には，当該電気事業者との連絡が取れるまでの間発電設備等の解列又は運転を停止するよう，保安規程上明記されていること．

## 第5節　特別高圧電線路との連系

1．力率

特別高圧電線路に連系する場合には，高圧配電線との連系に準ずる．ただし，逆潮流がある場合には，発電設備等設置者の受電点における力率は，系統の電圧を適切に維持できるように定めるものとする．

2．単独運転時における適正電圧・周波数の維持

特別高圧電線路との連系時においては，低圧・高圧配電線との連系と異なり，逆潮流有りの場合に対して原則として単独運転は可能である．これは，特別高圧電線路には，発電事業者の発電設備等が連系される状況となっており，特別高圧電線路へ連系される発電設備等に対して系統安定・維持に資することが期待されるようになったためである．

上位系統事故や連系された系統の事故等により電圧や周波数の維持に資する大規模な電源が喪失した場合であって，発電設備等設置者が単独運転を実施する場合にも，適正な系統電圧・周波数を維持することが必要である．そこで，以下の対策を講ずることとする．なお，単独運転時における適正な電圧や周波数の値については，系統構成等が影響し，一義的に決めることはできないため，一般送配電事業者又は配電事業者と発電設備等設置者との協議によることとする．

（1） 保護装置の設置

① 逆潮流有りの条件で連系する場合，適正な電圧・周波数を逸脱した単独運転を防止するため，周波数上昇リレー及び周波数低下リレー，又は転送遮断装置を設置する．なお，周波数上昇リレー及び周波数低下リレーの特性は，単独運転の結果，系統電圧が定格電圧の40％程度まで低下した場合においても，周波数を検知可能なものとする．周波数上昇リレー又は周波数低下リレーが上記特性を有しない場合は，単独運転状態になった場合に系統等に影響を与えるまでに低下した系統電圧を検知可能な不足電圧リレーと組み合わせて補完しながら使用すること．

② 逆潮流無しの条件で連系する場合，単独運転を防止するため，周波数上昇リレー及び周波数低下リレーを設置する．ただし，発電設備等の出力容量が系統の負荷と均衡する場合であって，周波数上昇リレー又は周波数低下リレーにより検出・保護できないおそれがあるときは，逆電力リレーを設置するものとする．

（2） 保護装置の設置場所

（1）の保護リレーは，受電点又は故障の検出が可能な場所に設置する．ここで，「故障の検出が可能な場所」とは，具体的には，発電設備等の引出口，受電点と発電設備等との間の連絡用母線，受電用変圧器二次側等のことである．

（3） 解列箇所

（1）の保護装置が動作した場合，次の箇所のいずれかで発電設備等を系統から解列する．なお，解列にあたっては，発電設備等を電路から機械的に切り離すことができ，かつ，電気的にも完全な絶縁状態を保持しなければならないため，原則として，半導体のみで構成された電子スイッチを遮断装置として適用することはできない．

① 受電用遮断器

② 発電設備等出力端遮断器

③ 発電設備等連絡用遮断器

④ 母線連絡用遮断器

（4） 保護リレーの設置相数

（1）のリレーのうち，周波数低下リレー，周波数上昇リレー及び逆電力リレーは一相設置とする．また，不足電圧リレーは，三相設置とする．

3．自動負荷制限・発電抑制

（1） 発電設備等の脱落時等における自動負荷制限・発電抑制

発電設備等の脱落時等に主として連系された電線路や変圧器等が過負荷となるおそれがあるときは，発電設備等設置者において自動的に負荷を制限する対策を行うものとする．また，必要に応じて過負荷検出装置を設置し発電抑制を行うものとする．

（2） 電線路や変圧器等の単一故障時における発電抑制又は発電遮断

電線路や変圧器等の単一故障時に保護装置により行われる速やかな発電抑制又は発電遮断（以下「N-1電制」という．）を実施することで，運用容量を拡大することが効率的な設備形成に資すると一般配電事業者又は配電事業者が判断した場合，発電設備等設置者は，正当な理由がない限り，当該一般配電事業者又は当該配電事業者が指定する発電設備等にN-１電制を実施するための装置の設置その他N-１電制の実施に必要な対応を行うものとする．

４．電圧変動・出力変動

（１）　常時電圧変動対策

電圧階級，負荷の軽重，負荷の力率，系統の線路定数，系統側の短絡容量，系統運用等の要因により，連系しようとする電線路個別の条件によって電圧変動の程度は変化するが，特別高圧電線路への連系においては，発電設備等の連系による電圧変動は，常時電圧の概ね±１～２％以内を適正値とし，この範囲を逸脱するおそれがある場合には，発電設備等設置者において自動的に電圧を調整するものとする．

（２）　瞬時電圧変動対策

発電設備等の並解列時において，瞬時的に発生する電圧変動に対しても，常時電圧の±２％を目安に適正な範囲内に発電設備等設置者においてこの瞬時電圧変動を抑制するものとする．

①　同期発電機を用いる場合には，制動巻線付きのもの（制動巻線を有しているものと同等以上の乱調防止効果を有する制動巻線付きでない同期発電機を含む．）とするとともに自動同期検定装置を設置するものとし，二次励磁制御巻線形誘導発電機を用いる場合には，自動同期検定機能を有するものを用いるものとする．また，誘導発電機を用いる場合であって，並列時の瞬時電圧低下により系統の電圧が常時電圧から±２％程度を超えて逸脱するおそれがあるときは，発電設備等設置者において限流リアクトル等を設置するものとする．なお，これにより対応できない場合には，同期発電機を用いる等の対策を行うものとする．

②　自励式の逆変換装置を用いる場合には，自動的に同期が取れる機能を有するものを用いるものとする．また，他励式の逆変換装置を用いる場合であって，並列時の瞬時電圧低下により系統の電圧が常時電圧から±２％程度を超えて逸脱するおそれがあるときは，発電設備等設置者において限流リアクトル等を設置するものとする．なお，これにより対応できない場合には，自励式の逆変換装置を用いるものとする．

③　再生可能エネルギー発電設備等を連系する場合であって，出力変動や頻繁な並解列による電圧変動（フリッカ等）により他者に影響を及ぼすおそれがあるときは，発電設備等設置者において電圧変動の抑制や並解列の頻度を低減する対策を行うものとする．

（３）　出力変動対策

再生可能エネルギー発電設備等を連系する場合であって，出力変動により他者に影響を及ぼすおそれがあるときは，一般送配電事業者又は配電事業者からの求めに応じ、発電設備等設置者において出力変化率制限機能の具備等の対策を行うものとする．

５．不要解列の防止

（１）　保護協調

発電設備等の故障又は系統の事故時に，事故範囲の局限化等を行い，需要家への電気の安定供給を維持していくためには，安全確保上の対応を講じることは前提として，

①　連系された系統以外の事故時には，原則として発電設備等は解列されないこと

②　連系された系統から発電設備等が解列される場合には，逆電力リレー，不足電力リレー等による解列を自動再閉路時間より短い時限，かつ，過渡的な電力変動による当該発電

設備等の不要な遮断を回避できる時限で行うことが適切である．

（2） 事故時運転継続

発電設備等が，系統の事故による広範囲の瞬時電圧低下や瞬時的な周波数の変化等により一斉に停止又は解列すると，系統全体の電圧や周波数の維持に大きな影響を与える可能性があるため，そのような場合にも発電設備等は運転を継続するものとする．

（3） 電圧・周波数変動による不要解列の防止

作業停止や需要増加などに伴い，電圧・周波数変動が継続する状況においても，発電設備の不要解列による系統電圧・周波数維持への影響を防止するため，一定の電圧周波数変動範囲内においては，発電設備等は運転を継続するものとする．

**6．発電機運転制御装置の付加**

特別高圧電線路と連携する際，系統安定化，潮流制御，周波数調整等の理由により運転制御が必要な場合には，発電設備等に必要な運転制御装置を設置する．

なお，次の各号に掲げる発電設備（ただし，表1の上欄に掲げる供給区域ごとに，同表下欄に掲げる発電容量以上の発電設備に限る．）について，表2及び表3の上欄に定める供給区域ごとに，それぞれ同表に掲げる発電方式の区分に応じ，同表に掲げる系統連系をする際に必要となる内容を定めなければならない．

一 火力発電設備

二 混焼バイオマス発電設備（地域資源バイオマス電源（地域に賦存する資源（未利用間伐材等のバイオマス，メタン発酵ガス，一般廃棄物）を活用する発電設備（ただし，燃料貯蔵や技術に由来する制約等により出力の抑制が困難なものを除く．）をいう．）を除く．）

表1 表2及び表3に定める内容を系統連系技術要件に定める発電設備

| 供給区域 | 北海道 | 沖縄 | 北海道及び沖縄以外 |
|---|---|---|---|
| 発電容量 | 10万kW以上 | 3.5万kW以上 | 10万kW以上 |

※新設電源及び既に系統に連系している発電設備に適用する．ただし，既に系統に連系している発電設備は，当該発電設備のリプレース（発電設備の全部又は一部の変更（更新を含む．）をいう．）を行うときにのみ適用するものとする．

表2 系統連系技術要件に定めるガスタービン及びガスタービンコンバインドサイクルの発電設備の仕様等

| 供給区域 | 北海道 | 沖縄 | 北海道及び沖縄以外 |
|---|---|---|---|
| GFの速度調停率 | 4％以下 | 4％以下 | 5％以下 |
| GFの幅 | 5％以上 | 8％以上 | 5％以上 |
| GF制御応答性 | 2秒以内に出力変化開始，10秒以内にGF幅の出力変化完了※ | 2秒以内に出力変化開始，10秒以内にGF幅の出力変化完了※ | 2秒以内に出力変化開始，10秒以内にGF幅の出力変化完了※ |
| LFCの幅 | ±5％以上 | ±8％以上 | ±5％以上 |
| LFCの出力変化速度 | 毎分5％以上 | 毎分5％以上 | 毎分5％以上 |

| | | | |
|---|---|---|---|
| LFC 制御応答性 | 20 秒以内に出力変化開始※ | 20 秒以内に出力変化開始※ | 20 秒以内に出力変化開始※ |
| EDC の出力変化速度 | 毎分５％以上 | 毎分５％以上 | 毎分５％以上 |
| EDC の制御応答性 | 20 秒以内に出力変化開始※ | 20 秒以内に出力変化開始※ | 20 秒以内に出力変化開始※ |
| EDC と LFC を同時に行う際の出力変化速度 | 毎分 10％以上 | 毎分 10％以上 | 毎分 10％以上 |
| EDC・LFC を可能とする最低出力 | 50％以下 | 50％以下 | 50％以下 |
| DSS（日間起動停止） | 要<br>（８時間以内） | 要<br>（3.5 時間以内） | 要<br>（８時間以内） |
| 周波数変動補償<br>（不感帯） | 要<br>（± 0.1Hz 以内） | 要<br>（± 0.1Hz 以内） | 要<br>（± 0.2Hz 以内） |
| 出力低下防止 | 要 | 要 | 要 |

※GF は「ガバナフリー」，LFC は「負荷周波数制御」，EDC は「経済負荷配分制御」，％は定格出力又は標準周波数に対する比率を表す．

※記載の秒数は目安値とし，可能な限り早期に出力変化開始し，出力変化完了すること．

表３　系統連系技術要件に定めるガスタービン及びガスタービンコンバインドサイクル以外の発電方式の発電設備の仕様等

| 供給区域 | 北海道 | 沖縄 | 北海道及び沖縄以外 |
|---|---|---|---|
| GF の速度調停率 | ４％以下 | ４％以下 | ５％以下 |
| GF の幅 | ３％以上 | ５％以上 | ３％以上 |
| GF 制御応答性 | ２秒以内に出力変化開始、10 秒以内に GF 幅の出力変化完了※ | ２秒以内に出力変化開始、10 秒以内に GF 幅の出力変化完了※ | ２秒以内に出力変化開始、10 秒以内に GF 幅の出力変化完了※ |
| LFC の幅 | ± ５％以上 | ± ５％以上 | ± ５％以上 |
| LFC の出力変化速度 | 毎分１％以上 | 毎分２％以上 | 毎分１％以上 |
| LFC 制御応答性 | 60 秒以内に出力変化開始※ | 60 秒以内に出力変化開始※ | 60 秒以内に出力変化開始※ |
| EDC の出力変化速度 | 毎分１％以上 | 毎分２％以上 | 毎分１％以上 |
| EDC の制御応答性 | 60 秒以内に出力変化開始※ | 60 秒以内に出力変化開始※ | 60 秒以内に出力変化開始※ |
| EDC と LFC を同時に行う際の出力変化速度 | 毎分１％以上 | 毎分２％以上 | 毎分１％以上 |

| | | | |
|---|---|---|---|
| EDC・LFCを可能とする最低出力 | 30％以下 | 30％以下 | 30％以下 |
| DSS（日間起動停止） | — | 要<br>（4時間以内） | — |
| 周波数変動補償<br>（不感帯） | 要<br>（± 0.1Hz 以内） | 要<br>（± 0.1Hz 以内） | 要<br>（± 0.2Hz 以内） |
| 出力低下防止 | 要 | 要 | 要 |

※GFは「ガバナフリー」，LFCは「負荷周波数制御」，EDCは「経済負荷配分制御」，％は定格出力又は標準周波数に対する比率を表す．

※記載の秒数は目安値とし，可能な限り早期に出力変化開始し，出力変化完了すること．

7．連絡体制

（1） 発電設備等設置者の構内事故及び系統側の事故等により，連系用遮断器が動作した場合等には，一般送配電事業者又は配電事業者と発電設備等設置者との間で迅速かつ的確な情報連絡を行い，速やかに必要な措置を講ずることが必要である．このため，系統側電気事業者の給電所等と発電設備等設置者の技術員駐在箇所等との間には，保安通信用電話設備（専用保安通信用電話設備又は電気通信事業者の専用回線電話）を設置するものとする．ただし，保安通信用電話設備は，35kV以下の特別高圧電線路と連系する場合には，次のうちのいずれかを用いることができる．

① 専用保安通信用電話設備

② 電気通信事業者の専用回線電話

③ 次の条件を全て満たす場合においては，一般加入電話又は携帯電話等

ア．発電設備等設置者側の交換機を介さず直接技術員との通話が可能な方式（交換機を介する代表番号方式ではなく，直接技術員駐在箇所へつながる単番方式）とし，発電設備等の保守監視場所に常時設置されているものとすること．

イ．話中の場合に割り込みが可能な方式（キャッチホン等）とすること．

ウ．停電時においても通話可能なものであること．

エ．災害時等において当該電気事業者と連絡が取れない場合には，当該電気事業者との連絡が取れるまでの間発電設備等の解列又は運転を停止するよう，保安規程上明記されていること．

（2） 特別高圧電線路と連系する場合には，系統側電気事業者の給電所と発電設備等設置者との間に，必要に応じ，系統運用上等必要な情報が相互に交換できるようスーパービジョン，テレメータ及び電気現象記録装置を設置するものとする．なお，このような機器を設置することは，発電設備等設置者の過度の負担となりかねないので，逆潮流の有る場合に限定することとする．また，このための伝送路は保安通信用電話設備回線と兼用することを前提とする．

# 排気を発電用以外の用途にのみ供する発電用の蒸気タービンに蒸気を供給するボイラーの取扱いについて（内規）

（平成 22 年 2 月 10 日　平成 22・02・03 原院第 1 号）

原子力安全・保安院は，発電用の蒸気タービンの排気を工場用動力その他の発電用以外の用途（以下，「工場用動力等」という.）にのみ供する場合においては，次に掲げる要件のすべてを満たす場合に限り，当該蒸気タービンに蒸気を供給するボイラーを電気工作物として取り扱わないものとする.

1．当該ボイラーの最高使用圧力が 2 MPa 以下であって，最大蒸発量（ボイラーを 2 個以上設置する場合はその蒸発量の和）が 10 t/h 以下であること.
2．当該ボイラーから蒸気を供給される発電用の蒸気タービンの抽気及び排気の全量を工場用動力等で利用するものであること.
3．当該ボイラーから発電用の蒸気タービンに供給する蒸気の全量を工場用動力等に蒸気タービンを経ずに利用できる配管を有すること.
4．当該ボイラーの制御（事故時の制御を含む.）が，専ら工場用動力等への利用の状況に基づき制御されるものであること.

附　　則
1．この内規は，平成 22 年 4 月 1 日から施行する.
2．この内規の施行の際，現に電気工作物として使用されているものは，なお従前の例による.
3．「排気を発電用以外の用途にのみ供する発電用の上記タービンに蒸気を供給するボイラーの取扱いについて（内規）」（平成 15 年 3 月 31 日付け平成 15・01・21 原院第 3 号）は廃止する.

# ポリ塩化ビフェニルを含有する絶縁油を使用する電気工作物等の使用及び廃止の状況の把握並びに適正な管理に関する標準実施要領（内規）

（平成 28 年 10 月 25 日　20161005 商局第 1 号）

（最終改正）令和 3 年 3 月 21 日　20210319 保局第 1 号

電気関係報告規則（昭和 46 年通商産業省令第 54 号．以下「報告規則」という．）及び原子力発電工作物に係る電気関係報告規則（平成 24 年経済産業省令第 71 号．以下「原子力報告規則」という．）の規定に基づき，電気工作物及び原子力発電工作物（以下「電気工作物等」という．）であってポリ塩化ビフェニルを含有する絶縁油を使用するもの（以下「ポリ塩化ビフェニル含有電気工作物等」という．）の使用及び廃止の状況の把握並びに適正な管理を行うため，標準実施要領を下記のとおり定める．

なお，ポリ塩化ビフェニル含有電気工作物等を現に設置している又は予備として有している者は，確実に，そのポリ塩化ビフェニル含有電気工作物等を廃止するよう努めなければならない．

記

## Ⅰ．定期報告（報告規則第 2 条関係）

### 1．柱上変圧器の使用状況調査年報の報告対象

使用状況調査年報を要する場合は，前年度末に，試料 1kg につき 0.5mg（重量比 0.00005％）を超えるポリ塩化ビフェニルを含有する絶縁油を使用する柱上変圧器を使用している場合である．したがって，前年度末に，ポリ塩化ビフェニルを含有する絶縁油を使用する柱上変圧器をすべて廃止している場合にあっては，本報告を要しない．

使用状況調査年報の作成にあたっては，報告規則様式第 10 のポリ塩化ビフェニルを含有する絶縁油を使用する柱上変圧器の台数及び容量の項目には，前年度末に使用している柱上変圧器の台数及び合計容量（kVA）を記載すること．

## Ⅱ．ポリ塩化ビフェニル含有電気工作物等に関する届出（報告規則第 4 条の 2 及び原子力報告規則第 4 条の 2 関係）

### 1．届出対象となる電気工作物等の種類

報告規則第 1 条第 2 項第十二号に規定するポリ塩化ビフェニル含有電気工作物又は原子力報告規則第 1 条第 2 項第八号に規定するポリ塩化ビフェニル含有原子力発電工作物に該当する可能性がある電気工作物等については，平成 28 年経済産業省告示第 237 号（以下「告示」という．）第 1 条及び平成 28 年経済産業省・原子力規制委員会告示第 1 号（以下「原子力告示」という．）第 1 条において，それぞれ共通の 12 種類のものが示されており，それぞれの電気工作物等の種類は，次の各号に規定するものをいう．

なお，ブッシングについては，別の電気工作物等と一体となって構成されることから，当該ブッシングにポリ塩化ビフェニルを含有する絶縁油が使用されている場合は，当該別の電気工

作物等もポリ塩化ビフェニルを含有する絶縁油が使用されているものとして取り扱う.

一　変圧器（報告規則第1条第2項第十二号に規定するポリ塩化ビフェニル含有電気工作物の場合，電気事業法（昭和39年法律第170号）第38条第3項各号に掲げる事業を営む者が設置する柱上変圧器を除く.）

主要変圧器，所内変圧器，試験用変圧器，始動用変圧器，電気炉用変圧器，整流器用変圧器，接地変圧器，移動用変圧器等の変圧器及び自家用電気工作物を設置する者の柱上変圧器を対象とする．また，配電線路に施設される地上設置形変圧器及び地下設置形変圧器も対象とする.

二　電力用コンデンサー

進相用コンデンサー，調相用コンデンサー，直列コンデンサー，高調波フィルタ設備用コンデンサー，電力線搬送用結合コンデンサー等を対象とする.

なお，サージアブソーバのようにコンデンサーと避雷器から構成されるものについては，本号の電力用コンデンサーに該当する.

三　計器用変成器

測定可能な電圧・電流に変成するためのもので，変電所等で使用される計器用変圧器及び計器用変流器並びに電力計量用の変成器を対象とする.

四　リアクトル

進相電流を補償するための分路リアクトル，短絡時の電流を制限するための限流リアクトル，中性点と大地間に接続され地絡事故時における地絡電流を制限するための中性点リアクトル等を対象とする.

なお，高調波フィルタ設備のようにリアクトル，コンデンサー及び抵抗から構成されるものについては，第二号の電力用コンデンサーに該当する.

五　放電コイル

コンデンサー開放時の残留電荷を速やかに放電するためのもので，コンデンサーと並列して線間に接続するコイルを指す.

なお，構造上，コンデンサーと一体となったものについては，第二号の電力用コンデンサーに該当する.

六　電圧調整器

電源電圧の変動や負荷電流の変化による電圧変動を補償するためのもので，負荷時タップ切換器，誘導電圧調整器等を対象とする.

なお，変圧器と一体で構成されるものについては，第一号の変圧器に該当する.

七　整流器

交流を直流に変換する装置を指す.

八　開閉器

通常時において，電路を開閉する装置（次号の遮断器を除く.）を指す.

九　遮断器

通常時や，地絡事故及び短絡事故の異常時において，電路を開閉する装置を指す.

十　中性点抵抗器

中性点と大地間に接続され，地絡事故時における地絡電流を制限するための中性点接地抵抗器を指す.

十一　避雷器

雷及び開閉サージによる機器損傷を防止するため，放電による過電圧を制限し，続流を短時間のうちに遮断して，元の電圧に復旧する機能をもつ装置を指す．

なお，サージアブソーバのようにコンデンサーと避雷器から構成されるものについては，第二号の電力用コンデンサーに該当する．

十二　OF ケーブル

導体上に絶縁紙を巻き，金属シースを施した上にビニルなどの防食層を設けた構造のケーブルを指し，これに類似したPOF ケーブル等も本号に該当する．

なお，上記ケーブルの絶縁油を充填加圧するための附属装置も本号に該当する．

### 2．ポリ塩化ビフェニル含有電気工作物等の区分

本要領では，ポリ塩化ビフェニル含有電気工作物であって，高濃度ポリ塩化ビフェニル含有電気工作物以外のものを，低濃度ポリ塩化ビフェニル含有電気工作物という．また，ポリ塩化ビフェニル含有原子力発電工作物であって，高濃度ポリ塩化ビフェニル含有原子力発電工作物以外のものを，低濃度ポリ塩化ビフェニル含有原子力発電工作物という．それぞれの電気工作物等の定義は，次に示すとおりとする．

（1）　高濃度ポリ塩化ビフェニル含有電気工作物及び高濃度ポリ塩化ビフェニル含有原子力発電工作物（以下「高濃度ポリ塩化ビフェニル含有電気工作物等」という．）

報告規則第１条第２項第十三号に規定する高濃度ポリ塩化ビフェニル含有電気工作物とは，使用されている絶縁油に含まれるポリ塩化ビフェニルの量が試料 1kg につき 5,000mg を超える電気工作物をいい，上記１．に掲げるいずれかの電気工作物であって，別表に掲げる種類ごと，製造者名ごとに示される表示記号等と一致したもの又は製造者等の情報に基づきこれに相当するものをいう．

原子力報告規則第１条第２項第九号に規定する高濃度ポリ塩化ビフェニル含有原子力発電工作物とは，使用されている絶縁油に含まれるポリ塩化ビフェニルの量が試料 1kg につき 5 000mg を超える原子力発電工作物をいい，上記１．に掲げるいずれかの原子力発電工作物であって，別表に掲げる種類ごと，製造者名ごとに示される表示記号等と一致したもの又は製造者等の情報に基づきこれに相当するものをいう．

（2）　低濃度ポリ塩化ビフェニル含有電気工作物及び低濃度ポリ塩化ビフェニル含有原子力発電工作物（以下「低濃度ポリ塩化ビフェニル含有電気工作物等」という．）

低濃度ポリ塩化ビフェニル含有電気工作物等とは，上記１．に掲げるいずれかの電気工作物等のうち，上記（1）の高濃度ポリ塩化ビフェニル含有電気工作物等に該当するもの以外のものであって，使用されている絶縁油に含まれるポリ塩化ビフェニルの量が試料 1kg につき 0.5mg を超える電気工作物等をいい，ポリ塩化ビフェニルの濃度測定の結果や製造者等の情報に基づきこれに該当することが判明したものをいう．

### 3．ポリ塩化ビフェニル含有電気工作物等を設置している又は予備として有していることが新たに判明した場合の設置等届出

設置等届出書の提出にあたっては，ポリ塩化ビフェニル含有電気工作物等を設置している又は予備として有している者（以下「設置者等」という．）は，遅滞なく当該ポリ塩化ビフェニル含有電気工作物の設置している又は予備として有している場所（以下「設置場所等」という．）を管轄する産業保安監督部長等（産業保安監督部の支部長，中部近畿産業保安監督部北陸産業保安監督署長及び那覇産業保安監督事務所長並びに原子力発電所に属するものである場合の原子力規制委員会及び経済産業大臣を含む．以下同じ．）に届け出ること．

設置等届出書の作成にあたっては，報告規則様式第 13 の２又は原子力報告規則様式第３の備考のほか，次の各号に従うこと．

一　事業場の名称及び所在地の欄には，当該ポリ塩化ビフェニル含有電気工作物等の設置場所等を記載すること．

なお，OF ケーブルにあっては，事業場の名称の欄には線路名を，所在地の欄には該当区間の両端がある場所を記載すること．

二　種類の欄には，以下の電気工作物等の種類に対応する番号を記載すること．

(1)　変圧器（柱上変圧器を除く.）
(2)　電力用コンデンサー
(3)　計器用変成器
(4)　リアクトル
(5)　放電コイル
(6)　電圧調整器
(7)　整流器
(8)　開閉器
(9)　遮断器
(10)　中性点抵抗器
(11)　避雷器
(12)　OF ケーブル
(13)　柱上変圧器

三　製造者名の欄には，以下の製造者に対応する番号を記載すること．ただし，(24) その他を選択した場合は，具体的な製造者名を，その他参考となるべき事項の欄に記載すること．

(1)　株式会社愛知電機工作所
(2)　富士電機製造株式会社
(3)　株式会社日立製作所
(4)　北陸電機製造株式会社
(5)　株式会社明電舎
(6)　三菱電機株式会社
(7)　日新電機株式会社
(8)　大阪変圧器株式会社
(9)　株式会社高岳製作所
(10)　東光電気株式会社
(11)　中国電機製造株式会社
(12)　マルコン電子株式会社
(13)　二井蓄電器株式会社
(14)　東京電器株式会社
(15)　松下電器産業株式会社
(16)　日本コンデンサ工業株式会社
(17)　株式会社関西二井製作所
(18)　株式会社指月電機製作所
(19)　株式会社帝国コンデンサ製作所
(20)　古河電気工業株式会社
(21)　東京芝浦電気株式会社

(22) 日立コンデンサ株式会社
(23) 株式会社西島電機製作所
(24) その他

四 その他参考となるべき事項の欄には，当該ポリ塩化ビフェニル含有電気工作物等の使用状況の把握のために参考となる事項を記載すること．

五 告示第2条の期限の属する年度の4月1日以後に届け出を行う場合にあっては，報告規則様式第13の6の別紙を，原子力告示第2条の期限の属する年度の4月1日以後に届け出を行う場合にあっては，原子力報告規則様式第7の別紙を添付すること．また，廃止予定年月を，告示第2条又は原子力告示第2条の期限（以下「期限」という．）を超えた日に設定する場合にあっては，「期限から1年を超えない期間に廃止することが明らかであることを証する書類」を添付すること．「期限から1年を超えない期間に廃止することが明らかであることを証する書類」とは，ポリ塩化ビフェニル廃棄物の適正な処理の推進に関する特別措置法（平成13年法律第65号．以下「PCB特措法」という．）第18条第2項第二号に規定する「前号に掲げる要件に該当することを証する書類」に相当する書類をいう．その際，当該書類に記載されている廃棄予定年月を廃止予定年月とみなす．

六 当該ポリ塩化ビフェニル含有電気工作物等を譲り受けた場合にあっては，その他参考となるべき事項の欄に，譲り受けた旨を記載するとともに，譲り渡した者の氏名（法人にあっては名称及び代表者の氏名），住所及び譲り渡す前の事業場の名称を記載すること．

### 4．ポリ塩化ビフェニル含有電気工作物等の届出事項に変更があった場合の変更届出

変更届出書の提出にあたっては，ポリ塩化ビフェニル含有電気工作物等の設置者等は，遅滞なく当該ポリ塩化ビフェニル含有電気工作物等の設置場所等を管轄する産業保安監督部長等に届け出ること．

変更届出書の作成にあたっては，報告規則様式第13の3又は原子力報告規則様式第4の備考のほか，次の各号に従うこと．

一 事業場の名称及び所在地の欄については，上記3．第一号に準じて記載すること．

二 変更前及び変更後の欄には，報告規則様式第13の2又は原子力報告規則様式第1の記載事項に照らして，変更内容を記載すること．

三 その他参考となるべき事項の欄には，当該ポリ塩化ビフェニル含有電気工作物等の使用状況の把握のために参考となる事項を記載すること．

四 廃止予定年月の延期の届け出を行う場合にあっては，報告規則様式第13の6の別紙又は原子力報告規則様式第7の別紙を添付すること．また，廃止予定年月を，期限を超えた日に設定する場合にあっては，3．第五号後段に規定する「期限から1年を超えない期間に廃止することが明らかであることを証する書類」を添付すること．

なお，低濃度ポリ塩化ビフェニル含有電気工作物等のうち，「微量PCB含有電気機器課電自然循環洗浄実施手順書」（平成27年3月31日．以下「課電洗浄手順書」という．）1．(2) で定める対象機器及び洗浄可能部位の全部又は一部について課電自然循環洗浄法による洗浄処理（以下「課電洗浄」という．）を完了したものの届出については，下記9．を参照のこと．

### 5．ポリ塩化ビフェニル含有電気工作物等を廃止した場合の廃止届出

廃止届出を要する場合は，設置している又は予備として有しているポリ塩化ビフェニル含有電気工作物等を廃止した場合である．

廃止届出書の提出にあたっては，ポリ塩化ビフェニル含有電気工作物等の設置者等は，遅滞なく当該ポリ塩化ビフェニル含有電気工作物等の設置場所等を管轄する産業保安監督部長等に

届け出ること．

廃止届出書の作成にあたっては，報告規則様式第13の4又は原子力報告規則様式第5の備考のほか，次の各号に従うこと．

一　事業場の名称及び所在地，種類並びに製造者名の欄については，上記3．第一号から第三号に準じて記載すること．

二　廃止理由が「損壊・焼損」の場合には，廃止内容の欄には，事故の概要及び事故後の処理を記載すること．ただし，下記6．の事故届出行った，又は行う予定である場合には，その旨のみを記載すること．

三　廃止理由が「その他」の場合には，廃止内容の欄には，その概要を記載すること．

四　その他参考となるべき事項の欄には，当該ポリ塩化ビフェニル含有電気工作物等の廃止状況の把握のために参考となる事項を記載すること．また，当該ポリ塩化ビフェニル含有電気工作物等を譲り渡した場合にあっては，譲り渡した旨を記載するとともに，譲り受けた者の氏名（法人にあっては名称及び代表者の氏名），住所及び譲り受けた後の事業場の名称を記載すること．

なお，低濃度ポリ塩化ビフェニル含有電気工作物等のうち，課電洗浄手順書1.（2）で定める対象機器及び洗浄可能部位の全部又は一部について課電洗浄を完了したものの届出については，下記9. を参照のこと．

**6．ポリ塩化ビフェニル含有電気工作物等の絶縁油の漏洩事故を起こした場合の届出**

事故届出を要する場合は，ポリ塩化ビフェニル含有電気工作物等に破損その他の事故が発生し，絶縁油が構内以外に排出された，又は地下に浸透した場合である．なお，「構内以外に排出された」とは，一般公衆が容易に触れることができるところに排出されたことを指し，さく，へい等により区切られた発電所，変電所，開閉所及びこれらに準ずる場所の構内や，取扱者以外の者が通常立ち入ることできない屋内の電気室等に排出された場合はこれに該当しない．また，「地下に浸透した」とは，地表から地中に浸透した場合をいい，変電所における変圧器の防油堤内の漏洩や，地中電線路におけるマンホール内の漏洩など当該電気工作物等以外の他の工作物により絶縁油の更なる浸透を防ぎつつ回収することが可能な場合はこれに該当しない．

事故届出書の提出にあたっては，ポリ塩化ビフェニル含有電気工作物等の設置者等は，事故の発生後可能な限り速やかに当該ポリ塩化ビフェニル含有電気工作物等の設置場所等を管轄する産業保安監督部長等に届け出ること．

事故届出書の作成にあたっては，報告規則様式第13の5又は原子力報告規則様式第6の備考のほか，次の各号に従うこと．

一　事業場の名称及び所在地，種類並びに製造者名の欄については，上記3．第一号から第三号に準じて記載すること．

二　ポリ塩化ビフェニルの含有濃度の欄には，別表に掲げたものに一致する高濃度ポリ塩化ビフェニル含有電気工作物等に該当する場合にあっては「高濃度」と記載し，低濃度ポリ塩化ビフェニル含有電気工作物等にあっては絶縁油で測定した濃度を記載すること．

**7．高濃度ポリ塩化ビフェニル含有電気工作物等の管理状況届出**

管理状況届出を要する場合は，前年度末に高濃度ポリ塩化ビフェニル含有電気工作物等を設置している又は予備として有している場合である．事業用電気工作物を設置する者（電気事業法第38条第3項各号に掲げる事業を営む者，自家用電気工作物を設置する者及び原子力発電工作物を設置する者を含む．以下同じ.）は，高濃度ポリ塩化ビフェニル含有電気工作物等を設置している又は予備として有しているかを把握するため，当該事業用電気工作物の保安監督に携わっている電気主任技術者，電気管理技術者又は電気保安法人に，当該事業用電気工作物の中に高濃度ポリ塩化ビフェニル含有電気工作物等に該当するものがあるか確認させることが必要である．確認の際には，毎年度，年次点検等において，上記1．のいずれかに該当する電気工作物等に表示された内容を目視で確認すること．ただし，これまでに行った確認の記録等を確認することや，当該事業用電気工作物の工事，維持又は運用に従事する者が確認した結果を電気主任技術者が確認することでも差し支えない．なお，確認にあたっては，事業用電気工作物を設置する者は，電気主任技術者，電気管理技術者又は電気保安法人の指摘，指示等に従い，安全上の配慮を十分に行うとともに，やむを得ず，無停電点検にて現場確認を行うこととなる場合には，感電の恐れがある充電部に決して近づかないよう細心の注意を払わせること．

管理状況届出書の提出にあたっては，高濃度ポリ塩化ビフェニル含有電気工作物等の設置者等は，当該年度の6月30日までに当該高濃度ポリ塩化ビフェニル含有電気工作物等の設置場所等を管轄する産業保安監督部長等に届け出ること．

管理状況届出書の作成にあたっては，報告規則様式13の6又は原子力報告規則様式第7の備考のほか，次の各号に従うこと．

一　事業場の名称及び所在地の欄については，上記3．第一号に準じて記載すること．

二　その他参考となるべき事項の欄については，事業場に関する事項の各欄について，前回届出時以後に変更した事項があった場合，変更事項ごとに，変更年月日及び変更内容がわかるように記載すること．

三　別紙の電気工作物に関する事項の各欄については，当該年度の前年度末に設置している又は予備として有している高濃度ポリ塩化ビフェニル含有電気工作物等について記載すること．また，当該年度の4月1日から6月30日までの間に行う管理状況届出の提出日までに廃止したものについては，廃止年月日を廃止予定年月の欄に記載し，上記5．の廃止届出を行ったものについては，備考の欄に「廃止届出済」と記載すること．

四　別紙の種類及び製造者名の欄については，上記3．第二号及び第三号に準じて記載すること．

五　別紙の廃止予定年月の欄については，現に設置している又は予備として有している高濃度ポリ塩化ビフェニル含有電気工作物等の廃止予定年月が，期限内となるよう設定すること．また，廃止予定年月を，期限を超えた日に設定する場合にあっては，3．第五号後段に規定する「期限から1年を超えない期間に廃止することが明らかであることを証する書類」を添付すること．

### 8．高濃度ポリ塩化ビフェニル含有電気工作物等の廃止予定年月を変更した場合の管理状況変更届出

管理状況変更届出を要する場合は，直近に届け出た管理状況届出書又は管理状況変更届出書に記載した廃止予定年月を延期した場合であって，延期した廃止予定年月が期限から1年を超えない期間である場合である．

管理状況変更届出書の提出にあたっては，高濃度ポリ塩化ビフェニル含有電気工作物等の設置者等は，変更後遅滞なく，かつ，直近の管理状況届出書を届け出た日の属する年度の末日までに，当該高濃度ポリ塩化ビフェニル含有電気工作物等の設置場所等を管轄する産業保安監督部長等に届け出ること．

管理状況変更届出書の作成にあたっては，報告規則様式13の6又は原子力報告規則様式第7の備考のほか，上記7．の各号及び次の各号に従うこと．

一　報告規則様式第13の6について，「高濃度ポリ塩化ビフェニル含有電気工作物管理状況

届出書」とあるのは「高濃度ポリ塩化ビフェニル含有電気工作物管理状況変更届出書」に，「高濃度ポリ塩化ビフェニル含有電気工作物管理状況を」とあるのは「高濃度ポリ塩化ビフェニル含有電気工作物管理状況の変更を」に読み替えるものとする．

二　原子力報告規則様式第７について，「高濃度ポリ塩化ビフェニル含有原子力発電工作物管理状況届出書」とあるのは「高濃度ポリ塩化ビフェニル含有原子力発電工作物管理状況変更届出書」に，「高濃度ポリ塩化ビフェニル含有原子力発電工作物管理状況を」とあるのは「高濃度ポリ塩化ビフェニル含有原子力発電工作物管理状況の変更を」に読み替えるものとする．

**９．低濃度ポリ塩化ビフェニル含有電気工作物等を課電洗浄した場合の届出**

上記3. の設置等届出を行った低濃度ポリ塩化ビフェニル含有電気工作物等について，対象機器及び洗浄可能部位の全部又は一部の課電洗浄を完了した場合は，課電洗浄手順書の図1-1に示された（A），（B）又は（C）の工程に応じて，次のとおり廃止届出又は変更届出を行うこと．

（１）（A）の工程において廃止届出を行う場合

低濃度ポリ塩化ビフェニル含有電気工作物等について，課電洗浄を実施後，課電洗浄が完了していない洗浄可能部位（以下「未洗浄の洗浄可能部位」という.），課題洗浄手順書の１．（１）で定める濃度超過部位（以下単に「濃度超過部位」という.）及び使用されている絶縁油に含まれるポリ塩化ビフェニルの濃度を測定していない部位（以下「未測定の部位」という.）がいずれもない場合には，継続使用の有無に関わらず，廃止届出を行うこと．

廃止届出書の提出にあたっては，低濃度ポリ塩化ビフェニル含有電気工作物等の設置者等は，遅滞なく当該低濃度ポリ塩化ビフェニル含有電気工作物等の設置場所等を管轄する産業保安監督部長等に届け出ること．廃止届出書には，課電洗浄手順書３．（１）に規定する課電自然循環洗浄実施報告書及び添付書類の写しを添付して，産業保安監督部長等宛ての正本１通及びその写し１通（ただし，原子力発電所に属するものである場合にあっては，原子力規制委員会及び経済産業大臣宛ての正本１通及びその写し２通）を届け出ること．その際，課電自然循環洗浄実施報告書の原本を届出窓口に提示すること．また，受理した産業保安監督部長等の届出窓口は，写し１通に受理印を押印し，届け出た者に返却すること．

廃止届出書の作成にあたっては，報告規則様式第13の4又は原子力報告規則様式第5の備考のほか，次の各号に従うこと．

一　事業場の名称及び所在地，種類並びに製造者名の欄については，上記3. 第一号から第三号に準じて記載すること．

二　廃止理由として，「PCB洗浄」を選択すること．

三　廃止内容の欄には，次に掲げる事項を記載すること．

イ　電気工作物等としての継続使用の有無

ロ　洗浄の方法及び結果については，課電洗浄手順書に従って課電自然循環洗浄実施報告書のとおり洗浄した旨

四　その他参考となるべき事項の欄には，当該低濃度ポリ塩化ビフェニル含有電気工作物等の廃止状況の把握のために参考となる事項を記載すること．

（２）（B）の工程において変更届出を行う場合

低濃度ポリ塩化ビフェニル含有電気工作物等について，課電洗浄を実施後，未洗浄の洗浄可能部位，濃度超過部位又は未測定の部位がある場合には，変更届出を行うこと．また，

一部の洗浄可能部位の課電洗浄を完了し変更届出を行った後，さらに他の洗浄可能部位の課電洗浄を完了した場合にあっては，各部位について課電洗浄を完了するごとに，変更届出を行うこと．また，当該低濃度ポリ塩化ビフェニル含有電気工作物等の使用を止め廃止するまでの間に，未測定の部位において使用されている絶縁油に含まれるポリ塩化ビフェニルの濃度を測定した場合には，変更届出を行うこと．

変更届出書の提出にあたっては，低濃度ポリ塩化ビフェニル含有電気工作物等の設置者等は，遅滞なく当該低濃度ポリ塩化ビフェニル含有電気工作物等の設置場所等を管轄する産業保安監督部長等に届け出ること．変更届出書には，課電洗浄手順書３．（１）に規定する課電自然循環洗浄実施報告書及び添付書類の写しを添付して，産業保安監督部長等宛ての正本１通及びその写し１通（ただし，原子力発電所に属するものである場合にあっては，原子力規制委員会及び経済産業大臣宛ての正本１通及びその写し２通）を届け出ること．その際，課電自然循環洗浄実施報告書の原本を届出窓口に提示すること．また，受理した産業保安監督部長等の届出窓口は，写し１通に受理印を押印し，届け出た者に返却すること．

変更届出書の作成にあたっては，報告規則様式第13の３又は原子力報告規則様式第4の備考のほか，次の各号に従うこと．

一　事業場の名称及び所在地の欄については，上記３．第一号に準じて記載すること．

二　変更後の欄には，次に掲げる事項を記載すること．その際，一部の洗浄可能部位の課電洗浄を完了し変更届出を行った後，さらに他の洗浄可能部位の課電洗浄を完了した場合にあっては，変更届出書の変更前の欄に，前回の変更届出書において変更後の欄に記載したものを転記し，比較できるようにすること．ただし，当該低濃度ポリ塩化ビフェニル含有電気工作物等の使用を止め廃止するまでの間に，未測定の部位において使用されている絶縁油に含まれるポリ塩化ビフェニルの濃度を測定した場合にあっては，下記のイ及びロに係る記載を要せず，下記のハについては，該当する部位の名称及びポリ塩化ビフェニルの濃度を記載すること．

イ　「一部 PCB 洗浄」

ロ　洗浄の方法及び結果については，課電洗浄手順書に従って課電自然循環洗浄実施報告書のとおり洗浄した旨

ハ　課電洗浄が完了した洗浄可能部位（以下「洗浄済みの洗浄可能部位」という．），未洗浄の洗浄可能部位，濃度超過部位及び未測定の部位の名称

三　その他参考となるべき事項の欄には，当該低濃度ポリ塩化ビフェニル含有電気工作物等の使用状況の把握のために参考となる事項を記載すること．

（３）（C）の工程において廃止届出を行う場合

上記（２）の変更届出を行った低濃度ポリ塩化ビフェニル含有電気工作物等について，継続使用を止め廃止した場合には，廃止届出を行うこと．

廃止届出書の提出にあたっては，低濃度ポリ塩化ビフェニル含有電気工作物等の設置者等は，遅滞なく当該低濃度ポリ塩化ビフェニル含有電気工作物等の設置場所等を管轄する産業保安監督部長等に届け出ること．廃止届出書には，当該ポリ塩化ビフェニル含有電気工作物の全部又は一部の洗浄可能部位の課電洗浄の完了後に提出したすべての変更届出書の写しを添付して，産業保安監督部長等宛ての正本１通及びその写し１通（ただし，原子力発電所に属するものである場合にあっては，原子力規制委員会及び経済産業大臣宛ての正本１通及びその写し２通）を届け出ること．また，受理した産業保安監督部長等の届出

窓口は，写し１通に受理印を押印し，届け出た者に返却すること．

廃止届出書の作成にあたっては，報告規則様式第13の４又は原子力報告規則様式第５の備考のほか，次の各号に従うこと．

一　事業場の名称及び所在地，種類並びに製造者名の欄については，上記3．第一号から第三号に準じて記載すること．

二　廃止内容の欄には，次に掲げる事項を記載すること．また，上記（2）に基づき提出した変更届出書の写しを添付すること．

イ　洗浄の方法及び結果については，課電洗浄手順書に従って課電自然循環洗浄実施報告書のとおり洗浄した旨

ロ　洗浄済みの洗浄可能部位，未洗浄の洗浄可能部位，濃度超過部位及び未測定の部位の名称

ハ　上記（2）に基づき提出した変更届出書の届出日

三　その他参考となるべき事項の欄には，当該低濃度ポリ塩化ビフェニル含有電気工作物等の廃止状況の把握のために参考となる事項を記載すること．

### 10．ポリ塩化ビフェニル含有電気工作物等の譲り渡し及び譲り受け並びに設置者等の地位承継

ポリ塩化ビフェニル含有電気工作物等を他の者に譲り渡した場合又は他の者から譲り受けた場合，前者は廃止届出を，後者は設置等届出を要する．

また，電気事業法第55条の２第１項の規定により，事業用電気工作物を設置する者として地位を承継し，同条第２項の規定に基づく届出を行った場合は，設置等届出及び変更届出は要しない．

### 11．関係機関への情報提供

各産業保安監督部等（産業保安監督部の支部，中部近畿産業保安監督部北陸産業保安監督署及び那覇産業保安監督事務所並びに原子力発電所に属するものにあっては経済産業省．以下同じ．）は，関係機関（環境省並びに都道府県及びポリ塩化ビフェニル廃棄物の適正な処理の推進に関する特別措置法施行令（平成13年政令第215号）第８条で定める市（以下「都道府県等」という．））から報告規則又は原子力報告規則に係る情報の提供を求められた場合には，速やかに提供すること．

なお，当該求められた情報に個人情報が含まれる場合にあっては，行政機関の保有する個人情報の保護に関する法律（平成15年法律第58号．以下「行個法」という．）に基づき対応すること．

その際，届出を行う設置者に対して行個法第４条の利用目的の明示を行うため，各届出書の様式において，PCB特措法第21条第２項及びポリ塩化ビフェニル廃棄物処理基本計画に基づき，届出の内容については，環境省及び都道府県等へ情報提供することがある旨を記載すること．

また，各産業保安監督部等は，毎年度，届け出のあったポリ塩化ビフェニル含有電気工作物設置等届出書，ポリ塩化ビフェニル含有電気工作物変更届出書，高濃度ポリ塩化ビフェニル含有電気工作物管理状況届出書若しくは高濃度ポリ塩化ビフェニル含有電気工作物管理状況変更届出書又はポリ塩化ビフェニル含有原子力発電工作物設置等届出書，ポリ塩化ビフェニル含有原子力発電工作物変更届出書，高濃度ポリ塩化ビフェニル含有原子力発電工作物管理状況届出書若しくは高濃度ポリ塩化ビフェニル含有原子力発電工作物管理状況変更届出書のうち，高濃度ポリ塩化ビフェニル含有電気工作物等の廃止予定年月が期限を超えているものが含まれている場合にあっては，当該届出書及び期限から１年を超えない期間に廃止することが明らかであ

ることを証する書類の写しを，該当する都道府県等に適時提供すること．

附　則

1．この標準実施要領は，公布の日から施行する．

2．「ポリ塩化ビフェニルを含有する絶縁油を使用する電気工作物の使用及び廃止の状況の把握並びに適正な管理に関する標準実施要領（内規）（20120919 商局第 17 号）」は，平成 28 年 10 月 25 日限り，廃止する．

附則（20170406 商局第 2 号）

この標準実施要領は，公布の日から施行する．

附則（20201218 保局第 4 号）

この標準実施要領は，公布の日から施行する．

附則（20210319 保局第 1 号）

この標準実施要領は，令和３年４月１日から施行する．

（別表）

| 種　類 | 製造者名 | 表示記号等 |
|---|---|---|
| 変圧器 | 株式会社愛知電機工作所 | ・不燃性油変圧器，変圧器不燃性油，不燃油変圧器，冷却方式 LNAN（1966 年～ 1972 年製に表記） |
| | 富士電機製造株式会社 | ・富士不燃性合成絶縁油入，富士シンクロール油入，不燃性油入，カネクロール油入 |
| | 株式会社日立製作所 | ・J（型式中，「J」が含まれるもの） |
| | 北陸電機製造株式会社 | ・不燃性油入，不燃性絶縁油入，カネクロール油入，富士シンクロール油入，不燃性合成絶縁油入変圧器 |
| | 株式会社明電舎 | ・A（型式中，ハイフンの前の群に「A」が含まれるもの（ただし，ハイフンが含まれないものもある.）.）<br>（NIFA，NIFAX，NIKAX，NILAX，NIRAX，NIRGAX，NIRSAX，NIRSGAX，NITA，NITAX，NITSAX，NORAX，NORAXY，NORSAXY，NOTAX，等） |
| | 三菱電機株式会社 | ・不燃性油入 |
| | 日新電機株式会社 | ・不燃油入，AF 式 |
| | 大阪変圧器株式会社 | ・不燃油入，不燃油使用 |
| | 株式会社高岳製作所 | ・不燃性油入<br>・U（型式中に「U」が含まれるもの，ただし「UM」の記載品は除く）， |
| | 東光電気株式会社 | ・不燃性油入 |
| | 東京芝浦電気株式会社 | ・不燃性絶縁油入<br>・L（冷却方式が「L」で始まるもの）<br>・S（型式中，ハイフンの前の群が「S」で始まるもの．ただし，SI で始まるもの及び型式 SH － 5 ～ 20 を除く.）<br>・S（型式中，ハイフンの後の群が「S」で始まるもの．ただし，HCTR － S 1 ～ S21，HCR － S 1 ～ S21 を除く.）） |
| | 中国電機製造株式会社 | ・不燃性油入 |
| | 株式会社西島電機製作所 | ・不燃性油入 |
| 電力用コンデンサー | 株式会社日立製作所 | ・TPB<br>・J（型式中，「J」が含まれるもの） |
| | 日立コンデンサ株式会社 | ・DF CAPACITOR，DF 式コンデンサ |

| | | |
|---|---|---|
| 電力用コンデンサー | マルコン電子株式会社<br>二井蓄電器株式会社<br>東京電器株式会社 | ・不燃性油入，NON − INFLAMMABLE LIQUID，シバノール入，DF コンデンサのうちいずれかの表示があって，型式が，CD ～，D ～，FCD ～，FCDE ～，KD ～，MCD ～，NCD ～，NHD ～，NLD ～，PFCD ～，SA ～，SD ～，SDAB ～，SDB ～，SDR ～，SP ～，SRT − AINR，SRTR ～，SR −～，SSD ～，TCD ～，～ AD −～，～ AK ～，～ AST −～，～ AS −～，～ AT −～，～ A −～，～ ED ～，～ EDF ～，～ EDS ～，～ FCD ～，～ SDS ～，～ SDF ～，で示されるもの（ただし，～は英文字又は数字，−はハイフンを示す） |
| | 松下電器産業株式会社 | ・AF 式 |
| | 三菱電機株式会社 | ・不燃性油入<br>・KAF，KAL，KAP，KBF，KBP，KEF，KEP，KGL，KL − 1，KL − 2，KL − 3，KUF，KUP，KTP |
| | 日本コンデンサ工業株式会社<br>株式会社関西二井製作所 | ・DF 式<br>・AIB，HPP，SAD，SAT，SF，SFAI，SPF，TCB，TCS，TEB，TES，TPA，TPB，TPE，TPF，TPEI，TPFI |
| | 日新電機株式会社 | ・AF 式，AFP 式，不燃性油含浸，三塩化ビフェニール含浸，五塩化ビフェニール含浸 |
| | 株式会社指月電機製作所 | ・不燃性油入，DF，DF 式，LV − 1，LOW VAC CAPACITOR，PL，PPA，SAK，THK<br>・型式が，AK，AL，BK，BL，CK，CL，DK，DL，FK，FL，HFT，HTG，KK，KL，KTD，KTM，KTQ，KTT，KTU，P，RAK，RAS，RDF，RMO，RWO，RZO，SAK，SAS，STD，STM，STQ，STT，STU，THK，THS，ZA，ZH，ZJ で始まるもの（ただし，PF，PHF，POMP，PPK，PPM で始まるものは除く.） |
| | 株式会社帝国コンデンサ製作所 | ・不燃油，不燃性油，油入 D 式，不燃性絶縁油含式，不燃油絶縁式，塩化ビフェニール式，不燃性絶縁油式<br>・型式が，A，B，C，D，E，F で始まるもの |
| | 東京芝浦電気株式会社 | ・不燃性絶縁油入，シバノール，CD，PFCD<br>・S（型式中，ハイフンの前の群が「S」で始まるもの） |
| | 中国電機製造株式会社 | ・不燃性油入 |
| | 古河電気工業株式会社 | ・不燃性油，不燃性，AF 式不燃性油入 |

| | | |
|---|---|---|
| 計器用変成器 | 富士電機製造株式会社 | ・不燃性油入，富士シンクロール油入，富士不燃性合成絶縁油入，ポリ塩化ビフェニル使用 |
| | 株式会社日立製作所 | ・J（型式中，「J」が含まれるもの） |
| | 株式会社明電舎 | ・A（型式中，ハイフンの前の群に「A」が含まれるもの）<br>（CAPX，CNPAX，PAX，PAXE，等） |
| | 三菱電機株式会社 | ・CF，CLF，CNF，CSF，FH，HSF，TA，THF |
| | 日新電機株式会社 | ・不燃油入，AF 式<br>・A（型式が「A」で始まるもの） |
| | 株式会社高岳製作所 | ・1957 年から 1958 年製造のもの（計器用変圧器または接地型計器用変圧器），1958 年から 1959 年製造のもの（計器用変流器） |
| | 東光電気株式会社 | ・不燃性油入 |
| | 東京芝浦電気株式会社 | ・不燃性絶縁油入<br>・S（型式中，ハイフンの後の群が「S」で始まるもの） |
| リアクトル | 富士電機製造株式会社 | ・不燃性油入，富士不燃性合成絶縁油入，富士シンクロール油入 |
| | 株式会社日立製作所 | ・J（型式中，「J」が含まれるもの） |
| | 株式会社明電舎 | ・A（型式中，ハイフンの前の群に「A」が含まれるもの（ただし，ハイフンが含まれないものもある.).）<br>（NIFA，NIFAX，NIKAX，NILAX，NIRAX，NIRGAX，NIRSAX，NIRSGAX，NITA，NITAX，NITSAX，NORAX，NORAXY，NORSAXY，NOTAX，等） |
| | 三菱電機株式会社 | ・不燃性油入<br>・1968 年から 1970 年製造のものであって，型式が，Z313655，Z313656，Z313657，Z313658，Z377819 のもの |
| | 日本コンデンサ工業株式会社 | ・SRD，SD |
| | 日新電機株式会社 | ・不燃油入，AF 式 |
| | 東京芝浦電気株式会社 | ・不燃性絶縁油入<br>・S（型式中，ハイフンの後の群が「S」で始まるもの） |
| | 古河電気工業株式会社 | ・不燃性油，不燃性，AF 式不燃性油入 |
| | 株式会社西島電機製作所 | ・不燃性油入 |

| | | |
|---|---|---|
| 放電コイル | 日新電機株式会社 | ・不燃油入，AF 式 |
| | 東京芝浦電気株式会社 | ・不燃性絶縁油入<br>・S（型式中，ハイフンの後の群が「S」で始まるもの） |
| ブッシング（変圧器，電力用コンデンサー，計器用変成器，リアクトル，放電コイル，電圧調整器，整流器，開閉器，遮断器，中性点抵抗器，避雷器，OF ケーブルと一体となって構成されるもの） | 東京芝浦電気株式会社 | 以下の条件を全て満たすもの（製造年及び型式は，ブッシング本体の銘板で確認すること）．<br>・1966 年から 1972 年製造のもの（一部 1973 年製造のものも含む）<br>・変圧器用若しくは壁貫通用のもの<br>・コンサベータ及び油面計を付属していないもの<br>・型式が，MEHW，MEHW 2，MEHWR，MEW，MEWY，MHW，MHWY，MKEH 1，MKEH 2，MKH，MW で始まるもの |

# 使用前・定期安全管理審査実施要領（内規）

（平成 24 年 9 月 19 日　20120919 商局第 67 号）

（最終改正）令和 3 年 4 月 1 日

## 1．目的

電気事業法（昭和 39 年法律第 170 号．以下「法」という．）第 51 条は第 55 条及び電気事業法施行規則（平成 7 年通商産業省令第 77 号．以下「省令」という．）に基づき，産業保安グループ若しくは産業保安監督部等（以下「国」という．）又は法第 69 条に基づき，法第 51 条第 3 項又は法第 55 条第 4 項の審査業務を行うものとして，経済産業大臣に登録した安全管理審査機関（以下「登録安全管理審査機関」という．）が行う使用前安全管理審査及び定期安全管理審査（原子力を原動力とする発電用の特定電気工作物に係るものを除く．以下「安全管理審査」という．）についての具体的な運用を定めたものである．

## 2．適用範囲

安全管理審査及び法第 51 条第 6 項（法第 55 条第 6 項において準用する場合を含む．）の経済産業大臣の総合的な評定（原子力を原動力とする発電用の特定電気工作物に係るものを除く．以下「評定」という．）に適用する．

## 3．関係法令等

安全管理審査には，「表 1　安全管理審査に適用する関係法令等」に示す関係法令等の最新版を適用する．

表 1　安全管理審査に適用する関係法令等

| | 法令等名 | 文書番号 | 公布年月日 | 文書種別 |
|---|---|---|---|---|
| 1 | 電気事業法 | 昭和 39 年法律第 170 号 | 昭和 39 年 7 月 11 日 | 法令 |
| 2 | 電気事業法施行令 | 昭和 40 年政令第 206 号 | 昭和 40 年 6 月 15 日 | 法令 |
| 3 | 電気事業法施行規則 | 平成 7 年通商産業省令第 77 号 | 平成 7 年 10 月 18 日 | 法令 |
| 4 | 発電用水力設備に関する技術基準を定める省令 | 平成 9 年通商産業省令第 50 号 | 平成 9 年 3 月 27 日 | 法令 |
| 5 | 発電用火力設備に関する技術基準を定める省令 | 平成 9 年通商産業省令第 51 号 | 平成 9 年 3 月 27 日 | 法令 |
| 6 | 発電用火力設備に関する技術基準の細目を定める告示 | 平成 12 年通商産業省告示第 479 号 | 平成 12 年 8 月 2 日 | 法令 |

| | | | | |
|---|---|---|---|---|
| 7 | 電気設備に関する技術基準を定める省令 | 平成9年通商産業省令第52号 | 平成9年3月27日 | 法令 |
| 8 | 発電用風力設備に関する技術基準を定める省令 | 平成9年通商産業省令第53号 | 平成9年3月27日 | 法令 |
| 9 | 発電用水力設備の技術基準の解釈について | 20160511商局第3号 | 平成28年5月26日 | 内規,通達 |
| 10 | 発電用火力設備の技術基準の解釈 | 20130507商局第2号 | 平成25年5月17日 | 内規,通達 |
| 11 | 電気設備の技術基準の解釈 | 20130215商局第4号 | 平成25年3月14日 | 内規,通達 |
| 12 | 発電用風力設備の技術基準の解釈について | 20140328商局第1号 | 平成26年4月1日 | 内規,通達 |
| 13 | 使用前自主検査及び使用前自己確認の方法の解釈 | 20160531商局第1号 | 平成28年6月17日 | 内規,通達 |
| 14 | 電気事業法施行規則第94条の3第1項第一号及び第二号に定める定期事業検査の方法の解釈 | 20170323商局第3号 | 平成29年3月31日 | 内規,通達 |
| 15 | 火力設備における電気事業法施行規則第94条の2第2項第二号に規定する定期事業者検査の時期変更承認に係る標準的な審査基準例及び申請方法等について | 20170323商局第3号 | 平成29年3月31日 | 内規,通達 |
| 16 | 発電用火力設備における高クロム鋼に対する寿命評価式の一部改正について | 20190628保局第1号 | 令和元年7月4日 | 内規,通達 |
| 17 | 電気事業法施行規則に基づく溶接事業者検査（火力設備）の解釈 | 20120919商局第71号 | 平成24年9月19日 | 内規,通達 |
| 18 | 電気事業法第52条に基づく火力設備に対する溶接事業者検査ガイド | 20120919商局第72号 | 平成24年9月19日 | 内規,通達 |
| 19 | 電気事業法施行規則第115条第1項第十一号の解釈について | 20170323商局第3号 | 平成29年3月31日 | 内規,通達 |

## 4．用語の定義

本実施要領における用語の定義は，次のとおりである．

（1） 技術基準

「発電用水力設備に関する技術基準を定める省令」(平成9年通商産業省令第50号),「発電用火力設備に関する技術基準を定める省令」（平成9年通商産業省令第51号），「電気設備に関する技術基準を定める省令」（平成9年通商産業省令第52号）又は「発電用風力設備に関する技術基準を定める省令」（平成9年通商産業省令第53号）をいう．

（2） 技術基準解釈

「発電用水力設備の技術基準の解釈について」，「発電用火力設備の技術基準の解釈」，「電気設備の技術基準の解釈について」又は「発電用風力設備の技術基準の解釈について」をいう．

（3） 審査機関

国又は登録安全管理審査機関をいう．

（4） 審査員

審査機関に属し，安全管理審査を実施する者（審査チーム長を含む．）をいう．

（5） 法定事業者検査

法第51条第1項による使用前自主検査又は法第55条第1項による定期事業者検査をいう．

（6） 安全管理検査

法第51条に規定される使用前安全管理検査又は法第55条に規定される定期安全管理検査をいう．安全管理検査は，法定事業者検査，安全管理審査及び評定から構成される．

（7） インセンティブ

省令第73条の6第一号に掲げる使用前自主検査の実施又は省令第94条の5第1項第一号から第三号若しくは第2項第一号に掲げる定期事業者検査の実施につき十分な体制（以下「継続的な検査実施体制」という．）がとられていると評定された組織が，省令第73条の6第一号又は省令第94条の5第1項第一号から第三号若しくは第2項第一号に従い，前回の評定通知を受けた日から最大6年3月を超えない時期に安全管理審査を受審できることをいう．

（8） 協力事業者

省令第73条の8第一号（省令第94条の7において準用する場合を含む．）に掲げる検査において協力した事業者（当該事業者が検査結果の合否判定を行う場合に限る．）をいう．

（9） 法定事業者検査実施体制

法定事業者検査の実施に係る体制をいう．

（10） 法定事業者検査実施組織

法定事業者検査実施体制を構築している組織をいう．法定事業者検査実施体制に協力事業者がいる場合は，協力事業者も含む．

（11） 複数の発電所一体の共通の法定事業者検査実施体制

各発電所の法定事業者検査実施組織の上位組織が，複数の発電所において共通のマニュアル，手順書等を策定し，各発電所の法定事業者検査実施組織が共通のマニュアル，手順書等（上位組織で定められるマニュアル，手順書等以外で，発電所ごとにその設備実態に応じた手順書等を作成する場合は，作成手順を具体的に示した文書等が上位組織において策定され，その手順どおりに作成されていること.）に従い法定事業者検査を実施する体制をいう．なお，発電所には建設所を含む．（「図1　複数の発電所一体の共通の法定事業者検査実施体制を構築している法定事業者検査実施組織の概略」を参照.）

(12)　検査員

法定事業者検査実施体制において，省令第73条の4又は省令第94条の3に規定する方法による法定事業者検査を着実に実施するための能力を有し，法定事業者検査を実施する者をいう．法定事業者検査実施体制に協力事業者がいる場合は，協力事業者の検査員も含む.

## 5．安全管理審査申請の取扱い

### 5.1．申請の受付

安全管理審査の受審申請に係る組織の単位は，省令第52条第1項若しくは同条第3項で定める主任技術者（以下「主任技術者」という.）の選任範囲若しくは兼任範囲である事業場又は設備に係る法定事業者検査実施組織又は複数の発電所一体の共通の法定事業者検査実施体制を構築している法定事業者検査実施組織（設備に係る法定事業者検査実施組織を除く．以下同じ.）とする.

また，電気工作物設置者は，省令第73条の6各号又は省令第94条の5第1項各号若しくは第2項各号に規定する組織として安全管理審査を受審したい旨の意思表示をした場合には，それぞれ当該各号に規定する組織に係る審査を受けることができる.

なお，使用前安全管理審査と定期安全管理審査をまとめて受審申請することはできない.

安全管理審査の申請は，省令第73条の6の2第1項又は省令第94条の5の2に定める電気工作物にあっては登録安全管理審査機関が，それ以外のものにあっては，電気事業法施行令（昭和40年政令第206号）第27条第3項の表第十七号又は第二十一号で定める権限に応じて国が受理するものとする.

申請書の記載について，国は省令第73条の7第1項又は省令第94条の6第1項で定める様式において，登録安全管理審査機関は省令第73条の7第2項又は省令第94条の6第2項に基づき登録安全審査機関が定める様式において確認する.

なお，水力設備及び送変電設備について同一の法定事業者検査実施体制を構築した場合にあっては，水力設備又は送変電設備の法定事業者検査の結果をもって省令第73条の6第一号に規定する組織としての審査の受審を可能とする.

複数の発電所一体の共通の法定事業者検査実施体制を構築している法定事業者検査実施組織としての申請は，共通の法定事業者検査実施体制を構築しているそれぞれの発電所又は事業所において安全管理審査を受審する時期に申請を行う必要がある.

なお，同時期に安全管理審査を受審する複数の発電所又は事業所がある場合は，それらについてまとめて安全管理審査の申請をすることができる.（「図2-1　複数の発電所一体の共通の法定事業者検査実施体制を構築している法定事業者検査実施組織の一体化の例」を参照）

例えば，図2-1においては，まず，A発電所とB発電所において同時期に法定事業者検査を行うため，設置者はそれらをまとめてX事業所（A発電所，B発電所）として申請し，審査機関が安全管理審査を行う．次にC発電所において法定事業者検査を行う際，設置者はX事業所（A発電所，B発電所，C発電所）として申請し，審査機関が安全管理審査を行う.

また，複数の発電所一体の共通の法定事業者検査実施体制を構築している法定事業者検査実施組織から一部の発電所又は事業所を切り離す場合の申請は，新たに法定事業者検査実施体制

<table>
<tr><td></td><td>発電所ごとの法定事業者検査実施体制</td><td>複数の発電所一体の共通の法定事業者検査実施体制</td></tr>
<tr><td>X事業所</td><td></td><td rowspan="2">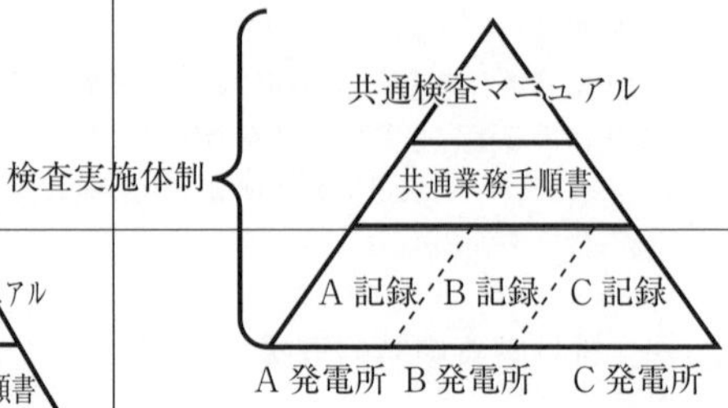</td></tr>
<tr><td>発電所（A，B，C）</td><td>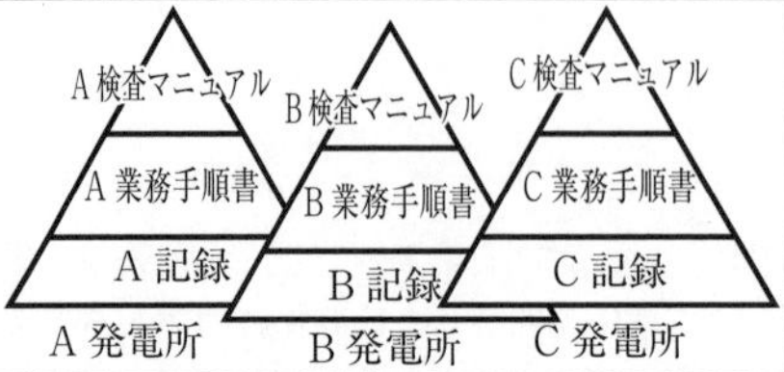</td></tr>
<tr><td>説明</td><td>①発電所ごとにマニュアル・手順書を定め，法定事業者検査実施体制を構築する．<br>②各発電所は，マニュアル・手順書に従って，検査員の選任，法定事業者検査の実施，記録の管理等を行う．<br>③安全管理審査は，発電所ごとの法定事業者検査実施体制に対して行う．</td><td>①X事業所（本社等）が各発電所に共通して適用するマニュアル・手順書を定め，共通の検査実施体制を構築する．<br>②各発電所は，マニュアル・手順書に従って，検査員の選任，法定事業者検査の実施，記録の管理等を行う．<br>③安全管理審査は，共通の法定事業者検査実施体制に対して行う．なお，各法定事業者検査に携わった範囲の組織のみが審査対象となる．</td></tr>
</table>

図1　複数の発電所一体の共通の法定事業者検査実施体制を構築している法定事業者検査実施組織の概略

を構築した法定事業者検査実施組織として実施する法定事業者検査を行う時期に申請を行う必要がある．（安全管理審査の対象となる法定事業者検査を実施する場合に限る．）

なお，切り離される発電所又は事業所は，新たに法定事業者検査実施体制を構築した法定事業者検査実施組織として安全管理審査の申請を行う．（「図2-2　複数の発電所一体の共通の法定事業者検査実施体制を構築している法定事業者検査実施組織の切り離しの例」を参照）

例えば，図2-2では，X事業所（A発電所，B発電所，C発電所）からA発電所を切り離すために，A発電所単独の法定事業者検査実施組織として申請し，審査機関が安全管理審査を行う．この場合，X事業所（B発電所，C発電所）については，複数の発電所一体の共通の法定事業者検査実施体制を構築している法定事業者検査実施組織を引き続き維持する．

### 5.2. 法定事業者検査実施組織について

省令第73条の4又は省令第94条の3に規定する方法による法定事業者検査を着実に実施するため，法定事業者検査実施組織には，検査責任者及び主任技術者が含まれていること．

なお，検査責任者と主任技術者は兼務することができる．

### 5.3. 法定事業者検査に協力した事業者の確認

法第71条第2項に従い公正に安全管理審査を行うため，登録安全管理審査機関が法定事業

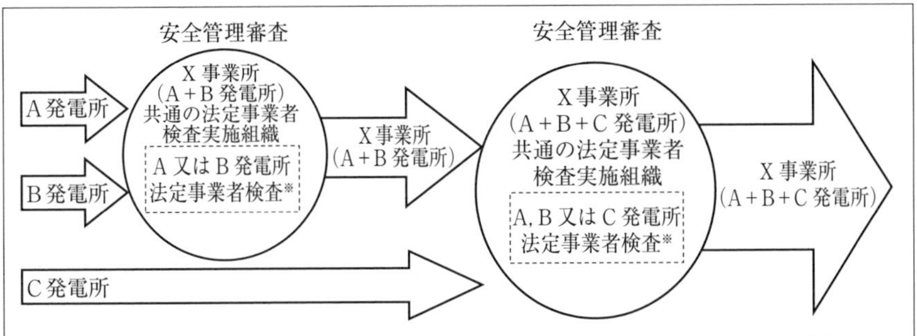


※発電所一体の共通の法定事業者検査実施組織として実施した法定事業者検査について審査する。

図2-1　複数の発電所一体の共通の法定事業者検査実施体制を構築している法定事業者検査実施組織の一体化の例

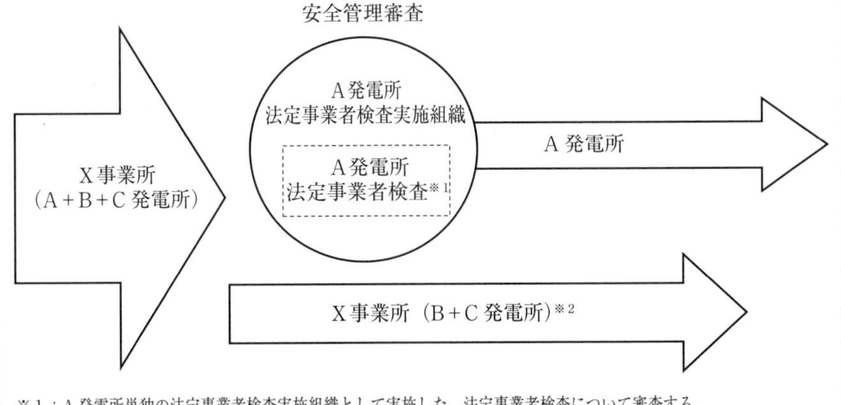


※1：A発電所単独の法定事業者検査実施組織として実施した，法定事業者検査について審査する。
なお，X事業所（A+B+C発電所）として実施したA発電所の法定事業者検査についても合わせて審査する。
※2：旧「X事業所（A+B+C発電所）評定」が，引き続き適用される。

図2-2　複数の発電所一体の共通の法定事業者検査実施体制を構築している法定事業者検査実施組織の切り離しの例

者検査において協力した場合にあっては，当該登録安全管理審査機関は，当該法定事業者検査に係る安全管理審査を実施することはできない．

## 6．安全管理検査の流れ

### 6.1．安全管理検査に関する法令要求事項の明確化

安全管理検査に関係する設置者及び審査機関は，「表1　安全管理審査に適用する関係法令等」を基本として，それぞれに要求される法令要求事項を明確にし，業務を遂行しなければならない．

加えて，登録安全管理審査機関は，法第6章第1節（法第67条～第80条）に規定する法令

表2　安全管理検査の実施主体における役割分担

| 実施主体 | 担当業務 | 技術基準等の確認 | 備考 |
|---|---|---|---|
| 設置者 | ●法定事業者検査の実施<br>●法定事業者検査業務一部委託の管理<br>●安全管理審査の受審 | 法定事業者検査の合否判定を技術基準に照らして全数確認を行う. | 法定事業者検査の一部を委託した場合でも同検査の最終責任は設置者が負う. |
| 審査機関 | ●公正にかつ省令に定める方法による安全管理審査の実施 | 法定事業者検査実施組織が法令要求に従って適切に構築され，機能していることを確認する一環として，技術基準適合確認等を的確に行うことができる能力を有しているかについて確認する. | 審査機関は安全管理審査を行うべきことを求められたときは，正当な理由がある場合を除き，遅滞なく，安全管理審査を行わなければならない. |
| 国<br>（評定） | ●安全管理審査結果を元に評定<br>●審査結果，評定結果の設置者への通知<br>●登録安全管理審査機関の管理監督 | — | 技術基準に適合していない場合は，安全管理審査とは別に，設置者に対して行政措置を行う. |

要求に合致した組織運営及び安全管理審査を行わなければならない.

### 6.2. 安全管理検査における各実施主体の役割分担

安全管理検査の実施主体における役割分担を「表2　安全管理検査の実施主体における役割分担」に示す.

設置者は，法定事業者検査を実施し，対象設備が技術基準に適合していること（及び使用前自主検査においては，工事の計画に従って工事が行われたこと）を確認し，その結果を記録し，保存しなければならない.

### 6.3. 法定事業者検査の流れ

6.1 で示した安全管理検査に関する法令要求事項に従い設置者が行う法定事業者検査の流れを「図3　電気事業法第 51 条に基づく使用前安全管理検査の流れ」及び「図4　使用前自主検査の実施に係る流れ」並びに「図5　電気事業法第 55 条に基づく定期安全管理検査の流れ」及び「図6　定期事業者検査の実施に係る流れ」に示す.

### 6.4. 安全管理審査の流れ

安全管理審査は，設置者が実施する法定事業者検査を適切に評価し，設置者に通知することによって，設置者の自主保安の改善に資するものである.

具体的には，「図3　電気事業法第 51 条に基づく使用前安全管理検査の流れ」及び「図4　使用前自主検査の実施に係る流れ」又は「図5　電気事業法第 55 条に基づく定期安全管理検査の流れ」及び「図6　定期事業者検査の実施に係る流れ」に示す設置者が行う法定事業者検査の実施状況を確認し，法定事業者検査の実施体制を審査するものである.

なお，当然ながら，法定事業者検査の実施前にあらかじめ安全管理審査を受審することはできない．

審査機関は，省令第73条の6又は第94条の5で定める時期に法第51条第4項又は法第55条第5項及び省令第73条の8第1項（省令第94条の7において準用する場合を含む．）に規定される項目（以下「法定審査6項目」という．）について，安全管理審査を行わなければならない．火力設備及び燃料電池設備の安全管理審査を行う場合にあっては，溶接事業者検査の実施状況及びその結果の確認を行わなければならない．

### 6.5. 安全管理検査の時期

#### 6.5.1　安全管理審査の受審時期

安全管理審査の受審時期は，法定事業者検査を実施する組織区分により，「表3-1　安全管理審査の受審時期」に示すとおりとなる．以下，各組織区分による安全管理審査の具体的な受審時期について示す．

省令第73条の3第二号で定める工事の工程で行う使用前自主検査（以下「一部使用前自主検査」という．）の実施体制については，同条第三号の工事の工程で行う使用前自主検査において審査するものとし，一部使用前自主検査の実施体制のみを単独では審査しないものとする．

なお，省令第73条の6第一号若しくは省令第94条の5第1項第一号から第三号又は第2項第一号から第二号に規定する組織が管理する事業場において，定められた受審時期前に，法第48条第1項に基づく工事計画の届出を要する事業用電気工作物の変更の工事が行われた場合，当該変更工事によって増設された設備は既に評定された法定事業者検査実施体制に含め，次回の安全管理審査の時に合わせて受審することができる．

#### 6.5.2　火力設備における定期事業者検査の実施時期

火力設備における定期事業者検査の実施時期は，省令第94条の2に定める時期のとおりとなる．

なお，省令第94条の2第2項第一号に定める定期事業者検査の実施時期とは，「様式8 火力設備に係る設置者に対する審査結果及び評定結果並びに定期事業者検査実施時期の通知様式」の定期事業者検査の時期の項目で示す時期となる．以下，インセンティブが付与されている各組織区分による定期事業者検査の実施時期について，「表3-2　定期事業者検査の実施時期」に示す．

省令第94条の55第1項第一号，第二号又は第三号に規定する組織が管理する事業場において，安全管理審査のインセンティブ期間中に，法第48条第1項に基づく工事計画の届出を要する事業用電気工作物の変更の工事が行われた場合，当該変更工事によって増設された設備の定期事業者検査の時期については，省令第94条の2第1項に定める時期のとおりとなる．

なお，増設された設備について定期事業者検査の体制に含め安全管理審査を受審し評定された場合は，その評定で示す時期となる．ただし，運転開始後初回の定期事業者検査は，省令第94条の2第1項に定める時期とする．

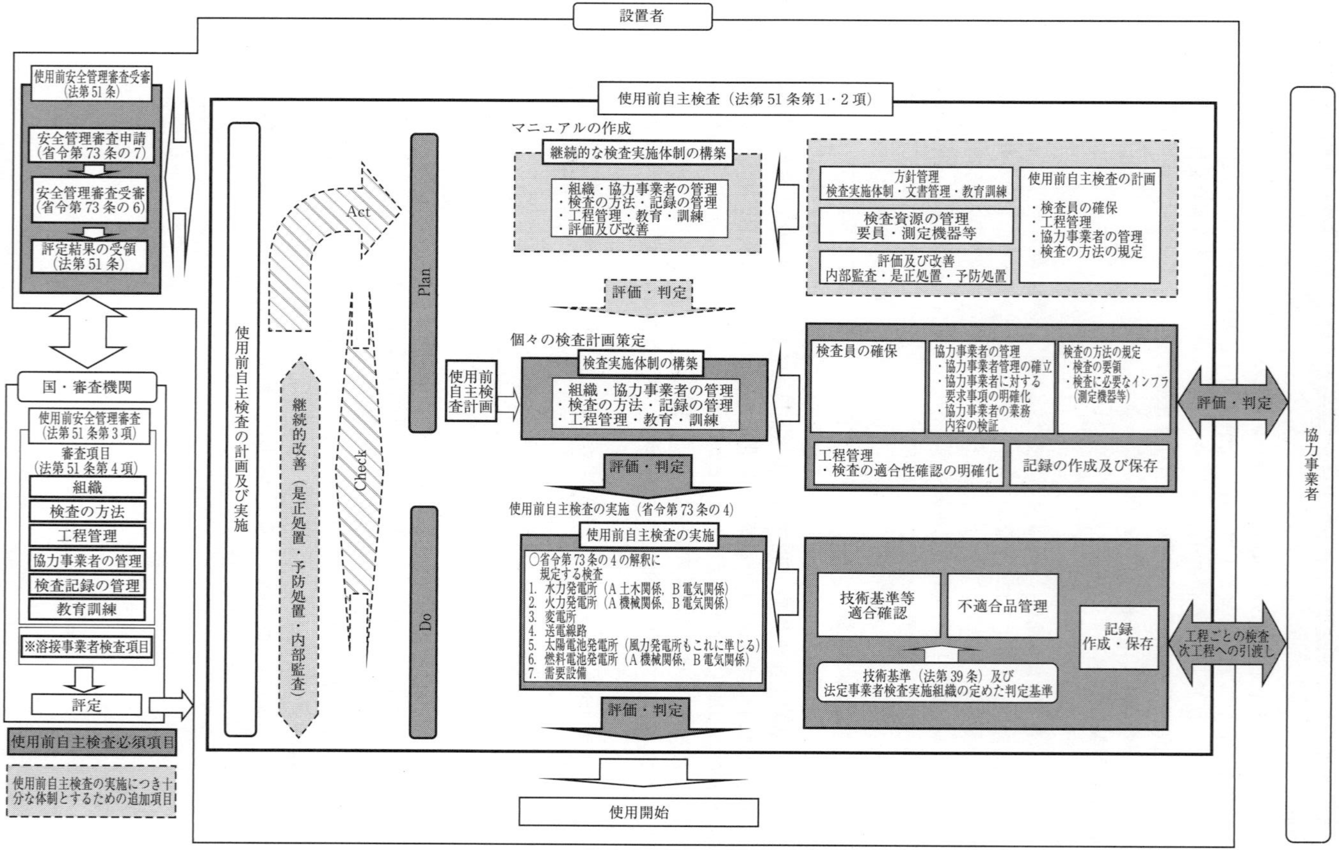


図3　電気事業法第51条に基づく使用前安全管理検査の流れ

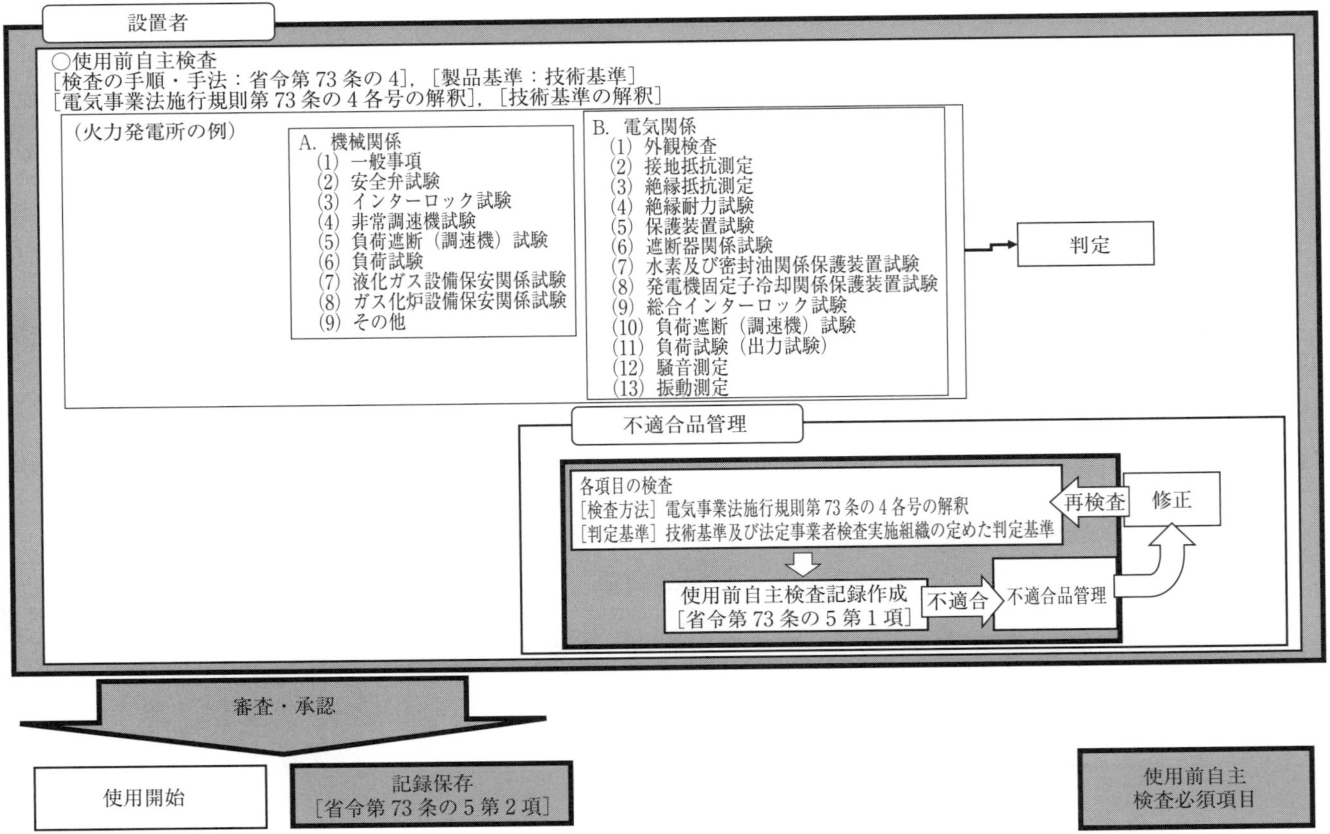


図4　使用前自主検査の実施に係る流れ

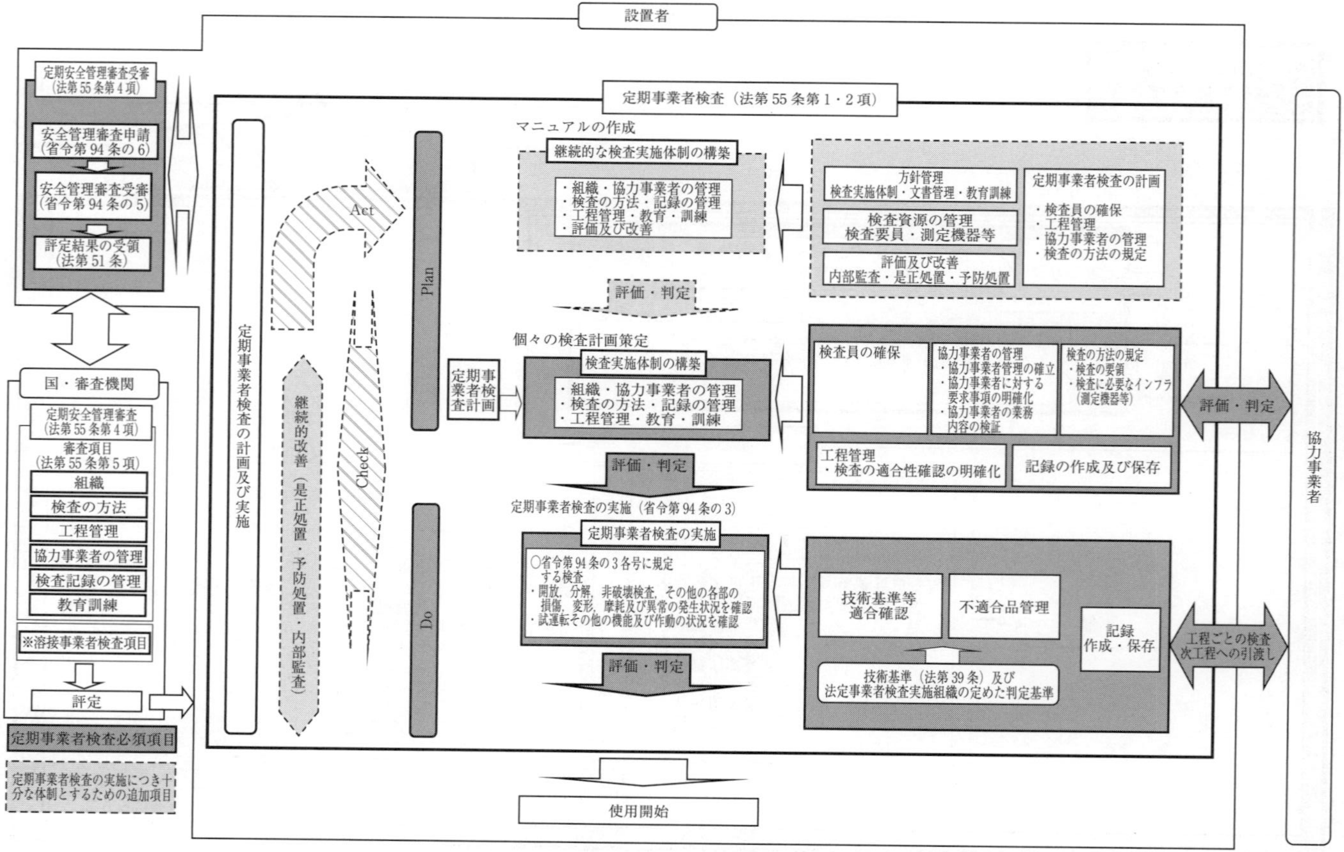


図5　電気事業法第55条に基づく定期安全管理検査の流れ

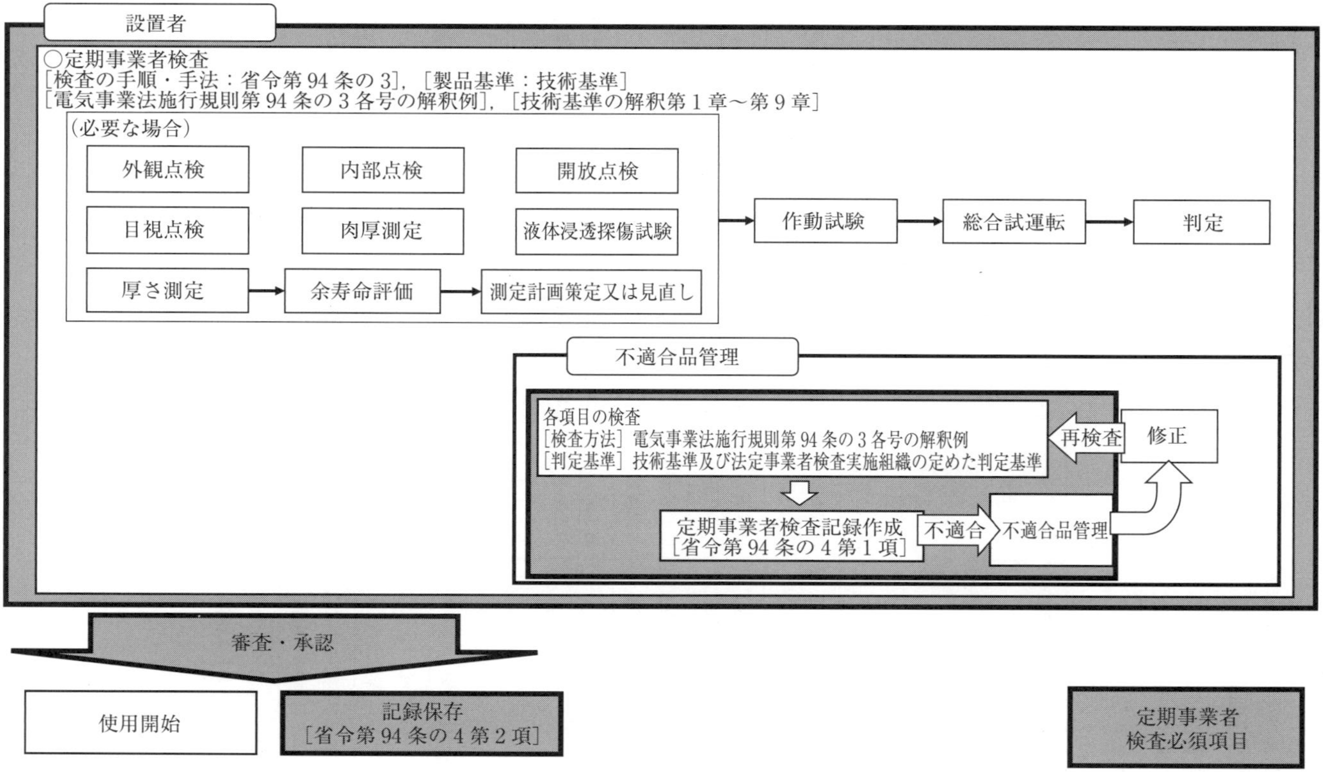


図6　定期事業者検査の実施に係る流れ

表 3-1　安全管理審査の受審時期

| 使用前自主検査を実施する組織区分 | | 受審時期 |
|---|---|---|
| 共通 | 省令第 73 条の 6 第三号に掲げる組織 | 使用前自主検査を行う時期 |
| | 省令第 73 条の 6 第一号に掲げる組織 | 設置者が前回の法第 51 条第 7 項の通知を受けた日から 3 年 3 月を超えない時期 |
| | 省令第 73 条の 6 第二号に掲げる組織 | 設置者が使用前自主検査の実施につき十分な体制を維持することが困難となった時期 |
| 定期事業者検査を実施する組織区分 | | 受審時期 |
| 火力及び燃料電池 | 省令第 94 条の 5 第 1 項第一号に掲げる組織 | 設置者が前回の法第 55 条第 6 項において準用する法第 51 条第 7 項の通知を受けた日から 6 年 3 月を超えない時期 |
| | 省令第 94 条の 5 第 1 項第二号に掲げる組織 | 設置者が前回の法第 55 条第 6 項において準用する法第 51 条第 7 項の通知を受けた日から 4 年 3 月を超えない時期 |
| | 省令第 94 条の 5 第 1 項第三号に掲げる組織 | 設置者が前回の法第 55 条第 6 項において準用する法第 51 条第 7 項の通知を受けた日から 3 年 3 月を超えない時期 |
| | 省令第 94 条の 5 第 1 項第四号に掲げる組織 | 設置者が定期事業者検査の実施につき十分な体制を維持することが困難となった時期 |
| | 省令第 94 条の 5 第 1 項第五号に掲げる組織 | 第 1 号から第 3 号までに規定する組織であって，同各号に規定する日までに定期事業者検査の時期が到来しなかった場合は，定期事業者検査を行う時期 |
| | 省令第 94 条の 5 第 1 項第六号に掲げる組織 | 定期事業者検査を行う時期 |
| 風力 | 省令第 94 条の 5 第 2 項第一号に掲げる組織 | 設置者が前回の法第 55 条第 6 項において準用する法第 51 条第 7 項の通知を受けた日から 6 年 3 月を超えない時期 |
| | 省令第 94 条の 5 第 2 項第二号に掲げる組織 | 設置者が前回の法第 55 条第 6 項において準用する法第 51 条第 7 項の通知を受けた日から 3 年 3 月を超えない時期 |
| | 省令第 94 条の 5 第 2 項第三号に掲げる組織 | 設置者が定期事業者検査の実施につき十分な体制を維持することが困難となった時期 |

表 3-2　定期事業者検査の実施時期

| 評定された組織区分 | 検査の実施時期（検査終了日から超えない時期） | | |
|---|---|---|---|
| | ボイラー等※ | 蒸気タービン | その他の設備 |
| 省令第 94 条の 5 第 1 項第一号に掲げる組織 | 最大 6 年 | 最大 6 年 | 省令第 94 条の 2 第 1 項に定める時期 |
| 省令第 94 条の 5 第 1 項第二号に掲げる組織 | 最大 4 年 | 省令第 94 条の 2 第 1 項に定める時期（4 年） | |
| 省令第 94 条の 5 第 1 項第三号に掲げる組織 | 省令第 94 条の 2 第 1 項に定める時期（2 年） | 省令第 94 条の 2 第 1 項に定める時期（4 年） | |

※：省令第 94 条第二号から第四号に定める電気工作物を示す.

### 6.6.　法定事業者検査と安全管理審査の流れ

#### 6.6.1　省令第 73 条の 6 第三号又は第 94 条の 5 第 1 項第六号に規定する組織

省令第 73 条の 6 第三号又は第 94 条の 5 第 1 項第六号に規定する組織（インセンティブを付与されていない組織）が法定事業者検査を行う場合は，法定事業者検査を行う時期に安全管理審査申請を行う必要がある.

この場合の安全管理審査は，当該法定事業者検査に係る法定事業者検査実施体制及び法定事業者検査実績に対して文書審査及び実地審査を行う.

この概要を「図 7　省令第 73 条の 6 第三号又は第 94 条の 5 第 1 項第六号に規定する組織に対する安全管理審査の流れ」に示す.

#### 6.6.2　省令第 73 条の 6 第一号又は第 94 条の 5 第 1 項第一号から第三号若しくは第 2 項第一号から第二号に規定する組織

省令第 73 条の 6 第一号又は第 94 条の 5 第 1 項第一号から第三号若しくは第 2 項第一号に規定する組織（インセンティブを付与されている組織）又は第 94 条の 5 第 2 項第二号に規定する組織が法定事業者検査を行う場合は，使用前安全管理検査においては，設置者が受けた前回

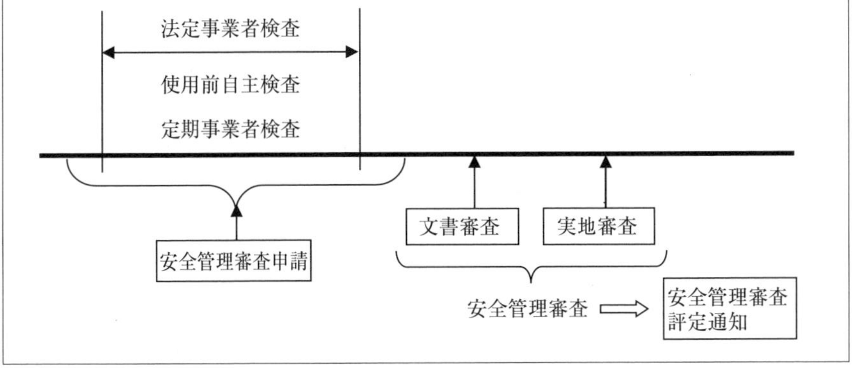


図 7　省令第 73 条の 6 第三号又は第 94 条の 5 第 1 項第六号に規定する組織に対する安全管理審査の流れ

の法第 51 条第 7 項の通知，定期安全管理検査においては，設置者が受けた前回の法第 55 条第 6 項において準用する法第 51 条第 7 項の通知（以下「前回の通知」という.）において，法定事業者検査の実施につき十分な体制がとられていると評定された組織であって，前回の安全管理審査に係る法定事業者検査が終了した日と前回の通知を受けた日から最大 6 年を超えない日との間に法定事業者検査を行ったものについては，前回の通知を受けた日から最大 6 年 3 月を超えない日との間に安全管理審査を受審できるよう，事前に審査機関に申請をする必要がある.

この組織に対する審査の内容は，前回の安全管理審査に係る法定事業者検査が終了した日と前回の通知を受けた日から最大 6 年を超えない日との間に実施した法定事業者検査の実施体制について，文書審査及び実地審査を行うものとする.

また，省令第 94 条の 5 第 2 項第一号から第二号に規定する組織に対する定期安全管理審査において，インセンティブ関連項目の審査を行う場合には，今回の定期安全管理審査から過去 6 年間に実施した定期安全管理審査における評定結果の確認を行うこととする.

この概要を「図 8-1　省令第 73 条の 6 第一号又は第 94 条の 5 第 1 項第三号若しくは第 2 項第二号に規定する組織に対する安全管理審査の流れ」,「図 8-2　省令第 94 条の 5 第 1 項第二号に規定する組織に対する安全管理審査の流れ」及び「図 8-3　第 94 条の 5 第 1 項第一号又は第 2 項第一号に規定する組織に対する安全管理審査の流れ」に示す.

省令第 94 条の 5 第 1 項第一号に規定する組織としての定期安全管理審査を受けるには，省令第 94 条の 5 第 1 項第一号から第三号に規定する組織として 3 年間継続していなければならない．また，当該組織が行う定期事業者検査時期を 4 年又は 6 年を限度として延伸が可能となるのは，火力発電所に属する省令第 94 条第一号（蒸気タービン本体及びその附属設備）から第四号（蒸気貯蔵器及びその附属設備）までの電気工作物に限られる.

また，省令第 94 条の 5 第 1 項第一号に規定する組織が定期事業者検査を行う場合は，定期安全管理審査においては，設置者が受けた前回の通知において，定期事業者検査の実施につき十分な体制がとられており，かつ，保守管理に関する十分かつ高度な取組を実施していると評定された組織であって，前回の定期安全管理審査に係る定期事業者検査が終了した日と前回の

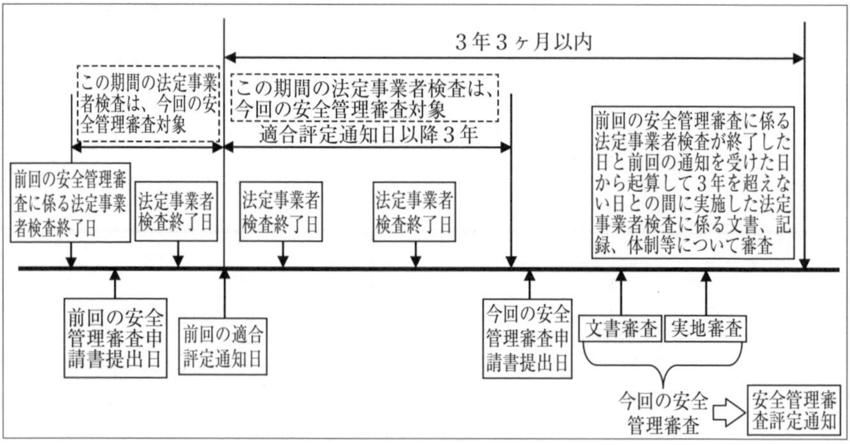


図 8-1　省令第 73 条の 6 第一号又は第 94 条の 5 第 1 項第三号若しくは第 2 項第二号に規定する組織に対する安全管理審査の流れ

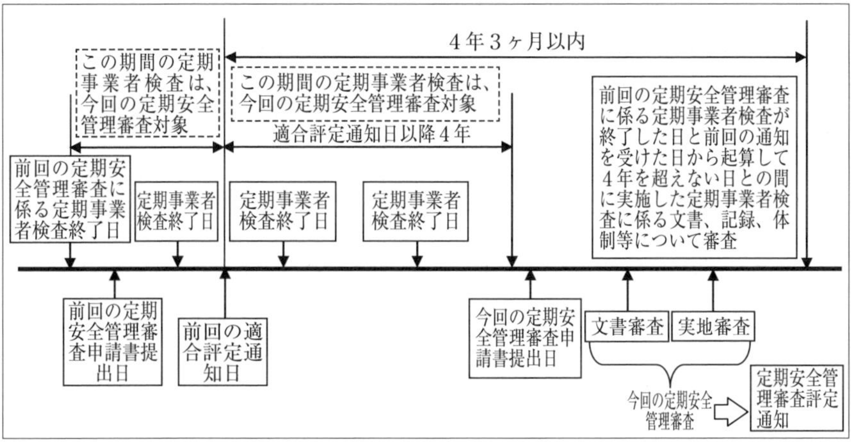


図 8-2　省令第 94 条の 5 第 1 項第二号に規定する組織に対する安全管理審査の流れ

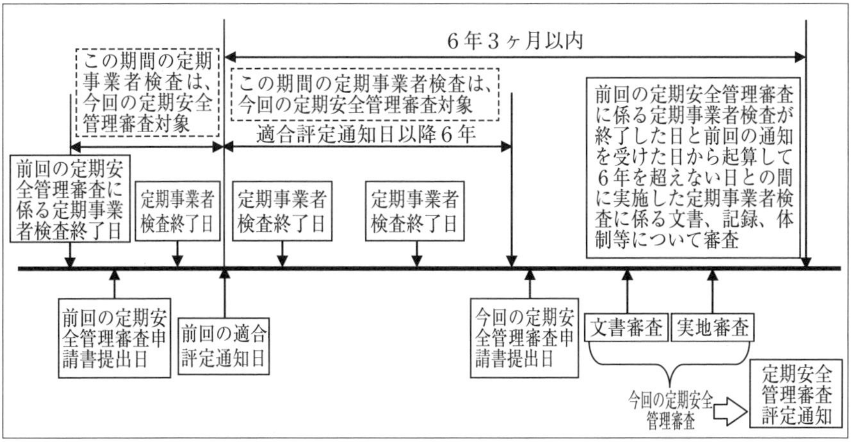


図 8-3　省令第 94 条の 5 第 1 項第一号又は第 2 項第一号に規定する組織に対する安全管理審査の流れ

通知を受けた日から起算して 6 年を超えない日との間に定期事業者検査を行ったものについては，前回の通知を受けた日から 6 年 3 月を超えない時期に，定期安全管理審査を受審できるよう，事前に審査機関に申請をする必要がある．省令第 94 条の 5 第 1 項第二号に規定する組織が定期事業者検査を行う場合は，定期安全管理審査においては，設置者が受けた前回の通知において，定期事業者検査の実施につき十分な体制がとられており，かつ，保守管理に関する十分な取組を実施していると評定された組織であって，前回の定期安全管理審査に係る定期事業者検査が終了した日と前回の通知を受けた日から起算して 4 年を超えない日との間に定期事業者検査を行ったものについては，前回の通知を受けた日から 4 年 3 月を超えない時期に定期安全管理審査を受審できるよう，事前に審査機関に申請をする必要がある．

省令第 94 条の 5 第 1 項第一号に規定する組織に係る定期安全管理審査における高度な運転管理に係る項目の審査では，審査機関は，設置者が主体的に保安水準を高めている日常的な保守・点検や設備安全性（Internet of Things（IoT）・所内専用監視設備等による常時監視・予兆把握など）といった力量を設置者が自ら継続的に改善する運転管理体制の中で，その取組の妥当性を評価するべく，現在の実施状況及び継続的改善に向けた品質管理体制の取組状況を確認するために，設置者に対して「様式 1 高度な運転管理記録（総括表）様式例」に示す項目を記載した説明資料の提示を求める必要がある．なお，火力設備に係る組織において設置者が取り組む要素の例を，「表 4　火力設備に係る組織における設置者の取り組む要素の例」に示す．

表 4　火力設備に係る組織における設置者の取り組む要素の例

| 段階 | 設置者の取り組む要素 | 具体的な手順例 |
|---|---|---|
| 計画 | ・設備安全性を高めるために行う監視項目，分析に必要なデータ要素等の設定<br>・上記項目を実施するための基盤整備（IoT・所内専用監視設備等のシステム及び要員の力量設定を含む）<br>・異常が認められた際の対応手順の設定<br>・IoT 等の外部システムを利用する場合には，開発事業者等との協力体制の確保と機能保障に関する確認 | ①運転管理項目を主体とした予兆把握のための管理方針及び分析対象並びに分析を可能とするデータ採取間隔の設定<br>②要員の力量を評価する仕組みの構築<br>③分析・評価を外部事業者が実施する場合は，迅速な対応が可能な体制の構築やこれを担保する訓練等の実施<br>④ IoT 等により外部システムと連携を図る場合のサイバーセキュリティ対策の実施<br>⑤上記内容を含んだ手順・要領書等の作成 |
| 実施 | ・データ収集・蓄積・分析・評価の実施<br>・分析・評価に基づく措置の実施 | ①異常兆候を分析・評価し，その時の具体的措置など，実施内容に関する記録の作成と適切な期間の保管<br>②適切な期間のデータ保管<br>③運転・補修部門など関係部署間での情報共有 |
| 評価・改善 | ・計画に対する見直し・変更の必要性評価及び改善の実施<br>・（必要に応じて）設備安全性を更に高めるべく他の組織等での取組事例の情報収集と適用可能性の検討 | ①異常兆候の分析・評価を踏まえた分析対象，データ採取間隔等の再設定<br>②適切な時期の評価・改善と記録の作成及び適切な期間の保管<br>③外部事業者や IoT 等の外部システムの不備・不具合に対する改善<br>④（必要に応じて）事業環境変化等を考慮した新たな取組の採用に対する検討の実施 |

省令第 94 条の 5 第 2 項第一号に規定する組織としての定期安全管理審査を受けるには，省令第 94 条の 5 第 2 項第一号又は第二号に規定する組織として 6 年間継続していなければならない．

また，省令第 94 条の 5 第 2 項第一号に規定する組織が定期事業者検査を行う場合は，定期安全管理審査においては，設置者が受けた前回の通知において，定期事業者検査の実施につき十分な体制がとられており，かつ，保守管理に関する十分かつ高度な取組を実施していると評定された組織については，前回の通知を受けた日から6年3月を超えない時期に，定期安全管理審査を受審できるよう，事前に審査機関に申請をする必要がある．省令94条の5第2項第二号に規定する組織が定期事業者検査を行う場合は，定期安全管理審査においては，前回の通知を受けた日から3年3月を超えない時期に，定期安全管理審査を受審できるよう，事前に審査機関に申請をする必要がある．

省令第94条の5第2項第一号に規定する組織に係る定期安全管理審査における保安力の水準に係る審査では，審査機関は，事業者の保安力の水準について評価するべく，日常的な保守管理体制の充実度（発見された不具合に対する是正措置の対応状況，設備の運用状態に関するデータの保存・記録状況，保守管理体制の維持構築状況）や重大事故等の有無に係る説明資料の提示を求める必要がある．

### 6.6.3　省令第73条の6第二号又は第94条の5第1項第四号若しくは第2項第三号に規定する組織

省令第73条の6第一号又は第94条の5第1項第一号から第三号若しくは第2項第一号から第二号に規定する組織であって，前回の安全管理審査に係る法定事業者検査が終了した日と前回の通知を受けた日から起算して最大6年3月を超えない日との間に法定事業者検査の実施につき十分な体制を維持することが困難となった組織については，法定事業者検査の実施につき十分な体制を維持することが困難となった時期に安全管理審査を受審できるよう事前に，審査機関に申請を行う必要がある．

この組織に対する審査の内容は，前回の安全管理審査に係る法定事業者検査が終了した日と前回の通知を受けた日から起算して各号に規定する日との間に実施した法定事業者検査実施体制について，文書審査及び実地審査を行うものとする．

この概要を「図9-1　省令第73条の6第二号又は第94条の5第1項第四号若しくは第2項第三号に規定する組織に対する安全管理審査の流れ」に示す．

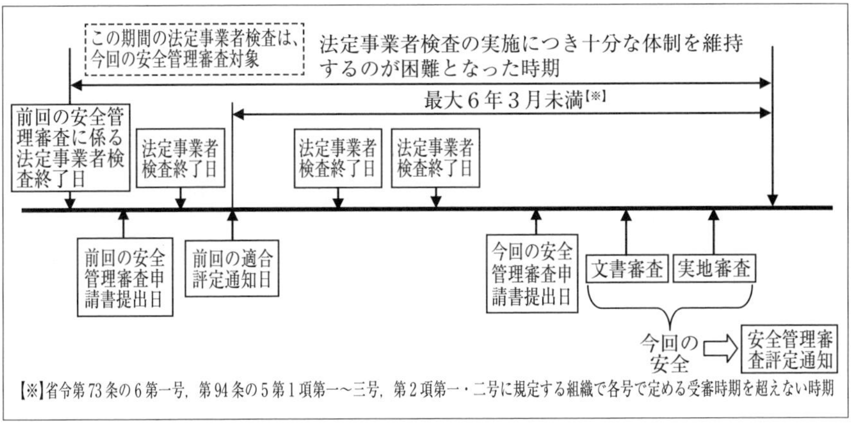


図9-1　省令第73条の6第二号又は第94条の5第1項第四号若しくは第2項第三号に規定する組織に対する安全管理審査の流れ

#### 6.6.4　溶接事業者検査の実施状況及びその結果に関する確認について

火力設備及び燃料電池設備に係る法定事業者検査実施体制を構築した省令第73条の6又は省令第94条の5に規定する組織であって，前回の安全管理審査に係る安全管理審査申請書を提出した日から今回の安全管理審査に係る安全管理審査申請書を提出した日までの間に溶接事業者検査を実施した場合には，5.1. に定める申請に関わる組織単位で全ての溶接事業者検査の実施状況及びその結果について，「添付資料1-7　溶接事業者検査の実施状況及びその結果に関する確認項目」に適合していることを安全管理審査の中で併せて確認する（すでに安全管理審査において確認したものを除く．）．

なお，登録安全管理審査機関が確認を行った場合は，その結果を本実施要領に規定する「様式6 溶接事業者検査の実施状況及びその結果に関する確認結果報告様式」により，原則30日以内に国へ通知するものとする．また，登録安全管理審査機関が「様式6 溶接事業者検査の実施状況及びその結果に関する確認結果報告様式」により国に通知する際に，設置者から提出のあった安全管理審査申請書の写しを添付することをもって，前回の安全管理審査申請書の提出日から今回の安全管理審査申請書の提出日までの期間の間に発生した溶接事業者検査に係る電気関係報告規則（昭和40年通商産業省令第54号）第2項の表第九号に基づく報告があったものとする．

国は，登録安全管理審査機関の確認結果を踏まえて省令第94条の2第2項第一号に規定する定期事業者検査の実施時期を総合的に評価する．

なお，法定事業者検査実施体制につき，前回の通知において法定事業者検査の実施につき十分な体制がとられていると評定された組織に関して，前回の安全管理審査申請書の提出日から今回の安全管理審査申請書の提出日までの期間に行った溶接事業者検査の実施状況及びその結果に係る確認については，今回の安全管理審査の対象とする．

この概要を「図9-2　溶接事業者検査の実施状況及びその結果に関する確認の流れ」に示す．

### 6.7.　審査結果及び評定について

安全管理審査において，審査員は法定審査6項目について審査を行うものとする．法定審査

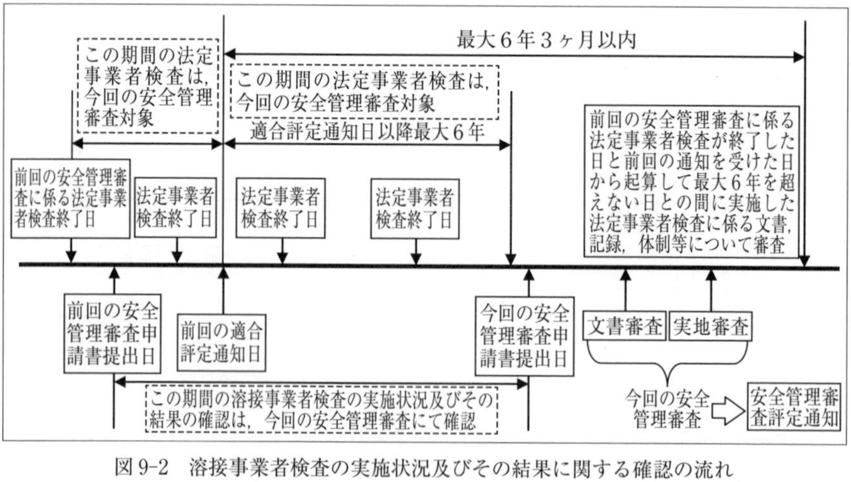


図9-2　溶接事業者検査の実施状況及びその結果に関する確認の流れ

6項目を「表5-1　法定審査6項目」に示す．

また，設置者が希望した場合，審査員は法定審査6項目の審査において，法定事業者検査の実施につき十分な体制がとられていることを判断するための審査を行う．

国は，「電気事業法施行規則第94条の5第1項第一号に規定する組織に係る審査基準」（添付資料1-6）及び「溶接事業者検査の実施状況に関する確認項目」（添付資料1-7）を全て満たしている火力設備に係る法定事業者検査実施組織については，「定期事業者検査の実施につき十分な体制がとられており，かつ，保守管理に関する十分かつ高度な取組を実施している」と評定し，「電気事業法施行規則第94条の5第2項第一号に規定する組織に係る審査基準」（添付資料1-5）を満たしている風力設備に係る法定事業者検査実施組織については，「定期事業者検査の実施につき十分な体制がとられており，かつ，保守管理に関する十分かつ高度な取組を実施している」と評定し，「電気事業法施行規則第94条の5第1項第二号に規定する組織に係る審査基準」（添付資料1-4）及び「溶接事業者検査の実施状況に関する確認項目」（添付資料1-7）を全て満たしている火力設備に係る法定事業者検査実施組織については「定期事業者検査の実施につき十分な体制がとられており，かつ，保守管理に関する十分な取組を実施している」と評定し，「電気事業法施行規則第94条の5第2項第二号に規定する組織に係る審査基準」（添付資料1-3）を満たしている風力設備に係る法定事業者検査実施組織については，「定期事業者検査を実施する体制がとられている」と評定し，「電気事業法施行規則第73条の6第一号又は第94条の5第1項第三号に規定する組織に係る審査基準」（添付資料1-2）及び「溶接事業者検査の実施状況に関する確認項目」（添付資料1-7）を満たしている法定事業者検査実施組織については，「（法定事業者検査の実施につき）十分な体制がとられている」と評定し，「電気事業法施行規則第73条の6第三号又は第94条の5第1項第六号に規定する組織に係る審査基準」（添付資料1-1）のみを満たしている法定事業者検査実施組織については，「（法定事業者検査を実施する）体制がとられている」と評定し，「電気事業法施行規則第73条の6第三号又は第94条の5第1項第六号に規定する組織に係る審査基準」（添付資料1-1）又は「電気事業法施行規則第94条の5第2項第二号に規定する組織に係る審査基準」（添付資料1-3）（風力設備に係る組織における定期安全管理審査に限る.）を満たしていない法定事業者検査実施組織については，「（法定事業者検査を実施する）体制がとられていない」と評定する．

なお，登録安全管理審査機関が審査を行った場合は，その結果を本実施要領に規定する「様式4 電気事業法（第55条第6項で準用する法）第51条第5項に基づく（使用前・定期）安全管理審査通知様式」又は「様式5 電気事業法第55条第6項で準用する法第51条第5項に基づく火力設備に係る定期安全管理審査通知様式」により，原則30日以内に国へ通知するものとする．また，登録安全管理審査機関が「様式5 電気事業法第55条第6項で準用する法第51条第5項に基づく火力設備に係る定期安全管理審査通知様式」により国に通知する際に，設置者から省令第94条の5第1項第一号又は第二号に規定する組織としての定期安全管理審査申請書の写しを添付することをもって，設置者から国に対して省令第94条の2第2項第一号に基づく定期事業者検査の時期変更の申請があったものとする．

国は評定及び省令第94条の2第2項第一号に規定する定期事業者検査の実施時期を定め，これらの結果を「様式7 設置者に対する審査及び評定結果の通知様式」又は「様式8 火力設備に係る設置者に対する審査及び評定結果並びに定期事業者検査実施時期の通知様式」により安全管理審査結果通知書を受理した日から原則30日以内に設置者に通知する．

表 5-1　法定審査 6 項目

| |
|---|
| 1．法定事業者検査の実施に係る組織 |
| 2．検査の方法 |
| 3．工程管理 |
| 4．検査において協力した事業者がある場合には，当該事業者の管理に関する事項 |
| 5．検査記録の管理に関する事項 |
| 6．検査に係る教育訓練に関する事項 |

## 7. 審査の計画

### 7.1. 審査の実施体制の構築

審査機関は，公正に，かつ省令で定める方法により安全管理審査を行わなければならない．

さらに，登録安全管理審査機関においては，法第 71 条に基づき安全管理審査を行わなければならない．

### 7.2. 責任と権限

登録安全管理審査機関が審査を行う場合は，法第 69 条第 1 項第一号に掲げる要件を満たす審査員が同号に従って複数名により行うものとする．

国が審査を行う場合も，複数名の審査員によって行うものとし，継続的な検査実施体制を構築している法定事業者検査実施組織についての審査においては，少なくとも 1 名は，品質保証に関する研修を受講した者が審査を行うこととする．

#### 7.2.1　登録安全管理審査機関の組織の管理

登録安全管理審査機関は，登録安全管理審査機関の運営方針の決定，審査計画，審査実施結果等の審査承認，審査員の指名，内部監査等を行う．

また，登録安全管理審査機関として適切に審査を行う責任と権限を定めるものとする．

#### 7.2.2　審査員

（1）　審査員の責任

a）　審査計画を作成する．

b）　審査要求事項を明確にする．

c）　審査通知書を作成する．

d）　観察結果を文書化する．

e）　審査の結果として実施された是正処置の有効性を検証する．

f）　審査に関する文書類を保持し，安全に保管する．

（2）　審査において特に注意すべき点

a）　審査員の資格要件を含め審査に対する要求事項を明確にする．

b）　審査の範囲を逸脱しない．

c）　客観性を旨とする．

d）　審査を計画し，作業文書を作成する．

e）　法定事業者検査実施組織が定めた文書体系を確認して，その活動の適切性の審査結果を取りまとめる．

f）　審査した法定事業者検査実施体制が適切であるか結論を出すのに適切，かつ，十分な証拠を収集し分析する．

g）　登録安全管理審査機関の審査員においては，法定事業者検査実施体制に重大な問題が検出された場合や重大な技術基準不適合等重大な不適合が発見された場合，直ちに設置者及び国に報告する．

h） 審査の実施に際して遭遇した重要な障害を審査機関の上司にすべて報告する．

i） 審査結果に影響を与え，また，審査の拡大が必要となりそうな証拠を示すものに注意を払う．

j） 常に倫理的な行動を取る．

k） 審査の結果として実施された是正処置の有効性を検証する．

l） 審査に関する文書類を保持し，安全に保管する．

m） 審査チーム長を選任する．審査チーム長は自ら審査員として審査を行うとともに，当該審査チームメンバーを指揮管理し，当該審査に関する全責任を有する．

#### 7.2.3 見習い審査員又はオブザーバー

設置者及び審査チーム長が認めた場合，見習い審査員（審査機関に属し，審査員に必要とされる能力を認められていない者をいう．）又はオブザーバーを審査に同席させることができる．ただし，審査員としての判断をしてはならない．

なお，設置者が，火力設備に係る法定事業者検査実施体制を構築した省令第 94 条の 5 第 1 項第一号又は第二号に規定する組織として定期安全管理審査を受審した場合，定期事業者検査を行った電気工作物の設置の場所を管轄する産業保安監督部長は，評定とともに省令第 94 条の 2 第 2 項第一号に規定する定期事業者検査の実施時期を定めることになるため，例えば，①省令第 94 条の 5 第 1 項第一号又は第二号に規定する組織としての審査，②運転経過年数が 40 年以上の火力設備が含まれている組織に係る審査又は③電気関係報告規則第 3 条に基づく事故報告があった火力設備が含まれている組織に係る審査には，産業保安監督部等から 1 名以上の者がオブザーバーとして立ち会うことがあるため，設置者及び審査機関は，産業保安監督部長の指示に従うこと．

### 7.3. 審査の方法

審査機関は，法定事業者検査の実施に係る体制について，以下のとおり行うものとする．

なお，登録安全管理審査機関においては，省令第 110 条の規定に従って安全管理審査を行うものとする．

また，省令第 110 条第二号ロに規定される映像及び音声の送受信により相手の状態を相互に認識しながら通信することが可能な方法により審査を実施する場合（以下，当該方法を「オンライン審査」という．）は，本内規及び別途定める「使用前・定期安全管理審査を目的としたオンライン審査実施ガイドライン」により実施することとする．

（1） 文書審査

文書審査は，設置者の法定事業者検査の実施体制が法令要求を満たし，かつ，合理的に実施可能なように構築されていることを確認することを目的に，関係資料の審査を行うものである．

文書審査は，例えば関係資料の提出を受けて審査機関事務所において実施するほか，オンライン審査を用いて実施する．

（2） 実地審査

実地審査は，申請に係る組織に対して行うこととし，法定事業者検査に係る記録原本を照合する必要があるため，法定事業者検査の実施場所及び当該検査記録の保管場所において当該検査記録を確認するか又は法定事業者検査の実施場所及び当該検査記録の保管場所には赴かず，オンライン審査により確認を行うものとする．

また，省令第110条第三号に基づき，法定事業者検査の立会い，記録及び関係者からの聞き取りにより，次に掲げる事項に関して審査を行うものとする．

イ　設置者の法定事業者検査の実施に係る体制について文書審査により確認できない事項

ロ　設置者があらかじめ定めた法定事業者検査の実施に係る体制に従って当該法定事業者検査が行われているかどうかを判断するために必要な事項

### 7.4. 審査要領書の発行

#### 7.4.1 審査要領書の作成，発行

申請を受理した法定事業者検査の実施状況を法定審査6項目に即して適切に審査を行うため，審査員は申請を受理後，速やかに安全管理審査の申請ごとに審査要領書を作成するものとする．なお，6.6.4. に規定する溶接事業者検査の実施状況及びその結果に関する確認を行う場合には，当該項目に係る内容も審査要領書に含める．

審査員は，審査要領書において，「表5-2　審査要領書に規定すべき事項」に示す事項を明確にし，発行する．

表5-2　審査要領書に規定すべき事項

| 規定すべき事項 | 内容 | 備考 |
|---|---|---|
| 1．審査対象組織に関するもの | ・設置者名及び所在地<br>・審査実施場所<br>・検査責任者の氏名<br>・主任技術者の氏名<br>・連絡担当者の氏名及び連絡先<br>・協力事業者の有無 | |
| 2．審査計画に関するもの | ・審査対象の電気工作物<br>・審査員の氏名及び資格要件の確認<br>・文書審査の日時及び場所<br>・実地審査の日時及び場所<br>・実地審査タイムテーブル<br>・サンプリング手法<br>・審査基準に適合しない場合の対応 | |
| 3．審査記録に関するもの | ・記録の種類及び作成手順<br>・審査メモ<br>・審査日報（チーム会議録を含む）<br>・ヒアリング調査票<br>・検出事項管理票<br>・法定審査6項目の確認結果に関する記録 | |
| 4．審査実施に必要な物品等 | ・携行品<br>・会議室 | |
| 5．設置者との連絡 | ・審査予告（日時，内容，審査員）事項<br>・貸与を受ける物品等の予告 | |

### 7.4.2　審査スケジュールの作成

実地審査は，審査期間内に法定審査６項目について審査を行う必要があるため，審査においては例えば，最新の法定事業者検査実施体制において法定事業者検査に係る記録を重点的に審査する，非破壊検査の種類毎に検査の記録を抜き取りで審査する又は「添付資料３　火力設備に係る使用前・定期安全管理審査に係るサンプリング方法」を参照する等，適切なサンプリング手法を活用することができる．

審査スケジュールの作成に当たっては，申請者のスケジュールを加味するとともに，「表6-1　使用前・定期安全管理審査の標準審査工数」又は「表6-2　火力設備に係る定期安全管理審査の標準審査工数」を参照して，適切な審査内容とする．

実地審査は，設置者の通常業務時間内で行う必要があることから，審査スケジュールを記載したタイムテーブルを作成し，時間管理を適切に行うものとする．

### 7.4.3　審査基準に適合しない場合の対応

審査基準に適合しないことが確認された場合は，「添付資料２　審査基準に適合しない場合の取扱い」に従って適切に対応するものとする．

表6-1　使用前・定期安全管理審査の標準審査工数

| 審査業務 | 審査業務内容 | 標準工数 | 実施時期 | 実施場所又は方法 |
|---|---|---|---|---|
| 審査計画 | 審査計画の作成 | 1.0 人日 | 申請受理後速やかに | 審査機関 |
| 文書審査 | 文書化の適切性に関する審査 | 2.0 人日 | 実地審査を行う以前 | 審査機関又は<br>オンライン審査 |
| 実地審査 | 審査基準項目<br>①法定事業者検査実施組織<br>②検査の方法<br>③工程管理<br>④協力事業者の管理<br>⑤検査記録の管理<br>⑥教育訓練<br>評価・改善（※） | 1.0 人日 | 対象となる全ての法定事業者検査が完了したとき以降 | 検査実施場所及び当該記録が保管されている場所又はオンライン審査 |
| | 審査に伴う会議の実施<br>（初回会議，まとめ会議，チーム会議，最終会議等） | 1.0 人日 | | |
| 通知書作成 | 通知書の作成 | 1.0 人日 | 審査終了後速やかに | 審査機関 |
| 合計 | 6.0 人日 | ※インセンティブ付与に必要な体制に関する審査に限る．<br>注１：１人日＝８時間相当の審査業務<br>注２：審査実務（文書審査，実地審査）は２名で実施<br>注３：本審査工数はあくまで「標準」審査工数であり，個々の審査内容により工数は増減する． | | |

### 7.5. 審査におけるコミュニケーション

#### 7.5.1 設置者とのコミュニケーション

審査員は，安全管理審査を行うために必要な事項や審査に対する疑義等について，あらかじめ指名された設置者側の担当者とお互いに連絡するものとする．

また，実地審査を行う前に，以下の事項について，設置者に予告するものとする．

・審査の実施内容
・審査員の氏名（見習い審査員・オブザーバーを含む．）
・審査場所（会議室等）の確保の依頼

表 6-2　火力設備に係る定期安全管理審査の標準審査工数

<table>
<tr><th>審査業務</th><th>審査業務内容</th><th>標準工数</th><th>実施時期</th><th>実施場所又は方法</th></tr>
<tr><td>審査計画</td><td>審査計画の作成</td><td>1.0 人日</td><td>申請受理後速やかに</td><td>審査機関</td></tr>
<tr><td>文書審査</td><td>文書化の適切性に関する審査</td><td>3.0 人日</td><td>実地審査を行う以前</td><td>審査機関又は<br>オンライン審査</td></tr>
<tr><td rowspan="3">実地審査</td><td>審査基準項目<br>①法定事業者検査実施組織<br>②検査の方法<br>③工程管理<br>④協力事業者の管理<br>⑤検査記録の管理<br>⑥教育訓練<br>評価・改善（※）</td><td rowspan="2">3.0 人日</td><td rowspan="3">対象となる全ての法定事業者検査が完了したとき以降</td><td rowspan="3">検査実施場所及び当該記録が保管されている場所又はオンライン審査</td></tr>
<tr><td>溶接事業者検査の実施状況の確認</td></tr>
<tr><td>審査に伴う会議の実施<br>（初回会議，まとめ会議，チーム会議，最終会議等）</td><td>1.0 人日</td></tr>
<tr><td>通知書作成</td><td>通知書の作成</td><td>1.0 人日</td><td>審査終了後速やかに</td><td>審査機関</td></tr>
<tr><td>合 計</td><td>9.0 人日</td><td colspan="3">※インセンティブ付与に必要な体制に関する審査に限る．<br>注 1：1 人日 = 8 時間相当の審査業務<br>注 2：審査実務（文書審査，実地審査）は 2 名で実施<br>注 3：本審査工数はあくまで「標準」審査工数であり，個々の審査内容により工数は増減する．</td></tr>
</table>

#### 7.5.2 審査機関の責任者とのコミュニケーション

審査において，疑義が生じ，審査の場において解決できない問題が生じた場合等は，審査員から審査機関の責任者に報告を行い，適切な指示を受けるものとする．

### 7.5.3　規制当局とのコミュニケーション

登録安全管理審査機関は，審査において疑義が生じ，それが解決しない場合は，速やかに国にその旨を連絡するものとする．また，技術基準に適合しない等保安上重要な事項を検出した場合は，速やかに国にその旨を連絡することが望ましい．

## 8. 審査の実施

### 8.1. 概要

審査は，前項で示した審査要領書に従い，申請対象設備に係る「文書審査」及び「実地審査」を行うものとする．

審査基準は，設置者から省令第 94 条の 5 第 1 項第一号に規定する組織の定期安全管理審査を受審したい旨の意思表示があった場合には，「添付資料 1-6 電気事業法施行規則第 94 条の 5 第 1 項第一号に規定する組織に係る審査基準」を，省令第 94 条の 5 第 2 項第一号に規定する組織の定期安全管理審査を受審したい旨の意思表示があった場合には，「添付資料 1-5 電気事業法施行規則第 94 条の 5 第 2 項第一号に規定する組織に係る審査基準」を，省令第 94 条の 5 第 1 項第二号に規定する組織の安全管理審査を受審したい旨の意思表示があった場合には，「添付資料 1-4 電気事業法施行規則第 94 条の 5 第 1 項第二号に規定する組織に係る審査基準」を，省令第 94 条の 5 第 2 項第二号に規定する組織の定期安全管理審査を受審したい旨の意思表示があった場合には，「添付資料 1-3 電気事業法施行規則第 94 条の 5 第 2 項第二号に規定する組

表 7　火力設備及び燃料電池設備に係る安全管理審査の審査項目

| 申請種別 | 法定審査 6 項目 | インセンティブ関連項目 | | |
|---|---|---|---|---|
| | | 継続的な検査実施体制 | 保守管理体制 | 高度な取組 |
| システム S | ○ | ○ | ○ | ○ |
| システム A | ○ | ○ | ○ | − |
| システム B | ○ | ○ | − | − |
| 解消 | ○ | ○ | ○(※) | ○(※) |
| 個別 | ○ | − | − | − |

注 1　「○」：審査対象，「―」：審査対象外，「(※)」：該当する場合のみ．
注 2　「システム S」：省令第 94 条の 5 第 1 項第一号に規定する組織として「添付資料 1-6 電気事業法施行規則第 94 条の 5 第 1 項第一号に規定する組織に係る審査基準」を適用する審査
「システム A」：省令第 94 条の 5 第 1 項第二号に規定する組織として「添付資料 1-4 電気事業法施行規則第 94 条の 5 第 1 項第二号に規定する組織に係る審査基準」を適用する審査
「システム B」：省令第 73 条の 6 第一号又は第 94 条の 5 第 1 項第三号に規定する組織として「添付資料 1-2 電気事業法施行規則第 73 条の 6 第一号又は第 94 条の 5 第 1 項第三号に規定する組織に係る審査基準」を適用する審査
「解消」：省令第 73 条の 6 第二号又は第 94 条の 5 第 1 項第四号に規定する組織として前回の審査で評定された組織に係る審査基準を適用する審査
「個別」：省令第 73 条の 6 第三号又は第 94 条の 5 第 1 項第六号に規定する組織として「添付資料 1-1 電気事業法施行規則第 73 条の 6 第三号又は第 94 条の 5 第 1 項第六号に規定する組織に係る審査基準」を適用する審査

織に係る審査基準」を，省令第 73 条の 6 第一号又は第 94 条の 5 第 1 項第三号に規定する組織の安全管理審査を受審したい旨の意思表示があった場合には，「添付資料 1-2 電気事業法施行規則第 73 条の 6 第一号又は第 94 条の 5 第 1 項第三号に規定する組織に係る審査基準」を，省令第 73 条の 6 第三号又は第 94 条の 5 第 1 項第六号に規定する組織の安全管理審査を受審したい旨の意思表示があった場合には，「添付資料 1-1 電気事業法施行規則第 73 条の 6 第三号又は第 94 条の 5 第 1 項第六号に規定する組織に係る審査基準」を，省令第 73 条の 6 第二号又は第 94 条の 5 第 1 項第四号若しくは第 2 項第三号に規定する組織の安全管理審査を受審したい旨の意思表示があった場合には，前回の安全管理審査で評定された組織に係る審査基準，省令第 94 条の 5 第 1 項第五号に規定する組織の安全管理審査を受審したい旨の意思表示があった場合には，申請のあった省令第 94 条の 5 第 1 項各号に規定する組織に係る審査基準を適用する．なお，火力設備及び燃料電池設備に係る安全管理審査においては，「表 7 火力設備及び燃料電池設備に係る安全管理審査の審査項目」に示す内容とともに 6.6.4. に規定する溶接事業者検査の実施状況及びその結果に関する確認が必要な場合には，「添付資料 1-7 溶接事業者検査の実施状況に関する確認項目」を適用する．

### 8.2. 文書審査

文書審査は，原則として実地審査に先立って行うものとする．

審査員は，当該審査のために作成し，発行された審査要領書に従い，文書審査を実施する．

継続的な検査実施体制を構築されていると評価されている場合には，前回審査からの文書の改訂箇所の確認をすることで文書審査とすることができる．

また，当該法定事業者検査実施組織が，他の安全管理審査（使用前安全管理審査にあっては，定期安全管理審査，定期安全管理審査にあっては，使用前安全管理審査）において，継続的な検査実施体制が構築されていると評定されている場合には，「添付資料 1-2 電気事業法施行規則第 73 条の 6 第一号又は第 94 条の 5 第 1 項第三号に規定する組織に係る審査基準」，「添付資料 1-3 電気事業法施行規則第 94 条の 5 第 2 項第二号に規定する組織に係る審査基準」，「添付資料 1-4 電気事業法施行規則第 94 条の 5 第 1 項第二号に規定する組織に係る審査基準」，「添付資料 1-5 電気事業法施行規則第 94 条の 5 第 2 項第一号に規定する組織に係る審査基準」及び「添付資料 1-6 電気事業法施行規則第 94 条の 5 第 1 項第一号に規定する組織に係る審査基準」における継続的な検査実施体制に係る共通する審査項目を省略することができる．

### 8.3. 実地審査

実地審査の基本的な流れは以下のとおり．

#### 8.3.1 初回会議

審査の冒頭に，設置者側の責任者に対し，審査員から本審査の目的，審査内容，審査スケジュール等を伝え，了解を得る．原則として，30 分以内に完了するものとする．

初回会議では，審査に対する設置者の姿勢，審査の進め方に問題が起きないか，等の点を観察する．

#### 8.3.2 審査の実施

審査員は，当該審査のために作成し，発行された審査要領書に従い実地審査を実施する．あらかじめ文書審査において確認した設置者の法定事業者検査が適切に機能しているか，実地審査を行う必要がある．このため，設置者の法定事業者検査実施体制及び実施状況について総括ヒアリングを行った後，審査要領書で設定した数のサンプリングを行う等して，各法定事業者検査の実施状況を網羅的に審査することが必要である．なお，火力設備及び燃料電池設備に係る安全管理審査では，審査員は設置者に対して，溶接事業者検査の実施状況及びその結果に係る確認では溶接事業者検査記録（総括表），高度な運転管理に係る項目の審査では「様式1 高度な運転管理記録（総括表）様式例」の提示を受けて行う．

サンプリング手法の活用は，審査の範囲において法定事業者検査実施体制等の審査項目を網羅的に審査するための手法であることから，サンプリング対象以外の審査を妨げるものではない．

また，当該法定事業者検査実施組織が，当該安全管理審査以外の安全管理審査（使用前安全管理審査にあっては，定期安全管理審査，定期安全管理審査にあっては，使用前安全管理審査）において，継続的な検査実施体制が構築されていると評定されている場合には，「添付資料1-2 電気事業法施行規則第73条の6第一号又は第94条の5第1項第三号に規定する組織に係る審査基準」，「添付資料1-4 電気事業法施行規則第94 条の5第1項第二号に規定する組織に係る審査基準」及び「添付資料1-6 電気事業法施行規則第94条の5第1項第一号に規定する組織に係る審査基準」における継続的な検査実施体制に係る共通する審査項目を省略することができる．

あらかじめ計画した審査時間に審査を行うため，時間管理に細心の注意を払う必要がある．審査において問題を検出したものの，設置者と調整がつかない場合等は，問題がある旨を双方で確認した上で次の項目に進み，問題点は別途確認するよう心がけなければならない．

#### 8.3.3　チーム会議

チーム会議は，審査終了後，チームメンバーだけで審査結果のまとめを行うものである．

その目的は，聞き取り及び書類確認によって行う実施状況の確認について審査員の主観的な要素を排除し，チームとしての結論を導き出すものであることから，チーム会議の結果は記録しておく必要がある．

#### 8.3.4　まとめ会議

審査日が複数日にわたる場合，当日の審査の締めくくりとして，設置者に対し，当日の審査の実施内容，検出事項の状況確認，明日のスケジュール確認等を伝え，当日の審査を終了する．

#### 8.3.5　最終会議

審査最終日に，設置者側の責任者から最終的な確認を行った後，所見を伝え審査を終了する．

### 8.4.　審査記録の作成

#### 8.4.1　審査日報

審査当日に行った審査内容について，審査日報を作成する．これは，審査通知書を作成するための重要な記録であることから，説明責任を意識し，調査した物件，書類名を必ず記載する等，客観性を持たせて記録する．

#### 8.4.2　ヒアリング調査票

検査員や法定事業者検査実施組織にヒアリングを行い，その内容を客観的な証拠として確保するため，別途ヒアリング調査票を作成する．

毎日のチーム会議でその内容を報告するとともに，最終日のチーム会議までに審査チーム長へ提出する．

### 8.5.　検出事項発見時の対応

審査によって審査基準に適合しない事項又は技術基準に適合しない保安上重要な問題を検出した場合は，その内容を記載し，その写しを設置者に渡す．（設置者からの同意が得られなかった場合は，その旨を付記しておくこと．）

登録安全管理審査機関においては，検出事項のうち「添付資料2　審査基準に適合しない場合の取扱い」に規定する「重大な不適合」が検出された場合は，速やかに本実施要領の「様式

2　検出事項報告様式」に従い，国に報告する．

## 9. 審査結果及び評定の通知

### 9.1. 審査通知書の作成

審査チーム長は，審査後速やかに（登録安全管理審査機関においては，「様式 4 電気事業法（第 55 条第 6 項で準用する法）第 51 条第 5 項に基づく（使用前・定期）安全管理審査通知様式」又は「様式 5 電気事業法第 55 条第 6 項で準用する法第 51 条第 5 項に基づく火力設備に係る定期安全管理審査通知様式」に従って）審査結果を取りまとめる必要がある．他の審査員は，審査結果の取りまとめに当たり，これに協力するものとする．

また，審査チーム長は，火力設備に係る安全管理審査において審査基準に適合しない事項が，一部の設備に限定され，その他の設備は審査基準に適合している場合には，定期事業者検査の時期を制限する条件（以下「制約条件」という．）を付与することができる．なお，制約条件を付与した場合は，全体の審査結果については，「審査基準に適合する」こととするが，登録安全管理審査機関は，審査結果の通知の所見に制約条件を付与している旨を記載する．制約条件を付与した場合の審査結果の考え方の例を「表 8 制約条件を付与した場合の審査結果の考え方の例（システム S）の場合」に示す．

表 8　制約条件を付与した場合の審査結果の考え方の例（システム S）の場合

| | 設備構成 | | | | |
|---|---|---|---|---|---|
| | 1 号機 | | 2 号機 | | 所内ボイラー |
| | ボイラー | 蒸気タービン | ボイラー | 蒸気タービン | |
| 個別設備の審査結果 | ○ | × | ○ | ○ | × |
| 制約条件 | 無 | 有（※ 1） | 無 | 無 | 有（※ 2） |
| 審査項目の審査結果 | ○ | | | | |
| 注　「○」：審査基準に適合する，「×」：審査基準に適合しない，「（※ 1）」4 年を超えない時期に定期事業者検査を実施，「（※ 2）」2 年を超えない時期に定期事業者検査を実施． | | | | | |

### 9.2. 審査通知書の審査及び承認

審査チーム長が取りまとめた審査結果について，審査機関はあらかじめ定めた審査要領書に従い，審査内容及び審査結果が適切であることについて，審査及び承認を行う必要がある．

審査結果に不備が発見された際は，適切な処置を行うとともに，審査機関内で同種の問題が再発しないよう所要の対策を講じる必要がある．

### 9.3. 審査通知書の通知

登録安全管理審査機関は，審査及び承認を完了した後，審査結果を「様式 4 電気事業法（第 55 条第 6 項で準用する法）第 51 条第 5 項に基づく（使用前・定期）安全管理審査通知様式」又は「様式 5 電気事業法第 55 条第 6 項で準用する法第 51 条第 5 項に基づく火力設備に係る定期安全管理審査通知様式」に従い，速やかに国へ通知しなければならない．

また，登録安全管理審査機関はこの写しを設置者へ送付するものとする．

### 9.4. 審査結果及び評定結果の通知

国は，審査機関からの報告に基づき評定を行い，その結果を安全管理審査の結果の報告があった日から原則30日以内に本実施要領の「様式7 設置者に対する審査結果及び評定結果の通知様式」又は「様式8 火力設備に係る設置者に対する審査結果及び評定結果並びに定期事業者検査実施時期の通知様式」に基づき設置者に通知する．なお，火力設備に係る省令第94条の5第1項第一号又は第二号に規定する組織の定期安全管理審査においては，法第55条第6項において準用する法第51条第6項に基づく評定とともに電気工作物の種類及び施設番号ごとに省令第94条の2第2項第1号に基づき定期事業者検査を実施すべき時期の上限を定める．国は，定期事業者検査の実施時期の上限を前回の通知よりも短縮する場合には，通知した日から6ヶ月を超えない日までの間で猶予期間を設定し，「様式8 火力設備に係る設置者に対する審査結果及び評定結果並びに定期事業者検査実施時期の通知様式」の次回の定期事業者検査の実施時期の項目に但し書きにて個別設備の定期事業者検査の実施時期を記載する．

また，登録安全管理審査機関の行った審査については，国はその評定結果を当該登録安全管理審査機関に通知する．

### 9.5. 審査実績の報告

登録安全管理審査機関は，年度毎の安全管理審査の実施状況について，「様式9 使用前（定期）安全管理審査実績報告書」により翌年度の4月末日までに国へ報告を行うこととする．

様式９　実績報告様式

番　　　号
年　月　日

産業保安グループ　電力安全課長　殿

審査機関名称
代表者氏名

使用前(定期)安全管理審査実績報告書

使用前・定期安全管理審査実施要領（内規）9.5. に基づき，○○年 4 月 1 日より△△年 3 月 31 日までの間に実施した使用前（定期）安全管理審査について，別紙のとおり報告します．

別紙

安全管理審査機関名：

| | | | 審査件数 | うち，オンライン審査による審査件数 | うち，検出事項のあった審査数 |
|---|---|---|---|---|---|
| 使用前（火力） | システム | | | | |
| | 個別 | | | | |
| 定期（火力） | システム | S | | | |
| | | A | | | |
| | | B | | | |
| | 個別 | | | | |
| 定期（風力） | インセンティブあり | | | | |
| | インセンティブなし | | | | |

(注意事項)

当該年度内の日付で産業保安グループ電力安全課（産業保安監督部を含む.）に報告した件数を記入すること.

定期（火力）のシステム審査に関しては，審査・評定結果にかかわらず審査内容に応じてご判断願います.

検出事項は，1つの申請の中に2つ以上の検出事項があった場合は1（申請ベース）と計上願います.

## 10. 評価及び改善

### 10.1. クレームに対する対応

登録安全管理審査機関は，安全管理審査に関する苦情等があったときの処置手順を規定するものとする．

a） 苦情等に対する調査は，当該苦情等に関係しない者の中から組織が指名した2名以上の者が行う．

b） 苦情等の受理，調査結果及び対処方針を苦情申立て者に報告する．

c） 苦情等が当該業務に係る安全管理審査の実施に影響があると判断するときは，安全管理審査業務の継続の可否も含め，その取扱いを決定する．

### 10.2. 定期的な実施状況の把握及びレビュー

登録安全管理審査機関は，安全管理審査の実施について，的確に行われていることを明確にするため，あらかじめ定められた間隔で内部監査及びマネジメントレビューを行うものとする．

### 10.3. 審査の確認及び評価

登録安全管理審査機関は，安全管理審査が適切に行われていることを適切な方法で確認し，可能な場合にはこれを評価するものとする．これらは，当該審査機関が審査を適切に行う能力があることを実証するものとする．審査を適切に行うことができない場合には，適宜，修正及び是正処置をとるものとする．

### 10.4. 不適合管理

登録安全管理審査機関は，安全管理審査業務に対する要求事項に適合しない状況が発生した場合，当該審査に係る記録等を適切に管理する．また，不適合事項に関する管理，それに関連する責任及び権限を規定するものとする．

### 10.5. 改善

登録安全管理審査機関は，評価改善を通じて，安全管理審査に係る体制を継続的に改善するものとする．評価改善には，内部監査，マネジメントレビュー，審査の監視及び測定，不適合管理，是正処置，予防処置を含む．

## 11. 国が火力設備の設置者から検出事項及び審査結果に対して新たな説明を求められた場合の対応

設置者は，火力設備に係る省令第94条の5第1項に規定する組織の定期安全管理審査において，検出事項又は審査結果に同意ができない場合には，検出事項に同意できない点については審査終了後速やかに，審査結果に同意できない点については評定通知を受ける前までにそれぞれ国に対して追加的に説明を求めることができる．また，国は，設置者及び審査機関の意見を聞いて必要な処置を講ずることとする．

様式１　高度な運転管理記録（総括表）様式例

## 高度な運転管理記録（総括表）

設置者の名称：

1．審査を受けようとする組織

組織の名称：

協力事業者の名称：

2．高度な運転管理

○高度な運転管理のための組織

（1）管理体制の構築

（2）管理要員の確保

○高度な運転管理の方法

| 計画段階の取組内容 | | 実施段階の取組内容 | 評価・改善の取組内容 |
|---|---|---|---|
| 分析対象と分析方法 | ・分析対象<br>・分析方法 | | |
| データ分析間隔 | | | |
| 発見時の措置 | | | |

3．各段階に係る文書・記録等の一覧

| 計画段階 | 実施段階 | 評価・改善 |
|---|---|---|
| | | |

4．その他

様式２　検出事項報告様式

番　　号
年　月　日

産業保安グループ　電力安全課長　殿
○○産業保安監督部（○○支部）　電力安全課長　殿
中部近畿産業保安監督部北陸産業保安監督署長　殿
又は　那覇産業保安監督事務所　保安監督課長　殿

審査機関名称
代表者氏名

使用前（定期）安全管理審査実施中における検出事項について

○年○月○日付け第○号をもって○○から申請のあった使用前（定期）安全管理審査を実施しているところですが，審査において検出事項がありましたので，下記のとおり報告します．

記

1．審査を受けた組織の名称

2．申請年月日，申請番号，申請種別，審査期間

3．検査の内容

4．検出事項の内容

様式３　定期安全管理審査是正通知書様式

番　　号
年　月　日

○○株式会社
○○ ○○　殿

産業保安グループ 電力安全課長
○○産業保安監督部（○○支部）電力安全課長
中部近畿産業保安監督部北陸産業保安監督署長
又は 那覇産業保安監督事務所 保安監督課長

火力設備に係る定期安全管理審査における検出事項に関する是正処置期限の
通知について

○年○月○日付け第○号をもって○○から火力設備に係る定期安全管理審査における検出事項があったとの報告がありましたので，下記のとおり是正処置期限までに是正し，登録安全管理審査機関に当該処置の結果を報告して下さい．

記

1．審査を受けた組織の名称

2．申請年月日，申請番号，申請種別，審査期間

3．検査の内容

4．検出事項の内容

5．是正処置期限

様式４　電気事業法（第55条第６項で準用する法）第51条第５項に基づく
（使用前・定期）安全管理審査通知様式

番　　号
年　月　日

経済産業大臣　殿
○○産業保安監督部長　殿
又は那覇産業保安監督事務所長　殿

審査機関名称　○○○○
代表者氏名

使用前（定期）安全管理審査結果の通知について

電気事業法第51条第3項（第55条第4項）の規定に基づき使用前（定期）安全管理審査（以下，「審査」という.）を行ったので，同法第51条第5項（同法第55条第6項において準用する同法第51条第5項）に基づき，審査結果を別紙のとおり通知します.

別紙

1．審査を受けた組織

設置者名

申請番号，申請種別及び申請年月日

審査を受けた組織の名称及び所在地（検査の実施場所）

協力事業者（名称及び所在地）

2．審査年月日

文書審査の年月日及び実施場所

実地審査の年月日及び実施場所

3．審査を行った者の氏名

職・氏名

4．検査の責任者氏名

職・氏名

5．検査の内容

使用前自主検査（定期事業者検査）の内容

6．審査に適用した基準

7．審査の結果

| 審査項目種別 | 審査項目 | 審査結果 |
|---|---|---|
| 法定審査6項目 | 法定事業者検査の実施に係る組織 | |
| | 検査の方法 | |
| | 工程管理 | |
| | 検査において協力した事業者がある場合には，当該事業者の管理に関する事項 | |
| | 検査記録の管理に関する事項 | |
| | 検査に係る教育訓練に関する事項 | |
| インセンティブ関連項目 | 継続的な検査実施体制 | |
| | 保安力の水準 | |

8．所見

8.1　総合所見

8.2　法定事業者検査の実施に係る組織の適切性
　所見及び関連文書名

8.3　検査の方法の適切性
　所見及び関連文書名

8.4　工程管理の適切性
　所見及び関連文書名

8.5　検査において協力した事業者がある場合には，当該事業者の管理の適切性
　所見及び関連文書名

8.6　検査記録の管理の適切性
　所見及び関連文書名

8.7　検査に係る教育訓練の適切性
　所見及び関連文書名

8.8　（該当すれば）インセンティブ関連審査項目の適切性
　所見及び関連文書名

9．安全管理審査において参照した資料名

様式５　電気事業法第55条第６項で準用する法第51条第５項に基づく火力設備に係る定期安全管理審査通知様式

番　　号
年　月　日

経済産業大臣　殿
○○産業保安監督部長　殿
又は那覇産業保安監督事務所長　殿

審査機関名称○○○○
代表者氏名

定期安全管理審査結果の通知について

電気事業法第55条第4項の規定に基づき定期安全管理審査（以下，「審査」という.）を行ったので，同法第55条第6項において準用する同法第51条第5項に基づき，審査結果を別紙のとおり通知します.

別紙

1．審査を受けた組織

設置者名

申請番号，申請種別及び申請年月日並びに前回評定通知年月日及びその番号

審査を受けた組織の名称及び所在地（検査の実施場所）

電気工作物の種類及び施設番号

協力事業者（名称及び所在地）

2．審査年月日

文書審査の年月日及び実施場所

実地審査の年月日及び実施場所

3．審査を行った者の氏名

職・氏名

4．検査の責任者氏名

職・氏名

5．検査の内容

定期事業者検査の内容

6．審査に適用した基準

7．審査の結果

| 審査項目種別 | 審査項目 | 審査結果 |
|---|---|---|
| 法定審査６項目 | 法定事業者検査の実施に係る組織 | |
| | 検査の方法 | |
| | 工程管理 | |
| | 検査において協力した事業者がある場合には，当該事業者の管理に関する事項 | |
| | 検査記録の管理に関する事項 | |
| | 検査に係る教育訓練に関する事項 | |
| インセンティブ関連項目 | 継続的な検査実施体制 | |
| | 保守管理体制 | |
| | 高度な取組 | |

8．所見

8.1　総合所見

8.2　法定事業者検査の実施に係る組織の適切性
所見及び関連文書名

8.3　検査の方法の適切性
所見及び関連文書名

8.4　工程管理の適切性
所見及び関連文書名

8.5　検査において協力した事業者がある場合には，当該事業者の管理の適切性
所見及び関連文書名

8.6　検査記録の管理の適切性
所見及び関連文書名

8.7　検査に係る教育訓練の適切性
所見及び関連文書名

8.8　インセンティブ関連審査項目の適切性
所見及び関連文書名

8.9　定期事業者検査実施時期に係る評価結果
所見及び（該当すれば）制約条件

9．安全管理審査において参照した資料名

様式６　溶接事業者検査の実施状況及びその結果に関する確認結果報告様式

番　　号
年　月　日

経済産業大臣　殿
○○産業保安監督部長　殿
又は那覇産業保安監督事務所長　殿

住所：
氏名：（審査機関名称及び代表者の氏名）

溶接事業者検査の実施状況及びその結果に関する確認結果について

○年○月○日付け第○号をもって○○から申請のあった使用前（定期）安全管理審査の中で溶接事業者検査の実施状況及びその結果を確認しましたので，その結果を次のとおり報告します．

1．確認を受けた組織
設置者名（確認を受けた組織の名称及び所在地）：
協力事業者（名称及び所在地）：
溶接事業者検査実施場所（溶接施工工場名及び発電所名等並びに所在地）：

2．確認年月日及び実施場所

3．適用基準

4．溶接事業者検査の内容
検査の対象
検査の方法
検査の結果
検査結果に基づく補修等の有無

5．確認結果

6．溶接事業者検査の実施状況及びその結果の確認において参照した資料名

7．備考

様式７　設置者に対する審査及び評定結果の通知様式

番　　号
年　月　日

○○株式会社
　○○　○○　殿

経済産業大臣　○○　○○
○○産業保安監督部長　○○　○○
又は那覇産業保安監督事務所長　○○　○○

使用前（定期）安全管理審査の審査結果及び評定結果の通知について

○年○月○日付け第○号をもって○○から通知があった上記の件について，電気事業法第51条第７項（第55条第６項において準用する同法第51条第７項）の規定に基づき，下記のとおり通知します．

記

１．審査を受けた組織の名称

２．審査基準
　使用前・定期安全管理審査実施要領（内規）
　（平成○○年○月○○日付け○○○○号）

３．審査結果

| 審査項目種別 | 審査項目 | 審査結果 |
|---|---|---|
| 法定審査６項目 | 法定事業者検査の実施に係る組織 | |
| | 検査の方法 | |
| | 工程管理 | |
| | 検査において協力した事業者がある場合には，当該事業者の管理に関する事項 | |
| | 検査記録の管理に関する事項 | |
| | 検査に係る教育訓練に関する事項 | |
| インセンティブ関連項目 | 継続的な検査実施体制 | |
| | 保安力の水準 | |

４．溶接事業者検査の実施状況及びその結果の確認結果
- 当該審査を受けた組織は，溶接事業者検査が適切に実施されている．
- 当該審査を受けた組織は，溶接事業者検査が適切に実施されていない．

5．評定結果（次のうち，いずれかを記載）

- 当該審査を受けた組織は，定期事業者検査の実施につき十分な体制がとられており，かつ，保守管理に関する十分かつ高度な取組を実施している．（風力設備）
- 当該審査を受けた組織は，使用前自主（定期事業者）検査の実施につき十分な体制がとられている．
- 当該審査を受けた組織は，使用前自主（定期事業者）検査の実施につき体制がとられている．
- 当該審査を受けた組織は，使用前自主（定期事業者）検査の実施につき体制がとられていない．

6．次回の使用前（定期）安全管理審査の受審時期

電気事業法施行規則第73条の6（第一号，第三号）（第94条の5（第1項第三号，第六号，第2項第一号，第二号））の規定に基づき受審すること．

様式８　火力設備に係る設置者に対する審査結果及び評定結果並びに定期事業者検査実施時期の通知様式

番　　号
年　月　日

○○株式会社
　○○　○○　殿

経済産業大臣 ○○　○○
○○産業保安監督部長 ○○　○○
又は那覇産業保安監督事務所長 ○○　○○

定期安全管理審査の審査結果及び評定結果並びに定期事業者検査の実施時期の通知について

○年○月○日付け第○号をもって○○から通知があった上記の件について，電気事業法第55条第6項において準用する同法第51条第7項及び電気事業法施行規則第94条の2第2項第一号の規定に基づき，下記のとおり通知します．

記

1．審査を受けた組織の名称
2．審査基準
使用前・定期安全管理審査実施要領（内規）
（平成○○年○月○○日付け○○○○号）
3．審査結果

| 審査項目種別 | 審査項目 | 審査結果 |
|---|---|---|
| 法定審査6項目 | 法定事業者検査の実施に係る組織 | |
| | 検査の方法 | |
| | 工程管理 | |
| | 検査において協力した事業者がある場合には，当該事業者の管理に関する事項 | |
| | 検査記録の管理に関する事項 | |
| | 検査に係る教育訓練に関する事項 | |
| インセンティブ関連項目 | 継続的な検査実施体制 | |
| | 保守管理体制 | |
| | 高度な取組 | |

4．溶接事業者検査の実施状況及びその結果の確認結果
- 当該審査を受けた組織は，溶接事業者検査が適切に実施されている．
- 当該審査を受けた組織は，溶接事業者検査が適切に実施されていない．

5．評定結果（次のうち，いずれかを記載）

- 当該審査を受けた組織は，定期事業者検査の実施につき十分な体制がとられており，かつ，保守管理に関する十分かつ高度な取組を実施している．
- 当該審査を受けた組織は，定期事業者検査の実施につき十分な体制がとられており，かつ，保守管理に関する十分な取組を実施している．
- 当該審査を受けた組織は，定期事業者検査の実施につき十分な体制がとられている．
- 当該審査を受けた組織は，定期事業者検査の実施につき体制がとられている．
- 当該審査を受けた組織は，定期事業者検査の実施につき体制がとられていない．

6．定期事業者検査の実施時期（電気工作物の種類及び施設番号ごとに記載）

7．次回の定期安全管理審査の受審時期

添付資料1

## 電気事業法施行規則第73条の6又は第94条の5に規定する組織に係る審査基準

審査機関は，使用前安全管理審査においては，電気事業法(昭和39年法律第170号．以下「法」という．）第51条第4項及び電気事業法施行規則（平成7年通商産業省令第77号．以下「省令」という．）第73条の8第1項に規定する審査項目，また，定期安全管理審査においては，法第55条第5項及び省令第94条の7に規定する審査項目（以下「法定審査6項目」という．）について，的確に構築され機能しているかどうかを審査しなければならない．

＜法定審査6項目＞

① 法定事業者検査の実施に係る組織
② 検査の方法
③ 工程管理
④ 検査において協力した事業者がある場合には，当該事業者の管理に関する事項
⑤ 検査記録の管理に関する事項
⑥ 検査に係る教育訓練に関する事項

また，省令第73条の6第一号若しくは第二号又は第94条の5第1項第一号から第四号若しくは第2項第一号に規定する組織に係る使用前（定期）安全管理審査においては，法定審査6項目に加えて省令第73条の6第一号又は第94条の5第1項第一号から第三号若しくは第2項第一号に係るインセンティブ関連項目に適合しているかどうかを審査しなければならない．

さらに，使用前安全管理審査を受ける組織が，前回と今回の使用前安全管理審査申請書の提出日の間に当該電気工作物に係る法第52条に規定する溶接事業者検査を実施した場合には，溶接事業者検査の実施状況及びその結果を使用前安全管理審査の中で，確認しなければならない．また，定期安全管理審査を受ける組織が，前回と今回の定期安全管理審査申請書の提出日の間に法第52条に規定する溶接事業者検査を実施した場合には，使用前安全管理審査の中で確認されたものを除く全ての溶接事業者検査の実施状況及びその結果を定期安全管理審査の中で，漏れなく確認しなければならない．

また，溶接事業者検査の実施状況及びその結果に関する確認にあたっては，「添付資料1-7 溶接事業者検査の実施状況及びその結果に関する確認項目」を適用する．

＜審査に適用する審査基準＞

各法定審査項目に関する具体的な審査にあたっては，省令第73条の6第三号又は第94条の5第1項第六号に規定する組織に係る審査は，「添付資料1-1 電気事業法施行規則第73条の6第三号又は第94条の5第1項第六号に規定する組織に係る審査基準」，省令第73条の6第一号又は第94条の5第1項第三号に規定する組織に係る審査は，「添付資料1-2 電気事業法施行規則第73条の6第一号又は第94条の5第1項第三号に規定する組織に係る審査基準」，省令第94条の5第2項第二号に規定する組織に係る審査は，「添付資料1-3 電気事業法施行規則第94条の5第2項第二号に規定する組織に係る審査基準」，省令第94条の5第1項第二号に規定する組織に係る審査は，「添付資料1-4 電気事業法施行規則第94条の5第1項第二号に規定する組織に係る審査基準」，省令第94条の5第2項第一号に規定する組織に係る審査は，「添

付資料 1-5 電気事業法施行規則第 94 条の 5 第 2 項第一号に規定する組織に係る審査基準」，省令第 94 条の 5 第 1 項第一号に規定する組織に係る審査は，「添付資料 1-6 電気事業法施行規則第 94 条の 5 第 1 項第一号に規定する組織に係る審査基準」をそれぞれ適用し，7.4. で示した審査要領書に従い，審査対象設備に係る文書審査及び実地審査を行うものとする．なお，省令第 73 条の 6 第二号又は第 94 条の 5 第 1 項第四号若しくは第 2 項第三号に規定する組織の安全管理審査を受審したい旨の意思表示があった場合には，前回の安全管理審査で評定された組織に係る審査基準，省令第 94 条の 5 第 1 項第五号に規定する組織の安全管理審査を受審したい旨の意思表示があった場合には，申請のあった省令第 94 条の 5 第 1 項各号に規定する組織に係る審査基準を適用する．

添付資料 1-1

## 電気事業法施行規則第 73 条の 6 第三号又は第 94 条の 5 第 1 項第六号に規定する組織に係る審査基準

1．法定事業者検査の実施に係る組織

以下の事項について審査しなければならない．

（1） 検査実施体制の構築

① 法定事業者検査実施組織が，検査実施体制を検査が一元的に管理される組織ごとに構築していること．

② 使用前自主検査を行う場合は法第 51 条に基づき，定期事業者検査を行う場合は法第 55 条に基づき，適切に検査を行うことができる実施体制が構築されていること．

③ 検査実施体制に電気工作物の種類に応じて必要な主任技術者が含まれていること．

④ 法定事業者検査実施組織における役割分担，責任及び権限を明確にしていること．

なお，検査に協力事業者がいる場合には，設置者と協力事業者の相互関係を明確にしていること．

⑤ 法定事業者検査実施組織は，検査の計画及び実施に関する審査及び承認を適切に実施していること．

（2） 検査員の確保

① 法定事業者検査実施組織は，検査に従事する検査員の必要な教育又は訓練を受講又は経験しているものの中から，必要な数の検査員を確保していること．

② 検査を適切に行うため，必要な数の検査員が必要な箇所へ配置されていること．

2．検査の方法

以下の事項について審査しなければならない．

2.1. 検査に対する要求事項の明確化及びレビュー

法定事業者検査実施組織は，検査を適切に行うために必要な要求事項を次の観点から明確に文書化するとともに，検査を行う前にその内容のレビューを完了していること．

2.1.1 要求事項の明確化

① 検査に関連する法令要求事項

② 明示されてはいないが，検査に不可欠な要求事項

③ 法定事業者検査実施組織が必要と判断する追加要求事項

2.1.2 要求事項のレビュー

検査に対する要求事項が定められていること．

2.2. 測定機器等の管理

① 法定事業者検査実施組織は，実施すべき測定の方法を明確にしていること．また，そのために必要な測定機器を明確にしていること．

② 法定事業者検査実施組織は，①の測定方法に従い各検査を適切に実施していること．

③ 検査の判定に使用する測定機器に関し，次の事項を満たしていること．

a）測定機器に関し適切な精度維持方法が定められ，かつ，その方法どおりに校正又は検証が確実に実施されていることを確認する．

b）機器の調整をする，又は必要に応じて再調整する．

c）校正の状態が明確にできる識別をする．

d）測定した結果が無効になるような操作ができないようにする．

e）取扱い，保守及び保管において，損傷及び劣化しないように保護する．

④ さらに，測定機器が要求事項に適合していないことが判明した場合には，その測定機器でそれまでに測定した結果の妥当性を評価し，記録していること．

⑤ 要求事項にかかわる測定にコンピュータソフトウェアを使う場合には，そのコンピュータソフトウェアによって意図した測定ができることを確認していること．

2.3. 検査計画の策定

検査の計画にあたっては，次の事項について該当するものを明確にすること．

a）具体的な検査の方法及び判定基準

b）その検査実施に必要な検査員の配置や使用する測定機器等

c）検査の方法及びその結果が要求事項を満たしていることを実証するために必要な記録

3．工程管理

以下の事項について審査しなければならない．

3.1. 検査の完了確認

検査計画で決めた検査方法を満たし，検査がすべて完了していることを確認していること．

3.2. 不適合品の管理

① 法定事業者検査実施組織は，次のいずれかの方法で，不適合品が処理されていること．

a）検出された不適合を除去するための処置をとる．

b）当該権限をもつ者が，特別採用によって，合格と判定することを許可する．ただし，当然のことながら，技術基準を満たしていないものを特別採用することはできない．

c）本来の意図された使用又は適用ができないような処置をとる．

② 不適合品の記録及び，不適合品に対してとられた特別採用を含む処置の記録を維持していること．

③ 検査において不適合品に対して処置を施した場合には，技術基準への適合性を実証するための再検査を行っていること．

4．検査において協力事業者がある場合には，当該事業者の管理に関する事項

審査機関は，協力事業者がある場合には，設置者が，当該事業者の管理に関する以下の事項を定めて実施し，記録していることについて審査しなければならない．

① 協力事業者への要求事項

② 協力事業者の選定，評価基準及びその結果

③ 協力事業者に委託する業務に対する検証要領

④ 協力事業者に委託した業務に対する検証結果

5．検査記録の管理に関する事項

以下の事項について審査しなければならない．

5.1. 一般事項

① 法定事業者検査実施組織は，要求事項への適合の証拠を示すために，記録を作成し，保存していること．

② 記録は，読みやすく，容易に識別可能で，検索可能であること．

③ 記録の保管，保護及び廃棄を実施していること．また，必要な期間保存していること．

5.2. 記録の作成

法定事業者検査実施組織は，省令第73条の5又は省令第94条の4に基づき，検査の結果の記録として，次に掲げる事項を記載していること．

a）検査年月日
b）検査の対象
c）検査の方法
d）検査の結果
e）検査を実施した者の氏名
f）検査の結果に基づいて補修等の処置を講じたときは，その内容
g）法定事業者検査の実施に係る組織
h）検査の実施に係る工程管理
i）検査において協力した事業者がある場合には，当該事業者の管理に関する事項
j）検査記録の管理に関する事項
k）検査に係る教育訓練に関する事項

5.3. 記録の保存

法定事業者検査実施組織は，検査の結果の記録について，5.2. a）から f）までに掲げる事項については 5 年間保存するものとし，g）から k）までに掲げる事項については，当該検査を行った後，法第 51 条第 7 項（法第 55 条第 6 項において準用する場合を含む.）の通知を受けるまでの期間保存するものであること.

6．検査に係る教育訓練に関する事項

以下の事項について審査しなければならない.

6.1. 検査員の確保

① 検査に従事する要員に必要な教育，訓練，経験を明確にする.
② 必要な教育・訓練又は他の処置を確実に実施する.

6.2. 教育訓練記録の作成及び維持

教育，訓練，経験について該当する記録が作成され，保存されていること.

添付資料 1-2

電気事業法施行規則第 73 条の 6 第一号又は第 94 条の 5 第 1 項第三号に規定する組織に係る審査基準

1．法定事業者検査の実施に係る組織
以下の事項について審査しなければならない．

1.1　すべての法定事業者検査実施体制に対する要求事項
1.2　継続的な法定事業者検査実施体制に対する要求事項

1.1. すべての法定事業者検査実施体制に対する要求事項
添付資料 1-1 の「1．法定事業者検査の実施に係る組織」の規定に準ずる．
1.2. 継続的な法定事業者検査実施体制に対する要求事項
審査機関は，法定事業者検査実施組織が法定事業者検査の実施につき十分な体制がとられているか否かを，次の観点から，審査しなければならない．
・継続的な検査実施体制を構築し，維持するため 1.1 及び以下（1.2. ～ 6.）に示す事項についてマニュアル化され，維持していること．
1.2.1　組織及び検査実施体制
①　設置者は，検査の法的な位置付けを十分に理解した上で，品質方針及び品質目標を明確にし，組織及び実施体制を構築していること．
②　検査マニュアルについて，検査業務によって得られた知見，監査等によって得られた知見を的確に反映する観点から，必要の都度及び定期的な見直しを行う仕組みを有していること．
③　検査マニュアルに従って組織運営が適切に機能する状況にあること．
（1）　法定事業者検査実施組織を構成する人的管理
法定事業者検査実施組織は，構成する人的管理として，「6．検査に係る教育訓練に関する事項」を構築し，維持していること．
（2）　測定機器等
法定事業者検査実施組織は，検査に必要な測定機器等を明確にし，維持管理していること．
（3）　検査の方法の規定
法定事業者検査実施組織は，あらかじめ法及び省令等に適合する検査の方法を規定しておくこと．
1.2.2　文書及び記録の管理
法定事業者検査実施組織は，文書管理及び記録の管理を規定する手順を構築していること．
1.2.3　評価及び改善
（1）　内部監査
①　法定事業者検査実施組織は，検査の実施体制について，次の事項が満たされているか否かを明確にするために，あらかじめ定められた間隔で内部監査する仕組みを構築し，維持していくこと．
a）検査の実施体制が法に定める要求事項に適合し，法定事業者検査実施組織が決めた

検査に関する要求事項に適合していること．

b）検査の実施体制が効果的に構築され，維持されていること．

② 監査員は自らの検査は監査しないこと．

③ 監査の計画及び実施，結果の作成及び結果の報告，記録の維持に関する責任並びに要求事項を「文書化された手順」の中で規定していること．

④ 監査された領域に責任をもつ管理者は，発見された不適合及びその原因を除去するために遅滞なく必要な修正及び是正処置が講じられることを確実にする仕組みを構築し，維持していること．フォローアップには，講じられた処置の検証及び検証結果の報告を含める仕組みを構築し，維持していること．

（2） 是正処置

① 法定事業者検査実施組織は，検査によって得られた情報を基に，是正処置を講ずるための以下の仕組みを有していること．

② 法定事業者検査実施組織は，再発防止のため，不適合の原因を除去する処置をとること．

③ 是正処置は，発見された不適合が有する影響に見合うものであること．

④ 次の事項に関する要求事項を規定するために「文書化された手順」を確立していること．

a）不適合の内容確認

b）不適合の原因の特定

c）不適合の再発防止を確実にするための処置の必要性の評価

d）必要な処置の決定及び実施

e）講じた処置の結果の記録

f）講じた是正処置の有効性のレビュー

（3） 予防処置

① 法定事業者検査実施組織は，起こり得る不適合が発生することを防止するために，その原因を除去する処置を決めていること．

② 予防処置は，起こり得る問題の影響に見合ったものであること．

③ 次の事項に関する要求事項を規定するために「文書化された手順」を確立していること．

a）起こり得る不適合及びその原因の特定

b）不適合の発生を予防するための処置の必要性の評価

c）必要な処置の決定及び実施

d）講じた処置の結果の記録

e）講じた予防処置の有効性のレビュー

2．検査の方法

添付資料 1-1 の「2. 検査の方法」の規定に準ずる．

この場合において，「2.1.2 要求事項のレビュー」の審査事項については，添付資料 1-1 の「2.1.2 要求事項のレビュー」の規定を①とし，「② 検査に対する要求事項が以前に提示されたものと異なる場合には，それについて解決されていること．」を加える．また，添付資料 1-1 の「2.2. 測定機器等の管理」の③．a）において，「測定機器に関し適切な精度維持方法が定められ，かつ，その方法どおりに校正又は検証が確実に実施されていることを確認する．」とされている審査事項は，「定められた間隔又は使用前に，国際又は国家計量標準にトレース可能な計量標準に照らして校正又は検証する．そのような標準が存在しない場合には，校正に用いた基準を記録する.」と読み替えるものとする．

3．工程管理

添付資料 1-1 の「3. 工程管理」の規定に準ずる．

4．検査において協力事業者がある場合には，当該事業者の管理に関する事項

添付資料 1-1 の「4. 検査において協力事業者がある場合には，当該事業者の管理に関する事項」の規定に準ずる．

5．検査記録の管理に関する事項

添付資料 1-1 の「5. 検査記録の管理に関する事項」の規定に準ずる．

この場合において，「5.2. 記録の作成」の審査事項については，添付資料 1-1 の「5.2. 記録の作成」の規定を①とし，「②「継続的な検査実施体制」を構築している法定事業者検査実施組織においては，マニュアルの是正，予防処置等による見直しを実施した場合には，その内容を記録しておくこと.」を加える．また，添付資料 1-1 の「5.3. 記録の保存」の審査事項において，なお書きとして，「なお，「継続的な法定事業者検査実施体制」を構築している法定事業者検査実施組織においては，マニュアルの是正，予防処置等による見直しを実施した場合は，その記録を法第 51 条第 7 項（法第 55 第 6 項において準用する場合を含む.）の通知を受けるまでの期間保存されているものであること.」を加える．

6．検査に係る教育訓練に関する事項

添付資料 1-1 の「6. 検査に係る教育訓練に関する事項」の規定に準ずる．

添付資料 1-3

## 電気事業法施行規則第 94 条の 5 第 2 項第二号に規定する組織に係る審査基準

### 第１章　法定審査６項目

1．法定事業者検査の実施に係る組織
添付資料 1-1 の「1．法定事業者検査の実施に係る組織」の規定に準ずる.
2．検査の方法
添付資料 1-1 の「2．検査の方法」の規定に準ずる.
3．工程管理
添付資料 1-1 の「3．工程管理」の規定に準ずる.
4．検査において協力事業者がある場合には，当該事業者の管理に関する事項
添付資料 1-1 の「4．検査において協力事業者がある場合には，当該事業者の管理に関する事項」の規定に準ずる.
5．検査記録の管理に関する事項
添付資料 1-1 の「5．検査記録の管理に関する事項」の規定に準ずる.
6．検査に係る教育訓練に関する事項
添付資料 1-1 の「6．検査に係る教育訓練に関する事項」の規定に準ずる.

### 第２章　事業者の保安力水準

定期安全管理審査を受ける組織が，本章は今回の審査対象でないと判断した場合は，審査の対象としなくてよい.

1．日常的な保守管理体制の充実度
以下に示す事項について審査しなければならない.
1.1．是正処置に関する対応状況
定期点検等で発見した不具合についての是正処置を策定し，水平展開するための処置が講じられていること．具体的には以下のとおり.
① 不具合の原因究明及び再発防止策の立案がなされ，当該再発防止策が講じられている.
② 不具合が発生した設備の同型機に対する水平展開等を実施する等，同型機での同種不具合を未然に防止できる仕組みを構築している.
③ 経済産業省の委員会等で審議された不具合に対する再発防止策を周知している.
1.2．設備の運用状態に関するデータの記録・保存
以下に示すような設備の運用状態に関するデータ（以下「運用データ」という.）を継続的に取得し，当該データを適切な期間記録・保存していること.
・監視装置及び制御装置のデータ
・日常巡視点検結果
1.3．保守管理体制の構築
運用データを活用し，以下のような設備を保守する仕組みが構築されていること.
① 運用データの取得を通じ，設備の状態を監視している.

② 部品交換・補修等を行う判定基準が，運用データを活用して設定されている．

③ 部品交換・補修等を行う場合の承認プロセスが明確になっており，かつ，記録されている．

④ 設備を保守する手順が，運用データを活用して作成されている．

1.4. 保守管理体制の維持

1.3.の保守管理体制が，以下に示すような取組により維持されていること．

① 不具合対応方針が追加情報に基づき更新されている．

② 部品交換・補修後も継続的に運用データが取得され，運用データを活用した設備の保守が継続されている．

③ 設備保守の履歴が記録・保存されている．

2．重大事故等の有無

審査機関は，法定事業者検査実施組織が，審査の申請があった日から審査対象期間（最初の審査については，過去すべての期間）において重大事故等を起こしていないことを確認しなければならない．重大事故等とは，「電気事業法施行規則第 94 条の 3 第 1 項第一号及び第二号に定める定期事業者検査の方法の解釈」(20170323 商局第 3 号．以下「定期検査解釈」という．）に規定する検査項目の検査対象となる設備における，以下に示す損壊事故である．

① 公衆被害を与えた事故

② 倒壊・火災・飛散・折損・座屈等が発生した事故

ただし，事業者の保守管理体制に起因しない不可抗力による事故及び火災に至っていない発電機に限られた事故は除く．

添付資料 1-4

電気事業法施行規則第 94 条の 5 第 1 項第二号に規定する組織に係る審査基準

## 第１章　法定審査６項目及び継続的な検査実施体制

1．法定事業者検査の実施に係る組織
　添付資料 1-2 の「1. 法定事業者検査の実施に係る組織」の規定に準ずる．
2．検査の方法
　添付資料 1-2 の「2. 検査の方法」の規定に準ずる．
3．工程管理
　添付資料 1-2 の「3. 工程管理」の規定に準ずる．
4．検査において協力事業者がある場合には，当該事業者の管理に関する事項
　添付資料 1-2 の「4. 検査において協力事業者がある場合には，当該事業者の管理に関する事項」の規定に準ずる．
5．検査記録の管理に関する事項
　添付資料 1-2 の「5. 検査記録の管理に関する事項」の規定に準ずる．
　この場合において，添付資料 1-1 の「5.3. 記録の保存」の審査項目において，「5 年間」とあるのは「5 年と次回評定通知を受けるまでの期間とのいずれか長い期間」と読み替えるものとする．
6．検査に係る教育訓練に関する事項
　添付資料 1-2 の「6. 検査に係る教育訓練に関する事項」の規定に準ずる．

## 第２章　インセンティブ関連項目（継続的な検査実施体制を除く）

　審査機関は，設置者が保守管理のための体制について，十分な保守管理体制を構築し，維持するため，以下に示す事項についてマニュアル化され，維持しているか否かを，審査しなければならない．

1．保守管理のための組織
　以下の事項について審査しなければならない．
1.1. 保守管理体制に対する要求事項
（1）　保守管理体制の構築
　①　設置者は，品質方針及び品質目標を明確にし，組織及び実施体制を構築していること．
　②　保守管理組織における役割分担，責任及び権限を明確にしていること．なお，保守管理組織に協力事業者がいる場合には，設置者と協力事業者の相互関係を明確にしていること．
　③　保守管理体制にボイラー・タービン主任技術者が含まれていること．
（2）　保守管理要員の確保
　　保守管理組織は，「2. 保守管理の方法」に示す保守管理に従事する要員の必要な教育又は訓練を受講又は経験しているものの中から，管理要員を確保していること．

1.2. 文書の管理

保守管理組織は，文書の管理を規定する手順を構築していること．

1.3. 評価及び改善

保守管理マニュアルについて，保守管理業務によって得られた知見，監査等によって得られた知見を明確に反映する観点から，必要の都度及び定期的な見直しを行う仕組みを有していること．また，保守管理マニュアルに従って組織運営が適切に機能する状況にあること．

（1） 内部監査

① 保守管理組織は，「2. 保守管理の方法」について，次の事項が満たされているか否かを明確にするために，あらかじめ定められた間隔で内部監査する仕組みを構築し，維持していること．

a）保守管理組織が決めた保守管理に関する要求事項に適合していること．

b）保守管理の方法が効果的に構築され，維持されていること．

② 監査員は自ら携わった事項について監査しないこと．

③ 監査の計画及び実施，結果の作成及び結果の報告，記録の維持に関する責任並びに要求事項を「文書化された手順」の中で規定していること．

④ 発見された不適合及びその原因を除去するために遅滞なく必要な修正及び是正処置が講じられることを確実にする仕組みを構築し，維持していること．フォローアップには，講じられた処置の検証及び検証結果の報告を含める仕組みを構築し，維持していること．

（2） 是正処置

① 保守管理組織は，「2. 保守管理の方法」に基づき実施した結果によって得られた情報を基に，不適合の原因を除去する処置をとること．

② 是正処置は，発見された不適合が有する影響に見合うものであること．

③ 次の事項に関する要求事項を規定するために「文書化された手順」を確立していること．

a）不適合の内容確認

b）不適合の原因の特定

c）不適合の再発防止を確実にするための処置の必要性の評価

d）必要な処置の決定及び実施

e）講じた処置の結果の記録

f）講じた是正処置の有効性のレビュー

（3） 予防処置

① 保守管理組織は，「2. 保守管理の方法」に基づき実施した結果，起こり得る不適合が発生することを防止するために，その原因を除去する処置を決めていること．

② 予防処置は，起こり得る問題の影響に見合ったものであること．

③ 次の事項に関する要求事項を規定するために「文書化された手順」を確立していること．

a）起こり得る不適合及びその原因の特定

b）不適合の発生を予防するための処置の必要性の評価

c）必要な処置の決定及び実施

d）講じた処置の結果の記録

e）講じた予防処置の有効性のレビュー

２．保守管理の方法

以下の事項について審査しなければならない．

2.1. 保守管理に対する要求事項の明確化及びレビュー

保守管理組織は，あらかじめ保安が確保できるよう保守管理を適切に行うために必要な要求事項を文書化するとともに，定期的に又は必要に応じてその内容のレビューを完了していること．

2.1.1. 要求事項の明確化

① 「別表 1 運転管理」の「1. 運転管理」に示す運転管理の方法及び判定基準

② 「別表 2 日常点検」が示す日常点検の方法及び判定基準

③ 「別表 3 定期点検」が示す定期点検の方法及び判定基準

④ ボイラー等の主要部位の余寿命診断の方法及び判定基準

⑤ 蒸気タービンの主要部位の特別精密点検の方法及び判定基準

2.1.2. 要求事項のレビュー

保守管理に対する要求事項が以前に提示されたものと異なる場合には，それについて解決されていること．

2.2. 測定機器等の管理

保守管理組織は，「2. 保守管理の方法」に示す「別表 1 運転管理」に必要な測定機器等を明確にし，維持管理していること．

① 保守管理組織は，運転管理の実施にあたり測定の方法を明確にしていること．また，そのために必要な測定機器を明確にしていること．

② 保守管理組織は，①の測定方法に従い運転管理を適切に実施していること．

③ 運転管理の判定に使用する測定機器に関し，次の事項を満たしていること．

a）定められた間隔又は使用前に，国際又は国家計量標準にトレース可能な計量標準に照らして校正又は検証する．そのような標準が存在しない場合には，校正に用いた基準を記録する．

b）機器の調整をする，又は必要に応じて再調整する．

c）校正の状態が明確にできる識別をする．

d）測定した結果が無効になるような操作ができないようにする．

e）取扱い，保守及び保管において，損傷及び劣化しないように保護する．

④ さらに，測定機器が要求事項に適合していないことが判明した場合には，その測定機器でこれまでに測定した結果の妥当性を評価し，記録していること．

⑤ 要求事項に関わる測定にコンピュータソフトウェアを使う場合には，そのコンピュータソフトウェアによって意図した測定ができることを確認していること．

３．異常，事故及び事故防止等の対応

以下の事項について審査しなければならない．

① 異常発生時において，補修等を決定する方法を定めて実施していること．

② 異常及び事故発生時の連絡体制を構築していること．

③ ボイラー等又は蒸気タービンに係る以下の事象に関する対応及び処置等について，記録していること．

a）ボイラー等又は蒸気タービンが定格圧力の 5% を超えて運転された時間が，年間 12 時間を超えた場合

b）ボイラー等又は蒸気タービンが，定格温度より 28℃ 以上高い温度で運転された場合，

8℃以上高い温度で運転された時間が年間400時間を超えた場合，又は14℃以上高い温度で運転された時間が80時間を超えた場合

c）ボイラー等又は蒸気タービンにおいて，事故又は故障が発生した場合

d）蒸気タービンにおいて，軸受振動による警報が発信した場合（昇速中のものを除く.）

e）蒸気タービンにおいて，ロックアウトによる非常調速装置その他の非常停止装置の作動試験で異常を認めた場合

④　ボイラー等の事故防止対策として，次に掲げる事項が適切に実施されていること.

a）起動停止の増加によるSUSスケール堆積の増加若しくは低サイクル疲労損傷の増加又は炭種追加によるエロージョンの増加が発生するおそれのある箇所には，次の事故防止対策が行われていること.

| | |
|---|---|
| 起動停止の増加によるもの | ・管ベント部についてSUSスケール堆積の管理基準が定められ，それに基づいて維持，管理されていること.<br>・異材溶接部には，インコネル系溶接棒が使用されていること.<br>・管寄管台はフレキシブル化されていること.<br>・溶接部端部はR加工されていること. |
| 炭種追加によるエロージョンの増加によるもの | ・管の耐摩耗性評価に基づく混炭等の運用が定められ，それに基づいて維持，管理されていること. |

b）累積運転時間が10万時間を超えるボイラー等にあっては，主要部位の余寿命診断が適切に実施され，その結果算定された余寿命を評価し，適切に管理していること.

c）次に掲げるボイラー等においては，エロージョン対策又は腐食対策が行われていること.

| | |
|---|---|
| エロージョン対策が必要なもの | ・石炭焚ボイラー<br>・流動床ボイラー<br>・バーク焚ボイラー<br>・製鉄廃熱ボイラー<br>・セメント廃熱ボイラー |
| 腐食対策が必要なもの | ・ゴミ焼却廃熱ボイラー<br>・黒液燃焼ボイラー |

4．保守管理において協力事業者がある場合には，当該事業者の管理に関する事項

審査機関は，協力事業者がある場合には，設置者が，当該事業者の管理に関する以下の事項を定めて実施し，記録していることについて審査しなければならない.

①　協力事業者への要求事項

②　協力事業者の選定，評価基準及びその結果

③　協力事業者に委託する業務に対する検証要領

④　協力事業者に委託した業務に対する検証結果

5．保守管理記録の管理に関する事項

以下の事項について審査しなければならない．

5.1．一般事項

① 保守管理組織は，要求事項への適合の証拠を示すために，記録を作成し，保存していること．

② 記録は，読みやすく，容易に識別可能で，検索可能であること．

③ 記録の保管，保護及び廃棄を実施していること．また，必要な期間保存していること．

5.2．記録の作成

① 保守管理組織は，保守管理の結果の記録として，次に掲げる事項を記載していること．

a）運転管理

b）日常点検

c）定期点検

d）ボイラー等の主要部位の余寿命診断

e）蒸気タービンの主要部位の特別精密点検

f）測定機器等の管理

g）異常及び事故等に対する補修等を講じたときは，その内容

② 保守管理組織は，「1.3．評価及び改善」に基づき実施した結果，マニュアルの是正，内部監査及び予防処置等により見直した内容等を記録していること．

5.3．記録の保存

保守管理組織は，4．及び5.2．並びに6．の記録について，5年と法第55条第6項において準用する法第51条第7項の通知を受けるまでの期間とのいずれか長い期間保存されているものであること．

6．保守管理に係る教育訓練に関する事項

以下の事項について審査しなければならない．

6.1．管理要員の確保

① 保守管理に従事する要員に必要な教育，訓練，経験を明確にする．

② 必要な教育・訓練又は他の処置を確実に実施する．

6.2．教育訓練記録の作成及び維持

教育，訓練，経験について該当する記録が作成され，保存されていること．

別表1　運転管理

1．運転管理

次の項目について，運転管理基準を定め適切な運転管理を行うこと．

| 設備 | 運転管理項目 | 注 |
|---|---|---|
| ボイラー | ・過熱器及び再熱器の出口における蒸気の圧力及び温度<br>（ユニット方式の場合は，主蒸気止め弁の前及び再熱蒸気止め弁の前における蒸気の圧力及び温度でもよい．） | |
| | ・ボイラーの蒸気量又は給水流量 | |
| | ・ドラム内の水位 | ○ |
| | ・ドラム内の圧力 | ○ |
| | ・ボイラー水及び給水の水質 | |
| | ・使用燃料 | |
| | ・過熱器及び再熱器のスプレー水量又はスプレー前後の蒸気温度 | ○ |
| | ・ボイラーの効率<br>（ユニット方式の場合，ユニット総合効率でもよい．） | |
| 蒸気タービン | ・発電機の出力<br>（発電電力量でもよい．） | |
| | ・主蒸気止め弁の前及び再熱蒸気止め弁の前の蒸気の圧力及び温度 | |
| | ・蒸気タービンの速度 | ○ |
| | ・蒸気タービンの排気圧力 | |
| | ・蒸気タービンの抽気の圧力及び温度 | ○ |
| | ・蒸気タービンの軸受の入口における油圧 | ○ |
| | ・蒸気タービンの軸受温度又は軸受の出口における油温 | ○ |
| | ・潤滑油の性状 | |
| | ・蒸気タービンの制御油圧 | ○ |
| | ・蒸気加減弁の開度 | ○ |
| | ・蒸気タービンの振動 | ○ |
| | ・蒸気タービンの効率<br>（ユニット方式の場合，ユニット総合効率でもよい．） | |
| | ・車軸，車室の伸び及び伸び差（車室が2個以上あるものに限る．） | ○ |

注）○印の項目は，必ずしも記録を要しない．ただし，運転管理基準に照らして異常のある場合は記録しておくこと．

別表２　日常点検

次の項目について日常における巡視点検方法を定め，状況を確認すること．なお，巡視点検頻度は１日に１回以上とすること．

| 設備 | 日常点検項目 |
|---|---|
| ボイラー安全弁 | ・シート部からの蒸気の漏えい |
| 主要配管 | ・ハンガー類の異常<br>・配管からの蒸気の漏えい<br>・配管の振動 |
| 火炉 | ・燃焼状態<br>・火炉内部の異常 |
| 蒸気タービン | ・振動，異音<br>・車室からの蒸気の漏えい<br>・ボルト，ナット類のゆるみ<br>・軸受の振動，異音，過熱及び排油の状態 |
| 主要熱交換器等 | ・蒸気の漏えい<br>・水位 |
| 主要回転機<br>蒸気タービンを除く | ・本体の振動，異音，温度上昇<br>・グランド部からの蒸気漏えい<br>・軸受の油温，油面，油の漏えい |
| 主要弁 | ・弁体の振動，異音<br>・弁のグランド部，シート部からの蒸気等の漏えい<br>・作動源の異常 |

別表３　定期点検

次の項目について，各機器に応じて適切に組み合わせて実施すること．
① 開放又は分解による機器の点検
② 機器の作動・調整試験
③ 記録の点検

なお，具体的な点検内容は，次の表に沿って機器ごとに重要度，使用条件，点検結果等を考慮し，実情に応じた適切な点検方法・頻度・判定基準等を定めて点検補修を行うこと．また，定期点検内容のうち隔回ごとに点検を行うとあるものは，定期事業者検査の間隔が省令第94条の２第１項で定める時期を超える場合には，前回の点検実施の有無によらず次回の定期事業者検査において当該項目の点検を実施するものとし，それによらない場合は，過去の点検実績等を踏まえて適切な頻度の根拠を明らかにすること．

また，当該設備において規定されていない項目であって，他の設備において規定されている項目がある場合はこれに準ずる．

○ボイラー等

| 項目 | 定期点検 |
|---|---|
| 1　ボイラー<br>(1)汽水胴<br>起動バイパス用フラッシュタンクを含む | ○累積運転時間８万時間経過後を初回として８年ごと又は６～８万時間ごとに次の特別精密点検を行うことが望ましい．<br>・管台外面溶接部及び長手・周継手外面溶接部の代表箇所の磁粉探傷試験（以下「MT 検査」という．）を行う．<br>・溶接で取付けられた内部装置を必要な個数取り外し，管台内面溶接部の MT 検査を行う． |
| (2)水胴 | − |
| (3)管寄<br>(A)火炉<br>節炭器 | ○フレキシブル対策及び溶接部端部のＲ加工のいずれも未実施の管寄管台溶接部は代表点を選定し，溶接部の浸透探傷試験（以下「PT 検査」という．）を行う．<br>○累積運転時間８万時間経過後，代表箇所の管寄管台溶接部及び支持金物溶接部の PT 検査を行うことが望ましい．<br>○累積運転時間８万時間経過後，次の特別精密点検を行うことが望ましい．<br>・管寄の長手・周継手外面溶接部の代表箇所を選定し，MT 検査を行う． |
| (B)過熱器<br>再熱器 | ○フレキシブル対策及び溶接部端部のＲ加工のいずれも未実施の管寄管台溶接部は代表点を選定し，溶接部の PT 検査を行う．<br>○累積運転時間８万時間経過後，代表箇所の管寄管台溶接部及び支持金物溶接部の PT 検査を行うことが望ましい．<br>○累積運転時間８万時間経過後，次の特別精密点検を行うことが望ましい．<br>・管寄の長手・周継手外面溶接部の代表箇所を選定し，MT 検査を行う． |

| | |
|---|---|
| (4)管<br>(A)蒸発管 | [油焚ボイラー，ガス焚ボイラー，黒液燃焼ボイラーの場合]<br>○フィン溶接端部の代表箇所についてPT検査を行う.<br>○累積運転時間が8万時間以降必要に応じて管付着金物溶接部の代表箇所についてPT検査を行うことが望ましい.<br>○必要なインターバルを定め，試料管を採取し，内面の状況を確認することが望ましい. |
| | [油焚ボイラー，ガス焚ボイラー，黒液燃焼ボイラー以外の場合]<br>○フィン溶接端部の代表箇所についてPT検査を行う.<br>○累積運転時間が8万時間以降必要に応じて管付着金物溶接部の代表箇所についてPT検査を行うことが望ましい.<br>○必要なインターバルを定め，試料管を採取し，内面の状況を確認することが望ましい. |
| (B)過熱器<br>再熱器<br>節炭器 | [油焚ボイラー，ガス焚ボイラーの場合]<br>○インコネル系溶接棒を使用していない異材継手の代表箇所についてPT検査を行う.<br>○SUSスケール対策を行っていないボイラーにあっては，代表箇所についてスケール堆積状況を確認する.<br>○累積運転時間が8万時間以降必要に応じて管付着金物溶接部の代表箇所についてPT検査を行うことが望ましい.<br>○油焚ボイラーの場合には，必要なインターバルを定め，過熱器管及び再熱器管の代表点の肉厚測定を行うことが望ましい. |
| | [油焚ボイラー，ガス焚ボイラー以外の場合]<br>○インコネル系溶接棒を使用していない異材継手の代表箇所についてPT検査を行う.<br>○SUSスケール対策を行っていないボイラーにあっては，代表箇所についてスケール堆積状況を確認する.<br>○累積運転時間が8万時間以降必要に応じて管付着金物溶接部の代表箇所についてPT検査を行うことが望ましい.<br>○必要なインターバルを定め，過熱器管及び再熱器管代表点の肉厚測定を行うことが望ましい. |
| 2　弁<br>(1)安全弁 | − |
| (2)主要弁 | − |
| 3　缶水循環ポンプ | − |
| 4　ボイラーの附属設備<br>(1)給水ポンプ及び駆動用蒸気タービン | [給水ポンプ]−<br>[駆動用蒸気タービン]<br>○駆動用蒸気タービンにあっては，回転数，軸受温度等蒸気タービンの異常を確認できる試験を行う.<br>○必要なインターバルを定め，開放点検を行うことが望ましい. |

| | |
|---|---|
| (2)通風機<br>押込通風機<br>誘引通風機<br>ガス再循環通風機<br>ガス混合通風機 | － |
| (3)空気予熱器 | ○空気出入口温度，差圧等によって空気予熱器の異常の有無を確認できる試験を行う．<br>○必要なインターバルを定め，伝熱面の点検を行うことが望ましい． |
| 5　燃焼装置<br>(1)バーナー | － |
| (2)油ポンプ<br>重原油ポンプ<br>軽油ポンプ | [油焚ボイラーの場合]<br>○圧力，電流等によってポンプの異常の有無を確認できる試験を行う．<br>○必要なインターバルを定め，開放点検を行うことが望ましい． |
| (3)微粉炭機 | [石炭焚ボイラーの場合]<br>○電流等によって微粉炭機の異常の有無を確認できる試験を行う．<br>○必要なインターバルを定め，開放点検を行うことが望ましい． |

注）定期点検の項目では，定期検査解釈に規定された項目を除いている．

○蒸気タービン

| 項目 | 定期点検 |
|---|---|
| 1　蒸気タービン<br>(1)車室 | ○累積運転時間10万時間経過後，上半車室を取外し隔板，ラビリンスパッキンを取り付けた状態で点検を行うことが望ましい．<br>○隔回ごとに下半車室を含め隔板，ラビリンスパッキンを取外して点検を行うことが望ましい．<br>○必要に応じて水平継手面の歪測定を行う． |
| (2)車軸，円板，動翼 | ○車軸は取出さず静かに回転させてバランスウエイト取付部の点検を行う．<br>○隔回ごとに車軸を取外して点検を行うことが望ましい． |
| (3)隔板，噴口，静翼 | ○隔回ごとに隔板を取外して点検を行うことが望ましい．<br>○必要に応じて以下の測定を行う．<br>・間隙測定<br>・スロート測定 |
| (4)軸受 | ○車軸取外し周期に合わせて軸受部の点検を行う． |
| 2　主要弁<br>主蒸気止弁<br>蒸気加減弁<br>再熱蒸気止弁<br>中間阻止弁 | ○必要に応じて以下の測定を行う．<br>・間隙測定<br>・曲り測定 |

| | |
|---|---|
| 3　調速装置<br>非常調速装置等 | ○補助油ポンプ等の作動試験を行う．<br>○隔回ごとに次の点検を行うことが望ましい．<br>・レバー，リンク機構の摩耗，発錆状況の点検<br>・サーボ弁，電磁弁の異物混入，摩耗状況の点検<br>・油圧作動機器の摩耗状況の点検 |
| 4　復水器 | ○必要に応じて以下の検査を行う．<br>・細管の漏えい検査（水張り）<br>・細管の渦流探傷検査 |
| 5　蒸気タービンの附属設備<br>（1）給水加熱器 | ○必要に応じて給水側の漏えい検査を行う．<br>○必要なインターバルを定め，水室を開放し内部及び細管の点検を行うことが望ましい． |

注）定期点検の項目では，定期検査解釈に規定された項目を除いている．

添付資料 1-5

電気事業法施行規則第 94 条の 5 第 2 項第 1 号に規定する組織に係る審査基準

## 第 1 章　法定審査 6 項目

1．法定事業者検査の実施に係る組織

添付資料 1-1 の「1. 法定事業者検査の実施に係る組織」の規定に準ずる．

2．検査の方法

添付資料 1-1 の「2. 検査の方法」の規定に準ずる．

3．工程管理

添付資料 1-1 の「3. 工程管理」の規定に準ずる．

4．検査において協力事業者がある場合には，当該事業者の管理に関する事項

添付資料 1-1 の「4. 検査において協力事業者がある場合には，当該事業者の管理に関する事項」の規定に準ずる．

5．検査記録の管理に関する事項

添付資料 1-1 の「5. 検査記録の管理に関する事項」の規定に準ずる．

この場合において，添付資料 1-1 の「5.3. 記録の保存」の規定において，「5 年間」とあるのは「5 年と次回評定通知を受けるまでの期間とのいずれか長い期間」と読み替えるものとする．

6．検査に係る教育訓練に関する事項

添付資料 1-1 の「6. 検査に係る教育訓練に関する事項」の規定に準ずる．

## 第 2 章　事業者の保安力水準

1．日常的な保守管理体制の充実度

以下に示す事項について審査しなければならない．

1.1. 是正処置に関する対応状況

定期点検等で発見した不具合についての是正処置を策定し，水平展開するための処置が講じられていること．具体的には以下のとおり．

① 不具合の原因究明及び再発防止策の立案がなされ，当該再発防止策が講じられている．

② 不具合が発生した設備の同型機に対する水平展開等を実施するなど，同型機での同種不具合を未然に防止できる仕組みを構築している．

③ 経済産業省の委員会等で審議された不具合に対する再発防止策を周知している．

1.2. 設備の運用状態に関するデータの記録・保存

以下に示すような設備の運用状態に関するデータ（以下「運用データ」という.）を継続的に取得し，当該データを適切な期間記録・保存していること．

・監視装置及び制御装置のデータ

・日常巡視点検結果

1.3. 保守管理体制の構築

運用データを活用し，以下のような設備を保守する仕組みが構築されていること．

① 運用データの取得を通じ，設備の状態を監視している．

② 部品交換・補修等を行う判定基準が，運用データを活用して設定されている．

③ 部品交換・補修等を行う場合の承認プロセスが明確になっており，かつ，記録されている．

④ 設備を保守する手順が，運用データを活用して作成されている．

1.4. 保守管理体制の維持

1.3. の保守管理体制が，以下に示すような取組により維持されていること．

① 不具合対応方針が追加情報に基づき更新されている．

② 部品交換・補修後も継続的に運用データが取得され，運用データを活用した設備の保守が継続されている．

③ 設備保守の履歴が記録・保存されている．

２．重大事故等の有無

審査機関は，法定事業者検査実施組織が，審査の申請があった日から審査対象期間（最初の審査については，過去全ての期間）において重大事故等を起こしていないことを確認しなければならない．重大事故等とは，定期検査解釈に規定する検査項目の検査対象となる設備における，以下に示す損壊事故である．

① 公衆被害を与えた事故

② 倒壊・火災・飛散・折損・座屈等が発生した事故

ただし，事業者の保守管理体制に起因しない不可抗力による事故及び火災に至っていない発電機に限られた事故は除く．

## 第３章　継続的な検査実施体制

今回の定期安全管理審査から過去６年間に実施した定期安全管理審査において，前章に定める項目を全て満足していることを，確認しなければならない．

添付資料 1-6

## 電気事業法施行規則第 94 条の 5 第 1 項第一号に規定する組織に係る審査基準

### 第 1 章　法定審査 6 項目及び継続的な検査実施体制

1．法定事業者検査の実施に係る組織

添付資料 1-2 の「1. 法定事業者検査の実施に係る組織」の規定に準ずる．

2．検査の方法

添付資料 1-2 の「2. 検査の方法」の規定に準ずる．

3．工程管理

添付資料 1-2 の「3. 工程管理」の規定に準ずる．

4．検査において協力事業者がある場合には，当該事業者の管理に関する事項

添付資料 1-2 の「4. 検査において協力事業者がある場合には，当該事業者の管理に関する事項」の規定に準ずる．

5．検査記録の管理に関する事項

添付資料 1-2 の「5. 検査記録の管理に関する事項」の規定に準ずる．

この場合において，添付資料 1-1 の「5.3. 記録の保存」の規定において，「5 年間」とあるのは「5 年と法第 55 条第 6 項において準用する法第 51 条第 7 項の通知を受けるまでの期間とのいずれか長い期間」と読み替えるものとする．

6．検査に係る教育訓練に関する事項

添付資料 1-2 の「6. 検査に係る教育訓練に関する事項」の規定に準ずる．

### 第 2 章　インセンティブ関連項目（継続的な検査実施体制を除く）

審査機関は，設置者が保守管理のための体制について，高度な保守管理体制を構築し，維持するため，以下に示す事項についてマニュアル化され，維持しているか否かを，審査しなければならない．

1．保守管理のための組織

添付資料 1-4 の第 2 章「1. 保守管理のための組織」の規定に準ずる．

2．保守管理の方法

添付資料 1-4 の第 2 章「2. 保守管理の方法」の規定に準ずる．

この場合において，「2.1.1. 要求事項の明確化」の①の審査項目において，「①「別表 1 運転管理」が示す 1. 運転管理の方法及び判定基準」とあるのは「①「別表 1 運転管理」が示す「1. 運転管理」及び「2. 高度な運転管理」の方法及び判定基準」と読み替えるものとする．

3．異常，事故及び事故防止等の対応

添付資料1-4の第2章「3. 異常，事故及び事故防止等の対応」の規定に準ずる．

4．保守管理において協力事業者がある場合には，当該事業者の管理に関する事項

添付資料1-4の第2章「4. 保守管理において協力事業者がある場合には，当該事業者の管理に関する事項」の規定に準ずる．

5．保守管理記録の管理に関する事項

添付資料1-4の第2章「5. 保守管理記録の管理に関する事項」の規定に準ずる．この場合において，「5.2. 記録の作成」の①の審査項目に，「h）高度な運転管理」を加える．

6．保守管理に係る教育訓練に関する事項

添付資料1-4の第2章「6. 保守管理に係る教育訓練に関する事項」の規定に準ずる．

別表1　運転管理

1．運転管理

添付資料1-4の「別表1 運転管理」の規定に準ずる．

2．高度な運転管理

2.1. 高度な運転管理のための組織

（1）高度な運転管理体制の構築

① 保守管理組織は，その組織の中で異常兆候を早期に発見・把握するための実施体制を構築していること．

② 高度な運転管理に係る役割分担，責任及び権限を明確にしていること．なお，高度な運転管理体制に協力事業者がいる場合には，設置者と協力事業者の相互関係を明確にしていること．

（2）高度な運転管理要員の確保

保守管理組織は，「2.2. 高度な運転管理の方法」に示す高度な運転管理要員の必要な教育又は訓練を受講又は経験しているものの中から，管理要員を確保していること．

2.2. 高度な運転管理の方法

保守管理組織は，高度な運転管理によって得られた知見，監査等によって得られた知見を明確に反映する観点から，高度な運転管理の計画，実施及び評価・改善のプロセスを適切に構築し，異常兆候の早期発見に向けて次の項目について適切な運転管理を行うこと．

（1）高度な運転管理の計画

① 保守管理組織は，設備安全性を高めるために実施する監視項目を定め，分析に必要なデータ要素等を設定していること．

② ①の項目を実施するためのInternet of Things（以下，「IoT」という．）・所内専用監視設備等の基盤を整備していること．

③ 異常が認められた際に対応する手順が確立していること．

④ IoT等の外部システムを利用する場合においては，開発事業者等との協力体制の確保

及び機能保証に関する確認が完了していること．

（2） 高度な運転管理の実施

① 保守管理組織は，次の項目等について，IoT・所内専用監視設備等から得られるデータを収集・蓄積していること．

| 設備 | 高度な運転管理項目 |
|---|---|
| ボイラー | ・過熱器及び再熱器の出口における蒸気の圧力及び温度<br>（ユニット方式の場合は，主蒸気止め弁の前及び再熱蒸気止め弁の前における蒸気の圧力及び温度でもよい．）<br>・ボイラーの蒸気量又は給水流量<br>・ドラム内の水位<br>・ドラム内の圧力<br>・ボイラー水及び給水の水質<br>・使用燃料<br>・過熱器及び再熱器のスプレー水量又はスプレー前後の蒸気温度<br>・ボイラーの効率<br>（ユニット方式の場合，ユニット総合効率でもよい．） |
| 蒸気タービン | ・発電機の出力<br>（発電電力量でもよい．）<br>・主蒸気止め弁の前及び再熱蒸気止め弁の前の蒸気の圧力及び温度<br>・蒸気タービンの速度<br>・蒸気タービンの排気圧力<br>・蒸気タービンの抽気の圧力及び温度<br>・蒸気タービンの軸受の入口における油圧<br>・蒸気タービンの軸受温度又は軸受の出口における油温<br>・潤滑油の性状<br>・蒸気タービンの制御油圧<br>・蒸気加減弁の開度<br>・蒸気タービンの振動<br>・蒸気タービンの効率<br>（ユニット方式の場合，ユニット総合効率でもよい．）<br>・車軸，車室の伸び及び伸び差（車室が2個以上あるものに限る．） |

② 保守管理組織は，収集・蓄積したデータを基に，適切な周期において分析し，その結果に対する評価を行っていること．

③ 定期事業者検査の実施時期が，定期事業者検査が終了した日以降4年を超える場合には，その時期を超えない時期までに，定期事業者検査で実施する試運転と同じ内容の負荷試験を実施し，前回の検査時と同等の健全性を維持していることを確認すること．この場合，可能な限り4/4出力により実施すること．

（3） 評価及び改善

① 保守管理組織は，適切な周期に高度な運転管理の計画に対する見直しを行い，その計画を変更する必要があるかを評価し，必要に応じてその改善を図っていること．

② 保守管理組織は，設備安全性をさらに高めていくために必要に応じてその他の組織等で取り組んでいる事例に係る情報を収集し，当該組織への適用の可能性を検討していること．

別表２　日常点検

添付資料 1-4 の「別表２ 日常点検」の規定に準ずる．

別表３　定期点検

添付資料 1-4 の「別表３ 定期点検」の規定に準ずる．

添付資料 1-7

## 溶接事業者検査の実施状況及びその結果に関する確認項目

審査機関は，溶接事業者検査の実施状況及びその結果に関する確認においては，法第 52 条及び省令第 82 条の 2 に関する以下の事項について確認を行う．

なお，確認の際には，溶接事業者検査記録（総括表）を基に，設置者に対してヒアリングするとともに，前回の安全管理審査に係る安全管理審査申請書を提出した日から今回の安全管理審査に係る安全管理審査申請書を提出した日までの間に実施した全ての検査記録の中から 10％程度のサンプリング（民間製品認証制度を活用した一部の検査記録は除く.）を行い，その内容を確認することをもって，網羅的に溶接事業者検査の適切性を確認しなければならない．

確認事項

1．検査の方法

① 設置者は，省令第 79 条及び第 80 条に規定されている溶接事業者検査の対象となる電気工作物を，適切に選定し，実施していること．

② 設置者は，省令第 82 条に基づき，溶接の状況について，法第 39 条に規定する技術基準に適合していることを十分な方法で検査し，次の事項を満たしていること．

a）検査する電気工作物が検査項目に適した仕様を備えて工程管理が行われ，その確認が適切な時期に行われていること．

b）溶接施工工場及び設置場所で行われた検査の結果を検査責任者又は主任技術者が確認していること．

c）検査開始前に決めた検査方法を満たし，検査が全て完了していることを確認していること．

2．検査記録の保存

① 設置者は，省令第 82 条の 2 に基づき，溶接事業者検査の結果の記録として，同条各号に掲げる事項を記載しているものであること．なお，記録は，溶接作業が適切に実施され，適切に検査されたことを証明するために十分な客観的証拠であること．

② 設置者は，溶接事業者検査の結果の記録を，読みやすく，容易に識別可能な状態であることを確実にするとともに，省令第 82 条の 2 に規定されている 5 年と法第 51 条第 7 項（法第 55 条第 6 項において準用する場合を含む.）の評定通知を受けるまでの期間とのいずれか長い期間，漏れなく保存していること．

添付資料２

## 審査基準に適合しない場合の取扱い

電気事業法（昭和39年法律第170号．以下「法」という．）に基づく安全管理審査の過程において，審査基準に適合しない事項を検出した場合の取扱いは，次のとおりとする．

１．事実認定

検出された審査基準に適合しない事項について，法定事業者検査実施組織から十分意見を聴取し，かつ客観的資料に基づき事実を認定し，記録する．

審査基準に適合しない事項に対して法定事業者検査実施組織側の同意が得られない場合は，その旨を記録する．

２．審査基準に適合しない事項の分類

検出された審査基準に適合しない事項を次のように分類する．

なお，電気事業法施行規則（平成7年通商産業省令第77号．以下「省令」という．）第73条の6第三号又は省令第94条の5第1項第六号に規定する組織に係る審査においては，「2.3. 改善が期待される事項」は適用しない．

2.1. 重大

次のいずれかに対応するもの．

（1） 法令に対する違反又は保安に重大な影響を与えうる可能性がある事項を自ら検出できずに，適切な処置がなされていない場合

【例示】

a）検査又は保守管理に係るデータの改ざん，ねつ造等の不適切な行為が発見された場合

b）検査又は保守管理対象の選定に重大な瑕疵が検出された場合

c）検査結果又は保守管理の記録を適切に行っていない場合

d）安全管理審査の受審を適切に行っていない場合

e）検査の未実施の場合

f）保守管理を適切に行っておらず，保安に重大な影響を及ぼす場合

（2） 審査基準に照らし，法定事業者検査実施組織又は保守管理組織の複数の運用・維持面での欠落，又は不履行が検出された場合

【例示】

a）審査項目の複数の項目に欠落があり，法定事業者検査実施組織又は保守管理組織の運用に支障をきたすか，重大な影響を及ぼすと判断される事項が検出される場合

b）審査基準に適合しない軽微な事項が多数発見され，法定事業者検査実施組織又は保守管理組織が機能していないと判断される場合

（3） 審査基準に照らし，検査又は保守管理の確実な実施を行う能力について客観的証拠から重大な疑義があると判断された場合

【例示】

a）検査員が重要な法令要求事項について無知であることが検出された場合

b）法定事業者検査実施組織の技術基準への適合判定能力に問題が検出された場合

c）法定事業者検査実施組織が定めた文書又は手順に基づく複数の項目が実施されてい

ないことが検出され，この結果が安全上重要と判断される場合

d）不適合処理に重大な瑕疵が検出された場合

2.2. 軽微

次のいずれかに対応するもの.

（1） 審査基準に照らし，設置者が作成した「検査マニュアル」若しくは「検査実施要領」又は「保守管理マニュアル」の維持・運用における弱点を示す所見が検出されたものであって，法定事業者検査実施組織又は保守管理組織の能力に重大な影響を与えないもの

（2） 審査基準に照らし，当該法定事業者検査実施組織による技術基準適合性確認の結果には影響を与えないが，将来的に改善を要するもの

2.3. 改善が期待される事項

次のいずれかに対応するもの.

（1） 審査基準に照らし，修正を必要とするものであるが，法定事業者検査実施組織又は保守管理組織の欠陥や弱点を示すものではなく，予防処置の面から改善を期待する事項

（2） 審査基準に照らし，適合しているが，法定事業者検査実施組織又は保守管理組織による改善によって，さらなるパフォーマンスの改善に繋がるもの

3．審査基準に適合しない事項に対する対応

審査要領書で定める「様式 2 検出事項報告様式」により，重大，軽微等の判定を含め，客観性を有する根拠により抽出された検出事項の内容を設置者に明示する.

なお，省令第 73 条の 6 第三号又は省令第 94 条の 5 第 1 項第六号に規定する組織に係る審査においては，「3.3. 改善が期待される事項」は適用しない.

3.1. 重大な場合

（1） 省令第 73 条の 6 第一号から第三号又は省令第 94 条の 5 第 1 項第三号から第六号若しくは第 2 項第一号から第三号の場合（省令第 94 条の 5 第 1 項第四号又は第五号においては，同項第三号に規定する組織に限る.）

審査結果について，「審査基準に適合しない」と評価する.

設置者に対し，再発防止のための対応を指示し，次回の安全管理審査時に是正内容を確認する.

登録安全管理審査機関においては，審査結果の通知の所見にこの旨を記載する.

なお，登録安全管理審査機関においては，技術基準等法令違反に関する審査基準に適合しない事項があり，当該設備を使用している場合は，使用前・定期安全管理審査実施要領の「様式 2 検出事項報告様式」により，速やかに国に報告を行うものとする.

（2） 省令第 94 条の 5 第 1 項第一号，第二号，第四号又は第五号の場合（省令第 94 条の 5 第 1 項第四号又は第五号においては，同項第一号又は第二号に規定する組織に限る.）

登録安全管理審査機関は，速やかに国に対して審査基準に適合しない事項を「様式 2 検出事項報告様式」により通知する．また，登録安全管理審査機関は，この写しを設置者に送付し，必要に応じて現地調査等を行うことにより，設置者の対応を観察する.

国は，設置者に対し，審査基準に適合しない事項に対する是正を「様式 3 定期安全管理審査是正通知書様式」により通知する．また，この写しを登録安全管理審査機関へ送付する.

設置者は，速やかに必要な処置等を実施し，その結果を登録安全管理審査機関に報告する.

登録安全管理審査機関は，審査基準に適合しない事項に対して，設置者が適切な是正

処置を実施したと判断した場合は，審査結果について，「審査基準に適合する」と評価する．

なお，審査基準に適合しない事項について，原則6か月以内（検出事項報告書の発行日から起算）に，適切な是正処置が実施されなかったと登録安全管理審査機関が判断した場合は，審査結果について，「審査基準に適合しない」と評価する．

ただし，重大な不適合が一部の設備のみに認められる場合は，その設備に制約条件を付与することにより，「審査基準に適合する」と評価することができる．

登録安全管理審査機関においては，審査結果の通知の所見にこの旨を記載する．

3.2. 軽微な場合

（1） 省令第73条の6第一号から第三号又は省令第94条の5第1項第三号から第六号若しくは第2項第一号から第三号の場合（省令第94条の5第1項第四号又は第五号においては，同項第三号に規定する組織に限る．）

設置者に対し，問題点を通知し，設置者の対応を観察する．

審査基準に適合しない事項に対する対策の回答結果が十分と判断される場合には，是正確認を行う条件で審査結果を「検査の実施につき（十分な）体制がとられている」とする．

ただし，1か月以内（検出事項報告書の発行日から起算）に，検出した審査基準に適合しない事項に対して，適切な対策の回答結果が得られないと審査機関が判断した場合は，審査結果について，「審査基準に適合しない」と評価する．

この場合，設置者に対し，再発防止のための対応を指示し，次回の安全管理審査時に是正内容を確認する．

登録安全管理審査機関においては，審査結果の通知の所見にこの旨を記載する．

（2） 省令第94条の5第1項第一号，第二号，第四号又は第五号の場合（省令第94条の5第1項第四号又は第五号においては，同項第一号又は第二号に規定する組織に限る．）

登録安全管理審査機関は，速やかに設置者に対して審査基準に適合しない事項を「様式2 検出事項報告様式」により通知し，審査基準に適合しない事項に対し，是正報告を提出させることを条件に審査結果を「審査基準に適合する」と評価するとともに，審査結果の通知の所見にこの旨を記載する．

なお，登録安全管理審査機関は，設置者が実施する是正処置等の対応を観察し，設置者から1か月以内（検出事項報告書の発行日から起算）に適切な対策の回答結果が得られないと審査機関が判断した場合は，審査結果の通知の所見にこの旨を記載する．

3.3. 改善が期待される事項

審査機関は，審査基準に適合しない事項について，その内容が審査結果に影響を及ぼすものではなく，改善が期待される事項であった場合は，問題点を設置者に通知することにより改善を促すとともに，次回の安全管理審査時に取組の内容を確認する．

登録安全管理審査機関においては，審査結果の通知の所見にこの旨を記載する．

3.4. 前回の審査指摘事項のフォローアップ

前回の審査にて指摘された事項であって，前回の評定通知によって通知されたものについては，次回の安全管理審査時に是正又は改善されているかどうかを確認する．登録安全管理審査機関においては，審査結果の通知の所見にこの旨を記載する．

添付資料３

## 火力設備における使用前・定期安全管理審査に係るサンプリング方法

火力設備における使用前（定期）安全管理審査において，適切に，かつ，合理的に実地審査を実施するために，具体的なサンプリング方法の考え方を以下のとおり示す．ただし，審査を実施していく中で，技術基準適合性に関して疑義が生じた等の場合には，これらの方法以外に適用することを妨げるものではない．

（１）　使用前自主検査（定期事業者検査）に係る検査記録の選定方法

審査対象期間中に実施された使用前自主検査（定期事業者検査）の中から，全検査件数のうち10％程度の検査記録を任意に抜き取り選定する．

＜例＞定期事業者検査の抜き取り数：審査対象となる検査記録の10％以上となるよう選定

| 検査実施件数 | 1 ～ 10 件 | 11 ～ 20 件 | 21 ～ 30 件 | 31 ～ 40 件 |
|---|---|---|---|---|
| 審査対象記録のサンプリング数 | 1 件 | 2 件 | 3 件 | 4 件 |

（２）　溶接事業者検査に係る検査記録の選定方法

前回の安全管理審査申請書の提出日から今回の安全管理審査申請書の提出日までの期間に実施された全ての溶接事業者検査の記録の中から，検査対象となる全溶接継手数のうち10％程度の溶接継手について，検査計画書単位で各検査工程の検査記録を抜き取り選定する．

なお，既に民間製品認証を取得している溶接継手については，検査記録の抜き取り対象から控除する．

添付資料4

## 経過措置

1．風力設備における省令第94条の5第2項に規定する組織の場合

風力設備について，5.1で定めた組織の単位において10以上の基数を申請する組織については，施行後3年以内に，3基以上10基未満の基数を申請する組織については，施行後1年以上3年以内に，3基未満の基数を申請する組織については，施行後2年以上3年3ヶ月以内に，法55条第4項の審査を行う．

2．火力設備における省令第94条の5各号に規定する組織

火力設備について法定事業者検査実施体制を構築した組織であって，溶接安全管理審査実施要領（火力設備）の一部を改正する規程（20161221商局第1号）の施行の日（以下「移行措置施行日」という．）から電気事業法等の一部を改正する等の法律（平成27年法律第47号．以下「改正法」という．）附則第1条第五号に掲げる規定の施行の日（以下「改正法施行日」という．）以後に初めて実施する使用前（定期）安全管理審査の申請までの間に実施した溶接事業者検査であって，改正法施行日より前に評定結果の通知を受けていないものについては，当該審査の中で併せて溶接事業者検査の実施状況及びその結果に係る確認を行う．

改正法施行日において旧省令第94条の5第一号に定める組織であって，旧省令第94条の2第2項第一号の規定に係る前回の申請において，火力設備における電気事業法施行規則第94条の2第2項第一号に規定する定期事業者検査の時期変更承認に係る標準的な審査基準例及び申請方法等について（20120919商局第66号）の別紙1．（1）②の審査基準に基づく承認を受けた組織は，改正法施行日をもって新省令第94条の5第1項第二号に定める組織と読み替え，また，別紙1．（1）②の審査基準に基づく承認を受けていない組織は，改正法施行日をもって新省令第94条の5第1項第三号に定める組織と読み替えるため，設置者は，改正法施行日以後に初めて実施する定期安全管理審査を申請する際には，前回の評定通知及び旧省令第94条の2第2項第一号の規定による承認通知を審査機関に提示すること．

新省令第94条の5第1項第二号又は第三号に定める組織が，インセンティブ期間満了を前に新省令第94条の5第1項第一号に規定する組織としての審査を受ける場合，又は新省令第94条の5第1項第三号に定める組織が，インセンティブ期間満了を前に新省令第94条の5第1項第二号に規定する組織としての審査を受ける場合，改正法施行日以後に初めて実施する定期安全管理審査に限っては，定期事業者検査の実施がない場合も定期安全管理審査を受審することができることとし，また，前回の評定通知により付与されたインセンティブの効力を失っていない場合は，その審査で評定された審査項目及び旧省令第94条の2第2項第一号の規定による承認を受けた項目については除外する．ただし，当該審査による評定通知で付与するインセンティブ期間の起算日は，前回の評定通知を受けた日からとする．

改正法が施行された日以降3ヶ月を超えない時期に旧省令第94条の5第一号の2に規定する組織として現行の審査基準に基づいて定期安全管理審査を受けて，当該組織が，定期事業者検査の実施につき十分な体制がとられているという評定結果の通知を受けた場合においては，改正法施行に伴う省令改正による関連規定を適用することとし，その評定に係るインセンティブ期間の起算日は，改正法施行日の前日とする．

5.1．で規定する複数の発電所一体の共通の法定事業者検査実施体制を構築している法定事

業者検査実施組織から一部の発電所又は事業所を切り離す場合の申請については，前回の当該組織としての評定通知を受けた日から申請までの間に法定事業者検査がなくても申請できるものとし，そのための新省令第94条の5第1項第四号に規定する審査は必要としない．なお，切り離す場合の申請がインセンティブ期間満了を前に新省令第94条の5第1項第一号に規定する組織として初めて受ける定期安全管理審査であって，前回の評定通知により付与されたインセンティブの効力を失っていない場合は，その審査で評定された審査項目及び旧省令第94条の2第2項第一号の規定による承認を受けた項目については除外する．

# 使用前自主検査及び使用前自己確認の方法の解釈

（平成 28 年 6 月 17 日） 20160531 商局第 1 号

（最終改正） 令和 3 年 3 月 31 日 20210326 保局第 1 号

使用前自主検査及び使用前自己確認の方法の解釈

経済産業省大臣官房技術総括・保安審議官

電気事業法施行規則（平成 7 年通商産業省令第 77 号．以下「規則」という．）第 73 条の 4 に規定する使用前自主検査及び規則第 76 条に規定する使用前自己確認の方法について，その解釈は下記のとおりとする．

なお，使用前自主検査及び使用前自己確認の方法は，この解釈に限定されるものではなく，十分な保安水準の確保が達成できる技術的根拠があれば，規則に適合すると判断することとする．

## 記

Ⅰ．使用前自主検査の方法

1．水力発電所（略）

2．火力発電所（略）

3．燃料電池発電所

A．機械関係

（1） 一般事項

(a) 検査方法

発電所，発電設備（騒音防止設備，振動防止設備及びばい煙処理施設等の環境関係設備を含む）の工事が，発電所の設置場所，並びに発電設備の設置状況，仕様，材料，構造及び能力について，届出された工事計画に従って施設されており施設された電気工作物が，技術基準に適合するものであることを目視，測定により確認する．

なお，設備の仕様，材料及び構造については，記録の確認によっても良い．

(b) 判定基準

工事計画書どおりであり，かつ，技術基準に適合するものであること．

（2） 安全弁試験

(a) 検査方法

① 取付状況等の確認

・耐圧部における安全弁の仕様について，種類，吹出し圧力及び吹出し量を銘板により目視により確認する．

・安全弁の取付位置，個数及び取付状況を目視により確認する．

② 作動試験

・オイルジャッキ法又は，実作動により実施し，吹出し圧力及び吹出し時，吹止り時に異常（例：チャタリング，漏れ）がないことを確認する．

なお，設備の状況から作動試験が困難なものについては，工場作動試験により確認できるものとする．

(b) 判定基準

工事計画書どおりであり，かつ，技術基準に適合するものであること．

（3） 耐圧・気密試験

(a) 検査方法

燃料電池の耐圧部分のうち，耐圧部分のうち最高使用圧力が0.1MPa以上となる部分及び燃料ガス又は液体燃料を通ずる耐圧部分で最高使用圧力が0.1MPa以上となる部分の耐圧試験及び気密試験にあっては，技術基準に適合するものであることを確認する．

なお，工場試験の結果から判断して支障ないと認められるものについては記録により確認できるものとする．

(b) 判定基準

技術基準に適合するものであること．

（4） 非常停止装置及びインターロック試験

(a) 検査方法

運転状態で，保護項目（ガス圧高，ガス温度高，バーナー失火，蒸気圧力高，蒸気温度高，燃料ガス漏えい，空気圧縮機及び補助燃焼器，パージインターロック等）について，保護装置の実動作又は模擬信号により，関連設備が設定された条件及び順序で表示・作動が確実に行われることを確認する．

運転状態で試験を行う場合，発電設備の軽負荷運転条件でインターロックの確認ができるのであれば，軽負荷で試験を行ってよい．

また停止状態で，運転状態における非常停止装置及びインターロック装置の作動確認ができる場合は，停止状態でも試験を行うことができるものとする．

なお，工場試験の結果及び施工の状況から判断して支障ないと認められるものは，記録により確認できるものとする．

(b) 判定基準

計画した条件に設定されていること及びインターロックどおりに，各機器類が確実に作動し，警報及び必要な表示が正常に行われること．

（5） 負荷遮断試験

(a) 検査方法

4/4出力運転状態から，負荷を遮断し発電電圧，電池極間差圧等の推移をオシログラフ等で確認し，かつ，プラントが安全に規定の状態へ移行することを確認する．

ただし，4/4出力遮断の前に安全確認を必要とする場合には，1/4，2/4，3/4出力と順次遮断試験を行うものとする．

この試験は，負荷遮断した時に所内負荷単独運転又は高温待機状態にならないプラントにあっては，総合インターロック試験と併せて実施することができる．

(b) 判定基準

負荷遮断後，発電電圧，電池極間差圧等遮断時に過渡変化するパラメーターの変動値が制限値以内にあり，かつ，プラントは安全に規定の状態に移行すること．

（6） 燃料ガス置換試験

(a) 検査方法

発電設備停止時に，不活性ガス等で装置内の燃料ガスを安全に置換されることを確認する．

燃料ガス置換については，インターロック試験と併せる等により，実動作で確認することが望ましい．

(b) 判定基準

置換量が，必要量より多いこと．

技術基準に適合するものであること．

（7） 負荷試験

(a) 検査方法

① 負荷試験は，燃料電池施設を定格出力で運転し，各部に支障がないことを目視及び常設の計器等で確認する．

ただし，状態量等の確認が必要な場合であって常設の計器がない場合にあっては，実測により確認するものとする．

温度上昇限度の判定が可能で，かつ，各部に異常が認められない場合は，4時間で終了できるものとする．

② ばい煙（硫黄酸化物，窒素酸化物及びばいじん）の発生状況を測定する．

(b) 判定基準

工事計画書どおりであり，かつ，技術基準に適合するものであること．運転状態値が適正な値であること．各部に異常がないこと．

ばい煙に関しては，そのばい煙量又はばい煙濃度が排出基準を満足していること．

（8） その他

(a) 検査方法

液化ガス設備，ばい煙処理設備に対する検査．

(b) 判定基準

火力発電所に準じる．

B．電気関係

（1） 外観検査

(a) 検査方法

検査対象となる電気工作物の設置状況について，工事の計画に従って工事が行われていること及び電技に適合していることを目視により確認する．

なお，判定基準の②，③，④，⑩，⑪，⑬を確認する場合は書類等によって確認することもできる．

(b) 判定基準

① 中性点直接接地式電路に接続する変圧器には，油流出防止設備が施設されていること．（電技第19条第10項）

② 必要な箇所に所定の接地が行われていること．（電技解釈第17条～第19条，第21条，第22条，第24条，第25条，第27条～第29条，第37条）

③ 高圧又は特別高圧用の機械器具の充電部が，取扱者が容易に触れないように施設されていること．（電技解釈第21条，第22条）

④ アークを発生する器具と可燃性物質との離隔が十分であること．（電技解釈第23条）

⑤ 高圧又は特別高圧電路中の過電流遮断器の開閉状態が容易に確認できること．（電技解釈第34条）

⑥ 高圧及び特別高圧の電路において電線及び電気機械器具を保護するため必要な箇所

に過電流遮断器が施設されていること．（電技解釈第 34 条，第 35 条）

⑦ 高圧及び特別高圧の電路に地絡を生じた時に自動的に電路を遮断する装置が必要な箇所に施設されていること．（電技解釈第 36 条）

⑧ 燃料電池発電所の高圧及び特別高圧の電路において，架空電線の引込口及び引出口又はこれに近接する箇所に避雷器が施設されていること．（電技解釈第 37 条）

⑨ 燃料電池発電所の周囲に，柵，塀等が施設されており，出入口に施錠装置及び立入禁止表示が施設されていること．（電技解釈第 38 条）

⑩ 燃料電池発電所の周囲の柵，塀等の高さと柵，塀等から特別高圧の充電部までの距離との和が規定値以上であること．（電技解釈第 38 条）

⑪ ガス絶縁機器等の圧力容器が規定どおり施設されていること．（電技解釈第 40 条）

⑫ 燃料電池，特別高圧用の変圧器，電力用コンデンサ又は分路リアクトル及び調相機に必要な保護装置が施設されていること．（電技解釈第 43 条，第 45 条）

⑬ 検査の対象となる電気工作物が工事計画書の記載事項どおりに施設されていること．

（2） 接地抵抗測定

(a) 検査方法

次に示す接地方法に応じて以下の測定方法により接地抵抗値を測定する．

① 機器ごとに接地する「単独接地」；直読式接地抵抗計による測定

② いくつかの接地箇所を連絡して接地する「連接接地」；直読式接地抵抗計による測定

③ 接地線を網状に埋設し，各交流点で連接する「網状（メッシュ）接地」；電圧降下法による測定

なお，連接接地法及びメッシュ接地法により接地されている場合であって，変更の工事の場合は，当該設備と既設接地極・網との導通試験に替えることができる．

(b) 判定基準

接地抵抗値が電技解釈第 17 条又は第 24 条第 1 項第二号で規定された値以下であること．

（3） 絶縁抵抗測定

(a) 検査方法

① 低圧電路の絶縁測定は特に必要と認められる回路について行うものとする．

② 高圧及び特別高圧電路の絶縁抵抗測定は絶縁耐力試験の回路について行う．

③ 絶縁抵抗の測定は，JIS C1302「絶縁抵抗計」に定められている絶縁抵抗計を使用するものとし，低圧の機器及び電路については，500 V 絶縁抵抗計，高圧又は特別高圧の機器及び電路については，1 000 V 絶縁抵抗計を使用して測定する．

④ 絶縁抵抗値は「1 分値」を採用するものとする．ただし，被測定機器の静電容量が大きいため（長い地中ケーブル等を含む場合）短時間では絶縁抵抗計の指針が静止しないときは，指針が静止後の値を採用する．（3 分以上測定を継続する必要はない．）

(b) 判定基準

① 低圧電路の電線相互間及び電路と大地との間の絶縁抵抗は，電路の使用電圧が 300 V 以下で対地電圧が 150 V 以下の電路では 0.1 MΩ 以上，300 V 以下で対地電圧が 150 V を超えるものは 0.2 MΩ 以上，300 V を超える低圧電路では 0.4 MΩ 以上であること．

② 高圧及び特別高圧の電路については，大地及び他の電路（多心ケーブルにあっては他の心線，変圧器にあっては他の巻線）と絶縁されていることが確認できること．

（4） 絶縁耐力試験

(a) 検査方法

電力回路や機器の使用電圧に応じて電技解釈第 14 条から第 16 条に定められている試験電圧を印加する．

また，特別高圧の電路，変圧器の電路及び器具等の電路の絶縁耐力を第 15 条第四号，第 16 条第 1 項第二号又は第 16 条第 6 項第三号に基づき絶縁耐力試験を実施したことを確認できたものについては，常規対地電圧を電路と大地との間に連続して印加することができる．

なお，常規対地電圧とは，通常の運転状態で主回路の電路と大地との間に加わる電圧をいう．

(b) 判定基準

試験電圧を連続して 10 分間加えた後，絶縁抵抗測定を行い絶縁に異常のないこと．また，電技解釈第 15 条第四号，第 16 条第 1 項第二号又は第 16 条第 6 項第三号によって実施した場合には，常規対地電圧を連続して 10 分間加え，絶縁に異常がないこと．

（5） 保護装置試験

(a) 検査方法

電技解釈第 34 条，第 36 条，第 43 条又は第 45 条で規定される保護装置ごとに，関連する継電器を手動等で接点を閉じるか又は実際に動作させることにより試験する．

(b) 判定基準

関連する遮断器，故障表示器，警報装置，遮断器の開閉表示等が正常に動作すること．

（6） 遮断器関係試験

(a) 検査方法

① 付属タンク（アキュームレータを含む．以下同じ．）の容量試験

遮断器又は開閉器について，操作用駆動源（圧縮空気，圧油等）の付属タンクの供給元弁を閉じて，圧縮空気等が補給されない状態で入切の操作を連続して 1 回以上（再閉路保護方式の場合は 2 回以上）行い，当該機器の動作，開閉表示器の表示を確認する．

なお，遮断器に不完全投入（開放） を防止するための鎖錠装置がある場合は，付属タンクの圧力を変動させて鎖錠及び復帰用圧力継電器の動作を行わせ，当該機器の動作，開閉表示器の表示を確認する．

② 駆動力発生装置自動始動停止試験

付属タンクの排出弁を静かに開いて圧力を徐々に下げ駆動力発生装置を自動始動させ，その時の圧力を測定する．駆動力発生装置が始動した後に排出弁を閉鎖して圧力を徐々に上げ，運転中の駆動力発生装置が自動停止する時の圧力を測定する．

③ 駆動力発生装置付属タンク安全弁動作試験

付属タンクの出口止め弁を閉めて，駆動力発生装置を運転して圧力を徐々に上げ，その付属タンクに設置してある安全弁の吹出圧力を測定する．

(b) 判定基準

① 設定どおりの動作が行われること．

② 自動始動及び自動停止が設定圧力の範囲内で行われること．

③ 安全弁の吹出圧力が付属タンクの最高使用圧力以下であること．

（7） 総合インターロック試験

(a) 検査方法

発電設備を軽負荷運転させ，総合インターロックが作動する原因となる電気的要素及び機械的要素のそれぞれについて事故を模擬し，これに係る保護継電装置を実動作又は手動で接点を閉じて動作させる．

(b) 判定基準

プラントが自動的かつ安全に停止するとともに関連する警報，表示等が正常に動作すること．

（8） 制御電源喪失試験

(a) 検査方法

発電設備を運転中に制御電源を喪失させたときに過渡変化する主要パラメーターの測定並びに遮断器，開閉器等の開閉の状況及び警報，表示等を確認する．

なお，本試験により確認すべき内容が負荷遮断試験と併せて行える場合は，２つの試験を同時に実施することができるものとする．

(b) 判定基準

プラントが自動的，かつ，安全に規定の状態に移行すること及び測定結果に異常が認められないこと並びに遮断器，開閉器が正常に動作し，かつ警報，表示等が正常に出ること．

（9） 負荷遮断試験

(a) 検査方法

発電設備出力の1/4負荷運転状態から負荷遮断し，異常のないことを確認した後，順次2/4，3/4，4/4負荷運転まで段階的に試験を行う．

発電電圧については指示計器によるほか，オシログラフ等によって測定する．

(b) 判定基準

負荷遮断後，発電電圧等負荷遮断時に過渡変化するパラメーターの変動が制限値内にあり，かつ，プラントは安全に規定の状態へ移行すること．

(10) 遠隔監視制御試験

(a) 検査方法

発電制御所において，電技解釈第47条の２で規定された被制御燃料電池発電所の主機の自動始動停止操作，あるいは必要な遮断器等の開閉操作及び運転に必要な制御開閉器類の制御操作を遠隔で行い，当該機器が動作すること及び発電制御所に状態変化が表示されることを確認する．

(b) 判定基準

被制御燃料電池発電所の関係機器が正常に動作すること，及び被制御燃料電池発電所の状態変化が正しく発電制御所又は技術員駐在所に表示されること．

(11) 負荷試験（出力試験）

(a) 検査方法

「Ⅰ．使用前自主検査の方法　3．燃料電池発電所　A．機械関係（7）負荷試験」の規定に準ずる．

ただし，電技解釈第20条に基づき温度上昇試験を実施したことを確認できた変圧器については，現地での負荷試験は省略できるものとする．

(b) 判定基準

「I．使用前自主検査の方法　3．燃料電池発電所　A．機械関係（7）負荷試験」の規定に準ずる．

(12) 騒音測定

(a) 検査方法

騒音規制法第2条第1項に規定する特定施設を設置する燃料電池発電所であって，同法第3条第1項に規定する指定地域内に存する燃料電池発電所について，JIS Z8731に規定する方法によって測定を行う．

(b) 判定基準

騒音規制法第4条第1項又は第2項の規定による規制基準に適合していること．

(13) 振動測定

(a) 検査方法

振動規制法第2条第1項に規定する特定施設を設置する燃料電池発電所であって，同法第3条第1項に規定する指定地域内に存する燃料電池発電所について，特定工場等において発生する振動に関する基準に規定する方法によって測定を行う．

(b) 判定基準

振動規制法第4条第1項又は第2項の規定による規制基準に適合していること．

4．太陽電池発電所

(1) 外観検査

(a) 検査方法

検査対象となる電気工作物の設置状況について，工事の計画に従って工事が行われていること及び電技に適合していることを目視により確認する．

なお，判定基準の②，③，④，⑩，⑪，⑬を確認する場合は書類等によって確認することもできる．

(b) 判定基準

① 中性点直接接地式電路に接続する変圧器には，油流出防止設備が施設されていること．（電技第19条第10項）

② 必要な箇所に所定の接地が行われていること．（電技解釈第17条～第19条，第21条，第22条，第24条，第25条，第27条～第29条，第37条）

③ 高圧又は特別高圧用の機械器具の充電部が，取扱者が容易に触れないように施設されていること．（電技解釈第21条，第22条）

④ アークを発生する器具と可燃性物質との離隔が十分であること．（電技解釈第23条）

⑤ 高圧又は特別高圧電路中の過電流遮断器の開閉状態が容易に確認できること．（電技解釈第34条）

⑥ 高圧及び特別高圧の電路において電線及び電気機械器具を保護するため必要な箇所に過電流遮断器が施設されていること．（電技解釈第34条，第35条）

⑦ 高圧及び特別高圧の電路に地絡を生じた時に自動的に電路を遮断する装置が必要な箇所に施設されていること．（電技解釈第36条）

⑧ 太陽電池発電所の高圧及び特別高圧の電路において，架空電線の引込口及び引出口又はこれに近接する箇所に避雷器が施設されていること．（電技解釈第37条）

⑨ 太陽電池発電所の周囲に，柵，塀等が施設されており，出入口に施錠装置及び立入禁止表示が施設されていること．（電技解釈第38条）

⑩ 太陽電池発電所の周囲の柵，塀等の高さと柵，塀等から特別高圧の充電部までの距離との和が規定値以上であること．（電技解釈第 38 条）

⑪ ガス絶縁機器等の圧力容器が規定どおり施設されていること．（電技解釈第 40 条）

⑫ 発電機，特別高圧用の変圧器，電力用コンデンサ又は分路リアクトル及び調相機に必要な保護装置が施設されていること．（電技解釈第 42 条，第 43 条）

⑬ 検査の対象となる電気工作物が工事計画書の記載事項どおりに施設されていること．

（2） 接地抵抗測定

(a) 検査方法

次に示す接地方法に応じて以下の測定方法により接地抵抗値を測定する．

① 機器ごとに接地する「単独接地」；直読式接地抵抗計による測定

② いくつかの接地箇所を連絡して接地する「連接接地」；直読式接地抵抗計による測定

③ 接地線を網状に埋設し，各交流点で連接する「網状（メッシュ）接地」；電圧降下法による測定

なお，連接接地法及びメッシュ接地法により接地されている場合であって，変更の工事の場合は，当該設備と既設接地極・網との導通試験に替えることができる．

(b) 判定基準

接地抵抗値が電技解釈第 17 条又は第 24 条第 1 項第二号で規定された値以下であること．

（3） 絶縁抵抗測定

(a) 検査方法

① 低圧電路の絶縁測定は発電機の界磁回路等特に必要と認められる回路について行うものとする．

② 高圧及び特別高圧電路の絶縁抵抗測定は絶縁耐力試験の回路について行う．

③ 絶縁抵抗の測定は，JIS C1302「絶縁抵抗計」に定められている絶縁抵抗計を使用するものとし，低圧の機器及び電路については，500 V 絶縁抵抗計，高圧又は特別高圧の機器及び電路については，1 000 V 絶縁抵抗計を使用して測定する．

④ 絶縁抵抗値は「1 分値」を採用するものとする．ただし，被測定機器の静電容量が大きいため（長い地中ケーブル等を含む場合）短時間では絶縁抵抗計の指針が静止しないときは，指針が静止後の値を採用する．（3 分以上測定を継続する必要はない．）

(b) 判定基準

① 低圧電路の電線相互間及び電路と大地との間の絶縁抵抗は，電路の使用電圧が 300 V 以下で対地電圧が 150 V 以下の電路では 0.1 MΩ 以上，300 V 以下で対地電圧が 150 V を超えるものは 0.2 MΩ 以上，300 V を超える低圧電路では 0.4 MΩ 以上であること．

② 高圧及び特別高圧の電路については，大地及び他の電路（多心ケーブルにあっては他の心線，変圧器にあっては他の巻線）と絶縁されていることが確認できること．

（4） 絶縁耐力試験

(a) 検査方法

電力回路や機器の使用電圧に応じて電技解釈第 14 条から第 16 条に定められている試験電圧を印加する．

また，特別高圧の電路，変圧器の電路及び器具等の電路の絶縁耐力を電技解釈第15条第四号，第16条第1項第二号，第16条第6項第三号又は第16条第6項第五号に基づき絶縁耐力試験を実施したことを確認できたものについては，常規対地電圧を電路と大地との間に連続して印加することができる．

ただし，電技解釈第16条第5項第二号に適合する絶縁性能を有することが確認できた太陽電池モジュールについては，現地での絶縁耐力試験は省略できるものとする．

なお，常規対地電圧とは，通常の運転状態で主回路の電路と大地との間に加わる電圧をいう．

(b) 判定基準

試験電圧を連続して10分間加えた後，絶縁抵抗測定を行い絶縁に異常のないこと．また，電技解釈第15条第四号，第16条第1項第二号，第16条第6項第三号又は第16条第6項第五号によって実施した場合には，常規対地電圧を連続して10分間加え，絶縁に異常がないこと．

(5) 保護装置試験

(a) 検査方法

電技解釈第34条，第36条又は第43条で規定される保護装置ごとに，関連する継電器を手動等で接点を閉じるか又は実際に動作させることにより試験する．

(b) 判定基準

関連する遮断器，故障表示器，警報装置，遮断器の開閉表示などが正常に動作すること．

(6) 遮断器関係試験

(a) 検査方法

① 付属タンク（アキュームレータを含む．以下同じ．）の容量試験

遮断器又は開閉器について，操作用駆動源（圧縮空気，圧油等）の付属タンクの供給元弁を閉じて，圧縮空気等が補給されない状態で入切の操作を連続して1回以上（再閉路保護方式の場合は2回以上）行い，当該機器の動作，開閉表示器の表示を確認する．

なお，遮断器に不完全投入（開放）を防止するための鎖錠装置がある場合は，付属タンクの圧力を変動させて鎖錠及び復帰用圧力継電器の動作を行わせ，当該機器の動作，開閉表示器の表示を確認する．

② 駆動力発生装置自動始動停止試験

付属タンクの排出弁を静かに開いて圧力を徐々に下げ駆動力発生装置を自動始動させ，その時の圧力を測定する．駆動力発生装置が始動した後に排出弁を閉鎖して圧力を徐々に上げ，運転中の駆動力発生装置が自動停止する時の圧力を測定する．

③ 駆動力発生装置付属タンク安全弁動作試験

付属タンクの出口止め弁を閉めて，駆動力発生装置を運転して圧力を徐々に上げ，その付属タンクに設置してある安全弁の吹出圧力を測定する．

(b) 判定基準

① 設定どおりの動作が行われること．

② 自動始動及び自動停止が設定圧力の範囲内で行われること．

③ 安全弁の吹出圧力が付属タンクの最高使用圧力以下であること．

(7) 総合インターロック試験

(a) 検査方法

発電設備を軽負荷運転させ，総合インターロックが作動する原因となる電気的要素及び機械的要素のそれぞれについて事故を模擬し，これに係る保護継電装置を実動作又は手動で接点を閉じて動作させる．

なお，本試験により確認すべき内容が保護装置試験，制御電源喪失試験又は負荷遮断試験（現地で実施するものに限る．）と併せて行える場合は，複数の試験を同時に実施することができるものとする．

(b) 判定基準

プラントが自動的かつ安全に停止するとともに関連する警報，表示等が正常に動作すること．

(8) 制御電源喪失試験

(a) 検査方法

発電設備を運転中に制御電源を喪失させたときに過渡変化する主要パラメーターの測定並びに遮断器，開閉器等の開閉の状況及び警報，表示等を確認する．

なお，本試験により確認すべき内容が保護装置試験，総合インターロック試験又は負荷遮断試験（現地で実施するものに限る．）と併せて行える場合は，複数の試験を同時に実施することができるものとする．

(b) 判定基準

プラントが自動的，かつ，安全に規定の状態に移行すること及び測定結果に異常が認められないこと並びに遮断器，開閉器が正常に動作し，かつ警報，表示等が正常に出ること．

(9) 負荷遮断試験

(a) 検査方法

発電設備出力の 1/4 負荷運転状態から負荷遮断し，異常のないことを確認した後，順次 2/4，3/4，4/4 負荷運転まで段階的に試験を行う．

発電電圧について，過渡変化を記録できる測定機器（発電所の構外に施設する監視制御装置等を含む．）により確認する．

なお，必要な負荷運転での現地試験の実施が困難であった場合は，工場試験の結果から判断して支障ないと認められるものについては記録により確認できるものとする．

(b) 判定基準

負荷遮断後，発電電圧等負荷遮断時に過渡変化するパラメーターの変動が制限値内にあり，かつ，プラントは安全に規定の状態へ移行すること．

(10) 遠隔監視制御試験

(a) 検査方法

発電制御所において，電技解釈第 47 条で規定された被制御発電所の主機の自動始動停止操作，あるいは必要な遮断器等の開閉操作及び運転に必要な制御開閉器類の制御操作を遠隔で行い，当該機器が動作すること及び発電制御所に状態変化が表示されることを確認する．

(b) 判定基準

被制御発電所の関係機器が正常に動作すること，及び被制御発電所の状態変化が正しく発電制御所又は技術員駐在所に表示されること．

(11)　負荷試験（出力試験）

(a)　試験方法

発電設備を可能な限り定格出力，定格電圧及び定格力率に保持して機器各部の温度上昇が飽和状態になるまで連続運転し，逆変換装置，変圧器等の異常な温度上昇，異常振動，異音等の有無及び高調波（電圧歪率）を測定機器（発電所の構外に施設する監視制御装置等を含む.），警報の有無及び所内巡視等の方法により確認する.

連続運転中に巡視点検できない箇所については，連続運転終了後に実施する.

ただし，電技解釈第20条に基づき温度上昇試験を実施したことを確認できたもの及びJEC－2470（2005）に基づく温度上昇試験を実施したことを確認できた逆変換装置については，現地での負荷試験は省略できるものとする.

(b)　判定基準

発電設備の各装置の定格は工事計画書どおりであり，かつ，異常が認められないこと.

(12)　騒音測定

(a)　検査方法

騒音規制法第２条第１項に規定する特定施設を設置する発電所であって，同法第３条第１項に規定する指定地域内に存する発電所について，JIS Z8731に規定する方法によって測定を行う.

(b)　判定基準

騒音規制法第４条第１項又は第２項の規定による規制基準に適合していること.

(13)　振動測定

(a)　検査方法

振動規制法第２条第１項に規定する特定施設を設置する発電所であって，同法第３条第１項に規定する指定地域内に存する発電所について，特定工場等において発生する振動に関する基準に規定する方法によって測定を行う.

(b)　判定基準

振動規制法第４条第１項又は第２項の規定による規制基準に適合していること.

## 5．風力発電所

(１)　外観検査

(a)　検査方法

検査対象となる電気工作物の設置状況について，工事の計画に従って工事が行われていること及び電技に適合していることを目視により確認する.

なお，判定基準の②，③，④，⑩，⑪，⑬を確認する場合は書類等によって確認することもできる.

(b)　判定基準

①　中性点直接接地式電路に接続する変圧器には，油流出防止設備が施設されていること.（電技第19条第10項）

②　必要な箇所に所定の接地が行われていること.（電技解釈第17条～第19条，第21条，第22条，第24条，第25条，第27条～第29条，第37条）

③　高圧又は特別高圧用の機械器具の充電部が，取扱者が容易に触れないように施設されていること.（電技解釈第21条，第22条）

④　アークを発生する器具と可燃性物質との離隔が十分であること.（電技解釈第23条）

⑤　高圧又は特別高圧電路中の過電流遮断器の開閉状態が容易に確認できること.（電

技解釈第 34 条)

⑥ 高圧及び特別高圧の電路において電線及び電気機械器具を保護するため必要な箇所に過電流遮断器が施設されていること.(電技解釈第 34 条,第 35 条)

⑦ 高圧及び特別高圧の電路に地絡を生じた時に自動的に電路を遮断する装置が必要な箇所に施設されていること.(電技解釈第 36 条)

⑧ 風力発電所の高圧及び特別高圧の電路において,架空電線の引込口及び引出口又はこれに近接する箇所に避雷器が施設されていること.(電技解釈第 37 条)

⑨ 風力発電所の周囲に,柵,塀等が施設されており,出入口に施錠装置及び立入禁止表示が施設されていること.(電技解釈第 38 条)

⑩ 風力発電所の周囲の柵,塀等の高さと柵,塀等から特別高圧の充電部までの距離との和が規定値以上であること.(電技解釈第 38 条)

⑪ ガス絶縁機器等の圧力容器が規定どおり施設されていること.(電技解釈第 40 条)

⑫ 発電機,特別高圧用の変圧器,電力用コンデンサ又は分路リアクトル及び調相機に必要な保護装置が施設されていること.(電技解釈第 42 条,第 43 条)

⑬ 検査の対象となる電気工作物が工事計画書の記載事項どおりに施設されていること.

(2) 接地抵抗測定

(a) 検査方法

次に示す接地方法に応じて以下の測定方法により接地抵抗値を測定する.

① 機器ごとに接地する「単独接地」;直読式接地抵抗計による測定

② いくつかの接地箇所を連絡して接地する「連接接地」;直読式接地抵抗計による測定

③ 接地線を網状に埋設し,各交流点で連接する「網状(メッシュ)接地」;電圧降下法による測定

なお,連接接地法及びメッシュ接地法により接地されている場合であって,変更の工事の場合は,当該設備と既設接地極・網との導通試験に替えることができる.

(b) 判定基準

接地抵抗値が電技解釈第 17 条又は第 24 条第 1 項第二号で規定された値以下であること.

(3) 絶縁抵抗測定

(a) 検査方法

① 低圧電路の絶縁測定は発電機の界磁回路等特に必要と認められる回路について行うものとする.

② 高圧及び特別高圧電路の絶縁抵抗測定は絶縁耐力試験の回路について行う.

③ 絶縁抵抗の測定は,JIS C1302「絶縁抵抗計」に定められている絶縁抵抗計を使用するものとし,低圧の機器及び電路については,500 V 絶縁抵抗計,高圧又は特別高圧の機器及び電路については,1 000 V 絶縁抵抗計を使用して測定する.

④ 絶縁抵抗値は「1 分値」を採用するものとする.ただし,被測定機器の静電容量が大きいため(長い地中ケーブル等を含む場合)短時間では絶縁抵抗計の指針が静止しないときは,指針が静止後の値を採用する.(3 分以上測定を継続する必要はない.)

(b) 判定基準

① 低圧電路の電線相互間及び電路と大地との間の絶縁抵抗は,電路の使用電圧が 300 V 以下で対地電圧が 150 V 以下の電路では 0.1 MΩ以上,300 V 以下で対地電圧

が150 Vを超えるものは0.2 MΩ以上，300 Vを超える低圧電路では0.4 MΩ以上であること．

② 高圧及び特別高圧の電路については，大地及び他の電路（多心ケーブルにあっては他の心線，変圧器にあっては他の巻線）と絶縁されていることが確認できること．

（4） 絶縁耐力試験

(a) 検査方法

電力回路や機器の使用電圧に応じて電技解釈第14条から第16条までに定められている試験電圧を印加する．

また，特別高圧の電路，変圧器の電路及び器具等の電路の絶縁耐力を電技解釈第15条第四号，第16条第1項第二号，第16条第6項第三号又は第16条第6項第五号に基づき絶縁耐力試験を実施したことを確認できたものについては，常規対地電圧を電路と大地との間に連続して印加することができる．

なお，常規対地電圧とは，通常の運転状態で主回路の電路と大地との間に加わる電圧をいう．

(b) 判定基準

試験電圧を連続して10分間加えた後，絶縁抵抗測定を行い絶縁に異常のないこと．また，電技解釈第15条第四号，第16条第1項第二号又は第16 条第6項第三号によって実施した場合には，常規対地電圧を連続して10分間加え，絶縁に異常がないこと．

（5） 保護装置試験

(a) 検査方法

電技解釈第34条，第36条，第42条又は第43条で規定される保護装置ごとに，関連する継電器を手動等で接点を閉じるか又は実際に動作させることにより試験する．

(b) 判定基準

関連する遮断器，故障表示器，警報装置，遮断器の開閉表示等が正常に動作すること．

（6） 遮断器関係試験

(a) 検査方法

① 付属タンク（アキュームレータを含む．以下同じ．）の容量試験

遮断器又は開閉器について，操作用駆動源（圧縮空気，圧油等）の付属タンクの供給元弁を閉じて，圧縮空気等が補給されない状態で入切の操作を連続して1回以上（再閉路保護方式の場合は2回以上）行い，当該機器の動作，開閉表示器の表示を確認する．

なお，遮断器に不完全投入（開放）を防止するための鎖錠装置がある場合は，付属タンクの圧力を変動させて鎖錠及び復帰用圧力継電器の動作を行わせ，当該機器の動作，開閉表示器の表示を確認する．

② 駆動力発生装置自動始動停止試験

付属タンクの排出弁を静かに開いて圧力を徐々に下げ駆動力発生装置を自動始動させ，その時の圧力を測定する．駆動力発生装置が始動した後に排出弁を閉鎖して圧力を徐々に上げ，運転中の駆動力発生装置が自動停止する時の圧力を測定する．

③ 駆動力発生装置付属タンク安全弁動作試験

付属タンクの出口止め弁を閉めて，駆動力発生装置を運転して圧力を徐々に上げ，その付属タンクに設置してある安全弁の吹出圧力を測定する．

(b) 判定基準

① 設定どおりの動作が行われること．

② 自動始動及び自動停止が設定圧力の範囲内で行われること.

③ 安全弁の吹出圧力が付属タンクの最高使用圧力以下であること.

(7) 総合インターロック試験

(a) 検査方法

発電設備を軽負荷運転させ，総合インターロックが作動する原因となる電気的要素及び機械的要素のそれぞれについて事故を模擬し，これに係る保護継電装置を実動作又は手動で接点を閉じて動作させる.

(b) 判定基準

プラントが自動的かつ安全に停止するとともに関連する警報，表示等が正常に動作すること.

(8) 制御電源喪失試験

(a) 検査方法

発電設備を運転中に制御電源を喪失させたときに過渡変化する主要パラメーターの測定及び遮断器，開閉器等の開閉の状況並びに警報，表示等を確認する.

なお，本試験により確認すべき内容が負荷遮断試験と併せて行える場合は，2つの試験を同時に実施することができるものとする.

(b) 判定基準

プラントが自動的，かつ，安全に規定の状態に移行すること及び測定結果に異常が認められないこと並びに遮断器，開閉器が正常に動作し，かつ警報，表示等が正常に出ること.

(9) 負荷遮断試験

(a) 検査方法

発電設備出力の1/4負荷程度の運転状態で負荷遮断し，異常のないことを確認した後，4/4負荷運転で試験を行う.

発電機電圧及び風車又は発電機の回転数等について，過渡変化を記録できる測定機器（発電所の構外に施設する監視制御装置等を含む.）により確認する.

なお，発電設備内の交直変換装置について，必要な負荷運転での現地試験の実施が困難であった場合は，工場試験の結果から判断して支障ないと認められるものについては工場試験の記録により確認できるものとする.

(b) 判定基準

負荷遮断後，発電機電圧等負荷遮断時に過渡変化するパラメーターの変動が制限値内にあり，かつ，プラントは安全に規定の状態へ移行すること.

(10) 遠隔監視制御試験

(a) 検査方法

発電制御所において，電技解釈第47条の2で規定された被制御発電所の主機の自動始動停止操作，あるいは必要な遮断器等の開閉操作及び運転に必要な制御開閉器類の制御操作を遠隔で行い，当該機器が動作すること及び発電制御所に状態変化が表示されることを確認する.

(b) 判定基準

被制御発電所の関係機器が正常に動作すること，及び被制御発電所の状態変化が正しく発電制御所又は技術員駐在所に表示されること.

(11) 負荷試験（出力試験）

(a) 試験方法

発電設備を可能な限り定格出力，定格電圧及び定格力率に保持して機器各部の温度上昇が飽和状態になるまで連続運転し，逆変換装置，変圧器等の異常な温度上昇，異常振動，異音等の有無及び高調波（電圧歪率）を測定機器（発電所の構外に施設する監視制御装置等を含む.），警報の有無及び所内巡視等の方法により確認する.

連続運転中に巡視点検できない箇所については，連続運転終了後に実施する.

ただし，電技解釈第20条に基づき温度上昇試験を実施したことを確認できた電気器具及びJEC-2470（2005）に基づく温度上昇試験を実施したことを確認できた交直変換装置については，現地での負荷試験は省略できるものとする.

(b) 判定基準

発電設備の各装置の定格は工事計画書どおりであり，かつ，異常が認められないこと.

(12) 騒音測定

(a) 検査方法

騒音規制法第2条第1項に規定する特定施設を設置する発電所であって，同法第3条第1項に規定する指定地域内に存する発電所について，JIS Z8731に規定する方法によって測定を行う.

(b) 判定基準

騒音規制法第4条第1項又は第2項の規定による規制基準に適合していること.

(13) 振動測定

(a) 検査方法

振動規制法第2条第1項に規定する特定施設を設置する発電所であって，同法第3条第1項に規定する指定地域内に存する発電所について，特定工場等において発生する振動に関する基準に規定する方法によって測定を行う.

(b) 判定基準

振動規制法第4条第1項又は第2項の規定による規制基準に適合していること.

6．変電所（略）

7．送電線路（略）

8．需要設備

(1) 外観検査

(a) 検査方法

検査対象となる電気工作物の設置状況について，工事の計画に従って工事が行われていること及び電技に適合していることを目視により確認する.

なお，判定基準の②，③，④，⑩，⑪，⑬を確認する場合は書類等によって確認することもできる.

(b) 判定基準

① 中性点直接接地式電路に接続する変圧器には，油流出防止設備が施設されていること.（電技第19条第10項）

② 必要な箇所に所定の接地が行われていること.（電技解釈第17条～第19条，第21条，第22条，第24条，第25条，第27条～第29条，第37条）

③ 高圧又は特別高圧用の機械器具の充電部が，取扱者が容易に触れないように施設されていること.（電技解釈第21条，第22条）

④ アークを発生する器具と可燃性物質との離隔が十分であること.（電技解釈第23条）

⑤ 高圧又は特別高圧電路中の過電流遮断器の開閉状態が容易に確認できること．（電技解釈第 34 条）

⑥ 高圧及び特別高圧の電路において電線及び電気機械器具を保護するため必要な箇所に過電流遮断器が施設されていること．（電技解釈第 34 条，第 35 条）

⑦ 高圧及び特別高圧の電路に地絡を生じた時に自動的に電路を遮断する装置が必要な箇所に施設されていること．（電技解釈第 36 条）

⑧ 高圧及び特別高圧の電路において，架空電線の引込口及び引出口又はこれに近接する箇所に避雷器が施設されていること．（電技解釈第 37 条）

⑨ 変電所，開閉所又はこれらに準ずる場所（以下，「変電所等に準ずる場所」という．）の周囲に，柵，塀等が施設されており，出入口に施錠装置及び立入禁止表示が施設されていること．（電技解釈第 38 条）

⑩ 変電所等に準ずる場所の周囲の柵，塀等の高さと柵，塀等から特別高圧の充電部までの距離との和が規定値以上であること．（電技解釈第 38 条）

⑪ ガス絶縁機器等の圧力容器が規定どおり施設されていること．（電技解釈第 40 条）

⑫ 特別高圧用の変圧器，電力用コンデンサ又は分路リアクトル及び調相機に必要な保護装置が施設されていること．（電技解釈第 43 条）

⑬ 検査の対象となる電気工作物が工事計画書の記載事項どおりに施設されていること．

（2） 接地抵抗測定

(a) 検査方法

次に示す接地方法に応じて以下の測定方法により接地抵抗値を測定する．

① 機器ごとに接地する「単独接地」；直読式接地抵抗計による測定

② いくつかの接地箇所を連絡して接地する「連接接地」；直読式接地抵抗計による測定

③ 接地線を網状に埋設し，各交流点で連接する「網状（メッシュ）接地」；電圧降下法による測定

なお，連接接地法及びメッシュ接地法により接地されている場合であって，変更の工事の場合は，当該設備と既設接地極・網との導通試験に替えることができる．

(b) 判定基準

接地抵抗値が電技解釈第 17 条又は第 24 条第 1 項第二号で規定された値以下であること．

（3） 絶縁抵抗測定

(a) 検査方法

① 低圧電路の絶縁測定は特に必要と認められる回路について行うものとする．

② 高圧及び特別高圧電路の絶縁抵抗測定は絶縁耐力試験の回路について行う．

③ 絶縁抵抗の測定は，JIS C1302「絶縁抵抗計」に定められている絶縁抵抗計を使用するものとし，低圧の機器及び電路については，500 V 絶縁抵抗計，高圧又は特別高圧の機器及び電路については，1 000 V 絶縁抵抗計を使用して測定する．

④ 絶縁抵抗値は「1 分値」を採用するものとする．ただし，被測定機器の静電容量が大きいため（長い地中ケーブル等を含む場合）短時間では絶縁抵抗計の指針が静止しないときは，指針が静止後の値を採用する．（3 分以上測定を継続する必要はない．）

(b) 判定基準

① 低圧電路の電線相互間及び電路と大地との間の絶縁抵抗は，電路の使用電圧が300 V以下で対地電圧が150 V以下の電路では0.1 MΩ 以上，300 V以下で対地電圧が150 Vを超えるものは0.2 MΩ 以上，300 Vを超える低圧電路では0.4 MΩ 以上であること．

② 高圧及び特別高圧の電路については，大地及び他の電路（多心ケーブルにあっては他の心線，変圧器にあっては他の巻線）と絶縁されていることが確認できること．

（4） 絶縁耐力試験

(a) 検査方法

電力回路や機器の使用電圧に応じて電技解釈第14条から第16条までに定められている試験電圧を印加する．

また，特別高圧の電路，変圧器の電路及び器具等の電路の絶縁耐力を電技解釈第15条第四号，第16条第1項第二号又は第16条第6項第三号に基づき絶縁耐力試験を実施したことを確認できたものについては，常規対地電圧を電路と大地との間に連続して印加することができる．

なお，常規対地電圧とは，通常の運転状態で主回路の電路と大地との間に加わる電圧をいう．

(b) 判定基準

試験電圧を連続して10分間加えた後，絶縁抵抗測定を行い絶縁に異常のないこと．また，電技解釈第15条第四号，第16条第1項第二号又は第16条第6項第三号によって実施した場合には，常規対地電圧を連続して10分間加え，絶縁に異常がないこと．

（5） 保護装置試験

(a) 検査方法

電技解釈第34条，第36条又は第43条で規定される保護装置ごとに，関連する継電器を手動等で接点を閉じるか又は実際に動作させることにより試験する．

(b) 判定基準

関連する遮断器，故障表示器，警報装置，遮断器の開閉表示等が正常に動作すること．

（6） 遮断器関係試験

(a) 検査方法

① 付属タンク（アキュームレータを含む．以下同じ．）の容量試験

遮断器又は開閉器について，操作用駆動源（圧縮空気，圧油等）の付属タンクの供給元弁を閉じて，圧縮空気等が補給されない状態で入切の操作を連続して1回以上（再閉路保護方式の場合は2回以上）行い，当該機器の動作，開閉表示器の表示を確認する．

なお，遮断器に不完全投入（開放）を防止するための鎖錠装置がある場合は，付属タンクの圧力を変動させて鎖錠及び復帰用圧力継電器の動作を行わせ，当該機器の動作，開閉表示器の表示を確認する．

② 駆動力発生装置自動始動停止試験

付属タンクの排出弁を静かに開いて圧力を徐々に下げ駆動力発生装置を自動始動させ，その時の圧力を測定する．駆動力発生装置が始動した後に排出弁を閉鎖して圧力を徐々に上げ，運転中の駆動力発生装置が自動停止する時の圧力を測定する．

③ 駆動力発生装置付属タンク安全弁動作試験

付属タンクの出口止め弁を閉めて，駆動力発生装置を運転して圧力を徐々に上げ，その付属タンクに設置してある安全弁の吹出圧力を測定する．

(b) 判定基準

① 設定どおりの動作が行われること．

② 自動始動及び自動停止が設定圧力の範囲内で行われること．

③ 安全弁の吹出圧力が付属タンクの最高使用圧力以下であること．

（7） 負荷試験（出力試験）

(a) 検査方法

当該変圧器の定格容量又は通常の運転状態における負荷に保持して変圧器の各部の温度が飽和状態になるまで連続運転し，変圧器の異常な温度上昇，異常振動，異音等の有無を計器及び所内巡視等の方法により確認する．

ただし，電技解釈第20条に基づき温度上昇試験を実施したことを確認できたものについては，現地での負荷試験は省略できるものとする．

(b) 判定基準

試験状態において温度上昇値に異常が認められないこと．

（8） 騒音測定

(a) 検査方法

騒音規制法第2条第1項に規定する特定施設を設置する変電所等に準ずる場所であって，同法第3条第1項に規定する指定地域内に存する変電所等に準ずる場所について，JIS Z8731に規定する方法によって測定を行う．

(b) 判定基準

騒音規制法第4条第1項又は第2項の規定による規制基準に適合していること．

（9） 振動測定

(a) 検査方法

振動規制法第2条第1項に規定する特定施設を設置する変電所等に準ずる場所であって，同法第3条第1項に規定する指定地域内に存する変電所等に準ずる場所について，特定工場等において発生する振動に関する基準に規定する方法によって測定を行う．

(b) 判定基準

振動規制法第4条第1項又は第2項の規定による規制基準に適合していること．

## Ⅱ－1．使用前自己確認の方法

### 1．水力発電所

#### A．土木関係

予備動力設備の作動試験の確認方法及び判定基準については，「Ⅰ．使用前自主検査の方法　1．水力発電所　A．土木関係　A－2湛水検査　（3）現地確認検査　b-4 予備動力設備の作動試験」の検査方法及び判定基準の規定に準ずる．

#### B．電気関係

（1） 外観検査

(a) 確認方法

確認対象となる電気工作物の設置状況について，図面等に従って工事が行われていること及び電技に適合していることを目視により確認する．

なお，判定基準の②，③，④，⑧，⑩を確認する場合は書類等によって確認することもできる．

(b) 判定基準

① 中性点直接接地式電路に接続する変圧器には，油流出防止設備が施設されていること．（電技第19条第10項）

② 必要な箇所に所定の接地が行われていること．（電技解釈第17条～第19条，第21条，第22条，第24条，第25条，第27条～第29条，第37条）

③ 高圧又は特別高圧用の機械器具の充電部が，取扱者が容易に触れないように施設されていること．（電技解釈第21条，第22条）

④ アークを発生する器具と可燃性物質との離隔が十分であること．（電技解釈第23条）

⑤ 高圧又は特別高圧電路中の過電流遮断器の開閉状態が容易に確認できること．（電技解釈第34条）

⑥ 高圧及び特別高圧の電路において電線及び電気機械器具を保護するため必要な箇所に過電流遮断器が施設されていること．（電技解釈第34条，第35条）

⑦ 高圧及び特別高圧の電路に地絡を生じた時に自動的に電路を遮断する装置が必要な箇所に施設されていること．（電技解釈第36条）

⑧ ガス絶縁機器等の圧力容器が規定どおり施設されていること．（電技解釈第40条）

⑨ 発電機，特別高圧用の変圧器，電力用コンデンサ又は分路リアクトル及び調相機に必要な保護装置が施設されていること．（電技解釈第42条，第43条）

⑩ 検査の対象となる電気工作物が図面等の記載事項どおりに施設されていること．

（2） その他の各種試験

次の表の左欄に掲げる各種試験の確認方法及び判定基準については，同表の右欄に掲げる「Ｉ．使用前自主検査の方法　1．水力発電所　Ｂ．電気関係」の各種試験の検査方法及び判定基準の規定に準ずる．

| 各種試験の種類 | 準用する「Ｉ．使用前自主検査の方法　1．水力発電所　Ｂ．電気関係」の各種試験 |
|---|---|
| ①接地抵抗測定 | （2） 接地抵抗測定 |
| ②絶縁抵抗測定 | （3） 絶縁抵抗測定 |
| ③絶縁耐力試験 | （4） 絶縁耐力試験 |
| ④保護装置試験 | （5） 保護装置試験 |
| ⑤遮断器関係試験 | （6） 遮断器関係試験 |
| ⑥警報表示試験 | （7） 警報表示試験 |
| ⑦負荷遮断試験（調速機試験） | （11） ②負荷遮断試験（調速機試験） |
| ⑧負荷試験（出力試験） | （11） ③負荷試験（出力試験） |

2．燃料電池発電所

Ａ．機械関係

（1） 一般事項

(a) 確認方法

「Ｉ．使用前自主検査の方法　3．燃料電池発電所　Ａ．機械関係　（1）一般事項」

の規定に準ずる．この場合において，「届出された工事計画」とあるのは「図面等」と読み替えるものとする．なお，改質装置を備える場合には，当該装置が大気汚染防止法（昭和43年法律第97号）第2条第2項に規定するばい煙発生施設ではないことを確認すること．

(b) 判定基準

「Ⅰ．使用前自主検査の方法　3．燃料電池発電所　A．機械関係　（1）一般事項」の規定に準ずる．この場合において，「工事計画書」とあるのは「図面等」と読み替えるものとする．

（2） 安全弁試験

(a) 確認方法

「Ⅰ．使用前自主検査の方法　3．燃料電池発電所　A．機械関係　（2）安全弁試験」の規定に準ずる．ただし，ラプチャーディスクのような安全弁相当の機器を取り付ける場合は，機器メーカーが発行する検査成績書等の記録又は書類の提出により対応可能とする．

(b) 判定基準

「Ⅰ．使用前自主検査の方法　3．燃料電池発電所　A．機械関係　（2）安全弁試験」の規定に準ずる．この場合において，「工事計画書」とあるのは「図面等」と読み替えるものとする．

（3） 負荷試験

(a) 確認方法

「Ⅰ．使用前自主検査の方法　3．燃料電池発電所　A．機械関係　（7）負荷試験」の規定に準ずる．

(b) 判定基準

「Ⅰ．使用前自主検査の方法　3．燃料電池発電所　A．機械関係　（7）負荷試験」の規定に準ずる．この場合において，「工事計画書」とあるのは「図面等」と読み替えるものとする．

（4） その他の各種試験

次の表の左欄に掲げる各種試験の確認方法及び判定基準については，同表の右欄に掲げる「Ⅰ．使用前自主検査の方法　3．燃料電池発電所　A．機械関係」の各種試験の 検査方法及び判定基準の規定に準ずる．

| 各種試験の種類 | 準用する「Ⅰ．使用前自主検査の方法　3．燃料電池発電所　A．機械関係」の各種試験 |
|---|---|
| ①耐圧・気密試験 | （3） 耐圧・気密試験 |
| ②非常停止装置及び保護装置の動作機能確認試験 | （4） 非常停止装置及びインターロック試験 |
| ③負荷遮断試験 | （5） 負荷遮断試験 |
| ④燃料ガス置換試験 | （6） 燃料ガス置換試験 |
| ⑤その他 | （8） その他 |

B．電気関係

（1） 外観検査

(a) 確認方法

「I．使用前自主検査の方法　3．燃料電池発電所　B．電気関係　（1）外観検査」の規定に準ずる．

(b) 判定基準

「I．使用前自主検査の方法　3．燃料電池発電所　B．電気関係　（1）外観検査」の規定に準ずる．この場合において，「工事計画書」とあるのは「図面等」と読み替えるものとする．

（2） 負荷遮断試験

(a) 確認方法

「I．使用前自主検査の方法　3．燃料電池発電所　B．電気関係　（9）負荷遮断試験」の規定に準ずる．ただし，負荷遮断した際に所内負荷単独運転又は高温待機状態にならないプラントにあっては，総合インターロック試験と併せて実施することができる．

(b) 判定基準

「I．使用前自主検査の方法　3．燃料電池発電所　B．電気関係　（9）負荷遮断試験」の規定に準ずる．

（3） その他の各種試験

次の表の左欄に掲げる各種試験の確認方法及び判定基準については，同表の右欄に掲げる「I．使用前自主検査の方法　3．燃料電池発電所　B．電気関係」の各種試験の検査方法及び判定基準の規定に準ずる．

| 各種試験の種類 | 準用する「I．使用前自主検査の方法　3．燃料電池発電所　B．電気関係」の各種試験 |
|---|---|
| ①接地抵抗測定 | （2） 接地抵抗測定 |
| ②絶縁抵抗測定 | （3） 絶縁抵抗測定 |
| ③絶縁耐力試験 | （4） 絶縁耐力試験 |
| ④保護装置試験 | （5） 保護装置試験 |
| ⑤遮断器関係試験 | （6） 遮断器関係試験 |
| ⑥総合インターロック試験 | （7） 総合インターロック試験 |
| ⑦制御電源喪失試験 | （8） 制御電源喪失試験 |
| ⑧遠隔監視制御試験 | (10) 遠隔監視制御試験 |
| ⑨負荷試験（出力試験） | (11) 負荷試験（出力試験） |

3．太陽電池発電所

（1） 外観検査

(a) 確認方法

「Ⅰ．使用前自主検査の方法　4．太陽電池発電所　（1）外観検査」の規定に準ずる．

(b)　判定基準

「Ⅰ．使用前自主検査の方法　4．太陽電池発電所　（1）外観検査」の規定に準ずる．この場合において，「工事計画書」とあるのは「図面等」と読み替えるものとする．

（2）　その他の各種試験

次の表の左欄に掲げる各種試験の確認方法及び判定基準については，同表の右欄に掲げる「Ⅰ．使用前自主検査の方法　4．太陽電池発電所」の各種試験の検査方法及び判定基準の規定に準ずる．

| 各種試験の種類 | 準用する「Ⅰ．使用前自主検査の方法　4．太陽電池発電所」の各種試験 |
|---|---|
| ①接地抵抗測定 | （2）接地抵抗測定 |
| ②絶縁抵抗測定 | （3）絶縁抵抗測定 |
| ③絶縁耐力試験 | （4）絶縁耐力試験 |
| ④保護装置試験 | （5）保護装置試験 |
| ⑤遮断器関係試験 | （6）遮断器関係試験 |
| ⑥総合インターロック試験 | （7）総合インターロック試験 |
| ⑦制御電源喪失試験 | （8）制御電源喪失試験 |
| ⑧負荷遮断試験 | （9）負荷遮断試験 |
| ⑨遠隔監視制御試験 | (10)遠隔監視制御試験 |
| ⑩負荷試験（出力試験） | (11)負荷試験（出力試験） |

4．風力発電所

（1）外観検査

(a)　確認方法

「Ⅰ．使用前自主検査の方法　5．風力発電所　（1）外観検査」の規定に準ずる．

(b)　判定基準

「Ⅰ．使用前自主検査の方法　5．風力発電所　（1）外観検査」の規定に準ずる．この場合において，「工事計画書」とあるのは「図面等」と読み替えるものとする．

（2）その他の各種試験

次の表の左欄に掲げる各種試験の確認方法及び判定基準については，同表の右欄に掲げる「Ⅰ．使用前自主検査の方法　5．風力発電所」の各種試験の検査方法及び判定基準の規定に準ずる．

| 各種試験の種類 | 準用する「Ⅰ．使用前自主検査の方法　5．風力発電所」の各種試験 |
|---|---|
| ①接地抵抗測定 | （2）接地抵抗測定 |
| ②絶縁抵抗測定 | （3）絶縁抵抗測定 |
| ③絶縁耐力試験 | （4）絶縁耐力試験 |

| | |
|---|---|
| ④保護装置試験 | (5)保護装置試験 |
| ⑤遮断器関係試験 | (6)遮断器関係試験 |
| ⑥総合インターロック試験 | (7)総合インターロック試験 |
| ⑦制御電源喪失試験 | (8)制御電源喪失試験 |
| ⑧負荷遮断試験 | (9)負荷遮断試験 |
| ⑨遠隔監視制御試験 | (10)遠隔監視制御試験 |
| ⑩負荷試験（出力試験） | (11)負荷試験（出力試験） |

5．水力発電所，火力発電所，燃料電池発電所，太陽電池発電所，風力発電所以外の発電所

（1） 一般事項

(a) 確認方法

検査対象となる電気工作物の設置状況について，図面等に従って工事が行われていること及び技術基準に適合していることを，目視や書類等により確認すること．

また，当該設備の各種試験は，設置者自らが，規則に照らして十分な保安水準を確保できる技術的根拠を示すために必要な各種試験を定め，実施すること．

なお，「各種試験の技術的根拠の妥当性」，「各種試験の確認方法と判定基準」及び「規則への適合性」について，第三者の評価を受けることが望ましい．

(b) 判定基準

① 検査対象となる電気工作物の設置状況について，図面等に従って工事が行われており，かつ，技術基準に適合していること．

② 検査対象となる電気工作物に影響を及ぼす化学的及び物理的作用に対して，当該電気工作物が安全なものであること．

③ 主要機器に異常がなく，試験結果が良好であり，かつ，技術基準に適合するものであること．

④ 十分な安全対策を講じていること．

Ⅱ－2．使用前自己確認結果の届出の際の添付書類の様式例

規則第78条第1項で規定する使用前自己確認結果届出書において，Ⅱ－1で規定する各種試験について，要求どおりに自ら確認した記録が必要であることから，同項第四号で規定する使用前自己確認の結果を届け出る際に，様式第53の添付書類として用いる様式の例を別添資料に示す．

別添資料　使用前自己確認結果届出書の別紙に関する様式例については省略

附　　則

本規程は，令和3年4月1日から施行する．

# 電気事業法施行規則第 94 条の 3 第 1 項第一号及び第二号に定める定期事業者検査の方法の解釈

（平成 29 年 3 月 31 日　20170323 商局第 3 号）

（最終改正）　令和 3 年 4 月 14 日　20210412 保局第 1 号

電気事業法施行規則（平成 7 年通商産業省令第 77 号）第 94 条の 3 第 1 項第一号及び第二号に規定する定期事業者検査の十分な方法について，発電用火力設備，燃料電池設備及び風力設備に適用する場合の解釈を下記のとおり制定する．

また，本解釈は，平成 29 年 4 月 1 日から施行することとし，「電気事業法施行規則第 94 条の 3 第 1 項第一号及び第二号に定める定期事業者検査の方法の解釈」（平成 23 年 4 月 4 日付け平成 23・01・28 原院第 3 号，NISA － 234a － 11 － 2）は，廃止する．

なお，同各号に規定する定期事業者検査の十分な方法は，この解釈に限定されるものではなく，同各号に照らして十分な保安水準の確保が達成できる技術的根拠があれば，同各号に適合するものと判断することとする．

## 記

1．電気事業法施行規則（平成 7 年通商産業省令第 77 号．以下「規則」という．）第 94 条の 3 第一号に規定する「開放，分解，非破壊検査その他の各部の損傷，変形，磨耗及び異常の発生状況を確認するために十分な方法」及び同条第二号に規定する「試運転その他の機能及び作動の状況を確認するために十分な方法」の解釈は，別表 1 及び別表 2 のとおりとする．

なお，別表 1 及び別表 2 に基づく定期事業者検査に必要な範囲において，以下に掲げる規格を参照することができる．

別表 1 に係る参照規格

（1）　社団法人火力原子力発電技術協会発行「火力発電所の定期点検指針」（TNS-G1001-2005.4）

（2）　一般社団法人日本機械学会規格「発電用火力設備規格火力設備配管減肉管理技術規格（2016 年版）」（JSME S TB1-2016）

別表 2 に係る参照規格

（1）　日本電気技術規格委員会規格 JESC V0002（2017）「風力発電設備の定期点検指針」

2．発電用火力設備及び燃料電池設備において，上記 1．に示された方法により点検を行う設備（出力 1 万 kW 未満のガスタービン及び炉頂圧ガスタービンを除く．）にあっては，組立終了の後速やかに試運転を行うものとする．この場合，可能な限り 4 ／ 4 出力により実施すること．

附　　則

本解釈は，令和 3 年 4 月 14 日から施行する．

（別表1） 開放，分解による点検及び作動試験等の定期事業者検査の十分な方法の解釈（発電用火力設備及び燃料電池設備）

| 設備 | 項目 | 検査方法 | 備考 |
|---|---|---|---|
| 1 ボイラー | (1)汽水胴（起動バイパス用フラッシュタンクを含む.） | 内部点検<br>汽水分離装置を必要な個数取り外した状態で胴内部の目視点検及び胴内部溶接線の液体浸透探傷試験（以下「PT検査」という.）を行う．ただし，管台内面溶接部が平滑化加工されている場合は，汽水分離装置の取り外しは定期事業者検査による検査の隔回[1]ごとでよい. | ・汽水分離装置の取り外しは，汽水胴に溶接で取付けられたものは取り外さなくてよい. |
| | (2)水胴 | 内部点検<br>汽水胴に同じ．ただし，汽水分離装置は，内部装置と読み替える. | |
| | (3)管寄 | 内部点検・外観点検<br>a 管寄及び管寄吊金具の外観点検を行う.<br>b 定期事業者検査による検査の隔回[1]ごとに2本以上の代表管寄の選定内部の点検を行う. | ・保温材を取付けた管寄は，保温材は取り外さなくてよい. |
| | (4)管<br>(A)蒸発管 | 外観点検・肉厚測定<br>a 火炉内部の管の外観点検を行う.<br>b 定期事業者検査の隔回[1]ごとに炉内バーナーレベルまで足場を組み，ゴンドラを使い，検査ロボットを使い又は，これと同等な方法により目視点検を行う.<br>c 油焚・ガス焚・黒液燃焼ボイラー以外のボイラーにあっては，エロージョン対策を行っていない場合は，スチームカットを受ける管の代表点の肉厚測定を行う.<br>d 黒液燃焼ボイラーにあっては，バーナーレベルまで足場を組んだ際には裸管部について肉厚測定を行う.<br>e 黒液燃焼ボイラーにあっては，スメルトスパウトについて代表箇所の肉厚測定を行う. | |
| | (B)過熱器管，再熱器管，節炭器管 | 外観点検・肉厚測定<br>a 過熱器管，再熱器管及び節炭器管の外観点検を行う.<br>b 油焚・ガス焚・黒液燃焼ボイラー以外のボイラーにあっては，エロージョン対策を行っていない場合，過熱器管，再熱器管及び節炭器管の触手点検を行う.<br>c 油焚・ガス焚・黒液燃焼ボイラー以外のボイラーにあっては，エロージョン対策を行っていない場合，過熱器管，再熱器管及び節炭器管の代表点の肉厚測定を行う. | |
| | (5)安全弁 | 開放点検<br>定期事業者検査の隔回[1]ごとに胴，過熱器，再熱器の安全弁及び電気式逃し弁を分解し点検を行う.<br>作動試験<br>a 作動試験を行うものであること.<br>b 分解開放した場合の作動試験は，組立後に行う. | ・作動試験は油圧ジャッキ方式により行ってもよい. |
| | (6)蒸気止め弁，給水止め弁 | 開放点検<br>弁体・弁座の摩耗が著しいものについて，分解し点検を行う. | |
| | (7)缶水循環ポンプ | 外観点検・開放点検<br>缶水循環ポンプの外観点検を行う．また，必要に応じて開放点検を行う.<br>作動試験<br>試運転等により作動試験を行う. | |

| 設　備 | 項　目 | 検査方法 | 備　考 |
|---|---|---|---|
| 2　ボイラー附属設備 | (1)給水ポンプ | 外観点検・開放点検<br>給水ポンプの外観点検を行う．また，必要に応じて開放点検を行う．<br><br>作動試験<br>試運転等により作動試験を行う． | |
| | (2)通風機<br>押込通風機<br>誘引通風機<br>ガス再循環通風機<br>ガス混合通風機 | 外観点検・開放点検<br>通風機の外観点検を行う．また，必要に応じて開放点検を行う．<br><br>作動試験<br>試運転等により作動試験を行う． | |
| | (3)燃焼装置 | 外観点検<br>火炉内部よりバーナーの外観点検を行う． | |
| | (4)ボイラーに附属する管 | a　測定計画に基づき管の厚さの測定を行う．<br>b　上述の a の他，前回の定期事業者検査以降の中間停止等において行った管の厚さの測定結果を踏まえ，余寿命評価を行い，又は，既に行った余寿命評価の確認を行う．<br>c　必要に応じ，今後における管の厚さの測定計画策定又は見直しを行う． | |
| 3　燃料電池用改質器 | (1)改質器本体 | 内部点検<br>改質器の点検孔を開放し，改質器本体の内部の損傷及び改質管の形状等について目視点検を行う． | |
| | (2)安全弁 | 開放点検<br>a　定期事業者検査による検査の隔回ごとに安全弁を分解し点検を行う．<br>b　必要に応じＰＴ検査を行う．<br>作動試験<br>a　作動試験を行うものであること．<br>b　分解開放した場合の作動試験は，組立後に行う． | ・作動試験は油圧ジャッキ方式により行ってもよい． |
| 4　蒸気タービン | (1)車室 | 開放点検<br>a　高中圧上半車室を取り外し，隔板，ラビリンスパッキンを取付けた状態で点検を行う．<br>b　定期事業者検査による検査の隔回ごとに低圧上半車室を取り外し隔板，ラビリンスパッキンを取付けた状態で点検を行う．<br>c　必要に応じてＰＴ検査を行う． | |
| | (2)車軸，円板，動翼 | 開放点検<br>a　車室を開放した範囲において車軸は取り外さず静かに回転させて次の点検を行う．<br>・車軸　・円板　・翼及び取付け部　・シュラウド，レーシングワイヤー<br>b 必要に応じてＰＴ検査を行う． | |
| | (3)隔板，噴口，静翼 | 開放点検<br>a　上半高中圧初段の噴口の点検を行う．<br>b　隔板を車室に取付けた状態で点検を行う．<br>c　必要に応じてＰＴ検査を行う． | |
| | (4)軸受 | 外観点検 | |

| 設　備 | 項　目 | 検査方法 | 備　考 |
|---|---|---|---|
| | | 軸受部の外観点検を行う. | |
| | (5)主要弁<br>主蒸気止め弁<br>再熱蒸気止め弁<br>主蒸気加減弁 | 開放点検<br>a　各主要弁を分解し，ストレーナー，弁体，弁座等の点検を行う.<br>b　必要に応じてＰＴ検査を行う. | |
| | (6)非常停止装置 | 外観点検<br>非常調速機，トリップ機構等の外観点検を行う.<br><br>作動試験<br>分解開放したものは組立後，非常停止装置の作動試験を行う. | |
| | (7)復水器 | 開放点検<br>水室を開放し内部及び細管の目視点検を行う. | |
| 5　蒸気タービン附属設備 | 蒸気タービンに附属する管 | a　測定計画に基づき管の厚さの測定を行う.<br>b　上述のａの他，前回の定期事業者検査以降の中間停止等において行った管の厚さの測定結果を踏まえ，余寿命評価を行い，又は，既に行った余寿命評価の確認を行う.<br>c　必要に応じ，今後における管の厚さの測定計画策定又は見直しを行う. | |
| 6　ガスタービン（内燃型） | (1)ガス圧縮機<br>ガス圧縮機本体 | 開放点検<br>分解点検を行う．ただし，機器の特性に応じて時間管理等によって，分解等による定期的な点検を行っているものは，必要な限りでの分解点検とする.<br><br>作動試験<br>試運転等により作動試験を行う. | |
| | (2)ガス圧縮機と一体となって燃焼用の圧縮ガスをガスタービンに供給する設備<br>(A)ガス溜，ガス冷却器，油分離器 | 外観点検<br>貯槽等の外観点検を行う. | |
| | (B)安全弁 | 外観点検<br>弁の外観点検を行う.<br><br>開放点検<br>弁体，弁座，弁棒，シール部の摩耗が著しい等必要に応じて分解し点検を行う.<br><br>作動試験<br>a　作動試験を行うものであること.<br>b　分解開放した場合の作動試験は，組立後に行う. | ・作動試験は油圧ジャッキ方式により行ってもよい. |
| | (C)管 | 外観点検<br>主要な管の外観点検を行う. | |

| 設　備 | 項　目 | 検査方法 | 備　考 |
| --- | --- | --- | --- |
| 7　ガスタービン（外燃型） | (1)車室 | 開放点検<br>上半車室を取外して点検を行う．隔板及びラビリンスパッキンは，必要に応じて取り外す． | ※炉頂圧型ガスタービン以外のものにあっては，本表を参考に適切な点検を行うこと． |
| | (2)車軸，円板，動翼，軸継手 | 開放点検<br>a　車軸は取り外して次の点検を行う．<br>・車軸　・円板　・翼及び取付け部<br>b　必要に応じＰＴ検査を行う． | |
| | (3)隔板，噴口，静翼 | 開放点検<br>a　隔板は必要に応じ車室から取り外して点検を行う．<br>b　必要に応じＰＴ検査を行う． | |
| | (4)軸受 | 外観点検<br>軸受部を分解して点検を行う． | |
| | (5)歯車減速機 | 開放点検<br>定期事業者検査の隔回ごとに開放又は分解による点検を行う．<br><br>作動試験<br>歯車減速機組立後，作動試験を行う． | |
| | (6)主要弁<br>危急遮断弁 | 開放点検<br>弁体，弁座，弁棒，シール部の点検を行う． | |
| | (7)非常調速装置 | 外観点検<br>非常調速装置，トリップ機構等の外観点検を行う．<br><br>作動試験<br>非常停止装置の作動試験を行う． | |
| 8　液化ガス用燃料設備 | (1)気化器 | 外観点検<br>気化器の外観点検を行う．<br><br>開放点検<br>安全弁を開放し点検を行う．<br><br>作動試験<br>a　安全弁組立後，作動試験を行う．<br>b　代表点のガス検知器作動試験を行うものとするが，定期的に作動試験を行っている場合は，その試験に代えることができる． | |

| 設　備 | 項　目 | 検査方法 | 備　考 |
|---|---|---|---|
| | (2)貯槽（ガスホルダーを含む.） | 外観点検<br>貯槽本体の外観点検を行う.<br><br>開放点検<br>定期事業者検査ごとに安全弁を開放し点検を行う．ただし，発電用火力設備に関する技術基準を定める省令（平成 9 年通商産業省令第 51 号）第 42 条に適合する安全弁を 2 系統設置している場合にあっては，定期事業者検査ごとに 2 系統の安全弁を交互に開放し点検を行うことができる.<br><br>作動試験<br>安全弁組立後，作動試験を行う. | |
| | (3)導管 | 外観点検<br>必要な点検の周期を定め，地上部の配管及び伸縮継手について外観点検を行う.<br><br>作動試験<br>代表点のガス検知器作動試験を行うものとするが，定期的に作動試験を行っている場合は，その試験に代えることができる. | |
| | (4)主要配管 | 外観点検<br>必要な点検の周期を定め，地上部の配管及び伸縮継手について外観点検を行う.<br>作動試験<br>代表点のガス検知器作動試験を行うものとするが，定期的に作動試験を行っている場合は，その試験に代えることができる. | |
| 9　液化ガス設備（液化ガス用燃料設備を除く.） | (1)気化器 | 外観点検<br>気化器の外観点検を行う.<br><br>作動試験<br>代表点のガス検知器作動試験を行うものとするが，定期的に作動試験を行っている場合は，その試験に代えることができる.<br><br>開放点検<br>定期事業者検査による検査の隔回ごとに安全弁を開放し点検を行う.<br>作動試験<br>安全弁組立後，作動試験を行う. | |
| | (2)貯槽 | 外観点検<br>貯槽本体の外観点検を行う.<br><br>開放点検 | ・開放点検の時期が定期事業者検査の時期と異なる場合は，その点検に代えることができる. |

| 設　備 | 項　目 | 検査方法 | 備　考 |
|---|---|---|---|
| | | a　必要な周期ごとに貯槽本体を開放し点検を行う．<br>b　定期事業者検査による検査の隔回ごとに安全弁を開放し点検を行う．<br><br>作動試験<br>　安全弁組立後，作動試験を行う． | |
| | (3)導管 | 外観点検<br>　必要な点検の周期を定め，地上部の配管及び伸縮継手について外観点検を行う．<br>作動試験<br>　代表点のガス検知器作動試験を行うものとするが，定期的に作動試験を行っている場合は，その試験に代えることができる． | |
| 10　ガス化炉設備 | (1)ガス化炉 | 内部点検・外観点検<br>a　ガス化炉内部の目視点検を行う．<br>b　断熱材に覆われていないガス化炉内部の溶接線については，必要に応じてＰＴ検査を行う． | |
| | (2)ガス化炉附属設備<br>(A)給水ポンプ | 作動試験<br>　試運転等により作動試験を行う． | |
| | (B)燃焼装置 | 外観点検<br>　バーナーの外観点検を行う． | |
| | (3)蒸気発生器<br>(A)胴 | 内部点検<br>　汽水分離装置を必要な個数取り外した状態で，胴内部の目視点検及び胴内部溶接線のＰＴ検査を行う．ただし，管台内面溶接部が平滑化加工されている場合は汽水分離装置の取り外しは定期事業者検査による検査の隔回ごとでよい． | ・汽水分離装置の取り外しは，汽水胴に溶接で取り付けられたものは取り外さなくてよい． |
| | (B)管寄 | 内部点検・外観点検<br>a　管寄及び管寄吊金具の外観点検を行う．<br>b　定期事業者検査による検査の隔回ごとに２本以上の代表管寄を選定し，内部の点検を行う． | ・保温材を取り付けた管寄は，保温材は取り外さなくてよい． |
| | (C)管<br>イ　蒸発管 | 内部点検・外観点検<br>a　ガス化炉内部の管の外観点検を行う．<br>b　定期事業者検査による検査の隔回ごとに炉内バーナーレベルまで足場を組み，ゴンドラを使い，又はこれらと同等な方法により目視点検を行う．<br>c　エロージョン対策を行っていない場合は，スチームカットを受ける管の代表点の肉厚測定を行う． | |
| | ロ　過熱器管，再熱器管，節炭器管 | 内部点検・外観点検<br>a　過熱器管，再熱器管及び節炭器管の目視点検を行う．<br>b　エロージョン対策を行っていない場合，過熱器管，再熱器管及び節炭器管の触手点検を行う．<br>c　エロージョン対策を行っていない場合，過熱器管，再熱器管及び節炭器管の代表点の肉厚測定を行う． | |
| | (D)給水ポンプ | 作動試験<br>　試運転等により作動試験を行う． | |

| 設　備 | 項　目 | 検査方法 | 備　考 |
|---|---|---|---|
| | (4)弁<br>(A)ガスの通ずるもの<br>イ　安全弁 | 開放点検<br>　安全弁を開放し点検を行う.<br><br>作動試験<br>　安全弁組立後，作動試験を行う. | ・作動試験は油圧ジャッキ方式により行ってもよい. |
| | (B)水，蒸気の通ずるもの<br>イ　安全弁 | 開放点検<br>　定期事業者検査による検査の隔回ごとに胴，過熱器及び再熱器の安全弁及び電気式逃し弁を分解し点検を行う.<br>作動試験<br>a　作動試験を行うものであること.<br>b　分解開放した場合の作動試験は，組立後に行う. | ・作動試験は油圧ジャッキ方式により行ってもよい. |
| | ロ　蒸気止め弁，給水止め弁 | 開放点検<br>　弁体・弁座の磨耗が著しいものについて，分解し点検を行う. | |
| | (5)ガス検知器 | 代表点のガス検知器の作動試験を行う. | ・定期的に作動試験を行っている場合はその試験に代えることができる. |
| 11　独立過熱器 | 本体 | 外観点検・開放点検<br>a　管外面の目視点検を行う.<br>b　管寄せは点検孔を開放する.<br>c　管は必要に応じ代表的な箇所を選定し非破壊検査又は管を切り取り検査を行う. | |
| 12　独立過熱器附属設備 | (1)重油燃焼装置<br>(2)押込通風機<br>(3)スートブロワ<br>(4)蒸気溜（ドレンセパレーターを含む.） | 外観点検・開放点検<br>a　管外面の目視点検を行う.<br>b　管寄せは点検孔を開放する.<br>c　管は必要に応じ代表的な箇所を選定し非破壊検査又は管を切り取り検査を行う. | |
| | (5)独立過熱器に附属する管 | a　測定計画に基づき管の厚さの測定を行う.<br>b　上述のａの他，前回の定期事業者検査以降の中間停止等において行った管の厚さの測定結果を踏まえ，余寿命評価を行い，又は，既に行った余寿命評価の確認を行う.<br>c　必要に応じ，今後における管の厚さの測定計画策定又は見直しを行う. | |
| 13　蒸気貯蔵器 | 本体 | 内部点検・外観点検<br>a　マンホールを開放して内部を点検する.<br>b　内部装置は定期事業者検査の隔回ごとに1回取外して点検する. | |
| 14　蒸気貯蔵器附属設備 | 蒸気貯蔵器に附属する管 | a　測定計画に基づき管の厚さの測定を行う.<br>b　上述のａの他，前回の定期事業者検査以降の中間停止等において行った管の厚さの測定結果を踏まえ，余寿命評価を行い，又は，既に行った余寿命評価の確認を行う.<br>c　必要に応じ，今後における管の厚さの測定計画策定又は見直しを行う. | |

| 設　備 | 項　目 | 検査方法 | 備　考 |
|---|---|---|---|
| 15　脱水素設備 | (1)蒸発器 | 外観点検<br>蒸発器の外観点検を行う．<br>作動試験<br>代表点のガス検知器作動試験を行うものとするが，定期的に作動試験を行っている場合は，その試験に代えることができる．<br>開放点検<br>定期事業者検査による検査の隔回ごとに安全弁を開放し点検を行う．<br>作動試験<br>安全弁組立後，作動試験を行う． | |
| | (2)脱水素反応器<br>(A)脱水素反応器本体 | 内部点検<br>脱水素反応器の点検孔を開放し，脱水素反応器本体の内部の損傷及び反応管の形状等について目視点検を行う． | |
| | (B)安全弁 | 開放点検<br>a　定期事業者検査による検査の隔回ごとに安全弁を分解し点検を行う．<br>b　必要に応じ PT 検査を行う．<br>作動試験<br>a　作動試験を行うものであること．<br>b　分解開放した場合の作動試験は，組立後に行う． | |
| | (3)熱媒加熱炉<br>(A)熱媒加熱炉本体 | 内部点検<br>熱媒加熱炉の点検孔を開放し，熱媒加熱炉内部の損傷及び熱媒加熱管の形状等について目視点検を行う． | |
| | (B)安全弁 | 開放点検<br>a　定期事業者検査による検査の隔回ごとに安全弁を分解し点検を行う．<br>b　必要に応じ PT 検査を行う．<br>作動試験<br>a　作動試験を行うものであること．<br>b　分解開放した場合の作動試験は，組立後に行う． | |
| | (4)導管 | 外観点検<br>必要な点検の周期を定め，地上部の配管及び伸縮継手について外観点検を行う．<br>作動試験<br>代表点のガス検知器作動試験を行うものとするが，定期的に作動試験を行っている場合は，その試験に代えることができる． | |
| | (5)　主要配管 | 外観点検<br>必要な点検の周期を定め，地上部の配管及び伸縮継手について外観点検を行う．<br>作動試験<br>代表点のガス検知器作動試験を行うものとするが，定期的に作動試験を行っている場合は，その試験に代えることができる． | |

[1]　検査方法の内容のうち隔回ごとに検査を行うものとあるのは，定期事業者検査の間隔が規則第 94 条の 2 第 1 項で定める時期を超える場合には，前回の点検実施の有無によらず次回の定期事業者検査において当該項目の検査を実施するものとし，それによらない場合は，過去の点検実績等を踏まえて適切な頻度の根拠を明らかにすること．

（別表2）開放，分解による点検及び作動試験等の定期事業者検査の十分な方法の解釈（風力設備）

| 設備 | 項目 | | 検査方法 | 内容 | 備考 | 点検周期（年） |
|---|---|---|---|---|---|---|
| ブレード | 1　表面 | | 目視又は触手若しくは測定 | ブレードの表面に損傷（ゲルコート剥がれや外皮クラック）や被雷痕（すす）がないか目視等で確認する.<br>損傷又は被雷痕が確認された場合は，触手等で確認する. | | 1 |
| | 接地システム | 2　レセプター | 目視 | レセプターに異常な被雷痕，溶損，減耗，飛散，剥離がないか確認する. | | 1 |
| | | 3　ダウンコンダクター | 目視 | ハブ内からダウンコンダクターに損傷がないか確認する. | | 1 |
| | | | 試験 | ダウンコンダクターについて導通試験等を行い，健全性を確認する. | 導通を常時モニタリングしている場合を除く. | 2又は3（雷対策重点地域は2年とすることが望ましい.） |
| | 4　内部 | | 目視又は触手若しくは測定 | 視認又はアクセス可能な範囲について，目視等で損傷がないか確認する. | | 2又は3（雷対策重点地域は2年とすることが望ましい.） |
| | 5　ブレード翼根部 | 翼根部 | 目視 | ブレード翼根部に損傷がないか確認する. | | 1 |
| | | ボルト | 目視及び打音又は触手 | 合マークのズレや塗装割れ，ボルトの緩みがないか確認する. | | 1 |
| | | | 測定 | 測定機器で軸力又は締付トルク等を確認する.<br>風車設置後，ボルトの緩みや破断が生じていない場合には，1年間で10%以上又は8方位以上のいずれか多い本数のボルトについて締め付け確認を行う. | | 1 |
| | 翼端ブレーキ装置 | 6　ブレードティップ | 目視 | ブレード本体と翼端ブレーキとの間にズレがないか確認する. | | 半 |
| | | | | ブレード本体と翼端ブレーキ間の接合部（凹凸）の損傷や変形がないか確認する. | | 2又は3（雷対策重点地域は2年とすることが望ましい.） |
| | | | 試験 | 翼端ブレーキの作動試験を実施する. | | 半 |
| | | | 測定 | 翼端ブレーキの作動・非作動時の油圧を確認する. | | 半 |
| | | 7　（カーボン）シャフト | 目視又は打音 | 目視又は打音にて損傷がないか確認する. | | 2又は3（雷対策重点地域は2年とすることが望ましい.） |

| 設　備 | 項　目 | | | 検査方法 | 内　容 | 備　考 | 点検周期（年） |
|---|---|---|---|---|---|---|---|
| ロータ | ハブ | 8　ボルト・ナット<br>(1)ハブ-主軸間接合部ボルト・ナット<br>(2)ピッチ軸受（旋回輪）-ブレード接合部ボルト・ナット<br>(3)ハブ-ピッチ軸受（旋回輪）接合部ボルト・ナット<br>(4)スピナカバー，スピナカバーブラケット取付ボルト・ナット | | 目視及び打音又は触手 | 合マークのズレや塗装割れ，ボルトに緩みがないか確認する． | | 1 |
| | | | | 測定（(4)を除く） | 測定機器で軸力又は締付トルク等を確認する．<br>風車設置後，ボルトの緩みや破断が生じていない場合には，1年間で10%以上又は8方位以上のいずれか多い本数のボルトについて締め付け確認を行う． | | 1 |
| | | 9　ハブハウジング | | 目視 | ハウジングの表面に割れ等の異常がないか確認する． | | 1 |
| | | 10　スピナカバー | | 目視 | スピナカバー本体に損傷等異常や変形がないか確認する．<br>スピナカバー内にグリース飛散などの汚れがないか確認する． | | 1 |
| | | | | 目視又は触手 | スピナカバーの継ぎ目部分から異常な雨水の浸入がないか確認する．<br>雨水の浸入が多い場合は，ボルトの緩みやシーラントの破損がないか確認する． | | 1 |
| | | 11　避雷導体 | | 目視 | アースブラシ，ケーブル，ばねなどに損傷がないか確認する．<br>ブラシ面や摺動面が油や水分などの異物で汚れていないか確認する． | | 1 |
| | | | | 触手又は測定 | ブラケットなどにガタツキがないか確認する． | | 1 |
| | | | | 測定 | ブラシのホルダと摺動面の隙間を測定する．<br>ブラシの長さを測定する． | | 半 |
| | ピッチ制御装置 | 12　ピッチ駆動系ブレーキ | ブレーキ | 目視 | ブレーキに損傷や変形がないか確認する． | | 半 |
| | | | | 試験 | ピッチ駆動系ブレーキの作動試験を実施する． | ピッチ駆動系ブレーキの状態を常時モニタリングしている場合を除く． | 半 |

| 設　備 | 項　目 | | 検査方法 | 内　容 | 備　考 | 点検周期（年） |
|---|---|---|---|---|---|---|
| | | 13　ピッチ駆動装置 | 目視 | 駆動装置に損傷や変形がないか確認する. | 油圧式ピッチ駆動装置については，アーク痕，異常な漏油がないか確認する. | 半 |
| | | | 試験 | ピッチ駆動装置の作動試験を行う. | ピッチ駆動装置の状態を常時モニタリングしている場合を除く. | 半 |
| | | 14　油圧系非常用装置 | 目視 | ピッチアキュームレータ本体に油漏れ，損傷，変形などがないか確認する. | | 半 |
| | | | 測定 | アキュームレータ内のガス圧を確認する. | | 半 |
| | | 15　ピッチ軸受（旋回輪） | 目視及び聴音 | ピッチ作動（旋回）中にピッチ軸受から異常な振動や騒音を発していないか確認する. | | 半 |
| | | | 目視 | 軸受シールに損傷，変形，過大なグリース漏れがないか確認する. | | 半 |
| | | | 目視又は触手 | グリースの状態を確認する. | | 半 |
| | | 16　非常用電源 | 試験 | 非常用電源にてピッチ駆動装置の作動試験を行う. | | 半 |
| | 17　ハブアクセスハッチ | ハッチ | 目視 | ハッチが損傷していないか確認する. | | 1 |
| | | | 触手又は測定 | ハッチのガタツキがないか確認する. | | 1 |
| | | ボルト | 目視及び触手又は測定 | 取付けボルトに緩みがないか確認する. | | 1 |
| | | パッキン | 目視 | パッキンに損傷や劣化がないか確認する. | | 1 |
| ナセル | 18　ボルト・ナット | (1)高速軸カップリング取付ボルト・ナット<br>(2)架構ボルト | 目視及び打音又は触手 | 合マークのズレや塗装割れ，ボルトの緩みがないか確認する. | | 1 |
| | | | 測定 | 測定機器で軸力又は締付トルク等を確認する.<br>風車設置後，ボルトの緩みや破断が生じていない場合には，1年間で10%以上又は8方位以上のいずれか多い本数のボルトについて締め付け確認を行う. | | 1 |
| | 動力伝達装置 | 19　ボルト | 目視及び打音又は触手 | 合マークのズレや塗装割れ，ボルトに緩みがないか確認する. | | 1 |

| 設備 | 項目 | | | 検査方法 | 内容 | 備考 | 点検周期（年） |
|---|---|---|---|---|---|---|---|
| | | | | 測定 | 測定機器で軸力又は締付トルク等を確認する．<br>風車設置後，ボルトの緩みや破断が生じていない場合には，1年間で10%以上又は8方位以上のいずれか多い本数のボルトについて締め付け確認を行う． | | 1 |
| | | 20　主軸受 | | 測定又は目視 | 軸受温度を測定又はグリースの状態を確認する． | 温度センサ等により常時モニタリングしている場合を除く． | 1 |
| | | | | 目視 | 主軸受からの油漏れがないか確認する． | | 1 |
| | | 21　ロータロック | ロータロック | 目視 | ロックピン本体などに錆や損傷がないか確認する． | | 1 |
| | | | ロックピン本体 | 目視 | ロックピンの挿入に問題ないか確認する． | | 1 |
| | 22　発電機（電技） | 本体 | | 目視及び聴音又は測定 | 外観上の異常がないか，また運転中の発電機から異常な振動や騒音が生じていないか確認する． | | 1 |
| | | | | 目視 | 発電機軸受部からのグリース漏れがないか確認する． | | 1 |
| | | 端子箱 | | 測定 | 大地間及び相間の絶縁抵抗値を測定する． | | 1 |
| | ブレーキ装置 | 23　機械ブレーキ | ブレーキ本体 | 試験 | 機械ブレーキの作動試験を実施する． | 状態を常時モニタリングしている場合を除く． | 1 |
| | | | ブレーキ | 目視 | ブレーキ本体，配管及び配管締結部からの油漏れがないか確認する． | | 1 |
| | | | | 測定 | パッドの厚み又は隙間を測定する． | | 1 |
| | | 24　油圧ユニット | 油圧ユニット | 目視 | 機器，配管の油漏れがないか確認する．<br>ユニットの外観，モータ，ソレノイドなどに損傷がないか確認する． | | 1 |
| | | | アキュームレータ | 目視 | アキュームレータに損傷がないか確認する． | | 1 |
| | | | バルブ | 目視及び触手 | 油圧ユニットのバルブの位置に間違いがないか確認する． | | 1 |
| | | | 油圧ユニット本体 | 目視及び触手 | 運転中の油圧ユニットから異常な振動や騒音が生じていないか確認する． | | 1 |
| | | | 油圧ユニット | 測定 | 作動・非作動時の油圧を確認し記録する． | | 1 |

| 設　備 | | 項　目 | | 検査方法 | 内　容 | 備　考 | 点検周期（年） |
|---|---|---|---|---|---|---|---|
| | ナセル架構 | 25　溶接継手 | | 目視 | 塗装割れ，クラック，損傷がないか確認する. | 必要に応じて非破壊検査を実施する. | 1 |
| | | 26　母材部 | | 目視 | 塗装割れ，クラック，損傷がないか確認する.<br>油汚れがないか確認する. | | 1 |
| | | 27　ナセル振動センサ | 振動センサ | 目視 | 振動センサに損傷がないか確認する. | | 1 |
| | | | ケーブル | 目視 | ケーブルに損傷がないか確認する. | | 1 |
| | | | 本体 | 試験 | 振動を検出するもの（おもりなど）を外して警報の作動試験を実施する. | | 1 |
| | 28　ナセルカバー | ナセルカバー | | 目視 | ナセルカバーに損傷や変形がないか，ナセル内から確認する.<br>ナセルカバー継ぎ目部分からの雨水浸入がないか確認する. | | 1 |
| | | ハッチ | | 目視 | ハッチに損傷や部品の脱落がないか確認する.<br>ハッチからの雨水浸入がないか確認する.<br>パッキンの劣化や剥がれがないか確認する. | | 1 |
| | | | | 目視及び触手 | ハッチを閉めた時，ストッパで緩みなくロックされるか確認する. | | 1 |
| | ナセル外部付属品 | 29　避雷レセプター | 避雷針 | 目視 | 避雷針に損傷や被雷痕がないか確認する. | | 1 |
| | | | | 目視及び触手 | 避雷針の取付けボルトに緩みがないか確認する. | | 1 |
| | | | 接地線 | 目視及び触手又は測定 | 接地線に損傷や端子の緩みがないか確認する. | | 1 |
| | | | | 目視 | 接地線が劣化していないか確認する. | | 1 |
| | | 30　風向風速計 | 支持柱 | 目視 | 支持柱に損傷や変形がないか確認する. | | 1 |
| | | | | 目視及び触手 | 支持柱の取付けボルトに緩みがないか確認する. | | 1 |
| | | | | 目視 | 支持柱の部品の脱落，錆などがないか確認する. | | 1 |
| | | | 本体 | 目視 | 風向風速計に損傷がないか確認する. | | 1 |
| | | | | 目視及び触手 | 風向風速計の取付けボルトに緩みがないか確認する. | | 1 |
| | | | 風向風速計 | 試験 | コントローラーの値変動を確認する. | 状態を常時モニタリングしている場合を除く. | 1 |

| 設　備 | 項　目 | | 検査方法 | 内　容 | 備　考 | 点検周期（年） |
|---|---|---|---|---|---|---|
| | | 31　ナセルカバー外部ハンドレール | 目視及び触手 | 取付状態を確認する．<br>固定ボルトに緩みがないか確認する． | | 1 |
| | ナセル内電気設備（電技） | 32　主変圧器 | 目視 | 塵埃の付着及び汚損がないか確認する．<br>トランスモールド部にクラックがないか確認する．<br>部品やケーブルの破損，脱落がないか確認する．<br>モールド部，ケーブル表面及び端子部に放電痕がないか確認する．<br>鉄心及びフレームに錆や腐食がないか確認する． | | 1 |
| | | | 測定 | 大地間及び巻線間の絶縁抵抗値を測定する． | | 1 |
| | | 33　力率改善コンデンサ | 目視 | コンデンサに損傷や変形がないか確認する． | | 1 |
| | | | 測定 | コンデンサの静電容量を測定する又は電流値を測定する． | 状態を常時モニタリングしている場合を除く． | 1 |
| | | 34　盤内UPS（風車制御用） | 試験 | UPSの作動試験を実施する． | 状態を常時モニタリングしている場合を除く． | 1 |
| タワー | 35　ボルト・ナット | (1)タワーフランジボルト・ナット<br>(2)ナセル-タワー結合部ボルト・ナット<br>(3)アンカーボルト | 目視及び打音又は触手 | 合マークのズレや塗装割れ，ボルトの緩みがないか確認する． | | 1 |
| | | | 測定 | 測定機器で軸力又は締付トルク等を確認する．<br>風車設置後，ボルトの緩みや破断が生じていない場合には，1年間で10%以上又は8方位以上のいずれか多い本数のボルトについて締め付け確認を行う． | | 1 |
| | 継手 | 36　フランジ継手 | 目視 | フランジ結合部の隙間に開きがないか確認する． | | 1 |
| | | | 目視及び触手又は測定 | 接地線に損傷，緩みがないか確認する． | | 1 |
| | | 37　溶接継手 | 目視 | 塗装や溶接割れが発生していないか確認する． | | 1 |
| | 38　胴・アンカーリング | | 目視 | 外面に損傷や変形，錆がないか確認する． | | 1 |
| | | | 目視 | タワー内底部に落下物や漏洩物がないか確認する． | | 1 |
| | | | 目視及び触手又は測定 | 接地線に損傷，緩みがないか確認する． | | 1 |

| 設　備 | 項　目 | | 検査方法 | 内　容 | 備　考 | 点検周期（年） |
|---|---|---|---|---|---|---|
| 基礎 | コンクリート | 39　基礎表面 | 目視 | 雨水が浸入するようなひびが発生していないか確認する. | | 1 |
| | | 40　タワー・基礎間の隙間 | 目視 | 損傷や変形がないか確認する. | | 1 |
| | | | 目視 | タワー・基礎間の隙間の状態を確認する. | | 1 |
| | | | 目視又は測定 | タワー・基礎間の隙間の間隔を確認する. | | 1 |
| | 41　地盤 | | 目視 | 基礎と外周面の土が離れていないか確認する. | | 1 |
| 非常用電源装置 | 42　ヨー | | 試験 | 非常用電源にてヨー旋回の作動試験を実施する. | | 1 |

【検査実施上の前提】
※1. 検査方法及び判定基準は，一般社団法人日本風力発電協会発行「風力発電設備　ブレード点検および補修ガイドライン（JWPAG0001）」（ただし，表の項目１～５に限る.），メーカーの技術資料等に基づいて設定する.
※2. 分解不可の装置については検査の対象外とする.（ただし，代替の検査方法を検討すること.）
※3. 点検周期は一例であり，示された周期以上の頻度で点検を行うことが望ましい.
※4. 各設備において該当する項目が無い場合には，検査は省略してよい.

23-24 年版 電気事業法関係法令集

2022 年 11 月 29 日　　23-24 年版第 1 刷発行

編　　集　オーム社
発 行 者　村上和夫
発 行 所　株式会社 オーム社
郵便番号　101-8460
東京都千代田区神田錦町 3-1
電話　03(3233)0641(代表)
URL https://www.ohmsha.co.jp/





印刷・製本　三美印刷
ISBN978-4-274-22968-8　Printed in Japan